固体力学基础

傅衣铭　毛贻齐　熊慧而　编著

科学出版社
北京

内 容 简 介

本书系统地介绍了固体力学的基础理论、一般分析方法和某些近代力学知识。书中以弹性、黏弹性、塑性三种不同物性材料的力学模型建立以及求解方法为主线，详尽分析了不同物性的结构或构件在荷载作用下的力学响应，介绍了它们的各种失效形式和相应的失效准则。全书共 11 章、3 个附录和一定量的习题，内容丰富、层次分明、概念清晰。

本书既可作为高等院校工程力学专业本科生、研究生的教材，也可供土木、机械、航空航天等工科专业研究生以及从事结构强度设计的工程技术人员参考。

图书在版编目(CIP)数据

固体力学基础 / 傅衣铭, 毛贻齐, 熊慧而编著. -- 北京 : 科学出版社, 2024. 6. -- ISBN 978-7-03-078718-7

Ⅰ. O34

中国国家版本馆 CIP 数据核字第 2024KG3837号

责任编辑：张海娜　赵微微 / 责任校对：任苗苗
责任印制：肖　兴 / 封面设计：图阅社

科 学 出 版 社 出版
北京东黄城根北街 16 号
邮政编码：100717
http://www.sciencep.com
北京建宏印刷有限公司印刷
科学出版社发行　各地新华书店经销
*
2024 年 6 月第　一　版　开本：787×1092 1/16
2024 年 6 月第一次印刷　印张：36
字数：854 000

定价：298.00 元

（如有印装质量问题，我社负责调换）

前　言

本书尝试以不同物性材料的力学模型建立及求解方法为主线，通过多层次的命题变换，构造点、线、面、体的思维网络，将固体力学中主要分支学科的知识融会贯通，以使学生的课程压力减小，学习方向明确，在有限的课时内，将各分支学科的知识有机地联系起来，形成较完整的知识链，从而打下深厚、坚实的固体力学基础。

全书共 11 章。第 1 章介绍力学模型的三个主要层次：材料构造模型、材料力学性质模型和结构计算模型。第 2～9 章建立弹性、黏弹性、塑性三种不同物性材料的力学模型，并对它们所构成的各类力学问题进行系统分析。尽管由于它们物性方面不同，导致本构关系与研究内容的侧重点不同，但在研究方法上，它们都是基于三类基本方程，即几何方程、物理方程和平衡(运动)方程来建立边值问题，然后，确定满足所有边、初值条件的力学响应。第 10 章和第 11 章分别阐述局部失效问题(失效理论Ⅰ)和全局失效问题(失效理论Ⅱ)，其中，包含经典强度理论、断裂失效、疲劳失效、损伤失效、稳定性理论以及塑性极限分析。考虑到对结构或构件进行力学分析的终极目的是为工程结构的安全和可靠性提供保障，材料与结构的失效问题与结构的力学响应分析同等重要。经典强度理论仅进行由变形直接到破坏的起点-终点式研究，假定模型为均匀连续体，而接近于工程实际的现代分析模型已不限于无缺陷连续体和均匀连续体的范畴。为此，本书充实了失效理论的内容，较全面地介绍材料与结构的不同破坏形式，以及相应的主要控制参量和失效准则，以便学生更深入地认识材料和构件由变形直至破坏的全部力学过程。同时，考虑到结构或构件的整体失效与局部失效同等重要，而现有教材中对整体失效问题的阐述较为简略。为此，本书中增添了弹性系统的非线性稳定性和动力稳定性、黏弹性结构的蠕变屈曲以及结构的弹塑性失稳等问题的基础知识。

在本书的撰写中，福州大学土木工程学院的郑玉芳教授对全书进行了认真、细致的审核，湖南大学机械与运载工程学院工程力学系的田政焘硕士、金其多博士为全书的绘图等工作付出了辛勤劳动和宝贵时间；清科集团董事长倪正东博士和湖南大学机械与运载工程学院为本书的出版提供资助。在此，作者致以诚挚的感谢。

作　者

2023 年 10 月于湖南大学

目录

第1章 绪 论

1.1 固体力学的任务

固体力学研究可变形固体在外部因素(荷载、温度变化等)作用下所产生的各种力学响应和破坏机理，它是力学的分支学科，兼有技术科学与基础科学的属性。固体力学旨在认识与固体受力、变形、流变、断裂有关的全部自然现象，并利用这些知识为工程设计和生产服务。

固体力学的研究内容十分广泛，既有弹性问题、黏弹性问题，又有塑性问题、黏塑性问题；既有静力学问题，又有动力学问题；既有线性问题，又有非线性问题；等等。在固体力学的早期研究中，一般多假设物体是均匀连续介质，但近年来发展起来的固体力学分支，如复合材料力学、断裂力学和损伤力学等，扩大了它的研究范围，问题已分别涉及非均匀连续体及含有裂纹和内部损伤的非连续体。

固体力学的研究对象按照物体的形状可分为四类：①杆件，它的纵向尺寸比两个横向尺寸大很多倍，如梁和柱；②板壳，其长和宽度远大于厚度方向的尺寸，板可分为平板、曲板和折板，也可分为薄板、中厚板和厚板等，壳可分为球壳、柱壳、扁壳和锥壳等，也可分为薄壳和厚壳；③空间体，它在三个方向的尺寸是同量级的，如球形支座、短滚轮等；④薄壁杆件，它的长、宽和厚度尺寸不是同量级的，如槽钢等。

固体力学按其研究内容可以分为若干个分支学科，它们在具体的研究内容上各有侧重，但又不能截然分开。它们的研究思路、基本假设和分析方法不尽相同，从而所得到的结果和结论也有所不同。一般说来，固体力学主要包含如下的分支学科。

1. 材料力学

材料力学是研究材料在外力作用下的力学性能和破坏规律。其研究的对象主要是杆件，包括直杆、曲杆和薄壁杆等，但也涉及一些简单的板壳问题。材料力学的研究依赖于一些简化假设，如平截面假设，它们能使理论分析和计算大为简化，但所得到的解是近似的。在固体力学各分支中，材料力学的分析和计算方法一般说来最为简单，它对于其他分支学科的发展起着启蒙和奠基作用。

2. 弹性力学

弹性力学又称弹性理论，是研究固体在外力作用下处于弹性变形阶段的应力场、应变场以及有关的规律。弹性力学首先假设所研究的物体是理想弹性体，即物体承受外力后发生变形，其内部各点的应力和变形之间具有一一对应的关系，除去外力后，物体恢复到原有形态。弹性力学研究中最基本的思想是假定把物体分割为无数个具有质量的体积元，考虑这些体积元的受力平衡、体积元之间的变形协调，以及物体变形过程中应力和应变间的函数关系。弹性力学的理论可分为线性理论和非线性理论。前者依据的方程都是线性偏微分方程；后者依据的方程中具有非线性偏微分方程。物体在外力作用下所构成的力学系统都客观地存在各种非线性因素，它们来自力学系统的物理方面、几何方面、结构方面、运动方面、耗散方面等。例如，考虑物体在外力作用下具有较大的变形，此时位移和应变之间为非线性关系，称为几何非线性；考虑物体的变形具有塑性或非线性黏弹性性质，则此时应力和应变之间具有非线性本构关系，称为物理非线性。这些力学系统中存在的不可避免的非线性因素，使得系统的力学行为十分丰富和复杂，人们对它的不断探讨和认识，在20世纪末已形成了区别于经典牛顿力学的一门新学科——非线性力学。弹性力学又可分为数学弹性力学和应用弹性力学。前者是经典的精确理论；后者是在前者所具有的各种假设的基础上，根据实际应用的需要，再加上一些补充的简化假设而形成的应用性很强的理论，如薄板理论、薄壳理论、中厚板壳理论等。弹性力学是固体力学各分支学科的基础。

3. 塑性力学

塑性力学又称塑性理论，是研究固体受力后处于塑性变形阶段时变形与外力的关系，以及物体中的应力场、应变场和有关规律。物体受到足够大外力的作用后，它的部分或全部变形会超出弹性范围而进入塑性状态，卸除外力后，变形的一部分或全部并不消失，以致物体不能完全恢复到原有的形状。塑性力学的研究方法同弹性力学一样，也是从体积元的分析入手。在物体受力后，往往是一部分处于弹性状态，另一部分处于塑性状态，因此，需要研究物体中弹塑性并存的情况。以弹性分析为基础的结构设计是假定材料为理想弹性的，相应地，这种设计观点便以分析结果的实际适用范围作为结构的失效准则，即认为应力(严格地说是应力的某一函数值)达到某一极限值(弹性界限)时，将进入塑性变形阶段，材料产生破坏。结构中如果有一处或一部分材料“破坏”，则认为结构失效。由于一般的结构都处于非均匀受力状态，当高应力点或高应力区的材料达到弹性界限时，结构的大部分材料仍处于弹性界限之内，而材料在应力超过弹性界限以后并不实际发生破坏，仍具有一定的继续承受荷载的能力，只不过刚度相对降低。因此，弹性设计方法不能充分发挥材料的潜力，导致材料的某种浪费。实际上，当结构内的局部材料进入塑性变形阶段，再继续增加外载时，结构的内力(应力)分布规律与弹性阶段不同，即内力(应力)重分布；这种重分布总是使内力(应力)的分布更均匀，使原来处于低应力区的材料承受更大的应力，从而更好地发挥材料的潜力，提高结构的承载能力。显然，以塑性分析为基础的设计比弹性设计更为优越。但是，塑性设计允许结构有更大的变形，以及完全卸载后结构将存在残余变形。因此，对于刚度要求较高及不允许出现残余变形的场合，这种设计方法不适用。塑性力学分为数学塑性力学和应用塑性力学，它是固体力学的一个重要的分支学科。

4. 黏弹性力学

黏弹性力学研究材料性质随时间变化的物体在外界因素(力、温度变化等)影响下的变形与外力、温度、负荷时间、加载速率等因素间的关系，以及物体中的应力场、应变场及有关的规律。黏弹性力学是固体力学的基础内容，是连续体力学的一个重要组成部分，它通常包括两方面的内容：一是材料黏弹性能的描述与本构关系的表达；二是边值问题的建立与求解。在自然界有两类众所周知的材料：弹性固体和黏性流体。弹性固体具有确定的构形；而黏性流体没有确定的形状(或取决于容器)，外力作用下变形随时间而发展，产生不可逆的流动。塑料、橡胶、树脂、玻璃、混凝土以及金属等工业材料，岩石土壤、沥青和矿物等地质材料，肌肉、骨骼、血液等生物材料，常同时具有弹性和黏性两种不同机理的变形，综合地体现了黏性流体和弹性固体两者的特性，材料的这种性质称为黏弹性。黏弹性力学与弹性力学、塑性力学的主要区别在于：塑性力学考虑的永久变形只与应力和应变的历史有关，但不随时间变化；而黏弹性力学考虑的永久变形与时间有关；弹性力学则不考虑永久变形。材料的黏弹性分为线性和非线性两大类，若材料性能表现为线性弹性和理想黏性特性的组合，则称为线性黏弹性。

5. 复合材料力学

复合材料是由两种或多种不同性质的材料用物理或化学方法制成的具有新性能的材料，如颗粒复合材料、层合复合材料、纤维增强复合材料等。其具有强度高、刚度大、重量轻、抗疲劳、耐高温、可设计等优点。复合材料力学研究现代复合材料构件在外力作用下的力学性能、变形规律和设计准则，进而研究材料设计、结构设计和优化设计等问题，它是20世纪50年代发展起来的固体力学的一个新分支。复合材料力学的研究必须考虑材料的各向异性和非均匀性，因而研究复合材料力学问题与均匀材料力学问题的本质区别是本构关系不同。

6. 断裂力学

断裂力学又称断裂理论，是研究工程结构具有裂纹时裂纹尖端附近的应力场和应变场，并由此分析裂纹扩展的条件和规律，它是固体力学的一个新分支。许多固体都含有裂纹，工程结构的装配、冷热加工、酸洗等工艺过程都有可能使结构产生裂纹。即使没有宏观裂纹，物体内部的微观缺陷(如微孔、晶界、位错、夹杂物等)也会在荷载作用、腐蚀性介质作用，特别是交变荷载作用下，发展成宏观裂纹。所以，断裂理论也可以说是裂纹理论，它所提出的断裂韧度和裂纹扩展速度等，都是预测裂纹的临界尺寸和估算构件寿命的重要指标，在工程中得到广泛应用。分析裂纹扩展规律、建立断裂判据、控制和防止断裂破坏是研究断裂力学的主要目的。

7. 损伤力学

在荷载和环境的作用下，由细观结构的缺陷(如微裂纹、微孔洞等)引起材料或结构的劣化过程，称为损伤。损伤力学研究含损伤介质的材料性能，以及在变形过程中损伤的演化直至破坏的全部力学过程。其主要研究方法有两种：一是连续介质力学的唯象方法，它以材料的表观现象为依据，将物体内存在的损伤理解为与应力场、应变场及温度场相似的连续场变量，在物体内任一处取体积元，并假定该体积元内的应力、应变以及损伤都是均匀分布的，这样就能在连续介质力学的框架内，将损伤及其对材料和结构力学性能的影响进行系统的处理，由此形成的损伤力学又称为连续损伤力学；二是细观分析方法，通过对典型损伤基元(如微裂纹、微孔洞、剪切带等)以及各种基元组合的分析，并根据损伤基元的变形与演化过程，利用某种力学平均化的方法，求得材料变形、损伤过程及细观损伤参量之间的关系。

8. 结构力学

在工程结构设计中要进行结构的静力、动力、稳定性、断裂计算及优化设计等。结构力学就是研究工程结构承受和传递外力的能力，从力学的角度使结构达到强度高、刚度大、重量轻和经济效益好的综合要求。经典结构力学的研究范围限于杆系结构，如桁架和刚架。广义的结构力学将研究范围扩大到板、壳及其组合体的某些结构，与应用弹性力学的研究内容相同。

9. 结构动力学

结构动力学更专注于研究动荷载作用下，结构中各点的力学响应随时间而变化的特征和规律。其中，最显著的特征是：在外荷载且考虑惯性力和阻尼力的作用下，结构中各点的位移呈现振动现象。一般地，振动可分为定则(确定性)振动和随机振动两大类。它们的本质区别在于：随机振动不是单个现象，是大量似乎杂乱的现象的集合，但整体上仍有一定的统计规律，它虽不能用确定的函数描述，却能用统计特性来描述；而在定则振动问题中，系统的输入与输出之间有确定的函数关系。定则振动是结构动力学的主要研究内容，若按物体上所施加的荷载形式，定则振动可分为自由振动、受迫振动、自激振动以及冲击荷载作用下的瞬态动力响应。自由振动是由外界的初始干扰引起的；受迫振动是在经常性动荷载(特别是周期性动荷载)作用下的振动；自激振动是不加外激励而系统自行产生的恒稳和持续的振动，能产生自激振动的系统必为非线性系统。结构动力学包含线性理论和非线性理论，后者能揭示出动力系统更为复杂和丰富的动力学特性，如动态分岔和混沌等。结构动力学的基础是经典振动理论，但是振动理论是以质点、质点系为主要研究对象，而结构动力学是在连续介质力学的框架内进行研究。结构动力学的研究成果已被广泛地应用于工程结构的隔振防震、系统主动控制、损伤监测等方面。

当前，计算机和人工智能技术的飞跃发展、基础科学与技术科学之间的相互渗透，以及宏观研究与微观分析的相互结合，使固体力学的研究内容更为广泛，研究手段更加先进，从而，使固体力学在国民经济的各领域中起着举足轻重的作用，成为被高度关注的学科。

1.2　固体力学中的一般力学模型

在固体力学的研究中，如同在所有科学研究中一样，都要将研究对象进行模拟，建立相应的力学模型(科学模型)。“模型”是“原型”的近似描述或表示。建立模型的原则：

一是科学性，尽可能地近似表示原型；二是实用性，能方便地应用。显然，一种科学(力学)模型的建立，要受到科学技术水平的制约。一般来说，力学模型大致有三个层次：材料构造模型、材料力学性质模型、结构计算模型。第一类模型是基本的，它们属于科学假设范畴，因此，常以“假设”的形式出现。

1.2.1 材料构造模型

1. 连续性假设

假定固体材料是连续介质，即组成物体的质点之间不存在任何空隙，连续紧密地分布于物体所占的整个空间。由此可以认为，一些物理量如应力、应变和位移等可以表示为坐标的连续函数，从而在进行数学推导时，可方便地运用连续和极限的概念。事实上，一切物体都由微粒组成，都不可能真实地符合这个假设。但是，从宏观尺度来看，微粒尺寸及各微粒之间的距离远比物体的几何尺寸小，当运用这个假设时，不会引起较大的误差。

2. 均匀及各向同性假设

假设物体由同一类型的均匀材料组成，则物体内各点在各方向上的物理性质相同(各向同性)，且物体各部分所具有的相同物理性质，不会随坐标的改变而变化(均匀性)。金属材料如钢材，通常是各向同性的，虽然经过加工会引起一定的各向异性，例如，轧制钢板在轧制方向(纵向)的抗拉性能高于厚度方向的抗拉性能，但与宽度方向的性能相差不大，至于杨氏模量则差别更小。木材与钢筋混凝土构件都是各向异性的。木材只是顺纹方向抗拉能力较强，用作杆件时主要起抗拉(压、弯)的作用，顺纹方向是内力分析的主要方面，其横向力学性能是次要的，所以不考虑材料的各向异性对结论无大的影响。钢筋混凝土梁也与此类似，且钢筋混凝土构件还可以通过布置钢筋的办法做到接近各向同性。至于纤维增强复合材料，它是根据结构的受力情况，有意识地在一些方向上应用纤维加强，此时就需要考虑材料的各向异性。各向异性情况下的力学分析略为复杂，但在本质上与各向同性的情况没有大的差别，只是在物理方程上有所不同。

1.2.2 材料力学性质模型

1. 弹性材料

弹性材料是对实际固体材料的一种抽象，它构成一个近似于真实材料的理想模型。弹性材料的特征是：物体在变形过程中对应于一定的温度，应力与应变之间呈一一对应的关系，它和荷载的持续时间及变形历史无关；卸载后其变形可以完全恢复。在变形过程中应力与应变之间呈线性规律，即为服从胡克规律的弹性材料，称为线性弹性材料；而某些金属和塑料等，其应力与应变之间呈非线性性质，称为非线性弹性材料。材料弹性规律的应用，成为弹性力学区别于其他固体力学分支学科的本质特征。

2. 塑性材料

塑性材料也是固体材料的一种理想模型。塑性材料的特征是：在变形过程中，应力和应变不再具有一一对应的关系，应变的大小与加载的历史有关，但与时间无关；在卸载过程中，应力与应变之间按材料固有的弹性规律变化；完全卸载后物体保持一个永久变形，称为残余变形。变形的不可恢复性是塑性材料的基本特征。

3. 黏性材料

当材料的力学性质具有时间效应，即材料的力学性质与荷载的持续时间和加载速率相关时，称为黏性材料。实际材料都具有不同程度的黏性性质，只不过有时可以略去不计。

1.2.3 结构计算模型

1. 小变形假设

假设物体在外部因素作用下所产生的位移远小于物体原来的尺寸。应用该假设可使计算模型大为简化。例如，在研究物体的平衡时，可不考虑由变形所引起的物体尺寸位置的变化；在建立几何方程和物理方程时，可以略去其中的二次及更高次项，使得到的基本方程是线性偏微分方程。与之相对应的是大变形情况，这时必须考虑几何关系中的二阶或高阶非线性项(几何非线性)，得到的基本方程是更难求解的非线性偏微分方程。

2. 无初应力假设

假定物体原来是处于一种无应力的自然状态。即在外力作用以前，物体内各点应力均为零。本书中的分析计算大多是从这种状态出发的。

3. 荷载分类

作用于物体的外力可以分为体积力和表面力，两者分别简称为体力和面力。体力，是分布在物体体积内的力，如重力和惯性力。物体内各点所受的体力一般是不同的。为了表明物体内某一点 A 所受体力的大小和方向，在这一点取物体的一小部分，它包含 A 点，体积为 ΔV，见图 1-1。设作用于 ΔV 的体力为 $\Delta \boldsymbol{F}$，则体力的平均集度为 $\Delta \boldsymbol{F}/\Delta V$。如果将所取的这一小部分物体不断减小，即 ΔV 不断减小，则 $\Delta \boldsymbol{F}$ 和 $\Delta \boldsymbol{F}/\Delta V$ 都将不断地改变大小、方向和作用点。现在，假定体力为连续分布，令 ΔV 无限减小而趋于 A 点，则 $\Delta \boldsymbol{F}/\Delta V$ 将趋于一定的极限矢量 $\boldsymbol{f}$，即

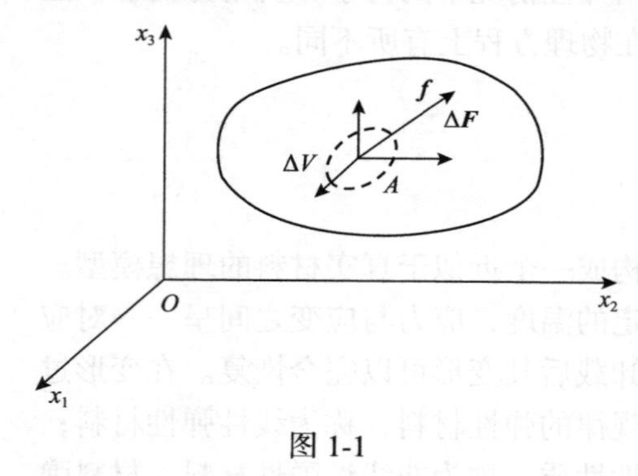

图 1-1

$$\lim_{\Delta V \to 0} \frac{\Delta \boldsymbol{F}}{\Delta V} = \boldsymbol{f} \tag{1-1}$$

这个极限矢量 $\boldsymbol{f}$ 就是该物体在 A 点所受体力的集度。由于 ΔV 是标量，所以 $\boldsymbol{f}$ 的方向就

是$\Delta \boldsymbol{F}$的极限方向。矢量$\boldsymbol{f}$在坐标轴$x_i(i=1,2,3)$上的投影f_i称为该物体在A点的体力分量，以沿坐标轴正方向时为正，它们的因次是[力][长度]$^{-3}$。

面力是分布在物体表面上的力，如风力、流体压力、两固体间的接触力等。物体上各点所受的面力一般也是不同的。为了表明物体表面上一点B所受面力的大小和方向，可仿照对体力的讨论，得出当作用于ΔS面积上的面力为$\Delta \boldsymbol{P}$，而面力的平均集度为$\Delta \boldsymbol{P}/\Delta S$时，微小面$\Delta S$无限缩小而趋于$B$点时的极限矢量$\boldsymbol{p}$，即

$$\lim_{\Delta S\to 0}\frac{\Delta \boldsymbol{P}}{\Delta S}=\boldsymbol{p} \tag{1-2}$$

它是该物体在B点的面力。其在坐标轴x_i上的投影p_i称为B点的面力分量，以沿坐标轴正方向时为正，它们的因次是[力][长度]$^{-2}$。作用在物体表面上的力都占有一定的面积，当作用面很小或呈狭长形时，可分别理想化为集中力或线集中力。

本节所述材料构造模型、结构计算模型是本书讨论问题的共同基础。而材料力学性质模型的选取，则需根据材料本身的力学性质、工作环境及限定的研究范围来确定。弹性、塑性和黏性只是材料的三种基本理想性质，在一定条件下能近似地反映材料在一个方面的力学行为，因而它们是材料力学性质的理想模型。大多数材料的力学性质在给定条件下可采用上述三种模型之一或其组合加以近似描述。

由于固体力学问题的复杂性，还有一些针对具体问题所做的假设，将在以后各章节中给出。

1.2.4 与时间无关的简单拉伸试验

固体材料在受力后产生变形，从变形开始到破坏一般要经历弹性变形和塑性变形这两个阶段。根据材料力学性质的不同，有的弹性阶段较明显，而塑性阶段很不明显。如铸铁等脆性材料，往往经历弹性阶段后就破坏；有的则弹性阶段很不明显，从开始变形就伴随着塑性变形，弹塑性变形总是耦联产生，如混凝土材料。而大部分固体材料都呈现出明显的弹性变形阶段和塑性变形阶段，这种具有弹性与塑性变形阶段的固体材料统称为弹塑性材料。

固体材料的上述弹性与塑性性质可用简单拉伸试验来说明。图1-2是熟知的在常温静载下低碳钢试件进行简单拉伸试验时的应力-应变曲线。当应力与应变从零的初始状态开始时，有一个直线阶段(线段OA)，在到达比例极限σ_p以后，曲线开始变弯，直到弹性极限σ_e。在弹性极限以前，如果卸除荷载，当应力降到零时，应变也随原有曲线降到零，变形将完全消失。在超过弹性极限以后，曲线出现一段应力几乎不变而应变可以增长的屈服阶段(线段BC)，对应的应力称为屈服应力σ_s，一般工程应用中可认为屈服应

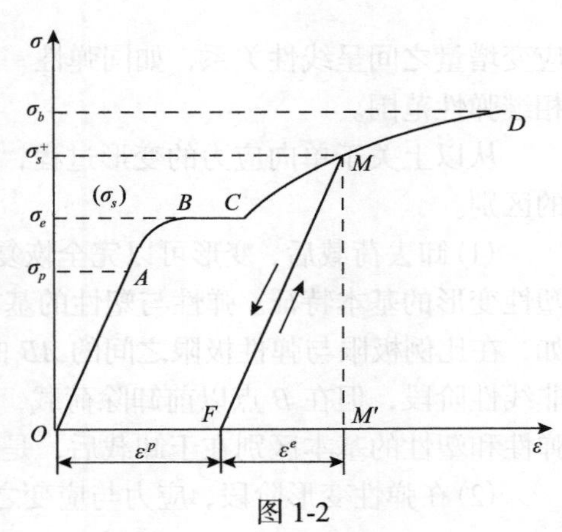

图1-2

力 σ_s 即为弹性极限 σ_e。在超过弹性极限后的任一点 M 处卸载，应力与应变之间将不再沿原有曲线退回原点，而是沿一条接近平行于 OA 线的 MF 线变化，直到应力下降为零，而应变并不退回到零，OF 是保留下来的永久应变，称为塑性应变，且以 ε^p 表示。如果从 F 点重新开始加载，应力与应变将近似地仍沿 FM 线变化，直至应力超过 M 点的应力后会发生新的塑性变形。由图 1-2 可知，经过前次塑性变形以后，材料的弹性极限提高到新的弹性极限，以 σ_s^+ 表示。为了与初始的屈服应力 σ_s 相区别，也称 σ_s^+ 为加载应力。因 $\sigma_s^+ > \sigma_s$，故称这种现象为强化或硬化现象。在 MF 线段中变形也处于弹性阶段，若材料初始弹性阶段的杨氏模量为 E，则 MF 的斜率为 E，它与 OA 段的区别是多一个初始应变 ε^p，在 M'点总的应变是

$$\varepsilon = \varepsilon^e + \varepsilon^p \tag{1-3}$$

其中，ε^e 为弹性应变，$\varepsilon^e = \sigma/E = \varepsilon - \varepsilon^p$，则

$$\varepsilon^p = \varepsilon - \frac{\sigma}{E} \tag{1-4}$$

因此，在 MF 段中 ε^p 不变，在 BCD 曲线上 ε^p 随着应力而改变，且 $\varepsilon^p = \varepsilon^p(\sigma)$。

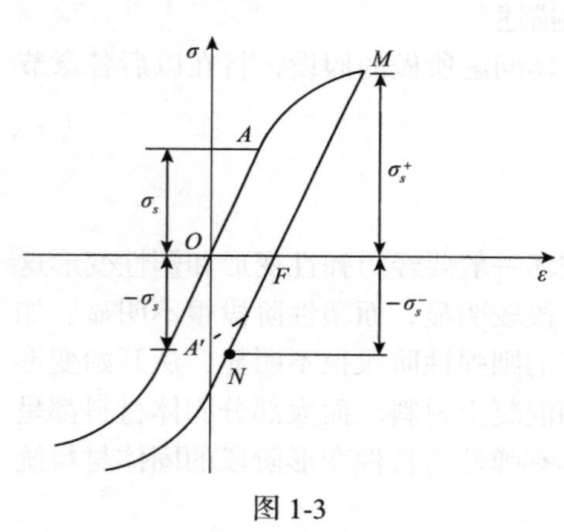

图 1-3

如果在试验中，不仅全部卸去拉伸荷载，而且反过来逐渐施加压缩荷载，这时会出现什么现象呢？试验表明，在 σ 轴的负向将继续有一直线段 FN，对应于 N 点的应力记为 σ_s^-；当压应力再增长时，将出现压缩塑性变形(曲线变弯)；如果 $|\sigma_s^-| = \sigma_s^+$，称为各向同性强化或等向强化；如果 $|\sigma_s^-| < \sigma_s^+$(有时 $|\sigma_s^-| < \sigma_s$)，表明材料一个方向(如拉伸)的强化将导致相反方向(如压缩)的弱化，这种现象称为包辛格效应(Bauschinger effect)(图 1-3)。应力在 σ_s^+ 和 σ_s^- 之间时，应力增量与应变增量之间呈线性关系，如同弹性一样。因此，称 σ_s^+ 和 σ_s^- 所界定的应力变化范围为相继弹性范围。

从以上关于单向应力的变形过程，可以了解到弹性变形与塑性变形有如下三个基本的区别。

(1)卸去荷载后，变形可以完全恢复是弹性变形的基本特征，而变形的不可恢复性是塑性变形的基本特征。弹性与塑性的基本区别不在于它们的应力-应变关系是否线性。例如，在比例极限与弹性极限之间的 AB 曲线段(图 1-2)，应力与应变不再成比例，进入了非线性阶段，但在 B 点以前卸除荷载，变形仍将完全恢复，属于弹性变形阶段。因此，弹性和塑性的基本区别在于卸载后，是否保留一个永久变形(塑性应变)。

(2)在弹性变形阶段，应力与应变之间呈一一对应的关系。而在塑性变形阶段，应力

与应力与应变之间不再是单值关系，对应于同一个应力状态，如果加载的历史不同，所对应的应变就不同。如图 1-4 所示，对应于 σ_1，若未经过卸载，其应变为 ε_1'；若先到 M''，再从该处卸载，则应变为 ε_1''；若先到 M'''，再从该处卸载，则应变为 ε_1'''；…。同样，对应于一个应变，也可以有多个应力，如图中的 H、G。但这并不是说塑性应力和应变状态就不能唯一地确定。为了描述材料在塑性变形阶段的应力-应变关系，需要知道如下条件：

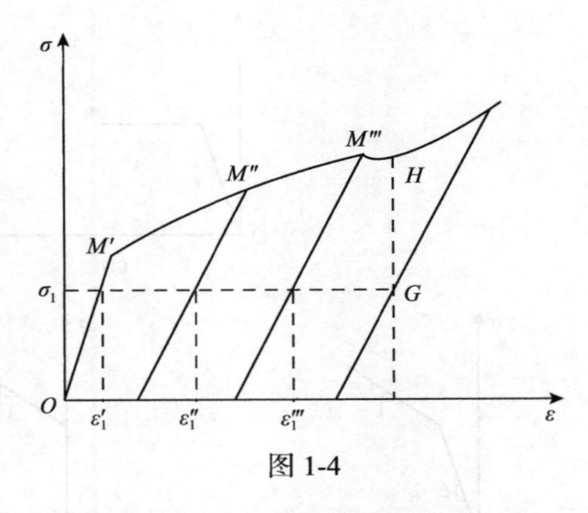

图 1-4

①材料的屈服应力或加载应力。它是用来区别材料是处于弹性阶段还是已进入塑性阶段的特征值。在屈服应力之前，应力-应变服从胡克定律，即

$$\sigma < \sigma_s, \quad \sigma = E\varepsilon \tag{1-5}$$

在屈服应力之后，视材料不同可用一函数表示为

$$\sigma > \sigma_s, \quad \sigma = f(\varepsilon) \tag{1-6}$$

若在这一阶段从$(\sigma^*, \varepsilon^*)$卸载，应力-应变关系成比例，应写为

$$\sigma^* - \sigma = E(\varepsilon^* - \varepsilon) \text{ 或 } \mathrm{d}\sigma = E\mathrm{d}\varepsilon \tag{1-7}$$

②加载准则。在材料进入塑性变形阶段后，应力和应变在加载和卸载的情况下服从两个不同的规律，需要有一个判别材料是加载还是卸载的准则，称为加载或卸载准则；在应力等于屈服应力或加载应力时，应力的变化有两种可能，它可写为

$$\begin{aligned} &\text{加载：} \sigma\mathrm{d}\sigma \geqslant 0, \ \mathrm{d}\sigma = f'(\varepsilon)\mathrm{d}\varepsilon \\ &\text{卸载：} \sigma\mathrm{d}\sigma \leqslant 0, \ \mathrm{d}\sigma = E\mathrm{d}\varepsilon \end{aligned} \tag{1-8}$$

③从某个初始状态到现时的全部变形(或加载)史。对于某现时来说，我们知道了应力增量和应变增量之间的关系如式(1-8)所示，明确了变形或加载的历史，就可以对增量积分，求得应力全量与应变全量的关系，从而确定该现时材料中的应力和应变。

(3)弹性变形是可逆的，而塑性变形是不可逆的，卸载后永久变形的存在导致在塑性变形中所做的塑性功也是不可逆的。塑性功恒大于零，是耗散功。

即使在简单拉伸情况下，用 $\sigma = f(\varepsilon)$ 的关系式来求解弹塑性问题，仍然是十分复杂的。为此，针对具体问题，不同材料在不同条件下，可以将应力-应变曲线理想化，提出五种简单模型，如图 1-5 所示。图中：(a)为弹性理想塑性模型；(b)为刚性理想塑性模型；(c)为弹性线性强化模型；(d)为刚性线性强化模型；(e)为幂次强化模型。

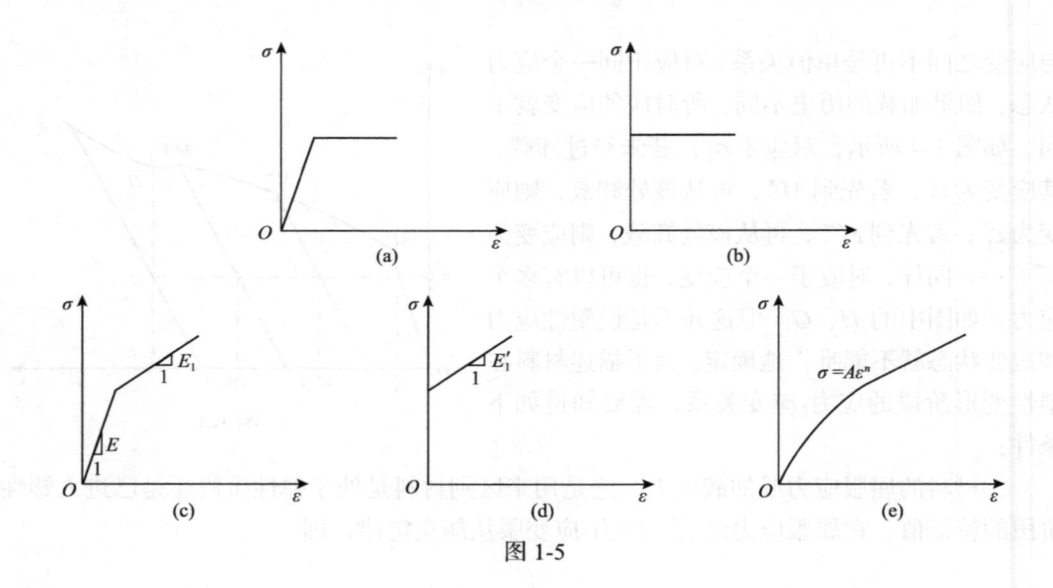

图 1-5

1.2.5　与时间相关的简单拉伸试验

一般工程材料，如钢铁等，其应力-应变关系均与时间无关。而近代工程材料中，如混凝土、塑料以及某些生物组织，它们的应力-应变关系都与时间有关。当材料性质综合地体现黏性流体和弹性固体两者的特性时，称为黏弹性。当材料性质综合地体现弹性、黏性和塑性特征时，称为黏弹塑性。黏弹性材料中的应力是应变与时间的函数，因而应力-应变-时间关系可由下面的方程描述：

$$\sigma = f(\varepsilon, t) \tag{1-9}$$

这就是非线性黏弹性。为了简化分析过程，可以将式(1-9)简化为应力、应变的线性方程，但仍包含时间函数，即

$$\sigma = \varepsilon f(t) \tag{1-10}$$

此即线性黏弹性。

弹性、线性黏弹性与非线性黏弹性的应力-应变关系的比较，可由图 1-6 予以说明。

对于黏弹性材料，当应力保持不变时，应变将随时间的增加而增长，这种现象称为蠕变。图 1-7(a)中表示恒定应力 σ_0 作用下的蠕变曲线 ABC，$\varepsilon = f(\sigma, t)$。金属在高温下发生显著的蠕变现象，它可以分为瞬时蠕变(应变率随时间增加而减小)、稳态蠕变(应变率几乎为一常值)和加速蠕变(应变率随时间迅速增加)三个阶段，如图 1-7(b)所示。

若在某一时间卸去荷载，弹性固体将恢复原样，如果不考虑惯性，则应变瞬时为零。对于黏弹性材料，在 $t = t_1$ 时刻除去外力(图 1-7(a))，则在瞬时弹性恢复(CD)后，存在逐渐恢复的过程(DE)。这种现象称为蠕变恢复，有时称为滞弹性恢复或延滞恢复。而留存于物体中的不可恢复的应变，可由恢复曲线的渐近值来确定。

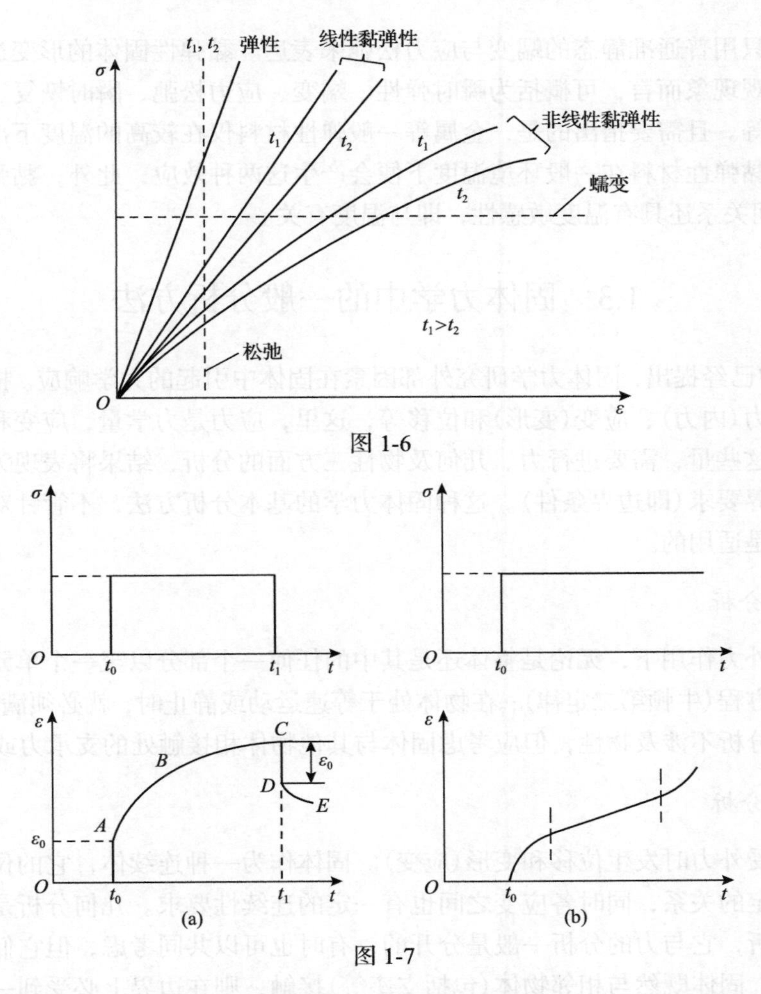

图 1-6

图 1-7

当应变恒定时，应力随时间的增加而减少的现象称为应力松弛。图 1-8 表示一般的应力松弛过程。开始时应力很快衰减，而后逐渐降低并趋于某一恒定值。从流变机理方面看，黏性流动将使应力经过足够长的时间后衰减至零。因此，可以说在一定的应变条件下，应力较快趋于零的材料是流体；而经过相当长时间后应力衰减至一定值的材料则为固体。

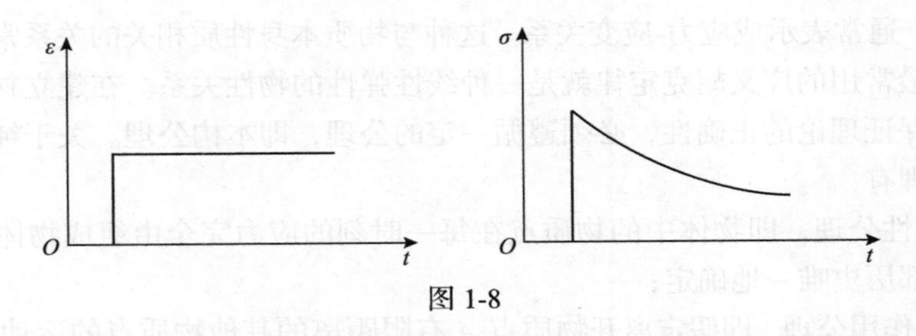

图 1-8

由于材料、荷载(起因)和形变过程的复杂性，材料随时间而变化的力学性能也是复杂的，不能只用普通准静态的蠕变与应力松弛来表达。黏弹性固体的形变过程虽然很复杂，但从表观现象而言，可概括为瞬时弹性、蠕变、应力松弛、瞬时恢复、滞弹性变形和永久变形等。且需要指出的是，金属等一般弹性材料仅在较高的温度下出现蠕变和应力松弛，而黏弹性材料在一般环境温度下便会产生这两种效应；此外，黏弹性材料的应力-应变-时间关系还具有温度敏感性，即与温度有关。

1.3 固体力学中的一般分析方法

1.1 节中已经提出，固体力学研究外部因素在固体中引起的力学响应。描述力学响应的参量有应力(内力)、应变(变形)和位移等，这里，应力是力学量，应变和位移是几何量。要确定这些量，需要进行力、几何及物性三方面的分析，结果将表现为一些场方程和一定的边界要求(即边界条件)。这种固体力学的基本分析方法，不管针对哪一种特殊的构件，都是适用的。

1. 力学分析

固体在外力作用下，无论是整体还是其中的任何一个部分以至一个单元体，都必须满足动力学方程(牛顿第二定律)；在物体处于等速运动或静止时，就必须满足平衡方程。这里的力学分析不涉及物性，但应考虑固体与其他物体相接触处的支承力或边界力。

2. 几何分析

固体承受外力时发生位移和变形(应变)。固体作为一种连续体，它的位移与应变之间应存在一定的关系，同时各应变之间也有一定的连续性要求。几何分析是纯粹几何或运动学的分析，它与力的分析一般是分开的，有时也可以共同考虑，但它们对物性关系则是独立的。固体既然与相邻物体(包括支座等)接触，则在边界上必受到一定的几何或运动学性质的约束。在实用固体力学分析中，往往对几何关系进行某种限制或假设，这时几何关系得到简化，这种独立的几何关系往往是简化计算的关键。

3. 物性关系

不同物性的固体，其变形与外力的关系是不同的。在对应的力与几何参量之间有一定的关系式，通常表示成应力-应变关系。这种与物质本身性质相关的关系常称为材料的本构关系。最常用的广义胡克定律就是一种线性弹性的物性关系。在建立材料的本构关系时，为了保证理论的正确性，必须遵循一定的公理，即本构公理。关于纯力学物质理论的本构公理有：

(1) 确定性公理，即物体中的物质点在每一时刻的应力完全由组成物体的全部物质点运动的全部历史唯一地确定；

(2) 局部作用公理，即假定离开物质点 A 有限距离的其他物质点的运动与 A 上的应变无关；

(3)客观性公理，即物质的性质不随观察者的变化而变化，即本构关系对于刚性运动的参考标架具有不变性。

此外，还有坐标不变性公理，即本构关系应与坐标系无关。但当采用张量记法时，这个公理已自然满足。

考虑以上三个方面，即力学分析、几何分析、物性关系，可以构成三类基本方程：力的平衡方程、几何方程、物理方程。加之必要的边界条件(力和位移的约束)和某些情况下需要给出的初始条件，于是，形成固体力学分析中的基本关系式。

固体力学有时也应用能量形式来处理有关的参量，将外力功与固体在变形过程中所形成的变形能联系起来，得到能量原理。这些原理(关系式)是以上三方面的综合体，它可以反映一定域的场方程和边界条件，所以，它一般与应用以上三方面关系来求解的方法是等效的。用能量原理求解固体力学问题，往往更便于形成有效的近似计算方法。

第2章 应力和应变状态理论

2.1 应力、一点以及斜面的应力状态

2.1.1 应力、一点的应力状态

一个在外界因素作用下的物体将产生内力和变形。用以描述物体中任何部位的内力和变形特征的力学量是应力和应变。

为了说明应力概念，假想通过物体内任一点 M 作法线方向为 $\boldsymbol{\nu}$ 的微小面积 ΔS，此微小面积将物体在点 M 的微小领域分割成两部分，如图 2-1 所示。由割离体法可知，在被切割的表面处，必须用内力 $\Delta\boldsymbol{P}$ 和 $\Delta\boldsymbol{P}'$ 代替，显然，这里的 $\Delta\boldsymbol{P}$ 和 $\Delta\boldsymbol{P}'$ 是作用力和反作用力的关系。根据物体连续性假设，可以认为作用在微小面 ΔS 上的力是连续分布的，内力 $\Delta\boldsymbol{P}$ 则是这个分布力的合力。于是分布集度 $\Delta\boldsymbol{P}/\Delta S$ 称为平均应力。如果令 ΔS 趋近于零，则可定义：

$$\boldsymbol{\sigma}_{\nu}=\lim_{\Delta S\to 0}\frac{\Delta\boldsymbol{P}}{\Delta S} \tag{2-1}$$

它是作用于 M 点处法线为 $\boldsymbol{\nu}$ 的面元上的应力矢量。必须指出凡提到应力，需指明它是对物体内哪一点并过该点的哪一个微分面。因为通过物体内同一点可以作无数个方位不同的微分面。显然，各微分面上的应力一般是不相同的。

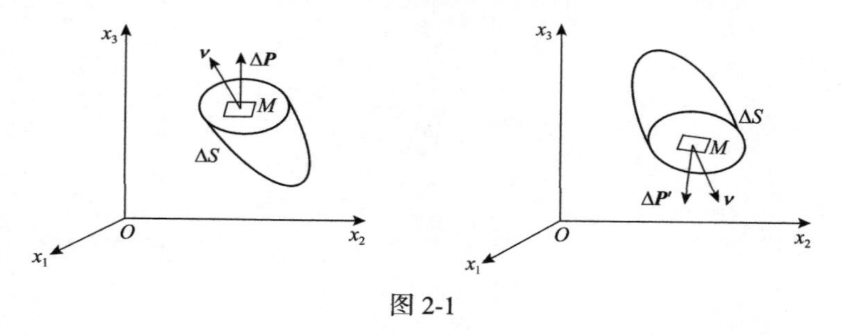

图 2-1

在笛卡儿(Cartesian)坐标系中，用六个平行于坐标面的截面(简称正截面)在 M 点的领域内取出一个正六面体微元，如图 2-2 所示。其中外法线与坐标轴 x_i (i=1, 2, 3)同向的三个面元称为正面，记为 $\mathrm{d}S_i$，它们的单位法向矢即坐标轴的单位矢 $\boldsymbol{e}_i$。另三个外法线与坐标轴反向的面元称为负面，它们的单位法向矢为 $-\boldsymbol{e}_i$。将作用在正面 $\mathrm{d}S_i$ 上的应力矢量 $\boldsymbol{\sigma}_i$ 沿坐标轴正向分解，得

$$\begin{aligned}\boldsymbol{\sigma}_1&=\sigma_{11}\boldsymbol{e}_1+\sigma_{12}\boldsymbol{e}_2+\sigma_{13}\boldsymbol{e}_3\\\boldsymbol{\sigma}_2&=\sigma_{21}\boldsymbol{e}_1+\sigma_{22}\boldsymbol{e}_2+\sigma_{23}\boldsymbol{e}_3\\\boldsymbol{\sigma}_3&=\sigma_{31}\boldsymbol{e}_1+\sigma_{32}\boldsymbol{e}_2+\sigma_{33}\boldsymbol{e}_3\end{aligned} \tag{2-2a}$$

即

$$\boldsymbol{\sigma}_i = \sigma_{ij}\boldsymbol{e}_j \tag{2-2b}$$

上式中共出现了九个应力分量：

$$\begin{matrix} \sigma_{11} & \sigma_{12} & \sigma_{13} \\ \sigma_{21} & \sigma_{22} & \sigma_{23} \\ \sigma_{31} & \sigma_{32} & \sigma_{33} \end{matrix}$$

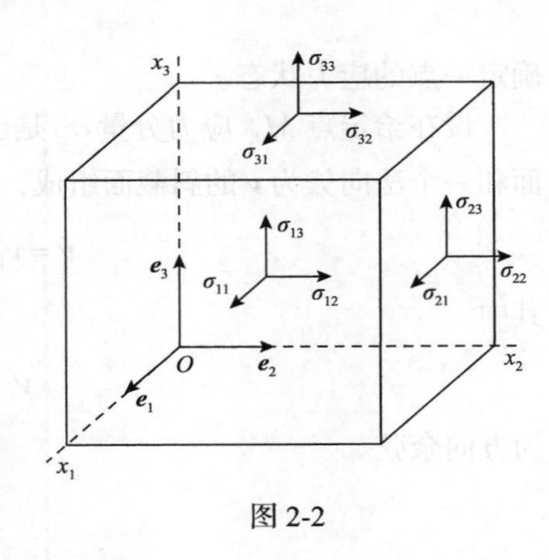

图 2-2

其中，第一个指标 i 表示面元的法线方向，称为面元指标；第二个指标 j 表示应力分解的方向，称为方向指标。当 $i=j$ 时，应力分量垂直于面元，称为正应力；当 $i \neq j$ 时，应力分量作用在面元平面内，称为剪应力。

弹性理论规定，作用在负面上的应力矢量 $\boldsymbol{\sigma}_{-i}$ 应沿坐标轴反向分解，当微元收缩成一点 M 时，负面应力和正面应力大小相等方向相反，即

$$\boldsymbol{\sigma}_{-i} = -\boldsymbol{\sigma}_i = \sigma_{ij}(-\boldsymbol{e}_j) \tag{2-3}$$

而应力分量 σ_{ij} 的正负规定是：正面上与坐标轴同向的应力分量及负面上与坐标轴反向的应力分量为正，反之为负。

以上这九个应力分量定义了一个新的量 $\boldsymbol{\sigma}$，它描述了 M 点处的应力状态。数学上在坐标变换时，服从一定坐标变换式的九个数所定义的量称为二阶张量。$\boldsymbol{\sigma}$ 为二阶张量，它称为柯西(Cauchy)应力张量，简称为应力张量。σ_{ij} 为应力张量在基矢量为 $\boldsymbol{e}_j$ 的坐标系中的分量，简称为应力分量。应力张量的矩阵形式通常表示为

$$\boldsymbol{\sigma} = [\sigma_{ij}] = \begin{bmatrix} \sigma_{11} & \sigma_{12} & \sigma_{13} \\ \sigma_{21} & \sigma_{22} & \sigma_{23} \\ \sigma_{31} & \sigma_{32} & \sigma_{33} \end{bmatrix} \tag{2-4}$$

应当指出，物体内各点的应力状态一般是不相同的，为坐标 x_i 的函数，所以，应力张量与给定点的空间位置有关，应力张量总是针对物体中的某一确定点而言的。2.2 节中将证明，应力张量 $\boldsymbol{\sigma}$ 完全确定了一点处的应力状态。且需指出，在不用张量作数学工具的教材中，九个应力分量常记为

$$\begin{matrix} \sigma_x & \tau_{xy} & \tau_{xz} \\ \tau_{yx} & \sigma_y & \tau_{yz} \\ \tau_{zx} & \tau_{zy} & \sigma_z \end{matrix}$$

2.1.2　斜面应力公式和边界条件

本节用平衡原理导出斜截面的应力计算公式。由此即可证明，只要知道了一点的九个应力分量，就可求出通过该点的各个微分面上的应力。也就是说九个应力分量将完全

确定一点的应力状态。

设在给定点 M，应力分量 σ_{ij} 是已知的。考虑图 2-3 中的四面体 $MABC$，它由三个负面和一个法向矢为 $\boldsymbol{\nu}$ 的斜截面组成，且

$$\boldsymbol{\nu}=\nu_1\boldsymbol{e}_1+\nu_2\boldsymbol{e}_2+\nu_3\boldsymbol{e}_3=\nu_i\boldsymbol{e}_i \tag{2-5}$$

其中

$$\nu_i=\cos(\boldsymbol{\nu},\boldsymbol{e}_i)=\boldsymbol{\nu}\cdot\boldsymbol{e}_i \tag{2-6}$$

为方向余弦。

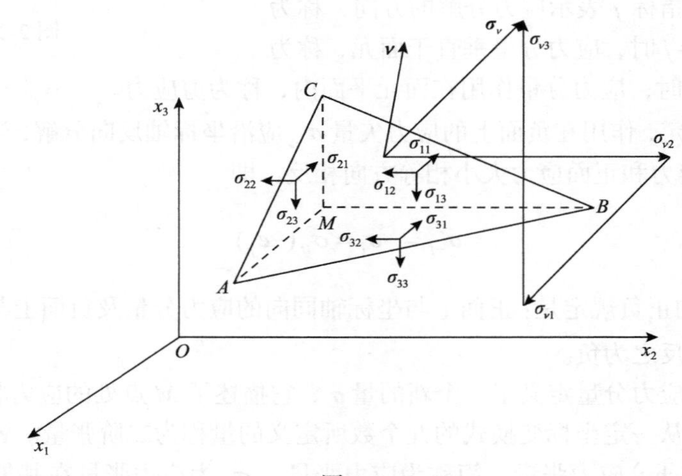

图 2-3

设斜面 $\triangle ABC$ 的面积为 $\mathrm{d}S$，则三个负面 $\triangle MBC$、$\triangle MCA$、$\triangle MAB$ 的面积分别为

$$\begin{aligned}\mathrm{d}S_1&=\nu_1\mathrm{d}S\\ \mathrm{d}S_2&=\nu_2\mathrm{d}S\\ \mathrm{d}S_3&=\nu_3\mathrm{d}S\end{aligned} \tag{2-7}$$

四面体的体积为

$$\mathrm{d}V=\frac{1}{3}\mathrm{d}h\mathrm{d}S \tag{2-8}$$

其中，$\mathrm{d}h$ 为顶点 M 到斜面的距离。

设 $\boldsymbol{f}$ 为单位体积力，则四面体上作用力的平衡条件为

$$\boldsymbol{\sigma}_\nu\,\mathrm{d}S-\boldsymbol{\sigma}_1\mathrm{d}S_1-\boldsymbol{\sigma}_2\mathrm{d}S_2-\boldsymbol{\sigma}_3\mathrm{d}S_3+\boldsymbol{f}\mathrm{d}V=0 \tag{2-9}$$

将式(2-9)等号两边同除以 $\mathrm{d}S$，且注意当 $\mathrm{d}S\to0$ 时，$\mathrm{d}V/\mathrm{d}S\to0$，得

$$\boldsymbol{\sigma}_\nu=\nu_1\boldsymbol{\sigma}_1+\nu_2\boldsymbol{\sigma}_2+\nu_3\boldsymbol{\sigma}_3=\nu_i\boldsymbol{\sigma}_i=\nu_i\sigma_{ij}\boldsymbol{e}_j \tag{2-10}$$

这就是斜面应力公式，它给出了物体内一点的九个应力分量与通过同一点的各微分面上应力之间的关系。这样，我们将了解各点的应力状态的问题，化为求出各点的九个应力

分量的问题。

又由式(2-10)，可知斜面应力$\boldsymbol{\sigma}_\nu$沿坐标轴x_i的分量为

$$\sigma_{\nu j} = \nu_i \sigma_{ij} \tag{2-11a}$$

即

$$\begin{aligned} \sigma_{\nu 1} &= \nu_1\sigma_{11} + \nu_2\sigma_{21} + \nu_3\sigma_{31} \\ \sigma_{\nu 2} &= \nu_1\sigma_{12} + \nu_2\sigma_{22} + \nu_3\sigma_{32} \\ \sigma_{\nu 3} &= \nu_1\sigma_{13} + \nu_2\sigma_{23} + \nu_3\sigma_{33} \end{aligned} \tag{2-11b}$$

于是，可以进一步求得斜面应力(又称全应力)的大小与方向：

$$\sigma_\nu = \left|\boldsymbol{\sigma}_\nu\right| = \sqrt{\sigma_{\nu 1}^2 + \sigma_{\nu 2}^2 + \sigma_{\nu 3}^2} \tag{2-12}$$

$$\begin{aligned} \cos(\boldsymbol{\sigma}_\nu, x_1) &= \sigma_{\nu 1} / \sigma_\nu \\ \cos(\boldsymbol{\sigma}_\nu, x_2) &= \sigma_{\nu 2} / \sigma_\nu \\ \cos(\boldsymbol{\sigma}_\nu, x_3) &= \sigma_{\nu 3} / \sigma_\nu \end{aligned} \tag{2-13}$$

斜面正应力σ_n是$\boldsymbol{\sigma}_\nu$在斜面法线方向上的分量，且

$$\sigma_n = \boldsymbol{\sigma}_\nu \cdot \boldsymbol{\nu} = \nu_i \sigma_{ij} \boldsymbol{e}_j \cdot \boldsymbol{\nu} = \sigma_{ij} \nu_i \nu_j \tag{2-14}$$

若令$\nu_1 = l$，$\nu_2 = m$，$\nu_3 = n$，则

$$\sigma_n = \sigma_x l^2 + \sigma_y m^2 + \sigma_z n^2 + 2\tau_{xy} lm + 2\tau_{yz} mn + 2\tau_{zx} nl \tag{2-15}$$

斜面剪应力τ是$\boldsymbol{\sigma}_\nu$在斜面内的分量：

$$\tau = |\boldsymbol{\tau}| = \sqrt{\sigma_\nu^2 - \sigma_n^2} \tag{2-16}$$

若斜面是物体的边界面，且在此边界面上受给定面力$\bar{\boldsymbol{p}}$的作用，则由式(2-11)可知，未知应力场的力边界条件为

$$\bar{p}_i = \nu_j \sigma_{ij} \tag{2-17}$$

式中，$\bar{p}_i$是面力$\bar{\boldsymbol{p}}$沿坐标轴方向的分量，通常在(x,y,z)坐标系中记为$(\bar{X},\bar{Y},\bar{Z})$，则力边界条件的常用形式为

$$\begin{aligned} \bar{X} &= \sigma_x l + \tau_{yx} m + \tau_{zx} n \\ \bar{Y} &= \tau_{xy} l + \sigma_y m + \tau_{zy} n \\ \bar{Z} &= \tau_{xz} l + \tau_{yz} m + \sigma_z n \end{aligned} \tag{2-18}$$

2.2 转轴时应力分量的变换、主应力和应力张量的不变量

2.2.1 转轴时应力分量的变换

本节导出不同笛卡儿坐标系中应力分量的转换规律。易于证明，当坐标系作平移变换时同一点的各应力分量不会改变，下面只考虑转轴的情形。

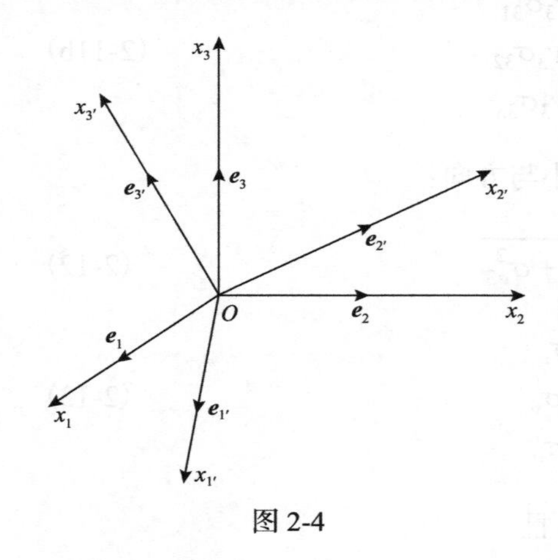

图 2-4

图 2-4 表示原点重合的新、老两个坐标轴 $x_{i'}$ 和 x_i。它们的正交标准化基矢分别为 $\boldsymbol{e}_{i'}$ 和 $\boldsymbol{e}_i$，且

$$\begin{aligned}\boldsymbol{e}_{i'}\cdot\boldsymbol{e}_{j'}&=\delta_{i'j'}\\ \boldsymbol{e}_i\cdot\boldsymbol{e}_j&=\delta_{ij}\end{aligned}\tag{2-19}$$

将新基矢 $\boldsymbol{e}_{i'}$ 对老基矢 $\boldsymbol{e}_j$ 分解，有

$$\boldsymbol{e}_{i'}=\beta_{i'1}\boldsymbol{e}_1+\beta_{i'2}\boldsymbol{e}_2+\beta_{i'3}\boldsymbol{e}_3=\beta_{i'j}\boldsymbol{e}_j\tag{2-20}$$

其中

$$\beta_{i'j}=\cos(\boldsymbol{e}_{i'},\boldsymbol{e}_j)=\boldsymbol{e}_{i'}\cdot\boldsymbol{e}_j=\boldsymbol{e}_j\cdot\boldsymbol{e}_{i'}\tag{2-21}$$

它是新坐标轴 $x_{i'}$ 与老坐标轴 x_j 之间的方向余弦，称为转换系数。反之，老基矢对新基矢的分解式为

$$\boldsymbol{e}_j=\beta_{1'j}\boldsymbol{e}_{1'}+\beta_{2'j}\boldsymbol{e}_{2'}+\beta_{3'j}\boldsymbol{e}_{3'}=\beta_{i'j}\boldsymbol{e}_{i'}\tag{2-22}$$

现在来求新、老坐标系中应力分量 $\sigma_{i'j'}$ 与 σ_{ij} 之间的转换关系。将新坐标系中的三个正截面分别看成老坐标系中的斜面，则垂直于新轴 $x_{i'}$ 的正截面的法向矢量 $\boldsymbol{\nu}$ 即为 $\boldsymbol{e}_{i'}$。而由式(2-10)，在坐标系 x_i 中法向矢量为 $\boldsymbol{\nu}$ 的斜面应力为

$$\boldsymbol{\sigma}_\nu=\nu_i\sigma_{ij}\boldsymbol{e}_j=\boldsymbol{\nu}\cdot\boldsymbol{e}_i\sigma_{ij}\boldsymbol{e}_j$$

则垂直于新轴 $x_{i'}$ 的正截面上的应力为

$$\boldsymbol{\sigma}_{i'}=\boldsymbol{e}_{i'}\cdot\boldsymbol{e}_i\sigma_{ij}\boldsymbol{e}_j=\beta_{i'i}\sigma_{ij}\boldsymbol{e}_j$$

它在老坐标系中沿 x_i 各方向的分量为

$$\sigma_{i'j}=\beta_{i'i}\sigma_{ij}\tag{2-23}$$

为了求得新坐标系中的应力分量 $\sigma_{i'j'}$，应将 $\boldsymbol{\sigma}_{i'}$ 对新坐标系 $x_{i'}$ 分解，即将 $\boldsymbol{\sigma}_{i'}$ 点乘新轴的基矢量 $\boldsymbol{e}_{j'}$，则

$$\sigma_{i'j'}=\boldsymbol{\sigma}_{i'}\cdot\boldsymbol{e}_{j'}=(\beta_{i'i}\sigma_{ij'}\boldsymbol{e}_j)\cdot\boldsymbol{e}_{j'}\tag{2-24}$$

注意到$\boldsymbol{e}_{j'} \cdot \boldsymbol{e}_j = \beta_{j'j}$，则

$$\sigma_{i'j'} = \beta_{i'i}\beta_{j'j}\sigma_{ij} \tag{2-25}$$

这就是应力分量转轴公式，它遵循二阶张量的分量变换规律。显然，转轴后各应力分量都改变了，但这九个量作为一个“整体”所描述的一点的应力状态是不会改变的，因而又一次证明了应力$\boldsymbol{\sigma}$是二阶张量，在坐标转换时具有不变性。今后将证明，不计体力偶时应力张量具对称性，即$\sigma_{ij} = \sigma_{ji}$，为对称张量，其独立的应力分量只有六个。

设已知l_k、m_k、$n_k\,(k=1,2,3)$是新坐标系$x_{k'}$在老坐标系中的三个方向余弦，如表 2-1 所示。

表 2-1　方向余弦表

	x_1	x_2	x_3
$x_{1'}$	$\beta_{1'1} = l_1$	$\beta_{1'2} = m_1$	$\beta_{1'3} = n_1$
$x_{2'}$	$\beta_{2'1} = l_2$	$\beta_{2'2} = m_2$	$\beta_{2'3} = n_2$
$x_{3'}$	$\beta_{3'1} = l_3$	$\beta_{3'2} = m_3$	$\beta_{3'3} = n_3$

将转轴公式的分量形式(2-25)可写成矩阵表达式：

$$[\sigma'] = [\beta][\sigma][\beta]^{\mathrm{T}} \tag{2-26}$$

其中

$$[\sigma'] = [\sigma_{i'j'}]$$

$$[\sigma] = [\sigma_{ij}]$$

$$[\beta] = [\beta_{i'i}] = [\beta_{j'j}] = \begin{bmatrix} l_1 & m_1 & n_1 \\ l_2 & m_2 & n_2 \\ l_3 & m_3 & n_3 \end{bmatrix}$$

按矩阵乘法展开式(2-26)，得到转轴公式的通用形式：

$$\begin{aligned}
\sigma_{x'} &= \sigma_x l_1^2 + \sigma_y m_1^2 + \sigma_z n_1^2 + 2\tau_{xy} l_1 m_1 + 2\tau_{yz} m_1 n_1 + 2\tau_{zx} n_1 l_1 \\
\sigma_{y'} &= \sigma_x l_2^2 + \sigma_y m_2^2 + \sigma_z n_2^2 + 2\tau_{xy} l_2 m_2 + 2\tau_{yz} m_2 n_2 + 2\tau_{zx} n_2 l_2 \\
\sigma_{z'} &= \sigma_x l_3^2 + \sigma_y m_3^2 + \sigma_z n_3^2 + 2\tau_{xy} l_3 m_3 + 2\tau_{yz} m_3 n_3 + 2\tau_{zx} n_3 l_3 \\
\tau_{x'y'} &= \sigma_x l_1 l_2 + \sigma_y m_1 m_2 + \sigma_z n_1 n_2 + \tau_{xy}(l_1 m_2 + m_1 l_2) + \tau_{yz}(m_1 n_2 + n_1 m_2) + \tau_{zx}(n_1 l_2 + l_1 n_2) \\
\tau_{y'z'} &= \sigma_x l_2 l_3 + \sigma_y m_2 m_3 + \sigma_z n_2 n_3 + \tau_{xy}(l_2 m_3 + m_2 l_3) + \tau_{yz}(m_2 n_3 + n_2 m_3) + \tau_{zx}(n_2 l_3 + l_2 n_3) \\
\tau_{z'x'} &= \sigma_x l_3 l_1 + \sigma_y m_3 m_1 + \sigma_z n_3 n_1 + \tau_{xy}(l_3 m_1 + m_3 l_1) + \tau_{yz}(m_3 n_1 + n_3 m_1) + \tau_{zx}(n_3 l_1 + l_3 n_1)
\end{aligned} \tag{2-27}$$

2.2.2 主应力和应力张量的不变量

当坐标系转动时，受力物体内任一确定点的九个应力分量将随着改变。在坐标系不断转动的过程中，必然能找到一个坐标系，使得该点在该坐标系中只有正应力分量，而剪应力分量为零。也就是说对于任一确定的点，总能找到三个互相垂直的微分面，其上只有正应力而无剪应力。将这样的微分面称为主微分平面，简称主平面，其法线方向称为主应力方向，而其上的应力称为主应力。

由斜面应力公式(2-10)和式(2-11)可知，过任一点的法向矢量为$\boldsymbol{\nu}$的微分斜面上，其斜面应力为

$$\boldsymbol{\sigma}_\nu = \sigma_{\nu j}\boldsymbol{e}_j = \nu_i\sigma_{ij}\boldsymbol{e}_j$$

若法向矢量$\boldsymbol{\nu}$为主应力方向，则斜面应力$\boldsymbol{\sigma}_\nu$应与斜面法向矢量$\boldsymbol{\nu}$同向，此时，该微分斜面上只有正应力而无剪应力，于是

$$\boldsymbol{\sigma}_\nu = \sigma_\nu\boldsymbol{\nu} = \sigma_\nu\nu_j\boldsymbol{e}_j$$

我们可得到主平面上的法向矢量$\boldsymbol{\nu}$应满足的关系式为

$$\nu_i\sigma_{ij} - \sigma_\nu\nu_j = 0 \tag{2-28}$$

引入δ_{ij}进行换标，式(2-28)改写为

$$\nu_i(\sigma_{ij} - \sigma_\nu\delta_{ij}) = 0 \tag{2-29}$$

这是对ν_i的线性代数方程组，存在非零解的必要条件是系数行列式为零，即

$$\begin{vmatrix} \sigma_{11}-\sigma_\nu & \sigma_{12} & \sigma_{13} \\ \sigma_{21} & \sigma_{22}-\sigma_\nu & \sigma_{23} \\ \sigma_{31} & \sigma_{32} & \sigma_{33}-\sigma_\nu \end{vmatrix} = 0 \tag{2-30}$$

展开后得

$$\sigma_\nu^3 - I_1\sigma_\nu^2 + I_2\sigma_\nu - I_3 = 0 \tag{2-31}$$

其中

$$\begin{aligned}
I_1 &= \sigma_{11}+\sigma_{22}+\sigma_{33} = \sigma_{ii} = \sigma_x+\sigma_y+\sigma_z \\
I_2 &= \begin{vmatrix} \sigma_{22} & \sigma_{23} \\ \sigma_{32} & \sigma_{33} \end{vmatrix} + \begin{vmatrix} \sigma_{11} & \sigma_{13} \\ \sigma_{31} & \sigma_{33} \end{vmatrix} + \begin{vmatrix} \sigma_{11} & \sigma_{12} \\ \sigma_{21} & \sigma_{22} \end{vmatrix} = \frac{1}{2}(\sigma_{ii}\sigma_{jj} - \sigma_{ij}\sigma_{ij}) \\
&= \frac{1}{2}(I_1^2 - \sigma_{ij}\sigma_{ij}) = \sigma_x\sigma_y + \sigma_y\sigma_z + \sigma_z\sigma_x - \tau_{xy}^2 - \tau_{yz}^2 - \tau_{zx}^2 \\
I_3 &= \begin{vmatrix} \sigma_{11} & \sigma_{12} & \sigma_{13} \\ \sigma_{21} & \sigma_{22} & \sigma_{23} \\ \sigma_{31} & \sigma_{32} & \sigma_{33} \end{vmatrix} = e_{ijk}\sigma_{1i}\sigma_{2j}\sigma_{3k} = \frac{1}{3}\sigma_{ij}\sigma_{jk}\sigma_{ki} + I_1\left(I_2 - \frac{1}{3}I_1^2\right) \\
&= \sigma_x\sigma_y\sigma_z + 2\tau_{xy}\tau_{yz}\tau_{zx} - \sigma_x\tau_{yz}^2 - \sigma_y\tau_{zx}^2 - \sigma_z\tau_{xy}^2
\end{aligned} \tag{2-32}$$

方程(2-31)称为应力状态特征方程，它的三个特征根即为主应力。若它的三个特征根按其代数值的大小排列为σ_1、σ_2、σ_3，则σ_1称为第一主应力，σ_2称为第二主应力，σ_3称为第三主应力，它们是三个不同截面上的应力矢量的模，而不是某个应力矢量的三个分量。I_1、I_2、I_3分别称为第一、第二和第三应力张量不变量。其不变的含义是：当坐标系转动时，虽然每个应力分量都随之改变，但这三个量是不变的。更直观地说，因为方程的根代表的是一点的三个主应力，它们的大小与方向在物体的形状及引起内力的因素确定后是完全确定的，即它们是不会随坐标系的改变而改变的。由于方程(2-31)的根不变，故方程中的系数一定为不变量。如果使坐标轴恰与三个主方向重合，则应力张量简化为对角型，即

$$[\sigma_{ij}]=\begin{bmatrix}\sigma_1 & 0 & 0\\ 0 & \sigma_2 & 0\\ 0 & 0 & \sigma_3\end{bmatrix} \tag{2-33}$$

而应力张量不变量的表达式(2-32)简化为

$$\begin{aligned}I_1&=\sigma_1+\sigma_2+\sigma_3\\ I_2&=\sigma_1\sigma_2+\sigma_2\sigma_3+\sigma_3\sigma_1\\ I_3&=\sigma_1\sigma_2\sigma_3\end{aligned} \tag{2-34}$$

以主应力σ_1、σ_2、σ_3的方向为坐标曲线的坐标系称为主坐标系，也称为主向空间，一般说，主坐标系是正交曲线坐标系。

下面说明主应力的几个重要性质。

1. 不变性

特征方程(2-31)系数是不变量，所以作为特征根的主应力及相应的主方向$\boldsymbol{\nu}^{(k)}$都是不变量。由物理意义可知，它们都是物体内部受外部确定因素作用时客观存在的量，与人为选择的参考坐标无关。

2. 实数性

应力张量为对称张量，其各元素均为实数，故必有实特征根，即三个主应力都是实数。这意味着任何应力状态都存在三个主应力。

3. 正交性

考虑任意两个不同的主应力$\sigma_{(k)}$和$\sigma_{(l)}$，其相应的主方向分别为$\boldsymbol{\nu}^{(k)}$和$\boldsymbol{\nu}^{(l)}$，根据方程(2-28)有

$$\begin{aligned}\nu_i^{(k)}\sigma_{ij}&=\sigma_{(k)}\nu_j^{(k)}\\ \nu_i^{(l)}\sigma_{ij}&=\sigma_{(l)}\nu_j^{(l)}\end{aligned}$$

将以上等式的两边分别右乘$\nu_j^{(l)}$和$\nu_j^{(k)}$，然后相减得

$$\nu_i^{(k)}\sigma_{ij}\nu_j^{(l)} - \nu_i^{(l)}\sigma_{ij}\nu_j^{(k)} = (\sigma_{(k)} - \sigma_{(l)})\nu_j^{(k)}\nu_j^{(l)}$$

由应力张量的对称性可导得上式左端等于零，而右端因子$\sigma_{(k)} - \sigma_{(l)} \neq 0$，则要求

$$\nu_j^{(k)}\nu_j^{(l)} = 0$$

即

$$\boldsymbol{\nu}^{(k)} \cdot \boldsymbol{\nu}^{(l)} = 0 \tag{2-35}$$

这正是主方向$\boldsymbol{\nu}^{(k)}$与$\boldsymbol{\nu}^{(l)}$的正交条件。由此可知：当特征方程(2-31)无重根，即$\sigma_1 \neq \sigma_2 \neq \sigma_3$时，三个主应力必两两正交；当特征方程有一对重根时，例如$\sigma_1 = \sigma_2 \neq \sigma_3$，则与$\sigma_3$平面内任意两个相互垂直的方向均可作为主方向(如双向等拉或等压应力状态)；当特征方程出现三重根，即$\sigma_1 = \sigma_2 = \sigma_3$时，空间任意三个相互垂直的方向都可作为主方向。

为求解与三个主应力所对应的三个特征方向$\boldsymbol{\nu}^{(k)}$，应将三个主应力σ_k分别代入式(2-29)，加上$\boldsymbol{\nu}$为单位矢量的条件：

$$\nu_i\nu_i = 1 \tag{2-36}$$

来联立求解。

4. 极值性

在通过同一点的所有微分面上的正应力中，最大和最小的正应力是主应力。此时，选用主坐标系，则由式(2-14)表示的斜面正应力为

$$\sigma_n = \sigma_{ij}\nu_i\nu_j = \sigma_1\nu_1^2 + \sigma_2\nu_2^2 + \sigma_3\nu_3^2 \tag{2-37}$$

利用关系式$\nu_i\nu_i = 1$，将式(2-37)改写为

$$\sigma_n = \sigma_1 - (\sigma_1 - \sigma_2)\nu_2^2 - (\sigma_1 - \sigma_3)\nu_3^2 \tag{2-38a}$$

或

$$\sigma_n = (\sigma_1 - \sigma_3)\nu_1^2 + (\sigma_2 - \sigma_3)\nu_2^2 + \sigma_3 \tag{2-38b}$$

由于$\sigma_1 \geqslant \sigma_2 \geqslant \sigma_3$，故式(2-38a)右端的后两项恒为负，必有$\sigma_1 \geqslant \sigma_n$；式(2-38b)右端的前两项恒为正，必有$\sigma_3 \leqslant \sigma_n$；所以，$\sigma_1 \geqslant \sigma_n \geqslant \sigma_3$。同时，不难证明，通过同一点的所有微分面上的全应力中，最大和最小的全应力分别是绝对值最大和最小的主应力。

2.3　最大剪应力、八面体应力

弹性理论的适用范围是由材料的屈服条件来确定的。大量试验证明，剪应力对材料进入塑性屈服阶段起决定性作用。例如，第三强度理论又称特雷斯卡(Tresca)屈服准则，是以最大剪应力作为材料是否进入塑性屈服阶段的判据；第四强度理论，又称米泽斯(Mises)屈服准则，则与八面体剪应力有关。本节给出最大剪应力与八面体应力的计算公式。

2.3.1　最大剪应力

为简单起见，选用主坐标系，其原点与 M 点重合，且三个主应力 σ_1、σ_2、σ_3 为已知(图 2-5)。由式(2-14)～式(2-16)可导出：

$$\sigma_\nu^2 = \sigma_1^2\nu_1^2 + \sigma_2^2\nu_2^2 + \sigma_3^2\nu_3^2 = \sigma_i^2\nu_i^2 \tag{2-39}$$

$$\sigma_n = \sigma_1\nu_1^2 + \sigma_2\nu_2^2 + \sigma_3\nu_3^2 = \sigma_i\nu_i^2 \tag{2-40}$$

$$\tau^2 = \sigma_\nu^2 - \sigma_n^2 = \sigma_i^2\nu_i^2 - (\sigma_i\nu_i^2)^2 \tag{2-41}$$

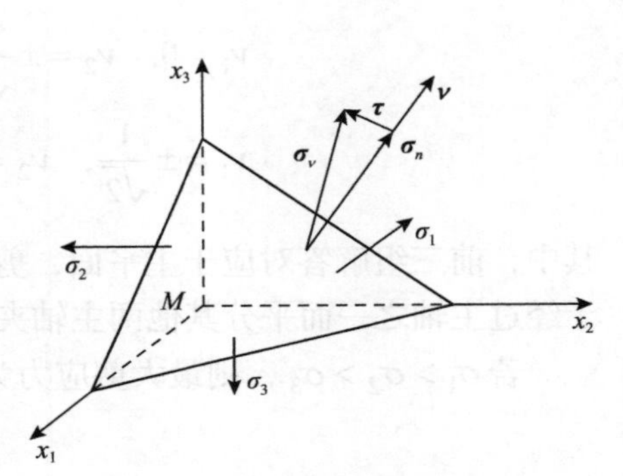

图 2-5

其中，ν_i 是斜面法线在主标系中的方向余弦。当斜面方向 $\boldsymbol{\nu}$ 变化时，剪应力 $\boldsymbol{\tau}$ 将随之变化。那么当 ν_i 取何值时 τ^2 取极值呢？因关系式 $\nu_i\nu_i = 1$ 表明三个方向余弦中仅两个是独立变量，从式(2-41)中消去方向余弦中的一个，例如先消去 ν_3，于是得到

$$\tau^2 = (\sigma_1^2 - \sigma_3^2)\nu_1^2 + (\sigma_2^2 - \sigma_3^2)\nu_2^2 + \sigma_3^2 - [(\sigma_1 - \sigma_3)\nu_1^2 + (\sigma_2 - \sigma_3)\nu_2^2 + \sigma_3]^2 \tag{2-42}$$

为了求 τ^2 的极值，令

$$\frac{\partial(\tau^2)}{\partial\nu_1} = 0,\quad \frac{\partial(\tau^2)}{\partial\nu_2} = 0$$

得

$$\begin{aligned}(\sigma_1^2 - \sigma_3^2)\nu_1 - 2[(\sigma_1 - \sigma_3)\nu_1^2 + (\sigma_2 - \sigma_3)\nu_2^2 + \sigma_3](\sigma_1 - \sigma_3)\nu_1 = 0\\(\sigma_2^2 - \sigma_3^2)\nu_2 - 2[(\sigma_1 - \sigma_3)\nu_1^2 + (\sigma_2 - \sigma_3)\nu_2^2 + \sigma_3](\sigma_2 - \sigma_3)\nu_2 = 0\end{aligned} \tag{2-43}$$

下面分三种情况来讨论。

(1)若 $\sigma_1 \neq \sigma_2 \neq \sigma_3$，将式(2-43)中第一式除以 $\sigma_1 - \sigma_3$，第二式除以 $\sigma_2 - \sigma_3$，并加以整理，得

$$\begin{aligned}\{(\sigma_1 - \sigma_3) - 2[(\sigma_1 - \sigma_3)\nu_1^2 + (\sigma_2 - \sigma_3)\nu_2^2]\}\nu_1 = 0\\\{(\sigma_2 - \sigma_3) - 2[(\sigma_1 - \sigma_3)\nu_1^2 + (\sigma_2 - \sigma_3)\nu_2^2]\}\nu_2 = 0\end{aligned} \tag{2-44}$$

方程(2-44)为关于ν_1和ν_2的三次方程，共有三组解，然后应用关系式$\nu_i\nu_i=1$，则可求出相应的ν_3。再由式(2-41)求出相应的τ值。同理，可从式(2-41)及关系式$\nu_i\nu_i=1$中分别消去ν_1和ν_2，再重复以上同样的做法，略去重复的解，总共得到六组解答：

$$\nu_1=0,\quad \nu_2=0,\quad \nu_3=\pm1,\quad \tau=0$$

$$\nu_1=0,\quad \nu_2=\pm1,\quad \nu_3=0,\quad \tau=0$$

$$\nu_1=\pm1,\quad \nu_2=0,\quad \nu_3=0,\quad \tau=0$$

$$\nu_1=\pm\frac{1}{\sqrt{2}},\quad \nu_2=0,\quad \nu_3=\pm\frac{1}{\sqrt{2}},\quad \tau=\pm\frac{\sigma_1-\sigma_3}{2}$$

$$\nu_1=0,\quad \nu_2=\pm\frac{1}{\sqrt{2}},\quad \nu_3=\pm\frac{1}{\sqrt{2}},\quad \tau=\pm\frac{\sigma_2-\sigma_3}{2}$$

$$\nu_1=\pm\frac{1}{\sqrt{2}},\quad \nu_2=\pm\frac{1}{\sqrt{2}},\quad \nu_3=0,\quad \tau=\pm\frac{\sigma_1-\sigma_2}{2}$$

其中，前三组解答对应于主平面，剪应力为零，这是不需要的解答。而后三组解答对应于经过主轴之一而平分其他两主轴夹角的平面及该面上的剪应力，如图 2-6 所示。

若$\sigma_1>\sigma_2>\sigma_3$，则最大剪应力为

$$\tau_{\max}=\frac{\sigma_1-\sigma_3}{2} \tag{2-45}$$

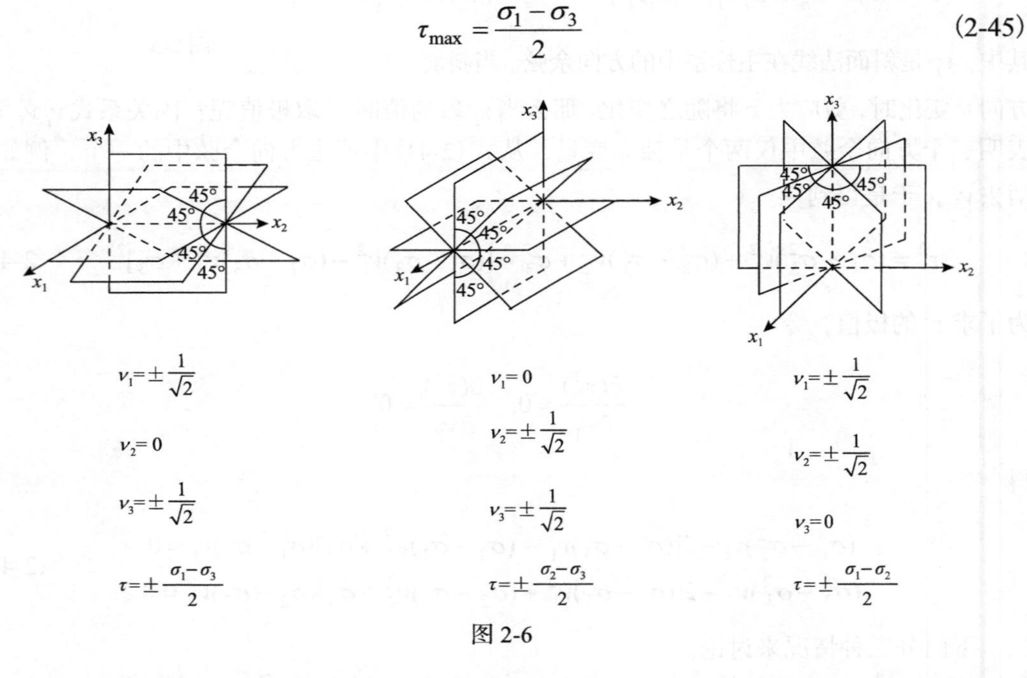

图 2-6

(2)若两主应力相等，例如$\sigma_1=\sigma_3\neq\sigma_2$，则式(2-43)的第一式已满足，由它的第二式得

$$\{(\sigma_2-\sigma_3)-2(\sigma_2-\sigma_3)\nu_2^2\}\nu_2=0$$

由此得

$$\nu_2 = 0 \text{ 或 } \nu_2 = \pm\frac{1}{\sqrt{2}}$$

将$\nu_2 = 0$及$\sigma_1 = \sigma_3$代入式(2-41)，得$\tau = 0$，这不是极值。将$\nu_2^2 = \frac{1}{2}$，$\sigma_1 = \sigma_3$代入式(2-41)，得

$$\tau = \pm\frac{\sigma_1 - \sigma_2}{2} \tag{2-46}$$

这是最大剪应力。由于$\nu_2 = \pm\frac{1}{\sqrt{2}}$，$\nu_1^2 + \nu_3^2 = \frac{1}{2}$，则$\nu_1$可以由零到$\pm\frac{1}{\sqrt{2}}$变化，而$\nu_3$可由$\pm\frac{1}{\sqrt{2}}$到零变化。因此，最大剪应力发生在与一个圆锥面相切的微分面上(图 2-7)，该圆锥面与x_2轴成 45°角。

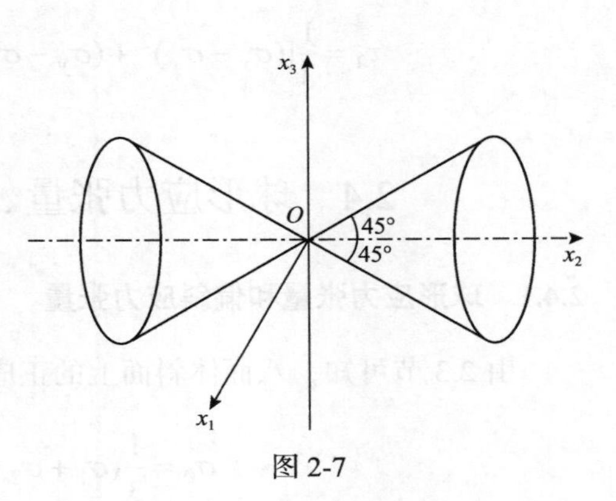

图 2-7

(3) 若$\sigma_1 = \sigma_2 = \sigma_3$，由式(2-41)可知，过该点的任何微分面上都没有剪应力。

2.3.2　八面体应力

八面体是由与主坐标系的坐标轴等倾的八个面组成的微元体，如图 2-8 所示。其中每个斜微分面的法线与三个坐标轴的夹角都相等，即$\nu_1 = \nu_2 = \nu_3$。则由方向余弦关系式$\nu_i \nu_i = 1$，可解得

$$\nu_1 = \nu_2 = \nu_3 = \pm\frac{1}{\sqrt{3}} \tag{2-47}$$

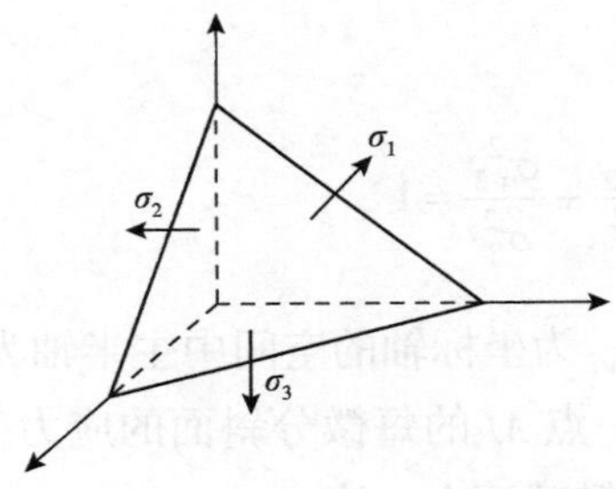

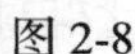
图 2-8

将式(2-47)代入式(2-40)，得八面体正应力为

$$\begin{aligned}\sigma_0 &= \sigma_i \nu_i^2 = \frac{1}{3}(\sigma_1 + \sigma_2 + \sigma_3) \\ &= \frac{1}{3}I_1 = \frac{1}{3}(\sigma_x + \sigma_y + \sigma_z)\end{aligned} \tag{2-48}$$

它等于主应力的平均值。

将式(2-47)代入式(2-41)，得八面体剪应力为

$$\tau_0 = \frac{1}{3}\sqrt{(\sigma_1 - \sigma_2)^2 + (\sigma_2 - \sigma_3)^2 + (\sigma_3 - \sigma_1)^2} = \frac{\sqrt{2}}{3}\sigma_{r4} \tag{2-49}$$

其中，σ_{r4}是材料力学中第四强度理论所代表的等效应力，记为σ_e。

一般情况下，式(2-49)可写为

$$\tau_0 = \frac{1}{3}[(\sigma_x - \sigma_y)^2 + (\sigma_y - \sigma_x)^2 + (\sigma_z - \sigma_x)^2 + 6(\tau_{xy}^2 + \tau_{yz}^2 + \tau_{zx}^2)]^{\frac{1}{2}} \tag{2-50}$$

2.4　球形应力张量、偏斜应力张量、应力空间

2.4.1　球形应力张量和偏斜应力张量

由 2.3 节可知，八面体斜面上的正应力σ_0可称为物体中一点的平均正应力，且

$$\sigma_0 = \frac{1}{3}(\sigma_1 + \sigma_2 + \sigma_3) = \frac{1}{3}(\sigma_x + \sigma_y + \sigma_z)$$

设物体中一点的应力状态为$\sigma_1 = \sigma_2 = \sigma_3 = \sigma_0$，由于一点的三个主应力相同，由式(2-39)～式(2-41)可知，过该点的所有微分面上无剪应力，仅有正应力，且等于σ_0，这表示一种“球形”应力状态。实际上，在主坐标系中由式(2-11a)，任一法线方向为$\boldsymbol{\nu}$的斜面应力$\boldsymbol{\sigma}_\nu$，沿坐标轴的分量为

$$\sigma_{\nu 1} = \sigma_1 \nu_1, \quad \sigma_{\nu 2} = \sigma_2 \nu_2, \quad \sigma_{\nu 3} = \sigma_3 \nu_3 \tag{2-51}$$

代入关系式$\nu_i \nu_i = 1$中，有

$$\frac{\sigma_{\nu 1}^2}{\sigma_1^2} + \frac{\sigma_{\nu 2}^2}{\sigma_2^2} + \frac{\sigma_{\nu 3}^2}{\sigma_3^2} = 1 \tag{2-52}$$

式(2-52)是一个椭球面方程，它表示在以$\sigma_{\nu i}$为坐标轴的空间中主半轴为σ_1、σ_2、σ_3的一个椭球面，称为应力椭球面。即当过任一点M的每微分斜面的应力矢量为$\boldsymbol{\sigma}_\nu$时，从M 点作的所有应力矢量$\boldsymbol{\sigma}_\nu$的矢端均落在此椭球面上。当$\sigma_1 = \sigma_2 = \sigma_3 = \sigma_0$时，式(2-52)化为

$$\sigma_{\nu 1}^2 + \sigma_{\nu 2}^2 + \sigma_{\nu 3}^2 = \sigma_0^2 \tag{2-53a}$$

这是一个以σ_0为半径、以坐标原点M为球心的球面方程。因此，当一点的应力状态为“球形”应力状态时，其应力张量称为球形应力张量，简称球张量，记为$\boldsymbol{\sigma}^0$。

$$\boldsymbol{\sigma}^0=\sigma_0\boldsymbol{I}=[\sigma_0\delta_{ij}]=\begin{bmatrix}\sigma_0 & 0 & 0\\ 0 & \sigma_0 & 0\\ 0 & 0 & \sigma_0\end{bmatrix} \tag{2-53b}$$

在一般情况下，某一点的应力状态可以分解为两部分：一部分是各向等拉或等压的球张量 $\boldsymbol{\sigma}^0$，另一部分称为偏斜应力张量，简称为应力偏量，记为 $\boldsymbol{\sigma}'$，且

$$\boldsymbol{\sigma}=\boldsymbol{\sigma}^0+\boldsymbol{\sigma}'=\sigma_0\boldsymbol{I}+\boldsymbol{\sigma}' \tag{2-54}$$

$$\boldsymbol{\sigma}'=\boldsymbol{\sigma}-\boldsymbol{\sigma}^0=[\sigma_{ij}]-[\sigma_0\delta_{ij}]=\begin{bmatrix}\sigma_{11}-\sigma_0 & \sigma_{12} & \sigma_{13}\\ \sigma_{21} & \sigma_{22}-\sigma_0 & \sigma_{23}\\ \sigma_{31} & \sigma_{32} & \sigma_{33}-\sigma_0\end{bmatrix} \tag{2-55}$$

图 2-9 形象地表明球张量是一种平均的等向应力状态，对于各向同性材料，它仅引起微元体体积的膨胀或收缩。试验证明，对于金属等材料，体积膨胀(或收缩)基本上是纯弹性变形。应力偏量表示实际应力状态对其平均应力状态的偏离，它引起微元体形状的畸变。又由试验证明，材料屈服后的塑性变形基本上是畸变变形，所以应力偏量在研究塑性变形中起着重要的作用。

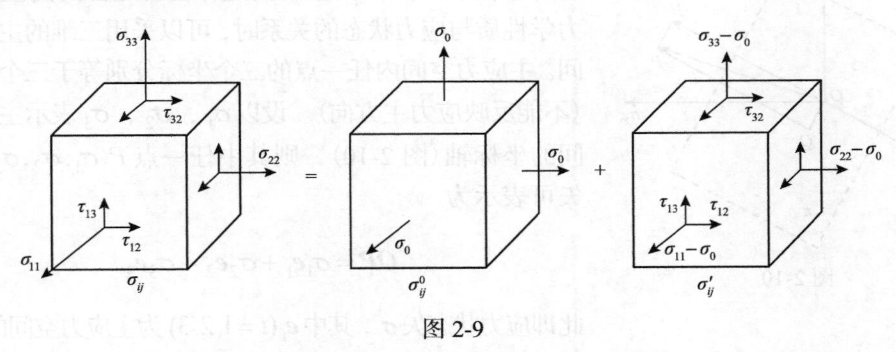

图 2-9

根据式(2-32)，应力偏量的三个不变量为

$$\begin{aligned}
&I_1'=\sigma_{kk}'=0\\
&I_2'=\frac{1}{2}(I_1'^2-\sigma_{ij}'\sigma_{ij}')=-\frac{1}{2}\sigma_{ij}'\sigma_{ij}'\\
&I_3'=\frac{1}{3}\sigma_{ij}'\sigma_{jk}'\sigma_{ki}'+I_1'\left(I_2'-\frac{1}{3}I_1'^2\right)=\frac{1}{3}\sigma_{ij}'\sigma_{jk}'\sigma_{ki}'
\end{aligned} \tag{2-56}$$

其中，I_2' 是与第四强度理论有关的参数，在研究塑性变形中有重要作用。

一般定义 $J_i=-I_i'$。转到主坐标系，有

$$\begin{aligned}
&J_1=0\\
&J_2=\frac{1}{6}[(\sigma_1-\sigma_2)^2+(\sigma_2-\sigma_3)^2+(\sigma_3-\sigma_1)^2]\\
&J_3=(\sigma_1-\sigma_0)(\sigma_2-\sigma_0)(\sigma_3-\sigma_0)
\end{aligned} \tag{2-57}$$

将J_2的表达式与式(2-49)相比较，得

$$J_2 = \frac{3}{2}\tau_0^2 \quad \text{或} \quad \tau_0 = \sqrt{\frac{2}{3}J_2} \tag{2-58}$$

2.4.2　应力空间和π平面

前已说明，变形体内任一点处的应力状态，可由应力张量$\boldsymbol{\sigma}$完全描述。为了更加形象地表示点的应力状态及其变化，可以虚拟一个 9 维空间，此空间内任一点 9 个坐标值分别等于应力张量的 9 个分量，于是在这个空间中的每个点都表示一个应力状态。这样的空间称为应力空间，应力空间中的点可称为应力状态点，应力状态点的位矢称为应力状态矢，记为$\boldsymbol{\sigma}$。当变形体内同一点处的应力状态变化时，应力空间中应力状态点将发生运动，其运动轨迹称为应力路径。显然，当各应力分量按比例变化时，应力路径是一条射线。

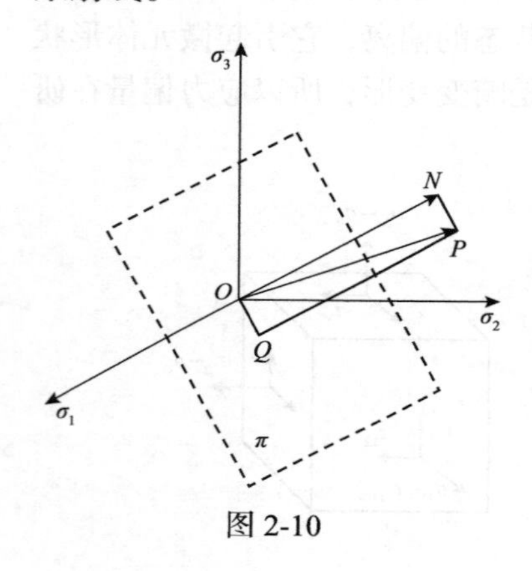

图 2-10

一点处的应力状态也可由三个主应力σ_1、σ_2、σ_3及对应的三个主方向来确定。对于各向同性材料，材料的力学性质不具方向性，因此，在研究各向同性材料的力学性质与应力状态的关系时，可以采用三维的主应力空间。主应力空间内任一点的三个坐标分别等于三个主应力(不能反映应力主方向)。设以σ_1、σ_2、σ_3表示主应力空间的坐标轴(图 2-10)，则其中任一点$P(\sigma_1,\sigma_2,\sigma_3)$的位矢可表示为

$$\boldsymbol{OP} = \sigma_1\boldsymbol{e}_1 + \sigma_2\boldsymbol{e}_2 + \sigma_3\boldsymbol{e}_3 \tag{2-59}$$

此即应力状态矢$\boldsymbol{\sigma}$，其中$\boldsymbol{e}_i\,(i=1,2,3)$为主应力空间的基矢。

已知应力张量可分解为偏斜张量和球张量，它们在主应力空间中可分别用应力偏量矢$\boldsymbol{\sigma}'$和应力球量矢$\boldsymbol{\sigma}^0$表示为

$$\begin{aligned}\boldsymbol{\sigma}' &= \sigma_1'\boldsymbol{e}_1 + \sigma_2'\boldsymbol{e}_2 + \sigma_3'\boldsymbol{e}_3 \\ \boldsymbol{\sigma}^0 &= \sigma_0(\boldsymbol{e}_1 + \boldsymbol{e}_2 + \boldsymbol{e}_3)\end{aligned} \tag{2-60}$$

其中，σ_i'为应力偏斜张量的主值，且有$\sigma_i' = \sigma_i - \sigma_0$。

如果应力张量的主值满足

$$\sigma_1 + \sigma_2 + \sigma_3 = 0 \tag{2-61}$$

则表示该应力张量为偏斜张量。在主应力空间中，式(2-61)表示一个过原点且与三根坐标轴等倾的平面，称为π平面(图 2-10)。

如果一个应力张量的三个主值相等，即

$$\sigma_1 = \sigma_2 = \sigma_3 \tag{2-62}$$

则该应力张量为球张量。在主应力空间中，式(2-62)表示一根过原点且与三根坐标轴夹角相等的直线，可称为静力应力线。易证，π 平面与静力应力线正交。

由于应力张量的偏量满足 $\sigma_1' + \sigma_2' + \sigma_3' = 0$，应力偏量矢 $\boldsymbol{\sigma}'$ 位于 π 平面上，而应力球量矢 $\boldsymbol{\sigma}^0$ 位于静力应力线上。由此可见，应力状态矢 $\boldsymbol{\sigma}(\boldsymbol{OP})$ 可分解为两个正交的分量 $\boldsymbol{\sigma}'$ 和 $\boldsymbol{\sigma}^0$，它们在图 2-10 中可分别用点 Q 和点 N 所确定的向量 $\boldsymbol{OQ}$ 和 $\boldsymbol{ON}$ 来表示。于是，有如下的矢量关系：

$$\begin{aligned}&\boldsymbol{OP} = \boldsymbol{OQ} + \boldsymbol{ON}\\&\sigma_1\boldsymbol{e}_1 + \sigma_2\boldsymbol{e}_2 + \sigma_3\boldsymbol{e}_3 = (\sigma_1'\boldsymbol{e}_1 + \sigma_2'\boldsymbol{e}_2 + \sigma_3'\boldsymbol{e}_3) + \sigma_0(\boldsymbol{e}_1 + \boldsymbol{e}_2 + \boldsymbol{e}_3)\end{aligned} \tag{2-63}$$

2.5　平衡微分方程

2.5.1　笛卡儿坐标系中的平衡微分方程

本节研究物体的平衡问题。如果一个物体在外力(包括体力和面力)作用下处于平衡状态，则将其分割成若干个任意形状的单元体之后，每个单元体仍然是平衡的；反之分割后每一个单元体的平衡，也保证了整个物体的平衡。基于这样的理由，我们选取笛卡儿坐标作为参考坐标，在任意点 P 的邻域内取出边长为 dx_1、dx_2、dx_3 的无限小正六面体(图 2-11)，简称微元体。体力 f_i $(i=1,2,3)$ 作用在微元的形心 C 处。设 σ_{ij} 为三个负面形心处的应力分量，由于三个正面分别有坐标增量 dx_1、dx_2 和 dx_3，则三个正面形心处的应力分量相对负面有一个增量。例如，沿 x_1 方向负面的正应力为

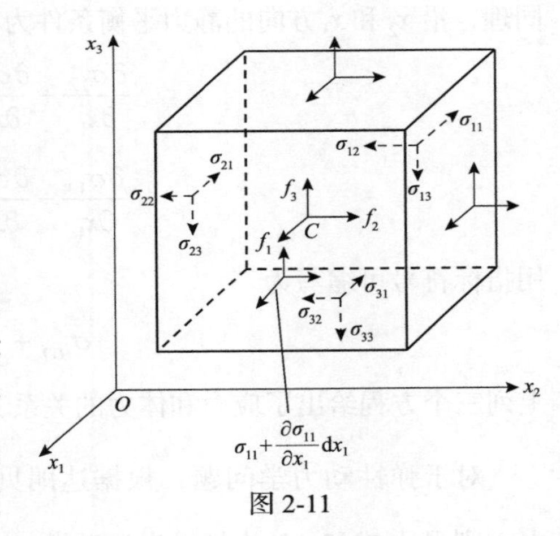

图 2-11

$$\sigma_{11} = f(x_1, x_2, x_3)$$

则沿此方向正面上的正应力为

$$\sigma_{11}' = f(x_1 + dx_1, x_2, x_3)$$

上式可按泰勒(Taylor)级数展开：

$$f(x_1 + dx_1, x_2, x_3) = f(x_1, x_2, x_3) + \frac{\partial f(x_1, x_2, x_3)}{\partial x_1}dx_1 + \frac{1}{2}\frac{\partial^2 f(x_1, x_2, x_3)}{\partial x_1^2}(dx_1)^2 + \cdots$$

略去二阶以上的各高阶小量后，得

$$\sigma'_{11} = \sigma_{11} + \frac{\partial \sigma_{11}}{\partial x_1} \mathrm{d}x_1$$

其他各应力均可依此导出。

微元体沿 x_1 方向的静力平衡条件为

$$\left(\sigma_{11} + \frac{\partial \sigma_{11}}{\partial x_1}\mathrm{d}x_1\right)\mathrm{d}x_2\mathrm{d}x_3 - \sigma_{11}\mathrm{d}x_2\mathrm{d}x_3 + \left(\sigma_{21} + \frac{\partial \sigma_{21}}{\partial x_2}\mathrm{d}x_2\right)\mathrm{d}x_3\mathrm{d}x_1 - \sigma_{21}\mathrm{d}x_3\mathrm{d}x_1$$
$$+\left(\sigma_{31} + \frac{\partial \sigma_{31}}{\partial x_3}\mathrm{d}x_3\right)\mathrm{d}x_1\mathrm{d}x_2 - \sigma_{31}\mathrm{d}x_1\mathrm{d}x_2 + f_1\mathrm{d}x_1\mathrm{d}x_2\mathrm{d}x_3 = 0$$

将上式同类项合并，再在等式两边除以微元的体积 $\mathrm{d}x_1\mathrm{d}x_2\mathrm{d}x_3$，取微元趋于点 (x_1,x_2,x_3) 时的极限，得

$$\frac{\partial \sigma_{11}}{\partial x_1} + \frac{\partial \sigma_{21}}{\partial x_2} + \frac{\partial \sigma_{31}}{\partial x_3} + f_1 = 0 \tag{2-64a}$$

同理，沿 x_2 和 x_3 方向的静力平衡条件为

$$\frac{\partial \sigma_{12}}{\partial x_1} + \frac{\partial \sigma_{22}}{\partial x_2} + \frac{\partial \sigma_{32}}{\partial x_3} + f_2 = 0 \tag{2-64b}$$

$$\frac{\partial \sigma_{13}}{\partial x_1} + \frac{\partial \sigma_{23}}{\partial x_2} + \frac{\partial \sigma_{33}}{\partial x_3} + f_3 = 0 \tag{2-64c}$$

用指标符号可缩写为

$$\sigma_{ij,j} + f_i = 0,\ i = 1,2,3 \tag{2-65}$$

上列三个方程给出了应力和体力的关系，称为平衡微分方程，又称纳维(Navier)方程。

对于弹性动力学问题，根据达朗贝尔(d'Alembert)原理，将惯性力 $-\rho\dfrac{\partial^2 u_i}{\partial t^2}$ 当作体力，则可由式(2-65)直接导出运动微分方程为

$$\sigma_{ij,j} + f_i = \rho\frac{\partial^2 u_i}{\partial t^2} \tag{2-66}$$

其中，ρ 为材料密度；u_i 为位移分量；t 为时间。

静力平衡(或运动)微分方程的常用形式是

$$\begin{aligned}
&\frac{\partial \sigma_x}{\partial x} + \frac{\partial \tau_{yx}}{\partial y} + \frac{\partial \tau_{zx}}{\partial z} + f_x = 0\left(\text{或}\ \rho\frac{\partial^2 u}{\partial t^2}\right)\\
&\frac{\partial \tau_{xy}}{\partial x} + \frac{\partial \sigma_y}{\partial y} + \frac{\partial \tau_{zy}}{\partial z} + f_y = 0\left(\text{或}\ \rho\frac{\partial^2 v}{\partial t^2}\right)\\
&\frac{\partial \tau_{xz}}{\partial x} + \frac{\partial \tau_{yz}}{\partial y} + \frac{\partial \sigma_z}{\partial z} + f_z = 0\left(\text{或}\ \rho\frac{\partial^2 w}{\partial t^2}\right)
\end{aligned} \tag{2-67}$$

再考虑微元体的力矩平衡，对通过形心 C 沿 x_3 方向的形心轴取矩，得

$$(\sigma_{12}\mathrm{d}x_2\mathrm{d}x_3)\mathrm{d}x_1-(\sigma_{21}\mathrm{d}x_3\mathrm{d}x_1)\mathrm{d}x_2=0$$

由此，得

$$\sigma_{12}=\sigma_{21}$$

同理，沿 x_1 和 x_2 方向的形心轴取矩，得

$$\sigma_{23}=\sigma_{32},\quad \sigma_{31}=\sigma_{13}$$

或可写为

$$\sigma_{ij}=\sigma_{ji} \tag{2-68}$$

这就是剪应力互等定理。由此可见，剪应力是成对发生的，九个应力分量中，实际只有六个是独立的。

2.5.2　正交曲线坐标系中的平衡微分方程

设 α_i、$\hat{e}_i$、$h_i(i=1,2,3)$ 分别表示正交系中的曲线坐标、单位基矢量和拉梅(Lamé)常量。图 2-12 给出了相应的微元体图，它是用六个相邻坐标面取出的正交曲边六面体。与笛卡儿坐标系一样，按坐标轴的正向来定义正面、负面和各应力分量的正向。

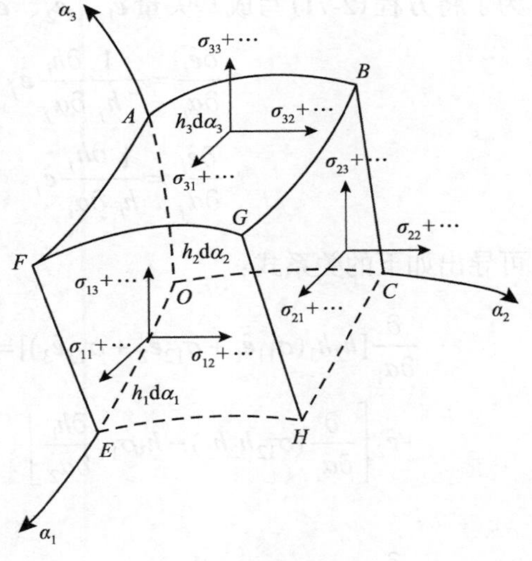

图 2-12

用 $\boldsymbol{\sigma}_i(i=1,2,3)$ 表示作用在微元正截面上的应力矢量。与笛卡儿坐标系的式(2-2b)类似，有

$$\boldsymbol{\sigma}_i=\sigma_{ij}\hat{\boldsymbol{e}}_j \tag{2-69}$$

作用在面 $OABC$ 上的应力矢量为 $\boldsymbol{\sigma}_1 h_2 h_3\cdot\mathrm{d}\alpha_2\mathrm{d}\alpha_3$，而作用在 $EFGH$ 面上的应力矢量为

$$\begin{aligned}&\left(\boldsymbol{\sigma}_1+\frac{\partial\boldsymbol{\sigma}_1}{\partial\alpha_1}\mathrm{d}\alpha_1\right)\left[h_2h_3\mathrm{d}\alpha_2\mathrm{d}\alpha_3+\frac{\partial}{\partial\alpha_1}(h_2h_3)\mathrm{d}\alpha_2\mathrm{d}\alpha_3\mathrm{d}\alpha_1\right]\\&=\boldsymbol{\sigma}_1h_2h_3\mathrm{d}\alpha_2\mathrm{d}\alpha_3+\boldsymbol{\sigma}_1\frac{\partial}{\partial\alpha_1}(h_2h_3)\mathrm{d}\alpha_1\mathrm{d}\alpha_2\mathrm{d}\alpha_3+h_2h_3\frac{\partial\boldsymbol{\sigma}_1}{\partial\alpha_1}\mathrm{d}\alpha_1\mathrm{d}\alpha_2\mathrm{d}\alpha_3\\&\quad+\frac{\partial\boldsymbol{\sigma}_1}{\partial\alpha_1}\frac{\partial(h_2h_3)}{\partial\alpha_1}(\mathrm{d}\alpha_1)^2\,\mathrm{d}\alpha_2\mathrm{d}\alpha_3\end{aligned}$$

上式中等号右边最后一项是四阶无穷小量，可以忽略，因此作用在 $EFGH$ 面上的应力矢量为

$$\boldsymbol{\sigma}_1 h_2 h_3 \mathrm{d}\alpha_2 \mathrm{d}\alpha_3 + \frac{\partial}{\partial \alpha_1}(\boldsymbol{\sigma}_1 h_2 h_3)\mathrm{d}\alpha_1 \mathrm{d}\alpha_2 \mathrm{d}\alpha_3$$

对微元体的其他四个面重复同样的步骤，并注意到微元体的体力矢量为

$$\boldsymbol{f} h_1 h_2 h_3 \mathrm{d}\alpha_1 \mathrm{d}\alpha_2 \mathrm{d}\alpha_3$$

于是此微元体平衡条件的矢量形式为

$$\frac{\partial}{\partial \alpha_1}(\boldsymbol{\sigma}_1 h_2 h_3) + \frac{\partial}{\partial \alpha_2}(\boldsymbol{\sigma}_2 h_1 h_3) + \frac{\partial}{\partial \alpha_3}(\boldsymbol{\sigma}_3 h_1 h_2) + \boldsymbol{f} h_1 h_2 h_3 = 0 \tag{2-70}$$

将式(2-69)代入式(2-70)，得平衡微分方程：

$$\begin{aligned} &\frac{\partial}{\partial \alpha_1}[h_2 h_3(\sigma_{11}\hat{\boldsymbol{e}}_1 + \sigma_{12}\hat{\boldsymbol{e}}_2 + \sigma_{13}\hat{\boldsymbol{e}}_3)] + \frac{\partial}{\partial \alpha_2}[h_1 h_3(\sigma_{21}\hat{\boldsymbol{e}}_1 + \sigma_{22}\hat{\boldsymbol{e}}_2 + \sigma_{23}\hat{\boldsymbol{e}}_3)] \\ &+ \frac{\partial}{\partial \alpha_3}[h_1 h_2(\sigma_{31}\hat{\boldsymbol{e}}_1 + \sigma_{32}\hat{\boldsymbol{e}}_2 + \sigma_{33}\hat{\boldsymbol{e}}_3)] + \boldsymbol{f} h_1 h_2 h_3 = 0 \end{aligned} \tag{2-71}$$

为了将方程(2-71)写成基矢量 $\hat{\boldsymbol{e}}_1$、$\hat{\boldsymbol{e}}_2$、$\hat{\boldsymbol{e}}_3$ 上的三个投影式，应用单位基矢量的求导公式：

$$\frac{\partial \hat{\boldsymbol{e}}_i}{\partial \alpha_i} = -\frac{1}{h_j}\frac{\partial h_i}{\partial \alpha_j}\hat{\boldsymbol{e}}_j - \frac{1}{h_k}\frac{\partial h_i}{\partial \alpha_k}\hat{\boldsymbol{e}}_k \quad (\text{哑标不求和})$$

$$\frac{\partial \hat{\boldsymbol{e}}_i}{\partial \alpha_j} = \frac{1}{h_i}\frac{\partial h_j}{\partial \alpha_i}\hat{\boldsymbol{e}}_j \quad (\text{哑标不求和})$$

可导出如下的关系式：

$$\begin{aligned} \frac{\partial}{\partial \alpha_1}[h_2 h_3(\sigma_{11}\hat{\boldsymbol{e}}_1 + \sigma_{12}\hat{\boldsymbol{e}}_2 + \sigma_{13}\hat{\boldsymbol{e}}_3)] &= \hat{\boldsymbol{e}}_1\left[\frac{\partial}{\partial \alpha_1}(\sigma_{11}h_2 h_3) + h_3\sigma_{12}\frac{\partial h_1}{\partial \alpha_2} + h_2\sigma_{13}\frac{\partial h_1}{\partial \alpha_3}\right] \\ &+ \hat{\boldsymbol{e}}_2\left[\frac{\partial}{\partial \alpha_1}(\sigma_{12}h_2 h_3) - h_3\sigma_{11}\frac{\partial h_1}{\partial \alpha_2}\right] + \hat{\boldsymbol{e}}_3\left[\frac{\partial}{\partial \alpha_1}(\sigma_{13}h_2 h_3) - h_2\sigma_{11}\frac{\partial h_1}{\partial \alpha_3}\right] \end{aligned}$$

$$\begin{aligned} \frac{\partial}{\partial \alpha_2}[h_1 h_3(\sigma_{21}\hat{\boldsymbol{e}}_1 + \sigma_{22}\hat{\boldsymbol{e}}_2 + \sigma_{23}\hat{\boldsymbol{e}}_3)] &= \hat{\boldsymbol{e}}_1\left[\frac{\partial}{\partial \alpha_2}(\sigma_{21}h_1 h_3) - h_3\sigma_{22}\frac{\partial h_2}{\partial \alpha_1}\right] \\ &+ \hat{\boldsymbol{e}}_2\left[\frac{\partial}{\partial \alpha_2}(\sigma_{22}h_1 h_3) + h_3\sigma_{21}\frac{\partial h_2}{\partial \alpha_1} + h_1\sigma_{23}\frac{\partial h_2}{\partial \alpha_3}\right] + \hat{\boldsymbol{e}}_3\left[\frac{\partial}{\partial \alpha_2}(\sigma_{23}h_1 h_3) - h_1\sigma_{22}\frac{\partial h_2}{\partial \alpha_3}\right] \end{aligned}$$

$$\begin{aligned} \frac{\partial}{\partial \alpha_3}[h_1 h_2(\sigma_{31}\hat{\boldsymbol{e}}_1 + \sigma_{32}\hat{\boldsymbol{e}}_2 + \sigma_{33}\hat{\boldsymbol{e}}_3)] &= \hat{\boldsymbol{e}}_1\left[\frac{\partial}{\partial \alpha_3}(\sigma_{31}h_1 h_2) - h_2\sigma_{33}\frac{\partial h_3}{\partial \alpha_1}\right] \\ &+ \hat{\boldsymbol{e}}_2\left[\frac{\partial}{\partial \alpha_3}(\sigma_{32}h_1 h_2) - h_1\sigma_{33}\frac{\partial h_3}{\partial \alpha_2}\right] + \hat{\boldsymbol{e}}_3\left[\frac{\partial}{\partial \alpha_3}(\sigma_{33}h_1 h_2) + h_2\sigma_{31}\frac{\partial h_3}{\partial \alpha_1} + h_1\sigma_{32}\frac{\partial h_3}{\partial \alpha_2}\right] \end{aligned}$$

将以上三个关系式代入式(2-71)，且令 $\boldsymbol{f}=f_i\hat{\boldsymbol{e}}$，于是得到正交曲线坐标系中平衡微分方程的分量形式为

$$
\begin{aligned}
&\frac{\partial}{\partial\alpha_1}(\sigma_{11}h_2h_3)+\frac{\partial}{\partial\alpha_2}(\sigma_{21}h_1h_3)+\frac{\partial}{\partial\alpha_3}(\sigma_{31}h_1h_2)+\sigma_{12}h_3\frac{\partial h_1}{\partial\alpha_2}+\sigma_{13}h_2\frac{\partial h_1}{\partial\alpha_3}\\
&-\sigma_{22}h_3\frac{\partial h_2}{\partial\alpha_1}-\sigma_{33}h_2\frac{\partial h_3}{\partial\alpha_1}+h_1h_2h_3f_1=0\\
&\frac{\partial}{\partial\alpha_1}(\sigma_{12}h_2h_3)+\frac{\partial}{\partial\alpha_2}(\sigma_{22}h_1h_3)+\frac{\partial}{\partial\alpha_3}(\sigma_{32}h_1h_2)+\sigma_{23}h_1\frac{\partial h_2}{\partial\alpha_3}+\sigma_{21}h_3\frac{\partial h_2}{\partial\alpha_1}\\
&-\sigma_{33}h_1\frac{\partial h_3}{\partial\alpha_2}-\sigma_{11}h_3\frac{\partial h_1}{\partial\alpha_2}+h_1h_2h_3f_2=0\\
&\frac{\partial}{\partial\alpha_1}(\sigma_{13}h_2h_3)+\frac{\partial}{\partial\alpha_2}(\sigma_{23}h_1h_3)+\frac{\partial}{\partial\alpha_3}(\sigma_{33}h_1h_2)+\sigma_{31}h_2\frac{\partial h_3}{\partial\alpha_1}+\sigma_{32}h_1\frac{\partial h_3}{\partial\alpha_2}\\
&-\sigma_{11}h_2\frac{\partial h_1}{\partial\alpha_3}-\sigma_{22}h_1\frac{\partial h_2}{\partial\alpha_3}+h_1h_2h_3f_3=0
\end{aligned}
\tag{2-72}
$$

在柱坐标(图 2-13)中：

$$\alpha_1=r,\quad \alpha_2=\theta,\quad \alpha_3=z,\quad h_1=1,\quad h_2=r,\quad h_3=1$$

代入式(2-72)，得柱坐标中的平衡微分方程为

$$
\begin{aligned}
&\frac{\partial\sigma_r}{\partial r}+\frac{1}{r}\frac{\partial\tau_{r\theta}}{\partial\theta}+\frac{\partial\tau_{rz}}{\partial z}+\frac{\sigma_r-\sigma_\theta}{r}+f_r=0\\
&\frac{\partial\tau_{\theta r}}{\partial r}+\frac{1}{r}\frac{\partial\sigma_\theta}{\partial\theta}+\frac{\partial\tau_{\theta z}}{\partial z}+2\frac{\tau_{r\theta}}{r}+f_\theta=0\\
&\frac{\partial\tau_{zr}}{\partial r}+\frac{1}{r}\frac{\partial\tau_{z\theta}}{\partial\theta}+\frac{\partial\sigma_z}{\partial z}+\frac{\tau_{rz}}{r}+f_z=0
\end{aligned}
\tag{2-73}
$$

在球坐标(图 2-14)中：

$$\alpha_1=r,\quad \alpha_2=\theta,\quad \alpha_3=\varphi$$
$$h_1=1,\quad h_2=r,\quad h_3=r\sin\theta$$

代入式(2-72)，得球坐标中的平衡微分方程为

$$
\begin{aligned}
&\frac{\partial\sigma_r}{\partial r}+\frac{1}{r}\frac{\partial\tau_{r\theta}}{\partial\theta}+\frac{1}{r\sin\theta}\frac{\partial\tau_{r\varphi}}{\partial\varphi}+\frac{2\sigma_r-\sigma_\theta-\sigma_\varphi}{r}+\cot\theta\frac{\tau_{r\theta}}{r}+f_r=0\\
&\frac{\partial\tau_{\theta r}}{\partial r}+\frac{1}{r}\frac{\partial\sigma_\theta}{\partial\theta}+\frac{1}{r\sin\theta}\frac{\partial\tau_{\theta\varphi}}{\partial\varphi}+3\frac{\tau_{r\theta}}{r}+\cot\theta\frac{\sigma_\theta-\sigma_\varphi}{r}+f_\theta=0\\
&\frac{\partial\tau_{\varphi r}}{\partial r}+\frac{1}{r}\frac{\partial\tau_{\varphi\theta}}{\partial\theta}+\frac{1}{r\sin\theta}\frac{\partial\sigma_\varphi}{\partial\varphi}+3\frac{\tau_{\varphi r}}{r}+2\cot\theta\frac{\tau_{\varphi\theta}}{r}+f_\varphi=0
\end{aligned}
\tag{2-74}
$$

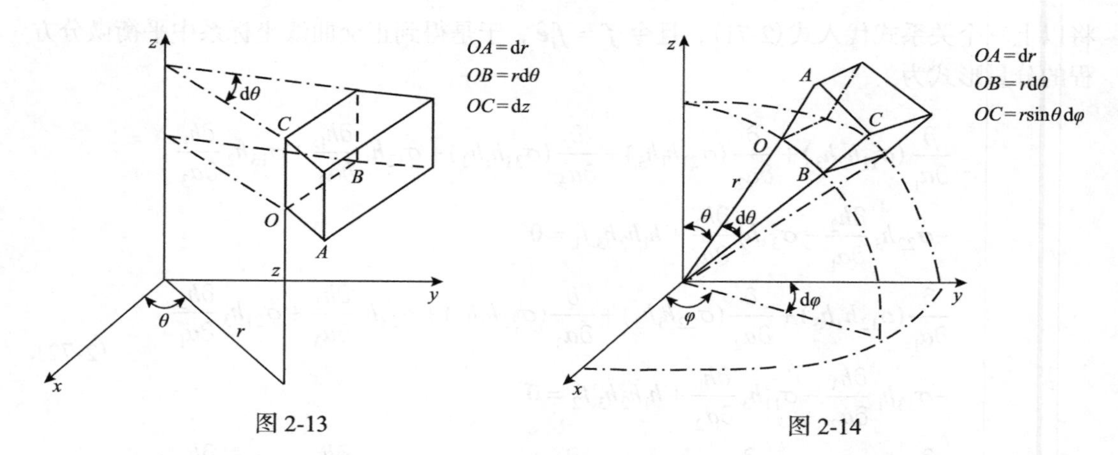

图 2-13　　　　图 2-14

在极坐标中，略去柱坐标平衡方程(2-73)中与 z 有关的项，则平衡微分方程简化为

$$
\begin{aligned}
&\frac{\partial\sigma_r}{\partial r}+\frac{1}{r}\frac{\partial\tau_{r\theta}}{\partial\theta}+\frac{\sigma_r-\sigma_\theta}{r}+f_r=0\\
&\frac{\partial\tau_{\theta r}}{\partial r}+\frac{1}{r}\frac{\partial\sigma_\theta}{\partial\theta}+2\frac{\tau_{r\theta}}{r}+f_\theta=0
\end{aligned}
\tag{2-75}
$$

2.6　位移、应变

在外部因素作用下，物体内部各质点将产生位置的变化，即发生位移。如果物体内各点发生位移后仍保持各质点间初始状态的相对位置，则物体实际上只发生了刚体平移和转动，这种位移称为刚体位移。如果物体各质点发生位移后改变了各点间初始状态的相对位置，则物体同时也产生了形状的变化，其中包括体积改变和形状畸变，物体的这种变化称为物体的变形运动或简称为变形，它包括微元体的纯变形和整体运动。

设物体未变形前在空间所占的几何初始位置为构形 $\mathcal{B}$ ，在外部因素作用下，变形后在空间所占的几何位置为构形 $\mathcal{B}^*$ 。构形即具有质量的可运动物质点的全体集合。采用固定在空间点 O 上的笛卡儿坐标系来同时描述物体的新、老两个构形，如图 2-15 所示。假定从构形 $\mathcal{B}$ 变形至构形 $\mathcal{B}^*$ 是单值、连续且具有一一对应的关系，则初始构形 $\mathcal{B}$ 中任意点 $P(x_1,x_2,x_3)$ 变形后，成为新构形 $\mathcal{B}^*$ 中唯一的一点 $P^*(x_1^*,x_2^*,x_3^*)$ 。由这两点所确定的矢径分别为

$$
\boldsymbol{x}=\boldsymbol{OP}=x_i\boldsymbol{e}_i,\quad \boldsymbol{x}^*=\boldsymbol{OP}^*=x_i^*\boldsymbol{e}_i
$$

在此变形过程中，P 点的位移矢量记为 $\boldsymbol{u}$ ，且

$$
\boldsymbol{u}=\boldsymbol{x}^*-\boldsymbol{x},\quad u_i=x_i^*-x_i
\tag{2-76}
$$

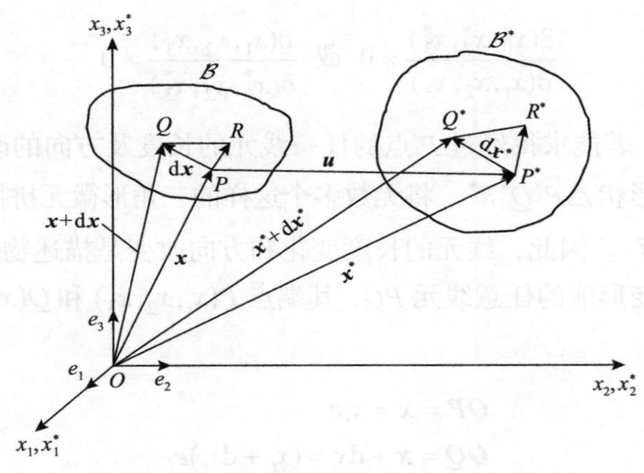

图 2-15

各点位移矢量的集合定义了物体的位移场。在连续介质力学中，所有问题(包括运动、应力、应变以及守恒定律等)既可用物体变形前的初始构形 $\mathcal{B}$ 为参照构形(取 x_i 为自变量)来描述，又可用物体变形后的新构形 $\mathcal{B}^*$ 为参照构形(取 x_i^* 为自变量)来描述。前者称为拉格朗日(Lagrange)描述，后者称为欧拉(Euler)描述。

当采用拉格朗日描述时，物体变形后的位置 $\boldsymbol{x}^*$ 是 x_i 的函数：

$$\boldsymbol{x}^* = \boldsymbol{x}^*(x_i) \text{ 即 } x_i^* = x_i^*(x_1, x_2, x_3) \tag{2-77}$$

则位移场 $\boldsymbol{u}$ 也是 x_i 的函数，由式(2-76)得

$$u_i(x_1, x_2, x_3) = x_i^*(x_1, x_2, x_3) - x_i \tag{2-78}$$

当采用欧拉描述时，物体变形前的位置 $\boldsymbol{x}$ 是 x_i^* 的函数，可写为

$$\boldsymbol{x} = \boldsymbol{x}(x_i^*) \text{ 即 } x_i = x_i(x_1^*, x_2^*, x_3^*) \tag{2-79}$$

则位移场 $\boldsymbol{u}$ 也是 x_i^* 的函数，由式(2-76)得

$$u_i(x_1^*, x_2^*, x_3^*) = x_i^* - x_i(x_1^*, x_2^*, x_3^*) \tag{2-80}$$

在固体力学中，常采用拉格朗日描述，在流体力学中则采用欧拉描述更为方便。而对于大变形问题及一般的物理定律，采用拉格朗日坐标来建立它的数学表达式更为方便，但在求解具体问题时，又常以欧拉描述更方便，所以两种描述都要采用。

应该注意，式(2-77)与式(2-79)是同一坐标系中两个不同构形间的变换关系，而不是两个坐标系间的转换关系。根据构形 $\mathcal{B}$ 变换至构形 $\mathcal{B}^*$ 是单值、连续且具一一对应关系的假设，即保证物体变形后不出现开裂或重叠现象，x_i^* 与 x_i 之间应存在一一对应的互逆关系，因而式(2-77)或式(2-79)的雅可比(Jacobi)行列式不应为零，即

$$\frac{\partial(x_1^*, x_2^*, x_3^*)}{\partial(x_1, x_2, x_3)} \neq 0 \text{ 或 } \frac{\partial(x_1, x_2, x_3)}{\partial(x_1^*, x_2^*, x_3^*)} \neq 0 \tag{2-81}$$

由图 2-15 可知，若能求得经过 P 点的任一线元的长度及方向的改变量，就可以确定 $\triangle PQR$ 在变形后的形状 $\triangle P^*Q^*R^*$。将无数多个这样的三角形微元拼接起来，就能确定物体在变形后的形状 $\mathcal{B}^*$。因此，线元的长度变化和方向改变是描述物体变形的基本要素。

考虑图 2-15 中变形前的任意线元 PQ，其端点 $P(x_1, x_2, x_3)$ 和 $Q(x_1 + \mathrm{d}x_1, x_2 + \mathrm{d}x_2, x_3 + \mathrm{d}x_3)$ 的矢径分别为

$$\boldsymbol{OP} = \boldsymbol{x} = x_i \boldsymbol{e}_i$$

$$\boldsymbol{OQ} = \boldsymbol{x} + \mathrm{d}\boldsymbol{x} = (x_i + \mathrm{d}x_i)\boldsymbol{e}_i$$

则

$$\boldsymbol{PQ} = \boldsymbol{OQ} - \boldsymbol{OP} = \mathrm{d}\boldsymbol{x} = \mathrm{d}x_i \boldsymbol{e}_i$$

得变形前线元 PQ 的长度平方为

$$\mathrm{d}s_0^2 = |PQ|^2 = \mathrm{d}\boldsymbol{x} \cdot \mathrm{d}\boldsymbol{x} = \mathrm{d}x_i \mathrm{d}x_i \tag{2-82}$$

变形后，P、Q 两点分别位移到 $P^*(x_1^*, x_2^*, x_3^*)$ 和 $Q^*(x_1^* + \mathrm{d}x_1^*, x_2^* + \mathrm{d}x_2^*, x_3^* + \mathrm{d}x_3^*)$，相应矢径为

$$\boldsymbol{OP}^* = \boldsymbol{x}^* = x_i^* \boldsymbol{e}_i$$

$$\boldsymbol{OQ}^* = \boldsymbol{x}^* + \mathrm{d}\boldsymbol{x}^* = (x_i^* + \mathrm{d}x_i^*)\boldsymbol{e}_i$$

则

$$\boldsymbol{P}^*\boldsymbol{Q}^* = \boldsymbol{OQ}^* - \boldsymbol{OP}^* = \mathrm{d}\boldsymbol{x}^* = \mathrm{d}x_i^* \boldsymbol{e}_i$$

得变形后线元 P^*Q^* 的长度平方为

$$\mathrm{d}s^2 = \left|\boldsymbol{P}^*\boldsymbol{Q}^*\right|^2 = \mathrm{d}\boldsymbol{x}^* \cdot \mathrm{d}\boldsymbol{x}^* = \mathrm{d}x_i^* \mathrm{d}x_i^* \tag{2-83}$$

采用拉格朗日描述，$x_i^* = x_i^*(x_i)$，则

$$\mathrm{d}x_i^* = \frac{\partial x_i^*}{\partial x_j} \mathrm{d}x_j$$

$$\mathrm{d}s^2 = \frac{\partial x_i^*}{\partial x_j} \frac{\partial x_i^*}{\partial x_k} \mathrm{d}x_j \mathrm{d}x_k$$

$$\mathrm{d}s^2 - \mathrm{d}s_0^2 = \left(\frac{\partial x_i^*}{\partial x_j} \frac{\partial x_i^*}{\partial x_k} - \delta_{jk}\right) \mathrm{d}x_j \mathrm{d}x_k = 2E_{jk} \mathrm{d}x_j \mathrm{d}x_k \tag{2-84}$$

其中

$$E_{jk}=\frac{1}{2}\left(\frac{\partial x_i^*}{\partial x_j}\frac{\partial x_i^*}{\partial x_k}-\delta_{jk}\right) \tag{2-85}$$

由式(2-76)，$x_i^*=x_i+u_i$，有

$$\begin{aligned}\frac{\partial x_i^*}{\partial x_j}\frac{\partial x_i^*}{\partial x_k}&=(\delta_{ij}+u_{i,j})(\delta_{ik}+u_{i,k})\\&=\delta_{ij}\delta_{ik}+\delta_{ij}u_{i,k}+\delta_{ik}u_{i,j}+u_{i,j}u_{i,k}=\delta_{jk}+u_{j,k}+u_{k,j}+u_{i,j}u_{i,k}\end{aligned}$$

代入式(2-85)得

$$E_{jk}=\frac{1}{2}(u_{j,k}+u_{k,j}+u_{i,j}u_{i,k}) \tag{2-86}$$

记

$$\boldsymbol{E}=[E_{jk}]=\begin{bmatrix}E_{11} & E_{12} & E_{13}\\E_{21} & E_{22} & E_{23}\\E_{31} & E_{32} & E_{33}\end{bmatrix} \tag{2-87}$$

其中，$\boldsymbol{E}$ 是二阶张量，称为格林(Green)应变张量，用它可以确定物体内任一点的线元在变形后的长度变化及线元间的夹角变化。因此，它描述了物体内任一点的应变状态。

由式(2-86)可知 $E_{jk}=E_{kj}$，所以格林应变张量是二阶对称张量。式(2-86)为格林应变张量的位移分量表达式，括号中的最后一项是二次非线性项。在笛卡儿坐标系中，式(2-86)展开后的常规形式为

$$\begin{aligned}
E_{11}&=\frac{\partial u_1}{\partial x_1}+\frac{1}{2}\left[\left(\frac{\partial u_1}{\partial x_1}\right)^2+\left(\frac{\partial u_2}{\partial x_1}\right)^2+\left(\frac{\partial u_3}{\partial x_1}\right)^2\right]\\
E_{22}&=\frac{\partial u_2}{\partial x_2}+\frac{1}{2}\left[\left(\frac{\partial u_1}{\partial x_2}\right)^2+\left(\frac{\partial u_2}{\partial x_2}\right)^2+\left(\frac{\partial u_3}{\partial x_2}\right)^2\right]\\
E_{33}&=\frac{\partial u_3}{\partial x_3}+\frac{1}{2}\left[\left(\frac{\partial u_1}{\partial x_3}\right)^2+\left(\frac{\partial u_2}{\partial x_3}\right)^2+\left(\frac{\partial u_3}{\partial x_3}\right)^2\right]\\
E_{12}=E_{21}&=\frac{1}{2}\left(\frac{\partial u_1}{\partial x_2}+\frac{\partial u_2}{\partial x_1}+\frac{\partial u_1}{\partial x_1}\frac{\partial u_1}{\partial x_2}+\frac{\partial u_2}{\partial x_1}\frac{\partial u_2}{\partial x_2}+\frac{\partial u_3}{\partial x_1}\frac{\partial u_3}{\partial x_2}\right)\\
E_{23}=E_{32}&=\frac{1}{2}\left(\frac{\partial u_2}{\partial x_3}+\frac{\partial u_3}{\partial x_2}+\frac{\partial u_1}{\partial x_2}\frac{\partial u_1}{\partial x_3}+\frac{\partial u_2}{\partial x_2}\frac{\partial u_2}{\partial x_3}+\frac{\partial u_3}{\partial x_2}\frac{\partial u_3}{\partial x_3}\right)\\
E_{31}=E_{13}&=\frac{1}{2}\left(\frac{\partial u_1}{\partial x_3}+\frac{\partial u_3}{\partial x_1}+\frac{\partial u_1}{\partial x_3}\frac{\partial u_1}{\partial x_1}+\frac{\partial u_2}{\partial x_3}\frac{\partial u_2}{\partial x_1}+\frac{\partial u_3}{\partial x_3}\frac{\partial u_3}{\partial x_1}\right)
\end{aligned} \tag{2-88}$$

现在分析线元长度的变化。变形前，线元 PQ 方向的单位矢量为

$$\boldsymbol{\nu}=\frac{\mathrm{d}\boldsymbol{x}}{\mathrm{d}s_0}=\frac{\mathrm{d}x_i}{\mathrm{d}s_0}\boldsymbol{e}_i=\nu_i\boldsymbol{e}_i \tag{2-89}$$

其中，$\nu_i=\mathrm{d}x_i/\mathrm{d}s_0$ 为线元 PQ 的方向余弦。

定义 λ_ν 为变形前后线元的伸长比，则由式(2-84)和式(2-89)可得

$$\lambda_\nu=\frac{\mathrm{d}s}{\mathrm{d}s_0}=\sqrt{1+2E_{ij}\frac{\mathrm{d}x_i}{\mathrm{d}s_0}\frac{\mathrm{d}x_j}{\mathrm{d}s_0}}=\sqrt{1+2E_{ij}\nu_i\nu_j} \tag{2-90}$$

再考虑线元的方向，变形后，线元 P^*Q^* 方向的单位矢量为

$$\boldsymbol{\nu}^*=\frac{\mathrm{d}\boldsymbol{x}^*}{\mathrm{d}s}=\frac{\mathrm{d}x_i^*}{\mathrm{d}s}\boldsymbol{e}_i=\nu_i^*\boldsymbol{e}_i \tag{2-91}$$

其中，线元 P^*Q^* 的方向余弦为

$$\nu_i^*=\frac{\mathrm{d}x_i^*}{\mathrm{d}s}=\frac{\partial x_i^*}{\partial x_j}\frac{\mathrm{d}x_j}{\mathrm{d}s}=\frac{\partial x_i^*}{\partial x_j}\frac{\mathrm{d}x_j}{\mathrm{d}s_0}\frac{\mathrm{d}s_0}{\mathrm{d}s}=\frac{\partial x_i^*}{\partial x_j}\nu_j\frac{1}{\lambda_\nu}$$

应用式(2-76)可得

$$\nu_i^*=(\delta_{ij}+u_{i,j})\nu_j\frac{1}{\lambda_\nu} \tag{2-92}$$

最后讨论线元间角度的变化。考虑图 2-15 中变形前过 P 点的任意两个线元 PQ 和 PR，它们的单位矢量分别为 $\boldsymbol{\nu}$ 和 $\boldsymbol{\tau}$，其方向余弦分别为 ν_i 和 τ_i。则 PQ 和 PR 的夹角余弦为

$$\cos(\boldsymbol{\nu},\boldsymbol{\tau})=\boldsymbol{\nu}\cdot\boldsymbol{\tau}=\nu_i\tau_i$$

变形后，两线元分别变为 P^*Q^* 与 P^*R^*，其夹角余弦为

$$\begin{aligned}\cos(\boldsymbol{\nu}^*,\boldsymbol{\tau}^*)&=\boldsymbol{\nu}^*\cdot\boldsymbol{\tau}^*=\nu_i^*\tau_i^*=\left[(\delta_{ij}+u_{i,j})\nu_j\frac{1}{\lambda_\nu}\right]\left[(\delta_{ik}+u_{i,k})\nu_k\frac{1}{\lambda_\tau}\right]\\&=(\delta_{jk}+u_{j,k}+u_{k,j}+u_{i,j}u_{i,k})\nu_j\nu_k\frac{1}{\lambda_\nu\lambda_\tau}\end{aligned}$$

应用式(2-86)，上式可化为

$$\cos(\boldsymbol{\nu}^*,\boldsymbol{\tau}^*)=(\nu_j\tau_j+2E_{jk}\nu_j\tau_k)\frac{1}{\lambda_\nu\lambda_\tau} \tag{2-93}$$

若变形前线元 PQ 与 PR 相互垂直，则 $\boldsymbol{\nu}\cdot\boldsymbol{\tau}=0$，式(2-93)简化为

$$\cos(\boldsymbol{\nu}^*,\boldsymbol{\tau}^*)=(2E_{jk}\nu_j\tau_k)\frac{1}{\lambda_\nu\lambda_\tau} \tag{2-94}$$

式(2-90)、式(2-93)和式(2-94)表明，格林应变张量 $\boldsymbol{E}$ 给出了物体变形状态的全部信息。

若采用欧拉描述，类似以上推导，得出

$$\mathrm{d}s^2-\mathrm{d}s_0^2=2e_{jk}\mathrm{d}x_j^*\mathrm{d}x_k^* \tag{2-95}$$

其中

$$e_{jk}=\frac{1}{2}\left(\frac{\partial u_j}{\partial x_k^*}+\frac{\partial u_k}{\partial x_j^*}-\frac{\partial u_i}{\partial x_j^*}\frac{\partial u_i}{\partial x_k^*}\right) \tag{2-96}$$

称为阿尔曼西(Almansis)应变张量 $\boldsymbol{e}$ 的位移分量表达式。

由式(2-84)和式(2-95)可知，若 $E_{jk}=0$ 或 $e_{jk}=0$，则 $\mathrm{d}s=\mathrm{d}s_0$。所以，物体仅做刚体运动而不产生变形的充分和必要条件是物体内各点的应变张量 E_{jk} 或 e_{jk} 为零。

2.7　小应变张量、转动惯量

2.7.1　小应变张量

在小变形假设的前提下，物体在外部因素作用下所产生的位移远小于物体原来的尺寸。这时位移分量的一阶导数远小于 1，即 $|u_{i,j}|\ll 1$ 和 $|\partial u_i/\partial x_j^*|\ll 1$。应用式(2-76)，有

$$\frac{\partial u_i}{\partial x_j}=\frac{\partial u_j}{\partial x_k^*}\frac{\partial x_k^*}{\partial x_j}=\frac{\partial u_i}{\partial x_k^*}\left(\delta_{kj}+\frac{\partial u_k}{\partial x_j}\right)=\frac{\partial u_i}{\partial x_j^*}+\frac{\partial u_i}{\partial x_k^*}\frac{\partial u_k}{\partial x_j} \tag{2-97}$$

略去高阶小量后，$\dfrac{\partial u_i}{\partial x_j}\approx\dfrac{\partial u_i}{\partial x_j^*}$。因而在小变形情况下，描述物体的变化时可对坐标 x_i 和 x_i^* 不加区别，在此情况下两种不同定义的应变公式(2-86)、式(2-97)中的非线性项也属高阶小量，将其略去后两式简化为

$$E_{ij}\approx e_{ij}\approx\varepsilon_{ij}=\frac{1}{2}(u_{i,j}+u_{j,i}) \tag{2-98}$$

定义 $\boldsymbol{\varepsilon}$ 为小应变张量，又称柯西应变张量。$\boldsymbol{\varepsilon}$ 是二阶对称张量，在笛卡儿坐标系中，其六个独立分量为

$$
\begin{aligned}
&\varepsilon_{11}=\frac{\partial u_1}{\partial x_1},\quad \varepsilon_{22}=\frac{\partial u_2}{\partial x_2},\quad \varepsilon_{33}=\frac{\partial u_3}{\partial x_3}\\
&\varepsilon_{12}=\varepsilon_{21}=\frac{1}{2}\left(\frac{\partial u_1}{\partial x_2}+\frac{\partial u_2}{\partial x_1}\right)\\
&\varepsilon_{23}=\varepsilon_{32}=\frac{1}{2}\left(\frac{\partial u_2}{\partial x_3}+\frac{\partial u_3}{\partial x_2}\right)\\
&\varepsilon_{31}=\varepsilon_{13}=\frac{1}{2}\left(\frac{\partial u_3}{\partial x_1}+\frac{\partial u_1}{\partial x_3}\right)
\end{aligned}
\tag{2-99}
$$

这是一组线性微分方程，称为几何方程，它描述了物体内质点的位移与应变之间的关系。

2.7.2 工程正应变和工程剪应变

在小变形情况下，2.6 节的表达式可得到很大的简化。这里仅列举工程中常用到的结果。

通常定义 $\boldsymbol{\nu}$ 方向的工程正应变 ε_ν 为变形前后线元长度的相对变化，即

$$
\varepsilon_\nu=\frac{\mathrm{d}s-\mathrm{d}s_0}{\mathrm{d}s_0}=\lambda_\nu-1 \tag{2-100}
$$

则由式(2-90)定义的伸长比 λ_ν 可简化为

$$
\lambda_\nu=\frac{\mathrm{d}s}{\mathrm{d}s_0}=\sqrt{1+2\varepsilon_{ij}\nu_i\nu_j}\approx 1+\varepsilon_{ij}\nu_i\nu_j
$$

将其代入式(2-100)，得

$$
\varepsilon_\nu=\varepsilon_{ij}\nu_i\nu_j=\varepsilon_{11}\nu_1\nu_1+\varepsilon_{22}\nu_2\nu_2+\varepsilon_{33}\nu_3\nu_3+2\varepsilon_{12}\nu_1\nu_2+2\varepsilon_{23}\nu_2\nu_3+2\varepsilon_{31}\nu_3\nu_1 \tag{2-101}
$$

当 $\boldsymbol{\nu}$ 分别取 $\boldsymbol{e}_1$、$\boldsymbol{e}_2$、$\boldsymbol{e}_3$ 时，得

$$
\varepsilon_x=\varepsilon_{11},\quad \varepsilon_y=\varepsilon_{22},\quad \varepsilon_z=\varepsilon_{33}
$$

可知小应变张量 ε_{ij} 的三个对角分量分别等于沿坐标轴方向的三个线元的工程正应变。以伸长为正，缩短为负。

通常定义两正交线元间的直角减小量为工程剪应变 $\gamma_{\nu\tau}$。由式(2-100)，且忽略二阶小量后得

$$
\frac{1}{\lambda_\nu}=\frac{1}{1+\varepsilon_\nu}\approx 1-\varepsilon_\nu \tag{2-102}
$$

考虑两线元间夹角的变化，将式(2-98)和式(2-102)代入式(2-93)，略去二阶小量后得

$$\boldsymbol{\nu}^* \cdot \boldsymbol{\tau}^* = \cos(\boldsymbol{\nu}^*, \boldsymbol{\tau}^*) = (1 - \varepsilon_\nu - \varepsilon_\tau)\nu_j \tau_j + 2\varepsilon_{jk}\nu_j \tau_k$$

若变形前两线元互相垂直，$\boldsymbol{\nu} \cdot \boldsymbol{\tau} = 0$，且 θ 为变形后两线元间直角的减小量，则由上式得

$$\cos(\boldsymbol{\nu}^*, \boldsymbol{\tau}^*) = \cos\left(\frac{\pi}{2} - \theta\right) = \sin\theta \approx \theta \approx \varepsilon_{jk}\nu_j \tau_k \tag{2-103}$$

由工程剪应变的定义，即

$$\gamma_{\nu\tau} = 2\varepsilon_{ij}\nu_i \tau_j \tag{2-104}$$

若 $\boldsymbol{\nu}$、$\boldsymbol{\tau}$ 为坐标轴方向的单位矢量，例如 $\nu_i = 1$，$\tau_j = 1\ (i \neq j)$，其余的方向余弦均为零，则由式(2-104)得

$$\gamma_{ij} = 2\varepsilon_{ij}, \quad i \neq j \tag{2-105}$$

由上面的讨论可知，小应变张量的六个分量 ε_{ij} 的几何意义是：当 $i = j$ 时，表示沿坐标轴方向线元的正应变，且以伸长为正，缩短为负；当 $i \neq j$ 时，ε_{ij} 的两倍表示沿坐标轴 x_i 与 x_j 方向的两个正交线元间的剪应变，以直角减小为正，直角增加为负。

2.7.3　位移梯度张量和转动张量

物体中的位移场 $\boldsymbol{u}$ 是由变形和刚体运动(包括平移和转动)共同引起的，因此仅知道六个应变分量 ε_{ij} 还不能完全描述给定点处的变形运动，还必须研究物体内无限邻近两点的位置变化。现在考虑物体无限邻近的两点 $P(\boldsymbol{x})$ 和 $Q(\boldsymbol{x} + \mathrm{d}\boldsymbol{x})$。$P$ 点位移为 $\boldsymbol{u}(x)$，Q 点位移为

$$\boldsymbol{u}(\boldsymbol{x} + \mathrm{d}\boldsymbol{x}) = \boldsymbol{u}(\boldsymbol{x}) + \mathrm{d}\boldsymbol{u} \tag{2-106}$$

其中，$\boldsymbol{u}(\boldsymbol{x})$ 是线元 PQ 随 P 点的刚体平移，$\mathrm{d}\boldsymbol{u}$ 是 Q 点相对于 P 点的位移增量(图 2-16)，且

$$\mathrm{d}\boldsymbol{u} = \frac{\partial \boldsymbol{u}}{\partial \boldsymbol{x}} \cdot \mathrm{d}\boldsymbol{x} \tag{2-107}$$

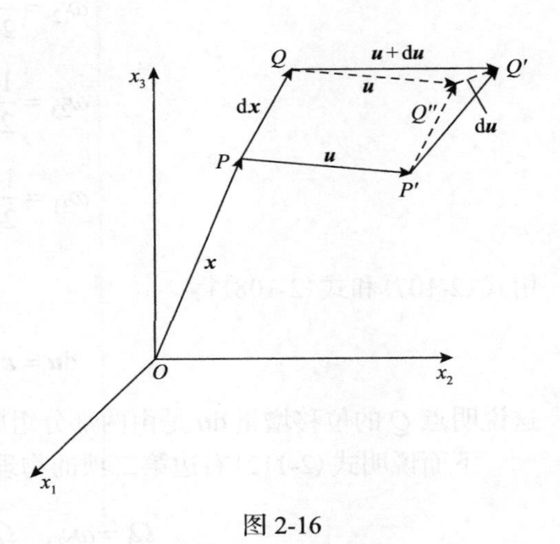

图 2-16

或

$$\mathrm{d}u_i = \frac{\partial u_i}{\partial x_j}\mathrm{d}x_j$$

由附录 A 的商判则可知，式(2-107)中的 $\partial\boldsymbol{u}/\partial\boldsymbol{x}$ 为一个二阶张量，称为位移梯度张量，记为 $\boldsymbol{H}$，即 $\boldsymbol{H} = \partial\boldsymbol{u}/\partial\boldsymbol{x}$。任何二阶张量都可以分解为对称张量与反对称张量之和，

对 $\boldsymbol{H}$ 分解得

$$\boldsymbol{H}=\frac{1}{2}(\boldsymbol{H}+\boldsymbol{H}^{\mathrm{T}})+\frac{1}{2}(\boldsymbol{H}-\boldsymbol{H}^{\mathrm{T}}) \tag{2-108}$$

即

$$\frac{\partial u_i}{\partial x_j}=\frac{1}{2}\left(\frac{\partial u_i}{\partial x_j}+\frac{\partial u_j}{\partial x_i}\right)+\frac{1}{2}\left(\frac{\partial u_i}{\partial x_j}-\frac{\partial u_j}{\partial x_i}\right)$$

其中对称部分即为小应变张量 $\boldsymbol{\varepsilon}$ 。定义反对称部分为

$$\frac{1}{2}(\boldsymbol{H}-\boldsymbol{H}^{\mathrm{T}})=-\boldsymbol{\omega} \tag{2-109}$$

$\boldsymbol{\omega}$称为转动张量，其分量形式为

$$\omega_{ij}=\frac{1}{2}\left(\frac{\partial u_j}{\partial x_i}-\frac{\partial u_i}{\partial x_j}\right) \tag{2-110}$$

由于 $\omega_{ij}=-\omega_{ji}$ ，反对称张量 $\boldsymbol{\omega}$ 仅有三个独立的分量，其为

$$\begin{aligned}\omega_{12}&=\frac{1}{2}\left(\frac{\partial u_2}{\partial x_1}-\frac{\partial u_1}{\partial x_2}\right)\\ \omega_{23}&=\frac{1}{2}\left(\frac{\partial u_3}{\partial x_2}-\frac{\partial u_2}{\partial x_3}\right)\\ \omega_{31}&=\frac{1}{2}\left(\frac{\partial u_1}{\partial x_3}-\frac{\partial u_3}{\partial x_1}\right)\end{aligned} \tag{2-111}$$

由式(2-107)和式(2-108)得

$$\mathrm{d}\boldsymbol{u}=\boldsymbol{\varepsilon}\cdot\mathrm{d}\boldsymbol{x}-\boldsymbol{\omega}\cdot\mathrm{d}\boldsymbol{x} \tag{2-112}$$

这说明点 Q 的位移增量 $\mathrm{d}\boldsymbol{u}$ 是由两部分组成的，并非仅由变形引起的增量 $\boldsymbol{\varepsilon}\cdot\mathrm{d}\boldsymbol{x}$ 所致。

下面说明式(2-112)右边第二项的物理意义。为此，令

$$\Omega_1=\omega_{23},\quad \Omega_2=\omega_{31},\quad \Omega_3=\omega_{12}$$

即

$$\omega_{ij}=e_{ijk}\Omega_k \tag{2-113}$$

以 Ω_1、Ω_2 和 Ω_3 为分量构造一个矢量，即

$$\boldsymbol{\Omega}=\Omega_1\boldsymbol{e}_1+\Omega_2\boldsymbol{e}_2+\Omega_3\boldsymbol{e}_3$$

它称为张量$\boldsymbol{\omega}$的反偶矢量。由式(2-113)得

$$-\omega_{ij}\mathrm{d}x_j = -e_{ijk}\Omega_k\mathrm{d}x_j = e_{ikj}\Omega_k\mathrm{d}x_j = \boldsymbol{\Omega}\times\mathrm{d}\boldsymbol{x}$$

上式右边表示线元 d$\boldsymbol{x}$ 旋转一微小角度Ω时，其末端相对于始端的位移(图 2-17)。于是式(2-112)可写为

$$\mathrm{d}\boldsymbol{u} = \boldsymbol{\varepsilon}\cdot\mathrm{d}\boldsymbol{x} + \boldsymbol{\Omega}\times\mathrm{d}\boldsymbol{x} \tag{2-114}$$

它表明位移增量 d$\boldsymbol{u}$ 由两部分组成，第一部分为变形引起的增量$\boldsymbol{\varepsilon}\cdot\mathrm{d}\boldsymbol{x}$，第二部分为刚体转动引起的增量$\boldsymbol{\Omega}\times\mathrm{d}\boldsymbol{x}$。过点 P 沿 Ω 方向的直线即为线元 PQ 做刚体转动的转轴，而转动角位移的值为$|\boldsymbol{\Omega}|$。将式(2-114)代入式(2-106)，得

$$\boldsymbol{u}(\boldsymbol{x}+\mathrm{d}\boldsymbol{x}) = \boldsymbol{u}(\boldsymbol{x}) + \boldsymbol{\varepsilon}\cdot\mathrm{d}\boldsymbol{x} + \boldsymbol{\Omega}\times\mathrm{d}\boldsymbol{x} \tag{2-115}$$

这就是与点 P 邻近各点的位移场的完整描述，它由刚体平移、变形和刚体转动三部分组成。我们可设想，首先点 P 邻近的微元体没有变形，则由刚体运动可知，和点 P 无限邻近的一点 Q 的位移由随同基点 P 的平动位移和微元体绕基点 P 转动的位移组成。而一般的微元体本身有变形，因此，点 Q 的位移还必须包括变形所产生的那一部分。

必须指出，ω_{12}、ω_{23}、ω_{31}是坐标的函数，表示物体内微元体的刚性转动，但对整个物体而言，是属于变形的一部分。这三个量与六个应变分量合在一起，才能全面反映物体的变形(在小变形情况下)。

总体来说，与点 P 无限邻近的一点 Q 的位移由三部分组成：

(1)随同点 P 的一个平动位移，如图 2-18 中的 QQ'' 所示；

(2)由点 P 邻近的微元体绕点 P 的刚性转动，在点 Q 所产生的位移，如图 2-18 中的 $Q''Q'''$ 所示；

(3)由点 P 邻近的微元体变形，在点 Q 引起的位移，如图 2-18 中的 $Q'''Q'$ 所示。

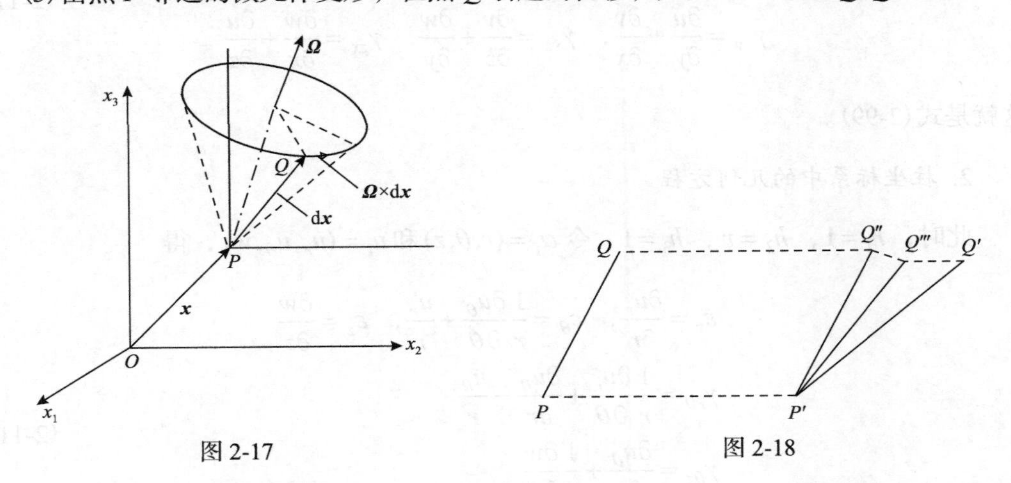

图 2-17　　　　图 2-18

2.7.4　正交曲线坐标系中的几何方程

在求解具有曲线或曲面边界的问题时，一般选用正交曲线坐标系更为方便。

设α_i为正交曲线坐标系中的曲线坐标，h_i为拉梅常量。由附录B可知，在小变形情况下，正交曲线坐标系中物体内任意点处的应变和位移关系即几何方程为

$$
\begin{aligned}
\varepsilon_{11} &= \frac{1}{h_1}\frac{\partial u_1}{\partial \alpha_1} + \frac{u_2}{h_1 h_2}\frac{\partial h_1}{\partial \alpha_2} + \frac{u_3}{h_1 h_3}\frac{\partial h_1}{\partial \alpha_3} \\
\varepsilon_{22} &= \frac{1}{h_2}\frac{\partial u_2}{\partial \alpha_2} + \frac{u_3}{h_2 h_3}\frac{\partial h_2}{\partial \alpha_3} + \frac{u_1}{h_2 h_1}\frac{\partial h_2}{\partial \alpha_1} \\
\varepsilon_{33} &= \frac{1}{h_3}\frac{\partial u_3}{\partial \alpha_3} + \frac{u_1}{h_3 h_1}\frac{\partial h_3}{\partial \alpha_1} + \frac{u_2}{h_3 h_2}\frac{\partial h_3}{\partial \alpha_2} \\
\varepsilon_{12} = \varepsilon_{21} &= \frac{1}{2}\left(\frac{1}{h_2}\frac{\partial u_1}{\partial \alpha_2} + \frac{1}{h_1}\frac{\partial u_2}{\partial \alpha_1} - \frac{u_1}{h_1 h_2}\frac{\partial h_1}{\partial \alpha_2} - \frac{u_2}{h_1 h_2}\frac{\partial h_2}{\partial \alpha_1}\right) \\
\varepsilon_{23} = \varepsilon_{32} &= \frac{1}{2}\left(\frac{1}{h_3}\frac{\partial u_2}{\partial \alpha_3} + \frac{1}{h_2}\frac{\partial u_3}{\partial \alpha_2} - \frac{u_2}{h_2 h_3}\frac{\partial h_2}{\partial \alpha_3} - \frac{u_3}{h_2 h_3}\frac{\partial h_3}{\partial \alpha_2}\right) \\
\varepsilon_{31} = \varepsilon_{13} &= \frac{1}{2}\left(\frac{1}{h_1}\frac{\partial u_3}{\partial \alpha_1} + \frac{1}{h_3}\frac{\partial u_1}{\partial \alpha_3} - \frac{u_3}{h_1 h_3}\frac{\partial h_3}{\partial \alpha_1} - \frac{u_1}{h_1 h_3}\frac{\partial h_1}{\partial \alpha_3}\right)
\end{aligned}
\tag{2-116}
$$

根据式(2-116)，且注意到工程剪应变的定义式(2-104)，我们可以导出直角坐标系、柱坐标系和球坐标系中的几何方程。

1. 直角坐标系中的几何方程

此时，$h_1 = h_2 = h_3 = 1$，令$\alpha_i = (x, y, z)$和$u_i = (u, v, w)$，得

$$
\begin{aligned}
&\varepsilon_x = \frac{\partial u}{\partial x}, \quad \varepsilon_y = \frac{\partial v}{\partial y}, \quad \varepsilon_z = \frac{\partial w}{\partial z} \\
&\gamma_{xy} = \frac{\partial u}{\partial y} + \frac{\partial v}{\partial x}, \quad \gamma_{yz} = \frac{\partial v}{\partial z} + \frac{\partial w}{\partial y}, \quad \gamma_{zx} = \frac{\partial w}{\partial x} + \frac{\partial u}{\partial z}
\end{aligned}
\tag{2-117}
$$

这就是式(2-99)。

2. 柱坐标系中的几何方程

此时，$h_1 = 1$，$h_2 = r$，$h_3 = 1$，令$\alpha_i = (r, \theta, z)$和$u_i = (u_r, u_\theta, w)$，得

$$
\begin{aligned}
&\varepsilon_r = \frac{\partial u_r}{\partial r}, \quad \varepsilon_\theta = \frac{1}{r}\frac{\partial u_\theta}{\partial \theta} + \frac{u_r}{r}, \quad \varepsilon_z = \frac{\partial w}{\partial z} \\
&\gamma_{r\theta} = \frac{1}{r}\frac{\partial u_r}{\partial \theta} + \frac{\partial u_\theta}{\partial r} - \frac{u_\theta}{r} \\
&\gamma_{\theta z} = \frac{\partial u_\theta}{\partial z} + \frac{1}{r}\frac{\partial w}{\partial \theta} \\
&\gamma_{zr} = \frac{\partial w}{\partial r} + \frac{\partial u_r}{\partial z}
\end{aligned}
\tag{2-118}
$$

对于平面问题，当采用极坐标时，式(2-118)简化为

$$\varepsilon_r=\frac{\partial u_r}{\partial r},\quad \varepsilon_\theta=\frac{1}{r}\frac{\partial u_\theta}{\partial \theta}+\frac{u_r}{r}$$
$$\gamma_{r\theta}=\frac{1}{r}\frac{\partial u_r}{\partial \theta}+\frac{\partial u_\theta}{\partial r}-\frac{u_\theta}{r} \tag{2-119}$$

3. 球坐标系中的几何方程

此时，$h_1=1$，$h_2=r$，$h_3=r\sin\theta$，令 $\alpha_i=(r,\theta,\varphi)$ 和 $u_i=(u_r,u_\theta,u_\varphi)$，得

$$\begin{aligned}
&\varepsilon_r=\frac{\partial u_r}{\partial r},\quad \varepsilon_\theta=\frac{1}{r}\frac{\partial u_\theta}{\partial \theta}+\frac{u_r}{r},\quad \varepsilon_\varphi=\frac{1}{r\sin\theta}\frac{\partial u_\varphi}{\partial \varphi}+\frac{u_r}{r}+\frac{\cot\theta}{r}u_\theta\\
&\gamma_{r\theta}=\frac{1}{r}\frac{\partial u_r}{\partial \theta}+\frac{\partial u_\theta}{\partial r}-\frac{u_\varphi}{r}\\
&\gamma_{\theta\varphi}=\frac{1}{r\sin\theta}\frac{\partial u_\theta}{\partial \varphi}+\frac{1}{r}\frac{\partial u_\varphi}{\partial \theta}-\frac{\cot\theta}{r}u_\varphi\\
&\gamma_{\varphi r}=\frac{\partial u_\varphi}{\partial r}+\frac{1}{r\sin\theta}\frac{\partial u_r}{\partial \varphi}-\frac{u_\varphi}{r}
\end{aligned} \tag{2-120}$$

2.8 转轴时应变分量的变换、主应变和应变张量的不变量

2.8.1 转轴时应变分量的变换

小应变张量 $\boldsymbol{\varepsilon}$ 与应力张量 $\boldsymbol{\sigma}$ 都是二阶对称张量，均具有不变性和对称性。因而在 2.2 节中关于应力张量的一些基本性质，应变张量也完全具有。

仿照 2.2 节的推导，在新、老笛卡儿坐标系中小应变张量 $\varepsilon_{i'j'}$ 与 ε_{ij} 应满足如下的转换关系：

$$\varepsilon_{i'j'}=\beta_{i'i}\beta_{j'j}\varepsilon_{ij} \tag{2-121}$$

仍设 l_k、m_k、n_k（$k=1, 2, 3$）是新坐标系 $x_{k'}$ 在老坐标系 x_k 中的三个方向余弦，则式(2-121)可写为矩阵形式：

$$[\varepsilon']=[\beta][\varepsilon][\beta]^{\mathrm{T}} \tag{2-122}$$

其中

$$[\varepsilon']=[\varepsilon_{i'j'}]$$
$$[\varepsilon]=[\varepsilon_{ij}]$$
$$[\beta]=[\beta_{i'i}]=[\beta_{j'j}]=\begin{bmatrix} l_1 & m_1 & n_1\\ l_2 & m_2 & n_2\\ l_3 & m_3 & n_3\end{bmatrix}$$

按矩阵乘法展开式(2-122)，得到转轴后应变分量的通用形式为

$$\begin{aligned}
\varepsilon_{x'} &= \varepsilon_x l_1^2 + \varepsilon_y m_1^2 + \varepsilon_z n_1^2 + \gamma_{yz} m_1 n_1 + \gamma_{xz} l_1 n_1 + \gamma_{xy} l_1 m_1 \\
\varepsilon_{y'} &= \varepsilon_x l_2^2 + \varepsilon_y m_2^2 + \varepsilon_z n_2^2 + \gamma_{yz} m_2 n_2 + \gamma_{xz} l_2 n_2 + \gamma_{xy} l_2 m_2 \\
\varepsilon_{z'} &= \varepsilon_x l_3^2 + \varepsilon_y m_3^2 + \varepsilon_z n_3^2 + \gamma_{yz} m_3 n_3 + \gamma_{xz} l_3 n_3 + \gamma_{xy} l_3 m_3 \\
\gamma_{x'y'} &= 2(\varepsilon_x l_1 l_2 + \varepsilon_y m_1 m_2 + \varepsilon_z n_1 n_2) + \gamma_{yz}(m_1 n_2 + m_2 n_1) \\
&\quad + \gamma_{xz}(l_1 n_2 + l_2 n_1) + \gamma_{xy}(l_1 m_2 + l_2 m_1) \\
\gamma_{y'z'} &= 2(\varepsilon_x l_2 l_3 + \varepsilon_y m_2 m_3 + \varepsilon_z n_2 n_3) + \gamma_{yz}(m_2 n_3 + m_3 n_2) \\
&\quad + \gamma_{xz}(l_2 n_3 + l_3 n_2) + \gamma_{xy}(l_2 m_3 + l_3 m_2) \\
\gamma_{x'z'} &= 2(\varepsilon_x l_1 l_3 + \varepsilon_y m_1 m_3 + \varepsilon_z n_1 n_3) + \gamma_{yz}(m_1 n_3 + m_3 n_1) \\
&\quad + \gamma_{xz}(l_1 n_3 + l_3 n_1) + \gamma_{xy}(l_1 m_3 + l_3 m_1)
\end{aligned} \tag{2-123}$$

由此可根据物体内一点的九个已知应变分量 ε_{ij}，求出过该点任意斜方向线元的正应变及过该点任意两垂直线元间夹角的改变量(剪应变)。这说明，小应变张量完全表征了一点的应变状态。

2.8.2 主应变和应变张量的不变量

与任何二阶对称张量一样，应变张量在每一点至少存在三个相互正交的主方向。沿这三个方向的微分线段在物体变形后仍保持垂直，具有这样性质的方向称为应变张量的主方向，沿这样方向的微分线段的相对伸长度称为主应变。设 $\boldsymbol{\nu}$ 为沿应变张量主方向的单位矢量，ε_ν 为相应的主应变，则按照张量主方向的定义(参见附录A)，有

$$\boldsymbol{\varepsilon} \cdot \boldsymbol{\nu} = \varepsilon_\nu \boldsymbol{\nu} \tag{2-124}$$

即

$$(\varepsilon_{ij} - \varepsilon_\nu \delta_{ij})\nu_j = 0$$

令上式的系数行列式为零，就得到确定主应变的特征方程：

$$\varepsilon_\nu^3 - \theta_1 \varepsilon_\nu^2 + \theta_2 \varepsilon_\nu - \theta_3 = 0 \tag{2-125}$$

其中的系数：

$$\theta_1 = \varepsilon_{ii} = \varepsilon_{11} + \varepsilon_{22} + \varepsilon_{33} = \varepsilon_x + \varepsilon_y + \varepsilon_z$$

$$\begin{aligned}
\theta_2 &= \frac{1}{2}(\varepsilon_{ii}\varepsilon_{jj} - \varepsilon_{ij}\varepsilon_{ij}) = \varepsilon_{11}\varepsilon_{22} + \varepsilon_{22}\varepsilon_{33} + \varepsilon_{33}\varepsilon_{11} - \frac{1}{2}(\varepsilon_{12}^2 + \varepsilon_{23}^2 + \varepsilon_{31}^2) \\
&= \varepsilon_x\varepsilon_y + \varepsilon_y\varepsilon_z + \varepsilon_z\varepsilon_x - \frac{1}{4}(\gamma_{xy}^2 + \gamma_{yz}^2 + \gamma_{zx}^2)
\end{aligned}$$

$$\theta_3 = e_{ijk}\varepsilon_{1i}\varepsilon_{2j}\varepsilon_{3k} = \begin{vmatrix} \varepsilon_{11} & \varepsilon_{12} & \varepsilon_{13} \\ \varepsilon_{21} & \varepsilon_{22} & \varepsilon_{23} \\ \varepsilon_{31} & \varepsilon_{32} & \varepsilon_{33} \end{vmatrix} = \begin{vmatrix} \varepsilon_x & \frac{1}{2}\gamma_{xy} & \frac{1}{2}\gamma_{xz} \\ \frac{1}{2}\gamma_{xy} & \varepsilon_y & \frac{1}{2}\gamma_{yz} \\ \frac{1}{2}\gamma_{xz} & \frac{1}{2}\gamma_{yz} & \varepsilon_z \end{vmatrix} \tag{2-126}$$

分别称为第一、第二和第三应变张量不变量。特征方程的三个特征根即为主应变，按其代数值的大小排列，可记为ε_1、ε_2、ε_3。与主应力类似，主应变也具有实数性、正交性和极值性。

沿每点应变主方向的坐标线称为应变主轴，它们分别与每点的应力主轴重合(对于各向同性材料)。由应变主轴组成的正交曲线坐标系即为主坐标系。在主坐标系中，许多公式将大大简化，例如，应变张量将简化为对角型，即

$$[\varepsilon_{ij}] = \begin{bmatrix} \varepsilon_1 & 0 & 0 \\ 0 & \varepsilon_2 & 0 \\ 0 & 0 & \varepsilon_3 \end{bmatrix} \tag{2-127}$$

应变张量不变量简化为

$$\begin{aligned} \theta_1 &= \varepsilon_1 + \varepsilon_2 + \varepsilon_3 \\ \theta_2 &= \varepsilon_1\varepsilon_2 + \varepsilon_2\varepsilon_3 + \varepsilon_3\varepsilon_1 \\ \theta_3 &= \varepsilon_1\varepsilon_2\varepsilon_3 \end{aligned} \tag{2-128}$$

沿主方向取出边长为$\mathrm{d}x_1$、$\mathrm{d}x_2$、$\mathrm{d}x_3$的微元体，变形后其相对体积的变化在略去高阶小量之后，为

$$\begin{aligned} \frac{\mathrm{d}V' - \mathrm{d}V}{\mathrm{d}V} &= \frac{(1+\varepsilon_1)\mathrm{d}x_1(1+\varepsilon_2)\mathrm{d}x_2(1+\varepsilon_3)\mathrm{d}x_3 - \mathrm{d}x_1\mathrm{d}x_2\mathrm{d}x_3}{\mathrm{d}x_1\mathrm{d}x_2\mathrm{d}x_3} \\ &\approx \varepsilon_1 + \varepsilon_2 + \varepsilon_3 = \theta_1 \end{aligned} \tag{2-129}$$

因此应变张量的第一不变量θ_1表示每单位体积变形后的体积变化，所以θ_1又称为体积应变，常记为θ。对应地，$I_1 = \sigma_{ii}$又称为体积应力。

同样，应变张量可分解为应变球张量与偏斜应变张量之和，即

$$\boldsymbol{\varepsilon} = \boldsymbol{\varepsilon}^0 + \boldsymbol{\varepsilon}' = \varepsilon_0\boldsymbol{I} + \boldsymbol{\varepsilon}' \tag{2-130}$$

其中

$$\boldsymbol{\varepsilon}^0 = \varepsilon_0\boldsymbol{I} = [\varepsilon_0\delta_{ij}] = \begin{bmatrix} \varepsilon_0 & 0 & 0 \\ 0 & \varepsilon_0 & 0 \\ 0 & 0 & \varepsilon_0 \end{bmatrix} \tag{2-131}$$

称为应变球张量，简称为应变球量。而ε_0为平均正应变，且

$$\varepsilon_0=\frac{1}{3}(\varepsilon_{11}+\varepsilon_{22}+\varepsilon_{33})=\frac{1}{3}(\varepsilon_1+\varepsilon_2+\varepsilon_3)=\frac{1}{3}\varepsilon_{ii}=\frac{1}{3}\theta \tag{2-132}$$

而由式(2-130)，得

$$\boldsymbol{\varepsilon}'=\boldsymbol{\varepsilon}-\varepsilon_0\boldsymbol{I}=[\varepsilon_{ij}]-[\varepsilon_0\delta_{ij}]=\begin{bmatrix}\varepsilon_{11}-\varepsilon_0 & \varepsilon_{12} & \varepsilon_{13}\\ \varepsilon_{21} & \varepsilon_{22}-\varepsilon_0 & \varepsilon_{23}\\ \varepsilon_{31} & \varepsilon_{32} & \varepsilon_{33}-\varepsilon_0\end{bmatrix} \tag{2-133}$$

称为偏斜应变张量，简称为应变偏量。由式(2-133)可知，$\varepsilon'_{ii}=0$，即应变偏量不产生体积变形，仅产生形状畸变。而应变球量则不产生形状畸变，仅产生等向体积膨胀或收缩。

根据式(2-126)，应变偏张量的三个不变量是

$$\begin{aligned}\theta'_1&=\varepsilon'_{ii}=0\\ \theta'_2&=-\frac{1}{2}\varepsilon'_{ij}\varepsilon'_{ij}\\ \theta'_3&=\begin{vmatrix}\varepsilon_{11}-\varepsilon_0 & \varepsilon_{12} & \varepsilon_{13}\\ \varepsilon_{21} & \varepsilon_{22}-\varepsilon_0 & \varepsilon_{23}\\ \varepsilon_{31} & \varepsilon_{32} & \varepsilon_{33}-\varepsilon_0\end{vmatrix}=\left|\varepsilon'_{ij}\right|\end{aligned} \tag{2-134}$$

与I'_2类似，θ'_2也是塑性力学中应用较多的不变量，定义$J'_i=-\theta'_i$，转到主坐标系，有

$$\begin{aligned}J'_2&=\frac{1}{2}\varepsilon'_{ij}\varepsilon'_{ij}\\ &=\frac{1}{6}[(\varepsilon_1-\varepsilon_2)^2+(\varepsilon_2-\varepsilon_3)^2+(\varepsilon_3-\varepsilon_1)^2]\\ &=\frac{1}{3}(\varepsilon_1^2+\varepsilon_2^2+\varepsilon_3^2-\varepsilon_1\varepsilon_2-\varepsilon_2\varepsilon_3-\varepsilon_3\varepsilon_1)\end{aligned} \tag{2-135}$$

类似地，可以虚构应变空间，定义剪应变强度I'和应变强度ε_e分别为

$$\left(\frac{I'}{2}\right)^2=J'_2,\quad \varepsilon_e=\frac{2}{\sqrt{3}}\sqrt{J'_2} \tag{2-136}$$

2.9　应变率张量、应变增量张量

当物体处在运动状态时，以$\boldsymbol{v}(x_1,x_2,x_3,t)$表示质点的速度，$v_i$表示速度的三个分量。如以时间$t$作为起点，则经过无限小时间段$\mathrm{d}t$后，位移为$u_i=v_i\,\mathrm{d}t$，由于$\mathrm{d}t$很小，$u_i$及其对坐标的导数都很小，可以应用小变形公式：

$$\varepsilon_{ij}=\frac{1}{2}(u_{i,j}+u_{j,i})=\frac{1}{2}(v_{i,j}+v_{j,i})\mathrm{d}t \tag{2-137a}$$

若令 $\dot{\varepsilon}_{ij}\,\mathrm{d}t=\varepsilon_{ij}$，则有

$$\dot{\varepsilon}_{ij}=\frac{1}{2}(v_{i,j}+v_{j,i}) \tag{2-137b}$$

式(2-137b)定义的 $\dot{\varepsilon}_{ij}$ 不论是大量或小量均成立，但要求对每一瞬时状态进行计算，不是按初始位置计算。而 ε_{ij} 是从初始位置计算的，因此，一般情况下，有

$$\dot{\varepsilon}_{ij}\neq\frac{\mathrm{d}}{\mathrm{d}t}\varepsilon_{ij}$$

仅在小变形情况下，才有(近似式)

$$\dot{\varepsilon}_{ij}=\frac{\mathrm{d}}{\mathrm{d}t}\varepsilon_{ij}=\frac{\partial}{\partial t}\varepsilon_{ij}$$

则由式(2-137a)，有

$$\dot{\varepsilon}_{ij}=\frac{\partial}{\partial t}\varepsilon_{ij}=\frac{1}{2}(\dot{u}_{i,j}+\dot{u}_{j,i}) \tag{2-138}$$

由式(2-138)定义的 $\dot{\varepsilon}_{ij}$ 称为应变率张量，记为 $\dot{\boldsymbol{\varepsilon}}$，且

$$[\dot{\varepsilon}_{ij}]=\begin{bmatrix}\dot{\varepsilon}_{11} & \dot{\varepsilon}_{12} & \dot{\varepsilon}_{13}\\ \dot{\varepsilon}_{21} & \dot{\varepsilon}_{22} & \dot{\varepsilon}_{23}\\ \dot{\varepsilon}_{31} & \dot{\varepsilon}_{32} & \dot{\varepsilon}_{33}\end{bmatrix}=\begin{vmatrix}\dot{\varepsilon}_{x} & \frac{1}{2}\dot{\gamma}_{xy} & \frac{1}{2}\dot{\gamma}_{xz}\\ \frac{1}{2}\dot{\gamma}_{xy} & \dot{\varepsilon}_{y} & \frac{1}{2}\dot{\gamma}_{yz}\\ \frac{1}{2}\dot{\gamma}_{xz} & \frac{1}{2}\dot{\gamma}_{yz} & \dot{\varepsilon}_{z}\end{vmatrix} \tag{2-139}$$

根据基本假设，时间因素对物体的弹塑性力学行为不产生影响(即不考虑黏性效应)，这里的 $\mathrm{d}t$ 可不代表真实的时间，而仅代表一个加载变形的过程。这样，我们主要关心的不是应变率，而是应变增量 $\dot{\varepsilon}_{ij}\,\mathrm{d}t$。于是采用应变增量张量 $\mathrm{d}\boldsymbol{\varepsilon}$ 来代替应变率张量 $\dot{\boldsymbol{\varepsilon}}$，以表示不受时间参数选择的特点。

以 $\mathrm{d}u_i$ 表示位移增量，则由式(2-98)得

$$\mathrm{d}\varepsilon_{ij}=\frac{1}{2}(\mathrm{d}u_{i,j}+\mathrm{d}u_{j,i}) \tag{2-140}$$

在小变形条件下

$$\mathrm{d}\varepsilon_{ij}=\frac{1}{2}(\mathrm{d}u_{i,j}+\mathrm{d}u_{j,i})=\mathrm{d}\left[\frac{1}{2}(u_{i,j}+u_{j,j})\right]=\mathrm{d}(\varepsilon_{ij}) \tag{2-141}$$

这说明在小变形时，按瞬时状态计算 $d\varepsilon_{ij}$ 与按初始状态计算 $d\varepsilon_{ij}$（近似地），没有什么区别。

类似地，应变增量张量的应变增量偏量 $d\boldsymbol{\varepsilon}'$ 定义为

$$d\boldsymbol{\varepsilon}' = d\boldsymbol{\varepsilon} - d\varepsilon_0 \boldsymbol{I} = [d\varepsilon'_{ij}] - [d\varepsilon_0 \delta_{ij}] \tag{2-142}$$

2.10　应变协调方程

对于某一初始连续的物体，在某一应变状态变形后必须保持其连续性，即物体既不开裂又不重叠，此时所给定的应变状态是协调的，否则是不协调的。从数学的观点说，要求位移函数 u_i 在其定义域内为单值连续函数。若出现了开裂，位移函数就会出现间断或重叠，位移函数就不可能为单值。因此，为保持物体变形后的连续性，各应变分量之间必须有一定的关系。

另外，在小变形情况下，六个应变分量是通过六个几何方程与三个位移函数相联系的。若已知位移分量 u_i，极易通过式(2-98)，即

$$\varepsilon_{ij} = \frac{1}{2}(u_{i,j} + u_{j,i})$$

求得各应变分量。但反过来，若给定一组应变 ε_{ij} 后，式(2-98)是关于未知位移函数 u_i 的微分方程组，其中包含六个方程，但仅三个未知函数。由于方程的个数超过了未知数的个数，若任意给定 ε_{ij}，则方程(2-98)不一定有解，仅当 ε_{ij} 满足某种可积条件或称为应变协调关系时，才能由方程(2-98)积分得到单值连续的位移场 u_i。

对于单值连续的位移场，位移分量对坐标的偏导数应与求导顺序无关，由此可以导出应变分量的协调条件。现将几何方程(2-98)对坐标 x_k、x_l 求二阶导数，得

$$2\varepsilon_{ij,kl} = u_{i,jkl} + u_{j,ikl} \tag{2-143}$$

当位移场单值连续并存在三阶以上连续偏导数时，偏导数与求导次序无关，因此，式(2-143)等号右边的两项关于 u_i、u_j 的三阶偏导数的导数指标可以两两对换。将上式两边乘以置换符号 e_{jln}，由于 $u_{i,jkl}$ 对指标 j、l 是对称的，而 e_{jln} 对指标 j、l 是反对称的，因此，有

$$u_{i,jkl} e_{jln} = 0$$

于是式(2-143)简化为

$$2\varepsilon_{ij,kl} e_{jln} = u_{j,ikl} e_{jln} \tag{2-144}$$

按同样的理由，在式(2-144)两边乘以置换符号 e_{ikm}，则等式右边为零，可得

$$\varepsilon_{ij,kl} e_{ikm} e_{jln} = 0 \tag{2-145}$$

这是存在单值连续位移场的必要条件。由于在推导中只用了连续函数的求导顺序无关性，所以式(2-145)的本质是变形的连续条件，常称其为应变协调方程。

式(2-145)中只有m、n两个自由指标，共代表9个应变协调方程。将式(2-145)展开，可进一步证明该式对指标m、n是对称的，则m、n只有六个不同的选择，即$m,n=1,1$；2,2；3,3；2,3；3,1；1,2。于是独立的协调方程数目为六个。其在笛卡儿坐标系中的常用形式为

$$
\begin{aligned}
&\frac{\partial^2\varepsilon_{11}}{\partial x_2^2}+\frac{\partial^2\varepsilon_{22}}{\partial x_1^2}-\frac{\partial^2\gamma_{12}}{\partial x_1\partial x_2}=0\\
&\frac{\partial^2\varepsilon_{22}}{\partial x_3^2}+\frac{\partial^2\varepsilon_{33}}{\partial x_2^2}-\frac{\partial^2\gamma_{23}}{\partial x_2\partial x_3}=0\\
&\frac{\partial^2\varepsilon_{33}}{\partial x_1^2}+\frac{\partial^2\varepsilon_{11}}{\partial x_3^2}-\frac{\partial^2\gamma_{13}}{\partial x_1\partial x_3}=0\\
&\frac{\partial^2\varepsilon_{11}}{\partial x_2\partial x_3}=\frac{1}{2}\frac{\partial}{\partial x_1}\left(-\frac{\partial\gamma_{23}}{\partial x_1}+\frac{\partial\gamma_{31}}{\partial x_2}+\frac{\partial\gamma_{12}}{\partial x_3}\right)\\
&\frac{\partial^2\varepsilon_{22}}{\partial x_3\partial x_1}=\frac{1}{2}\frac{\partial}{\partial x_2}\left(-\frac{\partial\gamma_{31}}{\partial x_2}+\frac{\partial\gamma_{12}}{\partial x_3}+\frac{\partial\gamma_{23}}{\partial x_1}\right)\\
&\frac{\partial^2\varepsilon_{33}}{\partial x_1\partial x_2}=\frac{1}{2}\frac{\partial}{\partial x_3}\left(-\frac{\partial\gamma_{12}}{\partial x_3}+\frac{\partial\gamma_{23}}{\partial x_1}+\frac{\partial\gamma_{31}}{\partial x_2}\right)
\end{aligned}
\tag{2-146}
$$

可以看出，前三式分别是x_1-x_2、x_2-x_3、x_3-x_1平面内三个应变分量间的协调方程，后三式分别是正应变ε_{11}、ε_{22}、ε_{33}和三个剪应变之间的协调方程。

应当指出，如能正确地求出物体各点的位移函数u_i，然后根据几何方程求出各应变分量，则应变协调方程可自然满足，因为应变协调方程本身就是从应变-位移方程推导出来的。而从物理意义上来说，如果位移函数是连续的，变形也就自然可以协调。所以，当用位移法解题时，应变协调方程可以自然满足，而用应力法解题时，则需同时考虑应变协调方程。

习　题

2-1 什么叫作一点的应力状态？怎样表示一点的应力状态？

2-2 如图2-19所示的三角形截面水坝，材料比重为γ，水的比重为γ_1，已求得应力解为

$$
\begin{aligned}
&\sigma_x=ax+by\\
&\sigma_y=cx+dy\\
&\tau_{xy}=-dx-ay-\gamma x\\
&\tau_{yz}=\tau_{xz}=\sigma_z=0
\end{aligned}
$$

试根据静力边界条件确定常数 a、b、c、d。

2-3 某基础的悬臂伸出部分为三角形形状(图 2-20)，处于强度为 q 的均匀土压力作用下，已求出其应力分量为

$$\sigma_x = A\left(-\arctan\frac{y}{x} - \frac{xy}{x^2+y^2} + C\right)$$

$$\sigma_y = A\left(-\arctan\frac{y}{x} + \frac{xy}{x^2+y^2} + B\right)$$

$$\tau_{xy} = -A\frac{y^2}{x^2+y^2}$$

$$\tau_{xz} = \tau_{yz} = \sigma_z = 0$$

试根据静力边界条件确定常数 A、B、C。

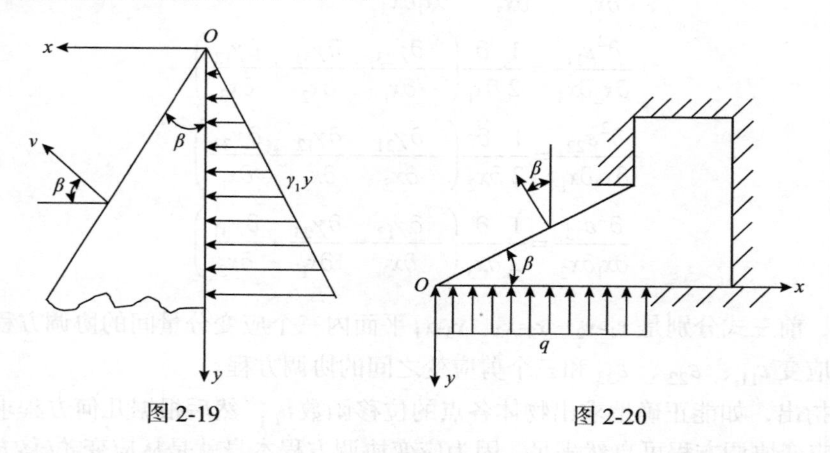

图 2-19　　　　图 2-20

2-4 图 2-21 表示薄板上的一个“齿”，设薄板处于平面应力状态，即仅存在应力分量：σ_x、σ_y、σ_{xy}（薄板的厚度沿 z 轴方向），齿的两边均不受力。证明：在齿的尖端 A 点处完全没有应力。

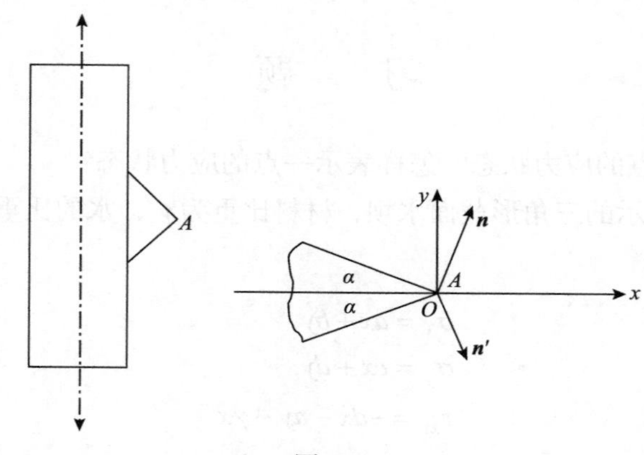

图 2-21

2-5 在物体内某一点 P 的应力状态为

$$[\sigma_{ij}]=\begin{bmatrix}2 & -1 & 3\\ -1 & 4 & 0\\ 3 & 0 & -1\end{bmatrix}\times 100\text{kPa}$$

(1) 求过 P 点且外法线为 $\boldsymbol{\nu}=2\boldsymbol{e}_1+2\boldsymbol{e}_2+\boldsymbol{e}_3$ 的面上的应力矢量 $\boldsymbol{\sigma}_\nu$，以及 $\boldsymbol{\sigma}_\nu$ 与 $\boldsymbol{\nu}$ 之间的夹角；

(2) 求 $\boldsymbol{\sigma}_\nu$ 的法向分量 σ_n 及切向分量 τ；

(3) 若 $\boldsymbol{e}_1'=\dfrac{1}{\sqrt{2}}(\boldsymbol{e}_1-\boldsymbol{e}_2)$，$\boldsymbol{e}_2'=\dfrac{1}{3}(2\boldsymbol{e}_1+2\boldsymbol{e}_2+\boldsymbol{e}_3)$，试计算 $\sigma_{i'j'}$。

2-6 通过同一点 P 的两个平面 Π_1、Π_2，其单位法向矢量分别为 $\boldsymbol{\nu}_1$ 和 $\boldsymbol{\nu}_2$，这两个平面上的应力矢量分别为 $\boldsymbol{\sigma}_{\nu1}$ 和 $\boldsymbol{\sigma}_{\nu2}$。试证：

(1) $\boldsymbol{\sigma}_{\nu1}\cdot\boldsymbol{\nu}_2=\boldsymbol{\sigma}_{\nu2}\cdot\boldsymbol{\nu}_1$；

(2) 若 $\boldsymbol{\sigma}_{\nu1}$ 在平面 Π_2 上，则 $\boldsymbol{\sigma}_{\nu2}$ 在平面 Π_1 上。

2-7 对于纯剪切应力状态，仅 $\sigma_{12}=\sigma_{21}=\tau$，而其余应力分量为零。试求：

(1) 主应力的值及对应的主方向；

(2) 最大剪应力值及其作用平面。

2-8 若已知二阶对称张量

$$[\sigma_{ij}]=\begin{bmatrix}2 & 0 & 0\\ 0 & 3 & 4\\ 0 & 4 & -3\end{bmatrix}$$

试求：

(1) 该对称张量的第一、第二和第三不变量；

(2) 主值(特征值)及对应的主方向(特征向量)。

2-9 利用 $\sigma_{i'j'}=\beta_{i'i}\beta_{j'j}\sigma_{ij}$，直接证明

$$I_1=\sigma_{ii}$$

$$I_2=\frac{1}{2}(I_1^2-\sigma_{ij}\sigma_{ij})$$

$$I_3=\frac{1}{3}(3I_1I_2-I_1^3+\sigma_{ij}\sigma_{jk}\sigma_{ki})$$

2-10 一点的应力状态由应力张量给定如下：

$$[\sigma_{ij}]=\begin{bmatrix}\sigma & a\sigma & b\sigma\\ a\sigma & \sigma & c\sigma\\ b\sigma & c\sigma & \sigma\end{bmatrix}$$

其中，a、b、c 是常数，σ 是某一应力值。求常数 a、b、c，以使八面体 $\left(\boldsymbol{\nu}=\dfrac{1}{\sqrt{3}}(\boldsymbol{e}_1+\boldsymbol{e}_2+\boldsymbol{e}_3)\right)$ 面上的应力矢量为零。

2-11 试用应力张量的第一不变量 I_1 和第二不变量 I_2 表示八面体剪应力。

2-12 一个任意形状的物体，其表面受均匀压力 P 的作用，如果不计其体力，试验证应力分量 $\sigma_x=\sigma_y=\sigma_z=-p,\ \tau_{yz}=\tau_{xz}=\tau_{xy}=0$ 是否满足平衡微分方程和该问题的静力边界条件。

2-13 图 2-22 为一悬臂梁，M 为梁中任意一点。试根据材料力学写出 σ_x 的表达式，并由此用平衡微分方程导出 τ_{xy} 和 σ_y 的公式，且检验 τ_{xy} 是否与材料力学中的表达式一致。

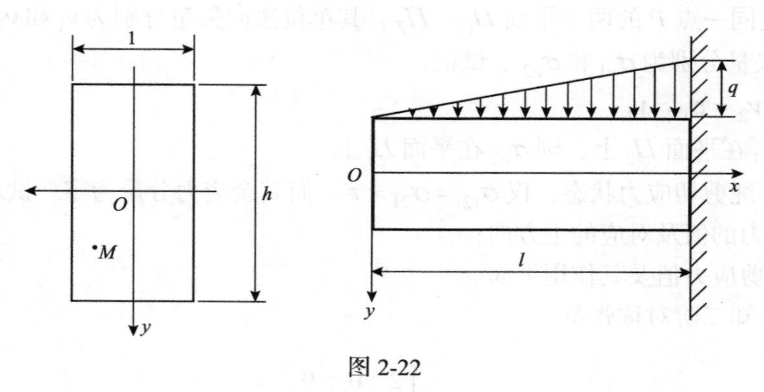

图 2-22

2-14 设 S_{rs} 为二阶对称张量，试证明由

$$\sigma_{ij}=e_{ipq}e_{jmn}S_{qn,pm}$$

导出的应力分量一定满足无体力平衡微分方程。

2-15 试导出以阿尔曼西应变张量 $\boldsymbol{e}$（参见式(2-96)）表示的线元变形长度比 $\lambda=\dfrac{\mathrm{d}s}{\mathrm{d}s_0}$。

2-16 若已知位移场为

$$u_1=kx_2^2,\quad u_2=u_3=0$$

其中，$k(\ll 1)$ 是一个很小的常数。试求：

(1) 柯西应变张量 ε_{ij}；

(2) 过点 (1,1,–5) 分别沿 $\mathrm{d}\boldsymbol{r}^{(1)}=\mathrm{d}x_1\boldsymbol{e}_1$ 和 $\mathrm{d}\boldsymbol{r}^{(2)}=\mathrm{d}x_2\boldsymbol{e}_2$ 方向的线元的单位伸长量；

(3) 以上两线元之间角度的改变量。

2-17 若已知位移场为

$$u_1=kx_1x_2,\quad u_2=kx_1x_2,\quad u_3=2k(x_1+x_2)x_3$$

其中，$k(\ll 1)$是一个很小的常数。试求：

(1)柯西应变张量 ε_{ij} 和体积应变 θ；

(2)在点(1,1,0)处的主应变及对应的应变主轴；

(3)在点(1,2,3)处转动张量 $\boldsymbol{\omega}$ 的反偶矢量 $\boldsymbol{\Omega}$ 的各分量。

2-18 某点的柯西应变为

$$[\varepsilon_{ij}]=k\begin{bmatrix}5 & 3 & 0\\ 3 & 4 & -1\\ 0 & -1 & 2\end{bmatrix}$$

试确定：

(1)沿方向 $2\boldsymbol{e}_1+2\boldsymbol{e}_2+\boldsymbol{e}_3$ 线元的单位伸长量；

(2)沿方向 $2\boldsymbol{e}_1+2\boldsymbol{e}_2+\boldsymbol{e}_3$ 与 $\boldsymbol{e}_1-\boldsymbol{e}_2$ 的两线元间角度的改变量。

2-19 试说明在小变形情况下，下列应变状态是否可能：

(1) $$[\varepsilon_{ij}]=\begin{bmatrix}c(x^2+y^2) & cxy & 0\\ cxy & cy^2 & 0\\ 0 & 0 & 0\end{bmatrix};$$

(2) $$[\varepsilon_{ij}]=\begin{bmatrix}c(x^2+y^2)z & cxyz & 0\\ cxyz & cy^2z & 0\\ 0 & 0 & 0\end{bmatrix}。$$

2-20 已知应变分量为

$$\varepsilon_x=\frac{1}{E}\left(\frac{\partial^2\varphi}{\partial y^2}-\mu\frac{\partial^2\varphi}{\partial x^2}\right)$$

$$\varepsilon_y=\frac{1}{E}\left(\frac{\partial^2\varphi}{\partial x^2}-\mu\frac{\partial^2\varphi}{\partial y^2}\right)$$

$$\gamma_{xy}=-\frac{2(1+\mu)}{E}\frac{\partial^2\varphi}{\partial x\partial y}$$

$$\varepsilon_z=\gamma_{zx}=\gamma_{zy}=0$$

试确定函数 $\varphi(x,y)$ 应满足的关系式。

2-21 已知圆柱形或棱柱形的梁，取其横截面形心的连线为 z 轴，在端部作用弯矩 M，其应变分量为

$$\varepsilon_x=\frac{\mu x}{a},\quad \varepsilon_y=\frac{\mu x}{a},\quad \varepsilon_z=-\frac{x}{a}$$

$$\gamma_{xy}=\gamma_{yz}=\gamma_{zx}=0$$

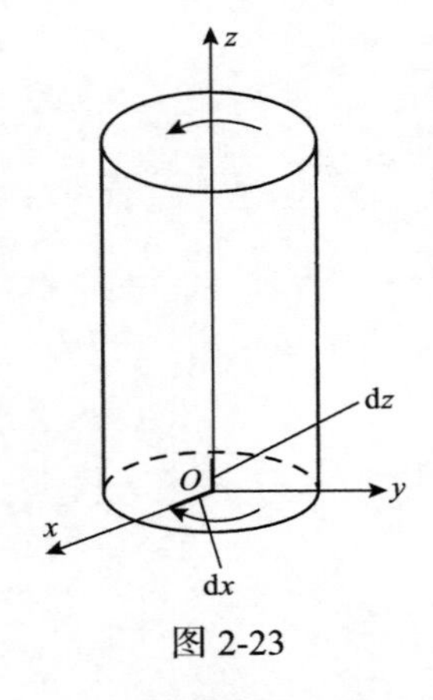

图 2-23

其中，$a=\dfrac{EI}{M}$。试检验该应变分量是否满足变形协调条件，并求位移分量(不计刚体位移)。

2-22 如图 2-23 所示圆截面杆件，两端在扭矩作用下产生的位移分量为

$$
\begin{aligned}
u &= -\theta zy + ay + bz + c \\
v &= \theta zx + ez - ax + f \\
w &= -bx - ey + k
\end{aligned}
$$

试按如下边界条件确定系数 a、b、c、e、f、k。

(1) O 点固定；

(2) 杆轴微元 dz 在 xOz 及 yOz 平面内不能转动；

(3) 在 $z=0$ 截面内，微元 dx 和 dy 在 xOy 平面内不能转动。

第3章　弹性和黏弹性本构关系

3.1　柯西弹性材料和超弹性材料

3.1.1　柯西弹性和超弹性

柯西弹性是指材料的现时应力唯一确定于现时应变的力学性质，在小变形情况下，柯西弹性材料的本构方程可写为

$$\boldsymbol{\sigma}=\boldsymbol{\sigma}(\varepsilon) \text{ 或 } \sigma_{ij}=\sigma_{ij}(\varepsilon_{kl}) \tag{3-1}$$

于是有

$$\mathrm{d}\boldsymbol{\sigma}=\frac{\partial \boldsymbol{\sigma}(\varepsilon)}{\partial \varepsilon}:\mathrm{d}\boldsymbol{\varepsilon} \text{ 或 } \mathrm{d}\sigma_{ij}=\frac{\partial \sigma_{ij}}{\partial \varepsilon_{kl}}\mathrm{d}\varepsilon_{kl} \tag{3-2}$$

其中，符号“:”表示两张量的并双点积(参见附录式(A-64))。

定义：

$$E_{ijkl}=\frac{\partial \sigma_{ij}}{\partial \varepsilon_{kl}},\quad i,j,k,l=1,2,3 \tag{3-3}$$

其中，E_{ijkl}称为弹性系数，它们是四阶张量的分量，这个四阶张量称为弹性张量，共有81个分量，亦即柯西弹性材料共有81个弹性系数。由于应力张量和应变张量都是对称张量，从而E_{ijkl}分别对i、j及k、l是对称的，即有

$$E_{ijkl}=E_{jikl}=E_{ijlk}=\cdots \tag{3-4}$$

因此，柯西弹性材料只有36个独立的弹性系数，当E_{ijkl}为常数时，材料是线性弹性的，此时有

$$\mathrm{d}\sigma_{ij}=E_{ijkl}\mathrm{d}\varepsilon_{kl} \tag{3-5}$$

$$\sigma_{ij}=E_{ijkl}\varepsilon_{kl} \tag{3-6}$$

此处假定$\boldsymbol{\varepsilon}=0$时$\boldsymbol{\sigma}=0$，即材料存在自然状态。以下均采用自然状态的假定。

如果弹性材料具有弹性势函，则称为超弹性材料。根据能量守恒定律，设材料质量密度为ρ，单位质量所含内能为e；且假定变形很小，$\dot{\varepsilon}_{ij}=D_{ij}=\frac{1}{2}(v_{i,j}+v_{j,i})$，式中$D_{ij}$为伸长率张量，$v$为质点的速度；又如果系统没有热交换，则有

$$\rho\dot{e}=\sigma_{ij}\dot{\varepsilon}_{ij} \text{ 或 } \rho\mathrm{d}e=\sigma_{ij}\mathrm{d}\varepsilon_{ij} \tag{3-7}$$

若上式右侧可积(与积分路径无关)，且设

$$\int\sigma_{ij}\mathrm{d}\varepsilon_{ij}=U_0(\varepsilon_{ij}) \tag{3-8}$$

则$U_0(\varepsilon_{ij})$具有势函性质，即

$$\sigma_{ij}=\frac{\partial U_0(\varepsilon_{ij})}{\partial\varepsilon_{ij}} \tag{3-9}$$

这就是超弹性材料的本构方程，又称为格林公式。此处，$U_0(\varepsilon_{ij})$为单位体积的应变能，或称为应变比能。

类似于式(3-3)，有

$$E_{ijkl}=\frac{\partial\sigma_{ij}}{\partial\varepsilon_{kl}}=\frac{\partial^2U_0(\varepsilon_{ij})}{\partial\varepsilon_{kl}\partial\varepsilon_{ij}} \tag{3-10}$$

由于$U_0(\varepsilon_{ij})$为势函，它的二阶导数与求导次序无关。因此，对于超弹性材料，E_{ijkl}除了对i、j和k、l对称之外，还有(ij)、(kl)对称，即有

$$E_{ijkl}=E_{klij} \tag{3-11}$$

因此，超弹性材料只有21个独立的弹性系数。超弹性和柯西弹性的基本区别在于是否存在一个弹性势函。或者，由式(3-10)及势函性质有

$$\frac{\partial^2U_0(\varepsilon_{ij})}{\partial\varepsilon_{kl}\partial\varepsilon_{ij}}=\frac{\partial^2U_0(\varepsilon_{ij})}{\partial\varepsilon_{ij}\partial\varepsilon_{kl}}$$

由式(3-9)，上式可写成

$$\frac{\partial\sigma_{ij}}{\partial\varepsilon_{kl}}=\frac{\partial\sigma_{kl}}{\partial\varepsilon_{ij}} \tag{3-12}$$

式(3-12)为超弹性材料应满足的附加条件，它等价于式(3-11)及关于超弹性材料存在一个弹性势函的陈述。由此可见，超弹性是柯西弹性的特殊情况，当柯西弹性材料满足式(3-11)或式(3-12)时，就成为超弹性材料。

3.1.2 线性弹性材料的本构方程

3.1.1节已说明，当E_{ijkl}为常数(称为弹性常数)时，弹性本构方程(参见式(3-6))为

$$\sigma_{ij}=E_{ijkl}\varepsilon_{kl}$$

上式两侧同时乘ε_{ij}，得到

$$\sigma_{ij}\varepsilon_{ij}=E_{ijkl}\varepsilon_{kl}\varepsilon_{ij}$$

变换哑指标，由上式可得

$$\sigma_{kl}\varepsilon_{kl}=E_{klij}\varepsilon_{ij}\varepsilon_{kl}$$

以上两式的左侧相等，于是将以上两式相减，得

$$0=(E_{ijkl}-E_{klij})\varepsilon_{ij}\varepsilon_{kl} \tag{3-13}$$

上式对任意的ε_{ij}均成立，由此得

$$E_{ijkl}=E_{klij}$$

它与式(3-11)完全一致，这表明E_{ijkl}对(ij)、(kl)是对称的，亦即线性弹性材料必然是超弹性材料。

由于应力张量和应变张量都是对称张量，它们都只有 6 个独立的分量，因此，为了书写简便，常将式(3-6)写成缩标形式，即将E_{ijkl}中的双标 11、22、33、23、31、12 分别写为 1、2、3、4、5、6，这样，σ_{ij}用σ_m表示，ε_{ij}用ε_n表示，E_{ijkl}则用E_{mn}表示。于是式(3-6)写为

$$\sigma_m=E_{mn}\varepsilon_n,\quad m,n=1,2,\cdots,6 \tag{3-14}$$

在(x,y,z)坐标系中，常规写法为

$$\begin{aligned}
\sigma_x&=E_{11}\varepsilon_x+E_{12}\varepsilon_y+E_{13}\varepsilon_z+E_{14}\gamma_{yz}+E_{15}\gamma_{zx}+E_{16}\gamma_{xy}\\
\sigma_y&=E_{21}\varepsilon_x+E_{22}\varepsilon_y+E_{23}\varepsilon_z+E_{24}\gamma_{yz}+E_{25}\gamma_{zx}+E_{26}\gamma_{xy}\\
\sigma_z&=E_{31}\varepsilon_x+E_{32}\varepsilon_y+E_{33}\varepsilon_z+E_{34}\gamma_{yz}+E_{35}\gamma_{zx}+E_{36}\gamma_{xy}\\
\tau_{yz}&=E_{41}\varepsilon_x+E_{42}\varepsilon_y+E_{43}\varepsilon_z+E_{44}\gamma_{yz}+E_{45}\gamma_{zx}+E_{46}\gamma_{xy}\\
\tau_{zx}&=E_{51}\varepsilon_x+E_{52}\varepsilon_y+E_{53}\varepsilon_z+E_{54}\gamma_{yz}+E_{55}\gamma_{zx}+E_{56}\gamma_{xy}\\
\tau_{xy}&=E_{61}\varepsilon_x+E_{62}\varepsilon_y+E_{63}\varepsilon_z+E_{64}\gamma_{yz}+E_{65}\gamma_{zx}+E_{66}\gamma_{xy}
\end{aligned} \tag{3-15}$$

其中，$E_{mn}=E_{nm}$。

式(3-15)的矩阵表示为

$$\begin{Bmatrix}\sigma_x\\ \sigma_y\\ \sigma_z\\ \tau_{yz}\\ \tau_{zx}\\ \tau_{xy}\end{Bmatrix}=\begin{bmatrix}E_{11}&E_{12}&E_{13}&E_{14}&E_{15}&E_{16}\\ &E_{22}&E_{23}&E_{24}&E_{25}&E_{26}\\ &&E_{33}&E_{34}&E_{35}&E_{36}\\ &\text{对}&&E_{44}&E_{45}&E_{46}\\ &&\text{称}&&E_{55}&E_{56}\\ &&&&&E_{66}\end{bmatrix}\begin{Bmatrix}\varepsilon_x\\ \varepsilon_y\\ \varepsilon_z\\ \gamma_{yz}\\ \gamma_{zx}\\ \gamma_{xy}\end{Bmatrix} \tag{3-16}$$

设矩阵 E_{mn} 的逆为 C_{mn}，则线性弹性本构方程亦可写成

$$\varepsilon_m = C_{mn}\sigma_n, \quad C_{mn} = C_{nm} \tag{3-17}$$

式(3-17)在(x,y,z)坐标系中的矩阵表达为

$$\begin{Bmatrix} \varepsilon_x \\ \varepsilon_y \\ \varepsilon_z \\ \gamma_{yz} \\ \gamma_{zx} \\ \gamma_{xy} \end{Bmatrix} = \begin{bmatrix} C_{11} & C_{12} & C_{13} & C_{14} & C_{15} & C_{16} \\ & C_{22} & C_{23} & C_{24} & C_{25} & C_{26} \\ & & C_{33} & C_{34} & C_{35} & C_{36} \\ & \text{对} & & C_{44} & C_{45} & C_{46} \\ & & \text{称} & & C_{55} & C_{56} \\ & & & & & C_{66} \end{bmatrix} \begin{Bmatrix} \sigma_x \\ \sigma_y \\ \sigma_z \\ \tau_{yz} \\ \tau_{zx} \\ \tau_{xy} \end{Bmatrix} \tag{3-18}$$

式(3-17)和式(3-18)称为广义胡克(Hooke)定律，而式(3-14)及式(3-15)是其另一种表达形式。

下面讨论几种特殊情况下的广义胡克定律。

1. 具有一个弹性对称平面的材料

将坐标轴 x、y 取在弹性对称面内，z 轴垂直于弹性对称面。变换坐标轴不应改变材料的本构方程。现将坐标系由(x,y,z)变换为$(x,y,-z)$，则在新坐标系内，剪应力分量 τ_{yz} 和 τ_{zx} 及剪应变分量 γ_{yz} 和 γ_{zx} 都将改变正负号，其他诸分量保持不变。将它们代入式(3-16)，且与(x,y,z)坐标系下的式(3-16)相比较，为了保证弹性本构方程不变，则反号应力分量(或应变)与不变应变分量(或应力)之间的弹性常数必须为零。在本例中，有 8 个弹性常数 C_{mn} $(m=4, 5;\ n=1, 2, 3, 6)$ 为零。于是具有一个弹性对称平面的材料只有 21−8=13 个弹性常数，相应地，广义胡克定律简化为

$$\begin{Bmatrix} \varepsilon_x \\ \varepsilon_y \\ \varepsilon_z \\ \gamma_{yz} \\ \gamma_{zx} \\ \gamma_{xy} \end{Bmatrix} = \begin{bmatrix} C_{11} & C_{12} & C_{13} & 0 & 0 & C_{16} \\ & C_{22} & C_{23} & 0 & 0 & C_{26} \\ & & C_{33} & 0 & 0 & C_{36} \\ & \text{对} & & C_{44} & C_{45} & 0 \\ & & \text{称} & & C_{55} & 0 \\ & & & & & C_{66} \end{bmatrix} \begin{Bmatrix} \sigma_x \\ \sigma_y \\ \sigma_z \\ \tau_{yz} \\ \tau_{zx} \\ \tau_{xy} \end{Bmatrix} \tag{3-19}$$

2. 正交各向异性材料

这类材料具有三个相互正交的弹性对称平面，如某些纤维增强复合材料、木材等均属此类材料。如果取三个对称平面为正交坐标系(x,y,z)的坐标平面，采用与上面类似的分析步骤，可以证明此类材料只有 9 个独立的弹性常数，对应的广义胡克定律简化为

$$
\begin{Bmatrix} \varepsilon_x \\ \varepsilon_y \\ \varepsilon_z \\ \gamma_{yz} \\ \gamma_{zx} \\ \gamma_{xy} \end{Bmatrix} = \begin{bmatrix} C_{11} & C_{12} & C_{13} & 0 & 0 & 0 \\ & C_{22} & C_{23} & 0 & 0 & 0 \\ & & C_{33} & 0 & 0 & 0 \\ & \text{对} & & C_{44} & 0 & 0 \\ & & \text{称} & & C_{55} & 0 \\ & & & & & C_{66} \end{bmatrix} \begin{Bmatrix} \sigma_x \\ \sigma_y \\ \sigma_z \\ \tau_{yz} \\ \tau_{zx} \\ \tau_{xy} \end{Bmatrix} \tag{3-20}
$$

3. 横观各向同性材料

这类材料在一个横向平面(或曲面)内是各向同性，在此平面内它仅有两个独立的弹性常数，设用 E、μ 分别表示此面内的杨氏弹性模量及泊松比，其剪切弹性模量为 $G = E/[2(1+\mu)]$；但在垂直于此平面方向上的材料性质却不相同，设用 E'、μ' 和 G' 分别表示垂直方向的弹性模量、泊松比及剪切弹性模量，于是这类材料独立的弹性常数只有 5 个。取坐标面 x-y 为各向同性平面，广义胡克定律简化为

$$
\begin{aligned}
\varepsilon_x &= \frac{1}{E}(\sigma_x - \mu\sigma_y) - \frac{\mu'}{E'}\sigma_z, \quad \gamma_{yz} = \frac{1}{G'}\tau_{yz} \\
\varepsilon_y &= \frac{1}{E}(\sigma_y - \mu\sigma_x) - \frac{\mu'}{E'}\sigma_z, \quad \gamma_{zx} = \frac{1}{G'}\tau_{zx} \\
\varepsilon_z &= -\frac{\mu}{E}(\sigma_x + \sigma_y) + \frac{1}{E'}\sigma_z, \quad \gamma_{xy} = \frac{2(1+\mu)}{E}\tau_{xy}
\end{aligned} \tag{3-21}
$$

3.2　各向同性线性弹性材料的本构关系

各向同性材料的特点是材料的力学性质不具方向性，或者说材料在各个方向上具有相同的性质，例如，金属材料即属于此类材料。各向同性材料的线性弹性本构方程可从不同途径建立。此处采用两种方法。

在式(3-21)中，令 $E' = E$，$\mu' = \mu$，$G' = G = \dfrac{E}{2(1+\mu)}$ 得到各向同性线性弹性本构方程：

$$
\begin{aligned}
\varepsilon_x &= \frac{1}{E}[\sigma_x - \mu(\sigma_y + \sigma_z)], \quad \gamma_{yz} = \frac{1}{G}\tau_{yz} \\
\varepsilon_y &= \frac{1}{E}[\sigma_y - \mu(\sigma_z + \sigma_x)], \quad \gamma_{zx} = \frac{1}{G}\tau_{zx} \\
\varepsilon_z &= \frac{1}{E}[\sigma_z - \mu(\sigma_x + \sigma_y)], \quad \gamma_{xy} = \frac{1}{G}\tau_{xy}
\end{aligned} \tag{3-22}
$$

采用指标符号，式(3-22)可缩写为

$$
\varepsilon_{ij} = \frac{1+\mu}{E}\sigma_{ij} - \frac{\mu}{E}\sigma_{kk}\delta_{ij} \tag{3-23}
$$

将式(3-23)中 $i=j$ 的三式相加，得

$$\theta_1=\frac{1-2\mu}{E}I_1 \tag{3-24}$$

其中，$\theta_1=\varepsilon_{kk}$ 为应变张量的第一不变量；$I_1=\sigma_{kk}$ 为应力张量的第一不变量。在小变形情况下 θ_1 等于体积应变，通常用 θ 表示。式(3-24)为体积应变与平均应力$\left(\sigma_0=\frac{1}{3}\sigma_{kk}\right)$的线性弹性关系。

由式(3-23)和式(3-24)，可以求出广义胡克定律的另一表述形式：

$$\sigma_{ij}=2G\varepsilon_{ij}+\frac{\mu E}{(1+\mu)(1-2\mu)}\theta\delta_{ij} \tag{3-25}$$

如果从式(3-6)出发，对于各向同性材料，弹性张量应是四阶各向同性(常数)张量。已知 δ_{ij} 是各向同性二阶张量(参见附录A)，则各向同性弹性张量可一般地写为

$$E_{ijkl}=\lambda\delta_{ij}\delta_{kl}+\nu\delta_{ik}\delta_{jl}+\gamma\delta_{il}\delta_{jk} \tag{3-26}$$

其中，λ、ν、γ 为任意标量。

将式(3-26)代入式(3-6)，经简单运算后，可得

$$\sigma_{ij}=\lambda\theta\delta_{ij}+\nu\varepsilon_{ij}+\gamma\varepsilon_{ji}$$

因 $\varepsilon_{ij}=\varepsilon_{ji}$，则有 $\nu+\gamma=2\nu$，上式可写为

$$\sigma_{ij}=\lambda\theta\delta_{ij}+2\nu\varepsilon_{ij} \tag{3-27}$$

其中，常数 λ、ν 称为拉梅常量。

比较式(3-25)和式(3-27)，可得下列关系：

$$\lambda=\frac{\mu E}{(1+\mu)(1-2\mu)},\quad \nu=G \tag{3-28}$$

在笛卡儿坐标系中，式(3-27)的展开式为

$$\begin{aligned}&\sigma_x=\lambda\theta+2G\varepsilon_x,\quad \tau_{yz}=G\gamma_{yz}\\&\sigma_y=\lambda\theta+2G\varepsilon_y,\quad \tau_{zx}=G\gamma_{zx}\\&\sigma_z=\lambda\theta+2G\varepsilon_z,\quad \tau_{xy}=G\gamma_{xy}\end{aligned} \tag{3-29}$$

将式(3-27)所示应力张量和应变张量分解为球张量和偏张量，可得

$$\sigma'_{ij}+\sigma_0\delta_{ij}=2G\varepsilon'_{ij}+\left(\lambda+\frac{2}{3}G\right)\theta\delta_{ij} \tag{3-30}$$

令

$$K=\lambda+\frac{2}{3}G=\frac{E}{3(1-2\mu)} \tag{3-31}$$

注意到偏张量和球张量的相互独立性，亦即偏张量的球量为零，球张量的偏量为零。于是由以上两式可得广义胡克定律的又一表述形式：

$$\begin{aligned}\sigma'_{ij}&=2G\varepsilon'_{ij}\\ \sigma_0&=K\theta\end{aligned} \tag{3-32}$$

以上两式表明，弹性材料的体积应变 θ 是由平均应力引起的，对应的弹性常数 K 称为体积弹性模量；弹性材料的形状改变(畸变)是由应力偏量引起的，对应的弹性常数是剪切弹性模量的 2 倍。顺便指出，式(3-32)的第二式与式(3-24)一致。

在以上关于各向同性线性弹性本构方程的推导中，先后出现了五个弹性常数：λ、G、E、μ 及 K，其中只有两个是独立的，因此，它们之间必然存在一定的互换关系。在以上的分析中已经得到了其中的一些关系式，由这些关系式可以导出其余的关系式。为方便读者查找，将常用弹性常数之间的互换关系列于表 3-1。

表 3-1　各向同性线性弹性材料常用弹性常数互换表

	E	μ	G	λ	K
E，μ	E	μ	$\frac{E}{2(1+\mu)}$	$\frac{\mu E}{(1+\mu)(1-2\mu)}$	$\frac{E}{3(1-2\mu)}$
λ，G	$\frac{G(3\lambda+2G)}{\lambda+G}$	$\frac{\lambda}{2(\lambda+G)}$	G	λ	$\frac{3\lambda+2G}{3}$
K，G	$\frac{9KG}{3K+G}$	$\frac{3K-2G}{2(3K+G)}$	G	$\frac{3K-2G}{3}$	K
E，G	E	$\frac{E-2G}{2G}$	G	$\frac{G(E-2G)}{3G-E}$	$\frac{GE}{3(3G-E)}$
E，K	E	$\frac{3K-E}{6K}$	$\frac{3KE}{9K-E}$	$\frac{3K(3K-E)}{9K-E}$	K
K，μ	$3K(1-2\mu)$	μ	$\frac{3K(1-2\mu)}{2(1+\mu)}$	$\frac{3\mu K}{1+\mu}$	K
G，μ	$2G(1+\mu)$	μ	G	$\frac{2\mu G}{1-2\mu}$	$\frac{2G(1+\mu)}{3(1-2\mu)}$
λ，μ	$\frac{\lambda(1+\mu)(1-2\mu)}{\mu}$	μ	$\frac{\lambda(1-2\mu)}{2\mu}$	λ	$\frac{\lambda(1+\mu)}{3\mu}$
E，λ	E	$\frac{2\lambda}{E+\lambda+H}$	$\frac{E-3\lambda+H}{4}$	λ	$\frac{E+3\lambda+H}{6}$
K，λ	$\frac{9K(K-\lambda)}{3K-\lambda}$	$\frac{\lambda}{3K-\lambda}$	$\frac{3(K-\lambda)}{2}$	λ	K

注：$H=\sqrt{E^2+2\lambda E+9\lambda^2}$。

下面写出各向同性线性弹性本构方程的矩阵表示形式，记

$$
\begin{aligned}
\{\sigma\} &= [\sigma_x, \sigma_y, \sigma_z, \tau_{yz}, \tau_{zx}, \tau_{xy}]^{\mathrm{T}} \\
\{\varepsilon\} &= [\varepsilon_x, \varepsilon_y, \varepsilon_z, \gamma_{yz}, \gamma_{zx}, \gamma_{xy}]^{\mathrm{T}}
\end{aligned} \tag{3-33}
$$

于是式(3-14)可写成矩阵形式：

$$
\{\sigma\} = [E]\{\varepsilon\} \tag{3-34}
$$

式(3-17)可写成矩阵形式：

$$
\{\varepsilon\} = [C]\{\sigma\} \tag{3-35}
$$

这是一般各向异性线性弹性本构方程的矩阵表示式。如果材料是各向同性的，由式(3-29)、式(3-22)、式(3-34)和式(3-35)，可得

$$
[E] = \begin{bmatrix}
2G+\lambda & \lambda & \lambda & 0 & 0 & 0 \\
 & 2G+\lambda & \lambda & 0 & 0 & 0 \\
 & & 2G+\lambda & 0 & 0 & 0 \\
 & \text{对} & & G & 0 & 0 \\
 & & \text{称} & & G & 0 \\
 & & & & & G
\end{bmatrix} \tag{3-36a}
$$

或

$$
[E] = \frac{\bar{E}}{1-\bar{\mu}^2}\begin{bmatrix}
1 & \bar{\mu} & \bar{\mu} & 0 & 0 & 0 \\
 & 1 & \bar{\mu} & 0 & 0 & 0 \\
 & & 1 & 0 & 0 & 0 \\
 & \text{对} & & \frac{1}{2}(1-\bar{\mu}) & 0 & 0 \\
 & & \text{称} & & \frac{1}{2}(1-\bar{\mu}) & 0 \\
 & & & & & \frac{1}{2}(1-\bar{\mu})
\end{bmatrix} \tag{3-36b}
$$

其中

$$
\bar{E} = \frac{E}{1-\mu^2},\quad \bar{\mu} = \frac{\mu}{1-\mu},\quad \frac{\bar{E}}{1-\bar{\mu}^2} = \frac{(1-\mu)E}{(1+\mu)(1-2\mu)}
$$

$$
[C] = \frac{1}{E}\begin{bmatrix}
1 & -\mu & -\mu & 0 & 0 & 0 \\
 & 1 & -\mu & 0 & 0 & 0 \\
 & & 1 & 0 & 0 & 0 \\
 & \text{对} & & 2(1+\mu) & 0 & 0 \\
 & & \text{称} & & 2(1+\mu) & 0 \\
 & & & & & 2(1+\mu)
\end{bmatrix} \tag{3-37}
$$

3.3　各向同性线性弹性材料的应变能

在前面已论证，线性弹性材料必然是超弹性材料，它存在一个弹性势函。在物体与外界没有热交换的情况下，这个弹性势函就是应变比能 $U_0(\varepsilon_{ij})$。在无应变自然状态 $(\varepsilon_{ij}=0)$ 附近将 $U_0(\varepsilon_{ij})$ 展开为泰勒级数：

$$U_0(\varepsilon_{ij}) = E_0 + E_{ij}\varepsilon_{ij} + \frac{1}{2}E_{ijkl}\varepsilon_{ij}\varepsilon_{kl} + \cdots \tag{3-38}$$

其中

$$E_0 = U_0\big|_{\varepsilon_{ij}=0} \tag{a}$$

$$E_{ij} = \left.\frac{\partial U_0}{\partial \varepsilon_{ij}}\right|_{\varepsilon_{ij}=0} = \sigma_{ij}\big|_{\varepsilon_{ij}=0} = \sigma_{ij}^0 \tag{b}$$

$$E_{ijkl} = \left.\frac{\partial^2 U_0}{\partial \varepsilon_{ij}\partial \varepsilon_{kl}}\right|_{\varepsilon_{ij}=0} = \left.\frac{\partial \sigma_{kl}}{\partial \varepsilon_{ij}}\right|_{\varepsilon_{ij}=0} \tag{c}$$

若取无应变状态为 $U_0=0$ 的参考状态，则式(a)要求 $E_0=0$；若采用无初应力 (σ_{ij}^0) 假设，则式(b)要求 $E_{ij}=0$。在小应变情况下略去高阶小项，则式(3-38)成为

$$U_0(\varepsilon_{ij}) = \frac{1}{2}E_{ijkl}\varepsilon_{ij}\varepsilon_{kl} \tag{3-39}$$

注意到 $\sigma_{ij}=E_{ijkl}\varepsilon_{kl}$，式(3-39)可改写为

$$U_0(\varepsilon_{ij}) = \frac{1}{2}\sigma_{ij}\varepsilon_{ij} \tag{3-40}$$

设弹性体的体积为 V，则弹性体的应变能为

$$U = \int_V U_0 \mathrm{d}V \tag{3-41}$$

弹性体的应变能又称为弹性体的位能(或势能)，它与内力功等值、反号。弹性变形是可逆的，所以弹性应变能是贮存于弹性体内、外载移去时可以全部释放的能量。

根据机械能守恒定律：

$$\dot{K} + \dot{U} = \dot{W} \tag{3-42}$$

其中，$\dot{K}$ 为弹性体的动能变率；$\dot{U}$ 为弹性体的应变能变率；$\dot{W}$ 为外功率。

当外力缓慢地施加于物体时，物体的动能可以忽略不计，则 $\dot{K}=0$，于是式(3-42)简化为

$$\dot{U}=\dot{W}$$

根据弹性体自然状态的假设，有 U=0 时 W=0(自然状态)。于是由上式积分可得

$$U=W$$

上式表明，在准静力加载过程中，外力所做的功等于物体的应变能。因此，可以得出结论：弹性体在变形过程中，外力所做的功全部转化为应变能而贮存于弹性体内；当外力移去时，这些被贮存的能量又全部释放出来。

由于弹性材料的应力与应变是一一对应的线性关系，所以应变比能 U_0 既可写成应变的函数，也可写成应力的函数，即

$$\begin{aligned}U_0(\varepsilon_{ij})&=\frac{1}{2}\sigma_{ij}\varepsilon_{ij}=\frac{1}{2}(\lambda\theta\delta_{ij}+2G\varepsilon_{ij})\varepsilon_{ij}\\&=\frac{1}{2}[\lambda\theta^2+2G(\varepsilon_x^2+\varepsilon_y^2+\varepsilon_z^2)+G(\gamma_{yz}^2+\gamma_{zx}^2+\gamma_{xy}^2)]\end{aligned}\tag{3-43}$$

$$\begin{aligned}U_0(\sigma_{ij})&=\frac{1}{2}\sigma_{ij}\varepsilon_{ij}=\frac{1}{2E}[(1+\mu)\sigma_{ij}-3\mu\sigma_0\delta_{ij}]\sigma_{ij}\\&=\frac{1}{2E}[(1+\mu)\sigma_{ij}\sigma_{ij}-9\mu\sigma_0^2]\\&=\frac{1}{2E}[(\sigma_x^2+\sigma_y^2+\sigma_z^2)-2\mu(\sigma_x\sigma_y+\sigma_y\sigma_z+\sigma_z\sigma_x)\\&\quad+2(1+\mu)(\tau_{yz}^2+\tau_{zx}^2+\tau_{xy}^2)]\end{aligned}\tag{3-44}$$

如果将应力张量和应变张量分解为偏张量和球张量，即

$$\sigma_{ij}=\sigma'_{ij}+\sigma_0\delta_{ij},\quad \varepsilon_{ij}=\varepsilon'_{ij}+\frac{1}{3}\theta\delta_{ij}$$

并注意到 $\sigma'_{ij}=2G\varepsilon'_{ij}$，$\sigma_0=K\theta$，$\sigma'_{ij}\delta_{ij}=\sigma'_{ii}=0$，$\varepsilon'_{ij}\delta_{ij}=\varepsilon'_{ii}=0$，则应变比能 U_0 可写为

$$\begin{aligned}U_0&=\frac{1}{2}\sigma_{ij}\varepsilon_{ij}=\frac{1}{2}(\sigma'_{ij}+\sigma_0\delta_{ij})\left(\varepsilon'_{ij}+\frac{1}{3}\theta\delta_{ij}\right)=\frac{1}{2}\sigma'_{ij}\varepsilon'_{ij}+\frac{1}{2}\sigma_0\theta\\&=\frac{1}{4G}\sigma'_{ij}\sigma'_{ij}+\frac{1}{2K}\sigma_0^2 \qquad (3\text{-}45)\\&=G\varepsilon'_{ij}\varepsilon'_{ij}+\frac{1}{2}K\theta^2 \qquad (3\text{-}46)\end{aligned}$$

式(3-45)和式(3-46)右侧第一项为形状改变比能，第二项为体积改变比能。由此可见，弹性应变比能可分解为形状改变比能 U_{0f} 与体积改变比能 U_{0v}。材料力学中的第四强度

理论、塑性力学中的米泽斯屈服准则都与形状改变比能相关。

注意到 $J_2=\dfrac{1}{2}\sigma'_{ij}\sigma'_{ij}$，$J'_2=\dfrac{1}{2}\varepsilon'_{ij}\varepsilon'_{ij}$，$J_2$ 和 J'_2 分别是应力偏张量和应变偏张量的第二不变量，它们分别与 I'_2、θ'_2 相差一个正负号(参见第 2 章)，则弹性形状改变比能可写为

$$U_{0f}=\frac{1}{2G}J_2=2GJ'_2 \tag{3-47}$$

3.4　线性黏弹性材料的一维微分型本构关系

线性黏弹性材料的应力-应变-时间关系主要有微分型和积分型两大类。微分型本构关系在黏弹性理论的早期发展中有广泛的应用，这种应力-应变关系的数学表达直接与力学模型相联系。

3.4.1　线性黏弹性基本模型

材料的线性黏弹性性质可以用两种基本元件，即弹性元件与黏性元件的不同组合方式来描述。

对于弹性元件(图 3-1(a))，它服从胡克定律：

$$\sigma=E\varepsilon \tag{3-48}$$

或

$$\tau=G\gamma \tag{3-49}$$

其中，σ、τ、ε 和 γ 分别为正应力、剪应力、正应变和剪应变；E、G 分别为拉压弹性模量和剪切弹性模量。这时应力-应变关系不随时间而变化，呈现出瞬时的弹性变形和瞬时恢复(图 3-1(b))。

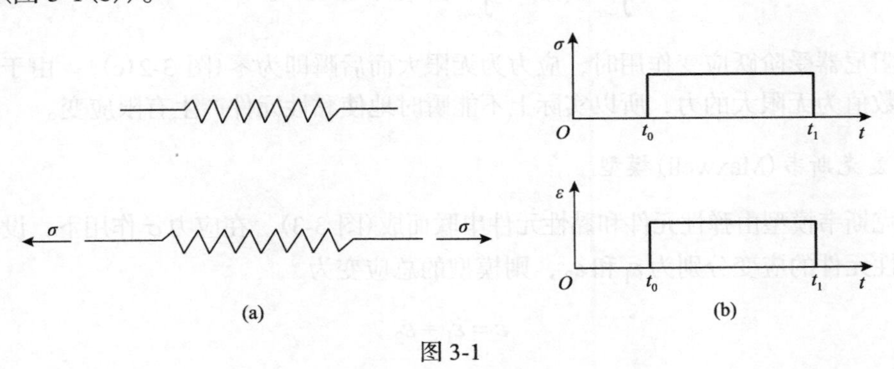

图 3-1

对于黏性元件，即阻尼器，有时称为黏壶(图 3-2(a))，它服从牛顿黏性定律：

$$\sigma=\eta\dot{\varepsilon} \tag{3-50}$$

或

$$\tau = \eta_1 \dot{\gamma} \tag{3-51}$$

其中，η 或 η_1 为黏性系数；$\dot{\varepsilon} = \mathrm{d}\varepsilon / \mathrm{d}t$ 为应变率。

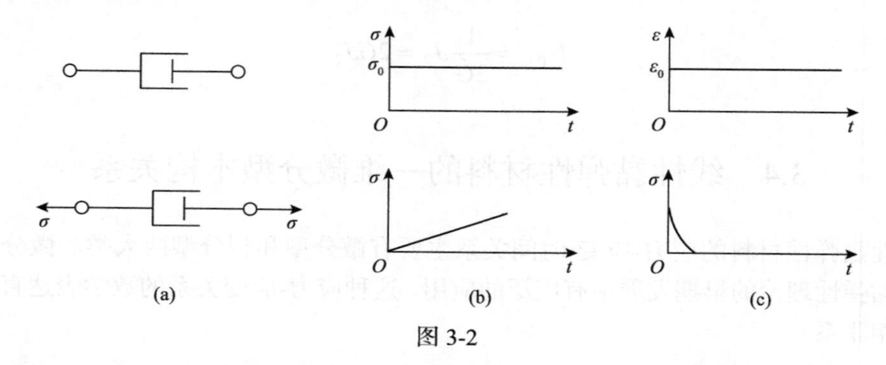

图 3-2

阻尼器的流变特性，可用等应力和等应变作用下的响应来说明。在突加后保持恒定的应力 $\sigma = \sigma_0 H(t)$ 作用下，应变响应为 $\varepsilon = \sigma_0 t / \eta$，即呈稳态流动(图 3-2(b))。其中 $H(t)$ 是单位阶跃函数，定义为

$$H(t) = \begin{cases} 1, & t > 0 \\ 0, & t < 0 \end{cases}$$

关于 $H(t)$ 在 $t = 0$ 时的数值，将在后面具体问题中加以说明。

在阶跃应变 $\varepsilon(t) = \varepsilon_0 H(t)$ 的作用下，由式(3-50)得应力 $\sigma = \eta \varepsilon_0 \delta(t)$，其中 $\delta(t)$ 为单位脉冲函数，它满足两个条件：

$$\delta(t) = 0, \quad t \neq 0$$

$$\int_{-\infty}^{\infty} \delta(t) \mathrm{d}t = \int_{-\epsilon}^{\epsilon} \delta(t) \mathrm{d}t = 1, \quad \epsilon > 0 \tag{3-52}$$

因此，阻尼器受阶跃应变作用时，应力为无限大而后瞬即为零(图 3-2(c))。由于不可能产生一数值为无限大的力，所以实际上不能瞬时地使黏性元件产生有限应变。

1. 麦克斯韦(Maxwell)模型

麦克斯韦模型由弹性元件和黏性元件串联而成(图 3-3)。在应力 σ 作用下，设弹性元件和黏性元件的应变分别为 ε_1 和 ε_2，则模型的总应变为

$$\varepsilon = \varepsilon_1 + \varepsilon_2 \tag{3-53}$$

利用式(3-48)～式(3-51)，得

$$\dot{\varepsilon} = \frac{\dot{\sigma}}{E} + \frac{\sigma}{\eta} \tag{3-54}$$

或

$$\sigma + p_1\dot{\sigma} = q_1\dot{\varepsilon} \tag{3-55}$$

其中，$p_1 = \eta / E$ 和 $q_1 = \eta$ 均表示材料常数。

式(3-54)和式(3-55)即为麦克斯韦模型的本构关系。如果材料常数为已知，则可用该本构关系来分析蠕变、恢复以及应力松弛现象。

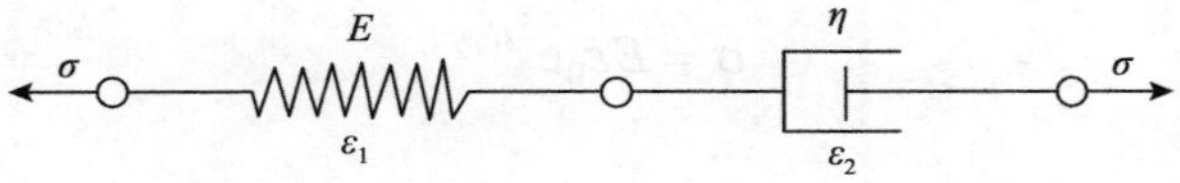

图 3-3

(1)蠕变

在阶跃应力 σ_0 作用下，总应变为弹簧应变和阻尼器的应变之和。将 $\dot{\sigma}=0\ (t>0)$ 代入式(3-54)后积分，得

$$\varepsilon(t) = \frac{\sigma_0}{\eta}t + C$$

其中，C 为积分常数。由 $t=0^+$ 时刻的瞬时弹性的初始条件：$\varepsilon(0^+) = \sigma_0 / E$，可得 $C = \sigma_0 / E$。于是麦克斯韦模型在突加恒应力 σ_0 作用下的应变-时间关系式为

$$\varepsilon = \frac{\sigma_0}{E} + \frac{\sigma_0}{\eta}t \tag{3-56}$$

它说明麦克斯韦体有瞬时弹性变形存在，且应变随时间呈线性增加(图 3-4(a))。在一定应力作用下，材料可以逐渐地且无限地产生变形，这是流体的特征。因此，常把麦克斯韦模型描述的材料称为麦克斯韦流体。

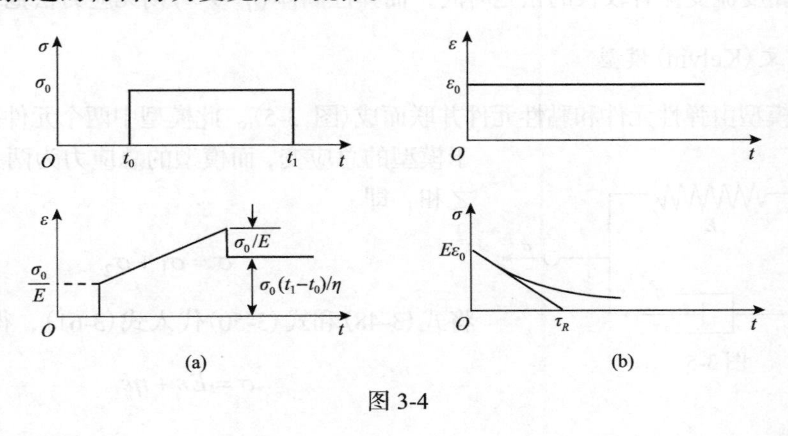

图 3-4

(2)恢复

若在 $t=t_1$ 时刻卸除外力，则原有 σ_0 作用下的稳态流动终止，弹性变形部分立即消失，即有瞬时弹性恢复 σ_0 / E，而余留在材料中的永久变形为 $\sigma_0(t_1 - t_0)/\eta$ (图 3-4(a))。

(3) 应力松弛

在 $\varepsilon(t)=\varepsilon_0 H(t)$ 作用下，当 $t>0$ 时 $\dot{\varepsilon}=0$，则式(3-54)变为齐次常微分方程，它的解是

$$\sigma = C\mathrm{e}^{-t/p_1} \tag{3-57}$$

代入初始条件：$t=0^+$ 时 $\sigma(0^+)=E\varepsilon_0$，求出 C 后，可得到应力

$$\sigma = E\varepsilon_0 \mathrm{e}^{-t/p_1} \tag{3-58}$$

其中，$p_1=\eta/E$。

式(3-58)描述了麦克斯韦模型的应力松弛现象(图 3-4(b))：应变一经作用，便有瞬时应力 $E\varepsilon_0$；在恒定应变 ε_0 的作用下应力不断减小，且随着时间无限增加，应力衰减到零。这一松弛过程的应力变化率为

$$\dot{\sigma} = -\frac{\sigma(0)}{p_1}\mathrm{e}^{-t/p_1} \tag{3-59}$$

显然，松弛开始时的应力变化率(绝对值)最大，即 $t=0^+$ 时有 $\dot{\sigma}(0)=-\sigma(0)/p_1$。如果按照这一比率变化，则应力为

$$\sigma(t) = \sigma(0) - \frac{\sigma(0)}{p_1}t \tag{3-60}$$

如图 3-4(b)中的直线 AB 所示。当 $t=p_1$ 时应力为零，因此，记 $\tau_R=p_1=\eta/E$，称为麦克斯韦体的松弛时间。由式(3-58)可见，当 $t=\tau_R$ 时，$\sigma=0.37\sigma(0)$。也就是说，保持应变 ε_0 到 τ_R 时刻，大部分的初始应力已经衰减了。松弛时间由材料性质决定，黏度越小，松弛时间越短，高黏度流变体有较长的松弛时间，而弹性固体 $(\eta\to\infty)$ 则无应力松弛现象。

2. 开尔文(Kelvin)模型

开尔文模型由弹性元件和黏性元件并联而成(图 3-5)。此模型中两个元件的应变都等于模型的总应变，而模型的总应力为两元件的应力之和，即

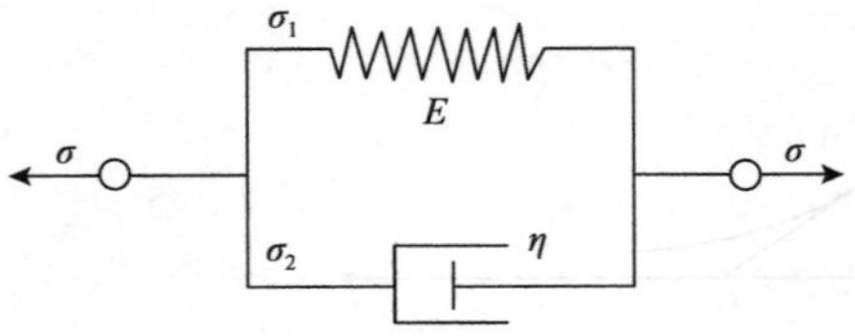

$$\sigma = \sigma_1 + \sigma_2 \tag{3-61}$$

图 3-5

将式(3-48)和式(3-50)代入式(3-61)，得

$$\sigma = E\varepsilon + \eta\dot{\varepsilon} \tag{3-62}$$

或

$$\sigma = q_0\varepsilon + q_1\dot{\varepsilon} \tag{3-63}$$

其中，$q_0 = E$，$q_1 = \eta$。

式(3-62)和式(3-63)就是开尔文模型的本构关系，它体现了如下的材料特性。

(1)蠕变

在恒定应力σ_0作用下，由微分方程(3-62)解得

$$\varepsilon(t) = C\mathrm{e}^{-t/p_1} + \sigma_0 / E \tag{3-64}$$

其中，$p_1 = \eta / E$。

蠕变的初始条件为$t = 0$，$\varepsilon(0) = 0$，理由是如果$\varepsilon(0^+)$为某一定值，由于$\varepsilon(0^-) = 0$，则在$t = 0$时有$\dot{\varepsilon} \to \infty$，这是式(3-62)所不能容许的，故应有$\varepsilon(0^+) = 0$。这样，由式(3-64)求得积分常数$C = -\sigma_0 / E$。因此，开尔文模型的蠕变表达式为

$$\varepsilon(t) = \frac{\sigma_0}{E}(1 - \mathrm{e}^{-t/p_1}) \tag{3-65}$$

可见，应变随着时间的增加而增加，当$t \to \infty$时，$\varepsilon \to \sigma_0 / E$，如同一弹性固体，因此，有时将开尔文模型所代表的材料称为开尔文固体。但是，开尔文固体没有瞬时弹性，而是按照

$$\dot{\varepsilon}(t) = \frac{\sigma_0}{\eta}\mathrm{e}^{-t/p_1}$$

的变化规律发生形变，且逐渐地趋于应变的渐近值σ_0 / E。初始的应变率为$\dot{\varepsilon}(0) = \sigma_0 / \eta$，如果按此应变率发生变形，即如图 3-6 中 OR 所示，当$t = p_1 = \eta / E$时，应变达到σ_0 / E。因此，常称$p_1 = \eta / E$为延滞时间或延迟时间。

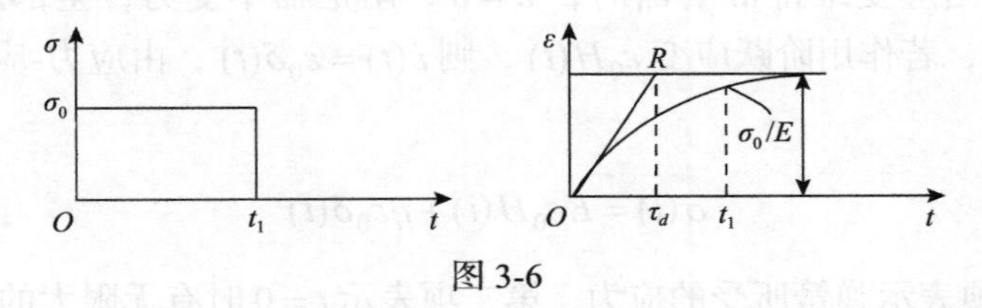

图 3-6

(2)恢复

式(3-65)给出恒定应力σ_0作用下任一时刻t的应变值。当$t = t_1$时，有

$$\varepsilon(t_1) = \frac{\sigma_0}{E}(1 - \mathrm{e}^{-t_1/p_1}) \tag{a}$$

若在$t = t_1$时刻除去σ_0，则应变自式(a)表示的数值开始恢复。当$t \geqslant t_1$时，由式(3-63)可得到描述开尔文模型恢复过程的方程为

$$\eta\dot{\varepsilon} + E\varepsilon = 0, \quad t \geqslant t_1$$

它的解是

$$\varepsilon(t) = C_1 \mathrm{e}^{-t/p_1} \tag{b}$$

由式(a)所表示的恢复初始条件，利用$t = t_1$时的应变连续条件，有

$$C_1 \mathrm{e}^{-t_1/p_1} = \frac{\sigma_0}{E}(1 - \mathrm{e}^{-t_1/p_1})$$

将由此求得的C_1代入式(b)，便得到恢复过程的应变-时间关系：

$$\varepsilon(t) = \frac{\sigma_0}{E}(\mathrm{e}^{t_1/p_1} - 1)\mathrm{e}^{-t/p_1} \tag{3-66}$$

显然，当$t \to \infty$时有$\varepsilon \to 0$，体现了弹性固体的特征，只不过在这里是一种滞弹性恢复。

式(3-66)可以由两个不同时间开始的蠕变过程叠加而得。即在式(3-65)表示的蠕变中，叠加一个由t_1时刻作用应力为$-\sigma_0 H(t - t_1)$所产生的蠕变。后者根据式(3-65)表示为

$$\varepsilon(t) = \frac{-\sigma_0}{E}[1 - \mathrm{e}^{-(t_1 - t_2)/p_1}] \tag{c}$$

将式(c)和式(3-65)相加，便得到恢复过程的应变-时间关系，即式(3-66)。

值得注意的是，在上述分析结果中虽然$t > t_1$时应力为零，但材料中的应变并不为零，它与时间有关而且依赖于加载历程，这说明材料是有记忆的。此外，我们采用式(3-65)表示出式(c)，说明对于材料性质这些客观的物理量，不因观察者或所用的时钟不同而改变。

(3) 应力松弛

开尔文模型不能表现应力松弛过程，因为阻尼器变形需要时间，要有应变率$\dot{\varepsilon}$才有应力σ。所以，当应变维持常量ε_0时，$\dot{\varepsilon} = 0$，阻尼器不受力，全部应力由弹簧承受$(\sigma = E\varepsilon_0)$。另外，若作用阶跃应变$\varepsilon_0 H(t)$，则$\dot{\varepsilon}(t) = \varepsilon_0 \delta(t)$，由应力-应变关系式(3-62)可得

$$\sigma(t) = E\varepsilon_0 H(t) + \eta\varepsilon_0 \delta(t) \tag{3-67}$$

其中，右端第一项表示弹簧所受的应力，第二项表示$t = 0$时有无限大的应力脉冲。因而$t = 0$时突加应变ε_0，对开尔文模型来说是没有意义的。

由上述可知：麦克斯韦模型能体现松弛现象，但不能表示蠕变，只有稳态的流动；开尔文模型可体现蠕变过程，却不能表示应力松弛。同时，它们反映的松弛或蠕变过程都只是一个含时间的指数函数，而大多数聚合物等材料的流变过程都较为复杂。因此，为了更好地描述实际材料的黏弹性质，常用更多的基本元件组合成其他模型。

例 3-1　直径 d=114mm、长度 l=225mm 的水泥圆柱，承受轴向载荷后，横截面上的正应力为 1.4MPa。假定其性态可用麦克斯韦模型描述，已知 E=5.5GPa，η= 3.0×10^{14}Pa·S。求：

(1) 在刚加载瞬时的轴向变形Δl；

(2)若应力保持不变，10h 瞬时的轴向变形；

(3) 10h 后，若应变保持不变，还要经过多少小时，应力才会衰减到初始值的 80%。

(1)刚加载时的轴向变形计算：这时变形与时间无关，其变形为弹性变形，即

$$\Delta l=\frac{\sigma}{E}l=\frac{1.4\times10^{6}}{5.5\times10^{9}}\times225=5.727\times10^{-2}$$

(2)计算 10h 瞬时的轴向变形：因为应力保持不变，则 $\frac{\mathrm{d}\sigma}{\mathrm{d}t}=0$。根据方程(3-54)，有

$$\frac{\mathrm{d}\varepsilon}{\mathrm{d}t}=\frac{\sigma}{\eta}$$

积分后，并利用初始 $(t=0)$ 应变 $\varepsilon_0=\Delta l/l$，得到 10h 瞬时的轴向变形为

$$\varepsilon l=\left(\varepsilon_0+\frac{\sigma}{\eta}t\right)l=\left(\frac{5.727\times10^{-2}}{225}+\frac{1.4\times10^{6}}{3\times10^{14}}\times10\times3600\right)\times225=9.507\times10^{-2}\mathrm{mm}$$

(3) 10h 后，应力松弛到初始值的 80%时所需的时间：因为应变保持不变，由式(3-54)得

$$-\frac{\eta}{E}\frac{\mathrm{d}\sigma}{\sigma}=\mathrm{d}t$$

两边积分得

$$\frac{\eta}{E}\ln\frac{\sigma(t_1)}{\sigma(t_2)}=t_2-t_1=\Delta t$$

由此算得

$$\Delta t=\frac{3\times10^{14}}{5.5\times10^{9}}\ln\left(\frac{1.0}{0.8}\right)=12171\mathrm{s}=3.38\mathrm{h}$$

例 3-2　高分子聚合物制成的拉杆承受轴向均匀拉伸，横截面上的正应力 $\sigma=1\mathrm{MPa}$，在这一应力下记录拉伸过程中应变与时间的数据如下：

$t/(\times10^{3}\mathrm{s})$	3.6	7.2	36.0	72.0
$\varepsilon/(\times10^{-3})$	6.0	8.4	9.9	10.0

假定这种聚合物的性态可以用开尔文模型描述，试根据试验数据确定其弹性模量和黏性常数。

方程(3-62)(开尔文模型的本构关系)在 $\mathrm{d}\varepsilon/\mathrm{d}t$ - ε 坐标中可由一直线描述，该直线的截距为 σ/η，其斜率为 $-E/\eta$。根据已给的试验数据，可取值如下：

$\dfrac{d\varepsilon}{dt}\Big/(\times10^{-7}\,s^{-1})$	16.67	6.67	0.56	0
$\varepsilon/(\times10^{-4})$	60	84	99	100

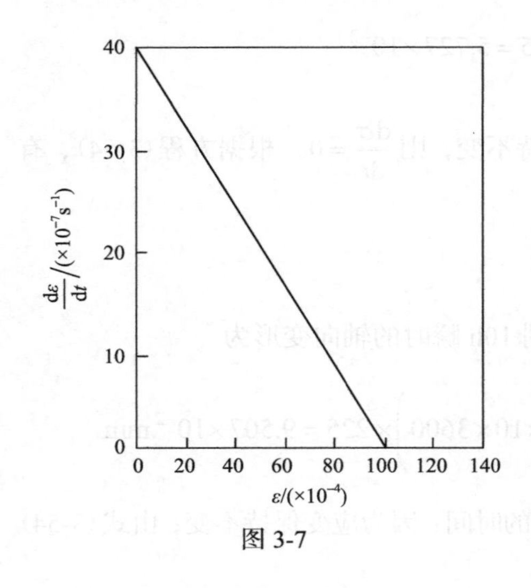

图 3-7

据此可画出 $d\varepsilon/dt$ - ε 曲线，如图 3-7 所示。图中直线截距给出：

$$\frac{\sigma}{\eta}=40\times10^{-7}\,s^{-1}$$

已知 $\sigma=1\text{MPa}$ ，于是得到黏性常数为

$$\eta=\frac{1\times10^{6}}{40\times10^{-7}}=2.5\times10^{11}\,\text{Pa}\cdot\text{s}$$

图中给出直线的斜率为

$$-\frac{E}{\eta}=-\frac{40\times10^{-7}}{100\times10^{-4}}=-4\times10^{-4}\,s^{-1}$$

由此求得材料的弹性模量为

$$E=2.5\times10^{11}\times4\times10^{-4}=1.0\times10^{8}\,\text{Pa}=1.0\times10^{2}\,\text{MPa}$$

3.4.2　蠕变柔量与松弛模量

基本模型的蠕变或松弛过程表明，应变或应力响应都是时间的函数，它反映材料受简单载荷时的黏弹性行为。由此，可定义两个重要的函数——蠕变函数和松弛函数，又称为蠕变柔量和松弛模量。

线性黏弹性材料在 $\sigma(t)=\sigma_0H(t)$ 作用下，随时间而变化的应变响应可表示为

$$\varepsilon(t)=J(t)\sigma_0 \tag{3-68}$$

其中，$J(t)$ 称为蠕变柔量。它表示单位应力作用下 t 时刻的应变值，一般是随时间而单调增加的函数。

由式(3-56)和式(3-65)，可得出基本模型的蠕变柔量为

麦克斯韦体(图 3-3)：$J(t)=\dfrac{1}{E}+\dfrac{t}{\eta}$

开尔文体(图 3-5)：$J(t)=\dfrac{1}{E}(1-e^{-t/\tau_d})$

研究应力松弛时，作用一个恒应变ε_0后的应力响应可表示为

$$\sigma(t)=Y(t)\varepsilon_0 \tag{3-69}$$

这里引进的$Y(t)$称为松弛模量，它表示单位应变作用时的应力，一般是随时间增加而减小的函数。前面所述基本模型的松弛函数可分别由式(3-58)和式(3-67)得出。作为特例，弹性固体和黏性流体的松弛模量分别是E和$\eta\delta(t)$。一般地，实际材料函数$Y(t)$和$J(t)$的确定是比较复杂的。

3.4.3　广义麦克斯韦模型和广义开尔文模型

由 3.4.1 节可知，多个麦克斯韦单元串联后的性质与单个麦克斯韦模型相同，其本构方程为

$$\dot{\varepsilon}=\dot{\sigma}\sum_{i=1}^{m}\left(\frac{1}{E_i}\right)+\sigma\sum_{i=1}^{m}\left(\frac{1}{\eta_i}\right) \tag{3-70}$$

其中，m为串联的麦克斯韦单元数；E_i和η_i分别为第i个单元弹簧的弹性模量和阻尼器的黏性系数。

若干个开尔文单元并联，也呈现单一开尔文模型的性能，其本构方程为

$$\sigma=\varepsilon\sum_{i=1}^{n}E_i+\dot{\varepsilon}\sum_{i=1}^{n}\eta_i \tag{3-71}$$

如果把麦克斯韦单元和开尔文单元串联在一起，则组成一种如图 3-8 所示的四参量模型，常称为伯格斯(Burgers)模型。其变形包括三部分：弹性变形ε_1、黏流ε_2和黏弹性变形ε_3。它们和应力的关系分别为

$$\varepsilon_1=\sigma/E_1 \tag{a}$$

$$\sigma=\eta_2\dot{\varepsilon}_2 \tag{b}$$

$$\sigma=E_3\varepsilon_3+\eta_3\dot{\varepsilon}_3 \tag{c}$$

总应变为

$$\varepsilon=\varepsilon_1+\varepsilon_2+\varepsilon_3 \tag{d}$$

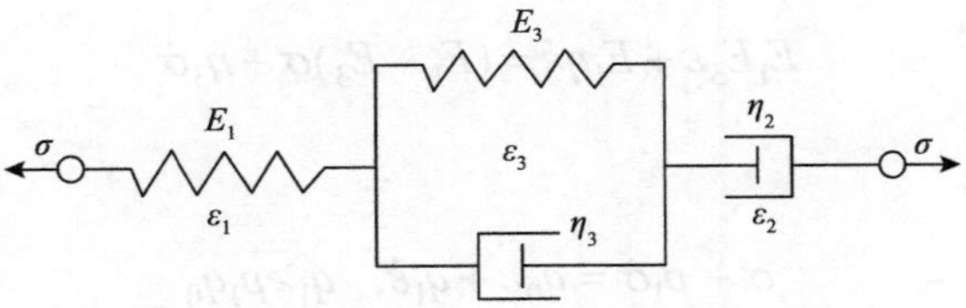

图 3-8

可应用拉普拉斯(Laplace)变换或直接代入等方法导出本构方程。为了有助于理解微分型本构关系中算子的性质，这里采用微分算子进行运算。

记 $\mathrm{D}=\mathrm{d}/\mathrm{d}t$，式(b)和式(c)可分别写为

$$\varepsilon_2=\sigma/(\eta_2\mathrm{D}),\quad \varepsilon_3=\sigma/(E_3+\eta_3\mathrm{D})$$

将式(a)和以上两式代入式(d)，展开为

$$(E_1E_3\eta_2\mathrm{D}+E_1\eta_2\eta_3\mathrm{D}^2)\varepsilon=(E_3\eta_2\mathrm{D}+\eta_2\eta_3\mathrm{D}^2)\sigma+(E_1E_3+E_1\eta_3\mathrm{D}+E_1\eta_2\mathrm{D})\sigma$$

整理得

$$\eta_2\dot{\varepsilon}+\frac{\eta_2\eta_3}{E_3}\ddot{\varepsilon}=\sigma+\left(\frac{\eta_2}{E_1}+\frac{\eta_2+\eta_3}{E_3}\right)\dot{\sigma}+\frac{\eta_2\eta_3}{E_1E_3}\ddot{\sigma} \tag{e}$$

或写为

$$\sigma+p_1\dot{\sigma}+p_2\ddot{\sigma}=q_1\dot{\varepsilon}+q_2\ddot{\varepsilon} \tag{3-72}$$

其中

$$p_1=\frac{\eta_2}{E_1}+\frac{\eta_2+\eta_3}{E_3},\quad p_2=\frac{\eta_2\eta_3}{E_1E_3},\quad q_1=\eta_2,\quad q_2=\frac{\eta_2\eta_3}{E_3}$$

式(3-72)即为伯格斯模型的本构方程，代表一种四参量流体。虽然这个模型所体现的黏弹性能与实际材料仍不很符合，但它可以表示非晶态聚合物黏弹行为的主要特征，乃至可以近似地描述金属材料蠕变曲线的前两个阶段。

若将伯格斯模型中右边的阻尼器移去，则原模型变为由开尔文模型和一个弹簧串联而成，称为三参量固体，又称为标准线性固体。此时，模型的应力 σ 和应变 ε 可用元件参量表示为

$$\begin{aligned}&\varepsilon=\varepsilon_1+\varepsilon_3\\&\sigma=E_1\varepsilon_1\\&\sigma=E_3\varepsilon_3+\eta_3\dot{\varepsilon}_3\end{aligned} \tag{f}$$

对式(f)进行拉普拉斯变换，将后两式所得的 $\bar{\varepsilon}_1$ 和 $\bar{\varepsilon}_3$ 代入第一式，然后进行拉普拉斯逆变换，得

$$E_1E_3\varepsilon+E_1\eta\dot{\varepsilon}=(E_1+E_3)\sigma+\eta_3\dot{\sigma} \tag{g}$$

写为标准形式：

$$\sigma+p_1\dot{\sigma}=q_0\varepsilon+q_1\dot{\varepsilon},\quad q_1>p_1q_0 \tag{h}$$

此即三参量固体的本构方程。其中模型参数为

$$p_1 = \frac{\eta_3}{E_1 + E_3}, \quad q_0 = \frac{E_1 E_3}{E_1 + E_3}, \quad q_1 = \frac{E_1 \eta_3}{E_1 + E_3} \tag{i}$$

又可直接由伯格斯模型中的式(e)进行简化，得到式(h)。将式(e)两边除以η_2，得

$$\dot{\varepsilon} + \frac{\eta_3}{E_3}\ddot{\varepsilon} = \frac{\sigma}{\eta_2} + \left(\frac{1}{E_1} + \frac{1}{E_3} + \frac{\eta_3}{\eta_2 E_3}\right)\dot{\sigma} + \frac{\eta_3}{E_1 E_3}\ddot{\sigma} \tag{j}$$

在伯格斯模型中移去右边的阻尼器，使阻尼η_2趋于无穷大。因此，在式(j)中令$\eta_2 \to \infty$得

$$\dot{\varepsilon} + \frac{\eta_3}{E_3}\ddot{\varepsilon} = \frac{E_1 + E_3}{E_1 E_3}\dot{\sigma} + \frac{\eta_3}{E_1 E_3}\ddot{\sigma} \tag{k}$$

将式(k)对时间t积分一次，整理后得

$$\sigma + \frac{\eta_3}{E_1 + E_3}\dot{\sigma} = \frac{E_1 E_3}{E_1 + E_3}\varepsilon + \frac{E_1 \eta_3}{E_1 + E_3}\dot{\varepsilon} \tag{l}$$

在式(l)中，令p_1、q_0、q_1的取值如同式(i)，即得三参量固体的本构方程(h)。

对于某种黏弹性材料，常组合成特定的模型。多个麦克斯韦单元并联或多个开尔文单元串联所组成的模型，可以表示材料比较复杂的性质，这就是图 3-9(a)和(b)分别所示的广义麦克斯韦模型和广义开尔文模型，后者有时也称为开尔文链。

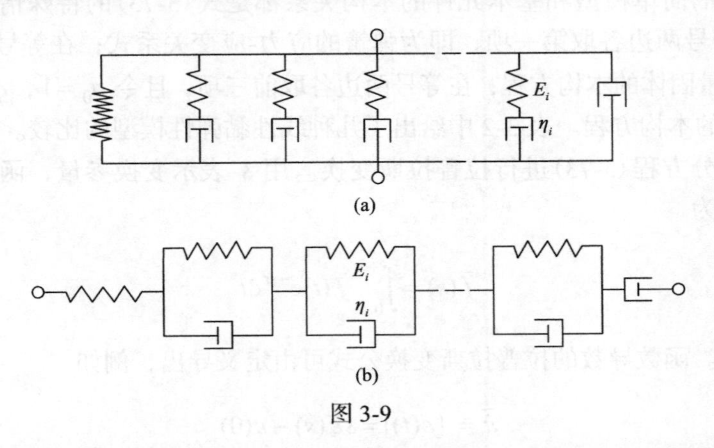

图 3-9

利用微分算子，用导出式(3-72)的方法，可得这种一般模型的本构方程。例如，对于开尔文链，设第i个开尔文单元中弹簧的弹性模量和阻尼器的黏性系数分别为E_i和η_i，该单元的应变为ε_i，则由式(3-62)有$\sigma = E_i\varepsilon_i + \eta_i\dot{\varepsilon}_i$，由此得$\varepsilon_i = \sigma / (E_i + \eta_i \mathrm{D})$。则由$n$个开尔文单元组成的广文开尔文模型的总应变为

$$\varepsilon = \sum_{i=1}^{n}\varepsilon_i = \sum_{i=1}^{n}\frac{\sigma}{E_i + \eta_i \mathrm{D}}$$

将此式展开并经整理后，可得一般模型的本构方程为

$$p_0\sigma + p_1\dot{\sigma} + p_2\ddot{\sigma} + \cdots = q_0\varepsilon + q_1\dot{\varepsilon} + q_2\ddot{\varepsilon} + \cdots \tag{3-73a}$$

即

$$\sum_{k=0}^{m} p_k \frac{\mathrm{d}^k \sigma}{\mathrm{d}t^k} = \sum_{k=0}^{n} q_k \frac{\mathrm{d}^k \varepsilon}{\mathrm{d}t^k}, \quad n \geqslant m \tag{3-73b}$$

或

$$\mathcal{P}\sigma = \mathcal{Q}\varepsilon \tag{3-73c}$$

其中微分算子：

$$\mathcal{P} = \sum_{k=0}^{m} p_k \frac{\mathrm{d}^k}{\mathrm{d}t^k} \tag{3-74a}$$

$$\mathcal{Q} = \sum_{k=0}^{n} q_k \frac{\mathrm{d}^k}{\mathrm{d}t^k} \tag{3-74b}$$

式(3-73)即为一般的一维线黏弹微分型本构方程。其中 p_k 和 q_k 为取决于材料性质的常数，一般取 $p_0 = 1$。

前面所述的简单模型和基本元件的本构关系都是式(3-73)的特殊情形。例如：在式(3-73a)的等号两边各取第一项，即为弹簧的应力-应变关系式；在等号两边各取前两项，即为三参量固体的本构方程；在等号两边各取前三项，且令 $p_0 = 1$，$q_0 = 0$，便是伯格斯流体模型的本构方程。表 3-2 中给出了几种线性黏弹性模型的比较。

下面将微分方程(3-73)进行拉普拉斯变换。用 s 表示变换参量，函数 $f(t)$ 的拉普拉斯变换定义为

$$\bar{f}(s) = \int_0^{+\infty} f(t)\mathrm{e}^{-st}\mathrm{d}t$$

或记作 $L[f(t)]$。函数导数的拉普拉斯变换公式可由定义导出，例如

$$\bar{\dot{\varepsilon}} = [\dot{\varepsilon}(t)] = s\bar{\varepsilon}(s) - \varepsilon(0)$$

根据材料处于自然状态的假设，在本书中有关函数及其导数在 $t < 0$ 时均为零值。因此，若令 $\varepsilon(0) = \varepsilon(0^-) = 0$，则有：$\bar{\dot{\varepsilon}} = s\bar{\varepsilon}(s)$，$\bar{\ddot{\varepsilon}} = s^2\varepsilon(s)$。于是将式(3-73b)进行拉普拉斯变换后，得到的代数方程为

$$\sum_{k=0}^{m} p_k s^k \bar{\sigma}(s) = \sum_{k=0}^{n} q_k s^k \bar{\varepsilon}(s) \tag{3-75a}$$

表 3-2　几种线性黏弹性模型的比较

模型	弹性固体	黏性固体	麦克斯韦流体	开尔文固体	三参量固体	伯格斯流体
本构方程	$\sigma=q_0\varepsilon$ $q_0=E$	$\sigma=q_1\dot{\varepsilon}$ $q_1=\eta$	$\sigma+p_1\dot{\sigma}=q_1\dot{\varepsilon}$ $p_1=\frac{\eta}{E}$ $q_1=\eta$	$\sigma=q_0\varepsilon+q_1\dot{\varepsilon}$ $q_0=E$ $q_1=\eta$	$\sigma+p_1\dot{\sigma}=q_0\varepsilon+q_1\dot{\varepsilon}(q_1>p_1q_0)$ $p_1=\frac{\eta_1}{E_1+E_2}$，$q_0=\frac{E_1E_2}{E_1+E_2}$ $q_1=\frac{E_1\eta_1}{E_1+E_2}$	$\sigma+p_1\dot{\sigma}+p_2\ddot{\sigma}=q_1\dot{\varepsilon}+q_2\ddot{\varepsilon}$ $p_1=\frac{\eta_2}{E_1}+\frac{\eta_2+\eta_3}{E_3}$ $p_2=\frac{\eta_2\eta_3}{E_1E_3}$，$q_1=\eta_2$，$q_2=\frac{\eta_2\eta_3}{E_3}$
微分算子	$\mathcal{P}=1$ $\mathcal{Q}=E$	$\mathcal{P}=1$ $\mathcal{Q}=\eta\frac{\partial}{\partial t}$	$\mathcal{P}=1+p_1\frac{\partial}{\partial t}$ $\mathcal{Q}=\eta\frac{\partial}{\partial t}$	$\mathcal{P}=1$ $\mathcal{Q}=E+\eta\frac{\partial}{\partial t}$	$\mathcal{P}=1+p_1\frac{\partial}{\partial t}$ $\mathcal{Q}=q_0+q_1\frac{\partial}{\partial t}$	$\mathcal{P}=1+p_1\frac{\partial}{\partial t}+p_2\frac{\partial^2}{\partial t^2}$ $\mathcal{Q}=q_1+q_2\frac{\partial}{\partial t}$
蠕变柔量 $J(t)$	$\frac{1}{E}$	$\frac{1}{\eta}$	$\frac{1}{E}+\frac{1}{\eta}$	$\frac{1}{E}(1-\mathrm{e}^{-Et/\eta})$	$\frac{1}{E_2}+\frac{1}{E_1}(1-\mathrm{e}^{-t/\tau_1})$ $\tau_1=\frac{\eta_1}{E_1}$	$\frac{1}{E_1}+\frac{t}{\eta_2}+\frac{1}{E_3}(1-\mathrm{e}^{-t/\tau})$ $\tau=\frac{\eta_3}{E_3}$
松弛模量 $Y(t)$	E	$\eta\delta(t)$	$E\mathrm{e}^{-t/\tau}$ $\tau=\frac{\eta}{E}$	$E+\eta\delta(t)$	$q_0+\left(\frac{q_1}{p_1}-q_0\right)\mathrm{e}^{-t/p_1}$	$\frac{1}{\sqrt{p_1^2-4p_2}}[(q_1-\alpha q_2)\mathrm{e}^{-\alpha t}-(q_1-\beta q_2)\mathrm{e}^{-\beta t}]$ $\left.\begin{matrix}\alpha\\\beta\end{matrix}\right\}=\frac{1}{2p_2}\left(p_1\mp\sqrt{p_1^2-4p_2}\right)$

或

$$\bar{\mathcal{P}}(s)\bar{\sigma}(s)=\bar{\mathcal{Q}}(s)\bar{\varepsilon}(s) \tag{3-75b}$$

其中，p_k和q_k与式(3-73b)中的数值相同，取决于材料性质而与应力、应变值无关。$\bar{\mathcal{P}}$和$\bar{\mathcal{Q}}$是s的多项式，且

$$\bar{\mathcal{P}}(s)=\sum_{k=0}^{m}p_k s^k,\quad \bar{\mathcal{Q}}(s)=\sum_{k=0}^{n}q_k s^k \tag{3-76}$$

为了求出蠕变柔量，将$\sigma(t)=\sigma_0 H(t)$代入方程(3-75b)，并考虑蠕变函数的定义式(3-68)，得

$$\bar{\varepsilon}(s)=\frac{\bar{\mathcal{P}}(s)}{\bar{\mathcal{Q}}(s)}\frac{\sigma_0}{s}=\bar{J}(s)\sigma_0$$

其中，$\bar{J}(s)$为蠕变柔量的象函数：

$$\bar{J}(s)=\bar{\mathcal{P}}(s)/[s\bar{\mathcal{Q}}(s)] \tag{3-77a}$$

将此式进行逆变换，便得到蠕变柔量：

$$J(t)=L^{-1}[\bar{J}(s)]=L^{-1}\ [\bar{\mathcal{P}}(s)/s\bar{\mathcal{Q}}(s)] \tag{3-77b}$$

例如，欲求伯格斯模型的蠕变函数，则由式(3-72)出发，有

$$\bar{J}(s)=\frac{\bar{\mathcal{P}}(s)}{s\bar{\mathcal{Q}}(s)}=\frac{1+p_1 s+p_2 s^2}{s(q_1 s+q_2 s^2)}=\frac{1}{q_2}\frac{1}{s^2\left(\dfrac{q_1}{q_2}+s\right)}+\frac{p_1}{q_2}\frac{1}{s\left(\dfrac{q_1}{q_2}+s\right)}+\frac{p_2}{q_2}\frac{1}{\dfrac{q_1}{q_2}+s}$$

进行逆变换后，有

$$J(t)=\frac{t}{q_1}-\frac{q_2}{q_1^2}(1-\mathrm{e}^{-q_1 t/q_2})+\frac{p_1}{q_1}(1-\mathrm{e}^{-q_1 t/q_2})+\frac{p_2}{q_2}\mathrm{e}^{-q_1 t/q_2}$$

经整理并利用p_1、p_2、q_1和q_2的定义式，得

$$J(t)=\frac{1}{E_1}+\frac{t}{\eta_2}+\frac{1}{E_3}(1-\mathrm{e}^{-E_3 t/\eta_3})$$

它恰好是麦克斯韦与开尔文模型的蠕变柔量之和，这是意料中的结果。从$J(t)$的表达式也可看出，伯格斯模型的变形包括前面说过的三部分。

为了得到松弛模量，令$\varepsilon(t)=\varepsilon_0 H(t)$，并将$\bar{\varepsilon}(s)=\varepsilon_0/s$代入式(3-75b)，得

$$\bar{\sigma}(s)=\frac{\bar{\mathcal{Q}}(s)}{\bar{\mathcal{P}}(s)}\left(\frac{\varepsilon_0}{s}\right)=\bar{Y}(s)\varepsilon_0$$

因而

$$\bar{Y}(s) = \bar{\mathcal{Q}}(s) / (s\bar{\mathcal{P}}(s)) \tag{3-78a}$$

求逆变换，得到

$$Y(t) = L^{-1}[\bar{Y}(s)] = L^{-1}[\bar{\mathcal{Q}}(s) / s\bar{\mathcal{P}}(s)] \tag{3-78b}$$

根据蠕变柔量和松弛模量的变换式(3-77a)和式(3-78a)，有

$$\bar{J}(s)\bar{Y}(s) = 1/s^2 \tag{3-79}$$

这是蠕变柔量和松弛模量在拉普拉斯像空间中的关系。进行逆变换后得两函数的关系：

$$\int_0^t J(t-\varsigma)Y(\varsigma)\mathrm{d}\varsigma = t \tag{3-80a}$$

或

$$\int_0^t J(\varsigma)Y(t-\varsigma)\mathrm{d}\varsigma = t \tag{3-80b}$$

3.5　线性黏弹性材料的三维微分型本构关系

前面讨论了拉压和剪切下线性黏弹性材料的一维应力-应变关系，得出的一般本构方程(3-73)中仅含单一的应力和应变。现在把它推广到三维情形，将应力和应变张量分解成球张量和偏斜张量两部分，即

$$\sigma_{ij} = \sigma'_{ij} + \delta_{ij}\frac{1}{3}\sigma_{kk}, \quad i,j = 1,2,3 \tag{3-81}$$

$$\varepsilon_{ij} = \varepsilon'_{ij} + \delta_{ij}\frac{1}{3}\varepsilon_{kk}, \quad i,j = 1,2,3 \tag{3-82}$$

其中，σ_{kk} 和 ε_{kk} 分别为体积应力和体积应变；σ'_{ij} 和 ε'_{ij} 分别为应力偏量和应变偏量的分量。

对于各向同性线性黏弹性材料，体积应力只改变体积，应力偏量导致等体积的形状畸变，而且可分别考虑两种情形下的黏弹特性与效应。因而三维本构关系可以表示成与式(3-73)相类似的形式，即

$$\sum_{k=0}^{l} p'_k \frac{\mathrm{d}^k}{\mathrm{d}t^k}\sigma'_{ij} = \sum_{k=0}^{r} q'_k \frac{\mathrm{d}^k}{\mathrm{d}t^k}\varepsilon'_{ij} \tag{3-83a}$$

$$\sum_{k=0}^{l_1} p''_k \frac{\mathrm{d}^k}{\mathrm{d}t^k}\sigma_{ii} = \sum_{k=0}^{r_1} q''_k \frac{\mathrm{d}^k}{\mathrm{d}t^k}\varepsilon_{ii} \tag{3-83b}$$

或

$$\mathcal{P}'\sigma'_{ij} = \mathcal{Q}'\varepsilon'_{ij} \tag{3-84a}$$

$$\mathcal{P}''\sigma_{ii} = \mathcal{Q}''\varepsilon_{ii} \tag{3-84b}$$

其中，p'_k、q'_k、p''_k和q''_k取决于材料的性质，因而微分算子$\mathcal{P}'$、$\mathcal{Q}'$和$\mathcal{P}''$、$\mathcal{Q}''$描述了黏弹性能，且$\mathcal{P}' = \sum_{k=0}^{l} p'_k \frac{\mathrm{d}^k}{\mathrm{d}t^k}, \mathcal{Q}' = \sum_{k=0}^{r} q'_k \frac{\mathrm{d}^k}{\mathrm{d}t^k}, \mathcal{P}'' = \sum_{k=0}^{l_1} p''_k \frac{\mathrm{d}^k}{\mathrm{d}t^k}, \mathcal{Q}'' = \sum_{k=0}^{r_1} q''_k \frac{\mathrm{d}^k}{\mathrm{d}t^k}$。

对于弹性体，由 3.2 节可知，应力-应变关系为

$$\sigma_{ij} = \lambda\delta_{ij}\varepsilon_{kk} + 2G\varepsilon_{ij} \tag{3-85a}$$

或

$$\sigma'_{ij} = 2G\varepsilon'_{ij} \tag{3-85b}$$

$$\sigma_{ii} = 3K\varepsilon_{ii} \tag{3-85c}$$

其中，G 为剪切弹性模量；K 为体积弹性模量；λ 为拉梅常量。在弹性力学中，这些材料常数和泊松比μ、拉压弹性模量E有如下关系(见表 3-1)：

$$\lambda = \frac{3K-2G}{3},\quad E = \frac{9GK}{3K+G},\quad \mu = \frac{3K-2G}{2(3K+G)}$$

式(3-85b)和式(3-85c)是黏弹性关系式(3-84)的特殊情形。也就是说，当$\mathcal{P}'=1$、$\mathcal{Q}'=2G$和$\mathcal{P}''=1$、$\mathcal{Q}''=3K$时，式(3-84)表示弹性固体的本构方程。

对式(3-83)进行拉普拉斯变换，得

$$\sum_{k=0}^{l} p'_k s^k \bar{\sigma}'_{ij}(s) = \sum_{k=0}^{r} q'_k s^k \bar{\varepsilon}'_{ij}(s)$$

$$\sum_{k=0}^{l_1} p''_k s^k \bar{\sigma}_{ii}(s) = \sum_{k=0}^{r_1} q''_k s^k \bar{\varepsilon}_{ii}(s)$$

记

$$\sum_{k=0}^{l} p'_k s^k = \bar{\mathcal{P}}'(s)，\quad \sum_{k=0}^{r} q'_k s^k = \bar{\mathcal{Q}}'(s)$$

$$\sum_{k=0}^{l_1} p''_k s^k = \bar{\mathcal{P}}''(s)，\quad \sum_{k=0}^{r_1} q''_k s^k = \bar{\mathcal{Q}}''(s)$$

则可将变换后的三维线性黏弹性本构关系写为

$$\bar{\mathcal{P}}'\bar{\sigma}'_{ij} = \bar{\mathcal{Q}}'\bar{\varepsilon}'_{ij}，\quad \bar{\mathcal{P}}''\bar{\sigma}_{ii} = \bar{\mathcal{Q}}''\bar{\varepsilon}_{ii}(s)$$

对应于像空间中的形似弹性关系式 $\overline{\sigma}'_{ij}=2\overline{G}(s)\overline{\varepsilon}'_{ij}(s)$ 和 $\overline{\sigma}'_{ii}(s)=3\overline{K}(s)\overline{\varepsilon}'_{ii}(s)$，可导出

$$\overline{G}(s)=\frac{1}{2}\frac{\overline{\mathcal{Q}}'(s)}{\overline{\mathcal{P}}'(s)} \tag{3-86}$$

$$\overline{K}(s)=\frac{1}{3}\frac{\overline{\mathcal{Q}}''(s)}{\overline{\mathcal{P}}''(s)} \tag{3-87}$$

$$\overline{E}(s)=\frac{3\overline{\mathcal{Q}}'\overline{\mathcal{Q}}''}{2\overline{\mathcal{P}}'\overline{\mathcal{Q}}''+\overline{\mathcal{P}}''\overline{\mathcal{Q}}'} \tag{3-88}$$

$$\overline{\mu}(s)=\frac{\overline{\mathcal{P}}'\overline{\mathcal{Q}}''-\overline{\mathcal{P}}''\overline{\mathcal{Q}}'}{2\overline{\mathcal{P}}'\overline{\mathcal{Q}}''+\overline{\mathcal{P}}''\overline{\mathcal{Q}}'} \tag{3-89}$$

在求解线性黏弹性准静态的边值问题时，常需要应用这些变换关系式。

3.6　线性黏弹性材料的积分型本构关系

为了更具体地表示材料的黏弹行为，以便实际测试；也为了更恰当地描述材料的记忆性能和物体受荷载作用后的过程，以便于考虑材料老化和温度影响等因素；在应用中，往往采用具有较大灵活性的积分形式的本构方程。

在阐述积分型本构关系之前，有必要说明在 3.4 节和 3.5 节中实际上已使用过的线性叠加原理：若干个应力作用下的总应变等于这些应力分别作用时所产生的应变之和。数学上表示为

$$\varepsilon\left[\sum_{i=1}^{k}\sigma_i(t-t_i)\right]=\varepsilon_1[\sigma_1(t-t_1)]+\varepsilon_2[\sigma_2(t-t_2)]+\cdots+\varepsilon_k[\sigma_k(t-t_k)]$$

其中，ε 为总应变；σ_i 表示第 i 个应力（t_i 时刻作用于物体的应力）；ε_i 为第 i 个应力所产生的应变。

因而可推得

$$\varepsilon[C\sigma(t)]=C\varepsilon[\sigma(t)]$$

上式表示 C 个应力 $\sigma(t)$ 作用下的应变响应。

同理，多个应变作用下的总应力响应也可由线性叠加得到。总之，在线性黏弹性问题中，多个起因的总效应等于各起因的效应之和。这就是下面要讨论的玻尔兹曼(Boltzmann)叠加原理和遗传积分的基础。

3.6.1　积分型本构方程

在 3.4 节和 3.5 节中曾说明，可用蠕变函数(柔量)或松弛函数(模量)表示材料的黏弹

性能。当阶跃应力 $\sigma(t)=\sigma_0 H(t)$ 作用时，应变响应可表示为

$$\varepsilon(t)=\sigma_0 J(t)$$

一般的受载过程虽比较复杂，但可以看成是许多作用力的叠加。例如，若在 ς_1 时刻有附加应力 $\Delta\sigma_1$ 作用，它所产生的应变值则为

$$\Delta\varepsilon_1=\Delta\sigma_1 J(t-\varsigma_1)$$

因此，ς_1 以后的某一时刻 t，在 $\sigma(t)=\sigma_0 H(t)$ 和 $\Delta\sigma_1 H(t-\varsigma)$ 作用下的应变值为这两个应力分别产生的应变之和，即

$$\varepsilon(t)=\sigma_0 J(t)+\Delta\sigma_1 J(t-\varsigma_1)$$

类似地，若有 r 个应力增量(图 3-10(a))顺次在 ς_i 时刻分别作用于物体，则在 ς_r 以后某时刻 t 的总应变为

$$\varepsilon(t)=\sigma_0 J(t)+\sum_{i=1}^{r}\Delta\sigma_i J(t-\varsigma_i)$$

这就是玻尔兹曼叠加原理。

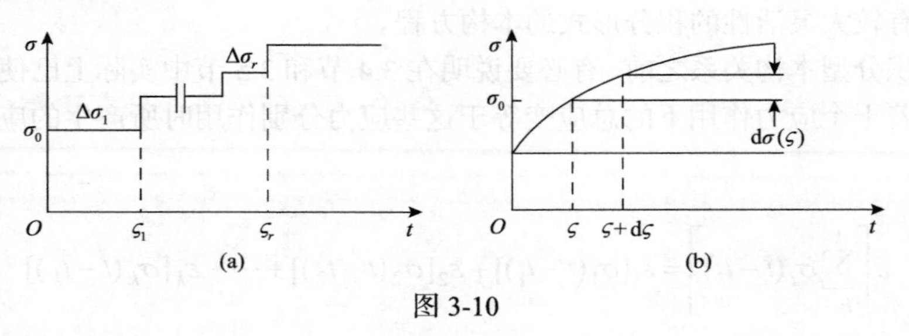

图 3-10

设作用于物体的应力 $\sigma(t)$ 为一连续可微函数(图 3-10(b))，将它分解为 $\sigma_0 H(t)$ 和无数个非常小的应力 $\mathrm{d}\sigma(\varsigma)H(t-\varsigma)$ 的作用，其中

$$\mathrm{d}\sigma(\varsigma)=\left.\frac{\mathrm{d}\sigma}{\mathrm{d}t}\right|_{t=\varsigma}\mathrm{d}\varsigma=\frac{\mathrm{d}\sigma(\varsigma)}{\mathrm{d}\varsigma}\mathrm{d}\varsigma$$

于是，t 时刻的应变响应为

$$\varepsilon(t)=\sigma_0 J(t)+\int_0^t J(t-\varsigma)\frac{\mathrm{d}\sigma(\varsigma)}{\mathrm{d}\varsigma}\mathrm{d}\varsigma \tag{3-90a}$$

这是玻尔兹曼叠加原理的积分表达式，常称为继承积分或遗传积分。

将式(3-90a)右边第二项分部积分，得

$$\int_0^t J(t-\varsigma)\frac{\mathrm{d}\sigma(\varsigma)}{\mathrm{d}\varsigma}\mathrm{d}\varsigma=J(0)\sigma(t)-J(t)\sigma(0)+\int_{0^+}^t \sigma(\varsigma)\frac{\mathrm{d}J(t-\varsigma)}{\mathrm{d}(t-\varsigma)}\mathrm{d}\varsigma$$

代回式(3-90a)，得

$$\varepsilon(t)=J(0)\sigma(t)+\int_{0^+}^{t}\sigma(\varsigma)\frac{\mathrm{d}J(t-\varsigma)}{\mathrm{d}(t-\varsigma)}\mathrm{d}\varsigma \tag{3-90b}$$

可以看出：式(3-90a)表示的应变是应力初值σ_0产生的应变加上应力变化过程产生的应变响应，而式(3-90b)则表示t时刻应力产生的应变值与应力历史(过程)引起的蠕变之和，两式是等效的。

如果$\sigma_0=0$，即应力初值为零(图 3-11)，则式(3-90a)中第一项不存在。若在t_1时刻应力不连续而有一突跃值$\Delta\sigma$，则将贡献一应变值：

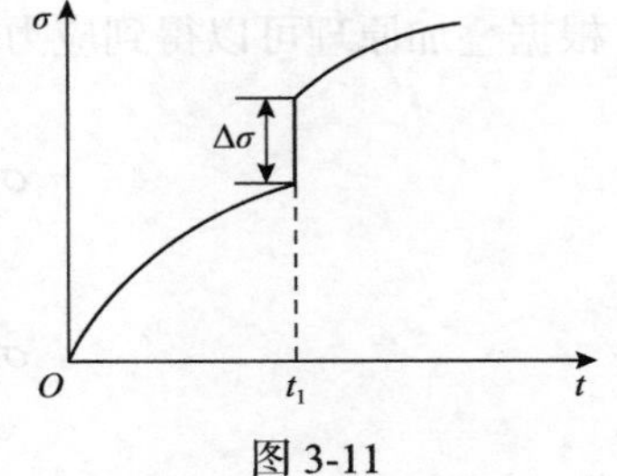

图 3-11

$$\Delta\varepsilon(t)=J(t-t_1)\Delta\sigma H(t-t_1)$$

由于$t<0$时，$\sigma(t)=0$，$J(t)=0$。因此，由式(3-90a)有

$$\begin{aligned}\varepsilon(t)&=\sigma_0 J(t)+\int_0^t\left[J(t-\varsigma)\frac{\mathrm{d}\sigma(\varsigma)}{\mathrm{d}\varsigma}\right]\mathrm{d}\varsigma\\&=\int_{-\infty}^{0^-}[J(t-\varsigma)\dot{\sigma}(\varsigma)]\mathrm{d}\varsigma+\int_{0-}^{0+}[\cdots]\mathrm{d}\varsigma+\int_0^t[\cdots]\mathrm{d}\varsigma+\int_t^{\infty}[\cdots]\mathrm{d}\varsigma\end{aligned}$$

于是式(3-90a)可写为

$$\varepsilon(t)=\int_{-\infty}^{\infty}J(t-\varsigma)\frac{\mathrm{d}\sigma(\varsigma)}{\mathrm{d}\varsigma}\mathrm{d}\varsigma \tag{3-90c}$$

或

$$\varepsilon(t)=\int_{-\infty}^{t}J(t-\varsigma)\frac{\mathrm{d}\sigma(\varsigma)}{\mathrm{d}\varsigma}\mathrm{d}\varsigma \tag{3-90d}$$

积分型本构关系可以采用斯蒂尔切斯(Stieltjes)卷积的缩写形式来表示。一般地，设φ、ψ和θ为定义在$t\in(-\infty,\infty)$的函数，记

$$\varphi*\mathrm{d}\psi=\varphi(t)\psi(0)+\int_0^t\varphi(t-\varsigma)\frac{\mathrm{d}\psi(\varsigma)}{\mathrm{d}\varsigma}\mathrm{d}\varsigma$$

则可证明有下列性质：

交换律　$\varphi*\mathrm{d}\psi=\psi*\mathrm{d}\varphi$

分配律　$\varphi*\mathrm{d}(\psi+\theta)=\varphi*\mathrm{d}\psi+\varphi*\mathrm{d}\theta$

结合律　$\varphi*(\mathrm{d}\psi*\mathrm{d}\theta)=(\varphi*\mathrm{d}\psi)*\mathrm{d}\theta+\varphi*\mathrm{d}\psi*\mathrm{d}\theta$

蒂奇马什(Titchmarsh)定理　若$\varphi*\mathrm{d}\psi\equiv0$，则$\varphi\equiv0$或$\psi\equiv0$

因此，积分型本构关系式(3-90c)又可写为

$$\varepsilon(t) = J(t) * \mathrm{d}\sigma(t) = \sigma(t) * \mathrm{d}J(t) \tag{3-90e}$$

上述(3-90)诸式是蠕变型本构方程。若材料蠕变函数为已知，且给定随时间变化的应力$\sigma(t)$，则可以由这些方程求得应变响应，即材料的蠕变过程。不过这里说的蠕变过程不只是恒定应力下的简单蠕变。

同理，设物体受外部作用时产生随时间变化的应变$\varepsilon(t)$，引用材料的松弛函数$Y(t)$，根据叠加原理可以得到应力响应公式：

$$\sigma(t) = \varepsilon(0)Y(t) + \int_{0^+}^{t} Y(t-\varsigma)\frac{\mathrm{d}\varepsilon(\varsigma)}{\mathrm{d}\varsigma}\mathrm{d}\varsigma \tag{3-91a}$$

$$\sigma(t) = Y(0)\varepsilon(t) + \int_{0^+}^{t} \varepsilon(\varsigma)\frac{\mathrm{d}Y(t-\varsigma)}{\mathrm{d}(t-\varsigma)}\mathrm{d}\varsigma \tag{3-91b}$$

$$\sigma(t) = \int_{-\infty}^{\infty} Y(t-\varsigma)\frac{\mathrm{d}\varepsilon(\varsigma)}{\mathrm{d}\varsigma}\mathrm{d}\varsigma \tag{3-91c}$$

$$\sigma(t) = \int_{-\infty}^{t} Y(t-\varsigma)\frac{\mathrm{d}\varepsilon(\varsigma)}{\mathrm{d}\varsigma}\mathrm{d}\varsigma \tag{3-91d}$$

$$\sigma(t) = Y(t) * \mathrm{d}\varepsilon(t) = \varepsilon(t) * \mathrm{d}Y(t) \tag{3-91e}$$

这些均是一维松弛型本构关系。

值得指出的是，积分型本构关系和微分型本构关系是一致的。对于同一种材料，两者将表示出同样的物性关系，只是两者的表达形式不同。已知某一线性黏弹性材料函数，则可以写出积分型或微分型本构关系。例如，设材料松弛函数为

$$Y(t) = q_0 + A\mathrm{e}^{-t/p_1} \tag{a}$$

其中，$A = (q_1 / p_1) - q_0$。

则可给出积分型本构关系：

$$\sigma(t) = \int_{-\infty}^{t} Y(t-\varsigma)\dot{\varepsilon}(\varsigma)\mathrm{d}\varsigma = q_0\varepsilon(t) + A\mathrm{e}^{-t/p_1}\int_{0^-}^{t} \mathrm{e}^{\varsigma/p_1}\dot{\varepsilon}(\varsigma)\mathrm{d}\varsigma \tag{b}$$

将式(b)对时间求微商，得

$$\dot{\sigma}(t) = q_0\dot{\varepsilon}(t) + A\dot{\varepsilon}(t) + \frac{1}{p_1}[q_0\varepsilon(t) - \sigma(t)]$$

整理得

$$\sigma + p_1\dot{\sigma} = q_0\varepsilon + q_1\dot{\varepsilon} \tag{c}$$

实际上，(a)、(b)、(c)三式均表示三参量固体的材料性能。

式(3-90a)～式(3-90e)以及式(3-91a)～式(3-91e)描述的应力-应变-时间关系，是线性黏弹性积分形式的本构方程。若已知材料的蠕变函数或松弛函数，则可应用它们求得外力作用下的应变，或在应变条件下的应力响应。

例 3-3　求麦克斯韦和开尔文材料在图 3-12 所示应力作用下的流变过程。

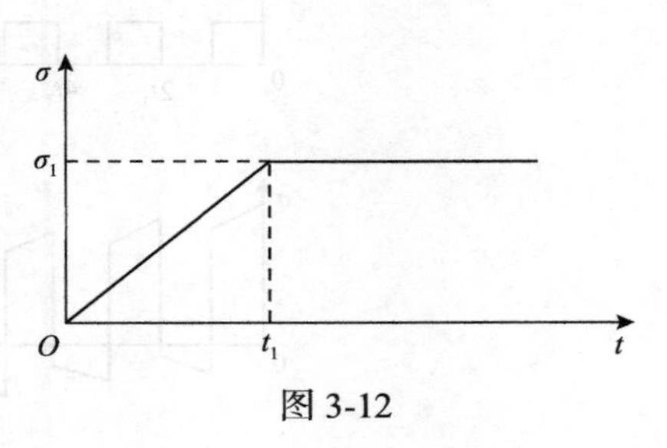

图 3-12

对于麦克斯韦材料，蠕变函数为

$$J(t)=\frac{1}{E}+\frac{t}{\eta}$$

当$t<t_1$时，$\sigma_0=0$，$\dfrac{\mathrm{d}\sigma(\varsigma)}{\mathrm{d}\varsigma}=\dfrac{\sigma_1}{t}$，由式(3-90a)得

$$\varepsilon(t)=\int_0^t\left(\frac{1}{E}+\frac{t-\varsigma}{\eta}\right)\frac{\sigma_1}{t_1}\mathrm{d}\varsigma=\frac{\sigma_1}{\eta t_1}\left(\frac{\eta}{E}t+\frac{t^2}{2}\right)$$

当$t>t_1$时

$$\varepsilon(t)=\int_0^{t_1}\left(\frac{1}{E}+\frac{t-\varsigma}{\eta}\right)\frac{\sigma_1}{t_1}\mathrm{d}\varsigma=\frac{\sigma_1}{\eta}\left(\frac{\eta}{E}+t-\frac{t_1}{2}\right)$$

如果应力为$\sigma(t)=\sigma_1H(t)$，则应变响应为$\varepsilon_1(t)=\left(\dfrac{1}{E}+\dfrac{t}{\eta}\right)\sigma_1$；若$\sigma(t)=\sigma_1H(t-t_1)$，则应变响应为$\varepsilon_2(t)=\left(\dfrac{1}{E}+\dfrac{t-t_1}{\eta}\right)\sigma_1$。

由此，可以比较出不同应力历程的应变响应，且有$\varepsilon_1>\varepsilon>\varepsilon_2$。

对于开尔文材料，蠕变函数为$J(t)=(1-\mathrm{e}^{-t/\tau_d})/E$，$\tau_d=p_1=\eta/E$，则

$$当t<t_1时，\varepsilon(t)=\frac{\sigma_1}{Et_1}[t-\tau_d(1-\mathrm{e}^{-t/\tau_d})]$$

$$当t>t_1时，\varepsilon(t)=\frac{\sigma_1}{E}\left[1+\frac{\tau_d}{t_1}(1-\mathrm{e}^{t_1/\tau_d})\mathrm{e}^{-t/\tau_d}\right]$$

显然，当$t\to\infty$时，$\varepsilon=\sigma_1/E$，这和$\sigma=\sigma_1H(t)$作用下的应变响应有相同的渐近值。

例 3-4　求麦克斯韦材料对于图 3-13(a)所示循环应变作用下的应力响应。

麦克斯韦模型的松弛模量为$Y(t)=E\mathrm{e}^{-t/p_1}$，$p_1=\eta/E$。

(1)第一个循环$(0<t<2t_1)$的应力

当$0<t<t_1$时：$\varepsilon(t)=\varepsilon_0H(t)$，由式(3-91a)有$\sigma(t)=Y(t)\varepsilon_0=E\varepsilon_0\mathrm{e}^{-t/p_1}$；

当$t_1<t<2t_1$时：$\varepsilon(t)=\varepsilon_0H(t)-\varepsilon_0H(t-t_1)=\varepsilon'+\varepsilon''$，由$\varepsilon'$所产生的应力响应为

$\sigma'=E\varepsilon_0 e^{-t/p_1}$，由 ε'' 产生的应力响应为 $\sigma''=-E\varepsilon_0 e^{-(t-t_1)/p_1}$，所以 $\sigma(t)=\sigma'+\sigma''=E\varepsilon_0 e^{-t/p_1}(1-e^{t_1/p_1})$。

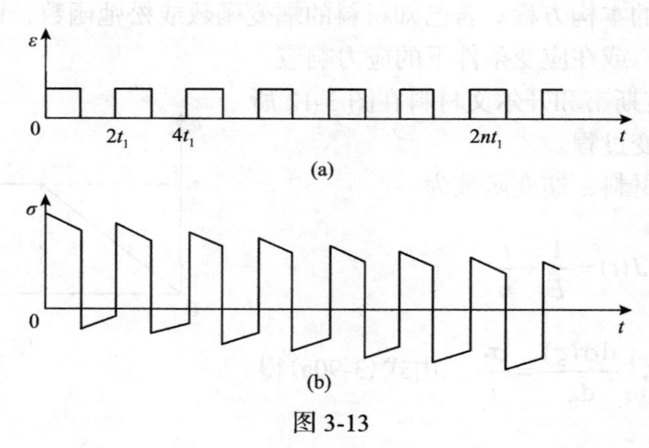

图 3-13

(2) $t=2nt_1$ 处的应力

必须注意，$t=2nt_1^-$ 和 $t=2nt_1^+$ 两个不同时刻的 $\varepsilon(t)$ 完全不同。

对于 $t=2nt_1^-$，由式(3-91b)得

$$\begin{aligned}\sigma(2nt_1^-)&=\varepsilon(2nt_1^-)Y(0)+\int_0^{2nt_1}\varepsilon(\varsigma)\frac{dY(t-\varsigma)}{d(t-\varsigma)}d\varsigma\\&=\int_0^{2nt_1}\varepsilon(\varsigma)(-E)e^{-(t-\varsigma)/p_1}d\left(\frac{\varsigma}{p_1}\right)\\&=-\int_0^{t_1}E\varepsilon_0 e^{-(t-\varsigma)/p_1}d\left(\frac{\varsigma}{p_1}\right)-\int_{2t_1}^{3t_1}E\varepsilon_0 e^{-(t-\varsigma)/p_1}d\left(\frac{\varsigma}{p_1}\right)\\&\quad-\cdots-\int_{2(n-1)t_1}^{(2n-1)t_1}E\varepsilon_0 e^{-(t-\varsigma)/p_1}d\left(\frac{\varsigma}{p_1}\right)\\&=-E\varepsilon_0 e^{-2nt_1/p_1}\sum_{r=0}^{n-1}\int_{2rt_1}^{(2r+1)t_1}e^{\varsigma/p_1}d\left(\frac{\varsigma}{p_1}\right)\\&=-E\varepsilon_0 e^{-2nt_1/p_1}(e^{t_1/p_1}-1)\sum_{r=0}^{n-1}e^{2rt_1/p_1}\end{aligned}$$

将几何级数的前 $n-1$ 项和代入，最后得

$$\sigma(2nt_1^-)=-E\varepsilon_0\frac{1-e^{-2nt_1/p_1}}{1+e^{t_1/p_1}}$$

对于 $t=2nt^+$，则式(3-91b)的第一项为 $\varepsilon(t)Y(0)=E\varepsilon_0$，因而

$$\sigma(2nt^+)=E\varepsilon_0+\sigma(2nt^-)=E\varepsilon_0\frac{e^{t_1/p_1}+e^{-2nt_1/p_1}}{1+e^{t_1/p_1}}$$

(3) 作用 $n+1$ 个循环时的应力响应

当 $2nt_1 < t < (2n+1)t_1$ 时，则有

$$
\begin{aligned}
\sigma(t) &= \varepsilon(t)Y(0) + \int_0^t \varepsilon(\varsigma)\frac{\mathrm{d}Y(t-\varsigma)}{\mathrm{d}(t-\varsigma)}\mathrm{d}\varsigma \\
&= E\varepsilon_0 + \sum_{r=0}^{n-1}\int_{2rt_1}^{(2r+1)t_1}(-E\varepsilon_0)\mathrm{e}^{-(t-\varsigma)/p_1}\mathrm{d}\left(\frac{\varsigma}{p_1}\right) + \int_{2nt_1}^{t}(-E\varepsilon_0)\mathrm{e}^{-(t-\varsigma)/p_1}\mathrm{d}\left(\frac{\varsigma}{p_1}\right) \\
&= E\varepsilon_0\mathrm{e}^{-t/p_1}\frac{1-\mathrm{e}^{2nt_1/p_1}}{1+\mathrm{e}^{t_1/p_1}} + E\varepsilon_0\mathrm{e}^{-(t-2nt_1)/p_1} \\
&= E\varepsilon_0\frac{1+\mathrm{e}^{(2n+1)t_1/p_1}}{1+\mathrm{e}^{t_1/p_1}}\mathrm{e}^{t/p_1}
\end{aligned}
$$

显然 $\sigma(t)$ 总是正值。令 $n=0$ 即得到第一个前半循环的应力；将 $t=2nt_1^+$ 代入后，则得到 $\sigma(2nt_1^+)$ 的结果。由上式可求得任一前半循环的应力表达式。

当时间足够长，可得到稳态情况下前半循环的应力公式，即

$$
\sigma(t) = E\varepsilon_0\frac{\mathrm{e}^{(2n+1)t_1/p_1}}{1+\mathrm{e}^{t_1/p_1}}\mathrm{e}^{-t/p_1}
$$

当 $t=2nt_1^+$ 时，其稳态值为

$$
\sigma_a(t) = E\varepsilon_0\frac{\mathrm{e}^{t_1/p_1}}{1+\mathrm{e}^{t_1/p_1}}
$$

当 $t=(2n+1)t_1^-$ 时，其稳态值为

$$
\sigma_b(t) = \frac{E\varepsilon_0}{1+\mathrm{e}^{t_1/p_1}}
$$

可见，当 n 足够大时 σ_a 和 σ_b 都取稳态值(与 n 无关)，且 $\sigma_a > \sigma_b$。

同理，能求出 $(2n+1)t_1$ 至 $2(n+1)t_1$ 时间内即后半循环的应力表达式。显然，上述应变作用下的应力响应也可以直接用叠加法求得。应力响应可用图 3-13(b)表示，它取决于材料性质，受 t_1/p_1 值的影响很大。

3.6.2　蠕变函数和松弛函数的积分表达

在 3.4 节中，材料函数 $J(t)$ 和 $Y(t)$ 曾由微分型本构关系导出，它们也可以从积分型本构关系导出。

对式(3-90a)进行拉普拉斯变换，得

$$
\overline{\varepsilon}(s) = \sigma_0\overline{J}(s) + \overline{J}(s)(s\overline{\sigma} - \sigma_0)
$$

由此得出

$$\bar{J}(s) = \frac{\bar{\varepsilon}(s)}{s\bar{\sigma}(s)}$$

同理，变换式(3-91a)，有

$$\bar{Y}(s) = \frac{\bar{\sigma}(s)}{s\bar{\varepsilon}(s)}$$

由以上两式，即得式(3-79)：

$$\bar{J}(s)\bar{Y}(s) = 1/s^2$$

进而可得式(3-80a)。

虽然这些公式给出了蠕变函数和松弛函数之间的数学关系，知道其一便可求出另一函数，但在两个量的实际数据变换中，往往还要引用松弛时间谱和延迟时间谱的概念。

1. 松弛时间谱

多个麦克斯韦单元并联的模型，拉压松弛模量为

$$E(t) = E_e + \sum_{i=1}^{n} E_i \mathrm{e}^{-t/\tau_i}$$

其中，E_e为平衡模量，是$t \to \infty$时模量$E(t)$的稳态值；$\tau_i = \eta_i / E_i$是第i个麦克斯韦单元的松弛时间。当$n \to \infty$，即并联无数个麦克斯韦单元时，τ自零至无限大取值(连续分布)。在τ与$\tau + \mathrm{d}\tau$之间，可以令$E = F(\tau)\mathrm{d}\tau$。因此，有

$$E(t) = E_e + \lim_{n\to\infty}\sum_{i=1}^{n} E_i \mathrm{e}^{-t/\tau_i} = E_e + \int_0^{\infty} F(\tau)\mathrm{e}^{-t/\tau}\mathrm{d}\tau \tag{3-92}$$

常采用对数坐标，则

$$E(t) = E_e + \int_{-\infty}^{\infty} H(\tau)\mathrm{e}^{-t/\tau}\mathrm{d}(\ln\tau) \tag{3-93}$$

其中，$H(\tau)$称为松弛时间谱。$H(\tau)\mathrm{d}(\ln\tau)$表示自$\ln\tau$到$\ln\tau + \mathrm{d}(\ln\tau)$时间之内对刚性的贡献，说明其对应力松弛的影响。由式(3-92)和式(3-93)可以看出$H(\tau) = \tau F(\tau)$。

式(3-93)是用松弛时间谱表示的模量函数，即松弛模量的积分型表达。若为剪切情形，则可用G代替上述诸式中的E。

2. 延迟时间谱

若串联多个开尔文模型，则柔量函数为

$$J(t) = \sum_{i=1}^{n} J_i (1 - \mathrm{e}^{-t/\tau_i})$$

其中，τ_i 表示第 i 个单元的延迟时间。

当延迟时间 τ 自零至无限值连续地分布时，可得

$$J(t) = J_g + \int_{-\infty}^{\infty} L(\tau)(1 - \mathrm{e}^{-t/\tau})\mathrm{d}(\ln\tau) \tag{3-94}$$

其中，附加项 J_g 是瞬时弹性柔量；$L(\tau)$ 称为延迟时间谱。

在研究材料尤其是高聚物的黏弹性能中，松弛时间谱 $H(\tau)$ 和延迟时间谱 $L(\tau)$ 是两个重要的函数，由它们可计算出蠕变函数和松弛模量等。可是，为得到材料的 $H(\tau)$ 或 $L(\tau)$，还是要依靠试验结果，或采用经验函数以及分子理论来预测估算。

3.6.3　三维积分型本构关系

现将简单应力状态的应力-应变关系推广到三维情形。讨论应变作用下的应力响应，首先考虑应变增量 $\mathrm{d}\varepsilon_{ij}(\varsigma)$ 对 t 时刻的应力贡献 $\mathrm{d}\sigma_{ij}(t)(t>\varsigma)$，然后，总括自零到 t 时间内的效应，即由

$$\mathrm{d}\sigma_{ij}(t) = Y_{ijkl}(t-\varsigma)\mathrm{d}\varepsilon_{kl}(\varsigma)$$

积分得

$$\sigma_{ij}(t) = \int_0^t Y_{ijkl}(t-\varsigma)\frac{\mathrm{d}\varepsilon_{kl}(\varsigma)}{\mathrm{d}\varsigma}\mathrm{d}\varsigma \tag{3-95}$$

其中，Y_{ijkl} 为四阶张量。

式(3-95)表明，任一时刻 t 的应力分量值取决于所有应变分量(应变张量)的作用过程。

如果材料是各向同性的，对于弹性体有

$$\sigma_{ij} = \lambda\varepsilon_{kk}\delta_{ij} + 2G\varepsilon_{ij} \tag{3-96}$$

对于线性黏弹性体，则有

$$\mathrm{d}\sigma_{ij}(t) = \lambda(t-\varsigma)\delta_{ij}\mathrm{d}\varepsilon_{kk}(\varsigma) + 2G(t-\varsigma)\mathrm{d}\varepsilon_{ij}(\varsigma)$$

因而

$$\sigma_{ij}(t) = \int_0^t \left[\lambda(t-\varsigma)\delta_{ij}\frac{\mathrm{d}\varepsilon_{kk}(\varsigma)}{\mathrm{d}\varsigma} + 2G(t-\varsigma)\frac{\mathrm{d}\varepsilon_{ij}(\varsigma)}{\mathrm{d}\varsigma}\right]\mathrm{d}\varsigma \tag{3-97}$$

类似于 3.5 节的讨论，分别考虑球张量和偏张量部分的黏弹性效应，将式(3-81)和式(3-82)代入式(3-97)，便得到偏量部分的应力-应变关系以及体积应力与体积应变的关系：

$$\sigma'_{ij}(t) = \int_0^t 2G(t-\varsigma)\frac{\mathrm{d}\varepsilon'_{ij}(\varsigma)}{\mathrm{d}\varsigma}\mathrm{d}\varsigma \tag{3-98}$$

$$\sigma_{ii}(t)=\int_0^t 3K(t-\varsigma)\frac{\mathrm{d}\varepsilon_{kk}(\varsigma)}{\mathrm{d}\varsigma}\mathrm{d}\varsigma \tag{3-99}$$

其中，$G(t)$ 为剪切松弛函数；$K(t)$ 为体积松弛函数。它们之间存在关系式 $K(t)=\lambda(t)+2G(t)/3$。

式(3-98)和式(3-99)同样可写为

$$\begin{aligned}\sigma'_{ij}(t)&=2G(t)*\mathrm{d}\varepsilon'_{ij}(t)\\ \sigma_{ii}(t)&=3K(t)*\mathrm{d}\varepsilon_{ii}(t)\end{aligned} \tag{3-100}$$

同理，蠕变型三维本构方程为

$$\begin{aligned}\varepsilon'_{ij}(t)&=\chi(t)*\mathrm{d}\sigma'_{ij}(t)\\ \varepsilon_{ii}(t)&=B(t)*\mathrm{d}\sigma_{ii}(t)\end{aligned} \tag{3-101}$$

其中，$\chi(t)$ 和 $B(t)$ 分别为材料的剪切蠕变柔量函数和体积蠕变柔量函数。

由黏弹性本构关系可看出，当 $\lambda(t)$、$G(t)$、$K(t)$、$\chi(t)$ 和 $B(t)$ 为常数时，式(3-110)和式(3-101)退化为弹性情形。其实，式(3-98)、式(3-99)可由 3.5 节中的式(3-85)直接推广而得。

表达三维应力-应变时间关系的另一种方法是从材料的蠕变和松弛性质出发，直接在弹性应力-应变关系的基础上描绘材料与时间有关的行为。

由式(3-96)，考虑材料的松弛现象，黏弹性材料的应力可表示为

$$\sigma_{ij}(t)=\delta_{ij}\left[\lambda\varepsilon_{kk}(t)-\int_0^t\psi_1(t-\varsigma)\frac{\partial\varepsilon_{kk}(\varsigma)}{\partial\varsigma}\mathrm{d}\varsigma\right]+2G\varepsilon_{ij}(t)-\int_0^t\psi_2(t-\varsigma)\frac{\partial\varepsilon_{ij}(\varsigma)}{\partial\varsigma}\mathrm{d}\varsigma \tag{3-102}$$

其中，λ 和 G 是描述线弹性的常数；$\psi_1(t)$ 和 $\psi_2(t)$ 分别为对应体积应变 $\varepsilon_{kk}(t)$ 和应变 $\varepsilon_{ij}(t)$ 的松弛函数，它们为零时没有松弛现象，式(3-102)变为线弹性固体的应力-应变关系。

为表达蠕变型本构关系，由弹性应力-应变关系式(3-96)，有

$$\varepsilon_{ij}=\frac{-\lambda}{2G(3\lambda+2G)}\delta_{ij}\sigma_{kk}+\frac{1}{2G}\sigma_{ij} \tag{3-103}$$

用得到式(3-102)的类似方法，将弹性本构方程(3-103)推广到黏弹性情况，写为

$$\begin{aligned}\varepsilon_{ij}(t)=&\delta_{ij}\left[A_0\sigma_{kk}(t)+\int_0^t\varphi_1(t-\varsigma)\frac{\partial\sigma_{kk}(\varsigma)}{\partial\varsigma}\mathrm{d}\varsigma\right]+B_0\sigma_{ij}(t)\\ &+\int_0^t\varphi_2(t-\varsigma)\frac{\partial\sigma_{ij}(\varsigma)}{\partial\varsigma}\mathrm{d}\varsigma\end{aligned} \tag{3-104}$$

其中，$A_0=\dfrac{-\lambda}{2G(3\lambda+2G)}$ 和 $B_0=\dfrac{1}{2G}$ 是材料常数；$\varphi_1(t)$ 和 $\varphi_2(t)$ 为蠕变函数。

值得注意的是，式(3-104)中的材料常数和蠕变函数可由拉伸和纯剪切试验来求得。例如，许多材料特别是硬塑料的应变，往往是时间 t 的幂函数，通过拉伸和扭转

试验可得

$$\varepsilon_{11}(t)=a_0\sigma+b_0t^r\sigma \tag{3-105}$$

$$\varepsilon_{12}(t)=a_1\tau+b_1t^s\tau \tag{3-106}$$

其中，a_0、b_0和r为拉伸时的材料常数；a_1、b_1和s为扭转剪切时的材料常数。

另外，在$\sigma_0H(t)$和$\tau_0H(t)$作用下，式(3-104)分别为

$$\varepsilon_{11}(t)=A_0\sigma_0+\varphi_1(t)\sigma_0+B_0\sigma_0+\varphi_2(t)\sigma_0 \tag{3-107}$$

$$\varepsilon_{12}(t)=B_0\tau_0+\varphi_2(t)\tau_0 \tag{3-108}$$

比较式(3-108)和$\tau=\tau_0$情况下的式(3-106)，取$\varphi_2(0)=0$，则有

$$B_0=a_1,\quad \varphi_2(t)=b_1t^s \tag{3-109}$$

将式(3-109)代入式(3-107)，得

$$\varepsilon_{11}(t)=(A_0+a_1)\sigma_0+(\varphi_1(t)+b_1t^s)\sigma_0 \tag{3-110}$$

令$\varphi_1(0)=0$，比较式(3-110)和式(3-105)，有

$$A_0=a_0-a_1,\quad \varphi_1(t)=b_0t^r-b_1t^s \tag{3-111}$$

通过式(3-109)和式(3-111)，可确定式(3-104)中的材料常数和蠕变函数。如果需要，可将应力和应变分解成球张量和偏张量，得到类似于式(3-98)和式(3-99)的形式。

习 题

3-1 将一弹性立方体放在同样大小的刚性盒内，如图3-14所示。在弹性体的上表面受均布压力q作用，弹性体的E、μ为已知。试求刚体盒内侧面所受的压力、弹性体的体积应变和弹性体中的最大剪应力。

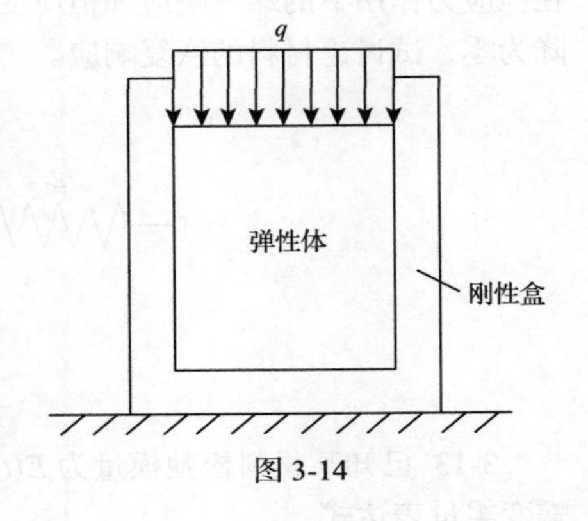

图3-14

3-2 试导出正应力之差与正应变之差的关系式。

3-3 已知物体中某点在x和y方向的正应力分量为$\sigma_x=35\text{MPa}$，$\sigma_y=25\text{MPa}$，而沿z方向的应变完全被限制住。试求该点的σ_z、ε_z和ε_y($E=200\text{GPa}$, $\mu=0.3$)。

3-4 用电测法测得某点表面上在0°、45°和90°这三个方向上的应变值分别为$\varepsilon_0=-130\times10^{-6}$、$\varepsilon_{45}=75\times10^{-6}$、$\varepsilon_{90}=130\times10^{-6}$。试求该点的主应变、最大剪应变和主应力

($E = 200\text{GPa}$, μ=0.3)。

3-5 证明对各向同性的线性弹性体来说，应力主方向和应变主方向是一致的，但对非各向同性体是否具有这一性质？试举实例定性说明。

3-6 已知应力与应变之间满足广义胡克定律，单位体积的应变比能为 w，试证明：

$$\varepsilon_x = \frac{\partial w}{\partial \sigma_x},\ \varepsilon_y = \frac{\partial w}{\partial \sigma_y},\ \varepsilon_z = \frac{\partial w}{\partial \sigma_z}$$

$$\gamma_{yz} = \frac{\partial w}{\partial \tau_{yz}},\ \gamma_{xz} = \frac{\partial w}{\partial \tau_{xz}},\ \gamma_{xy} = \frac{\partial w}{\partial \tau_{xy}}$$

3-7 试写出极坐标、柱坐标和球坐标下的各向同性弹性体的广义胡克定律。

3-8 试由式(3-15)推导出正交各向异性材料的广义胡克定律式(3-20)。

3-9 三参量固体又称为标准线性固体，它的模型由一个开尔文模型和一个弹簧串联而成，如图 3-15 所示。试推导其蠕变表达式，且确定其蠕变柔量。

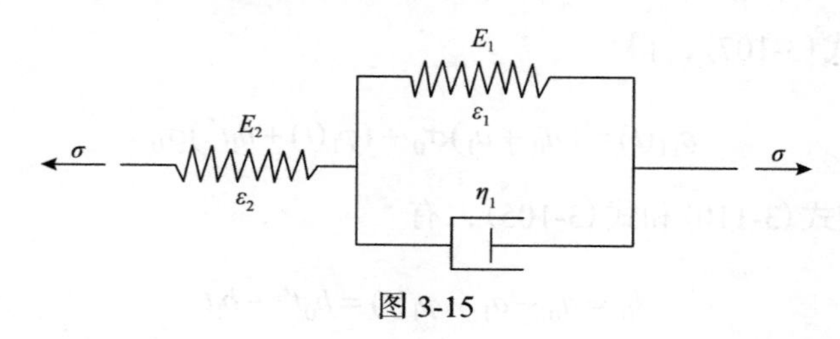

图 3-15

3-10 试求三参量固体在应力 $\sigma(t) = \sigma_0[H(t) - H(t - t_1)]$ 作用下的应变响应。

3-11 设材料为麦克斯韦体，外载荷条件为随时间 t 呈线性变化的应变：$\varepsilon = \varepsilon_0(1 + at)$，其中 ε_0 和 a 均为常数。试求材料的应力松弛响应。

3-12 设材料为开尔文模型与弹簧模型串联的三单元体，如图 3-16 所示，试讨论其在恒应力作用下的蠕变响应和恒应变下的应力松弛响应。若作用的恒应力在 $t = t_0$ 时突然降为零，试讨论材料的恢复响应。

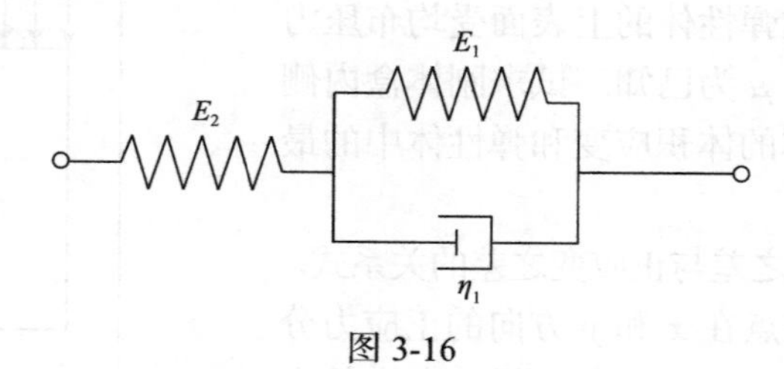

图 3-16

3-13 已知某材料松弛模量为 $E(t) = E\mathrm{e}^{-t/t_a}$，试根据蠕变柔量与松弛模量的关系，求蠕变柔量表达式。

第 4 章　塑性和黏弹塑性本构关系

4.1　塑性本构关系要素与体积弹性定律

4.1.1　建立塑性本构关系的基本要素

弹性力学与塑性力学的根本区别在于本构关系的不同，前者应力与应变是一一对应的线性关系，后者应力与应变是非线性关系，且变形与加载历史相关。因此，描述塑性变形规律的理论较为复杂，但我们掌握其基本要素后，问题就会清晰、明了起来。一般地，塑性本构关系分为两大类：一类为全量理论，认为在塑性状态下应力与应变之间呈全量关系；另一类为增量理论或流动理论，认为在塑性状态下是塑性应变增量（或应变率）与应力增量（应力率）之间的关系。

在基于上述两类理论建立塑性本构关系时，通常要考虑如下三个基本要素。

(1) 屈服准则：在一定的变形条件下，当各应力分量符合一定关系时，质点开始进入塑性状态，这种关系称为屈服准则。它通常表示为屈服面或屈服位置。

(2) 塑性流动法则：与初始屈服和后继加载面相关联的流动法则，即要确定一个应力与应变（或它们的增量）之间的关系，此关系包括方向关系和分配关系，实质上，是研究屈服面的法线方向与塑性增量之间的关系。

(3) 硬化规律：用来描述后继屈服面在应力空间中的演化规律。为此，需要确定一种描述材料硬化特性的强化条件，即加载函数，有了这个条件才能确定在后继屈服过程中，应力、应变或它们增量之间的定量关系。

4.1.2　体积弹性定律

布里奇曼（Bridgman）曾对金属做过大量的均压试验。得到如下关系式：

$$\theta = \frac{p}{k}\left(1 - \frac{p}{k_1} p\right) \tag{4-1}$$

其中，p 为压力；θ 为体积应变；k 为体积弹性模量；k_1 为派生模量。

试验表明，在压力 p 达到 15000 个标准大气压（1 个标准大气压约为 101.325kPa）的水平时，式(4-1)都适用。当压力值等于金属材料的屈服极限时，用式(4-1)计算的体积应变 θ 值应用如下的弹性规律：

$$\theta = \frac{p}{k} \tag{4-2}$$

算出的 θ 值相差约 1%，p 越小，式(4-1)和式(4-2)的差别越小。因此，在工程应用中，

可以认为式(4-2)是正确的。或者更一般地，在复杂应力状态下，取

$$\sigma_0 = k\theta, \quad \sigma_0 = \frac{1}{3}I_1 = \frac{1}{3}\sigma_{ii} \tag{4-3}$$

此处σ_0为平均应力。且试验表明，即使在塑性变形范围内，体积改变也是可逆的，即弹性的。因此，式(4-3)称为体积弹性定律。由于弹塑性变形物体的总应变ε_{ij}是由弹性应变ε_{ij}^e和塑性应变ε_{ij}^p组成，即

$$\begin{aligned} \varepsilon_{ij} &= \varepsilon_{ij}^e + \varepsilon_{ij}^p \\ \theta = \varepsilon_{ii} &= \varepsilon_{ii}^e + \varepsilon_{ii}^p \end{aligned} \tag{4-4}$$

已知体积应变为弹性的，因此有

$$\varepsilon_{ii}^p = \varepsilon_{11}^p + \varepsilon_{22}^p + \varepsilon_{33}^p = 0 \tag{4-5}$$

即体积应变的塑性部分为零。在实际应用中，塑性应变往往比弹性应变大许多，因此为了简化运算，常常假定材料是不可压缩的，即

$$\theta = \varepsilon_{ii} = \varepsilon_{11} + \varepsilon_{22} + \varepsilon_{33} = 0 \tag{4-6}$$

式(4-6)只是一种简化假定，是忽略弹性应变效应的结果。但这一假定可使求解工作得到极大的简化。

设μ为弹性横向应变系数(泊松比)，则在弹塑性阶段，横向变形系数μ^p不再是常数。在轴向拉伸情况下，轴向应力为σ，轴向应变为ε（小变形），则有

$$\theta = \varepsilon_{ii} = \varepsilon - 2\mu^p\varepsilon = (1-2\mu^p)\varepsilon \tag{4-7}$$

代入式(4-3)，且注意到$\sigma_0 = \frac{1}{3}\sigma$，得到

$$\frac{1}{3}\sigma = k\theta = \frac{E}{3(1-2\mu)}(1-2\mu^p)\varepsilon$$

由上式可求出

$$\mu^p = \frac{1}{2} - \left(\frac{1}{2} - \mu\right)\frac{\sigma}{E\varepsilon} \tag{4-8}$$

其中，$\sigma = \sigma(\varepsilon)$。

因此，在一般情况下$\mu^p = \mu^p(\varepsilon)$，不再是常数。在胡克定律的范围内$\sigma = E\varepsilon$，由式(4-8)得到$\mu^p = \mu$。设材料是理想塑性的，则$\sigma(\varepsilon) = \sigma_s$，于是式(4-8)变为

$$\mu^p = \frac{1}{2} - \left(\frac{1}{2} - \mu\right)\frac{\sigma_s}{E\varepsilon} \tag{4-9}$$

当$\varepsilon \to \infty$时，式(4-9)中的$\mu^p \to \frac{1}{2}$。如果材料是不可压缩的，则由式(4-7)及$\theta = 0$，得

到 $\mu=\dfrac{1}{2}$。由渐近值 $\mu^p \to \dfrac{1}{2}(\varepsilon \to \infty)$ 可以证明，对于实际可压缩材料，不可压缩假设只是一种近似假设。

4.2 初始屈服条件的一般性质

对于金属材料，可以做出以下假设：

(1) 材料初始各向同性；

(2) 材料初始指向同性，即拉、压的屈服极限在数值上相同，没有初始包辛格效应；

(3) 材料的塑性与平均应力无关。

对自然状态下的金属材料施加应力，当应力水平不超过一定范围时，材料将呈现为弹性。在此范围内，应力和应变的关系确定了变形过程是可逆的。这个应力变化的范围称为初始弹性范围。应力到达初始弹性范围的边界上时，材料初始屈服。材料初始屈服的条件称为屈服准则。它可用应力(或应变)的函数来表示，称为屈服函数，即

$$\varphi(\sigma_{ij})=0 \tag{4-10}$$

根据第一个假设，屈服准则应是应力张量不变量的函数，即

$$\varphi(\sigma_{ij})=\varphi(I_1,I_2,I_3)=0 \tag{4-11}$$

其中，I_1、I_2、I_3 为应力张量的三个不变量(参阅第2章)。如果材料还要同时满足第三个假设，则 φ 应该是应力偏张量不变量的函数，即

$$\varphi(\sigma_{ij})=\varphi(J_2,J_3)=0 \tag{4-12}$$

其中，J_2、J_3 与应力偏张量的二次、三次不变量相差一负号，且 $J_1=0$。当材料同时满足三个假设时，φ 应该是应力分量的偶函数，即

$$\varphi(\sigma_{ij})=\varphi(J_2,J_3^2)=0 \tag{4-13}$$

在应力空间内，应力函数可表示为一曲面(弹性范围的边界)，称为屈服曲面。且在应力空间内，应力状态可表示为一个点，其坐标为应力分量的值。这个点的位矢称为应力状态矢，记为 $\boldsymbol{\sigma}$，又因

$$\sigma_{ij}=\sigma'_{ij}+\sigma_0\delta_{ij} \tag{4-14}$$

在应力空间内，则有

$$\boldsymbol{\sigma}=\boldsymbol{\sigma}'+\boldsymbol{\sigma}^0 \tag{4-15}$$

其中，$\boldsymbol{\sigma}'$ 为应力偏量矢，其坐标为应力偏量的分量。如果用主应力表示(称为主应力空间)，则有

$$\boldsymbol{\sigma} = \sigma_i \boldsymbol{e}_i \tag{4-16}$$

$$\boldsymbol{\sigma}' = \sigma_i' \boldsymbol{e}_i \tag{4-17}$$

$$\boldsymbol{\sigma}^0 = \sigma_0 (\boldsymbol{e}_1 + \boldsymbol{e}_2 + \boldsymbol{e}_3) \tag{4-18}$$

其中，σ_i 为主应力；σ_i' 为应力偏斜张量的主值；$\boldsymbol{e}_i$ 为主应力空间的基矢。

因为 $J_1 = 0$，则

$$\sigma_1' + \sigma_2' + \sigma_3' = 0$$

因此，$\boldsymbol{\sigma}'$ 位于 π 平面上，$\boldsymbol{\sigma}^0$ 则与通过原点且正交于 π 平面上的轴线重合(图 4-1)，称为静水应力线。由此可见 $\boldsymbol{\sigma}'$ 和 $\boldsymbol{\sigma}^0$ 正交。上述第三个假设表明，材料进入初始屈服的所有应力点 $P(\sigma_1,\sigma_2,\sigma_3)$ 必须在与 π 平面正交的诸直线上(图 4-2)，亦即在主应力空间内，屈服曲面是以 On 为轴线且正交于 π 平面的棱柱面。这个棱柱面与 π 平面的截线称为屈服迹线(封闭曲线)。只要确定了屈服迹线，则不难求出屈服曲面。为此，我们可只在 π 平面上进一步讨论屈服迹线的几何性质。

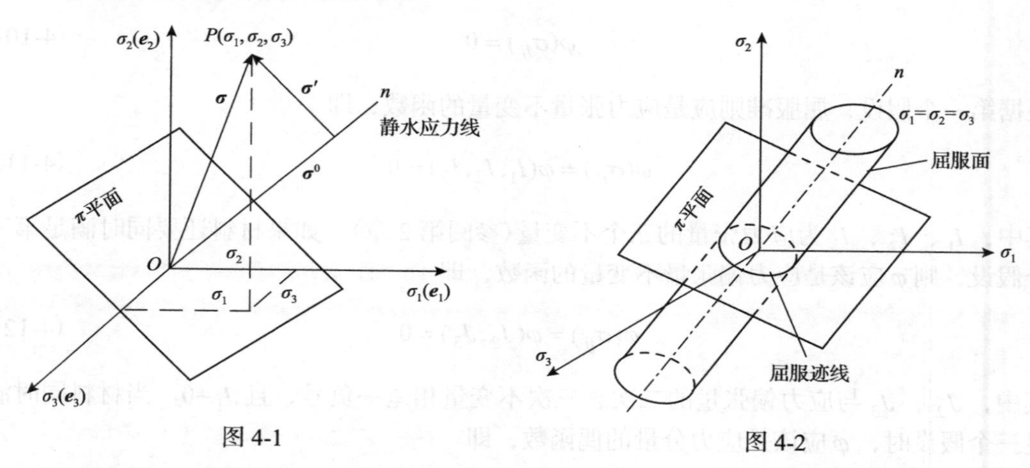

图 4-1　　图 4-2

如果纸面为 π 平面，$O1'$、$O2'$、$O3'$ 为三根主应力坐标轴在 π 平面上的投影，它们等分 π 平面(图 4-3)。若材料同时服从第一个和第三个假设，即材料是均匀各向同性的，当应力空间中的点 $(\sigma_1,\sigma_2,\sigma_3)$ 在屈服面上时，则点 $(\sigma_1,\sigma_3,\sigma_2)$ 也必在屈服面上，它们在 π 平面上的投影将对称于 $O1'$ 轴，因此，屈服迹线将对称于 $O1'$ 轴；同理，$O2'$ 和 $O3'$ 也是屈服迹线的对称轴。又由于不考虑包辛格效应，认为拉伸与压缩时的屈服极限相等，则当应力的符号改变时，屈服条件仍不变，这样屈服迹线必对称于原点，既然它对称于原点，又对称于 $O1'$ 轴，则它必须对称于过原点且垂直于 $O1'$ 轴的垂线；同理，它也将对称于 $O2'$ 和 $O3'$ 轴的垂线。于是，

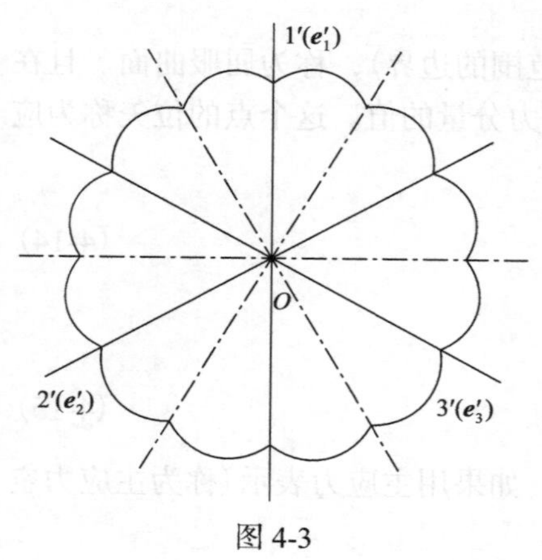

图 4-3

有六根十二等分π平面的轴线。只要确定了π平面 30°范围内的屈服迹线，则不难通过上述对称性求出整个屈服迹线。

现在进一步分析主应力在π平面上的投影值。设有单向应力状态

$$\sigma_1 \neq 0,\quad \sigma_2 = \sigma_3 = 0$$

其应力状态矢为

$$\boldsymbol{\sigma} = \sigma_1 \boldsymbol{e}_1$$

$\boldsymbol{\sigma}$在π平面上的分量即为它的应力偏量矢$\boldsymbol{\sigma}'$，且$\boldsymbol{\sigma}'$应在$O1'$轴上，则有

$$\boldsymbol{\sigma}' = \frac{1}{3}(2\sigma_1\boldsymbol{e}_1 - \sigma_1\boldsymbol{e}_2 - \sigma_1\boldsymbol{e}_3) = \sigma_1^*\boldsymbol{e}_1'$$

$\boldsymbol{e}_1'$为π平面上$O1'$轴向的单位矢，σ_1^*为σ_1在π平面上的投影值。由上式可得

$$\boldsymbol{e}_1' = \frac{\sigma_1}{3\sigma_1^*}(2\boldsymbol{e}_1 - \boldsymbol{e}_2 - \boldsymbol{e}_3) \tag{4-19}$$

由于$\boldsymbol{e}_1'$为单位矢，其模为 1，即有

$$1 = \frac{\sigma_1}{3\sigma_1^*}(4+1+1)^{1/2} = \frac{\sigma_1}{\sigma_1^*}\sqrt{\frac{2}{3}}$$

由上式可得

$$\sigma_1^* = \sqrt{\frac{2}{3}}\sigma_1$$

或者更一般地，有

$$\sigma_i^* = \sqrt{\frac{2}{3}}\sigma_i,\quad i = 1,2,3 \tag{4-20}$$

于是式(4-19)可写为

$$\boldsymbol{e}_1' = \sqrt{\frac{1}{6}}(2\boldsymbol{e}_1 - \boldsymbol{e}_2 - \boldsymbol{e}_3)$$

或者更一般地，有

$$\boldsymbol{e}_i' = \sqrt{\frac{1}{6}}(2\boldsymbol{e}_i - \boldsymbol{e}_j - \boldsymbol{e}_k),\ \ i, j, k = 1,2,3,\ \ i \neq j \neq k \tag{4-21}$$

然后，确定在π平面上的应力偏量矢$\boldsymbol{\sigma}'$与坐标轴的投影关系。已知

$$\boldsymbol{\sigma}' = \sigma_1^* \boldsymbol{e}_1' + \sigma_2^* \boldsymbol{e}_2' + \sigma_3^* \boldsymbol{e}_3' \tag{4-22}$$

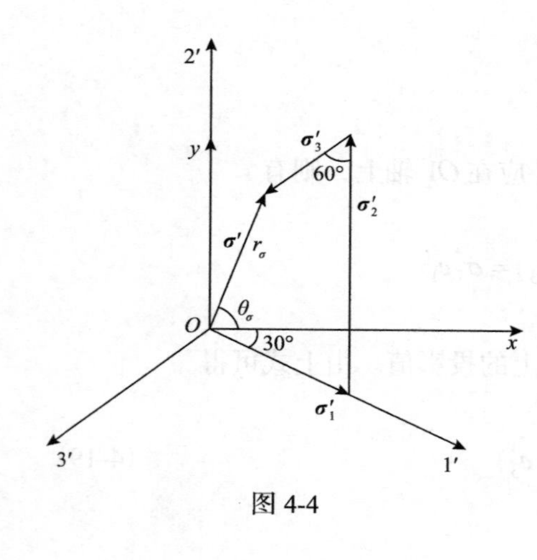

图 4-4

如果在π平面上取x、y坐标如图 4-4 所示，则$\boldsymbol{\sigma}'$在x、y轴上的投影为

$$\begin{aligned} x_s &= \sigma_1^* \cos 30° - \sigma_3^* \cos 30° \\ &= \sqrt{\frac{2}{3}}\left(\frac{\sqrt{3}}{2}\sigma_1 - \frac{\sqrt{3}}{2}\sigma_3\right) = \frac{1}{\sqrt{2}}(\sigma_1 - \sigma_2) \\ y_s &= \sigma_2^* - \sigma_1^* \sin 30° - \sigma_3^* \sin 30° = \frac{1}{\sqrt{6}}(2\sigma_2 - \sigma_1 - \sigma_3) \end{aligned} \tag{4-23}$$

若在π平面上用极坐标表示应力偏量矢$\boldsymbol{\sigma}'$的矢端位置，则有

$$r_\sigma = |\sigma'| = \sqrt{x_s^2 + y_s^2} = \sqrt{2J_2} = \sqrt{2}T$$

$$\theta_\sigma = \arctan\frac{y_s}{x_s} = \frac{1}{\sqrt{3}}\frac{2\sigma_2 - \sigma_1 - \sigma_3}{\sigma_1 - \sigma_3}$$

其中，T为剪应力强度($T = \sqrt{J_2}$)。

如果规定$\sigma_1 \geqslant \sigma_2 \geqslant \sigma_3$，通常称

$$\mu_\sigma = 2\frac{\sigma_2 - \sigma_3}{\sigma_1 - \sigma_3} - 1 = \frac{2\sigma_2 - \sigma_1 - \sigma_3}{\sigma_1 - \sigma_3} \tag{4-24}$$

为洛德(Lode)应力参数，它表示中间主应力与其他两个主应力的相对比值。因此，应力偏量矢$\boldsymbol{\sigma}'$的矢端位置在极坐标系内的坐标值为

$$\begin{aligned} r_\sigma &= |\boldsymbol{\sigma}'| = \sqrt{2J_2} = \sqrt{2}T \\ \theta_\sigma &= \arctan\frac{\mu_\sigma}{\sqrt{3}} \end{aligned} \tag{4-25}$$

下面讨论洛德应力参数的取值范围。由于$\sigma_1 \geqslant \sigma_2 \geqslant \sigma_3$，由式(4-24)易证

$$(\mu_\sigma)_{\max} = 1,\ \ (\mu_\sigma)_{\min} = -1$$

即

$$1 \geqslant \mu_\sigma \geqslant -1$$

从而由式(4-25)中的第二式，可得

$$30° \geqslant \theta_\sigma \geqslant -30°$$

特别地

纯拉时：$\sigma_1 > 0$，$\sigma_2 = \sigma_3 = 0$，$\mu_\sigma = -1$，$\theta_\sigma = -30°$

纯剪时：$\sigma_1 = -\sigma_3$，$\sigma_2 = 0$，$\mu_\sigma = 0$，$\theta_\sigma = 0°$

纯压时：$\sigma_1 = \sigma_2 = 0$，$\sigma_3 < 0$，$\mu_\sigma = 1$，$\theta_\sigma = 30°$

应力偏量矢 $\boldsymbol{\sigma}'$ 在 π 平面上的描述如图 4-5 所示(设 $\sigma_1 \geqslant \sigma_2 \geqslant \sigma_3$)。

以上分析表明，一点的应力状态也可在圆柱坐标系 (r, θ, z) 中表示，其中 z 为正交于 π 平面的轴(静水应力轴)。此时，r_σ 表示 $\boldsymbol{\sigma}'$ 的模，它与剪应力强度 T 或应力强度 σ_e 成正比，θ_σ 则与中间主应力有关。

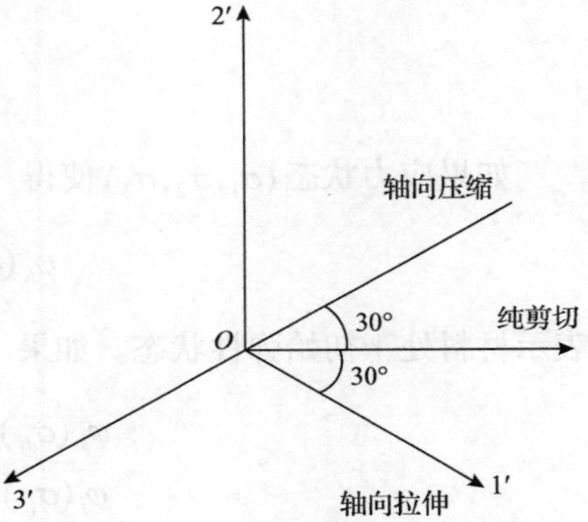

图 4-5

4.3　两个常用的屈服准则

4.3.1　特雷斯卡屈服准则

1864 年，特雷斯卡根据库仑(Coulomb)对土力学的研究及本人在金属挤压试验中得到的结果，提出了一个屈服准则。他认为，当最大剪应力到达某定值 k_1 时，材料就开始屈服，或者说，他认为最大剪应力是材料屈服的准则量。现在设 $\sigma_1 \geqslant \sigma_2 \geqslant \sigma_3$，则有 $\tau_{\max} = (\sigma_1 - \sigma_3)/2$。于是特雷斯卡屈服准则可具体写为

$$\tau_{\max} = \frac{1}{2}(\sigma_1 - \sigma_3) = k_1 \tag{4-26}$$

现在考察式(4-26)的几何表述。从式(4-23)(此处已假设 $\sigma_1 \geqslant \sigma_2 \geqslant \sigma_3$)，令 $x_s = (\sigma_1 - \sigma_3)/\sqrt{2} = \sqrt{2}k_1 =$ 常数，则得到式(4-26)，而 $x_s =$ 常数，为平行于 y 轴(图 4-4)的直线段(在 $-30° \leqslant \theta_\sigma \leqslant 30°$ 范围内)。再根据屈服迹线的对称性进行开拓，就得到了一个正六边形。另外，当 σ_1、σ_2、σ_3 为主应力但不表明其大小顺序时，式(4-26)应写为

$$\begin{aligned} \sigma_1 - \sigma_2 &= \pm 2k_1 \\ \sigma_2 - \sigma_3 &= \pm 2k_1 \\ \sigma_3 - \sigma_1 &= \pm 2k_1 \end{aligned} \tag{4-27}$$

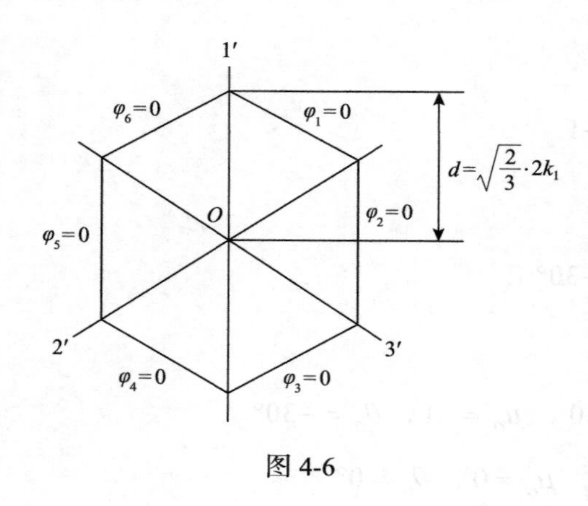

图 4-6

其中，k_1 为材料常数。

式(4-27)表示主应力空间内的六个正交于 π 平面的平面，它们两两平行；这六个平面所围成的内域就是初始弹性区域。因此，特雷斯卡屈服曲面是一个正交于 π 平面的正六边柱面，它的屈服迹线是以原点为中心的正六边形(图 4-6)。

式(4-27)的六个平面依次为

$$
\begin{aligned}
\varphi_1 &= \sigma_1 - \sigma_2 - 2k_1 = 0 \\
\varphi_2 &= -\sigma_2 + \sigma_3 - 2k_1 = 0 \\
\varphi_3 &= \sigma_3 - \sigma_1 - 2k_1 = 0 \\
\varphi_4 &= -\sigma_1 + \sigma_2 - 2k_1 = 0 \\
\varphi_5 &= \sigma_2 - \sigma_3 - 2k_1 = 0 \\
\varphi_6 &= -\sigma_3 + \sigma_1 - 2k_1 = 0
\end{aligned}
\tag{4-28}
$$

如果应力状态 $(\sigma_1,\sigma_2,\sigma_3)$ 使得

$$
\varphi_k(\sigma_{ij}) < 0, \quad k = 1,2,\cdots,6 \tag{4-29}
$$

表示材料处于初始弹性状态。如果

$$
\begin{array}{l} \varphi_k(\sigma_{ij}) < 0 \\ \varphi_l(\sigma_{ij}) = 0 \end{array}, \quad k = 1,2,\cdots,6, \ k \neq l \tag{4-30}
$$

表示材料刚好(初始)屈服，且应力点位于六边形的一边 $(\varphi_1 = 0)$ 上，如果

$$
\begin{array}{l} \varphi_k(\sigma_{ij}) = 0 \\ \varphi_{k+1}(\sigma_{ij}) = 0 \end{array}, \quad k = 1,2,\cdots,5 \tag{4-31}
$$

表示应力点位于 $\varphi_k = 0$ 及 $\varphi_{k+1} = 0$ 两邻边的交线上。对于理想塑性材料，应力点不可能在屈服曲面之外，即不容许 $\varphi_k(\sigma_{ij}) > 0$ 。

材料常数 k_1 可由试验确定，如轴向拉伸试验。此时，当 $\sigma_1 = \sigma_s$ 、$\sigma_2 = \sigma_3 = 0$ 时材料屈服。代入式(4-26)或式(4-28)中的第一式，可以求出

$$
k_1 = \frac{1}{2}\sigma_s
$$

如果通过纯剪切试验来识别 k_1，则当 $\sigma_1 = -\sigma_3 = \tau_s$、$\sigma_2 = 0$ 时材料屈服。将这些值代入式(4-26)或式(4-28)中的第六式，得

$$
k_1 = \tau_s
$$

如果特雷斯卡屈服准则是正确的，则应有

$$\mu = \frac{\tau_s}{\sigma_s} = \frac{1}{2} \tag{4-32}$$

μ 称为剪拉比。其中，σ_s 和 τ_s 都是材料常数，分别为材料的拉伸屈服极限和剪切屈服极限。因此，特雷斯卡屈服准则只适用于 $\mu = 1/2$ 的材料。

对于平面应力状态，例如设 $\sigma_3 = 0$，则式(4-28)简化为

$$\begin{aligned}
\varphi_1 &= \sigma_1 - \sigma_2 - 2k_1 = 0 \\
\varphi_2 &= -\sigma_2 - 2k_1 = 0 \\
\varphi_3 &= -\sigma_1 - 2k_1 = 0 \\
\varphi_4 &= -\sigma_1 + \sigma_2 - 2k_1 = 0 \\
\varphi_5 &= \sigma_2 - 2k_1 = 0 \\
\varphi_6 &= \sigma_1 - 2k_1 = 0
\end{aligned} \tag{4-33}$$

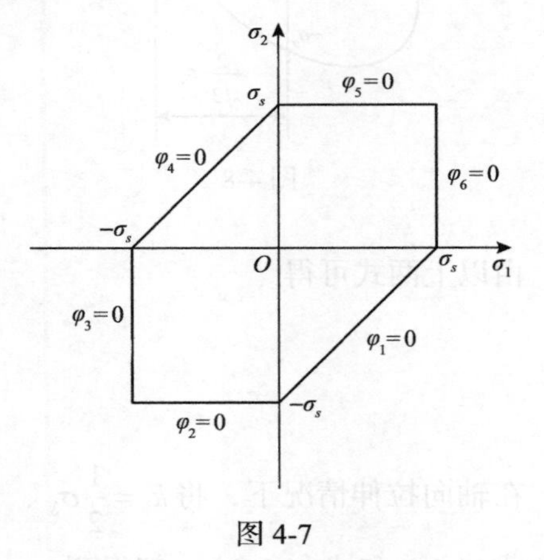

图 4-7

在 (σ_1, σ_2) 平面上，式(4-33)表示一个六边形，如图 4-7 所示。图中 $2k_1 = \sigma_s$，这等价于 $\tau_s = \frac{1}{2}\sigma_s$。

4.3.2　米泽斯屈服准则

鉴于式(4-28)表述的特雷斯卡屈服函数是非正则的，它由六个线性函数构成，在数学处理上很不方便。1913 年，米泽斯建议用一个圆柱面代替特雷斯卡六边棱柱面，其表达式(参阅式(4-25))可写为

$$r_\sigma = |\boldsymbol{\sigma}'| = \sqrt{2J_2} = k_2' \tag{4-34a}$$

若采用应力分量表示，则为

$$(\sigma_1 - \sigma_2)^2 + (\sigma_2 - \sigma_3)^2 + (\sigma_3 - \sigma_1)^2 = 6k_2^2 \tag{4-34b}$$

或

$$(\sigma_x - \sigma_y)^2 + (\sigma_y - \sigma_z)^2 + (\sigma_z - \sigma_x)^2 + 6(\tau_{yz}^2 + \tau_{zx}^2 + \tau_{xy}^2) = 6k_2^2 \tag{4-34c}$$

以上两式中，$k_2 = k_2' / \sqrt{2}$，为材料常数。

在主应力空间内，式(4-34b)表示一个正交于 π 平面的圆柱面，其中心轴为静水应力轴，它在 π 平面上的屈服迹线为一个圆。对平面应力状态，设 $\sigma_3 = 0$，则式(4-34b)变为

$$\sigma_1^2 - \sigma_1\sigma_2 + \sigma_2^2 = 3k_2^2 \tag{4-35}$$

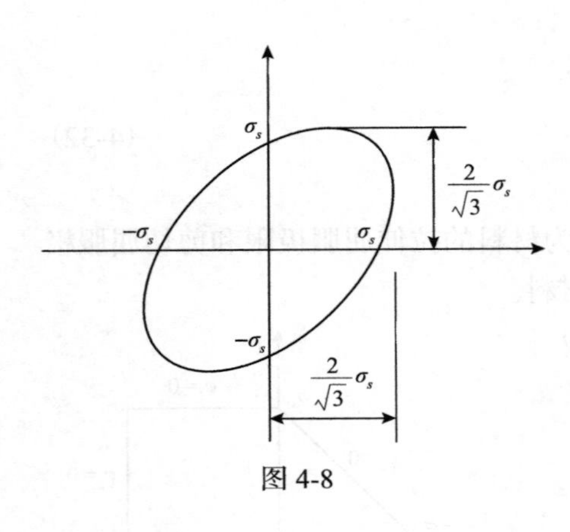

图 4-8

在 (σ_1,σ_2) 平面上，这是一个椭圆(图 4-8)。

可用轴向拉伸试验来识别材料常数 k_2，当 $\sigma_1=\sigma_s$、$\sigma_2=\sigma_3=0$ 时，材料屈服。此时由式(4-34b)或式(4-35)，可得

$$k_2=\frac{1}{\sqrt{3}}\sigma_s$$

如果通过纯剪切试验来识别 k_2，当 $\sigma_1=-\sigma_3=\tau_s$、$\sigma_2=0$ 时材料屈服。则由式(4-34b)，得

$$k_2=\tau_s$$

由以上两式可得

$$\mu=\frac{\tau_s}{\sigma_s}=\frac{1}{\sqrt{3}} \tag{4-36}$$

在轴向拉伸情况下，将 $k_1=\frac{1}{2}\sigma_s$、$k_2=\frac{1}{\sqrt{3}}\sigma_s$ 分别代入式(4-26)和式(4-34b)，都得到 $\sigma_1=\sigma_s$，表明两个屈服条件在轴向拉伸时一致。所以在 π 平面上，特雷斯卡六边形内接于米泽斯圆，如图 4-9 所示。

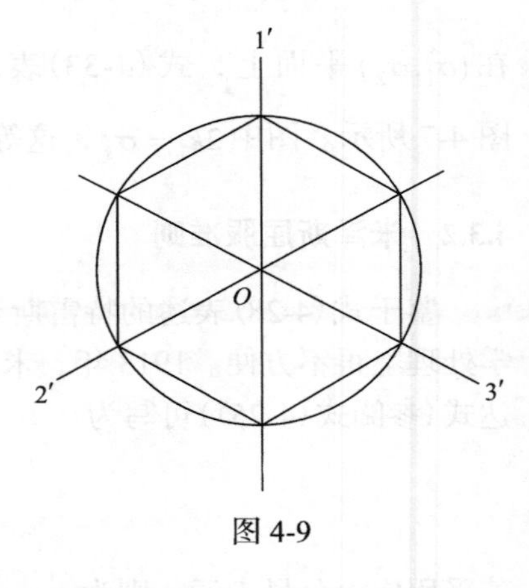

图 4-9

由以上分析可见，初始屈服函数一般可写为

$$\varphi(\sigma_{ij})=f(\sigma_{ij})-k=0 \tag{4-37}$$

其中，$f(\sigma_{ij})$ 为应力分量的齐次函数，称为屈服准则的准则量。准则量应具有一定的力学意义。例如，特雷斯卡屈服准则的准则量为最大剪应力，米泽斯屈服准则的准则量可以有多种解释。从数学上说，凡具有如下表达式的力学量均是米泽斯屈服准则的准则量，即

$$\alpha[(\sigma_1-\sigma_2)^2+(\sigma_2-\sigma_3)^2+(\sigma_3-\sigma_1)^2]$$

其中，α 为某一常数。例如，它可解释为

(1)形状改变比能：

$$w_f=12G[(\sigma_1-\sigma_2)^2+(\sigma_2-\sigma_3)^2+(\sigma_3-\sigma_1)^2] \tag{4-38}$$

(2)应力偏张量的第二不变量：

$$J_2=\frac{1}{6}[(\sigma_1-\sigma_2)^2+(\sigma_2-\sigma_3)^2+(\sigma_3-\sigma_1)^2] \tag{4-39}$$

(3) 八面体剪应力：

$$\tau_0 = \frac{1}{3}[(\sigma_1-\sigma_2)^2+(\sigma_2-\sigma_3)^2+(\sigma_3-\sigma_1)^2]^{1/2} \tag{4-40}$$

(4) 应力强度(等效应力)或剪应力强度：

$$\sigma_e = \frac{1}{\sqrt{2}}[(\sigma_1-\sigma_2)^2+(\sigma_2-\sigma_3)^2+(\sigma_3-\sigma_1)^2]^{1/2} \tag{4-41}$$

(5) 统计平均剪应力(设 Ω 为围绕一点所取单元球体的表面积)：

$$\tau = \left(\frac{1}{\Omega}\int \tau^2 \mathrm{d}\Omega\right)^{1/2} = \frac{1}{\sqrt{15}}[(\sigma_1-\sigma_2)^2+(\sigma_2-\sigma_3)^2+(\sigma_3-\sigma_1)^2]^{1/2} \tag{4-42}$$

(6) 应力圆的总面积：

$$\Omega_\tau = \frac{\pi}{4}[(\sigma_1-\sigma_2)^2+(\sigma_2-\sigma_3)^2+(\sigma_3-\sigma_1)^2] \tag{4-43}$$

(7) 主应力对平均应力 σ_0 的平均方差的极小值：

$$\Delta_{\min} = \frac{1}{3}[(\sigma_1-\sigma_2)^2+(\sigma_2-\sigma_3)^2+(\sigma_3-\sigma_1)^2] \tag{4-44}$$

(8) 均方根剪应力：

$$\tau_{123} = \sqrt{\frac{1}{3}(\tau_{12}^2+\tau_{23}^2+\tau_{31}^2)} = \frac{1}{\sqrt{2}}[(\sigma_1-\sigma_2)^2+(\sigma_2-\sigma_3)^2+(\sigma_3-\sigma_1)^2]^{1/2} \tag{4-45}$$

(9) 主应力偏量 $\sigma_i-\sigma_0$ 的均方值：

$$\overline{\sigma'} = \frac{1}{9}[(\sigma_1-\sigma_2)^2+(\sigma_2-\sigma_3)^2+(\sigma_3-\sigma_1)^2]^{1/2} \tag{4-46}$$

例 4-1　设闭端薄壁圆筒(图 4-10)受到内压 p 的作用，筒的内半径 $R=20\text{cm}$，壁厚 $t=4\text{mm}$，材料为理想塑性，屈服极限为 $\sigma_s=245\text{MPa}$。试用米泽斯屈服准则和特雷斯卡屈服准则求最大许可内压 p_s。

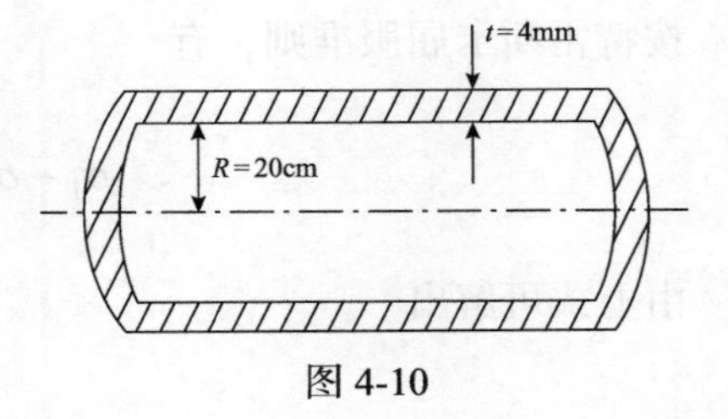

图 4-10

在距封头相当远的筒身部分，应力为

$$\sigma_z=\frac{pR}{2t},\quad \sigma_t=\frac{pR}{t},\quad \sigma_r\approx 0$$

因此，$\sigma_1=\sigma_t$，$\sigma_2=\sigma_t/2$，$\sigma_3=0$。按照特雷斯卡屈服准则，当圆筒身屈服时，应满足下式：

$$\sigma_1-\sigma_3=\sigma_s$$

则得

$$\sigma_t = \frac{p_s R}{t} = \sigma_s$$

所以

$$p_s = \frac{\sigma_s t}{R} = \frac{4}{200} \times 245 = 4.9\text{MPa}$$

按米泽斯屈服准则，当圆筒身屈服时，应力满足下式：

$$\sigma_t^2 - \sigma_t \sigma_z + \sigma_z^2 = \sigma_s^2$$

则有

$$4\sigma_z^2 - 2\sigma_z^2 + \sigma_z^2 = \sigma_s^2$$

由此可得

$$\sigma_z = \frac{p_s R}{2t} = \frac{1}{\sqrt{3}} \sigma_s$$

所以

$$p_s = \frac{t}{R} \frac{2\sigma_s}{\sqrt{3}} = \frac{4 \times 2 \times 245}{200 \times \sqrt{3}} = 5.66\text{MPa}$$

如果要考虑 σ_r 的影响，则应按厚壁圆筒进行应力分析，这将在后面的章节中予以讨论。在这里，σ_t 和 σ_z 仍然按薄壁筒计算，且设在内壁处 $\sigma_r = -p$ 。现在计算内壁开始屈服的压力值，即弹性极限压力 p_e 。内壁处的主应力为

$$\sigma_1 = \sigma_t\text{，}\ \sigma_2 = \sigma_z\text{，}\ \sigma_3 = -p$$

按特雷斯卡屈服准则，有

$$\sigma_1 - \sigma_3 = \sigma_t + p_e = \frac{p_e R}{t} + p_e = \sigma_s$$

由上式可解出

$$p_e = \frac{\sigma_s}{1 + \dfrac{R}{t}} = \frac{245}{1 + 200/4} = 4.8\text{MPa}$$

按米泽斯屈服准则，有

$$(\sigma_1 - \sigma_2)^2 + (\sigma_2 - \sigma_3)^2 + (\sigma_3 - \sigma_1)^2 = 2\sigma_s^2$$

将有关值代入得

$$\left(\frac{p_eR}{t}-\frac{p_eR}{2t}\right)^2+\left(\frac{p_eR}{2t}+p_e\right)^2+\left(-p_e-\frac{p_eR}{t}\right)^2=2\sigma_s^2$$

由上式可解出

$$p_e=5.55\text{MPa}$$

以上结果表明，p_s（此时 $\sigma_r\approx 0$）及 p_e 的值相差不大，如果考虑到 p_e 只是弹性极限压力，它总比塑性极限压力低，则考虑 σ_r 与不考虑 σ_r 所得的极限压力结果将十分接近。所以，一般说来，对于受内压的薄壁圆筒，可以不计 σ_r 的影响。

例 4-2　设闭端薄壁圆筒受到内压 p 和外加轴向应力 σ 作用，圆筒的内半径为 R，壁厚为 t，试写出米泽斯屈服准则和特雷斯卡屈服准则的表达式。

筒身的应力分量为

$$\sigma_t=\frac{pR}{t},\quad \sigma_z=\frac{pR}{2t}+\sigma,\quad \sigma_r\approx 0$$

在平面应力状态下，米泽斯屈服准则为

$$\sigma_t^2-\sigma_t\sigma_z+\sigma_z^2=\sigma_s^2$$

将上列有关应力式代入，得

$$3\left(\frac{pR}{2t}\right)^2+\sigma^2=\sigma_s^2$$

或

$$\left(\frac{\sigma}{\sigma_s}\right)^2+\left(\frac{pR}{2t}\right)^2\Big/\left(\frac{\sigma_s}{\sqrt{3}}\right)^2=1$$

在建立特雷斯卡屈服准则时，应区分不同的情况：当 $\sigma<\dfrac{pR}{2t}$ 时，$\sigma_1=\sigma_t$，$\sigma_2=\sigma_z$，$\sigma_3\approx 0$，特雷斯卡屈服准则为

$$\sigma_1=\sigma_t=\frac{pR}{t}=\sigma_s$$

或

$$\frac{pR}{t\sigma_s}=1$$

当 $\sigma > \dfrac{pR}{2t}$ 时，$\sigma_1 = \sigma_z$，$\sigma_z = \sigma_t$，$\sigma_3 \approx 0$，特雷斯卡屈服准则为

$$\sigma_1 = \sigma_z = \sigma + \frac{pR}{2t} = \sigma_s$$

或

$$\frac{\sigma}{\sigma_s} + \frac{pR}{2t\sigma_s} = 1$$

4.4 相继屈服条件

4.4.1 相继屈服函数和相继屈服曲面

在第 1 章中已经阐明，在一维应力状态下，相继弹性范围的边界 σ_s^+ 和 σ_s^-（图 4-11）不仅与现时应力有关，而且与加载历史有关。由图 4-11 可见，每个相继弹性范围对应于一个确定的塑性应变(此处为残余应变)，因此，可以在 (σ,ε) 平面上做出两条曲线如图 4-12 所示(只画出 $\varepsilon^p \geqslant 0$ 的部分)，它们构成一维应力状态下相继弹性范围的边界，且可一般地写为

$$\varphi(\sigma_s^{\pm}, \varepsilon^p) = 0 \tag{4-47}$$

式(4-47)即为相继屈服函数。应力在此两条曲线所界范围之内时为弹性变化状态，在其上为塑性变化状态，应力不可能在此曲线所界区域之外。在应力空间内(此处为一条应力轴)，式(4-47)为一族以 ε^p 为参量的函数族，它表示一系列以 ε^p 为参量的应力点 $\sigma_s^+(\varepsilon^p)$、$\sigma_s^-(\varepsilon^p)$，亦即一族以 ε^p 为参量的相继弹性范围的边界。当 $\varepsilon^p = 0$ 时，它变为初始弹性范围的边界 $(\sigma_s, -\sigma_s)$。在此处，ε^p 反映了加载的历史。

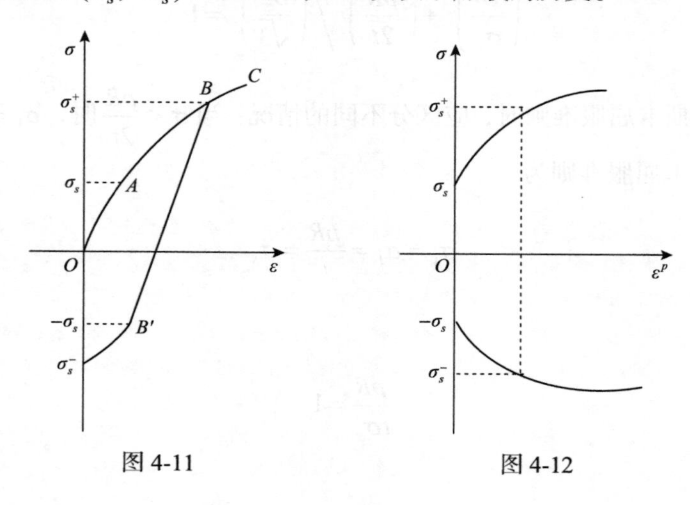

图 4-11　　图 4-12

推广到一般应力状态，相继屈服函数一般可写为

$$\varphi(\sigma_{ij}, H_\alpha) = 0 \tag{4-48}$$

其中，$H_\alpha (\alpha = 1,2,\cdots,n)$ 为反映加载历史的参量，或称为反映材料内部结构变化的内变量(标量或张量)。在一维应力状态下 $\alpha = 1$，$H_1 = \varepsilon^p$。一般可取 $\alpha = 2$，$H_1 = \varepsilon^p$，$H_2 = q$，$q = \int \mathrm{d}\varepsilon_e^p$，而

$$\mathrm{d}\varepsilon_e^p = \sqrt{\frac{2}{3}\mathrm{d}\varepsilon_{ij}^p \mathrm{d}\varepsilon_{ij}^p} = \sqrt{\frac{2}{9}[(\mathrm{d}\varepsilon_1^p - \mathrm{d}\varepsilon_2^p)^2 + (\mathrm{d}\varepsilon_2^p - \mathrm{d}\varepsilon_3^p)^2 + (\mathrm{d}\varepsilon_3^p - \mathrm{d}\varepsilon_1^p)^2]} \tag{4-49}$$

在变形过程中，如果 $\mathrm{d}H_\alpha = 0$，表示 H_α 不变，而 $\mathrm{d}\varepsilon_{ij}^p = 0$，则材料处于弹性变化状态；如果 $\mathrm{d}H_\alpha \neq 0$，表示材料正经历塑性变化过程，$\mathrm{d}\varepsilon_{ij}^p \neq 0$。

如同一维应力情况一样，如果应力状态满足 $\varphi = 0$，表示应力点位于相继弹性范围的边界，即相继屈服曲面上，而 $\varphi < 0$ 表示应力点位于相继屈服曲面之内。应力点不能超出相继屈服曲面之外，即有

$$\varphi(\sigma_{ij}, H_\alpha) \leqslant 0 \tag{4-50}$$

显然，当 $H_\alpha = 0$ 时，应有

$$\varphi(\sigma_{ij}, 0) = \varphi(\sigma_{ij}) = 0 \tag{4-51}$$

即相继屈服函数退化为初始屈服函数。由于 $\varphi(\sigma_{ij}, H_\alpha) < 0$ 表示相继屈服曲面内的点，所以 φ 的梯度恒指向相继屈服曲面之外。

现在，设应力状态满足 $\varphi = 0$，在变形过程中依据式(4-50)，应有

$$\mathrm{d}\varphi = \frac{\partial \varphi}{\partial \sigma_{ij}}\mathrm{d}\sigma_{ij} + \frac{\partial \varphi}{\partial H_\alpha}\mathrm{d}H_\alpha \leqslant 0 \tag{4-52}$$

一般称 $\mathrm{d}\varphi = 0$ 为一致性原理或一致性方程。

人们习惯于在应力空间讨论问题，这时 H_α 为参量。于是

$$\varphi(\sigma_{ij}, H_\alpha) = 0$$

是应力空间内以 H_α 为参量的曲面族。若 H_α 不变 $(\mathrm{d}H_\alpha = 0)$，曲面 $\varphi(\sigma_{ij}, H_\alpha) = 0$ 不变；H_α 变化 $(\mathrm{d}H_\alpha \neq 0)$，则在应力空间中曲面 $\varphi(\sigma_{ij}, H_\alpha) = 0$ 也变化。因此，相继屈服函数 $\varphi(\sigma_{ij}, H_\alpha) = 0$ 在 (σ_{ij}, H_α) 空间内为一固定的曲面(类似于一维应力状态的 $\varphi(\sigma, \varepsilon^p) = 0$，在 σ-ε^p 坐标下是两条固定曲线)，而在应力空间内，则是以 H_α 为参量的曲面族。

4.4.2　加载、卸载准则

在第 1 章中已经指出，当应力点位于弹性范围的边界上时，有两种基本的变化状态

或过程：一是应力变化，导致塑性应变变化，即塑性变化过程；二是应力变化，塑性应变不变，即弹性变化过程。在这两种过程中材料的本构关系是不同的，为此要建立区分这两种过程的判据或准则。

已知 $\varphi=0$，当力学状态发生变化或材料经历变形过程时，式(4-52)恒成立，即

$$\mathrm{d}\varphi=\frac{\partial\varphi}{\partial\sigma_{ij}}\mathrm{d}\sigma_{ij}+\frac{\partial\varphi}{\partial H_\alpha}\mathrm{d}H_\alpha\leqslant 0$$

设在此变形过程中，$\mathrm{d}H_\alpha=0$，因而 $\mathrm{d}\varepsilon_{ij}^p=0$，$\mathrm{d}\varepsilon_{ij}=\mathrm{d}\varepsilon_{ij}^e$，变形过程为弹性的，式(4-52)变为

$$\mathrm{d}\varphi=\frac{\partial\varphi}{\partial\sigma_{ij}}\mathrm{d}\sigma_{ij}\leqslant 0 \tag{4-53}$$

或

$$\mathrm{grad}(\varphi)_{H_\alpha}\cdot\mathrm{d}\boldsymbol{\sigma}\leqslant 0 \tag{4-54}$$

此处 $\mathrm{grad}(\varphi)_{H_\alpha}$ 为屈服曲面在应力空间内的梯度，它恒指向曲面之外，$\mathrm{d}\boldsymbol{\sigma}$ 为应力增量矢。在式(4-54)中，若

$$\frac{\partial\varphi}{\partial\sigma_{ij}}\mathrm{d}\sigma_{ij}=\mathrm{grad}(\varphi)_{H_\alpha}\cdot\mathrm{d}\boldsymbol{\sigma}<0 \tag{4-55}$$

表示在应力空间内应力点从曲面上向曲面之内移动，称为卸载过程；在此过程中，$\mathrm{d}\varepsilon_{ij}^p=0$。式(4-55)称为卸载准则。若

$$\frac{\partial\varphi}{\partial\sigma_{ij}}\mathrm{d}\sigma_{ij}=\mathrm{grad}(\varphi)_{H_\alpha}\cdot\mathrm{d}\boldsymbol{\sigma}=0 \tag{4-56}$$

表示应力点沿曲面移动，称为中性变载过程：在此过程中，$\mathrm{d}\varepsilon_{ij}^p=0$。对于一维应力状态，弹性范围的边界是应力轴上的两个点 (σ_s^+,σ_s^-)，因此不存在中性变载过程。$\dfrac{\partial\varphi}{\partial\sigma_{ij}}\mathrm{d}\sigma_{ij}$ 为一标量，可以记作 $\overline{\mathrm{d}\varphi}$，它的值只有三种情况，即负值、零或正值。若

$$\frac{\partial\varphi}{\partial\sigma_{ij}}\mathrm{d}\sigma_{ij}=\mathrm{grad}(\varphi)_{H_\alpha}\cdot\mathrm{d}\boldsymbol{\sigma}>0 \tag{4-57}$$

表示应力点从应力空间的一个曲面(参量为 H_α)向外移到另一个屈服曲面(参量为 $H_\alpha+\mathrm{d}H_\alpha$)，这表明 H_α 有变化，这种过程称为加载过程。在此过程中，$\mathrm{d}\varepsilon_{ij}^p\neq 0$。式(4-57)

称为加载准则(参见图 4-13)。在以上各式中，$\mathrm{d}\sigma_{ij}$ 可换为 σ_{ij}，$\mathrm{d}\varphi$ 可换为 φ。

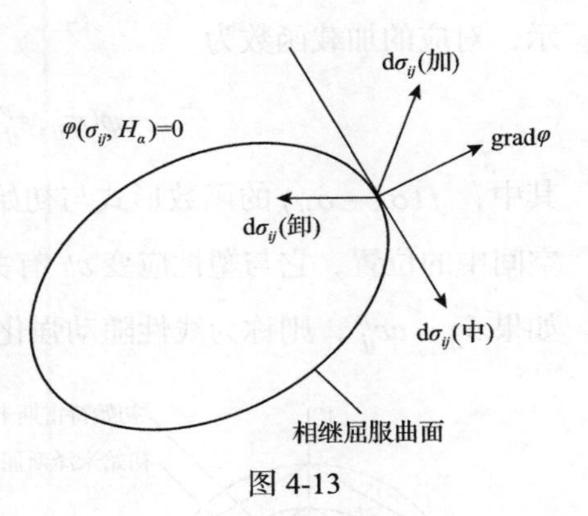

图 4-13

4.4.3 加载规律

相继屈服函数 $\varphi(\sigma_{ij},H_\alpha)=0$ 的具体形式，是材料强化性质的数学表述，称为加载规律或强化规律。或者说，在应力空间内，相继屈服曲面因内变量 H_α 变化而变化。

前已说明，在相继屈服函数 $\varphi(\sigma_{ij},H_\alpha)=0$ 中，内变量 H_α 一般有两类：

(1) 取 ε_{ij}^p 为内变量 H_α，反映各向异性强化；

(2) 取 q 为内变量 H_α，反映各向同性强化。

因此，相继屈服函数可进一步写为

$$\varphi(\sigma_{ij},\varepsilon_{ij}^p,q)=0 \tag{4-58}$$

其中

$$q=\int \mathrm{d}\varepsilon_e^p \text{ 或 } q=\int D\mathrm{d}t,\quad D=\sigma_{ij}\dot{\varepsilon}_{ij}^p \tag{4-59}$$

确定强化材料的加载规律，或确定 $\varphi(\sigma_{ij},\varepsilon_{ij}^p,q)=0$ 的具体函数形式，是一个十分复杂的问题，至今仍未得到满意的解决。一般可以认为，相继屈服曲面是由初始屈服曲面随塑性变形过程而变化的结果。目前，经常采用的近似加载规律有如下两种极端的模型以及它们的组合。

1. 等向强化或各向同性强化

认为材料进入塑性状态后在各个方向上得到同等的强化。在应力空间中表示：在塑性变形过程中初始屈服曲面将几何相似地扩大，中心轴保持不动，而且只胀不缩，在 π 平面上，特雷斯卡及米泽斯屈服迹线的变化如图 4-14 所示。其加载函数为

$$\varphi(\sigma_{ij},\varepsilon_{ij}^p,q)=f(\sigma_{ij})-F(q)=0 \tag{4-60}$$

其中，F 是单调递增函数；$f(\sigma_{ij})$ 的函数形式与初始屈服函数的准则量相同。当 $F(q)=k$ 时，式(4-60)就变为初始屈服函数。

2. 随动强化

认为材料在进入塑性状态后，在塑性变形过程中初始屈服曲面在应力空间中平移，其大小、形状保持不变。在 π 平面上，特雷斯卡及米泽斯屈服迹线的变化如图 4-15 所

示，对应的加载函数为

$$\varphi(\sigma_{ij},\varepsilon_{ij}^{p},q)=f(\sigma_{ij}-\hat{\sigma}_{ij})-k=0 \tag{4-61}$$

其中，$f(\sigma_{ij}-\hat{\sigma}_{ij})$ 的函数形式与初始屈服函数相同；$\hat{\sigma}_{ij}$ 为屈服曲面的中心 O' 点在应力空间中的位置，它与塑性应变 ε_{ij}^{p} 有关。当 $\hat{\sigma}_{ij}=0$ 时，相继屈服曲面变为初始屈服曲面。如果 $\hat{\sigma}_{ij}=c\varepsilon_{ij}^{p}$，则称为线性随动强化，其中 c 为材料常数。

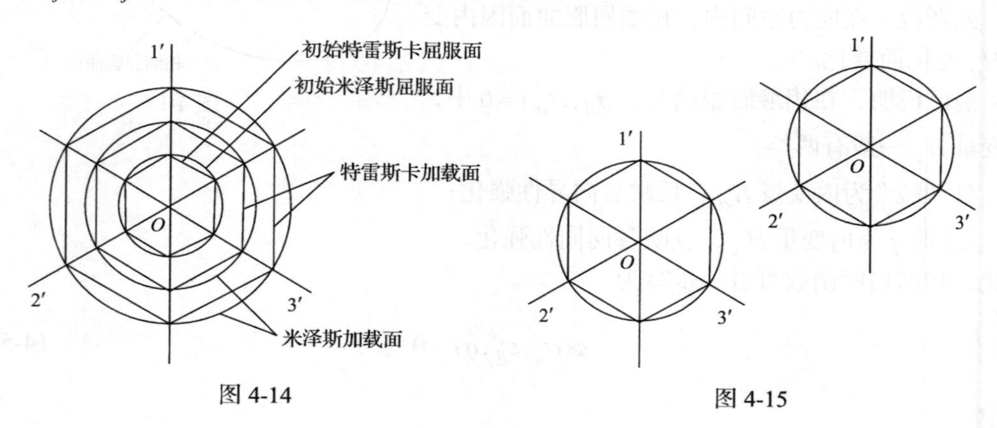

图 4-14　　图 4-15

3. 混合强化

这是上述两个模型的组合，即认为在塑性变形过程中，初始屈服曲面既几何相似地扩大，又在应力空间内平移。其加载函数为

$$\varphi(\sigma_{ij},\varepsilon_{ij}^{p},q)=f(\sigma_{ij}-\hat{\sigma}_{ij})-F(q)=0 \tag{4-62}$$

当 $\hat{\sigma}_{ij}=0$ 时，式(4-62)变为式(4-60)，为各向同性强化函数；当 $F(q)=k$ 时，式(4-62)变为式(4-61)，为随动强化函数。

最后指出，理想塑性材料用应力表示的弹性范围是确定的，即 $\sigma_s^+=\sigma_s$，$\sigma_s^-=-\sigma_s$，此时初始弹性范围与相继弹性范围重合，与变形历史无关。因此，理想塑性材料的相继屈服函数与初始屈服函数相同，在应力空间内屈服曲面为一固定的曲面：

$$\varphi(\sigma_{ij},H_\alpha)=\varphi(\sigma_{ij})=f(\sigma_{ij})-k=0$$

由于理想塑性材料的屈服曲面是唯一的，与变形历史无关，因此不存在对应于式(4-57)的变化过程。在理想塑性材料的情况下，应力点只可能位于屈服曲面上或其内，不能移向屈服曲面之外，即

$$\begin{aligned}&\varphi=0\ \text{且}\ \frac{\partial\varphi}{\partial\sigma_{ij}}\mathrm{d}\sigma_{ij}<0,\ \text{卸载},\ \mathrm{d}\varepsilon_{ij}^{p}=0\\&\varphi=0\ \text{且}\ \frac{\partial\varphi}{\partial\sigma_{ij}}\mathrm{d}\sigma_{ij}=0,\ \text{加载},\ \mathrm{d}\varepsilon_{ij}^{p}\neq0\end{aligned} \tag{4-63}$$

此时不存在强化材料意义下的中性变载。当应力点保持在屈服曲面上时，材料进入极限状态，可能发生无限的塑性应变。因此，有时将理想塑性材料的屈服曲面称为极限曲面。

4.5　材料稳定性判据与正交性法则

4.5.1　德鲁克公设

1952 年，德鲁克(Drucker)根据塑性功不为负的性质，提出了著名的关于弹塑性材料稳定性的定义，后来被称为德鲁克公设。德鲁克公设可陈述如下：

若材料单元体由某一应力状态 σ_{ij}^0 开始缓慢加载，到达加载应力 σ_{ij} (位于加载曲面上)后，再有增量 $\mathrm{d}\sigma_{ij}$，引起塑性应变 $\mathrm{d}\varepsilon_{ij}^p$，然后缓慢卸载恢复到 σ_{ij}^0，这个过程称为一个应力循环，在此循环过程中，附加应力所做的功恒为非负。它可表述为

$$\oint(\sigma_{ij}-\sigma_{ij}^0)\mathrm{d}\varepsilon_{ij}\geqslant 0 \tag{4-64}$$

现在在应力空间内分析式(4-64)。设 $t=t_0$ 时，单元体的应力状态为 σ_{ij}^0，对应的应力点为 P^0。此后加载，当 $t=t_1$ 时应力点到达屈服曲面上；再继续加载，$t=t_2$ 时应力点到达另一个屈服曲面上；此后开始卸载。在加载过程中 $(t_1\rightarrow t_2)$ 应力增加 $\mathrm{d}\sigma_{ij}$，当 $t=t_3$ 时应力恢复到 σ_{ij}^0 处(图 4-16)，此处时间 t 只表示一个过程，或者说仅表示事物发生的顺序，与所采用的时间尺度无关(根据假设，塑性行为没有时间效应)。于是式(4-64)可改写成

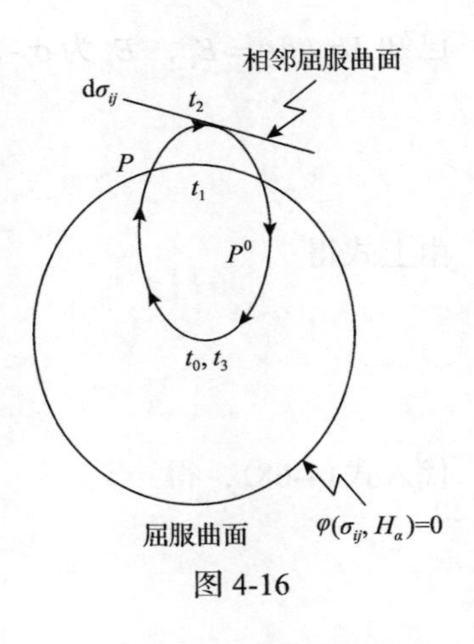

图 4-16

$$\int_{t_0}^{t_3}(\sigma_{ij}-\sigma_{ij}^0)\,\mathrm{d}\varepsilon=\int_{t_0}^{t_3}(\sigma_{ij}-\sigma_{ij}^0)\dot{\varepsilon}_{ij}^e\mathrm{d}t+\int_{t_0}^{t_3}(\sigma_{ij}-\sigma_{ij}^0)\dot{\varepsilon}_{ij}^p\mathrm{d}t$$

上式右侧第一个积分为附加应力所做的弹性功，是可以恢复的，因此在应力循环过程中其值为零。第二个积分为附加应力在塑性应变上所做的功，称为塑性功，记为 W^p。由于从 t_0 到 t_1，及从 t_2 到 t_3 的过程都是弹性变化的，塑性应变保持不变，$\mathrm{d}\varepsilon_{ij}^p=0$ 或 $\dot{\varepsilon}_{ij}^p=0$，所以积分是从 t_1 到 t_2。于是上式简化为

$$W^p=\int_{t_1}^{t_2}(\sigma_{ij}-\sigma_{ij}^0)\dot{\varepsilon}_{ij}^p\mathrm{d}t\geqslant 0 \tag{4-65}$$

由于 $t_2-t_1=\delta t$ 为小量，因此可在 t_1 邻近将 W^p 展开成泰勒级数：

$$W^p=0+(\sigma_{ij}-\sigma_{ij}^0)\dot{\varepsilon}_{ij}^p\delta t\Big|_{t_1}+\frac{1}{2}[\dot{\sigma}_{ij}\dot{\varepsilon}_{ij}^p+(\sigma_{ij}-\sigma_{ij}^0)\ddot{\varepsilon}_{ij}^p]_{t_1}(\delta t)^2+O(\delta t)^3$$

当$\sigma_{ij} \neq \sigma_{ij}^0$时，即$\sigma_{ij}^0$不在屈服曲面上，略去泰勒级数的第二项，由上式可得

$$(\sigma_{ij}-\sigma_{ij}^0)\dot{\varepsilon}_{ij}^p \geqslant 0 \text{ 或 } (\sigma_{ij}-\sigma_{ij}^0)\mathrm{d}\varepsilon_{ij}^p \geqslant 0 \tag{4-66}$$

当σ_{ij}^0在屈服曲面上时$\sigma_{ij}=\sigma_{ij}^0$，泰勒级数的第一项为零，于是有

$$\dot{\sigma}_{ij}\dot{\varepsilon}_{ij}^p \geqslant 0 \text{ 或 } \mathrm{d}\sigma_{ij}\mathrm{d}\varepsilon_{ij}^p \geqslant 0 \tag{4-67}$$

应该再次指出，在应力循环中应变的变化是小量$\mathrm{d}\varepsilon_{ij}^p$。

4.5.2　外凸性和正交性法则

首先讨论不等式(4-67)。为了更清楚地考察这个不等式的含义，我们讨论一维应力状态。这时式(4-67)简化为

$$\mathrm{d}\sigma\mathrm{d}\varepsilon^p \geqslant 0 \tag{4-68}$$

已知$\mathrm{d}\sigma/\mathrm{d}\varepsilon=E_t$，$E_t$为$\sigma$-$\varepsilon$曲线的切线模量。于是

$$\mathrm{d}\varepsilon=\frac{\mathrm{d}\sigma}{E_t}=\mathrm{d}\varepsilon^e+\mathrm{d}\varepsilon^p=\frac{\mathrm{d}\sigma}{E}+\mathrm{d}\varepsilon^p$$

由上式得

$$\mathrm{d}\varepsilon^p=\left(\frac{1}{E_t}-\frac{1}{E}\right)\mathrm{d}\sigma$$

代入式(4-68)，得

$$\mathrm{d}\sigma\mathrm{d}\varepsilon^p=\left(\frac{1}{E_t}-\frac{1}{E}\right)(\mathrm{d}\sigma)^2 \geqslant 0$$

上式要求：

$$E \geqslant E_t \geqslant 0 \tag{4-69}$$

式(4-67)表明：对于满足德鲁克公设的材料，其拉伸曲线σ-ε的切线模量E_t不大于弹性模量E，不小于零；当$E_t=0$时材料为理想塑性的，则$\mathrm{d}\sigma\mathrm{d}\varepsilon^p=0$；对于强化材料，则$\mathrm{d}\sigma\mathrm{d}\varepsilon^p>0$。因此，可以认为不等式(4-67)是材料稳定性的表征或判据。

现在讨论不等式(4-66)。为了更加形象，我们在应力空间中考察此不等式，并将塑性应变率空间与应力空间叠合。在应力空间中，P^0是位于屈服曲面之内或之上的应力点，P是屈服曲面之上的应力点(图4-16)。因此，式(4-66)可用矢量表示(图4-17)为

$$(\sigma_{ij}-\sigma_{ij}^0)\dot{\varepsilon}_{ij}^p=\overline{P^0P}\dot{\varepsilon}^p \geqslant 0 \tag{4-70}$$

在 P 点作出矢量 $\dot{\boldsymbol{\varepsilon}}^p$，及过 P 点正交于 $\dot{\boldsymbol{\varepsilon}}^p$ 的平面 Π。于是不等式(4-70)要求 P^0 不在 Π 的外侧，即不在 $\dot{\boldsymbol{\varepsilon}}^p$ 指向相同的一侧，以保证 $\overline{P^0P}$ 与 $\dot{\boldsymbol{\varepsilon}}^p$ 的夹角不大于 $\pi/2$。否则，如果 P^0 在 Π 的外侧，如图 4-18 所示，则 $\overline{P^0P}$ 与 $\dot{\boldsymbol{\varepsilon}}^p$ 的夹角大于 $\pi/2$，式(4-70)不能满足，这表明屈服曲面在 P 点是外凸的。由于 P 是屈服曲面上的任一点，由此可见，不等式(4-70)表明屈服曲面是处处外凸的。

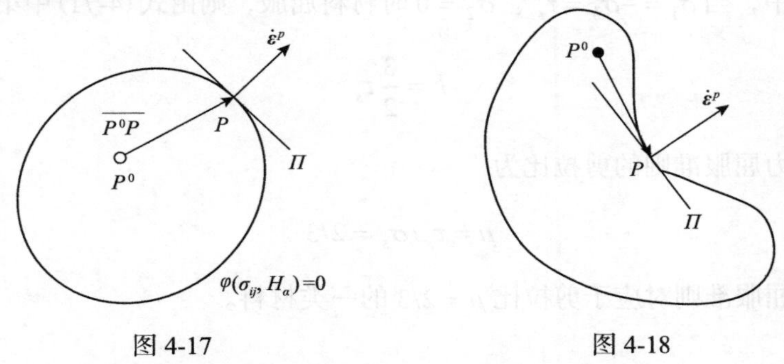

图 4-17　　　　图 4-18

如果在 P 点曲面是光滑的，则平面 Π 为曲面在该点处的切平面，而且塑性应变率 $\dot{\varepsilon}_{ij}^p$ 与曲面在 P 点的外法线平行且同向。即在屈服曲面的光滑部分，塑性应变率必正交于屈服曲面，简称为正交性法则。

4.5.3　双剪应力屈服准则

前面介绍过的特雷斯卡屈服曲面和米泽斯屈服曲面都是外凸曲面。同时根据屈服曲面的外凸性，以及前面已介绍过的对称性，在 π 平面上如果已知 A 点为屈服迹线上的一点，则可作出两个正六边形，如图 4-19 所示。所有可能的屈服迹线必须位于这两个六边形之内或与之重合，否则就不能满足外凸性条件。因此，这两个六边形是满足初始各向同性、初始指向同性、塑性与平均应力无关，以及德鲁克公设等要求的屈服迹线的界线。显然，内六边形为特雷斯卡屈服迹线，而米泽斯屈服迹线为位于这两个六边形之间的圆。至于外六边形的意义，长期以来没有受到人们的足够重视。20 世纪 60 年代以来，俞茂宏对此进行了系统的研究，提出了双剪应力屈服准则，该准则认为：当单元体两个较大剪应力之和达到某一应力极限值时，材料发生屈服，即

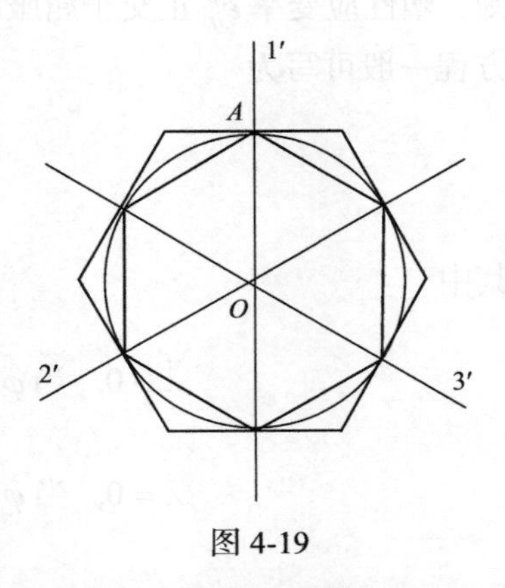

图 4-19

$$
\begin{aligned}
f &= \tau_{13} + \tau_{12} = \sigma_1 - \frac{1}{2}(\sigma_2 + \sigma_3) = k, \quad f \geqslant f' \\
f &= \tau_{13} + \tau_{23} = \frac{1}{2}(\sigma_1 + \sigma_2) - \sigma_3 = k, \quad f < f'
\end{aligned}
\tag{4-71}
$$

其中，$\tau_{ij}=(\sigma_i-\sigma_j)/2$，$k$ 为材料常数。

在轴向拉压试验中，当 $\sigma_1=\sigma_s$、$\sigma_2=\sigma_3=0$ 时材料屈服，则由式(4-71)中第一式，得

$$k=\sigma_s$$

在纯剪切试验中，当 $\sigma_1=-\sigma_3=\tau_s$、$\sigma_2=0$ 时材料屈服，则由式(4-71)中第一式，得到

$$k=\frac{3}{2}\tau_s$$

因此，双剪应力屈服准则的剪拉比为

$$\mu=\tau_s/\sigma_s=2/3$$

所以双剪应力屈服准则对应于剪拉比 $\mu=2/3$ 的一类材料。

4.6 理想塑性材料的增量型本构关系

4.6.1 一般表述式

设 $\varphi(\sigma_{ij})=0$ 为正则初始屈服函数(极限函数)，根据德鲁克公设的推论——正交性法则，塑性应变率 $\dot{\varepsilon}_{ij}^p$ 正交于屈服曲面，与屈服曲面的外法线平行且同向，因此，塑性本构方程一般可写为

$$\dot{\varepsilon}_{ij}^p=\dot{\lambda}\frac{\partial\varphi}{\partial\sigma_{ij}},\quad \dot{\lambda}\geqslant 0 \tag{4-72}$$

其中

$$\begin{aligned}&\dot{\lambda}>0,\ \text{当}\ \varphi=0,\ \text{且}\ \frac{\partial\varphi}{\partial\sigma_{ij}}\dot{\sigma}_{ij}=0\ \text{(卸载)}\\&\dot{\lambda}=0,\ \text{当}\ \varphi<0,\ \text{或}\ \varphi=0\ \text{但}\ \frac{\partial\varphi}{\partial\sigma_{ij}}\dot{\sigma}_{ij}<0\ \text{(卸载)}\end{aligned} \tag{4-73}$$

$\dot{\lambda}$ 不能为负值，否则 $\dot{\varepsilon}_{ij}^p$ 不能指向曲面之外。

由于屈服函数与平均应力无关，亦即与 σ_m 无关，因此有

$$\frac{\partial\varphi}{\partial\sigma_{ii}}=\frac{\partial\varphi}{\partial\sigma_{11}}+\frac{\partial\varphi}{\partial\sigma_{22}}+\frac{\partial\varphi}{\partial\sigma_{33}}=0$$

考虑到式(4-72)，由上式可得

$$\dot{\varepsilon}_{11}^p+\dot{\varepsilon}_{22}^p+\dot{\varepsilon}_{33}^p=\dot{\varepsilon}_{ii}^p=0 \tag{4-74}$$

上式表明，式(4-72)所包含的六个方程中只有五个是独立的。现设应力已知，待求的量有五个独立的塑性应变率分量和一个待定因子 $\dot{\lambda}$，因此，不能唯一确定塑性应变率的分量，只能确定各个分量间的比值，亦即可以确定塑性应变率 $\dot{\varepsilon}^p$ 的方向(正交于屈服曲面)，但不能确定其模。这是与“理想塑性”模型一致的。反之，如果给定 $\dot{\varepsilon}_{ij}^p$，则由五个独立方程的式(4-72)与屈服准则，可以确定六个应力分量。

下面确定待定因子 $\dot{\lambda}$，将式(4-72)两侧自乘，得到

$$\dot{\varepsilon}_{ij}^p \dot{\varepsilon}_{ij}^p = \dot{\lambda}^2 \frac{\partial \varphi}{\partial \sigma_{ij}} \frac{\partial \varphi}{\partial \sigma_{ij}}$$

由于 $\dot{\varepsilon}_{ij}^p$ 为二阶张量的分量，且有 $\dot{\varepsilon}_{ii}^p = 0$，所以 $\dot{\boldsymbol{\varepsilon}}^p$ 为二阶偏张量，定义：

$$\frac{1}{2} \dot{\varepsilon}_{ij}^p \dot{\varepsilon}_{ij}^p = \dot{J}_2'^p = \left(\frac{H}{2} \right)^2 \tag{4-75}$$

其中，$\dot{J}_2'^p$ 为塑性应变率偏张量的第二不变量；H 为塑性剪应变率强度。

由式(4-75)可求出

$$H = \sqrt{2 \dot{\varepsilon}_{ij}^p \dot{\varepsilon}_{ij}^p} = \sqrt{4 \dot{J}_2'^p}$$

于是

$$\dot{\lambda} = \left(\frac{2 \dot{J}_2'^p}{\frac{\partial \varphi}{\partial \sigma_{ij}} \frac{\partial \varphi}{\partial \sigma_{ij}}} \right)^{1/2} = \frac{H}{\sqrt{2 \frac{\partial \varphi}{\partial \sigma_{ij}} \frac{\partial \varphi}{\partial \sigma_{ij}}}} \tag{4-76}$$

以 σ_{ij} 乘以式(4-72)两侧，得

$$\sigma_{ij} \dot{\varepsilon}_{ij}^p = \dot{\lambda} \frac{\partial \varphi}{\partial \sigma_{ij}} \sigma_{ij} \tag{4-77}$$

又由式(4-59)可知

$$\sigma_{ij} \dot{\varepsilon}_{ij}^p = D$$

D 称为塑性比功率，因为这是单位体积内耗散的能量，所以又称为塑性耗散比功率或简称为耗散比功率，且恒为正值。前已说明，在加载过程中：

$$\varphi(\sigma_{ij}) = f(\sigma_{ij}) - k = 0$$

因此，当 $\dot{\lambda} > 0$ 时(塑性变化过程，即加载过程)，恒有

$$f(\sigma_{ij}) = k$$

由于 $f(\sigma_{ij})$ 为应力分量的齐次函数，设为 n 次齐次函数，则根据齐次函数的欧拉定理，有

$$\frac{\partial\varphi}{\partial\sigma_{ij}}\sigma_{ij}=\frac{\partial f(\sigma_{ij})}{\partial\sigma_{ij}}\sigma_{ij}=nf(\sigma_{ij})=nk \tag{4-78}$$

将 $D=\sigma_{ij}\dot{\varepsilon}_{ij}^{p}$ 与式(4-72)代入式(4-77)，可得

$$\dot{\lambda}=D/(nk) \tag{4-79}$$

比较式(4-76)和式(4-79)，得

$$D=\frac{nkH}{\left[2\dfrac{\partial f(\sigma_{ij})}{\partial\sigma_{ij}}\dfrac{\partial f(\sigma_{ij})}{\partial\sigma_{ij}}\right]^{1/2}} \tag{4-80}$$

再次说明，以上结果只适用于正则屈服函数或屈服函数的正则部分。

4.6.2 塑性位势理论及与米泽斯屈服准则相关联的流动法则

设材料服从米泽斯屈服准则，则屈服函数可写为

$$\varphi(\sigma_{ij})=J_2'-\tau_s^2=0,\quad \tau_s=\sigma_s/\sqrt{3} \tag{4-81}$$

因此，准则量为

$$\begin{gathered}f(\sigma_{ij})=J_2'=\frac{1}{2}\sigma_{ij}'\sigma_{ij}'\\ k=\tau_s^2\end{gathered} \tag{4-82}$$

因为 σ_{ij}' 为应力偏张量，故有

$$\mathrm{d}J_2'=\sigma_{ij}'\mathrm{d}\sigma_{ij}'=\sigma_{ij}'\mathrm{d}\sigma_{ij}$$

或

$$\frac{\mathrm{d}J_2'}{\mathrm{d}\sigma_{ij}}=\sigma_{ij}'$$

于是，对于米泽斯屈服准则有

$$\frac{\partial\varphi}{\partial\sigma_{ij}}=\frac{\partial f}{\partial\sigma_{ij}}=\frac{\partial J_2'}{\partial\sigma_{ij}}=\sigma_{ij}' \tag{4-83}$$

将以上有关式代入式(4-72)，可分别得到

$$\dot{\varepsilon}_{ij}^{p}=\dot{\lambda}\sigma_{ij}',\quad \dot{\lambda}\geqslant 0 \tag{4-84}$$

$$\dot{\lambda}=\frac{H}{2\tau_s}=\frac{D}{2\tau_s^2} \tag{4-85}$$

$$D=\tau_s H \tag{4-86}$$

式(4-84)又可展开为

$$\begin{aligned}
&\dot{\varepsilon}_{11}^p=\dot{\lambda}\sigma_{11}'=\frac{1}{3}\dot{\lambda}(2\sigma_{11}-\sigma_{22}-\sigma_{33})\\
&\dot{\varepsilon}_{22}^p=\dot{\lambda}\sigma_{22}'=\frac{1}{3}\dot{\lambda}(2\sigma_{22}-\sigma_{33}-\sigma_{11})\\
&\dot{\varepsilon}_{33}^p=\dot{\lambda}\sigma_{33}'=\frac{1}{3}\dot{\lambda}(2\sigma_{33}-\sigma_{11}-\sigma_{22})\\
&\dot{\varepsilon}_{12}^p=\dot{\varepsilon}_{21}^p=\frac{1}{2}\dot{\gamma}_{12}^p=\dot{\lambda}\tau_{12}\\
&\dot{\varepsilon}_{23}^p=\dot{\varepsilon}_{32}^p=\frac{1}{2}\dot{\gamma}_{23}^p=\dot{\lambda}\tau_{23}\\
&\dot{\varepsilon}_{31}^p=\dot{\varepsilon}_{13}^p=\frac{1}{2}\dot{\gamma}_{31}^p=\dot{\lambda}\tau_{31}
\end{aligned} \tag{4-87}$$

式(4-87)是圣维南(Saint-Venant)和莱维(Levy)最早提出来的塑性变形规律，后来米泽斯独立地提出了类似的变形规律以及米泽斯屈服准则。因此式(4-87)常称为莱维-米泽斯关系式。当然，当时该关系式并不是从德鲁克公设导出来的，也没有将塑性变形规律与屈服条件联系起来。

1928 年，米泽斯提出了塑性位势理论，他认为存在一个塑性势函ψ，塑性应变率可由塑性势函导出，即

$$\dot{\varepsilon}_{ij}^p=\dot{\lambda}\frac{\partial\psi}{\partial\sigma_{ij}} \tag{4-88}$$

这种将塑性应变规律写成势函形式的理论，称为塑性位势理论。米泽斯提出这个理论时纯粹是类比于弹性势能的做法，并没指明塑性势函如何选取。在有了德鲁克公设及由其引出的正交性法则后，则可看到，屈服函数可作为一种塑性势函，因此塑性本构方程(4-72)可看成是塑性位势理论的一种形式，即以屈服函数作为塑性势函$\psi=\varphi$。由于这时的塑性位势理论与屈服准则相关联，因此，将式(4-72)称为与屈服准则相关联的流动法则，例如，式(4-86)为与米泽斯屈服准则相关联的流动法则；而当$\psi\neq\varphi$时，则称为非相关联的流动法则。前者适用于符合德鲁克公设的稳定性材料，后者可应用于岩土材料和某些复合材料。

最后，提出如下值得注意的几点。

(1)式(4-87)表示的本构方程是$\dot{\varepsilon}_{ij}^p$的齐次函数，或者说应力偏量$\dot{\sigma}_{ij}^p$是塑性应变率的零次齐次函数(因为$\dot{\lambda}$为$\dot{\varepsilon}_{ij}^p$的一次齐次函数)，所以是与时间无关的，即时间的尺度改变

将导致应变率的值改变，但不会影响应力的值，这反映了材料的非黏性性质。因此，在表达式中“变率”和“增量”可以互换。

(2) 符合德鲁克公设的稳定材料的塑性本构方程均与屈服准则相关联。

(3) 由式(4-84)与式(4-85)可得

$$
\begin{aligned}
\dot{\varepsilon}_{ij}^{p} &= \frac{H}{2\tau_s}\sigma'_{ij} \\
\sigma'_{ij} &= \frac{2\tau_s}{H}\dot{\varepsilon}_{ij}^{p} \\
H &= \sqrt{2}(\dot{\varepsilon}_{ij}^{p}\dot{\varepsilon}_{ij}^{p})^{1/2}
\end{aligned}
\tag{4-89}
$$

式(4-89)表明，给定 $\dot{\varepsilon}_{ij}^{p}$，可以唯一确定 σ'_{ij}；但若给定 σ'_{ij}，则一般不能完全确定 $\dot{\varepsilon}_{ij}^{p}$，只能确定 $\dot{\varepsilon}_{ij}^{p}$ 各分量之间的比值，或只能确定塑性应变率矢 $\dot{\boldsymbol{\varepsilon}}^{p}$ 的方向。习惯上将各分量间比值给定的 $\dot{\varepsilon}_{ij}^{p}$（或 $\mathrm{d}\varepsilon_{ij}^{p}$）称为塑性机构。因此，塑性机构与应力偏张量单值对应。在平面问题中，有一个正应力为零(平面应力问题)或不独立(平面应变问题)，所以应力张量与塑性机构单值对应。

(4) 式(4-89)亦可写为

$$
\frac{\dot{\varepsilon}_{11}^{p}}{\sigma'_{11}} = \frac{\dot{\varepsilon}_{22}^{p}}{\sigma'_{22}} = \frac{\dot{\varepsilon}_{33}^{p}}{\sigma'_{33}} = \frac{\dot{\gamma}_{23}^{p}}{2\tau_{23}} = \frac{\dot{\gamma}_{31}^{p}}{2\tau_{31}} = \frac{\dot{\gamma}_{12}^{p}}{2\tau_{12}} \tag{4-90}
$$

或

$$
\frac{\dot{\varepsilon}_{11}^{p} - \dot{\varepsilon}_{22}^{p}}{\sigma_{11} - \sigma_{22}} = \frac{\dot{\varepsilon}_{22}^{p} - \dot{\varepsilon}_{33}^{p}}{\sigma_{22} - \sigma_{33}} = \frac{\dot{\varepsilon}_{33}^{p} - \dot{\varepsilon}_{11}^{p}}{\sigma_{33} - \sigma_{11}} = \frac{\dot{\gamma}_{23}^{p}}{2\tau_{23}} = \frac{\dot{\gamma}_{31}^{p}}{2\tau_{31}} = \frac{\dot{\gamma}_{12}^{p}}{2\tau_{12}} \tag{4-91}
$$

由式(4-90)和式(4-91)可以得到五个独立的关系式，它们等价于：应力张量的主方向与塑性应变率张量的主方向重合；应力圆与塑性应变率圆相似，即有

$$
\mu_{\sigma} = \mu_{\dot{\varepsilon}^{p}}
$$

其中

$$
\mu_{\sigma} = 2\frac{\sigma_2 - \sigma_3}{\sigma_1 - \sigma_3} - 1, \quad \sigma_1 \geqslant \sigma_2 \geqslant \sigma_3
$$

$$
\mu_{\dot{\varepsilon}^{p}} = 2\frac{\dot{\varepsilon}_2^{p} - \dot{\varepsilon}_3^{p}}{\dot{\varepsilon}_1^{p} - \dot{\varepsilon}_3^{p}} - 1, \quad \dot{\varepsilon}_1^{p} \geqslant \dot{\varepsilon}_2^{p} \geqslant \dot{\varepsilon}_3^{p}
$$

σ_i 和 $\dot{\varepsilon}_i^{p}$ 分别表示两个张量的主值。

莱维和米泽斯在提出自己的塑性变形规律时，是将式(4-87)中的塑性应变率看成总应变率，所以它们的关系式只适用于刚性理想塑性材料。

后来，普朗特(Prandtl)和罗伊斯(Reuss)在式(4-89)中加入了弹性应变，提出了弹性

理想塑性材料的本构方程：

$$\dot{\varepsilon}'_{ij} = \frac{1}{2G}\dot{\sigma}'_{ij} + \dot{\lambda}\sigma'_{ij} \tag{4-92}$$

将 $\dot{\lambda} = D/(2\tau_s^2)$ 代入，得

$$\dot{\varepsilon}'_{ij} = \frac{1}{2G}\dot{\sigma}'_{ij} + \frac{D}{2\tau_s^2}\sigma'_{ij} \tag{4-93}$$

及

$$\dot{\sigma}_0 = K\dot{\theta} \tag{4-94}$$

以上式中已引用广义胡克(率型)定律 $\dot{\varepsilon}'_{ij} = \frac{1}{2G}\dot{\sigma}'_{ij}$ 及体积弹性定律(率型)，$\dot{\varepsilon}'_{ij}$ 为应变率偏张量。式(4-93)称为普朗特-罗伊斯关系式。显然，式(4-93)和式(4-94)都是有关力学量的变率，如 $\dot{\sigma}_0$、$\dot{\sigma}'_{ij}$、$\dot{\varepsilon}^p_{ij}$、$\dot{\varepsilon}'_{ij}$ 等的一次齐次函数，因此是与时间无关的，这与塑性行为是非黏性的假设一致。

例 4-3　设薄壁圆筒受到轴向拉伸和扭转作用，圆筒的材料服从米泽斯屈服准则，是弹性理想塑性的，而且不可压缩(即 $\mu = 1/2$，$E = 3G$)。试讨论下列两种加载方式：

(1)先扭后拉；

(2)先拉后扭。

取本构关系(普朗特-罗伊斯关系)为

$$\begin{aligned} \mathrm{d}\varepsilon_z &= \frac{\mathrm{d}\sigma_z}{E} + \mathrm{d}\lambda\sigma'_z = \frac{\mathrm{d}\sigma_z}{E} + \frac{2}{3}\mathrm{d}\lambda\sigma_z \\ \mathrm{d}\gamma_{\varphi z} &= \frac{\mathrm{d}\tau_{\varphi z}}{G} + 2\mathrm{d}\lambda\tau_{\varphi z} \end{aligned} \tag{a}$$

引入无量纲量：

$$\sigma = \frac{\sigma_z}{\sigma_s},\quad \tau = \frac{\tau_{\varphi z}}{\tau_s},\quad \varepsilon = \frac{\varepsilon_z}{\varepsilon_s},\quad \gamma = \frac{\gamma_{\varphi z}}{\gamma_s} \tag{b}$$

将本构关系(a)用无量纲量表示为

$$\begin{aligned} \mathrm{d}\varepsilon &= \mathrm{d}\sigma + 2G\mathrm{d}\lambda\sigma \\ \mathrm{d}\gamma &= \mathrm{d}\tau + 2G\mathrm{d}\lambda\tau \end{aligned}$$

由以上两式消去 $\mathrm{d}\lambda$，得

$$\frac{\mathrm{d}\varepsilon - \mathrm{d}\sigma}{\mathrm{d}\gamma - \mathrm{d}\tau} = \frac{\sigma}{\tau} \tag{c}$$

由米泽斯屈服准则：

$$\sigma^2+\tau^2=1 \tag{d}$$

将式(d)等号两边同时微分，得

$$\sigma\mathrm{d}\sigma+\tau\mathrm{d}\tau=0$$

将上式同时除以σ^2或τ^2，分别得

$$\frac{\sigma\mathrm{d}\sigma}{\sigma^2}+\frac{\tau\mathrm{d}\tau}{\sigma^2}=0$$

$$\frac{\sigma\mathrm{d}\sigma}{\tau^2}+\frac{\tau\mathrm{d}\tau}{\tau^2}=0$$

由式(d)可知，$\sigma^2=1-\tau^2$或$\tau^2=1-\sigma^2$，代入以上两式可得

$$\frac{\mathrm{d}\sigma}{\sigma}+\frac{\tau\mathrm{d}\tau}{1-\tau^2}=0 \tag{e}$$

$$\frac{\mathrm{d}\tau}{\tau}+\frac{\sigma\mathrm{d}\sigma}{1-\sigma^2}=0 \tag{f}$$

若设$\varepsilon=$常数，$\mathrm{d}\varepsilon=0$，于是由式(c)和式(e)可得

$$\frac{-\mathrm{d}\sigma}{\sigma}=\frac{\tau\mathrm{d}\tau}{1-\tau^2}=\frac{\mathrm{d}\gamma-\mathrm{d}\tau}{\tau}$$

或

$$\mathrm{d}\gamma=\frac{\mathrm{d}\tau}{1-\tau^2}$$

又若此处应变路径的起始值为γ_0、τ_0，则积分上式后得

$$\gamma-\gamma_0=\frac{1}{2}\ln\frac{S}{S_0}$$

$$S=\frac{1+\tau}{1-\tau},\quad S_0=\frac{1+\tau_0}{1-\tau_0} \tag{g}$$

若设$\gamma=$常数，$\mathrm{d}\gamma=0$，由式(c)和式(f)得

$$\mathrm{d}\varepsilon=\frac{\mathrm{d}\sigma}{1-\sigma^2}$$

又若此处应变路径的起始值为ε_0、σ_0，积分上式后得

$$\varepsilon-\varepsilon_0=\frac{1}{2}\ln\frac{T}{T_0}$$

$$T=\frac{1+\sigma}{1-\sigma},\quad T_0=\frac{1+\sigma_0}{1-\sigma_0} \tag{h}$$

应用式(g)及式(h)，在已知起始条件之后，即可跟踪加载方式，计算最后的应力值。

4.6.3　广义塑性位势理论及与特雷斯卡屈服准则相关联的流动法则

如果屈服函数 φ 不是处处正则，它由若干个正则函数构成，如特雷斯卡屈服函数，则在屈服面上有“尖点”，在“尖点”处曲面不光滑，外法线不唯一。如何在“尖点”处应用正交性法则建立塑性变形规律，是一个必须解决的问题。1953 年，科伊特(Koiter)提出了广义(与屈服准则相关联的)塑性位势理论。这个理论认为，如果应力点位于若干个正则曲面 $\varphi_\alpha = 0\ (\alpha = 1,2,\cdots)$ 的相交处(简称为“尖点”处)，则塑性应变率为

$$\dot{\varepsilon}_{ij}^p = \sum_\alpha \dot{\lambda}_\alpha \frac{\partial \varphi_\alpha}{\partial \sigma_{ij}}$$

当应力点位于 $\varphi_\alpha = 0$ 上且不离开它时，则 $\dot{\lambda}_\alpha > 0$；如果应力点原来在 $\varphi_\alpha = 0$ 上，但经历卸载过程，则 $\dot{\lambda}_\alpha = 0$。如果一个应力点位于一个曲面 $\varphi_k = 0$ 上，因为它是正则曲面，则有唯一的外法线：

$$\dot{\varepsilon}_{ij}^p = \dot{\lambda}_k \frac{\partial \varphi_k}{\partial \sigma_{ij}}\ (\text{对}\ k\ \text{不求和}) \tag{4-95}$$

下面以特雷斯卡屈服函数为例，具体说明广义塑性位势理论。特雷斯卡屈服函数由下列六个函数构成(图 4-20)：

$$\begin{aligned}
\varphi_1 &= \sigma_1 - \sigma_2 - \sigma_s = 0 \\
\varphi_2 &= -\sigma_2 + \sigma_3 - \sigma_s = 0 \\
\varphi_3 &= \sigma_3 - \sigma_1 - \sigma_s = 0 \\
\varphi_4 &= -\sigma_1 + \sigma_2 - \sigma_s = 0 \\
\varphi_5 &= \sigma_2 - \sigma_3 - \sigma_s = 0 \\
\varphi_6 &= -\sigma_3 + \sigma_1 - \sigma_s = 0
\end{aligned} \tag{4-96}$$

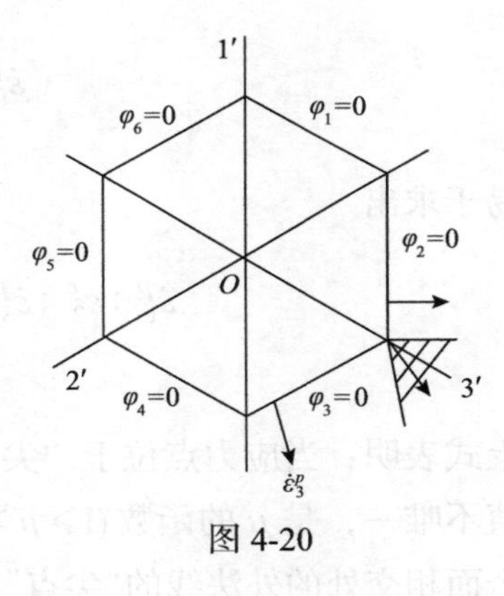

图 4-20

设应力点位于 $\varphi_2 = 0$ 上，且 $\dot{\varphi}_2 = 0$ 及 $\varphi_i < 0\ (i = 1,3,4,5,6)$。于是流动法则为

$$\dot{\varepsilon}_1^{p_2} = \dot{\lambda}_2 \frac{\partial \varphi_2}{\partial \sigma_1} = 0$$

$$\dot{\varepsilon}_2^{p_2} = \dot{\lambda}_2 \frac{\partial \varphi_2}{\partial \sigma_2} = -\dot{\lambda}_2$$

$$\dot{\varepsilon}_3^{p_2} = \dot{\lambda}_2 \frac{\partial \varphi_2}{\partial \sigma_3} = \dot{\lambda}_2$$

$$\dot{\varepsilon}_1^{p_2} : \dot{\varepsilon}_2^{p_2} : \dot{\varepsilon}_3^{p_2} = 0 : -1 : 1$$

设应力点位于 $\varphi_3 = 0$ 上，且 $\dot{\varphi}_3 = 0$ 及 $\varphi_i < 0\ (i = 1,2,4,5,6)$，则有

$$\dot{\varepsilon}_1^{p_3} = \dot{\lambda}_3 \frac{\partial \varphi_3}{\partial \sigma_1} = -\dot{\lambda}_3$$

$$\dot{\varepsilon}_2^{p_3} = \dot{\lambda}_3 \frac{\partial \varphi_3}{\partial \sigma_2} = 0$$

$$\dot{\varepsilon}_3^{p_3} = \dot{\lambda}_3 \frac{\partial \varphi_3}{\partial \sigma_3} = \dot{\lambda}_3$$

$$\dot{\varepsilon}_1^{p_3} : \dot{\varepsilon}_2^{p_3} : \dot{\varepsilon}_3^{p_3} = -1 : 0 : 1$$

如果应力点位于 $\varphi_2 = 0$ 及 $\varphi_3 = 0$ 的"尖点"上，且 $\varphi_i < 0\ (i = 1,4,5,6)$ 及 $\dot{\varphi}_2 = 0$，$\dot{\varphi}_3 = 0$，此时有

$$\varphi_2 = -\sigma_2 + \sigma_3 - \sigma_s = \varphi_3 = \sigma_3 - \sigma_1 - \sigma_s = 0$$

即

$$\sigma_1 = \sigma_2$$

按广义位势理论有

$$\dot{\varepsilon}_i^p = \dot{\lambda}_2 \frac{\partial \varphi_2}{\partial \sigma_i} + \dot{\lambda}_3 \frac{\partial \varphi_3}{\partial \sigma_i}, \quad i = 1,2,3$$

易于求出

$$\dot{\varepsilon}_1^p : \dot{\varepsilon}_2^p : \dot{\varepsilon}_3^p = -\dot{\lambda}_3 : -\dot{\lambda}_2 : (\dot{\lambda}_2 + \dot{\lambda}_3) = -\mu : -(1-\mu) : 1$$

$$\mu = \dot{\lambda}_3 / (\dot{\lambda}_2 + \dot{\lambda}_3)$$

上式表明：当应力点位于"尖点"上且不离开"尖点"时，塑性应变率各分量之间的比值不唯一，是 μ 的函数 $(1 \geqslant \mu \geqslant 0)$，亦即矢量 $\dot{\boldsymbol{\varepsilon}}^p$ 的方向不唯一，但在 $\varphi_2 = 0$ 及 $\varphi_3 = 0$ 两个面相交处的外法线的"尖点"内，且当 $\mu = 0$ 时，$\dot{\varepsilon}_i^p = \dot{\varepsilon}_i^{p_2}$；当 $\mu = 1$ 时，$\dot{\varepsilon}_i^p = \dot{\varepsilon}_i^{p_3}\ (i = 1,2,3)$。三种情况的塑性应变率 $\dot{\boldsymbol{\varepsilon}}^p$ 示于图 4-20。实际上，当应力点位于 $\varphi_\alpha = 0\ (\alpha = 1,2,\cdots,k)$ 诸曲面的相交处时，按照广义塑性位势理论：

$$\dot{\varepsilon}_{ij}^p = \sum_\alpha \dot{\lambda}_\alpha \frac{\partial \varphi_\alpha}{\partial \sigma_{ij}}$$

注意到 $\dfrac{\partial \varphi_\alpha}{\partial \sigma_{ij}}$ 与 $\varphi_\alpha = 0$ 在"尖点"处的外法线 $\boldsymbol{n}_\alpha$ 平行且同向，因此上式可写为

$$\begin{aligned} &\dot{\boldsymbol{\varepsilon}}^p = a_1 \boldsymbol{n}_1 + a_2 \boldsymbol{n}_2 + \cdots + a_k \boldsymbol{n}_k \\ &a_\alpha > 0, \quad \alpha = 1,2,\cdots,k \end{aligned} \tag{4-97}$$

式(4-97)表明，塑性应变率 $\dot{\boldsymbol{\varepsilon}}^p$ 位于 $\boldsymbol{n}_\alpha\,(\alpha=1,2,\cdots,k)$ 所界的“锥形”之内，称为应变锥。顺便指出，由于 $\dot{\varepsilon}_{ii}^p=0$，因此 $\dot{\boldsymbol{\varepsilon}}^p$ 恒位于 π 平面上。

以上分析表明：对于特雷斯卡屈服准则，当应力点位于一个平面之上时，$\dot{\boldsymbol{\varepsilon}}^p$ 与该平面正交，方向是唯一的，即塑性机构是唯一的，但应力点可在该平面上变化，即应力状态不唯一；反之，当应力点位于两个平面的交线上时，应力偏张量唯一(在 π 平面屈服迹线的角点上)，但 $\dot{\boldsymbol{\varepsilon}}^p$ 的方向不唯一。然而可以证明，在任何情况下，塑性比功率唯一确定于塑性应变率。以上面所述三种情况为例，当应力点在 $\varphi_2=0$ 上时，$-\sigma_2+\sigma_3=\sigma_s$，则

$$D=\sigma_i\dot{\varepsilon}_i^{p_2}=-\dot{\lambda}_2\sigma_2+\dot{\lambda}_2\sigma_3=\dot{\lambda}_2(-\sigma_2+\sigma_3)=\dot{\lambda}_2\sigma_s=\sigma_s\,|\dot{\varepsilon}_i^{p_2}|_{\max}$$

当应力点在 $\varphi_3=0$ 时，$\sigma_3-\sigma_1=\sigma_s$，则

$$D=\sigma_i\dot{\varepsilon}_i^{p_3}=-\dot{\lambda}_3\sigma_1+\dot{\lambda}_3\sigma_3=\dot{\lambda}_3(-\sigma_1+\sigma_3)=\dot{\lambda}_3\sigma_s=\sigma_s\,|\dot{\varepsilon}_i^{p_3}|_{\max}$$

当应力点在 $\varphi_2=0$ 和 $\varphi_3=0$ 的交线上时，$\sigma_1=\sigma_2$，$-\sigma_2+\sigma_3=\sigma_s$，则

$$\begin{aligned}D&=\sigma_i\dot{\varepsilon}_i^p=-\dot{\lambda}_3\sigma_1-\dot{\lambda}_2\sigma_2+(\dot{\lambda}_2+\dot{\lambda}_3)\sigma_3\\&=-\sigma_2(\dot{\lambda}_2+\dot{\lambda}_3)+\sigma_3(\dot{\lambda}_2+\dot{\lambda}_3)=(\dot{\lambda}_2+\dot{\lambda}_3)(-\sigma_2+\sigma_3)\\&=\sigma_s\,|\dot{\varepsilon}_i^p|_{\max}\end{aligned}$$

因此在三种情况下，均有

$$D=\sigma_s\,|\dot{\varepsilon}_i^p|_{\max}$$

考虑到 $\dot{\varepsilon}_1^p+\dot{\varepsilon}_2^p+\dot{\varepsilon}_3^p=0$，因此 $|\dot{\varepsilon}_i^p|_{\max}=\dfrac{1}{2}(|\dot{\varepsilon}_1^p|+|\dot{\varepsilon}_2^p|+|\dot{\varepsilon}_3^p|)$，于是上式又可写为

$$D=\sigma_s\,|\dot{\varepsilon}_i^p|_{\max}=\frac{1}{2}\sigma_s(|\dot{\varepsilon}_1^p|+|\dot{\varepsilon}_2^p|+|\dot{\varepsilon}_3^p|) \tag{4-98}$$

4.7　强化塑性材料的增量型本构关系

德鲁克公设导出的屈服曲面外凸性及正交性法则，既应用于初始屈服曲面，又适用于相继屈服曲面(强化曲面)。根据正交性法则，塑性变形规律仍可写为

$$\dot{\varepsilon}_{ij}^p=\dot{\lambda}\frac{\partial\varphi}{\partial\sigma_{ij}},\quad \dot{\lambda}\geqslant 0 \tag{4-99}$$

设式中 $\varphi(\sigma_{ij},H_\alpha)=0$ 为正则的强化函数，$H_\alpha\,(\alpha=1,2,\cdots,n)$ 为反映加载历史的参量，且

$$
\begin{aligned}
&\dot{\lambda} > 0, \ \text{当}\varphi = 0\text{且}\frac{\partial \varphi}{\partial \sigma_{kl}}\dot{\sigma}_{kl} > 0 \\
&\dot{\lambda} = 0, \ \text{当}\varphi < 0\text{或}\varphi = 0, \text{但}\frac{\partial \varphi}{\partial \sigma_{kl}}\dot{\sigma}_{kl} \leqslant 0
\end{aligned} \tag{4-100}
$$

根据式(4-100)，可令

$$
\dot{\lambda} = h\frac{\partial \varphi}{\partial \sigma_{kl}}\dot{\sigma}_{kl}, \ \ \lambda \geqslant 0, \ h > 0
$$

其中，h是一个标量函数，称为强化模量。于是式(4-99)可写为

$$
\dot{\varepsilon}_{ij}^{p} = h\left\langle \frac{\partial \varphi}{\partial \sigma_{kl}}\dot{\sigma}_{kl}\right\rangle \frac{\partial \varphi}{\partial \sigma_{ij}}, \quad h > 0 \tag{4-101}
$$

其中，符号$\langle \cdot \rangle$定义为

$$
\langle A \rangle = \begin{cases} A, & A > 0 \\ 0, & A \leqslant 0 \end{cases} \tag{4-102}
$$

现取

$$
\varphi(\sigma_{ij}, H_{\alpha}) = \varphi(\sigma_{ij}, \dot{\varepsilon}_{ij}^{p}, q)
$$

于是，当$\varphi = 0$及

$$
\dot{\varphi} = \frac{\partial \varphi}{\partial \sigma_{ij}}\dot{\sigma}_{ij} + \frac{\partial \varphi}{\partial \varepsilon_{ij}^{p}}\dot{\varepsilon}_{ij}^{p} + \frac{\partial \varphi}{\partial q}\dot{q} = 0 \tag{4-103}
$$

当材料经历加载过程时，有

$$
\frac{\partial \varphi}{\partial \sigma_{ij}}\dot{\sigma}_{ij} > 0 \tag{4-104}
$$

设$q = W^{p} = \int \sigma_{ij}\dot{\varepsilon}_{ij}^{p}\mathrm{d}t$，则$\dot{q} = \sigma_{ij}\dot{\varepsilon}_{ij}^{p} = D$，于是由一致性方程(4-103)，且应用式(4-101)，得

$$
\begin{aligned}
\dot{\varphi} &= \frac{\partial \varphi}{\partial \sigma_{ij}}\dot{\sigma}_{ij} + \frac{\partial \varphi}{\partial \varepsilon_{ij}^{p}}\dot{\varepsilon}_{ij}^{p} + \frac{\partial \varphi}{\partial W^{p}}\sigma_{ij}\dot{\varepsilon}_{ij}^{p} \\
&= \frac{\partial \varphi}{\partial \sigma_{ij}}\dot{\sigma}_{ij} + \left(\frac{\partial \varphi}{\partial \varepsilon_{ij}^{p}} + \frac{\partial \varphi}{\partial W^{p}}\sigma_{ij}\right)h\frac{\partial \varphi}{\partial \sigma_{kl}}\dot{\sigma}_{kl}\frac{\partial \varphi}{\partial \sigma_{ij}} = 0
\end{aligned}
$$

由上式可求出

$$h=\frac{-1}{\left(\frac{\partial\varphi}{\partial\varepsilon_{ij}^{p}}+\frac{\partial\varphi}{\partial W^{p}}\sigma_{ij}\right)\frac{\partial\varphi}{\partial\sigma_{ij}}}>0 \tag{4-105}$$

式(4-105)要求:

$$\left(\frac{\partial\varphi}{\partial\varepsilon_{ij}^{p}}+\frac{\partial\varphi}{\partial W^{p}}\sigma_{ij}\right)\frac{\partial\varphi}{\partial\sigma_{ij}}<0 \tag{4-106}$$

式(4-106)是对加载函数的限制性条件。由式(4-105)可见

$$h=h(\sigma_{ij},\varepsilon_{ij}^{p},W^{p}) \tag{4-107}$$

在加载过程中，式(4-101)为

$$\dot{\varepsilon}_{ij}^{p}=h\frac{\partial\varphi}{\partial\sigma_{kl}}\dot{\sigma}_{kl}\frac{\partial\varphi}{\partial\sigma_{ij}} \tag{4-108}$$

将式(4-108)两侧自乘，且注意到式(4-75)所定义的:

$$\dot{J}_{2}^{\prime p}=\frac{1}{2}\dot{\varepsilon}_{ij}^{p}\dot{\varepsilon}_{ij}^{p}=\left(\frac{H}{2}\right)^{2}$$

于是可得h的另一表达形式:

$$h=\frac{\sqrt{2\dot{J}_{2}^{\prime p}}}{\left(\frac{\partial\varphi}{\partial\sigma_{kl}}\dot{\sigma}_{kl}\right)\left(\frac{\partial\varphi}{\partial\sigma_{ij}}\frac{\partial\varphi}{\partial\sigma_{ij}}\right)^{\frac{1}{2}}} \tag{4-109}$$

将式(4-105)与式(4-109)分别代入式(4-108)，得

$$\dot{\varepsilon}_{ij}^{p}=-\frac{\frac{\partial\varphi}{\partial\sigma_{kl}}\dot{\sigma}_{kl}}{\left(\frac{\partial\varphi}{\partial\varepsilon_{mn}^{p}}+\frac{\partial\varphi}{\partial W^{p}}\sigma_{mn}\right)\frac{\partial\varphi}{\partial\sigma_{mn}}}\frac{\partial\varphi}{\partial\sigma_{ij}} \tag{4-110}$$

$$\dot{\varepsilon}_{ij}^{p}=\frac{\sqrt{2\dot{J}_{2}^{\prime p}}}{\left(\frac{\partial\varphi}{\partial\sigma_{mn}}\frac{\partial\varphi}{\partial\sigma_{mn}}\right)^{\frac{1}{2}}}\frac{\partial\varphi}{\partial\sigma_{ij}} \tag{4-111}$$

式(4-110)和式(4-111)表明，强化材料的本构关系是$\dot{\varepsilon}_{ij}^{p}$和$\dot{\sigma}_{ij}$的一次齐次函数，它们与时间

无关，反映了塑性材料的非黏性性质。因此，某力学量的变率与其增量是可以互换的。

由式(4-110)可见，强化材料的本构方程可写为

$$\dot{\varepsilon}_{ij}^{p} = A_{ijkl}^{p}\dot{\sigma}_{kl} \tag{4-112}$$

其中，A_{ijkl}^{p} 为 σ_{ij}、ε_{ij}^{p}、W^{p} 的现时值的函数。

因此，上述形式的增量理论称为线性增量理论。注意到 $\sqrt{2\dot{J}_2'^{p}} = \sqrt{\dot{\varepsilon}_{ij}^{p}\dot{\varepsilon}_{ij}^{p}} = |\dot{\boldsymbol{\varepsilon}}^{p}|$，即是塑性应变率矢的模，而 $\left(\dfrac{\partial\varphi}{\partial\sigma_{mn}}\dfrac{\partial\varphi}{\partial\sigma_{mn}}\right)^{\frac{1}{2}}$ 为 φ 在应力空间中梯度矢的模 $|\mathrm{grad}\varphi|$，因此，式(4-111)可另写为

$$\frac{\dot{\boldsymbol{\varepsilon}}^{p}}{|\dot{\boldsymbol{\varepsilon}}^{p}|} = \frac{\mathrm{grad}\varphi}{|\mathrm{grad}\varphi|}$$

上式正是正交性法则的必然结果，或其表述。由式(4-110)与式(4-111)，可得

$$\left|\dot{\boldsymbol{\varepsilon}}^{p}\right| = \sqrt{2\dot{J}_2'^{p}} = \frac{|\mathrm{grad}\varphi|}{\left(\dfrac{\partial\varphi}{\partial\varepsilon_{mn}^{p}} + \dfrac{\partial\varphi}{\partial W^{p}}\sigma_{mn}\right)\dfrac{\partial\varphi}{\partial\sigma_{mn}}}\left(\frac{\partial\varphi}{\partial\sigma_{kl}}\dot{\sigma}_{kl}\right) \tag{4-113}$$

如果屈服函数不是处处正则的，则根据广义塑性位势理论，塑性本构方程为

$$\dot{\varepsilon}_{ij}^{p} = \sum_{\alpha}\lambda_{\alpha}h_{\alpha}\frac{\partial\varphi_{\alpha}}{\partial\sigma_{kl}}\frac{\partial\varphi_{\alpha}}{\partial\sigma_{ij}}\dot{\sigma}_{kl} \tag{4-114}$$

$$\begin{aligned}&\text{当}\,\varphi_{\alpha} < 0\ \text{或}\ \varphi_{\alpha} = 0,\ \text{但}\,\frac{\partial\varphi_{\alpha}}{\partial\sigma_{kl}}\dot{\sigma}_{kl} \leqslant 0\,\text{时},\ \ \dot{\lambda}_{\alpha} = 0\\ &\text{当}\,\varphi_{\alpha} = 0\ \text{且}\,\frac{\partial\varphi_{\alpha}}{\partial\sigma_{kl}}\dot{\sigma}_{kl} > 0\,\text{时},\ \ \dot{\lambda}_{\alpha} > 0\end{aligned} \tag{4-115}$$

或者写为

$$\dot{\varepsilon}_{ij}^{p} = \sum_{\alpha}\lambda_{\alpha}h_{\alpha}\left\langle\frac{\partial\varphi_{\alpha}}{\partial\sigma_{kl}}\dot{\sigma}_{kl}\right\rangle\frac{\partial\varphi_{\alpha}}{\partial\sigma_{ij}},\ \ h_{\alpha} > 0 \tag{4-116}$$

以上式中 $\sum\limits_{\alpha}$ 表示对 α 求和(此处不采用求和约定)。可以证明，对于各向同性强化材料，为了使塑性比功率 D 具有唯一的确定值，应令

$$\sum_{\alpha}\lambda_{\alpha} = 1 \tag{4-117}$$

现以各向同性强化且服从米泽斯屈服准则的材料为例，予以说明。此时，加载函数为

$$\varphi(\sigma_{ij},H_\alpha)=f(\sigma_{ij})-F(W^p)=0\,,\ f(\sigma_{ij})=J_2 \tag{4-118}$$

于是

$$\begin{aligned}&\frac{\partial\varphi}{\partial\sigma_{ij}}=\frac{\partial f}{\partial\sigma_{ij}}=\frac{\partial J_2}{\partial\sigma_{ij}}=\sigma'_{ij}\\&\frac{\partial\varphi}{\partial\dot{\varepsilon}_{ij}^p}=0\\&\frac{\partial\varphi}{\partial W^p}=-F'(W^p)\end{aligned} \tag{4-119}$$

将式(4-119)代入不等式(4-106)中，得

$$-F'\sigma_{ij}\sigma'_{ij}<0$$

由于$\sigma_{ij}\sigma'_{ij}=\sigma'_{ij}\sigma'_{ij}>0$，因此，由上式可得

$$F'=\frac{\mathrm{d}F}{\mathrm{d}W^p}>0 \tag{4-120}$$

即$F(W^p)$必须是单调递增函数，亦即表明在塑性变形过程中，屈服曲面几何相似地扩大，且只胀不缩。

再将式(4-119)代入式(4-110)，得

$$\dot{\varepsilon}_{ij}^p=\frac{\sigma'_{kl}\dot{\sigma}_{kl}}{F'\sigma_{mn}\sigma'_{mn}}\sigma'_{ij} \tag{4-121}$$

注意到：$\sigma'_{kl}\dot{\sigma}_{kl}=\sigma'_{kl}\dot{\sigma}'_{kl}=\dot{J}_2$，$\sigma_{mn}\sigma'_{mn}=\sigma'_{mn}\sigma'_{mn}=2J_2$，且在加载过程中，有

$$J_2=F(W^p),\quad \dot{J}_2=\dot{F}(W^p)=F'D$$

将以上代入式(4-121)，最后得到

$$\dot{\varepsilon}_{ij}^p=\frac{D}{2F(W^p)}\sigma'_{ij}=\frac{\dot{J}_2}{2FJ_2}\sigma'_{ij}=\frac{1}{F'}(\ln\sqrt{J_2})^\circ\sigma'_{ij} \tag{4-122}$$

式中，$(\cdot)^\circ$ 表示对时间的导数，函数F的具体形式可由轴向拉伸试验确定。

4.8　全量型本构关系

以上介绍的塑性本构方程是以增量形式来表述的，称为增量理论或流动理论。本节将介绍用应力和应变的全量(即现时值)来表述的本构方程，称为全量理论或形变理论。

从本质上说塑性本构方程应该是增量型的，但在特殊加载条件下，可以建立塑性本

构方程的全量理论。本节中主要介绍伊柳辛(Ильюшин)微小弹塑性变形理论，简称为伊柳辛理论。

4.8.1 基本公式

在 2.3 节、2.4 节和 2.8 节中已得到如下的公式：

$$T^2 = J_2 = \frac{1}{2}\sigma'_{ij}\sigma'_{ij} = \frac{1}{6}[(\sigma_1-\sigma_2)^2+(\sigma_2-\sigma_3)^2+(\sigma_3-\sigma_1)^2] \tag{4-123}$$

$$\left(\frac{1}{2}\Gamma\right)^2 = J'_2 = \frac{1}{2}\varepsilon'_{ij}\varepsilon'_{ij} = \frac{1}{6}[(\varepsilon_1-\varepsilon_2)^2+(\varepsilon_2-\varepsilon_3)^2+(\varepsilon_3-\varepsilon_1)^2] \tag{4-124}$$

$$\sigma_e = \sqrt{3}T = \frac{1}{\sqrt{2}}[(\sigma_1-\sigma_2)^2+(\sigma_2-\sigma_3)^2+(\sigma_3-\sigma_1)^2]^{1/2} \tag{4-125}$$

$$\varepsilon_e = \frac{1}{\sqrt{3}}\Gamma = \frac{\sqrt{2}}{3}[(\varepsilon_1-\varepsilon_2)^2+(\varepsilon_2-\varepsilon_3)^2+(\varepsilon_3-\varepsilon_1)^2]^{1/2} \tag{4-126}$$

其中，T 为剪应力强度；Γ 为剪应变强度；σ_e 为应力强度(或等效应力)；ε_e 为应变强度(等效应变)；σ'_{ij} 及 ε'_{ij} 分别为应力偏量和应变偏量。

由式(3-32)，广义弹性胡克定律可写为

$$\sigma'_{ij} = 2G\varepsilon'_{ij}, \quad \sigma_0 = K\theta \tag{4-127}$$

由此，全量型塑性本构关系可写为

$$\sigma'_{ij} = 2G_s\varepsilon'_{ij}, \quad \sigma_0 = K\theta \tag{4-128}$$

其中，$\sigma_0 = \frac{1}{3}\sigma_{kk}$ 为平均应力；θ 为体积应变；K 为体积弹性模量；G 为剪切弹性模量；G_s 为剪切塑性模量。

将式(4-127)两侧自乘，得

$$\sigma'_{ij}\sigma'_{ij} = 4G^2\varepsilon'_{ij}\varepsilon'_{ij}$$

根据式(4-123)～式(4-126)，上式可写为

$$\begin{gathered} T=G\Gamma, \ G=\frac{T}{\Gamma} \\ \sigma_e = 3G\varepsilon_e = E\varepsilon_e, \ E=\frac{\sigma_e}{\varepsilon_e} \end{gathered} \tag{4-129}$$

这相当于令泊松比 $\mu=1/2$, $3G=E$ 。对式(4-128)进行同样的运算，可得 $\frac{1}{2G_s(\sigma_e)}=\frac{3\varepsilon_e}{2\sigma_e}$。由于 $\sigma_e=\sigma_e(\varepsilon_e)$ 或 $\varepsilon_e=\varepsilon_e(\sigma_e)$，令 $\sigma_e/\varepsilon_e=E_s(\sigma_e)$，它为 σ_e - ε_e 关系曲线的割线模量，故

有 $\dfrac{1}{2G_s(\sigma_e)}=\dfrac{3}{2}\dfrac{1}{E_s(\sigma_e)}$。而通过单轴拉伸试验，获得 σ-ε 曲线的割线模量 $E_s(\sigma)$，然后，将 σ 替换为 σ_e，即可获得 $E_s(\sigma_e)$，从而可确定 G_s。

4.8.2　简单加载

设单元体的应力张量各分量间的比值保持不变，按同一参量单调增长，即

$$
\begin{aligned}
&\sigma_{ij}=\sigma_{ij}^0 t,\ \ \varepsilon_{ij}=\varepsilon_{ij}^0 t,\ \ t>0,\ \mathrm{d}t>0 \\
&\sigma'_{ij}=\sigma'^0_{ij} t,\ \ \varepsilon'_{ij}=\varepsilon'^0_{ij} t
\end{aligned}
\tag{4-130}
$$

其中，$\sigma_{ij}^0(\sigma'^0_{ij})$ 及 $\varepsilon_{ij}^0(\varepsilon'^0_{ij})$ 为给定的基准应力(偏)张量和应变(偏)张量，符合上述规定的变化过程称为简单加载。在简单加载条件下，有

$$
\begin{aligned}
&\mathrm{d}\sigma'_{ij}=\sigma_{ij}^0\mathrm{d}t \\
&\mathrm{d}J_2=\sigma'_{ij}\mathrm{d}\sigma'_{ij}=\sigma'^0_{ij}\sigma'^0_{ij}t\mathrm{d}t=2J_2^0 t\mathrm{d}t \\
&\mathrm{d}\sigma_e=\sigma_e^0\mathrm{d}t,\ \ \mathrm{d}\varepsilon_e=\varepsilon_e^0\mathrm{d}t
\end{aligned}
\tag{4-131}
$$

$$
\begin{aligned}
&\sigma_e^0=\frac{1}{\sqrt{2}}[(\sigma_1^0-\sigma_2^0)^2+(\sigma_2^0-\sigma_3^0)^2+(\sigma_3^0-\sigma_1^0)^2]^{1/2} \\
&\varepsilon_e^0=\frac{\sqrt{2}}{3}[(\varepsilon_1^0-\varepsilon_2^0)^2+(\varepsilon_2^0-\varepsilon_3^0)^2+(\varepsilon_3^0-\varepsilon_1^0)^2]^{1/2}
\end{aligned}
\tag{4-132}
$$

因此，在简单加载条件下 J_2、σ_e 和 ε_e 都是可积的，且

$$
\begin{aligned}
&J_2=\int\mathrm{d}J_2=2J_2^0\int_0^t t\mathrm{d}t \\
&\sigma_e=\int\mathrm{d}\sigma_e=\sigma_e^0\int_0^t\mathrm{d}t \\
&\varepsilon_e=\int\mathrm{d}\varepsilon_e=\varepsilon_e^0\int_0^t\mathrm{d}t
\end{aligned}
\tag{4-133}
$$

在应力空间中，简单加载对应于从原点出发的直射线，因此，没有卸载和中性变载，主方向也不改变。

4.8.3　简单加载定理

在什么条件下才能在变形体内处处实现简单加载，是一个至今尚未完全弄清的问题。1946 年，伊柳辛提出了一个简单加载定理，且证明了在满足下列四个条件时，物体内将处处实现简单加载：

(1) 小变形；

(2) 材料不可压缩；

(3)外载按比例单调增长，在位移边界上位移为零；

(4)材料为幂强化的，即有 $\sigma = C\varepsilon^n$ ，C 和 n 为材料常数。

本定理的证明从略。实际上，上述四个条件为简单加载的充分条件。

4.8.4　单一曲线假设

在简单加载条件下的试验研究表明，无论应力状态如何，应力强度 σ_e（或 T）与应变强度 ε_e（或 Γ）之间存在着大致相同的关系。因此，假定材料在任何应力状态下，其应力强度和应变强度之间存在着单一的关系：

$$\sigma_e = \Phi(\varepsilon_e) \tag{4-134}$$

函数 Φ 的具体形式可由轴向拉伸试验确定，称为单一曲线假设。由于 σ_e 和 T 以及 ε_e 和 Γ 只差常数因子，因此，式(4-134)等价于

$$T = F(\Gamma) \tag{4-135}$$

注意到在验证单一曲线假设的试验中，并没有完全满足简单加载定理的条件，因此可以认为，在偏离简单加载的条件下，单一曲线假设仍然适用。

4.8.5　伊柳辛微小弹塑性变形理论

伊柳辛提出应力偏量与应变偏量之间存在如下关系：

$$\sigma'_{ij} = \psi\varepsilon'_{ij} \tag{4-136}$$

其中，ψ 为待定标量因子。

将式(4-136)两侧自乘，得

$$\sigma'_{ij}\sigma'_{ij} = \psi^2\varepsilon'_{ij}\varepsilon'_{ij}$$

由上式及式(4-123)～式(4-126)，可求出

$$\psi = \frac{T}{(\Gamma/2)} = \frac{2\sigma_e}{3\varepsilon_e}$$

于是，伊柳辛理论的本构方程为

$$\begin{aligned} &\sigma'_{ij} = \frac{2T}{\Gamma}\varepsilon'_{ij} \ \text{或}\ \sigma'_{ij} = \frac{2\sigma_e}{3\varepsilon_e}\varepsilon'_{ij} \\ &\sigma_0 = K\theta \\ &T = G_c\Gamma,\ \sigma_e = E_c\varepsilon_e \end{aligned} \tag{4-137}$$

其中，G_c 及 E_c 分别为剪切和拉伸割线模量，如图 4-21 所示。

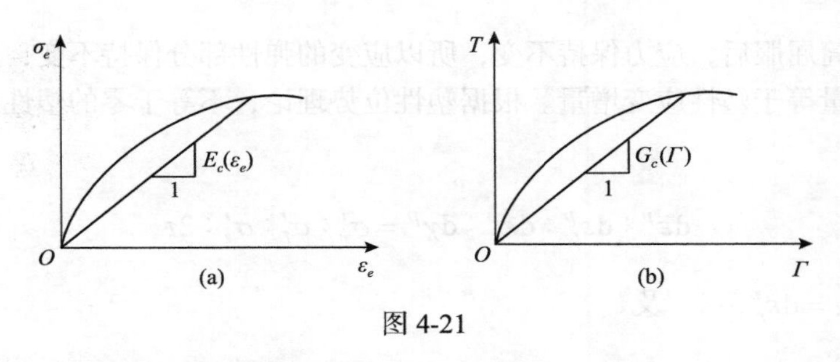

图 4-21

应当指出，已经规定在轴向拉伸下 $\varepsilon_e=\varepsilon$，这要求 $\mu=1/2$。但在式(4-137)中，K 不是无穷大，$\mu<1/2$，因此，这里存在着理论上的不一致。最后，提出值得注意的如下几点。

(1)全量理论的本构方程与非线性弹性理论的本构方程在形式上相同，但后者是可逆过程，无论加载历史如何，应力-应变关系不变(图 4-22(a))，前者只在简单加载条件下应力-应变关系与后者相同，卸载时材料的行为则与后者完全不同(图 4-22(b))。

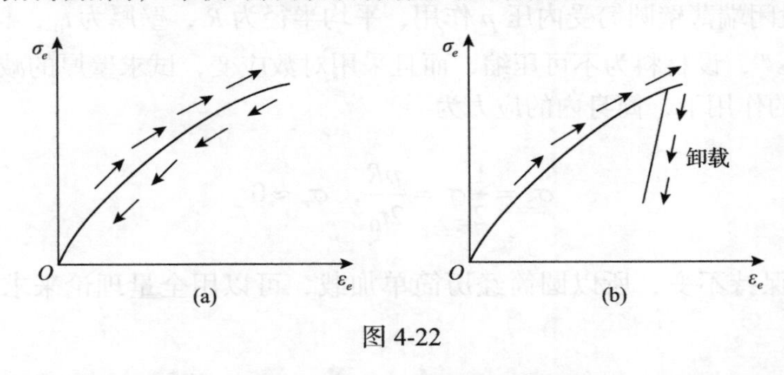

图 4-22

(2)在简单加载条件下由积分增量理论可以得到全量理论，因此，全量理论只是增量理论的特殊情况(读者可以自行证明这一结论)。

(3)全量理论也可表述为应力偏张量与应变偏张量的主方向相同，应力圆和应变圆相似，即 $\mu_\sigma=\mu_\varepsilon$，$\sigma_0=K\theta$。

例 4-4　设薄壁圆筒受到轴向拉应力 $\sigma_z=\dfrac{1}{2}\sigma_s$ 后，保持此应力不变，再施加扭转应力 τ，材料服从米泽斯屈服准则。试求：

(1)圆筒屈服时扭转应力 τ；

(2)圆筒屈服后应力保持不变，试求应变增量之比。

圆筒处于平面应力状态，应力分量为 σ_z 和 τ，此时米泽斯屈服准则为

$$\sigma_z^2+3\tau^2=\sigma_s^2$$

将 $\sigma_z=\sigma_s/2$ 代入上式，可求出圆筒屈服时的剪应力为

$$\tau=\sqrt{(\sigma_s^2-\sigma_z^2)/3}=\frac{1}{2}\sigma_s$$

因为在圆筒屈服后，应力保持不变，所以应变的弹性部分保持不变，于是，屈服后圆筒的应变增量等于塑性应变增量。根据塑性位势理论，不等于零的塑性应变增量各分量之比为

$$\mathrm{d}\varepsilon_r^p : \mathrm{d}\varepsilon_t^p : \mathrm{d}\varepsilon_z^p : \mathrm{d}\gamma^p = \sigma_r' : \sigma_t' : \sigma_z' : 2\tau$$

已知本例中 $\mathrm{d}\varepsilon_r = \mathrm{d}\varepsilon_r^p, \cdots$，及

$$\sigma_r' = \sigma_t' = -\frac{1}{6}\sigma_s，\ \sigma_z' = \frac{1}{3}\sigma_s，\ \tau = \frac{1}{2}\sigma_s$$

所以

$$\mathrm{d}\varepsilon_r : \mathrm{d}\varepsilon_t : \mathrm{d}\varepsilon_z : \mathrm{d}\gamma = -\frac{1}{6} : -\frac{1}{6} : \frac{1}{3} : 1 = -1 : -1 : 2 : 6$$

例 4-5 设闭端薄壁圆筒受内压 p 作用，平均半径为 R，壁厚为 t_0，材料的应力-应变关系为 $\sigma = c\varepsilon^n$，设材料为不可压缩，而且采用对数应变，试求壁厚的减小值。

在内压 p 的作用下，筒身内的应力为

$$\sigma_z = \frac{1}{2}\sigma_t = \frac{pR}{2t_0}，\ \sigma_r \approx 0 \tag{a}$$

应力分量之比保持不变，所以圆筒经历简单加载，可以用全量理论来求解。由式(a)可求出

$$\sigma_0 = \frac{1}{2}\sigma_t = \sigma_z，\ \sigma_z' = 0，\ \sigma_r' = -\frac{1}{2}\sigma_t，\ \sigma_t' = \frac{1}{2}\sigma_t$$

由全量理论可知

$$\varepsilon_z : \varepsilon_r : \varepsilon_t = \sigma_z' : \sigma_r' : \sigma_t' = 0 : -1 : 1 \tag{b}$$

应力强度和应变强度为

$$\sigma_e = \frac{\sqrt{3}}{2}\sigma_t，\ \varepsilon_e = \frac{2}{\sqrt{3}}\varepsilon_t，\ \varepsilon_t = \frac{\sqrt{3}}{2}\varepsilon_e = -\varepsilon_r \tag{c}$$

于是得

$$\varepsilon_r = -\frac{\sqrt{3}}{2}\varepsilon_e = \ln\frac{t}{t_0}$$

此处 t 为瞬时壁厚。由上式求出

$$t = t_0 \exp\left(-\frac{\sqrt{3}}{2}\varepsilon_e\right)$$

壁厚变化为

$$\delta t = t - t_0 = t_0\left[\exp\left(-\frac{\sqrt{3}}{2}\varepsilon_e\right)-1\right] \tag{d}$$

根据单一曲线假设，有 $\sigma_e = c\varepsilon_e^n$，于是得

$$\varepsilon_e = \left(\frac{\sigma_e}{c}\right)^{1/n} = \left(\frac{\sqrt{3}}{2c}\sigma_t\right)^{1/n} = \left(\frac{\sqrt{3}}{2c}\frac{pR}{t_0}\right)^{1/n} \tag{e}$$

将式(e)代入式(d)，即可求出 δt。例如，设 $c = 800\text{MPa}$，$n = 1/4$，$R = 200\text{mm}$，$t_0 = 4\text{mm}$，$p = 10\text{MPa}$，将有关值代入式(e)，得到

$$\varepsilon_e = \left(\frac{\sqrt{3}}{2\times 800}\times\frac{10\times 200}{4}\right)^4 = 0.0858$$

于是

$$\delta t = t_0\left[\exp\left(-\frac{\sqrt{3}}{2}\times 0.0858\right)-1\right] = 4\times(0.9284-1) = -0.286\text{mm}$$

即壁厚减小了 0.286mm。

4.9　黏弹塑性本构关系

4.9.1　变形固体的一般模型

聚合物、橡胶、金属、岩石和生物体等许多材料，在某些条件下为黏弹性固体并呈现塑性变形，或是在弹性变形过程与塑性变形阶段均有黏性效应。这时，单凭黏弹性力学或塑性理论来讨论材料性能会引起较大的误差。为了能够较好地分析这些问题，需要考虑与时间和荷载历程相关，同时具有弹性、黏性和塑性特征的黏弹塑性模型，也可说是变形固体的一般模型。

如果采用黏性元件、弹性元件和塑性元件分别代表均质各向同性材料的各种理想力学性能，则可用这些机械元件的不同组合来描述较为一般的材料行为，最简单的组合情况如图 4-23(a)、(b)所示。这些模型表达一维的应力-应变-时间关系，易于理解其受力后产生的弹性、黏性和塑性的变形行为。

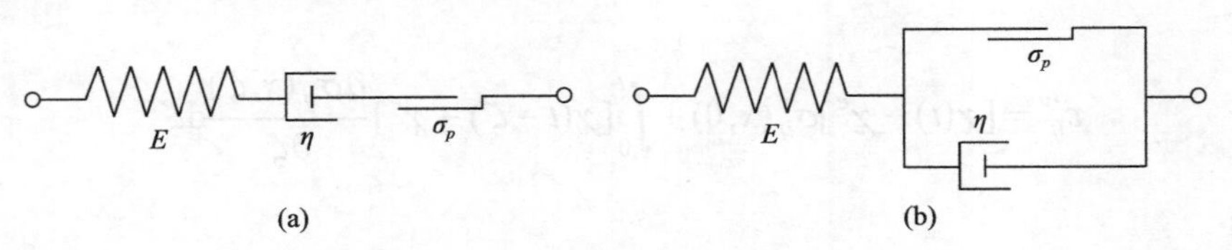

图 4-23

显然，其中比较复杂的力学行为是塑性变形，在通常情况下它涉及屈服准则、加卸载条件、强化规律等问题。

4.9.2　黏弹塑性材料的屈服准则

为了讨论黏弹塑性材料的屈服准则与塑性状态，需要分析弹性、黏性和塑性的变形及其与应力、时间的关系。

设在直角坐标系中，材料的黏弹性应变为 $\varepsilon_{ij}^{(ve)}$，相应黏弹性应变偏量为 $\varepsilon_{ij}'^{(ve)}$。采用偏量与球量部分的蠕变型本构关系，由式(3-101)，有

$$\varepsilon_{ij}'^{(ve)}(t)=\chi(t)*\mathrm{d}\sigma_{ij}'(t),\quad \varepsilon_{kk}^{(ve)}(t)=B(t)*\mathrm{d}\sigma_{kk}(t)$$

其中，$\chi(t)$ 和 $B(t)$ 分别为材料的剪切蠕变柔量函数和体积蠕变柔量函数。

在小变形情况下，假定黏弹塑性材料的应变可以表示为弹性应变 ε_{ij}^{e}、黏性应变 ε_{ij}^{v} 和塑性应变 ε_{ij}^{p} 三部分之和，即

$$\varepsilon_{ij}=\varepsilon_{ij}^{e}+\varepsilon_{ij}^{v}+\varepsilon_{ij}^{p}\tag{4-138}$$

采用这一简化假设后，可以分别考虑弹性、黏性和塑性应变分量的计算。

弹性变形是受载时立即出现的，由式(3-101)，有关应变偏量和体应变的公式为

$$\varepsilon_{ij}'^{e}=\chi^{e}\sigma_{ij}',\quad \varepsilon_{ii}^{e}=B^{e}\sigma_{ii}$$

其中，χ^{e} 和 B^{e} 分别为与弹性剪切模量和体积模量相关的常数。

将应力表示为瞬态与历程两部分，例如：

$$\sigma_{ij}'(x,t)=\sigma_{ij}'(x,0)+\int_0^t[\partial\sigma_{ij}'(x,\zeta)/\partial\zeta]\mathrm{d}\zeta$$

则黏性变形为

$$\varepsilon_{ij}'^{v}=\left[\chi(t)\sigma_{ij}'(x,0)+\int_0^t\chi(t-\zeta)\frac{\partial\sigma_{ij}'(x,\zeta)}{\partial\zeta}\mathrm{d}\zeta\right]-\chi^{e}\left[\sigma_{ij}'(x,0)+\int_0^t\frac{\partial\sigma_{ij}'(x,\zeta)}{\partial\zeta}\mathrm{d}\zeta\right]$$

或

$$\varepsilon_{ij}'^{v}=[\chi(t)-\chi^{e}]\sigma_{ij}'(x,0)+\int_0^t[\chi(t-\zeta)-\chi^{e}]\frac{\partial\sigma_{ij}'(x,\zeta)}{\partial\zeta}\mathrm{d}\zeta$$

同理，得

$$\varepsilon_{ii}^{v}=[B(t)-B^{e}]\sigma_{ii}(x,0)+\int_{0}^{t}[B(t-\zeta)-B^{e}]\frac{\partial\sigma_{ii}'(x,\zeta)}{\partial\zeta}\mathrm{d}\zeta$$

为了研究黏弹塑性材料的塑性应变分量ε_{ij}^{p}，必须首先讨论材料的屈服准则。弹塑性材料和黏弹塑性材料出现塑性状态有着重要的差别。弹塑性物体受载后，应力、应变同时发生变化，在同一加载路径上，总会是在某一点A进入塑性状态，而与加载过程的时间无关，如图4-24所示。对于黏弹塑性材料而言，由于黏性效应与荷载历程和时间相关，在应力空间中沿相同的加载路径，会因为所通过该路径的时间长短不同而可能在A_1点或A_2处产生塑性变形而进入塑性状态，即使沿同一加载路径的时间相同，也可能因为荷载历史、应变率变化的差别而在不同的应力状态$\sigma_{ij}(t)$处出现屈服。因此，为了描述黏弹塑性材料的屈服问题，考虑一连续可微的屈服函数或加载函数f，在应力空间中，屈服或加载面表示为

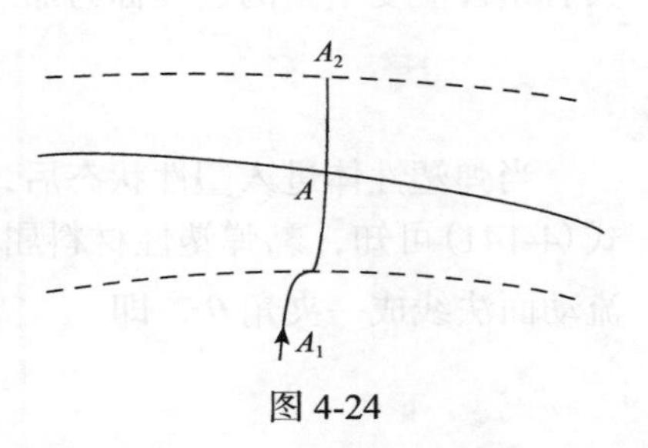

图 4-24

$$f(\sigma_{ij},\varepsilon_{ij}^{p},\kappa,\beta)=0 \tag{4-139}$$

其中，ε_{ij}^{p}为塑性应变；$\kappa=\kappa(\sigma_{ij},\varepsilon_{ij}^{p})$为应变强化参数；$\beta=\beta(\varepsilon_{kl}^{v})$表示黏性效应。

当满足式(4-139)，即$f=0$时，黏弹塑性材料进入屈服状态；而$f<0$说明材料处于黏弹性状态。

为了分析屈服面的变化规律，需要讨论加载准则。考虑屈服函数f对时间的导数：

$$\dot{f}=\frac{\partial f}{\partial\sigma_{ij}}\dot{\sigma}_{ij}+\frac{\partial f}{\partial\varepsilon_{ij}^{p}}\dot{\varepsilon}_{ij}^{p}+\frac{\partial f}{\partial\kappa}\dot{\kappa}+\frac{\partial f}{\partial\beta}\dot{\beta} \tag{4-140}$$

当材料进入屈服$(f=0)$而处于黏弹塑性状态以后，如果出现$f<0$，则表示此时有一种新状态，$f^{+}=f+(\partial f/\partial t)\mathrm{d}t<0$，这种小于零的函数说明材料回到黏弹性状态。也就是说：当$f=0$、$\dot{f}<0$时，称为卸载过程，此时材料无塑性应变增量，更没有强化，因而应该有$\dot{\varepsilon}_{ij}^{p}=\dot{\kappa}=0$。另外，因为$\varepsilon_{ij}^{v}=\varepsilon_{ij}^{ve}-\varepsilon_{ij}^{e}$，由本构关系进而可知$\beta(\varepsilon_{kl}^{v})$是$\dot{\sigma}_{ij}$的函数，引进算子：

$$\mathcal{H}(\dot{\sigma}_{ij})=\frac{\partial f}{\partial\sigma_{ij}}\dot{\sigma}_{ij}+\frac{\partial f}{\partial\beta}\dot{\beta} \tag{4-141}$$

则卸载条件可以写为

$$f=0,\ \ \mathcal{H}(\dot{\sigma}_{ij})<0 \tag{4-142}$$

若从一种黏弹塑性状态到另一种黏弹塑性状态的变化过程中无塑性应变增量，则称为中性变载，相应的条件为

$$f=0,\quad \mathcal{H}(\dot{\sigma}_{ij})=0 \tag{4-143}$$

具有塑性应变增量的过程称为加载过程。此时应有

$$f=0,\quad \mathcal{H}(\dot{\sigma}_{ij})>0 \tag{4-144}$$

当弹塑性体进入塑性状态后，中性变载时的应力增量方向总是沿屈服面的切向。由式(4-141)可知，黏弹塑性材料屈服后，中性变载时 $\dot{\sigma}_{ij}\mathrm{d}t$ 不再与流动曲面相切，而是与流动面法线成一夹角 θ ，即

$$f=0,\quad \cos\theta=-\frac{\dfrac{\partial f}{\partial \beta}\dot{\beta}}{\left|\dfrac{\partial f}{\partial \sigma_{ij}}\right|\dot{\sigma}_{ij}} \tag{4-145}$$

这是由黏性效应所致。

上述有关各式表明，黏弹塑性材料的加载准则与通常塑性理论中的加载准则不同，黏弹塑性体的屈服条件体现了黏性效应，受应变率的影响。

4.9.3　黏弹塑性材料的本构关系

为了研究黏弹塑性材料的本构关系，假设塑性应变率 $\dot{\varepsilon}_{ij}^{p}$ 沿瞬时流动面 $f=0$ 的外法线方向，即

$$\dot{\varepsilon}_{ij}^{p}=\varLambda\frac{\partial f}{\partial \sigma_{ij}} \tag{4-146}$$

由 $f=0$ 的条件及式(4-140)，有

$$\varLambda=\frac{-\left(\dfrac{\partial f}{\partial \sigma_{kl}}\dot{\sigma}_{kl}+\dfrac{\partial f}{\partial \beta}\dot{\beta}\right)}{\left(\dfrac{\partial f}{\partial \varepsilon_{mn}^{p}}+\dfrac{\partial f}{\partial \kappa}\dfrac{\partial \kappa}{\partial \varepsilon_{mn}^{p}}\right)\dfrac{\partial f}{\partial \sigma_{mn}}} \tag{4-147}$$

令

$$\varTheta=-\left[\left(\frac{\partial f}{\partial \varepsilon_{mn}^{p}}+\frac{\partial f}{\partial \kappa}\frac{\partial \kappa}{\partial \varepsilon_{mn}^{p}}\right)\frac{\partial f}{\partial \sigma_{mn}}\right]^{-1} \tag{4-148}$$

考虑加载准则，塑性应变率的表达式为

$$\dot{\varepsilon}_{ij}^{p}=\begin{cases}0, & f<0\\ \varTheta\left\langle \mathcal{H}(\dot{\sigma}_{ij})\right\rangle\dfrac{\partial f}{\partial \sigma_{ij}}, & f=0\end{cases} \tag{4-149}$$

其中，符号 $\langle x\rangle$ 的定义为

$$\langle x\rangle=\begin{cases}0, & x\leqslant 0\\ x, & x>0\end{cases}$$

在考虑瞬时流动面得到本构关系式(4-149)时，由于未考虑 $\dot{\varepsilon}_{ij}^{p}$ 的方向与实际流动曲面的确切关系,因而需要进行校正。为了考虑 $\dot{\varepsilon}_{ij}^{p}$ 的方向与流动曲面法线之间夹角的影响,可采用两种处理方法。一种是用各向同性强化的屈服面 f_0 代替加载曲面 f，再引入与 f_0 不同的另一加载函数 g，以考虑 $\dot{\varepsilon}_{ij}^{p}$ 方向的影响。将本构方程(4-149)变为

$$\dot{\varepsilon}_{ij}^{p}=\left(L\frac{\partial f_0}{\partial\sigma_{ij}}+M\frac{\partial g}{\partial\sigma_{ij}}\right)\left\langle\mathcal{H}(\dot{\sigma}_{kl})\right\rangle \tag{4-150}$$

其中，L 和 M 为标量函数。

另一种方法是引入两个加载函数 h 和 f，本构表达形式为

$$\dot{\varepsilon}_{ij}^{p}=N\frac{\partial h}{\partial\sigma_{ij}}\left\langle\frac{\partial f}{\partial\sigma_{mn}}\dot{\sigma}_{mn}+\frac{\partial f}{\partial\beta}\dot{\beta}\right\rangle \tag{4-151}$$

其中，函数 h 起塑性势的作用；f 表示黏弹塑性材料的屈服函数。

式(4-151)必须附加某些条件或限制，以确定系数 N，决定函数 h 和 f 之间的关系。

4.10　弹黏塑性本构关系

4.10.1　弹黏塑性材料的本构关系

若材料的黏性效应在弹性阶段不出现或可忽略，仅在塑性变形过程才比较显著，则这种材料为弹黏塑性材料，或称为速率敏感塑性材料。

考虑应变率的影响，设该种材料的一维本构关系为

$$\dot{\varepsilon}=\frac{\dot{\sigma}}{E}+\left\langle\varPhi(\sigma-\sigma^{0})\right\rangle \tag{4-152}$$

其中，E 为材料的弹性模量；$\sigma^{0}=f(\varepsilon)$ 为材料静载时的应力；σ 为考虑应变率效应而得到的实际应力值；函数 $\varPhi$ 的形式取决于材料性质，定义为

$$\langle\varPhi\rangle=\begin{cases}0, & \sigma\leqslant f(\varepsilon)\\ \varPhi, & \sigma>f(\varepsilon)\end{cases}$$

函数 $\varPhi$ 的两种特殊情况，即

$$\varPhi=c[\sigma-f(\varepsilon)] \tag{4-153}$$

$$\varPhi = a\{\exp b[\sigma - f(\varepsilon)] - 1\} \tag{4-154}$$

其中，a、b和c为材料常数，由试验确定。

可见，线性形式(4-153)是指数函数形式(4-154)的一级近似表达。

实际上，式(4-152)表示的总应变率可分为弹性和非弹性(黏塑性)两部分，作为一个假定推广到一般形式，则为

$$\dot{\varepsilon}_{ij} = \dot{\varepsilon}_{ij}^{e} + \dot{\varepsilon}_{ij}^{vp} \tag{4-155}$$

其中，非弹性应变率$\dot{\varepsilon}_{ij}^{vp}$包含黏性和塑性效应。

因弹性阶段不计黏性，初始屈服条件(静力屈服条件)与无黏的塑性理论所述情况相同。引入静力屈服函数：

$$\varphi(\sigma_{ij}, \varepsilon_{ij}^{vp}) = \frac{f(\sigma_{ij}, \varepsilon_{ij}^{vp})}{k(W^{vp})} - 1 \tag{4-156}$$

其中，$k(W^{vp})$为强化参量，其中非弹性功为$W^{vp} = \int_0^{\varepsilon_{kl}^{vp}} \sigma_{ij} \mathrm{d}\varepsilon_{ij}^{p}$。

设流动面$\varphi = 0$规则而且外凸，强化和速率敏感塑性材料的本构形式可表示为

$$\dot{\varepsilon}_{ij} = \frac{1}{2G}\dot{\sigma}_{ij}' + \frac{1-2\mu}{E}\frac{\dot{\sigma}_{kk}}{3}\delta_{ij} + \gamma^0 \left\langle \varPhi(\varphi) \right\rangle \frac{\partial \varphi}{\partial \sigma_{ij}} \tag{4-157}$$

其中，$\left\langle \varPhi(\varphi) \right\rangle$的定义与4.9节中相同，它可以根据材料的动力试验结果而定。

考虑式(4-156)后，将弹黏塑性材料本构关系式(4-157)改写为

$$\dot{\varepsilon}_{ij} = \frac{1}{2G}\dot{\sigma}_{ij}' + \frac{1-2\mu}{E}\frac{\dot{\sigma}_{kk}}{3}\delta_{ij} + \gamma \left\langle \varPhi(\varphi) \right\rangle \frac{\partial f}{\partial \sigma_{ij}} \tag{4-158a}$$

其中，$\gamma = \gamma^0 / k$是与材料有关的黏性常数。

其中，非弹性应变率为

$$\dot{\varepsilon}_{ij}^{vp} = \gamma \left\langle \varPhi(\varphi) \right\rangle \frac{\partial f}{\partial \sigma_{ij}} \tag{4-158b}$$

为了寻求后继动力加载曲面的表达，将式(4-158b)两边自乘，并引入非弹性应变率偏张量的第二不变量$\dot{J}_2'^{vp} = \frac{1}{2}\dot{\varepsilon}_{ij}^{vp}\dot{\varepsilon}_{ij}^{vp} = \left(\frac{H^*}{2}\right)^2$(参见式(4-75))，得

$$H^* = \gamma \varPhi(\varphi)\left(2\frac{\partial f}{\partial \sigma_{ij}}\frac{\partial f}{\partial \sigma_{ij}}\right)^{\frac{1}{2}}$$

进而用 Φ 的反函数来表示 φ，即

$$\varphi = \Phi^{-1}\left[\frac{H^*}{\gamma}\left(2\frac{\partial f}{\partial \sigma_{ij}}\frac{\partial f}{\partial \sigma_{ij}}\right)^{-\frac{1}{2}}\right] \tag{4-159}$$

由式(4-156)可以求得 f 为

$$f(\sigma_{ij}, \varepsilon_{ij}^p) = k(W^{vp})\left\{1 + \Phi^{-1}\left[\frac{H^*}{\gamma}\left(2\frac{\partial f}{\partial \sigma_{ij}}\frac{\partial f}{\partial \sigma_{ij}}\right)^{-\frac{1}{2}}\right]\right\} \tag{4-160}$$

这就是弹黏塑性强化材料动力屈服准则的隐函数表达式。它表明屈服准则与应变率相关。式(4-158b)说明，非弹性应变率方向总是沿着动力加载曲面的法向，如图 4-25 所示。在变形过程中，屈服面的变化取决于强化特性与应变率效应。由此可见，弹黏塑性本构表达中若干函数的形式及其有关参量都要通过试验来确定。

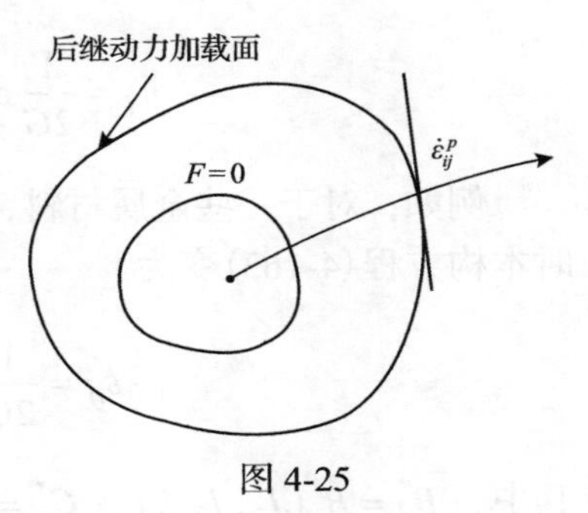

图 4-25

为了较具体地研究弹黏塑性材料的本构关系，以下分别讨论各向同性强化弹黏塑性和弹黏理想塑性两种特殊的情形。

4.10.2　各向同性强化弹黏塑性材料的本构关系

当采用各向同性强化模型时，加载曲面在初始屈服面形状的基础上均匀膨胀，其方位与形心都不变，这种情况下的强化曲面函数取决于应力状态和强化参量。设

$$\varphi = \frac{f(\sigma_{ij})}{k} - 1 \tag{4-161}$$

其中，f 仅取决于应力状态。

在各向同性强化条件下，取

$$f(\sigma_{ij}) = f(I_1, J_2, J_3) \tag{4-162}$$

其中，I_1 为应力张量 σ_{ij} 的第一不变量；J_2 和 J_3 分别表示应力偏量 σ'_{ij} 的第二和第三不变量(参见式(2-32)和式(2-57))。

由式(4-162)，可得

$$\frac{\partial f}{\partial \sigma_{ij}} = \frac{\partial f}{\partial I_1}\delta_{ij} + \frac{\partial f}{\partial J_2}\sigma'_{ij} + \frac{\partial f}{\partial J_3}t_{ij}$$

其中

$$t_{ij} = \sigma'_{ik}\sigma'_{kj} - \frac{2}{3}J_2\delta_{ij}$$

将上式代入式(4-158a)，并引进：

$$A \equiv A(I_1, J_2, J_3\ , k) = \gamma\Phi\left(\frac{f}{k} - 1\right)\frac{\partial f}{\partial I_1}$$

$$B \equiv B(I_1, J_2, J_3, k) = \gamma\Phi\left(\frac{f}{k} - 1\right)\frac{\partial f}{\partial J_2}$$

$$C \equiv C(I_1, J_2, J_3, k) = \gamma\Phi\left(\frac{f}{k} - 1\right)\frac{\partial f}{\partial J_3}$$

则本构方程(4-158a)可写为

$$\dot{\varepsilon}_{ij} = \frac{1}{2G}\dot{\sigma}'_{ij} + \frac{1-2\mu}{E}\frac{\dot{\sigma}_{kk}}{3}\delta_{ij} + A\delta_{ij} + B\sigma'_{ij} + Ct_{ij} \tag{4-163}$$

例如，对于一些金属材料，若在非弹性阶段不可压缩，即有 $\partial f / \partial I_1 = 0$ ，$A = 0$ ，此时本构方程(4-163)变为

$$\dot{\varepsilon}_{ij} = \frac{1}{2G}\dot{\sigma}'_{ij} + \frac{1-2\mu}{E}\frac{\dot{\sigma}_{kk}}{3}\delta_{ij} + B^*\sigma'_{ij} + C^*t_{ij} \tag{4-164}$$

其中，$B^* = B^*(J_2, J_3, k)$ ，$C^* = C^*(J_2, J_3, k)$ 。

若采用屈服准则 $f(\sigma_{ij}) = \sqrt{J_2}$ ，由式(4-164)得

$$\dot{\varepsilon}'_{ij} = \frac{1}{2G}\dot{\sigma}'_{ij} + \gamma\left\langle\Phi\left(\frac{\sqrt{J_2}}{k} - 1\right)\right\rangle\frac{\sigma'_{ij}}{2\sqrt{J_2}}\ ,\quad \dot{\varepsilon}_{kk} = \frac{1}{3K}\dot{\sigma}_{kk} \tag{4-165}$$

在这种情形下，动力屈服准则式(4-160)变为

$$\sqrt{J_2} = k(W^{vp})\left[1 + \Phi^{-1}\left(\frac{H^*}{\gamma}\right)\right] \tag{4-166}$$

对于简单拉伸，$J_2 = \sigma^2/3$ ，可得本构方程：

$$\dot{\varepsilon} = \frac{\dot{\sigma}}{E} + \gamma^*\left\langle\Phi\left(\frac{\sigma}{\psi} - 1\right)\right\rangle \tag{4-167}$$

其中，$\gamma^* = \gamma/\sqrt{3}$ ，$\psi = \sqrt{3}k(W^{vp})$ 。

由非弹性部分应变率：

$$\dot{\varepsilon}^{vp} = \gamma^*\Phi\left(\frac{\sigma}{\psi} - 1\right)$$

或由式(4-160)的动力屈服准则，其形式为

$$\sigma=\sqrt{3}k(W^{vp})\left[1+\Phi^{-1}\left(\frac{2\dot{\varepsilon}^{vp}}{\gamma^{*}}\right)\right] \tag{4-168}$$

4.10.3　弹黏理想塑性材料的本构关系

假定流动曲面不受应变的影响，设

$$\varphi=\frac{f(J_2,J_3)}{C}-1 \tag{4-169}$$

其中，C 为常数。

此时本构关系(4-158a)变为

$$\dot{\varepsilon}_{ij}=\frac{1}{2G}\dot{\sigma}'_{ij}+\gamma\left\langle\Phi\left(\frac{f(J_2,J_3)}{C}-1\right)\right\rangle\frac{\partial f}{\partial\sigma_{ij}}，\quad \dot{\varepsilon}_{kk}=\frac{1}{3K}\dot{\sigma}_{kk} \tag{4-170}$$

其中，$\gamma=\gamma^0/C$ 。

由式(4-160)，得动力屈服准则：

$$f(J_2,J_3)=C\left\{1+\Phi^{-1}\left[\frac{H^*}{\gamma}\left(2\frac{\partial f}{\partial\sigma_{ij}}\frac{\partial f}{\partial\sigma_{ij}}\right)^{-\frac{1}{2}}\right]\right\} \tag{4-171}$$

如果取 $f=\sqrt{J_2}$ ，$C=k$，即 $\varphi=(\sqrt{J_2}/k)-1$ ，这里 k 为剪切屈服应力，这种情况下的本构方程为

$$\begin{aligned}\dot{\varepsilon}'_{ij}&=\frac{1}{2G}\dot{\sigma}'_{ij}+\gamma\left\langle\Phi\left(\frac{\sqrt{J_2}}{k}-1\right)\right\rangle\frac{\sigma'_{ij}}{2\sqrt{J_2}}\\ \dot{\varepsilon}_{kk}&=\frac{1}{3K}\dot{\sigma}_{kk}\end{aligned} \tag{4-172}$$

其动力屈服准则为

$$\sqrt{J_2}=k\left[1+\Phi^{-1}\left(\frac{H^*}{\gamma}\right)\right] \tag{4-173}$$

对于简单拉伸，本构方程可写为

$$\dot{\varepsilon}=\frac{\dot{\sigma}}{E}+\gamma^*\left\langle\Phi\left(\frac{\sigma}{\tilde{\sigma}}-1\right)\right\rangle \tag{4-174}$$

其中，$\tilde{\sigma}=\sqrt{3}k$。此时，动力屈服应力为

$$\sigma=\tilde{\sigma}\left[1+\Phi^{-1}\left(\frac{2\dot{\varepsilon}^{vp}}{\gamma^{*}}\right)\right] \tag{4-175}$$

以上两式即为弹黏理想塑性材料受简单拉伸时的应力-应变关系。

习　题

4-1 设σ_1'、σ_2'、σ_3'为主应力偏量，试证明用应力偏量表示米泽斯屈服准则时，其表达式为$\sqrt{\frac{3}{2}(\sigma_1'^2+\sigma_2'^2+\sigma_3'^2)}=\sigma_s$。提示：$\sigma_1'+\sigma_2'+\sigma_3'=0$。

4-2 设I_1、I_2为第一、第二应力不变量，试用I_1、I_2表示米泽斯屈服准则。

4-3 对z方向受约束的平面应变状态取$\mu=0.5$，证明其屈服准则为

$$\text{米泽斯屈服准则：}\frac{1}{4}(\sigma_x-\sigma_y)^2+\tau_{xy}^2=\frac{1}{3}\sigma_s^2$$

$$\text{特雷斯卡屈服准则：}\frac{1}{4}(\sigma_x-\sigma_y)^2+\tau_{xy}^2=\frac{1}{4}\sigma_s^2$$

4-4 一薄壁圆筒，平均半径为R，壁厚为t，筒的两端封闭，内部作用压力为p_1，外部作用压力为p_2（p_2对轴力无影响），设比值$p_2/p_1=x$，且管子的屈服极限为σ_s。分别应用米泽斯屈服准则和特雷斯卡屈服准则，计算p_1多大时管子开始屈服。

4-5 薄壁圆管受拉力P和扭矩T的作用，试写出此情况下的米泽斯屈服准则和特雷斯卡屈服准则。

4-6 上题中，若薄壁圆筒的厚度为3mm，平均半径为50mm，保持$\tau/\sigma=1$，材料的屈服极限为390MPa。试求此圆管屈服时轴向荷载P和扭矩T的值。

4-7 已知三个主应力如下表所示情况，试求塑性应变增量之比。

主应力	1	2	3	4	5	6	7
σ_1	2σ	σ	0	$-\sigma$	0	0	σ
σ_2	σ	0	$-\sigma$	0	$-\sigma$	0	σ
σ_3	σ	$-\sigma$	-2σ	0	$-\sigma$	$-\sigma$	0

4-8 试求下列情况下塑性应变增量之比：

(1) 简单拉伸：$\sigma=\sigma_s$；

(2) 二维应力状态：$\sigma_1=\frac{\sigma_s}{\sqrt{3}}$，$\sigma_2=-\frac{\sigma_s}{\sqrt{3}}$；

(3) 纯剪切应力状态：$\tau_{xy}=\tau_s$。

4-9 已知一长封闭薄壁圆筒，平均半径为R，壁厚为t，承受内压p的作用而产生塑性变形，材料是各向同性的。若略去弹性应变，试求周向、轴向和径向应变之比。

4-10 已知薄壁圆筒承受拉应力$\sigma_z = \sigma_s/2$及扭矩作用。若应用米泽斯屈服准则，试求圆筒屈服时的剪应力值，并求出此时塑性应变增量的比值。

4-11 若有二向应力状态$\sigma_1 = \sigma_s/\sqrt{3}$，$\sigma_2 = -\sigma_s/\sqrt{3}$，$\mathrm{d}\varepsilon_1^p = c$，试求相应的塑性应变增量和塑性功增量的表达式。

4-12 已知直径为200mm、厚为4mm的薄壁球承受内压$p = 19.6\text{MPa}$的作用，如果材料是不可压缩的，应力-应变关系为$\sigma = 500\varepsilon^{0.5}$。试用对数应变$\varepsilon_r = \ln(t/t_0)$，$\varepsilon_\theta = \varepsilon_\varphi = \ln(r/r_0)$，求圆球初始屈服时直径的变化量。

4-13 两端封闭的薄壁圆筒，其直径为400mm，厚度为4mm，受内压$p = 7.5\text{MPa}$作用。设材料的应力-应变关系为$\sigma = 600\varepsilon^{0.25}$，试用对数应变$\varepsilon_t = \ln(t/t_0)$求此时壁厚的减少量，并与小应变$\varepsilon_t = (t - t_0)/t_0$的结果进行比较。

4-14 用弹黏性理想塑性模型来描述土壤材料时，考虑到屈服函数与体积变化相关，为此设屈服函数为$\varphi = (\alpha I_1 + \sqrt{J_2})/k - 1$（其中，$\alpha$是描述土壤体积变化率的常数，$k$为土壤的剪切屈服应力）。试建立：

(1) 土壤的本构方程；

(2) 土壤的动力屈服准则。

第5章　固体力学边值问题的建立

5.1　弹性力学边值问题的建立

弹性力学边值问题就是在给定荷载下确定物体内的应力场、应变场和位移场，它们应满足基本方程及给定的边界条件。这里所称“荷载”包括体积力、面积力(即应力边界条件)及给定的边界位移(即位移边界条件)；由于在部分边界上给定的位移也是对物体的一种外部干扰，可归于广义的荷载之内。

对于线性弹性体，在小变形条件下可以证明其边值问题的解是唯一的。即对任何给定的边界条件及体积力，可唯一确定物体内的应力场、应变场和位移场，与物体的变形历史无关。而且一组任意线性组合的边界条件及体积力，将对应于相应应力场和位移场的同一线性组合，亦即可以应用叠加原理。

由第2、3章所述可知，在笛卡儿坐标系中，小变形条件下线性弹性力学边值问题包括如下的基本方程。

1. 平衡方程

$$\begin{aligned}
&\frac{\partial \sigma_x}{\partial x}+\frac{\partial \tau_{xy}}{\partial y}+\frac{\partial \tau_{xz}}{\partial z}+f_x=0\\
&\frac{\partial \tau_{yx}}{\partial x}+\frac{\partial \sigma_y}{\partial y}+\frac{\partial \tau_{yz}}{\partial z}+f_y=0\\
&\frac{\partial \tau_{zx}}{\partial x}+\frac{\partial \tau_{zy}}{\partial y}+\frac{\partial \sigma_z}{\partial z}+f_z=0
\end{aligned}\tag{5-1}$$

或缩写为

$$\sigma_{ij,j}+f_i=0,\quad i,j=1,2,3\tag{5-2}$$

2. 几何方程

$$\begin{aligned}
&\varepsilon_x=\frac{\partial u}{\partial x},\quad \gamma_{yz}=\frac{\partial v}{\partial z}+\frac{\partial w}{\partial y}\\
&\varepsilon_y=\frac{\partial v}{\partial y},\quad \gamma_{zx}=\frac{\partial w}{\partial x}+\frac{\partial u}{\partial z}\\
&\varepsilon_z=\frac{\partial w}{\partial z},\quad \gamma_{xy}=\frac{\partial u}{\partial y}+\frac{\partial v}{\partial x}
\end{aligned}\tag{5-3}$$

或缩写为

$$
\varepsilon_{ij} = \frac{1}{2}(u_{i,j} + u_{j,i}), \quad i, j = 1,2,3
$$
$$
\gamma_{ij} = 2\varepsilon_{ij}, \quad i, j = 1,2,3 \text{ 且 } i \neq j \tag{5-4}
$$

3. 应变协调方程

$$
\begin{aligned}
&\frac{\partial^2 \varepsilon_z}{\partial y^2} + \frac{\partial^2 \varepsilon_y}{\partial z^2} = \frac{\partial^2 \gamma_{yz}}{\partial y \partial z} \\
&\frac{\partial^2 \varepsilon_x}{\partial z^2} + \frac{\partial^2 \varepsilon_z}{\partial x^2} = \frac{\partial^2 \gamma_{zx}}{\partial z \partial x} \\
&\frac{\partial^2 \varepsilon_y}{\partial x^2} + \frac{\partial^2 \varepsilon_x}{\partial y^2} = \frac{\partial^2 \gamma_{xy}}{\partial x \partial y} \\
&\frac{\partial}{\partial x}\left(-\frac{\partial \gamma_{yz}}{\partial x} + \frac{\partial \gamma_{xz}}{\partial y} + \frac{\partial \gamma_{xy}}{\partial z} \right) = 2\frac{\partial^2 \varepsilon_x}{\partial y \partial z} \\
&\frac{\partial}{\partial y}\left(\frac{\partial \gamma_{yz}}{\partial x} - \frac{\partial \gamma_{xz}}{\partial y} + \frac{\partial \gamma_{xy}}{\partial z} \right) = 2\frac{\partial^2 \varepsilon_y}{\partial z \partial x} \\
&\frac{\partial}{\partial z}\left(\frac{\partial \gamma_{yz}}{\partial x} + \frac{\partial \gamma_{xz}}{\partial y} - \frac{\partial \gamma_{xy}}{\partial z} \right) = 2\frac{\partial^2 \varepsilon_z}{\partial x \partial y}
\end{aligned} \tag{5-5}
$$

或缩写为

$$
\varepsilon_{ij,kl} e_{ikm} e_{jln} = 0 \tag{5-6}
$$

4. 本构方程

$$
\begin{aligned}
&\varepsilon_x = \frac{1}{E}[\sigma_x - \mu(\sigma_y + \sigma_z)], \quad \gamma_{yz} = \frac{1}{G}\tau_{yz} \\
&\varepsilon_y = \frac{1}{E}[\sigma_y - \mu(\sigma_z + \sigma_x)], \quad \gamma_{zx} = \frac{1}{G}\tau_{zx} \\
&\varepsilon_z = \frac{1}{E}[\sigma_z - \mu(\sigma_x + \sigma_y)], \quad \gamma_{xy} = \frac{1}{G}\tau_{xy}
\end{aligned} \tag{5-7}
$$

或缩写为

$$
\varepsilon_{ij} = \frac{1+\mu}{E}\sigma_{ij} - \frac{\mu}{E}\sigma_{kk}\delta_{ij} \tag{5-8}
$$

也可以表示为

$$
\begin{aligned}
&\sigma_x = 2G\left(\varepsilon_x + \frac{\mu}{1-2\mu}\theta\right), \quad \tau_{yz} = G\gamma_{yz} \\
&\sigma_y = 2G\left(\varepsilon_y + \frac{\mu}{1-2\mu}\theta\right), \quad \tau_{zx} = G\gamma_{zx} \\
&\sigma_z = 2G\left(\varepsilon_z + \frac{\mu}{1-2\mu}\theta\right), \quad \tau_{xy} = G\gamma_{xy}
\end{aligned} \tag{5-9}
$$

或缩写为

$$
\sigma_{ij} = \frac{E}{1+\mu}\varepsilon_{ij} + \frac{E\mu}{(1+\mu)(1-2\mu)}\theta\delta_{ij} = 2G\varepsilon_{ij} + \lambda\theta\delta_{ij} \tag{5-10}
$$

其中，$\theta = \varepsilon_{kk}$。

总体来看，弹性力学基本方程共有：3 个平衡方程，6 个几何方程，6 个本构方程，总计 15 个方程；它们包含 15 个待求函数：6 个应力分量，6 个应变分量，3 个位移分量；方程个数等于待求函数个数，只要给出合适的边界条件，就可确定弹性力学边值问题的解。

5. 边界条件

(1)应力边界条件

$$
\begin{aligned}
&\sigma_x l + \tau_{xy} m + \tau_{xz} n = \overline{X} \\
&\tau_{yx} l + \sigma_y m + \tau_{yz} n = \overline{Y} \\
&\tau_{zx} l + \tau_{zy} m + \sigma_z n = \overline{Z}
\end{aligned} \tag{5-11}
$$

或缩写为

$$
\sigma_{ij}\nu_j = \overline{p}_i \tag{5-12}
$$

(2)位移边界条件

$$
u = \overline{u}, \quad v = \overline{v}, \quad w = \overline{w} \tag{5-13}
$$

或缩写为

$$
u_i = \overline{u}_i \tag{5-14}
$$

在给定的边界条件下，求解偏微分方程的问题称为边值问题。按给定的边界条件不同，弹性力学边值问题可分为以下三类。

第一类边值问题：在全部边界上给定面力 $\overline{p}_i$，又称为应力边值问题。相应边界条件为

$$
\sigma_{ij}\nu_j = \overline{p}_i
$$

$\overline{p}_i = 0$ 的边界称为自由边界，属于应力边界的特殊情况。边界上的集中力应转换为作用在微小面积上的均布面力，集中力偶则转换为作用在微小面积上的非均布面力。

第二类边值问题：在全部边界上给定位移 $\overline{u}_i$，又称为位移边值问题。相应边界条件为

$$u_i = \overline{u}_i$$

有时也可给定位移导数(如转角)的边界值或应变的边界值。在静力问题中，给定的位移约束应能完全阻止物体的总体刚体运动。

第三类边值问题：在物体的表面 S 的一部分 S_σ 上给定面力 $\overline{p}_i$，在另一部分 S_u 上给定位移 $\overline{u}_i$，又称为混合边值问题。这时要求：

$$S_\sigma \bigcup S_u = S,\ \ S_\sigma \bigcap S_u = \varnothing$$

其中，符号 $\bigcup$ 与 $\bigcap$ 分别表示两边界之和与交，$\varnothing$ 则表示空域。于是相应边界条件为

$$\sigma_{ij}\nu_j = \overline{p}_i \quad (\text{在} S_\sigma \text{上})$$
$$u_i = \overline{u}_i \quad (\text{在} S_u \text{上})$$

除了上述三类边值问题之外，有时也会遇到给定面力与位移间相互关系的弹性力学边值问题。

5.2　弹性力学边值问题的求解方法与解的唯一性原理

5.2.1　求解方法

从原则上说，求解弹性力学边值问题，就是在给定的边界条件下联立求解 15 个基本方程，确定弹性体内的应力场、应变场和位移场。但是，由于未知函数之间存在一定的关系，可以通过这些关系消去一部分未知函数，这样问题的求解会得到简化。通常可采用如下两种方法。

(1) 位移法。以位移为基本未知函数，通过几何方程和本构方程，用位移表示应力，再代入平衡方程，最后得到用位移表示的平衡方程；求解此方程且应用边界条件得到位移，然后反求应变和应力。显然，对于位移边值问题宜采用位移法。

(2) 应力法。以应力为基本未知函数，将用应力表示应变的本构方程代入应变协调方程，得到用应力表示的协调方程；联立求解此方程与平衡方程，且应用边界条件得到应力，然后求得应变及位移。由于应力已满足协调方程，故可由应变求出位移。对于应力边值问题宜采用应力法。

1. 位移法

以位移分量 u_i 为基本未知函数，按上述位移法的步骤得到用位移表示的平衡方程：

$$G(u_{i,jj} + u_{j,ij}) + \lambda u_{k,kj}\delta_{ij} + f_i = 0 \tag{5-15}$$

此处采用如下形式的广义胡克定律：

$$\sigma_{ij} = \lambda u_{k,k}\delta_{ij} + G(u_{i,j} + u_{j,i}) \tag{5-16}$$

注意到

$$u_{k,kj}\delta_{ij} = u_{k,ki}$$
$$u_{j,ij} = u_{j,ji}$$

于是式(5-15)可写为

$$(\lambda + G)u_{j,ji} + Gu_{i,jj} + f_i = 0 \tag{5-17}$$

式(5-17)是位移法的基本方程，称为拉梅-纳维方程。如果是动力问题，则应用达朗贝尔原理，在式(5-17)中加入惯性力$-\rho\ddot{u}_i$，用$f_i - \rho\ddot{u}_i$替代f_i，即得到用位移表示的运动方程，式中ρ为质量密度。

又注意到

$$(\cdot)_{,jj} = \nabla^2(\cdot), \quad u_{j,ji} = \theta_{,i} \tag{5-18}$$

其中，$\nabla^2 = \nabla \cdot \nabla$为拉普拉斯算子。

则式(5-17)的展开式可写为

$$\begin{aligned}
&(\lambda + G)\frac{\partial \theta}{\partial x} + G\nabla^2 u + f_x = 0 \\
&(\lambda + G)\frac{\partial \theta}{\partial y} + G\nabla^2 v + f_y = 0 \\
&(\lambda + G)\frac{\partial \theta}{\partial z} + G\nabla^2 w + f_z = 0
\end{aligned} \tag{5-19}$$

如果不计体力，将式(5-19)简化为齐次方程：

$$\begin{aligned}
&(\lambda + G)\frac{\partial \theta}{\partial x} + G\nabla^2 u = 0 \\
&(\lambda + G)\frac{\partial \theta}{\partial y} + G\nabla^2 v = 0 \\
&(\lambda + G)\frac{\partial \theta}{\partial z} + G\nabla^2 w = 0
\end{aligned} \tag{5-20}$$

用位移法求解时，边界条件也必须用位移表示。如果是位移边值问题，情况自然简单；若还有应力边界条件，则应将它们用位移表示。为此，根据式(5-12)且应用式(5-10)，得

$$[\lambda u_{k,k}\delta_{ij} + G(u_{i,j} + u_{j,i})]\nu_j = \overline{p}_i \quad (\text{在}S_\sigma\text{上}) \tag{5-21}$$

由于这类边界条件是用位移的一阶导数表示的，有时较难处理。

显然，用位移法求解时求得的解答是位移场，此时应变协调方程自然满足。

2. *应力法*

应力法的基本方程包括平衡方程和用应力表示的应变协调方程，后者的推导过程稍微复杂些。应用本构方程(5-7)，可将协调方程(5-5)中的第一式写为

$$(1+\mu)\left(\frac{\partial^2\sigma_y}{\partial z^2}+\frac{\partial^2\sigma_z}{\partial y^2}\right)-\mu\left(\frac{\partial^2 I_1}{\partial z^2}+\frac{\partial^2 I_1}{\partial y^2}\right)=2(1+\mu)\frac{\partial^2\tau_{yz}}{\partial y\partial z} \tag{a}$$

其中，$I_1=\sigma_{kk}=\sigma_x+\sigma_y+\sigma_z$。

应用平衡方程(5-1)，上式等号右侧项可写为

$$\begin{aligned}\frac{\partial^2\tau_{yz}}{\partial y\partial z}&=\frac{\partial}{\partial z}\left(\frac{\partial\tau_{yz}}{\partial y}\right)=\frac{\partial}{\partial z}\left(-\frac{\partial\sigma_z}{\partial z}-\frac{\partial\tau_{zx}}{\partial x}-f_z\right)\\&=\frac{\partial}{\partial y}\left(\frac{\partial\tau_{yz}}{\partial z}\right)=\frac{\partial}{\partial y}\left(-\frac{\partial\sigma_y}{\partial y}-\frac{\partial\tau_{yx}}{\partial x}-f_y\right)\end{aligned} \tag{b}$$

于是式(a)又可写为

$$\begin{aligned}&(1+\mu)\left(\frac{\partial^2}{\partial y^2}+\frac{\partial^2}{\partial z^2}\right)(\sigma_y+\sigma_z)-\mu\left(\frac{\partial^2 I_1}{\partial z^2}+\frac{\partial^2 I_1}{\partial y^2}\right)\\&=-(1+\mu)\left[\frac{\partial}{\partial x}\left(\frac{\partial\tau_{zx}}{\partial z}+\frac{\partial\tau_{yx}}{\partial y}\right)+\frac{\partial f_z}{\partial z}+\frac{\partial f_y}{\partial y}\right]\end{aligned}$$

或

$$\begin{aligned}&(1+\mu)\left(\nabla^2 I_1-\nabla^2\sigma_x-\frac{\partial^2 I_1}{\partial x^2}\right)-\mu\left(\nabla^2 I_1-\frac{\partial^2 I_1}{\partial x^2}\right)\\&=(1+\mu)\left(\frac{\partial f_x}{\partial x}-\frac{\partial f_y}{\partial y}-\frac{\partial f_z}{\partial z}\right)\end{aligned} \tag{c}$$

按类似步骤，对式(5-5)中的第二式、第三式进行变换，可得类似于式(c)的另两个方程；将这三式相加，得到

$$\nabla^2 I_1=-\frac{1+\mu}{1-\mu}\left(\frac{\partial f_x}{\partial x}+\frac{\partial f_y}{\partial y}+\frac{\partial f_z}{\partial z}\right) \tag{d}$$

将式(d)代回式(c)，最后得到

$$\nabla^2\sigma_x+\frac{1}{1+\mu}\frac{\partial^2 I_1}{\partial x^2}=-\frac{\mu}{1-\mu}\left(\frac{\partial f_x}{\partial x}+\frac{\partial f_y}{\partial y}+\frac{\partial f_z}{\partial z}\right)-2\frac{\partial f_x}{\partial x}$$

类似地，可得用应力来表示其他 5 个协调方程。现将这 6 个协调方程列出如下：

$$
\begin{aligned}
&\nabla^2\sigma_x+\frac{1}{1+\mu}\frac{\partial^2 I_1}{\partial x^2}=-\frac{\mu}{1-\mu}\left(\frac{\partial f_x}{\partial x}+\frac{\partial f_y}{\partial y}+\frac{\partial f_z}{\partial z}\right)-2\frac{\partial f_x}{\partial x}\\
&\nabla^2\sigma_y+\frac{1}{1+\mu}\frac{\partial^2 I_1}{\partial y^2}=-\frac{\mu}{1-\mu}\left(\frac{\partial f_x}{\partial x}+\frac{\partial f_y}{\partial y}+\frac{\partial f_z}{\partial z}\right)-2\frac{\partial f_y}{\partial y}\\
&\nabla^2\sigma_z+\frac{1}{1+\mu}\frac{\partial^2 I_1}{\partial z^2}=-\frac{\mu}{1-\mu}\left(\frac{\partial f_x}{\partial x}+\frac{\partial f_y}{\partial y}+\frac{\partial f_z}{\partial z}\right)-2\frac{\partial f_z}{\partial z}\\
&\nabla^2\tau_{yz}+\frac{1}{1+\mu}\frac{\partial^2 I_1}{\partial y\partial z}=-\left(\frac{\partial f_z}{\partial y}+\frac{\partial f_y}{\partial z}\right)\\
&\nabla^2\tau_{zx}+\frac{1}{1+\mu}\frac{\partial^2 I_1}{\partial z\partial x}=-\left(\frac{\partial f_x}{\partial z}+\frac{\partial f_z}{\partial x}\right)\\
&\nabla^2\tau_{xy}+\frac{1}{1+\mu}\frac{\partial^2 I_1}{\partial x\partial y}=-\left(\frac{\partial f_y}{\partial x}+\frac{\partial f_x}{\partial y}\right)
\end{aligned}
\tag{5-22}
$$

或写成张量方程的分量形式：

$$
\nabla^2\sigma_{ij}+\frac{1}{1+\mu}(I_1)_{,ij}=-\frac{\mu}{1-\mu}f_{k,k}\delta_{ij}-(f_{i,j}+f_{j,i}) \tag{5-23}
$$

不计体力时，式(5-22)及式(5-23)分别简化为

$$
\begin{aligned}
&\nabla^2\sigma_x+\frac{1}{1+\mu}\frac{\partial^2 I_1}{\partial x^2}=0,\quad \nabla^2\sigma_y+\frac{1}{1+\mu}\frac{\partial^2 I_1}{\partial y^2}=0\\
&\nabla^2\sigma_z+\frac{1}{1+\mu}\frac{\partial^2 I_1}{\partial z^2}=0,\quad \nabla^2\tau_{yz}+\frac{1}{1+\mu}\frac{\partial^2 I_1}{\partial y\partial z}=0\\
&\nabla^2\tau_{zx}+\frac{1}{1+\mu}\frac{\partial^2 I_1}{\partial z\partial x}=0,\quad \nabla^2\tau_{xy}+\frac{1}{1+\mu}\frac{\partial^2 I_1}{\partial x\partial y}=0
\end{aligned}
\tag{5-24}
$$

$$
\nabla^2\sigma_{ij}+\frac{1}{1+\mu}(I_1)_{,ij}=0 \tag{5-25}
$$

在应力法中，6 个应力分量要满足 3 个平衡方程及 6 个用应力表示的协调方程；亦即 6 个应力分量要满足 9 个方程。实际上如前所述，6 个协调方程不是完全独立的。

求解弹性力学边值问题，就是要确定物体内的应力场、应变场和位移场，它们要满足全部基本方程和给定的边界条件。由于边界条件(包括边界形状)的复杂性，在很多情况下，要精确地求出这样的解是非常困难的。于是人们致力于寻求各种近似(数值)解法和间接解法，后者包括逆解法和半逆解法。逆解法，是先给出一些满足基本方程的解，考察这些解在边界上的值，若它们满足边界条件，即为所求的解答。半逆解法，是根据材料力学初等理论的解答，或是根据物体的形状和受力特点，或是根据量纲分析，设定

一个解，其中包含一些待定常数或待求函数，然后代入基本方程及边界条件，以确定待定常数及待求函数。显然，用间接方法求得的解答是解析解，有关它们的详细叙述见后面的章节。

5.2.2　解的唯一性原理

讨论弹性力学边值问题的求解方法时，要论述解的存在性和唯一性，特别是采用逆解法和半逆解法求解时，更要保证解的唯一性，才能确信用这类间接法求得的解答是可信的。对于实际的力学问题，从物理上说解总是存在的。因此，这里不从数学上证明解的存在性，仅就线性弹性力学问题，用反证法来证明解的唯一性。

设解不唯一，对于同一个问题存在两个解：σ'_{ij} 和 σ''_{ij}，u'_{ij} 和 u''_{ij}，ε'_{ij} 和 ε''_{ij}，它们都满足弹性力学基本方程和边界条件，即

$$\sigma'_{ij,j}+f_i=0,\quad \sigma''_{ij,j}+f_i=0\quad (在V内) \tag{a}$$

$$\sigma'_{ij}\nu_j=\overline{p}_i,\quad \sigma''_{ij}\nu_j=\overline{p}_i\quad (在S_\sigma内) \tag{b}$$

$$u'_i=\overline{u}_i,\quad u''_i=\overline{u}_i\quad (在S_u内) \tag{c}$$

记这两个解之差为

$$\sigma_{ij}=\sigma'_{ij}-\sigma''_{ij},\quad u_i=u'_i-u''_i \tag{d}$$

则从式(a)至式(c)，易得

$$\sigma_{ij,j}=0\quad (在V上,在V内) \tag{e}$$

$$\sigma_{ij}\nu_j=0\quad (在S_\sigma上) \tag{f}$$

$$u_i=0\quad (在S_u上) \tag{g}$$

由式(3-9)，式(e)可写为

$$\left[\frac{\partial w(\varepsilon_{ij})}{\partial \varepsilon_{ij}}\right]_{,j}=0$$

将上式两侧乘以 u_i 后，在体积 V 上积分，且应用高斯公式，可得

$$\begin{aligned}\int_V u_i\left(\frac{\partial w}{\partial \varepsilon_{ij}}\right)_{,j}\mathrm{d}V&=\int_V\left(u_i\frac{\partial w}{\partial \varepsilon_{ij}}\right)_{,j}\mathrm{d}V-\int_V u_{i,j}\frac{\partial w}{\partial \varepsilon_{ij}}\mathrm{d}V\\&=\int_S u_i\sigma_{ij}\nu_j\,\mathrm{d}S-\int_V\sigma_{ij}u_{i,j}\,\mathrm{d}V=0\end{aligned}$$

其中，第一项面积分的积分域为 $S=S_\sigma+S_u$。由式(f)及式(g)可知，第一项的被积函数

在积分域上总有一个因子 u_i 或 $\sigma_{ij}\nu_j$ 为零，故该面积分为零。对于第二项体积分，应用应力张量的对称性及应变能公式，有

$$-\int_V \sigma_{ij}u_{i,j}\,\mathrm{d}V = -\int_V \sigma_{ij}\varepsilon_{ij}\,\mathrm{d}V = -2\int_V w\,\mathrm{d}V = 0$$

由于线性弹性材料的应变比能 w 是正定的，即有 $w \geqslant 0$，只当 $\varepsilon_{ij}=0$ 时才取等号。于是上式要求 $w=0$ 及 $\varepsilon_{ij}=0$，从而 $\sigma_{ij}=0$，亦即 $\varepsilon'_{ij}=\varepsilon''_{ij}$，$\sigma'_{ij}=\sigma''_{ij}$。这表明应力场和应变场是唯一的。对于位移场 u'_i 和 u''_i，它们可能相差一个总体刚性位移。如果弹性体的位移约束足以限制物体的总体刚性位移，则位移场也是唯一的。由于线性弹性力学的解是唯一的，无论用什么方法求得的解，只要能满足全部基本方程和边界条件，就是该问题的真实解。基于该原理，我们在求解弹性力学问题时可以采用逆解法和半逆解法等试凑方法。

值得注意的是，对于塑性力学边值问题、黏弹性力学边值问题，同样应论证解的存在性与唯一性。但限于篇幅，本书中对此不予一一论证。

5.3　局部性原理与叠加原理

5.3.1　局部性原理

弹性力学边值问题的解不仅要满足基本方程，而且要满足边界条件。只满足基本方程的解有时易找但不唯一，关键是在所有满足基本方程的解中确定哪个是能同时满足边界条件的真实解。显然，边界条件变化，边值问题的解亦将变化。在实际问题中，有些边界条件难以精确满足，即边界上的应力分布和位移分布难以完全与给定的相同；有些应力边界条件实际上不知道其精确的分布规律，从而无法建立其精确的表述式。为了解决这一难题，1855 年圣维南提出了局部性原理，又称为圣维南原理。这个原理可阐述如下：

分布于物体很小部分(表面或体积)上的荷载所引起的物体内的应力分布，在离荷载作用区稍远的地方，基本上与该荷载的合力和合力偶(或静力等效荷载)所引起的应力相同，荷载的具体分布情况只影响荷载作用区附近的应力分布。

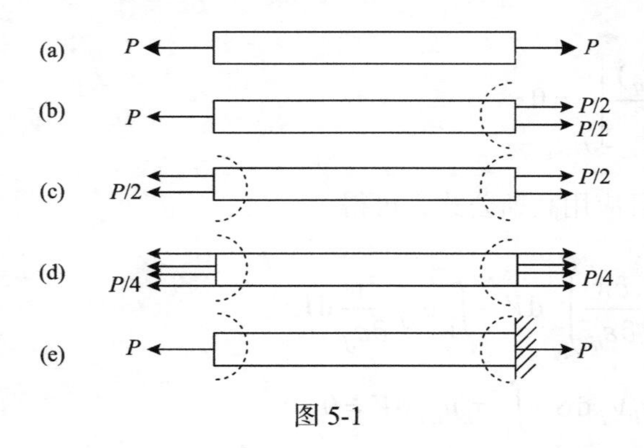

图 5-1

局部性原理还有一个等价的提法：如果作用于物体某一小部分上的荷载是平衡力，则在离荷载作用区稍远的地方应力几乎为零。

作为说明局部性原理的一个例子，考察图 5-1 所示轴向拉伸杆，杆的截面积为 A，在杆端受到五种静力等效的荷载作用。实践表明，除了在虚线所示范围内应力分布有显著区别外，距两端较远处的应力分布几乎与端部荷载的具体分布无关。

应用局部性原理时，要注意到：荷载作用在物体的局部区域，且荷载是静力等效的。这个原理已被大量的实践和试验观测所证实，但其严密的理论证明尚未获得。必须指出，局部性原理主要用于实心体。古地尔(Goodier)通过对应变能的量级分析指出：当三维实心体在局部受到自我平衡力系作用时，其影响区的尺寸和荷载作用区的尺寸同量级(图 5-2(a))。

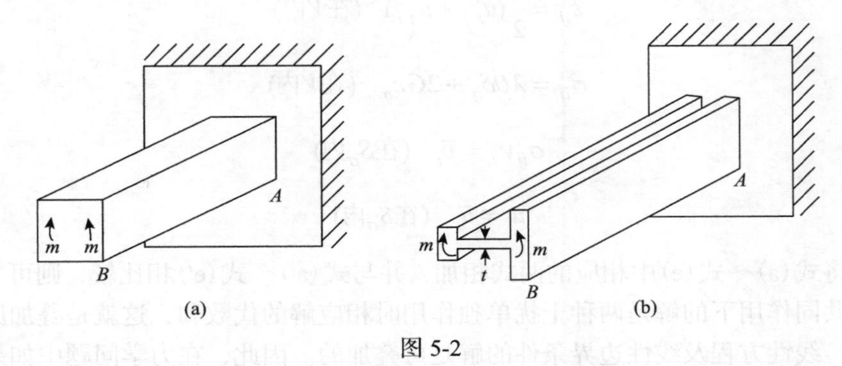

图 5-2

但对于薄壁杆、薄壳等薄型结构，当其最小几何尺寸小于荷载作用区的线性尺寸时，局部性原理不再适用。例如，对于图 5-2(b)所示的薄壁杆，在端部的两竖直部分受到等值、反向的扭矩作用(平衡力系)，当腹板的厚度很小时，就接近于两片狭长截面杆各自受到等值反向的扭矩作用。显然，这时局部性原理不再适用。

局部性原理等价于放松了(次要边界的)边界条件，在这些边界上仅是在圣维南原理意义下(近似)满足边界条件。

5.3.2 叠加原理

在材料力学和结构力学中，在线性弹性及小变形范围内，已经介绍了应用叠加原理来求解荷载较复杂的问题。下面我们从线性弹性力学的基本方程和边界条件出发，具体证明在线性弹性力学中可以应用叠加原理。

设同一个弹性体分别受到两种体力和面力 f_i' 、$\overline{p}_i'$ 和 f_i'' 、$\overline{p}_i''$ 的作用，在位移边界上，给定的位移分别为 $\overline{u}_i'$ 和 $\overline{u}_i''$ 。设对应于这两种干扰的解分别为 σ_{ij}' 和 σ_{ij}'' 、ε_{ij}' 和 ε_{ij}'' 、u_i' 和 u_i'' ，它们都满足基本方程和边界条件，即

$$\sigma_{ij,j}' + f_i' = 0,\ \ \sigma_{ij,j}'' + f_i'' = 0\ \ (\text{在}V\text{内}) \tag{a}$$

$$\varepsilon_{ij}' = \frac{1}{2}(u_{i,j}' + u_{j,i}'),\ \ \varepsilon_{ij}'' = \frac{1}{2}(u_{i,j}'' + u_{j,i}'')\ \ (\text{在}V\text{内}) \tag{b}$$

$$\sigma_{ij}' = \lambda\theta'\delta_{ij} + 2G\varepsilon_{ij}',\ \ \sigma_{ij}'' = \lambda\theta''\delta_{ij} + 2G\varepsilon_{ij}''\ \ (\text{在}V\text{内}) \tag{c}$$

$$\sigma_{ij}'\nu_j = \overline{p}_i',\ \ \sigma_{ij}''\nu_j = \overline{p}_i''\ \ (\text{在}S_\sigma\text{上}) \tag{d}$$

$$u_i' = \overline{u}_i',\ \ u_i'' = \overline{u}_i''\ \ (\text{在}S_\sigma\text{上}) \tag{e}$$

如果这两种干扰同时施加在该物体上，即体力为 $f_i = f_i' + f_i''$，面力为 $\overline{p}_i = \overline{p}_i' + \overline{p}_i''$，给定的位移为 $\overline{u}_i = \overline{u}_i' + \overline{u}_i''$，则其解 σ_{ij}、ε_{ij}、u_i 应满足如下的方程及边界条件：

$$\sigma_{ij,j} + f_i = 0 \quad (\text{在}V\text{内}) \tag{a$'$}$$

$$\varepsilon_{ij} = \frac{1}{2}(u_{i,j} + u_{j,i}) \quad (\text{在}V\text{内}) \tag{b$'$}$$

$$\sigma_{ij} = \lambda\theta\delta_{ij} + 2G\varepsilon_{ij} \quad (\text{在}V\text{内}) \tag{c$'$}$$

$$\sigma_{ij}\nu_j = \overline{p}_i \quad (\text{在}S_\sigma\text{内}) \tag{d$'$}$$

$$u_i = \overline{u}_i \quad (\text{在}S_\sigma\text{内}) \tag{e$'$}$$

如果将式(a)～式(e)中相应的两式相加，并与式(a′)～式(e′)相比较，则可发现，在两种干扰共同作用下的解是两种干扰单独作用时相应解的代数和，这就是叠加原理。从数学上说，线性方程及线性边界条件的解是可叠加的。因此，在力学问题中如果基本方程和边界条件都是线性的，则可应用叠加原理。这等价于要求材料的本构方程是线性弹性的，变形是微小的。

对于非线性力学问题，如大变形问题和弹塑性问题等，其基本方程及边界条件不是或不全是线性的，则叠加原理不再适用。

5.4 塑性力学边值问题的建立与求解方法

5.4.1 塑性力学边值问题的建立

由于塑性本构方程是非线性的，在求解塑性力学边值问题时不能应用叠加原理。另外，由于塑性变形是不可逆的，应力的现时值与应变的现时值不存在唯一的关系，亦即塑性本构方程与变形历史有关，因此，从本质上说，塑性本构方程只能是增量的，从而其他基本方程亦应写为增量型。在塑性力学边值问题中，给定某一时刻的边界值，不能确定物体内的应力场和位移场，必须给出从自然状态开始的边界条件(以及体积力)的全部变化过程，才能跟踪给定的加载历史，采用逐步累加(“积分”)的办法，求出给定时刻的(或最终的)应力场和位移场。因此，塑性力学边值问题的建立与弹性力学不同，一般地，它应按增量来建立。又由于塑性和弹性一样不具时间效应，塑性力学边值问题可等价地按变率来建立。

塑性力学边值问题的求解在于：已知某时刻物体内的应力场和位移场，确定该时刻物体内的应力率场 $\dot{\sigma}_{ij}$ 和速度场 $\dot{u}_i$ (仍然限于小变形情况)，使之满足基本控制方程及边界条件。

1. 增量理论边值问题

由第 2、4 章的内容可知，增量理论边值问题包括如下的基本方程。

(1) 平衡方程

$$\dot{\sigma}_{ij,j} + \dot{f}_i = 0 \tag{5-26}$$

(2) 几何方程

$$\dot{\varepsilon}_{ij} = \frac{1}{2}(\dot{u}_{i,j} + \dot{u}_{j,i}) \tag{5-27}$$

(3) 本构方程

在弹性区及卸载区内，如同弹性力学的本构方程，但都应写成变率型的广义胡克定律。在塑性区内，由式(4-112)，其本构方程为

$$\dot{\varepsilon}_{ij}^{p} = A_{ijkl}^{p}\dot{\sigma}_{kl} \tag{5-28}$$

其中

$$A_{ijkl}^{p} = -\frac{\dfrac{\partial\varphi}{\partial\sigma_{ij}}\dfrac{\partial\varphi}{\partial\sigma_{kl}}}{\left(\dfrac{\partial\varphi}{\partial\varepsilon_{mn}^{p}} + \dfrac{\partial\varphi}{\partial W^{p}}\sigma_{mn}\right)\dfrac{\partial\varphi}{\partial\sigma_{mn}}} \tag{5-29}$$

A_{ijkl}^{p} 为 σ_{ij}、ε_{mn}^{p}、W^{p} 的现时值的函数；$\varphi(\sigma_{ij}, H_\alpha) = 0$ 为正则强化屈服函数，$H_\alpha(\alpha = 1, 2, \cdots, n)$ 为反映加载历史的参量。

(4) 边界条件

$$\begin{aligned} &\dot{\sigma}_{ij}\nu_j = \dot{\bar{p}}_i \quad (\text{在}S_\sigma\text{上}) \\ &\dot{u}_i = \dot{\bar{u}}_i \quad (\text{在}S_u\text{上}) \end{aligned} \tag{5-30}$$

2. 全量理论边值问题

全量理论边值问题与弹性力学边值问题的提法基本相同，只是本构方程是非线性的，它等价于非线性弹性问题。同样，由第 2、4 章的内容可知，在全量理论边值问题中包括如下基本方程。

(1) 平衡方程

$$\sigma_{ij,j} + f_i = 0 \tag{5-31}$$

(2) 几何方程

$$\varepsilon_{ij} = \frac{1}{2}(u_{i,j} + u_{j,i}) \tag{5-32}$$

(3) 本构方程(参见式(4-134)和式(4-137))

$$
\begin{aligned}
\sigma'_{ij} &= \frac{2\sigma_e}{3\varepsilon_e}\varepsilon'_{ij} \\
\sigma_0 &= K\theta \\
\sigma_e &= \Phi(\varepsilon_e)
\end{aligned} \tag{5-33}
$$

此式为伊柳辛理论的本构关系。同时，也可选用一般全量型的本构关系式(4-128)。

(4)边界条件

$$
\begin{aligned}
\sigma_{ij}\nu_j &= \bar{p}_i \quad (\text{在}S_\sigma\text{上}) \\
u_i &= \bar{u}_i \quad (\text{在}S_u\text{上})
\end{aligned} \tag{5-34}
$$

另外，物体内可能同时存在几种不同的变形区，如初始弹性区、加载区 ($\dot{\varepsilon}_{ij}^p \neq 0$) 及卸载区 ($\dot{\varepsilon}_{ij}^p = 0$)，则在相邻区域的交界处，应力和应变还应满足一定的连续或间断条件。

如果采用理想塑性模型，如弹性理想塑性体、刚性理想塑性体，它们边值问题的解固然可从一般塑性边值问题的解中取极限情况而获得，但直接求解这类物体的边值问题往往更为简便。

5.4.2 求解方法

由于塑性力学中的本构关系是非线性的，在具体求解其边值问题时往往会遇到很多数学上的困难。为此，塑性力学发展了一些行之有效的简便求解方法。现将几种常用的方法简介如下。

1. 静定问题

这类问题又称简单问题，其特点是平衡方程、屈服条件的数目与所求未知量的数目相等，因而不必使用塑性力学中的非线性本构关系便能求解，同时，在求解这类问题时一般采用弹性理想塑性力学模型进行计算。塑性力学中的一维问题大都属于这类问题，如旋转圆盘、厚壁圆筒、厚壁圆球、实心和空心受扭圆轴的弹塑性分析，以及各种截面梁的弹塑性弯曲等，都属于这类问题。

2. 极限分析

塑性极限分析是塑性力学中的一个重要而得到广泛应用的方法，又称为上、下限法。由于要找到满足全部塑性力学方程的解是非常困难的，若能找到满足一部分方程的解，而又能对这些解的性质做出估计，这样的解是很有意义的。

在结构塑性极限分析中，材料模型为理想塑性材料。当荷载达到一定值时，结构可在荷载不变的情况下发生“无限”变形，这种状态称为极限状态。显然，极限状态是与一定的荷载值相对应的，这个荷载值称为结构的极限荷载。在极限状态到达的瞬时，结构虽已变形，但变形很小，仍属于弹性量级，从而在建立基本方程和边界条件时，可以不计变形的影响，而采用变形前的形状和尺寸，即这里应用了“刚化原理”。因此，我们不必了解结构到达极限状态瞬时之前的力学响应，只需对极限荷载及相应的应力场和应变率场感兴趣。假定在极限状态到达之前，结构是刚性的，一旦到达极限状态，结构即可“自由”塑性变形(塑性流动)，如同结构变成了机构，称为塑性机构。这就等价于假定材料是刚性理想塑性的。在这里，极限荷载被定义为使结构开始无限塑性变形或使结构变成塑性机构的荷载值。因此，我们将塑性力学的方程分为两类：第一类方程包括平衡方程、屈服方程和力的边界条件，而完全不考虑几何方面的要求，若某一个解能满足上述方程和条件，则称该解为静力解，由静力解求得的极限荷载一定比完全解(满足塑性力学全部条件的解)求得的极限荷载小，最多等于完全解的极限荷载，即求得了结构极限荷载的下限，该方法称为静力法；第二类方程中包括外力所做功等于内部所耗散功的条件以及结构的几何边界条件，这里没有考虑静力方面的要求，这样所求得的极限荷载一般比用完全解求得的极限荷载大，其中最小的荷载可能等于完全解的极限荷载，即求得了结构极限荷载的上限，该方法称为机动法。机动法在金属塑性成型问题和板壳的塑性极限分析中得到非常广泛的应用。

3. *滑移线法*

在塑性平面应变问题中，使用滑移线法求解是一种有效的方法。因为在这类问题中，不仅作为最大剪应力迹线的滑移线为两族正交曲线，而且变形体中各点的平均应力等于应力第一不变量，同时，特雷斯卡屈服准则和米泽斯屈服准则具有相同的形式。滑移线法满足塑性平面应变问题的全部条件，因此所获得的解是完全解。在滑移线法中，采用刚性理想塑性材料模型假设，因而滑移线上的最大剪应力就等于材料的剪切屈服极限值。滑移线法将复杂的塑性力学问题转化为几何问题来分析，从而避免了直接采用非线性本构方程的困难。它既能找出变形体中各点的应力分量，也能找出相应的位移增量分量，因而在金属塑性成型的拉拔、镦粗、冲压、轧制、锻造等工艺过程的分析以及构件的极限分析中，都得到了广泛的应用。

4. *主应力法*

主应力法是金属塑性成型中经常使用的一种简化方法。在分析中认为剪应力对材料的屈服影响很小，因而在屈服条件中略去剪应力，这时平面应变问题中的特雷斯卡屈服准则可简化为

$$\sigma_x - \sigma_y = 2k \quad (k\text{为材料常数})$$

同时，还假设应力在一个方向上的分布是均匀的。这种方法在计算上简便，可以求出应力分布的规律，以及某些参数的影响。

5. *参数法*

参数法是采用米泽斯屈服准则时，求解弹塑性边值问题的一种有效方法。当所采用的屈服准则是非线性的二次代数方程时，例如：

$$(\sigma_x - \sigma_y)^2 + 4\tau_{xy}^2 = 4k^2 \quad (k\text{为材料常数})$$

则可采用满足该条件的参数方程，其形式为

$$\sigma_x = \sigma - k\sin\theta$$
$$\sigma_y = \sigma + k\sin\theta$$
$$\tau_{xy} = \pm k\cos\theta$$

将上式代入平衡方程后，即可得到满足屈服条件的平衡方程。此时，再根据具体边界条件求出积分常数，便可获得问题的解。

6. *数值方法*

对于较复杂的弹塑性边值问题，一般来说，不可能求得其解析解，而只能采用数值解法，如加权残值法、有限元法等。

当采用有限元法时，取有限小的增量 Δu_i 、$\Delta\varepsilon_{ij}$ 、$\Delta\sigma_{ij}$ 近似地代替无限小的增量 $\mathrm{d}u_i$ 、$\mathrm{d}\varepsilon_{ij}$ 和 $\mathrm{d}\sigma_{ij}$ 。当外荷载及位移具有增量 $\Delta\overline{p}_i$ 、Δf_i 和 $\Delta\overline{u}_i$ 时，由此引起的 Δu_i 、$\Delta\varepsilon_{ij}$ 和 $\Delta\sigma_{ij}$ 由式(5-26)～式(5-28)求出，在求得各步增量后进行累加，即可得到所需结果。但在求解过程中，要根据应力的大小区分弹性区和塑性区；在塑性区中，还要根据应力的变化情况区分加载或卸载；由于应力的变化要在每步增量计算出来后才能知道，因此，可能需要反复计算。同时，在数值解法中，采用有限小的增量代替无限小的增量，则每一步的增量 $\Delta\overline{p}_i$ 、Δf_i 和 $\Delta\overline{u}_i$ 都不能过大，否则将导致较大的误差。

下面以等直圆杆的弹塑性扭转分析为例，说明弹塑性静定问题的求解过程。

例 5-1 图 5-3 所示圆形截面杆的两端承受扭矩 T 的作用，其长度为 l ，半径为 R ，且圆杆为理想弹塑性材料，屈服应力为 σ_s 。

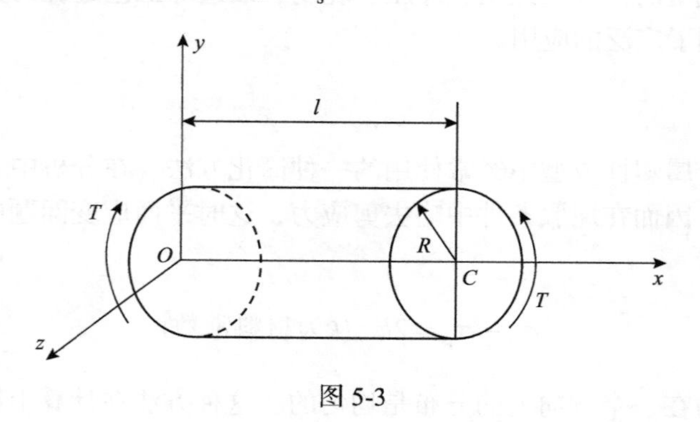

图 5-3

(1) 弹性解

材料力学中对圆杆扭转变形做出如下假设：原来的截面变形后仍为圆形平面，且任意两个截面变形后距离不变而只发生相对转动。根据上述假设，推导出圆杆横截面上的剪应力为

$$\tau = Tr/I_p \tag{a}$$

其中，I_p 为截面极惯性矩，$I_p=\dfrac{\pi}{2}R^4$；r 为截面上任意点的半径。

截面上的其他应力分量为零。而单位长度扭转角为

$$\alpha=\frac{T}{GI_p} \tag{b}$$

(2) 弹塑性解

由于圆杆为理想弹塑性材料，其扭转为纯剪应力状态：$\sigma_1=\tau$，$\sigma_3=-\tau$，$\sigma_2=0$。所以，两个屈服准则可统一写为

$$\tau=k \tag{c}$$

米泽斯屈服准则：$k=\dfrac{\sigma_s}{\sqrt{3}}$，特雷斯卡屈服准则：$k=\dfrac{\sigma_s}{2}$，$\sigma_s$ 为屈服应力。

随着扭矩的增加，圆杆最外层开始屈服，设 r_s 为截面弹、塑性区分界线半径，则应力分布可写成如下形式：

$$\tau=\begin{cases}\dfrac{r}{r_s}k, & \text{弹性区}\ 0\leqslant r\leqslant r_s\\ k, & \text{塑性区}\ r_s\leqslant r\leqslant R\end{cases} \tag{d}$$

由此，弹塑性扭转为

$$\begin{aligned}T&=\int_0^{r_s}2\pi\left(\frac{r}{r_s}k\right)r^2\mathrm{d}r+\int_{r_s}^{R}2\pi kr^2\mathrm{d}r\\&=\frac{2}{3}\pi R^3k\left[1-\frac{1}{4}\left(\frac{r_s}{R}\right)^3\right]\end{aligned} \tag{e}$$

此式即为 T - r 关系式，已知 T 可确定 r_s 值。当式中 $r_s=R$ 时，圆杆外层开始屈服，可得其弹性极限扭矩为

$$T_e=\frac{1}{2}\pi R^3k \tag{f}$$

当 $r_s=0$ 时，圆杆截面全部屈服，得其塑性极限扭矩为

$$T_s=\frac{2}{3}\pi R^3k \tag{g}$$

从而有 $\dfrac{T_s}{T_e}=\dfrac{4}{3}=1.33$。

(3) 残余应力和残余转角

圆形截面杆件受扭矩 $T>T_e$ 作用时，将 T 除去后，残余应力为

$$\tau^0 = \tau - \Delta\tau$$

在弹性区，$0 \leqslant r \leqslant r_s$：

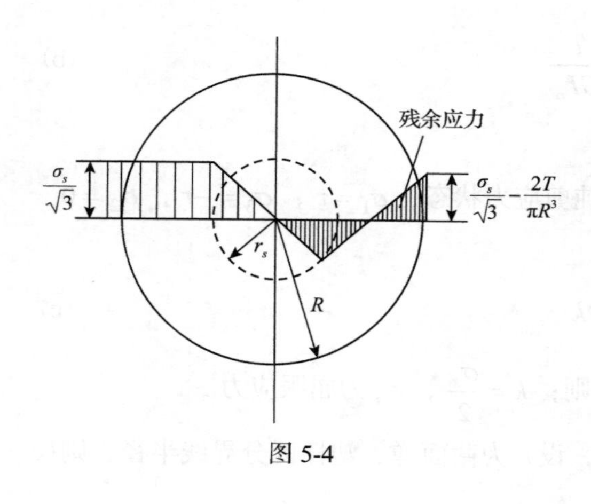

图 5-4

$$\tau^0 = \frac{r}{r_s}k - \frac{T}{I_p}r \tag{h}$$

在塑性区，$r_s \leqslant r \leqslant R$：

$$\tau^0 = k - \frac{T}{I_p}r \tag{i}$$

残余转角为

$$\alpha^0 = \alpha - \Delta\alpha = \frac{k}{Gr_s} - \frac{T}{GI_p} \tag{j}$$

残余应力如图 5-4 所示，图中取 $k = \frac{\sigma_s}{\sqrt{3}}$。

5.5 线性黏弹性力学边、初值问题的建立与求解方法

5.5.1 线性黏弹性力学边、初值问题的建立

为了研究黏弹性体在荷载作用下的位移、应力和应变状态，与连续体力学中的一般问题一样，必须建立三组基本方程：平衡方程、几何方程和本构方程。这些方程体现了物体内任一点处各力学量必须满足的普遍规律与内在联系。由于每个具体物体的形状与尺寸不同，所受荷载的方式与条件各有差别，应力和位移必须满足物体特定的边界条件和初始条件。因此，根据第 2、3 章的内容，等温条件下线性黏弹性力学边、初值问题应满足下列基本方程和边、初值条件。

1. 平衡方程

$$\sigma_{ij,j}(t) + f_i(t) = 0 \tag{5-35}$$

2. 几何方程

$$\varepsilon_{ij}(t) = \frac{1}{2}[u_{i,j}(t) + u_{j,i}(t)] \tag{5-36}$$

3. 本构方程

(1) 积分型

$$\sigma_{ij}(t) = \delta_{ij}\lambda(t) * \mathrm{d}\,\varepsilon_{kk}(t) + 2G(t) * \mathrm{d}\,\varepsilon_{ij}(t) \tag{5-37a}$$

其中，$\lambda(t)$、$G(t)$ 为材料的松弛函数。

若应力和应变均用球张量与偏张量来表示，则有

$$\begin{aligned}\sigma'_{ij}(t)&=2G(t)*\mathrm{d}\varepsilon'_{ij}(t)\\ \sigma_{ii}(t)&=3K(t)*\mathrm{d}\varepsilon_{ii}(t)\end{aligned}\tag{5-37b}$$

或

$$\begin{aligned}\varepsilon'_{ij}(t)&=J(t)*\mathrm{d}\sigma'_{ij}(t)\\ \varepsilon_{ii}(t)&=B(t)*\mathrm{d}\sigma_{ii}(t)\end{aligned}\tag{5-37c}$$

其中，$J(t)$ 和 $B(t)$ 分别为剪切柔量函数和体积柔量函数；$\sigma'_{ij}(t)$ 和 $\varepsilon'_{ij}(t)$ 由式(2-55)和式(2-133)确定。

(2)微分型

$$\mathcal{P}'\sigma'_{ij}=\mathcal{Q}'\varepsilon'_{ij}\tag{5-38a}$$

$$\mathcal{P}''\sigma_{ii}=\mathcal{Q}''\varepsilon_{ii}\tag{5-38b}$$

4. 边界条件

$$\sigma_{ij}(x_k,t)\nu_j=\overline{p}_i(t)\quad(\text{在}S_\sigma\text{上})\tag{5-39a}$$

$$u_i(x_k,t)=\overline{u}_i(t)\quad(\text{在}S_u\text{上})\tag{5-39b}$$

其中，$x_k\,(k=1,2,3)$ 表示点的位置。

5. 初始条件

一般对于未受力的静止物体，各点位移、应变和应力均为零，则有

$$\left.\begin{aligned}&u_i(x_k,t)=0\\ &\varepsilon_{ij}(x_k,t)=0,\quad -\infty<t<0,\quad x_k\in V\\ &\sigma_{ij}(x_k,t)=0\end{aligned}\right.\tag{5-40}$$

式(5-35)～式(5-40)是线性黏弹性力学边、初值问题所必须满足的基本方程、边界条件和初始条件。在具体求解过程中，这些微分、积分方程不一定都全部使用，必须根据实际情况，选用有关方程和条件。

5.5.2　求解方法

线性黏弹性问题的求解与线性弹性力学边值问题的求解相类似，可以采用位移法、应力法或半逆解法。由于黏弹性问题与时间因素有关，各力学量既是点位置 x_i 的函数，又是时间 t 的函数。当根据 5.5.1 节中所述基本方程及边、初值条件来求解时，无论是用

位移作为基本未知量还是用应力作为基本未知量，都十分复杂。仅在物体形状和所受外荷载均很规则且黏弹性质又能用简单模型来描述的情况下，才有可能直接求解，而一般只能采用数值方法求解。

这里仅以位移法为例，导出线性黏弹性问题的位移平衡方程，又采用松弛型本构关系式(5-37b)，通过几何方程(5-36)将其中的应变分量表示为位移，然后将用位移表示的应力代入平衡方程，即得以位移为未知量的基本方程。具体的推导过程如下。

由式(3-81)、式(3-100)和式(3-101)，有

$$\begin{aligned}\sigma_{ij} &= \sigma'_{ij} + \delta_{ij}\sigma_{kk}/3 \\ &=2\varepsilon'_{ij} * \mathrm{d}G + \delta_{ij}\varepsilon_{kk} * \mathrm{d}K \\ &=2\varepsilon_{ij} * \mathrm{d}G + \delta_{ij}\varepsilon_{kk} * \mathrm{d}(K-2G/3) \\ &=(u_{i,j} - u_{j,i}) * \mathrm{d}G + \delta_{ij}(u_{k,k}) * \mathrm{d}\lambda\end{aligned}$$

因而有

$$\sigma_{ij,j} = [u_{i,jj} + (u_{j,j})_{,i}] * \mathrm{d}G + (u_{k,k})_{,i} * \mathrm{d}\lambda$$

将上式代入应力平衡方程(5-22)，得

$$u_{i,jj} * \mathrm{d}G(t) + u_{j,ji} * \mathrm{d}[\lambda(t) + G(t)] + f_i = 0 \tag{5-41}$$

此即以位移表示的平衡方程。当 $G(t)$ 和 $\lambda(t)$ 为常数时，式(5-41)则退化为各向同性线性弹性体的拉梅-纳维方程。

下面以等截面直梁的纯弯曲为例，说明黏弹性问题的直接求解方法。

例 5-2　设一黏弹性材料的直梁，如图 5-5 所示。梁的横截面积为 bh，求该梁受弯矩 $M(t)$ 作用下的应力和应变。

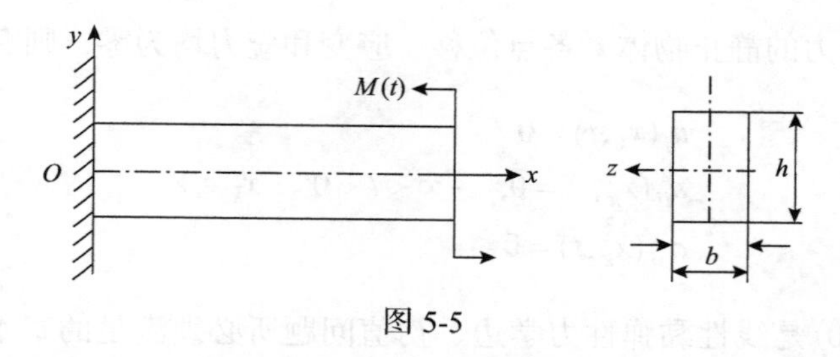

图 5-5

为了简化问题的讨论，假定：梁的横截面在弯曲后仍保持为平面；拉伸与压缩时的黏弹性能相同；且不计体力。这样，可仿效材料力学中的方法，进行如下的直接求解。

(1)几何方程

$$\varepsilon(y,t) = -\frac{y}{\rho(t)} = -\kappa(t)y \tag{a}$$

其中，$\rho(t)$ 为梁中性层的曲率半径；$\kappa(t)$ 为曲率。负号说明 y 取正值时的纤维受压缩。

(2) 平衡方程

$$N(t)=\int_A \sigma(t)\,\mathrm{d}A=0 \tag{b}$$

$$M(t)=\int_A \sigma(t)(-y)\,\mathrm{d}A=-\int_A \sigma(t)y\mathrm{d}A \tag{c}$$

其中，N 为轴力；M 为弯矩；A 为横截面积。其余的平衡条件恒满足。

(3) 本构方程

$$\sigma(t)=E(t)*\mathrm{d}\varepsilon(t) \tag{d}$$

或

$$\varepsilon(t)=J(t)*\mathrm{d}\sigma(t) \tag{e}$$

(4) 边界条件

设横截面形心沿 y 轴方向的位移，即挠度用 $w(x,t)$ 来表示，则有

$$x=0: \quad w(0,t)=0, \quad w'(0,t)=0 \tag{f}$$

(5) 初始条件

$$\text{当}\, t=0^- \,\text{时}: \; M(x,0^-)=0, \quad \sigma(x,0^-)=\varepsilon(x,0^-)=0 \tag{g}$$

根据上述方程与定解条件，先以应力为未知量求解。

由式 (a) 和式 (d)，得

$$\sigma(y,t)=-yE(t)*\mathrm{d}\kappa(t) \tag{h}$$

将上式代入式 (b) 后，考虑到 $E(t)$ 和 $\kappa(t)$ 与面积无关，有

$$\int_A y\,\mathrm{d}A=0$$

即静矩为零。因此，中性轴通过截面形心，且不随时间而改变其位置，这与材料力学的结果相同。又将式 (h) 代入式 (c) 中的第二式，整理后得

$$E(t)*\mathrm{d}\kappa(t)=M(t)/I \tag{i}$$

其中，$I=\int_A y^2\,\mathrm{d}A=bh^3/12$ 为梁的横截面对 z 轴的惯性矩。

应用式 (i)，则式 (h) 变为

$$\sigma(y,t)=-M(t)y/I \tag{j}$$

这就是梁纯弯曲时的正应力公式。可见，横截面上的正应力呈线性分布。如果梁端应力条件满足式 (j)，则该式表示的应力解答是精准的，即满足全部方程和边界条件。若梁端

应力条件是静力等效的，则式(j)是圣维南原理意义下的解。

为了分析变形情况，引用平面曲线的曲率方程：

$$\frac{1}{\rho}=\pm\frac{w''}{(1+w'^2)^{3/2}}$$

在$w'\ll 1$的小变形情况下，按图 5-5 所示坐标有$w''=1/\rho$，代入式(a)后得

$$\varepsilon(y,t)=-yw'' \tag{k}$$

另外，将式(j)代入式(e)后，有

$$\varepsilon(y,t)=-\frac{y}{I}J(t)*\mathrm{d}M(t) \tag{l}$$

比较式(k)和式(l)，便得到黏弹性梁的挠曲线方程：

$$w''(t)=\frac{1}{I}\int_0^t J(t-\varsigma)\dot{M}(\varsigma)\mathrm{d}\varsigma \tag{m}$$

要说明的是，此式系采用蠕变型本构方程(e)后得到的，如果采用式(d)，则通过$E(t)$和$J(t)$的关系同样可以导出式(m)。

如果已知梁的材料、尺寸及边界条件等，便可由式(m)求得梁的位移。例如，若该梁为开尔文固体直梁，受$M(t)=M_0H(t)$作用，将$M(t)$及$J(t)=(1-\mathrm{e}^{-t/\tau_d})/E$代入式(j)、式(l)和式(m)后，得

$$\sigma(y,t)=-\frac{M_0 y}{I}H(t) \tag{5-42}$$

$$\varepsilon(y,t)=-\frac{M_0 y}{EI}(1-\mathrm{e}^{-t/\tau_d}) \tag{5-43}$$

$$w''(t)=\frac{M_0}{EI}(1-\mathrm{e}^{-t/\tau_d}) \tag{5-44}$$

积分式(5-44)，并应用边界条件式(f)，得黏弹性梁的挠曲线方程为

$$w(x,t)=\frac{M_0 x^2}{2EI}(1-\mathrm{e}^{-t/\tau_d}) \tag{5-45}$$

以上就是黏弹性直梁受纯弯曲时直接求解的全过程。值得注意的是，如果开尔文模型中的阻尼器失效，即$\eta\to\infty$，则开尔文模型退化为弹性体，式(5-42)～式(5-44)退化为弹性梁的有关公式：

$$\sigma=-M_0 y/I,\ \ \varepsilon=-M_0 y/(EI),\ \ w''=M_0/(EI)$$

5.6　弹性-黏弹性相应原理

弹性与黏弹性边值问题的主要区别在于物性方面，它们有各自的本构方程。然而由前面关于本构关系的讨论可知，弹性材料的应力-应变关系仅是黏弹性的一种特殊情况。下面将线性弹性力学的基本方程与经过拉普拉斯变换后的线性黏弹性力学的基本方程进行比较。假设给定物体的体积为 V，界面为 S，体力为 f_i，有作用于部分界面 S_σ 上的面力 $\overline{p}_i$ 和作用于部分界面 S_u 上的位移 $\overline{u}_i$，则

	线性弹性边值问题变换式	线性黏弹性边值问题变换式
平衡方程	$\sigma_{ij,j}+f_i=0$	$\overline{\sigma}_{ij,j}+\overline{f}_i=0$
几何方程	$\varepsilon_{ij}=\dfrac{1}{2}(u_{i,j}+u_{j,i})$	$\overline{\varepsilon}_{ij}=\dfrac{1}{2}(\overline{u}_{i,j}+\overline{u}_{j,i})$
物理方程	$\sigma'_{ij}=2G\varepsilon'_{ij}$ $\sigma_{ii}=3K\varepsilon_{ii}$	$\overline{\sigma}'_{ij}=2s\overline{G}(s)\overline{\varepsilon}'_{ij}$ 或 $\overline{\sigma}'_{ij}=\dfrac{\overline{\mathcal{Q}}'(s)}{\overline{\mathcal{P}}'(s)}\overline{\varepsilon}'_{ij}$ $\overline{\sigma}_{ii}=3s\overline{K}(s)\overline{\varepsilon}_{ii}$ 或 $\overline{\sigma}_{ii}=\dfrac{\overline{\mathcal{Q}}''(s)}{\overline{\mathcal{P}}''(s)}\overline{\varepsilon}_{ii}$
边界条件	$\sigma_{ij}\nu_j=\overline{p}_i$ $u_i=\overline{u}_i$	$\overline{\sigma}_{ij}\nu_j=\overline{\overline{p}}_i$ $\overline{u}_i=\overline{\overline{u}}_i$

由以上两类边值问题的比较可见，如果将弹性力学方程进行拉普拉斯变换，且将其中的弹性常数 G 换成 $\overline{\mathcal{Q}}'(s)/\overline{\mathcal{P}}'(s)$，则两组控制方程完全相同，它们的解也会相同。因此，当求解一个线性黏弹性力学边值问题时，可按如下三个步骤进行：第一步求取问题所对应的弹性解，且将此弹性解取拉普拉斯变换；第二步将变换解中的 G 换成 $\overline{\mathcal{Q}}'(s)/\overline{\mathcal{P}}'(s)$；第三步进行拉普拉斯逆变换，所得解即为线性黏弹性解。这种黏弹性问题经拉普拉斯变换后与相应弹性问题具有相同的表达形式，称为弹性-黏弹性相应原理，简称为相应原理。

采用相应原理求解线黏弹体准静态问题是较为方便的，但在应用中要注意到它存在一定的条件与限制。例如，相应的弹性解要易于求得，且能进行拉普拉斯变换；同时在边界面上各力学量的作用需符合变换要求。对于固定边界的黏弹性力学问题，边界上的外力 $\overline{p}_i(x,t)$ 必须允许分离为 $\overline{p}_i^0(x)f(t)$ 的形式，因为在这种荷载作用下，尽管拉普拉斯变换前后的外载分布不同，一个是 $\overline{p}_i^0(x)f(t)$，另一个是 $\overline{p}_i^0(x)\overline{f}(s)$，但两者中 $\overline{p}_i^0(x)$ 都是一样大小，表示其空间分布不变化，而 $f(t)$ 与 $\overline{f}(s)$ 的区别只是比例因子不同。据此，对体力 $f_i(x,t)$ 和边界给定位移 $\overline{u}_i(x,t)$ 也有同样的要求。此外，还必须是小变形问题等。

对于线性黏弹性的接触问题和裂纹扩展问题，由于它们的边界区域及界面条件随时间而变化，此时，虽然基本方程中的平衡方程、几何方程、本构关系的形式与非时变的情况相同，经拉普拉斯变换后也与非时变的形式相同，但时变情况下的边界条件与非时

变情况下的不同，其拉普拉斯变换后的形式也不一样。此外，时变问题的边界运动方程经拉普拉斯变换后，其形式与非时变固定边界的边界方程亦不相同。所以，对于黏弹性体时变问题，不能简单地直接应用相应原理来求解，而必须对边界变化形式进行处理，或采用积分变换的方法来求解。

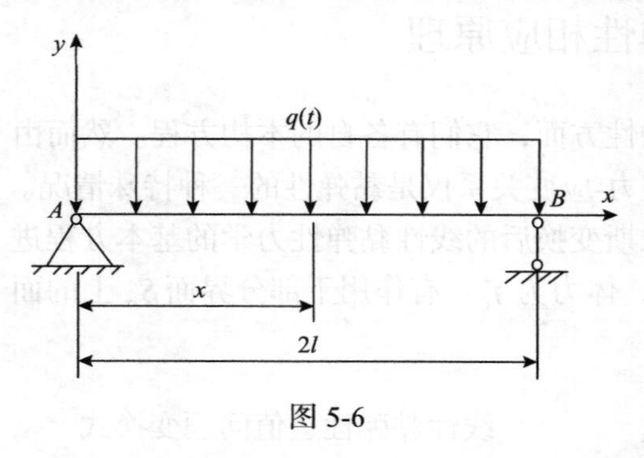

图 5-6

例 5-3　试应用相应原理，确定图 5-6 所示在均布载荷 $q(t)=q_0H(t)$ 作用下黏弹性简支梁的挠曲线方程。设梁长为 $2l$，相应弹性梁的抗弯刚度为 EI。

首先，解相应的弹性梁问题。采用材料力学的结果，其挠曲线方程为

$$w(x,t)=-\frac{q(t)x}{24EI}(8l^3-4lx^2+x^3) \tag{a}$$

其次，对式(a)进行拉普拉斯变换，表示为 $\bar{w}(x,s)$。设材料函数为 $E(t)$ 或 $J(t)$，则

$$\begin{aligned}\bar{w}(x,s)&=-\frac{1}{24I}\left(\frac{q_0}{s}\right)\frac{x}{s\bar{E}(s)}(8l^3-4lx^2+x^3)\\&=-\frac{q_0x}{24I}\bar{J}(s)(8l^3-4lx^2+x^3)\end{aligned} \tag{b}$$

最后进行逆变换，得到黏弹性梁的挠曲线方程为

$$w(x,t)=-\frac{q_0x}{24I}J(t)(8l^3-4lx^2+x^3) \tag{c}$$

对于不同黏弹性材料的 $J(t)$，可得到相应的挠曲线方程。例如，若为三参量固体梁，其挠曲线方程则为

$$w(x,t)=-\frac{q_0x}{24I}\left[\frac{1}{E_2}+\frac{1}{E_1}(1-\mathrm{e}^{-t/p_1})\right](8l^3-4lx^2+x^3)$$

其中，$p_1=\eta_1/E_1$，E_1、η_1、E_2 为三参量固体的材料常数。显然，$E_2\to\infty$ 即为开尔文梁的挠度，而 $E_1\to\infty$ 时，则为弹性梁的结果。

第6章 弹性力学空间问题

6.1 拉梅-纳维方程的一般解

已知在弹性力学问题中，用位移作为基本未知量可导出位移法求解的拉梅-纳维方程，它与给定的位移边界条件(如给定应力边界条件，则需变换为位移表示)一起构成弹性力学的第二类边值问题(参见式(5-17))，即

$$\begin{aligned} &Gu_{i,jj}+(\lambda+G)u_{j,ji}+f_i=0 \quad (在V内) \\ &u_i=\bar{u}_i \quad (在S_u上) \end{aligned} \tag{6-1}$$

其中，f_i为给定的体积力分量。

由于式(6-1)中的拉梅-纳维方程及边界条件都是线性的，故可用叠加原理将方程的解表达为

$$u_i=u_i''+u_i' \tag{6-2}$$

其中，u_i''为非齐次方程的一个特解，它仅满足式(6-1)中的非齐次方程，在边界S_u上取值$\tilde{u}_i''$，一般$\tilde{u}_i''\neq\bar{u}_i$。将式(6-2)代入式(6-1)，可得

$$\begin{aligned} &Gu'_{i,jj}+(\lambda+G)u'_{j,ji}=0 \quad (在V内) \\ &u_i'=\bar{u}_i-\tilde{u}_i'' \quad (在S_u上) \end{aligned} \tag{6-3}$$

这样，只要设法求得拉梅-纳维方程的任何一个特解，就能将考虑体力的边值问题式(6-1)转化为在新的边界条件下求解齐次方程的一般问题式(6-3)。通常求解非齐次方程的特解并不困难，主要困难在于寻求齐次方程的一般解。为此，我们着重于寻求无体力情况的一般解。此时拉梅-纳维方程所对应的齐次方程为

$$Gu_{i,jj}+(\lambda+G)u_{j,ji}=0 \tag{6-4}$$

应用正交系的场论基础知识(参见附录A.9)，式(6-4)可写成

$$\nabla^2\boldsymbol{u}+\frac{1}{1-2\mu}\nabla(\nabla\cdot\boldsymbol{u})=0 \tag{6-5}$$

令

$$\nabla^2 P=-\frac{1}{1-2\mu}\nabla\cdot\boldsymbol{u} \tag{6-6}$$

则方程(6-5)化为调和方程：

$$\nabla^2(\boldsymbol{u}-\nabla P)=0 \tag{6-7}$$

设$\boldsymbol{b}$为调和方程(6-7)的一个解，则有

$$\boldsymbol{b}=\boldsymbol{u}-\nabla P\ ,\quad \nabla^2\boldsymbol{b}=0 \tag{6-8}$$

于是

$$\boldsymbol{u}=\boldsymbol{b}+\nabla P \tag{6-9}$$

这样，求解$\boldsymbol{u}$的问题转化为寻求调和函数$\boldsymbol{b}$及函数∇P的问题。对式(6-8)取散度，且应用式(6-6)，得

$$\nabla\cdot\boldsymbol{b}=\nabla\cdot\boldsymbol{u}-\nabla^2 P=-2(1-\mu)\nabla^2 P$$

即

$$\nabla^2 P=-\frac{1}{2(1-\mu)}\nabla\cdot\boldsymbol{b} \tag{6-10}$$

由于$\boldsymbol{b}$为调和函数，引入$\boldsymbol{r}=x_i\boldsymbol{e}_i$，且$\nabla\cdot\boldsymbol{r}=\boldsymbol{I}$，有

$$\begin{aligned}\nabla^2(\boldsymbol{r}\cdot\boldsymbol{b})&=\nabla\cdot\nabla(\boldsymbol{r}\cdot\boldsymbol{b})\\&=\nabla\cdot(\boldsymbol{b}+\boldsymbol{r}\cdot\nabla\boldsymbol{b})\\&=2\nabla\cdot\boldsymbol{b}+\boldsymbol{r}\cdot\nabla^2\boldsymbol{b}=2\nabla\cdot\boldsymbol{b}\end{aligned} \tag{6-11}$$

则从式(6-10)可得

$$\nabla^2\left[P+\frac{1}{4(1-\mu)}\boldsymbol{r}\cdot\boldsymbol{b}\right]=0 \tag{6-12}$$

这又是一个调和方程，令其解为$-\dfrac{b_0}{4(1-\mu)}$，其中b_0为调和函数，即$\nabla^2 b_0=0$。则得

$$P=-\frac{1}{4(1-\mu)}(b_0+\boldsymbol{r}\cdot\boldsymbol{b}) \tag{6-13}$$

将式(6-13)代入式(6-9)，得

$$\boldsymbol{u}=\boldsymbol{b}-\frac{1}{4(1-\mu)}\nabla(b_0+\boldsymbol{r}\cdot\boldsymbol{b}) \tag{6-14}$$

这就是拉梅-纳维方程的一般解，又称为帕普科维奇(Папковиц)-诺依贝尔(Neuber)通解。由任何四个调和函数b_0及$b_i\,(i=1,2,3)$按式(6-14)所确定的u_i，均能满足式(6-4)或式(6-5)。

在一般解式(6-14)中，位移$\boldsymbol{u}$是通过四个调和函数来表示的，若将$\boldsymbol{u}$表示为双调和函数，则得到布西内斯克(Boussinesq)-迦辽金(Galerkin)一般解，现推导如下。

在式(6-13)中令

$$\boldsymbol{b}=\nabla^2\boldsymbol{g} \tag{6-15}$$

由于$\boldsymbol{b}$为调和函数，$\boldsymbol{g}$为双调和函数，即$\nabla^4\boldsymbol{g}=0$。

应用式(6-11)和式(6-15)，可得

$$\nabla^2(b_0+\boldsymbol{r}\cdot\boldsymbol{b})=2\nabla\cdot\boldsymbol{b}=2\nabla^2(\nabla\cdot\boldsymbol{g})$$

于是

$$b_0+\boldsymbol{r}\cdot\boldsymbol{b}=2(\nabla\cdot\boldsymbol{g}+F) \tag{6-16}$$

其中，F为一调和函数，满足$\nabla^2F=0$。

令

$$\nabla^2 f=F \tag{6-17}$$

即f为双调和函数。

将式(6-15)和式(6-16)代入式(6-14)，得

$$\boldsymbol{u}=\nabla^2\cdot\boldsymbol{g}-\frac{1}{2(1-\mu)}\nabla(\nabla\cdot\boldsymbol{g}+\nabla^2 f) \tag{6-18}$$

又作函数

$$\boldsymbol{a}=\boldsymbol{g}-\frac{1}{1-2\mu}\nabla f \tag{6-19}$$

由式(6-15)和式(6-17)可知，$\boldsymbol{a}$为双调和函数，即$\nabla^4\boldsymbol{a}=0$。

将式(6-19)代入式(6-18)，即得

$$\boldsymbol{u}=\nabla^2\boldsymbol{a}-\frac{1}{2(1-\mu)}\nabla(\nabla\cdot\boldsymbol{a}) \tag{6-20}$$

这就是布西内斯克-迦辽金一般解。其中的$\boldsymbol{a}$也称为迦辽金矢量。易于验证，由任何三个双调和函数a_i按式(6-20)所确定的位移$\boldsymbol{u}$，均满足方程(6-4)或(6-5)。

式(6-14)和式(6-20)给出了齐次拉梅-纳维方程解的一般形式。但对于具体的弹性力学边值问题，还需根据给定的边界条件来确定解中所需引入函数的具体形式。要直接根据边界条件由一般解来定解是非常困难的，通常是先选取一些满足基本方程的解，然后分析这些解能满足什么样的边界条件，这样的方法称为逆解法。或是先根据问题的特点对解的形式进行一定的限制，其中包括某些待定常数或函数，然后，将设定的形式解代

入基本方程和边界条件,以满足全部基本方程及边界条件来确定这些待定的常数和函数,这样的方法称为半逆解法。为此，掌握一些常用的调和函数与双调和函数的形式、特点是很有用的。下面的函数都是调和函数：

$$A(x^2 - y^2) + 2Bxy$$

$$Cr^n \cos(n\theta), \quad r^2 = x^2 + y^2$$

$$C\ln(r / a), \quad r = x^2 + y^2$$

$$C\theta, \quad \theta = \arctan(y / x)$$

$$C / R, \quad R^2 = x^2 + y^2 + z^2$$

$$C\ln(R + z), \quad R^2 = x^2 + y^2 + z^2$$

用上述调和函数或它们的组合，可以解决弹性力学中的许多实际问题。

在有体力时，参照帕普科维奇-诺依贝尔一般解的推导，此时式(6-8)变为

$$\nabla^2 \boldsymbol{b} = -\frac{1}{G}\boldsymbol{x} \tag{6-21}$$

而式(6-21)变为

$$\nabla^2\left(P + \frac{1}{4(1-\mu)}\boldsymbol{r}\cdot\boldsymbol{b}\right) = -\frac{1}{4(1-\mu)G}\boldsymbol{r}\cdot\boldsymbol{x} \tag{6-22}$$

令

$$P + \frac{1}{4(1-\mu)}\boldsymbol{r}\cdot\boldsymbol{b} = -\frac{1}{4(1-\mu)}b_0 \tag{6-23}$$

则由式(6-22)可知，b_0 应满足如下的泊松方程：

$$\nabla^2 b_0 = \frac{1}{G}\boldsymbol{r}\cdot\boldsymbol{x} \tag{6-24}$$

由式(6-23)解得

$$P = -\frac{1}{4(1-\mu)}(b_0 + \boldsymbol{r}\cdot\boldsymbol{b}) \tag{6-25}$$

将式(6-25)代入 $\boldsymbol{u} = \boldsymbol{b} + \nabla P$，就得到非齐次拉梅-纳维方程的特解：

$$\boldsymbol{u} = \boldsymbol{b} - \frac{1}{4(1-\mu)}\nabla(b_0 + \boldsymbol{r}\cdot\boldsymbol{b}) \tag{6-26}$$

比较式(6-26)与式(6-14)，可知非齐次拉梅-纳维方程的特解与对应齐次方程的一般解在形式上是完全相同的，只是特解式(6-26)中的 b_0 与 $\boldsymbol{b}$ 应分别满足泊松方程(6-24)与方程(6-21)。根据数学物理方程中熟悉的初等势论，方程(6-24)与方程(6-21)的一个特解分别为

$$b_0 = -\frac{1}{4\pi G}\int_V \frac{\xi_i \boldsymbol{e}_i \cdot \boldsymbol{x}(\xi_1,\xi_2,\xi_3)}{R}\mathrm{d}\xi_1\mathrm{d}\xi_2\mathrm{d}\xi_3 \tag{6-27}$$

$$\boldsymbol{b} = \frac{1}{4\pi G}\int_V \frac{\boldsymbol{x}(\xi_1,\xi_2,\xi_3)}{R}\mathrm{d}\xi_1\mathrm{d}\xi_2\mathrm{d}\xi_3 \tag{6-28}$$

其中，$R = |\boldsymbol{r} - \boldsymbol{r}_0| = \sqrt{(x_i - \xi_i)(x_i - \xi_i)}$。

将式(6-27)与式(6-28)代入式(6-26)，且记 $\boldsymbol{R} = (x_i - \xi_i)\boldsymbol{e}_i$，得位移 $\boldsymbol{u}$ 的一个特解为

$$\boldsymbol{u} = \frac{1}{16\pi G(1-\mu)}\left[(3-4\mu)\int_V \frac{1}{R}\boldsymbol{x}\mathrm{d}V + \int_V \frac{\boldsymbol{R}\cdot\boldsymbol{x}}{R^3}\boldsymbol{R}\mathrm{d}V\right] \tag{6-29}$$

式(6-29)称为开尔文解。

6.2　位移矢量的势函数分解

本节讨论位移场的另一种重要表示形式，即位移场的标量势及矢量势分解。一般情况下，位移矢量函数 $\boldsymbol{u}$ 可分解为两部分：一部分代表无旋的即没有转动的纯体积膨胀的位移矢量，记为 $\boldsymbol{u}_1$；另一部分代表没有体积膨胀的纯转动的位移矢量，记为 $\boldsymbol{u}_2$。则

$$\boldsymbol{u} = \boldsymbol{u}_1 + \boldsymbol{u}_2 \tag{6-30}$$

由于 $\boldsymbol{u}_1$ 代表无旋位移，其旋度为零，即

$$\nabla \times \boldsymbol{u}_1 = 0 \tag{6-31}$$

这说明，对于 $\boldsymbol{u}_1$ 必存在一个标量势 φ（φ 为坐标的标量函数），使得

$$\boldsymbol{u}_1 = \nabla\varphi \tag{6-32}$$

由正交系的场论基础知识(参见附录 A.9)可知，梯度场的旋度为零，显然式(6-32)满足式(6-31)。由于任何常数的梯度为零，所以在标量势 φ 中含有一个不确定的任意常数。为了简便起见，一般令 φ 的常数部分为零。

$\boldsymbol{u}_2$ 代表等体积变形，所以其散度为零，即

$$\theta = \nabla\cdot\boldsymbol{u}_2 = 0 \tag{6-33}$$

则矢量场 $\boldsymbol{u}_2$ 称为其定义域上的无源场。对于无源场可引入一个矢量势 $\boldsymbol{\psi}$，使得

$$\boldsymbol{u}_2 = \nabla\times\boldsymbol{\psi} \tag{6-34}$$

由于旋度场的散度为零，显然式(6-34)满足式(6-33)。这样引入的矢量势 $\boldsymbol{\psi}$ 对其散度 $\psi_{i,j}$ 没有限制。令矢量势满足

$$\psi_{i,j} = 0,\quad 即\ \nabla\cdot\boldsymbol{\psi} = 0 \tag{6-35}$$

将式(6-32)和式(6-34)代入式(6-30)，可得位移矢量的势函数分解式，或称位移矢量的斯托克斯(Stokes)分解式：

$$\boldsymbol{u}=\nabla\varphi+\nabla\times\boldsymbol{\psi} \tag{6-36}$$

且其中的$\boldsymbol{\psi}$满足式(6-35)。分别求式(6-36)的散度与旋度，且作后一运算时应用到式(6-35)，则有

$$\theta=\nabla\cdot\boldsymbol{u}=\nabla^2\varphi \tag{6-37}$$

$$2\boldsymbol{\Omega}=\nabla\times\boldsymbol{u}=-\nabla^2\boldsymbol{\psi} \tag{6-38}$$

式(6-37)和式(6-38)表明，将位移进行如式(6-36)所示的势函数分解后，标量势φ与体积应变θ有关，而矢量势$\boldsymbol{\psi}$与旋转矢量场$\boldsymbol{\Omega}$有关，且

$$\boldsymbol{\Omega}=\frac{1}{2}(\nabla\times\boldsymbol{u}) \tag{6-39}$$

下面给出式(6-39)的证明。由式(2-113)：

$$\omega_{ij}=e_{ijk}\Omega_k$$

上式两边同乘以e_{ijk}，且注意$e_{ijk}e_{ijk}=2$，则有

$$2\Omega_k=e_{ijk}\omega_{ij}=e_{ijk}\cdot\frac{1}{2}(u_{j,i}-u_{i,j})=e_{ijk}u_{j,i}$$

上式等号右边项即$\nabla\times\boldsymbol{u}$的指标符号表达式，证毕。

式(6-36)给出了位移矢量场既非无旋又非等体情况下的一般表达式。如果位移场是无旋的，则式(6-36)变为

$$\boldsymbol{u}=\nabla\varphi \tag{6-40}$$

在没有体力的情况下，它应满足齐次拉梅-纳维方程(6-5)，即

$$\nabla^2\boldsymbol{u}+\frac{1}{1-2\mu}\nabla(\nabla\cdot\boldsymbol{u})=0$$

注意到

$$\theta=\nabla\cdot\boldsymbol{u}=\nabla^2\varphi$$

$$\nabla^2\boldsymbol{u}=\nabla(\nabla\cdot\boldsymbol{u})=\nabla(\nabla^2\varphi)$$

将式(6-40)代入式(6-5)，且应用以上关系式，得

$$\frac{2(1-\mu)}{1-2\mu}\nabla(\nabla^2\varphi)=0$$

由此可知

$$\nabla^2\varphi = C \tag{6-41}$$

其中，C 为常数。式(6-41)表明，若标量势函数 φ 满足泊松方程(6-41)，则由式(6-40)求出的位移满足齐次拉梅-纳维方程。而这样的标量势函数 φ 称为拉梅位移势。

为方便起见，式(6-40)常写为

$$\boldsymbol{u} = \frac{1}{2G}\nabla\varphi \tag{6-42}$$

由位移表达式(6-42)，应用几何关系及胡克定律，可得体积应变 θ、应变 $\boldsymbol{\varepsilon}$ 及应力 $\boldsymbol{\sigma}$ 为

$$\theta = \nabla\cdot\boldsymbol{u} = \frac{1}{2G}\nabla\cdot\nabla\varphi \tag{6-43a}$$

$$\boldsymbol{\varepsilon} = \frac{1}{2}(\boldsymbol{H}+\boldsymbol{H}^{\mathrm{T}}) = \frac{1}{2G}\nabla\nabla\varphi \tag{6-43b}$$

$$\boldsymbol{\sigma} = \lambda\theta\boldsymbol{I} + \nabla\nabla\varphi \tag{6-43c}$$

或

$$\theta = u_{i,i} = \frac{1}{2G}\varphi_{,ii} \tag{6-44a}$$

$$\varepsilon_{ij} = \frac{1}{2}(u_{i,j}+u_{j,i}) = \frac{1}{2G}\varphi_{,ij} \tag{6-44b}$$

$$\sigma_{ij} = \lambda\theta\delta_{ij} + 2G\varepsilon_{ij} = \lambda\theta\delta_{ij} + \varphi_{,ij} \tag{6-44c}$$

当选取 φ 为调和函数时，由式(6-44a)及式(6-44c)，可得

$$\theta = 0,\quad \sigma_{ij} = \varphi_{,ij} \tag{6-45}$$

因而仅当体积应变为零时，才能取调和函数作为拉梅位移势 φ。此时，应力 σ_{ij} 可以很方便地由拉梅位移势 φ 的二阶导数求得。

下面举例说明拉梅位移势在极对称(球对称)问题中的应用。

例 6-1　设有一个内半径为 a、外半径为 b 的空心圆球，其内外壁分别受均匀压力 q_1 和 q_2 的作用，试求应力和位移的分布。由于是无体力作用的极对称问题，取拉梅位移势为

$$\varphi = \frac{C}{r} + Dr^2 \tag{a}$$

可以验证，其中的第一项为调和函数，而第二项为泊松方程 $\nabla^2\varphi = \text{const}$ 的解，C 和 D 为待定常数。将式(a)代入式(6-42)，得

$$u_r = \frac{1}{2G}\left(-\frac{C}{r^2} + Dr\right) \tag{b}$$

由式(2-120)给出的应变分量为

$$\begin{aligned} \varepsilon_r &= \frac{\mathrm{d}u_r}{\mathrm{d}r} = \frac{1}{G}\left(\frac{C}{r^3} + D\right) \\ \varepsilon_\theta &= \varepsilon_\varphi = \frac{u_r}{r} = \frac{1}{2G}\left(-\frac{C}{r^3} + 2D\right) \end{aligned} \tag{c}$$

再由式(3-29)给出的应力-应变关系，有

$$\sigma_r = \frac{E}{1+\mu}\left(\frac{\mu}{1-2\mu}\theta + \varepsilon_r\right)$$

$$\sigma_\theta = \sigma_\varphi = \frac{E}{1+\mu}\left(\frac{\mu}{1-2\mu}\theta + \varepsilon_\theta\right)$$

$$\theta = \varepsilon_r + \varepsilon_\theta + \varepsilon_\varphi = \varepsilon_r + 2\varepsilon_\theta$$

于是得应力分量：

$$\begin{aligned} \sigma_r &= \frac{2C}{r^3} + 2\frac{1+\mu}{1-2\mu}D \\ \sigma_\theta &= \sigma_\varphi = -\frac{C}{r^3} + 2\frac{1+\mu}{1-2\mu}D \end{aligned} \tag{d}$$

本问题的边界条件为

$$\begin{aligned} (\sigma_r)_{r=a} &= -q_1 \\ (\sigma_r)_{r=b} &= -q_2 \end{aligned} \tag{e}$$

将以上条件代入式(d)，解得

$$\begin{aligned} 2C &= \frac{a^3 b^3 (q_2 - q_1)}{b^3 - a^3} \\ D &= \frac{1-2\mu}{2(1+\mu)}\frac{a^3 q_1 - b^3 q_2}{b^3 - a^3} \end{aligned} \tag{f}$$

将式(f)分别代入式(d)和式(b)，并注意 $G = E/2(1+\mu)$，得应力分量和位移分量为

$$\sigma_r = \frac{a^3 b^3 (q_2 - q_1)}{b^3 - a^3}\frac{1}{r^3} + \frac{a^3 q_1 - b^3 q_2}{b^3 - a^3} = -\frac{q_1\left[\left(\frac{b}{r}\right)^3 - 1\right]}{\left(\frac{b}{a}\right)^3 - 1} - \frac{q_2\left[1 - \left(\frac{a}{r}\right)^3\right]}{1 - \left(\frac{a}{b}\right)^3}$$

$$\sigma_\theta=\sigma_\varphi=-\frac{a^3b^3(q_2-q_1)}{2(b^3-a^3)}\frac{1}{r^3}+\frac{a^3q_1-b^3q_2}{b^3-a^3}$$

$$=\frac{q_1\left[\left(\dfrac{b}{r}\right)^3+2\right]}{2\left[\left(\dfrac{b}{a}\right)^3-1\right]}-\frac{q_2\left[2+\left(\dfrac{a}{r}\right)^3\right]}{2\left[1-\left(\dfrac{a}{b}\right)^3\right]} \tag{g}$$

$$u_r=\frac{(1+\mu)r}{E}\left[\frac{a^3b^3(q_2-q_1)}{2(b^3-a^3)}\frac{1}{r^3}+\frac{1-2\mu}{1+\mu}\frac{a^3q_1-b^3q_2}{b^3-a^3}\right]$$

$$=\frac{(1+\mu)r}{E}\left[q_1\frac{\dfrac{1}{2}\left(\dfrac{b}{r}\right)^3+\dfrac{1-2\mu}{1+\mu}}{\left(\dfrac{b}{a}\right)^3-1}-q_2\frac{\dfrac{1-2\mu}{1+\mu}+\dfrac{1}{2}\left(\dfrac{a}{r}\right)^3}{1-\left(\dfrac{a}{b}\right)^3}\right]$$

若$b\gg a$，则有

$$\sigma_r=-q_1\left(\frac{a}{r}\right)^3-q_2\left[1-\left(\frac{a}{r}\right)^3\right]$$

$$\sigma_\theta=\sigma_\varphi=\frac{q_1}{2}\left(\frac{a}{r}\right)^3-\frac{q_2}{2}\left[\left(\frac{a}{r}\right)^3+2\right] \tag{h}$$

$$u_r=\frac{(1+\mu)r}{E}\left\{\frac{q_1}{2}\left(\frac{a}{r}\right)^3-q_2\left[\frac{1-2\mu}{1+\mu}+\frac{1}{2}\left(\frac{a}{r}\right)^3\right]\right\}$$

在内壁（$r=a$）处的应力和位移为

$$\sigma_r=-q_1$$

$$\sigma_\theta=\sigma_\varphi=\frac{q_1}{2}-\frac{3q_2}{2} \tag{i}$$

$$u_r=\frac{(1+\mu)a}{E}\left[\frac{q_1}{2}-q_2\frac{3(1-\mu)}{2(1+\mu)}\right]$$

当r很大时，由式(h)可得

$$\sigma_r=\sigma_\theta=\sigma_\varphi=-q_2$$

$$u_r=-\frac{1-2\mu}{E}rq_2 \tag{j}$$

式(j)表明，当$b\gg a$时，空心圆球中离内壁较远处的应力状态与实心圆球受均匀外压力q_2的情况一致。如内壁压力$q_1=0$，则由式(i)可得圆球内壁处的应力为

$$\sigma_\theta = \sigma_\varphi = -\frac{3}{2}q_2 \tag{k}$$

可见洞壁处的应力是实心圆球的 1.5 倍，即由有圆球形孔而引起的应力集中因子为 1.5。

6.3　弹性空间轴对称问题

在弹性空间问题中，如果物体的几何形状、约束情况，以及所受外部因素都对称于某一轴，则所有的应力、应变和位移也都对称于该轴，这种问题称为空间轴对称问题。此时，采用柱坐标 r 、θ 、z 来描述比较方便，且令 z 轴与对称轴一致。在轴对称问题中，由于对称性，所有的量都与 θ 无关，则剪应力与剪应变 $\tau_{\theta z}$ 、$\tau_{r\theta}$ 、$\gamma_{\theta z}$ 、$\gamma_{r\theta}$ 以及环向位移 u_θ 均为零，因而基本方程得到很大的简化。

由式(2-73)，得无体力时线性弹性轴对称静力问题的平衡方程为

$$\begin{aligned}&\frac{\partial \sigma_r}{\partial r} + \frac{\partial \tau_{zr}}{\partial z} + \frac{\sigma_r - \sigma_\theta}{r} = 0\\&\frac{\partial \tau_{zr}}{\partial r} + \frac{\partial \sigma_z}{\partial z} + \frac{\tau_{zr}}{r} = 0\end{aligned} \tag{6-46}$$

然后由式(2-118)，得几何方程为

$$\begin{aligned}&\varepsilon_r = \frac{\partial u_r}{\partial r},\ \ \varepsilon_\theta = \frac{u_r}{r},\ \ \varepsilon_z = \frac{\partial w}{\partial z}\\&\gamma_{zr} = \frac{\partial w}{\partial r} + \frac{\partial u_r}{\partial z}\end{aligned} \tag{6-47}$$

而由式(3-29)，得物理方程为

$$\begin{aligned}&\sigma_r = \frac{E}{1+\mu}\left(\frac{\mu}{1-2\mu}\theta + \varepsilon_r\right),\ \ \sigma_\theta = \frac{E}{1+\mu}\left(\frac{\mu}{1-2\mu}\theta + \varepsilon_\theta\right)\\&\sigma_z = \frac{E}{1+\mu}\left(\frac{\mu}{1-2\mu}\theta + \varepsilon_z\right),\ \ \tau_{zr} = \frac{E}{2(1+\mu)}\gamma_{zr}\end{aligned} \tag{6-48}$$

其中，$\theta = \varepsilon_r + \varepsilon_\theta + \varepsilon_z$ 。

当用位移法求解时，将几何方程(6-47)代入式(6-48)，得到以位移表示的应力分量：

$$\begin{aligned}&\sigma_r = \frac{E}{1+\mu}\left(\frac{\mu}{1-2\mu}\theta + \frac{\partial u_r}{\partial r}\right),\ \ \sigma_\theta = \frac{E}{1+\mu}\left(\frac{\mu}{1-2\mu}\theta + \frac{u_r}{r}\right)\\&\sigma_z = \frac{E}{1+\mu}\left(\frac{\mu}{1-2\mu}\theta + \frac{\partial w}{\partial z}\right),\ \ \tau_{zr} = \frac{E}{2(1+\mu)}\left(\frac{\partial w}{\partial r} + \frac{\partial u_r}{\partial z}\right)\end{aligned} \tag{6-49}$$

其中

$$\theta = \frac{\partial u_r}{\partial r} + \frac{u_r}{r} + \frac{\partial w}{\partial z} \tag{6-50}$$

将式(6-49)代入式(6-46)，得到用位移作为未知函数的弹性空间轴对称问题的基本方程：

$$\frac{E}{2(1+\mu)}\left(\frac{1}{1-2\mu}\frac{\partial\theta}{\partial r}+\nabla^2 u_r-\frac{u_r}{r^2}\right)=0$$
$$\frac{E}{2(1+\mu)}\left(\frac{1}{1-2\mu}\frac{\partial\theta}{\partial z}+\nabla^2 w\right)=0 \tag{6-51}$$

$$\nabla^2=\frac{\partial^2}{\partial r^2}+\frac{1}{r}\frac{\partial}{\partial r}+\frac{\partial^2}{\partial z^2} \tag{6-52}$$

在 6.1 节中已说明，在布西内斯克-迦辽金解中含有三个双调和函数，但对某些特殊的问题，所需的未知函数可以减少。例如，轴对称问题就只需要一个未知函数。常见的一种形式是仅在迦辽金矢量中保留一个非零分量 a_3，即取

$$a_1=0\text{，}\ a_2=0\text{，}\ a_3=2(1-\mu)L$$

其中，函数 L 称为乐甫(Love)位移函数。将以上 a_i 代入式(6-20)，得到以乐甫位移函数表示的位移解为

$$\boldsymbol{u}=2(1-\mu)\boldsymbol{e}_3\nabla^2 L-\nabla\left(\frac{\partial L}{\partial x_3}\right) \tag{6-53}$$

$$u_i=2(1-\mu)\delta_{3i}L_{,jj}-\left(\frac{\partial L}{\partial x_3}\right)_{,i} \tag{6-54}$$

对于柱坐标中的轴对称问题，乐甫位移函数仅为坐标 r 、z 的函数，即 $L=L(r,z)$ 。则由式(6-53)，可得柱坐标系中以乐甫位移函数 L 表示的位移分量为

$$u_r=-\frac{\partial^2 L}{\partial r\partial z}$$
$$u_\theta=-\frac{1}{r}\frac{\partial^2 L}{\partial\theta\,\partial z}=0 \tag{6-55}$$
$$w=2(1-\mu)\nabla^2 L-\frac{\partial^2 L}{\partial z^2}$$

将式(6-55)代入式(6-50)，可得以乐甫位移函数表示的体积应变为

$$\theta=(1-2\mu)\frac{\partial}{\partial z}(\nabla^2 L) \tag{6-56}$$

将式(6-55)代入式(6-49)，且应用式(6-56)，可得以乐甫位移函数表示的应力分量为

$$\sigma_r=2G\frac{\partial}{\partial z}\left(\mu\nabla^2-\frac{\partial^2}{\partial r^2}\right)L,\ \sigma_\theta=2G\frac{\partial}{\partial z}\left(\mu\nabla^2-\frac{1}{r}\frac{\partial}{\partial r}\right)L$$
$$\sigma_z=2G\frac{\partial}{\partial z}\left[(2-\mu)\nabla^2-\frac{\partial^2}{\partial z^2}\right]L,\ \tau_{zr}=2G\frac{\partial}{\partial r}\left[(1-\mu)\nabla^2-\frac{\partial^2}{\partial z^2}\right]L \tag{6-57}$$

这样，轴对称问题的求解归结为寻求一个恰当的双调和函数 $L(r,z)$，使得由式(6-55)和式(6-57)求得的位移和应力能满足给定的边界条件。

例 6-2　求无限体内一点受集中力 P 作用且不计体力时，体内的应力与位移分布(图 6-1)。

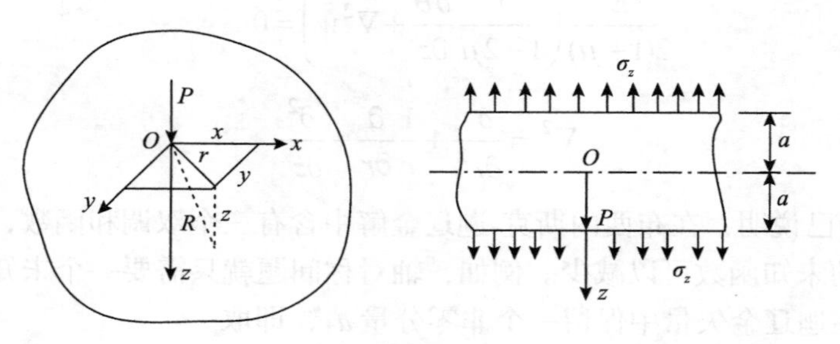

图 6-1

这个问题称为开尔文问题，是一个轴对称问题。由于无体力作用，可选用重调和的乐甫位移函数求解。根据量纲分析，应力分量的量纲应为 P 乘以 r、z 等长度坐标的负二次幂，而由式(6-57)可知，应力分量为乐甫位移函数的三阶偏导数，可见 L 应为一次幂的双调和函数。又本例的边界条件为：①所有应力在无穷远处均趋于零；②在集中力 P 作用点即坐标原点 O 处，奇异应力沿 z 方向的合力应与力 P 等效。据此，可选乐甫位移函数为

$$L = AR = A(z^2 + r^2)^{1/2} \tag{a}$$

其中，A 为待定参数，易于验证 R 为双调和函数。

将式(a)代入式(6-55)和式(6-57)，可得位移分量及应力分量为

$$\begin{aligned} u_r &= A\frac{rz}{R^3} \\ w &= A\frac{1}{R}\left[(3-4\mu)+\frac{z^2}{R^2}\right] \end{aligned} \tag{b}$$

$$\begin{aligned} \sigma_r &= 2GA\left[\frac{(1-2\mu)z}{R^3}-\frac{3zr^2}{R^5}\right] \\ \sigma_\theta &= 2GA\frac{(1-2\mu)z}{R^3} \\ \sigma_z &= -2GA\left[\frac{(1-2\mu)z}{R^3}+\frac{3z^3}{R^5}\right] \\ \tau_{zr} &= -2GA\left[\frac{(1-2\mu)r}{R^3}+\frac{3rz^2}{R^5}\right] \end{aligned} \tag{c}$$

由式(b)和式(c)可见，位移分量和应力分量在坐标原点处是奇异的，而在无限远处趋于

零，并且呈轴对称分布。其中待定常数 A 可由 z 方向的平衡条件确定。为此，我们考虑 $z=\pm a$ 且半径 r 为无限大的圆盘在 z 方向的平衡。在圆盘边缘圆柱面上的剪应力 τ_{zr} 的量级为 $\dfrac{1}{r^2}$，而圆盘边缘柱面面积的量级为 r，则剪应力 τ_{zr} 合力的量级为 $\dfrac{1}{r}$。当 $r\to\infty$ 时，该合力为零。于是圆盘在 z 方向的平衡条件为

$$P=\int_0^\infty 2\pi r(\sigma_z)_{z=-a}\mathrm{d}r-\int_0^\infty 2\pi r(\sigma_z)_{z=a}\mathrm{d}r$$

将式(c)中的 σ_z 代入，并注意到对于给定的 z，因 $R^2=z^2+r^2$，则 $R\mathrm{d}R=r\mathrm{d}r$，于是可得

$$P=8\pi GA\left[(1-2\mu)a\int_0^\infty\frac{R\mathrm{d}R}{R^3}+3a^3\int_0^\infty\frac{R\mathrm{d}R}{R^5}\right]=16\pi GA(1-\mu)$$

所以

$$A=\frac{P}{16\pi G(1-\mu)} \tag{d}$$

将式(d)代入式(b)和式(c)，即得开尔文问题的位移及应力解。

在轴对称问题中，另一类常用解法是采用拉梅位移势 φ。此时，φ 也仅是坐标 r、z 的函数。由式(6-42)，可得满足齐次拉梅-纳维方程的位移分量为

$$u_r=\frac{1}{2G}\frac{\partial\varphi}{\partial r},\quad u_\theta=0,\quad w=\frac{1}{2G}\frac{\partial\varphi}{\partial z} \tag{e}$$

若取 φ 为调和函数，则体积应变 $\theta=0$，将式(e)代入式(6-49)，可方便地得到应力分量：

$$\begin{gathered}\sigma_r=\frac{\partial^2\varphi}{\partial r^2},\quad \sigma_\theta=\frac{1}{r}\frac{\partial\varphi}{\partial r}\\ \sigma_z=\frac{\partial^2\varphi}{\partial z^2},\quad \tau_{zr}=\frac{\partial^2\varphi}{\partial r\partial z}\end{gathered} \tag{f}$$

这样，对于一个轴对称问题，若能找到恰当的调和函数 $\varphi(r,z)$，使得式(e)给出的位移分量和式(f)给出的应力分量能够满足边界条件，就得到了该问题的正确解答。但实际上体积应变在整个弹性体中等于零的情况是十分特殊的，因此，取拉梅位移势 φ 为调和函数所能解决的问题甚少。但若应用叠加法，则取拉梅位移势为调和函数不仅很方便，且能扩大解决问题的范围。

例 6-3　厚壁圆筒如图 6-2 所示。其内径为 a，外径为 b，受内压 q_1 及外压 q_2 的作用，筒的端部可自由移动。求位移及应力的分布。

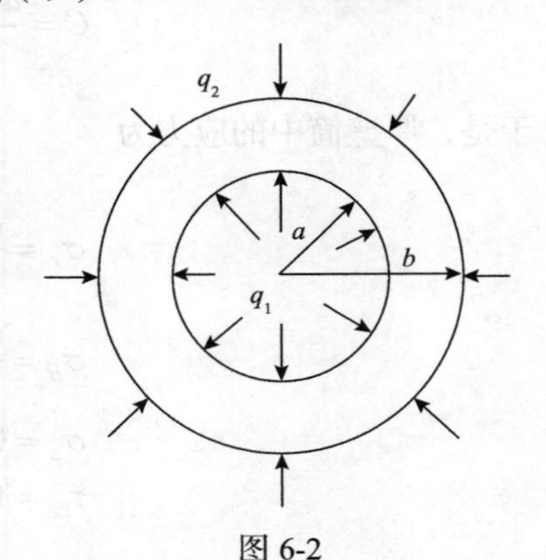

图 6-2

采用圆柱坐标系，z 轴与筒轴重合。由于端部自由，

可设$\sigma_z = 0$；又沿z方向荷载均布，可设横截面保持为平面，则$\gamma_{rz} = 0$，$\tau_{rz} = 0$；其余的应力及位移分量只是r的函数(轴对称)。根据量纲分析，可取拉梅位移势为

$$\varphi = C \ln r \tag{a}$$

其中，C为待定常数。

式(a)是一个调和函数，将其代入例6-2中的式(e)和式(f)，可得位移及应力分量为

$$u_r = \frac{1}{2G}\frac{C}{r}, \quad u_\theta = 0, \quad w = 0 \tag{b}$$

$$\sigma_r = -\frac{C}{r^2}, \quad \sigma_\theta = \frac{C}{r^2}, \quad \sigma_z = 0, \quad \tau_{zr} = 0 \tag{c}$$

显然，式(b)中的位移$w = 0$不能满足筒端可自由移动的要求，式(c)中的应力不能同时满足内外壁处的应力边界条件。为此在解式(c)上再叠加如下应力：

$$\sigma_r = D, \quad \sigma_\theta = D, \quad \sigma_z = 0, \quad \tau_{zr} = 0 \tag{d}$$

式(d)为厚壁筒受均匀内外压D作用时的应力，相应的应变为

$$\begin{aligned} &\varepsilon_r = \frac{1}{E}(\sigma_r - \mu\sigma_\theta) = \frac{1-\mu}{E}D \\ &\varepsilon_\theta = \frac{1-\mu}{E}D, \quad \varepsilon_z = -\frac{2\mu}{E}D, \quad \gamma_{zr} = 0 \end{aligned} \tag{e}$$

将式(e)代入几何方程(6-47)，求得相应的位移为

$$u_r = \frac{1-\mu}{E}Dr, \quad u_\theta = 0, \quad w = -\frac{2\mu}{E}Dz \tag{f}$$

将式(d)与式(c)叠加，且令其满足内外壁处的边界条件：$(\sigma_r)_{r=a} = -q_1$，$(\sigma_r)_{r=b} = -q_2$，求得常数C、D为

$$C = \frac{a^2b^2(q_1 - q_2)}{b^2 - a^2}, \quad D = \frac{q_1a^2 - q_2b^2}{b^2 - a^2} \tag{g}$$

于是，厚壁筒中的应力为

$$\begin{aligned} &\sigma_r = \frac{q_1a^2 - q_2b^2}{b^2 - a^2} + \frac{1}{r^2}\frac{a^2b^2(q_2 - q_1)}{b^2 - a^2} \\ &\sigma_\theta = \frac{q_1a^2 - q_2b^2}{b^2 - a^2} - \frac{1}{r^2}\frac{a^2b^2(q_2 - q_1)}{b^2 - a^2} \\ &\sigma_z = 0 \\ &\tau_{zr} = 0 \end{aligned} \tag{h}$$

将式(b)与式(f)叠加，求得厚壁筒中的位移为

$$
\begin{aligned}
&u_r=\frac{1-\mu}{E}\frac{a^2q_1-b^2q_2}{b^2-a^2}r+\frac{1+\mu}{E}\frac{a^2b^2(q_1-q_2)}{b^2-a^2}\frac{1}{r}\\
&u_\theta=0\\
&w=\frac{2\mu}{E}\frac{a^2q_1-b^2q_2}{a^2-b^2}z
\end{aligned}
\tag{i}
$$

以上所得解答与原先提出的假设相符，表明这些假设是正确的。

6.4　弹性半空间问题

在不计体力的情况下，半空间体在其边界面上受法向集中力 P 作用的问题称为布西内斯克问题。这是个轴对称问题，可采用柱坐标求解。在 6.1 节中已求得由式(6-14)表述的齐次拉梅-纳维方程的一般解为

$$
\boldsymbol{u}=\boldsymbol{b}-\frac{1}{4(1-\mu)}\nabla(b_0+\boldsymbol{r}\cdot\boldsymbol{b})
$$

其中，b_0、$\boldsymbol{b}$ 满足

$$
\nabla^2 b_0=0\text{，}\quad \nabla^2 b_i=0,\quad i=1,2,3
$$

对于轴对称问题，b_0 和 $\boldsymbol{b}$ 的特殊形式为

$$
b_0=b_0(r,z)\text{，}\quad b_r=b_\theta=0\text{，}\quad b_z=b_z(r,z)
$$

将上式代入式(6-14)，得

$$
\boldsymbol{u}=b_z\boldsymbol{e}_z-\frac{1}{4(1-\mu)}\nabla(b_0+zb_z)
\tag{6-58}
$$

其分量形式为

$$
\begin{aligned}
&u_r=-\frac{1}{4(1-\mu)}\frac{\partial}{\partial r}(b_0+zb_z)\\
&u_\theta=0\\
&w=b_z-\frac{1}{4(1-\mu)}\frac{\partial}{\partial z}(b_0+zb_z)
\end{aligned}
\tag{6-59}
$$

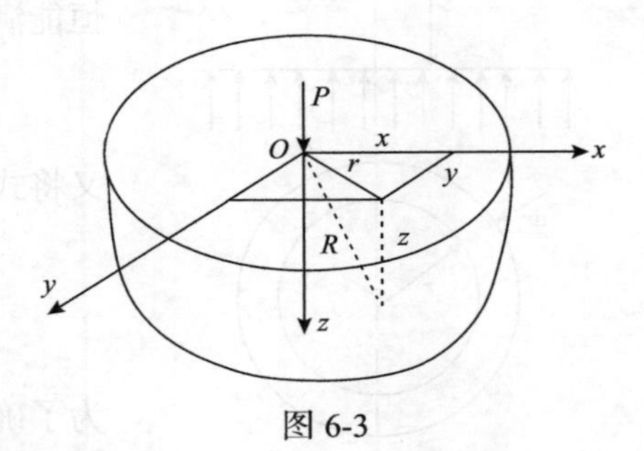

图 6-3

对于布西内斯克问题(图 6-3)，按照量纲分析，应力分量的量纲应是力 P 乘以 r、z、R 等长度坐标的负二次幂。考虑到应变分量与位移分量之间及应变分量与应力分量之间的关系，由式(6-59)可知，调和函数 b_0 应是这些长度坐标的零

次幂函数，而调和函数b_z应是这些长度坐标的负一次幂函数。现取

$$b_0 = 4(1-\mu)C\ln(R+z)$$
$$b_z = 4(1-\mu)\frac{D}{R}$$
$$R^2 = r^2 + z^2$$

其中，C、D为待定常数。

将上式代入式(6-59)，得

$$u_r = -\frac{Cr}{R(R+z)} + \frac{Dzr}{R^3}$$
$$w = \frac{(3-4\mu)D - C}{R} + \frac{Dz^2}{R^3} \tag{a}$$

将式(a)代入式(6-49)，得应力分量的表达式为

$$\sigma_r = \frac{E}{1+\mu}\left\{C\left[-\frac{z}{R^3} + \frac{1}{R(R+z)}\right] + D\left[(1-2\mu)\frac{z}{R^3} - \frac{3r^2 z}{R^5}\right]\right\}$$
$$\sigma_\theta = \frac{E}{1+\mu}\left[-\frac{C}{R(R+z)} + D(1-2\mu)\frac{z}{R^3}\right]$$
$$\sigma_z = \frac{E}{1+\mu}\left\{\frac{Cz}{R^3} - D\left[(1-2\mu)\frac{z}{R^3} + \frac{3z^3}{R^5}\right]\right\} \tag{b}$$
$$\tau_{zr} = \frac{E}{1+\mu}\left\{\frac{Cr}{R^3} - D\left[(1-2\mu)\frac{r}{R^3} + \frac{3rz^2}{R^5}\right]\right\}$$

本问题的边界条件为

$$(\sigma_z)_{\substack{z=0\\ r\neq 0}} = 0\,,\quad (\tau_{zr})_{\substack{z=0\\ r\neq 0}} = 0 \tag{c}$$

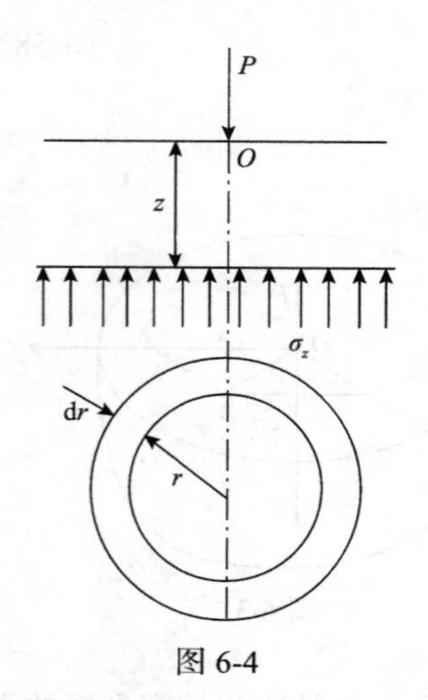

图 6-4

将边界条件式(c)代入式(b)中的第三、四式，可见第三式恒能满足，而由第四式求得

$$C = D(1-2\mu) \tag{d}$$

又将式(d)代入式(b)中的第三式，得

$$\sigma_z = -\frac{3EDz^3}{(1+\mu)R^5} \tag{e}$$

为了确定常数D，考虑距离半空间体表面为z的水平面上所有垂直应力的合力(图 6-4)，由平衡条件，它应等于集中力P，即

$$\int_0^{\infty}(2\pi r\mathrm{d}r)\sigma_z + P = 0$$

将式(e)代入上式得

$$D = \frac{1+\mu}{2\pi E}P \tag{f}$$

于是由式(d)得

$$C = D(1-2\mu) = \frac{(1+\mu)(1-2\mu)}{2\pi E}P$$

将C、D的解代入式(a)，求得位移分量为

$$\left.\begin{aligned} u_r &= \frac{(1+\mu)P}{2\pi ER}\left[\frac{zr}{R^2} - \frac{(1-2\mu)r}{R+z}\right] \\ w &= \frac{(1+\mu)P}{2\pi ER}\left[\frac{z^2}{R^2} + 2(1-\mu)\right] \end{aligned}\right\} \tag{6-60}$$

又由式(b)求得应力分量为

$$\left.\begin{aligned} \sigma_r &= \frac{P}{2\pi R^2}\left[\frac{(1-2\mu)R}{R+z} - \frac{3r^2 z}{R^3}\right] \\ \sigma_\theta &= \frac{(1-2\mu)P}{2\pi R^2}\left(\frac{z}{R} - \frac{R}{R+z}\right) \\ \sigma_z &= -\frac{3Pz^3}{2\pi R^5} \\ \tau_{zr} &= \tau_{rz} = -\frac{3Prz^2}{2\pi R^5} \end{aligned}\right\} \tag{6-61}$$

由式(6-60)中第二式可知，半空间体表面处任一点的法向位移(称为沉陷)为

$$(w)_{z=0} = \frac{(1-\mu^2)P}{\pi rE} \tag{6-62}$$

由式(6-61)可知，在与边界平面平行的任何水平面上，应力σ_z和τ_{zr}与弹性常数无关，且$\sigma_z / \tau_{zr} = z / r$。这表明水平面上各点的全应力$\boldsymbol{\sigma}$必通过坐标原点$O$(图 6-5)。其大小为

$$\sigma = \sqrt{\sigma_z^2 + \tau_{zr}^2} = \frac{3Pz^2}{2\pi R^4} = \frac{3P}{2\pi}\frac{\cos^2\theta}{R^2} \tag{6-63}$$

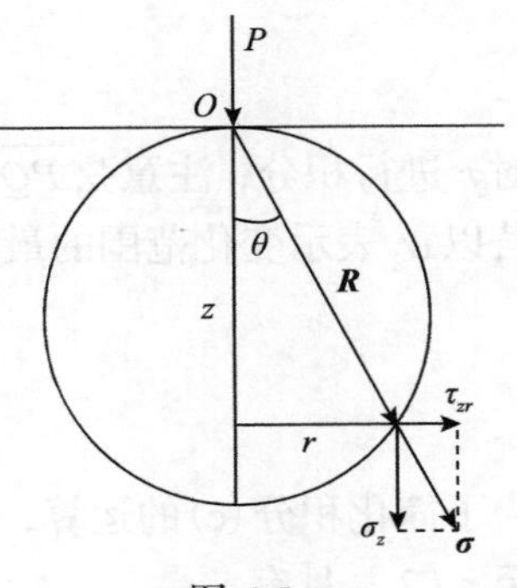

图 6-5

其中，θ为过原点的矢径$\boldsymbol{R}$与z轴的夹角。

由式(6-63)有

$$R^2 = b^2 \cos^2 \theta \tag{6-64}$$

其中，$b^2 = 3P/(2\pi\sigma)$。当$\sigma = \text{const}$时，式(6-64)表示一个过原点且与边界平面相切的球面。而式(6-63)与式(6-64)又表明：在与该球面相交的任何水平面上，交点处的全应力为常数。

布西内斯克问题也可借助于乐甫位移函数来求解。此时令乐甫位移函数L由两个双调和函数叠加组成，即

$$L = AR + Bz\ln(R+z)$$

其中，$R^2 = r^2 + z^2$，A、B为待定常数，将乐甫位移函数L代入几何方程(6-55)，即求得位移分量u_r、w的形式解，然后仿照以上求解过程，便可求得问题的解答。

有了布西内斯克问题的解答，就可以应用叠加法计算边界平面上任意分布荷载作用时所引起的位移及应力。

例 6-4 半空间体在其边界平面的一个半径为a的圆面积上作用法向均布荷载q，试分析其体内的应力和位移。

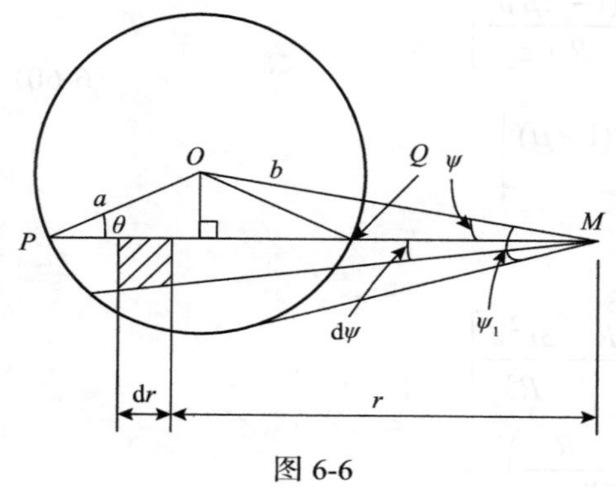

图 6-6

首先计算边界平面上任一点M的法向位移(图 6-6)。M点与受载面圆心O的距离为b，当$b > a$时，M点位于圆外。由式(6-62)，此时微元$\mathrm{d}s = r\mathrm{d}\psi\mathrm{d}r$上的荷载所引起的$M$点的法向位移为

$$\frac{1-\mu^2}{\pi E} q \mathrm{d}\psi \mathrm{d}r \tag{a}$$

圆面积上的全部荷载所引起的位移为

$$w = \frac{(1-\mu^2)q}{\pi E} \iint_A \mathrm{d}\psi \mathrm{d}r \tag{b}$$

对r进行积分，注意弦$\overline{PQ}$的长度为$2\sqrt{a^2 - b^2\sin^2\psi}$；对$\psi$积分时，考虑到$\psi$的对称性，若以$\psi_1$表示变化范围的最大值，则

$$w = \frac{4(1-\mu^2)q}{\pi E} \int_0^{\psi_1} \sqrt{a^2 - b^2\sin^2\psi}\,\mathrm{d}\psi \tag{c}$$

为了简化积分(c)的运算，引入变量θ(图 6-6)，由图可知，当ψ由0变至ψ_1时，θ由0变至$\pi/2$，且有

$$
\begin{aligned}
&a\sin\theta = b\sin\psi \\
&\mathrm{d}\psi = \frac{a\cos\theta\mathrm{d}\theta}{b\cos\psi} = \frac{a\cos\theta}{b\sqrt{1-\dfrac{a^2}{b^2}\sin^2\theta}}\mathrm{d}\theta
\end{aligned} \tag{d}
$$

将式(d)代入式(c)，得

$$
\begin{aligned}
w &= \frac{4(1-\mu^2)q}{\pi E}\int_0^{\frac{\pi}{2}}\frac{a^2\cos^2\theta}{\sqrt{1-\dfrac{a^2}{b^2}\sin^2\theta}}\mathrm{d}\theta \\
&= \frac{4(1-\mu^2)qb}{\pi E}\left[\int_0^{\frac{\pi}{2}}\sqrt{1-\frac{a^2}{b^2}\sin^2\theta}\ \mathrm{d}\theta - \left(1-\frac{a^2}{b^2}\right)\int_0^{\frac{\pi}{2}}\frac{\mathrm{d}\theta}{\sqrt{1-\dfrac{a^2}{b^2}\sin^2\theta}}\right]
\end{aligned} \tag{e}
$$

上式右边的两个积分是椭圆积分，它们的积分值可按 a/b 的值由函数表中直接查得。

当 M 点位于荷载圆的边界上时，由式(e)得

$$
w = \frac{4(1-\mu^2)qa}{\pi E}\int_0^{\frac{\pi}{2}}\cos\theta\mathrm{d}\theta = \frac{4(1-\mu^2)qa}{\pi E} \tag{f}
$$

当 M 点位于荷载圆之内时(图 6-7)，仍可按式(b)计算位移 w。但此时 $\overline{PQ} = 2a\cos\theta$，$\psi$ 则由 0 变至 $\pi/2$。于是

$$
w = \frac{4(1-\mu^2)qa}{\pi E}\int_0^{\frac{\pi}{2}}\cos\theta\mathrm{d}\psi \tag{g}
$$

应用关系式 $a\sin\theta = b\sin\psi$，式(g)变为

$$
w = \frac{4(1-\mu^2)qa}{\pi E}\int_0^{\frac{\pi}{2}}\sqrt{1-\frac{b^2}{a^2}\sin^2\psi}\ \mathrm{d}\psi \tag{h}
$$

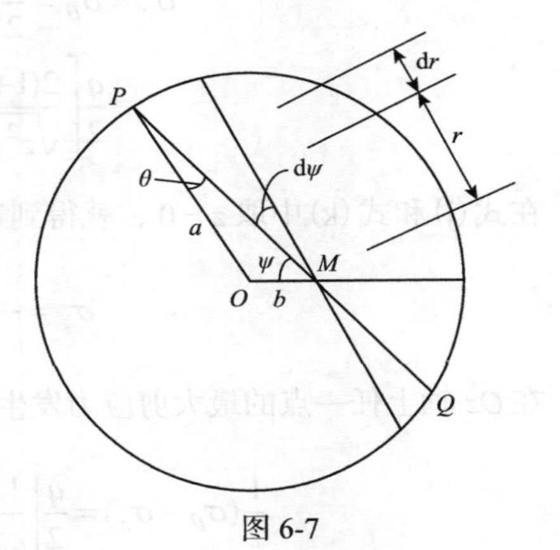

图 6-7

式(h)右边又是椭圆积分。由 b/a 值查表可求得积分值。最大位移发生在圆心 $b=0$ 处，其值为

$$
w = \frac{2(1-\mu^2)qa}{E} \tag{i}
$$

由此可见，对于圆形均布法向荷载情况，最大位移不仅与 q 成正比，也与荷载圆的半径 a 成正比。比较式(f)与式(i)，可知圆心处的位移为荷载圆边界处位移的 $\pi/2$ 倍。

应力也可以应用叠加法求得。例如，对于荷载圆中心下面(即 z 轴上)的任意一点 M(图 6-8)，应用式(6-61)，可求得由微分圆环上的荷载 $2\pi r\mathrm{d}rq$ 所引起的应力，作积分得

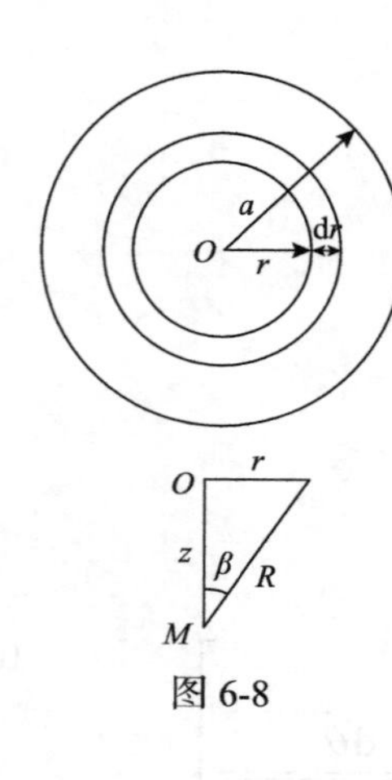

图 6-8

$$\sigma_z = -\frac{3z^3}{2\pi}\int_0^a \frac{2\pi rq\mathrm{d}r}{R^5} = q\left[\frac{z^3}{(z^2+a^2)^{3/2}} - 1\right] \tag{j}$$

由于轴对称，显然在 z 轴上的各点有 $\sigma_r=\sigma_\theta$，$\tau_{zr}=\tau_{z\theta}=\tau_{\theta r}=0$。为了求 σ_r 和 σ_θ，考虑应力张量第一不变量 $I_1=\sigma_r+\sigma_\theta+\sigma_z$。由式(6-61)可得

$$I_1 = \frac{P}{2\pi R^2}\left[\frac{(1-2\mu)z}{R} - \frac{3r^2 z}{R^3} - \frac{3z^3}{R^3}\right]$$

同样地，考虑图 6-8 中微分圆环上的荷载 $2\pi r\mathrm{d}rq$ 所引起的 I_1，作积分得

$$\begin{aligned} I_1 &= q\int_0^a \frac{r}{R^2}\left[\frac{(1-2\mu)z}{R} - \frac{3r^2 z}{R^3} - \frac{3z^3}{R^3}\right]\mathrm{d}r \\ &= 2q(1+\mu)\left(\frac{z}{\sqrt{z^2+a^2}} - 1\right) \end{aligned}$$

于是

$$\begin{aligned} \sigma_r = \sigma_\theta &= \frac{1}{2}(I_1 - \sigma_z) \\ &= \frac{q}{2}\left[\frac{2(1+\mu)z}{\sqrt{z^2+a^2}} - (1+2\mu) - \frac{z^3}{(z^2+a^2)^{3/2}}\right] \end{aligned} \tag{k}$$

在式(j)和式(k)中取 $z=0$，就得到边界平面上荷载圆中心处的应力：

$$\sigma_z = -q\text{，}\quad \sigma_r = \sigma_\theta = -\frac{1+2\mu}{2}q \tag{l}$$

在 Oz 轴上任一点的最大剪应力发生在与 z 轴成 45°的平面上，其值为

$$\frac{1}{2}(\sigma_\theta - \sigma_z) = \frac{q}{2}\left[\frac{1-2\mu}{2} + \frac{(1+\mu)z}{(a^2+z^2)^{1/2}} - \frac{3}{2}\frac{z^3}{(a^2+z^2)^{3/2}}\right] \tag{m}$$

当

$$z = a\sqrt{\frac{2(1+\mu)}{7-2\mu}} \tag{n}$$

时，式(m)取极值。在此处最大剪应力为

$$\tau_{\max} = \frac{q}{2}\left[\frac{1-2\mu}{2} + \frac{2}{9}(1+\mu)\sqrt{2(1+\mu)}\right] \tag{o}$$

若取 $\mu=0.3$，则在 $z=0.637a$ 处产生最大剪应力 $\tau_{\max}=0.33q$。

半空间体(不计体力)在其边界平面上受切向集中力作用的问题(图 6-9)称为塞路提(Cerruti)问题。对塞路提问题亦可采用叠加法求解。同时选取适合的拉梅位移势和迦辽金矢量进行叠加，由式(6-42)和式(6-20)有

$$\boldsymbol{u}=\frac{1}{2G}\nabla\varphi+\nabla^2\boldsymbol{a}-\frac{1}{2(1-\mu)}\nabla(\nabla\cdot\boldsymbol{a}) \tag{6-65}$$

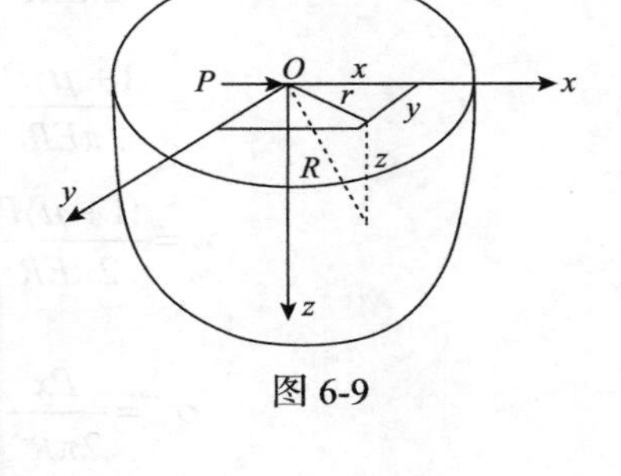

图 6-9

这里拉梅位移势 φ 取调和函数，迦辽金矢量 $\boldsymbol{a}$ 取双调和函数。显然式(6-65)是齐次拉梅-纳维方程(6-5)的解。现在只要选取适当的调和函数 φ 及双调和函数 a_1、a_2 和 a_3，使求得的应力分量满足如下的边界条件。

(1)在边界平面处(除 $r=0$ 点外)：

$$(\sigma_z)_{z=0}=0$$
$$(\tau_{xz})_{z=0}=0$$
$$(\tau_{yz})_{z=0}=0$$

(2)在任一深度等于 z 的水平面上 τ_{xz} 的合力与边界面上沿 x 方向的切向集中力 P 相平衡，即

$$\int_{-\infty}^{\infty}\int_{-\infty}^{\infty}\tau_{xz}\mathrm{d}x\mathrm{d}y+P=0$$

与前面的问题一样，根据量纲分析，该问题的位移分量应该与长度坐标 R、x、y、z 呈负一次幂的关系。则由式(6-65)可见，φ 应该是零次幂的调和函数，a_1、a_2 和 a_3 应该是一次幂的双调和函数。据此选取：

$$\varphi=\frac{Ax}{R+z}$$
$$a_1=BR,\ a_2=0,\ a_3=Cx\ln(R+z)$$

其中，A、B、C 为待定常数。

将 φ 和 a_i 的表达式代入式(6-65)，可求得位移分量，再应用几何方程与物理方程求得应力分量。由边界条件可确定常数：

$$A=\frac{1-2\mu}{2\pi}P$$
$$B=\frac{1+\mu}{2\pi E}P$$
$$C=\frac{(1+\mu)(1-2\mu)}{2\pi E}P$$

最后得位移分量和应力分量为

$$
\left.\begin{aligned}
u&=\frac{(1+\mu)P}{2\pi ER}\left\{1+\frac{x^2}{R^2}+(1-2\mu)\left[\frac{R}{R+z}-\frac{x^2}{(R+z)^2}\right]\right\}\\
v&=\frac{(1+\mu)P}{2\pi ER}\left[\frac{xy}{R^2}+\frac{(1-2\mu)xy}{(R+z)^2}\right]\\
w&=\frac{(1+\mu)P}{2\pi ER}\left[\frac{xz}{R^2}+\frac{(1-2\mu)x}{R+z}\right]
\end{aligned}\right\}\tag{6-66}
$$

$$
\left.\begin{aligned}
\sigma_x&=\frac{Px}{2\pi R^3}\left[\frac{1-2\mu}{(R+z)^2}\left(R^2-y^2-\frac{2Ry^2}{R+z}\right)-\frac{3x^2}{R^2}\right]\\
\sigma_\theta&=\frac{Px}{2\pi R^3}\left[\frac{1-2\mu}{(R+z)^2}\left(3R^2-x^2-\frac{2Rx^2}{R+z}\right)-\frac{3y^2}{R^2}\right]\\
\sigma_z&=-\frac{3Pxz^2}{2\pi R^5}\\
\tau_{yz}&=-\frac{3Pxyz}{2\pi R^5}\\
\tau_{zx}&=-\frac{3Px^2z}{2\pi R^5}\\
\tau_{xy}&=\frac{Py}{2\pi R^3}\left[\frac{1-2\mu}{(R+z)^2}\left(-R^2+x^2+\frac{2Rx^2}{R+z}\right)-\frac{3x^2}{R^2}\right]
\end{aligned}\right\}\tag{6-67}
$$

由式(6-67)可以看出，任一水平截面上的应力 σ_z、τ_{yz}、τ_{zx} 都与弹性常数无关；且由于 $\sigma_z:\tau_{yz}:\tau_{zx}=z:y:x$，因此，水平面上各点的全应力 σ 都通过集中力的作用点。这一特征是与布西内斯克问题相同的。

6.5 两弹性体的接触问题

本节应用布西内斯克解来处理弹性体的接触问题。先讨论两个球体互相接触的简单情况。设有两个球体，半径分别为 R_1 和 R_2，材料弹性常数分别为 E_1、μ_1 与 E_2、μ_2。如果两个球体间没有压力，则它们只在其切平面上的一点 O 接触。过点 O 作与切平面垂直的 z_1 和 z_2 轴，分别指向两个球体内部(图 6-10)。在切平面上距 O 为 s 处作切平面的垂线，分别交两个球体于 M_1 和 M_2 点，它们距切平面的距离近似为

$$
z_1=\frac{s^2}{2R_1},\quad z_2=\frac{s^2}{2R_2}\tag{6-68}
$$

M_1 和 M_2 两点间的距离为

$$z_1 + z_2 = s^2\left(\frac{1}{2R_1}+\frac{1}{2R_2}\right) = \beta s^2 \tag{6-69}$$

其中

$$\beta = \frac{R_1 + R_2}{2R_1R_2} \tag{6-70}$$

如果两个球体以过 O 点的对心力 P 相压，则在接触点附近将发生局部变形，两个球体将由点接触变为面接触。由于轴对称，接触面的周界是以 O 为中心的圆，其半径 a 是一个尚待确定的变形几何量。假定两球半径 R_1、R_2 比接触面半径 a 大得多，则接触面的局部变形可应用 6.4 节中半空间体的结果来分析。

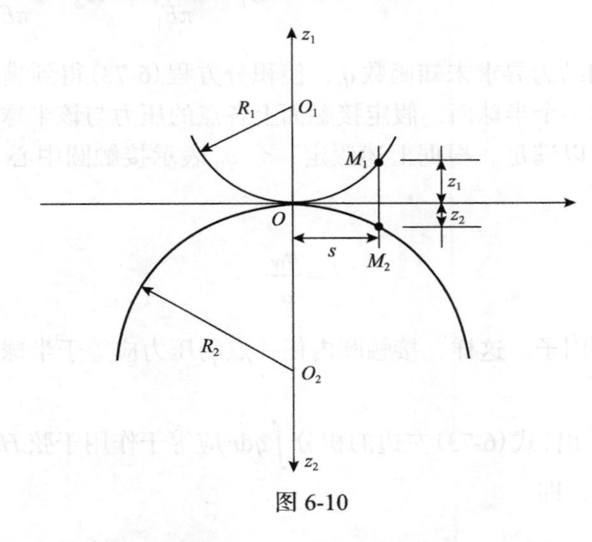

图 6-10

设变形后 M_1、M_2 位于接触面内，w_1、w_2 分别表示点 M_1、M_2 相对于各自球心 O_1、O_2 的轴向位移，α 表示两球心 O_1、O_2 间距离的缩短，于是，M_1、M_2 点在局部变形后成为接触面内的同一点。显然，α 等于两球体上接触点 O 相对于各自球心的位移之和。由于 M_1 与 M_2 相接触，并与 O 位于同一接触面内，因此

$$\alpha = (w_1 + w_2) + z_1 + z_2$$

于是有

$$w_1 + w_2 = \alpha - \beta s^2 \tag{6-71}$$

这就是接触面上各点应满足的变形几何关系，其中 α 是另一个尚待确定的变形几何量。按 6.4 节的讨论，w_1、w_2 可由接触面上分布压力 q 的积分得出，则有

$$w_1 = \frac{1-\mu_1^2}{\pi E_1}\int_A q\mathrm{d}r\mathrm{d}\psi\,,\quad w_2 = \frac{1-\mu_2^2}{\pi E_2}\int_A q\mathrm{d}r\mathrm{d}\psi \tag{6-72}$$

其中积分域 A 为图 6-11 所环绕的圆形接触面。变形前两球体上的 M_1、M_2 点，变形后成为一个点，在图中以 M 代表。式(6-72)中的 r 与 ψ 是以 M 为中心的平面极坐标，显然，积分结果 w_1 与 w_2 都是 s 的函数。将式(6-72)代入式(6-71)，得到以分布压力 q 的积分表示的变形几何关系：

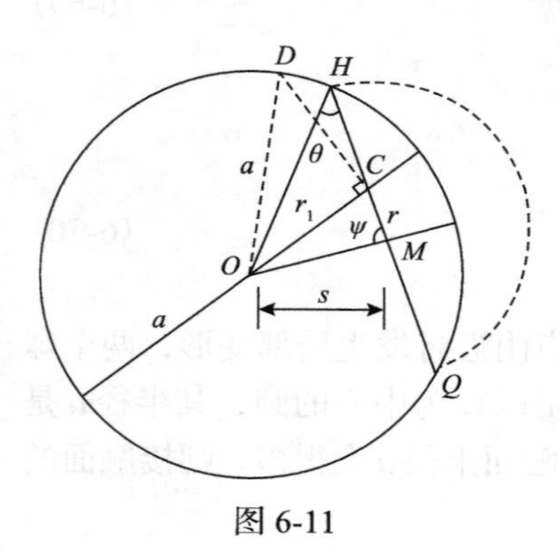

图 6-11

$$(K_1+K_2)\int_A q\mathrm{d}r\mathrm{d}\psi=\alpha-\beta s^2 \tag{6-73}$$

其中

$$K_1=\frac{1-\mu_1^2}{\pi E_1},\quad K_2=\frac{1-\mu_2^2}{\pi E_2} \tag{6-74}$$

至此，把问题归结为寻求未知函数 q，使积分方程(6-73)得到满足。可以证明，若以接触面的圆为底作一个半球面，假定接触面上各点的压力与该半球面在各点的高度成正比，则式(6-73)可以满足。根据上述假定，令 q_0 表示接触圆中心 O 点的压力，应有 $q_0=\lambda a$，由此得

$$\lambda=\frac{q_0}{a} \tag{6-75}$$

其中，常数 λ 为比例因子。这样，接触圆内任一点的压力应等于半球面在该点的高度与比例因子 λ 的乘积。

由图 6-11 不难看出，式(6-73)左边的积分 $\int q\mathrm{d}r$ 应等于作用于弦 $\overline{HQ}$ 上的半径面积 A 和比例因子 λ 的乘积，即

$$\int q\mathrm{d}r=\lambda A=\frac{q_0}{a}A \tag{6-76}$$

由于

$$A=\frac{\pi}{2}\left(\frac{\overline{HQ}}{2}\right)^2=\frac{\pi}{2}(a\cos\theta)^2=\frac{\pi}{2}\left(a^2-s^2\sin^2\psi\right)$$

将 A 值代入式(6-76)后再代入式(6-73)，有

$$2(K_1+K_2)\int_0^{\frac{\pi}{2}}\frac{q_0}{a}\frac{\pi}{2}(a^2-s^2\sin^2\psi)\mathrm{d}\psi=\alpha-\beta s^2$$

对上式进行积分后得

$$(K_1+K_2)\frac{\pi^2 q_0}{4a}(2a^2-s^2)=\alpha-\beta s^2 \tag{6-77}$$

此结果对任意的 s 都应成立。则由等式两侧对应常数项与 s^2 项的系数相等，得

$$\alpha = (K_1 + K_2)\frac{\pi^2 q_0 a}{2} \tag{6-78}$$

$$\beta = (K_1 + K_2)\frac{\pi^2 q_0}{4\alpha} \tag{6-79}$$

这说明只要式(6-78)和式(6-79)成立，则所假定的接触圆上的压力分布规律是正确的。

又由平衡条件，上述半球体的体积与 $\lambda = \frac{q_0}{a}$ 的乘积应等于总压力 P，即 $\frac{2}{3}\pi a^2 \cdot \frac{q_0}{a} = P$。由此，得中心点 O 的压力(即最大压力)为

$$q_0 = \frac{3P}{2\pi a^2} \tag{6-80}$$

将式(6-70)表示的 β 及式(6-80)代入式(6-78)和式(6-79)，得

$$\begin{aligned} a &= \left[\frac{3\pi P(K_1 + K_2)R_1 R_2}{4(R_1 + R_2)}\right]^{1/3} \\ \alpha &= \left[\frac{9\pi^2 P^2 (K_1 + K_2)^2 (R_1 + R_2)}{16 R_1 R_2}\right]^{1/3} \end{aligned} \tag{6-81}$$

这样，式(6-80)可写为

$$q_0 = \frac{3P}{2\pi}\left[\frac{4(R_1 + R_2)}{3\pi P(K_1 + K_2)R_1 R_2}\right]^{2/3} \tag{6-82}$$

当两球体为同一材料时，$E_1 = E_2 = E$，取 $\mu_1 = \mu_2 = 0.3$，可得

$$q_0 = 0.388\left[\frac{PE^2 (R_1 + R_2)^2}{R_1^2 R_2^2}\right]^{1/3} \tag{6-83}$$

$$a = 1.11\left[\frac{P R_1 R_2}{E(R_1 + R_2)}\right]^{1/3} \tag{6-84}$$

$$\alpha = 1.23\left[\frac{P^2 (R_1 + R_2)}{E^2 R_1 R_2}\right]^{1/3} \tag{6-85}$$

以上结果也应用于球体与平面 $(R_2 = \infty)$ 相接触(图 6-12)，以及球体与球座（R_2 为负值）相接触(图 6-13)的情况。

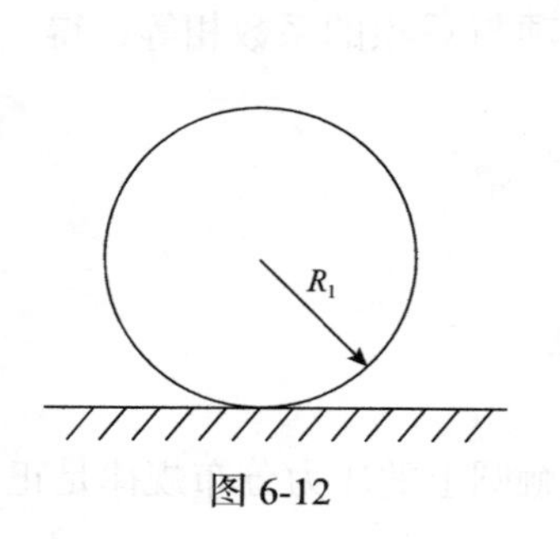

图 6-12

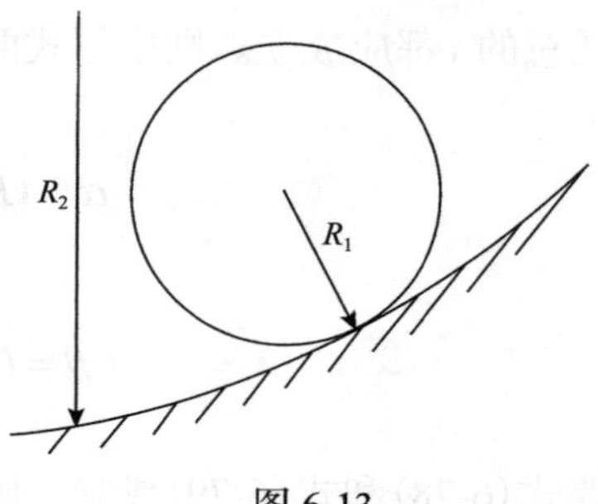

图 6-13

对于更一般的两任意弹性体相接触的情况，可采用与上面类似的分析。取未变形时的公切面为 xy 平面，z_1、z_2 轴通过接触点 O 分别指向物体内部。两物体在接触点附近的曲面方程为

$$z_1 = f_1(x,y),\ \ z_2 = f_2(x,y)$$

将函数 $f_1(x,y)$、$f_2(x,y)$ 按泰勒级数展开，略去高阶项，可得在 O 点附近曲面方程的近似表示式为

$$z_1 = A_1x^2 + B_1y^2 + C_1yx,\ \ z_2 = A_2x^2 + B_2y^2 + C_2xy \tag{6-86}$$

其中

$$A_1 = \frac{1}{2}\frac{\partial^2 f_1}{\partial x^2}\Big|_{(0,0)},\ \ B_1 = \frac{1}{2}\frac{\partial^2 f_1}{\partial x^2}\Big|_{(0,0)}$$

$$C_1 = \frac{\partial^2 f_1}{\partial x \partial y_1}\Big|_{(0,0)},\ \ A_2 = \frac{1}{2}\frac{\partial^2 f_2}{\partial x^2}\Big|_{(0,0)}$$

$$B_2 = \frac{1}{2}\frac{\partial^2 f_2}{\partial y^2}\Big|_{(0,0)},\ \ C_2 = \frac{\partial^2 f_2}{\partial x \partial y}\Big|_{(0,0)}$$

由式(6-86)得

$$z_1 + z_2 = (A_1 + A_2)x^2 + (B_1 + B_2)y^2 + (C_1 + C_2)xy \tag{6-87}$$

通过适当的坐标旋转可使 xy 项的系数为零。于是与图 6-10 中 M_1、M_2 两点对应的距离为

$$z_1 + z_2 = A\xi^2 + B\eta^2 \tag{6-88}$$

其中，ξ、η 为 M_1、M_2 两点在新坐标系内的坐标。可以证明，若在接触点处物体 1 的主曲率半径为 R_1 和 R_1'，物体 2 的主曲率半径为 R_2 和 R_2'，且 R_1 所在的平面与 R_2 所在的平面夹角为 ψ，则有

$$\begin{aligned} A+B &= \frac{1}{2}\left(\frac{1}{R_1}+\frac{1}{R_1'}+\frac{1}{R_2}+\frac{1}{R_2'}\right) \\ B-A &= \frac{1}{2}\left[\left(\frac{1}{R_1}-\frac{1}{R_1'}\right)^2+\left(\frac{1}{R_2}-\frac{1}{R_2'}\right)^2+2\left(\frac{1}{R_1}-\frac{1}{R_1'}\right)\left(\frac{1}{R_2}-\frac{1}{R_2'}\right)\cos(2\psi)\right]^{1/2} \end{aligned} \tag{6-89}$$

由此，可根据两物体在接触点处的主曲率半径与主曲率平面间的夹角来确定式(6-88)中的待定常数 A 及 B 。

从式(6-88)可见，凡是 z_1+z_2 值相同的点都位于同一椭圆上。因而在沿接触面法线方向的力作用下相互挤压后，两物体接触面的周界将是一个椭圆。令 α 、 w_1 、 w_2 的意义与前面球体接触问题相同，仿照前面的分析可得接触面上任意点 $M(\xi,\eta)$ 处，以分布压力 q 的积分表示的变形几何关系为

$$(K_1+K_2)\int_A \frac{q(x,y)}{\sqrt{(x-\xi)^2+(y-\eta)^2}}\mathrm{d}x\mathrm{d}y=\alpha-A\xi^2-B\eta^2 \tag{6-90}$$

其中，K_1 、K_2 的定义同式(6-74)，积分区间为接触面。现在需要确定压力 q 的分布规律，使式(6-90)得到满足。赫兹(Hertz)证明，若以接触面的椭圆为边界作一个半椭球面，令接触面上各点的压力与椭球面在该点的高度成比例，则式(6-90)可以满足。以 q_0 表示接触面中心处的最大压力，以 a 、b 表示接触面椭圆的长短半轴，则该压力分布为

$$q=q_0\left(1-\frac{x^2}{a^2}-\frac{y^2}{b^2}\right)^{1/2} \tag{6-91}$$

将式(6-91)在接触面内积分，令积分结果等于外加压力 P ，得

$$q_0=\frac{3P}{2\pi ab} \tag{6-92}$$

与球体接触情况类似，此处最大压力仍等于平均压力的 1.5 倍。

将式(6-91)代入式(6-90)，最终可得关于 a 、b 、α 的如下关系式：

$$\begin{aligned} a&=C_a\left(\frac{3}{4}\pi P\frac{K_1+K_2}{A+B}\right)^{1/3}\\ b&=C_b\left[\frac{3\pi P(K_1+K_2)}{4(A+B)}\right]^{1/3}\\ \alpha&=C_\alpha\left[\frac{9}{128}\pi^2P^2(A+B)(K_1+K_2)^2\right]^{1/3} \end{aligned} \tag{6-93}$$

其中，$A+B$ 见式(6-89)；系数 C_a 、C_b 、C_α 亦与 A 、B 值有关。令

$$\cos\theta=\frac{B-A}{A+B} \tag{6-94}$$

若 $R_1=R_1'$ ， $R_2=R_2'$ ，则为两球体接触的情况。此时由式(6-89)有 $A=B=\dfrac{1}{2}\left(\dfrac{1}{R_1}+\dfrac{1}{R_2}\right)$。因此，式(6-93)给出

$$a=b=\left[\frac{3\pi P(K_1+K_2)R_1R_2}{4(R_1+R_2)}\right]^{1/3},\quad \alpha=\frac{3\pi P(K_1+K_2)}{4a}$$

与式(6-81)、(6-82)一致。则系数 C_a 、C_b 、C_α 与 θ 的关系见表 6-1。

表 6-1　系数 C_a 、C_b 、C_α 与 θ 的关系

θ	C_a	C_b	C_α
30°	2.731	0.493	1.453
35°	2.397	0.530	1.550
40°	2.136	0.567	1.637
45°	1.926	0.604	1.709
50°	1.754	0.641	1.772
55°	1.611	0.678	1.828
60°	1.486	0.717	1.875
65°	1.378	0.759	1.912
70°	1.284	0.802	1.944
75°	1.202	0.846	1.967
80°	1.128	0.893	1.985
85°	1.061	0.944	1.996
90°	1.000	1.000	2.000
95°	0.944	1.061	1.996
100°	0.893	1.128	1.985

以上求解过程应用了在半空间体边界上受集中力作用时的布西内斯克解。对于两平行圆柱体的接触问题，接触面将是沿圆柱轴线方向的狭长矩形。此时应简化为平面应变问题，布西内斯克解失效。但若采用类似的局部变形分析，并假定分布压力沿接触面宽度 $2b$ 按半椭圆分布，则可导得

$$b=\sqrt{\frac{4p(K_1+K_2)R_1R_2}{R_1+R_2}} \tag{6-95}$$

其中，p 为沿圆柱单位长度轴线上的压力；R_1 、R_2 分别为相接触圆柱的半径。

接触面上的最大压力 q_0 为

$$q_0=\frac{2P}{\pi b}\sqrt{\frac{p(R_1+R_2)}{\pi^2(K_1+K_2)R_1R_2}} \tag{6-96}$$

当 $E_1=E_2=E$ ，$\mu_1=\mu_2=0.3$ 时，有

$$
\begin{aligned}
b &= 1.52\sqrt{\frac{pR_1R_2}{E(R_1+R_2)}} \\
q_0 &= 0.418\sqrt{\frac{pE(R_1+R_2)}{R_1R_2}}
\end{aligned}
\tag{6-97}
$$

若在以上公式中令 $R_2 \to \infty$ 或取 R_2 为负值，则得到圆柱与平面或圆柱与圆柱座相接触的解。

有了接触面大小及作用在其上的压力分布，就可计算应力。值得注意的是，与 6.4 节讨论的圆形法向均布压力情况类似，最大剪应力并不发生在接触表面上，而在接触面以下的某一深度处。这是滚柱或齿轮轮齿经常出现表面层剥落的原因。

6.6　柱形杆的弹性扭转

6.6.1　位移法求解

设有任意截面形状的等直杆，在两端受到一对平衡的扭矩 T 作用，采用正交坐标系如图 6-14 所示。下面应用位移法求解，并假定体力可以略去不计。

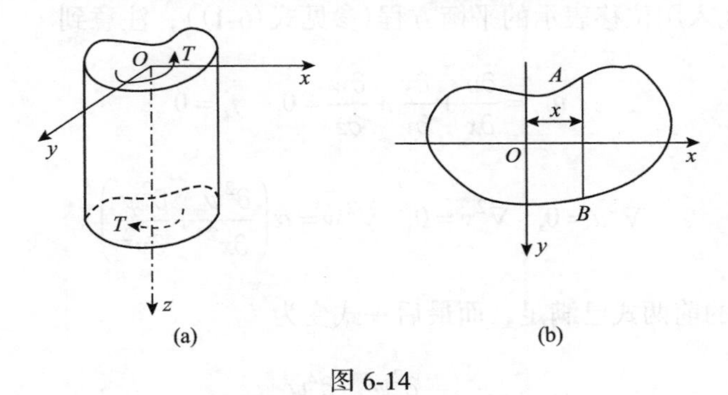

图 6-14

设距上端为 z 的横截面的相对扭转角 θ 与 z 成正比，即

$$\theta = \alpha z \tag{a}$$

其中，α 为单位长度相对扭转角。

横截面上任一点沿 x 和 y 坐标轴的位移分量为

$$u = -y\theta, \quad v = x\theta \tag{b}$$

至于 z 方向的位移分量，在圆截面的情况下，$w = 0$，表示变形前的横截面在扭转变形后仍保持为平面；对于非圆截面情况，扭转变形后横截面产生了翘曲，所以 z 方向的位移分量 $w \neq 0$。设截面翘曲与 z 无关，即有

$$w = \alpha\psi(x, y) \tag{c}$$

其中，ψ 称为圣维南扭转函数。

最后得到杆内的位移分量为

$$\begin{aligned} u &= -\alpha yz \\ v &= \alpha xz \\ w &= \alpha \psi(x, y) \end{aligned} \tag{6-98}$$

由式(6-98)且应用几何方程(5-3)，可求得对应的应变分量为

$$\begin{gathered} \varepsilon_x = \varepsilon_y = \varepsilon_x = \gamma_{xy} = 0 \\ \gamma_{yz} = \alpha\left(\frac{\partial \psi}{\partial y} + x\right), \quad \gamma_{zx} = \alpha\left(\frac{\partial \psi}{\partial x} - y\right) \end{gathered} \tag{d}$$

由物理方程，可求得应力分量为

$$\begin{gathered} \sigma_x = \sigma_y = \sigma_z = \tau_{xy} = 0 \\ \tau_{yz} = G\alpha\left(\frac{\partial \psi}{\partial y} + x\right), \quad \tau_{zx} = G\alpha\left(\frac{\partial \psi}{\partial x} - y\right) \end{gathered} \tag{e}$$

将式(6-98)代入用位移表示的平衡方程(参见式(6-1))，注意到

$$u_{i,i} = \frac{\partial u}{\partial x} + \frac{\partial v}{\partial y} + \frac{\partial w}{\partial z} = 0, \quad f_i = 0$$

$$\nabla^2 u = 0, \quad \nabla^2 v = 0, \quad \nabla^2 w = \alpha\left(\frac{\partial^2 \psi}{\partial x^2} + \frac{\partial^2 \psi}{\partial y^2}\right)$$

则平衡方程(6-1)的前两式已满足，而最后一式变为

$$\nabla^2 \psi = \frac{\partial^2 \psi}{\partial x^2} + \frac{\partial^2 \psi}{\partial y^2} = 0 \tag{6-99}$$

这是拉普拉斯方程，表明圣维南扭转函数 $\psi(x, y)$ 为一个调和函数。

由于柱形杆侧面上不受外力作用，即 $\bar{X}_i = 0$，且侧面上外法线方向余弦中的 $n = 0$，所以侧面上边界条件(参见式(2-18))中的前两式恒能满足，第三式要求：

$$\left(\frac{\partial \psi}{\partial x} - y\right) l + \left(\frac{\partial \psi}{\partial y} + x\right) m = 0 \tag{f}$$

应用

$$l = \frac{\mathrm{d}y}{\mathrm{d}s}, \quad m = -\frac{\mathrm{d}x}{\mathrm{d}s}$$

则式(f)变为

$$\frac{\partial \psi}{\partial x}\mathrm{d}y-\frac{\partial \psi}{\partial y}\mathrm{d}x=x\mathrm{d}x+y\mathrm{d}y \tag{6-100}$$

这就是扭转函数ψ在侧面上所要满足的边界条件。

对于两端面的边界条件，应用圣维南原理有

$$\iint \tau_{zx}\,\mathrm{d}x\mathrm{d}y=0,\ \iint \tau_{zy}\mathrm{d}x\mathrm{d}y=0,\ \iint (x\tau_{zy}-y\tau_{zx})\ \mathrm{d}x\mathrm{d}y=T \tag{6-101}$$

首先证明式(6-101)的前两式是恒满足的。由于

$$\begin{aligned}\iint \tau_{zx}\mathrm{d}x\mathrm{d}y&=G\alpha\iint\left(\frac{\partial \psi}{\partial x}-y\right)\mathrm{d}x\mathrm{d}y\\&=G\alpha\iint\left\{\frac{\partial}{\partial x}\left[x\left(\frac{\partial \psi}{\partial x}-y\right)\right]+\frac{\partial}{\partial y}\left[x\left(\frac{\partial \psi}{\partial y}+x\right)\right]\right\}\mathrm{d}x\mathrm{d}y\end{aligned}$$

应用斯托克斯公式，并由式(6-100)可得

$$\begin{aligned}\iint \tau_{zx}\mathrm{d}x\mathrm{d}y&=G\alpha\oint\left[x\left(\frac{\partial \psi}{\partial x}-y\right)\mathrm{d}y-x\left(\frac{\partial \psi}{\partial y}+x\right)\mathrm{d}x\right]\\&=G\alpha\oint x\left[\left(\frac{\partial \psi}{\partial x}\mathrm{d}y-\frac{\partial \psi}{\partial y}\mathrm{d}x\right)-(x\mathrm{d}x+y\mathrm{d}y)\right]=0\end{aligned}$$

同理可得

$$\iint \tau_{zy}\mathrm{d}x\mathrm{d}y=0$$

而式(6-101)的第三式为

$$\begin{aligned}T&=\iint (x\tau_{zy}-y\tau_{zx})\ \mathrm{d}x\mathrm{d}y\\&=G\alpha\iint\left(x^2+y^2+x\frac{\partial \psi}{\partial y}-y\frac{\partial \psi}{\partial x}\right)\mathrm{d}x\mathrm{d}y\end{aligned}$$

令

$$I_K=\iint\left(x^2+y^2+x\frac{\partial \psi}{\partial y}-y\frac{\partial \psi}{\partial x}\right)\mathrm{d}x\mathrm{d}y \tag{6-102}$$

则

$$T=G\alpha I_K \tag{6-103a}$$

或

$$\alpha = \frac{T}{GI_K} \tag{6-103b}$$

其中，I_K 为截面的抗扭常数，取决于截面的几何尺寸；GI_K 为截面的抗扭刚度；对于给定的柱形杆，G 和 I_K 都是已知的。式(6-103b)给出了单位长度相对扭转角 α 和扭矩 T 之间的关系。

根据上述过程，等直杆扭转问题的位移解法归结于寻求扭转位移函数 $\psi(x,y)$，它应满足如下方程和条件。

(1)调和方程

$$\nabla^2\psi = \frac{\partial^2\psi}{\partial x^2} + \frac{\partial^2\psi}{\partial y^2} = 0$$

(2)边界条件

$$\frac{\partial\psi}{\partial x}\mathrm{d}y - \frac{\partial\psi}{\partial y}\mathrm{d}x = x\mathrm{d}x + y\mathrm{d}y$$

求得扭转函数 $\psi(x,y)$ 后，由式(6-103b)求得 α，最后由式(e)求出应力分量。

在上述边界条件下求解方程 $\nabla^2\psi(x,y)=0$，在数学上属于黎曼(Riemann)边值问题，由于求解比较复杂，故下面将介绍扭转问题的应力解法。

6.6.2　应力法求解

根据材料力学或前述的解答，可知在柱形杆的扭转问题中：

$$\sigma_x = \sigma_y = \sigma_z = \tau_{xy} = 0$$

待求的应力分量只有 τ_{zx} 和 τ_{zy}。代入不计体力的平衡方程式 $\sigma_{ij,j}=0$，有

$$\frac{\partial\tau_{zx}}{\partial z} = 0,\quad \frac{\partial\tau_{zy}}{\partial z} = 0,\quad \frac{\partial\tau_{zx}}{\partial x} + \frac{\partial\tau_{zy}}{\partial y} = 0 \tag{a}$$

由上式中的前两式可知，τ_{zx} 和 τ_{zy} 只是 x、y 的函数，与 z 无关。第三式可写为

$$\frac{\partial}{\partial x}(\tau_{zx}) = \frac{\partial}{\partial y}(-\tau_{zy}) \tag{b}$$

引入一个函数 $\varphi(x,y)$，并令

$$\tau_{zx} = \frac{\partial\varphi}{\partial y},\quad \tau_{zy} = -\frac{\partial\varphi}{\partial x} \tag{6-104}$$

其中，$\varphi(x,y)$ 称为扭转应力函数，是由普朗特提出的。显然它是满足平衡方程的。

将式(6-104)及其他为零的应力分量代入相容方程(5-25)，得

$$(1+\mu)\nabla^2\sigma_{ij}+(I_1)_{,ij}=0 \tag{c}$$

注意，式(c)中 $I_1=0$，$\sigma_x=\sigma_y=\sigma_z=\tau_{xy}=0$，于是有

$$\nabla^2\tau_{zx}=0,\quad \nabla^2\tau_{zy}=0$$

则

$$\frac{\partial}{\partial y}\nabla^2\varphi=0,\quad \frac{\partial}{\partial x}\nabla^2\varphi=0$$

由此得

$$\nabla^2\varphi=C \tag{6-105}$$

其中，C 为一常数，这就是扭转应力函数所要求满足的方程。满足式(6-105)的 $\varphi(x,y)$ 所对应的应力分量已经满足平衡方程和相容方程，只需再满足边界条件就是该问题的精确解。

应力边界条件为

$$\sigma_{ij}v_j=\bar{X}_i \tag{d}$$

在侧面上，$v_3=n=0$，$\bar{X}_i\equiv 0$，式(d)中的前两式恒满足，而第三式要求：

$$(\tau_{zx})_s l+(\tau_{zy})_s m=0$$

将式(6-104)代入，有

$$\left(\frac{\partial\varphi}{\partial y}\right)_s l-\left(\frac{\partial\varphi}{\partial x}\right)_s m=0 \tag{e}$$

又因为在边界上(图 6-15)，有

$$l=\frac{\mathrm{d}y}{\mathrm{d}s},\quad m=-\frac{\mathrm{d}x}{\mathrm{d}s}$$

将上式代入式(e)，则有

$$\left(\frac{\partial\varphi}{\partial y}\right)_s\frac{\partial y}{\partial s}+\left(\frac{\partial\varphi}{\partial x}\right)_s\frac{\partial x}{\partial s}=0$$

即

$$\frac{\partial\varphi}{\partial s}=0\text{或}\varphi\big|_s=C \tag{f}$$

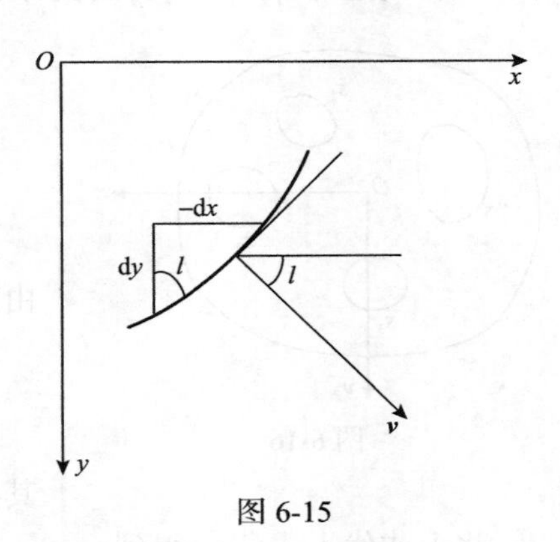

图 6-15

由式(6-104)可知，φ 函数的常数项不影响应力分量，于是对于单连通区域可取 C 为零，此时式(f)为

$$\varphi\big|_s = 0 \tag{6-106}$$

在多连通的情况下，虽然应力函数 φ 在每一边界上都是常数，但各个常数一般并不相同。因此，只能将其中某一个边界上的 $\varphi\big|_s$ 取为零，其他边界上的 $\varphi\big|_s$ 则需根据位移单值条件来确定。

在两端面上，应用局部作用原理，将端面静力边界条件放松，即

$$\iint \tau_{zx}\,\mathrm{d}x\mathrm{d}y = 0,\quad \iint \tau_{zy}\mathrm{d}x\mathrm{d}y = 0,\quad \iint (\tau_{zy}x - \tau_{zx}y)\ \mathrm{d}x\mathrm{d}y = T \tag{g}$$

将式(6-104)代入式(g)中的前两式是满足的，再将式(6-104)代入式(g)中的第三式，并应用斯托克斯公式，有

$$\begin{aligned} T &= -\iint\left(x\frac{\partial\varphi}{\partial x} + y\frac{\partial\varphi}{\partial y}\right)\mathrm{d}x\mathrm{d}y \\ &= -\iint\left[\frac{\partial}{\partial x}(x\varphi) + \frac{\partial}{\partial y}(y\varphi)\right]\mathrm{d}x\mathrm{d}y + 2\iint \varphi\mathrm{d}x\mathrm{d}y \\ &= -\oint_s \varphi(xl + ym)\mathrm{d}s + 2\iint \varphi\mathrm{d}x\mathrm{d}y \end{aligned} \tag{h}$$

由式(6-106)，对于单连体在边界上有 $\varphi = 0$，于是，式(h)简化为

$$T = 2\iint \varphi\mathrm{d}x\mathrm{d}y \tag{6-107}$$

这就是横截面为单连通域时直杆扭转问题端面上 φ 应满足的条件。式(6-107)表明，如果横截面为单连通域且截面上每一点有一个 $\varphi(x,y)$ 值，则扭矩 T 为 φ 曲面所围体积的两倍。

如果横截面所组成的区域为多连通的(图 6-16)，设应力函数 φ 在外边界 s_0 上的值为零，而在内边界 $s_1, s_2, \cdots, s_n$ 的值分别为 $c_1, c_2, \cdots, c_n$。则参照式(h)，有

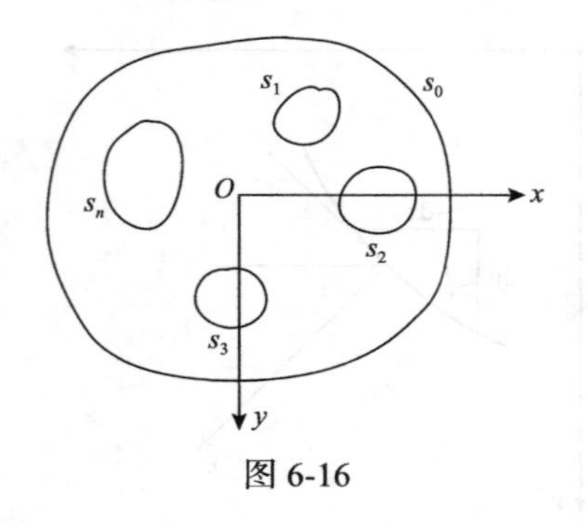

图 6-16

$$\begin{aligned} T &= -\oint_{s_1, s_2, \cdots, s_n} \varphi(xl + ym)\mathrm{d}s + 2\iint \varphi\mathrm{d}x\mathrm{d}y \\ &= -\sum_{i=1}^{n}\oint_{s_i} c_i(xl + ym)\mathrm{d}s + 2\iint \varphi\mathrm{d}x\mathrm{d}y \end{aligned} \tag{i}$$

由斯托克斯公式计算得

$$\oint_{s_i}(xl + ym)\mathrm{d}s = -2\iint_{A_i}\mathrm{d}x\mathrm{d}y = -2A_i$$

其中，A_i 表示内边界 s_i 所围成的区域面积。

将上式代入式(i)，得到

$$T = 2\iint \varphi \mathrm{d}x\mathrm{d}y + 2\sum_{i=1}^{n} c_i A_i \tag{6-108}$$

综上所述，如果采用应力法求解扭转问题，则先在边界条件式(6-106)下求解方程(6-105)，求得了应力函数φ，再由式(6-104)求应力分量。下面求解位移。

将应力函数$\varphi(x, y)$所表示的应力分量代入物理方程(5-8)，即

$$\varepsilon_{ij} = \frac{1+\mu}{E}\sigma_{ij} - \frac{\mu}{E}I_1\delta_{ij}$$

则有

$$\begin{gathered} \varepsilon_x = \varepsilon_y = \varepsilon_z = \gamma_{xy} = 0 \\ \gamma_{zy} = -\frac{1}{G}\frac{\partial \varphi}{\partial x}, \quad \gamma_{zx} = \frac{1}{G}\frac{\partial \varphi}{\partial y} \end{gathered} \tag{j}$$

再代入几何方程(5-3)，可得

$$\begin{gathered} \frac{\partial u}{\partial x} = 0, \quad \frac{\partial v}{\partial y} = 0, \quad \frac{\partial w}{\partial z} = 0, \quad \frac{\partial v}{\partial x} + \frac{\partial u}{\partial y} = 0 \\ \frac{\partial w}{\partial y} + \frac{\partial v}{\partial z} = -\frac{1}{G}\frac{\partial \varphi}{\partial x}, \quad \frac{\partial u}{\partial z} + \frac{\partial w}{\partial x} = \frac{1}{G}\frac{\partial \varphi}{\partial y} \end{gathered} \tag{k}$$

通过积分运算，求得位移分量为

$$u = u_0 + \omega_y z - \omega_z y - \alpha yz$$

$$v = v_0 + \omega_z x - \omega_x z + \alpha xz$$

其中，积分常数u_0、v_0、ω_x、ω_y、ω_z代表刚体位移，α也是积分常数。若只保留与变形有关的位移项，则

$$u = -\alpha yz, \quad v = \alpha xz \tag{6-109a}$$

用柱坐标系表示，式(6-109a)可写为

$$u_r = 0, \quad u_\theta = \alpha rz \tag{6-109b}$$

可见，杆的横截面形状并不改变，只是转动了一个角度$\theta = \alpha z$，α为杆的单位长度相对扭转角。

将式(6-109a)代入式(k)的后两式，有

$$\begin{gathered} \frac{\partial w}{\partial x} = \frac{1}{G}\frac{\partial \varphi}{\partial y} - \frac{\partial u}{\partial z} = \frac{1}{G}\frac{\partial \varphi}{\partial y} + \alpha y \\ \frac{\partial w}{\partial y} = -\frac{1}{G}\frac{\partial \varphi}{\partial x} - \frac{\partial v}{\partial z} = -\frac{1}{G}\frac{\partial \varphi}{\partial x} - \alpha x \end{gathered} \tag{l}$$

由式(1)可求出截面翘曲函数 w 。现将式(1)的两式分别对 y 及 x 求导，然后相减，得

$$\nabla^2\varphi=-2G\alpha \tag{6-110}$$

由此，可见式(6-105)中的常数 C 应为

$$C=-2G\alpha \tag{6-111}$$

6.7　柱形杆的弹性弯曲

设具有任意截面形状的等截面悬臂梁，取坐标系如图 6-17 所示。z 轴与其中心线重合，x、y 轴为截面形心主轴。在梁的自由端面上 $(z=L)$ 作用平行于 x 轴的集中力 P ，P 的作用线通过截面的弯曲中心，使梁只有弯曲而无扭转。现采用应力法中的半逆解法求解。

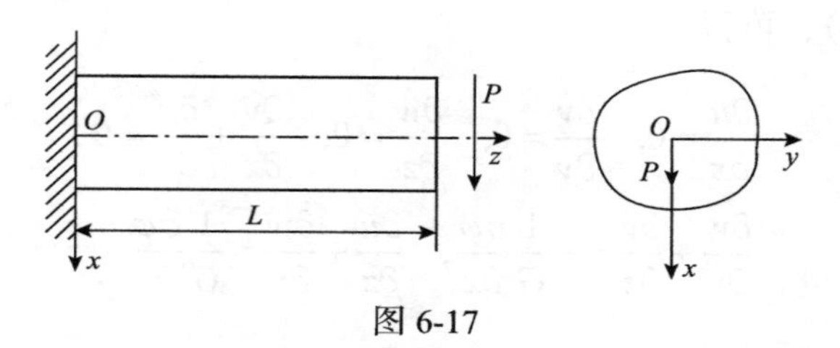

图 6-17

假设轴向正应力同材料力学的结果一样，而纵向纤维之间无挤压，于是有

$$\sigma_z=-\frac{P(L-z)}{I}x\text{ ，}\ \sigma_x=\sigma_y=\tau_{xy}=0 \tag{6-112}$$

其中，I 为截面对形心主轴 y 的惯性矩。

待求的应力分量为 τ_{zx} 和 τ_{zy} ，它们可由平衡方程、协调方程及边界条件来确定。

平衡方程(参见式(5-2))为

$$\sigma_{ij,j}=0$$

将式(6-112)代入，得

$$\frac{\partial\tau_{zx}}{\partial z}=0\text{ ，}\ \frac{\partial\tau_{zy}}{\partial z}=0\text{ ，}\ \frac{\partial\tau_{zx}}{\partial x}+\frac{\partial\tau_{zy}}{\partial y}=-\frac{P}{I}x \tag{a}$$

协调方程(参见式(5-25))为

$$\nabla^2\sigma_{ij}+\frac{1}{1+\mu}\sigma_{kk,ij}=0$$

将式(6-112)代入，得

$$\nabla^2\tau_{zy}=0\ ,\quad \nabla^2\tau_{zx}=-\frac{P}{(1+\mu)I} \tag{b}$$

由式(a)的前两式可知，τ_{zx} 和 τ_{zy} 都与 z 无关，只是 x 和 y 的函数。现在引入应力函数 $\varphi(x,y)$，使

$$\begin{aligned}\tau_{zx}&=\frac{\partial\varphi}{\partial y}-\frac{Px^2}{2I}+f(y)\\ \tau_{zy}&=-\frac{\partial\varphi}{\partial x}\end{aligned} \tag{6-113}$$

则平衡方程(a)能全部满足。其中 $f(y)$ 是为了满足边界条件而引入的函数。将式(6-113)代入式(b)，有

$$\begin{aligned}&\frac{\partial}{\partial y}(\nabla^2\varphi)=\frac{\mu}{1+\mu}\frac{P}{I}-\frac{\mathrm{d}^2f(y)}{\mathrm{d}y^2}\\ &\frac{\partial}{\partial x}(\nabla^2\varphi)=0\end{aligned} \tag{c}$$

积分式(c)中的第一式，得

$$\nabla^2\varphi=\frac{\mu}{1+\mu}\frac{P}{I}y-\frac{\mathrm{d}f(y)}{\mathrm{d}y}+C \tag{d}$$

其中，C 为积分常数，可以证明，它代表单元体绕 z 轴的转动(在小变形的情况下)。现在考虑横截面梁上的任一单元面绕 z 轴的转动分量 ω_z，由式(2-111)，有

$$\omega_z=\frac{1}{2}\left(\frac{\partial v}{\partial x}-\frac{\partial u}{\partial y}\right)$$

则单元体的局部相对转动角为

$$\alpha=\frac{\partial\omega_z}{\partial z}=\frac{1}{2}\frac{\partial}{\partial z}\left(\frac{\partial v}{\partial x}-\frac{\partial u}{\partial y}\right)=\frac{1}{2}\left(\frac{\partial\gamma_{zy}}{\partial x}-\frac{\partial\gamma_{zx}}{\partial y}\right) \tag{e}$$

由物理方程(5-9)，有

$$\gamma_{zy}=\frac{1}{G}\tau_{zy}\ ,\quad \gamma_{zx}=\frac{1}{G}\tau_{zx}$$

代入式(e)，得

$$\alpha=\frac{1}{2G}\left(\frac{\partial\tau_{zy}}{\partial x}-\frac{\partial\tau_{zx}}{\partial y}\right)=-\frac{1}{2G}\left(\frac{\partial^2\varphi}{\partial x^2}+\frac{\partial^2\varphi}{\partial y^2}+\frac{\mathrm{d}f}{\mathrm{d}y}\right)$$

将式(d)代入上式，得

$$-2G\alpha=\frac{\mu}{1+\mu}\frac{Py}{I}+C \tag{f}$$

式(f)表明，单元体的局部相对扭转角α由两部分组成：一部分与截面的畸变有关(式(f)第一项)；另一部分为常数，它相当于柱体扭转中截面总体的单位长度相对扭转角，常称为扭率。在对称(平面)弯曲中，扭率为零，即$C=0$。在一般弯曲中，可将荷载P向弯曲中心简化，将杆的变形分解为平面弯曲和绕形心轴的自由扭转，后者可以单独作为柱体扭转问题处理。因此，在考虑弯曲问题时总是令$C=0$。于是式(d)变为

$$\nabla^2\varphi=\frac{\mu}{1+\mu}\frac{P}{I}y-\frac{\mathrm{d}f(y)}{\mathrm{d}y} \tag{6-114}$$

式(6-114)就是悬臂梁弯曲时，以应力函数表示的变形协调方程。

现在考察边界条件。在杆的侧面边界不受外力作用，$\bar{X}=\bar{Y}=\bar{Z}=0$，且$n=0$，则边界条件为

$$\sigma_{ij}\nu_j=0,\quad i,j=1,2,3$$

上式中对于 i=1, 2 的两式恒能满足，第三式为

$$\tau_{zx}l+\tau_{zy}m=0 \tag{g}$$

注意到

$$l=\frac{\mathrm{d}y}{\mathrm{d}s},\quad m=-\frac{\mathrm{d}x}{\mathrm{d}s}$$

同时将式(6-113)代入式(g)，则可得用应力函数表达的边界条件为

$$\frac{\partial\varphi}{\partial y}\frac{\mathrm{d}y}{\mathrm{d}s}+\frac{\partial\varphi}{\partial x}\frac{\mathrm{d}x}{\mathrm{d}s}=\left(\frac{P}{2I}x^2-f(y)\right)\frac{\mathrm{d}y}{\mathrm{d}s}$$

或

$$\frac{\mathrm{d}\varphi}{\mathrm{d}s}=\left(\frac{P}{2I}x^2-f(y)\right)\frac{\mathrm{d}y}{\mathrm{d}s} \tag{6-115}$$

为了使应力函数φ在边界上取值尽可能简单，可适当选择$f(y)$，使

$$\frac{P}{2I}x^2-f(y)=0 \tag{6-116}$$

于是有$\frac{\mathrm{d}\varphi}{\mathrm{d}s}=0$，即应力函数$\varphi$在边界上的值为常数，因应力函数的常数项不影响应力分

量，因此，取该常数为零，即

$$\varphi\big|_s = 0 \tag{6-117}$$

在梁的自由端边界，$l = m = 0$，且 $\sigma_z = 0$；但在这个边界上外力分布的详细情况并不明确，只能应用局部作用原理，令其静力等效于剪力 P 的作用，于是有边界条件：

$$\iint \tau_{zx}\mathrm{d}x\mathrm{d}y = P\,,\quad \iint \tau_{zy}\mathrm{d}x\mathrm{d}y = 0 \tag{h}$$

将式(6-113)的第一式代入式(h)的第一式，且注意到：

$$\iint \frac{\partial \varphi}{\partial y}\mathrm{d}x\mathrm{d}y = \oint_s \varphi m\mathrm{d}s = 0$$

$$\iint x^2\mathrm{d}x\mathrm{d}y = I$$

$$\iint f(y)\mathrm{d}x\mathrm{d}y = \iint \frac{\partial}{\partial x}[xf(y)]\mathrm{d}x\mathrm{d}y = \oint_s xf(y)l\mathrm{d}s$$
$$= \oint_s xf(y)\mathrm{d}y = \oint_s \frac{Px^3}{2I}\mathrm{d}y = \frac{3P}{2I}\oint_s \frac{x^3}{3}\mathrm{d}y = \frac{3P}{2I}\iint x^2\mathrm{d}x\mathrm{d}y = \frac{3}{2}P$$

则有

$$\iint \tau_{zx}\mathrm{d}x\mathrm{d}y = P$$

可见式(h)中的第一式是满足的。再将式(6-113)中的第二式代入(h)中的第二式，并应用到式(6-117)，有

$$\iint \tau_{zy}\mathrm{d}x\mathrm{d}y = -\iint \frac{\partial \varphi}{\partial x}\mathrm{d}x\mathrm{d}y = -\oint_s \varphi l\mathrm{d}s = 0$$

可见式(h)中的第二式也是满足的。

总结起来，为了求解柱形悬臂梁在自由端面作用集中力 P 的弯曲问题，首先要选择函数 $f(y)$，使其满足式(6-116)，即

$$\left[\frac{Px^2}{2I} - f(y)\right]_s = 0$$

再选择应力函数 $\varphi(x, y)$，使它满足微分方程(6-114)：

$$\nabla^2\varphi = \frac{\mu}{1+\mu}\frac{P}{I}y - \frac{\mathrm{d}f(y)}{\mathrm{d}y}$$

和边界条件(6-117)：

$$\varphi\big|_s = 0$$

最后由式(6-113)求出应力分量。

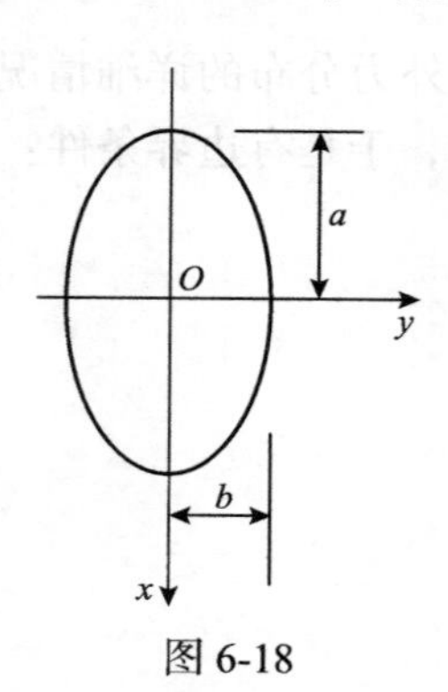

图 6-18

作为一个实例，考虑横截面是长短半轴分别为 a 和 b 的椭圆，如图 6-18 所示。显然，椭圆的中心为弯曲中心。椭圆的周界方程为

$$\frac{x^2}{a^2}+\frac{y^2}{b^2}-1=0$$

因在周界上有

$$x^2=a^2-\frac{a^2}{b^2}y^2$$

所以，为使式(6-116)成立，可取

$$f(y)=\left(\frac{P}{2I}x^2\right)_s=\frac{P}{2I}\left(a^2-\frac{a^2}{b^2}y^2\right) \tag{6-118}$$

将式(6-118)代入式(6-114)，有

$$\nabla^2\varphi=\frac{\mu}{1+\mu}\frac{P}{I}y+\frac{Pa^2}{Ib^2}y=\frac{P}{I}\left(\frac{a^2}{b^2}+\frac{\mu}{1+\mu}\right)y \tag{i}$$

设应力函数为

$$\varphi=B\left(\frac{x^2}{a^2}+\frac{y^2}{b^2}-1\right)y \tag{j}$$

其中，B 为待定常数，显然 φ 满足侧面边界条件(6-117)。将式(j)代入式(i)，有

$$2\left(\frac{1}{a^2}+\frac{3}{b^2}\right)By=\frac{P}{I}\left(\frac{a^2}{b^2}+\frac{\mu}{1+\mu}\right)y$$

由此得

$$B=\frac{\dfrac{P}{2I}\left(\dfrac{a^2}{b^2}+\dfrac{\mu}{1+\mu}\right)}{\dfrac{1}{a^2}+\dfrac{3}{b^2}}$$

将上式代入式(j)，得应力函数表达式为

$$\varphi=\frac{(1+\mu)a^2+\mu b^2}{2(1+\mu)(3a^2+b^2)}\frac{P}{I}\left(x^2+\frac{a^2}{b^2}y^2-a^2\right)y \tag{6-119}$$

将式(6-119)代入式(6-113)，求得应力分量为

$$\begin{aligned}\tau_{zx}&=\frac{\partial\varphi}{\partial y}-\frac{Px^2}{2I}+f(y)\\&=\frac{2(1+\mu)a^2+b^2}{2(1+\mu)(3a^2+b^2)}\frac{P}{I}\left[(a^2-x^2)-\frac{(1-2\mu)a^2y^2}{2(1+\mu)a^2+b^2}\right]\\\tau_{zy}&=-\frac{\partial\varphi}{\partial x}=-\frac{(1+\mu)a^2+\mu b^2}{(1+\mu)(3a^2+b^2)}\frac{P}{I}xy\end{aligned} \tag{6-120}$$

在横轴上有

$$\begin{aligned}(\tau_{zx})_{x=0}&=\frac{2(1+\mu)a^2+b^2}{2(1+\mu)(3a^2+b^2)}\frac{Pa^2}{I}\left[1-\frac{(1-2\mu)y^2}{2(1+\mu)a^2+b^2}\right]\\(\tau_{zy})_{x=0}&=0\end{aligned} \tag{6-121}$$

最大剪应力发生在椭圆中心，其值为

$$\tau_{\max}=(\tau_{zx})_{x=y=0}=\frac{(1+\mu)a^2+\frac{1}{2}b^2}{(1+\mu)(3a^2+b^2)}\frac{Pa^2}{I} \tag{6-122}$$

若$b\ll a$，则可略去b^2/a^2项，得

$$\tau_{\max}=\frac{4}{3}\frac{P}{\pi ab} \tag{6-123}$$

这和初等理论所假设的τ_{zx}沿水平轴均匀分布的结果一致。若$a\ll b$，则可略去a^2/b^2项，得

$$\tau_{\max}=\frac{2}{1+\mu}\frac{P}{\pi ab} \tag{6-124}$$

这时水平轴两端点的剪应力为

$$(\tau_{zx})_{\substack{x=0\\y=\pm b}}=\frac{4\mu}{1+\mu}\frac{P}{\pi ab} \tag{6-125}$$

显然，剪应力沿水平轴的分布不均匀。若取$\mu=0.3$，则

$$\tau_{\max}=1.54\frac{P}{\pi ab}，\ (\tau_{zx})_{\substack{x=0\\y=\pm b}}=0.92\frac{P}{\pi ab}$$

最大剪应力比初等理论所得的结果大 14%左右。

对于圆截面的情况，即 $a=b$，此时

$$(\tau_{zx})_{x=0}=\frac{3+2\mu}{8(1+\mu)}\frac{Pa^2}{I}\left(1-\frac{1-2\mu}{3+2\mu}\cdot\frac{y^2}{a^2}\right),\quad (\tau_{zy})_{x=0}=0 \tag{6-126}$$

最大剪应力发生在圆心处，其值为

$$\tau_{\max}=(\tau_{zx})_{\substack{x=0\\y=0}}=\frac{3+2\mu}{2(1+\mu)}\frac{P}{\pi a^2} \tag{6-127}$$

此时，水平轴上的剪应力分布仍不均匀。若取 $\mu=0.3$，有

$$\tau_{\max}=1.38\frac{P}{\pi a^2},\quad (\tau_{zx})_{\substack{x=0\\y=\pm a}}=1.23\frac{P}{\pi a^2}$$

在这种情况下，最大剪应力比初等理论所得的结果大 4%左右。只有当 $\mu=0.5$ 时，圆截面的解答式(6-126)才与初等理论的结果一致。

习　题

6-1 证明下述形式的位移满足齐次拉梅-纳维方程的解：

(1) $u_i+\gamma_i+\alpha x_i$。其中，α 及 γ_i 为调和函数，且满足：$(5-4\mu)\alpha+x_j\alpha_{,j}+\gamma_{j,j}=\text{const}$；

(2) $u_i=H_i+x_1F_{,i}$。其中，H_i 及 F 为调和函数，且满足：$(3-4\mu)F_{,i}+H_{j,j}=\text{const}$。

6-2 若迦辽金矢量 $\boldsymbol{a}$ 有两个分量为零，$a_1=a_2=0$，试根据式(6-20)写出位移 $\boldsymbol{u}$ 的分量形式及对应的应力分量表达式。

6-3 在图 6-1 所示的柱坐标系中，试求对应于拉梅位移势 $\varphi=C\ln(R+z)$ 的应力。

6-4 一个具有小圆球孔的长方体(设球孔离六个面都较远)，在六个面上受均布压力 q 作用，求球孔壁上的应力分布情况。

6-5 内半径为 a、外半径为 b 的空心圆球，外壁被固定而内壁受均布压力 q 作用，求最大径向位移和最大切向拉应力。

6-6 试用乐甫位移函数 $L=A(z^2+r^2)^{1/2}$ 与拉梅位移势 $\varphi=B\ln(R+z)$ 求解布西内斯克问题。式中，$R^2=r^2+z^2$。

6-7 半空间体在边界平面的一个半径为 a 的圆面积上受均布压力 q，试求圆心下方距边界为 h 处的位移。

6-8 半空间体在边界面的一个矩形面积上受均布压力 q，设矩形面积的边长为 a 和 b，试求矩形中心及四角处的沉陷。

6-9 两个材料相同、半径均为 R 的圆柱体，在互相垂直的位置以力 P 相压，试求最大压力。

6-10 桥梁的辊轴支座如图 6-19 所示。辊轴和支承平台均系钢制，已知 $d=300\text{mm}$，$l=300\text{mm}$，试求在最大接触应力不超过 1000N/m^2 时，力 P 所能达到的最大值。

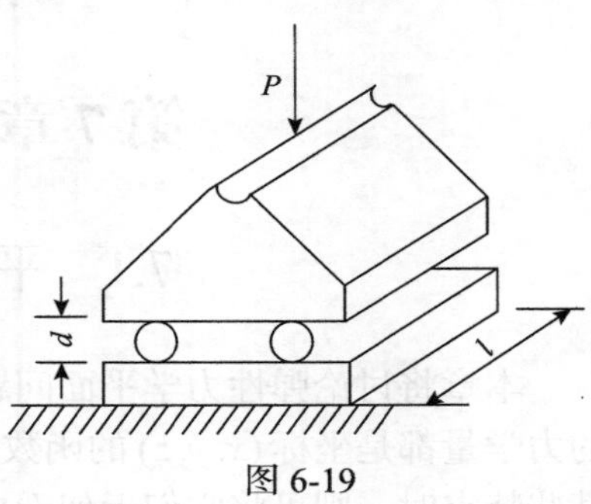

图 6-19

6-11 半径为 a 的圆截面杆，两端作用扭矩 T，试写出该杆件的应力函数；求出应力分量并和材料力学的结果做出比较。

6-12 试比较边长为 $2a$ 的正方形截面杆件与截面面积相等的圆截面杆在承受同样大小扭矩 T 时所产生的最大剪应力和单位扭转角。

6-13 等边三角形横截面柱形杆受扭矩 T 作用，如图 6-20 所示，试用应力函数：

$$\varphi=m(x-a)(x-\sqrt{3}y)(x+\sqrt{3}y)$$

求应力分布、最大剪应力和单位长度的扭转角。

6-14 椭圆截面柱形杆受扭矩 T 作用，如图 6-21 所示，试用应力函数 $\varphi=m\left(\dfrac{x^2}{a^2}+\dfrac{y^2}{b^2}-1\right)$ 求：

(1) 应力分布 τ_{zx}、τ_{zy}；

(2) 最大剪应力 $\tau_{\max}$；

(3) 单位长度相对扭转角 α；

(4) 以上计算结果与圆截面受扭杆相比较。

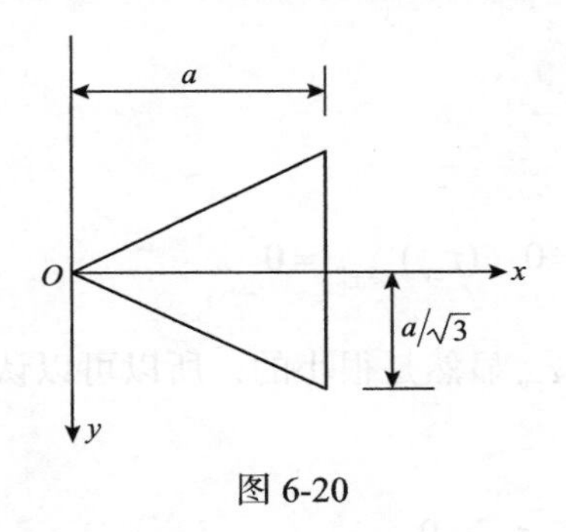

图 6-20

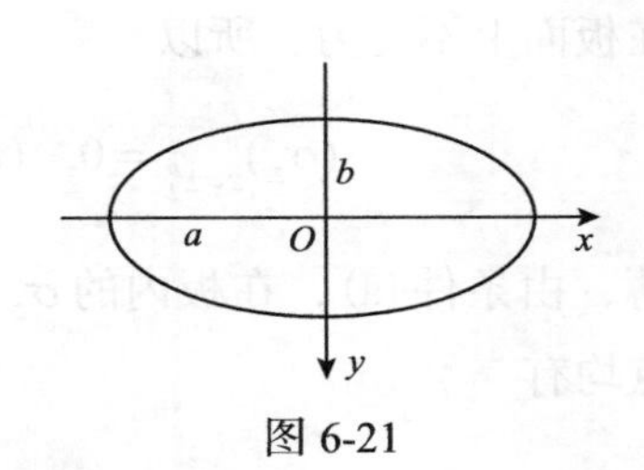

图 6-21

第 7 章　弹性力学平面问题

7.1　平面应力与平面应变问题

本章将讨论弹性力学平面问题。实际上，所有弹性力学问题都是空间问题，即所有的力学量都是坐标 (x,y,z) 的函数。但是，当所考察的物体(结构)及其所承受的荷载具有某些特点时，则可将它们近似看成平面(二维)问题，即所有的力学量都是两个坐标，如 (x,y) 的函数，从而使问题得到简化，而所得解答又具有工程所要求的精度。弹性力学平面问题又可以分为平面应力问题和平面应变问题。

7.1.1　平面应力问题

设物体的几何形状为等厚度的薄板，只在板的周边上作用有平行板面的外力(沿厚度均布)，在板面上不受外力作用，如图 7-1 所示。取薄板的中面为 xOy 坐标面，取垂直于中面的任一直线为 z 轴，且设板厚为 h。

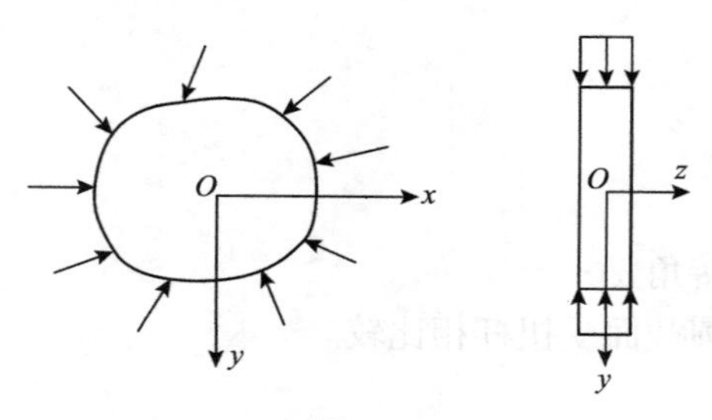

图 7-1

由于在板面上不受力，所以

$$(\sigma_z)_{z=\pm\frac{h}{2}}=0,\ \ (\tau_{zx})_{z=\pm\frac{h}{2}}=0,\ \ (\tau_{zy})_{z=\pm\frac{h}{2}}=0 \tag{a}$$

因为板很薄，由条件(a)，在板内的 σ_z、τ_{zx}、τ_{zy} 显然是很小的，所以可以认为薄板内的所有各点均有

$$\sigma_z=0,\ \ \tau_{zx}=0,\ \ \tau_{zy}=0 \tag{b}$$

又由于板很薄，且荷载沿厚度均布，可以认为所有力学量与 z 无关，于是板内的非零应力分量仅有 σ_x、σ_y 和 τ_{xy}，它们只是 (x,y) 的函数。这样的问题称为平面应力问题。

根据本构方程(5-7)和式(b)，有

$$\gamma_{zx}=0,\ \ \gamma_{zy}=0 \tag{c}$$

及

$$\varepsilon_z = -\frac{\mu}{E}(\sigma_x + \sigma_y) \tag{d}$$

但ε_z并非独立变量。由此通过几何方程$\varepsilon_z = \dfrac{\partial w}{\partial z}$可求$w(x,y)$，可见$w$也非独立变量。

总结起来，平面应力问题的基本未知量有应力分量σ_x、σ_y、τ_{xy}，应变分量ε_x、ε_y、γ_{xy}，位移分量u、v。它们都是x、y的函数。虽然$\varepsilon_z \neq 0$，$w \neq 0$，但它们并非独立变量，可由基本未知量求出。

7.1.2　平面应变问题

设物体的几何形状为一无限长的柱形体，柱的侧面上承受平行于横截面且不沿长度方向变化的外力，同时体力也平行于横截面且不沿长度方向变化。由于柱体为无限长，可认为任一横截面均为对称面(坐标系如图 7-2 所示)，从而在物体内位移分量为

$$u = u(x,y)\text{，}\quad v = v(x,y)\text{，}\quad w = 0 \tag{a}$$

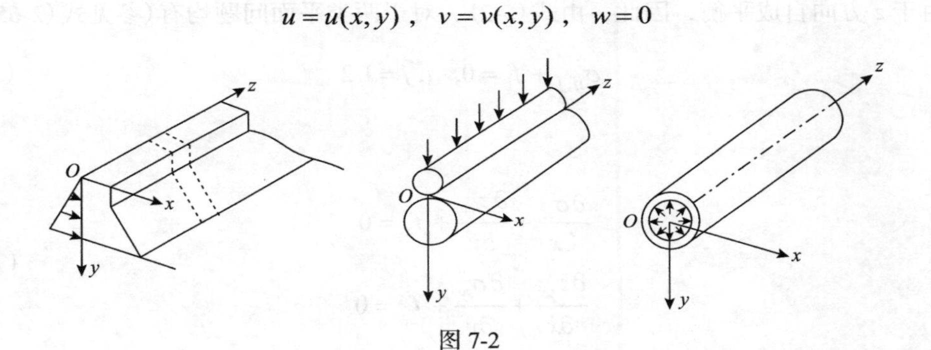

图 7-2

由几何方程(5-3)，有

$$\varepsilon_z = 0\text{，}\quad \gamma_{zx} = 0\text{，}\quad \gamma_{zy} = 0 \tag{b}$$

非零应变分量为ε_x、ε_y和γ_{xy}。而由本构关系式(5-7)和式(5-9)，有

$$\tau_{zx} = 0\text{，}\quad \tau_{zy} = 0 \tag{c}$$

$$\sigma_z = \mu(\sigma_x + \sigma_y) \tag{d}$$

显然，σ_z不是独立的。具有上述特点的问题称为平面应变问题。在实际问题中，只要弹性体为足够长的柱体或两端被约束不能伸缩的柱体，受到沿长度均布的横向荷载作用(图 7-2)，均可近似地看成平面应变问题。

总结起来，平面应变问题的基本未知量有应力分量σ_x、σ_y、τ_{xy}，应变分量ε_x、ε_y、γ_{xy}，位移分量u、v。它们都是x、y的函数。虽然$\sigma_z \neq 0$，但它并非独立变量，可由

基本未知量求出。

从上述讨论可见，两类平面问题具有同样的基本未知量，且这些基本未知量都是 x 和 y 的函数，与 z 无关，在数学上均属于二维问题。它们之间的主要区别在于：在平面应力问题中，物体内只有面内应力 $(\sigma_x, \sigma_y, \tau_{xy})$，没有面外应力 $(\sigma_z = \tau_{zx} = \tau_{zy} = 0)$；而在平面应变问题中，物体内则只有面内的位移和变形 $(u, v, \varepsilon_x, \varepsilon_y, \gamma_{xy})$，没有面外的位移和变形 $(w = 0$，$\varepsilon_z = \gamma_{zx} = \gamma_{zy} = 0)$。另外，在平面应力问题中，$\varepsilon_z \neq 0$，$w \neq 0$；在平面应变问题中，$\sigma_z \neq 0$；但它们都可用基本变量表示，因而不是独立的量。

7.1.3　基本方程

只要将空间问题的基本方程退化成二维问题，就可得平面问题的基本方程式。但要注意的是，两类平面问题的基本未知量虽然完全相同，但非零的应力分量、应变分量和位移分量不是完全相同的。

1. 平衡方程

由于 z 方向自成平衡，因此，由式(5-2)，对于两类平面问题均有(参见式(2-65))

$$\sigma_{ij,j} + f_i = 0, \quad i, j = 1, 2 \tag{7-1a}$$

或

$$\begin{aligned} \frac{\partial \sigma_x}{\partial x} + \frac{\partial \tau_{xy}}{\partial y} + f_x = 0 \\ \frac{\partial \tau_{yx}}{\partial x} + \frac{\partial \sigma_y}{\partial y} + f_y = 0 \end{aligned} \tag{7-1b}$$

2. 几何方程

由于只需考虑面内的几何关系，因此，由式(5-4)和式(5-3)，两类平面问题均有

$$\varepsilon_{ij} = \frac{1}{2}(u_{i,j} + u_{j,i}), \quad i, j = 1, 2 \tag{7-2a}$$

或

$$\varepsilon_x = \frac{\partial u}{\partial x}, \quad \varepsilon_y = \frac{\partial v}{\partial y}, \quad \gamma_{xy} = \frac{\partial v}{\partial x} + \frac{\partial u}{\partial y} \tag{7-2b}$$

由式(7-2b)可得到平面问题的变形协调方程(参见式(5-5))为

$$\frac{\partial^2 \varepsilon_x}{\partial y^2} + \frac{\partial^2 \varepsilon_y}{\partial x^2} = \frac{\partial^2 \gamma_{xy}}{\partial x \partial y} \tag{7-3}$$

3. 本构方程

由本构方程(5-10)和式(5-8)，考虑到非零的应力、应变分量，因此，对于两类平面问题，其本构方程均为

$$\sigma_{ij} = 2G\varepsilon_{ij} + \lambda\varepsilon_{kk}\delta_{ij},\quad i,j,k = 1,2 \tag{7-4}$$

$$\varepsilon_{ij} = \frac{1+\mu}{E}\sigma_{ij} - \frac{\mu}{E}\sigma_{kk}\delta_{ij},\quad i,j,k = 1,2 \tag{7-5}$$

将非零的应力、应变分量代入式(7-4)和式(7-5)，就可以分别写出如下的直角坐标系下两类平面问题的本构方程。

(1)平面应力问题($\sigma_z = 0$，$\varepsilon_z \neq 0$)

$$\begin{aligned} \varepsilon_x &= \frac{1}{E}(\sigma_x - \mu\sigma_y) \\ \varepsilon_y &= \frac{1}{E}(\sigma_y - \mu\sigma_x) \\ \gamma_{xy} &= \frac{2(1+\mu)}{E}\tau_{xy} \end{aligned} \tag{7-6a}$$

且

$$\varepsilon_z = -\frac{\mu}{E}(\sigma_x + \sigma_y),\quad \gamma_{zx} = \gamma_{zy} = 0 \tag{7-6b}$$

或

$$\begin{aligned} \sigma_x &= \frac{E}{1-\mu^2}(\varepsilon_x + \mu\varepsilon_y) \\ \sigma_y &= \frac{E}{1-\mu^2}(\varepsilon_y + \mu\varepsilon_x) \\ \tau_{xy} &= \frac{E}{2(1+\mu)}\gamma_{xy} \end{aligned} \tag{7-7a}$$

且

$$\sigma_z = 0,\quad \tau_{zx} = 0,\quad \tau_{zy} = 0 \tag{7-7b}$$

(2)平面应变问题($\varepsilon_z = 0$，$\sigma_z \neq 0$)

$$\begin{aligned} \varepsilon_x &= \frac{1-\mu^2}{E}\left(\sigma_x - \frac{\mu}{1-\mu}\sigma_y\right) \\ \varepsilon_y &= \frac{1-\mu^2}{E}\left(\sigma_y - \frac{\mu}{1-\mu}\sigma_x\right) \\ \gamma_{xy} &= \frac{2(1+\mu)}{E}\tau_{xy} \end{aligned} \tag{7-8a}$$

且

$$\varepsilon_z = 0, \quad \gamma_{zx} = 0, \quad \gamma_{zy} = 0 \tag{7-8b}$$

或

$$\begin{aligned}
\sigma_x &= \frac{E(1-\mu)}{(1+\mu)(1-2\mu)}\left(\varepsilon_x + \frac{\mu}{1-\mu}\varepsilon_y\right) \\
\sigma_y &= \frac{E(1-\mu)}{(1+\mu)(1-2\mu)}\left(\varepsilon_y + \frac{\mu}{1-\mu}\varepsilon_x\right) \\
\tau_{xy} &= \frac{E}{2(1+\mu)}\gamma_{xy}
\end{aligned} \tag{7-9a}$$

且

$$\sigma_z = \mu(\sigma_x + \sigma_y), \quad \tau_{zx} = 0, \quad \tau_{zy} = 0 \tag{7-9b}$$

比较上面两种平面问题的本构方程,可以看出,只要将平面应力问题本构方程中的E换为$E/(1-\mu^2)$，μ换为$\mu/(1-\mu)$，就可以得到平面应变问题的本构方程。

对于平面应力问题，将本构方程(7-6a)代入式(7-3)，经整理后，就得到用应力表示的协调方程:

$$\frac{\partial^2 \sigma_y}{\partial x^2} + \frac{\partial^2 \sigma_x}{\partial y^2} - 2(1+\mu)\frac{\partial \tau_{xy}}{\partial x \partial y} = \mu \nabla^2 (\sigma_x + \sigma_y) \tag{7-10}$$

对于平面应变问题，只须将式(7-10)中的μ换为$\mu/(1-\mu)$就可得到用应变表示的协调方程。当体力为常数时，将(7-1b)中第一式和第二式分别对x和y求一阶偏导数，然后相加，可得

$$2\frac{\partial^2 \tau_{xy}}{\partial x \partial y} = -\frac{\partial^2 \sigma_x}{\partial x^2} - \frac{\partial^2 \sigma_y}{\partial y^2}$$

将它代入式(7-10)，就得到常体力下用应力表示的协调方程:

$$\nabla^2 (\sigma_x + \sigma_y) = 0 \tag{7-11}$$

该方程称为莱维方程。注意式(7-11)与材料常数无关，即在常体力时，两种平面问题的协调方程相同。

4. 边界条件

平面内周边上的应力边界条件(参见式(5-12)和式(5-11))为

$$\sigma_{ij} \nu_j = \overline{p}_i, \quad i, j = 1, 2 \tag{7-12a}$$

或

$$\begin{aligned}\sigma_x l+\tau_{xy}m=\overline{X}\\ \tau_{xy}l+\sigma_y m=\overline{Y}\end{aligned} \tag{7-12b}$$

对于平面应变问题还有

$$\sigma_z n=\overline{Z}$$

对于平面应力问题，由于z方向无外力作用，又$\sigma_z=0$，所以该方向的应力边界条件自动满足。

7.2　平面问题的一般求解方法

7.2.1　应力解法和应力函数

在弹性力学平面问题中，对于力的边值问题常以应力作为基本未知函数进行求解。此时，基本未知量为σ_x、σ_y、τ_{xy}，通过平衡方程和协调方程可求出应力分量，并使之满足边界条件；再应用物理方程求应变分量，然后，应用几何方程求位移分量。

用应力法求解平面问题的方程可归结如下。

当体力为常量时：

$$\sigma_{ij,j}+f_i=0 \tag{a}$$

$$\nabla^2\sigma_{ii}=0 \tag{b}$$

$$\sigma_{ij}\nu_j=\overline{p}_i \tag{c}$$

当不计体力时：

$$\sigma_{ij,j}=0 \tag{d}$$

$$\nabla^2\sigma_{ii}=0 \tag{e}$$

$$\sigma_{ij}\nu_j=\overline{p}_i \tag{f}$$

联立求解上列方程，就可求得应力分量。从式(7-1)、式(7-11)、式(7-12)可以看出，平衡方程、协调方程和边界条件都与弹性常数无关。由此得到重要结论：对于全部边界为力边界的无(常)体力平面问题，只要几何形状和加载情况相同，无论什么材料，无论哪类平面问题，物体内的面内应力分量的大小和分布情况都相同。这给试验模型的设计，尤其是光弹试验，提供了理论基础并具有很大的灵活性。但需要特别注意的是，对于位移边界问题以及对σ_z、ε_z和w的求解，上述结论不成立。

在求解弹性力学问题时，常常引进应力函数以减少未知量，避免数学上求解偏微分方程组的困难，此时应力分量用应力函数的某些偏导数来替代。

方程(a)是一组线性非齐次偏微分方程，它的解答应该包含两部分：任意一组特解和齐次方程(d)的通解。

非齐次方程(a)的特解可取为

$$\sigma_x = -f_x x, \quad \sigma_y = f_y y, \quad \tau_{xy} = \tau_{yx} = 0$$

或取为

$$\sigma_x = \sigma_y = 0, \quad \tau_{xy} = \tau_{yx} = -f_x y - f_y x$$

或取为

$$\sigma_x = \sigma_y = -f_x x - f_y y, \quad \tau_{xy} = \tau_{yx} = 0$$

等形式，显然，这些特解都满足平衡方程(a)。

又齐次方程(d)可写为

$$\frac{\partial \sigma_x}{\partial x} + \frac{\partial \tau_{xy}}{\partial y} = 0, \quad \frac{\partial \tau_{yx}}{\partial x} + \frac{\partial \sigma_y}{\partial y} = 0 \tag{g}$$

引入连续函数 $A(x,y)$，使

$$\sigma_x = \frac{\partial A}{\partial y}, \quad \tau_{xy} = -\frac{\partial A}{\partial x} \tag{h}$$

则式(g)中的第一式自动满足。同样引入连续函数 $B(x,y)$，使

$$\tau_{xy} = \frac{\partial B}{\partial y}, \quad \sigma_y = -\frac{\partial B}{\partial x} \tag{i}$$

则式(g)中的第二式自动满足。注意到

$$\frac{\partial A}{\partial x} + \frac{\partial B}{\partial y} = 0 \tag{j}$$

为了满足式(j)，再引入连续函数 $\varphi(x,y)$，使

$$A = \frac{\partial \varphi}{\partial y}, \quad B = -\frac{\partial \varphi}{\partial x} \tag{k}$$

将式(k)代回式(h)和式(i)，得

$$\sigma_x = \frac{\partial^2 \varphi}{\partial y^2}, \quad \sigma_y = \frac{\partial^2 \varphi}{\partial x^2}, \quad \tau_{xy} = -\frac{\partial^2 \varphi}{\partial x \partial y} \tag{7-13}$$

这就是齐次方程(d)或(g)的通解。因为无论φ是什么函数，只要四阶连续可导，由式(7-13)表达的应力分量总满足式(d)或式(g)。函数$\varphi(x,y)$称为平面问题的应力函数，于 1862 年由英国科学家艾里(Airy)首先提出，因此也称它为艾里应力函数。

将式(7-13)与特解相叠加，得到平衡方程(a)的全解为

$$\sigma_x = \frac{\partial^2 \varphi}{\partial y^2} - f_x x,\ \ \sigma_y = \frac{\partial^2 \varphi}{\partial x^2} - f_y y,\ \ \tau_{xy} = -\frac{\partial^2 \varphi}{\partial x \partial y} \tag{7-14}$$

为使应力表达式同时满足协调方程，则应力函数$\varphi(x,y)$还必须满足一定的条件。将式(7-14)代入式(b)，就得到

$$\nabla^2\nabla^2\varphi = 0 \text{ 或 } \nabla^4\varphi = 0 \tag{7-15}$$

其中，$\nabla^2\nabla^2(\cdot)$或$\nabla^4(\cdot)$称为双调和算子，这说明应力函数$\varphi(x,y)$必须是双调和函数。

将式(7-14)代入式(7-12b)，就得到相应的用应力函数表示的静力边界条件：

$$\begin{aligned} &\left(\frac{\partial^2 \varphi}{\partial y^2} - f_x x\right) l - \frac{\partial^2 \varphi}{\partial x \partial y} m = \overline{X} \\ &-\frac{\partial^2 \varphi}{\partial x \partial y} l + \left(\frac{\partial^2 \varphi}{\partial x^2} - f_y y\right) m = \overline{Y} \end{aligned} \tag{7-16}$$

综上所述，对于常体力下的平面问题，只要求解一个未知函数$\varphi(x,y)$，即在给定边界条件(7-16)的情况下求解方程(7-15)，求出函数φ后，就可通过式(7-14)求出应力分量，最后通过本构方程求出应变，通过几何方程求出位移。对于无体力的平面问题，协调方程式不变，静力边界条件改变为

$$\begin{aligned} &\frac{\partial^2 \varphi}{\partial y^2} l - \frac{\partial^2 \varphi}{\partial x \partial y} m = \overline{X} \\ &-\frac{\partial^2 \varphi}{\partial x \partial y} l + \frac{\partial^2 \varphi}{\partial x^2} m = \overline{Y} \end{aligned} \tag{7-17}$$

对应的应力分量仍如式(7-13)所示。

7.2.2　多项式解法

前面已将常(无)体力情况下求解平面问题归结为在给定边界条件下求应力函数φ，使φ满足双调和方程。在解决具体问题时，往往由于数学上的困难，不能直接求解，因此，常采用逆解法和半逆解法。

逆解法，即先假定各种形式的满足$\nabla^2\nabla^2\varphi = 0$的应力函数$\varphi$，求出对应的应力分量，然后考察对于形状和几何尺寸完全确定的物体，当其表面受什么样的面力作用时，才能得到这组解答。

半逆解法，即根据物体的形状和荷载情况，或者根据材料力学初等理论的结果，设定应力函数为某种形式，或设定某些应力分量反求出应力函数的某种形式，在设定过程中引入一些待定系数，再根据应力函数应满足双调和方程和边界条件，来确定待定系数及应力函数的具体形式。

这里介绍的多项式解法为逆解法。由于双调和函数是四阶的，故低于四次的多项式都是双调和函数。为求解方便，设体力为零，且由于直角坐标系的局限，这里只求解一些具有矩形边界的平面问题。

1. 一次多项式

$$\varphi = a_0 + b_1 x + c_1 y \tag{7-18}$$

无论系数取何值，φ均满足双调和方程$\nabla^2\nabla^2\varphi = 0$，由式(7-13)求出相应的应力分量为

$$\sigma_x = 0,\ \ \sigma_y = 0,\ \ \tau_{xy} = 0$$

这对应于无应力状态的情况。由此得出结论：线性应力函数对应于无面力、无应力状态；在任何平面问题的应力函数中增减一个线性函数，并不影响应力分量的值。

2. 二次多项式

$$\varphi = a_2 x^2 + b_2 xy + c_2 y^2 \tag{7-19}$$

无论系数取何值，φ均满足双调和方程$\nabla^2\nabla^2\varphi = 0$，由式(7-13)求出相应的应力分量为

$$\sigma_x = \frac{\partial^2\varphi}{\partial y^2} = 2c_2,\ \ \sigma_y = \frac{\partial^2\varphi}{\partial x^2} = 2a_2,\ \ \tau_{xy} = -\frac{\partial^2\varphi}{\partial x\partial y} = -b_2$$

若$a_2 = b_2 = 0$，则代表x方向均匀拉伸$(c_2 > 0)$或压缩$(c_2 < 0)$，如图 7-3(a)所示。

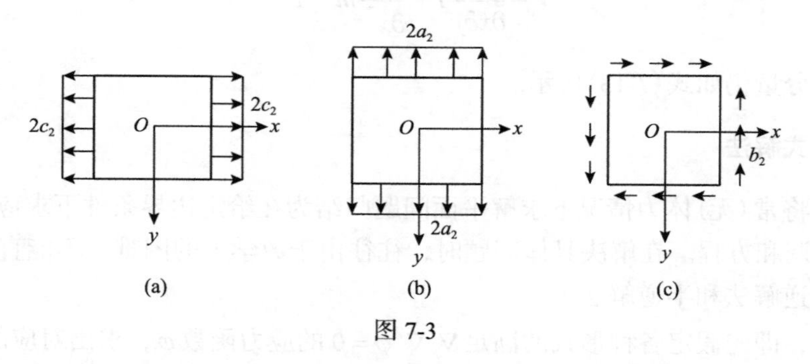

图 7-3

若$c_2 = b_2 = 0$，则代表y方向均匀拉伸$(a_2 > 0)$或压缩$(a_2 < 0)$，如图 7-3(b)所示。

若$a_2 = c_2 = 0$，则代表纯剪切情况，如图 7-3(c)所示。

3. 三次多项式

$$\varphi = a_3 x^3 + b_3 x^2 y + c_3 x y^2 + d_3 y^3 \tag{7-20}$$

无论系数取何值，φ均满足双调和方程$\nabla^2\nabla^2\varphi = 0$，由式(7-13)求出相应的应力分量为

$$\sigma_x = \frac{\partial^2 \varphi}{\partial y^2} = 2(c_3 x + 3d_3 y)$$

$$\sigma_y = \frac{\partial^2 \varphi}{\partial x^2} = 2(3a_3 x + b_3 y)$$

$$\tau_{xy} = -\frac{\partial^2 \varphi}{\partial x \partial y} = -2(b_3 x + c_3 y)$$

可见三次多项式组成的应力函数可用于应力按线性分布的问题。

作为示例，此处考虑$\varphi = d_3 y^3$的情况$(a_3 = b_3 = c_3 = 0)$，此时，应力分量为

$$\sigma_x = 6d_3 y, \quad \sigma_y = 0, \quad \tau_{xy} = 0$$

这是矩形梁在面内弯曲时的应力分布情况，如图 7-4 所示。若已知作用在矩形梁两端的弯矩为M，则由

$$M = \int_{-h/2}^{h/2} y \sigma_x \mathrm{d}y = 6d_3 \int_{-h/2}^{h/2} y^2 \mathrm{d}y$$

有

$$d_3 = \frac{2M}{h^3}$$

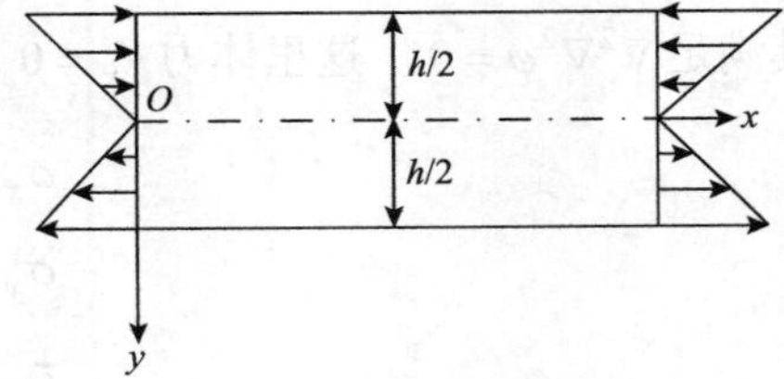

图 7-4

可见，应力函数$\varphi = \dfrac{2M}{h^3} y^3$能解决矩形梁两端作用有力偶矩$M$的纯弯曲问题。

值得注意的是，当应力函数φ取为坐标x和y的三次或三次以上的多项式时，应力分量将不是常量而是坐标的函数。这时，即使是同一个弹性体，如果选取不同的坐标轴，将得出不同的应力分布，因而所解决的问题也不同。例如，对于图 7-4 中的矩形梁，如果x轴不是沿梁的中线，而是沿其上、下边缘，则应力函数$\varphi = d_3 y^3$所解决的将不是纯弯曲问题，而是偏心受拉(或偏心受压)问题。

当应力函数为四次或四次以上的多项式时，为使φ满足双调和方程$\nabla^2\nabla^2\varphi = 0$，就必须使得这个多项式的系数之间满足一定的关系，对应的应力分量则是坐标的二次或二次以上的函数。

例 7-1　考察图 7-5(a)所示的三角形长水坝，其左面铅直，右面与铅垂面成α角，下端可认为伸向无穷。设坝受到自重和液压力的作用，且坝体的密度为ρ，液体的密度为γ，试求坝内的应力分量。

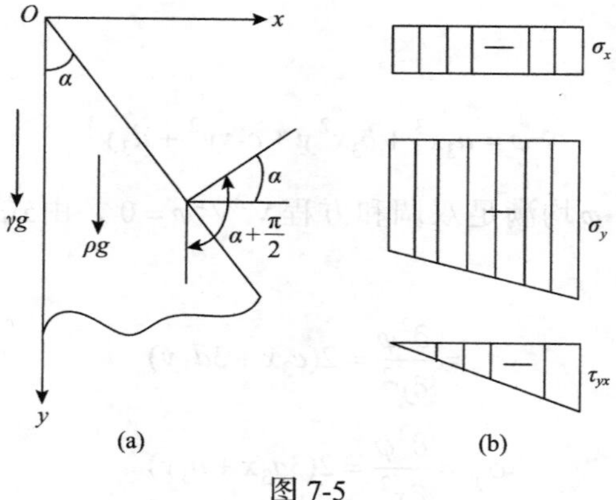

图 7-5

该问题可作为平面应变问题。对坝体内任一点，每个应力分量都可看成由两部分组成：第一部分由坝体的自重引起，它与 ρg 成正比；第二部分由液体压力引起，它与 γg 成正比。当然，每一部分应力分量还和 α 、x 、y 有关。由于应力分量因次是[力][长度]$^{-2}$，ρg 和 γg 的因次是[力][长度]$^{-3}$，α 是无因次的数量，x 和 y 的因次是[长度]，因此，若应力分量具有多项式解答，它们必是 x 和 y 的纯一次函数，这样，应力函数 φ 就应当为 x 和 y 的纯三次多项式。根据因次分析，设应力函数具有形式：

$$\varphi = ax^3 + bx^2y + cxy^2 + dy^3 \tag{a}$$

其满足 $\nabla^2\nabla^2\varphi = 0$ 。这里体力 $f_x = 0$ ， $f_y = \rho g$ ，由式(7-14)求得相应的应力分量为

$$\begin{aligned}\sigma_x &= 2cx + 6dy\\ \sigma_y &= 6ax + 2by - \rho gy\\ \tau_{xy} &= -2bx - 2cy\end{aligned} \tag{b}$$

下面根据边界条件来确定待定系数 a、b、c、d。本问题的边界条件为

$$\begin{aligned}&(\sigma_x)_{x=0} = -\gamma gy\\ &(\tau_{xy})_{x=0} = 0\\ &l(\sigma_x)_{x=y\tan\alpha} + m(\tau_{xy})_{x=y\tan\alpha} = 0\\ &m(\sigma_y)_{x=y\tan\alpha} + l(\tau_{xy})_{x=y\tan\alpha} = 0\end{aligned} \tag{c}$$

将式(b)代入上述边界条件，并联立求解，得

$$\begin{aligned}&a = \frac{\rho g}{6}\cot\alpha - \frac{\gamma g}{3}\cot^3\alpha\\ &b = \frac{\gamma g}{2}\cot^2\alpha\\ &c = 0,\quad d = -\frac{\gamma g}{6}\end{aligned} \tag{d}$$

将式(d)代入式(b)，最后得应力分量为

$$
\begin{aligned}
&\sigma_x = -\gamma g y \\
&\sigma_y = (\rho g \cot\alpha - 2\gamma g \cot^3\alpha)x + (\gamma g \cot^2\alpha - \rho g)y \\
&\tau_{xy} = \tau_{yx} = -\gamma g x \cot^2\alpha
\end{aligned}
\tag{e}
$$

上述解答称为莱维解答。各应力分量沿水平方向的变化大致如图 7-5(b)所示。

应力 σ_x 沿水平方向为常数，这结果不能由材料力学公式求得。应力 σ_y 沿水平方向线性变化，在坝体的左右两面分别为

$$
\begin{aligned}
&(\sigma_y)_{x=0} = -(\rho g - \gamma g \cot^2\alpha)y \\
&(\sigma_y)_{x=y\tan\alpha} = -\gamma g y \cot^2\alpha
\end{aligned}
\tag{f}
$$

这和材料力学中偏心受压公式求得的结果相同。应力分量 τ_{xy} 也按线性变化，在坝体的左右两面分别为

$$
\begin{aligned}
&(\tau_{xy})_{x=0} = 0 \\
&(\tau_{xy})_{x=y\tan\alpha} = -\gamma g y \cot\alpha
\end{aligned}
\tag{g}
$$

而在材料力学中 τ_{xy} 是按抛物线分布的，它与此处的正确解答不符。

7.3　矩形截面梁的弹性弯曲

本节以悬臂梁和简支梁的弯曲问题为例，说明半逆解法在平面问题中的应用。

7.3.1　悬臂梁的弯曲

考察一根长为 l、高为 h 的薄矩形截面悬臂梁(图 7-6)，厚度取单位值，自由端面上受切向分布力作用，其合力为 P，不计体力。试分析其应力场和位移场。

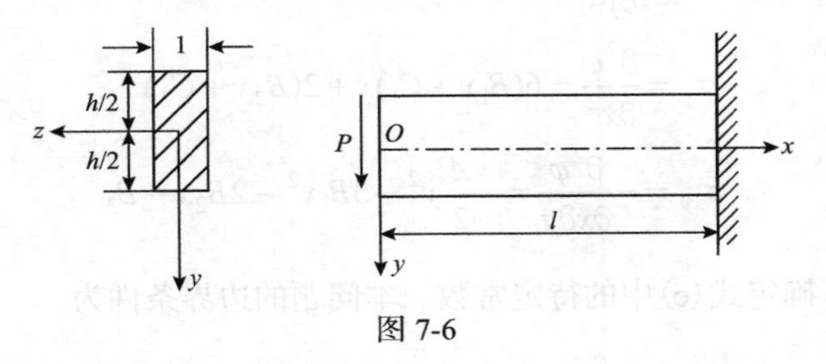

图 7-6

本题可作为平面应力问题，用半逆解法求解。由材料力学可知，任意截面 x 上的弯矩与 x 成正比，而截面上任意点处的应力分量 σ_x 又与该点至中性轴 z 的距离 y 成正比，因此，设

$$\sigma_x = Axy \tag{a}$$

其中，A 为待定常数。

由 $\sigma_x = \dfrac{\partial^2 \varphi}{\partial y^2}$，对式(a)进行积分，得

$$\varphi = \frac{A}{6}xy^3 + yf_1(x) + f_2(x) \tag{b}$$

其中，$f_1(x)$ 和 $f_2(x)$ 均为 x 的待定函数。

将式(b)代入双调和方程 $\nabla^2\nabla^2\varphi = 0$，有

$$y\frac{\mathrm{d}^4 f_1(x)}{\mathrm{d}x^4} + \frac{\mathrm{d}^4 f_2(x)}{\mathrm{d}x^4} = 0$$

要使上式对任意 y 成立，必有

$$\frac{\mathrm{d}^4 f_1(x)}{\mathrm{d}x^4} = 0,\quad \frac{\mathrm{d}^4 f_2(x)}{\mathrm{d}x^4} = 0 \tag{c}$$

积分上两式，且注意 φ 中的 x 和 y 的线性项不影响应力分量，故可取

$$f_1(x) = B_1x^3 + B_2x^2 + B_3x$$
$$f_2(x) = C_1x^3 + C_2x^2$$

其中，B_1、B_2、B_3、C_1 和 C_2 都是待定的积分常数，则应力函数 φ 可写为

$$\varphi = \frac{A}{6}xy^3 + y(B_1x^3 + B_2x^2 + B_3x) + C_1x^3 + C_2x^2 \tag{d}$$

对应的应力分量为

$$\begin{aligned}
\sigma_x &= \frac{\partial^2\varphi}{\partial y^2} = Axy \\
\sigma_y &= \frac{\partial^2\varphi}{\partial x^2} = 6(B_1y + C_1)x + 2(B_2y + C_2) \\
\tau_{xy} &= -\frac{\partial^2\varphi}{\partial x\partial y} = -\frac{A}{2}y^2 - 3B_1x^2 - 2B_2x - B_3
\end{aligned} \tag{e}$$

由边界条件可确定式(e)中的待定常数。本问题的边界条件为

$$(\sigma_y)_{y=\pm\frac{h}{2}} = 0,\ (\tau_{xy})_{y=\pm\frac{h}{2}} = 0,\ (\sigma_x)_{x=0} = 0,\ \int_{-\frac{h}{2}}^{\frac{h}{2}}(\tau_{xy})_{x=0}\,\mathrm{d}y = -P \tag{f}$$

将式(e)代入式(f)，得

$$B_1 = B_2 = C_1 = C_2 = 0$$

$$B_3 = -\frac{1}{8}Ah^2,\ A = -\frac{12P}{h^3} = -\frac{P}{I_z} \tag{g}$$

其中，$I_z = \frac{1}{12}h^3$ 代表矩形截面对中性轴 z 的惯性矩。

将式(g)代入式(e)，得应力分量:

$$\begin{aligned} \sigma_x &= -\frac{P}{I_z}xy,\ \sigma_y = 0 \\ \tau_{xy} &= -\frac{P}{2I_z}\left(\frac{h^2}{4} - y^2\right) \end{aligned} \tag{7-21a}$$

若引入力 P 对任一 x 截面的矩 $M = -Px$，静矩 $S_z = \frac{h^2}{8} - \frac{y^2}{2}$，于是应力分量又可写为

$$\begin{aligned} \sigma_x &= \frac{My}{I_z},\ \sigma_y = 0 \\ \tau_{xy} &= -\frac{PS_z}{I_z} \end{aligned} \tag{7-21b}$$

这个结果与材料力学的结果完全一致。但梁自由端面剪应力的真实分布应为(7-21a，b)中的第三式，即 τ_{xy} 呈现抛物线分布规律。对于 $l \gg h$ 的梁，由圣维南原理可知，即使应力分布不同，只要合力为 P，其误差的影响范围仅局限于自由端附近的区域内。

下面求位移分量。将应力分量表达式(7-21a)代入本构方程(7-6a)，再由几何方程(7-2b)，可得

$$\begin{aligned} \frac{\partial u}{\partial x} &= \varepsilon_x = \frac{\sigma_x}{E} = -\frac{P}{EI_z}xy \\ \frac{\partial v}{\partial y} &= \varepsilon_y = -\frac{\mu\sigma_x}{E} = \frac{\mu P}{EI_z}xy \\ \frac{\partial u}{\partial y} + \frac{\partial v}{\partial x} &= \gamma_{xy} = -\frac{1+\mu}{EI_z}P\left(\frac{h^2}{4} - y^2\right) \end{aligned} \tag{h}$$

对式(h)中的前两式积分，得

$$\begin{aligned} u &= -\frac{P}{2EI_z}x^2y + f(y) \\ v &= \frac{\mu P}{2EI_z}xy^2 + g(x) \end{aligned} \tag{i}$$

其中，$f(y)$ 和 $g(x)$ 分别为 y 和 x 的待定函数。

将式(i)代入式(h)中的第三式，得

$$\left[-\frac{2+\mu}{2EI_z}Py^2+\frac{\mathrm{d}f(y)}{\mathrm{d}y}\right]+\left[-\frac{P}{2EI_z}x^2+\frac{\mathrm{d}g(x)}{\mathrm{d}x}\right]=-\frac{1+\mu}{4EI_z}Ph^2$$

上式左端的两个方括号分别为 y 和 x 的函数，而右端为常数，为使上式成立，只有

$$\begin{aligned}&-\frac{P}{2EI_z}x^2+\frac{\mathrm{d}g(x)}{\mathrm{d}x}=c\\&-\frac{2+\mu}{2EI_z}Py^2+\frac{\mathrm{d}f(y)}{\mathrm{d}y}=d\end{aligned}\tag{j}$$

且

$$c+d=-\frac{1+\mu}{4EI_z}Ph^2\tag{k}$$

由式(j)积分，得

$$f(y)=\frac{2+\mu}{6EI_z}Py^3+dy+f$$

$$g(x)=\frac{P}{6EI_z}x^3+cx+e$$

其中，e 和 f 为积分常数。

于是位移分量式(i)可写为

$$\begin{aligned}u&=-\frac{P}{2EI_z}x^2y+\frac{2+\mu}{6EI_z}Py^2+dy+f\\v&=\frac{\mu P}{2EI_z}xy^2+\frac{P}{EI_z}x^3+cx+e\end{aligned}\tag{l}$$

任意常数 c 、d 、e 和 f 由式(k)和梁的约束条件确定。

设梁右端的固定条件为

$$(u)_{\substack{x=l\\y=0}}=(v)_{\substack{x=l\\y=0}}=0,\quad\left(\frac{\partial v}{\partial x}\right)_{\substack{x=l\\y=0}}=0\tag{m}$$

将式(i)代入，可求得

$$f=0,\ c=-\frac{Pl^2}{2EI_z},\ e=\frac{Pl^3}{3EI_z}$$

$$d=-\frac{1+\mu}{4EI_z}Ph^2+\frac{Pl^2}{2EI_z}$$

再代回式(i)，得位移分量：

$$
\begin{aligned}
u &= -\frac{P}{2EI_z}x^2y + \frac{2+\mu}{6EI_z}Py^3 + \frac{P}{2EI_z}\left(l^2 - \frac{1+\mu}{2}h^2\right)y \\
v &= \frac{\mu P}{2EI_z}xy^2 + \frac{P}{6EI_z}x^3 - \frac{P}{2EI_z}l^2x + \frac{Pl^3}{3EI_z}
\end{aligned}
\tag{7-22}
$$

当 $y=0$ 时，得悬臂梁的挠曲线方程为

$$
(v)_{y=0} = \frac{P}{EI_z}\left(\frac{1}{6}x^3 - \frac{l^2}{2}x + \frac{l^3}{3}\right) \tag{7-23}
$$

最大挠度发生在自由端 $(x=0)$ 处，其值为

$$
v_{\max} = \frac{Pl^3}{3EI_z}
$$

这和材料力学中的结果完全一致。

下面考察截面是否保持平面。将式(7-22)中的第一式对 y 求导，得

$$
\frac{\partial u}{\partial y} = -\frac{P}{2EI_z}x^2 + \frac{2+\mu}{2EI_z}Py^2 + \frac{P}{2EI_z}\left(l^2 - \frac{1+\mu}{2}h^2\right)
$$

由上式可看出，对于同一截面(x 为常数)，上式为 y 的二次函数，这说明截面不再保持为平面，而发生了翘曲。

再考察与以上相同的悬臂梁受均布荷载作用时(图 7-7)的情况。

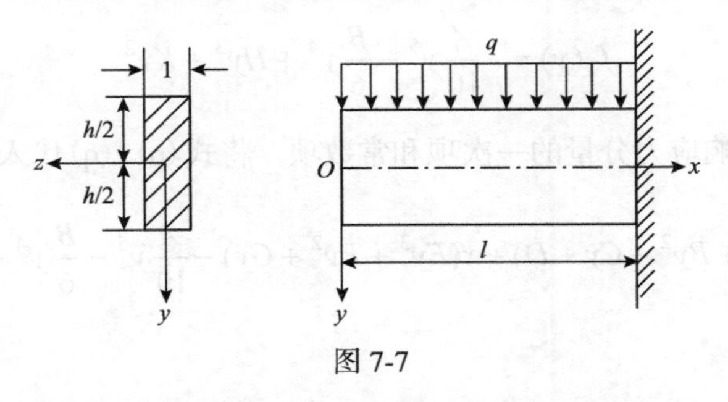

图 7-7

该问题同样可作为平面应力问题，采用半逆解法求解。根据材料力学知识，弯曲应力 σ_x 主要是由弯矩产生的，剪应力 τ_{xy} 主要是由剪力 Q 产生的，而挤压应力 σ_y 主要是由作用于上表面的分布荷载 q 产生的。由于这里 q 为常数，可以假设任意 x 截面上的 σ_y 分布相同，亦即 σ_y 仅为 y 的函数而与 x 无关。于是设

$$
\sigma_y = f(y)
$$

即

$$\frac{\partial^2 \varphi}{\partial x^2} = f(y)$$

积分上式，得

$$\varphi = \frac{x^2}{2} f(y) + x f_1(y) + f_2(y) \tag{n}$$

其中，$f(y)$、$f_1(y)$、$f_2(y)$ 为 y 的任意函数。

将式(n)代入双调和方程 $\nabla^2\nabla^2\varphi = 0$，$f(y)$、$f_1(y)$、$f_2(y)$ 必须满足如下的方程：

$$\frac{\mathrm{d}^4 f(y)}{\mathrm{d}y^4} = 0, \quad \frac{\mathrm{d}^4 f_1(y)}{\mathrm{d}y^4} = 0, \quad \frac{\mathrm{d}^4 f_2(y)}{\mathrm{d}y^4} + 2\frac{\mathrm{d}^2 f(y)}{\mathrm{d}y^2} = 0 \tag{o}$$

将式(o)中的前两个方程积分，有

$$\begin{aligned} f(y) &= Ay^3 + By^2 + Cy + D \\ f_1(y) &= Ey^3 + Fy^2 + Gy \end{aligned} \tag{p}$$

其中，$f_1(y)$ 已略去了不影响应力的常数项。

由式(o)中的第三个方程，有

$$\frac{\mathrm{d}^4 f_2(y)}{\mathrm{d}y^4} = -2\frac{\mathrm{d}^2 f(y)}{\mathrm{d}y^2} = -12Ay - 4B$$

积分上式后得

$$f_2(y) = -\frac{A}{10}y^5 - \frac{B}{6}y^4 + Hy^3 + Ky^2 \tag{q}$$

式(q)也略去了不影响应力分量的一次项和常数项。将式(p)、(q)代入式(o)，得

$$\varphi = \frac{x^2}{2}(Ay^3 + By^2 + Cy + D) + x(Ey^3 + Fy^2 + Gy) - \frac{A}{10}y^5 - \frac{B}{6}y^4 + Hy^3 + Ky^2$$

对应的应力分量为

$$\begin{aligned} \sigma_x &= \frac{\partial^2 \varphi}{\partial y^2} = \frac{x^2}{2}(6Ay + 2B) + x(6Ey + 2F) - 2Ay^3 - 2By^2 + 6Hy + 2K \\ \sigma_y &= \frac{\partial^2 \varphi}{\partial x^2} = Ay^3 + By^2 + Cy + D \\ \tau_{xy} &= -\frac{\partial^2 \varphi}{\partial x \partial y} = -x(3Ay^2 + 2By + C) - (3Ey^2 + 2Fy + G) \end{aligned} \tag{r}$$

其中，积分常数由边界条件确定。该问题的静力边界条件为

$$(\sigma_y)_{y=-\frac{h}{2}}=-q,\ (\tau_{xy})_{y=-\frac{h}{2}}=0$$

$$(\sigma_y)_{y=\frac{h}{2}}=0,\ (\tau_{xy})_{y=\frac{h}{2}}=0$$

$$\int_{-\frac{h}{2}}^{\frac{h}{2}}(\sigma_x)_{x=0}\mathrm{d}y=0,\ \int_{-\frac{h}{2}}^{\frac{h}{2}}y(\sigma_x)_{x=0}\mathrm{d}y=0$$

$$(\tau_{xy})_{x=0}=0$$

将式(r)代入上述边界条件，可求得

$$A=-\frac{2q}{h^3},\ B=0,\ C=\frac{3q}{2h},\ D=-\frac{q}{2}$$

$$E=F=G=K=0,\ H=-\frac{q}{10h}$$

再代入式(r)，并注意 $I_z=\frac{1}{12}h^3$。因此，最后求得的应力分量为

$$\sigma_x=-\frac{qx^2y}{2I_z}+\frac{q}{2I_z}\left(\frac{2}{3}y^3-\frac{h^2}{10}y\right)$$

$$\sigma_y=-\frac{q}{2}\left(1-\frac{3y}{h}+\frac{4y^3}{h^3}\right) \tag{7-24}$$

$$\tau_{xy}=\frac{q}{2I_z}\left(y^2-\frac{h^2}{4}\right)x$$

与材料力学结果相比较，可以看出剪应力 τ_{xy} 与材料力学一致，而正应力 σ_x 增加了一个修正项 $\frac{q}{2I_z}\left(\frac{2}{3}y^3-\frac{h^2}{10}y\right)$。

7.3.2　简支梁的弯曲

设有矩形截面简支梁(图 7-8)，长为 l，高为 h，取单位厚度，不计体力，在上边界受均布荷载 q 作用，由两端的反力 $ql/2$ 维持平衡。试分析其应力场。

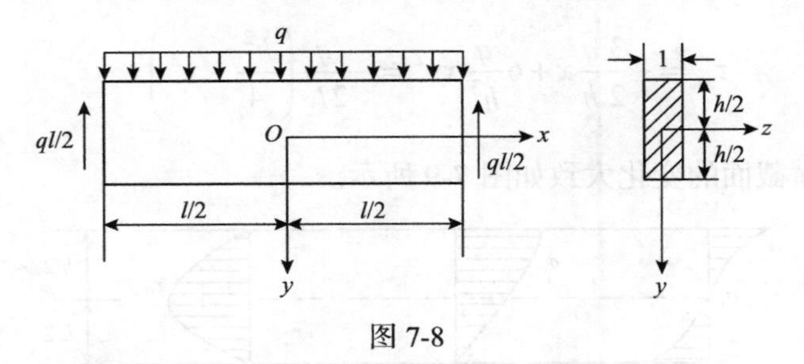

图 7-8

这个问题仍然为平面应力问题，采用逆解法求解。取应力函数 φ 为

$$\varphi = ax^2 + bx^2y + c\left(x^2y^3 - \frac{1}{5}y^5\right) + dy^3 \tag{a}$$

其中，a、b、c和d为待定常数。式(a)中的每一项均为双调和函数，因此φ也一定为双调和函数，即满足方程$\nabla^2\nabla^2\varphi = 0$。对应的应力分量为

$$\begin{aligned}
\sigma_x &= 2c(3x^2y - 2y^3) + 6dy \\
\sigma_y &= 2a + 2cy^3 + 2by \\
\tau_{xy} &= -2bx - 6cxy^2
\end{aligned} \tag{b}$$

边界条件为

$$(\sigma_y)_{y=\frac{h}{2}} = 0,\ (\sigma_y)_{y=-\frac{h}{2}} = -q,\ (\tau_{xy})_{y=\frac{h}{2}} = 0$$

$$\int_{-\frac{h}{2}}^{\frac{h}{2}} (\sigma_x)_{x=\frac{l}{2}} \mathrm{d}y = 0,\ \int_{-\frac{h}{2}}^{\frac{h}{2}} (\sigma_x)_{x=\frac{l}{2}} y\mathrm{d}y = 0$$

这里用到了偶函数的性质，故上边界的剪应力边界条件和左端的正应力边界条件未列入。将式(b)代入上述边界条件，并联立求解，得

$$a = -\frac{q}{4},\ b = \frac{3q}{4h},\ c = -\frac{q}{h^3},\ d = -\frac{q}{h}\left(\frac{1}{10} - \frac{l^2}{4h^2}\right) \tag{c}$$

将式(c)代入式(b)，得应力分量：

$$\begin{aligned}
\sigma_x &= -\frac{6q}{h}\left(\frac{1}{10} - \frac{l^2}{4h^2}\right)y - 6\frac{q}{h^3}x^2y + 4\frac{q}{h^3}y^3 \\
&= \frac{q}{2I_z}\left(\frac{l^2}{4} - x^2\right)y + \frac{q}{2I_z}\left(\frac{2}{3}y^2 - \frac{h^2}{10}\right)y \\
\sigma_y &= \frac{3}{2}\frac{q}{h}y - \frac{2q}{h^3}y^3 - \frac{q}{2} = -\frac{q}{6I_z}y^3 + \frac{qh^2}{8I_z}y - \frac{q}{2} \\
\tau_{xy} &= -\frac{3}{2}\frac{q}{h}x + 6\frac{q}{h^3}xy^2 = -\frac{q}{2I_z}\left(\frac{h^2}{4} - y^2\right)x
\end{aligned} \tag{7-25}$$

应力分量沿任一横截面的变化大致如图 7-9 所示。

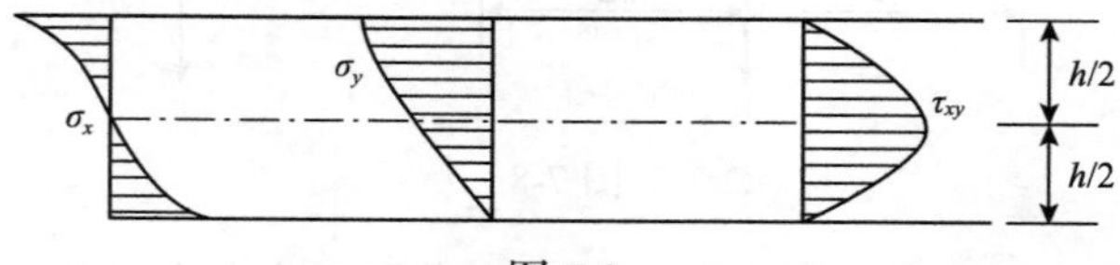

图 7-9

将式(7-25)的应力分量与材料力学的结果相比较，可知：剪应力τ_{xy}与材料力学中的结果完全一致；挤压应力σ_y在材料力学中为零，在这里为三次曲线分布，其最大绝对值为q；正应力σ_x中的第一项与材料力学的结果相同，第二项是弹性力学提供的修正项。对l/h较大的长梁，修正项很小，可以忽略不计，但对于短而高的梁(深梁)，则须考虑修正项。以梁的中间截面为例，梁顶与梁底的弯曲正应力分别为

$$(\sigma_x)_{\substack{x=0\\ y=\pm\frac{h}{2}}} = \pm\left(\frac{ql^2h}{16I_z}+\frac{qh^3}{60I_z}\right)$$

其中，第一项为主要项，第二项为修正项。当$l/h=5$时，修正项只占主要项的1%；当$l/h=4$时，修正项占主要项的1.7%；当$l/h=2$时，修正项占主要项的6.7%，这时一定要计及修正项的影响。

7.4　极坐标系中平面问题的基本方程

在第 2 章已导出极坐标系中平面问题的基本方程，现重写如下。

1. 平衡方程(参见式(2-75))

$$\begin{aligned}&\frac{\partial\sigma_r}{\partial r}+\frac{1}{r}\frac{\partial\tau_{r\theta}}{\partial\theta}+\frac{\sigma_r-\sigma_\theta}{r}+f_r=0\\&\frac{1}{r}\frac{\partial\sigma_\theta}{\partial\theta}+\frac{\partial\tau_{\theta r}}{\partial r}+2\frac{\tau_{r\theta}}{r}+f_\theta=0\end{aligned}\tag{7-26}$$

对于轴对称问题，力学量只是坐标r的函数，式(7-26)可进一步简化为

$$\frac{\mathrm{d}\sigma_r}{\mathrm{d}r}+\frac{\sigma_r-\sigma_\theta}{r}+f_r=0\tag{7-27}$$

2. 几何方程(参见式(2-119))

$$\begin{aligned}&\varepsilon_r=\frac{\partial u_r}{\partial r}\\&\varepsilon_\theta=\frac{1}{r}\frac{\partial u_\theta}{\partial\theta}+\frac{u_r}{r}\\&\gamma_{r\theta}=\frac{1}{r}\frac{\partial u_r}{\partial\theta}+\frac{\partial u_\theta}{\partial r}-\frac{u_\theta}{r}\end{aligned}\tag{7-28}$$

3. 本构方程(参见式(7-6))

极坐标系和直角坐标系都是正交坐标系，因此极坐标下的本构方程具有与直角坐标

同样的形式，只要将下标 x 、y 分别改写为 r 、θ 即可。这样，平面应力问题在极坐标中的本构方程为

$$
\begin{aligned}
\varepsilon_r &= \frac{1}{E}(\sigma_r - \mu\sigma_\theta) \\
\varepsilon_\theta &= \frac{1}{E}(\sigma_\theta - \mu\sigma_r) \\
\gamma_{r\theta} &= \frac{1}{G}\tau_{r\theta} = \frac{2(1+\mu)}{E}\tau_{r\theta}
\end{aligned}
\tag{7-29}
$$

对于平面应变问题，将 E 换为 $E/(1-\mu^2)$，μ 换为 $\mu/(1-\mu)$，则其本构方程为

$$
\begin{aligned}
\varepsilon_r &= \frac{1-\mu^2}{E}\left(\sigma_r - \frac{\mu}{1-\mu}\sigma_\theta\right) \\
\varepsilon_\theta &= \frac{1-\mu^2}{E}\left(\sigma_\theta - \frac{\mu}{1-\mu}\sigma_r\right) \\
\gamma_{r\theta} &= \frac{2(1+\mu)}{E}\tau_{r\theta}
\end{aligned}
\tag{7-30}
$$

在直角坐标系中，当体力为常量或不计体力时，平面问题用应力表示的协调方程(参见式(7-11))为

$$
\nabla^2(\sigma_x + \sigma_y) = 0
$$

注意到 $\sigma_x + \sigma_y = \sigma_r + \sigma_\theta$ (为不变量)，则在极坐标系中，平面问题的应力形式的协调方程为

$$
\nabla^2(\sigma_r + \sigma_\theta) = 0 \tag{7-31}
$$

其中，∇^2 为极坐标下的拉普拉斯算子，即

$$
\nabla^2 = \frac{\partial^2}{\partial r^2} + \frac{1}{r}\frac{\partial}{\partial r} + \frac{1}{r^2}\frac{\partial^2}{\partial \theta^2} \tag{7-32}
$$

若引入应力函数 $\varphi(r,\theta)$，对应的应力分量为

$$
\begin{aligned}
\sigma_r &= \frac{1}{r}\frac{\partial\varphi}{\partial r} + \frac{1}{r^2}\frac{\partial^2\varphi}{\partial\theta^2} \\
\sigma_\theta &= \frac{\partial^2\varphi}{\partial r^2} \\
\tau_{r\theta} &= \frac{1}{r^2}\frac{\partial\varphi}{\partial\theta} - \frac{1}{r}\frac{\partial^2\varphi}{\partial r\partial\theta} = -\frac{\partial}{\partial r}\left(\frac{1}{r}\frac{\partial\varphi}{\partial\theta}\right)
\end{aligned}
\tag{7-33}
$$

易于证明，在不计体力的情况下，上列应力分量恒满足平衡方程(7-25)。

将式(7-33)代入式(7-31)，得

$$\left(\frac{\partial^2}{\partial r^2}+\frac{1}{r}\frac{\partial}{\partial r}+\frac{1}{r^2}\frac{\partial^2}{\partial\theta^2}\right)\left(\frac{\partial^2\varphi}{\partial r^2}+\frac{1}{r}\frac{\partial\varphi}{\partial r}+\frac{1}{r^2}\frac{\partial^2\varphi}{\partial\theta^2}\right)=0 \tag{7-34a}$$

或

$$\nabla^2\nabla^2\varphi=0 \tag{7-34b}$$

上式为采用应力函数表示的协调方程。

当应力为轴对称(应力与 θ 无关)时，则应力函数 φ 仅是 r 的函数，方程(7-34a)简化为

$$\left(\frac{\mathrm{d}^2}{\mathrm{d}r^2}+\frac{1}{r}\frac{\mathrm{d}}{\mathrm{d}r}\right)\left(\frac{\mathrm{d}^2\varphi}{\mathrm{d}r^2}+\frac{1}{r}\frac{\mathrm{d}\varphi}{\mathrm{d}r}\right)=0 \tag{7-35}$$

将其展开后得

$$\frac{\mathrm{d}^4\varphi}{\mathrm{d}r^4}+2\frac{1}{r}\frac{\mathrm{d}^3\varphi}{\mathrm{d}r^3}-\frac{1}{r^2}\frac{\mathrm{d}^2\varphi}{\mathrm{d}r^2}+\frac{1}{r^3}\frac{\mathrm{d}\varphi}{\mathrm{d}r}=0 \tag{a}$$

将式(a)两边同乘以 r^4，得欧拉方程：

$$r^4\frac{\mathrm{d}^4\varphi(r)}{\mathrm{d}r^4}+2r^3\frac{\mathrm{d}^3\varphi(r)}{\mathrm{d}r^3}-r^2\frac{\mathrm{d}^2\varphi(r)}{\mathrm{d}r^2}+r\frac{\mathrm{d}\varphi(r)}{\mathrm{d}r}=0$$

令 $\varphi=r^n$，得

$$n^2(n-2)^2=0$$

上式有两个重根 $n=0$ 和另外两个重根 $n=2$。由微分方程理论，对于重根的情况，若 r^n 为其解，则 $r^n\ln r$ 也为其解。于是式(a)或式(7-35)的通解为

$$\varphi=A\ln r+Br^2\ln r+Cr^2+D \tag{b}$$

将式(b)代入式(7-33)，得相对的应力分量为

$$\begin{aligned}
&\sigma_r=\frac{1}{r}\frac{\mathrm{d}\varphi}{\mathrm{d}r}=\frac{A}{r^2}+B(1+2\ln r)+2C\\
&\sigma_\theta=\frac{\mathrm{d}^2\varphi}{\mathrm{d}r^2}=-\frac{A}{r^2}+B(3+2\ln r)+2C\\
&\tau_{r\theta}=\tau_{\theta r}=0
\end{aligned} \tag{7-36}$$

式(7-36)即为轴对称应力问题的应力分量。对于单连体，通过满足应力边界条件，可确定表达式中的待定常数。对于多连体，还必须考虑位移的单值条件，才能确定式(7-36)中的待定常数。下面求轴对称应力问题的位移分量。

将式(7-36)代入本构方程(7-29)，得到平面应力状态下的应变分量为

$$\begin{aligned}
\varepsilon_r &= \frac{1}{E}\left[(1+\mu)\frac{A}{r^2}+(1-3\mu)B+2(1-\mu)B\ln r+2(1-\mu)C\right] \\
\varepsilon_\theta &= \frac{1}{E}\left[-(1-\mu)\frac{A}{r^2}+(3-\mu)B+2(1-\mu)B\ln r+2(1-\mu)C\right] \\
\gamma_{r\theta} &= 0
\end{aligned} \tag{7-37}$$

对于平面应变状态，只要将 E 换为 $E/(1-\mu^2)$， μ 换为 $\mu/(1-\mu)$ 即可。

下面求解位移。将式(7-37)代入几何方程(7-28)，有

$$\begin{aligned}
&\frac{\partial u_r}{\partial r} = \frac{1}{E}\left[(1+\mu)\frac{A}{r^2}+(1-3\mu)B+2(1-\mu)B\ln r+2(1-\mu)C\right] \\
&\frac{1}{r}\frac{\partial u_\theta}{\partial \theta}+\frac{u_r}{r} = \frac{1}{E}\left[-(1-\mu)\frac{A}{r^2}+(3-\mu)B+2(1-\mu)B\ln r+2(1-\mu)C\right] \\
&\frac{1}{r}\frac{\partial u_r}{\partial \theta}+\frac{\partial u_\theta}{\partial r}-\frac{u_\theta}{r} = 0
\end{aligned} \tag{c}$$

将式(c)中第一式积分，得

$$\begin{aligned}
u_r = \frac{1}{E}\Big[&-(1+\mu)\frac{A}{r}+(1-3\mu)Br+2(1-\mu)Br(\ln r-1) \\
&+2(1-\mu)Cr\Big]+f(\theta)
\end{aligned} \tag{d}$$

其中， $f(\theta)$ 为 θ 的任意函数。

又将式(c)中第二式两边同乘以 r，得

$$\frac{\partial u_\theta}{\partial \theta} = \frac{r}{E}\left[-(1-\mu)\frac{A}{r^2}+(3-\mu)B+2(1-\mu)B\ln r+2(1-\mu)C\right]-u_r$$

将式(d)代入上式，得

$$\frac{\partial u_\theta}{\partial \theta} = \frac{4Br}{E}-f(\theta)$$

积分后，得

$$u_\theta = \frac{4Br\theta}{E}-\int f(\theta)\mathrm{d}\theta+f_1(r) \tag{e}$$

其中，$f_1(r)$为r的任意函数。

再将式(d)、(e)代入式(c)中第三式，有

$$\frac{1}{r}\frac{\mathrm{d}f(\theta)}{\mathrm{d}\theta}+\frac{\mathrm{d}f_1(r)}{\mathrm{d}r}+\frac{1}{r}\int f(\theta)\mathrm{d}\theta-\frac{1}{r}f_1(r)=0$$

分离变量后，得

$$f_1(r)-r\frac{\mathrm{d}f_1(r)}{\mathrm{d}r}=\frac{\mathrm{d}f(\theta)}{\mathrm{d}\theta}+\int f(\theta)\mathrm{d}\theta \tag{f}$$

令等式(f)的左、右两边都等于某一常数F，即

$$f_1(r)-r\frac{\mathrm{d}f_1(r)}{\mathrm{d}r}=F \tag{g}$$

$$\frac{\mathrm{d}f(\theta)}{\mathrm{d}\theta}+\int f(\theta)\mathrm{d}\theta=F \tag{h}$$

由式(g)求得

$$f_1(r)=Hr+F \tag{i}$$

式(h)可进一步变换为$\frac{\mathrm{d}^2 f(\theta)}{\mathrm{d}\theta^2}+f(\theta)=0$，于是可求得

$$f(\theta)=I\cos\theta+K\sin\theta \tag{j}$$

其中，F、H、I、K为任意常数。

将式(i)、(j)代入式(d)和式(e)，得位移分量的表达式为

$$\begin{aligned}u_r&=\frac{1}{E}\left[-(1+\mu)\frac{A}{r}+(1-3\mu)Br\right.\\&\left.\quad+2(1-\mu)Br(\ln r-1)+2(1-\mu)Cr\right]+I\sin\theta+K\cos\theta\\u_\theta&=\frac{4Br\theta}{E}+Hr+I\cos\theta-K\sin\theta\end{aligned} \tag{7-38}$$

式(7-38)表明，应力轴对称时不一定位移也是轴对称的，只有当物体的几何形状、应力边界条件和位移边界条件都是轴对称时，位移才是轴对称的，这种情况称为完全轴对称问题。

前已说明，在单连体的情况下，待定常数A、B、C可由应力边界条件确定；剩下的待定常数H、I、K则由位移边界条件确定。事实上，式(7-38)中两式的后两项$I\sin\theta+K\cos\theta$和$I\cos\theta-K\sin\theta$均为刚体位移，而第二式中的Hr表示刚体转动。

对于多连体，应力边界条件不能完全确定待定常数A、B、C，还必须考虑位移的

单值条件。由于u_θ中包含了B，且$Br\theta$项将使u_θ不是单值的，即$\theta=\theta_0$和$\theta=2\pi+\theta_0$时u_θ的值不同。为使位移u_θ为单值，必须令$B=0$，亦即B由位移的单值条件所确定。

对于完全轴对称问题有$u_\theta=0$，于是由式(7-38)中的第二式，必有

$$B=H=I=K=0$$

则式(7-38)可进一步写为

$$\begin{aligned} u_r &= \frac{1}{E}\left[2(1-\mu)Cr-(1+\mu)\frac{A}{r}\right] \\ u_\theta &= 0 \end{aligned} \tag{7-39}$$

这时，式(7-36)简化为

$$\begin{aligned} \sigma_r &= \frac{A}{r^2}+2C \\ \sigma_\theta &= -\frac{A}{r^2}+2C \\ \tau_{r\theta} &= \tau_{\theta r}=0 \end{aligned} \tag{7-40}$$

式(7-38)和式(7-39)也可以应用于平面应变问题，但必须将式中的E和μ分别换成$E/(1-\mu^2)$和$\mu/(1-\mu)$。

7.5　曲梁的弹性弯曲

7.5.1　曲梁的纯弯曲

设有一内半径为a、外半径为b、中心角为β的薄矩形截面圆弧曲梁，厚度取一个单位，两端受弯矩M作用，如图7-10所示。曲梁的几何形状和荷载均与θ无关，因此，是轴对称应力问题。应力分量具有式(7-36)的形式：

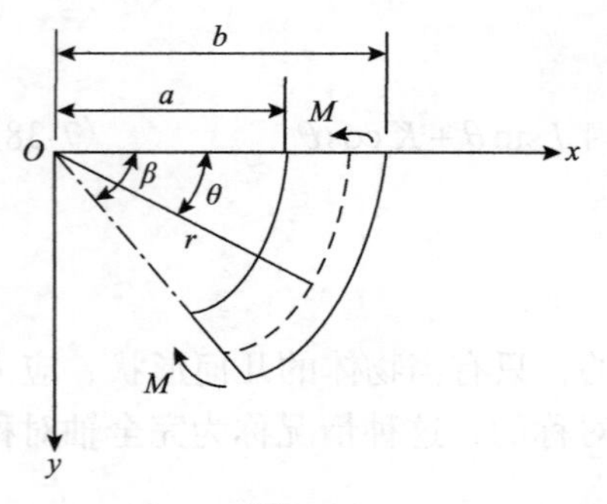

图 7-10

$$\begin{aligned} \sigma_r &= \frac{A}{r^2}+B(1+2\ln r)+2C \\ \sigma_\theta &= -\frac{A}{r^2}+B(3+2\ln r)+2C \\ \tau_{r\theta} &= \tau_{\theta r}=0 \end{aligned} \tag{a}$$

在各边界上，剪应力为零的边界条件恒满足，其余边界条件如下。

在$r=a,b$处：

$$\sigma_r=0 \tag{b}$$

在$\theta=0,\beta$处，由圣维南原理，有

$$\int_a^b \sigma_\theta \mathrm{d}r=0 \tag{c}$$

$$\int_a^b \sigma_\theta r\mathrm{d}r=-M \tag{d}$$

由条件(b)可得

$$\begin{aligned}&\frac{A}{a^2}+B(1+2\ln a)+2C=0\\&\frac{A}{b^2}+B(1+2\ln b)+2C=0\end{aligned} \tag{e}$$

应用式(7-33)，条件(c)可写为

$$\int_a^b \sigma_\theta \mathrm{d}r=\int_a^b \frac{\mathrm{d}^2\varphi}{\mathrm{d}r^2}\mathrm{d}r=\frac{\mathrm{d}\varphi}{\mathrm{d}r}\bigg|_b^a=(r\sigma_r)\Big|_b^a=b(\sigma_r)\Big|_{r=b}-a(\sigma_r)\Big|_{r=a}=0$$

则知条件(c)恒满足。又由条件(d)且应用式(7-33)，因为

$$\begin{aligned}\int_a^b \sigma_\theta r\mathrm{d}r&=\int_a^b \frac{\mathrm{d}^2\varphi}{\mathrm{d}r^2}r\mathrm{d}r=\int_a^b r\mathrm{d}\left(\frac{\mathrm{d}\varphi}{\mathrm{d}r}\right)=\left(r\frac{\mathrm{d}\varphi}{\mathrm{d}r}\right)\bigg|_a^b-\int_a^b\frac{\mathrm{d}\varphi}{\mathrm{d}r}\mathrm{d}r\\&=(r^2\sigma_r)\Big|_a^b-(\varphi)\Big|_a^b=-\varphi\Big|_a^b\end{aligned}$$

由7.4节φ的通解表达式(b)，则条件(d)可写为

$$A\ln b+Bb^2\ln b+Cb^2+D-(A\ln a+Ba^2\ln a+Ca^2+D)=M$$

即

$$A\ln\frac{b}{a}+B(b^2\ln b-a^2\ln a)+C(b^2-a^2)=M \tag{f}$$

将式(e)和式(f)联立求解，可得

$$\begin{aligned}&A=-\frac{4M}{N}a^2b^2\ln\frac{b}{a}\\&B=-\frac{2M}{N}(b^2-a^2)\\&C=\frac{M}{N}[b^2-a^2+2(b^2\ln b-a^2\ln a)]\end{aligned} \tag{g}$$

其中，$N=(b^2-a^2)^2-4a^2b^2\left(\ln\frac{b}{a}\right)^2$。

将以上结果代入式(a)，得应力分量为

$$
\begin{aligned}
\sigma_r &= -\frac{4M}{N}\left(\frac{a^2b^2}{r^2}\ln\frac{b}{a}+b^2\ln\frac{r}{b}+a^2\ln\frac{a}{r}\right)\\
\sigma_\theta &= -\frac{4M}{N}\left(-\frac{a^2b^2}{r^2}\ln\frac{b}{a}+b^2\ln\frac{r}{b}+a^2\ln\frac{a}{r}+b^2-a^2\right)\\
\tau_{r\theta} &= 0
\end{aligned}
\tag{7-41}
$$

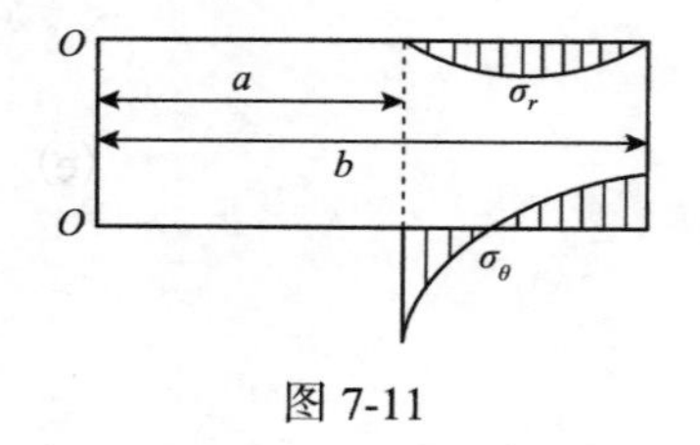

图 7-11

应力分布情况如图 7-11 所示。

为了求出曲梁弯曲后的位移，假设梁上端的中点固定，即在 $\theta=0$、$r_0=\dfrac{a+b}{2}$ 处要求 $u_r=u_\theta=\dfrac{\partial u_\theta}{\partial r}=0$，于是由式(7-38)，可求出积分常数：

$$
\begin{aligned}
&H=I=0\\
&K=\frac{1}{E}\left[(1+\mu)\frac{A}{r_0}+B(1+\mu)r_0-2(1-\mu)Br_0\ln r_0-2(1-\mu)Cr_0\right]
\end{aligned}
\tag{h}
$$

将式(g)和式(h)代回式(7-38)，即可求得位移分量。可知位移是非轴对称的。

曲梁截面上任一径向线段 dr 的转角为

$$
\alpha=\frac{\partial u_\theta}{\partial r} \tag{i}
$$

将式(7-38)中的 u_θ 表达式代入式(i)且考虑式(h)，则

$$
\alpha=\frac{4B\theta}{E} \tag{j}
$$

在曲梁的任一截面上 θ 为常数，于是截面上任一径向线段 dr 的转角为一常数。由此可知，曲梁纯弯曲时截面保持为平面，这证明了材料力学中截面平面假设是正确的。

图 7-11 所示的应力分布与材料力学的结果有一定的差别，显然，这个差别是由材料力学中不正确假设 $\sigma_r=0$ 而引起的。但对于曲率不是很大的曲梁，这个差别不显著。

7.5.2　曲梁一端受径向集中力作用

设一内径为 a、外径为 b 的薄矩形截面圆弧曲梁，厚度取为一个单位，其一端固定，另一端面上受径向集中力 P 作用，如图 7-12 所示。根据材料力学分析，曲梁上任一截面 m - n 处的弯矩与 $\sin\theta$ 成正比。则由式(7-33)中的第二式，可假设应力函数 φ 也与 $\sin\theta$ 成正比，即

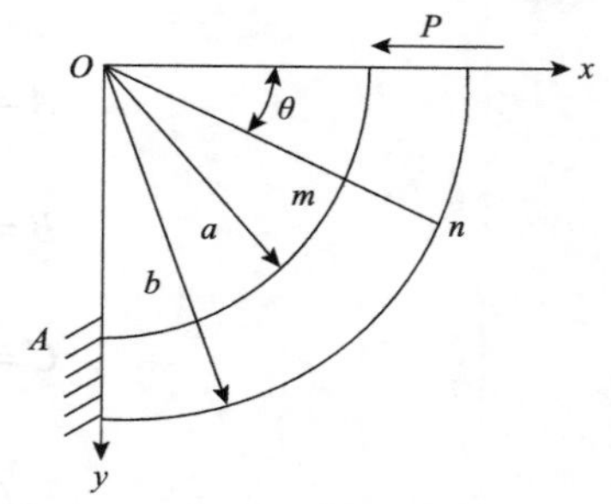

图 7-12

$$\varphi = f(r)\sin\theta \tag{a}$$

将式(a)代入式(7-34a)，得 $f(r)$ 必须满足的方程：

$$\left(\frac{\mathrm{d}^2}{\mathrm{d}r^2}+\frac{1}{r}\frac{\mathrm{d}}{\mathrm{d}r}-\frac{1}{r^2}\right)\left(\frac{\mathrm{d}^2 f}{\mathrm{d}r^2}+\frac{1}{r}\frac{\mathrm{d}f}{\mathrm{d}r}-\frac{f}{r^2}\right)=0$$

该方程可化为常系数微分方程，其通解为

$$f(r) = Ar^3 + B\frac{1}{r} + Cr + Dr\ln r \tag{b}$$

代回式(a)，得

$$\varphi = \left(Ar^3 + B\frac{1}{r} + Cr + Dr\ln r\right)\sin\theta \tag{c}$$

由式(7-33)，求得相应的应力分量为

$$\begin{aligned}
\sigma_r &= \left(2Ar - \frac{2B}{r^3} + \frac{D}{r}\right)\sin\theta \\
\sigma_\theta &= \left(6Ar + \frac{2B}{r^3} + \frac{D}{r}\right)\sin\theta \\
\tau_{r\theta} &= -\left(2Ar - \frac{2B}{r^3} + \frac{D}{r}\right)\cos\theta
\end{aligned} \tag{d}$$

边界条件如下。

在 $r = a, b$ 处：　　$\sigma_r = 0,\ \tau_{r\theta} = 0$ 　　(e)

在 $\theta = 0$ 处：　　$\sigma_\theta = 0$（恒满足），$\int_a^b (\tau_{\theta r})_{\theta=0}\,\mathrm{d}r = P$ 　　(f)

将式(d)代入边界条件(e)，有

$$2Aa - \frac{2B}{a^3} + \frac{D}{a} = 0,\quad 2Ab - \frac{2B}{b^3} + \frac{D}{b} = 0 \tag{g}$$

将式(d)代入边界条件(f)，有

$$-A(b^2 - a^2) + B\frac{(b^2 - a^2)}{a^2 b^2} - D\ln\frac{b}{a} = P \tag{h}$$

将式(g)和式(h)联立求解，得

$$A = \frac{P}{2N},\quad B = -\frac{Pa^2 b^2}{2N},\quad D = -\frac{P}{N}(a^2 + b^2) \tag{i}$$

其中，$N=a^2-b^2+(a^2+b^2)\ln\dfrac{b}{a}$。

常数C对应力无影响，可不考虑。将求得的A、B、D值代回式(d)，得应力分量为

$$
\begin{aligned}
\sigma_r &= \frac{P}{N}\left(r+\frac{a^2b^2}{r^3}-\frac{a^2+b^2}{r}\right)\sin\theta \\
\sigma_\theta &= \frac{P}{N}\left(3r-\frac{a^2b^2}{r^3}-\frac{a^2+b^2}{r}\right)\sin\theta \\
\tau_{r\theta} &= -\frac{P}{N}\left(r+\frac{a^2b^2}{r^3}-\frac{a^2+b^2}{r}\right)\cos\theta
\end{aligned}
\tag{7-42}
$$

为了确定位移，先由本构方程求出对应于式(7-42)的应变，然后积分，得

$$
\begin{aligned}
u_r &= -\frac{2D}{E}\theta\cos\theta+\frac{\sin\theta}{E}\left[A(1-3\mu)r^2+B(1+\mu)\frac{1}{r^2}\right. \\
&\quad \left.+D(1-\mu)\ln r\right]+I\cos\theta+K\sin\theta \\
u_\theta &= \frac{2D}{E}\theta\sin\theta-\frac{\cos\theta}{E}\left\{A(5+\mu)r^2+B(1+\mu)\frac{1}{r^2}\right. \\
&\quad \left.-D[(1+\mu)+(1-\mu)\ln r]\right\}+Hr+K\cos\theta-I\sin\theta
\end{aligned}
\tag{7-43}
$$

常数I、K、H代表刚体位移，由位移约束边界条件来确定。对于固支端，在$\theta=\dfrac{\pi}{2}$处，$u_\theta=0$和$\dfrac{\partial u_\theta}{\partial r}=0$，则有

$$
I=\frac{D\pi}{E},\quad H=0 \tag{j}
$$

而自由端的径向位移为

$$
u_r\big|_{\theta=0}=I=\frac{\pi D}{E} \tag{k}
$$

作为第一个实例，考虑图 7-13 所示的矩形截面起重机吊钩。其中间段的几何形状和受力情况基本上对称于m-n截面。将对称面视为固支端，则问题可简化为图 7-12 所示的曲梁问题，但这里力P的作用方向与图 7-12 中的相反。用$-P$代替P，则由式(7-42)，可得到吊钩的应力分量表达式。A点处的σ_θ是最大应力，其值为

$$
\sigma_\theta\Big|_{\substack{r=a\\ \theta=\frac{\pi}{2}}}=\frac{2P}{a\left(\dfrac{a^2+b^2}{b^2-a^2}\ln\dfrac{b}{a}-1\right)}
$$

作为第二个实例，考虑图 7-14 所示的开口圆筒体因径向错位 δ 所引起的装配应力。可将它看成由四段图 7-12 所示的曲梁组成，那么每一段曲梁在装配力 P 的作用下所产生的端部位移为 $\delta/4$，即

$$u_r\big|_{\theta=0}=\frac{D\pi}{E}=\frac{\delta}{4}$$

由此解得

$$D=\frac{E\delta}{4\pi}$$

将其与式(i)中 D 的表达式比较，得

$$P=\frac{E\delta}{4\pi}\left(\frac{b^2-a^2}{a^2+b^2}-\ln\frac{b}{a}\right)$$

再将上式代回式(7-42)，便可求出该问题的应力分量。

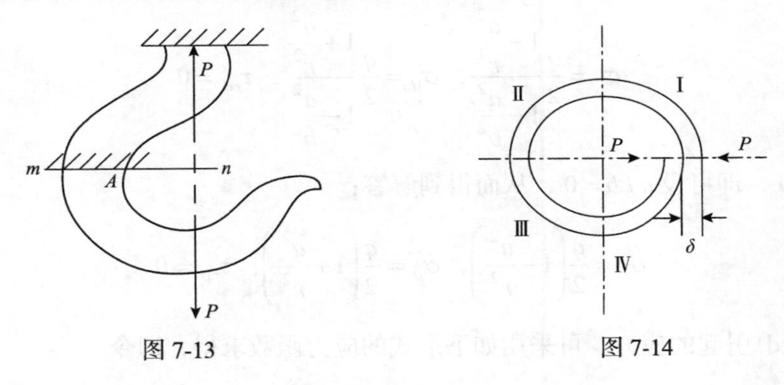

图 7-13　　　　　　　　　　　　图 7-14

7.6　圆孔边的应力集中现象

图 7-15 所示在 x 方向受均匀拉力 q 的板。设板的中央有半径为 a 的小圆孔，由于小圆孔的存在，孔附近的应力分布将改变。由圣维南原理可知，这种改变仅限于孔边附近，在离孔边较远处，其应力分布与无孔时的情况相差极微。因此，以远大于 a 的 b 为半径作大圆(图中虚线)，则在大圆之外可视作单向应力状态。于是在大圆上，有

$$(\sigma_x)_{r=b}=q,\ (\sigma_y)_{r=b}=(\tau_{xy})_{r=b}=0 \qquad \text{(a)}$$

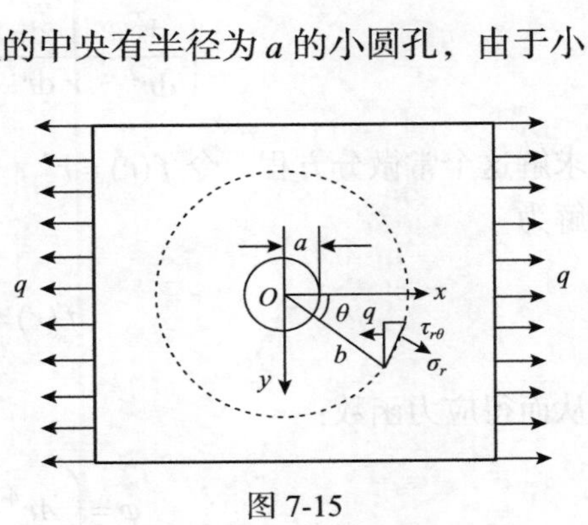

图 7-15

在大圆之上采用极坐标系，则有

$$(\sigma_r)_{r=b} = \frac{q}{2} + \frac{q}{2}\cos(2\theta)$$

$$(\tau_{r\theta})_{r=b} = -\frac{q}{2}\sin(2\theta) \tag{b}$$

这就是大圆上的应力边界条件。于是原来的问题就转换为这样一个问题：内半径为 a、外半径为 b 的圆环，在外边界上受如式(b)所示的外力作用。

式(b)中的应力 σ_r 和 $\tau_{r\theta}$ 可分解成两部分，其中第一部分为

$$(\sigma_r)_{r=b} = \frac{q}{2},\ (\tau_{r\theta})_{r=b} = 0 \tag{c}$$

第二部分为

$$(\sigma_r)_{r=b} = \frac{q}{2}\cos(2\theta),\ (\tau_{r\theta})_{r=b} = -\frac{q}{2}\sin(2\theta) \tag{d}$$

对于式(c)引起的应力，可应用例 6-3 中式(h)的解答，此时，$q_1 = 0$，$q_2 = -q/2$，于是有

$$\sigma_r = \frac{q}{2}\frac{1-\dfrac{a^2}{r^2}}{1-\dfrac{a^2}{b^2}},\ \sigma_\theta = \frac{q}{2}\frac{1+\dfrac{a^2}{r^2}}{1-\dfrac{a^2}{b^2}},\ \tau_{r\theta} = 0 \tag{e}$$

又由于 $b \gg a$，即可设 $a/b = 0$，从而得到解答：

$$\sigma_r = \frac{q}{2}\left(1-\frac{a^2}{r^2}\right),\ \sigma_\theta = \frac{q}{2}\left(1+\frac{a^2}{r^2}\right),\ \tau_{r\theta} = 0 \tag{f}$$

对于式(d)引起的应力，可采用如下形式的应力函数求得，即令

$$\varphi = f(r)\cos(2\theta) \tag{g}$$

将式(g)代入式(7-34a)，得 $f(r)$ 必须满足的方程：

$$\left(\frac{\mathrm{d}^2}{\mathrm{d}r^2} + \frac{1}{r}\frac{\mathrm{d}}{\mathrm{d}r} - \frac{4}{r^2}\right)\left(\frac{\mathrm{d}^2 f}{\mathrm{d}r^2} + \frac{1}{r}\frac{\mathrm{d}f}{\mathrm{d}r} - \frac{4f}{r^2}\right) = 0$$

求解这个常微分方程，令 $f(r) = r^n$，得 $n(n-2)(n+2)(n-4)r^{n-4} = 0$，于是，得该方程的解为

$$f(r) = Ar^4 + Br^2 + C + \frac{D}{r^2}$$

从而得应力函数：

$$\varphi = \left(Ar^4 + Br^2 + C + \frac{D}{r^2}\right)\cos(2\theta) \tag{h}$$

对应的应力分量为

$$\sigma_r = -\left(2B + \frac{4C}{r^2} + \frac{6D}{r^4}\right)\cos(2\theta)$$

$$\sigma_\theta = \left(12Ar^2 + 2B + \frac{6D}{r^4}\right)\cos(2\theta) \tag{i}$$

$$\tau_{r\theta} = \left(6Ar^2 + 2B - \frac{2C}{r^2} - \frac{6D}{r^4}\right)\sin(2\theta)$$

上列应力分量应满足的边界条件为

$$(\sigma_r)_{r=a} = 0,\ (\tau_{r\theta})_{r=a} = 0$$

$$(\sigma_r)_{r=b} = \frac{q}{2}\cos(2\theta),\ (\tau_{r\theta})_{r=b} = -\frac{q}{2}\sin(2\theta) \tag{j}$$

将式(i)代入上述边界条件，求得

$$A = 0,\ B = -\frac{q}{4},\ C = \frac{qa^2}{2},\ D = -\frac{qa^4}{4} \tag{k}$$

将式(k)代回式(i)，并与式(f)叠加，则得解答：

$$\sigma_r = \frac{q}{2}\left(1 - \frac{a^2}{r^2}\right) + \frac{q}{2}\left(1 - \frac{a^2}{r^2}\right)\left(1 - 3\frac{a^2}{r^2}\right)\cos(2\theta)$$

$$\sigma_\theta = \frac{q}{2}\left(1 + \frac{a^2}{r^2}\right) \frac{q}{2}\left(1 + 3\frac{a^4}{r^4}\right)\cos(2\theta) \tag{7-44}$$

$$\tau_{r\theta} = \tau_{\theta r} = -\frac{q}{2}\left(1 - \frac{a^2}{r^2}\right)\left(1 + 3\frac{a^2}{r^2}\right)\sin(2\theta)$$

沿着孔边，$r = a$ 处的环向正应力是

$$\sigma_\theta = q\left[1 - 2\cos(2\theta)\right] \tag{7-45}$$

最大环向应力发生在小圆孔边界上的 $\theta = \pi/2$ 和 $\theta = 3\pi/2$ 处，其值为 $(\sigma_\theta)_{\max} = 3q$。这表明，如果板很大，圆孔很小，则孔边发生应力集中现象。通常将比值

$$\frac{(\sigma_\theta)_{\max}}{q} = K \tag{7-46}$$

称为应力集中因子。在本问题中，应力集中因子的数值为 3。

如果矩形薄板在左、右两边受有均匀拉力 q_1，在上下两边受有均匀拉力 q_2 的作用，如图 7-16 所示。此时可应用解答(7-44)，只是首先应令解答中的 q 为 q_1；再令解答中的 q 为

q_2，且 θ 为 $\theta+90°$，然后叠加两解答，就可得到图 7-16 情况下的应力表达式：

$$
\begin{aligned}
\sigma_r &= \frac{q_1+q_2}{2}\left(1-\frac{a^2}{r^2}\right)+\frac{q_1-q_2}{2}\left(1-\frac{a^2}{r^2}\right)\left(1-3\frac{a^2}{r^2}\right)\cos(2\theta) \\
\sigma_\theta &= \frac{q_1+q_2}{2}\left(1+\frac{a^2}{r^2}\right)-\frac{q_1-q_2}{2}\left(1+3\frac{a^4}{r^4}\right)\cos(2\theta) \\
\tau_{r\theta} &= -\frac{q_1-q_2}{2}\left(1-\frac{a^2}{r^2}\right)\left(1+3\frac{a^2}{r^2}\right)\sin(2\theta)
\end{aligned}
\tag{7-47}
$$

对于任意形状的薄板，受有任意面力，在距外边界较远处有一小圆孔的情况，我们只需求出对应的无孔情况下的主应力 σ_1 和 σ_2，取坐标轴 x 和 y 分别在两个主应力方向上，则可直接应用式(7-47)求出应力分量，然后，令 $q_1=\sigma_1$ 和 $q_2=\sigma_2$ 即可。

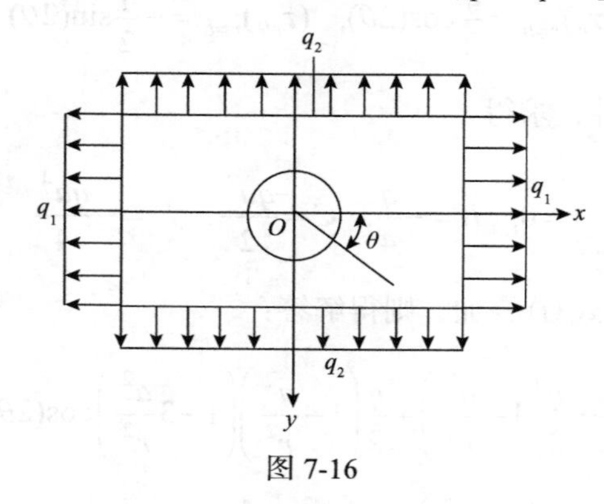

图 7-16

上述为平面应力问题的解答，其应力分量与材料常数无关，因此，对于平面应变问题，其应力解答与上述解答完全一致。

7.7　弹性薄板理论

7.7.1　基本假定与矩形薄板的基本方程

在工程结构中，板经常作为一种广泛应用的构件，板的几何特点是其厚度远小于另外两个方向的尺寸(图 7-17)。

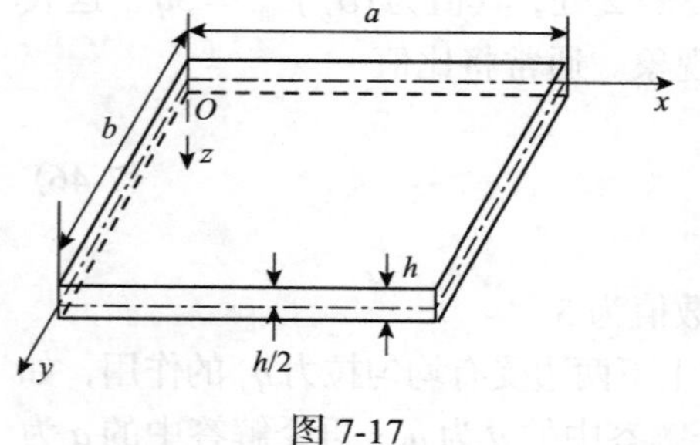

图 7-17

板可分为薄板、厚板和膜板。当板厚与板面内的最小特征尺寸之比 (h/b，b 为板的较小边长)在 1/80 和 1/5 之间时，称为薄板；当板厚与板面内最小特征尺寸之比大于 1/5 时，称为厚板；当板厚与板面内最小特征尺寸之比小于 1/80 时，称为膜板或薄膜。对于厚板，须当作弹性力学空间问题来处理。对于膜板，其抗弯刚度很小，基本上只能承受膜平面内的张力。对于薄板，当全部外荷载作用于中面内而不发生失稳现象时，应属平面应力问题；当全部外荷载都垂直于中面时，则主要发生弯曲变形。在薄板发生弯曲变形时，中面上各点沿垂直方向的位移，称为板的挠度。如果挠度和板厚之比小于或等于 1/5，可认为属于小挠度问题，如果超过这个限度，则可归属于大挠度问题。本节中只限于讨论小挠度问题。

对于薄板小挠度理论，通常采用如下的基尔霍夫(Kirchhoff)假设。

(1)变形前垂直于薄板中面的直线段(法线)，在板变形后仍保持为直线，且垂直于弯曲变形后的中面，其长度不变。

这是著名的直法线假设，它与材料力学中在研究梁弯曲问题时所引进的平面假设相似。根据这个假设，若将薄板的中面作为 Oxy 坐标平面，z 轴垂直向下，则有 $\gamma_{xz}=0$, $\gamma_{yz}=0$ 和 $\varepsilon_z=0$。

(2)与 σ_x、σ_y 和 τ_{xy} 相比，垂直于中面方向的正应力 σ_z 很小，在计算应变时可略去不计。这个假设与梁弯曲问题中的纵向纤维间无挤压的假设相似。

(3)当薄板弯曲变形时，中面内各点只有垂直位移 w，而无 x 方向和 y 方向的位移，即

$$(u)_{z=0}=0,\ (v)_{z=0}=0,\ (w)_{z=0}=w(x,y)$$

根据这个假设，中面内的应变分量 ε_x、ε_y 和 γ_{xy} 均等于零，即中面内无应变发生。中面内的位移函数 $w(x,y)$ 称为挠度函数。中面是指平分板厚的平面。显然，变形前的中面为与板的上、下表面平行的平面。变形后，板发生挠曲，中面变成了曲面，称为弹性曲面，也称为变形后的中面，统称中面。

1. 位移分量与应变分量

根据上述第一个假设，由几何方程(5-3)，有

$$\begin{aligned}&\varepsilon_x=\frac{\partial u}{\partial x},\ \varepsilon_y=\frac{\partial v}{\partial y},\ \varepsilon_z=\frac{\partial w}{\partial z}=0\\&\gamma_{xz}=\frac{\partial w}{\partial x}+\frac{\partial u}{\partial z}=0,\ \gamma_{yz}=\frac{\partial v}{\partial z}+\frac{\partial w}{\partial y}=0,\ \gamma_{xy}=\frac{\partial u}{\partial y}+\frac{\partial v}{\partial x}\end{aligned}\tag{a}$$

由式(a)的第三式，即 $\varepsilon_z=\dfrac{\partial w}{\partial z}=0$ 可知，板内所有点的位移分量 w 只是 x 和 y 的函数，而与 z 无关，故板内各点的位移分量 w 等于板的挠度。再由式(a)的第四、第五式，有

$$\frac{\partial u}{\partial z}=-\frac{\partial w}{\partial x},\quad \frac{\partial v}{\partial z}=-\frac{\partial w}{\partial y}\tag{b}$$

对 z 进行积分，得

$$u=-\frac{\partial w}{\partial x}z+f_1(x,y),\quad v=-\frac{\partial w}{\partial y}z+f_2(x,y)$$

应用第三个假设：$(u)_{z=0}=0,\ (v)_{z=0}=0$，可知 $f_1(x,y)=f_2(x,y)=0$，于是有

$$u=-\frac{\partial w}{\partial x}z,\quad v=-\frac{\partial w}{\partial y}z \tag{7-48}$$

式(7-48)表明，薄板内坐标为(x,y,z)的任一点，分别在x和y方向的位移沿板厚方向呈线性分布，中面处位移为零，在上、下表面处位移最大。

应用式(a)的第一、第二和第六式，得应变分量的表示式：

$$\varepsilon_x=-\frac{\partial^2 w}{\partial x^2}z,\quad \varepsilon_y=-\frac{\partial^2 w}{\partial y^2}z,\quad \gamma_{xy}=-2\frac{\partial^2 w}{\partial x\partial y}z \tag{7-49}$$

可见应变分量ε_z、ε_y、γ_{xy}也是沿板的厚度按线性分布的，在中面上为零，在上、下板面处达极值。

2. 应力分量

根据上述的第一和第二个假设，物理方程(5-9)可简化为(7-7a)，即

$$\sigma_x=\frac{E}{1-\mu^2}(\varepsilon_x+\mu\varepsilon_y),\quad \sigma_y=\frac{E}{1-\mu^2}(\varepsilon_y+\mu\varepsilon_x),\quad \tau_{xy}=G\gamma_{xy}$$

将应变分量表达式(7-49)代入，得

$$\begin{aligned}
\sigma_x&=-\frac{Ez}{1-\mu^2}\left(\frac{\partial^2 w}{\partial x^2}+\mu\frac{\partial^2 w}{\partial y^2}\right)\\
\sigma_y&=-\frac{Ez}{1-\mu^2}\left(\frac{\partial^2 w}{\partial y^2}+\mu\frac{\partial^2 w}{\partial x^2}\right)\\
\tau_{xy}&=-\frac{Ez}{1+\mu}\frac{\partial^2 w}{\partial x\partial y}
\end{aligned} \tag{7-50}$$

这是薄板小挠度弯曲时主要应力σ_x、σ_y和τ_{xy}与挠度w的关系式，可见它们沿板的厚度均呈线性分布，其在中面上为零，在上、下板面处达到极值。这与梁弯曲正应力沿梁高的变化规律相同。

按假设，σ_z、τ_{xz}和τ_{yz}为零，而实际上，它们只是远小于σ_x、σ_y和τ_{xy}的次要应力分量，对于它们所引起的变形可略去不计，但对于维持平衡，它们不能不计。为了求得它们，现考虑不计体力的平衡微分方程：

$$\begin{aligned}
&\frac{\partial \sigma_x}{\partial x}+\frac{\partial \tau_{xy}}{\partial y}+\frac{\partial \tau_{xz}}{\partial z}=0\\
&\frac{\partial \tau_{yx}}{\partial x}+\frac{\partial \sigma_y}{\partial y}+\frac{\partial \tau_{zy}}{\partial z}=0\\
&\frac{\partial \tau_{zx}}{\partial x}+\frac{\partial \tau_{zy}}{\partial y}+\frac{\partial \sigma_z}{\partial z}=0
\end{aligned} \tag{c}$$

和薄板上、下板面上的静力边界条件：

$$\begin{aligned} (\tau_{zx})_{z=\pm h/2} &= 0 \\ (\tau_{zy})_{z=\pm h/2} &= 0 \\ (\sigma_z)_{z=h/2} &= 0 \\ (\sigma_z)_{z=-h/2} &= -q \end{aligned} \tag{d}$$

将式(7-50)代入方程(c)，经积分后，应用边界条件(d)的前三式，不难得到以下的结果：

$$\begin{aligned} \tau_{xz} &= \frac{E}{2(1-\mu^2)}\left(z^2-\frac{h^2}{4}\right)\frac{\partial}{\partial x}\nabla^2 w \\ \tau_{yz} &= \frac{E}{2(1-\mu^2)}\left(z^2-\frac{h^2}{4}\right)\frac{\partial}{\partial y}\nabla^2 w \\ \sigma_z &= -\frac{Eh^3}{6(1-\mu^2)}\left(\frac{1}{2}-\frac{z}{h}\right)^2\left(1+\frac{z}{h}\right)\nabla^2\nabla^2 w \end{aligned} \tag{7-51}$$

其中

$$\nabla^2 = \frac{\partial^2}{\partial x^2}+\frac{\partial^2}{\partial y^2}$$

$$\nabla^2\nabla^2 = \frac{\partial^4}{\partial x^4}+2\frac{\partial^4}{\partial x^2\partial y^2}+\frac{\partial^4}{\partial y^4}$$

式(7-51)中的前两个式子就是剪应力τ_{xz}和τ_{yz}与挠度w的关系式。它们表明：剪应力τ_{xz}和τ_{yz}沿板厚方向呈抛物线分布，在中面处达最大值，这与梁弯曲时剪应力沿梁高方向的变化规律相同。至于σ_z，可知沿板厚呈三次抛物线规律分布。

3. 横截面上的内力

在一般情况下，应力分量在板边上很难精确地满足静力边界条件，只能应用局部性原理，使这些应力分量在板边单位宽度上所合成的内力沿板厚总体上满足边界条件。为此，需要确定板的内力和建立由内力表示的静力边界条件。

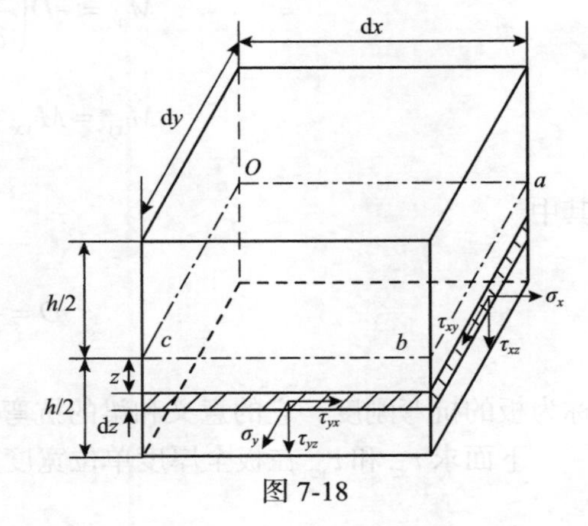

图 7-18

从板中取出底边长分别为 dx 、dy 而高度为h的微小矩形单元体，中面$Oabc$取为xy坐标平面，如图 7-18 所示。

图中阴影微分面的高度为$\mathrm{d}z$，而阴影微分面单位宽度的正应力和剪应力$(\tau_{xy}=\tau_{yx})$的主矢量分别为$\sigma_x\mathrm{d}z$、$\sigma_y\mathrm{d}z$、$\tau_{xy}\mathrm{d}z$和$\tau_{yx}\mathrm{d}z$。

由于σ_x、σ_y、$\tau_{xy}=\tau_{yx}$沿板厚按线性规律分布，即由于分布的反对称性，它们在板的全厚度上的主矢量显然为零，即

$$N_x=\int_{-h/2}^{h/2}\sigma_x \mathrm{d}z=-\frac{E}{1-\mu^2}\left(\frac{\partial^2 w}{\partial x^2}+\mu\frac{\partial^2 w}{\partial y^2}\right)\int_{-h/2}^{h/2}z\mathrm{d}z=0$$

$$N_y=\int_{-h/2}^{h/2}\sigma_y \mathrm{d}z=-\frac{E}{1-\mu^2}\left(\frac{\partial^2 w}{\partial y^2}+\mu\frac{\partial^2 w}{\partial x^2}\right)\int_{-h/2}^{h/2}z\mathrm{d}z=0$$

$$N_{xy}=\int_{-h/2}^{h/2}\tau_{xy} \mathrm{d}z=-\frac{E}{1+\mu}\frac{\partial^2 w}{\partial x\partial y}\int_{-h/2}^{h/2}z\mathrm{d}z=0$$

但是，应力分量σ_x、σ_y、τ_{xy}和τ_{yx}沿板的厚度构成力矩和力偶，若分别以M_x、M_y、M_{xy}和M_{yx}表示它们在单位宽度内的偶矩，则有

$$M_x=\int_{-h/2}^{h/2}z\sigma_x \mathrm{d}z$$

$$M_y=\int_{-h/2}^{h/2}z\sigma_y \mathrm{d}z$$

$$M_{xy}=\int_{-h/2}^{h/2}z\tau_{xy} \mathrm{d}z$$

$$M_{yx}=\int_{-h/2}^{h/2}z\tau_{yx} \mathrm{d}z$$

将式(7-50)代入以上诸式，并注意$\tau_{xy}=\tau_{yx}$，积分后得

$$\begin{aligned}M_x&=-D\left(\frac{\partial^2 w}{\partial x^2}+\mu\frac{\partial^2 w}{\partial y^2}\right)\\M_y&=-D\left(\frac{\partial^2 w}{\partial y^2}+\mu\frac{\partial^2 w}{\partial x^2}\right)\\M_{xy}&=M_{yx}=-D(1-\mu)\frac{\partial^2 w}{\partial x\partial y}\end{aligned}\tag{7-52}$$

其中

$$D=\frac{Eh^3}{12(1-\mu^2)}\tag{7-53}$$

称为板的抗弯刚度，它的意义和梁的抗弯刚度相似。

下面求τ_{xz}和τ_{yz}在板全厚度单位宽度上的合力，若分别以Q_x和Q_y表示，则有

$$Q_x=\int_{-h/2}^{h/2}\tau_{xz}\mathrm{d}z,\quad Q_y=\int_{-h/2}^{h/2}\tau_{yz}\mathrm{d}z$$

将式(7-51)代入以上两式，积分后得

$$
\begin{aligned}
Q_x &= -D\frac{\partial}{\partial x}\nabla^2 w \\
Q_y &= -D\frac{\partial}{\partial y}\nabla^2 w
\end{aligned}
\tag{7-54}
$$

显然，这里的 M_x 、M_y 分别表示垂直于 x 轴和 y 轴的板的横截面单位宽度上的弯矩，M_{xy} 和 M_{yx} 分别表示这两个横截面单位宽度上的扭矩，而 Q_x 和 Q_y 表示这两个横截面单位宽度上的横向剪力。弯矩和扭矩的量纲为[力]，横向剪力的量纲为[力][长度]$^{-1}$。弯矩、扭矩和横向剪力共 6 个量，统称为板的内力。按弹性力学应力分量指向的规定，弯矩 M_x 、M_y 使板的横截面上 $z>0$ 的一侧产生正号的正应力 σ_x 、σ_y 时为正；扭矩 M_{xy} 和 M_{yx} 使板的横截面上 $z>0$ 的一侧产生正号的剪应力 τ_{xy} 、τ_{yx} 时为正；横向剪力 Q_x 、Q_y 使板的横截面产生正号的剪应力 τ_{xz} 、τ_{yz} 时为正，详见图 7-19。

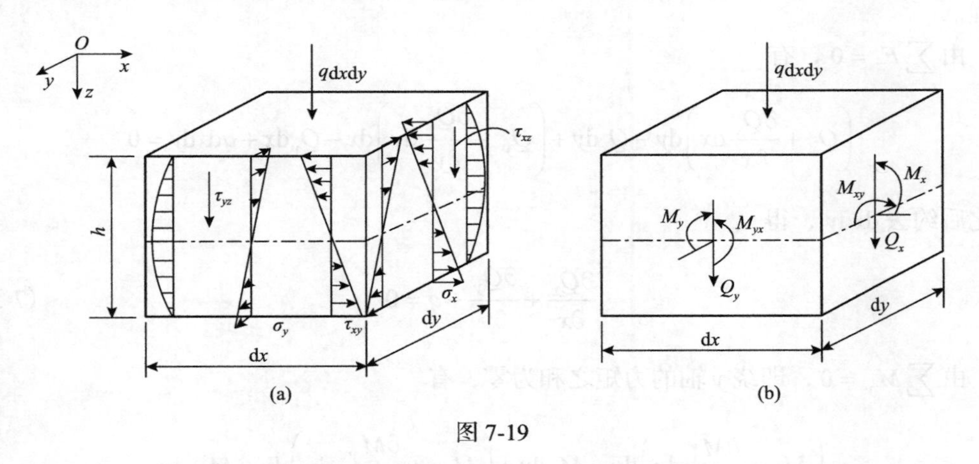

图 7-19

将式(7-50)、式(7-51)与式(7-52)、式(7-54)进行比较后可以看出，应力分量 σ_x 、σ_y 、τ_{xy} 、τ_{xz} 、τ_{yz} 又可以通过相应的内力表示为

$$
\begin{aligned}
&\sigma_x = \frac{12M_x}{h^3}z,\quad \sigma_y = \frac{12M_y}{h^3}z,\quad \tau_{xy} = \tau_{yx} = \frac{12M_{xy}}{h^3}z \\
&\tau_{xz} = \frac{6Q_x}{h^3}\left(\frac{h^2}{4} - z^2\right),\quad \tau_{yz} = \frac{6Q_y}{h^3}\left(\frac{h^2}{4} - z^2\right)
\end{aligned}
\tag{7-55}
$$

它们与材料力学中梁的弯曲正应力和剪应力公式相似。

4. 基本控制方程

现在考察板中边长为 dx 和 dy 而高为 h 的矩形微分单元体的平衡，其四个边上的内力如图 7-20 所示，上面作用有横向分布荷载 q ，且用双箭头的矢量来表示弯矩和扭矩。

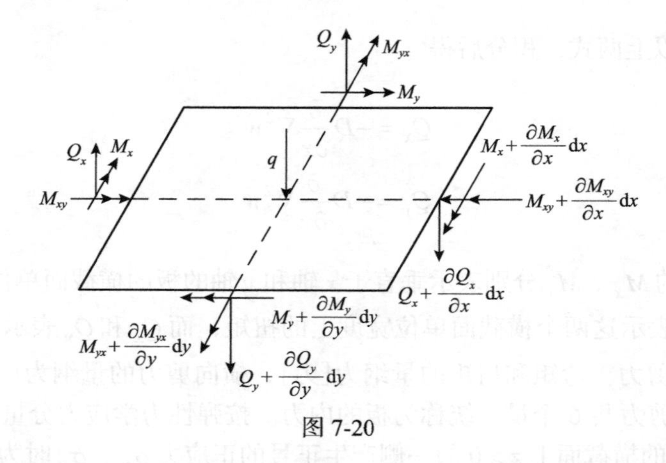

图 7-20

显然，对于图 7-20 所示的空间一般力系，6 个平衡方程中有 3 个方程：$\sum F_x=0$，$\sum F_y=0$，$\sum M_z=0$ 已经满足。现要从其余 3 个方程得到内力所必须满足的平衡微分方程。

由 $\sum F_z=0$，有

$$\left(Q_x+\frac{\partial Q_x}{\partial x}\mathrm{d}x\right)\mathrm{d}y-Q_x\mathrm{d}y+\left(Q_y+\frac{\partial Q_y}{\partial y}\mathrm{d}y\right)\mathrm{d}x-Q_y\mathrm{d}x+q\mathrm{d}x\mathrm{d}y=0$$

简化后约去 $\mathrm{d}x\mathrm{d}y$，得

$$\frac{\partial Q_x}{\partial x}+\frac{\partial Q_y}{\partial y}+q=0 \tag{7-56}$$

由 $\sum M_y=0$，即绕 y 轴的力矩之和为零，有

$$\left(M_x+\frac{\partial M_x}{\partial x}\mathrm{d}x\right)\mathrm{d}y-M_x\mathrm{d}y+\left(M_{yx}+\frac{\partial M_{yx}}{\partial y}\mathrm{d}y\right)\mathrm{d}x-M_{yx}\mathrm{d}x$$
$$-\left(Q_x+\frac{\partial Q_x}{\partial x}\mathrm{d}x\right)\mathrm{d}y\frac{\mathrm{d}x}{2}-Q_x\mathrm{d}y\frac{\mathrm{d}x}{2}=0$$

简化后得

$$Q_x=\frac{\partial M_x}{\partial x}+\frac{\partial M_{yx}}{\partial y} \tag{7-57}$$

同理，由 $\sum M_x=0$，可得

$$Q_y=\frac{\partial M_{xy}}{\partial x}+\frac{\partial M_y}{\partial y} \tag{7-58}$$

式(7-56)～式(7-58)即为内力表示的平衡微分方程。若将式(7-57)和式(7-58)代入式(7-56)，又可得到用弯矩、扭矩和横向分布荷载表示的平衡微分方程：

$$\frac{\partial^2 M_x}{\partial x^2}+2\frac{\partial^2 M_{xy}}{\partial x\partial y}+\frac{\partial^2 M_y}{\partial y^2}+q=0 \tag{7-59}$$

最后，若将式(7-54)代入式(7-56)，或者将式(7-52)代入式(7-59)，得到薄板弯曲的基本控制方程：

$$\nabla^2\nabla^2 w=\frac{q}{D} \tag{7-60}$$

这一方程又称为弹性曲面的微分方程。这样，就将问题归结为在给定的边界条件下，求解方程(7-60)的问题。求得了挠度 w，就可由式(7-50)、式(7-51)求解应力分量，由式(7-52)、式(7-54)求解板的内力。

5. 边界条件

薄板弯曲问题的准确解必须同时满足基本控制方程(7-60)和给定的边界条件。典型的边界条件可分为三类：

(1)几何边界条件，即在边界上给定边界挠度 $\overline{w}$ 和边界法向转角 $\frac{\partial w}{\partial n}$，此处 n 为边界法线方向；

(2)力学边界条件，即在边界上给定横向剪力 $\bar{Q}_n$ 和弯矩 $\bar{M}_n$；

(3)混合边界条件，即在边界上同时给定广义力和广义位移，例如，对于弹性支承边，则除给定边界剪力 Q 外，还给定弹性反力 $-c\overline{w}$，此处 $c>0$ 为弹性系数，$\overline{w}$ 为边界已知挠度，或除给定边界弯矩 $\bar{M}_n$ 外，还给定弹性反力矩 $-c'\frac{\partial w}{\partial n}$，此处 n 为边界的法线方向。

下面讨论常见的几种边界支承情况和相应的边界条件。

如果已知作用在板边外力的静力效应，即已知这些外力所产生的弯矩、扭矩和横向剪力，则严格地说，板的三个内力，即弯矩、扭矩和横向剪力的边界值，应一一对应地与这些外加的弯矩、扭矩和横向剪力相等。可见，在每个边界上有三个边界条件。但薄板弯曲的基本方程(7-60)是四阶椭圆型偏微分方程，根据偏微分方程理论，在每边上只需两个边界条件。对此，基尔霍夫做了如下处理：将边界上的扭矩变换为静力等效的横向剪力，再与原来的横向剪力合并成总的分布剪力。这样，就将每边上的三个边界条件归并成两个边界条件。下面，具体考察扭矩的等效变换情况。

设 AB 为平行于 x 轴的板边，其上作用有连续分布的扭矩 $M_{yx}(x,y)$。若在宽度为 $\mathrm{d}x$ 的 m-n 段上的扭矩为 $M_{yx}\mathrm{d}x$，则在宽度为 $\mathrm{d}x$ 的 n-p 段上的扭矩为 $\left(M_{yx}+\frac{\partial M_{yx}}{\partial x}\mathrm{d}x\right)\mathrm{d}x$，如图 7-21(a)所示。微段 m-n 上的扭矩 $M_{yx}\mathrm{d}x$ 可以用两个分别作用于 m 点和 n 点的横向剪力 M_{yx} 代替，一个向下，另一个向上。对于作用在微段 n-p 上的扭矩 $\left(M_{yx}+\frac{\partial M_{yx}}{\partial x}\mathrm{d}x\right)\mathrm{d}x$ 也采用同样的变换，于是得到图 7-21(b)所示的受力情况。注意，在两个微段的交界点 n

处，向上的横向剪力 M_{yx} 和向下的横向剪力 $M_{yx}+\dfrac{\partial M_{yx}}{\partial x}\mathrm{d}x$ 将合成一个向下的横向剪力 $\dfrac{\partial M_{yx}}{\partial x}\mathrm{d}x$，这个力又可用分布在以 n 点为中心、长度为 $\mathrm{d}x$ 微段上的分布剪力 $\dfrac{\partial M_{yx}}{\partial x}$ 来代替，这个分布剪力的方向向下。对板的整个边界都如此处理，该边界上的分布扭矩就变换为等效的分布剪力 $\dfrac{\partial M_{yx}}{\partial x}$。将它与原来的横向剪力 Q_y 相加，得到 AB 边上的总的分布剪力为

$$V_y=Q_y+\frac{\partial M_{yx}}{\partial x}\tag{7-61}$$

V_y 的符号规定与 Q_y 相同。必须注意，在板边的两端 A 和 B 还有两个未被抵消的集中力 $(M_{yx})_A$ 和 $(M_{yx})_B$，如图 7-21(b)所示。

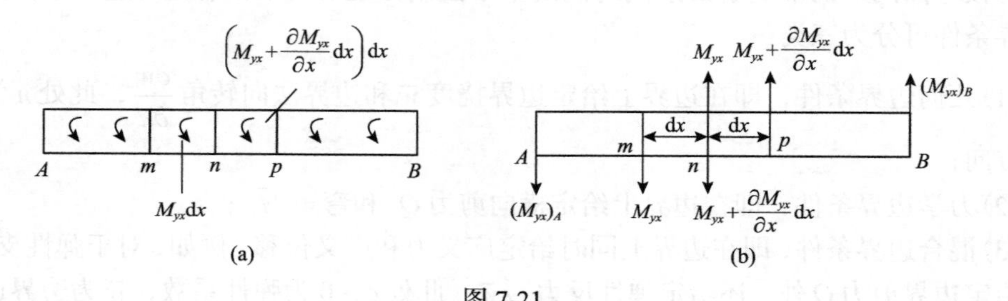

图 7-21

同理，若对平行于 y 轴的板边 CB 采用同样的做法，则可将作用于该边上的连续分布扭矩 M_{xy} 变换为等效的分布剪力 $\dfrac{\partial M_{xy}}{\partial y}$，于是，该边上总的分布剪力为

$$V_x=Q_x+\frac{\partial M_{xy}}{\partial y}\tag{7-62}$$

V_x 的符号规定与 Q_x 相同。在该边界两端也有两个集中力 $(M_{xy})_C$ 和 $(M_{xy})_B$。

当对矩形薄板的每条边界上的扭矩都进行上述变换后，在两边相交的角点，如 AB 和 CB 边的交点 B，将合成一个集中力 R_B，即

$$R_B=(M_{yx})_B+(M_{xy})_B=2(M_{xy})_B\tag{7-63}$$

这个集中力的指向，应由扭矩 $(M_{xy})_B$ 的符号来判断。同理，可以得到 O、A、C 三个角点上的集中力。图 7-22 表示当四个角点上的扭矩都为正时的指向。

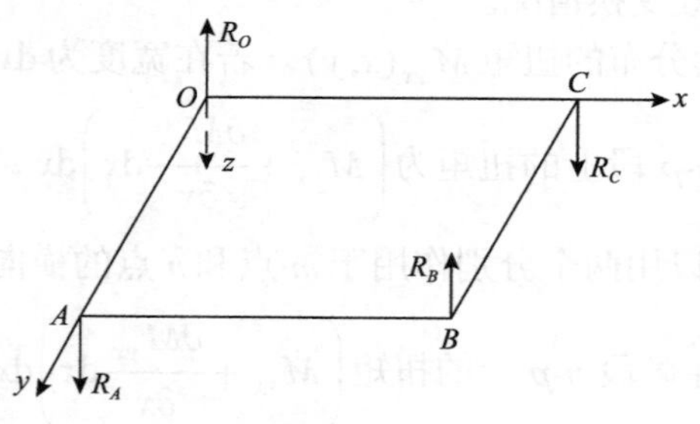

图 7-22

将式(7-52)的第三式和式(7-54)代入式

(7-61)～式(7-63)，则 V_x、V_y 和 R_B 都可用挠度 w 来表示，即

$$\begin{aligned} V_x &= -D\left[\frac{\partial^3 w}{\partial x^3}+(2-\mu)\frac{\partial^3 w}{\partial x\partial y^2}\right] \\ V_y &= -D\left[\frac{\partial^3 w}{\partial y^3}+(2-\mu)\frac{\partial^3 w}{\partial x^2\partial y}\right] \\ R_B &= -2D(1-\mu)\left(\frac{\partial^2 w}{\partial x\partial y}\right)_B \end{aligned} \tag{7-64}$$

板的边界一般有简支边界、固定边界和自由边界三种情况。图 7-23 所示 OC 边为简支边界，OA 边为固定边界，AB 边和 BC 边为自由边界。现在分别建立它们的边界条件。

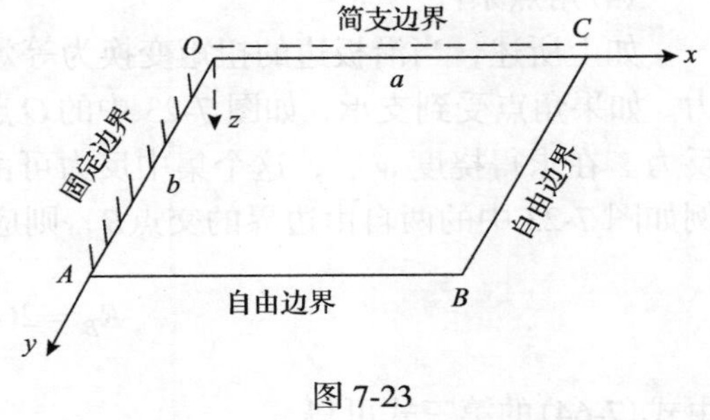

图 7-23

(1) 简支边界

简支边上的挠度和弯矩为零，即

$$(w)_{y=0}=0$$

$$(M_y)_{y=0}=-D\left(\frac{\partial^2 w}{\partial y^2}+\mu\frac{\partial^2 w}{\partial x^2}\right)_{y=0}=0$$

但由于 $(w)_{y=0}=0$，必然有 $\left(\frac{\partial w}{\partial x}\right)_{y=0}=0, \left(\frac{\partial^2 w}{\partial x^2}\right)_{y=0}=0$，所以简支边的边界条件可写为

$$\begin{aligned} &(w)_{y=0}=0 \\ &\left(\frac{\partial^2 w}{\partial y^2}\right)_{y=0}=0 \end{aligned} \tag{7-65}$$

(2) 固定边界

固定边界上的挠度和转角为零，故有边界条件：

$$\begin{aligned} &(w)_{x=0}=0 \\ &\left(\frac{\partial w}{\partial x}\right)_{x=0}=0 \end{aligned} \tag{7-66}$$

(3) 自由边界

自由边界上的弯矩和总的分布剪力为零。例如，对于图 7-23 中的 AB 边，应有 $(M_y)_{y=b}=0, (V_y)_{y=b}=0$；对于 CB 边，应有 $(M_x)_{x=a}=0, (V_x)_{x=a}=0$。注意到式(7-52)的前两式和式(7-64)的前两个式子，有

$$
\left.\begin{array}{l}
\left(\dfrac{\partial^2 w}{\partial x^2}+\mu\dfrac{\partial^2 w}{\partial y^2}\right)_{x=a}=0 \\
\left[\dfrac{\partial^3 w}{\partial x^3}+(2-\mu)\dfrac{\partial^3 w}{\partial x\partial y^2}\right]_{x=a}=0 \\
\left(\dfrac{\partial^2 w}{\partial y^2}+\mu\dfrac{\partial^2 w}{\partial x^2}\right)_{y=b}=0 \\
\left[\dfrac{\partial^3 w}{\partial y^3}+(2-\mu)\dfrac{\partial^3 w}{\partial x^2\partial y}\right]_{y=b}=0
\end{array}\right\} \tag{7-67}
$$

(4) 角点条件

如上所述，当沿板边的扭矩变换为等效的分布剪力后，在板的角点将产生一个集中力。如果角点受到支承，如图 7-23 中的 O 点，这个集中力就是支座对板的角点 O 的集中反力。在求得挠度 w 后，这个集中反力可由式(7-64)的第三式求得。对于悬空的角点，例如图 7-23 中的两自由边界的交点 B，则应有

$$
R_B=2(M_{xy})_B=0
$$

由式(7-64)的第三式可得

$$
\left(\frac{\partial^2 w}{\partial x\partial y}\right)_B=\left(\frac{\partial^2 w}{\partial x\partial y}\right)_{\substack{x=a\\y=b}}=0 \tag{7-68}
$$

如果在 B 点有支座，而其挠度被阻止发生，则应有

$$
(w)_B=(w)_{\substack{x=a\\y=b}}=0
$$

此时，支座反力仍可由式(7-64)的第三式求得。

7.7.2　矩形薄板弯曲问题的求解

1. 纳维方法

纳维采用双重三角级数求解了矩形薄板的弯曲问题。该方法的优点是，不论荷载分布如何，求解都比较简单易行，它的缺点是只适用于四边简支的矩形薄板，而且级数收敛较慢，特别是在计算内力时，往往要取很多项。下面举例说明该方法的应用。

例 7-2　设有一四边简支的矩形薄板，边长分别为 a 和 b，板面受任意分布的荷载 $q(x,y)$ 作用，试确定板的挠度。

取坐标系如图 7-17 所示。这一问题的边界条件为

$$
\begin{aligned}
&(w)_{x=0,a}=0\\
&(w)_{y=0,b}=0\\
&\left(\frac{\partial^2 w}{\partial x^2}\right)_{x=0,a}=0\\
&\left(\frac{\partial^2 w}{\partial y^2}\right)_{y=0,b}=0
\end{aligned}
\tag{a}
$$

因为任意的荷载函数 $q(x,y)$ 总能展开成双重的三角级数，所以纳维采用双重的三角级数求解这一问题。其设

$$
w=\sum_{m=1}^{\infty}\sum_{n=1}^{\infty}A_{mn}\sin\frac{m\pi x}{a}\sin\frac{n\pi y}{b}
\tag{b}
$$

其中，m 和 n 为正整数，显然，它已经满足了由式(a)表示的全部边界条件。

现在的问题是还要让式(b)满足薄板弯曲的基本方程(7-60)。为此，将式(b)代入式(7-60)，得

$$
\pi^4 D\sum_{m=1}^{\infty}\sum_{n=1}^{\infty}\left(\frac{m^2}{a^2}+\frac{n^2}{b^2}\right)^2 A_{mn}\sin\frac{m\pi x}{a}\sin\frac{n\pi y}{b}=q(x,y)
\tag{c}
$$

到此，可用两种方法确定系数 A_{mn}：一种方法是将 $q(x,y)$ 展成双重三角级数，其中的系数是可以求得的，然后代入式(c)，比较两边的系数，可求得 A_{mn}；另一种方法是将式(c)等号左边的级数看成是 $q(x,y)$ 的展开式，从而去求系数 A_{mn}。这里，拟采用后一种方法。为此，将式(c)等号两边同乘 $\sin\dfrac{i\pi x}{a}\sin\dfrac{j\pi y}{b}$，然后分别对 x 和 y 从 0 到 a 和从 0 到 b 积分，并利用三角函数的正交性：

$$
\int_0^a \sin\frac{i\pi x}{a}\sin\frac{m\pi x}{a}\mathrm{d}x=\begin{cases}0, & m\neq i\\ \dfrac{a}{2}, & m=i\end{cases}
$$

$$
\int_0^b \sin\frac{j\pi y}{b}\sin\frac{n\pi y}{b}\mathrm{d}y=\begin{cases}0, & j\neq n\\ \dfrac{b}{2}, & j=n\end{cases}
$$

于是

$$
A_{mn}=\frac{4}{\pi^4 abD\left(\dfrac{m^2}{a^2}+\dfrac{n^2}{b^2}\right)^2}\int_0^a\int_0^b q\sin\frac{m\pi x}{a}\sin\frac{n\pi y}{b}\mathrm{d}x\mathrm{d}y
\tag{d}
$$

代入式(b)，得挠度表达式为

$$w=\sum_{m=1}^{\infty}\sum_{n=1}^{\infty}\frac{4\int_0^a\int_0^b q\sin\frac{m\pi x}{a}\sin\frac{n\pi y}{b}\mathrm{d}x\mathrm{d}y}{\pi^4 abD\left(\frac{m^2}{a^2}+\frac{n^2}{b^2}\right)^2}\sin\frac{m\pi x}{a}\sin\frac{n\pi y}{b} \tag{7-69}$$

由此，还可以求出板的内力和支反力。

例 7-3　设有一边长分别为 a 和 b 的四边简支矩形薄板，如果在板上的一点 $A(\xi,\eta)$ 受集中力 P 的作用(图 7-24)，试求板的挠度。

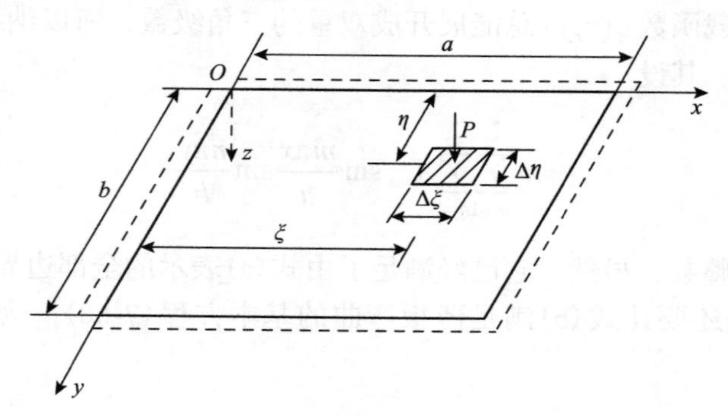

图 7-24

对于集中力，可以看成作用在边长为 $\Delta x=\Delta\xi$ 、$\Delta y=\Delta\eta$ 的微小矩形面上的分布荷载 $q=\dfrac{P}{\Delta\xi\Delta\eta}$ ，在微小面 $\Delta\xi\Delta\eta$ 外， $q=0$ 。于是，由例 7-2 中的式(d)，并应用积分中值定理，得

$$\begin{aligned}A_m&=\frac{4}{\pi^4 abD\left(\frac{m^2}{a^2}+\frac{n^2}{b^2}\right)^2}\int_{\xi-\frac{\Delta\xi}{2}}^{\xi+\frac{\Delta\xi}{2}}\int_{\eta-\frac{\Delta\eta}{2}}^{\eta+\frac{\Delta\eta}{2}}\frac{P}{\Delta\xi\Delta\eta}\sin\frac{m\pi x}{a}\sin\frac{n\pi y}{b}\mathrm{d}x\mathrm{d}y\\&=\frac{4P}{\pi^4 abD\left(\frac{m^2}{a^2}+\frac{n^2}{b^2}\right)^2\Delta\xi\Delta\eta}\sin\frac{m\pi\xi}{a}\sin\frac{n\pi\eta}{b}\Delta\xi\Delta\eta\\&=\frac{AP}{\pi^4 abD\left(\frac{m^2}{a^2}+\frac{n^2}{b^2}\right)^2}\sin\frac{m\pi\xi}{a}\sin\frac{n\pi\eta}{b}\end{aligned}$$

于是，得板的挠度为

$$w=\frac{4P}{\pi^4 abD}\sum_{m=1}^{\infty}\sum_{n=1}^{\infty}\frac{\sin\frac{m\pi\xi}{a}\sin\frac{n\pi\eta}{b}}{\left(\frac{m^2}{a^2}+\frac{n^2}{b^2}\right)^2}\sin\frac{m\pi x}{a}\sin\frac{n\pi y}{b} \tag{7-70}$$

当荷载P作用在板中心(即$\xi=\dfrac{a}{2}$，$\eta=\dfrac{b}{2}$)时，式(7-70)简化为

$$w=\frac{4P}{\pi^4 abD}\sum_{m=1,3,5,\cdots}^{\infty}\sum_{n=1,3,5,\cdots}^{\infty}(-1)^{\frac{n+m}{2}-1}\frac{\sin\dfrac{m\pi x}{a}\sin\dfrac{\pi xy}{b}}{\left(\dfrac{m^2}{a^2}+\dfrac{n^2}{b^2}\right)^2} \tag{a}$$

最大挠度发生在板的中心，即$x=\dfrac{a}{2}$，$y=\dfrac{b}{2}$处，为

$$w_{\max}=\frac{4P}{\pi^4 abD}\sum_{m=1,3,5,\cdots}^{\infty}\sum_{n=1,3,5,\cdots}^{\infty}\frac{1}{\left(\dfrac{m^2}{a^2}+\dfrac{n^2}{b^2}\right)^2} \tag{b}$$

如果为正方形板，则最大挠度为

$$w_{\max}=\frac{4Pa^2}{\pi^4 D}\sum_{m=1,3,5,\cdots}^{\infty}\sum_{n=1,3,5,\cdots}^{\infty}\frac{1}{(m^2+n^2)^2} \tag{c}$$

取级数的前四项，得

$$w_{\max}=\frac{0.01121Pa^2}{D}$$

它比精确值约小3.5%。

2. 莱维方法

当矩形薄板有一对边简支而另一对边为任意支承的情况时，莱维提出了单重三角级数的方法。这种方法不仅适用范围比纳维方法广泛，而且收敛性好。下面举例说明该方法的应用。

例 7-4　设有一四边简支矩形薄板，边长分别为a和b，坐标选取如图 7-25 所示。在$y=\pm\dfrac{b}{2}$的边界上承受分布弯矩$M_y=f(x)$的作用，且设该分布弯矩为对称分布，即其集度为同一个已知函数$f(x)$，试确定板的挠度。

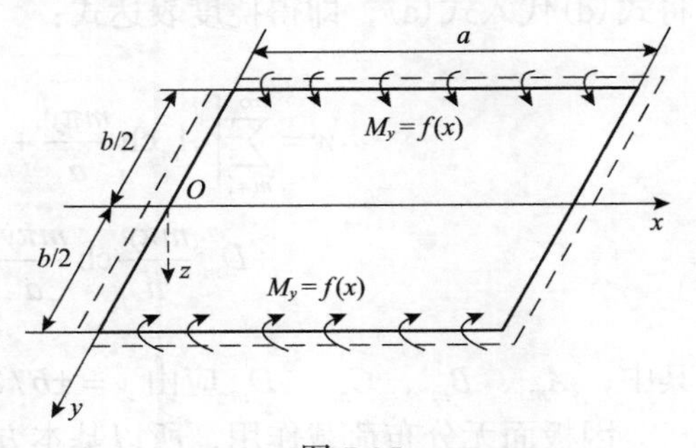

图 7-25

现取挠度为如下的单重三角级数形式：

$$w=\sum_{m=1}^{\infty}Y_m(y)\sin\frac{m\pi x}{a} \tag{a}$$

其中，$Y_m(y)$为待定函数；m 为任意的正整数。

显然，级数(a)已满足了 $x=0$，$x=a$ 处的边界条件：$(w)_{x=0,a}=0$，$\left(\dfrac{\partial^2 w}{\partial x^2}\right)_{x=0,a}=0$。下面，根据式(a)必须满足薄板弯曲基本方程的要求，去寻求 $Y_m(y)$。为此，将式(a)代入方程(7-60)，得

$$\sum_{m=1}^{\infty}\left[\frac{\mathrm{d}^4 Y_m}{\mathrm{d}y^4}-2\left(\frac{m\pi}{a}\right)^2\frac{\mathrm{d}^2 Y_m}{\mathrm{d}y^2}+\left(\frac{m\pi}{a}\right)^4 Y_m\right]\sin\frac{m\pi x}{a}=\frac{q(x,y)}{D} \tag{b}$$

在式(b)等号两边同乘 $\sin\dfrac{m\pi x}{a}$，然后对 x 从 0 到 a 积分，并应用三角函数的正交性，于是有

$$\frac{\mathrm{d}^4 Y_m}{\mathrm{d}y^4}-2\left(\frac{m\pi}{a}\right)^2\frac{\mathrm{d}^2 Y_m}{\mathrm{d}y^2}+\left(\frac{m\pi}{a}\right)^4 Y_m=\frac{2}{aD}\int_0^a q\sin\frac{m\pi x}{a}\mathrm{d}x \tag{c}$$

这是四阶线性常系数非齐次常微分方程，对于给定的荷载 $q(x,y)$，非齐次项是已知的。方程(c)的齐次通解为

$$Y_m^0=A_m\mathrm{ch}\frac{m\pi y}{a}+B_m\frac{m\pi y}{a}\mathrm{sh}\frac{m\pi y}{a}+C_m\mathrm{sh}\frac{m\pi y}{a}+D_m\frac{m\pi y}{a}\mathrm{ch}\frac{m\pi y}{a}$$

若以 $Y_m^*(y)$ 表示非齐次方程的任一特解，则方程(c)的通解为

$$Y_m=A_m\mathrm{ch}\frac{m\pi y}{a}+B_m\frac{m\pi y}{a}\mathrm{sh}\frac{m\pi y}{a}+C_m\mathrm{sh}\frac{m\pi y}{a}+D_m\frac{m\pi y}{a}\mathrm{ch}\frac{m\pi y}{a}+Y_m^*(y) \tag{d}$$

将式(d)代入式(a)，即得挠度表达式：

$$\begin{aligned}w=\sum_{m=1}^{\infty}\Bigg[&A_m\mathrm{ch}\frac{m\pi y}{a}+B_m\frac{m\pi y}{a}\mathrm{sh}\frac{m\pi y}{a}+C_m\mathrm{sh}\frac{m\pi y}{a}\\&+D_m\frac{m\pi y}{a}\mathrm{ch}\frac{m\pi y}{a}+Y_m^*(y)\Bigg]\sin\frac{m\pi x}{a}\end{aligned} \tag{7-71}$$

其中，A_m、B_m、C_m、D_m 应由 $y=\pm b/2$ 的边界条件确定。

因板面无分布荷载作用，所以基本方程(7-60)简化为

$$\frac{\partial^4 w}{\partial x^4}+2\frac{\partial^4 w}{\partial x^2\partial y^2}+\frac{\partial^4 w}{\partial y^4}=0 \tag{e}$$

本问题的边界条件为

$$\left.\begin{aligned}&(w)_{x=0,a}=0\\&\left(\frac{\partial^2 w}{\partial x^2}\right)_{x=0,a}=0\end{aligned}\right\}\tag{f}$$

$$\left.\begin{aligned}&(w)_{y=\pm\frac{b}{2}}=0\\&(M_y)_{y=\pm\frac{b}{2}}=-D\left(\frac{\partial^2 w}{\partial y^2}\right)_{y=\pm\frac{b}{2}}=f(x)\end{aligned}\right\}\tag{g}$$

采用莱维解，取式(7-71)中的 $Y_m^*=0$ ，并由于变形的对称性，有 $C_m=D_m=0$ ，于是，式(7-71)变为

$$w=\sum_{m=1}^{\infty}\left(A_m\mathrm{ch}\frac{m\pi y}{a}+B_m\frac{m\pi y}{a}\mathrm{sh}\frac{m\pi y}{a}\right)\sin\frac{m\pi x}{a}\tag{h}$$

由边界条件(g)的第一式，有

$$A_m\mathrm{ch}\alpha_m+B_m\alpha_m\mathrm{sh}\alpha_m=0$$

其中，$\alpha_m=\dfrac{m\pi b}{2a}$。由此得

$$A_m=-B_m\alpha_m\,\mathrm{th}\alpha_m$$

代入式(h)，得

$$w=\sum_{m=1}^{\infty}B_m\left(\frac{m\pi y}{a}\mathrm{sh}\frac{m\pi y}{a}-\alpha_m\mathrm{th}\alpha_m\mathrm{ch}\frac{m\pi y}{a}\right)\sin\frac{m\pi x}{a}\tag{i}$$

又应用边界条件(g)的第二式，有

$$-2D\sum_{m=1}^{\infty}B_m\frac{m^2\pi^2}{a^2}\mathrm{ch}\alpha_m\sin\frac{m\pi x}{a}=f(x)$$

等号两边同乘 $\sin\dfrac{m\pi x}{a}$，然后对 x 从 0 到 a 的积分，注意三角函数的正交性，得

$$B_m=-\frac{a^2E_m}{2Dm^2\pi^2\mathrm{ch}\alpha_m}$$

其中

$$E_m=\frac{2}{a}\int_0^a f(x)\sin\frac{m\pi x}{a}\mathrm{d}x$$

将以上两式代回式(i)，最后，得挠度的表达式为

$$w=\frac{a^2}{2D\pi^2}\sum_{m=1}^{\infty}\frac{E_m}{m^2\mathrm{ch}\alpha_m}\left(\alpha_m\mathrm{th}\alpha_m\mathrm{ch}\frac{m\pi y}{a}-\frac{m\pi y}{a}\mathrm{sh}\frac{m\pi y}{a}\right)\sin\frac{m\pi x}{a} \tag{j}$$

如果 $f(x)=M_0=\mathrm{const}$，则

$$E_m=\frac{4M_0}{m\pi},\quad m=1,3,5,\cdots$$

于是，式(j)变为

$$w=\frac{2M_0a^2}{D\pi^3}\sum_{m=1,3,5,\cdots}^{\infty}\frac{1}{m^3\mathrm{ch}\alpha_m}\left(\alpha_m\mathrm{th}\alpha_m\mathrm{ch}\frac{m\pi y}{a}-\frac{m\pi y}{a}\mathrm{sh}\frac{m\pi y}{a}\right)\sin\frac{m\pi x}{a}$$

应用此式，可求得正方形板中心的挠度和弯矩分别为

$$w=0.0368\frac{M_0a^2}{D},\quad M_x=0.394M_0,\quad M_y=0.256M_0$$

7.7.3　极坐标系中圆形薄板的弯曲

1. 基本关系式

对于圆形、扇形、圆环形等形状的薄板，在分析中仍应用基尔霍夫假设，且采用极坐标求解要比用直角坐标求解方便得多。

在极坐标中，板的挠度和横向荷载都看成极坐标 r 和 θ 的函数，即 $w=w(r,\theta)$，$q=q(r,\theta)$。现在，要通过坐标变换，建立极坐标系下的内力与挠度 $w(r,\theta)$ 之间的关系。从直角坐标变为极坐标的公式为

$$x=r\cos\theta,\quad y=r\sin\theta$$

或取与上式相反的形式：

$$r=\sqrt{x^2+y^2},\quad \theta=\arctan\frac{y}{x}$$

将 r 和 θ 分别对 x 和 y 求偏导数，得

$$\begin{aligned}&\frac{\partial r}{\partial x}=\frac{x}{\sqrt{x^2+y^2}}=\frac{x}{r}=\cos\theta,\qquad \frac{\partial r}{\partial y}=\frac{y}{\sqrt{x^2+y^2}}=\frac{y}{r}=\sin\theta\\&\frac{\partial\theta}{\partial x}=-\frac{y}{x^2}\frac{1}{1+\dfrac{y^2}{x^2}}=-\frac{y}{x^2+y^2}=-\frac{1}{r}\sin\theta,\quad \frac{\partial\theta}{\partial y}=\frac{1}{x}\frac{1}{1+\dfrac{y^2}{x^2}}=\frac{x}{x^2+y^2}=\frac{1}{r}\cos\theta\end{aligned} \tag{a}$$

应用式(a)，可导出下列运算符号：

$$
\begin{aligned}
&\frac{\partial}{\partial x}=\frac{\partial r}{\partial x}\frac{\partial}{\partial r}+\frac{\partial \theta}{\partial x}\frac{\partial}{\partial \theta}=\cos\theta\frac{\partial}{\partial r}-\frac{1}{r}\sin\theta\frac{\partial}{\partial \theta}\\
&\frac{\partial}{\partial y}=\frac{\partial r}{\partial y}\frac{\partial}{\partial r}+\frac{\partial \theta}{\partial y}\frac{\partial}{\partial \theta}=\sin\theta\frac{\partial}{\partial r}+\frac{1}{r}\cos\theta\frac{\partial}{\partial \theta}\\
&\frac{\partial^2}{\partial x^2}=\left(\cos\theta\frac{\partial}{\partial r}-\frac{1}{r}\sin\theta\frac{\partial}{\partial \theta}\right)\left(\cos\theta\frac{\partial}{\partial r}-\frac{1}{r}\sin\theta\frac{\partial}{\partial \theta}\right)\\
&\quad=\cos^2\theta\frac{\partial^2}{\partial r^2}-\frac{2\sin\theta\cos\theta}{r}\frac{\partial^2}{\partial r\partial\theta}+\frac{\sin^2\theta}{r}\frac{\partial}{\partial r}+\frac{2\sin\theta\cos\theta}{r^2}\frac{\partial}{\partial\theta}+\frac{\sin^2\theta}{r^2}\frac{\partial^2}{\partial\theta^2}\\
&\frac{\partial^2}{\partial y^2}=\left(\sin\theta\frac{\partial}{\partial r}+\frac{1}{r}\cos\theta\frac{\partial}{\partial \theta}\right)\left(\sin\theta\frac{\partial}{\partial r}+\frac{1}{r}\cos\theta\frac{\partial}{\partial \theta}\right)\\
&\quad=\sin^2\theta\frac{\partial^2}{\partial r^2}+\frac{2\sin\theta\cos\theta}{r}\frac{\partial^2}{\partial r\partial\theta}+\frac{\cos^2\theta}{r}\frac{\partial}{\partial r}-\frac{2\sin\theta\cos\theta}{r^2}\frac{\partial}{\partial\theta}+\frac{\cos^2\theta}{r^2}\frac{\partial^2}{\partial\theta^2}\\
&\frac{\partial^2}{\partial x\partial y}=\left(\cos\theta\frac{\partial}{\partial r}-\frac{1}{r}\sin\theta\frac{\partial}{\partial \theta}\right)\left(\sin\theta\frac{\partial}{\partial r}+\frac{1}{r}\cos\theta\frac{\partial}{\partial \theta}\right)\\
&\quad=\sin\theta\cos\theta\frac{\partial^2}{\partial r^2}+\frac{\cos^2\theta-\sin^2\theta}{r}\frac{\partial^2}{\partial r\partial\theta}-\frac{\sin\theta\cos\theta}{r}\frac{\partial}{\partial r}-\frac{\cos^2\theta-\sin^2\theta}{r^2}\frac{\partial}{\partial\theta}\\
&\quad-\frac{\sin\theta\cos\theta}{r^2}\frac{\partial^2}{\partial\theta^2}
\end{aligned}
\tag{b}
$$

应用以上关系式，可以得到如下的表示式：

$$
\begin{aligned}
&\frac{\partial w}{\partial x}=\cos\theta\frac{\partial w}{\partial r}-\frac{\sin\theta}{r}\frac{\partial w}{\partial\theta}\\
&\frac{\partial w}{\partial y}=\sin\theta\frac{\partial w}{\partial r}+\frac{\cos\theta}{r}\frac{\partial w}{\partial\theta}\\
&\frac{\partial^2 w}{\partial x^2}=\cos^2\theta\frac{\partial^2 w}{\partial r^2}-\frac{2\sin\theta\cos\theta}{r}\frac{\partial^2 w}{\partial r\partial\theta}\\
&\qquad+\frac{\sin^2\theta}{r}\frac{\partial w}{\partial r}+\frac{2\sin\theta\cos\theta}{r^2}\frac{\partial w}{\partial\theta}+\frac{\sin^2\theta}{r^2}\frac{\partial^2 w}{\partial\theta^2}\\
&\frac{\partial^2 w}{\partial y^2}=\sin^2\theta\frac{\partial^2 w}{\partial r^2}+\frac{2\sin\theta\cos\theta}{r}\frac{\partial^2 w}{\partial r\partial\theta}\\
&\qquad+\frac{\cos^2\theta}{r}\frac{\partial w}{\partial r}-\frac{2\sin\theta\cos\theta}{r^2}\frac{\partial w}{\partial\theta}+\frac{\cos^2\theta}{r^2}\frac{\partial^2 w}{\partial\theta^2}\\
&\frac{\partial^2 w}{\partial x\partial y}=\sin\theta\cos\theta\frac{\partial^2 w}{\partial r^2}+\frac{\cos^2\theta-\sin^2\theta}{r}\frac{\partial^2 w}{\partial r\partial\theta}\\
&\qquad-\frac{\sin\theta\cos\theta}{r}\frac{\partial w}{\partial r}-\frac{\cos^2\theta-\sin^2\theta}{r^2}\frac{\partial w}{\partial\theta}-\frac{\sin\theta\cos\theta}{r^2}\frac{\partial^2 w}{\partial\theta^2}
\end{aligned}
\tag{c}
$$

2. 内力、基本方程与边界条件

为了导出用挠度表示的内力公式，从薄板中取出微小的单元体，如图 7-26 所示。

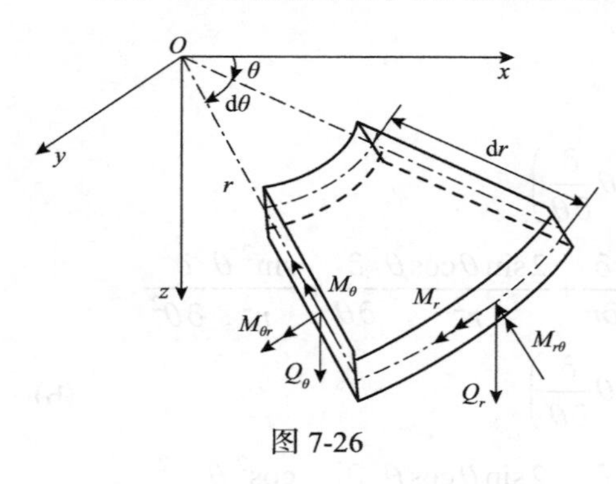

图 7-26

用 M_r、$M_{r\theta}$ 和 Q_r 分别表示 r 为常量的横截面上的弯矩、扭矩和横向剪力，而用 M_θ、$M_{\theta r}$ 和 Q_θ 分别表示 θ 为常量的横截面上的弯矩、扭矩和横向剪力。可以证明，$M_{r\theta}=M_{\theta r}$。不难理解，当 x 轴与 r 轴重合，即 $\theta=0$ 时，则 M_r、M_θ、$M_{r\theta}=M_{\theta r}$、Q_r、Q_θ 分别成为 M_x、M_y、$M_{xy}=M_{yx}$、Q_x、Q_y。注意到这一点后，并应用式(c)，就得到极坐标系下用挠度表示的内力表达式：

$$
\begin{aligned}
M_r&=(M_x)_{\theta=0}=-D\left(\frac{\partial^2 w}{\partial x^2}+\mu\frac{\partial^2 w}{\partial y^2}\right)_{\theta=0}=-D\left[\frac{\partial^2 w}{\partial r^2}+\mu\left(\frac{1}{r}\frac{\partial w}{\partial r}+\frac{1}{r^2}\frac{\partial^2 w}{\partial \theta^2}\right)\right]\\
M_\theta&=(M_y)_{\theta=0}=-D\left(\frac{\partial^2 w}{\partial y^2}+\mu\frac{\partial^2 w}{\partial x^2}\right)_{\theta=0}=-D\left[\left(\frac{1}{r}\frac{\partial w}{\partial r}+\frac{1}{r^2}\frac{\partial^2 w}{\partial \theta^2}\right)+\mu\frac{\partial^2 w}{\partial r^2}\right]\\
M_{r\theta}&=M_{\theta r}=(M_{xy})_{\theta=0}=-D(1-\mu)\left(\frac{\partial^2 w}{\partial x\partial y}\right)_{\theta=0}=-D(1-\mu)\frac{\partial}{\partial r}\left(\frac{1}{r}\frac{\partial w}{\partial \theta}\right)\\
Q_r&=(Q_x)_{\theta=0}=-D\left(\frac{\partial}{\partial x}\nabla^2 w\right)_{\theta=0}=-D\frac{\partial}{\partial r}\nabla^2 w\\
Q_\theta&=(Q_y)_{\theta=0}=-D\left(\frac{\partial}{\partial y}\nabla^2 w\right)_{\theta=0}=-D\frac{1}{r}\frac{\partial}{\partial \theta}\nabla^2 w
\end{aligned}
\tag{7-72}
$$

同时，由式(c)可知

$$
\nabla^2 w=\frac{\partial^2 w}{\partial x^2}+\frac{\partial^2 w}{\partial y^2}=\frac{\partial^2 w}{\partial r^2}+\frac{1}{r}\frac{\partial w}{\partial r}+\frac{1}{r^2}\frac{\partial^2 w}{\partial \theta^2}
$$

并由此，可以直接写出圆形薄板弯曲的基本控制方程为

$$
\left(\frac{\partial^2}{\partial r^2}+\frac{1}{r}\frac{\partial}{\partial r}+\frac{1}{r^2}\frac{\partial^2}{\partial \theta^2}\right)\left(\frac{\partial^2 w}{\partial r^2}+\frac{1}{r}\frac{\partial w}{\partial r}+\frac{1}{r^2}\frac{\partial^2 w}{\partial \theta^2}\right)=\frac{q(r,\theta)}{D}
\tag{7-73}
$$

相应地，式(7-55)变为

$$
\begin{aligned}
&\sigma_r=\frac{12M_r}{h^3}z,\quad \sigma_\theta=\frac{12M_\theta}{h^3}z\\
&\tau_{r\theta}=\tau_{\theta r}=\frac{12M_{r\theta}}{h^3}z,\quad \tau_{rz}=\frac{6Q_r}{h^3}\left(\frac{h^2}{4}-z^2\right),\quad \tau_{\theta z}=\frac{6Q_\theta}{h^3}\left(\frac{h^2}{4}-z^2\right)
\end{aligned}
\tag{7-74}
$$

与直角坐标中的情况相仿，同样可分别求得 r 为常量和 θ 为常量的横截面上的总分布剪力为

$$
\begin{aligned}
V_r &= Q_r + \frac{1}{r}\frac{\partial M_{r\theta}}{\partial \theta} = -D\left[\frac{\partial}{\partial r}\nabla^2 w + \frac{1-\mu}{r}\frac{\partial^2}{\partial r \partial \theta}\left(\frac{1}{r}\frac{\partial w}{\partial \theta}\right)\right] \\
V_\theta &= Q_\theta + \frac{\partial M_{\theta r}}{\partial r} = -D\left[\frac{1}{r}\frac{\partial}{\partial \theta}\nabla^2 w + (1-\mu)\frac{\partial^2}{\partial r^2}\left(\frac{1}{r}\frac{\partial w}{\partial \theta}\right)\right]
\end{aligned}
\tag{7-75}
$$

应用上面的结果，就可写出极坐标形式中常见的几种边界条件。例如，对于圆形板，取坐标原点在圆心，并设 $r=a$ 为边界，有

自由边界：

$$
\begin{aligned}
&(M_r)_{r=a} = 0 \\
&V_r = \left(Q_r + \frac{\partial M_{r\theta}}{r\partial \theta}\right)_{r=a} = 0
\end{aligned}
\tag{7-76}
$$

简支边界：

$$
\begin{aligned}
&(w)_{r=a} = 0 \\
&(M_r)_{r=a} = 0
\end{aligned}
\tag{7-77}
$$

固定边界：

$$
\begin{aligned}
&(w)_{r=a} = 0 \\
&\left(\frac{\partial w}{\partial r}\right)_{r=a} = 0
\end{aligned}
\tag{7-78}
$$

3. 圆形薄板的轴对称弯曲

如果圆形薄板所受的横向荷载 q 对称于 z 轴，则 q 和 w 仅是 r 的函数而与 θ 无关，此时，方程(7-73)简化为

$$
\left(\frac{\mathrm{d}^2}{\mathrm{d}r^2} + \frac{1}{r}\frac{\mathrm{d}}{\mathrm{d}r}\right)\left(\frac{\mathrm{d}^2 w}{\mathrm{d}r^2} + \frac{1}{r}\frac{\mathrm{d}w}{\mathrm{d}r}\right) = \frac{q}{D}
\tag{7-79a}
$$

或写成

$$
\frac{\mathrm{d}^4 w}{\mathrm{d}r^4} + \frac{2}{r}\frac{\mathrm{d}^3 w}{\mathrm{d}r^3} - \frac{1}{r^2}\frac{\mathrm{d}^2 w}{\mathrm{d}r^2} + \frac{1}{r^3}\frac{\mathrm{d}w}{\mathrm{d}r} = \frac{q}{D}
\tag{7-79b}
$$

这一方程的通解为齐次通解与非齐次任意特解之和。式(7-79a)齐次时为欧拉方程，其通解已在 7.4 节中求得。在均布荷载 $q=q_0$ 时，其特解可取为 $w^* = cr^4$，将其代入式(7-79a)，可求得 $c = q_0/(64D)$，于是，得方程(7-79a)的通解为

$$w = A_0 + B_0 r^2 + C_0 \ln r + D_0 r^2 \ln r + \frac{q_0 r^4}{64D} \tag{7-80}$$

代入式(7-72)和式(7-75)，得

$$\begin{aligned}
M_r &= -D\left[2(1+\mu)B_0 - (1-\mu)\frac{C_0}{r^2} + (3+\mu)D_0 + 2(1+\mu)D_0 \ln r\right] - \frac{3+\mu}{16}q_0 r^2 \\
M_\theta &= -D\left[2(1+\mu)B_0 + (1-\mu)\frac{C_0}{r^2} + (1+3\mu)D_0 + 2(1+\mu)D_0 \ln r\right] - \frac{1+3\mu}{16}q_0 r^2 \\
V_r &= Q_r = -\frac{4DD_0}{r} - \frac{q_0 r}{2} \\
M_{r\theta} &= M_{\theta r} = 0 \\
Q_\theta &= 0 \\
V_\theta &= 0
\end{aligned} \tag{7-81}$$

7.7.4 圆形薄板弯曲问题的求解

下面通过具体算例，来说明圆形薄板弯曲问题的求解过程，例 7-5～例 7-7 均是圆形薄板的轴对称弯曲问题。

例 7-5 设有一受均布荷载作用的圆形薄板，其半径为 a，边界固支，求其挠度和内力。

因为在 $r=0$ 处，挠度和内力为有限值，所以，此时式(7-80)中的 $C_0 = D_0 = 0$。于是，式(7-80)和式(7-81)分别简化为

$$w = A_0 + B_0 r^2 + \frac{q_0 r^4}{64D} \tag{a}$$

和

$$\begin{aligned}
M_r &= -2(1+\mu)DB_0 - \frac{3+\mu}{16}q_0 r^2 \\
M_\theta &= -2(1+\mu)DB_0 - \frac{1+3\mu}{16}q_0 r^2 \\
M_{r\theta} &= M_{\theta r} = 0 \\
Q_r &= -\frac{q_0 r}{2} \\
Q_\theta &= 0
\end{aligned} \tag{b}$$

由边界条件(7-78)，有

$$A_0 + B_0 a^2 + \frac{q_0 a^4}{64D} = 0, \quad 2B_0 a + \frac{q_0 a^3}{16D} = 0$$

解之，得

$$A_0 = \frac{q_0 a^4}{64D}, \quad B_0 = -\frac{q_0 a^2}{32D}$$

代入式(a)和式(b)，得本问题的解答为

$$\begin{aligned}
&w = \frac{q_0 a^4}{64D}\left(1 - \frac{r^2}{a^2}\right)^2 \\
&M_r = \frac{q_0 a^2}{16}\left[(1+\mu) - (3+\mu)\frac{r^2}{a^2}\right] \\
&M_\theta = \frac{q_0 a^2}{16}\left[(1+\mu) - (1+3\mu)\frac{r^2}{a^2}\right] \\
&M_{r\theta} = M_{\theta r} = 0 \\
&Q_r = -\frac{q_0 r}{2} \\
&Q_\theta = 0
\end{aligned} \tag{c}$$

最大挠度发生在圆板的中心，其值为

$$w_{\max} = (w)_{r=0} = \frac{q_0 a^4}{64D}$$

最大弯矩和最大弯曲应力发生在板边处，其值分别为

$$(M_r)_{\max} = |(M_r)_{r=a}| = \frac{q_0 a^2}{8}$$

$$(\sigma_r)_{\max} = \left|-\frac{6M_r}{h^2}\right| = \frac{3q_0 a^2}{4h^2}$$

例 7-6　半径为 a 的圆形薄板，边界固定，中心受集中荷载 P 作用，求挠度和内力。

本问题的 $q(r)=0$，因此，方程(7-79b)的通解(7-80)变为

$$w = A_0 + B_0 r^2 + C_0 \ln r + D_0 r^2 \ln r$$

当 r 趋向零时，要求位移有界，故 $C_0 = 0$。于是，上式简化为

$$w = A_0 + B_0 r^2 + D_0 r^2 \ln r \tag{a}$$

将式(a)代入式(7-72)的第四式，可得

$$Q_r = -\frac{4DD_0}{r} \tag{b}$$

另外，如果从圆板中央部分取出半径为 r、高度为 h 的圆柱体，由平衡条件：

$$2\pi r Q_r + P = 0$$

得

$$Q_r = -\frac{P}{2\pi r} \tag{c}$$

联立求解(b)和式(c)，得

$$D_0 = \frac{P}{8\pi D}$$

将上式代回式(a)，有

$$w = A_0 + B_0 r^2 + \frac{P}{8\pi D} r^2 \ln r \tag{d}$$

应用边界条件(7-78)，得

$$A_0 + B_0 a^2 + \frac{P}{8\pi D} a^2 \ln a = 0$$

$$2B_0 a + \frac{Pa}{8\pi D}(1 + 2\ln a) = 0$$

解之得

$$A_0 = \frac{Pa^2}{16\pi D}, \quad B_0 = -\frac{P}{16\pi D}(1 + 2\ln a)$$

代回式(a)，并应用式(7-72)，得到本问题的解答：

$$\begin{aligned}
& w = \frac{P}{16\pi D}\left(2r^2 \ln\frac{r}{a} + a^2 - r^2\right) \\
& M_r = \frac{P}{4\pi}\left[(1+\mu)\ln\frac{a}{r} - 1\right] \\
& M_\theta = \frac{P}{4\pi}\left[(1+\mu)\ln\frac{a}{r} - \mu\right] \\
& M_{r\theta} = M_{\theta r} = 0 \\
& Q_r = -\frac{P}{2\pi r} \\
& Q_\theta = 0
\end{aligned} \tag{e}$$

最大挠度发生在圆板中心，其值为

$$w_{\max} = (w)_{r=0} = \frac{Pa^2}{16\pi D}$$

但必须注意，当 $r \to 0$ 时，内力为无穷大，因此，这些公式在集中力作用点附近不适用。

例 7-7　图 7-27 所示为一外半径为 a 、内半径为 b 的圆环形薄板，外边界简支，内边界自由，但受均布弯矩 M_0 作用，求挠度表达式。

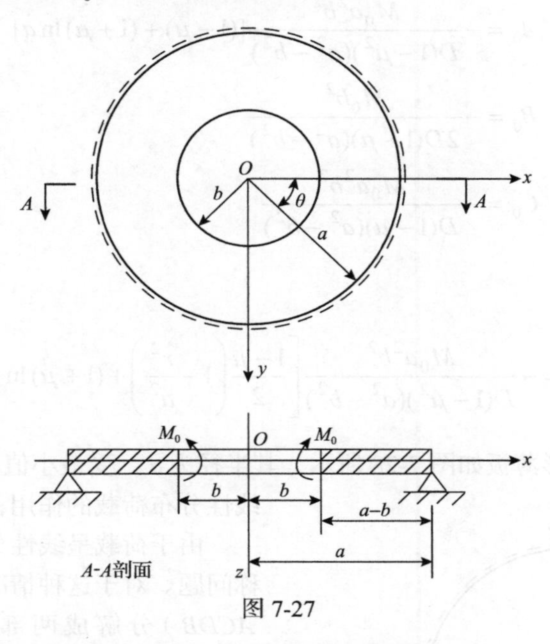

图 7-27

由题设 $q(r)=0$ ，根据式(7-80)，可知本问题的通解为

$$w = A_0 + B_0 r^2 + C_0 \ln r + D_0 r^2 \ln r \tag{a}$$

本问题的边界条件为

$$\begin{aligned}
&(w)_{r=a} = 0 \\
&(M_r)_{r=a} = -D\left(\frac{\mathrm{d}^2 w}{\mathrm{d}r^2} + \mu \frac{1}{r}\frac{\mathrm{d}w}{\mathrm{d}r}\right)_{r=a} = 0 \\
&(Q_r)_{r=b} = -D\left(\frac{\mathrm{d}}{\mathrm{d}r}\nabla^2 w\right)_{r=b} = 0 \\
&(M_r)_{r=b} = -D\left(\frac{\mathrm{d}^2 w}{\mathrm{d}r^2} + \mu \frac{1}{r}\frac{\mathrm{d}w}{\mathrm{d}r}\right)_{r=b} = M_0
\end{aligned} \tag{b}$$

将式(a)代入全部边界条件，得

$$\begin{aligned}
&D_0 = 0 \\
&2B_0(1+\mu) + \frac{C_0}{b^2}(1+\mu) = M_0 \\
&2B_0(1+\mu) - \frac{C_0}{a^2}(1-\mu) = 0 \\
&A_0 + B_0 a^2 + C_0 \ln a = 0
\end{aligned}$$

解之，得

$$A_0=-\frac{M_0a^2b^2}{D(1-\mu^2)(a^2-b^2)}[(1-\mu)+(1+\mu)\ln a]$$

$$B_0=-\frac{M_0b^2}{2D(1+\mu)(a^2-b^2)} \tag{c}$$

$$C_0=-\frac{M_0a^2b^2}{D(1-\mu)(a^2-b^2)}$$

本问题的最后解答为

$$w=-\frac{M_0a^2b^2}{D(1-\mu^2)(a^2-b^2)}\left[\frac{1-\mu}{2}\left(1-\frac{r^2}{a^2}\right)+(1+\mu)\ln\frac{r}{a}\right]$$

例 7-8　简支圆形薄板如图 7-28 所示，其半径为 a，受最小值 q_1 和最大值 q_2 组成的线性分布荷载的作用，求板的挠度和内力。

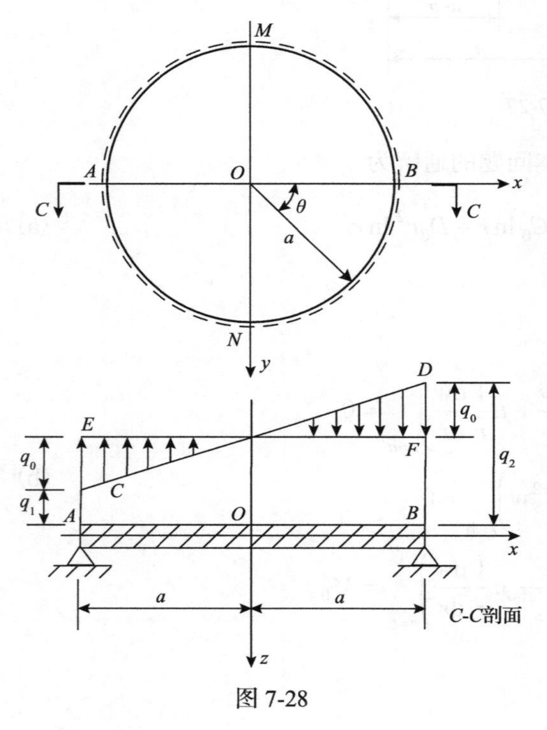

图 7-28

由于荷载呈线性分布，此问题为非轴对称问题。对于这种情况，可将荷载（图中的 $ACDB$）分解成两部分：其一是集度为 $\frac{q_1+q_2}{2}$ 的均布荷载（图中的 $ABFE$），其二是在直径 AB 上按反对称线性分布的荷载，在 AB 的两端，其集度分别为 q_0 和 $-q_0$，而 $q_0=\frac{1}{2}(q_2-q_1)$（图中的 $EFDC$）。

对于简支圆板受均布荷载 $q_0^*=\frac{q_1+q_2}{2}$ 的情况，求解如下。其边界条件如式(7-77)所示，将例 7-5 中的式(a)和式(b)中的第一式代入式(7-77)，有

$$A_0+B_0a^2+\frac{q_0^*a^4}{64D}=0$$

$$-2(1+\mu)DB_0-\frac{3+\mu}{16}q_0^*a^2=0$$

解之，得

$$A_0=\frac{q_0^*a^4(5+\mu)}{64D(1+\mu)},\quad B_0=-\frac{q_0^*a^2}{32D}\frac{3+\mu}{1+\mu} \tag{a}$$

再代回例 7-5 中的式(a)和式(b)，得本问题的解答为

$$
\begin{aligned}
& w=\frac{q_0^* a^4}{64D}\left(1-\frac{r^2}{a^2}\right)\left(\frac{5+\mu}{1+\mu}-\frac{r^2}{a^2}\right) \\
& \frac{\mathrm{d}w}{\mathrm{d}r}=-\frac{q_0^* a^3}{16D}\left(\frac{3+\mu}{1+\mu}-\frac{r^2}{a^2}\right)\frac{r}{a} \\
& M_r=\frac{(3+\mu) q_0^* a^2}{16}\left(1-\frac{r^2}{a^2}\right) \\
& M_\theta=\frac{q_0^* a^2}{16}\left[(3+\mu)-(1+3\mu)\frac{r^2}{a^2}\right] \\
& Q_r=-\frac{q_0^* r}{2}
\end{aligned}
\tag{b}
$$

最大挠度和最大弯矩都发生在板的中心，其值分别为

$$
w_{\max}=(w)_{r=0}=\frac{(5+\mu) q_0^* a^4}{64(1+\mu) D}
$$

$$
M_{\max}=(M_r)_{r=0}=(M_\theta)_{r=0}=\frac{(3+\mu) q_0^* a^2}{16}
$$

相应的最大弯曲应力为

$$
(\sigma_r)_{\max}=(\sigma_\theta)_{\max}=\frac{6M_r}{h^2}=\frac{3(3+\mu) q_0^* a^2}{8h^2}
$$

边界处的转角和横向剪力为

$$
\left(\frac{\mathrm{d}w}{\mathrm{d}r}\right)_{r=a}=-\frac{q_0^* a^2}{8(1+\mu) D}
$$

$$
(Q_r)_{r=a}=-\frac{q_0^* a}{2}
$$

下面讨论由线性反对称荷载所产生的挠度和内力。其集度为

$$
q=q_0\frac{x}{a}=q_0\frac{r\cos\theta}{a}
$$

代入基本控制方程(7-73)，有

$$
\left(\frac{\partial^2}{\partial r^2}+\frac{1}{r}\frac{\partial}{\partial r}+\frac{1}{r^2}\frac{\partial^2}{\partial\theta^2}\right)\left(\frac{\partial^2 w}{\partial r^2}+\frac{1}{r}\frac{\partial w}{\partial r}+\frac{1}{r^2}\frac{\partial^2 w}{\partial\theta^2}\right)=q_0\frac{r\cos\theta}{Da}
\tag{c}
$$

显然，方程(c)的特解可取为 $w_1=Ar^5\cos\theta$ 的形式，代入式(c)后，可得 $A=q_0/(192aD)$，于是

$$w_1 = \frac{q_0 r^5 \cos\theta}{192aD} \tag{d}$$

现在求方程(c)为齐次时的通解，根据挠度对称于 xz 坐标平面而反对称于 yz 坐标平面的特性，并结合特解(d)的形式，假设

$$w_2 = f(r)\cos\theta \tag{e}$$

将式(e)代入下式:

$$\nabla^2\nabla^2 w_2 = 0$$

可得

$$\left(\frac{\mathrm{d}^2}{\mathrm{d}r^2} + \frac{1}{r}\frac{\mathrm{d}}{\mathrm{d}r} - \frac{1}{r^2}\right)\left(\frac{\mathrm{d}^2 f}{\mathrm{d}r^2} + \frac{1}{r}\frac{\mathrm{d}f}{\mathrm{d}r} - \frac{f}{r^2}\right) = 0$$

这一方程的通解在 7.5.2 节中已经求得，为

$$f(r) = A_0 r + B_0 r^3 + \frac{C_0}{r} + D_0 r \ln r$$

代入式(e)，然后与式(d)相加，得

$$w = w_1 + w_2 = \frac{q_0 r^5 \cos\theta}{192aD} + \left(A_0 r + B_0 r^3 + \frac{C_0}{r} + D_0 r \ln r\right)\cos\theta \tag{f}$$

因为是实心板，要求在板的中心挠度有界，则应有 $C_0 = D_0 = 0$，于是，式(f)简化为

$$w = \frac{q_0 r^5 \cos\theta}{192aD} + (A_0 r + B_0 r^3)\cos\theta \tag{g}$$

对于简支板，应用边界条件(7-77)，即

$$(w)_{r=a} = 0, \quad \left[\frac{\partial^2 w}{\partial r^2} + \mu\left(\frac{1}{r}\frac{\partial w}{\partial r} + \frac{1}{r^2}\frac{\partial^2 w}{\partial \theta^2}\right)\right]_{r=a} = 0$$

将式(g)代入，求出常数 A_0 和 B_0，最后得

$$w = \frac{q_0 a^4}{192D}\left(1 - \frac{r^2}{a^2}\right)\left(\frac{7+\mu}{3+\mu} - \frac{r^2}{a^2}\right)\frac{r}{a}\cos\theta$$

相应的弯矩为

$$M_r = \frac{q_0 a^2}{48}(5+\mu)\left(1 - \frac{r^2}{a^2}\right)\frac{r}{a}\cos\theta$$

$$M_\theta = \frac{q_0 a^2}{48}\left[\frac{(5+\mu)(1+3\mu)}{3+\mu} - (1+5\mu)\frac{r^2}{a^2}\right]\frac{r}{a}\cos\theta$$

弯矩 M_r 和 M_θ 都是正的。M_r 的最大值发生在 $\theta=0$、$r=a/\sqrt{3}$ 处，其值为

$$(M_r)_{\max}=\frac{\sqrt{3}(5+\mu)q_0a^2}{216}$$

M_θ 的最大值发生在 $\theta=0$ 处，而此处的

$$r=a\sqrt{\frac{(5+\mu)(1+3\mu)}{3(1+5\mu)(3+\mu)}}$$

其值为

$$(M_\theta)_{\max}=\sqrt{\frac{3(5+\mu)^3(1+3\mu)^3}{(1+5\mu)(3+\mu)^3}}\frac{q_0a^2}{216}$$

若为固支边界，应用边界条件(7-78)，即

$$(w)_{r=a}=0,\quad \left(\frac{\partial w}{\partial r}\right)_{r=a}=0$$

求得 A_0 和 B_0 后，代入式(g)，得

$$w=\frac{q_0a^4}{192D}\left(1-\frac{r^2}{a^2}\right)^2\frac{r}{a}\cos\theta$$

相应的弯矩为

$$M_r=-\frac{q_0a^2}{48}\left[\left(5\frac{r^2}{a^2}-3\right)+\mu\left(\frac{r^2}{a^2}-1\right)\right]\frac{r}{a}\cos\theta$$

$$M_\theta=-\frac{q_0a^2}{48}\left[\left(\frac{r^2}{a^2}-1\right)+\mu\left(5\frac{r^2}{a^2}-3\right)\right]\frac{r}{a}\cos\theta$$

弯矩的最大值发生在 $r=a$ 而 $\theta=0,\ \pi$ 处，其值为

$$(M_r)_{\max}=\frac{q_0a^2}{24}$$

上述结果与仅受均布荷载作用时相应的结果叠加，即得薄圆板受线性分布荷载作用的解答。

7.8　变分法在薄板弯曲问题中的应用

在弹性力学中，当物体的边界条件比较复杂时，欲求得到问题的精确解是十分困难

的，甚至是不可能的。因此，对于弹性力学中的大量实际问题，近似解法具有极为重要的意义。而变分法是所有近似解法中最有成效的方法，它构成了有限元等数值方法或半解析法的理论基础。该方法的本质思想就是将弹性力学基本方程的定解问题，变为求泛函的极值(或驻值)问题。而在求问题的近似解时，又将泛函的极值(或驻值)问题进而变成函数(或驻值)的极值问题，最终将问题归结为求解线性代数方程组。这里的泛函，是指其定义域为某函数空间，简单地说，函数是变量与变量的关系，而泛函是变量与函数的关系，即泛函是函数的函数。

在变分法中有两个极为重要的基本原理，即最小势能原理和最小余能原理，它们被广泛应用于各类力学问题的近似求解中。一般而言，最小势能原理等价于平衡微分方程和应力边界条件，最小余能原理等价于平衡微分方程和位移边界条件。

7.8.1　最小势能原理

考虑任一弹性体，它在域内受体力 f_i 的作用，在力边界 S_σ 上给定面力 $\overline{p}_i$，在位移边界上给定位移 $\overline{u}_i$。假设该弹性系统是保守系统，存在总势能，现在比较该系统在真实状态下的总势能 Π_P 与任意可能变形状态下的总势能 $\Pi_P^{(k)}$ 之间的大小。

真实状态用应力 σ_{ij}、应变 ε_{ij}、位移 u_i 来描述，它们满足全部弹性力学的基本方程和边界条件(参阅 5.1 节)。由式(3-40)可知，真实状态下弹性系统的单位体积应变能为

$$U_0(\sigma_{ij},\varepsilon_{ij})=\frac{1}{2}\sigma_{ij}\varepsilon_{ij} \tag{a}$$

在式(a)中引入广义胡克定律(式(5-10))，则

$$U_0(\varepsilon_{ij})=G\varepsilon_{ij}\varepsilon_{ij}+\frac{\lambda}{2}\varepsilon_{ii}^2 \tag{b}$$

在式(b)中代入几何关系(式(5-4))，得到全部用位移分量表示的单位体积应变能 $U_0(u_i)$，此时，虚功方程可写为

$$\delta\iiint_V U_0(u_i)\mathrm{d}V-\iiint_V f_i\delta u_i\mathrm{d}V-\iint_{S_\sigma}\overline{p}_i\delta u_i\mathrm{d}S=0 \tag{7-82}$$

其中，f_i 为单位体力；$\overline{p}_i$ 为应力边界 S_σ 上的已知边界力；δu_i 为约束许可的微小位移，称为虚位移，它应理解为真实位移的变分，而不是其他随便某一位移函数。式(7-82)表明：在外力作用下处于平衡状态的变形体，当给予物体微小虚位移时，外力的总虚功等于物体的总虚应变能，此即虚功原理。

假定当物体从平衡位置发生一微小虚位移时，物体几何尺寸的变化忽略不计，且原先作用于物体上的体力 f_i 和边界力 $\overline{p}_i$ 的大小、方向均保持不变。于是，式(7-82)中的变分号可以移至积分号之外，令 $\delta\Pi_P$ 为这一变分量，则

$$\delta\Pi_P=\delta\left(\iiint_V U_0(u_i)\mathrm{d}V-\iiint_V f_iu_i\mathrm{d}V-\iint_{S_\sigma}\overline{p}_iu_i\mathrm{d}S\right)=0$$

于是有

$$\delta \Pi_P = \delta(U + W) = 0 \tag{7-83}$$

其中，$U = \iiint_V U_0(u_i)\mathrm{d}V$ 为弹性体的应变能；$W = -\iiint_V f_i u_i \mathrm{d}V - \iint_{S_\sigma} \overline{p}_i u_i \mathrm{d}S$ 为外力功，且

$$\Pi_P = \iiint_V [U_0(u_i) - f_i u_i]\mathrm{d}V - \iint_{S_\sigma} \overline{p}_i u_i \mathrm{d}S \tag{7-84a}$$

上式的附加条件为

$$u_i - \overline{u}_i = 0 \quad (\text{在} S_u \text{上}) \tag{7-84b}$$

其中，$\overline{u}_i$ 为位移边界上的已知量。

式(7-83)说明，在给定的外力作用下，实际的位移应使总势能的一阶变分取驻值。下面进一步说明这时总势能最小。

为此，令 u_i^* 为变形许可状态的位移场，ε_{ij}^* 为相应的应变张量。则有

$$u_i^* = u_i + \delta u_i, \quad \varepsilon_{ij}^* = \varepsilon_{ij} + \delta\varepsilon_{ij} \tag{c}$$

将 $U_0(\varepsilon_{ij}^*)$ 按泰勒级数展开，略去二阶以上的高阶项，得

$$U_0(\varepsilon_{ij}^*) = U_0(\varepsilon_{ij}) + \frac{\partial U_0(\varepsilon_{ij})}{\partial \varepsilon_{ij}}\delta\varepsilon_{ij} + \frac{1}{2!}\frac{\partial^2 U_0(\varepsilon_{ij})}{\partial \varepsilon_{ij}^2}(\delta\varepsilon_{ij})^2 \tag{d}$$

于是，变形许可状态的总势能与真实状态总势能之差为

$$\begin{aligned} \Pi_P(\varepsilon_{ij}^*) - \Pi_P(\varepsilon_{ij}) &= \iiint_V U_0(\varepsilon_{ij} + \delta\varepsilon_{ij})\mathrm{d}V - \iiint_V U_0(\varepsilon_{ij})\mathrm{d}V \\ &\quad - \iiint_V f_i \delta u_i \mathrm{d}V - \iint_{S_\sigma} \overline{p}_i \delta u_i \mathrm{d}S \\ &= \iiint_V \frac{\partial U_0(\varepsilon_{ij})}{\partial \varepsilon_{ij}}\delta\varepsilon_{ij}\mathrm{d}V + \frac{1}{2}\iiint_V \frac{\partial^2 U_0(\varepsilon_{ij})}{\partial \varepsilon_{ij}}(\delta\varepsilon_{ij})^2\mathrm{d}V \\ &\quad - \iiint_V f_i \delta u_i \mathrm{d}V - \iint_{S_\sigma} \overline{p}_i \delta u_i \mathrm{d}S \end{aligned} \tag{e}$$

又将 $\Pi_P(\varepsilon_{ij}^*)$ 按泰勒级数展开，略去二阶以上的高阶项后，得

$$\Pi_P(\varepsilon_{ij}^*) = \Pi_P(\varepsilon_{ij}) + \delta\Pi_P + \frac{1}{2!}\delta^2\Pi_P \tag{f}$$

其中

$$\delta\Pi_P(\varepsilon_{ij}) = \iiint_V \frac{\partial U_0(\varepsilon_{ij})}{\partial \varepsilon_{ij}}\delta\varepsilon_{ij}\mathrm{d}V - \iiint_V f_i \delta u_i \mathrm{d}V - \iint_{S_\sigma} \overline{p}_i \delta u_i \mathrm{d}S = 0$$

则

$$\delta^2 \Pi_P = \iiint_V \frac{\partial^2 U_0(\varepsilon_{ij})}{\partial \varepsilon_{ij}^2}(\delta \varepsilon_{ij})^2 \mathrm{d}V \tag{g}$$

式(g)在$\delta\varepsilon_{ij}$足够小时必为正，这是因为若令$\varepsilon_{ij}=0$，则$\sigma_{ij}=0$，考虑到$\dfrac{\partial U_0(\varepsilon_{ij})}{\partial \varepsilon_{ij}}=\sigma_{ij}$，则式(d)等号右边的前二次项均为零，同时注意到式(c)，于是，式(d)化简为

$$U_0(\delta \varepsilon_{ij}) = \frac{1}{2!}\frac{\partial^2 U_0(\varepsilon_{ij})}{\partial \varepsilon_{ij}^2}(\delta \varepsilon_{ij})^2$$

从而得

$$\Pi_P(\varepsilon_{ij}^*) - \Pi_P(\varepsilon_{ij}) = \frac{1}{2}\delta^2 \Pi_P = \iiint_V U_0(\delta \varepsilon_{ij}) \mathrm{d}V \tag{h}$$

由式(b)知$U_0(\varepsilon_{ij})$为正定的，则有

$$\delta^2 \Pi_P \geqslant 0, \quad \Pi_P(\varepsilon_{ij}^*) \geqslant \Pi_P(\varepsilon_{ij}) \tag{7-85}$$

于是，我们得出最小势能原理：在所有几何可能的位移中，真实的位移使总势能取最小值。

7.8.2　薄板弯曲时的应变能、总势能与总余能

由 7.8.1 节的式(a)可知，弹性体的应变能为

$$U = \iiint_V U_0(\sigma_{ij}, \varepsilon_{ij}) \mathrm{d}V = \frac{1}{2}\iiint_V \sigma_{ij}\varepsilon_{ij} \mathrm{d}V$$

在弹性矩形薄板的弯曲问题中，根据基尔霍夫假定，有

$$\sigma_z = \gamma_{yz} = \gamma_{zx} = 0$$

于是，板的应变能为

$$U = \frac{1}{2}\iiint_V (\sigma_x \varepsilon_x + \sigma_y \varepsilon_y + \tau_{xy}\gamma_{xy}) \mathrm{d}x\mathrm{d}y\mathrm{d}z$$

若取板厚为h，且应用式(7-49)和式(7-50)，得板的应变能为

$$U = \frac{1}{2}\iint_A D\left\{\left(\frac{\partial^2 w}{\partial x^2} + \frac{\partial^2 w}{\partial y^2}\right)^2 + 2(1-\mu)\left[\left(\frac{\partial^2 w}{\partial x \partial y}\right)^2 - \frac{\partial^2 w}{\partial x^2}\frac{\partial^2 w}{\partial y^2}\right]\right\} \mathrm{d}x\mathrm{d}y \tag{7-86}$$

其中，$w(x,y)$ 为板中面上任意一点的挠度；A 为板中面的面积；D 为板的抗弯刚度，且 $D=\dfrac{Eh^3}{12(1-\mu^2)}$。

若仅考虑板受横向荷载 q 的作用，不计体力 f_i，则外力功为

$$W=-\iint_A qw\mathrm{d}x\mathrm{d}y-\iint_{S_\sigma}\overline{p}_i u_i \mathrm{d}S \tag{7-87}$$

于是，板的总势能为

$$\begin{aligned}\varPi_P&=\iiint_V U_0(\varepsilon_{ij})\mathrm{d}V-\iint_A qw\mathrm{d}x\mathrm{d}y-\iint_{S_\sigma}\overline{p}_i u_i\mathrm{d}S\\&=\frac{1}{2}\iint_A D\left\{\left(\frac{\partial^2 w}{\partial x^2}+\frac{\partial^2 w}{\partial y^2}\right)^2+2(1-\mu)\left[\left(\frac{\partial^2 w}{\partial x\partial y}\right)^2-\frac{\partial^2 w}{\partial x^2}\frac{\partial^2 w}{\partial y^2}\right]\right\}\mathrm{d}x\mathrm{d}y\\&\quad-\iint_A qw\mathrm{d}x\mathrm{d}y-\int_{L_\sigma}(-\overline{Q}_z w+\overline{M}_n w_{,n}+\overline{M}_{ns}w_{,s})\mathrm{d}L\end{aligned} \tag{7-88}$$

其中，$\overline{Q}_z$、$\overline{M}_n$、$\overline{M}_{ns}$ 分别为边界上的横向剪力、弯矩和扭矩；下标 n、s 分别为边界处的法线和切线方向；L_σ 为板边界处给定荷载的区域。

在弹性体中单位体积的余能 $U_0^*(\sigma_{ij})$ 与单位体积的应变能 $U_0(\varepsilon_{ij})$ 有如下关系：

$$U_0(\varepsilon_{ij})+U_0^*(\sigma_{ij})=\sigma_{kl}\varepsilon_{kl}$$

则

$$U_0^*(\sigma_{ij})=\frac{1}{2E}[(\sigma_x+\sigma_y)^2+2(1+\mu)(\tau_{xy}^2-\sigma_x\sigma_y)]$$

于是，当不计体力 f_i 和横向荷载 q 时，可得板的总余能为

$$\begin{aligned}\varPi_C&=\iiint_V U_0{}^*(\sigma_{ij})\mathrm{d}V-\iint_{S_u}\overline{u}_i p_i\mathrm{d}S\\&=\frac{1}{2}\iiint_V\frac{1}{E}[\sigma_x^2+\sigma_y^2+2(1+\mu)(\tau_{xy}^2-\sigma_x\sigma_y)]\mathrm{d}x\mathrm{d}y\mathrm{d}z\\&\quad-\int_{L_u}\left(-Q_z\overline{w}+M_n\overline{w}_{,n}+M_{ns}\overline{w}_{,s}\right)\mathrm{d}L\\&=\frac{1}{2}\iint_A\left(\frac{12}{Eh^3}\right)[(M_x+M_y)^2+2(1+\mu)(M_{xy}^2-M_xM_y)]\mathrm{d}x\mathrm{d}y\\&\quad-\int_{L_u}(-Q_z\overline{w}+M_n\overline{w}_{,n}+M_{ns}\overline{w}_{,s})\mathrm{d}L\end{aligned} \tag{7-89}$$

其中，L_u 为板边界处给定位移的区域。

类似于推导最小势能原理，即可导出最小余能原理。

7.8.3　两种常用方法

1. 里茨(Ritz)法

里茨法的基本思想就是寻求一个挠度函数$w(x,y)$，使其满足几何边界条件，同时使板的总势能或总余能为最小值。

假定满足几何边界条件的挠度函数为

$$w(x,y)=\sum_{k=1}^{n}a_k w_k(x,y)$$

根据最小势能原理，板的总势能取最小值(驻值)时，应有$\delta^2\Pi_P \geqslant 0$，$\delta\Pi_P=0$。将上式代入式(7-88)，注意到含自变量$x$、$y$的$w(x,y)$被积分掉了，此时，式(7-88)中仅含待定系数$a_k$，对其实施$\delta\Pi_P=0$，于是有

$$\frac{\partial \Pi_P}{\partial a_k}=0,\quad k=1,2,\cdots,n \tag{7-90}$$

由式(7-90)，可得到一组关于a_k的线性非齐次代数方程，解之确定a_k后，即可得到挠度函数$w(x,y)$。下面举例说明里茨法的具体应用。

例 7-9　仍考虑例 7-3 中的四边简支矩形板，其边长为a和b，厚度为h，试确定板的挠度表达式。

取挠度函数为如下的三角级数形式：

$$w(x,y)=\sum_{m=1}^{\infty}\sum_{n=1}^{\infty}a_{mn}\sin\frac{m\pi x}{a}\sin\frac{n\pi y}{b} \tag{a}$$

显然式(a)可以满足简支边界条件。将式(a)代入式(7-88)，可得

$$\begin{aligned}\Pi_P=&\frac{D}{2}\int_0^a\int_0^b\left[\sum_{m=1}^{\infty}\sum_{n=1}^{\infty}a_{mn}\left(\frac{m^2\pi^2}{a^2}+\frac{n^2\pi^2}{b^2}\right)\sin\frac{m\pi x}{a}\sin\frac{n\pi y}{b}\right]^2\mathrm{d}x\mathrm{d}y\\&-\int_0^a\int_0^b q\sum_{m=1}^{\infty}\sum_{n=1}^{\infty}a_{mn}\sin\frac{m\pi x}{a}\sin\frac{n\pi y}{b}\mathrm{d}x\mathrm{d}y\end{aligned} \tag{b}$$

注意到，若$m\neq m', n\neq n'$，则有

$$\int_0^a\sin\frac{m\pi x}{a}\sin\frac{m'\pi x}{a}\mathrm{d}x=\int_0^b\sin\frac{n\pi y}{b}\sin\frac{n'\pi y}{b}\mathrm{d}y=0$$

这样，所有积分的计算只需考虑平方项，此外，已知

$$\int_0^a\int_0^b\sin^2\frac{m\pi x}{a}\sin^2\frac{n\pi y}{b}\mathrm{d}x\mathrm{d}y=\frac{ab}{4}$$

$$\int_0^a\int_0^b\cos^2\frac{m\pi x}{a}\cos^2\frac{n\pi y}{b}\mathrm{d}x\mathrm{d}y=\frac{ab}{4}$$

于是，式(7-88)中的第二项积分等于零，在式(b)中已不含这一项积分，于是，式(b)化为

$$\begin{aligned}\Pi_P=&\frac{\pi^4 abD}{8}\sum_{m=1}^{\infty}\sum_{n=1}^{\infty}a_{mn}^2\left(\frac{m^2}{a^2}+\frac{n^2}{b^2}\right)^2\\&-\int_0^a\int_0^b q\sum_{m=1}^{\infty}\sum_{n=1}^{\infty}a_{mn}\sin\frac{m\pi x}{a}\sin\frac{n\pi y}{b}\mathrm{d}x\mathrm{d}y\end{aligned}\tag{c}$$

此时，式(7-90)化为

$$\frac{\partial\Pi_P}{\partial a_{11}}=0,\ \ \frac{\partial\Pi_P}{\partial a_{12}}=0,\ \ \cdots,\ \ \frac{\partial\Pi_P}{\partial a_{mn}}=0,\cdots$$

其一般形式为

$$\frac{\pi^4 abD}{4}a_{mn}\left(\frac{m^2}{a^2}+\frac{n^2}{b^2}\right)^2-\int_0^a\int_0^b q\sin\frac{m\pi x}{a}\sin\frac{n\pi y}{b}\mathrm{d}x\mathrm{d}y=0\tag{d}$$

这是一组以 $a_{11}, a_{12},\cdots, a_{mn}$ 为未知量的 $m\times n$ 个线性方程。在某一指定情况下，这些量可以算出。当取 m 、 n 为无穷大时，则得问题的精确解，当 m 、 n 为有限数量时，则得近似解。

在例 7-3 中，已知板在 $x=\xi$ 、 $y=\eta$ 处受集中力 P 的作用，则由式(d)得

$$a_{mn}=\frac{4P\sin\dfrac{m\pi\xi}{a}\sin\dfrac{n\pi\eta}{b}}{\pi^4 abD\left(\dfrac{m^2}{a^2}+\dfrac{n^2}{b^2}\right)^2}$$

将上式代入式(a)，得

$$w=\frac{4P}{\pi^4 abD}\sum_{m=1}^{\infty}\sum_{n=1}^{\infty}\frac{1}{\left(\dfrac{m^2}{a^2}+\dfrac{n^2}{b^2}\right)^2}\sin\frac{m\pi\xi}{a}\sin\frac{n\pi\eta}{b}\sin\frac{m\pi x}{a}\sin\frac{n\pi y}{b}\tag{e}$$

2. 伽辽金法

伽辽金法的基本思想是要求选取一个满足板的位移边界条件和应力边界条件的挠曲函数 $w(x,y)$，而 $w(x,y)$ 不一定严格满足板的平衡微分方程。在这个前提下，寻求一个近似的满足平衡微分方程的解。

由几何方程(7-2a)，有

$$\varepsilon_{ij}=\frac{1}{2}(u_{i,j}+u_{j,i}),\quad i,j=1,2$$

则

$$\delta\varepsilon_{ij}=\frac{1}{2}\left(\frac{\partial\delta u_i}{\partial x_j}+\frac{\partial\delta u_j}{\partial x_i}\right)$$

又由式(7-83)：

$$\delta\Pi_P=\delta(U+W)=0$$

这里需注意到，系统应变能为 $U=\frac{1}{2}\iiint_V\sigma_{ij}\varepsilon_{ij}\mathrm{d}V$，计及体力 f_i 作用时的外力功为 $W=-\iiint_V f_iu_i\mathrm{d}V-\iint_{S_\sigma}\overline{p}_iu_i\mathrm{d}S$，则

$$\begin{aligned}\delta\Pi_P&=\delta(U+W)\\&=\frac{1}{2}\iiint_V\sigma_{ij}\left(\frac{\partial\delta u_i}{\partial x_j}+\frac{\partial\delta u_j}{\partial x_i}\right)\mathrm{d}V-\iiint_V f_i\delta u_i\mathrm{d}V-\iint_{S_\sigma}\overline{p}_i\delta u_i\mathrm{d}S\\&=\frac{1}{2}\left[\iiint_V(\sigma_{ij}\delta u_i)_{,j}+(\sigma_{ij}\delta u_j)_{,i}-\sigma_{ij,i}\delta u_j-\sigma_{ij,j}\delta u_i\right]\mathrm{d}V\\&\quad-\iiint_V f_i\delta u_i\mathrm{d}V-\iint_{S_\sigma}\overline{p}_i\delta u_i\mathrm{d}S=0\end{aligned}$$

对上式右边体积分的前两项施加高斯定理，且注意到 $\sigma_{ij}=\sigma_{ji}$，于是

$$\begin{aligned}\delta\Pi_P&=\frac{1}{2}\iint_{S_\sigma}(\sigma_{ij}\delta u_in_j+\sigma_{ij}\delta u_jn_i)\mathrm{d}S-\frac{1}{2}\iiint_V(\sigma_{ij,i}\delta u_j+\sigma_{ij,j}\delta u_i)\mathrm{d}V\\&\quad-\iiint_V f_i\delta u_i\mathrm{d}V-\iint_{S_\sigma}\overline{p}_i\delta u_i\mathrm{d}S\\&=-\left[\iiint_V(\sigma_{ij,j}+f_i)\mathrm{d}V\right]\delta u_i+\left[\iint_{S_\sigma}(\sigma_{ij}n_j-\overline{p}_i)\mathrm{d}S\right]\delta u_i=0\end{aligned}\tag{7-91}$$

式(7-91)即证明了最小势能原理等价于平衡微分方程和应力边界条件。

如果选取位移函数，使其不仅满足位移边界条件，而且也满足应力边界条件，则由式(7-91)，得

$$\iiint_V(\sigma_{ij,j}+f_i)\delta u_i\mathrm{d}V=0\tag{7-92}$$

考虑到矩形薄板的基本控制方程(7-60)，则由式(7-92)，有

$$\iint_A\left(\nabla^2\nabla^2w-\frac{q}{D}\right)\delta w\mathrm{d}x\mathrm{d}y=0\tag{7-93}$$

根据伽辽金法的基本思想，取板的挠度函数为如下形式：

$$w(x,y)=\sum_{k=1}^{n}a_k\varphi_k \tag{a}$$

其中，$\varphi_k=\varphi_k(x,y)$ 应满足全部边界条件，但不严格满足平衡微分方程。

由式(a)，得

$$\delta w=\sum_{k=1}^{n}\varphi_k\delta a_k \tag{b}$$

将式(b)代入式(7-93)，得下列方程组：

$$\iint_A\left(\nabla^2\nabla^2 w-\frac{q}{D}\right)\varphi_k\mathrm{d}x\mathrm{d}y=0,\quad k=1,2,\cdots,n \tag{7-94}$$

再将式(a)代入式(7-94)，积分后可得一组关于 a_k 的线性代数方程，对该方程求解，确定 a_k 后，即可得挠度函数的表达式。下面举例说明伽辽金法的具体应用。

例 7-10　设有四边固支矩形薄板，边长分别为 $2a$ 和 $2b$，厚度为 h，受均布荷载 q 作用，坐标选取如图 7-29 所示。试用里茨法和伽辽金法确定板的挠度函数。

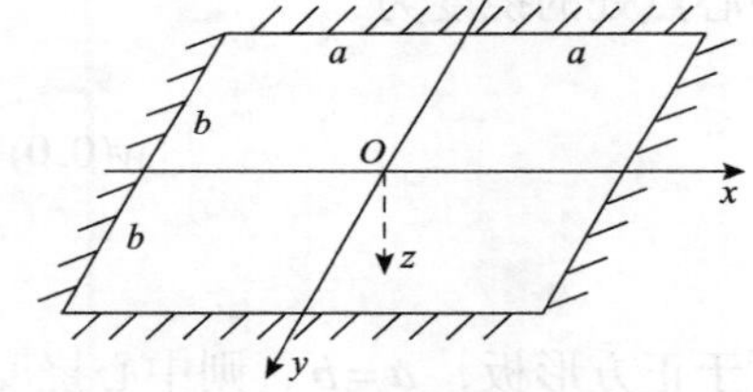

图 7-29

本问题中板的总势能为

$$\Pi_P=\frac{D}{2}\iint_A\left(\frac{\partial^2 w}{\partial x^2}+\frac{\partial^2 w}{\partial y^2}\right)^2\mathrm{d}x\mathrm{d}y-\iint_A qw\mathrm{d}x\mathrm{d}y \tag{a}$$

边界条件为

$$(w)_{x=\pm a}=0,\quad \left(\frac{\partial w}{\partial x}\right)_{x=\pm a}=0$$
$$(w)_{x=\pm b}=0,\quad \left(\frac{\partial w}{\partial y}\right)_{y=\pm b}=0 \tag{b}$$

据此，选择挠度函数为

$$w=(x^2-a^2)^2(y^2-b^2)^2(A_1+A_2x^2+A_3y^2+\cdots) \tag{c}$$

显然，它满足全部边界条件。

(1) 里茨法

先在式(c)中取第一项，即

$$w=A_1(x^2-a^2)^2(y^2-b^2)^2$$

代入式(a)，得

$$\Pi_P = \frac{256\times 64}{25\times 63}Da^5b^5\left(a^4+b^4+\frac{4}{7}a^2b^2\right)A_1^2 - \frac{256}{225}qa^5b^5A_1$$

由 $\dfrac{\partial \Pi_P}{\partial A_1}=0$，得

$$A_1 = \frac{7q}{128D\left(a^4+b^4+\frac{4}{7}a^2b^2\right)}$$

于是，得近似解：

$$w = \frac{7q}{128D\left(a^4+b^4+\frac{4}{7}a^2b^2\right)}(x^2-a^2)^2(y^2-b^2)^2$$

中心点处的挠度为

$$w(0,0) = \frac{7qa^4b^4}{128D\left(a^4+b^4+\frac{4}{7}a^2b^2\right)}$$

对于正方形板，$a=b$，则中心挠度为

$$w(0,0) = 0.02127\frac{qa^4}{D}$$

精确值为 $0.02016\dfrac{qa^4}{D}$，误差为 5.5%。

如果在式(c)中取前三项，且取 $a=b$，按同样的做法，可得

$$A_1 = 0.020202\frac{q}{Da^4},\quad A_2 = A_3 = 0.005885\frac{q}{Da^6}$$

中心挠度为

$$w(0,0) = 0.020202\frac{qa^4}{D}$$

其误差仅有 0.2%。

(2)伽辽金法

仍在式(c)中取前三项，即

$$w = \sum_{k=1}^{3} A_k\varphi_k,\quad k=1,2,3 \tag{d}$$

由式(c)可知

$$\begin{aligned}&\varphi_1=(x^2-a^2)^2(y^2-b^2)^2\\&\varphi_2=x^2(x^2-a^2)^2(y^2-b^2)^2\\&\varphi_3=y^2(x^2-a^2)^2(y^2-b^2)^2\end{aligned}\tag{e}$$

将式(d)和式(e)代入伽辽金方程(7-94)，得到三个积分方程。为简便起见，取 $a=b$，积分后得到三个线性方程：

$$\begin{aligned}&53.4988a^4A_1+4.863ba^6A_2+4.8635a^6A_3=1.1378\frac{q}{D}\\&4.8635a^4A_1+10.4337a^6A_2+0.5404a^6A_3=0.1625\frac{q}{D}\\&4.8635a^4A_1+0.5404a^6A_2+10.4337a^6A_3=0.1625\frac{q}{D}\end{aligned}\tag{f}$$

求解方程组(f)，可得

$$A_1=0.0202\frac{q}{Da^4},\quad A_2=A_3=0.0059\frac{q}{Da^6}$$

由此解答，可知伽辽金法与里茨法同样简便，计算收敛性好。

习　题

7-1 横截面形状如图 7-30 所示的悬臂梁，其上、下两边为双曲线，方程为 $(1+\mu)x^2-\mu y^2=a^2$，试选用适当的 $f(y)$，求应力函数 $\varphi(x,y)$，并求出在自由端受向下的力 P 作用时，梁的剪应力分量和最大剪应力。

7-2 横截面形状如图 7-31 所示的三角形悬臂柱形杆，自由端受向下的集中力 P 作用，试证明当 $\mu=\dfrac{1}{2}$ 时，取 $f(y)=\dfrac{P}{6I}(2a+y^2)$，$\varphi(x,y)=\dfrac{P}{6I}\left[x^2-\dfrac{1}{3}(2a+y)^2\right](y-a)$，能满足一切方程和边界条件；且求剪应力分量和最大剪应力。

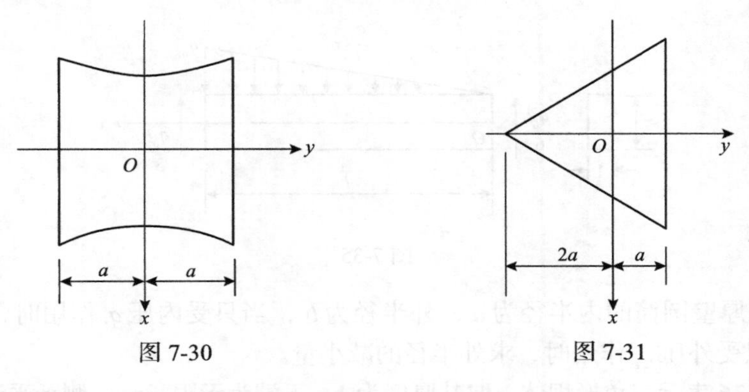

图 7-30　　图 7-31

7-3 图 7-32 所示为矩形薄板。试验证 $\varphi=ax^3$ 是否可作为应力函数，若能，确定应力分量(不计体力)，且应用边界条件求出面力，画在所示薄板的边界上。

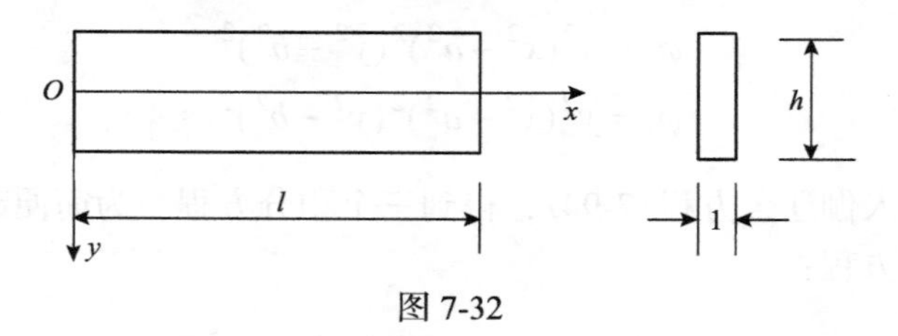

图 7-32

7-4 图 7-33 所示三角形悬臂梁只受重力作用。设材料的比重为γ，试求应力分量。

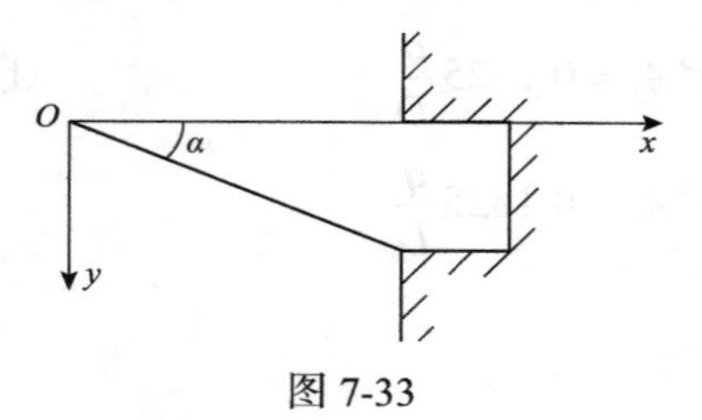

图 7-33

提示：设该问题具有代数多项式解，用量纲分析法确定应力函数的幂次。

7-5 试证明：体力虽然不是常量，却为有势力：$X=-\dfrac{\partial V}{\partial x}$，$Y=-\dfrac{\partial V}{\partial y}$，式中$V$是势函数，则应力分量可用应力函数表示为

$$\sigma_x=\frac{\partial^2\varphi}{\partial y^2}+V,\quad \sigma_y=\frac{\partial^2\varphi}{\partial x^2}+V,\quad \tau_{xy}=-\frac{\partial^2\varphi}{\partial x\partial y}$$

且导出应力函数φ必须满足的方程。

7-6 图 7-34 所示为一水坝的横截面，设水的比重为ρ，坝体的比重为γ，试求应力分量。

提示：假设$\sigma_x=yf(x)$，对非主要边界可应用局部性原理。

7-7 图 7-35 所示矩形截面简支梁受三角形分布荷载作用。试检验应力函数：

$$\varphi=Ax^3y^3+Bxy^5+Cx^3y+Dxy^3+Ex^3+Fxy$$

能否成立。若成立，求出应力分量。

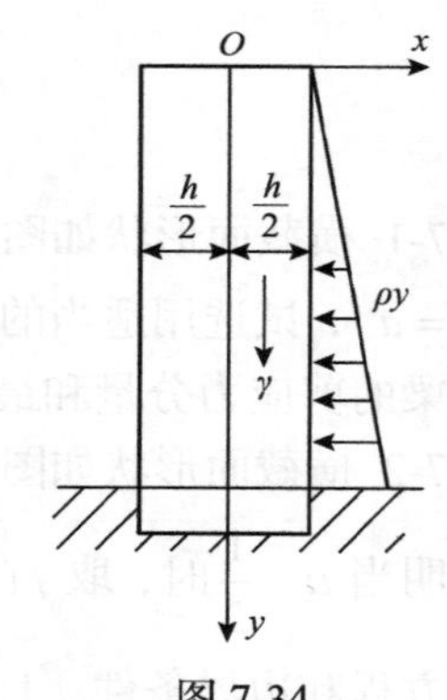

图 7-34

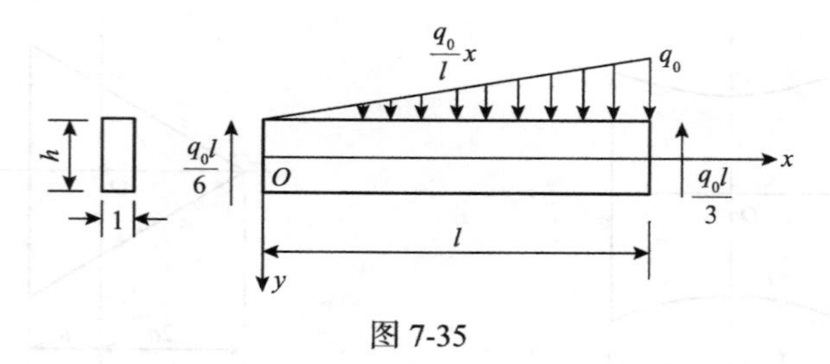

图 7-35

7-8 已知厚壁圆筒的内半径为a，外半径为b，当只受内压q_i作用时，求内半径的增大量；当只受外压q_e作用时，求外半径的减小量。

7-9 图 7-36 表示三角形坝体。取其厚度为 1，下端为无限长，一侧承受液体压力，液

体的比重为ρ，坝体的比重为γ。试用x和y的纯三次多项式作为应力函数，求应力分量。

7-10 图 7-37 表示矩形截面柱，其侧面受均布剪力q的作用，试求应力函数及应力分量(不计体力)。

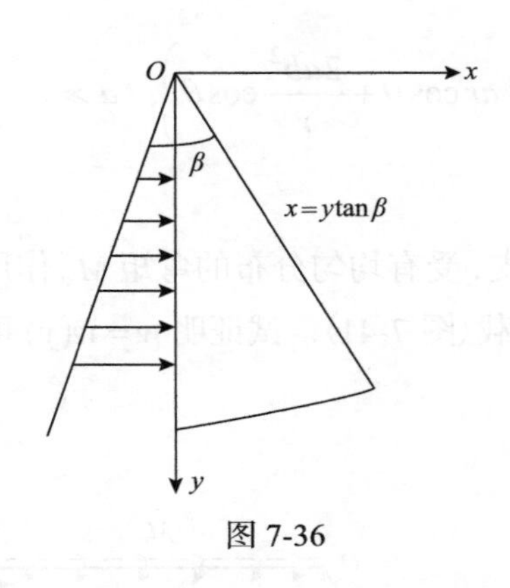

图 7-36

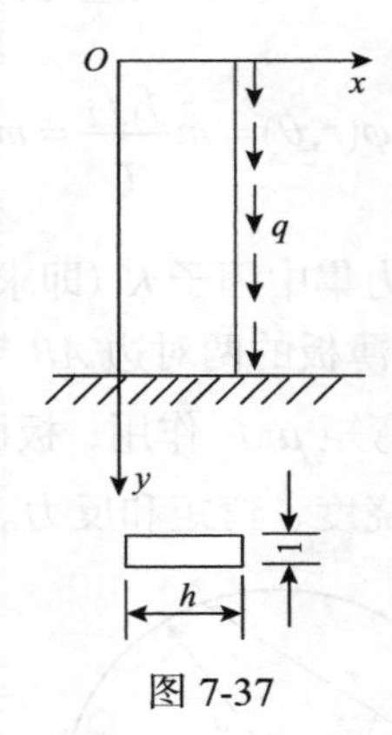

图 7-37

提示：由于在$x=0$和$x=h$处$\sigma_x=0$，且x方向的尺寸不很大，可以近似认为在柱体内$\sigma_x=0$，即$\dfrac{\partial^2\varphi}{\partial y^2}=0$，协调方程要求$\dfrac{\partial^4\varphi}{\partial y^4}=0,\ \ \dfrac{\partial^4\varphi}{\partial x^2\partial y^2}=0$，由此求应力函数。

7-11 试证明极坐标形式的位移分量u_r、u_θ和直角坐标形式的位移分量u、v之间的关系为

$$u_r=u\cos\theta+v\sin\theta,\quad u_\theta=-u\sin\theta+v\cos\theta$$
$$u=u_r\cos\theta-u_\theta\sin\theta,\quad v=u_r\sin\theta+u_\theta\cos\theta$$

7-12 设有一刚体，具有半径为b的圆柱形孔道，孔道内放置外半径为b而内半径为a的圆筒，受内压q的作用，试求筒壁的应力。

7-13 图 7-38 所示曲杆的一端固定，而在另一端C处承受集中力P和力矩M的作用。若用应力函数$\varphi(r,\theta)=f(r)\cos\theta$来求解该问题，试确定$M$和$P$之间应满足的关系，且求出应力。

7-14 图 7-39 所示矩形薄板受纯剪，剪力的集度为q。如果离板边较远处有一小圆孔，试求孔边的最大和最小正应力。

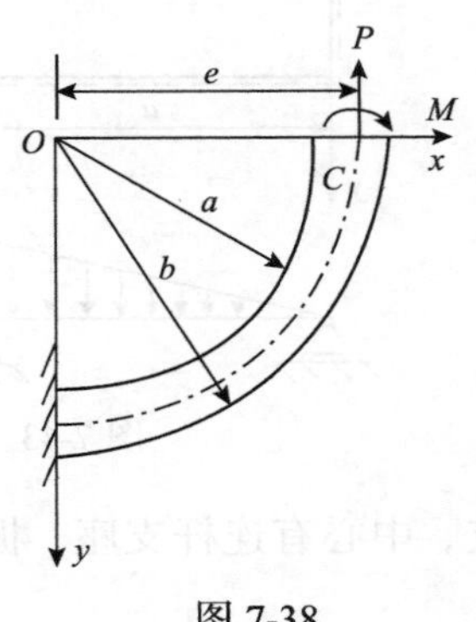

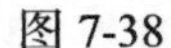
图 7-38

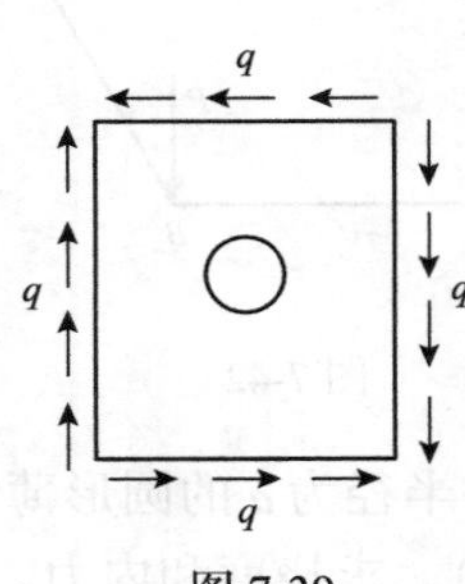

图 7-39

7-15 带半圆形槽的圆轴横截面如图 7-40 所示，圆轴半径为 a，槽的半径为 b，且已知在以原点为极点的极坐标系中，圆轴的方程为 $f_1(r,\theta)=r-2a\cos\theta=0$，圆槽的方程为 $f_2(r,\theta)=r^2-b^2=0$。试用应力函数：

$$\varphi(r,\theta)=m\frac{f_1 f_2}{r}=m\left(r^2-b^2-2ar\cos\theta+\frac{2ab^2}{r}\cos\theta\right),\quad a\gg b$$

求出槽边的应力集中因子 K（即求 τ_A/τ_B）。

7-16 矩形薄板的两对边 AB 与 OC 为简支，受有均匀分布的弯矩 M_y 作用，OA 和 BC 为自由边，受弯矩 μM_y 作用，板面无横向荷载(图 7-41)。试证明 $w=w(y)$ 可以作为此问题的解，并求挠度、弯矩和反力。

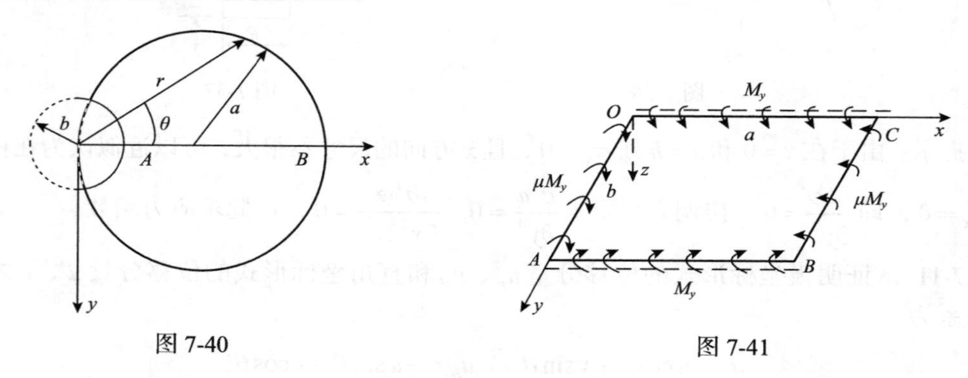

图 7-40　　图 7-41

7-17 矩形薄板 OA 和 OC 边为简支边，AB 和 BC 边为自由边，角点 B 处受向下的横向集中力 P 作用(图 7-42)。证明 $w=mxy$ 可作为问题的解答，并求出常数 m、内力和反力。

7-18 试用纳维方法求图 7-43 所示周边简支正方形板的最大挠度。

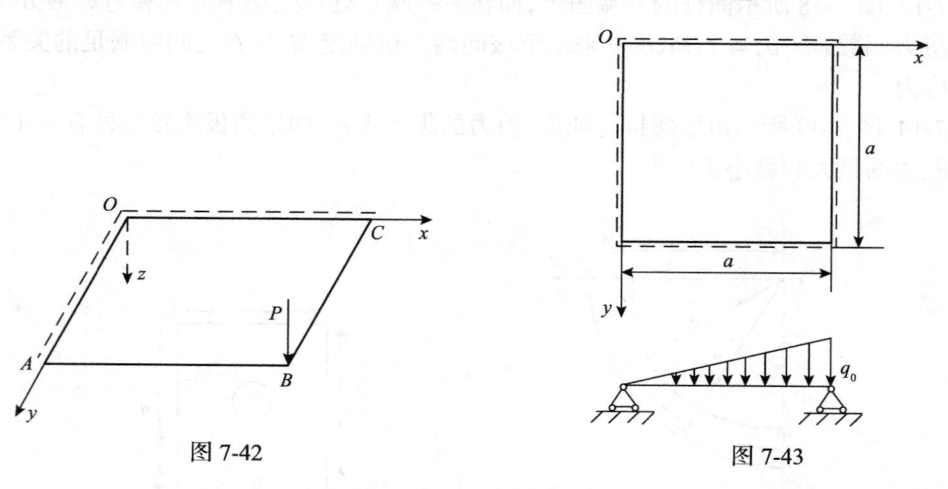

图 7-42　　图 7-43

7-19 设有一半径为 a 的圆形薄板，边界简支，中心有连杆支座，板边受均布弯矩 M 作用(图 7-44)。求挠度和内力。

7-20 设有一内半径为 a 、外半径为 b 的圆环形薄板，外边界简支，内边界自由，但受均布横向剪力 Q_o 作用(图 7-45)。求挠度。

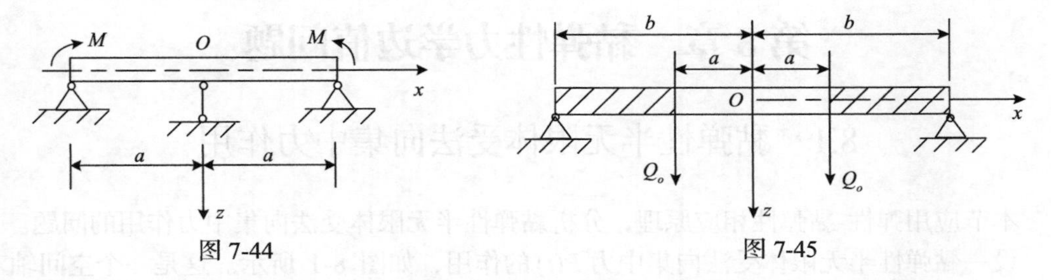

图 7-44　　　　图 7-45

7-21 设有一内半径为 a 、外半径为 b 的圆环形板，内边界简支，外边界自由，内边界受均布弯矩 M 作用(图 7-46)。求挠度、弯矩和横向剪力。

7-22 分别用里茨法和伽辽金法求解均布荷载作用下四边简支矩形薄板的挠度。提示：挠度取三角函数。

7-23 试用伽辽金法求图 7-47 所示矩形薄板的位移场。板的上边界给定位移：$u=0$，$v=-\eta\sin\dfrac{\pi x}{a}$；其他三边固定，板内承受面内体力 f_x 和 f_y 。

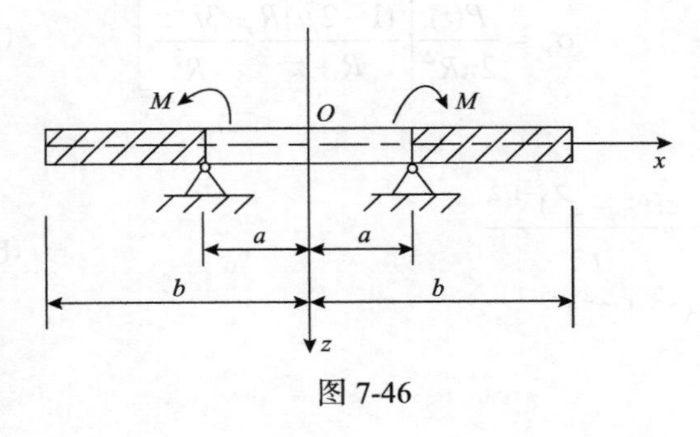

图 7-46

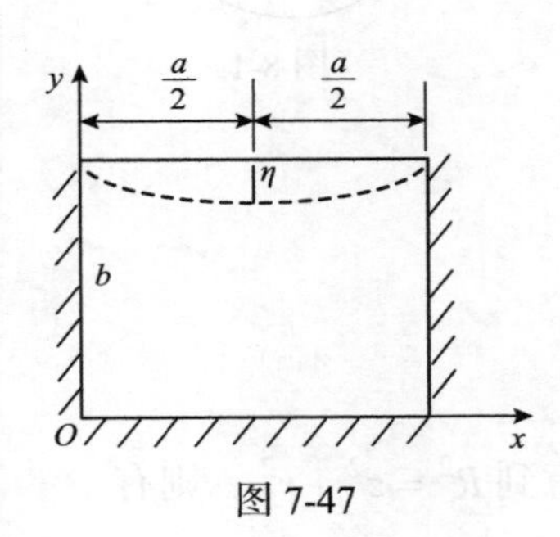

图 7-47

第 8 章　黏弹性力学边值问题

8.1　黏弹性半无限体受法向集中力作用

本节应用弹性-黏弹性相应原理，分析黏弹性半无限体受法向集中力作用的问题。

设一黏弹性半无限体受法向集中力 $P(t)$ 的作用，如图 8-1 所示。这是一个空间轴对称情况，弹性力学中称为布西内斯克问题，采用柱坐标 (r,θ,z)。由弹性力学，已求得体内应力分量 σ_z 和 τ_{rz} 与材料常数无关，仅 σ_r 和 σ_θ 两个应力分量与泊松系数 μ 相关。本节中以求解 σ_r 为例，应用相应原理求其黏弹性解。

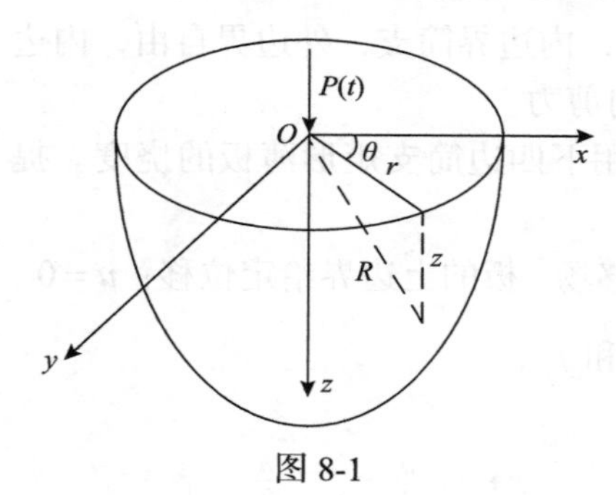

图 8-1

由式(6-61)，已知弹性问题的解为

$$\sigma_r=\frac{P(t)}{2\pi R^2}\left[\frac{(1-2\mu)R}{R+z}-\frac{3r^2z}{R^3}\right] \tag{a}$$

令

$$\begin{aligned}A&=\frac{1}{r^2}-\frac{z(r^2+z^2)^{-1/2}}{r^2}\\B&=3r^2z(r^2+z^2)^{-5/2}\end{aligned} \tag{b}$$

注意到 $R^2=z^2+r^2$，则有

$$\sigma_r=\frac{P(t)}{2\pi}[(1-2\mu)A-B] \tag{8-1}$$

其中，$\mu=3K-2G/2(3K+G)$。

为求黏弹性问题的解，需要考虑有关量的变换值。如 5.6 节所述，若应用积分本构关系，则式(8-1)表示为相应的拉普拉斯变换式时，必须用 $s\bar{K}(s)$、$s\bar{G}(s)$ 代替式中的 K 和 G，再进行逆变换，便得到黏弹性问题的解答。

如果采用微分型本构关系，则 K 和 G 需分别用 $\bar{K}(s)=\bar{\mathcal{Q}}''(s)/3\bar{\mathcal{P}}''(s)$ 和 $\bar{G}(s)=\bar{\mathcal{Q}}'(s)/2\bar{\mathcal{P}}'(s)$ 代替。若材料为 Kelvin 固体而静水压部分呈弹性，则有

$$\mathcal{P}'=1,\quad \mathcal{Q}'=E+\eta\frac{\partial}{\partial t}；\quad \mathcal{P}''=1,\quad \mathcal{Q}''=3K$$

由式(3-89)，有

$$\bar{\mu}(s)=\frac{\bar{\mathcal{P}}'\bar{\mathcal{Q}}''-\bar{\mathcal{P}}''\bar{\mathcal{Q}}'}{2\bar{\mathcal{P}}'\bar{\mathcal{Q}}''+\bar{\mathcal{P}}''\bar{\mathcal{Q}}'}=\frac{3K-(E+\eta s)}{6K+E+\eta s} \tag{c}$$

设 $P(t) = P_0 H(t)$，则相应于式(8-1)的黏弹性解的变换式可写为

$$\bar{\sigma}_r(r,z,s) = \frac{\bar{P}(s)}{2\pi}[(1-2\bar{\mu}(s))A - B] = \frac{P_0}{2\pi s}\left[\frac{3(E+\eta s)}{6K+E+\eta s}A - B\right] \tag{d}$$

令 $\alpha = (6K+E)/\eta$，将 $\bar{\sigma}_r$ 写成便于逆变换的形式：

$$\bar{\sigma}_r(r,z,s) = \frac{P_0}{2\pi}\left[\frac{3EA/\eta}{s(s+\alpha)} + \frac{3A}{s+\alpha} - \frac{B}{s}\right] \tag{e}$$

逆变换后，整理得

$$\sigma_r(r,z,t) = \frac{P_0}{2\pi}\left[\left(\frac{3EA}{6K+E} - B\right) + \frac{18KA}{6K+E}\mathrm{e}^{-\alpha t}\right] \tag{8-2}$$

由此可见，荷载突加瞬间 $(t=0^+)$ 的应力和 $t \to \infty$ 时的稳态应力分别为

$$\begin{aligned} \sigma_r(r,z,0) &= \frac{P_0}{2\pi}(3A - B) \\ \sigma_r(r,z,\infty) &= \frac{P_0}{2\pi}\left(\frac{3EA}{6K+E} - B\right) \end{aligned} \tag{8-3}$$

必须再次说明，使用微分型本构关系时，相应的材料函数与用积分型本构关系时的代换并不相同。而且，即使采用微分型本构关系，也要注意有关算子与系数的取值。上例中的偏量本构方程如果取作 $\sigma'_{ij} = 2(E + \eta\partial/\partial t)\varepsilon'_{ij}$ 的形式，则 $\bar{\mu}(s)$ 和 σ_r 表达式中的有关系数将会有所变化。

关于黏弹性半空间受扭矩作用的问题，同样可以采用相应原理求得其应力和位移解。由此可见，采用弹性-黏弹性相应原理求解线性黏弹性物体准静态问题比较方便，应用较广。但要特别注意的是，应用相应原理有一定的条件与限制。例如，相应的弹性解容易得到，且能进行拉普拉斯变换；在边界上各力学量的作用符合拉普拉斯变换要求；小变形等。

对于线性黏弹性物体的接触问题和裂纹扩展问题，由于边界区域 B_u 和 B_σ 与时间相关及界面条件随时间而变化，不能应用弹性-黏弹性相应原理。

8.2　黏弹性矩形截面梁的弯曲

8.2.1　具弹性支承的直梁弯曲

为了说明黏弹性梁弯曲问题的建立及其与弹性梁的对应关系，本节中将通过比较它们的基本方程与边界条件，加深对黏弹性梁弯曲问题的理解。下面采用微分型本构关系 $\mathcal{P}\sigma = \mathcal{Q}\varepsilon$（参见式(3-73c)），对均布荷载作用下具弹性支承黏弹性简支梁的弯曲问题进行分析。

设等截面梁受均布荷载 q 作用，中点有一弹性支承 C，如图 8-2(a)所示。考虑梁的微段平衡(图 8-2(b))，其微分关系为

$$\frac{\partial Q(x,t)}{\partial x}=q(x,t),\quad \frac{\partial M(x,t)}{\partial x}=Q(x,t),\quad \frac{\partial^2 M(x,t)}{\partial x^2}=q(x,t) \tag{8-4}$$

其中，$Q(x,t)$、$M(x,t)$ 分别表示梁横截面上的剪力和弯矩。

图 8-2(b)所示剪力和弯矩均为正值，且设梁的挠度为 $w(x,t)$。

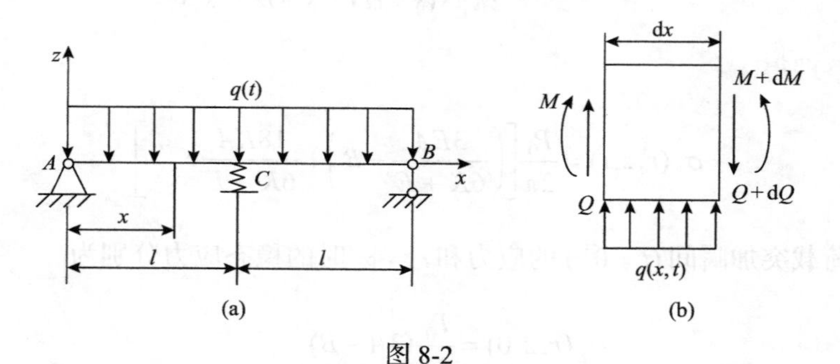

图 8-2

采用平面假设，并考虑小变形，$\left(\frac{\partial w}{\partial x}\right)^2 \ll 1$，由几何条件给出：

$$\frac{1}{\rho}=\frac{\partial^2 w}{\partial x^2},\quad \varepsilon_x=-z\frac{\partial^2 w}{\partial x^2} \tag{8-5}$$

任一横截面上的轴力为零，即 $\int_A \sigma_x \mathrm{d}A=0$，可表示为

$$\int_A \mathcal{P}\sigma_x \mathrm{d}A=\int_A \mathcal{Q}\varepsilon_x \mathrm{d}A=-\mathcal{Q}\frac{\partial^2 w}{\partial x^2}\int_A z\mathrm{d}A=0$$

这说明中性轴通过横截面的形心。

横截面上的弯矩为

$$M=-\int_A \sigma_x z\mathrm{d}A \tag{8-6}$$

对于弹性梁，将 $\sigma_x=E\varepsilon_x$ 代入式(8-6)，考虑式(8-5)，并应用 $I=\int_A z^2\mathrm{d}A$，得

$$EI\frac{\partial^2 w}{\partial x^2}=M \tag{8-7}$$

应用式(8-4)后，有

$$EI\frac{\partial^2 w}{\partial x^2}=M,\quad EI\frac{\partial^3 w}{\partial x^3}=Q,\quad EI\frac{\partial^4 w}{\partial x^4}=q \tag{8-8}$$

这是适用于一般弹性梁任一横截面的内力表达式和梁的平衡微分方程。

利用对称性，对图 8-2(a)所示梁 AB 列出 AC 段的边界条件：

$$\begin{aligned}&当\ x=0\ 时：\ w=0,\quad \frac{\partial^2 w}{\partial x^2}=0\\&当\ x=l\ 时：\ \frac{\partial w}{\partial x}=0,\quad Q(l)=\frac{kw(l)}{2}\ 或\ \frac{\partial^3 w}{\partial x^3}(l)=\frac{kw(l)}{2EI}\end{aligned}\tag{8-9}$$

其中，k 为支承的弹性系数。

由于 C 支承处反力的一半为 $kw/2$，则剪力 $Q(l)=kw(l)/2$，当考虑式(8-8)后，写为 $\dfrac{\partial^3 w}{\partial x^3}(l)=\dfrac{kw(l)}{2EI}$。

通过解一次静不定问题，求出中间支承 C 处的反力 $R_C=5qkl^4/[4(6EI+kl^3)]$ (↑)；进而得到弹性梁 AC 段挠曲线方程为

$$w=-\frac{qx}{24EI}(8l^3-4lx^2+x^3)+\frac{5qkl^4x}{48EI(6EI+kl^3)}(3l^2-x^2)\tag{8-10}$$

式(8-10)右边第一部分即为弹性梁无中间支座时的挠度。必要时也可以用相应原理求梁的黏弹性解。

对于黏弹性梁，采用应力-应变关系：

$$\mathcal{P}M=-\int_A \mathcal{P}\sigma_x z\mathrm{d}A=-\int_A \mathcal{Q}\varepsilon_x z\mathrm{d}A=\mathcal{Q}\frac{\partial^2 w}{\partial x^2}I$$

考虑式(8-4)，得

$$I\mathcal{Q}\frac{\partial^2 w}{\partial x^2}=\mathcal{P}M,\quad I\mathcal{Q}\frac{\partial^3 w}{\partial x^3}=\mathcal{P}Q,\quad I\mathcal{Q}\frac{\partial^4 w}{\partial x^4}=\mathcal{P}q\tag{8-11}$$

式(8-11)为黏弹性等截面直梁弯曲的基本方程，适用于一般黏弹性梁的弯曲情形。显然，当 $\mathcal{P}=1$ 和 $\mathcal{Q}=E$，即变为弹性梁公式(8-8)。

对于图 8-2(a)所示的黏弹性梁，当考虑 $Q(l)=kw(l)/2$ 时，AC 段的边界条件与弹性梁的完全相同。但必须注意的是，在用 $I\mathcal{Q}\dfrac{\partial^3 w}{\partial x^3}(l)=\mathcal{P}Q(l)=\mathcal{P}kw(l)/2$ 代替 $Q(l)=kw(l)/2$ 时，涉及黏弹性材料性能。

初始条件为

$$w=0,\quad t<0,\quad x\in(0,l)\tag{8-12}$$

应用黏弹性梁AC 段必须满足的微分方程和定解条件，可以解得挠曲线 $w(x,t)$，求出转角 $\dfrac{\partial w}{\partial x}(x,t)$。又通过式(8-11)可确定横截面上的弯矩和剪力，进而能依据有关公式得出

截面上的正应力与剪应力。这是直接求解黏弹性梁的方法。

为了分析黏弹性梁弯曲时与相应弹性梁的对应关系，将微分方程(8-11)及边界条件(8-9)进行拉普拉斯变换，得

$$I\bar{\mathcal{Q}}\frac{\partial^2\bar{w}}{\partial x^2}(x,s)=\bar{\mathcal{P}}\bar{M}(x,s),\quad I\bar{\mathcal{Q}}\frac{\partial^3\bar{w}}{\partial x^3}=\bar{\mathcal{P}}\bar{Q}(x,s),\quad I\bar{\mathcal{Q}}\frac{\partial^4\bar{w}}{\partial x^4}=\bar{\mathcal{P}}\bar{q}(x,s) \tag{8-13}$$

$$\begin{aligned}&当 x=0 时：\ \bar{w}=0,\ \ \frac{\partial^2\bar{w}}{\partial x^2}=0\\&当 x=l 时：\ \frac{\partial\bar{w}}{\partial x}=0,\ \frac{\partial^3\bar{w}}{\partial x^3}(l)=\frac{k\bar{w}(l)}{2I\bar{\mathcal{Q}}/\bar{\mathcal{P}}}\end{aligned} \tag{8-14}$$

其中

$$\bar{\mathcal{P}}=\bar{\mathcal{P}}(s)=\sum_{k=0}^{m}p_k s^k,\quad \bar{\mathcal{Q}}=\bar{\mathcal{Q}}(s)=\sum_{k=0}^{n}q_k s^k$$

均为 s 的多项式。求解式(8-14)中 $\frac{\partial^3\bar{w}}{\partial x^3}$ 的表达式时，应用了式(8-13)的第二式。在拉普拉斯变换过程中考虑了零初值边界条件。

比较弹性梁的基本方程(8-8)、(8-9)与黏弹性梁作变换后的方程(8-13)、(8-14)，可以看出：如果令 $\bar{\mathcal{Q}}/\bar{\mathcal{P}}$ 为拉压模量 E，则两组方程形式完全相同。虽然上述边界条件是对具体梁 AB 中的 AC 段而言，但由于式(8-8)与式(8-11)完全相对应，所以方程(8-13)与边界条件(8-14)能适用于一般直梁。必须指出，由式(3-78a)可得出 $\bar{\mathcal{Q}}/\bar{\mathcal{P}}=s\bar{E}(s)$，因而，用 $\bar{\mathcal{Q}}/\bar{\mathcal{P}}$ 代替 E 和用 $s\bar{E}(s)$ 代替 E 完全相同。

根据以上讨论，可得到梁弯曲的相应原理：为了求黏弹性梁的应力和变形，可先求解相应的弹性梁问题，将弹性结果中的荷载用拉普拉斯变换值，如 $\bar{q}(x,s)$ 代替 $q(x,t)$，用 $\bar{\mathcal{Q}}/\bar{\mathcal{P}}$ 或 $s\bar{E}(s)$ 代替拉压模量 E，便得到黏弹性梁解的(像空间)变换值，再进行逆变换，即得到所求结果。

对于突加荷载的特殊情形，则弹性和黏弹性梁有更简单的相应关系，易于证明：

若梁所受的荷载均为突加而后保持恒定，例如，$q(t)=q_0H(t)$，$p(t)=p_0H(t)$，则黏弹性梁的应力与弹性梁相同，将弹性梁变形公式中的 $1/E$ 替换为黏弹性材料的 $J(t)$，即得黏弹性梁的变形公式；若黏弹性梁给定位移在 $t=0$ 时突加而后保持恒定，则其变形与弹性梁相同，黏弹性梁的应力公式只需将弹性梁的结果乘以 $E(t)/E$，其中 $E(t)$ 为黏弹性梁的材料松弛函数。

8.2.2　连续支承梁

工程中有许多梁置于可变形基础之上，它受到连续分布的反力作用，这种梁称为基础梁或连续支承梁。此类问题实际上是两种材料的结构问题，按照支承介质性能的不同，可分为弹性基础梁和黏弹性基础梁。

如果弹性基础梁的解为已知，则在小变形情况下，同样可采用弹性-黏弹性相应原理来求解对应的黏弹性连续支承梁问题。本节从较一般的情况出发，导出黏弹性基础梁的微分方程，然后通过实例，阐述求解黏弹性力学问题的一种半逆解法。

设有一置于黏弹性基础上的黏弹性梁，如图 8-3 所示。仍设 y 方向的位移 $w(x,t)$ 为梁的挠度；$q(x,t)$ 和 $r(x,t)$ 分别为外荷载和支承反力，它们均用单位长度的力来表示。

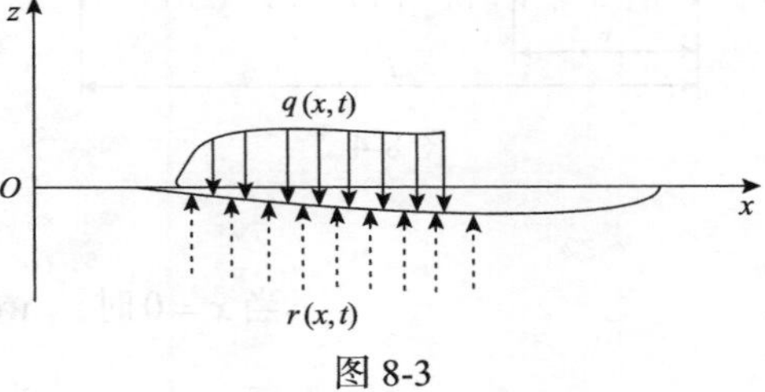

图 8-3

连续支承的分布反力 $r(x,t)$ 不可能用超静定的问题一般解法来求得。为简便起见，参照弹性基础梁的文克尔(Winkler)假定，设支反力只取决于该点处梁的抗度和支承介质的性能，即

$$\mathcal{P}_f r(x,t) = \mathcal{Q}_f[-w(x,t)] \tag{8-15}$$

其中，$\mathcal{P}_f$ 、$\mathcal{Q}_f$ 为支承介质的黏弹性微分算子；$w(x,t)$ 前面的负号表示位移为负时(向下)反力为正(向上)。当 $\mathcal{P}_f=1$ 、$\mathcal{Q}_f=k$ 时，式(8-15)即为弹性基础梁的文克尔假定。

在图 8-3 所示分布荷载 $q(x,t)$ 和分布支反力 $r(x,t)$ 的作用下，微段平衡关系为

$$\frac{\partial^2 M}{\partial x^2}(x,t) = -q(x,t) + r(x,t) \tag{8-16}$$

设黏弹性梁的材料本构方程为

$$\mathcal{P}_b\sigma = \mathcal{Q}_b\varepsilon \tag{8-17}$$

式(8-11)可写为

$$I\mathcal{Q}_b\frac{\partial^2 w}{\partial x^2} = \mathcal{P}_b M,\ \ I\mathcal{Q}_b\frac{\partial^3 w}{\partial x^3} = \mathcal{P}_b Q,\ \ I\mathcal{Q}_b\frac{\partial^4 w}{\partial x^4} = -\mathcal{P}_b(q-r) \tag{8-18}$$

其中，I 为梁截面对 z 轴的惯性矩；$q(x,t)$ 为图 8-3 所示(向下)作用的分布荷载。

为了建立黏弹性基础梁的挠曲线微分方程，需从式(8-18)第三式出发，考虑式(8-15)，将支反力 $r(x,t)$ 表示为挠度 $w(x,t)$ 的函数。为此，应用微分算子的特性，将 $\mathcal{P}_b$ 和 $\mathcal{P}_f$ 分别左乘式(8-15)和式(8-18)中第三式的两边，再将前者的结果 $\mathcal{P}_b\mathcal{P}_f r(x,t) = -\mathcal{P}_b\mathcal{Q}_f w(x,t)$ 代入后者，整理后得

$$I\mathcal{P}_f\mathcal{Q}_b\frac{\partial^4 w}{\partial x^4}(x,t) + \mathcal{P}_b\mathcal{Q}_f w(x,t) = -\mathcal{P}_f\mathcal{P}_b q(x,t) \tag{8-19}$$

这就是置于黏弹性基础上的黏弹性梁的挠曲线微分方程。由它连同对具体问题列出的位移边界条件和初始条件，便能够以位移 $w(x,t)$ 为基本未知量进行求解，下面举例予以具体说明。

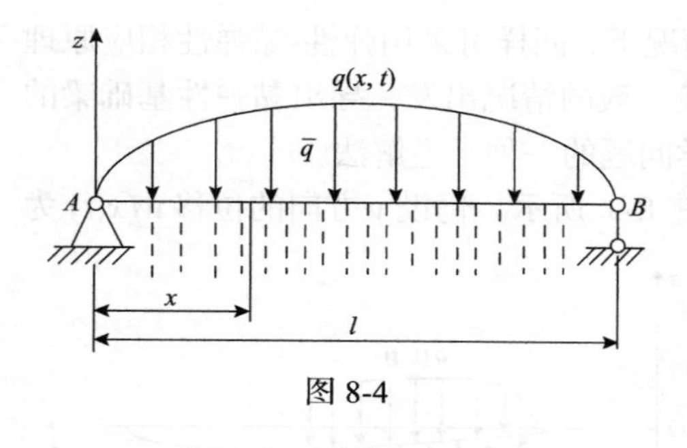

图 8-4

设梁 AB 置于黏弹介质之上，两端简支于不产生沉陷的支承上，如图 8-4 所示。梁所受荷载为

$$q(x,t)=\bar{q}(t)\sin\frac{\pi x}{l} \tag{8-20}$$

梁的挠度除必须满足微分方程(8-19)外，还应满足边界条件：

$$\begin{aligned}&\text{当 } x=0 \text{ 时：}\quad w(0,t)=0,\quad \frac{\partial^2 w}{\partial x^2}(0,t)=0\\ &\text{当 } x=l \text{ 时：}\quad w(l,t)=0,\quad \frac{\partial^2 w}{\partial x^2}(l,t)=0\end{aligned} \tag{8-21}$$

根据问题的边界条件和受力情况，假定挠度的形式函数为

$$w(x,t)=\bar{w}(t)\sin\frac{\pi x}{l} \tag{8-22}$$

不难看出，式(8-22)表示的位移可以满足全部边界条件(8-21)，因而，剩下的工作是要使它满足微分方程和初始条件，并由此确定待定函数 $\bar{w}(t)$ 。

将式(8-22)代入微分方程(8-19)，得

$$\left(\frac{I\pi^4}{l^4}\mathcal{P}_f\mathcal{Q}_b+\mathcal{P}_b\mathcal{Q}_f\right)\bar{w}(t)=-\mathcal{P}_f\mathcal{P}_b\bar{q}(t) \tag{8-23}$$

这是关于待定函数 $\bar{w}(t)$ 的常系数线性微分方程，它的解取决于表示材料性能的微分算子和荷载集度 $\bar{q}(t)$ 。

为简便起见，给定 $\bar{q}(t)=\bar{q}_0H(t)$ ，且设梁和地基的材料性能为

$$\mathcal{P}_b=1,\quad \mathcal{Q}_b=E,\quad \mathcal{P}_f=1+p_1\frac{\partial}{\partial t},\quad \mathcal{Q}_f=q_1\frac{\partial}{\partial t} \tag{8-24}$$

这就是置于麦克斯韦黏弹性介质上的弹性梁。

将式(8-24)代入式(8-23)，得

$$\left[\frac{IE\pi^4}{l^4}\left(1+p_1\frac{\partial}{\partial t}\right)+q_1\frac{\partial}{\partial t}\right]\bar{w}(t)=-\left(1+p_1\frac{\partial}{\partial t}\right)\bar{q}(t) \tag{8-25}$$

或

$$\left[\beta+(\beta p_1+q_1)\frac{\mathrm{d}}{\mathrm{d}t}\right]\bar{w}(t)=-\bar{q}_0H(t)-p_1\bar{q}_0\delta(t) \tag{8-26}$$

其中，$\beta = IE\pi^4 / l^4$；$\overline{q}_0$ 为给定的常数。

常微分方程(8-26)的特解为

$$\overline{w}_p(t) = -\frac{\overline{q}_0}{\beta}, \quad t > 0 \tag{8-27}$$

通解可表示为

$$\overline{w}_c(t) = Ce^{\lambda t} \tag{8-28}$$

其中，λ 为相应于式(8-26)的齐次微分方程的特征根。由特征方程 $\beta + (\beta p_1 + q_1)\lambda = 0$，求得 $\lambda = -\beta / (\beta p_1 + q_1)$。

为了确定积分常数 C，需要考虑荷载 $\overline{q}$ 作用于梁上的瞬态过程，并求得初值 $\overline{w}(0^+)$。为此，将式(8-26)对于时间自 $t = 0^-$ 到 $t = 0^+$ 进行积分，即

$$\int_{-\epsilon}^{\epsilon} \beta \overline{w}(t) dt + \int_{-\epsilon}^{\epsilon} (\beta p_1 + q_1) d\overline{w}(t) = -\int_{-\epsilon}^{\epsilon} \overline{q}_0 H(t) dt - \int_{-\epsilon}^{\epsilon} p_1 \overline{q}_0 \delta(t) dt$$

令 $\epsilon \to 0$，等式两边的第一项均为零，注意到 $\overline{w}(0^-) = 0$，因而有

$$\overline{w}(0^+) = -\frac{p_1 \overline{q}_0}{\beta p_1 + q_1} \tag{8-29}$$

由全解：

$$\overline{w}(t) = \overline{w}_p(t) + \overline{w}_c(t) = -\frac{\overline{q}_0}{\beta} + C \exp\left(\frac{-\beta t}{\beta p_1 + q_1}\right)$$

令 $t \to 0^+$，并考虑式(8-29)，即可求出积分常数：

$$C = \frac{q_1 \overline{q}_0}{\beta(\beta p_1 + q_1)}$$

最后，得到梁的挠曲线方程：

$$w(x,t) = -\frac{\overline{q}_0}{\beta}\left[1 - \frac{q_1}{\beta p_1 + q_1} \exp\left(\frac{-\beta t}{\beta p_1 + q_1}\right)\right] \sin\frac{\pi x}{l} \tag{8-30}$$

这样，置于麦克斯韦黏弹性介质上的弹性梁表现为三参量固体的蠕变过程。此时，梁变形的初值和渐近值，分别为

$$w(x,0^+) = -\frac{p_1 \overline{q}_0}{\beta p_1 + q_1} \sin\frac{\pi x}{l} = -\frac{\overline{q}_0}{\beta + E_f} \sin\frac{\pi x}{l} \tag{8-31}$$

和

$$w(x,\infty) = -\frac{\overline{q}_0 l^4}{IE\pi^4}\sin\frac{\pi x}{l} \tag{8-32}$$

当 $t \to \infty$ 时，基础支承介质不起作用，此时，梁所承受的荷载全部由两端铰链负担。上述诸式中右端第一个负号表示变形向下。

假如梁的材料为麦克斯韦体而基础支承介质是弹性的，同样可以求得系统的常系数微分方程和相应的解，进而得到有关梁的挠曲线方程。结果表明：梁与基础形成三参量固体，受荷载作用时有变形初值；当时间足够长时，文克尔地基梁最终完全松弛，全部荷载由弹性地基承担。

8.3　黏弹性圆轴的扭转

扭转是杆件变形的基本形式之一，弹性体的扭转已有系统的研究。应用弹性-黏弹性的相应原理，可以求解黏弹性圆轴的扭转问题。

设有一长为 l 、直径为 D 的悬臂圆轴。以自由端截面形心为原点，沿轴向取作 x 轴，给定自由端的扭转角位移 $\varphi(x,t)$ 为

$$\begin{aligned} &\varphi(0,t) = 0, & t \leqslant 0 \\ &\varphi(0,t) = \varphi_0 \sin\omega t, & 0 < t < \infty \end{aligned} \tag{8-33}$$

其中，φ_0 为角位移幅值；ω 为频率。

由于固定端 $x = l$ 的扭转角为 $\varphi(l,t) = 0$ ，故圆轴两端之间 l 长度内的相对转角为 $\varphi(0,t) - \varphi(l,t) = \varphi(0,t)$ 。

对于弹性圆轴，若其剪切模量为 G ，则扭矩 T 为

$$T(t) = \frac{\varphi(t)}{l} I_p G \tag{8-34}$$

其中，极惯性矩 $I_p = \pi D^4 / 32$ 。

若为空心圆轴，内外直径分别为 d 和 D ，则极惯性矩为 $I_p = \pi(D^4 - d^4)/32$。

对于黏弹性圆轴，若其剪切松弛模量为 $G(t)$ ，根据相应原理，由式(8-34)给出扭矩的变换式:

$$\overline{T}(s) = \frac{I_p}{l}\overline{\varphi}(s)(s\overline{G}(s)) = \frac{I_p}{l}(s\overline{G}(s))\frac{\varphi_0\omega}{s^2+\omega^2} \tag{8-35}$$

给定材料模量函数 $G(t)$ ，便可以由式(8-35)进行逆变换，而得到扭矩 $T(t)$ 。如考虑三参量固体圆轴，其剪切松弛模量为

$$G(t) = G_0 + G_1 e^{-t/\tau_1}$$

其中，τ_1表示松弛时间。

将$G(t)$的拉普拉斯变换式：

$$\overline{G}(s)=\frac{G_0(s+\tau_1^{-1})+G_1 s}{s(s+\tau_1^{-1})}$$

代入式(8-35)，得

$$\overline{T}(s)=\frac{I_p\varphi_0\omega}{l}\frac{G_0(s+\tau_1^{-1})+G_1 s}{(s-\mathrm{i}\omega)(s+\mathrm{i}\omega)(s+\tau_1^{-1})} \tag{8-36}$$

为了得到原函数$T(t)$，这里采取由复反演公式导出的用留数求像原函数的方法。可以证明，像原函数$f(t)$是函数$\overline{f}(s)\mathrm{e}^{st}$的留数和，其可表示为

$$f(t)=\mathscr{L}^{-1}(\overline{f}(s))=\sum_{k=1}^{m}\operatorname*{Res}_{s=a_k}[\overline{f}(s)\mathrm{e}^{st}] \tag{8-37}$$

其中，$a_k(k=1,2,\cdots,m)$是$\overline{f}(s)$的极点，因而也是$\overline{f}(s)\mathrm{e}^{st}$的极点；$m$为极点个数。

对于有理分式的像函数$\overline{f}(s)=A(s)/B(s)$，则$\overline{f}(s)\mathrm{e}^{st}$在一阶极点$s=a_k$处的留数为

$$\mathrm{Res}[\overline{f}(a_k)\mathrm{e}^{a_k t}]=\lim_{s\to a_k}(s-a_k)\overline{f}(s)\mathrm{e}^{st}=\frac{A(a_k)\mathrm{e}^{a_k t}}{\lim\limits_{s\to a_k}\dfrac{B(s)}{s-a_k}} \tag{8-38}$$

因此，由式(8-36)和式(8-38)可得

$$\begin{aligned}T(t)&=\mathscr{L}^{-1}(\overline{T}(s))=\sum\mathrm{Res}[\overline{T}(s)\mathrm{e}^{st}]\\&=\sum_{k=1}^{3}\operatorname*{Res}_{s=a_k}\left\{\frac{I_p\varphi_0\omega}{l}\frac{G_0(s+\tau_1^{-1})+G_1 s}{(s-\mathrm{i}\omega)(s+\mathrm{i}\omega)(s+\tau_1^{-1})}\mathrm{e}^{st}\right\}\end{aligned} \tag{8-39}$$

在这里，a_1、a_2和a_3分别为$\mathrm{i}\omega$、$-\mathrm{i}\omega$和$-\tau_1^{-1}$。这些点处的留数可利用式(8-38)分别进行计算，例如：

$$\operatorname*{Res}_{s=\mathrm{i}\omega}(\overline{T}(s)\mathrm{e}^{st})=\frac{I_p\varphi_0\omega}{l}\frac{G_0(\mathrm{i}\omega+\tau_1^{-1})+\mathrm{i}\omega G_1}{2\mathrm{i}\omega(\mathrm{i}\omega+\tau_1^{-1})}\mathrm{e}^{\mathrm{i}\omega t}$$

最后，求出三参量固体圆轴的扭矩为

$$T(t)=\frac{I_p\varphi_0\omega}{l}\left[\frac{G_0(\mathrm{i}\omega+\tau_1^{-1})+\mathrm{i}\omega G_1}{2\mathrm{i}\omega(\mathrm{i}\omega+\tau_1^{-1})}\mathrm{e}^{\mathrm{i}\omega t}+\frac{G_0(-\mathrm{i}\omega+\tau_1^{-1})-\mathrm{i}\omega G_1}{-2\mathrm{i}\omega(-\mathrm{i}\omega+\tau_1^{-1})}\mathrm{e}^{-\mathrm{i}\omega t}-\frac{G_1\tau_1^{-1}}{\omega^2+\tau_1^{-2}}\mathrm{e}^{-t/\tau_1}\right] \tag{8-40}$$

或

$$T(t)=\frac{I_p\varphi_0}{l}\left(\frac{G_0\tau_1^{-2}+\omega^2(G_0+G_1)}{\omega^2+\tau_1^{-2}}\sin\omega t+\frac{G_1\omega\tau_1^{-1}}{\omega^2+\tau_1^{-2}}\cos\omega t-\frac{G_1\omega\tau_1^{-1}}{\omega^2+\tau_1^{-2}}\mathrm{e}^{-t/\tau_1}\right) \tag{8-41}$$

由式(8-41)可见，圆轴扭矩包括稳态响应和随时间呈指数衰减的响应。在稳态响应中，一部分与激励同相，另一部分则与激励成$\pi/2$的相差。扭矩响应的瞬态值为零，实心或空心圆轴均如此，仅在于极惯性矩I_p的计算不同。

若黏弹性圆轴的松弛模量由多个松弛时间的指数函数描述，即

$$G(t)=G_0+\sum_{k=1}^{n}G_k\mathrm{e}^{-t/\tau_k} \tag{8-42}$$

这时，圆轴的扭矩响应仍可采用上述方法求得。

由式(8-42)可表示出

$$s\bar{G}(s)=\frac{G_0(s+\tau_1^{-1})\cdots(s+\tau_n^{-1})+sG_1(s+\tau_2^{-1})\cdots(s+\tau_n^{-1})+\cdots}{(s+\tau_1^{-1})(s+\tau_2^{-1})\cdots(s+\tau_n^{-1})}=\frac{A(s)}{\prod\limits_{k=1}^{n}(s+\tau_k^{-1})}$$

其中，$\prod$表示连乘；$A(s)$为s的多项式。

将上式代入式(8-35)，得

$$\bar{T}(s)=\frac{I_p\varphi_0\omega}{l}\left[\left(\frac{1}{s^2+\omega^2}\right)\frac{A(s)}{\prod\limits_{k=1}^{n}(s+\tau_k^{-1})}\right]$$

它共有$n+2$个一阶极点：$\mathrm{i}\omega,-\mathrm{i}\omega,-\tau_1^{-1},\cdots,-\tau_n^{-1}$。因此，扭矩可写成类似于式(8-39)的形式：

$$T(t)=\mathscr{L}^{-1}(T(s))=\frac{I_p\varphi_0\omega}{l}\left\{\operatorname*{Res}_{s=\mathrm{i}\omega}\left[\frac{1}{s^2+\omega^2}\frac{A(s)\mathrm{e}^{st}}{\prod\limits_{k=1}^{n}(s+\tau_k^{-1})}\right]+\operatorname*{Res}_{s=-\mathrm{i}\omega}\left[\frac{1}{s^2+\omega^2}\frac{A(s)\mathrm{e}^{st}}{\prod\limits_{k=1}^{n}(s+\tau_k^{-1})}\right]\right\}$$

$$+\frac{I_p\varphi_0\omega}{l}\sum_{j=1}^{n}\operatorname*{Res}_{s=-\tau_j^{-1}}\left[\frac{1}{s^2+\omega^2}\frac{A(s)\mathrm{e}^{st}}{\prod\limits_{k=1}^{n}(s+\tau_k^{-1})}\right]$$

将留数值求出后，则有

$$T(t)=\frac{I_p\varphi_0\omega}{l}\left[\frac{A(\mathrm{i}\omega)\mathrm{e}^{\mathrm{i}\omega t}}{2\mathrm{i}\omega\prod\limits_{k=1}^{n}(\mathrm{i}\omega+\tau_k^{-1})}+\frac{A(-\mathrm{i}\omega)\mathrm{e}^{-\mathrm{i}\omega t}}{-2\mathrm{i}\omega\prod\limits_{k=1}^{n}(-\mathrm{i}\omega+\tau_k^{-1})}\right]$$

$$+\frac{I_p\varphi_0\omega}{l}\sum_{j=1}^{n}\left[\frac{A(-\tau_j^{-1})\mathrm{e}^{-t/\tau_j}}{\tau_j^{-2}+\omega^2}\right]\left[\lim_{s\to-\tau_j^{-1}}\frac{(s+\tau_j^{-1})}{\prod\limits_{k=1}^{n}(s+\tau_k^{-1})}\right] \tag{8-43}$$

其中，前两项表示稳态响应，其余 n 项表示随时间呈指数衰减的情况，它的特性取决于 n 个松弛时间 τ_j。显然，当 $n=1$ 时，对应于三参量固体情形，式(8-43)退化为式(8-41)。

8.4　轴对称黏弹性组合圆筒

8.4.1　轴对称圆筒

1. 基本方程

轴对称构件的特点是结构与荷载都对称于某一轴线，因而应力和变形都是轴对称的，这类问题一般采用柱坐标 (r,θ,z) 描述。

图 8-5 表示一厚壁圆筒的横截面，内、外半径分别为 a 和 b，沿筒轴线(垂直于纸面)取作 z 轴。应力和应变分量与 θ 无关，且对 θ 的微商皆为零。此外，设应力分量不沿 z 轴变化，横截面上正应力 σ_z 取决于圆筒两端的结构或约束等具体条件。如果是圆环或开口圆筒，则 $\sigma_z=0$，此时的应力分量仅有 σ_r 和 σ_θ，且只是 r 的函数，这是平面应力状态；如果限制圆筒使得 $\varepsilon_z=0$，则为平面应变问题。它们的基本方程如下。

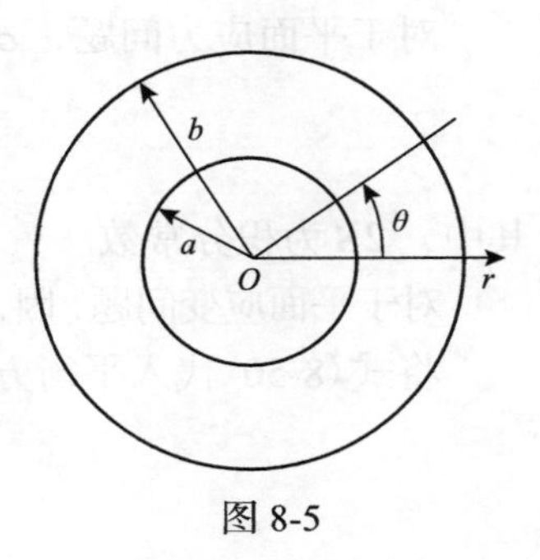

图 8-5

(1) 平衡方程(不计体力)

$$\frac{\partial\sigma_r}{\partial r}+\frac{\sigma_r-\sigma_\theta}{r}=0 \tag{8-44}$$

(2) 几何方程

$$\varepsilon_r=\frac{\partial u_r}{\partial r},\quad \varepsilon_\theta=\frac{u_r}{r} \tag{8-45}$$

其中，u_r 表示径向位移。

对于平面应力情况，存在筒轴方向的位移 u_z。若假定横截面保持为平面，则有 $\varepsilon_z=\partial u_z/\partial z=C$（常数）。

(3)本构方程

由于柱坐标是正交的，应力-应变关系与直角坐标系中的形式相同，在式(3-22)中用 r 、θ 、z 分别代替 x 、y 、z 即可。因而对于各向同性弹性体，应力-应变关系为

$$\varepsilon_r = \frac{\sigma_r}{E} - \frac{\mu}{E}(\sigma_\theta + \sigma_z),\quad \varepsilon_\theta = \frac{\sigma_\theta}{E} - \frac{\mu}{E}(\sigma_r + \sigma_z),\quad \varepsilon_z = \frac{\sigma_z}{E} - \frac{\mu}{E}(\sigma_\theta + \sigma_r) \tag{8-46}$$

其中，E和μ分别是弹性模量和泊松比。

由式(8-44)～式(8-46)，可导出弹性轴对称平面问题的一般解。

根据式(8-45)，得

$$\frac{\partial \varepsilon_\theta}{\partial r} = \frac{\varepsilon_r - \varepsilon_\theta}{r} \tag{8-47}$$

将式(8-46)代入后，得到以应力表示的相容方程：

$$\frac{\partial \sigma_\theta}{\partial r} - \mu\left(\frac{\partial \sigma_r}{\partial r} + \frac{\partial \sigma_z}{\partial r}\right) = (1+\mu)\frac{\sigma_r - \sigma_\theta}{r} \tag{8-48}$$

将式(8-44)乘以$1+\mu$并考虑式(8-48)，得到满足全部基本关系的控制方程：

$$\frac{\mathrm{d}}{\mathrm{d}r}(\sigma_r + \sigma_\theta) = \mu\frac{\mathrm{d}\sigma_z}{\mathrm{d}r} \tag{8-49}$$

对于平面应力问题，$\sigma_z = 0$，由式(8-49)，有

$$\sigma_r + \sigma_\theta = 2A \tag{8-50}$$

其中，$2A$为积分常数。

对于平面应变问题，因$\varepsilon_z = 0$，将$\sigma_z = \mu(\sigma_r + \sigma_\theta)$代入式(8-49)后，同样可得式(8-50)。

将式(8-50)代入平衡方程(8-44)，积分以后，得

$$\frac{1}{2}\ln(2A - 2\sigma_r) = -\ln r + \frac{1}{2}\ln 2B$$

其中，$\ln 2B/2$为积分常数。由此式并考虑式(8-50)，便得到应力的一般解：

$$\sigma_r = A - \frac{B}{r^2},\quad \sigma_\theta = A + \frac{B}{r^2} \tag{8-51}$$

将式(8-51)代入式(8-46)，并应用式(8-45)，可以求出径向位移的表达式。

对于平面应力状态：$u_r = r\varepsilon_\theta = \dfrac{1+\mu}{E}\left(\dfrac{1-\mu}{1+\mu}Ar + \dfrac{B}{r}\right)$ (8-52)

对于平面应变状态：$u_r = \dfrac{1+\mu}{E}\left[(1-2\mu)Ar + \dfrac{B}{r}\right]$ (8-53)

关于黏弹性厚壁圆筒和圆环的应力分析与位移计算，可采用类似于上述弹性圆筒的方法进行直接求解。下面先讨论基于弹性解，应用相应原理求解黏弹性轴对称圆筒问题。

2. 受内压厚壁圆筒

设圆筒的内、外半径分别为 a 、b ，受内压 q 的作用(均匀压强)，筒外表面自由。因此，边界条件为

$$r=a：\ \sigma_r=-q(t)\ ；\ r=b：\ \sigma_r=0 \tag{8-54}$$

将式(8-54)代入式(8-51)，求得积分常数为

$$A=\frac{qa^2}{b^2-a^2},\quad B=\frac{qa^2b^2}{b^2-a^2} \tag{8-55}$$

于是，任意半径 r 处的应力为

$$\sigma_r=\frac{qa^2}{b^2-a^2}\left(1-\frac{b^2}{r^2}\right),\quad \sigma_\theta=\frac{qa^2}{b^2-a^2}\left(1+\frac{b^2}{r^2}\right) \tag{8-56}$$

可见，径向应力 σ_r 总是为压应力，环向应力 σ_θ 为拉应力，最大拉应力产生在靠近内壁处。

值得注意的是，应力与弹性常数无关，因此，式(8-56)同样适用于受内压的黏弹性厚壁圆筒。下面讨论位移求解。

首先，讨论平面应力情形。如果圆筒或圆环两端自由，即对于 $\sigma_z=0$ 的平面应力情形，此时弹性筒的径向位移由式(8-52)和式(8-55)确定，有

$$u_r=\frac{qa^2}{b^2-a^2}\frac{1+\mu}{E}\left(\frac{1-\mu}{1+\mu}r+\frac{b^2}{r}\right) \tag{8-57}$$

根据弹性-黏弹性相应原理，即可由式(8-57)求得黏弹性厚壁圆筒的径向位移。

如果采用微分型本构方程，可直接应用弹性常数和黏弹性材料函数的相应关系，将 $\overline{q}(s)$ 和通过用微分算子表示 $\overline{E}(s)$ 及 $\overline{\mu}(s)$ 的式(3-88)、式(3-89)代入式(8-57)，得

$$\overline{u}_r(s)=\frac{\overline{q}(s)a^2\overline{\mathcal{P}}'(s)}{(b^2-a^2)\overline{\mathcal{Q}}'(s)}\left(\frac{r}{3}+\frac{b^2}{r}+\frac{2\overline{\mathcal{P}}''(s)\overline{\mathcal{Q}}'(s)}{\overline{\mathcal{P}}'(s)\overline{\mathcal{Q}}''(s)}\frac{r}{3}\right) \tag{8-58}$$

给定材料性能和荷载 $q(t)$ ，便可以由式(8-58)计算 $\overline{u}_r(s)$ ，然后进行逆变换求出 $u_r(t)$ 。

设材料呈弹性体积变形和麦克斯韦黏弹性畸变，即应力、应变的球张量是弹性关系而偏量部分为麦克斯韦材料的黏弹性关系，即

$$\overline{\mathcal{P}}'(s)=1+\frac{\eta_1}{G_1}s,\quad \overline{\mathcal{Q}}'(s)=\eta_1 s\ ；\ \overline{\mathcal{P}}''(s)=1,\quad \overline{\mathcal{Q}}''(s)=3K \tag{8-59}$$

其中，K 为体积弹性模量；η_1 和 G_1 分别表示麦克斯韦模型受剪切时黏壶的黏性系数和

弹簧的弹性模量。假定圆筒内压强 $q(t)=q_0H(t)$，因而有 $\overline{q}(s)=q_0/s$，此时，式(8-58)变为

$$\overline{u}_r(s)=\frac{q_0a^2}{b^2-a^2}\left\{\frac{1}{s^2\eta_1}\left(\frac{r}{3}+\frac{b^2}{r}\right)+\frac{1}{s}\left[\frac{1}{G_1}\left(\frac{r}{3}+\frac{b^2}{r}\right)+\frac{2r}{9K}\right]\right\}$$

逆变换后得径向位移：

$$u_r(t)=\frac{q_0a^2}{b^2-a^2}\left[\left(\frac{1}{G_1}+\frac{t}{\eta_1}\right)\left(\frac{r}{3}+\frac{b^2}{r}\right)+\frac{2r}{9K}\right] \tag{8-60}$$

可见突加内压时有瞬时径向位移：

$$u_r(r,0)=\frac{q_0a^2}{b^2-a^2}\left[\frac{1}{G_1}\left(\frac{r}{3}+\frac{b^2}{r}\right)+\frac{2r}{9K}\right]$$

由式(8-60)和式(8-45)，易于确定径向应变 ε_r 和切向应变 ε_θ。

值得注意的是，式(8-60)中存在随时间而流动的项，如果由此计算出的位移数值超过了小变形的范围，则此时的结果与假设条件矛盾而不能应用。

其次，讨论平面应变情况。将式(8-55)所表示的积分常数 A、B 代入式(8-53)，得弹性厚壁圆筒平面应变情形的径向位移：

$$u_r(r,t)=\frac{q(t)a^2}{b^2-a^2}\frac{1+\mu}{E}\left[(1-2\mu)r+\frac{b^2}{r}\right] \tag{8-61}$$

根据相应原理，下面将式(8-61)变换为黏弹性厚壁圆筒位移的像空间中的表达式。采用微分型本构关系，黏弹性厚壁圆筒径向位移的拉普拉斯变换为

$$\overline{u}_r(r,s)=\frac{\overline{q}(s)a^2}{b^2-a^2}\frac{\overline{\mathcal{P}}'(s)}{\overline{\mathcal{Q}}'(s)}\left(\frac{3\overline{\mathcal{P}}''\overline{\mathcal{Q}}'r}{2\overline{\mathcal{P}}'\overline{\mathcal{Q}}''+\overline{\mathcal{P}}''\overline{\mathcal{Q}}'}+\frac{b^2}{r}\right) \tag{8-62}$$

对于弹性体积变形和麦克斯韦黏弹性畸变的圆筒(式(8-59))，在突加内压作用下，式(8-62)变为

$$\overline{u}_r(r,s)=\frac{q_0a^2}{b^2-a^2}\frac{G_1+\eta_1s}{s}\left[\frac{3r}{6KG_1+(6K+G_1)\eta_1s}+\frac{b^2}{G_1\eta_1rs}\right]$$

逆变换后有

$$u_r(r,t)=\frac{q_0a^2}{b^2-a^2}\left[\frac{b^2}{r}\left(\frac{1}{G_1}+\frac{t}{\eta_1}\right)+\frac{r}{2K}\left(1-\frac{G_1}{6K+G_1}\mathrm{e}^{-\beta t}\right)\right] \tag{8-63}$$

其中，$\beta=6KG_1/[(6K+G_1)\eta_1]$。

显然，有瞬时径向位移：

$$u_r(r,0)=\frac{q_0a^2}{b^2-a^2}\left(\frac{b^2}{G_1r}+\frac{3r}{6K+G_1}\right)$$

式(8-63)表明，径向位移存在流动现象，因而仅在短时间内方可应用该式，否则，当变形超过一定的限度，基于小应变的弹性位移不正确，相应的黏弹性解答自然不能成立。

为比较起见，设圆筒材料为弹性体积变形和畸变呈开尔文黏弹性，此时，微分型算子为

$$\bar{\mathcal{P}}'(s)=1,\ \ \bar{\mathcal{Q}}'(s)=G_1+\eta_1 s\ ;\ \ \bar{\mathcal{P}}''(s)=1,\ \ \bar{\mathcal{Q}}''(s)=3K \tag{8-64}$$

其中，G_1 和 η_1 分别为开尔文剪切模型中的弹性模量和黏性系数；K 为体积弹性模量。

考虑突加内压 q_0 作用，将式(8-64)代入式(8-62)，有

$$\bar{u}_r(r,s)=\frac{q_0a^2}{b^2-a^2}\frac{1}{s}\left(\frac{3r}{6K+G_1+\eta_1 s}+\frac{b^2}{r}\frac{1}{G_1+\eta_1 s}\right)$$

逆变换后得径向位移：

$$u_r(r,t)=\frac{q_0a^2}{b^2-a^2}\left\{\frac{3r}{6K+G_1}[1-\exp(-\beta_1 t)]+\frac{b^2}{G_1 r}\left[1-\exp\left(-\frac{G_1 t}{\eta_1}\right)\right]\right\} \tag{8-65}$$

其中，$\beta_1=(6K+G_1)/\eta_1$。

由式(8-65)可见，没有瞬态径向位移，这是因为开尔文材料没有瞬时弹性变形，因而在平面应变情况下，$t=0$ 时的瞬态位移均为零，ε_r 和 ε_θ 均没有瞬态响应。而当时间足够长时，则得稳态位移为

$$u_r(r,\infty)=\frac{q_0a^2}{b^2-a^2}\left(\frac{3r}{6K+G_1}+\frac{b^2}{G_1 r}\right)$$

将上式和弹性圆筒位移公式(8-61)相比较，如果将式(8-61)中的 E 和 μ 用 K 和 G 来表示，则可以看出：由式(8-65)代表的材料在稳态时的位移，相当于体积模量为 K、剪切模量为 $G/2$ 的弹性圆筒的位移。

记圆筒内壁 $(r=a)$ 处的位移为 $\varDelta_a$，由式(8-65)可得

$$\varDelta_a=u_r(a,t)=\frac{q_0a^2}{b^2-a^2}\left[\frac{3a}{6K+G_1}(1-\mathrm{e}^{-\beta_1 t})+\frac{b^2}{G_1 a}(1-\mathrm{e}^{-G_1 t/\eta_1})\right]$$

由此式可以求得圆筒的内直径随时间的变化，这在工程技术上有重要的应用意义。

8.4.2　外表面受约束圆筒

如果圆筒的外表面同时受均匀压力作用，则可按照应力边界条件重新确定一般解答

式(8-51)中的常数 A 和 B，进而得出应力表达式。位移分析也可用类似于前面所述方法，此处不再推演。

本节将讨论圆筒外表面有其他介质的情况。这些介质和圆筒外表面密切接触，约束圆筒的变形。根据筒外表介质的性质，对黏弹性圆筒的约束可分为刚性的、弹性的和黏弹性的，下面仅讨论前两种情况。

1. 刚性约束

如果圆筒外表面密切接触的介质非常刚硬，变形可以忽略不计，圆筒则可视为刚性约束。若圆筒内壁受均匀压强而外表面为刚性约束，则边界条件为

$$r=a:\ \sigma_r=-q;\ r=b:\ u_r=0 \tag{8-66}$$

这是较简单的混合边界条件。

对于平面应变情形，将边界条件(8-66)代入弹性圆筒一般解答式(8-51)和式(8-53)，可求出与材料性能相关的待定常数：

$$A=\frac{-qa^2}{(1-2\mu)b^2+a^2},\quad B=\frac{(1-2\mu)qa^2b^2}{(1-2\mu)b^2+a^2}$$

进而得到圆筒任意半径 r 处的应力和径向位移分别为

$$\begin{aligned}
\sigma_r&=\frac{-qa^2}{(1-2\mu)b^2+a^2}\left[1+(1-2\mu)\frac{b^2}{r^2}\right]\\
\sigma_\theta&=\frac{-qa^2}{(1-2\mu)b^2+a^2}\left[1-(1-2\mu)\frac{b^2}{r^2}\right]\\
u_r&=\frac{qa^2b(1+\mu)(1-2\mu)}{E[(1-2\mu)b^2+a^2]}\left(\frac{b}{r}-\frac{r}{b}\right)
\end{aligned} \tag{8-67}$$

应该指出，与前面情况不同，此时的应力和位移表达式中均含有材料常数。

对于黏弹性圆筒，内壁受均匀压强而外表面受刚性约束时，为了求出应力和位移，可依据弹性解(8-67)采用相应原理求解。如果应用微分型本构关系，则 $\bar{E}(s)$ 及 $\bar{\mu}(s)$ 的微分算子表示为式(3-88)和式(3-89)，因而相应的黏弹性解的拉普拉斯变换式为

$$\begin{aligned}
\bar{\sigma}_r(r,s)&=\frac{-\bar{q}a^2}{r^2}\frac{(2\bar{\mathcal{P}}'\bar{\mathcal{Q}}''+\bar{\mathcal{P}}''\bar{\mathcal{Q}}')r^2+3\bar{\mathcal{P}}''\bar{\mathcal{Q}}'b^2}{(2\bar{\mathcal{P}}'\bar{\mathcal{Q}}''+\bar{\mathcal{P}}''\bar{\mathcal{Q}}')a^2+3\bar{\mathcal{P}}''\bar{\mathcal{Q}}'b^2}\\
\bar{\sigma}_\theta(r,s)&=\frac{-\bar{q}a^2}{r^2}\frac{(2\bar{\mathcal{P}}'\bar{\mathcal{Q}}''+\bar{\mathcal{P}}''\bar{\mathcal{Q}}')r^2-3\bar{\mathcal{P}}''\bar{\mathcal{Q}}'b^2}{(2\bar{\mathcal{P}}'\bar{\mathcal{Q}}''+\bar{\mathcal{P}}''\bar{\mathcal{Q}}')a^2+3\bar{\mathcal{P}}''\bar{\mathcal{Q}}'b^2}\\
\bar{u}_r(r,s)&=\bar{q}a^2b\left(\frac{b}{r}-\frac{r}{b}\right)\frac{3\bar{\mathcal{P}}'\bar{\mathcal{P}}''}{(2\bar{\mathcal{P}}'\bar{\mathcal{Q}}''+\bar{\mathcal{P}}''\bar{\mathcal{Q}}')a^2+3\bar{\mathcal{P}}''\bar{\mathcal{Q}}'b^2}
\end{aligned} \tag{8-68}$$

设材料呈弹性体积变形而畸变为麦克斯韦黏弹性，仍应用式(8-59)所示的微分算子，当受突加内压 q_0 时，则式(8-68)变为

$$\bar{\sigma}_r(r,s)=\frac{-q_0a^2}{r^2}\frac{1}{\beta}\left\{\frac{6KG_1r^2}{s(\alpha+s)}+\frac{\eta_1[(6K+G_1)r^2+3G_1b^2]}{\alpha+s}\right\}$$

$$\bar{\sigma}_\theta(r,s)=\frac{-q_0a^2}{r^2}\frac{1}{\beta}\left\{\frac{6KG_1r^2}{s(\alpha+s)}+\frac{\eta_1[(6K+G_1)r^2-3G_1b^2]}{\alpha+s}\right\}$$

$$\bar{u}_r(r,s)=q_0a^2b\left(\frac{b}{r}-\frac{r}{b}\right)\frac{1}{\beta}\left[\frac{3G_1}{s(\alpha+s)}+\frac{3\eta_1}{\alpha+s}\right]$$

其中

$$\alpha=\frac{6KG_1a^2}{\beta}$$

$$\beta=\eta_1[(6K+G_1)a^2+3G_1b^2]$$

对上述诸式进行逆变换后，整理得

$$\left.\begin{aligned}\sigma_r(r,t)&=-q_0\left\{1-\frac{3G_1b^2(r^2-a^2)}{r^2[(6K+G_1)a^2+3G_1b^2]}\mathrm{e}^{-\alpha t}\right\}\\ \sigma_\theta(r,t)&=-q_0\left\{1-\frac{3G_1b^2(r^2+a^2)}{r^2[(6K+G_1)a^2+3G_1b^2]}\mathrm{e}^{-\alpha t}\right\}\\ u_r(r,t)&=\frac{q_0b}{2K}\left(\frac{b}{r}-\frac{r}{b}\right)\left\{1-\frac{G_1(a^2+3b^2)}{[(6K+G_1)a^2+3G_1b^2]}\mathrm{e}^{-\alpha t}\right\}\end{aligned}\right\}\tag{8-69}$$

由此可见，圆筒的应力和位移均呈现瞬时弹性，而当 $t\to\infty$ 时，$\sigma_r=\sigma_\theta=-q_0$，因为周围介质的刚性约束，圆筒的径向位移为一有界值。

2. 弹性约束

设圆筒内壁受均匀压强 $q(t)$，外壁处有一弹性的蒙皮或薄壁套筒，即外表面受弹性约束，如图 8-6 所示。假定外部弹性约束与圆筒一起处于平面应变状态，这种情况的边界条件应为

$$r=a:\ \sigma_r=-q(t);\quad r=b:\ \varepsilon_\theta=\varepsilon_\theta^c\tag{8-70}$$

其中，第二式表示 $r=b$ 处的位移连续条件；ε_θ^c 为蒙皮的切向应变，它可用受内压 $\sigma_r(b,t)$ 作用的弹性薄壁圆筒理论来求出。

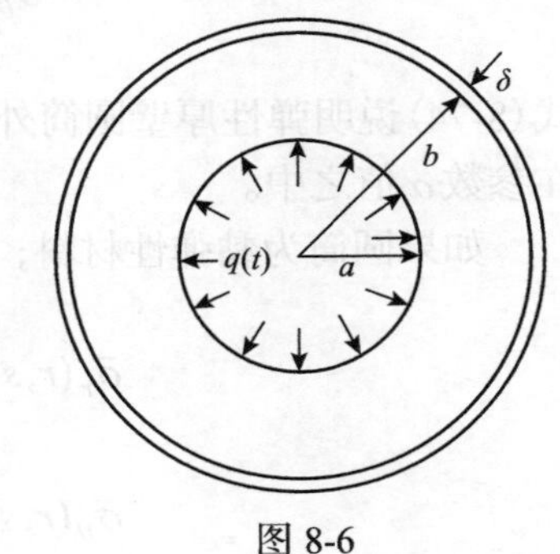

图 8-6

设蒙皮的壁厚为 δ，弹性模量与泊松系数分别为 E_c 和 μ_c，则切向应力与轴向应力分别为

$$\sigma_\theta^c = -\frac{\sigma_r(b)b}{\delta}$$

$$\sigma_z^c = \mu_c(\sigma_r + \sigma_\theta^c) \approx \mu_c \sigma_\theta^c$$

其中，考虑了$\delta \ll b$，因而$\sigma_r(b,t)$的数值比σ_θ^c小得多。

蒙皮的切向应变可由$\varepsilon_\theta^c = (\sigma_\theta^c - \mu_c \sigma_z^c)/E_c$求得，即

$$\varepsilon_\theta^c = -\frac{(1-\mu_c^2)\sigma_r b}{E_c \delta} \tag{8-71}$$

为了求出弹性厚壁圆筒的切向应变，将$\sigma_z = \mu(\sigma_r + \sigma_\theta)$代入式(8-46)中的第二式，得

$$\varepsilon_\theta = \frac{1-\mu^2}{E}\left(\sigma_\theta - \frac{\mu}{1-\mu}\sigma_r\right) \tag{8-72}$$

其中，E和μ分别表示厚壁筒的弹性模量与泊松比。

将式(8-71)、式(8-72)代入式(8-70)，则应力边界条件可写为

$$r = a：\ \sigma_r = -q(t)；\ r = b：\ \sigma_r = \alpha\sigma_\theta \tag{8-73}$$

其中

$$\alpha = \frac{1-\mu^2}{\mu(1+\mu) - (1-\mu_c^2)\dfrac{Eb}{E_c \delta}}$$

考虑边界条件(8-73)，由式(8-51)求出积分常数：

$$A = \frac{-q(\alpha+1)a^2}{\alpha(b^2+a^2)-(b^2-a^2)},\ B = \frac{q(\alpha-1)a^2b^2}{\alpha(b^2+a^2)-(b^2-a^2)}$$

因而，径向和切向应力分别为

$$\begin{aligned} \sigma_r(r) &= \frac{-qa^2}{r^2}\frac{\alpha(b^2+r^2)-(b^2-r^2)}{\alpha(b^2+a^2)-(b^2-a^2)} \\ \sigma_\theta(r) &= \frac{qa^2}{r^2}\frac{\alpha(b^2-r^2)-(b^2+r^2)}{\alpha(b^2+a^2)-(b^2-a^2)} \end{aligned} \tag{8-74}$$

式(8-74)说明弹性厚壁圆筒外表受弹性约束时，应力与两种材料的弹性常数相关，体现在参数α值之中。

如果圆筒为黏弹性材料，则由相应原理得应力的拉普拉斯变换式：

$$\begin{aligned} \bar{\sigma}_r(r,s) &= -\frac{\bar{q}(s)a^2}{r^2}\frac{\bar{\alpha}(s)(b^2+r^2)-(b^2-r^2)}{\bar{\alpha}(s)(b^2+a^2)-(b^2-a^2)} \\ \bar{\sigma}_\theta(r,s) &= \frac{\bar{q}(s)a^2}{r^2}\frac{\bar{\alpha}(s)(b^2-r^2)-(b^2+r^2)}{\bar{\alpha}(s)(b^2+a^2)-(b^2-a^2)} \end{aligned} \tag{8-75}$$

其中

$$\bar{\alpha}(s)=\frac{1-\bar{\mu}^2(s)}{\bar{\mu}(s)[1+\bar{\mu}(s)]-(1-\mu_c^2)\dfrac{\bar{E}(s)b}{E_c\delta}} \tag{8-76}$$

若已知圆筒材料黏弹性本构关系及蒙皮的弹性常数，就能求出 $\bar{\alpha}(s)$，进而确定 $\bar{\sigma}_r(s)$ 和 $\bar{\sigma}_\theta(s)$，逆变换后便得到问题的解答。

将式(3-88)和式(3-89)代入 $\bar{\alpha}(s)$ 的表达式(8-76)，整理后得

$$\bar{\alpha}(s)=\frac{\dfrac{1}{\bar{\mathcal{P}}''}+\dfrac{2\bar{\mathcal{Q}}'}{\bar{\mathcal{P}}'\bar{\mathcal{Q}}''}}{\left(\dfrac{1}{\bar{\mathcal{P}}''}-\dfrac{\bar{\mathcal{Q}}'}{\bar{\mathcal{P}}'\bar{\mathcal{Q}}''}\right)-\dfrac{\bar{\mathcal{Q}}'}{\bar{\mathcal{P}}'}\left(\dfrac{2}{\bar{\mathcal{P}}''}+\dfrac{\bar{\mathcal{Q}}'}{\bar{\mathcal{P}}'\bar{\mathcal{Q}}''}\right)\dfrac{(1-\mu_c^2)b}{E_c\delta}} \tag{8-77}$$

由此可见，当 s 的多项式 $\bar{\mathcal{P}}'$、$\bar{\mathcal{Q}}'$、$\bar{\mathcal{P}}''$ 和 $\bar{\mathcal{Q}}''$ 不太复杂时，可将变换式 $\bar{\alpha}(s)$ 反演。

实际上，某些材料的体积应变比形状畸变在数值上要小得多，所以有时采用不可压缩的假定。如果材料在剪切变形中是麦克斯韦特性而在静水压力下不可压缩，即

$$\bar{\mathcal{P}}'(s)=1+\frac{\eta_1}{G_1}s,\quad \bar{\mathcal{Q}}'(s)=\eta_1 s\ ;\ \bar{\mathcal{P}}''(s)=1,\quad \bar{\mathcal{Q}}''(s)\to\infty$$

在这种情况下，式(8-77)化为

$$\bar{\alpha}(s)=\frac{1}{1-\dfrac{2G_1\eta_1 s}{G_1+\eta_1 s}\dfrac{(1-\mu_c^2)b}{E_c\delta}} \tag{8-78}$$

假定内压 $q(t)=q_0H(t)$，将 $\bar{q}(s)=q_0/s$ 和式(8-78)代入式(8-75)，得

$$\begin{aligned}\bar{\sigma}_r(r,s)&=-\frac{q_0D}{C_1}\left[\frac{C_1}{s(s+D)}+\frac{1}{s+D}\right]\\ \bar{\sigma}_\theta(r,s)&=-\frac{q_0D}{C}\left[\frac{C}{s(s+D)}+\frac{1}{s+D}\right]\end{aligned} \tag{8-79}$$

其中

$$C_1=\frac{1}{\eta_1}\left[\frac{1}{G_1}+\frac{(1-\mu_c^2)b}{E_c\delta}\left(\frac{b^2}{r^2}-1\right)\right]^{-1},\quad C=\frac{1}{\eta}\left[\frac{1}{G_1}-\frac{(1-\mu_c^2)b}{E_c\delta}\left(\frac{b^2}{r^2}+1\right)\right]^{-1}$$

$$D=\frac{1}{\eta_1}\left[\frac{1}{G_1}+\frac{(1-\mu_c^2)b}{E_c\delta}\left(\frac{b^2}{a^2}-1\right)\right]^{-1}$$

将式(8-79)进行逆变换，则得应力：

$$\sigma_r(r,t)=-q_0\left[1+\left(\frac{D}{C_1}-1\right)\mathrm{e}^{-Dt}\right],\quad \sigma_\theta(r,t)=-q_0\left[1+\left(\frac{D}{C}-1\right)\mathrm{e}^{-Dt}\right] \tag{8-80}$$

令 $\beta=E_c\delta/[G_1b(1-\mu_c^2)]$，当 $t\to 0$ 时，得到应力的瞬态值：

$$\sigma_r(r,0)=-q_0\frac{\beta+\left(\dfrac{b^2}{r^2}-1\right)}{\beta+\left(\dfrac{b^2}{a^2}-1\right)},\quad \sigma_\theta(r,0)=-q_0\frac{\beta-\left(\dfrac{b^2}{r^2}+1\right)}{\beta+\left(\dfrac{b^2}{a^2}-1\right)} \tag{8-81}$$

由此可见：瞬态值只取决于 E_c、G_1 和 μ_c，而与 η_1 无关；当 $E_c\to 0$ 时，则 $\beta=0$，变为圆筒受内压而外表面自由的情形，此时式(8-81)化为式(8-56)。

在稳态条件下，即 $t\to\infty$ 时，由式(8-80)可知，圆筒应力为 $\sigma_\theta=\sigma_r=-q_0$，且有 $\sigma_z=-q_0$，即圆筒受均匀压强作用。

8.4.3　不可压缩圆筒的动态响应

当考虑动力效应时，则不能采用上述准静态情形的弹性-黏弹性相应原理，本节以不可压缩轴对称平面应变圆筒的动态响应为例予以说明。设黏弹性厚壁圆筒结构如图 8-6 所示，内壁承受压强 $q(t)$，筒外表面紧贴一个增加承压作用的弹性蒙皮或薄壁圆筒。问题的基本方程如下。

(1) 运动方程

$$\frac{\partial\sigma_r}{\partial r}+\frac{\sigma_r-\sigma_\theta}{r}=\rho\frac{\partial^2 u}{\partial t^2} \tag{8-82}$$

其中，u 为径向位移；ρ 为圆筒材料密度。

(2) 本构方程(参见式(3-97))

$$\sigma_{ij}(t)=\int_0^t[\lambda(t-\zeta)\delta_{ij}\dot{\varepsilon}_{kk}(\zeta)+2G(t-\zeta)\dot{\varepsilon}_{ij}(\zeta)]\mathrm{d}\zeta \tag{8-83}$$

(3) 几何方程

$$\varepsilon_r=\frac{\partial u}{\partial r},\quad \varepsilon_\theta=\frac{u}{r},\quad \varepsilon_z=0 \tag{8-84}$$

由不可压缩条件，则 $\varepsilon_{kk}=(\partial u/\partial r)+(u/r)=0$，这种特别情况可得出径向位移的一般表达式：

$$u(r,t)=\frac{C(t)}{r} \tag{8-85}$$

其中，$C(t)$ 为待定函数。

(4) 边界条件

$$r=a:\ \sigma_r(a,t)=-q(t);\ r=b:\ u(b,t)=u_c(b,t) \tag{8-86}$$

其中，u_c 为薄壁圆筒的径向位移。

由式(8-71)和式(8-84)，得

$$u_c(b,t)=-\frac{(1-\mu_c^2)\sigma_r b^2}{E_c\delta}$$

因而可通过圆筒外表处的位移 $u(b,t)=C(t)/b$ 来表示圆筒外表处的应力 $\sigma_r(b,t)$，即

$$\sigma_r(b,t)=-\frac{u_c(b,t)E_c\delta}{(1-\mu_c^2)b^2}=\frac{-E_c\delta}{(1-\mu_c^2)b^2}\frac{C(t)}{b}$$

于是，边界条件(8-86)可改写为

$$r=a:\ \sigma_r(a,t)=-q(t);\ r=b:\ \sigma_r(b,t)=-\frac{E_c\delta}{1-\mu_c^2}\frac{C(t)}{b^3} \tag{8-87}$$

为了求得满足基本方程与定解条件的解答，采用拉普拉斯变换方法。将式(8-83)进行变换，考虑式(8-84)及 $\sigma_z\neq 0$ 情况，则应力分量可写为

$$\begin{aligned}\bar{\sigma}_r(r,s)&=\bar{S}(r,s)+2s\bar{G}(s)\frac{\partial\bar{u}(r,s)}{\partial r}\\ \bar{\sigma}_\theta(r,s)&=\bar{S}(r,s)+2s\bar{G}(s)\frac{\bar{u}(r,s)}{r}\\ \bar{\sigma}_z(r,s)&=\bar{S}(r,s)\end{aligned} \tag{8-88}$$

其中，$\bar{S}(r,s)$ 为相应于静水压力的变换值，是个待求函数。

将式(8-88)代入运动方程变换式：$(\partial\bar{\sigma}_r/\partial r)+(\bar{\sigma}_r-\bar{\sigma}_\theta)/r=\rho s^2\bar{u}(r,s)$，考虑式(8-85)的变换，整理后得

$$\frac{\partial\bar{S}}{\partial r}=\rho s^2\frac{\bar{C}(s)}{r}$$

积分上式，有

$$\bar{S}(r,s)=\rho s^2\bar{C}(s)\ln r+\bar{D}(s) \tag{8-89}$$

其中，$\bar{D}(s)$ 为待定函数。

将式(8-89)和式(8-85)代入式(8-88)，应力的变换值可写为

$$\begin{aligned}
&\bar{\sigma}_r(r,s)=\rho s^2\bar{C}(s)\ln r-2s\bar{G}(s)\frac{\bar{C}(s)}{r^2}+\bar{D}(s)\\
&\bar{\sigma}_\theta(r,s)=\rho s^2\bar{C}(s)\ln r+2s\bar{G}(s)\frac{\bar{C}(s)}{r^2}+\bar{D}(s)\\
&\bar{\sigma}_z(r,s)=\rho s^2\bar{C}(s)\ln r+\bar{D}(s)
\end{aligned}\tag{8-90}$$

设 $s\bar{G}(s)$ 的形式为 $s\bar{G}(s)=A(s)/B(s)$，则由边界条件(8-87)，得

$$\rho s^2\bar{C}(s)\ln a-2\frac{A(s)}{B(s)}\frac{\bar{C}(s)}{a^2}+\bar{D}(s)=-\bar{q}(s)$$

$$\rho s^2\bar{C}(s)\ln b-2\frac{A(s)}{B(s)}\frac{\bar{C}(s)}{b^2}+\bar{D}(s)=-\frac{E_c\delta}{1-\mu_c^2}\frac{\bar{C}(s)}{b^3}$$

由此，可确定待定函数 $\bar{C}(s)$ 和 $\bar{D}(s)$ 分别为

$$\bar{C}(s)=-\frac{s\bar{q}(s)B(s)}{F(s)},\quad \bar{D}(s)=-\frac{s\bar{q}(s)E(s)}{F(s)}\tag{8-91}$$

其中

$$F(s)=2sA(s)\left(\frac{1}{b^2}-\frac{1}{a^2}\right)+\rho s^3B(s)\ln\frac{a}{b}-\frac{sE_c\delta B(s)}{b^3(1-\mu_c^2)}$$

$$E(s)=\frac{2A(s)}{b^2}-\rho s^2B(s)\ln b-\frac{E_c\delta B(s)}{b^3(1-\mu_c^2)}$$

将式(8-91)代入式(8-90)，得应力变换式，逆交换后便可求出应力。

例如，设 $q(t)=q_0H(t)$，则

$$\bar{\sigma}_r(r,s)=\frac{2q_0}{r^2}\frac{A(s)}{F(s)}-\rho q_0\frac{s^2B(s)}{F(s)}\ln r-q_0\frac{E(s)}{F(s)}$$

假定 $\bar{\sigma}_r(r,s)$ 有 n 个一阶极点，即有 $F(s)=k(s-a_1)(s-a_2)\cdots(s-a_n)$，则由

$$\sigma_r(r,t)=\mathscr{L}^{-1}[\bar{\sigma}_r(r,s)]=\sum_{i=1}^{n}\operatorname*{Res}_{s=a_i}[\bar{\sigma}_r(r,s)\mathrm{e}^{st}]$$

便可得到 $\sigma_r(r,t)$ 的表达式；同理，可求出 $\sigma_\theta(r,t)$ 和 $\sigma_z(r,t)$。它们分别为

$$\begin{aligned}
&\sigma_r(r,t)=-q_0\sum_{i=1}^{n}\frac{\mathrm{e}^{a_it}}{\lim\limits_{s\to a_i}[F(s)/(s-a_i)]}\left[\frac{-2A(a_i)}{r^2}+\rho a_i^2B(a_i)\ln r+E(a_i)\right]\\
&\sigma_\theta(r,t)=-q_0\sum_{i=1}^{n}\frac{\mathrm{e}^{a_it}}{\lim\limits_{s\to a_i}[F(s)/(s-a_i)]}\left[\frac{2A(a_i)}{r^2}+\rho a_i^2B(a_i)\ln r+E(a_i)\right]\\
&\sigma_z(r,t)=-q_0\sum_{i=1}^{n}\frac{\mathrm{e}^{a_it}}{\lim\limits_{s\to a_i}[F(s)/(s-a_i)]}[\rho a_i^2B(a_i)\ln r+E(a_i)]
\end{aligned}\tag{8-92}$$

由式(8-85)的变换式，并引入$\bar{C}(s)$取逆变换后，则可求得位移$u(r,t)$。给定材料$G(t)$后，由$s\bar{G}(s)$可以得出$A(s)$和$B(s)$，而$F(s)=0$的复根a_i可以用数值方法确定。

8.4.4　黏弹性不可压缩组合圆筒

若厚壁圆筒外表面与一黏弹性圆筒的内壁密切贴合，则形成一个组合圆筒。对于不可压缩材料的黏弹性组合圆筒，可以导出其位移和应力的表达式。

设内筒的内、外半径分别为a和b，外筒的内、外半径分别为b和c；组合圆筒的内壁和外表面所受的压强分别为$q(t)$和$p(t)$。这时的运动方程和几何方程仍然是式(8-82)和式(8-84)。同样，由不可压缩条件得到式(8-85)，即$u(r,t)=C(t)/r$。

考虑黏弹性本构关系$\sigma'_{ij}(r,t)=2G*\mathrm{d}\varepsilon'_{ij}$，采用径向与切向的应力和应变分量，写为

$$\sigma_r(r,t)-\frac{\sigma_{kk}}{3}=2G*\mathrm{d}\left(\varepsilon_r-\frac{\varepsilon_{kk}}{3}\right),\quad \sigma_\theta(r,t)-\frac{\sigma_{kk}}{3}=2G*\mathrm{d}\left(\varepsilon_\theta-\frac{\varepsilon_{kk}}{3}\right)$$

由上述两式，得

$$\sigma_r(r,t)-\sigma_\theta(r,t)=2G*\mathrm{d}(\varepsilon_r-\varepsilon_\theta)=-\frac{4}{r^2}G*\mathrm{d}C(t) \tag{8-93}$$

以上推导应用了几何方程(8-84)和位移解(8-85)。

将式(8-83)代入运动方程(8-82)，有

$$\frac{\partial\sigma_r(r,t)}{\partial r}=\frac{4}{r^3}G*\mathrm{d}C(t)+\frac{1}{r}\rho\ddot{C}(t)$$

由此式积分得到$\sigma_r(r,t)$，再由式(8-93)求出$\sigma_\theta(r,t)$；然后，考虑平面应变和材料不可压缩条件，通过$\sigma_z(r,t)-(\sigma_{kk}/3)=0$确定$\sigma_z(r,t)$。于是，这些应力分别为

$$\begin{aligned}\sigma_r(r,t)&=\rho\ddot{C}(t)\ln r-\frac{2}{r^2}G*\mathrm{d}C(t)+D(t)\\ \sigma_\theta(r,t)&=\rho\ddot{C}(t)\ln r+\frac{2}{r^2}G*\mathrm{d}C(t)+D(t)\\ \sigma_z(r,t)&=\rho\ddot{C}(t)\ln r+D(r)\end{aligned} \tag{8-94}$$

可见，这里直接求得的式(8-94)经拉普拉斯变换后，与式(8-90)完全相同。

为方便起见，用脚标 1、2 分别表示内筒和外筒，则它们的边界条件和连续条件为

$$\begin{aligned}&\sigma_{r1}(a,t)=-q(t),\quad \sigma_{r2}(c,t)=-p(t)\\ &\sigma_{r1}(b,t)=\sigma_{r2}(b,t),\quad u_1(b,t)=u_2(b,t)\end{aligned}$$

应用式(8-94)和式(8-84)，则得如下的关系式：

$$C_1(t)=C_2(t)=C(t)$$

$$\rho_1\ddot{C}(t)\ln a-\frac{2}{a^2}G_1*\mathrm{d}C(t)+D_1(t)=-q(t)$$
$$\rho_2\ddot{C}(t)\ln c-\frac{2}{c^2}G_2*\mathrm{d}C(t)+D_2(t)=-p(t)$$
$$\rho_1\ddot{C}(t)\ln b-\frac{2}{b^2}G_1*\mathrm{d}C(t)+D_1(t)=\rho_2\ddot{C}(t)\ln b-\frac{2}{b^2}G_2*\mathrm{d}C(t)+D_2(t)$$

将前三式所得 $C(t)$ 、$D_1(t)$ 和 $D_2(t)$ 代入式(8-94)，求得内、外筒的径向和切向应力为

$$\begin{aligned}
\sigma_{r1}(r,t)&=-q(t)+\rho_1\ddot{C}(t)\ln\frac{r}{a}+\left(\frac{1}{a^2}-\frac{1}{r^2}\right)2G_1(t)*\mathrm{d}C(t)\\
\sigma_{\theta1}(r,t)&=-q(t)+\rho_1\ddot{C}(t)\ln\frac{r}{a}+\left(\frac{1}{a^2}+\frac{1}{r^2}\right)2G_1(t)*\mathrm{d}C(t)\\
\sigma_{r2}(r,t)&=-p(t)+\rho_2\ddot{C}(t)\ln\frac{r}{c}+\left(\frac{1}{c^2}-\frac{1}{r^2}\right)2G_2(t)*\mathrm{d}C(t)\\
\sigma_{\theta2}(r,t)&=-p(t)+\rho_2\ddot{C}(t)\ln\frac{r}{c}+\left(\frac{1}{c^2}+\frac{1}{r^2}\right)2G_2(t)*\mathrm{d}C(t)
\end{aligned}\tag{8-95}$$

其中，ρ_1 和 ρ_2 分别为内筒和外筒的材料密度；$G_1(t)$ 和 $G_2(t)$ 分别为内筒和外筒的剪切松弛函数；$C(t)$ 为位移函数。

由应力连续条件，位移函数 $C(t)$ 应满足方程：

$$M\ddot{C}(t)+2[N_1G_1(t)+N_2G_2(t)]*\mathrm{d}C(t)=q(t)-p(t)\tag{8-96}$$

其中

$$M=\rho_1\ln\frac{b}{a}+\rho_2\ln\frac{c}{b},\quad N_1=\frac{1}{a^2}-\frac{1}{b^2},\quad N_2=\frac{1}{b^2}-\frac{1}{c^2}$$

若给定内筒和外筒的几何尺寸和材料性质，通过式(8-96)，采用拉普拉斯变换方法可求得 $C(t)$，进而由式(8-95)确定内、外筒的应力。

8.5　轴对称黏弹性平面动态问题的一般解

在 8.4 节讨论受弹性约束和黏弹性约束的圆筒动态响应时，均限于黏弹性厚壁圆筒为不可压缩材料。如果考虑材料可压缩性，则黏弹性轴对称平面问题的求解因不再有位移解 $u(t)=C(t)/r$ 而变得十分复杂。本节讨论可压缩黏弹性体在轴对称平面应变状态下的动态响应，从基本方程出发，导出位移应满足的方程，通过拉普拉斯变换，求得像空间中位移的一般解和应力表达式，然后，讨论厚壁圆筒内、外表面给定位移的边值问题，采用数值逆变换方法，分析具体结构的位移场和应力场。

8.5.1 基本解

对于平面应变状态的轴对称问题，采用柱坐标(r,θ,z)，可列出如下的基本方程。

(1)运动方程

$$\frac{\partial \sigma_r}{\partial r}+\frac{\sigma_r-\sigma_\theta}{r}=\rho\frac{\partial^2 u}{\partial t^2} \tag{8-97}$$

(2)几何方程

$$\varepsilon_r=\frac{\partial u}{\partial r},\quad \varepsilon_\theta=\frac{u}{r},\quad \varepsilon_z=0 \tag{8-98}$$

(3)本构方程

$$\sigma'_{ij}=2G(t)*\mathrm{d}\varepsilon'_{ij},\quad \sigma_{kk}=3K(t)*\mathrm{d}\varepsilon_{kk} \tag{8-99}$$

其中，σ'_{ij}和ε'_{ij}分别表示应力偏量和应变偏量的分量；且为简便起见，这里i、j、k的重脚标仅用一个符号表示，如前面用过的$\sigma_{rr}\equiv\sigma_r$。

为了得到以位移为未知量的方程，由式(8-99)并考虑式(8-98)，可写出

$$\begin{aligned}
\sigma_r(r,t)&=2G(t)*\mathrm{d}\left(\frac{2}{3}\frac{\partial u}{\partial r}-\frac{1}{3}\frac{u}{r}\right)+K(t)*\mathrm{d}\left(\frac{\partial u}{\partial r}+\frac{u}{r}\right)\\
\sigma_\theta(r,t)&=2G(t)*\mathrm{d}\left(\frac{2}{3}\frac{u}{r}-\frac{1}{3}\frac{\partial u}{\partial r}\right)+K(t)*\mathrm{d}\left(\frac{\partial u}{\partial r}+\frac{u}{r}\right)\\
\sigma_z(r,t)&=\left[K(t)-\frac{2}{3}G(t)\right]*\mathrm{d}\left(\frac{\partial u}{\partial r}+\frac{u}{r}\right)
\end{aligned} \tag{8-100}$$

将式(8-100)代入运动方程(8-97)，整理后得

$$\left[\frac{4}{3}G(t)+K(t)\right]*\mathrm{d}\left[\frac{\partial^2 u}{\partial r^2}+\frac{\partial}{\partial r}\left(\frac{u}{r}\right)\right]=\rho\ddot{u} \tag{8-101}$$

这就是按位移求解轴对称平面应变问题动态响应的控制方程。

为了求解微分积分方程(8-101)，采用积分变换方法。对其进行拉普拉斯变换，引入：

$$\bar{z}^2=\frac{3\rho s}{4\bar{G}+3\bar{K}}$$

则有

$$\frac{\partial^2\bar{u}}{\partial r^2}+\frac{1}{r}\frac{\partial\bar{u}}{\partial r}-\left(\bar{z}^2+\frac{1}{r^2}\right)\bar{u}=0 \tag{8-102}$$

这就是位移在像空间中必须满足的方程。它是变型(虚宗量)一阶贝塞尔(Bessel)方程，其

通解为

$$\bar{u}(s) = A(s)\mathrm{I}_1(\bar{z}r) + B(s)\mathrm{K}_1(\bar{z}r) \tag{8-103}$$

其中，$\mathrm{I}_1(\bar{z}r)$ 和 $\mathrm{K}_1(\bar{z}r)$ 分别为一阶第一类和第二类变型贝塞尔函数。

将式(8-103)代入式(8-100)的拉普拉斯变换式，得

$$\begin{aligned}
\bar{\sigma}_r(r,s) &= -2s\bar{G}\left[A(s)\frac{\mathrm{I}_1(\bar{z}r)}{r} + B(s)\frac{\mathrm{K}_1(\bar{z}r)}{r}\right] \\
&\quad + s\left(\frac{4}{3}\bar{G} + \bar{K}\right)[A(s)\bar{z}\,\mathrm{I}_0(\bar{z}r) - B(s)\bar{z}\mathrm{K}_0(\bar{z}r)] \\
\bar{\sigma}_\theta(r,s) &= 2s\bar{G}\left[A(s)\frac{\mathrm{I}_1(\bar{z}r)}{r} + B(s)\frac{\mathrm{K}_1(\bar{z}r)}{r}\right] \\
&\quad - s\left(\frac{2}{3}\bar{G} - \bar{K}\right)[A(s)\bar{z}\,\mathrm{I}_0(\bar{z}r) - B(s)\bar{z}\mathrm{K}_0(\bar{z}r)] \\
\bar{\sigma}_z(r,s) &= \left(\bar{K} - \frac{2}{3}\bar{G}\right)s[A(s)\bar{z}\mathrm{I}_0(\bar{z}r) - B(s)\bar{z}\mathrm{K}_0(\bar{z}r)]
\end{aligned} \tag{8-104}$$

其中，$\mathrm{I}_0(\bar{z}r)$ 和 $\mathrm{K}_0(\bar{z}r)$ 分别为零阶第一类和第二类变型贝塞尔函数。

式(8-103)和式(8-104)即为黏弹性轴对称平面问题在拉普拉斯空间的一般解，其中 $A(s)$ 和 $B(s)$ 由具体边值条件确定。下面以厚壁圆筒为例，进一步阐明求解的一般过程。

8.5.2 厚壁圆筒

考虑一内、外半径分别为 a 和 b 的黏弹性厚壁圆筒，不计体力，变形过程保持为平面应变状态。设圆筒的内表面受随时间而变化的位移作用，外表面受刚性约束，即

$$u(a,t) = U(t),\ \ u(b,t) = 0 \tag{8-105}$$

假定 $M(t)$ 是随时间 t 增加而增大且有稳态值的函数，边界条件的变换式为

$$\bar{u}(a,s) = \bar{U}(s),\ \ \bar{u}(b,s) = 0$$

因此，应用式(8-103)求得

$$\begin{aligned}
A(s) &= -\frac{\bar{U}(s)\mathrm{K}_1(\bar{z}b)}{\mathrm{K}_1(\bar{z}a)\mathrm{I}_1(\bar{z}b) - \mathrm{K}_1(\bar{z}b)\mathrm{I}_1(\bar{z}a)} \\
B(s) &= \frac{\bar{U}(s)\mathrm{I}_1(\bar{z}b)}{\mathrm{K}_1(\bar{z}a)\mathrm{I}_1(\bar{z}b) - \mathrm{K}_1(\bar{z}b)\mathrm{I}_1(\bar{z}a)}
\end{aligned} \tag{8-106}$$

将式(8-106)代入式(8-103)和式(8-104)，得

$$\bar{u}(r,s) = \frac{\bar{U}(s)[\mathrm{K}_1(\bar{z}r)\mathrm{I}_1(\bar{z}b) - \mathrm{K}_1(\bar{z}b)\mathrm{I}_1(\bar{z}r)]}{\mathrm{K}_1(\bar{z}a)\mathrm{I}_1(\bar{z}b) - \mathrm{K}_1(\bar{z}b)\mathrm{I}_1(\bar{z}a)} \tag{8-107}$$

$$\bar{\sigma}_r(r,s) = -2s\bar{G}\frac{\bar{U}(s)[\mathrm{K}_1(\bar{z}r)\mathrm{I}_1(\bar{z}b) - \mathrm{K}_1(\bar{z}b)\mathrm{I}_1(\bar{z}r)]}{r[\mathrm{K}_1(\bar{z}a)\mathrm{I}_1(\bar{z}b) - \mathrm{K}_1(\bar{z}b)\mathrm{I}_1(\bar{z}a)]} - s\left(\frac{4}{3}\bar{G}+\bar{K}\right)\frac{\bar{U}(s)\bar{z}[\mathrm{K}_0(\bar{z}r)\mathrm{I}_1(\bar{z}b) + \mathrm{K}_1(\bar{z}b)\mathrm{I}_0(\bar{z}r)]}{\mathrm{K}_1(\bar{z}a)\mathrm{I}_1(\bar{z}b) - \mathrm{K}_1(\bar{z}b)\mathrm{I}_1(\bar{z}a)}$$

$$\bar{\sigma}_\theta(r,s) = 2s\bar{G}\frac{\bar{U}(s)[\mathrm{K}_1(\bar{z}r)\mathrm{I}_1(\bar{z}b) - \mathrm{K}_1(\bar{z}b)\mathrm{I}_1(\bar{z}r)]}{r[\mathrm{K}_1(\bar{z}a)\mathrm{I}_1(\bar{z}b) - \mathrm{K}_1(\bar{z}b)\mathrm{I}_1(\bar{z}a)]} + s\left(\frac{2}{3}\bar{G}-\bar{K}\right)\frac{\bar{U}(s)\bar{z}[\mathrm{K}_0(\bar{z}r)\mathrm{I}_1(\bar{z}b) + \mathrm{K}_1(\bar{z}b)\mathrm{I}_0(\bar{z}r)]}{\mathrm{K}_1(\bar{z}a)\mathrm{I}_1(\bar{z}b) - \mathrm{K}_1(\bar{z}b)\mathrm{I}_1(\bar{z}a)} \tag{8-108}$$

设圆筒材料的体积变形为弹性，剪切性态呈多参量固体，材料函数为

$$2G(t) = g_0 + \sum_{i=1}^{n} g_i \mathrm{e}^{-t/\tau_i}，\quad 3K(t) = 3K \tag{8-109}$$

其中，g_0、g_i 和 K 皆为常数；τ_i 为松弛时间。

又设圆筒内壁的位移函数为

$$u(a,t) = U(t) = u_0(1-\mathrm{e}^{-\alpha t}) \tag{8-110}$$

其中，α 为正值常数。

利用上述条件，通过拉普拉斯变换的终值定理，能求得稳态情形的位移场和应力场。由于

$$U(\infty) = \lim_{s\to 0} s\bar{U}(s) = u_0，\quad 2G(\infty) = \lim_{s\to 0} s2\bar{G}(s) = g_0，\quad 3K(\infty) = 3K \tag{8-111}$$

由式(8-107)，得

$$u(r,\infty) = \lim_{s\to 0}\bar{u}(s) = u_0 \lim_{\bar{z}\to 0}\frac{\dfrac{\mathrm{K}_1(\bar{z}r)}{\mathrm{K}_1(\bar{z}b)} - \dfrac{\mathrm{I}_1(\bar{z}r)}{\mathrm{I}_1(\bar{z}b)}}{\dfrac{\mathrm{K}_1(\bar{z}a)}{\mathrm{K}_1(\bar{z}b)} - \dfrac{\mathrm{I}_1(\bar{z}a)}{\mathrm{I}_1(\bar{z}b)}}$$

为了表示应力终值，记

$$\bar{H}(r,s) = \frac{\bar{U}(s)\bar{z}[\mathrm{K}_0(\bar{z}r)\mathrm{I}_1(\bar{z}b) + \mathrm{K}_1(\bar{z}b)\mathrm{I}_0(\bar{z}r)]}{\mathrm{K}_1(\bar{z}a)\mathrm{I}_1(\bar{z}b) - \mathrm{K}_1(\bar{z}b)\mathrm{I}_1(\bar{z}a)}$$

则 $H(r,t)$ 的终值为

$$H(r,\infty) = u_0 \lim_{\bar{z}\to 0}\frac{\bar{z}\left[\dfrac{\mathrm{K}_0(\bar{z}r)}{\mathrm{K}_1(\bar{z}b)} + \dfrac{\mathrm{I}_0(\bar{z}r)}{\mathrm{I}_1(\bar{z}b)}\right]}{\dfrac{\mathrm{K}_1(\bar{z}a)}{\mathrm{K}_1(\bar{z}b)} - \dfrac{\mathrm{I}_1(\bar{z}a)}{\mathrm{I}_1(\bar{z}b)}}$$

可以证明：

$$\lim_{\bar{z}\to 0}\frac{\mathrm{I}_1(\bar{z}r)}{\mathrm{I}_1(\bar{z}b)}=\frac{r}{b},\quad \lim_{\bar{z}\to 0}\frac{\mathrm{K}_1(\bar{z}r)}{\mathrm{K}_1(\bar{z}b)}=\frac{b}{r},\quad \lim_{\bar{z}\to 0}\frac{\bar{z}\mathrm{K}_0(\bar{z}r)}{\mathrm{K}_1(\bar{z}b)}=0,\quad \lim_{\bar{z}\to 0}\frac{\bar{z}\mathrm{I}_0(\bar{z}r)}{\mathrm{I}_1(\bar{z}b)}=\frac{2}{b}$$

因而，得到位移和应力的稳态值：

$$\begin{aligned} u(r,\infty)&=\frac{u_0a(b^2-r^2)}{r(b^2-a^2)}\\ \sigma_r(r,\infty)&=-\frac{u_0ab^2}{3(b^2-a^2)}\left(\frac{g_0+6K}{b^2}+\frac{3g_0}{r^2}\right)\\ \sigma_\theta(r,\infty)&=\frac{u_0ab^2}{3(b^2-a^2)}\left(\frac{3g_0}{r^2}-\frac{g_0+6K}{b^2}\right)\end{aligned} \tag{8-112}$$

由上述可见，对于黏弹性轴对称平面应变的动态问题，可以确定位移和应力在拉普拉斯空间中的一般表达式，如式(8-107)和式(8-108)所示。然而，要由这些一般解直接进行逆变换，求得位移和应力的解析表达却十分困难，甚至不可能，一般可采用数值逆变换方法，对上述方程进行求解。

8.6 黏弹性中厚梁的准静态分析

前面讨论的黏弹性直梁弯曲中没有考虑横向剪切变形的影响，属于工程梁理论。当横向剪切变形较大而不能忽略时，必须予以考虑，即铁摩辛柯(Timoshenko)梁问题。

黏弹性中厚梁的准静态弯曲，可采取前面的直接求解方法或应用相应原理求解。由于黏弹性工程梁理论的结果比较容易得出，考虑直接构建黏弹性工程梁和黏弹性中厚梁两种理论之间的关系，以便于分析两种梁理论所得结果的差别。

8.6.1 基本方程

1. 内力-位移关系

设长为l、横截面积为A的黏弹性梁，截面轴惯性矩为I，拉压和剪切模量函数分别为$E(t)$和$G(t)$，受横向分布荷载$q(x,t)$作用。在平面假设的条件下，应用积分型本构方程，采用斯蒂尔切斯卷积符号，黏弹性工程梁的内力-位移关系(参阅 8.2 节)可表示为

$$\begin{aligned} M_E(x,t)&=IE(t)*\mathrm{d}\left(\frac{\partial^2 w_E}{\partial x^2}\right)\\ Q_E(x,t)&=IE(t)*\mathrm{d}\left(\frac{\partial^3 w_E}{\partial x^3}\right)\end{aligned} \tag{8-113}$$

其中，M、Q和w分别为梁的弯矩、剪力和挠度；下脚标 E 表示工程梁；$E(t)$为材料

松弛模量。

斯蒂尔切斯卷积缩写符号为

$$f(t)*\mathrm{d}g(t)=f(t)g(0)+\int_{\xi=0}^{\xi=t}f(t-\xi)\mathrm{d}g(\xi)$$

基于考虑横向剪切变形影响的弹性梁理论，黏弹性中厚梁的内力-位移关系可表示为

$$\begin{aligned}M_T(x,t)&=IE(t)*\mathrm{d}\left(\frac{\partial\psi}{\partial x}\right)\\Q_T(x,t)&=kAG(t)*\mathrm{d}\left(\psi-\frac{\partial w_T}{\partial x}\right)\end{aligned}\tag{8-114}$$

其中，ψ 为梁在弯曲变形时横截面的转角；k 为剪切修正系数，与截面的几何形状相关；下脚标 T 表示中厚梁，且考虑泊松比为常数。

2. 弯曲控制方程

考虑微梁段 $\mathrm{d}x$ 的平衡，两种梁的弯矩、剪力和分布荷载关系均为

$$\frac{\partial M(x,t)}{\partial x}=Q(x,t),\quad \frac{\partial Q(x,t)}{\partial x}=q(x,t)\tag{8-115}$$

由式(8-113)和式(8-115)可以得到黏弹性工程梁的控制方程：

$$IE(t)*\mathrm{d}\left(\frac{\partial^4 w_E}{\partial x^4}\right)=\frac{\partial^2 M_E}{\partial x^2}=q(x,t)\tag{8-116}$$

由式(8-114)和式(8-115)，则对于黏弹性中厚梁有

$$\begin{aligned}kAG(t)*\mathrm{d}\left(\psi-\frac{\partial w_T}{\partial x}\right)&=IE(t)*\mathrm{d}\left(\frac{\partial^2\psi}{\partial x^2}\right)\\kAG(t)*\mathrm{d}\left(\frac{\partial\psi}{\partial x}-\frac{\partial^2 w_T}{\partial x^2}\right)&=q(x,t)\end{aligned}\tag{8-117}$$

将式(8-117)中第一式对 x 求导，并考虑上式中第二式和式(8-114)中的第一式，得到黏弹性中厚梁的控制方程：

$$IE(t)*\mathrm{d}\left(\frac{\partial^3\psi}{\partial x^3}\right)=\frac{\partial^2 M_T}{\partial x^2}=q(x,t)\tag{8-118}$$

8.6.2　两种梁理论解的基本关系

由式(8-116)和式(8-118)，可以得到两种梁弯曲变形时转角 ψ 和 $\dfrac{\partial w_E}{\partial x}$ 的关系式：

$$\psi(x,t)=\frac{\partial w_E}{\partial x}(x,t)+C_1(t)\frac{x^2}{2}+C_2(t)x+C_3(t) \tag{8-119}$$

其中，$C_i(t)$为时间相关的待定函数，$i=1,2,3$。

将式(8-119)对x求导，且考虑式(8-113)和式(8-114)，得到两种梁弯矩之间的关系：

$$M_T(x,t)=M_E(x,t)+xIE(t)*\mathrm{d}C_1(t)+IE(t)*\mathrm{d}C_2(t) \tag{8-120}$$

将式(8-120)对x求导，且应用式(8-115)和式(8-113)，可得两种梁剪力之间的关系：

$$Q_T(x,t)=Q_E(x,t)+IE(t)*\mathrm{d}C_1(t) \tag{8-121}$$

为了得到挠度之间的关系，首先对式(8-119)～式(8-121)和式(8-114)中第二式进行关于t的拉普拉斯变换，分别求得

$$\bar{\psi}(x,s)=\frac{\partial \bar{w}_E(x,s)}{\partial x}+\frac{x^2}{2}\bar{C}_1(s)+x\bar{C}_2(s)+\bar{C}_3(s) \tag{8-122}$$

$$\bar{M}_T(x,s)=\bar{M}_E(x,s)+xsI\bar{E}\bar{C}_1(s)+sI\bar{E}\bar{C}_2(s) \tag{8-123}$$

$$\bar{Q}_T(x,s)=\bar{Q}_E(x,s)+sI\bar{E}\bar{C}_1(s) \tag{8-124}$$

$$\frac{\partial \bar{w}_T(x,s)}{\partial x}=\bar{\psi}(x,s)-\frac{\bar{Q}_T(x,s)}{skA\bar{G}(s)} \tag{8-125}$$

其中，s为拉普拉斯变换参量。

将式(8-122)代入式(8-125)后对x进行积分，考虑式(8-124)和$\dfrac{\partial M}{\partial x}=Q$，然后进行逆变换，得到两种梁挠度之间的关系式：

$$\begin{aligned}w_T(x,t)=&\,w_E(x,t)-B(t)*M_E(x,t)-xIE(t)*B(t)*\mathrm{d}C_1(t)\\&+\frac{x^3}{6}C_1(t)+\frac{x^2}{2}C_2(t)+xC_3(t)+C_4(t)\end{aligned} \tag{8-126}$$

其中，$B(t)=\mathscr{L}^{-1}[\bar{B}(s)]$，$\mathscr{L}^{-1}$表示拉普拉斯逆变换，而

$$\bar{B}(s)=\frac{1}{kAs\bar{G}(s)}$$

式(8-119)～式(8-121)和式(8-126)便是黏弹性中厚梁和黏弹性工程梁解的一般关系式。其中系数$C_i(t)$可由不同梁的各种边界条件决定。例如

$$\text{自由端(F)：}\quad M_T=M_E=Q_E=Q_T=0 \tag{8-127a}$$

$$\text{铰支端(S)：}\quad w_T=w_E=M_E=M_T=0 \tag{8-127b}$$

$$固定端(C)：\ w_T = w_E = w'_E = \psi = 0 \tag{8-127c}$$

为具体明了起见，下面对一些单跨梁做进一步的论述。

8.6.3　几种单跨梁解的关系式

1. 简支梁(S-S)

考虑长为 l 两端铰支的单跨梁，其边界条件为式(8-127b)，由式(8-119)～式(8-121)和式(8-126)，有

$$C_1(t) = C_2(t) = C_3(t) = C_4(t) = 0$$

$$\psi(x,t) = \frac{\partial w_E(x,t)}{\partial x},\ M_T(x,t) = M_E(x,t),\ Q_T(x,t) = Q_E(x,t) \tag{8-128}$$

$$w_T(x,t) = w_E(x,t) - B(t) * M_E(x,t)$$

可见，对单跨简支梁，两种梁的转角、弯矩和剪力的理论解相同。而中厚梁的挠度由于考虑了横向剪切变形，因而比工程梁有所增加，其增值为 $B(t) * M_E(x,t)$。

2. 悬臂梁(C-F)

设 $x=0$ 为固定端，$x=l$ 为自由端，由式(8-127a)、式(8-127c)、式(8-119)～式(8-121)和式(8-126)，得

$$C_1(t) = C_2(t) = C_3(t) = 0,\ \ C_4(t) = B(t) * M_E(0,t)$$

$$\psi(x,t) = \frac{\partial w_E(x,t)}{\partial x},\ \ M_T(x,t) = M_E(x,t),\ \ Q_T(x,t) = Q_E(x,t) \tag{8-129}$$

$$w_T(x,t) = w_E(x,t) - B(t) * [M_E(x,t) - M_E(0,t)]$$

两种梁的转角、弯矩和剪力的理论解相同，与简支梁一样；且从中厚悬臂梁和工程悬臂梁的挠度关系式可见，当 $M_E(0,t)=0$ 时，这两种梁的挠度与简支梁的相同。

3. 固支-铰支梁(C-S)

按两端边界条件(8-127b)、(8-127c)，由式(8-119)～式(8-121)和式(8-126)，得

$$C_1(t) = \mathscr{L}^{-1}[\bar{C}_1(s)] = -\frac{3Q^*(t)}{l^3},\ \ C_2(t) = -lC_1(t) = \frac{3Q^*(t)}{l^2}$$

$$C_3(t) = 0,\ \ C_4(t) = B(t) * M_E(0,t)$$

$$\psi(x,t) = \frac{\partial w_E}{\partial x}(x,t) + \frac{3x}{l^2}\left(1 - \frac{x}{2l}\right)Q^*(t)$$

$$M_T(x,t) = M_E(x,t) + IE(t) * \mathrm{d}\left[\frac{3}{l^2}\left(1 - \frac{x}{l}\right)Q^*(t)\right] \tag{8-130}$$

$$Q_T(x,t)=Q_E(x,t)-IE(t)*\mathrm{d}\left(\frac{3Q^*(t)}{l^3}\right)$$

$$w_T(x,t)=w_E(x,t)-B(t)*[M_E(x,t)-M_E(0,t)]$$

$$+\frac{3x^2}{2l^2}\left(1-\frac{x}{3l}\right)Q^*(t)+\frac{3x}{l^3}IE(t)*B(t)*\mathrm{d}Q^*(t)$$

其中，$Q^*(t)=\mathscr{L}^{-1}[\bar{Q}^*(s)]$，而

$$Q^*(s)=\frac{\bar{B}\bar{M}_E(0,s)}{1+\dfrac{3}{l^2}sI\bar{E}\bar{B}} \tag{8-131}$$

4. 两端固支梁(C-C)

按两端边界条件(8-127c)，由式(8-119)～式(8-121)和式(8-126)，得

$$C_1(t)=\mathscr{L}^{-1}[\bar{C}_1(s)]=\frac{12}{l^3}R(t)$$

$$C_2(t)=-\frac{l}{2}C_1(t)=-\frac{6}{l^2}R(t)$$

$$C_3(t)=0,\quad C_4(t)=B(t)*M_E(0,t)$$

$$\psi(x,t)=\frac{\partial w_E}{\partial x}(x,t)-\frac{6x}{l^2}\left(1-\frac{x}{l}\right)R(t)$$

$$M_T(x,t)=M_E(x,t)-\frac{6x}{l^2}\left(1-\frac{x}{l}\right)IE(t)*\mathrm{d}R(t) \tag{8-132}$$

$$Q_T(x,t)=Q_E(x,t)+IE(t)*\mathrm{d}\left(\frac{12R(t)}{l^3}\right)$$

$$w_T(x,t)=w_E(x,t)-B(t)*[M_E(x,t)-M_E(0,t)]$$

$$-\frac{3x^2}{l^2}\left(1-\frac{2x}{3l}\right)R(t)-\frac{12x}{l^3}IE(t)*B(t)*\mathrm{d}R(t)$$

其中，$R(t)=\mathscr{L}^{-1}[\bar{R}(s)]$，而

$$\bar{R}(s)=\frac{\bar{B}[\bar{M}_E(0,s)-\bar{M}_E(l,s)]}{1+\dfrac{12}{l^2}sI\bar{E}\bar{B}} \tag{8-133}$$

上述两种黏弹性梁理论解之间的关系式表明，黏弹性中厚梁的精确解答可以用黏弹性工程梁的理论解来表述，而不必直接分析复杂的剪切变形，这在理论分析和工程应用

中有重要的意义。

8.7　黏弹性地基上黏弹性薄板的准静态弯曲

8.7.1　像空间的基本方程及其解

对于黏弹性地基上的黏弹性板，采用积分型本构关系(参见式(3-100))：

$$\sigma'_{ij}=2G*\mathrm{d}\varepsilon'_{ij},\quad \sigma_{ii}=3K*\mathrm{d}\varepsilon_{ii}$$

其中，σ_{ii} 和 ε_{ii} 分别表示体积应力和体积应变；σ'_{ij} 和 ε'_{ij} 分别表示应力偏量和应变偏量的分量；G 和 K 分别为材料的剪切模量函数和体积模量函数。

为简便起见，仍采用基尔霍夫关于弹性薄板的几何假设，且认为板与地基保持接触而无摩擦，地基使用文克尔模型，接触应力 p 与板的挠度 $w=(x,y,t)$ 的关系为 $p=k(t)*\mathrm{d}w$，其中 $k(t)$ 为地基的材料函数。

现在考虑黏弹地基上两对边简支、另两边自由的黏弹性矩形薄板(图 8-7)，受突加均布载荷作用，即 $q(t)=q_0H(t)$，这里 $H(t)$ 为单位阶跃函数，q_0 为常量。考虑其为无体力的准静态弯曲问题，基于弹性薄板理论，应用弹性-黏弹性相应原理，可以导出黏弹性基支黏弹性薄板在拉普拉斯像空间中的挠度微分方程：

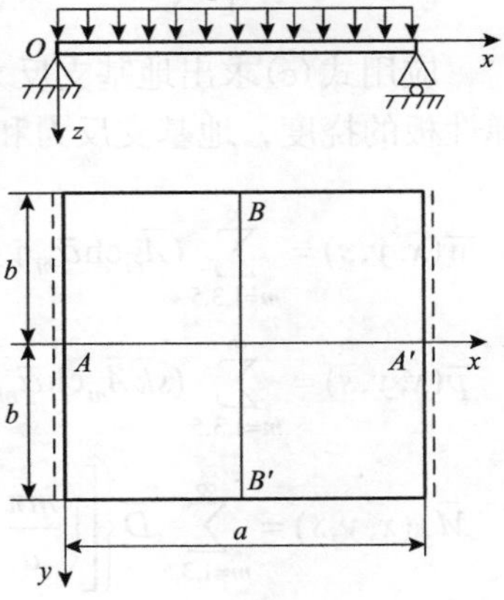

$$\bar{D}\nabla^2\nabla^2\bar{w}+s\bar{k}(s)\bar{w}=\bar{q} \tag{8-134}$$

其中，$\nabla^2=\dfrac{\partial^2}{\partial x^2}+\dfrac{\partial^2}{\partial y^2}$，$\bar{D}=\dfrac{s\bar{E}h^3}{12(1-s^2\bar{\mu}^2)}$，$\bar{E}=\dfrac{9\bar{G}\bar{K}}{3\bar{K}+\bar{G}}$，$s\bar{\mu}=\dfrac{3\bar{K}-\bar{G}}{2(3\bar{K}+\bar{G})}$，$h$ 为板的厚度。

图 8-7

在拉普拉斯像空间中，有 $\bar{q}(s)=q_0/s$，材料函数为 $s\bar{\mu}(s)$、$s\bar{E}(s)$、$s\bar{K}(s)$，相应于式(8-134)的边界条件为

$$\begin{aligned}&x=0,a:\ \bar{w}=0,\ \frac{\partial^2\bar{w}}{\partial x^2}=0\\&y=\pm b:\ \frac{\partial^2\bar{w}}{\partial y^2}+\bar{\mu}\frac{\partial^2\bar{w}}{\partial x^2}=0,\ \frac{\partial^3\bar{w}}{\partial y^3}+(2-\bar{\mu})\frac{\partial^3\bar{w}}{\partial x\partial y^2}=0\end{aligned} \tag{8-135}$$

弹性地基上弹性薄板弯曲问题的基本方程为

$$D\nabla^2\nabla^2w+kw=q \tag{a}$$

其中，q 为沿 z 轴方向的均布横向荷载；k 为地基模量，w 为板的挠度函数，设 p 为地

基支反力，则 $p=-kw$；D 为板的抗弯刚度。

应用莱维解法，取板的挠度函数为如下的单重三角级数：

$$w(x,y)=\sum_{m=1}^{\infty} f_m(y)\sin\frac{m\pi x}{a} \tag{b}$$

显然，该级数满足 $x=0,a$ 处的全部边界条件：$(w)_{x=0,a}=0$，$\left(\dfrac{\partial^2 w}{\partial x^2}\right)_{x=0,a}=0$。将式(b)代入方程(a)，注意到板的支承和受力的对称性，易于求得方程(a)的通解为

$$w(x,y)=\sum_{m=1,3,5}^{\infty}[A_m \text{ch}\alpha_m y\cos\beta_m y+B_m \text{sh}\alpha_m y\sin\beta_m y+f_m(y)]\sin\frac{m\pi x}{a} \tag{c}$$

其中，A_m、B_m 为待求常系数；α_m、β_m 为与板的尺寸、弯曲刚度、地基模量相关的常数，且

$$\alpha_m=\left[\frac{1}{2}\left(\sqrt{\frac{m^4\pi^4}{a^4}+\frac{k}{D}}+\frac{m^2\pi^2}{a^2}\right)\right]^{\frac{1}{2}},\quad \beta_m=\left[\frac{1}{2}\left(\sqrt{\frac{m^4\pi^4}{a^4}+\frac{k}{D}}-\frac{m^2\pi^2}{a^2}\right)\right]^{\frac{1}{2}}$$

应用式(c)求出地基支反力、板的内力，且进行拉普拉斯变换，则在像空间中相应黏弹性板的挠度，地基支反力和内力分别为

$$\bar{w}(x,y,s)=\sum_{m=1,3,5}^{\infty}(\bar{A}_m \text{ch}\bar{\alpha}_m y\cos\bar{\beta}_m y+\bar{B}_m \text{sh}\bar{\alpha}_m y\sin\bar{\beta}_m y+\bar{f}_m)\sin\frac{m\pi x}{a}$$

$$\bar{p}(x,y,s)=\sum_{m=1,3,5}^{\infty}(s\bar{k}\bar{A}_m \text{ch}\bar{\alpha}_m y\cos\bar{\beta}_m y+s\bar{k}\,\bar{B}_m \text{sh}\bar{\alpha}_m y\sin\bar{\beta}_m y+\bar{f}_m s\bar{k})\sin\frac{m\pi x}{a}$$

$$\begin{aligned}\bar{M}_x(x,y,s)=\sum_{m=1,3,5}^{\infty}\bar{D}\Bigg\{&\left[\left(\frac{m\pi}{a}\right)^2(1-s\bar{\mu})\bar{A}_m-s\bar{\mu}\sqrt{\frac{s\bar{k}}{\bar{D}}}\bar{B}_m\right]\text{ch}\bar{\alpha}_m y\cos\bar{\beta}_m y\\&+\left[\left(\frac{m\pi}{a}\right)^2(1-s\bar{\mu})\bar{B}_m+s\bar{\mu}\sqrt{\frac{s\bar{k}}{\bar{D}}}\bar{A}_m\right]\text{sh}\bar{\alpha}_m y\sin\bar{\beta}_m y+\left(\frac{m\pi}{\alpha}\right)^2\bar{f}_m\Bigg\}\sin\frac{m\pi x}{a}\end{aligned} \tag{d}$$

$$\begin{aligned}\bar{M}_y(x,y,s)=\sum_{m=1,3,5}^{\infty}\bar{D}\Bigg\{&\left[\left(\frac{m\pi}{a}\right)^2(s\bar{\mu}-1)\bar{A}_m-\sqrt{\frac{s\bar{k}}{\bar{D}}}\bar{B}_m\right]\text{ch}\bar{\alpha}_m y\cos\bar{\beta}_m y\\&+\left[\left(\frac{m\pi}{a}\right)^2(s\bar{\mu}-1)\bar{B}_m+s\bar{\mu}\sqrt{\frac{s\bar{k}}{\bar{D}}}\bar{A}_m\right]\text{sh}\bar{\alpha}_m y\sin\bar{\beta}_m y+\left(\frac{m\pi}{\alpha}\right)^2\bar{f}_m\Bigg\}\sin\frac{m\pi x}{a}\end{aligned}$$

$$\begin{aligned}\bar{M}_{xy}(x,y,s)=\sum_{m=1,3,5}^{\infty}\bar{D}\frac{m\pi}{a}(1-s\bar{\mu})[&(\bar{\beta}_m\bar{A}_m-\bar{\alpha}_m\bar{B}_m)\text{ch}\bar{\alpha}_m y\sin\bar{\beta}_m y\\&-(\bar{\alpha}_m\bar{A}_m+\bar{\beta}_m\bar{B}_m)\text{sh}\bar{\alpha}_m y\cos\bar{\beta}_m y]\cos\frac{m\pi x}{a}\end{aligned}$$

其中

$$\bar{\alpha}_m = \left[\frac{1}{2}\left(\sqrt{\frac{m^4\pi^4}{a^4}+\frac{s\bar{k}}{\bar{D}}}+\frac{m^2\pi^2}{a^2}\right)\right]^{\frac{1}{2}},\quad \bar{\beta}_m = \left[\frac{1}{2}\left(\sqrt{\frac{m^4\pi^4}{a^4}+\frac{s\bar{k}}{\bar{D}}}-\frac{m^2\pi^2}{a^2}\right)\right]^{\frac{1}{2}}$$

$$\bar{A}_m = \frac{\bar{N}\bar{Q}^*}{\bar{U}\bar{N}-\bar{M}\bar{V}},\quad \bar{B}_m = \frac{\bar{M}\bar{Q}^*}{\bar{M}\bar{V}-\bar{U}\bar{N}},\quad \bar{f}_m = \frac{4q_0}{\pi m\left(\dfrac{m^4\pi^4}{a^4}\bar{D}+s\bar{k}\right)s}$$

$$\bar{U} = \left(\frac{m\pi}{a}\right)^2(1-s\bar{\mu})\mathrm{ch}\bar{\alpha}_m b\cos\bar{\beta}_m b-\sqrt{\frac{s\bar{k}}{\bar{D}}}\mathrm{sh}\bar{\alpha}_m b\sin\bar{\beta}_m b$$

$$\bar{V} = \left(\frac{m\pi}{a}\right)^2(1-s\bar{\mu})\mathrm{sh}\bar{\alpha}_m b\sin\bar{\beta}_m b+\sqrt{\frac{s\bar{k}}{\bar{D}}}\mathrm{ch}\bar{\alpha}_m b\cos\bar{\beta}_m b$$

$$\begin{aligned}\bar{M} =& \left[\bar{\alpha}_m^3-3\bar{\alpha}_m\bar{\beta}_m^2-(2-s\bar{\mu})\left(\frac{m\pi}{a}\right)^2\bar{\alpha}_m\right]\mathrm{sh}\bar{\alpha}_m b\cos\bar{\beta}_m b\\ &+\left[\bar{\beta}_m^3-3\bar{\alpha}_m^2\bar{\beta}_m+(2-s\bar{\mu})\left(\frac{m\pi}{a}\right)^2\bar{\beta}_m\right]\mathrm{ch}\bar{\alpha}_m b\cos\bar{\beta}_m b\end{aligned} \tag{e}$$

$$\begin{aligned}\bar{N} =& \left[\bar{\alpha}_m^3-3\bar{\alpha}_m\bar{\beta}_m^3-(2-s\bar{\mu})\left(\frac{m\pi}{a}\right)^2\bar{\alpha}_m\right]\mathrm{ch}\bar{\alpha}_m b\sin\bar{\beta}_m b\\ &-\left[\bar{\beta}_m^3-3\bar{\alpha}_m^3\bar{\beta}_m-(2-s\bar{\mu})\left(\frac{m\pi}{a}\right)^2\bar{\beta}_m\right]\mathrm{sh}\bar{\alpha}_m b\cos\bar{\beta}_m b\end{aligned}$$

$$\bar{Q}^* = \frac{4\pi m q_0\bar{\mu}}{a^2 s\left(\dfrac{m^4\pi^4}{a^4}\bar{D}+s\bar{k}\right)}$$

设板和地基的体积变形均为弹性，而剪切变形呈三参量固体黏弹性材料(图 8-8)，记

$$T = \frac{\eta}{k_1+k_2},\quad H = \frac{k_1k_2}{k_1+k_2}$$

则

$$2s\bar{G} = H+\frac{T(k_2-H)s}{sT+1},\quad 3s\bar{K} = 3K$$

因而

$$s\bar{E} = \frac{9K(sk_2T+H)}{sT(6K+k_2)+6K+H} \tag{f}$$

$$s\bar{\mu} = \frac{sT(3K-k_2)+3K-H}{sT(6K+k_2)+6K+H} \tag{g}$$

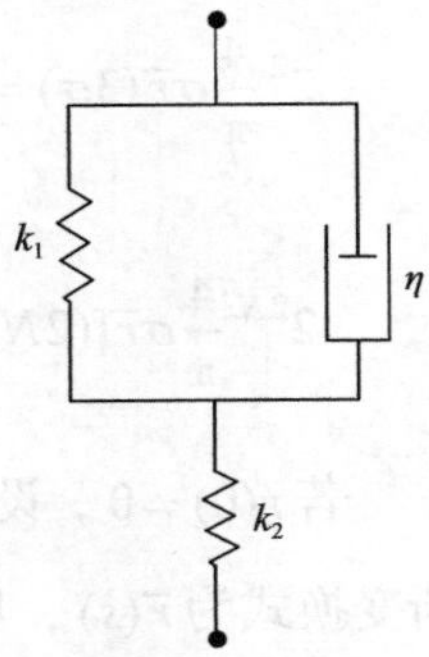

图 8-8

其中，$\bar{k}(s)=\bar{E}_f(s)$，脚标 f 表示地基，E_f 的单位取 MPa/m。

给定板的尺寸和有关材料参数，即可求得 $\bar{D}$、$s\bar{k}$、$s\bar{\mu}$ 及有关量，代入式(d)，便可

得到在拉普拉斯像空间中的解，然后求逆即得原问题的解答。然而，由于式(d)相当复杂，难以通过逆变换直接得到解析表达，因而一般采用数值逆变换的方法求解。

8.7.2　数值逆变换

设函数 $r(t)$ 的拉普拉斯变换为

$$\overline{r}(s)=\int_b^{\infty} r(t)\mathrm{e}^{-st}\mathrm{d}t \tag{a}$$

为从 $\overline{r}(s)$ 求得原函数 $r(t)$，可将 $r(t)$ 展为一组正交函数的级数，即

$$r(s)=\sum_{l=0}^{\infty} c_l\varphi_l(t) \tag{b}$$

其中，$\varphi_l(t)$ 为某正交函数系，如三角函数、拉盖尔(Laguerre)多项式、雅可比(Jacobi)多项式等。

将式(b)代入式(a)，并应用函数 φ_k 的正交性和已知一组像函数 $\overline{r}(s)$ 的值，可以确定式(b)中的一组系数 c_l，从而求得 $r(t)$。

例如，取 φ_k 为正弦函数，且在像空间实轴上取一组等距离的点：

$$s=2(2l+l)\sigma,\quad \sigma>0,\quad l=0,1,2,\cdots$$

引进变量 θ，定义为 $\cos\theta=\mathrm{e}^{-\sigma t}$。这样，将 t 轴上 $(0,+\infty)$ 区间变换为 θ 的 $(0,\pi/2)$ 区间，若 $r(0)=0$，则有

$$r(t)=\sum_{t=0}^{N} c_l\sin[(2l+1)\arccos\mathrm{e}^{-\sigma t}] \tag{c}$$

其中，c_l 由下列方程组决定：

$$\begin{aligned}
&\frac{4}{\pi}\sigma\overline{r}(\sigma)=c_0\\
&2^2\frac{4}{\pi}\sigma\overline{r}(3\sigma)=c_0+c_1\\
&\qquad\vdots\\
&2^{2N}\frac{4}{\pi}\sigma\overline{r}[(2N+1)\sigma]=\left[\binom{2N}{N}-\binom{2N}{N-1}\right]c_0+\cdots+\left[\binom{2N}{n}-\binom{2N}{n-1}\right]c_{N-n}+\cdots+c_N
\end{aligned} \tag{d}$$

若 $r(0)\neq 0$，设 $r_l(t)=r(t)-r(0)$，而由初值定理有 $r(0)=\lim\limits_{s\to\infty}s\overline{r}(s)$，记 $r_l(t)$ 的拉普拉斯变换式为 $\overline{r}(s)$，则

$$\overline{r}_1(s)=\overline{r}(s)s-\frac{r(0)}{s}$$

用前述逆变换方法，由 $\overline{r}_1(s)$ 求得 $\overline{r}_1(t)$ 的近似值后，则可得 $r(t)=r_1(t)+r(0)$ 的近似值。

于是，设定板的尺寸、板和地基的黏弹性材料常数后，将各有关量代入像空间的解，用上述方法进行数位逆变换，即可求得黏弹性地基支承黏弹性矩形薄板的挠度、地基支反力和内力。

习　题

8-1 试说明为什么线性黏弹性材料的麦克斯韦模型能体现应力松弛现象，但不能表现蠕变过程，而开尔文模型可以体现蠕变过程，却不能表现应力松弛。

8-2 试说明弹性-黏弹性相应原理的理论基础，且阐述应用该原理求解线性黏弹性力学边值问题时的基本步骤。

8-3 图 8-9 所示为跨中承受集中荷载 $P(t)=P_0H(t)$ 作用的黏弹性简支梁，试应用相应原理确定其挠曲线方程。设梁长为 $2l$，相应弹性梁的抗弯刚度为 EI，材料为三参量固体。

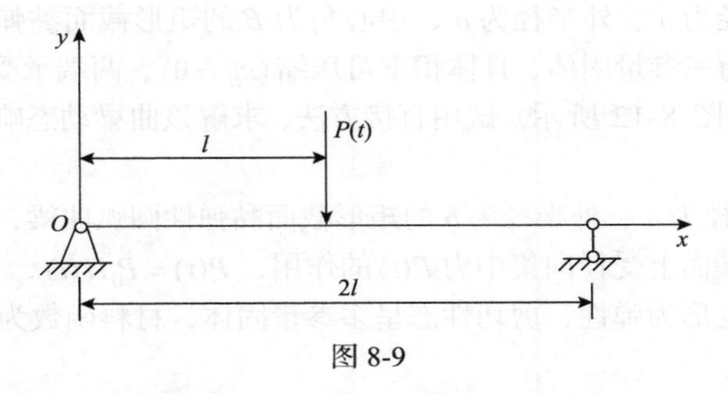

图 8-9

8-4 试应用相应原理，确定图 8-10 所示受均布荷载 $q(t)=q_0H(t)$ 作用下的黏弹性悬臂梁的挠曲线方程。设梁长为 l，相应弹性梁的抗弯刚度为 EI，材料为三参量固体。

8-5 试应用相应原理确定图 8-9 所示黏弹性简支梁的应力场。

8-6 试应用相应原理确定图 8-10 所示黏弹性悬臂梁的应力场。

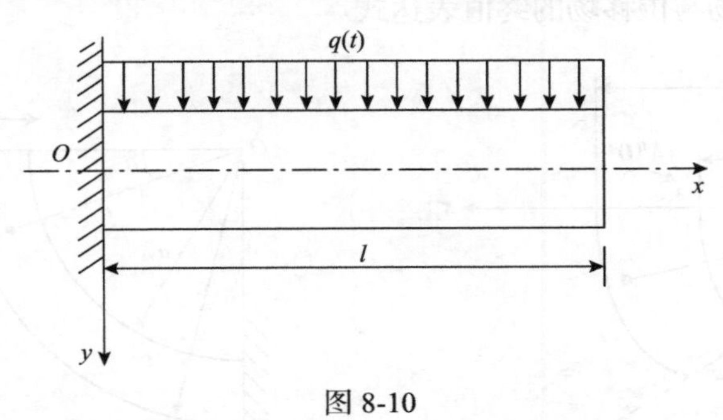

图 8-10

8-7 设有一长为 $2l$ 的等截面黏弹性简支梁(图 8-11)，受均布阶跃荷载 $q(t)=q_0H(t)$ 的作用，梁中点为弹性支承，弹簧的刚度为 K，梁材料为三参量固体。试应用相应原理确定梁的挠曲线方程。

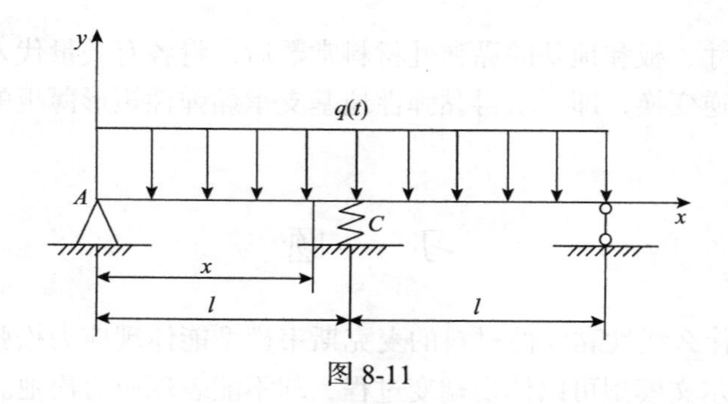

图 8-11

8-8 设黏弹性轴对称厚壁圆筒的内、外半径为 a 、b ，承受均匀分布的内压 $q(t)$ 和外压 $p(t)$ 的作用，且 $q(t)=q_0H(t)$ ， $p(t)=p_0H(t)$ ，材料呈弹性体积变形和麦克斯韦黏弹性畸变。试在下列两种情况下，确定圆筒的径向位移：

(1)平面应力状态；

(2)平面应变状态。

8-9 设有内半径为 a 、外半径为 b 、中心角为 β 的矩形截面黏弹性圆弧曲梁，厚度取一个单位，材料为三参量固体，且体积不可压缩 $(\varepsilon_{ii}=0)$ ，两端承受弯矩 $M(t)$ 的作用，$M(t)=M_0H(t)$ ，如图 8-12 所示。试用直接方法，求解该曲梁动态响应时应力场的一般表达式。

8-10 设有内半径为 a 、外半径为 b 的矩形截面黏弹性圆弧曲梁，厚度取一个单位，其一端固定，另一端面上受径向集中力 $P(t)$ 的作用， $P(t)=P_0H(t)$ ，如图 8-13 所示。如果设该曲梁的体积变形为弹性，剪切性态呈多参量固体，材料函数为

$$2G(t)=g_0+\sum_{i=1}^{n}g_i\mathrm{e}^{-t/\tau_i},\quad 3K(t)=3k$$

其中， g_0 、 g_i 和 k 均为常数； τ_i 为松弛时间。试求：

(1)该曲梁应力场和位移场的一般表达式；

(2)该曲梁应力场与位移场的终值表达式。

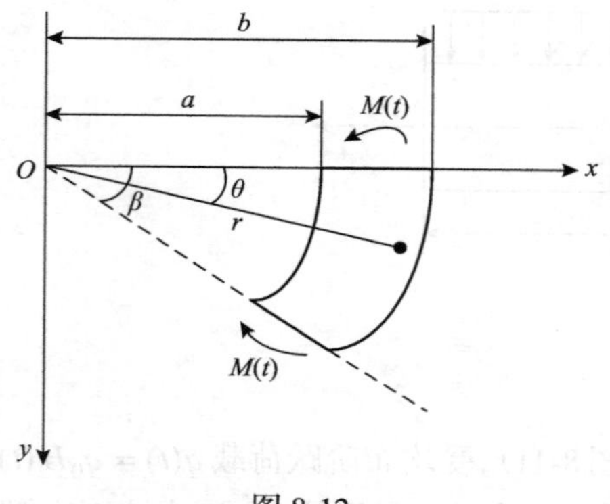

图 8-12

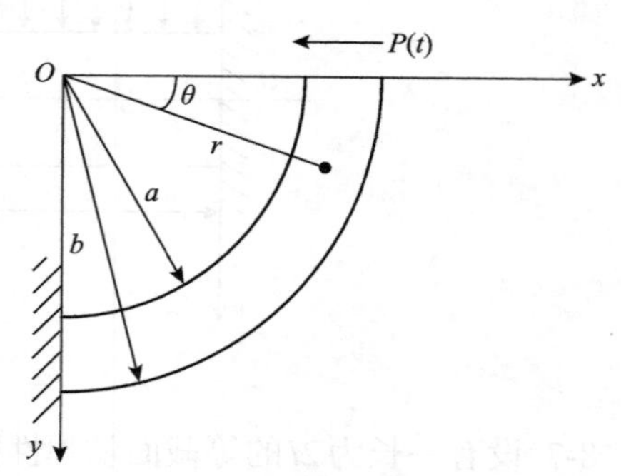

图 8-13

第9章　弹塑性力学边值问题

9.1　三杆桁架的弹塑性分析

9.1.1　弹塑性荷载-位移响应曲线

本节以简单的例子，说明结构弹塑性分析的基本方法。设三杆桁架如图9-1(a)所示，三杆的材料和截面面积都相同，设截面面积为A，材料为弹性线性强化模型，在节点D受到垂直力P的作用。以u、v表示节点的水平(向右为正)和垂直(向下为正)位移，$\delta_i(i=1,2)$表示各杆的总伸长(杆2与杆3的伸长相同)。由对称性，水平位移$u=0$。

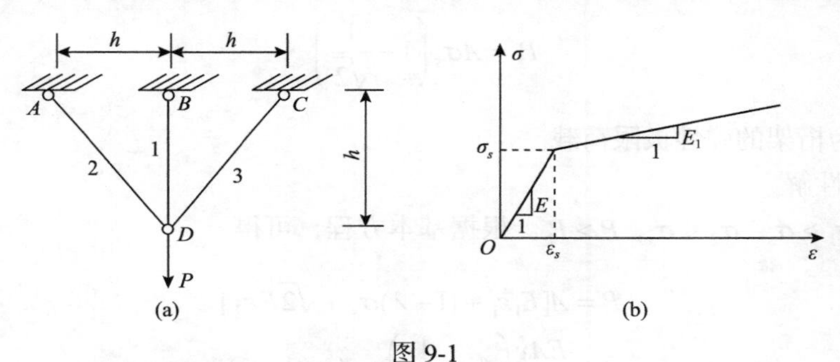

图9-1

设荷载P是单调增加的，因此，桁架各杆的轴力N_1、N_2、N_3也属单调增加，且当$N_1=N_2$时，不会出现卸载过程。在这种情况下，可以应用全量型的本构方程，其基本方程如下。

(1)平衡方程(σ_1、σ_2和σ_3表示各杆中的应力，且$\sigma_2=\sigma_3$)

$$P=N_1+\sqrt{2}N_2=A(\sigma_1+\sqrt{2}\sigma_2) \tag{9-1}$$

(2)几何方程

$$\begin{aligned}&\delta_1=v,\quad \varepsilon_1=v/h\\&\delta_2=v/\sqrt{2},\quad \varepsilon_2=\varepsilon_3=\frac{v}{2h}=\frac{1}{2}\varepsilon_1\end{aligned} \tag{9-2}$$

(3)本构方程

已知材料满足弹性线性强化模型，如图9-1(b)所示，则本构方程为

$$\sigma_i=E\varepsilon_i,\quad \sigma_i\leqslant\sigma_s \tag{9-3}$$

$$\begin{aligned}&\sigma_i=E_1\varepsilon_i+(E-E_1)\varepsilon_s=E_1\varepsilon_i+(1-\lambda)\sigma_s,\quad \sigma_i>\sigma_s\\&\lambda=E_1/E\end{aligned} \tag{9-4}$$

以上各式中，E_1为强化模量；E为弹性模量。

下面，我们用垂直位移分量v作为基本未知量，通过几何方程和本构方程，建立用位移表示的平衡方程。但是，与弹性力学不同，此处的本构方程不是唯一的，它们将随着杆件受力情况不同而有不同的表达式。各杆总是先从初始弹性状态进入塑性变形状态，而且是在不同时间进入塑性状态的，所以对于弹塑性平衡问题，要分阶段进行如下计算。

(1)弹性解

此时，$\sigma_i \leqslant \sigma_s$。根据基本方程，可得

$$P = EA(\varepsilon_1 + \sqrt{2}\varepsilon_2) = EA\varepsilon_1\left(1 + \frac{1}{\sqrt{2}}\right) = \frac{EAv}{h}\left(1 + \frac{1}{\sqrt{2}}\right) \tag{9-5}$$

因为$\varepsilon_1 > \varepsilon_2$，所以$\sigma_1 > \sigma_2$，杆 1 首先进入塑性状态。当$\sigma_1 = \sigma_s$时，$\varepsilon_1 = v/h = \varepsilon_s$，于是得到桁架开始进入塑性状态的荷载为

$$P_1 = A\sigma_s\left(1 + \frac{1}{\sqrt{2}}\right) \tag{9-6}$$

其中，P_1称为桁架的弹性极限荷载。

(2)弹塑性解

此时，$\sigma_1 > \sigma_s$，$\sigma_2 \leqslant \sigma_s$，$P > P_1$。根据基本方程，可得

$$\begin{aligned} P &= A[E_1\varepsilon_1 + (1-\lambda)\sigma_s + \sqrt{2}E\varepsilon_2] \\ &= \frac{EAv}{h}\left(\lambda + \frac{1}{\sqrt{2}}\right) + A\sigma_s(1-\lambda) \end{aligned} \tag{9-7}$$

当$\sigma_2 = \sigma_s$，即$\varepsilon_2 = \dfrac{v}{2h} = \varepsilon_s$时，桁架全部进入塑性状态，对应的荷载为

$$P_2 = A\sigma_s(\lambda + \sqrt{2} + 1) \tag{9-8}$$

(3)塑性解

此时，$\sigma_i > \sigma_s (i = 1,2)$，$P > P_2$。根据基本方程，可得

$$\begin{aligned} P &= A[E_1\varepsilon_1 + (1-\lambda)\sigma_s + \sqrt{2}E_1\varepsilon_2 + \sqrt{2}(1-\lambda)\sigma_s] \\ &= (1+\sqrt{2})\left[\frac{EA\lambda}{\sqrt{2}}\frac{v}{h} + A\sigma_s(1-\lambda)\right] \end{aligned} \tag{9-9}$$

根据上列结果可以绘制 P-v 响应曲线如图 9-2 所示。P 由零逐渐增加(单调加载)的过程中，桁架的变形可分为如下三个阶段。

弹性阶段：$P \leqslant P_1$

弹塑性阶段：$P_1 < P \leqslant P_2$

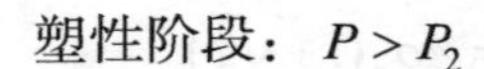

塑性阶段：$P > P_2$

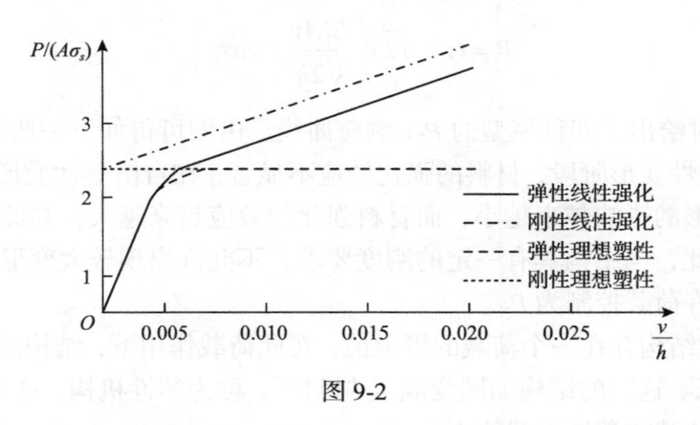

图 9-2

在弹塑性阶段，杆 1 虽然发生了塑性变形，刚度削弱，但由于其余两杆仍在弹性阶段，杆 1 的塑性变形受到约束，整个桁架的变形仍限制在弹性变形量级，这个阶段又称为约束塑性变形阶段。在塑性阶段，三杆都进入塑性阶段，塑性变形不会受到约束，桁架的刚度明显降低，其变形可大于弹性变形的量级。所以这个阶段称为塑性变形阶段或自由塑性变形阶段。一般说来，所有的弹塑性结构在外力作用下，都会有这样三个变形阶段。

对于图 1-5 所示力学模型，可按类似步骤进行分析讨论，在基本方程中只有本构方程不同。但是，也可在上述解中代入对应的 E 和 E_1 值得到。如果材料是弹性理想塑性的(参见图 1-5(a))，则在以上结果中令 $E_1 = 0$，$\lambda = 0$，且在式(9-5)～式(9-7)中将上列值代入，即可得到相应变形阶段的解。若在式(9-8)和式(9-9)中，令 $E_1 = 0$，$\lambda = 0$，将分别得到

$$P_2 = (1+\sqrt{2})A\sigma_s$$
$$P = (1+\sqrt{2})A\sigma_s$$

这表明此时桁架不能承受比 P_2 更大的荷载，而且当 $P = P_2$ 时，v 可以为任意值。P_2 称为(参见图 9-1)弹性理想塑性桁架的极限荷载，用 P_s 表示。

对于刚性线性强化材料(如图 1-5(d)所示)，此时，$E = \infty$，$E\lambda = E_1'$。由式(9-5)可见，当 $P \leqslant P_1$ 时，$v = 0$，否则 Ev 将趋于无穷大，因而 $P \to \infty$。所以在 $P \leqslant P_1$ 时，桁架为刚性的，杆内的内力不确定。当 $P_2 \geqslant P > P_1$ 时，在式(9-7)中 $E\lambda = E_1'$，$\lambda = 0$，于是式(9-7)变为

$$P = \frac{E_1' A v}{h} + \frac{EAv}{\sqrt{2}h} + A\sigma_s \tag{9-10}$$

只有当 $v = 0$ 时，P 才是有限值，因此，当 $P \leqslant P_2$ 时桁架仍然是刚性的。当 $P > P_2$ 时，式(9-8)和式(9-9)变为

$$
\begin{aligned}
P &= A\sigma_s(1+\sqrt{2}) \\
P &= (1+\sqrt{2})\left(\frac{E_1'Av}{\sqrt{2}h}+A\sigma_s\right)
\end{aligned}
\tag{9-11}
$$

在图 9-2 中，同时给出了四种模型的 P-v 响应曲线。由图可得如下一些结论。

(1) 在约束塑性变形阶段，材料的强化效应不显著；在自由塑性变形阶段，随着变形的发展，弹性变形的影响越来越小，而材料强化的效应越来越大，在此阶段，结构的刚度明显减弱。因此，当结构具有一定的刚度要求，不允许出现较大变形时，可以忽略材料的强化，将容许荷载控制为 P_2 。

(2) 理想塑性结构存在一个荷载的极限值，在此荷载作用下，结构的变形不确定，可以“无限”地增长，这时的结构如同变成了“机构”，称为塑性机构；这个荷载的极限值，称为结构的极限荷载或塑性承载能力。

(3) 弹性理想塑性结构和刚性理想塑性结构的极限荷载相同(小变形条件下)。

9.1.2 残余应力和残余应变

残余应力，就是对一个处于自然状态的结构施加荷载，又完全卸去荷载后，在结构内存在的自我平衡的应力。而残余应变是荷载完全卸去后结构仍保留的变形。前面已指出，弹性变形是可逆过程，当加上荷载又卸去之后，结构将回到初始状态，不会存在残余应力和残余变形。由此可见，只有当结构内发生塑性变形(即使是结构的一部分)之后，才可能出现残余应力和残余变形。

对于图 9-1 所示桁架，设材料为弹性线性强化的。则当加载到 $P > P_1$ 时，杆内的应力、应变和节点位移都可以求出，分别为 σ_i 、 $\varepsilon_i (i=1,2)$ 及 v 。现在将荷载卸去 ΔP ，如果在卸去荷载的过程中，结构内处处都发生应力卸载，而且没有一处再反向进入塑性状态，即在卸载过程中应力的变化不超出相继弹性范围，则应力应变关系为

$$
\Delta\sigma_i = E\Delta\varepsilon_i,\quad i=1,2 \tag{9-12}
$$

此处 $\Delta\sigma_i$ 、 $\Delta\varepsilon_i$ 为与 ΔP 对应的变化值。由于式(9-12)为弹性关系，可按线性弹性问题求出对应于 ΔP 的 $\Delta\sigma_i$ 和 $\Delta\varepsilon_i$ 的值。于是，卸去部分荷载 ΔP 后，桁架内的应力和应变为

$$
\left.
\begin{aligned}
\sigma_i^* &= \sigma_i - \Delta\sigma_i \\
\varepsilon_i^* &= \varepsilon_i - \Delta\varepsilon_i
\end{aligned}
\right\},\quad i=1,2 \tag{9-13}
$$

如果将荷载全部卸去，设此时 $\Delta P = P$ 。以 $\tilde{\sigma}_i$ 及 $\tilde{\varepsilon}_i$ 表示与 P 对应的卸载应力值和应变值，称为完全卸载应力和完全卸载应变，它们可按弹性问题求出，即设结构为弹性的，加上荷载 P ，求出其应力和应变值 $\tilde{\sigma}_i$ 和 $\tilde{\varepsilon}_i$ 。于是完全卸去荷载后结构内的残余应力 σ_i^0 和残余应变 ε_i^0 分别为

$$
\left.
\begin{aligned}
\sigma_i^0 &= \sigma_i - \tilde{\sigma}_i \\
\varepsilon_i^0 &= \varepsilon_i - \tilde{\varepsilon}_i
\end{aligned}
\right\},\quad i=1,2 \tag{9-14}
$$

现设 $P > P_2$，则由式(9-9)，得

$$P = (1+\sqrt{2})\left[\frac{EA\lambda}{\sqrt{2}}\frac{v}{h} + A\sigma_s(1-\lambda)\right]$$

由上式得

$$\frac{v}{h} = \varepsilon_1 = \frac{\sqrt{2}}{EA\lambda}\left[\frac{P}{1+\sqrt{2}} - A\sigma_s(1-\lambda)\right] \tag{9-15}$$

且由式(9-4)得

$$\sigma_1 = E_1\varepsilon_1 + (1-\lambda)\sigma_s = \frac{2P/A - \sqrt{2}(1-\lambda)\sigma_s}{2+\sqrt{2}} \tag{9-16}$$

$$\sigma_2 = \frac{1}{\sqrt{2}}\left(\frac{P}{A} - \sigma_1\right) = \frac{P/A + (1-\lambda)\sigma_S}{2+\sqrt{2}} \tag{9-17}$$

完全卸载的应力可由弹性解得到，也可令 σ_i 中的 $E_1 = E$，$\lambda = 1$，则有

$$\begin{aligned}\tilde{\sigma}_1 &= (\sigma_1)_{\lambda=1} = \frac{2P/A}{2+\sqrt{2}}\\ \tilde{\sigma}_2 &= (\sigma_2)_{\lambda=1} = \frac{P/A}{2+\sqrt{2}}\end{aligned} \tag{9-18}$$

于是残余应力为

$$\begin{aligned}\sigma_1^0 &= \sigma_1 - \tilde{\sigma}_1 = \frac{-\sqrt{2}(1-\lambda)\sigma_s}{2+\sqrt{2}}\\ \sigma_2^0 &= \sigma_2 - \tilde{\sigma}_2 = \frac{(1-\lambda)\sigma_s}{2+\sqrt{2}}\end{aligned} \tag{9-19}$$

节点的残余位移可计算如下：

$$\begin{aligned}\frac{v}{h} &= \frac{\sqrt{2}}{EA\lambda}\left[\frac{P}{1+\sqrt{2}} - A\sigma_s(1-\lambda)\right]\\ \frac{\tilde{v}}{h} &= \left(\frac{v}{h}\right)_{\lambda=1} = \frac{\sqrt{2}}{EA}\left(\frac{P}{1+\sqrt{2}}\right)\\ \frac{v^0}{h} &= \frac{v}{h} - \frac{\tilde{v}}{h} = \frac{\sqrt{2}}{EA}\frac{1-\lambda}{\lambda}\left(\frac{P}{1+\sqrt{2}} - A\sigma_s\right)\end{aligned} \tag{9-20}$$

残余应变为

$$\begin{aligned}\varepsilon_1^0 &= \frac{v^0}{h} = \frac{\sqrt{2}}{EA}\frac{1-\lambda}{\lambda}\left(\frac{P}{1+\sqrt{2}} - A\sigma_s\right)\\ \varepsilon_2^0 &= \frac{v^0}{2h} = \frac{1}{\sqrt{2}EA}\frac{1-\lambda}{\lambda}\left(\frac{P}{1+\sqrt{2}} - A\sigma_s\right)\end{aligned} \tag{9-21}$$

以上计算都假定在卸载过程中桁架内不出现新的塑性变形，因此，应该根据强化规律，检验残余应力是否在相继弹性范围之内。只有当残余应力位于相继弹性范围之内，结构内处处不出现反向塑性变形时，上述结果才是正确的。

结构内所以会出现残余应力和残余应变，可以解释如下：设在 P 作用下，桁架内各杆的塑性应变为 ε_i^p（部分杆内的塑性应变可为零，但不能所有杆中都不出现塑性应变），它们是不可逆的；现在全部卸去荷载，同时设想移去结构的几何约束，使各杆的应力可自由地全部卸去，但塑性应变 ε_i^p 不能消去；如果这些塑性应变不能满足原结构的所有几何约束条件，则结构不能恢复原来的几何约束，如同各杆制造不准确那样，要使杆件装配成原来的结构，杆内必定产生应力，这就是残余应力产生的根源。

由以上分析可见，结构内存在残余应力的必要条件是结构已发生塑性变形，并且已发生的塑性变形不能满足几何连续条件。

9.2 矩形截面梁的弹塑性弯曲

本节将采用材料力学的初等理论，讨论矩形截面梁的弹塑性弯曲问题。

9.2.1 弹性线性强化材料梁的纯弯曲

考虑截面高为 $2h$，宽为 b，材料为弹性线性强化的梁(图 9-3)，两端承受弯矩 M 的作用。无论梁是处于弹性状态还是塑性状态，截面平面假设仍有效；且截面上只有正应力作用，其他应力分量均为零。在纯弯曲的情形下，可以证明这两个假定在圣维南原理下是精确成立的，即满足平衡方程、应变协调方程、应力-应变关系和圣维南边界条件。设梁的挠曲线曲率为 κ，以梁轴线的凸向为 y 轴的正向，则截面上的应变为

$$\varepsilon = \kappa y \tag{9-22}$$

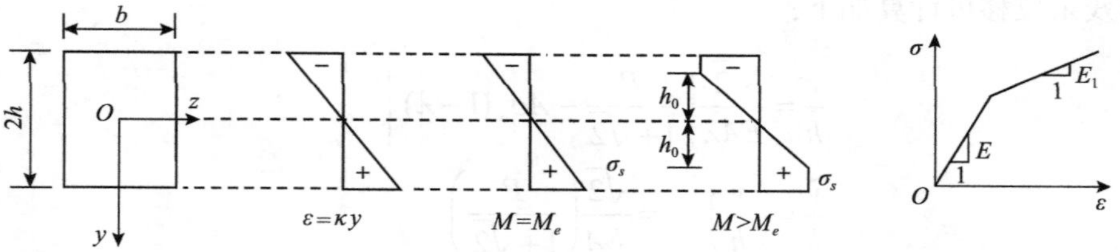

图 9-3

本构方程为

$$\begin{aligned}
&\sigma = E\varepsilon,\ \ |\varepsilon| \leqslant \varepsilon_s \\
&\sigma = E_1\varepsilon + (1-\lambda)\sigma_s \mathrm{sign}\varepsilon,\ \ |\varepsilon| > \varepsilon_s \\
&\lambda = E_1/E,\ \ \mathrm{sign}\varepsilon = \begin{cases} 1, & \varepsilon > 0 \\ -1, & \varepsilon < 0 \end{cases}
\end{aligned} \tag{9-23}$$

设梁轴线的凸向与 y 轴正向一致时为正，则各截面上的弯矩 M 与 κ 的符号相同。当

$|\sigma_{\max}|=\sigma_s$ 时，材料开始发生塑性变形。在截面上最大的应变值(设 $\kappa>0$)为

$$\varepsilon_{\max}=\kappa h \tag{9-24}$$

当 $\varepsilon_{\max}\leqslant\varepsilon$ 时，梁处于初始弹性状态，弯矩 M 与曲率的关系为

$$M=EI\kappa \tag{9-25}$$

其中，$I=\dfrac{2}{3}bh^3$。

设 $\varepsilon_{\max}=\varepsilon_s$ 时，$\kappa=\kappa_e$，$M=M_e$，则有

$$\kappa_e=\varepsilon_s/h \tag{9-26}$$

$$M_e=EI\kappa_e=I\sigma_s/h \tag{9-27}$$

其中，M_e 称为弹性极限弯矩。

当 $M>M_e$ 时，在截面的外层(上、下层)部分进入塑性状态，而中间部分则是弹性状态，称为弹性核心。应力分布如图 9-3 所示。设弹性区的高度为 $2h_0$，则有

$$\kappa=\varepsilon_s/h_0 \tag{9-28}$$

比较式(9-26)与式(9-28)，可以得到

$$\kappa_e/\kappa=h_0/h \tag{9-29}$$

弯矩的表达式为

$$\begin{aligned}M&=\int_A\sigma y\mathrm{d}A=2bE\kappa\int_0^{h_0}y^2\mathrm{d}y+2b\int_{h_0}^{h}[E_1\varepsilon+(1-\lambda)\sigma_s]y\mathrm{d}y\\&=\frac{2}{3}E\kappa bh_0^3+2b\left[E_1\kappa\frac{h^3-h_0^3}{3}+(1-\lambda)\sigma_s\frac{h^2-h_0^2}{2}\right]\end{aligned}$$

用 $M=EI\kappa_e$ 除上式两侧，并注意到式(9-29)，可得

$$\frac{M}{M_e}=\frac{1}{2}\left[2\lambda\frac{\kappa}{\kappa_e}+(1-\lambda)\left(3-\frac{\kappa_e^2}{\kappa^2}\right)\right],\quad M>M_e \tag{9-30}$$

当 $M\leqslant M_e$ 时，M-κ 关系为

$$\frac{M}{M_e}=\frac{\kappa}{\kappa_e} \tag{9-31}$$

当 $\lambda=1$ 时，$E_1=E$，材料是完全弹性的，则式(9-30)简化为式(9-31)。以上两式表明：虽然材料是线性弹性强化的，但 M-κ 的关系曲线却不是由两条直线构成的。当 $M>M_e$ 时，式(9-30)是非线性的(图 9-4)。当 $\kappa\gg\kappa_e$ 时，式(9-30)可近似地化为

$$\frac{M}{M_e}=\lambda\frac{\kappa}{\kappa_e}+\frac{3}{2}(1-\lambda) \tag{9-32}$$

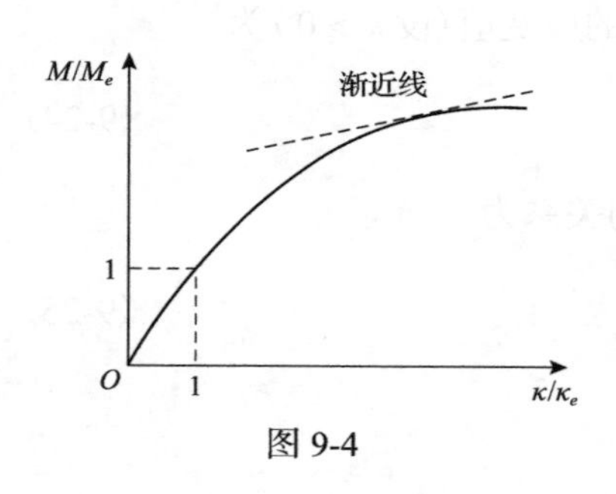

图 9-4

这表明，随着κ的增大，M-κ曲线逐渐趋于一条直线(图 9-4)，而以式(9-32)所示直线为其渐近线。因为$h_0/h=\kappa_e/\kappa$，所以当κ足够大时，弹性区域将很小。

如果材料为弹性理想塑性的，则$E_1=0$，$\lambda=0$，代入式(9-30)，可得

$$\frac{M}{M_e}=\frac{1}{2}\left(3-\frac{\kappa_e^2}{\kappa^2}\right),\quad M>M_e \tag{9-33}$$

在极限情况下，$h_0\to 0$，$\kappa_e/\kappa\to 0$，令此时的弯矩$M=M_s$，则由式(9-33)可得

$$\frac{M_s}{M_e}=\frac{3}{2} \tag{9-34}$$

M_s为截面上的正应力在数值上都等于σ_s时的弯矩，这时，截面已丧失继续抵抗弯曲变形的能力，称为塑性极限弯矩，或简称为极限弯矩。式(9-34)表明塑性极限弯矩为弹性极限弯矩的$\frac{3}{2}$倍。

对于圆形截面梁，其分析方法和步骤是相同的，只不过计算稍微复杂些。现将结果给出：

$$\frac{M}{M_e}=\frac{2}{3\pi}\left\{3\frac{\kappa}{\kappa_e}\left(\arcsin\frac{\kappa_e}{\kappa}+\lambda\arccos\frac{\kappa_e}{\kappa}\right)+(1-\lambda)\left[5-2\left(\frac{\kappa_e}{\kappa}\right)^2\right]\sqrt{1-\left(\frac{\kappa_e}{\kappa}\right)^2}\right\} \tag{9-35}$$

对于弹性理想塑性材料($E_1=0,\ \lambda=0$)，则式(9-35)化为

$$\frac{M}{M_e}=\frac{2}{3\pi}\left\{3\frac{\kappa}{\kappa_e}\arcsin\frac{\kappa_e}{\kappa}+\left[5-2\left(\frac{\kappa_e}{\kappa}\right)^2\right]\sqrt{1-\left(\frac{\kappa_e}{\kappa}\right)^2}\right\} \tag{9-36}$$

在极限情况下，$h_0\to 0$，$\kappa_e/\kappa\to 0$，令对应的弯矩为M_s，则由式(9-36)可得

$$\frac{M}{M_e}=\frac{16}{3\pi} \tag{9-37}$$

此处M_s为圆截面的极限弯矩。

9.2.2　卸载情形下的残余应力、残余应变

结构在承受大于弹性极限荷载的荷载之后，若全部卸去荷载，在其内将出现残余应

力和残余应变。现设矩形截面梁受到纯弯曲作用，当弯矩$M = M^* > M_e$时，全部卸去弯矩，这时在梁内将存在残余应力和残余应变或残余曲率。为简单计，假设材料是弹性理想塑性的。根据式(9-33)，令$M = M^*$，有

$$\frac{M^*}{M_e} = \frac{3}{2}\left[1 - \frac{1}{3}\left(\frac{\kappa_e}{\kappa^*}\right)^2\right]$$

由上式可以解出

$$\frac{\kappa_e}{\kappa^*} = \sqrt{3 - 2\frac{M^*}{M_e}} \tag{9-38}$$

在式(9-38)中，已假定κ^*和M^*为正值，又$\kappa_e/\kappa^* = h_0^*/h$，所以卸载前的弹性核心高度之半为

$$\frac{h_0^*}{h} = \sqrt{3 - 2\frac{M^*}{M_e}} \tag{9-39}$$

其中，h为截面高度之半。

已知M^*，则由式(9-38)、式(9-39)可以计算出κ^*和h_0^*。于是，卸载前的应力和应变分别为(图9-5)

$$\sigma^* = \begin{cases} E\kappa^* y = \dfrac{\sigma_s}{h_0^*} y, & 0 \leqslant |y| \leqslant h_0^* \\ \sigma_s \operatorname{sign} y, & h_0^* \leqslant |y| \leqslant h \end{cases} \tag{9-40}$$

$$\varepsilon^* = \kappa^* y \tag{9-41}$$

$$\kappa^* = \sigma_s / (E h_0^*) \tag{9-42}$$

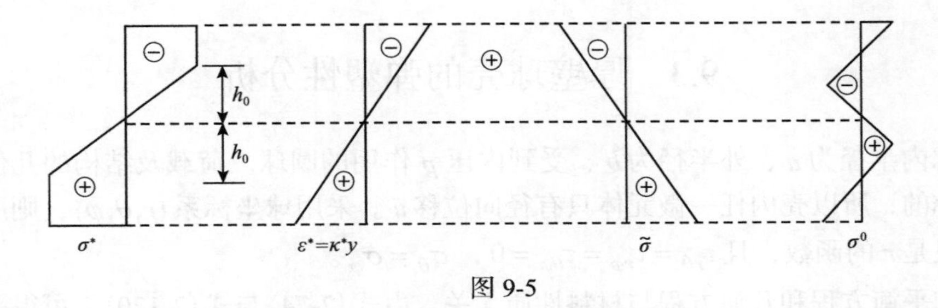

图9-5

在卸去外载的过程中，设梁内不出现反向屈服，则应力和应变的变化(弹性关系)为

$$\tilde{\sigma} = \frac{M^*}{I} y \tag{9-43}$$

$$\tilde{\varepsilon} = \tilde{\kappa} y \tag{9-44}$$

$$\tilde{\kappa} = \frac{M^*}{EI} \tag{9-45}$$

于是，梁内的残余应力、残余应变和残余曲率分别为

$$\sigma^0 = \sigma^* - \tilde{\sigma} = \begin{cases} \left(\dfrac{\sigma_s}{h_0^*} - \dfrac{M^*}{I}\right) y, & 0 \leqslant |y| \leqslant h_0^* \\ \sigma_s \operatorname{sign} y - \dfrac{M^*}{I} y, & h_0^* \leqslant |y| \leqslant h \end{cases} \tag{9-46}$$

$$\varepsilon^0 = \varepsilon^* - \tilde{\varepsilon} = \frac{1}{E}\left(\frac{\sigma_s}{h_0^*} - \frac{M^*}{I}\right) y \tag{9-47}$$

$$\kappa^0 = \kappa^* - \tilde{\kappa} = \frac{1}{E}\left(\frac{\sigma_s}{h_0^*} - \frac{M^*}{I}\right) \tag{9-48}$$

由上式可见，$\kappa^0 y = \varepsilon^0$，注意到$M_e = EI\kappa_e = \dfrac{I\sigma_s}{h}$，则式(9-48)又可写为

$$\kappa^0 = \frac{\sigma_s}{E}\left(\frac{1}{h_0^*} - \frac{M^*}{hM_e}\right) = \frac{\sigma_s}{Eh}\left(\frac{h}{h_0^*} - \frac{M^*}{M_e}\right) \tag{9-49}$$

在上述计算中，已假定在卸载过程中梁内处处不出现反向屈服，因此在求出残余应力之后，应检验所得的结果是否与上述假定相符，即残余应力是否都位于相继弹性范围之内。

如果梁处于横力弯曲，则$M^* = M^*(x)$，$\kappa^* = \kappa^*(x)$，$h_0^* = h_0^*(x)$。对于静定梁，在比例卸载情况下，仍可按上列有关公式计算残余应力、残余应变及残余曲率。

按类似步骤，亦可以求得圆截面杆弹塑性弯曲问题的解。

9.3 厚壁球壳的弹塑性分析

考虑内半径为a、外半径为b、受到内压p作用的圆球。荷载及结构的几何形状都是极对称的，所以壳内任一微元体只有径向位移u。采用球坐标系(r,θ,φ)，则所有的力学量都只是r的函数，且$\tau_{r\theta} = \tau_{r\varphi} = \tau_{\theta\varphi} = 0$，$\sigma_\theta = \sigma_\varphi$。

已知平衡方程和几何方程与材料性质无关，由式(2-74)与式(2-120)，可得平衡方程(不计体力)为

$$\frac{\mathrm{d}\sigma_r}{\mathrm{d}r} - \frac{2(\sigma_\theta - \sigma_r)}{r} = 0 \tag{9-50}$$

几何方程(小变形)为

$$\varepsilon_r = \frac{\mathrm{d}u}{\mathrm{d}r}, \quad \varepsilon_\theta = \varepsilon_\varphi = \frac{u}{r}, \quad \gamma_{r\theta} = \gamma_{r\varphi} = \gamma_{\theta\varphi} = 0 \tag{9-51}$$

设材料为弹性理想塑性，服从米泽斯屈服准则，即

$$\sigma_e = \sigma_s$$

且在本例中，应力强度 σ_e 和应变强度 ε_e 分别为

$$\sigma_e = \sigma_\theta - \sigma_r, \quad \varepsilon_e = \frac{2}{3}(\varepsilon_\theta - \varepsilon_r) \tag{9-52}$$

1. 弹性解

当压力 p 比较小，且球壳处于弹性状态时，由广义胡克定律，有

$$\varepsilon_r' = \varepsilon_r - \varepsilon_0 = \frac{1}{2G}(\sigma_r - \sigma_0)$$

注意到 $\varepsilon_0 = \frac{1}{3}\theta$，$\theta$ 为体积应变，上式可写为

$$\sigma_r = 2G\varepsilon_r - 2G\varepsilon_0 + \sigma_0 = 2G\varepsilon_r - \frac{2G\theta}{3} + K\theta = 2G\varepsilon_r + \left(K - \frac{2G}{3}\right)\theta$$

其中，K 为体积弹性模量。

因此，其应力-应变关系可写为如下形式：

$$\begin{aligned} \sigma_r &= \lambda\theta + 2G\varepsilon_r \\ \sigma_\varphi &= \lambda\theta + 2G\varepsilon_\varphi \\ \sigma_\theta &= \lambda\theta + 2G\varepsilon_\theta \end{aligned} \tag{9-53}$$

其中，λ、G 为拉梅常量。

体积应变为

$$\theta = \varepsilon_r + \varepsilon_\theta + \varepsilon_\varphi = \frac{\mathrm{d}u}{\mathrm{d}r} + 2\frac{u}{r} = \frac{1}{r^2}\frac{\mathrm{d}}{\mathrm{d}r}(r^2 u) \tag{9-54}$$

于是有

$$\frac{\mathrm{d}\sigma_r}{\mathrm{d}r} = \lambda\frac{\mathrm{d}\theta}{\mathrm{d}r} + 2G\frac{\mathrm{d}\varepsilon_r}{\mathrm{d}r} = \lambda\frac{\mathrm{d}}{\mathrm{d}r}\left[\frac{1}{r^2}\frac{\mathrm{d}}{\mathrm{d}r}(r^2 u)\right] + 2G\frac{\mathrm{d}^2 u}{\mathrm{d}r^2} \tag{a}$$

$$\sigma_r - \sigma_\theta = 2G\left(\frac{\mathrm{d}u}{\mathrm{d}r} - \frac{u}{r}\right) = 2Gr\frac{\mathrm{d}}{\mathrm{d}r}\left(\frac{u}{r}\right) \tag{b}$$

将式(a)和式(b)代入平衡方程(9-50)，得到应用位移求解极对称问题的控制方程：

$$\lambda\frac{\mathrm{d}}{\mathrm{d}r}\left[\frac{1}{r^2}\frac{\mathrm{d}}{\mathrm{d}r}(r^2u)\right]+2G\frac{\mathrm{d}^2u}{\mathrm{d}r^2}+4G\frac{\mathrm{d}}{\mathrm{d}r}\left(\frac{u}{r}\right)=0$$

或者

$$(\lambda+2G)\frac{\mathrm{d}}{\mathrm{d}r}\left[\frac{1}{r^2}\frac{\mathrm{d}}{\mathrm{d}r}(r^2u)\right]=0$$

因为 $\lambda+2G\neq 0$，所以有

$$\frac{\mathrm{d}}{\mathrm{d}r}\left[\frac{1}{r^2}\frac{\mathrm{d}}{\mathrm{d}r}(r^2u)\right]=0 \tag{9-55}$$

比较式(9-54)与式(9-55)，可见

$$\frac{\mathrm{d}\theta}{\mathrm{d}r}=0,\quad \theta=\theta_0=\text{常数} \tag{9-56}$$

即在极对称问题中，体积应变 θ 为常数。

积分式(9-55)，得到位移表达式为

$$u=c_1r+\frac{c_2}{r^2} \tag{9-57}$$

$$c_1=\frac{1}{3}\theta=\varepsilon_0 \tag{9-58}$$

由式(9-51)，可求得应变分量为

$$\varepsilon_r=c_1-\frac{2c_2}{r^3},\quad \varepsilon_\theta=c_1+\frac{c_2}{r^3}=\varepsilon_\varphi \tag{9-59}$$

将上列应变代入式(9-53)，得到应力分量为

$$\sigma_r=A-2B/r^3,\quad \sigma_\theta=\sigma_\varphi=A+B/r^3 \tag{9-60}$$

其中

$$A=(3\lambda+2G)c_1,\quad B=2Gc_2 \tag{9-61}$$

根据边界条件

$$r=a:\ \sigma_r=-p;\ r=b:\ \sigma_r=0$$

可以求出积分常数为

$$A=\frac{a^3p}{b^3-a^3},\quad B=\frac{a^3b^3p}{2(b^3-a^3)} \tag{9-62}$$

将求得的 A 、B 值代回式(9-60)，得到球壳中的弹性应力分布为

$$\sigma_r=\frac{a^3p}{b^3-a^3}\left(1-\frac{b^3}{r^3}\right),\quad \sigma_\theta=\sigma_\varphi=\frac{a^3p}{b^3-a^3}\left(1+\frac{b^3}{2r^3}\right) \tag{9-63}$$

于是应力强度为

$$\sigma_e=\sigma_\theta-\sigma_r=\frac{3a^3b^3}{2(b^3-a^3)}\frac{p}{r^3} \tag{9-64}$$

式(9-64)表明，r 越小，σ_e 越大。因此，屈服将首先出现在内壁$(r=a)$处。在式(9-64)中，令 $r=a$ ，$\sigma_e=\sigma_s$ ，则可求出弹性极限压力为

$$p_e=\frac{2\sigma_s}{3}\left(1-\frac{a^3}{b^3}\right) \tag{9-65}$$

2. 弹塑性解

当 $p>p_e$ 时，塑性区将从内壁向外扩展。设塑性区的半径为 r_1 ，于是在 $a\leqslant r\leqslant r_1$ 的区域内，应力应满足平衡方程及屈服条件$(\sigma_e=\sigma_\theta-\sigma_r=\sigma_s)$，此时平衡方程可写为

$$\frac{\mathrm{d}\sigma_r}{\mathrm{d}r}=\frac{2(\sigma_\theta-\sigma_r)}{r}=\frac{2\sigma_s}{r}$$

积分上式，并利用边界条件：$r=a,\ \sigma_r=-p$ ，得到塑性区的应力分布为

$$\left.\begin{aligned}\sigma_r&=2\sigma_s\ln\frac{r}{a}-p\\ \sigma_\theta&=\sigma_s\left(1+2\ln\frac{r}{a}\right)-p\end{aligned}\right\},\quad a\leqslant r\leqslant r_1 \tag{9-66}$$

在 $r=r_1$ 处，材料刚好进入塑性状态，因此，弹性区的应力状态相当于外半径为 b 、内半径为 r_1、受到弹性极限压力作用时球内的应力状态。此极限应力值可由式(9-65)计算，但需将其中的 a 改为 r_1，即

$$p_e=\frac{2\sigma_s}{3}\left(1-\frac{r_1^3}{b^3}\right) \tag{9-67}$$

于是，弹性区的应力分布可由式(9-63)得到，但应将其中的 a 改为 r_1 ，p 改为用式(9-67)所表示的弹性极限压力，于是有

$$\left.\begin{aligned}\sigma_r &= \frac{2}{3}\sigma_s r_1^3\left(\frac{1}{b^3}-\frac{1}{r^3}\right)\\ \sigma_\theta &= \frac{2}{3}\sigma_s r_1^3\left(\frac{1}{b^3}+\frac{1}{2r^3}\right)\end{aligned}\right\},\quad r_1 \leqslant r \leqslant b \tag{9-68}$$

在弹性区和塑性区的交界$(r=r_1)$处，径向应力σ_r应当连续，由此可得p与r_1的关系为

$$p=\frac{2\sigma_s}{3}\left(3\ln\frac{r_1}{a}+1-\frac{r_1^3}{b^3}\right) \tag{9-69}$$

将式(9-69)代入式(9-66)，消去压力p，塑性区的应力分布又可写为

$$\left.\begin{aligned}\sigma_r &= \frac{2\sigma_s}{3}\left(3\ln\frac{r}{r_1}-1+\frac{r_1^3}{b^3}\right)\\ \sigma_\theta &= \frac{2\sigma_s}{3}\left(3\ln\frac{r}{r_1}+\frac{1}{2}+\frac{r_1^3}{b^3}\right)\end{aligned}\right\},\quad a \leqslant r \leqslant r_1 \tag{9-70}$$

3. 极限状态

当内压p逐渐增大时，塑性区将不断扩展；当$r_1=b$时，则得极限压力p_s，此时全部球壳都处于屈服，即达到极限状态。在式(9-69)中令$r_1=b$，得

$$p_s=2\sigma_s\ln\frac{b}{a} \tag{9-71}$$

又由式(9-70)，令式中$r_1=b$，得极限状态下的应力场为

$$\sigma_r=2\sigma_s\ln\frac{r}{b},\quad \sigma_\theta=\sigma_s\left(1+2\ln\frac{r}{b}\right) \tag{9-72}$$

9.4　等厚旋转圆盘的弹塑性分析

考虑一个等厚绕z轴匀速旋转的薄圆盘，其半径为b，质量密度为ρ，旋转角速度为ω，采用极坐标(r,θ)，z轴过圆心O并与盘面垂直，则圆盘的单位体积力(离心力)为$\rho r\omega^2$。由于盘厚足够小，且离心惯性力作用于圆盘的平面内，可以认为沿旋转轴方向的正应力$\sigma_z=0$，于是该问题属平面应力问题。又由于变形是轴对称的，则圆盘中的剪应力为零，主应力为σ_r和σ_θ，且盘内各质点只有径向位移u，所以，圆盘的几何方程为

$$\varepsilon_r=\frac{\mathrm{d}u}{\mathrm{d}r},\quad \varepsilon_\theta=\frac{u}{r} \tag{9-73}$$

平衡方程为

$$\frac{\mathrm{d}\sigma_r}{\mathrm{d}r}+\frac{\sigma_r-\sigma_\theta}{r}+\rho r\omega^2=0 \tag{9-74}$$

1. 弹性解

按位移求解平面应力问题时，本构方程为

$$\begin{aligned}\sigma_r&=\frac{E}{1-\mu^2}(\varepsilon_r+\mu\varepsilon_\theta)\\ \sigma_\theta&=\frac{E}{1-\mu^2}(\varepsilon_\theta+\mu\varepsilon_r)\end{aligned} \tag{9-75}$$

将式(9-73)代入式(9-75)，得

$$\begin{aligned}\sigma_r&=\frac{E}{1-\mu^2}\left(\frac{\mathrm{d}u}{\mathrm{d}r}+\mu\frac{u}{r}\right)\\ \sigma_\theta&=\frac{E}{1-\mu^2}\left(\frac{u}{r}+\mu\frac{\mathrm{d}u}{\mathrm{d}r}\right)\end{aligned} \tag{a}$$

将式(a)代入式(9-74)，得

$$r^2\frac{\mathrm{d}^2u}{\mathrm{d}r^2}+r\frac{\mathrm{d}u}{\mathrm{d}r}-u+\rho\omega^2(1-\mu^2)\frac{r^3}{E}=0 \tag{b}$$

该微分方程的解为

$$u=Ar+\frac{B}{r}-\frac{\rho\omega^2(1-\mu^2)}{8E}r^3 \tag{c}$$

其中，A、B 为积分常数。

将式(c)代入式(a)，得

$$\begin{aligned}\sigma_r&=\frac{E}{1-\mu^2}\left[A(1+\mu)-\frac{\rho\omega^2(1-\mu^2)(3+\mu)}{8E}r^2+(\mu-1)\frac{B}{r^2}\right]\\ \sigma_\theta&=\frac{E}{1-\mu^2}\left[A(1+\mu)-\frac{\rho\omega^2(1-\mu^2)(1+3\mu)}{8E}r^2-(\mu-1)\frac{B}{r^2}\right]\end{aligned} \tag{d}$$

对实心圆盘，B 必须为零，否则在 $r=0$ 处的应力和位移均为无穷大，这是与实际情况不相符的。而在圆盘边缘处的边界条件为

$$r=b:\ \sigma_r=0 \tag{e}$$

将其代入式(d)，得

$$A=\frac{\rho\omega^2(1-\mu^2)(3+\mu)}{8E(1+\mu)}b^2 \tag{f}$$

将式(f)分别代入式(c)和式(d)，得弹性阶段的位移和应力为

$$u=\frac{\rho\omega^2(1-\mu^2)r}{8E}\left(\frac{3+\mu}{1+\mu}b^2-r^2\right) \tag{9-76}$$

$$\begin{aligned}\sigma_r&=\frac{\rho\omega^2(3+\mu)}{8}(b^2-r^2)\\ \sigma_\theta&=\frac{\rho\omega^2(3+\mu)}{8}\left[b^2-\frac{r^2(1+3\mu)}{3+\mu}\right]\end{aligned} \tag{9-77}$$

关于屈服条件，在当前情况下使用特雷斯卡屈服准则较为方便，根据式(9-77)，假定σ_r、σ_θ均为拉应力，且$\sigma_\theta>\sigma_r>\sigma_z=0$，因此，特雷斯卡屈服准则为

$$\sigma_\theta=\sigma_s \tag{g}$$

σ_θ的最大值是在盘心处，所以塑性屈服由盘心开始，则有

$$(\sigma_\theta)_{r=0}=\frac{\rho\omega^2(3+\mu)}{8}b^2=\sigma_s \tag{h}$$

即得弹性极限转速为

$$\omega_e=\frac{1}{b}\sqrt{\frac{8\sigma_s}{\rho(3+\mu)}} \tag{9-78}$$

2. 弹塑性解

当转速继续增加，即$\omega>\omega_e$时，圆盘将部分为塑性，部分为弹性，且塑性区在盘心附近。根据问题的轴对称性，设其弹性塑性区分界面是半径为r_s的同心圆。

塑性区的应力根据平衡方程和屈服准则就可以确定。为此，将式(g)代入式(9-74)，得

$$r\frac{\mathrm{d}\sigma_r}{\mathrm{d}r}+\sigma_r=\sigma_s-\rho r^2\omega^2 \tag{i}$$

其通解为

$$\sigma_r=\sigma_s-\frac{\rho\omega^2r^2}{3}+C\frac{1}{r} \tag{j}$$

对于实心圆盘，必须取积分常数$C=0$。因此，圆盘塑性区内的应力为

$$\begin{aligned}\sigma_r&=\sigma_s-\frac{\rho\omega^2r^2}{3}\\ \sigma_\theta&=\sigma_s\end{aligned} \tag{9-79}$$

关于外部的弹性区，可以看成是内半径为r_s、外半径为b的同心旋转圆盘(图9-6)。它在$r=r_s$处已经屈服，则

$$(\sigma_\theta)_{r=r_s}=\sigma_s \tag{k}$$

同时，在$r=r_s$处径向应力应该是连续的，根据式(9-79)，有

$$(\sigma_r)_{r=r_s}=\sigma_s-\frac{\rho\omega^2 r_s^{\ 2}}{3} \tag{l}$$

此外，还有外缘处的应力边界条件：

$$(\sigma_r)_{r=b}=0 \tag{m}$$

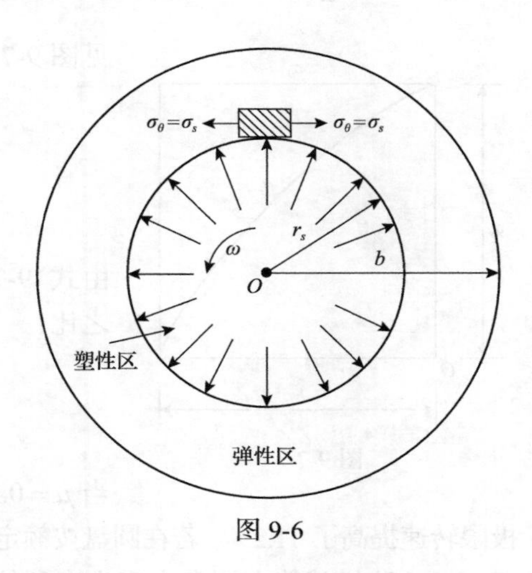

图 9-6

此时微分方程(b)以及通解(c)仍然成立，则由应力的弹性解(d)，且应用式(k)、式(l)、式(m)所示的三个条件，即可求解出常数A、B以及r_s与ω的关系式，最后可得转速为

$$\omega=\frac{1}{bH}\sqrt{\frac{\sigma_s}{\rho}} \tag{9-80}$$

其中

$$H^2=\frac{8+(1+3\mu)(\overline{r}_s^2-1)^2}{24},\quad \overline{r}_s=\frac{r_s}{b}$$

以及弹性区的应力为

$$\begin{aligned}\sigma_r&=\frac{\sigma_s}{24H^2}\left[3(3+\mu)-(1+3\mu)\frac{r_s^4}{r^2b^2}\right]\left(1-\frac{r^2}{b^2}\right)\\ \sigma_\theta&=\frac{\sigma_s}{24H^2}\left[\frac{r_s^4}{b^4}\left(1+\frac{b^2}{r^2}\right)(1+3\mu)+3(3+\mu)-3(1+3\mu)\frac{r^2}{b^2}\right]\end{aligned} \tag{9-81}$$

3. 塑性极限转速

当$r_s=b$时，整个圆盘都进入塑性状态，此时在式(9-80)中，令$r_s=b$，即$\overline{r}_s=1$，得

$$\omega_s=\frac{\sqrt{3}}{b}\sqrt{\frac{\sigma_s}{\rho}} \tag{9-82}$$

此即圆盘的塑性极限转速。将式(9-82)代入式(9-79)，可知塑性区内的σ_r仍保持为拉应力，但其值小于$\sigma_\theta(\sigma_z=0)$。因此，在前面的选定特雷斯卡屈服准则的具体形式时，所设定的主应力大小顺序$\sigma_\theta\geqslant\sigma_r\geqslant\sigma_z=0$是与实际结果一致的，此时的应力分布

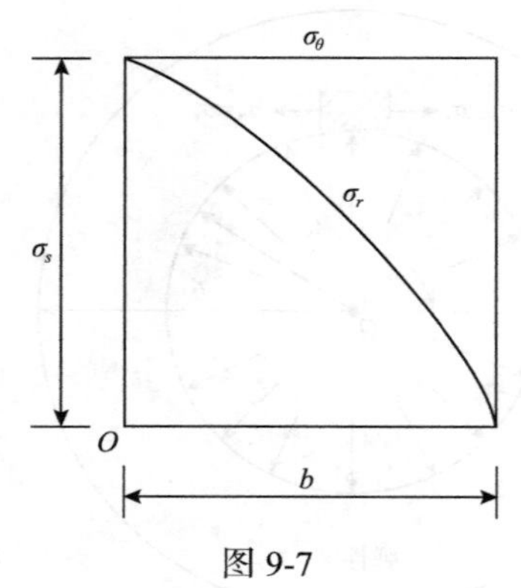

图 9-7

见图 9-7，应力为

$$\sigma_r = \sigma_s\left(1-\frac{r^2}{b^2}\right) \tag{9-83}$$
$$\sigma_\theta = \sigma_s$$

由式(9-78)和式(9-82)，得塑性极限转速与弹性极限转速之比：

$$\frac{\omega_s}{\omega_e}=\sqrt{\frac{3(3+\mu)}{8}} \tag{9-84}$$

当$\mu=0.3$时，此比值等于 1.112，即塑性极限转速比弹性极限转速提高了 11.2%。若在圆盘按额定转速使用之前，让其先经历一个超速运转，使$\omega_e<\omega<\omega_s$，这样就能在圆盘中产生有利的残余应力分布，从而扩大使用时的弹性范围。这个方法可称为旋转圆盘的自增强。

9.5 柱形杆的弹塑性扭转

在第 6 章中讨论了柱形杆的弹性扭转问题。当截面上的最大剪应力$\tau_{\max}=\tau_s$时，截面将开始出现塑性变形，与此对应的扭矩称为弹性极限扭矩，记为T_e。当$T>T_e$时，将有部分截面进入塑性状态；设材料为弹性理想塑性的，则当T继续加大时，塑性状态区$(\tau=\tau_s)$将随之扩大，直到全截面上每处的总剪应力都等于τ_s，这时截面屈服，对应的扭矩称为塑性极限扭矩，记为T_s。于是当$T_s>T>T_e$时，杆的截面同时存在弹性区和塑性区，杆件处于弹塑性变形阶段。任意形状截面杆(圆截面除外)的弹塑性扭转问题至今尚未求得精确解，一般是用数值法逐步求其近似解。这里的主要困难在于弹性区和塑性区的分界线形状预先不知道，而且难以确定其变化规律。为此，本节首先介绍杆件的塑性扭转，阐述杆件塑性极限扭矩T_s的计算方法，然后介绍圆截面杆的弹塑性扭转。

9.5.1 杆件的塑性扭转

此处采用应力函数求解。在 6.6 节中已得到一些关于柱形杆弹性扭转的结果，它们是与材料的物理性质无关的，可以应用于塑性区。若仍设$\varphi(x,y)$为应力函数，令

$$\tau_{zx}=\frac{\partial\varphi}{\partial y},\quad \tau_{zy}=-\frac{\partial\varphi}{\partial x} \tag{9-85}$$

于是有

$$\begin{aligned}\boldsymbol{\tau}&=\tau_{zx}\boldsymbol{e}_1+\tau_{zy}\boldsymbol{e}_2=\frac{\partial\varphi}{\partial y}\boldsymbol{e}_1-\frac{\partial\varphi}{\partial x}\boldsymbol{e}_2\\ \mathrm{grad}\varphi&=\frac{\partial\varphi}{\partial x}\boldsymbol{e}_1+\frac{\partial\varphi}{\partial y}\boldsymbol{e}_2\end{aligned} \tag{9-86}$$

其中，$\boldsymbol{\tau}$ 为总剪应力矢；$\boldsymbol{e}_1$、$\boldsymbol{e}_2$ 为 x、y 坐标系的基矢。

由此，可以导出以下与材料物理性质无关的一些结果：

(1)
$$|\boldsymbol{\tau}| = \tau = |\mathrm{grad}\varphi| \tag{9-87}$$

(2)
$$\boldsymbol{\tau} \cdot \mathrm{grad}\varphi = 0 \tag{9-88}$$

该式表明，总剪应力矢 $\boldsymbol{\tau}$ 与 φ 的等值线相切。

(3) 截面的周边为 φ 的等值线，即

$$\varphi\big|_{s_0} = \varphi_0 \tag{9-89}$$

s_0 为截面的外周边，一般令 $\varphi_0 = 0$。

(4) 截面的扭矩为

$$T = 2\int_A \varphi \, \mathrm{d}A \tag{9-90}$$

其中，A 为截面的净面积。

以下记弹性应力函数为 φ^e，塑性应力函数为 φ^p，则 φ^e 应满足的基本方程(参阅式(6-110))为

$$\nabla^2 \varphi^e = -2G\alpha \tag{9-91}$$

其中，G 为剪切弹性模量；α 为单位长度相对扭转角。

在塑性区内，应力满足屈服条件：$\tau = \tau_s$，故 φ^p 应满足

$$\left|\mathrm{grad}\varphi^p\right| = \tau_s = 常数 \tag{9-92}$$

这表明塑性应力函数所代表的曲面为等倾面，即塑性应力曲面为等倾面，其坡度为 τ_s(图9-8)。因此，φ^p 的等值线为平行线，且平行于截面的周边。当全截面屈服时(没有弹性区)，极限扭矩 T_s 等于 φ^p 曲面所围体积的两倍(单连体情况，参阅式(6-107))。

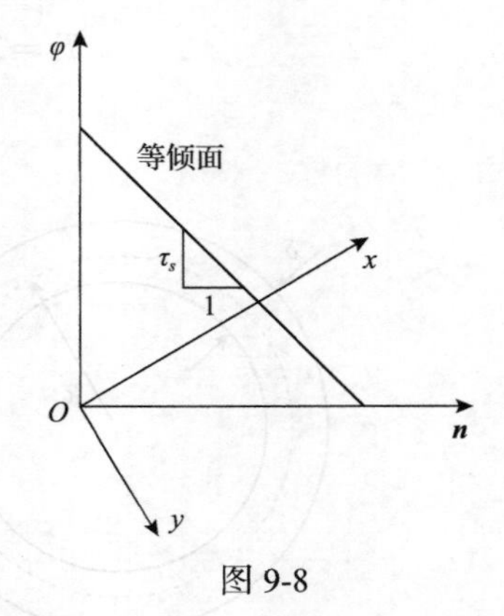

图 9-8

例 9-1　求圆形截面杆的极限扭矩 T_s。

圆形截面上的等倾面显然是一个圆锥面(如图 9-9 所示)，其坡线斜率为 $\tau_s = H/R$，所以其塑性极限扭矩为

$$T_s = 2V = \frac{2}{3}\pi R^3 \tau_s$$

例 9-2　求矩形截面杆的极限扭矩 T_s。

矩形截面杆的塑性应力曲面如图 9-10 所示。因为斜率 $\tau_s = H/(b/2)$，$H = \dfrac{b}{2}\tau_s$，则塑性极限扭矩为

$$T_s = 2V = 2\left[(a-b)\frac{bH}{2} + 2\left(\frac{1}{3}b \cdot \frac{b}{2} \cdot H\right)\right] = \frac{b^2}{6}\tau_s(3a-b)$$

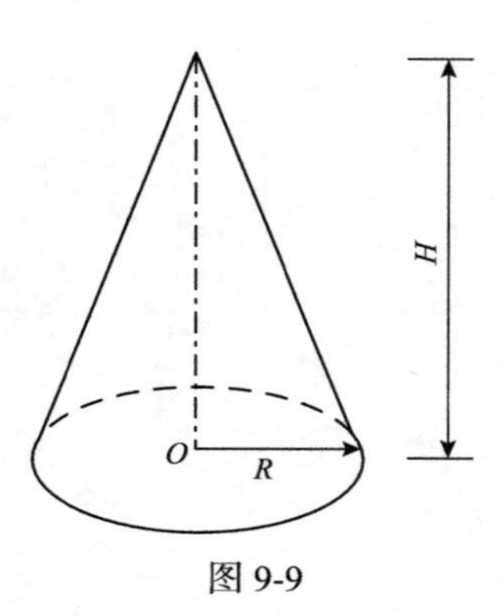

图 9-9

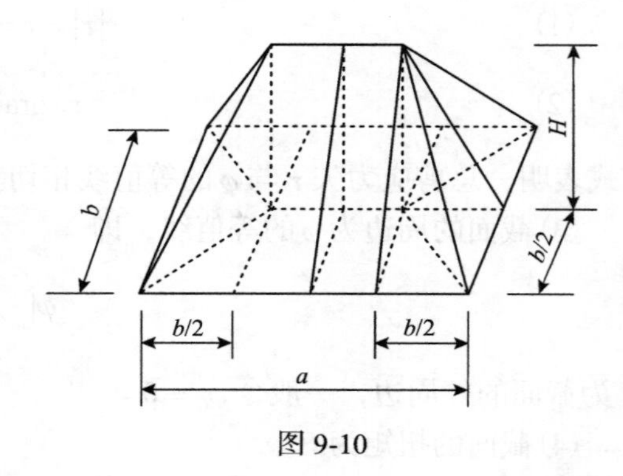

图 9-10

当截面为狭长矩形时，即 $b \ll a$，则上式可写为

$$T_s = \frac{1}{2}\tau_s ab^2$$

而对于开口环形截面(图 9-11)，其塑性极限扭矩为

$$T_s = \pi\tau_s R_0 \delta^2$$

式中，R_0 为环形截面的平均半径；δ 为厚度。

例 9-3　求正六边形截面杆的极限扭矩 T_s。

塑性应力曲面如图 9-12 所示。此时，坡线斜率 $\tau_s = H/(a\sqrt{3}/2)$，$H = a\tau_s\sqrt{3}/2$，则塑性极限扭矩为

$$T_s = 2V = 2\left[\frac{1}{3}\left(6 \times \frac{1}{2}a \times \frac{\sqrt{3}}{2}a\right)H\right] = \frac{3}{2}a^3\tau_s$$

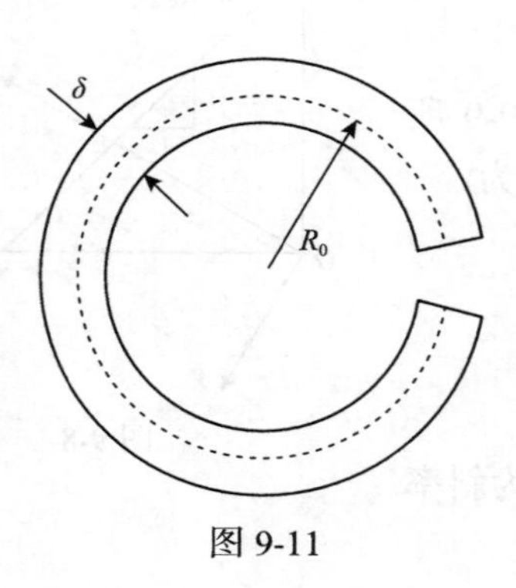

图 9-11

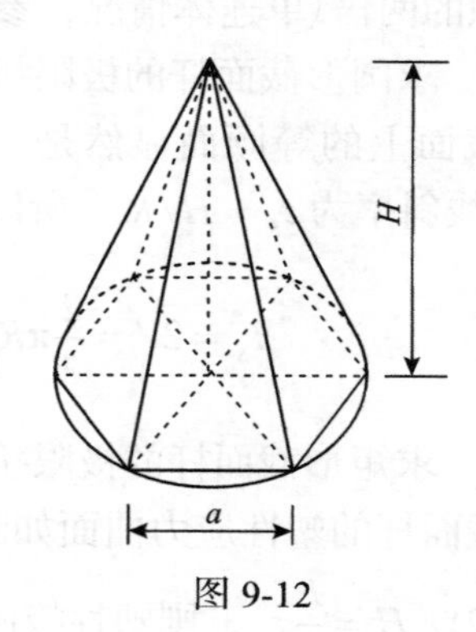

图 9-12

9.5.2　圆截面杆的弹塑性扭转

设圆截面杆的半径为 a，由于对称性，可知塑性区(靠外周边)与弹性区(中心部分)的分界线为圆周，设其半径为 ρ。则在弹性区内 $(0 \leqslant r \leqslant \rho)$，$\varphi^e$ 应满足式(9-91)，即

$$\nabla^2 \varphi^e = -2G\alpha$$

在塑性区内 $(\rho \leqslant r \leqslant a)$，$\varphi^p$ 应满足式(9-92)：

$$\left|\operatorname{grad} \varphi^p\right| = \tau_s$$

以及边界条件：

$$\varphi^p \big|_{r=a} = 0$$

在两个区的交界线 $r = \rho$ 上，应满足

$$\begin{aligned} &\operatorname{grad} \varphi^e = \operatorname{grad} \varphi^p \\ &\varphi^e = \varphi^p \end{aligned} \tag{9-93}$$

对于圆截面，采用极坐标系，因为 φ^e 及 φ^p 均仅是 r 的函数，且有

$$\nabla^2 = \frac{1}{r}\frac{\mathrm{d}}{\mathrm{d}r}\left(r\frac{\mathrm{d}}{\mathrm{d}r}\right)$$

于是式(9-91)可写为

$$\frac{1}{r}\frac{\mathrm{d}}{\mathrm{d}r}\left(r\frac{\mathrm{d}\varphi^e}{\mathrm{d}r}\right) = -2G\alpha, \quad 0 \leqslant r \leqslant \rho$$

积分一次得

$$\frac{\mathrm{d}\varphi^e}{\mathrm{d}r} = -G\alpha r + \frac{C_1}{r}$$

$r = 0$ 时应力为有限值，故 $C_1 = 0$。再积分上式，得

$$\varphi^e = -\frac{1}{2}G\alpha r^2 + C_2$$

在塑性区 $(\rho \leqslant r \leqslant a)$，注意到

$$\left|\operatorname{grad} \varphi^p\right| = -\frac{\mathrm{d}\varphi^p}{\mathrm{d}r}$$

于是式(9-92)可写为

$$\frac{\mathrm{d}\varphi^p}{\mathrm{d}r}=-\tau_s$$

积分一次，并利用边界条件 $\varphi^p\big|_{r=a}=0$，得

$$\varphi^p=\tau_s(a-r)$$

在 $r=\rho$ 处，$\varphi^e=\varphi^p$，由此条件可以求出：

$$C_2=\frac{1}{2}G\alpha\rho^2+\tau_s(a-\rho)$$

于是最后得到

$$\begin{aligned}\varphi^e&=\frac{1}{2}G\alpha(\rho^2-r^2)+\tau_s(a-\rho)\\ \varphi^p&=\tau_s(a-r)\end{aligned}\tag{9-94}$$

当 $r=\rho$ 时，$\dfrac{\mathrm{d}\varphi^e}{\mathrm{d}r}=\dfrac{\mathrm{d}\varphi^p}{\mathrm{d}r}$，将式(9-94)代入，可求得分界线半径为

$$\rho=\frac{\tau_s}{G\alpha}\tag{9-95}$$

当 $\rho=a$ 时，全截面均为弹性区，且 $\tau_{\max}=\tau_s$，这对应于弹性极限扭矩 T_e。

由式(9-95)可得

$$\alpha_e=\frac{\tau_s}{Ga}\tag{9-96}$$

α_e 为弹性极限单位长度相对扭转角，它与 T_e 相对应。

下面应用式(9-90)求扭矩 $T(T\geqslant T_e)$。

$$\begin{aligned}T&=2\left(2\pi\int_0^a\varphi r\,\mathrm{d}r\right)\\&=4\pi\left\{\int_0^\rho\left[\frac{1}{2}G\alpha(\rho^2-r^2)+\tau_s(a-\rho)\right]r\mathrm{d}r+\int_\rho^a\tau_s(a-r)r\mathrm{d}r\right\}\\&=4\pi\left\{\frac{G\alpha\rho^4}{8}+\frac{\tau_s}{2}(a-\rho)\rho^2+\tau_s\left[\frac{a}{2}(a^2-\rho^2)-\frac{1}{3}(a^3-\rho^3)\right]\right\}\end{aligned}$$

当 $\rho=a$ 时，$T=T_e$。应用式(9-96)，则由上式得

$$T_e=\frac{\pi}{2}G\alpha_e a^4=\frac{\pi}{2}\tau_s a^3\tag{9-97}$$

于是扭矩T可表示为

$$T=\frac{4}{3}T_e\left[1-\frac{1}{4}\left(\frac{\alpha_e}{\alpha}\right)^3\right] \tag{9-98}$$

在推导式(9-98)中已用到

$$\frac{\alpha_e}{\alpha}=\frac{\rho}{a},\quad \tau_s=G\alpha\rho$$

当$\alpha\to\infty$时，$\rho\to 0$，截面全部塑性屈服，$T\to T_s$，因此，对于圆截面杆有

$$\frac{T_s}{T_e}=\frac{4}{3},\quad T_s=\frac{2}{3}\pi a^3\tau_s \tag{9-99}$$

9.6　厚壁圆筒的弹塑性分析

厚壁圆筒是工程中广泛应用的结构物，如国防工业中的炮筒、化学工业中的高压容器、动力工业中输送高压高温流体的管道、土木工程中的涵管等。从下面的例子中将看到，按弹性分析是不能充分发挥材料潜力的，而按塑性分析，就可以更好地利用厚壁筒的承载能力。

9.6.1　理想弹塑性材料的厚壁圆筒

现在来分析内半径为a、外半径为b的厚壁筒，在其内表面受均匀的压力q。假定筒是由不可压缩的理想弹塑性材料制成的。由于荷载的作用形式和约束条件，可以断定筒是处于轴对称的平面应变状态，即圆筒在轴线方向的应变为零。选用柱坐标系，使z轴和筒轴线重合。

1. 弹性解

当压力q不大时，整个厚壁筒处于弹性状态。因为已假定材料是不可压缩的，取$\mu=1/2$。由例 6-3 可知，在该例中令$q_2=0$，$q_1=q$，即得此时筒内的应力为

$$\begin{aligned}
\sigma_r&=-\frac{q}{\dfrac{b^2}{a^2}-1}\left(\frac{b^2}{r^2}-1\right)\\
\sigma_\theta&=\frac{q}{\dfrac{b^2}{a^2}-1}\left(\frac{b^2}{r^2}+1\right)\\
\sigma_z&=\frac{1}{2}(\sigma_r+\sigma_\theta)=\frac{q}{\dfrac{b^2}{a^2}-1}
\end{aligned} \tag{9-100}$$

因为问题是轴对称的，剪应力分量全部为零，所以σ_r、σ_θ、σ_z就是主应力，设它们按照$\sigma_1 \geqslant \sigma_2 \geqslant \sigma_3$来排列，且取$\sigma_1 = \sigma_\theta$，$\sigma_2 = \sigma_z$，$\sigma_3 = \sigma_r$，由式(9-100)可知，恒有$\sigma_\theta > \sigma_z \geqslant \sigma_r$。

由式(4-41)，可知弹性状态的应力强度为

$$\sigma_e = \frac{1}{\sqrt{2}}\sqrt{(\sigma_1-\sigma_2)^2+(\sigma_2-\sigma_3)^2+(\sigma_3-\sigma_1)^2} = \frac{\sqrt{3}b^2}{\dfrac{b^2}{a^2}-1}\frac{q}{r^2}$$

最大的应力强度产生在筒的内壁，即

$$(\sigma_e)_{\max} = (\sigma_e)_{r=a} = \frac{\sqrt{3}b^2}{\dfrac{b^2}{a^2}-1}\frac{q}{a^2}$$

根据米泽斯屈服准则，当这个数值达到屈服应力σ_s时，内壁进入塑性状态，相应的内压力为

$$q_e = \left(1-\frac{a^2}{b^2}\right)\frac{\sigma_s}{\sqrt{3}} \tag{9-101}$$

此即弹性极限压力，因为只有当$q \leqslant q_e$时，圆筒才能完全处于弹性状态。

2. 弹塑性解

当$q = q_e$时，在筒的内缘处开始产生塑性变形。随着q的增加，将在靠近筒内壁的附近形成一塑性区，弹、塑性区的分界面应是一个圆柱面，设它的半径为$r_s (a \leqslant r_s \leqslant b)$。

先分析塑性区内的应力情况。因为材料是不可压缩的，即$\theta = \varepsilon_r + \varepsilon_\theta + \varepsilon_z = 0$，又厚壁筒处于平面应变状态，即$\varepsilon_z = 0$，则由式(4-137)所示的全量理论本构方程，有

$$\sigma_z - \sigma_0 = \frac{2\sigma_e}{3\varepsilon_e}(\varepsilon_z - \varepsilon_0) = 0$$

得

$$\sigma_z = \sigma_0 = \frac{1}{3}(\sigma_r + \sigma_\theta + \sigma_z)$$

因此有

$$\sigma_z = \frac{1}{2}(\sigma_r + \sigma_\theta)$$

并根据式(4-41)，有

$$\sigma_e=\frac{\sqrt{3}}{2}\sqrt{(\sigma_r-\sigma_\theta)^2}=\frac{\sqrt{3}}{2}(\sigma_\theta-\sigma_r) \tag{a}$$

这里我们根据筒的受力性质及其弹性解答，估计σ_θ为拉应力，σ_r为压应力，故在开方时取$(\sigma_\theta-\sigma_r)$，以使σ_e为正值。

在塑性区内，没有硬化的理想塑性材料是处于屈服状态的，若采用米泽斯屈服准则，由式(a)，则有

$$\sigma_\theta-\sigma_r=\frac{2}{\sqrt{3}}\sigma_s \tag{9-102}$$

将式(9-102)代入轴对称静力平衡方程(式(2-75))，得

$$\mathrm{d}\sigma_r=\frac{2}{\sqrt{3}}\sigma_s\frac{\mathrm{d}r}{r}$$

积分后得

$$\sigma_r=\frac{2}{\sqrt{3}}\sigma_s\ln r+C \tag{b}$$

因为塑性区靠近筒的内壁，所以有边界条件$\sigma_r\big|_{r=a}=-q$，利用这个条件，可求解积分常数C，并代入式(b)，最后求得塑性区应力为

$$\begin{aligned}\sigma_r&=-q+\frac{2}{\sqrt{3}}\sigma_s\ln\frac{r}{a}\\ \sigma_\theta&=-q+\frac{2}{\sqrt{3}}\sigma_s\left(\ln\frac{r}{a}+1\right)\\ \sigma_z&=-q+\frac{2}{\sqrt{3}}\sigma_s\left(\ln\frac{r}{a}+\frac{1}{2}\right)\end{aligned} \tag{9-103}$$

圆筒的弹性区相当于内缘刚屈服的厚壁圆筒，其内半径为r_s，外半径为b。所以，关于弹性区的应力，只要在式(9-100)中令$q=q_e$、$a=r_s$就可得到，即

$$\begin{aligned}\sigma_r&=\frac{q_e}{\dfrac{b^2}{r_s^2}-1}\left(\frac{b^2}{r^2}-1\right)\\ \sigma_\theta&=\frac{q_e}{\dfrac{b^2}{r_s^2}-1}\left(\frac{b^2}{r^2}+1\right)\\ \sigma_z&=\frac{q_e}{\dfrac{b^2}{r_s^2}-1}\end{aligned} \tag{c}$$

在现在的情况下，根据式(9-101)，可得

$$q_e=\left(1-\frac{r_s^2}{b^2}\right)\frac{\sigma_s}{\sqrt{3}} \tag{d}$$

将式(d)代入式(c)，则得弹性区应力为

$$\begin{aligned}\sigma_r&=-\frac{\sigma_s}{\sqrt{3}}\frac{r_s^2}{b^2}\left(\frac{b^2}{r^2}-1\right)\\ \sigma_\theta&=\frac{\sigma_s}{\sqrt{3}}\frac{r_s^2}{b^2}\left(\frac{b^2}{r^2}+1\right)\\ \sigma_z&=\frac{\sigma_s}{\sqrt{3}}\frac{r_s^2}{b^2}\end{aligned} \tag{9-104}$$

在弹、塑性区的分界面上，径向应力应该是连续的，即

$$\sigma_r\Big|_{r=r_s-0}=\sigma_r\Big|_{r=r_s+0}$$

由式(9-103)和式(9-104)，应用这个应力连续条件，得到联系内压力 q 和 r_s 的关系式：

$$q=\frac{2\sigma_s}{\sqrt{3}}\left[\ln\frac{r_s}{a}+\frac{1}{2}\left(1-\frac{r_s^2}{b^2}\right)\right] \tag{9-105}$$

由式(9-105)即可根据 q 的大小来确定塑性区的范围。

3. 塑性极限状态

在弹塑性状态，由于弹性区包围着塑性区，限制了塑性变形的发展。但是，随着 q 的增加，塑性区可不断扩大。最后，整个筒都进入塑性状态，塑性变形可不受限制地自由发展。这时，厚壁筒已达塑性极限状态，失去继续承载的能力。此时，在式(9-105)中令 $r_s=b$，就得到塑性极限压力为

$$q_s=\frac{2\sigma_s}{\sqrt{3}}\ln\frac{b}{a} \tag{9-106}$$

这个公式被广泛地应用于厚壁圆柱形管和容器的强度计算中。在塑性极限状态时，将式(9-103)中的 q 改用式(9-106)的 q_s，则得塑性极限状态时的应力分量为

$$\begin{aligned}\sigma_r&=\frac{2\sigma_s}{\sqrt{3}}\ln\frac{r}{b}\\ \sigma_\theta&=\frac{2\sigma_s}{\sqrt{3}}\left(\ln\frac{r}{b}+1\right)\\ \sigma_z&=\frac{2\sigma_s}{\sqrt{3}}\left(\ln\frac{r}{b}+\frac{1}{2}\right)\end{aligned} \tag{9-107}$$

4. 残余应力计算

厚壁筒在进入塑性状态以后，即使将内压力 q 全部卸除，由于变形不能完全恢复，不仅有残余变形，还会有残余应力。应用卸载定律，可以求出残余应力。为此，必须先用式(9-100)，求出以 q 为假想荷载按纯弹性计算所得的应力。然后，由卸载前的应力(在塑性区如式(9-103)所示，在弹性区如式(9-104)所示)减去按纯弹性计算所得的应力，即得残余应力：

$$
\left.\begin{aligned}
\sigma_r^0 &= \frac{2}{\sqrt{3}}\sigma_s \ln\frac{r}{a} - q + \frac{q}{\dfrac{b^2}{a^2}-1}\left(\frac{b^2}{r^2}-1\right)\\
\sigma_\theta^0 &= \frac{2}{\sqrt{3}}\sigma_s \left(\ln\frac{r}{a}+1\right) - q - \frac{q}{\dfrac{b^2}{a^2}-1}\left(\frac{b^2}{r^2}+1\right),\quad a \leqslant r \leqslant r_s\\
\sigma_z^0 &= \frac{2}{\sqrt{3}}\sigma_s \left(\ln\frac{r}{a}+\frac{1}{2}\right) - q - \frac{q}{\dfrac{b^2}{a^2}-1}
\end{aligned}\right\} \tag{9-108}
$$

$$
\left.\begin{aligned}
\sigma_r^0 &= -\left(\frac{\sigma_s}{\sqrt{3}}\frac{r_s^2}{b^2} - \frac{q}{\dfrac{b^2}{a^2}-1}\right)\left(\frac{b^2}{r^2}-1\right)\\
\sigma_\theta^0 &= \left(\frac{\sigma_s}{\sqrt{3}}\frac{r_s^2}{b^2} - \frac{q}{\dfrac{b^2}{a^2}-1}\right)\left(\frac{b^2}{r^2}+1\right),\quad r_s \leqslant r \leqslant b\\
\sigma_z^0 &= \frac{\sigma_s}{\sqrt{3}}\frac{r_s^2}{b^2} - \frac{q}{\dfrac{b^2}{a^2}-1}
\end{aligned}\right\} \tag{9-109}
$$

由式(9-108)和式(9-109)可知，内壁附近的残余应力是压应力，这就好像是对厚壁筒施加了预应力，从而可以提高筒的承载能力。这种利用先加载超过初始弹性极限压力，然后卸载，产生某种残余应力分布，使得再加载时弹性极限压力提高的办法，称为预应力技术或自紧处理，在炮筒和高压容器的制造中有着广泛的应用。

5. 变形计算

在小变形的情况下，考虑到平面应变状态及材料的不可压缩性，应有

$$
\varepsilon_r + \varepsilon_\theta = 0 \tag{e}
$$

而根据几何方程，应有

$$\varepsilon_r = \frac{\mathrm{d}u}{\mathrm{d}r}, \quad \varepsilon_\theta = \frac{u}{r} \tag{f}$$

将式(f)代入式(e)，有

$$\frac{\mathrm{d}u}{\mathrm{d}r} + \frac{u}{r} = 0$$

此方程的解是

$$u = \frac{B}{r} \tag{g}$$

其中，B 是积分常数。这里获得的位移解答并没有涉及应力-应变关系，只要筒是处于平面应变状态和材料为不可压缩的，则无论对弹性区域或塑性区域，它都是成立的。相应的应变为

$$\varepsilon_r = -\varepsilon_\theta = -\frac{B}{r^2} \tag{h}$$

由于材料的不可压缩性，$\mu = \frac{1}{2}$，$E = 3G$，由广义胡克定律并考虑到式(9-104)，则在弹性区内应有

$$\varepsilon_\theta = \frac{1}{3G}\left[\sigma_\theta - \frac{1}{2}(\sigma_r + \sigma_z)\right] = \frac{1}{2G}\frac{\sigma_s}{\sqrt{3}}\left(\frac{r_s}{r}\right)^2 \tag{i}$$

将式(i)与式(h)相比较，则

$$B = -\frac{1}{2G}\frac{\sigma_s}{\sqrt{3}} r_s^2 \tag{j}$$

将式(j)代入式(g)，得

$$u = -\frac{1}{2G}\frac{\sigma_s}{\sqrt{3}}\frac{r_s^2}{r} \quad （米泽斯屈服准则） \tag{9-110}$$

将它再代入式(f)，则应变为

$$\varepsilon_r = -\varepsilon_\theta = \frac{1}{2G}\frac{\sigma_s}{\sqrt{3}}\frac{r_s^2}{r^2} \tag{9-111}$$

这说明在加载过程中应变是成比例增加的，因此，在现在的情况下已满足了简单加载的条件。

在达到塑性极限状态时，外围的弹性区已不存在，无法约束塑性变形的发展，所以塑性变形可以自由发展，这时常数 B 的数值就不能被确定。

9.6.2　硬化材料的厚壁圆筒

如果筒是由硬化材料制成的，而其他条件不变。在此情况下，除平衡方程和屈服条件外，还要用到物理方程和几何方程才能求解。由于是简单加载，根据 9.6.1 节的式(a)，有

$$\sigma_\theta-\sigma_r=\frac{2}{\sqrt{3}}\sigma_e \tag{a}$$

又由 9.6.1 节的式(h)，有

$$\varepsilon_r=-\varepsilon_\theta=-\frac{B}{r^2},\quad \varepsilon_z=0$$

所以应变强度为

$$\varepsilon_e=\frac{\sqrt{2}}{3}\sqrt{(\varepsilon_r-\varepsilon_\theta)^2+\varepsilon_r^2+\varepsilon_\theta^2}=\frac{2}{\sqrt{3}}\frac{B}{r^2} \tag{b}$$

根据单一曲线假设$\sigma_e=\Phi(\varepsilon_e)$及式(a)，有

$$\sigma_\theta-\sigma_r=\frac{2}{\sqrt{3}}\Phi(\varepsilon_e)$$

现将上式代入平衡方程：

$$\frac{\mathrm{d}\sigma_r}{\mathrm{d}r}+\frac{\sigma_r-\sigma_\theta}{r}=0$$

则得

$$\mathrm{d}\sigma_r=\frac{2}{\sqrt{3}}\Phi(\varepsilon_e)\frac{\mathrm{d}r}{r}$$

将该式在r至b内积分，得

$$\sigma_r=(\sigma_r)_{r=b}-\frac{2}{\sqrt{3}}\int_r^b\Phi(\varepsilon_e)\frac{\mathrm{d}r}{r}$$

由边界条件$(\sigma_r)_{r=b}=0$，得

$$\sigma_r=-\frac{2}{\sqrt{3}}\int_r^b\Phi(\varepsilon_e)\frac{\mathrm{d}r}{r}$$

将式(b)代入，统一积分变量，则

$$\sigma_r=-\frac{2}{\sqrt{3}}\int_r^b\Phi\left(\frac{2}{\sqrt{3}}\frac{B}{r^2}\right)\frac{\mathrm{d}r}{r} \tag{9-112}$$

按照筒内壁的边界条件 $(\sigma_r)_{r=a}=-q$ ，则

$$q=\frac{2}{\sqrt{3}}\int_a^b \Phi\left(\frac{2}{\sqrt{3}}\frac{B}{r^2}\right)\frac{\mathrm{d}r}{r} \tag{9-113}$$

若已知材料的性质，即函数 Φ 确定以后，就可以确定常数 B ，从而确定应力 σ_r 、σ_θ 。单向拉伸时，多数金属材料的本构关系可用幂函数表示为

$$\sigma=A\varepsilon^m$$

此式中 Φ 为幂函数，即设

$$\Phi(\varepsilon_e)=A\varepsilon_e^m$$

其中， A 和 m 是材料常数，且 $0\leqslant m\leqslant 1$ ，则由式(9-113)，得

$$B^m=-\frac{2qm\left(\dfrac{\sqrt{3}}{2}\right)^{m+1}}{\left(\dfrac{1}{b^{2m}}-\dfrac{1}{a^{2m}}\right)A}$$

积分式(9-112)并将 B 值代入，得简化的应力为

$$\begin{aligned}\sigma_r&=-q\frac{a^{2m}(r^{2m}-b^{2m})}{r^{2m}(a^{2m}-b^{2m})}\\ \sigma_\theta&=-q\frac{a^{2m}[r^{2m}+(2m-1)b^{2m}]}{r^{2m}(a^{2m}-b^{2m})}\end{aligned} \tag{9-114}$$

下面对结果予以讨论。

(1) 当 $m=0$ 时， $\sigma_e=A$ ，取 $A=\sigma_s$ ，则本构关系为理想刚塑性。由 $\sigma_e=\sigma_s$ 和 $\sigma_\theta-\sigma_r=\dfrac{2}{\sqrt{3}}\sigma_e$ ，可得到 $\sigma_\theta-\sigma_r=\dfrac{2}{\sqrt{3}}\sigma_s$ ，此即为圆筒在平面应变条件下的米泽斯屈服准则，将式(9-114)代入该准则，则求得

$$q=\frac{(b^{2m}-a^{2m})r^{2m}}{2ma^{2m}b^{2m}}\frac{2}{\sqrt{3}}\sigma_s$$

当 $m\to 0$ 时，上式的极限值为 $q=\dfrac{2}{\sqrt{3}}\sigma_s\ln\dfrac{b}{a}$ ，即塑性极限屈服压力的表达式。

(2) 当 $m\to 1$ 时，取 $A=E$ 代入式(9-114)，得

$$\sigma_r=\frac{(r^2-b^2)a^2}{(b^2-a^2)r^2}q,\quad \sigma_\theta=\frac{(r^2+b^2)a^2}{(b^2-a^2)r^2}q$$

此式即为在弹性状态下的应力解。

习　题

9-1 图 9-13 中所示桁架，三杆横截面面积为 A，$\alpha = 60°$，杆的材料是弹性理想塑性的。设在加载过程中，$P:Q = 1:1$，求 P、Q 从零开始增加时三根杆的内力。

9-2 假定上题中 $Q = 0$，而 P 加至 $P = 1.5\sigma_s A$ 后卸载，求杆中的残余应力和残余应变。

9-3 已知材料的屈服极限为 σ_s，试求下列截面极限弯矩 T_s 的值，见图 9-14。

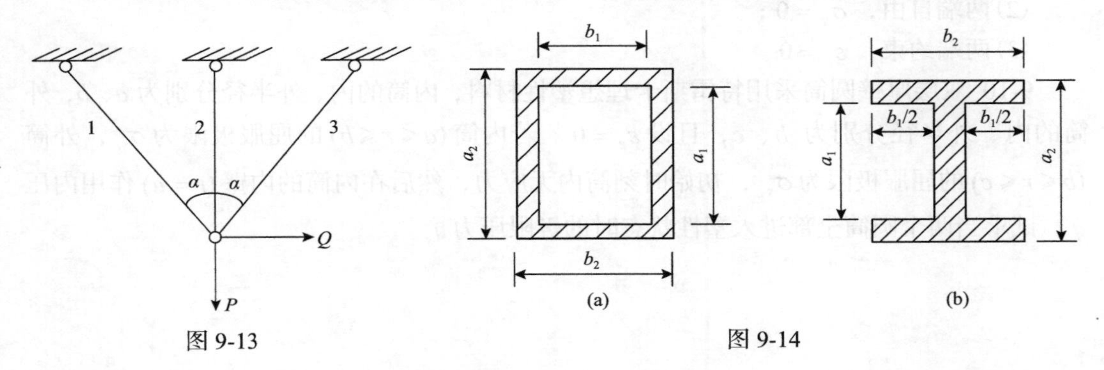

图 9-13　　图 9-14

9-4 设 $M = M_e$ 时梁的曲率半径为 ρ_e，梁在弹塑性变形中的曲率半径为 ρ，则有 $\rho_e/\rho = h/h_1$，此处 h 为矩形截面高之半，h_1 为弹性核心之半。试求 M/M_e 的值。

9-5 设有高为 $2h$、宽为 b 的理想弹塑性材料矩形截面梁，受外力作用，当弹性核心为 $h_1 = \dfrac{h}{2}$ 时(图 9-15)，试求：

(1) 弯矩值；

(2) 卸载后残余曲率半径 ρ^0 与开始卸载时曲率半径 ρ 之比值。

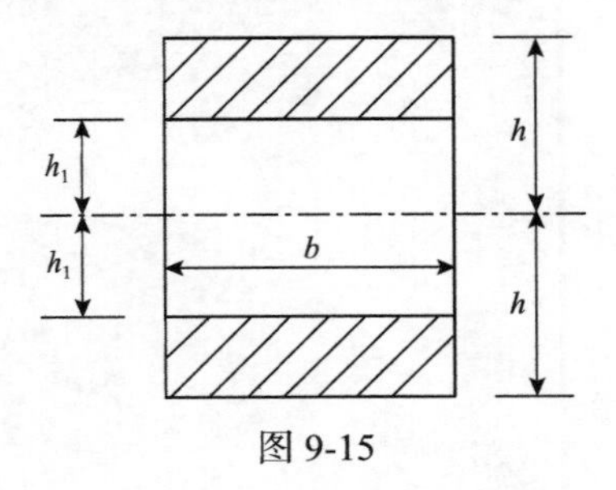

图 9-15

9-6 设有一封闭厚壁圆筒，服从米泽斯屈服准则，同时受有均匀内压 p 和扭矩 T 作用。如果外径和内径之比为 $b/a = K$，试求在内表面与外表面同时达到屈服时 T/p 的表达式。

9-7 已知弹性理想塑性材料的剪切屈服极限为 τ_s，若用此材料制成半径为 R 的受扭圆杆，试求如下情况的扭矩值：

(1) 轴的最外层材料刚进入塑性状态；

(2)在 $R/2 \leqslant r \leqslant R$ 的范围内材料进入塑性状态；

(3)在整个截面上进入塑性状态。

9-8 设有理想弹塑性球壳，其内半径为 a，外半径为 b，受内压力 $q(q_e < q < q_s)$ 后完全卸载，试求卸载后壳中的残余应力。

9-9 设有理想弹塑性厚壁圆筒，其内半径为 a，外半径为 b，屈服极限为 σ_s，试求下列情况下筒内壁进入塑性状态时的内压 q 值：

(1)两端封闭；

(2)两端自由，$\sigma_z = 0$；

(3)两端约束，$\varepsilon_z = 0$。

9-10 双层厚壁圆筒采用特雷斯卡理想塑性材料，内筒的内、外半径分别为 a、b，外筒的内、外半径分别为 b、c，且设 $\varepsilon_z = 0$。若内筒 $(a \leqslant r \leqslant b)$ 的屈服极限为 σ_{s_1}，外筒 $(b \leqslant r \leqslant c)$ 的屈服极限为 σ_{s_2}，初始时刻筒内无应力，然后在内筒的内壁 $(r = a)$ 作用内压 q。试求当两个圆筒全部进入塑性状态时的极限压力 q_s。

第 10 章 强度理论与断裂、疲劳、损伤(失效理论 I)

10.1 失效准则与强度理论概述

10.1.1 失效与失效准则

结构或构件在荷载作用下不能正常工作时称为失效，一般也称为破坏。为了保证结构不失效，它们的构件必须不失效，这主要表现在如下三个方面：

(1) 构件应具有足够的强度，即构件在荷载作用下抵抗破坏的能力；

(2) 构件应具有足够的刚度，即构件在荷载作用下抵抗变形的能力；

(3) 构件应具有足够的稳定性，即构件保持原来平衡形式不变的能力。

构件在强度、刚度和稳定性三方面的要求，有时统称为“强度”要求，这是在广泛意义下的强度。而强度理论就是判断构件或材料是否失效的理论，是关于引起构件或材料失效原因的假说。

一般而言，外力的作用形式有静荷载、冲击荷载、交变荷载等，如图 10-1 所示。材料和结构的失效方式若按荷载的作用形式，可分为静态失效、动态失效、疲劳失效等；按外力作用的环境和温度，可分为常温失效、高温失效、介质腐蚀失效等；按失效形态，可分为局部失效和总体失效。

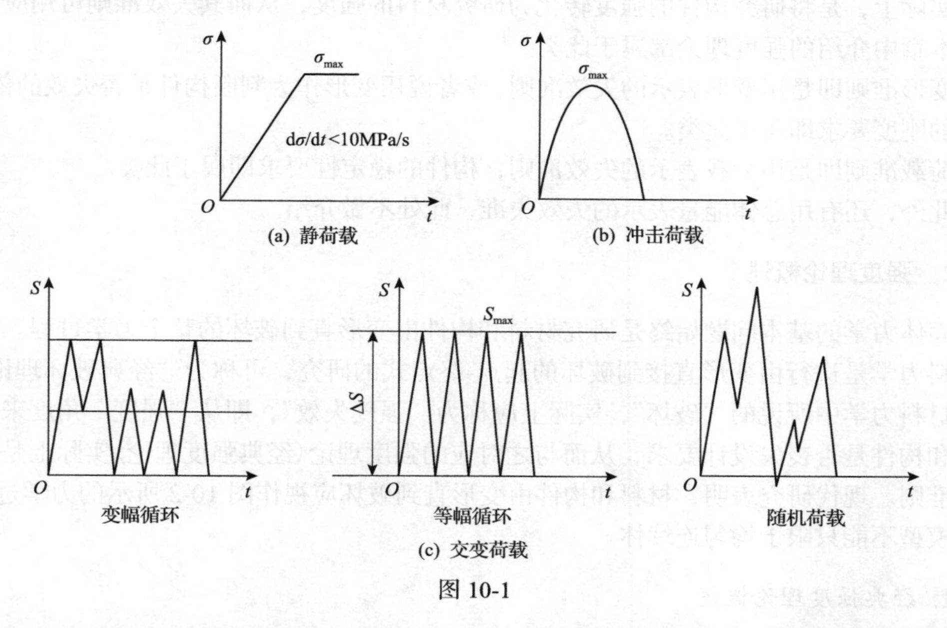

图 10-1

构件的失效往往用失效准则(或称强度准则)来表示和判断，按照不同的失效方式，可对失效准则进行如下分类。

(1)按构件失效的定义，可将失效准则分为基于局部材料失效建立的失效准则和按构件总体失效建立的失效准则。

基于局部材料失效建立的失效准则认为局部材料失效即是构件失效，于是将研究构件的失效转化为研究材料的失效或材料的强度。实用中在一维应力状态下，材料的强度由强度极限σ_b（针对脆性材料）或屈服极限σ_s（针对塑性材料）来表征，这是因为当$\sigma \approx \sigma_b$时脆性材料断裂；而当$\sigma \approx \sigma_s$时塑性材料将产生塑性变形或塑性流动。脆性断裂和塑性流动分别是脆性材料和塑性材料失效的标志，是材料失效(或“破坏”)的两种基本形式。材料的强度极限σ_b和屈服极限σ_s都由试验确定。在复杂应力状态下，表征材料强度的极限应力值就不能直接由试验来确定。这是因为在复杂应力状态下，非零主应力多于一个，其组合可以有无限多，我们不能通过无限多的试验来测定材料失效时的应力值，更何况复杂应力状态下的试验要比单向应力试验困难得多。因此，必须在工程实践及部分试验的基础上对材料失效的原因提出某种假说，然后再用试验来验证这种假说是否正确，而予以修正或确定其适应范围。所以，在材料力学中，经典强度理论常陈述为：强度理论是判断材料是否失效的理论，是引起材料失效原因的假说。

构件的刚度要求和稳定性要求，则属于按构件总体失效来建立失效准则。因为刚度要求是要保证构件的最大变形不超过工程许可的极限值，而构件的变形是构件的整体效应。稳定性要求则是保证构件不丧失其原有的平衡形式，显然，构件丧失稳定性不是来源于局部材料失效，而是构件的整体失效，如直杆被压弯。

(2)按失效准则的表示形式又可分为应力准则、变形准则和荷载准则。

应力准则即用应力表示的失效准则。如上所述，基于局部材料失效而建立的失效准则，实际上，是将研究构件的强度转化为研究材料的强度，从而其失效准则可用应力表示。本章中介绍的强度理论都属于此类。

变形准则即是用变形表示的失效准则，或者说用变形作为判断构件是否失效的依据。构件的刚度要求即属于此类。

荷载准则即是用荷载表示的失效准则，构件的稳定性要求即属于此类。

此外，还有用总体能量表示的失效失准，此处不做介绍。

10.1.2 强度理论概述

固体力学的基本问题始终是研究材料和构件由变形直到破坏的整个力学过程。传统的材料力学是进行由变形直接到破坏的起点-终点式的研究，可称为“经典破坏理论”。传统材料力学中所说的“破坏”，实际上应称为“强度失效”，即从“强度”角度来判定材料和构件是否丧失设计要求，从而与之对应的强度理论(经典强度理论)实际上是强度失效准则。现代研究表明，材料和构件由变形直到破坏应视作图 10-2 所示的力学过程，研究模型不能只限于均匀连续体。

1. 经典强度理论概述

从材料力学中已知，经典强度理论是在材料为均匀、连续的前提下建立的，按照经典强度理论对材料和构件进行强度分析，可概括为如下三个步骤(图 10-3)：

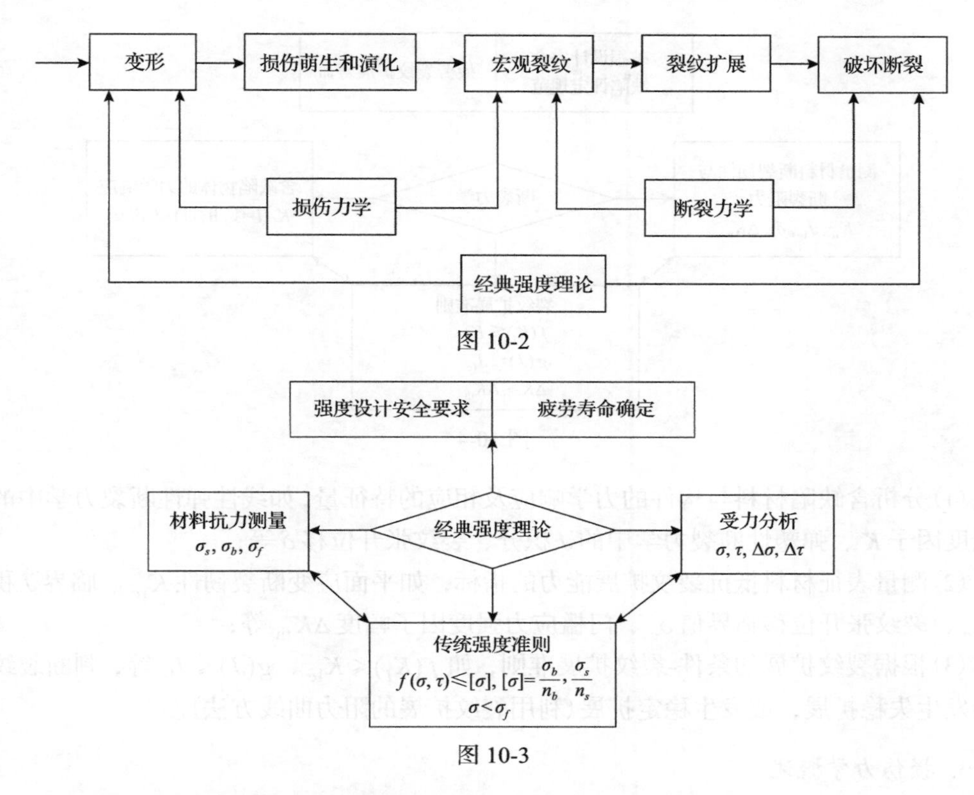

图 10-2

图 10-3

(1) 分析在荷载作用下材料或结构的应力状态；

(2) 用试验方法测定表征材料强度的性能指标：屈服极限 σ_s 、强度极限 σ_b 、持久极限 σ_f 等；

(3) 应用经典强度理论的强度准则 $f(\sigma,\tau)\leqslant[\sigma]$ ，来判断材料或构件是否满足强度要求，式中 $[\sigma]=\frac{\sigma_b}{n_b},\frac{\sigma_s}{n_s}$ ， n_b 和 n_s 为相应情况下规定的安全系数。

2. 断裂力学概述

实际的材料与结构是存在缺陷的。特别是随着工业的发展，高强度钢结构、焊接结构、大型锻件等得到广泛的应用，在锻造、焊接、淬火、冷加工等加工过程中，这些构件中经常形成宏观尺寸的裂纹，以致在应用中引起突然的脆性断裂。即使构件并无原始裂纹，也可能由于外力作用、介质腐蚀，尤其是疲劳荷载等，其内部的微观缺陷(如夹渣、孔缩等)发展成宏观裂纹。对大量脆断事故的分析表明，裂纹扩展是脆性断裂的主要根源，而经典强度理论不能正确地解决这类新的问题。20 世纪 50 年代开始发展的断裂力学，是材料强度理论的重大发展。断裂力学考虑裂纹型缺陷，主要研究裂纹扩展的条件和规律，探索裂纹对构件强度的影响。据此，它引入表征缺陷尺度的几何量 a ，来表征缺陷长度或缺陷平均半径，假设在裂纹型缺陷的边界面上存在着位移与构形几何的间断，但仍认为基体介质是均匀连续的。基于此建立起来的断裂力学在进行材料或构件的强度分析时，也可概括为如下三个步骤(图 10-4)：

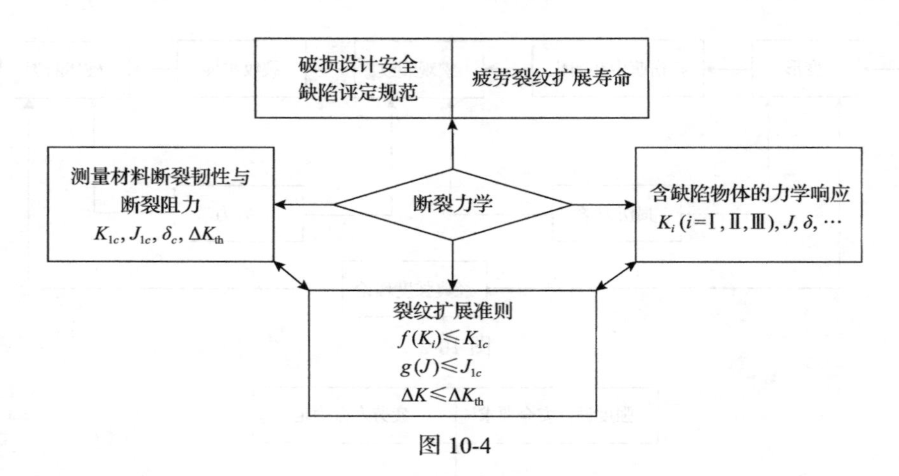

图 10-4

(1) 分析含缺陷材料与构件的力学响应及相应的特征量，如线性弹性断裂力学中的应力强度因子 K 、弹塑性断裂力学中的 J 积分、裂纹张开位移 δ 等；

(2) 测量表征材料抵抗裂纹扩展能力的指标，如平面应变断裂韧性 K_{1c} 、临界 J 积分值 J_{1c} 、裂纹张开位移临界值 δ_c 、门槛应力强度因子幅度 ΔK_{th} 等；

(3) 根据裂纹扩展的条件-裂纹扩展准则，如 $f(K_i) \leqslant K_{1c}$ 、 $g(J) \leqslant J_{1c}$ 等，判断裂纹是否会发生失稳扩展，或发生稳定扩展(利用裂纹扩展的阻力曲线方法)。

3. 损伤力学概述

断裂力学无法分析宏观裂纹出现之前材料中的微缺陷或微裂纹的形成，以及微缺陷的发展对材料力学性能的影响，况且很多微缺陷的存在并不能简化为宏观裂纹，这是断裂力学的局限性。经典的固体力学虽然完备地描述了无损材料的力学性能(如弹性、黏弹性、塑性、黏塑性等)，然而，材料或结构的工作过程就是一个不断损伤的过程。在这个过程中，损伤基元的存在和演化，使实际的材料与结构既非均质，也不连续。因此，人们必须抛弃经典理论中材料为均匀、连续的假设，建立受损材料的本构关系和损伤的演化方程，计算结构的损伤程度，从而更深刻地解释材料或结构的破坏机理，达到预估材料或结构的剩余寿命的目的，这些就是损伤力学研究的主要内容，它既联系和发源于经典材料力学和断裂力学，又是它们的发展和补充。材料的损伤可分为弹性损伤、弹塑性损伤、疲劳损伤、蠕变损伤、腐蚀损伤、辐照损伤、剥落损伤等。

损伤力学主要考虑宏观可见缺陷或裂纹出现之前的材料力学过程。含宏观裂纹物体的变形以及裂纹的扩展，则用断裂力学的理论进行研究，称为无耦合分析方法。而实际上，当宏观裂纹出现后，材料的损伤对裂纹尖端附近及其他区域的应力和应变均有影响。因此，合理的方法是将损伤耦合至本构方程中，即用损伤本构方程取代没有考虑损伤的本构方程，同时采用耦合计算方法，来分析材料损伤—裂纹萌生与扩展—破坏的全过程。这样，将损伤力学与断裂力学连接在一起，构成了破坏理论的主要内容。

损伤理论的主要研究方法是连续介质力学的唯象理论。它以材料的表观现象为依据，将物体内存在的损伤(微缺陷)理解为与应力、应变场及温度场相类似的连续场变量，在物体内某点处选取“微元体”，并假定该微元体内的应力、应变以及损伤都是均匀分布的，这样就能在连续介质力学的框架内，将损伤对材料力学性能的影响做出系统的处理，由此形成的损伤力学又称为连续损伤力学。其具体分析过程可概括为如下四个步骤(图 10-5)：

(1)选择合适的表征损伤的状态变量，称为损伤变量；

(2)通过试验途径或连续介质力学与连续热力学途径，确定含损伤变量的损伤演化方程和本构关系；

(3)与连续介质力学的其他场方程一起，形成损伤力学的初、边值问题(或变分问题)，求解材料或结构的应力、应变场和损伤场；

(4)根据损伤的临界值来判断材料或结构的损伤程度，以及可安全使用的界限。

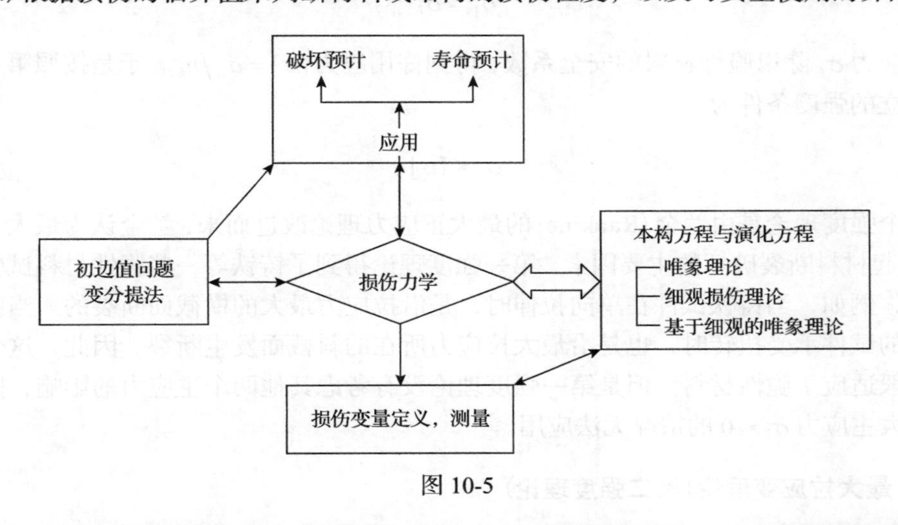

图 10-5

一般而言，损伤理论可分为能量损伤理论和几何损伤理论。能量损伤理论以连续介质力学和热力学为基础，将损伤过程视为不可逆的能量转换，由自由能和耗散势导出损伤本构方程和损伤演化方程。能量损伤理论在金属和非金属材料的损伤与断裂的研究中得到广泛的应用。几何损伤理论也认为材料的损伤是由材料中的微缺陷导致的，但损伤度的大小和损伤的演变与微缺陷的尺寸、形状、密度及其分布相关，损伤的几何描述(张量表示)与等价应力的概念相结合，构成几何损伤理论的核心。几何损伤理论已有效地应用于岩石及混凝土结构的损伤分析中。

10.2　经典强度理论

经典强度理论认为材料失效有两种主要形式：流动和断裂。失效的形式不同，引起失效的原因当然也不一样，相应地建立的强度理论也就分为两类，即判断材料是否断裂破坏的强度理论和判断材料是否流动失效的强度理论。前者有最大拉应力理论和最大拉应变理论，后者有最大剪应力理论和形状改变比能理论。这四个经典强度理论又依次称为第一、第二、第三和第四强度理论。在应用中，脆性材料的拉伸曲线可近似看成直线，从而可近似地认为脆性材料的变形服从胡克定律；对于塑性材料，当构件内危险点处的应力不会引起塑性变形时，构件可视作线性弹性的。因此，本节所介绍的四个强度理论都对应于构件的弹性变形阶段，可以应用广义胡克定律进行计算。

10.2.1 最大拉应力理论(第一强度理论)

这个强度理论认为，最大拉应力是引起材料断裂破坏的主要原因。即无论是简单应力状态还是复杂应力状态，引起断裂破坏的因素是相同的，都是最大拉应力$\sigma_1(\sigma_1>0)$。在单向拉伸时，轴向应力是最大拉应力，断裂破坏的极限应力为强度极限σ_b。于是按照这个强度理论，失效准则可写为

$$\sigma_1=\sigma_b$$

将极限应力σ_b除以脆性材料的安全系数，得到许用应力$[\sigma]=\sigma_b/n_b$。于是按照第一强度理论建立的强度条件为

$$\sigma_1\leqslant[\sigma] \tag{10-1}$$

这个强度理论是由兰金(Rankine)的最大正应力理论改进而来，兰金认为最大主应力σ_1是引起材料断裂破坏的主要因素。第一强度理论得到了铸铁等一些脆性材料试验结果的支持，例如，当铸铁试件在单向拉伸时，是沿拉应力最大的横截面断裂的。当脆性材料制成的试件承受扭转时，也是沿最大拉应力所在的斜截面发生断裂。因此，这个强度理论一般适应于脆性材料。但是第一强度理论没有考虑其他两个主应力的影响，同时，对于最大主应力$\sigma_1\leqslant 0$的情况无法应用。

10.2.2 最大拉应变理论(第二强度理论)

这个强度理论认为，最大拉应变$\varepsilon_1(\varepsilon_1>0)$是引起材料断裂破坏的主要原因。即无论在什么应力状态下，引起材料断裂破坏的主要因素都是最大拉应变。前已说明，对于脆性材料直到断裂破坏前都可应用胡克定律，于是，在单向应力状态下，材料线应变的极限值为

$$\varepsilon^0=\frac{\sigma_b}{E}$$

根据广义胡克定律，在复杂应力状态下，最大拉应变可用主应力表示为

$$\varepsilon_1=\frac{\sigma_1}{E}-\frac{\mu}{E}(\sigma_2+\sigma_3)$$

按照第二强度理论，失效准则为

$$\varepsilon_1=\varepsilon^0$$

或者

$$\frac{1}{E}[\sigma_1 - \mu(\sigma_2 + \sigma_3)] = \frac{1}{E}\sigma_b$$

将极限应力 σ_b 除以脆性材料的安全系数 n_b，得到许用应力 $[\sigma] = \sigma_b / n_b$ 。于是按照第二强度理论建立的强度条件为

$$\sigma_1 - \mu(\sigma_2 + \sigma_3) \leqslant [\sigma] \tag{10-2}$$

这个强度理论是根据彭赛利(Poncelet)的最大线应变理论改进而来。石料或混凝土等脆性材料的试件在承受轴向压缩时，试件是沿垂直于压力的方向(侧向)发生断裂破坏，亦即沿最大拉应变 ε_1 的方向断裂破坏。这个理论也与铸铁在拉、压双向应力，且压应力较大情况下的试验结果近似吻合。但是，在混凝土、花岗石和砂岩等的双向压缩试验中发现，这个强度理论与试验结果不符合。同时，在铸铁双向拉伸情况下，这个强度理论也没有得到试验结果的支持。

10.2.3　最大剪应力理论(第三强度理论)

这个强度理论认为，无论在什么应力状态下，最大剪应力是引起材料流动失效的主要原因。在单向拉伸情况下，最大剪应力为轴向应力之半，即 $\tau_{\max} = \sigma/2$ ，当 $\sigma = \sigma_s$ 时材料发生流动，这里 σ_s 是材料的拉伸屈服极限。因此，最大剪应力的极限值为

$$\tau_{\max}^0 = \frac{1}{2}\sigma_s$$

在复杂应力状态下，最大剪应力为

$$\tau_{\max} = \frac{1}{2}(\sigma_1 - \sigma_3)$$

其中，σ_1 和 σ_3 分别是最大和最小主应力。

于是第三强度理论的失效准则为

$$\tau_{\max} = \tau_{\max}^0 = \frac{1}{2}\sigma_s$$

或者

$$\sigma_1 - \sigma_3 = \sigma_s$$

将极限应力 σ_s 除以塑性材料的安全系数 n_s，得到许用应力 $[\sigma] = \sigma_s / n_s$ 。于是按照第三强度理论建立的强度条件为

$$\sigma_1 - \sigma_3 \leqslant [\sigma] \tag{10-3}$$

库仑于 1773 年、特雷斯卡于 1864 年分别提出了这个理论。这个强度理论得到了塑

性材料，如钢、铜等的拉伸试验和薄管试验的验证，加之它形式简单，概念明确，所以在机械工程及结构塑性极限设计中得到了广泛应用。后来的研究表明，这个强度理论适用于$\tau_s/\sigma_s=1/2$的塑性材料，其中τ_s是材料的剪切屈服极限。

10.2.4　形状改变比能理论(第四强度理论)

这个强度理论认为，形状改变比能w_f是引起材料流动失效的主要原因，即无论是在单向应力状态还是复杂应力状态，引起材料流动失效的原因都是w_f。由式(3-47)，可导出形状改变比能的表达式为

$$w_f=\frac{1+\mu}{6E}[(\sigma_1-\sigma_2)^2+(\sigma_2-\sigma_3)^2+(\sigma_3-\sigma_1)^2]$$

而在简单拉伸情况下，当轴向应力达到σ_s时，材料流动失效。则在上式中令$\sigma_1=\sigma_s$，$\sigma_2=\sigma_3=0$，得到w_f的极限值为

$$w_f^0=\frac{1+\mu}{6E}(2\sigma_s^2)$$

于是基于第四强度理论的失效准则可写为

$$w_f=w_f^0$$

或者

$$\sqrt{\frac{1}{2}[(\sigma_1-\sigma_2)^2+(\sigma_2-\sigma_3)^2+(\sigma_3-\sigma_1)^2]}=\sigma_s$$

将极限应力σ_s除以塑性材料的安全系数n_s，得到许用应力$[\sigma]=\sigma_s/n_s$。于是按照第四强度理论建立的强度条件为

$$\sqrt{\frac{1}{2}[(\sigma_1-\sigma_2)^2+(\sigma_2-\sigma_3)^2+(\sigma_3-\sigma_1)^2]}\leqslant[\sigma] \tag{10-4}$$

第四强度理论是胡贝尔(Huber)于1904年从总应变比能强度理论改进而来。后来米泽斯、亨基(Hencky)都对这个强度理论做过进一步的阐述。研究表明，这个强度理论适用于$\tau_s/\sigma_s=1/\sqrt{3}$的塑性材料，且得到了关于这类材料试验结果的支持。

综合式(10-1)～式(10-4)，可将四个经典强度理论的强度条件统一写为

$$\sigma_{ri}\leqslant[\sigma] \tag{10-5}$$

其中，σ_{ri}称为相当应力，有时也记作σ_{eq}或σ_{xd}。

对应于这四个强度理论的相当应力的表达式依次为

$$
\begin{aligned}
&\sigma_{r1} = \sigma_1 \\
&\sigma_{r2} = \sigma_1 - \mu(\sigma_2 + \sigma_3) \\
&\sigma_{r3} = \sigma_1 - \sigma_3 \\
&\sigma_{r4} = \sqrt{\frac{1}{2}[(\sigma_1 - \sigma_2)^2 + (\sigma_2 - \sigma_3)^2 + (\sigma_3 - \sigma_1)^2]}
\end{aligned}
\tag{10-6}
$$

最后指出，第三和第四强度理论的失效准则即是金属材料出现塑性变形的条件，所以又称为塑性条件，它们分别称为特雷斯卡屈服准则和米泽斯屈服准则。

10.3　工程断裂失效准则

实际材料和结构难免有裂纹或类似裂纹的缺陷存在，裂纹往往引起低应力断裂，即材料或构件在低于屈服极限应力下的脆断。这说明经典强度理论不考虑材料或构件中存在的缺陷是具有局限性的。

10.3.1　控制断裂的基本因素

控制材料或结构断裂有下述三个基本因素。

1. 裂纹尺寸和形状

低应力断裂是由各种形式的缺陷开始的，缺陷的最严重形式是裂纹，因为裂纹尖端的应力集中最严重。图 10-6 是几种最常见的裂纹。图中所示中心裂纹和边裂纹是穿透整个厚度的，称为穿透裂纹，其尺寸用裂纹长度表示即可，其扩展是沿裂纹长度方向的。为了数学分析上的方便，中心穿透裂纹总长记作 $2a$，边裂纹长度记作 a。表面裂纹起源于表面，为未穿透厚度的裂纹，通常为半椭圆形，其在表面方向的尺寸用 $2c$ 表示，深度方向为 a，它可能在表面和深度两个方向扩展。

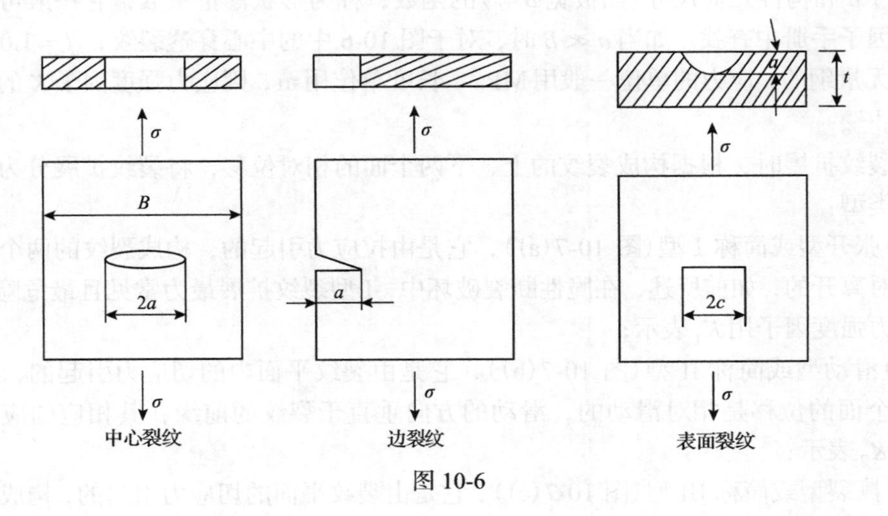

图 10-6

2. 应力的大小

应力的存在是引起断裂的必要条件。图 10-6 所示作用在构件上的应力是垂直于裂纹面的正应力，裂纹在σ的作用下张开而扩展，故图中常见裂纹在σ作用下的扩展称为张开型或 I 型裂纹扩展，是工程中断裂发生的最主要形式。本节主要讨论张开型裂纹扩展。显然可见，要使裂纹扩展，必须使$\sigma > 0$。即只有拉应力才能引起裂纹的张开型扩展。应力σ一般用假定无裂纹存在时裂纹处的应力描述，称为名义应力或远场应力，以便于应用一般结构分析的方法来确定该应力的大小。

3. 材料的断裂韧性

材料的断裂韧性是含裂纹材料抵抗断裂破坏能力的度量。它与材料、使用温度、环境介质等因素有关，由试验确定。

上述三个因素是控制断裂是否发生的最基本的因素。裂纹尺寸越大，作用应力越大，发生断裂的可能性越大：材料的断裂韧性越高，抵抗断裂破坏的能力越强，发生断裂的可能性越小。

10.3.2 应力强度因子

控制断裂是否发生的三个因素中，前两个是作用，为断裂的发生提供条件；最后一个(材料的断裂韧性)是抗力，阻止断裂的发生。

断裂产生的因素是裂纹尺寸a和应力σ，在线性弹性断裂力学中用参量K来描述，称为裂纹尖端的应力强度因子。其可用弹性力学方法导出，一般可写为

$$K = f\left(\frac{a}{B},\cdots\right)\sigma\sqrt{\pi a} \tag{10-7}$$

由式(10-7)可见，K正比于应力σ和裂纹长度a，K越大，发生断裂的可能越大。f是裂纹尺寸a和构件几何尺寸(如板宽B等)的函数，称为形状修正系数，它一般可以在应力强度因子手册中查找。如当$a \ll B$时，对于图 10-6 中的中心穿透裂纹，$f = 1.0$。注意到f是无量纲的，应力的单位一般用MPa，长度单位用m，则应力强度因子K的量纲为$\mathrm{MPa \cdot m^{1/2}}$。

当裂纹扩展时，根据构成裂纹的上、下两个面的相对位移，将裂纹扩展分为如下三种基本类型：

(1)张开型或简称 I 型(图 10-7(a))，它是由拉应力引起的，构成裂纹的两个面的位移是相对离开的，如前所述，在脆性断裂破坏中，I 型裂纹扩展最为常见且最危险，其相应的应力强度因子用K_1表示；

(2)滑动型或简称 II 型(图 10-7(b))，它是由裂纹平面内的切应力引起的，构成裂纹的两个面的位移是相对滑动的，滑动的方向垂直于裂纹的前缘，其相应的应力强度因子用K_2表示；

(3)撕裂型或简称 III 型(图 10-7(c))，它是由裂纹平面的切应力引起的，构成裂纹两

个面的位移也是相对滑动的，但滑动方向平行于裂纹前缘，其相应的应力强度因子用K_3表示。

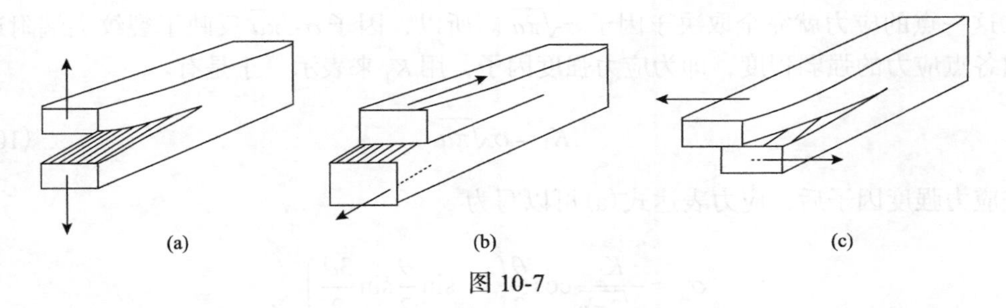

图 10-7

应力强度因子K_1、K_2、K_3的表达式均如式(10-7)所示。但对于K_1，式(10-7)中的σ为拉应力：对于K_2和K_3，式(10-7)中的σ应分别为裂纹平面内相应的切应力。

下面给出若干情况下张开型裂纹扩展的应力强度因子K_1的计算式。

1. 平面问题

(1)无限大板具中心穿透裂纹(图 10-8)

设平板上有一中心穿透裂纹，裂纹的长度为$2a$，若平板的长与宽远大于裂纹长度，就可认为平板是无限大的。为简化计算，设平板的厚度为一个单位(以下各平面问题中均取板厚为 1)。平板在正应力σ作用下拉伸时，值得注意的是，裂纹尖端附近的应力和位移。若以裂纹右边尖端为原点，采用极坐标，则在裂纹尖端附近很小的范围内(即限制在r的很小区域内)，应力分量(参见附录 C.8)为

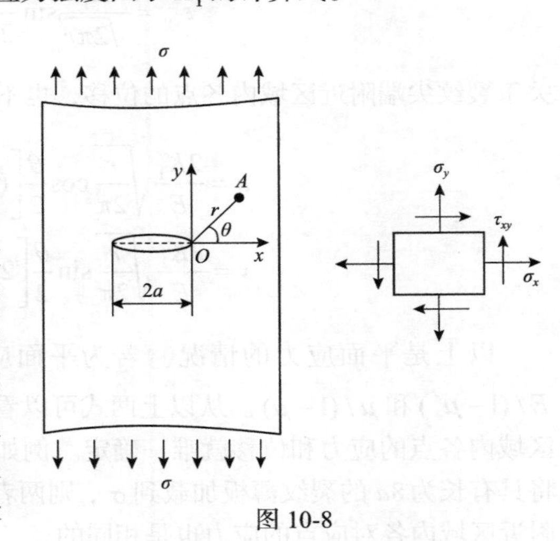

图 10-8

$$
\left.\begin{aligned}
\sigma_x &= \frac{\sigma\sqrt{\pi a}}{\sqrt{2\pi r}}\cos\frac{\theta}{2}\left(1-\sin\frac{\theta}{2}\sin\frac{3\theta}{2}\right)\\
\sigma_y &= \frac{\sigma\sqrt{\pi a}}{\sqrt{2\pi r}}\cos\frac{\theta}{2}\left(1+\sin\frac{\theta}{2}\sin\frac{3\theta}{2}\right)\\
\tau_{xy} &= \frac{\sigma\sqrt{\pi a}}{\sqrt{2\pi r}}\sin\frac{\theta}{2}\cos\frac{\theta}{2}\cos\frac{3\theta}{2}
\end{aligned}\right\} \tag{a}
$$

$$
\sigma_z = \tau_{xz} = \tau_{yz} = 0 \ \text{(平面应力)} \tag{b}
$$

$$
\sigma_z = \mu(\sigma_x + \sigma_y),\quad \tau_{xz} = \tau_{yz} = 0 \ \text{(平面应变)} \tag{c}
$$

在上述式中，因子$\frac{1}{\sqrt{2\pi r}}\cos\frac{\theta}{2}\left(1-\sin\frac{\theta}{2}\sin\frac{3\theta}{2}\right)$、$\frac{1}{\sqrt{2\pi r}}\sin\frac{\theta}{2}\cos\frac{\theta}{2}\cos\frac{3\theta}{2}$等只与坐标

r 和 θ 有关，即只与点的位置有关；而因子 $\sigma\sqrt{\pi a}$ 表示拉应力 σ 和裂纹尺寸 $2a$ 对尖端附近区域内各点应力的影响。由于对裂纹尖端附近区域内的任一点，其坐标 r 和 θ 都是定值，这一点的应力就完全取决于因子 $\sigma\sqrt{\pi a}$。所以，因子 $\sigma\sqrt{\pi a}$ 反映了裂纹尖端附近区域内各点应力的强弱程度，即为应力强度因子，用 K_1 来表示，于是有

$$K_1 = \sigma\sqrt{\pi a} \tag{10-8}$$

引进应力强度因子后，应力表达式(a)可以写为

$$\left.\begin{aligned}\sigma_x &= \frac{K_1}{\sqrt{2\pi r}}\cos\frac{\theta}{2}\left(1-\sin\frac{\theta}{2}\sin\frac{3\theta}{2}\right)\\ \sigma_y &= \frac{K_1}{\sqrt{2\pi r}}\cos\frac{\theta}{2}\left(1+\sin\frac{\theta}{2}\sin\frac{3\theta}{2}\right)\\ \tau_{xy} &= \frac{K_1}{\sqrt{2\pi r}}\sin\frac{\theta}{2}\cos\frac{\theta}{2}\cos\frac{3\theta}{2}\end{aligned}\right. \tag{10-9a}$$

关于裂纹尖端附近区域内各点的位移，也不加推导地将结果给出：

$$\left.\begin{aligned}u &= \frac{2K_1}{E}\sqrt{\frac{r}{2\pi}}\cos\frac{\theta}{2}\left[(1-\mu)+(1+\mu)\sin^2\frac{\theta}{2}\right]\\ v &= \frac{2K_1}{E}\sqrt{\frac{r}{2\pi}}\sin\frac{\theta}{2}\left[2-(1+\mu)\cos^2\frac{\theta}{2}\right]\end{aligned}\right. \tag{10-9b}$$

以上是平面应力的情况。若为平面应变状态，则应将式中的 E 和 μ 分别代以 $E/(1-\mu^2)$ 和 $\mu/(1-\mu)$。从以上两式可以看出，若应力强度因子已知，则裂纹尖端附近区域内各点的应力和位移就唯一确定。例如，将具有长为 $2a$ 的裂纹薄板加载到 2σ，而将具有长为 $8a$ 的裂纹薄板加载到 σ，则两者的应力强度因子相同，于是两者在裂纹尖端附近区域内各对应点的应力也是相同的。

(2)有限宽板具中心穿透裂纹(图 10-9)

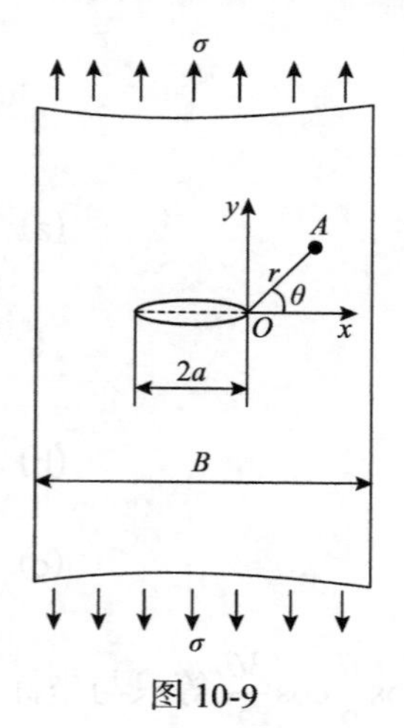

图 10-9

$$K_1 = \sigma\sqrt{\pi a}\left(\frac{B}{\pi a}\tan\frac{\pi a}{B}\right)^{\frac{1}{2}}$$

上式是一近似式，所得数值偏低，修正之后的公式是

$$K_1 = \sigma\sqrt{\pi a}f(\lambda) \tag{10-10}$$

其中，$\lambda = \dfrac{2a}{B}$。$f(\lambda)$ 是 λ 的函数，将其值列入表 10-1 中。

(3)有限宽板具对称边缘裂纹(图 10-10)

$$K_1 = \sigma\sqrt{\pi a}\left[\frac{B}{\pi a}\left(\tan\frac{\pi a}{B}+0.1\sin\frac{2\pi a}{B}\right)\right]^{\frac{1}{2}} \tag{10-11}$$

表 10-1　式(10-10)中 $f(\lambda)$ 的数值

$2a/B$	0.074	0.207	0275	0337	0.410	0.466	0.535	0.592
$f(\lambda)$	1.00	1.03	1.05	1.09	1.13	1.18	1.25	L33

(4)有限宽板具单边裂纹(图 10-11)

$$K_1=\sigma\sqrt{\pi a}\frac{1}{\sqrt{\pi}}\left[1.99-0.41\left(\frac{a}{B}\right)+18.7\left(\frac{a}{B}\right)^2-38.48\left(\frac{a}{B}\right)^3+53.85\left(\frac{a}{B}\right)^4\right]\tag{10-12}$$

当 $B\gg a$ 时，省略含 $\left(\frac{a}{B}\right)$ 的诸项，得 K_1 的近似式为

$$K_1=1.12\sigma\sqrt{\pi a}\tag{10-13}$$

(5)半无限大板具边缘裂纹(图 10-12)

$$K_1=1.12\sigma\sqrt{\pi a}\tag{10-14}$$

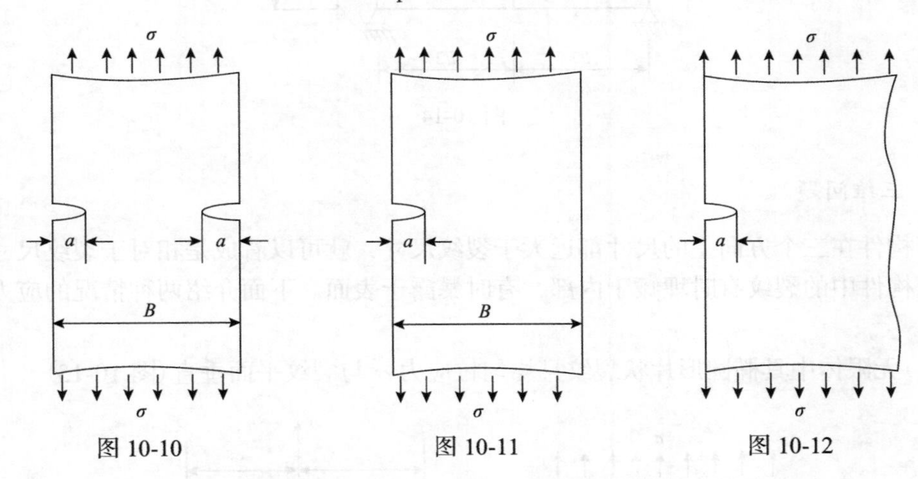

图 10-10　　图 10-11　　图 10-12

(6)纯弯曲作用下有限宽板具单边裂纹(图 10-13)

$$K_1=\sigma^0\sqrt{\pi a}\frac{1}{\sqrt{\pi}}\left[1.99-2.47\left(\frac{a}{B}\right)+12.97\left(\frac{a}{B}\right)^2-23.17\left(\frac{a}{B}\right)^3+24.80\left(\frac{a}{B}\right)^4\right]\tag{10-15}$$

其中，$\sigma^0=\frac{6M}{B^2}$ 为板内最大弯曲应力。

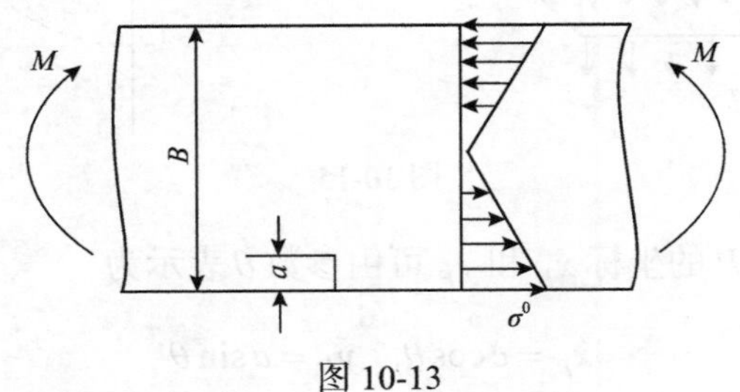

图 10-13

当 $B \gg a$ 时，省略含 $\left(\dfrac{a}{B}\right)$ 的诸项，得 K_1 的近似式为

$$K_1 = 1.12\sigma^0\sqrt{\pi a} \tag{10-16}$$

(7) 三点弯曲 $\left(\dfrac{l}{B}=4\right)$ 下具单边裂纹(图 10-14)

$$K_1 = \frac{Pl}{hB^{3/2}}\left[2.9\left(\frac{a}{B}\right)^{\frac{1}{2}} - 4.6\left(\frac{a}{B}\right)^{\frac{3}{2}} + 21.8\left(\frac{a}{B}\right)^{\frac{5}{2}} - 37.7\left(\frac{a}{B}\right)^{\frac{7}{2}} + 38.7\left(\frac{a}{B}\right)^{\frac{9}{2}}\right] \tag{10-17}$$

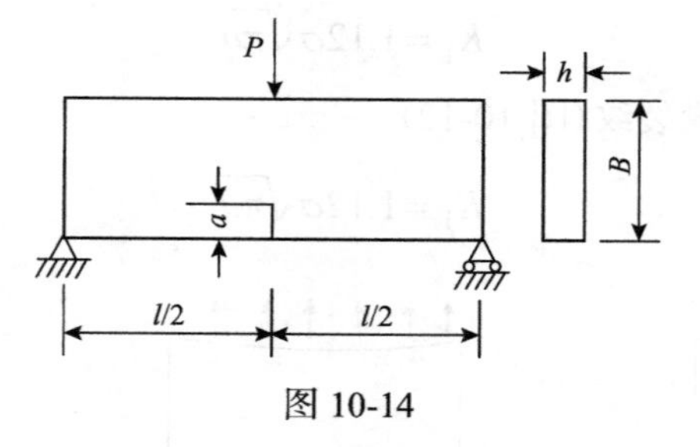

图 10-14

2. 三维问题

若构件在三个方向上的尺寸都远大于裂纹尺寸，就可以看成是相对于裂纹尺寸的无限体。构件中的裂纹有时埋藏于内部，有时暴露于表面。下面介绍两种情况的应力强度因子。

(1) 无限体中具椭圆形片状裂纹且均匀拉应力 σ 与裂纹平面垂直(图 10-15)

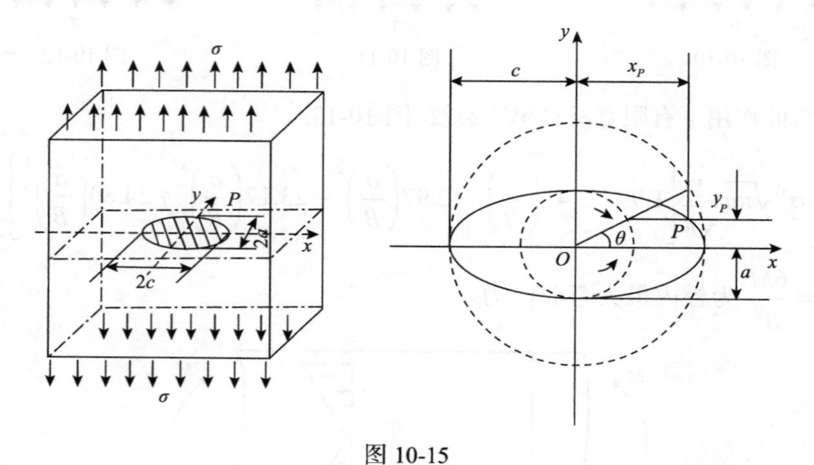

图 10-15

椭圆边缘上任一点 P 的坐标 x_P 和 y_P 可由参数 θ 表示为

$$x_P = c\cos\theta,\quad y_P = a\sin\theta$$

根据弹性理论的计算，P 点的应力强度因子为

$$K_1 = \frac{\sigma\sqrt{\pi a}}{\Phi_0}\left(\sin^2\theta + \frac{a^2}{c^2}\cos^2\theta\right)^{\frac{1}{4}} \tag{10-18}$$

其中

$$\Phi_0 = \int_0^{\frac{\pi}{2}}\left(\sin^2\theta + \frac{a^2}{c^2}\cos^2\theta\right)^{\frac{1}{2}}\mathrm{d}\theta$$

是第二类完全椭圆积分。当 a/c 给定时，Φ_0 是一个常量，可由椭圆积分表中查出。这里已将 Φ_0 的值列入表 10-2 中。由于 a 为椭圆的短轴，而 c 为长轴，故 $c > a$ 。若将式(10-18)中括号内的因子写为

$$\left(\sin^2\theta + \frac{a^2}{c^2}\cos^2\theta\right)^{\frac{1}{4}} = \left(1 - \frac{c^2 - a^2}{c^2}\cos^2\theta\right)^{\frac{1}{4}}$$

表 10-2　第二类完全椭圆积分 Φ_0 的数值

a/c	Φ_0	a/c	Φ_0
0	1.0000	0.55	1.2432
0.05	1.0045	0.60	1.2764
0.10	1.0148	0.65	1.3105
0.15	1.0314	0.70	1.3456
0.20	1.0505	0.75	1.3815
0.25	1.0723	0.80	1.4181
0.30	1.0965	0.85	1.4769
0.35	1.1227	0.90	1.4935
0.40	1.1507	0.95	1.5318
0.45	1.1802	1.00	1.5708
0.50	1.2111		

可见，以上因子在 $\theta = \pi/2$ 时到达最大值，且等于 1。亦即在椭圆片状裂纹的短轴尖端，K_1 达到极大值，且为

$$K_1 = \frac{\sigma\sqrt{\pi a}}{\Phi_0} \tag{10-19}$$

所以，裂纹总是从短轴端点开始发生临界扩展。

若 $a = c$ ，椭圆片状裂纹成为圆形片状裂纹，这时

$$\left(\sin^2\theta + \frac{a^2}{c^2}\cos^2\theta\right)^{\frac{1}{4}} = 1,\quad \Phi_0 = \frac{\pi}{2}$$

式(10-18)化为

$$K_1 = \frac{\pi}{2}\sigma\sqrt{\pi a}$$

若 $c \gg a$，于是 Φ_0 的表达式变为

$$\Phi_0 = \int_0^{\frac{\pi}{2}} \sin\theta \mathrm{d}\theta = 1$$

代入式(10-19)，得短轴端点 K_1 的最大值为

$$K_1 = \sigma\sqrt{\pi a}$$

所得结果与无限大板具中心穿透裂纹情况下的应力强度因子相同。

(2)有限体具半椭圆形表面裂纹(图 10-16)

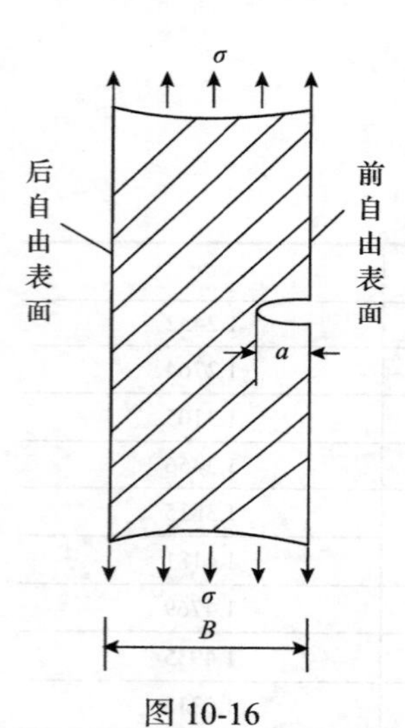

图 10-16

可以将此情况看成以两个平行平面从图 10-15 所示无限体中截出的一部分，这两个平面垂直于椭圆裂纹所在平面，且其中一个面通过椭圆的长轴。但在当前情况下，构件的前后两个表面都是自由的，自由表面上的各点有位移而无应力；而上述两个平行面是无限体内部的截面，截面上既有位移又有应力。所以，若以式(10-19)作为依据，考虑到在当前情况下前后两个面是自由表面，则需要对式(10-19)中的 K_1 进行修正。最后，得裂纹最深处应力强度因子为

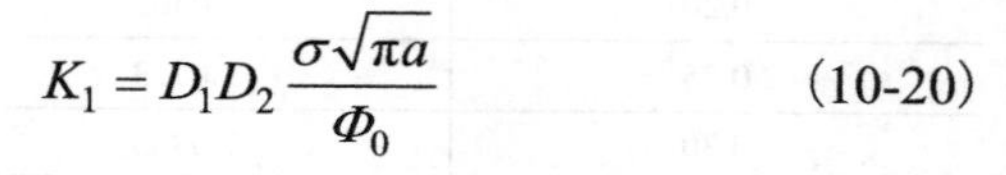

$$K_1 = D_1 D_2 \frac{\sigma\sqrt{\pi a}}{\Phi_0} \tag{10-20}$$

其中，D_1 是由前自由表面引进的修正系数；D_2 是由后自由表面引进的修正系数，且

$$D_1 = 1 + 0.12\left(1 - \frac{a}{2c}\right)^2$$

$$D_2 = \left(\frac{2B}{\pi a}\tan\frac{\pi a}{2B}\right)^{\frac{1}{2}}$$

若 $a \ll B$，则 $\tan\frac{\pi a}{2B} \to \frac{\pi a}{2B}$，于是 $D_2 \to 1$。这表明由于后自由表面离裂纹很远，不必因后自由表面而对 K_1 进行修正。

3. 叠加原理的应用

在采用应力强度因子表示的应力表达式(10-9)中，令 $\theta = 0$，得裂纹尖端附近区域内

在 x 轴上各点的应力为

$$\begin{Bmatrix} \sigma_x \\ \sigma_y \\ \tau_{xy} \end{Bmatrix}_{\theta=0} = \frac{K_1}{\sqrt{2\pi r}} \begin{Bmatrix} 1 \\ 1 \\ 0 \end{Bmatrix}$$

这样我们也可用裂纹尖端附近区域的应力，将 K_1 定义为

$$K_1 = \lim_{r \to 0} \sqrt{2\pi r} \begin{Bmatrix} \sigma_x \\ \sigma_y \\ \tau_{xy} \end{Bmatrix}_{\theta=0} \tag{10-21}$$

对于线性弹性构件，应力与荷载呈线性关系，应力的计算可以使用叠加原理；另外，按照式(10-21)，K_1 又可由应力来定义，而且它也与应力呈线性关系。因此，对于应力强度因子，叠加原理依然成立。即叠加各荷载单独作用时的应力强度因子，便是这些荷载共同作用下的应力强度因子。但是，当各荷载的作用方式不同时，引起的裂纹扩展将属于不同类型，则叠加原理不能使用。

例 10-1　无限大板有一中心穿透裂纹，设在裂纹的上、下两面上作用均匀分布的张开力(图 10-17(a))。试求裂纹尖端的应力强度因子。

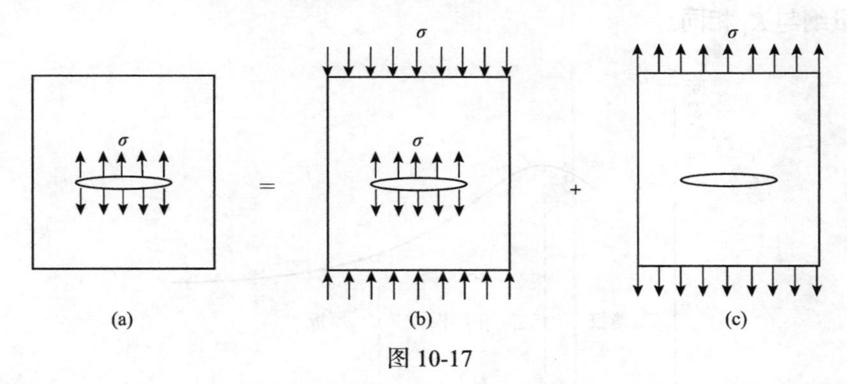

图 10-17

将图 10-17(a)所示的情况看成图 10-17(b)和(c)两种情况的叠加。根据叠加原理，叠加后的应力强度因子就是图 10-17(a)所示的应力强度因子，即

$$(K_1)_a = (K_1)_b + (K_1)_c$$

但图 10-17(b)是一均匀压缩的板，其应力强度因子显然为零，即

$$(K_1)_b = 0$$

而图 10-17(c)就是平板上具一中心穿透裂纹的情况(参考图 10-8)，由式(10-8)得

$$(K_1)_c = \sigma\sqrt{\pi a}$$

将 $(K_1)_b$ 和 $(K_1)_c$ 代入 $(K_1)_a$ 的表达式，得

$$(K_1)_a = \sigma\sqrt{\pi a}$$

10.3.3 抗断裂设计准则

对含有裂纹的构件，根据其几何形状、裂纹尺寸和加载方式，在裂纹尖端区域都有相应的应力强度因子。模拟实际情况，将需要测定的材料加工成含有裂纹的试件进行试验，当荷载逐渐加大时，应力强度因子 K_1 也逐渐增大；当 K_1 到达某一临界值时，裂纹将发生不稳定的急剧扩展(简称失稳扩展)，引起试件脆性断裂。应力强度因子的这个临界值称为材料的断裂韧性。

用试验方法测定断裂韧性时，若试件的厚度较小(薄板)，则因薄板的前后两表面无任何约束，裂纹尖端附近处于平面应力状态，区域内各点皆为两向拉应力。由强度理论可知，这种情况易于出现塑性变形，不易于出现脆断，测出的断裂韧性的数值就偏高。若试件的厚度较大(厚板)，则因沿厚度方向的中间部分受到外侧材料的约束，变形受到限制，接近于平面应变状态。此时，裂纹尖端区域的应力状态为三向拉伸，塑性变形不易出现，而易于发生脆断，测得的断裂韧性的数值也就较低。断裂韧性的数值随板厚变化的情况如图 10-18 所示。可见，只有在平面应变(厚板)的情况下，断裂韧性才出现稳定的低值。这个稳定的低值代表材料对失稳扩展的抗力，通常称为平面应变断裂韧性，记为 K_{1c}。正如材料具有屈服极限、强度极限等性质一样，K_{1c} 也是材料固有的机械性质，且 K_{1c} 的量纲与 K_1 相同。

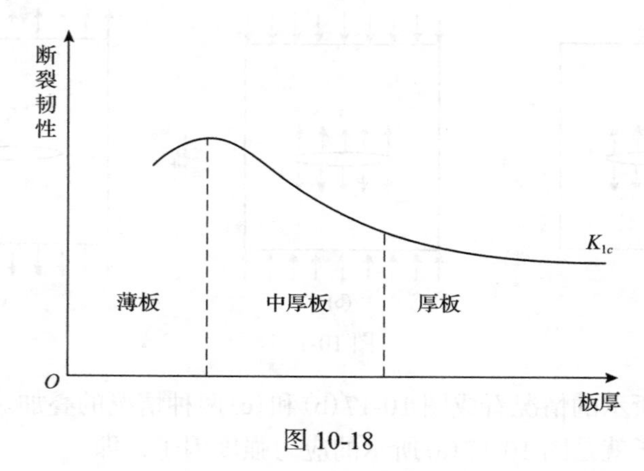

图 10-18

确定了材料的平面应变断裂韧性 K_{1c} 之后，只要实际构件的应力强度因子 K_1 低于 K_{1c}，构件就不会发生裂纹的失稳扩展。所以带裂纹构件不发生脆性断裂的条件是

$$K_1 < K_{1c} \tag{10-22}$$

而裂纹出现失稳扩展的临界条件是

$$K_1 = K_{1c} \tag{10-23}$$

利用上述判据，类似于前面讨论的强度设计那样，可以进行如下的抗断裂设计：

(1) 已知工作应力 σ、裂纹尺寸 a，计算 K，选择材料使其 K_{1c} 值满足判据，保证不发生断裂；

(2) 已知裂纹尺寸 a、材料的 K_{1c} 值，确定允许使用的工作应力 σ；

(3) 已知工作应力 σ、材料的 K_{1c} 值，确定允许存在的最大裂纹尺寸 a。

例 10-2　已知铝合金 7075-T6 的抗拉强度极限为 $\sigma_b = 560\text{MN/m}^2$，断裂韧性 $K_{1c} = 32\text{MPa}\cdot\text{m}^{1/2}$，钢 4340 的 $\sigma_b = 1820\text{MN/m}^2$，$K_{1c} = 46\text{MPa}\cdot\text{m}^{1/2}$。若用两种材料制成尺寸相同的板，且都有长为 $2a = 2\text{mm}$ 的穿透裂纹，设两种材料都可近似地视为线性弹性材料，试求裂纹失稳扩展时的应力 σ。

由式(10-23)，当裂纹失稳扩展时，有

$$K_1 = \sigma_c\sqrt{\pi a} = K_{1c},\quad \sigma_c = \frac{K_{1c}}{\sqrt{\pi a}}$$

由此求出裂纹失稳扩展时，铝合金 7075-T6 的应力是

$$\sigma_c = \frac{32}{\sqrt{\pi\times 1\times 10^{-3}}} = 570\text{MN/m}^2$$

钢 4340 的应力是

$$\sigma_c = \frac{46}{\sqrt{\pi\times 1\times 10^{-3}}} = 820\text{MN/m}^2$$

从以上结果可知：在所给裂纹尺寸下，铝合金 7075-T6 发生脆断时的应力略高于强度极限 σ_b，表明它在拉断之前不会因裂纹失稳扩展而破坏，σ_b 仍是它的极限应力，这与传统的强度概念不相矛盾；而钢 4340 发生裂纹失稳扩展时的应力，仅为 σ_b 的 45%，这表明它在应力达 σ_b 之前，已由于裂纹失稳扩展而断裂，用传统的强度概念，将无法解释这一现象。其次，还可看出，钢 4340 的强度极限 σ_b 虽然很高，但因受到 K_{1c} 的限制，在有裂纹的情况下，高强度特点并未得到充分利用；相比之下，铝合金 7075-T6 的强度却得到充分利用，而且它的比重又低，更显示了这种材料的优越性。

例 10-3　圆柱形壳体(图 10-19)的内径 $D = 500\text{mm}$，壁厚 $t = 18\text{mm}$，内压力 $p = 40\text{MN/m}^2$。若有一平行于容器轴线的纵向表面裂纹，裂纹长为 $2c = 6\text{mm}$，深为 $a = 2\text{mm}$；材料的 $\sigma_s = 1700\text{MN/m}^2$，$K_{1c} = 60\text{MPa}\cdot\text{m}^{1/2}$，试计算容器的工作安全系数。

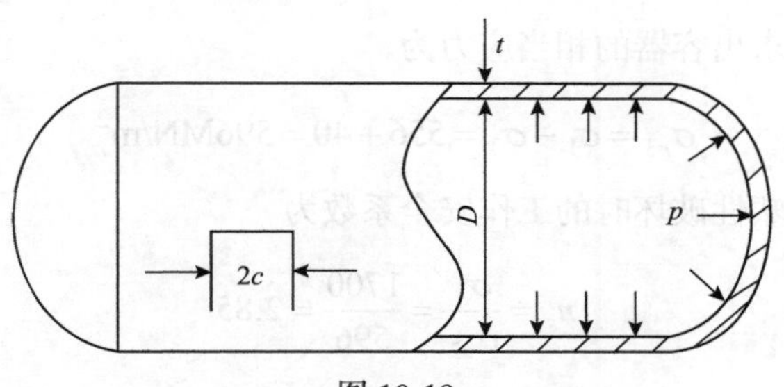

图 10-19

对于表面裂纹，应按式(10-20)计算应力强度因子。在当前的情况下，式(10-20)中修正系数D_2的表达式所含参数B，即为圆柱壳的壁厚t，因此有

$$D_1 = 1 + 0.12\left(1 - \frac{a}{2c}\right)^2 = 1 + 0.12 \times \left(1 - \frac{2}{6}\right)^2 = 1.053$$

$$D_2 = \left(\frac{2B}{\pi a}\tan\frac{\pi a}{2B}\right)^{\frac{1}{2}} = \left(\frac{2 \times 18}{\pi \times 2}\tan\frac{\pi \times 2}{2 \times 18}\right)^{\frac{1}{2}} = 1.005$$

由表 10-2 查出，当$\dfrac{a}{c} = \dfrac{2}{3} = 0.667$时，$\varPhi_0 = 1.322$，将以上结果代入式(10-20)。得

$$K_1 = 1.053 \times 1.005 \times \frac{\sigma\sqrt{\pi \times 2 \times 10^{-3}}}{1.322}$$

设裂纹发生失稳扩展时的应力为σ_c，根据失稳扩展的临界条件(10-23)，有

$$K_1 = K_{1c} = 60\text{MPa} \cdot \text{m}^{1/2}$$

得

$$1.053 \times 1.005 \times \frac{\sigma\sqrt{\pi \times 2 \times 10^{-3}}}{1.322} = 60\text{MPa} \cdot \text{m}^{1/2}$$

由此解出

$$\sigma_c = 946\text{MN/m}^2$$

由容器的内压力和尺寸，求出容器的周向应力是

$$\sigma_1 = \frac{pD}{2t} = \frac{40 \times 0.5}{2 \times 0.018} = 556\text{MN/m}^2$$

比较σ_c和σ_1，得容器脆断时的工作安全系数是

$$n = \frac{\sigma_c}{\sigma_1} = \frac{946}{556} = 1.70$$

按第三强度理论求出容器的相当应力为

$$\sigma_{r3} = \sigma_1 - \sigma_3 = 556 + 40 = 596\text{MN/m}^2$$

于是，又可求得容器塑性破坏时的工作安全系数为

$$n_s = \frac{\sigma_s}{\sigma_{r3}} = \frac{1700}{596} = 2.85$$

可见，容器脆断时的工作安全系数低于塑性破坏时的工作安全系数。

10.3.4　关于裂纹扩展的格里菲斯理论

20 世纪 20 年代，格里菲斯(Griffith)最先用能量概念解释了由于宏观裂纹的存在，玻璃的脆断强度远低于理论强度的现象。同时，格里菲斯理论给予了应力强度因子能量上的解释，现将这一理论介绍如下。

设厚度为 t 的无限大平板，有一长为 $2a$ 的穿透裂纹，在垂直于裂纹的方向加载。当应力到达 σ 时，将其两端边界固定(图10-20(a))。在加载过程中，荷载与板伸长的关系如图 10-20(b)中的 OA 线所示，平板内储存的弹性变形能由图中三角形 OAB 面积来表示。若裂纹长度扩展 $\mathrm{d}a$，则平板变得比较“柔软”，刚度下降，荷载与位移的关系变为图 10-20(b)中的斜直线 OC，储存于板内的弹性变形能下降为三角形 OCB 面积。这表明，当板的两端固定，即板的伸长不变时，由于裂纹的扩展，板的刚度下降，固定边界的应力松弛，板内弹性变形能减少。也就是说，平板释放出了能量，释放出的能量在数值上等于三角形 OAC 面积，将其记为 ΔU。显然，如果提高平板边界固定前的应力，则因三角形 OAC 面积的增大，释放出的能量也就增多，可见释放出的能量与板内应力有关；又因平板储存的能量与板的刚度有关，也就是与裂纹的长度 $2a$ 有关，所以能量的释放又与裂纹长度有关。将裂纹每扩展一单位面积所释放出的能量称为能量释放率，并以 g_1 代表 I 型裂纹扩展的能量释放率，则

$$g_1 = \lim_{\Delta A \to 0} \frac{\Delta U}{\Delta A} = \frac{\partial U}{\partial A} \tag{10-24}$$

以上定义表明，能量释放率 g_1 的量纲是[力]/[长度]。所以，也可将裂纹扩展单位长度所需要的力，称为裂纹扩展力。

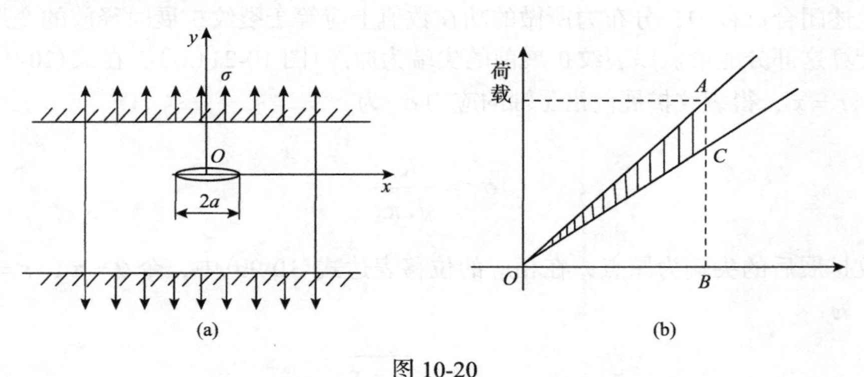

图 10-20

裂纹扩展必然要形成新的表面，这就需要消耗能量。以 T 代表形成单位面积所需的能量，它是裂纹扩展的阻力。格里菲斯认为，如果裂纹扩展释放的能量足以提供扩展所需要的全部能量，则裂纹将发生扩展；反之，若释放的能量低于裂纹扩展所需的能量，则裂纹不会扩展，它是稳定的。若把形成单位面积新表面所需的能量 T 近似地作为常量，则由于裂纹的扩展将同时形成两个新表面，故扩展单位面积所耗能量是 $2T$。将其记为

$$g_{1c} = 2T$$

其中，下标 1 指 I 型裂纹。

根据上述格里菲斯理论，裂纹扩展的临界条件应为

$$g_1 = g_{1c} = 2T \tag{10-25}$$

而不发生失稳扩展的条件是

$$g_1 < g_{1c} \text{ 或 } g_1 < 2T \tag{10-26}$$

现在建立能量释放率 g_1 与应力强度因子 K_1 之间的关系。设裂纹原来的长度为 $2a$，每端扩展长度为 δ，扩展后的裂纹如图 10-21 (a) 中的实线所示。若在裂纹新扩展的面上，作用相当于应力的分布力，则当其逐渐增大到等于裂纹开始扩展的应力时，裂纹扩展部分将重新闭合(图 10-21(b))。

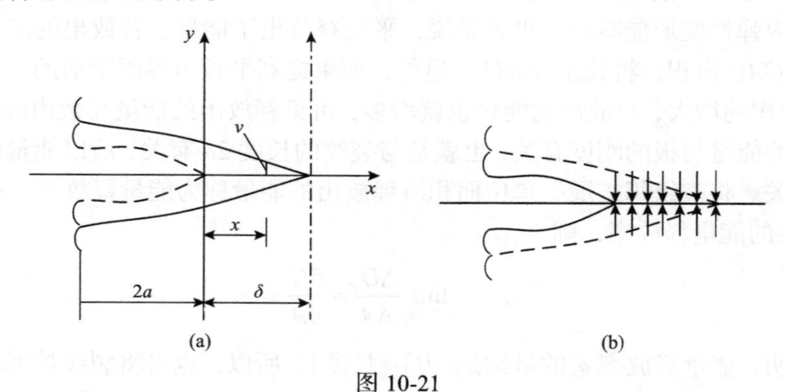

图 10-21

在上述闭合过程中，分布力所做的功在数值上应等于裂纹扩展时释放的变形能，现在就来计算这部分能量。以裂纹扩展前的尖端为原点(图 10-21(a))，在式(10-9(a))中，令 $\theta = 0$, $r = x$，得裂纹扩展前沿 x 轴的应力 σ_y 为

$$\sigma_y = \frac{K_1}{\sqrt{2\pi x}}$$

又以裂纹扩展后的尖端为原点，在相应的位移表达式(10-9b)中，令 $\theta = \pi$，$r = \delta - x$，得位移 v 为

$$v = \frac{4K_1}{E}\sqrt{\frac{\delta - x}{2\pi}}$$

则在闭合过程中，上、下两个面上分布力做功的总和是

$$\Delta W = 2 \times \frac{1}{2}\int_0^{\delta} \sigma_y t v \mathrm{d}x = \frac{2K_1^2 t}{\pi E}\int_0^{\delta}\sqrt{\frac{\delta - x}{x}}\mathrm{d}x = \frac{K_1^2 \delta t}{E}$$

裂纹扩展中释放出的能量 $\Delta U = \Delta W$，扩展面积 $\Delta A = \delta t$，根据能量释放率的定义，可得

$$g_1 = \lim_{\Delta A \to 0} \frac{\Delta U}{\Delta A} = \frac{K_1^2}{E} \tag{10-27}$$

这就是能量释放率 g_1 与应力强度因子 K_1 之间的关系。

将式(10-27)中的 g_1 代入式(10-25)，得裂纹失稳扩展的临界条件为

$$K_1^2 = 2ET \text{ 或 } K_1 = \sqrt{2ET} \tag{10-28}$$

同理，以 g_1 代入式(10-26)，得裂纹不发生失稳扩展的条件为

$$K_1 < \sqrt{2ET} \tag{10-29}$$

以上结果都是在平面应力的情况下导出的。若为平面应变状态，可将所得各式中的 E 用 $E/(1-\mu^2)$ 来代替。

格里菲斯理论从能量的角度解释了裂纹扩展问题，将释放出的变形能作为驱动裂纹扩展的动力。这一理论认为裂纹扩展时释放出的能量全部转变为表面能，且直到脆断时材料都是线性弹性的。对于金属材料即使是高强度钢，在裂纹尖端也会出现塑性区，由于塑性变形的出现，裂纹扩展释放的变形能，除部分转变为形成新表面的表面能外，还有一部分将转变为塑性变形能，且后者的量级远大于前者。例如，以 U_P 表示裂纹每扩展一单位面积时塑性变形所消耗的能量，则裂纹扩展一单位面积所消耗的总能量应为

$$g_{1c} = 2T + U_P$$

这样，在以前导出的各式中，都应以 $2T + U_P$ 代替原来的 $2T$。例如，裂纹失稳扩展的临界条件(10-28)应改写为

$$K_1 = \sqrt{E(2T + U_P)}$$

由于 $K_1 = \sigma\sqrt{\pi a}$，上式又可写为

$$\sigma = \sqrt{\frac{E(2T + U_P)}{\pi a}}$$

因为 $U_P \gg 2T$，若省略 $2T$，上式还可简化为

$$\sigma = \sqrt{\frac{EU_P}{\pi a}}$$

在平面应变的情况下，应将上式中的 E 改写为 $E/(1-\mu^2)$。

10.4　工程疲劳失效准则

构件在循环应力或循环应变作用下，在某点或某些点产生了局部的永久性结构变化，

从而在一定的循环次数之后，形成裂纹或发生完全断裂的变化过程，称为疲劳。工程中构件发生的疲劳破坏占全部力学破坏的 50%～90%。构件之所以发生断裂，是因为裂纹的存在，而裂纹的发生和扩展导致引起断裂的原因，则大多是疲劳。

引起疲劳破坏的必要条件是交变应力、拉应力和局部塑性变形。三个条件中，缺少任何一个，都不会有裂纹的发生和扩展。最初，在构件内部的应力最大处，材料发生屈服；然后，在交变应力作用下，由于冷作硬化效应，构件内的塑性变形减小，而应力逐渐增高；最后，当达到断裂应力时，构件内发生裂纹，而拉应力的反复作用则使裂纹逐渐扩展。如果交变应力是拉应力与压应力的交替作用，则裂纹面两侧将交替有张开和闭合的行为，每次闭合均将导致裂纹面两侧互相研磨，形成光滑的断裂面，且通常可见“海滩条带”。因此，疲劳断裂面通常有两个区域，即光滑的裂纹扩展区和粗糙的最后断裂区。一般根据最后断裂区的大小，即可判断荷载的高低。

10.4.1　疲劳极限及其影响因素

1. 交变应力特征的描述

交变应力是随时间而变化的，这里仅考虑周期性变化的情况，如图 10-22 所示。应力每重复变化一次，称为一个应力循环，重复变化的次数称为循环次数。设循环中最大应力为 $\sigma_{\max}$，最小应力为 $\sigma_{\min}$，以此为基本量，定义如下的特征量。

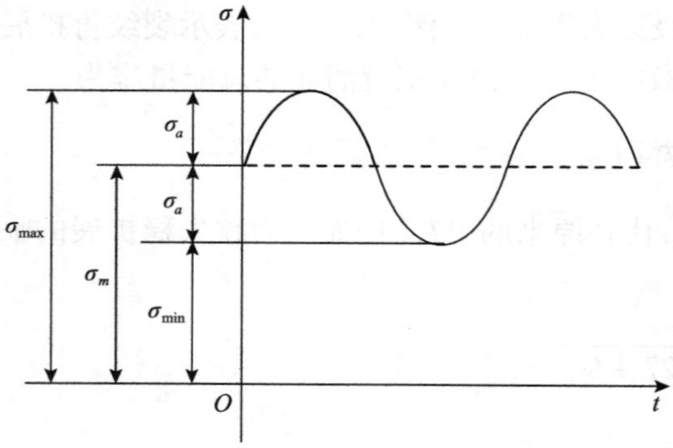

图 10-22

循环特性：$R=\sigma_{\min}/\sigma_{\max}$

应力变程(全幅)：$\Delta\sigma=\sigma_{\max}-\sigma_{\min}$

应力幅(半幅)：$\sigma_a=\Delta\sigma/2$

平均应力：$\sigma_m=(\sigma_{\max}+\sigma_{\min})/2$

描述交变应力的特征需要 2 个量，已知上述任意 2 个量，即可确定交变应力特征的其他各量。为使用方便，在工程设计中一般用 $\sigma_{\max}$ 和 $\sigma_{\min}$，这样比较直观；试验时一般用 σ_m 和 σ_a，这样便于施加荷载；分析时一般用 σ_a 和 R，这样便于按循环特性进行分类研究。

有三种循环特性最为重要(图 10-23)，即

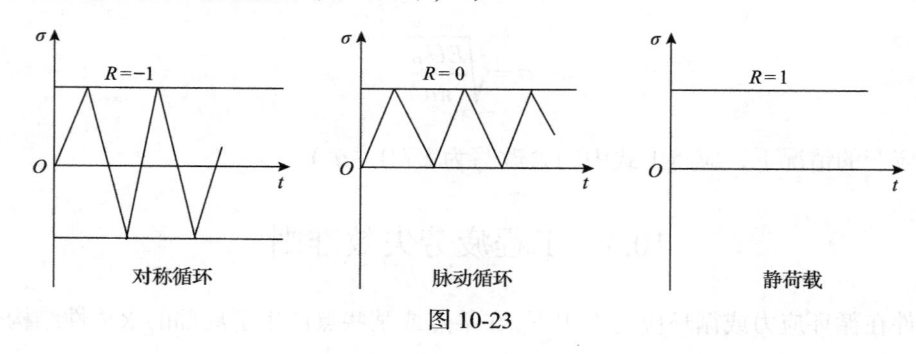

图 10-23

(1) 对称循环($R=-1$)，其特点为$\sigma_{\min}=-\sigma_{\max}$或$\sigma_m=0$；

(2) 脉动循环($R=0$)，其特点为$\sigma_{\min}=0$；

(3) 静荷载可视为交变应力的一种特殊情况($R=1$)，其特点为$\sigma_{\max}=\sigma_{\min}=\sigma_m$，或$\sigma_a=0$。

2. 疲劳极限

材料的疲劳极限是在疲劳试验机上测定的。最常用的是弯曲疲劳试验，最普遍的方法是将旋转的光滑圆棒试件(直径 7～10mm)受不变的横向力作用，来测量其疲劳极限。

按照标准试验方法，在$R=-1$的对称循环下，进行给定应力幅或应变幅下的恒幅疲劳试验，可分别得到图10-24(a)、(b)所示的σ-N曲线和ε-N曲线，图中，荷载用应力或应变表示，寿命用循环次数N表示。进一步，将图 10-24(b)中的应变幅ε_a分为弹性应变幅ε_{ea}和塑性应变幅ε_{pa}两部分，则在 10-24(b)的对数图上呈现线性关系。由图 10-24，可以得到下面的一些结论。

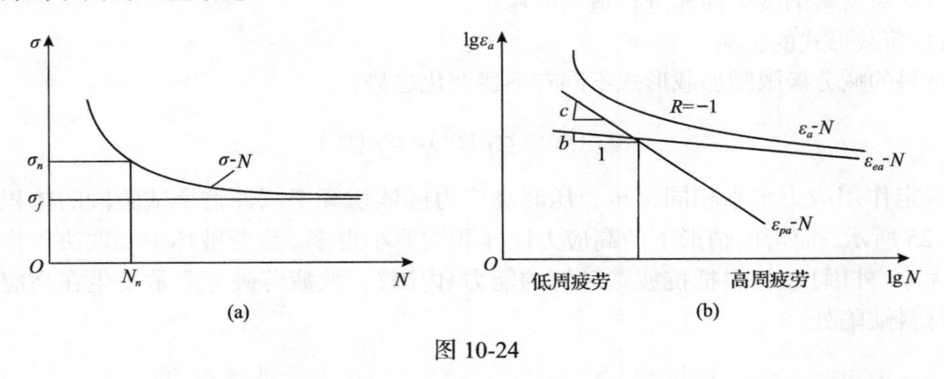

图 10-24

(1) 由σ-N曲线所确定的对应于寿命N_n的应力称为寿命N_n循环的疲劳强度，记为σ_n；寿命N趋于无穷大时所对应的应力σ的极限值σ_f称为材料的疲劳极限；特别地，$R=-1$时对称循环下的疲劳极限记为$\sigma_{f(R=-1)}$，或简记为σ_{-1}。当$\sigma<\sigma_f$时，则可以认为构件不会发生疲劳破坏。

(2) 描述材料σ-N曲线的最一般形式是幂函数形式，即

$$\sigma^m N=C \tag{10-30}$$

其中，m、C为材料参数，由试验确定。应力σ通常是用应力幅σ_a，有时也用$\sigma_{\max}$，当循环特征$R=-1$时，二者在数值上相等。

(3) 当弹性应变幅ε_{ea}大于塑性应变幅ε_{pa}时，主要是弹性应变控制。此时，疲劳寿命N较长，一般在10^4次以上，称为高周应力疲劳。

(4) 当塑性应变幅ε_{pa}大于弹性应变幅ε_{ea}时，应力通常超过了塑性屈服应力，这时一般用应变表示荷载，相应的寿命N较短，一般在10^4次以下，称为低周应变疲劳。这时，ε-N曲线可用曼森-柯芬(Manson-Coffin)公式描述：

$$\varepsilon_{pa}^{m_2} N = C_2 \tag{10-31}$$

其中，m_2、C_2 为材料参数，由试验确定。

综上所述可知：疲劳失效的主要控制参量是应力幅 σ_a（或应变幅 ε_a）；材料的疲劳性能用 σ-N 曲线或 ε-N 曲线描述；应力幅 σ_a 和应变幅 ε_a 越小，寿命 N 越长，低于某一荷载水平(应力幅或应变幅)，则寿命可以趋于无穷大。

3. 影响疲劳性能的若干因素

一般地，为了确定构件的疲劳性能，必须先确定构件所用材料的疲劳性能。大多数描述材料疲劳性能的基本 σ-N 曲线，是小尺寸试件在旋转弯曲时处于对称循环荷载作用下得到的，且试件的试验段加工精细，光洁度高。而对于构件的疲劳性能，除应考虑以上所述平均应力的影响外，还有许多因素对其疲劳寿命有着不可忽视的影响，如荷载形式、构件尺寸、表面光洁度、表面处理、使用温度及环境等。故在进行构件的疲劳设计时，应该对材料的疲劳性能进行适当的修正。

(1)荷载形式的影响

材料的疲劳极限随加载形式不同有下述变化趋势：

$$\sigma_f\,(\text{弯}) > \sigma_f\,(\text{拉}) > \sigma_f\,(\text{扭})$$

假定作用应力水平相同，拉、压时高应力区体积等于试件整个试验段的体积，如图 10-25 所示，而弯曲情形下的高应力区体积则要小得多。疲劳破坏主要取决于作用应力的大小(外因)和材料抵抗疲劳破坏的能力(内因)，故疲劳破坏通常发生在高应力区域的材料缺陷处。

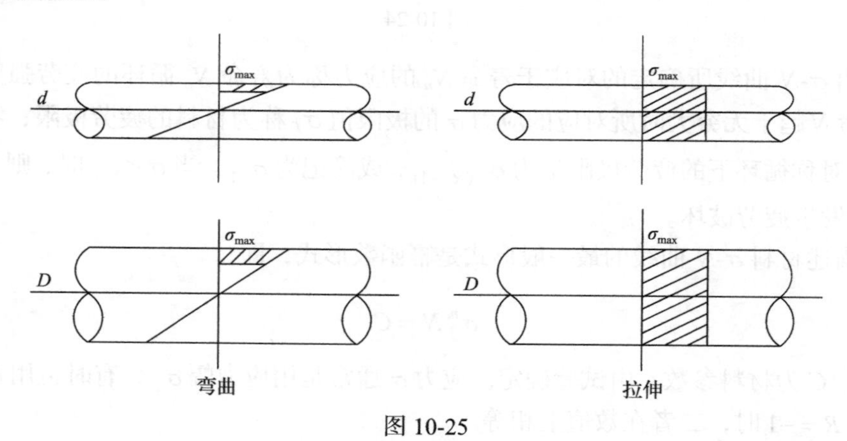

图 10-25

假设图中作用的循环最大应力 $\sigma_{\max}$ 相等，因为拉、压循环时高应力区域的材料体积较大，存在缺陷并由此引发裂纹萌生的可能性也就较大。所以，在同样的应力水平作用下，拉、压循环作用时的寿命比弯曲时的短，或者说，同样寿命下拉、压循环时的疲劳强度比弯曲时的低。

至于扭转时疲劳寿命的降低，其受体积的影响并不大，这需用不同应力状态下的失效判据来解释，在此不做进一步讨论。

(2) 尺寸效应

不同试件尺寸对疲劳性能的影响，也可以用高应力区体积的不同来解释。由图 10-25 可见，当应力水平相同时，试件尺寸越大($D>d$)，高应力区域的材料体积越大，而疲劳发生在高应力区材料最薄弱处，体积越大，存在缺陷或薄弱处的可能性就越大，故大尺寸构件的疲劳抗力低于小尺寸试件。或者说，在给定寿命 N 下，大尺寸构件的疲劳强度下降：在给定的应力水平下，大尺寸构件的疲劳寿命降低。

尺寸效应可以用一个修正因子 K_s 表达，修正因子是一个小于 1 的系数，称为尺寸效应系数，通常可由设计手册查到。对于常用金属材料，在大量试验研究的基础上，已有一些经验公式给出了修正因子的估计，如

$$K_s = 1.189d^{-0.097},\ \ 8\text{mm} \leqslant d \leqslant 250\text{mm} \tag{10-32}$$

当直径 $d < 8\text{mm}$ 时，$K_s = 1$。此式一般只用作疲劳极限修正。尺寸修正后的疲劳极限为

$$\sigma'_f = K_s \sigma_f \tag{10-33}$$

当构件的疲劳寿命较长时，尺寸效应的影响较大，而当应力水平高且寿命短时，材料分散性的影响相对减小。因此，若用上述尺寸因子来修正整个 σ-N 曲线，则将过于保守。

(3) 表面质量的影响

构件的最大应力一般发生于表层，因而疲劳裂纹也多在表层生成。同时，构件表层又常常存在各种加工缺陷(如刀痕、擦伤等)，它们将引起应力集中。因此，构件的表面质量对其疲劳极限有明显的影响。类似于尺寸修正，表面质量的影响也可以引用一个小于 1 的修正因子 K_p 来描述，称为表面质量系数，图 10-26 显示出了不同表面加工、不同材料强度下表面质量系数 K_p 变化的一般趋势。由图可见，表面加工质量越低，疲劳极限降低越多；材料的强度越高，加工质量对构件疲劳极限的影响越大。表面加工时的划痕、碰伤，可能就是潜在的裂纹源，应当注意防止碰划。

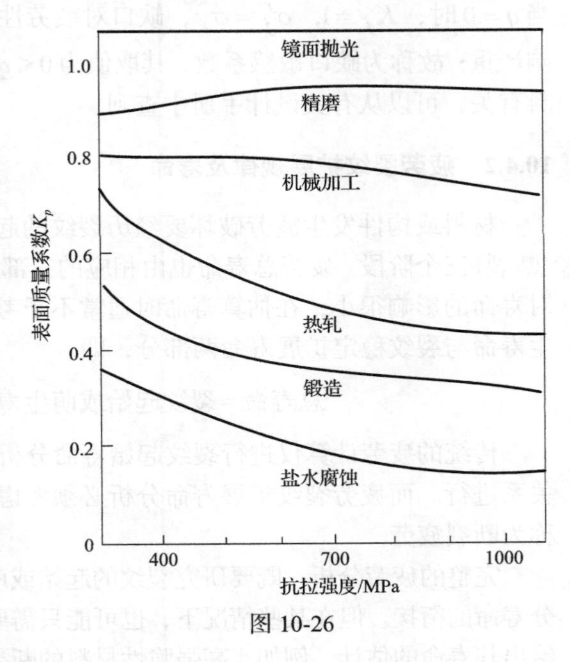

图 10-26

疲劳裂纹总是起源于表面。为了提高构件疲劳极限，除前述提高表面质量外，还常常采用各种方法来提高构件表层材料的强度，以达到提高构件疲劳寿命的目的，如渗碳、渗氮、高频淬火、表层液压和喷丸(以在高应力表面引入残余压应力)、

电镀防表层腐蚀等。

(4) 应力集中的影响

实际构件常常存在不同形式的缺口(如孔、圆角、槽、台阶等)，缺口应力集中将使其疲劳极限严重下降。

缺口产生的应力集中程度可以用弹性应力集中系数来描述。弹性应力集中系数 K_t 是缺口处最大实际应力 $\sigma_{\max}$ 与该处名义应力 σ 之比，即

$$K_t = \sigma_{\max} / \sigma, \quad \sigma_{\max} < \sigma_s$$

名义应力 σ 不考虑缺口导致的应力集中，而是按净面积计算的。弹性应力集中系数 K_t 可以由弹性理论分析、有限元计算或试验测量得到，也可查阅有关手册。

定义疲劳缺口系数 K_f 为

$$K_f = \sigma_f / \sigma'_f \tag{10-34}$$

其中，σ_f 为光滑件的疲劳极限；σ'_f 为缺口件的疲劳极限。缺口应力集中将使得疲劳强度下降，故 K_f 是反映缺口影响的大于 1 的系数。显然，疲劳缺口系数 K_f 是与弹性应力集中系数 K_t 相关的。K_t 越大，应力集中越严重，疲劳寿命越短，K_f 也就越大。但试验研究的结果表明，K_f 并不等于 K_t，因为弹性应力集中系数 K_t 只依赖于构件的几何形状，而疲劳缺口系数 K_f 却与材料有关。一般来说，K_f 小于 K_t。二者之间的关系可写为

$$q = (K_f - 1) / (K_t - 1) \tag{10-35}$$

当 $q = 0$ 时，$K_f = 1$，$\sigma'_f = \sigma_f$，缺口对疲劳性能无影响；当 $q = 1$ 时，缺口对疲劳性能影响严重；故称为缺口敏感系数，其取值为 $0 \leqslant q \leqslant 1$。缺口敏感系数 q 与缺口几何形状及材料有关，可以从有关设计手册中查到。

10.4.2 疲劳裂纹扩展规律及寿命

材料或构件发生疲劳破坏要经历裂纹的起始或萌生、裂纹稳定扩展和裂纹失稳扩展(断裂)三个阶段。疲劳总寿命也由相应的三部分组成，但因为裂纹失稳扩展是快速扩展，对寿命的影响很小，在估算寿命时通常不予考虑。故一般可将总寿命分为裂纹起始或萌生寿命与裂纹稳定扩展寿命两部分，即

总寿命 = 裂纹起始或萌生寿命 + 裂纹稳定扩展寿命

传统的疲劳计算仅进行裂纹起始寿命分析，即如10.4.1 节中按应力-寿命或应变-寿命关系进行。而疲劳裂纹扩展寿命分析必须考虑裂纹的存在，需用断裂力学方法研究，故称为断裂疲劳。

完整的疲劳分析，既要研究裂纹的起始或萌生，也要研究裂纹的扩展，并应注意两部分寿命的衔接。但在某些情况下，也可能只需要考虑裂纹起始或扩展的两者之一，并由此给出其寿命的估计。例如，高强脆性材料的断裂韧性低，一出现裂纹就会引起破坏，裂纹扩展寿命很短，故对于由高强度材料制造的构件，通常只需考虑其裂纹的起始寿命。延性

材料构件有相当长的裂纹扩展寿命，则一般两者均不宜忽略。而对于一些焊接、铸造的构件或结构，因为在制造过程中已不可避免地引入了裂纹或类裂纹缺陷，则可以忽略其裂纹起始寿命，只需考虑其裂纹扩展寿命。下面对疲劳裂纹扩展规律及其寿命进行分析。

1. *a*-*N* 曲线

采用标准试样，如中心裂纹拉伸(central crack tension, CCT)试样或紧凑拉伸(compact tension, CT)试样，在恒幅脉动循环荷载下进行疲劳裂纹扩展试验，同时记录裂纹长度 a 和荷载循环次数 N，即可得到如图 10-27 所示的 a-N 曲线。

2. 控制参量

由 a-N 曲线可知，对于给定的裂纹尺寸 a，应力变程 $\Delta\sigma$ 增大，即应力强度因子幅度 ΔK 增大，曲线斜率 $\mathrm{d}a/\mathrm{d}N$ 增大，裂纹扩展加快；对于给定的循环应力变程 $\Delta\sigma$，裂纹尺寸 a 增大，即 ΔK 增大，同样地，曲线斜率 $\mathrm{d}a/\mathrm{d}N$ 也增大，裂纹扩展加快。因此，疲劳裂纹扩展的控制参量是应力强度因子幅度 ΔK。又因为裂纹只有在张开的情况下才能扩展，压缩载荷的作用将使裂纹闭合，因此，应力循环的负应力部分对裂纹扩展无贡献，则 ΔK 可定义为

$$\begin{aligned} \Delta K &= K_{\max} - K_{\min}, \quad R > 0 \\ \Delta K &= K_{\max}, \quad R < 0 \end{aligned} \tag{10-36}$$

3. 裂纹扩展速率

$\mathrm{d}a/\mathrm{d}N$ 是裂纹扩展速率，可以理解为每次荷载循环下裂纹长度的增长，反映了裂纹扩展的快慢，其控制参量是 $\Delta K = f(\Delta\sigma, a)$，即 $\mathrm{d}a/\mathrm{d}N = \varphi(\Delta K, R, \cdots)$，且注意到 $R = \sigma_{\min}/\sigma_{\max} = K_{\min}/K_{\max}$。由试验所得的 a-N 曲线，计算在不同裂纹长度下的 $\mathrm{d}a/\mathrm{d}N$ 和 $\Delta K(\Delta\sigma = \mathrm{const})$，即可在双对数坐标上画出如图 10-28 所示的 $\mathrm{d}a/\mathrm{d}N$-ΔK 曲线。不同于 $\Delta\sigma$、a 下的 a-N 曲线，在 $\mathrm{d}a/\mathrm{d}N$-ΔK 图上成为一条折线。由图可见：

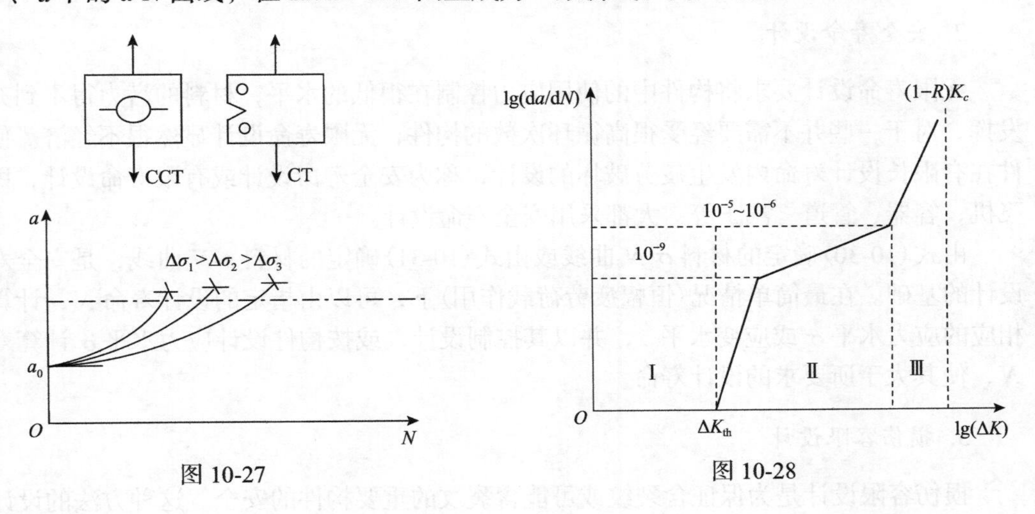

图 10-27　　图 10-28

(1)存在门槛应力强度因子幅度(下限) ΔK_{th}。若 $\Delta K < \Delta K_{th}$ (I 区，低速率区)，可以认为裂纹不扩展，裂纹扩展速率趋近于 0 ($da/dN<10^{-10}$m/C)；

(2)在稳定扩展区域(II 区)，da/dN-ΔK 有良好的对数线性关系，可以用著名的帕里斯(Paris)公式表达为

$$da/dN = C(\Delta K)^m \tag{10-37}$$

当应力比 $R=0$ 时，上式中的裂纹扩展参数 C、m 和应力强度因子幅度的门槛值 ΔK_{th} 是描述材料疲劳裂纹扩展性能的基本参数，它们由试验确定；

(3)在高速率扩展区(III 区)，裂纹尺寸迅速增大，断裂发生，最后断裂条件为 $K_{max} = K_c$ (上限)，由式(10-36)可知，$\Delta K = (1-R)K_{max}$，则图 10-28 中的上渐近线为 $\Delta K = (1-R)K_c$。

10.4.3 抗疲劳设计的基本方法

1. 无限寿命设计

对于无裂纹构件，控制其最大工作应力，使其小于设计许用疲劳持久极限 $[\sigma_f]$，不萌生疲劳裂纹，其设计条件为

$$\sigma_{max} \leqslant [\sigma_f] \quad 或 \quad n_\sigma \geqslant n \tag{10-38}$$

其中，n_σ 为构件的工作安全系数；n 为设计规定的安全系数。而材料的疲劳持久极限 σ_f 由 σ-N 曲线给出。

对于已有裂纹(假定其长度为 a_0)存在的构件，控制其应力强度因子幅度，使其小于门槛值 ΔK_{th}，则虽有裂纹但不扩展。其设计条件为

$$\Delta K = f\Delta\sigma\sqrt{\pi a_0} < \Delta K_{th} \tag{10-39}$$

2. 安全寿命设计

无限寿命设计要求将构件中的使用应力控制在很低的水平，材料的潜力得不到充分发挥，对于一些并不需要经受很高循环次数的构件，无限寿命设计显然很不经济。使构件在有限长设计寿命内发生疲劳破坏的设计，称为安全寿命设计或有限寿命设计，民用飞机、容器、管道、汽车等，大都采用安全寿命设计。

由式(10-30)确定的材料 σ-N 曲线或由式(10-31)确定的材料 ε-N 曲线，是安全寿命设计的基础。在最简单情况(恒幅疲劳荷载作用)下，可以由指定的设计寿命 N，计算出相应的应力水平 σ 或应变水平 ε，并以其控制设计，或按构件设计应力水平 σ 计算寿命 N，使其大于所要求的设计寿命。

3. 损伤容限设计

损伤容限设计是为保证含裂纹或可能含裂纹的重要构件的安全。这种方法的设计思

路是：假定构件中存在着裂纹(依据无损探伤能力、使用经验等假定其初始尺寸)，应用断裂力学分析、疲劳裂纹扩展分析和试验，证明经定期检查且肯定于发现前，裂纹不会扩展到足以引起破坏。

断裂判据和裂纹扩展速率方程是损伤容限设计的基础。裂纹扩展至临界尺寸 a_c 时发生断裂，由式(10-7)和式(10-23)，有

$$K = f\sigma\sqrt{\pi a_c} < K_{1c} \tag{10-40}$$

将裂纹扩展速率方程(10-37)从 $N=0$ 时 $a=a_0$，到 $N=N_c$ 时 $a=a_c$，进行积分，有

$$N_c = \int_0^{N_c} \mathrm{d}N = \int_{a_0}^{a_c} \mathrm{d}a / [C(f\Delta\sigma/\sqrt{\pi a})^m]$$

写成一般函数关系，有

$$N_c = \varphi(\Delta\sigma, a_0, a_c, \cdots) \tag{10-41}$$

应用式(10-40)和式(10-41)两个基本方程以及现代数值计算技术，可以进行下述抗疲劳断裂设计的工作：

(1) 已知荷载条件 $\Delta\sigma$、初始裂纹尺寸 a_0，估算临界裂纹尺寸 a_c 和裂纹扩展寿命 N_c；

(2) 已知 $\Delta\sigma$，给定寿命 N_c，估算临界裂纹尺寸 a_c 以及允许的初始裂纹尺寸 a_0；

(3) 已知 a_0、a_c，给定寿命 N_c，估算允许使用的应力水平 $\Delta\sigma$。

损伤容限设计希望在裂纹到达临界尺寸 a_c 前检查出裂纹，因此，要选用韧性较好、裂纹扩展缓慢的材料，以保证有足够大的临界裂纹尺寸 a_c 和充分的时间，来安排检查并及时发现裂纹。由于疲劳问题涉及因素多，情况复杂，对于重要构件的抗疲劳设计必须进行充分的试验验证。

例 10-4　某减速器第一轴如图 10-29 所示。键槽为端铣加工，*A-A* 截面的直径 $d=50\text{mm}$，其上的弯矩 $M=860\text{N}\cdot\text{m}$，轴的材料为 A5 钢，$\sigma_b = 520\text{MPa}$，材料在对称循环($R=-1$)下的疲劳持久极限 $\sigma_f = 220\text{MPa}$。若规定安全系数 $n=1.4$，试校核 *A-A* 截面的强度。

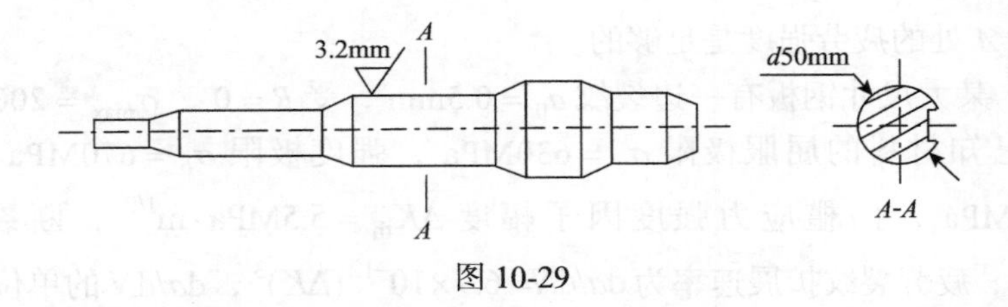

图 10-29

按无限寿命设计，设计条件由式(10-38)给出：

$$\sigma_{\max} \leqslant [\sigma_f] \text{ 或 } n_\sigma \geqslant n$$

此时 *A-A* 截面上危险点的应力随时间而变化，且处于对称循环状态，循环特性 $R=-1$。

首先计算轴在 *A-A* 截面上的最大和最小的工作应力。若不计键槽对轴的抗弯截面模

量的影响，则 A-A 截面的抗弯截面模量为

$$W=\frac{\pi}{32}d^3=\frac{\pi}{32}\times5^3=12.3\text{cm}^3=1.23\times10^{-5}\text{m}^3$$

则轴在不变弯矩 M 的作用下旋转，其最大和最小的工作应力为

$$\sigma_{\max}=\frac{M}{W}=\frac{860}{1.23\times10^{-5}}=7\times10^7\,\text{N/m}^2=70\text{MPa}$$

$$\sigma_{\min}=-70\text{MPa}$$

然后，考虑应力集中、构件尺寸及表面光洁度对构件疲劳持久极限的影响。对于键槽引起的应力集中，由《机械设计手册》查得弹性应力集中系数 $K_t=4.65$，疲劳缺口系数 $K_f=1.65$（式中缺口根部半径 $r=0.01\text{mm}$，材料特征长度 $a=0.25$）；由式(10-32)可知，构件尺寸效应系数 $K_s=1.189\times50^{-0.097}=0.81$；又由图 10-26 查得，对于表面精磨圆轴，当 $\sigma_b=520\text{MPa}$ 时，表面光洁度系数 $K_p=0.91$。

综合考虑上述三种因素，构件在对称循环下的疲劳持久极限为

$$\sigma_f'=\frac{1}{K_f}K_sK_p\sigma_f=\frac{1}{1.65}\times0.81\times0.91\times220=98.28\text{MPa}$$

而构件的许用疲劳持久极限为

$$[\sigma_f]=\frac{\sigma_f'}{n}=\frac{98.28}{1.4}=70.2\text{MPa}$$

因为

$$\sigma_{\max}=70\text{MPa}<[\sigma_f]$$

故轴在截面 A-A 处的疲劳强度是足够的。

例 10-5 某大尺寸钢板有一边裂纹 $a_0=0.5\text{mm}$，受 $R=0$、$\sigma_{\max}=200\text{MPa}$ 的循环荷载作用。已知材料的屈服极限 $\sigma_s=630\text{MPa}$，强度极限 $\sigma_b=670\text{MPa}$，弹性模量 $E=2.07\times10^5\text{MPa}$，门槛应力强度因子幅度 $\Delta K_{\text{th}}=5.5\text{MPa}\cdot\text{m}^{1/2}$，断裂韧性 $K_{1c}=104\text{MPa}\cdot\text{m}^{1/2}$，疲劳裂纹扩展速率为 $\text{d}a/\text{d}N=6.9\times10^{-12}(\Delta K)^3$，$\text{d}a/\text{d}N$ 的单位为 m/C。试估算此裂纹板的寿命。

(1)确定应力强度因子 K 的表达式

当裂纹长度 a 与板宽 B 之比 $a/B<0.1$ 时，可以采用无限大板的解。对于边裂纹，几何修正因子为 $f=1.12$，故应力强度因子为

$$K=1.12\sigma\sqrt{\pi a}$$

(2)确定应力强度因子幅度ΔK

$$\Delta K = K_{\max} - K_{\min} = 1.12(\sigma_{\max} - \sigma_{\min})\sqrt{\pi a} = 1.12\Delta\sigma\sqrt{\pi a}$$

注意到本题中$R=0$，有$\sigma_{\min}=0$，所以$\Delta\sigma = \sigma_{\max} = 200\text{MPa}$。

(3)确定长度为a_0的初始裂纹在给定应力水平作用下是否扩展

裂纹是否扩展由式(10-39)判断，当$a = a_0 = 0.5\text{mm} = 5\times10^{-4}\text{m}$时，有

$$\Delta K = 1.12\Delta\sigma\sqrt{\pi a} = 8.9\text{MPa}\cdot\text{m}^{1/2} > \Delta K_{\text{th}} = 5.5\text{MPa}\cdot\text{m}^{1/2}$$

故可知裂纹将扩展。

(4)计算临界裂纹长度a_c

依据线性弹性断裂判据，有

$$K_{\max} = f\sigma_{\max}\sqrt{\pi a_c} \leqslant K_{1c} \quad 或 \quad a_c = \frac{1}{\pi}\left(\frac{K_{1c}}{f\sigma_{\max}}\right)^2$$

则

$$a_c = \frac{1}{\pi}\times\left(\frac{104}{1.12\times200}\right)^2 = 0.069\text{m} = 69\text{mm}$$

(5)估算裂纹扩展寿命N_c

从初始裂纹长度a_0扩展到临界裂纹长度a_c，所经历的荷载循环次数N_c称为疲劳裂纹扩展寿命。由帕里斯公式(10-37)，有

$$\mathrm{d}a/\mathrm{d}N = C(\Delta K)^m$$

对于含裂纹无限大板，$f=$常数，在恒幅荷载作用下，由上式有

$$\int_{a_0}^{a_c}\frac{\mathrm{d}a}{C(f\Delta\sigma\sqrt{\pi a})^m} = \int_0^{N_c}\mathrm{d}N$$

积分后可得

$$N_c = \begin{cases} \dfrac{1}{C(f\Delta\sigma\sqrt{\pi})^m(0.5m-1)}\left(\dfrac{1}{a_0^{0.5m-1}} - \dfrac{1}{a_c^{0.5m-1}}\right), & m\neq2 \\ \dfrac{1}{C(f\Delta\sigma\sqrt{\pi})^m}\ln\left(\dfrac{a_c}{a_0}\right), & m=2 \end{cases}$$

将$a_0 = 0.0005\text{m}$、$a_c = 0.069\text{m}$、$\Delta\sigma = 200\text{MPa}$、$C = 6.9\times10^{-12}$、$m=3$代入上式中的第一式，得$N_c = 189500$次循环。

下面讨论裂纹长度和材料断裂韧性对疲劳裂纹扩展寿命的影响。假定初始裂纹长度分别为$a_0 = 0.5\text{mm}, 1.5\text{mm}, 2.5\text{mm}$，材料断裂韧性$K_{1c} = 52104208\text{MPa}\cdot\text{m}^{1/2}$，按上述方法计算，得到的疲劳裂纹扩展寿命$N_c$列于表 10-3 中。

表 10-3　不同 a_0 、 K_{1c} 下的疲劳裂纹扩展寿命

a_0 /mm	K_{1c} / (MPa·m$^{1/2}$)	a_c /mm	N_c /10^3 次
0.5	104	69	189.5
1.5	104	69	102.0
2.5	104	69	75.0
0.5	208	274	198.3
0.5	52	17	171.6

由表中结果可知：材料的断裂韧性 K_{1c} 增加 1 倍，临界裂纹长度 a_c 增加约 3 倍，疲劳裂纹扩展寿命 N_c 只增加不到 5%；断裂韧性降至一半，临界裂纹长度 a_c 降至之前的约 1/4，但寿命 N_c 降低不到 10%；若材料的断裂韧性不变，初始裂纹长度 a_0 从 0.5mm 增至 1.5mm，疲劳裂纹扩展寿命 N_c 几乎降低了一半；当 a_0 从 0.5mm 增至 2.5mm 时，疲劳裂纹扩展寿命 N_c 降低了 60%。所以，严格控制构件中的初始裂纹尺寸，对于提高疲劳裂纹扩展寿命是十分重要的。材料断裂韧性的改变，将使临界裂纹长度发生极大的变化，但对疲劳裂纹扩展寿命的影响不大。然而，为保证裂纹有一定的尺寸以便于检测，材料必须有较高的断裂韧性。断裂韧性很低的高强脆性材料，裂纹扩展寿命很短，则可以只考虑裂纹萌生寿命。

例 10-6　含中心裂纹宽板，受循环应力 $\sigma_{\max} = 200\text{MPa}$ 、 $\sigma_{\min} = 20\text{MPa}$ 作用。工作频率为 0.1Hz， $K_{1c} = 104\text{MPa}\cdot\text{m}^{1/2}$ ，为保证安全，每 1000h 进行一次无损检验。已知裂纹扩展速率为 $\mathrm{d}a/\mathrm{d}N = 4\times10^{-14}(\Delta K)^4(\text{m/C})$ ，试确定检查时所能允许的最大裂纹尺寸 $a_{\max}$ 。

(1) 计算临界裂纹尺寸 a_c

对于中心裂纹宽板， $f=1$ ， $K_1 = \sigma\sqrt{\pi a}$ ，有

$$a_c = \frac{1}{\pi}\left(\frac{K_{1c}}{\sigma_{\max}}\right)^2 = 0.086\text{m}$$

(2) 检查期间的循环次数

$$N = (0.1\times3600\times1000)\text{次} = 3.6\times10^5\text{次}$$

(3) 检查时所能允许的最大裂纹尺寸 $a_{\max}$

在下一检查周期内经 N 次循环后，将不可能扩展到引起破坏的裂纹尺寸 a_c。故在临界状态下，经帕里斯公式积分后，得

$$\frac{1}{a_{\max}} = NC(\Delta\sigma\sqrt{\pi})^m + \frac{1}{a_c}$$

注意在本题中， $C = 4\times10^{-14}$ ， $m=4$ ，应力幅 $\Delta\sigma = \sigma_{\max} - \sigma_{\min} = 180\text{MPa}$ ，解得

$$a_{\max} = (1/160.8)\text{m} = 0.0062\text{m} = 6.2\text{mm}$$

所以，检查中所能允许的最大裂纹尺寸为 $a_{\max} = 6.2\text{mm}$ 。

若检查时发现裂纹 $a_{\max} > 6.2\text{mm}$ ，继续使用是不安全的。若要继续使用，应当降低

应力水平或者缩短检查周期。

10.5　工程损伤失效准则

损伤概念，最初是由预计高温蠕变构件的寿命而出现的，1958 年卡恰诺夫(Kachanov)在研究这一问题时，首先提出了“连续性因子”和“有效应力”的概念。从而，材料中复杂和离散的衰坏、耗散过程得以用简单的连续变量来模拟。卡恰诺夫的工作引导了损伤力学的建立和发展。

损伤力学研究的难点和重点在于建立材料含损伤的本构关系和演化方程。对于结构的损伤问题，人们常常应用基于唯象、宏观的连续损伤理论来分析；而对于材料设计及优化工艺来说，则应用细观损伤理论更为合适。本节中将在连续介质力学的框架下，以一维问题为例，对损伤理论进行简单的介绍。

10.5.1　损伤状态的描述

用损伤理论分析材料受力后的力学状态时，首先要选择恰当的损伤变量，以描述材料的损伤状态。材料的损伤将引起材料微观结构和某些宏观物理性能的变化，因此可从微观和宏观两方面来选择度量损伤的基准。从微观方面，可以选用空隙的数目、长度、面积和体积；从宏观方面，可以选用弹性系数、屈服应力、拉伸强度、伸长率、密度、电阻、超声波速和声辐射等。

现在考虑一均匀受拉的直杆(图 10-30)，认为材料劣化的主要机制是由微缺陷导致的有效承载面积的减小。设其无损状态时的横截面面积为 A，损伤后的有效承载面积减小后为 $\tilde{A}$，则连续度 ψ 的物理意义为有效承载面积与无损状态的横截面面积之比，即

$$\psi = \frac{\tilde{A}}{A} \tag{10-42}$$

显然，连续度 ψ 是一个无量纲的标量场变量，$\psi = 1$ 对应于完全没有缺陷的理想材料状态，$\psi = 0$ 对应于完全破坏的没有任何承载能力的材料状态。

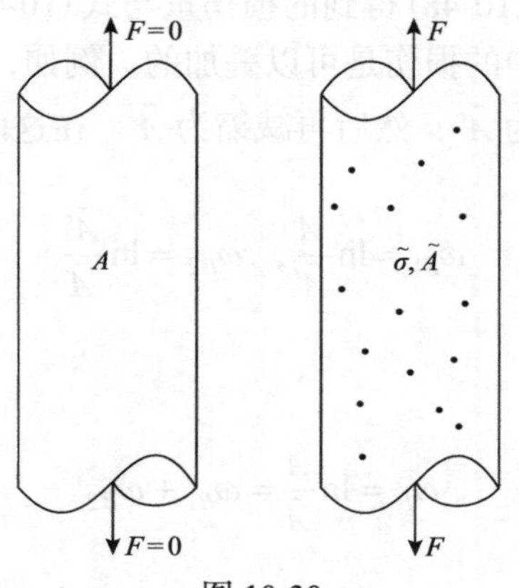

图 10-30

将外加荷载 F 与有效承载面积 $\tilde{A}$ 之比定义为有效应力，即

$$\tilde{\sigma} = \frac{F}{\tilde{A}} = \frac{\sigma}{\psi} \tag{10-43}$$

其中，$\sigma = F/A$ 为柯西应力。

连续度是单调减小的，假设当 ψ 达到某一临界值 ψ_c 时，材料发生断裂，于是材料的破坏条件可以表示为

$$\psi = \psi_c \tag{10-44}$$

卡恰诺夫取 $\psi_c = 0$ ，但试验表明对于大部分金属材料，$0.2 \leqslant \psi_c \leqslant 0.8$ 。

1963 年，拉博特诺夫(Rabotnov)同样在研究金属的蠕变本构方程时，建议用损伤因子：

$$\omega = 1 - \psi \tag{10-45}$$

来描述损伤。对于完全无损状态，$\omega = 0$ ；对于完全丧失承载能力状态，$\omega = 1$ 。由式(10-42)和式(10-45)，可得

$$\omega = \frac{A - \tilde{A}}{A} \tag{10-46}$$

于是，有效应力 $\tilde{\sigma}$ 与损伤因子的关系为

$$\tilde{\sigma} = \frac{\sigma}{1 - \omega} \tag{10-47}$$

布罗贝克(Brobeig)将损伤变量定义为

$$\omega_B = \ln \frac{A}{\tilde{A}} \tag{10-48}$$

当 $\tilde{A}$ 与 A 比较接近时，由式(10-48)得到的损伤量与式(10-46)得到的近似相等。布罗贝克定义的优点在于加载过程中的损伤是可以叠加的。例如，假设面积是分两步减缩的，首先有效承载面积从 A 减缩为 $\tilde{A}'$ ，然后再减缩为 $\tilde{A}$ ，在这两步中的损伤分别为

$$\omega_{B1} = \ln \frac{A}{\tilde{A}'}, \quad \omega_{B2} = \ln \frac{\tilde{A}'}{\tilde{A}}$$

于是，总的损伤为

$$\omega_B = \ln \frac{A}{\tilde{A}} = \omega_{B1} + \omega_{B2} \tag{10-49}$$

应用式(10-43)和式(10-48)，得

$$\tilde{\sigma} = \sigma \exp \omega_B \tag{10-50}$$

对于不可压缩材料，直杆的拉伸应变为

$$\varepsilon = \ln \frac{L}{L_0} = \ln \frac{A_0}{A}$$

其中，A_0 和 L_0 为加载前的横截面面积和长度；A 和 L 为变形后的横截面面积和长度。于是名义应力为

$$\sigma_0 = \sigma \exp(-\varepsilon) \tag{10-51}$$

由式(10-50)和式(10-51)，得

$$\tilde{\sigma} = \sigma_0 \exp(\varepsilon + \omega_B) \tag{10-52}$$

10.5.2　损伤对材料强度的影响

下面将奇异缺陷方法与分布缺陷方法相结合，即将线性弹性断裂力学与连续损伤力学相结合，讨论损伤对材料的理论拉伸强度的影响。

1. 无损伤且表面能密度有限的情况

设材料为无损伤的线性弹性晶体材料，其理论拉伸断裂强度 σ'_f 的表达式为

$$\sigma'_f = \sqrt{\frac{\gamma E}{b}} \tag{10-53}$$

其中，E 为杨氏模量；b 为晶格间距；γ 为表面能密度。

下面给出式(10-53)的推导过程。

假设一直杆两端承受均匀的拉伸应力(图 10-31)，在断裂前杆的应变能密度为

$$U_0 = \frac{(\sigma'_f)^2}{2E}$$

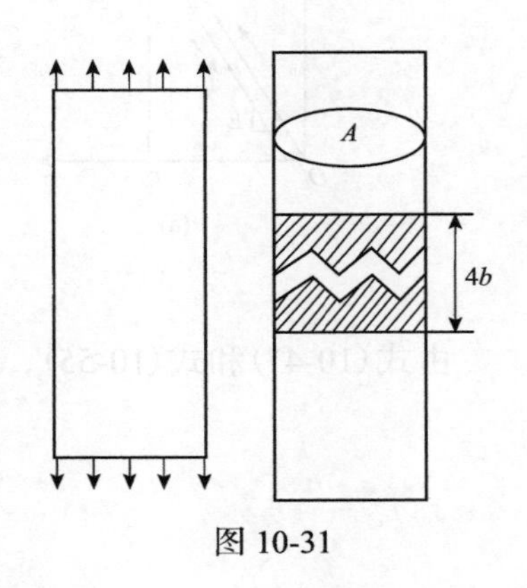

图 10-31

在材料断裂时，所需的表面能由两个断裂面附近所储藏的应变能提供。由于原子间力的作用范围是晶格间距 b 的数量级，提供此能量的区域深度也应是 b 的量级。往往假设在断裂表面两侧提供表面能的深度各为 $2b$，即提供应变能的整个区域深度为 $4b$，它所提供的应变能为

$$U = 4bAU_0 = \frac{2Ab(\sigma'_f)^2}{E}$$

其中，A 为杆的横截面面积。沿横截面出现一对断裂表面所需的能量为 $W=2\gamma A$，由能量条件 $U=W$，即得理论断裂强度 σ'_f 的表达式(10-53)。

这个问题早在 1920 年就由著名力学家格里菲斯研究过。式(10-53)考虑了表面能密度，但假设材料不存在任何缺陷或损伤，而实际上这是不可能的，试验结果发现实际的材料强度与 σ'_f 相差甚远，一般只达到 σ'_f 的几十分之一。

2. *有损伤但表面能密度为无穷大的情况*

这是材料的另一种极端情况。由式(10-47)，有效应力 $\tilde{\sigma}$ 可以表示为

$$\tilde{\sigma}=\frac{\sigma}{1-\omega}$$

其中，损伤变量 ω 的定义为式(10-46)，$0\leqslant\omega\leqslant1$。设应变 ε 和损伤变量 ω 依赖于有效应力的关系为

$$\varepsilon=G(\tilde{\sigma}),\quad \omega=g(\tilde{\sigma}) \tag{10-54}$$

为简单起见，假设式(10-54)所示均为线性函数关系，即

$$\varepsilon=\frac{\tilde{\sigma}}{E},\quad \omega=\frac{\tilde{\sigma}}{D} \tag{10-55}$$

其中，E 为杨氏模量(图 10-32(a))；D 称为损伤模量(图 10-32(b))。式(10-54)中第二式对单调加载成立，卸载时 ω 保持不变。对于无损材料，$D=\infty$。

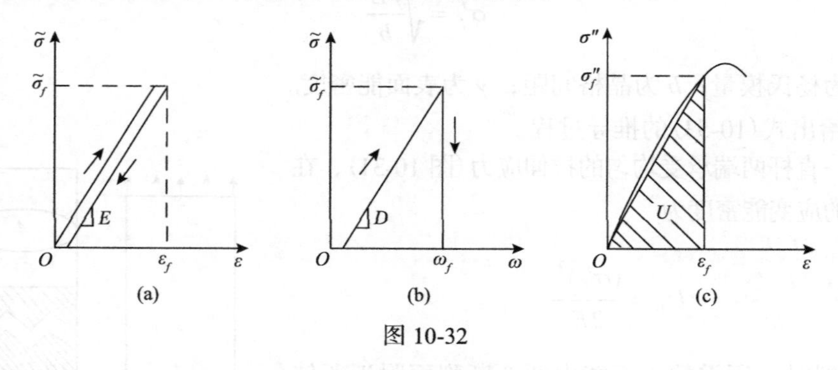

图 10-32

由式(10-47)和式(10-55)，可得应力-应变关系为

$$\sigma=\tilde{\sigma}(1-\omega)=E\varepsilon\left(1-\frac{E\varepsilon}{D}\right) \tag{10-56}$$

如图 10-32(c)所示，当应力 σ 达到 σ''_f 时材料发生断裂。由 $\dfrac{\mathrm{d}\sigma}{\mathrm{d}\varepsilon}=0$，可得

$$\sigma''_f=\frac{D}{4} \tag{10-57}$$

因此，损伤模量 D 是材料断裂强度的 4 倍。若不考虑材料的损伤，即 $D=\infty$，则 $\sigma_f''=\infty$。如果采用布罗贝克定义的对数损伤，即

$$\omega=\ln\frac{A}{\tilde{A}}$$

则式(10-47)和式(10-56)变为

$$\tilde{\sigma}=\sigma\exp\omega \tag{10-58}$$

$$\sigma=E\varepsilon\exp\left(-\frac{E\varepsilon}{D}\right) \tag{10-59}$$

对数损伤的变化范围为 $0\leqslant\omega\leqslant\infty$。仍采用式(10-55)，类似于式(10-57)，得到断裂应力和损伤模量的关系为

$$\sigma_f''=\frac{D}{e} \tag{10-60}$$

如果既采用对数损伤，又采用对数应变，即

$$\varepsilon=\ln\frac{l}{l_0},\ \ \omega=\ln\frac{A}{\tilde{A}}$$

对于不可压缩材料，有

$$\tilde{\sigma}=\sigma_0\exp(\varepsilon+\omega) \tag{10-61}$$

其中，$\sigma_0=P/A_0$ 是名义应力。此时，名义断裂应力为

$$\sigma_f''=\frac{ED}{e(E+D)} \tag{10-62}$$

以上讨论的是两种极端情况下材料的断裂应力。实际上，材料既具有有限的表面能密度，同时又有损伤。

3. 有损伤且表面能密度有限的情况

应变和损伤变量依赖于有效应力的关系仍采用式(10-55)，且假定变形是完全可逆的，而损伤是完全不可逆的，如图10-32 所示。图中 ε_f 表示断裂时的应变值，ω_f 表示临界损伤因子，$\tilde{\sigma}_f$ 表示断裂时的有效应力。ε_f 、ω_f 与 σ_f 之间的关系为

$$\varepsilon_f=\frac{\tilde{\sigma}_f}{E}=\frac{\sigma_f}{E(1-\omega_f)} \tag{10-63}$$

$$\omega_f=\frac{\tilde{\sigma}_f}{D}=\frac{\sigma_f}{D(1-\omega_f)} \tag{10-64}$$

因此，为断裂所提供的应变能为

$$U = 4bAU_0 = 2bA\sigma_f\varepsilon_f = \frac{2bA(\sigma_f)^2}{E(1-\omega_f)} \tag{10-65}$$

由 $W = 2\gamma A$ 和断裂时的能量条件：$U = W$，得断裂应力为

$$\sigma_f = \sqrt{\frac{\gamma E(1-\omega_f)}{b}} \tag{10-66}$$

将式(10-64)和式(10-66)联立求解，可得到断裂应力 σ_f 与损伤变量 ω_f。这样求出的 σ_f 显然低于式(10-53)中的 σ_f'，也应该低于式(10-62)中的 σ_f''，否则，应采用式(10-62)中的 σ_f'' 作为断裂应力值。

10.5.3　一维蠕变损伤理论

对于高温下的金属，在荷载较大和较小的情况下，其断裂行为是不同的。当荷载较大时，试件伸长，横截面面积减小，从而引起应力单调增长，直至材料发生延性断裂，对应的细观机制为金属晶粒中微孔洞长大引起的穿晶断裂。当荷载较小时，试件的伸长很小，横截面面积基本上保持常数，但材料内部的晶界上仍然产生微裂纹和微孔洞，其尺寸随时间长大，最终汇合成宏观裂纹，导致材料的晶间脆性断裂。

设试件承受外加拉伸荷载 F，在加载之前的初始横截面面积为 A_0，加载后外观横截面面积减小为 A，有效的承载面积为 $\tilde{A} = A(1-\omega)$，则名义应力 σ_0、柯西应力 σ、有效应力 $\tilde{\sigma}$ 分别定义为

$$\sigma_0 = \frac{F}{A_0} \tag{10-67}$$

$$\sigma = \frac{F}{A} \tag{10-68}$$

$$\tilde{\sigma} = \frac{F}{\tilde{A}} = \frac{F}{A(1-\omega)} = \frac{\sigma}{1-\omega} \tag{10-69}$$

忽略弹性变形，在考虑损伤情况下的蠕变率假设为

$$\frac{\mathrm{d}\varepsilon}{\mathrm{d}t} = B\tilde{\sigma}^n \tag{10-70}$$

其中，ε 为总应变；B 和 n 为材料常数。在无损情况下，$\tilde{\sigma} = \sigma$，式(10-70)常称为诺顿(Norton)律。在研究蠕变损伤时，还必须建立损伤的演化方程，即建立损伤演化率 $\mathrm{d}\omega/\mathrm{d}t$ 与某些力学量之间的关系。对于一些简单的情形，可以假设演化率方程也具有指数函数的形式，即

$$\frac{\mathrm{d}\omega}{\mathrm{d}t} = C\tilde{\sigma}^{\nu} = C\left(\frac{\sigma}{1-\omega}\right)^{\nu} \tag{10-71}$$

其中，C 和 ν 为材料常数。设名义应力 σ_0 保持不变，则由材料的体积不可压缩条件：$AL = A_0 L_0$，有效应力可表示为

$$\tilde{\sigma} = \frac{\sigma}{1-\omega} = \frac{\sigma_0 A_0}{A(1-\omega)} = \frac{\sigma_0 L}{L_0(1-\omega)} = \frac{\sigma_0}{1-\omega}\exp\varepsilon \tag{10-72}$$

下面分三种情况讨论金属材料的蠕变断裂。

1. 无损延性断裂

在不考虑损伤(即 $\omega = 0$)的情况下，式(10-72)简化为

$$\tilde{\sigma} = \sigma_0 \exp\varepsilon \tag{10-73}$$

代入式(10-70)得

$$\frac{\mathrm{d}\varepsilon}{\mathrm{d}t} = B\sigma_0^n \exp(n\varepsilon)$$

对此式积分，并应用初始条件 $\varepsilon(0) = 0$，得

$$\varepsilon(t) = -\frac{1}{n}\ln(1 - nB\sigma_0^n t) \tag{10-74}$$

延性蠕变断裂的条件为 $\varepsilon = \infty$，于是得到延性蠕变断裂的时间为

$$t_{\mathrm{RH}} = \frac{1}{nB\sigma_0^n} \tag{10-75}$$

这个表达式最初是由霍夫(Hoff)于 1953 年导出的。

2. 有损伤无变形的脆性断裂

在不考虑变形($\varepsilon = 0$)的情况下，$A = A_0$，式(10-72)中的有效应力简化为

$$\tilde{\sigma} = \frac{\sigma_0}{1-\omega} \tag{10-76}$$

代入损伤演化方程(10-71)，得

$$\frac{\mathrm{d}\omega}{\mathrm{d}t} = C\sigma_0^{\nu}(1-\omega)^{-\nu}$$

对此式积分，并应用初始条件 $\omega(0) = 0$，得

$$\omega = 1 - [1 - (\nu+1)C\sigma_0^{\nu} t]^{\frac{1}{\nu+1}} \tag{10-77}$$

设损伤脆性断裂的条件为 $\omega = \omega_c = 1$，于是得脆性断裂的时间为

$$t_{\mathrm{RK}} = \frac{1}{(\nu + 1)C\sigma_0^\nu} \tag{10-78}$$

3. 同时考虑损伤和变形

类似于对数应变的定义：

$$\mathrm{d}\varepsilon = \frac{\mathrm{d}L}{L} = -\frac{\mathrm{d}A}{A}$$

采用如下形式的损伤定义：

$$\mathrm{d}\omega = -\frac{\mathrm{d}A_n}{A_n}$$

其中，A_n 为假想的有效承载面积，其定义为

$$\tilde{\sigma} = \frac{F}{A_n}$$

于是式(10-72)中的有效应力可改写为

$$\tilde{\sigma} = \sigma_0 \exp(\varepsilon + \omega) \tag{10-79}$$

由式(10-70)、式(10-71)和式(10-79)，得到关于有效应力 $\tilde{\sigma}$ 的控制方程为

$$\frac{\mathrm{d}\tilde{\sigma}}{\tilde{\sigma}\mathrm{d}t} - B\tilde{\sigma}^n - C\tilde{\sigma}^\nu = \frac{\mathrm{d}\sigma_0}{\sigma_0 \mathrm{d}t} \tag{10-80}$$

任意给定加载历史 $\sigma_0(t)$，即可由式(10-80)得到有效应力 $\tilde{\sigma}(t)$ 的变化过程。例如，对于图 10-33 所示的赫维赛德(Heaviside)型加载历史，在 0-1 段，由式(10-80)有

$$\frac{1}{\tilde{\sigma}}\mathrm{d}\tilde{\sigma} = \frac{1}{\sigma_0}\mathrm{d}\sigma_0$$

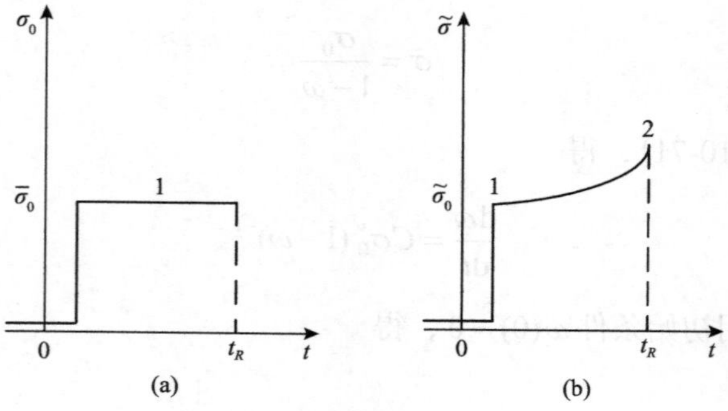

图 10-33

由此得到

$$\tilde{\sigma}_0 = \bar{\sigma}_0 \tag{10-81}$$

此式表明在瞬态加载的过程中，既没有蠕变变形，也没有损伤发展。在 1-2 段，式(10-80)简化为

$$\frac{\mathrm{d}\tilde{\sigma}}{\tilde{\sigma}\mathrm{d}t} - B\tilde{\sigma}^n - C\tilde{\sigma}^\nu = 0$$

对此式积分，并利用初始条件(10-81)，得

$$t = \int_{\tilde{\sigma}_0}^{\tilde{\sigma}} (Bx^{n+1} + Cx^{\nu+1})^{-1}\mathrm{d}x \tag{10-82}$$

由式(10-82)及 $\tilde{\sigma} \to \infty$ 的条件，得到同时考虑损伤演化和蠕变变形的断裂时间为

$$t_R = \int_{\tilde{\sigma}_0}^{\infty} (Bx^{n+1} + Cx^{\nu+1})^{-1}\mathrm{d}x \tag{10-83}$$

令 $C = 0$，即得到不考虑损伤裂变情形的时间，与式(10-75)中的 t_{RH} 相同。令 $B = 0$，得到不考虑蠕变变形时的断裂时间为

$$t_R = \frac{1}{\nu C\bar{\sigma}_0^\nu} \tag{10-84}$$

由于所采用的损伤定义不同，式(10-84)与式(10-78)中的 t_{RK} 略有差别。当 $B > 0$、$C > 0$ 时，可以得到断裂时间的数值积分结果，如图 10-34 所示。由此图可以看出，当应力较大时，可以采用忽略损伤的式(10-75)；当应力较小时，可以采用忽略蠕变变形的式(10-84)；当为中等应力水平时，应采用同时考虑损伤演化和蠕变变形的式(10-83)。

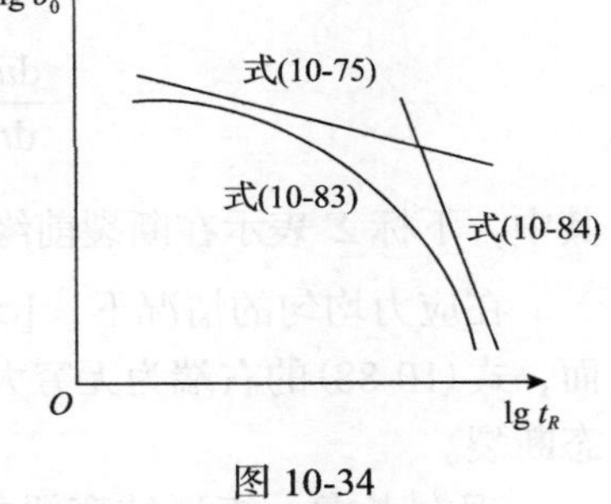

图 10-34

4. 一维蠕变损伤结构的承载能力分析

在蠕变损伤情况下，如果结构中的应力场是均匀的，损伤也将均匀发展，当损伤达到临界值时，结构发生瞬态断裂。如果应力场不均匀，则结构的断裂经历两个阶段。第一阶段称为断裂孕育阶段，所经历的时间为 $0 \leqslant t \leqslant t_1$，结构中诸点的损伤因子均小于其断裂临界值。在 t_1 时刻，结构中某一点(或某一区域)的损伤达到临界值而发生局部断裂。第二阶段称为断裂扩展阶段，$t \geqslant t_1$ 后，弥散的微裂纹汇合成宏观裂纹，宏观裂纹在结构中扩展直至结构完全破坏。

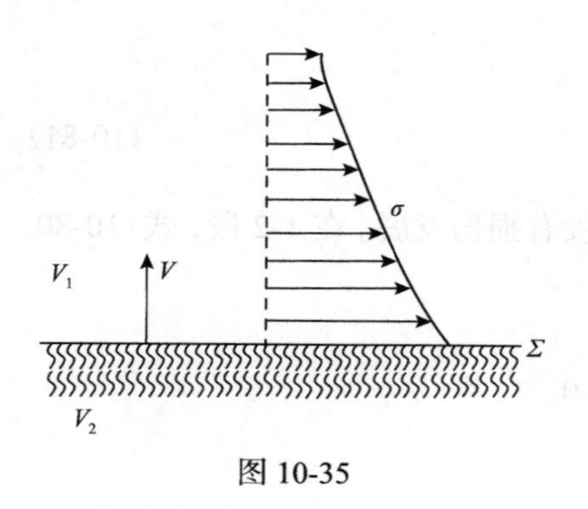

图 10-35

在断裂扩展阶段，结构中存在两种区域(图 10-35)，其一是损伤尚未达到临界值的区域V_1，其二是损伤已经达到临界值的区域V_2。前者仍然承受荷载，而后者已完全丧失承载能力。两个区域的交界面积为断裂前缘，断裂前缘Σ是可动的，V_2即是Σ所扫过的区域。在Σ上，恒有$\omega=\omega_c$，此处取$\omega_c=1$，因此在Σ上有

$$\frac{\mathrm{d}\omega}{\mathrm{d}t}=\frac{\partial\omega}{\partial t}+\frac{\partial\omega}{\partial u}\frac{\mathrm{d}u}{\mathrm{d}t}=0 \tag{10-85}$$

其中，u为断裂前缘沿扩展方向的扩展距离。

采用式(10-71)所示的损伤演化方程，对于任意一点P，其应力为$\sigma(t)$，将式(10-71)改写为

$$(1-\omega)^{\nu}\,\mathrm{d}\omega=C[\sigma(t)]^{\nu}\,\mathrm{d}t$$

积分此式，并利用初始条件$\omega(0)=0$，得到

$$\omega=1-\left\{1-C(\nu+1)\int_0^t[\sigma(\tau)]^{\nu}\,\mathrm{d}\tau\right\}^{\frac{1}{\nu+1}} \tag{10-86}$$

令$\omega=1$，即得到在t时刻，损伤前缘应满足的方程为

$$C(\nu+1)\int_0^t[\sigma(\tau)]^{\nu}\,\mathrm{d}\tau=1 \tag{10-87}$$

将式(10-86)代入方程(10-85)，得到损伤前缘Σ的运动方程为

$$\frac{\mathrm{d}u}{\mathrm{d}t}=-[\sigma_{\Sigma}(t)]^{\nu}\left\{\frac{\partial}{\partial u}\int_0^t[\sigma(\tau)]^{\nu}\,\mathrm{d}\tau\right\}^{-1} \tag{10-88}$$

其中，下标Σ表示在断裂前缘上取值。

在应力均匀的情况下，$[\sigma(\tau)]^{\nu}$在积分区间变化很小，其对u的偏导数几乎为零，因而，式(10-88)的右端为无穷大，因此，一旦某一点处达到了损伤临界值，结构将发生瞬态断裂。

现在考虑一矩形纯弯梁的蠕变断裂问题，假设为小应变情况。在断裂孕育阶段，即每一点的损伤因子均小于其临界值，整个横截面具有抵抗弯曲的能力。按式(10-70)给定的蠕变率，此时有$\dot{\varepsilon}=B\tilde{\sigma}^n=B\sigma^n$，又梁的应变为$\varepsilon=y_0/\rho$，式中$\rho$为梁弯曲后挠曲线的曲率，$y_0$(及$x_0$)为未损伤时梁的坐标(图 10-36)，则

$$\dot{\varepsilon}=\frac{y_0\dot{\rho}}{\rho^2}=Ay_0 \tag{a}$$

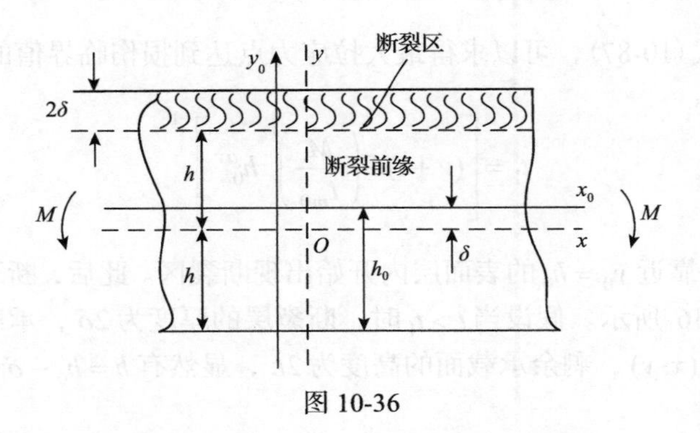

图 10-36

由 $\dot{\varepsilon}=B\sigma^n$ 和式(a)，且设 $\mu=\dfrac{1}{n}$，则

$$\sigma=\left(\frac{\dot{\varepsilon}}{B}\right)^{\mu}=\frac{\dot{\varepsilon}^{\mu}}{B^{\mu}}=\frac{A^{\mu}}{B^{\mu}}y_0^{\mu}=Cy_0^{\mu} \tag{b}$$

又在受拉区 $(y_0>0)$ 有

$$\int_0^{h_0}\sigma y_0 b\mathrm{d}y_0=\frac{M}{2} \tag{c}$$

其中，b 和 h_0 为梁的宽度和半高。

将式(b)代入式(c)，求得

$$C=\frac{1}{\dfrac{2b}{\mu+2}h_0^{\mu+2}}=\frac{M}{I_{m0}} \tag{d}$$

这里定义：

$$I_{m0}=\frac{2b}{\mu+2}h_0^{\mu+2} \tag{10-89}$$

为梁截面的广义惯性矩。由式(b)，则横截面上的正应力分布为

$$\sigma=\frac{M}{I_{m0}}y_0^{\mu},\quad y_0>0 \tag{10-90}$$

应该指出，在按式(10-90)求应力分布时，没有考虑损伤对应力场的影响，即采用的是全解耦方法。

在 $y_0>0$ 的受拉区内，损伤因子 ω 可由式(10-86)确定，而在受压区内，认为没有损伤发展。最大拉应力 $\sigma_{\max}$ 发生在 $y_0=h_0$ 处，为

$$\sigma_{\max}=\frac{M}{I_{m0}}h_0^{\mu} \tag{10-91}$$

将式(10-91)代入式(10-87)，可以求得最大拉应力点达到损伤临界值的断裂孕育时间为

$$t_1 = \left[(\nu + 1)C \left(\frac{M}{I_{m0}} \right)^{\nu} h_0^{\mu\nu} \right]^{-1} \tag{10-92}$$

在$t = t_1$时刻，靠近$y_0 = h_0$的表面层内开始出现断裂区。此后，断裂前缘Σ向梁的内部扩展，如图 10-36 所示。假设当$t > t_1$时，断裂层的厚度为2δ，承载面的中心移至O点，选取新坐标系(x, y)，剩余承载面的高度为$2h$，显然有$h = h_0 - \delta$。此时，应力分布变为

$$\sigma = \frac{M}{I_m} y^{\mu} \tag{10-93}$$

其中，广义惯性矩：

$$I_m = \frac{2b}{\mu + 2} h^{\mu + 2} \tag{10-94}$$

其随时间逐渐减小，而y是新坐标中梁内某点到当前中性轴的距离，且$y = y_0 + h_0 - h$。设在t时刻，损伤前缘到达初始坐标为y_0的点P，对于P点$y(\tau) = 2h(t) - h(\tau)$，$t \geqslant \tau$。由方程(10-87)和式(10-93)，得

$$(\nu + 1)CM^{\nu} \int_0^t I_m^{-\nu}(\tau)[2h(t) - h(\tau)]^{\mu\nu} \mathrm{d}\tau = 1 \tag{10-95}$$

为简单起见，假设$\mu\nu = 1$，对式(10-95)微分，可导出

$$\frac{\mathrm{d}h}{\mathrm{d}t} \int_0^t [h(\tau)]^{-1-2n} \mathrm{d}\tau + \frac{1}{2} h^{-2n} = 0 \tag{10-96}$$

其初始条件为$h(t_1) = h_0$，因此，由式(10-96)可知，当$t = t_1$时有

$$\frac{\mathrm{d}h}{\mathrm{d}t} = -\frac{h_0}{2t_1}$$

再将式(10-96)对时间求微分，得到关于$h(t)$的微分方程：

$$\frac{\mathrm{d}^2 h}{\mathrm{d}t^2} + 2(n-1)\frac{1}{h}\left(\frac{\mathrm{d}h}{\mathrm{d}t}\right)^2 = 0$$

对此式积分，且应用初始条件确定积分常数，得到h与时间t的关系为

$$\frac{t}{t_1} = 1 + \frac{2}{2n-1}\left[1 - \left(\frac{h}{h_0}\right)^{2n-1}\right] \tag{10-97}$$

当 $h=0$ 时，梁完全断裂，相应的断裂时间记为 t'，则有

$$t'=\frac{2n+1}{2n-1}t_1 \tag{10-98}$$

如果取 $n=3$，则 $t'=1.4t_1$。可见在梁的最外层达到损伤临界值以后，在相当长的一段时间内，梁还可以继续承受外载。

上述分析方法同样适用于任意荷载作用下梁的弯曲问题。设梁中的最大弯矩为 M^*，则可以得到断裂孕育时间 t_1^* 和横截面完全断裂的时间 $t^{*\prime}$ 分别为

$$t_1^*=\left[(\nu+1)C\left(\frac{M^*}{I_{m0}}\right)^{\nu}h_0^{\mu\nu}\right]^{-1},\quad t^{*\prime}=\frac{2n+1}{2n-1}t_1^*$$

与纯弯梁蠕变断裂的另一区别，表现在断裂前缘不再与梁的中轴线平行。图 10-37 所示为三点弯曲梁的蠕变示意图，损伤仅局限在一个窄的楔形区域内。

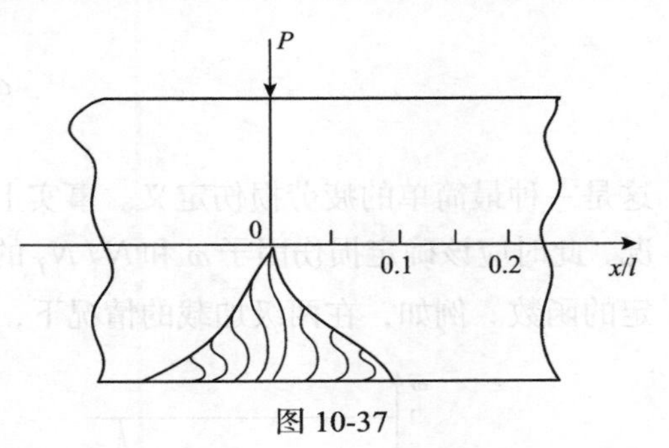

图 10-37

10.5.4　一维疲劳损伤理论

在交变荷载作用下，结构中会有大量的微裂纹形核，并且微裂纹随着荷载循环次数的增加而逐渐扩展，最终形成宏观裂纹导致材料的断裂，这种破坏称为疲劳损伤破坏。在结构破坏之前的荷载循环次数 N 称为疲劳寿命。当疲劳寿命高于 5×10^4 时，称为高周疲劳；当疲劳寿命低于 5×10^4 时，称为低周疲劳。对于应力水平较低的高周疲劳，变形主要为弹性变形；对于应力水平较高的低周疲劳，则往往有塑性变形发生。疲劳过程中的损伤问题，由于其重要的工程意义而得到了人们的高度重视。

在前面介绍的蠕变损伤理论中，将时间作为参考度量，损伤是时间的函数，而在疲劳损伤理论中，损伤常常表示为荷载循环次数的函数。一般情况下，疲劳损伤的演化方程可表示为

$$\delta\omega=f(\omega,\Delta\sigma,\sigma_m,\cdots)\delta N \tag{10-99}$$

其中，$\Delta\sigma$ 为荷载循环中的应力变化幅度，简称应力变程；σ_m 为平均应力。

随着荷载循环次数的增加，损伤逐渐累积。如何处理损伤的累积，是疲劳分析尤其是多级加载情况下疲劳分析中的一个重要问题。

1. 疲劳损伤的线性累积律

在多级加载情况下，一个最简单的、被广泛采用的疲劳寿命估计方法是迈因纳(Miner)提出的线性累积律。设材料依次承受应力变程为 $\Delta\sigma_1,\Delta\sigma_2,\cdots$ 的循环荷载作用，

经历的荷载循环次数分别为$\Delta N_1,\Delta N_2,\cdots$，假设其间损伤的发展$\Delta\omega_1,\Delta\omega_2,\cdots$分别与$\Delta N_1/N_{f1},\Delta N_2/N_{f2},\cdots$相联系，其中$N_{f1},N_{f2},\cdots$为$\Delta\sigma_1,\Delta\sigma_2,\cdots$分别单独作用时的疲劳寿命。根据迈因纳的线性累积律，疲劳破坏准则可以表示为

$$\sum_k \frac{\Delta N_k}{N_{fk}}=1 \tag{10-100}$$

因此，在等应力变程的循环荷载作用下，可以认为损伤的演化是线性的，即

$$\omega=\frac{N}{N_f} \tag{10-101}$$

这是一种最简单的疲劳损伤定义。事实上，线性累积律也可以用于损伤非线性演化的情况，此时应该确定损伤因子ω和N/N_f的一一对应关系，即将ω表示为由N/N_f唯一决定的函数。例如，在两级加载的情况下，损伤的一种演化曲线如图 10-38(a)所示。

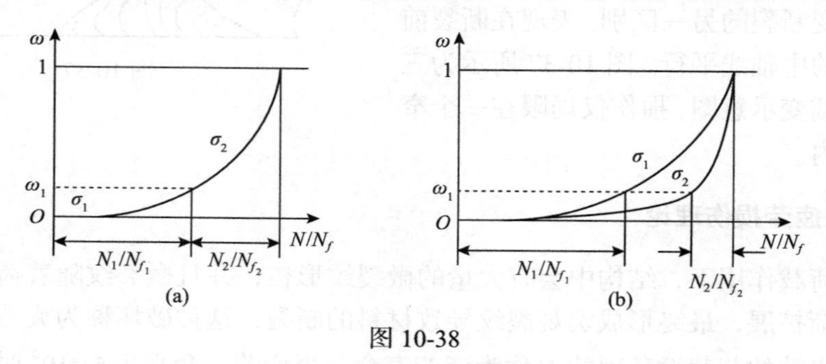

图 10-38

因此，在采用线性累积律时，可以定义损伤随荷载循环的演化规律为如下的线性形式：

$$\delta\omega=\frac{\delta N}{N_f(\Delta\sigma,\sigma_m,\cdots)} \tag{10-102}$$

或非线性形式：

$$\delta\omega=\frac{(1-\omega)^{-k}}{k+1}\frac{\delta N}{N_f(\Delta\sigma,\sigma_m,\cdots)} \tag{10-103}$$

在式(10-102)和式(10-103)中损伤演化与外加的荷载参数无关，荷载参数隐含于N_f中。应该注意，迈因纳的损伤线性累积律只有在应力幅和平均应力变化很小的情况下才得到比较好的结果。

2. *疲劳损伤的非线性累积律*

如果损伤演化不仅依赖于N/N_f，而且与荷载的循环参数(如应力变程$\Delta\sigma$、平均应

力 σ_m)相关，即损伤与表示荷载的参数不是独立的变量，则应该采用损伤的非线性累积方法。如图 10-38(b)所示，就是一个两级加载的例子，显然有 $N_1 / N_{f1} + N_2 / N_{f2} \neq 1$。

在考虑应力幅影响的情况下，一种常用的损伤演化方程为

$$\frac{\delta\omega}{\delta N} = \left[\frac{\Delta\sigma}{2B(1-\omega)}\right]^{\beta}(1-\omega)^{-\gamma} \tag{10-104}$$

其中，B、β 和 γ 是与温度相关的材料参数，B 还依赖于平均应力 σ_m，即 $B = B(\sigma_m)$。

由式(10-104)可以导出

$$\omega = 1 - \left(1 - \frac{N}{N_f}\right)^{\frac{1}{\beta+\gamma+1}} \tag{10-105}$$

其中，疲劳寿命 N_f 的表达式为

$$N_f(\Delta\sigma, \sigma_m) = \frac{1}{\beta+\gamma+1}\left[\frac{\Delta\sigma}{2B(\sigma_m)}\right]^{-\beta} \tag{10-106}$$

根据式(10-105)和式(10-106)，$\ln(1-\omega)$ 与 $\ln(1-N/N_f)$ 呈线性关系，而 $\ln N_f$ 与 $\ln\Delta\sigma$ 也呈线性关系，如图 10-39 和图 10-40 所示，它们分别显示了疲劳损伤的演化及疲劳寿命与应力幅的关系。

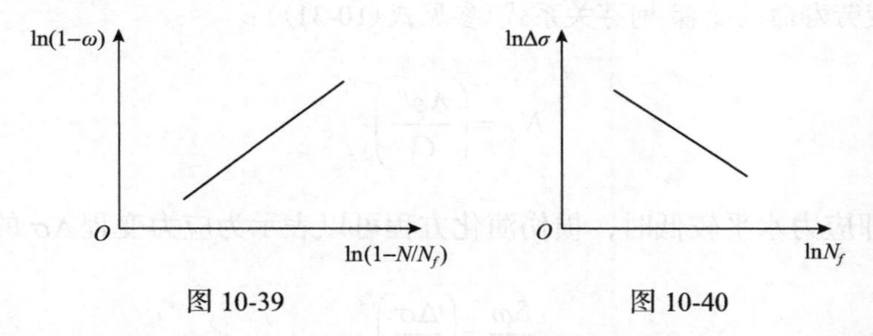

图 10-39　　　　图 10-40

由此，可以通过试验测定参数 β、γ 和 B。在含损伤材料中，从细观上对每一种缺陷形式和损伤机制进行分析，以确定有效承载面积是十分困难的，为了能间接地测定损伤，勒梅特(Lemaitre)于 1971 年提出了有重要意义的应变等效假设。这一假设认为：受损材料的变形行为可以只通过有效应力来体现，即损伤材料的本构关系可以采用无损时的形式，只要将其中的柯西应力 σ 替换为有效应力 $\tilde{\sigma}$ 即可。这样，在稳定状态下耦合损伤的硬化律可写为

$$\tilde{\sigma} = \frac{\sigma}{1-\omega} = K\varepsilon^{1/M} \tag{10-107}$$

其中，M 为材料参数。

由此假设应力变程 $\Delta\sigma$ 和应变变程 $\Delta\varepsilon$ 的关系为

$$\frac{\Delta\sigma}{1-\omega} = K(\Delta\varepsilon)^{1/M} \tag{10-108a}$$

如果没有损伤发生，在同样的荷载作用下，应变变程记为$\Delta\varepsilon^*$，则应有

$$\Delta\sigma = K(\Delta\varepsilon^*)^{1/M} \tag{10-108b}$$

比较以上两式，得到损伤变量的表达式为

$$\omega = 1 - \left(\frac{\Delta\varepsilon^*}{\Delta\varepsilon}\right)^{1/M} \tag{10-109}$$

此式表明，在控制应力加载的疲劳试验中，可以根据应变变程的变化来确定损伤的演化。

3. 低周疲劳损伤

在低周疲劳情况下，塑性变形变得更重要。此时，可以将每一荷载循环中的损伤表示为塑性应变变程的幂指数函数形式，即

$$\frac{\delta\omega}{\delta N} = f(\Delta\varepsilon^p) = \left(\frac{\Delta\varepsilon^p}{C_1}\right)^{\gamma_1} \tag{10-110}$$

积分式(10-110)，并利用条件：$N=0$时，$\omega=0$；$N=N_f$时，$\omega=1$；得到由损伤力学导出的关于疲劳寿命的曼森-柯芬关系式(参见式(10-31))：

$$N_f = \left(\frac{\Delta\varepsilon^p}{C_1}\right)^{-\gamma_1} \tag{10-111}$$

当$\Delta\varepsilon^p$较小即应力水平较低时，损伤演化方程可以表示为应力变程$\Delta\sigma$的函数：

$$\frac{\delta\omega}{\delta N} = \left(\frac{\Delta\sigma}{C_2}\right)^{\gamma_2} \tag{10-112}$$

类似于式(10-111)，有

$$N_f = \left(\frac{\Delta\sigma}{C_2}\right)^{-\gamma_2} \tag{10-113}$$

应用$\Delta\sigma = E\Delta\varepsilon^e$求出$\Delta\varepsilon^e$，并将$\Delta\varepsilon^e$与式(10-111)中的$\Delta\varepsilon^p$相加，得到

$$\Delta\varepsilon^e + \Delta\varepsilon^p = \frac{C_2}{E}N_f^{-\gamma_2} + C_1 N_f^{-\gamma_1} \tag{10-114}$$

其中，C_1、γ_1和C_2、γ_2是与温度相关的材料参数。

试验表明，对于很多材料，式(10-114)都可以表示为如下的相同形式：

$$\Delta\varepsilon^e + \Delta\varepsilon^p = 3.5\frac{\sigma_b}{E}N_f^{-0.12} + D_b^{0.6}N_f^{-0.6} \tag{10-115}$$

其中，σ_b 为强度极限应力；D_b 为表示材料延性的参数，它与颈缩时面积减缩量 A_γ 的关系为 $D_b = -\ln(1-A_\gamma)$。

习　题

10-1 组合钢梁如图 10-41 所示。已知 $q=40\text{kN/mm}$, $P=4820\text{kN}$，若 $[\sigma]=160\text{MPa}$，试根据第四强度理论进行主应力校核。

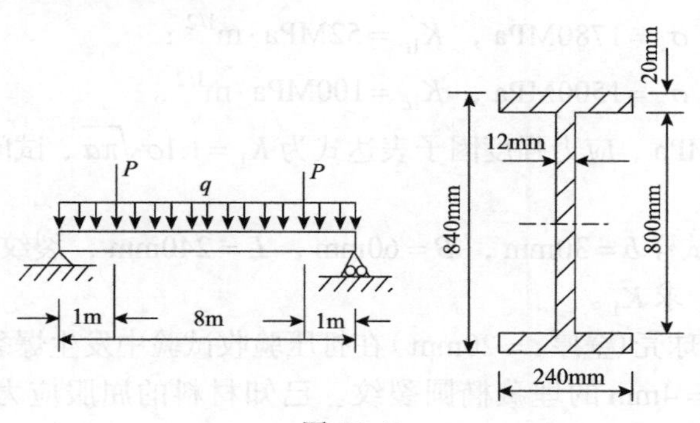

图 10-41

10-2 圆杆如图 10-42 所示，已知 $d=10\text{mm}$，$M_k=\dfrac{1}{10}Pd$，试求许用荷载 P。若材料为

(1) 钢材，$[\sigma]=160\text{MPa}$；

(2) 铸铁，$[\sigma_{拉}]=30\text{MPa}$。

又若 P 改为压力，结果是否改变？

10-3 在上题(2)中，若 $P=2\text{kN}$, $E=100\text{GPa}$, $\mu=0.25$，试求圆轴表面上 AB 线段的正应变，并根据第二强度理论进行校核。

10-4 油罐长度 $l=960\text{cm}$，内径 $D=260\text{cm}$，壁厚 $t=8\text{mm}$，如图 10-43 所示。油罐承受内压 $p=0.6\text{MPa}$，并承受均布荷载 q 的作用。若 $[\sigma]=160\text{MPa}$，试求许用均布荷载 q (考虑均布荷载作用时，油罐可视为一两端简支的梁)。

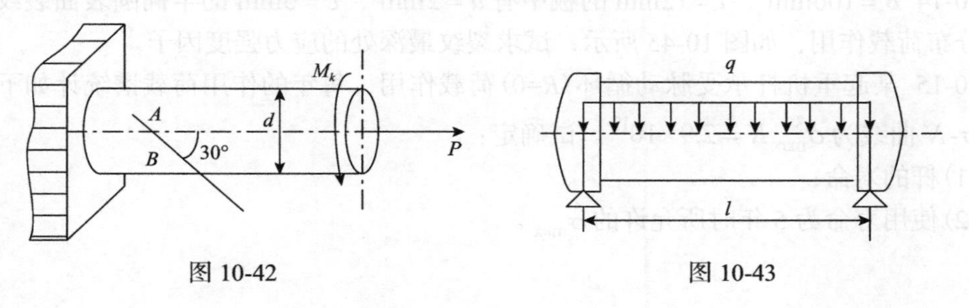

图 10-42　　图 10-43

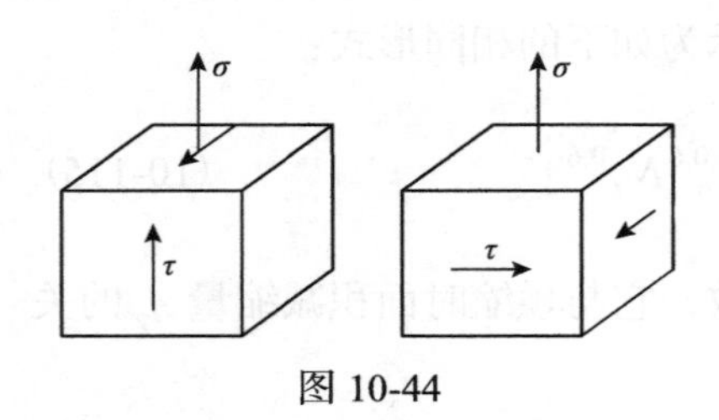

图 10-44

10-5 两种应力状态如图 10-44 所示。

(1) 试按第三强度理论分别计算其相当应力（设 $|\sigma|=|\tau|$）；

(2) 根据形状改变比能理论的概念，判断何者较易发生流动失效，并用第四强度理论进行校核。

10-6 已知某一含中心裂纹 $2a=100\text{mm}$ 的大尺寸钢板，受拉应力 $\sigma_{c1}=304\text{MPa}$ 作用时发生断裂，若在另一相同的钢板中有一中心裂纹 $2a=40\text{mm}$，试估计其断裂应力 σ_{c2}。

10-7 欲测试某材料的断裂韧性，已知其屈服应力 $\sigma_s=800\text{MPa}$，预计断裂韧性 $K_{1c}=100\text{MPa}\cdot\text{m}^{1/2}$，试设计能保证试验有效的试件尺寸。

10-8 某合金钢在不同热处理状态下的材料性能为

(1) 275℃回火，$\sigma_s=1780\text{MPa}$，$K_{1c}=52\text{MPa}\cdot\text{m}^{1/2}$；

(2) 600℃回火，$\sigma_s=1500\text{MPa}$，$K_{1c}=100\text{MPa}\cdot\text{m}^{1/2}$。

设工作应力 $\sigma=750\text{MPa}$，应力强度因子表达式为 $K_1=1.1\sigma\sqrt{\pi a}$，试问两种情况下的临界裂纹长度各为多少？

10-9 三点弯曲试样 $b=30\text{mm}$，$B=60\text{mm}$，$L=240\text{mm}$，裂纹尺寸 $a=32\text{mm}$。若施加荷载 $P=50\text{kN}$，求 K_1。

10-10 某大直径球壳（壁厚 $t=20\text{mm}$）在打压验收试验中发生爆裂，检查发现其内部有 $2a=1.2\text{mm}$、$2c=4\text{mm}$ 的埋藏椭圆裂纹。已知材料的屈服应力为 $\sigma_s=1200\text{MPa}$，$K_{1c}=80\text{MPa}\cdot\text{m}^{1/2}$，试估计断裂应力 σ_c。

10-11 $B=100\text{mm}$、$t=12\text{mm}$ 的板中有一个 $a=22\text{mm}$、$c=5\text{mm}$ 的半椭圆表面裂纹，受拉伸荷载 $\sigma=600\text{MPa}$ 作用，试求裂纹表面处（$\phi=0$）和最深处（$\phi=\pi/2$）的应力强度因子。

10-12 圆筒形容器直径 $D=500\text{mm}$，壁厚 $t=18\text{mm}$，承受 $p=40\text{MPa}$ 的内压作用。已知材料性能为 $\sigma_s=1700\text{MPa}$，$K_{1c}=60\text{MPa}\cdot\text{m}^{1/2}$。若有一平行于轴线的纵向半椭圆裂纹，裂纹深 $a=2\text{mm}$，长 $2c=6\text{mm}$，试计算容器的抗断裂工作安全系数 n_f。

10-13 某高强度钢拉杆承受拉应力作用，接头处有双侧对称孔边角裂纹 $a=1\text{mm}$，$c=2\text{mm}$，孔径 $d=12\text{mm}$，$B=20\text{mm}$，接头耳片厚为 $t=10\text{mm}$。若已知材料的断裂韧性为 $K_{1c}=120\text{MPa}\cdot\text{m}^{1/2}$，试估计当工作应力 $\sigma=700\text{MPa}$ 时是否发生断裂。

10-14 $B=100\text{mm}$、$t=12\text{mm}$ 的板中有 $a=2\text{mm}$、$c=5\text{mm}$ 的半椭圆表面裂纹，受线性分布荷载作用，如图 10-45 所示，试求裂纹最深处的应力强度因子。

10-15 某起重机杆承受脉动循环（$R=0$）荷载作用，每年的作用荷载谱统计如下表所示，σ-N 曲线为 $\sigma_{\max}^3 N=2.9\times10^{13}$。试确定：

(1) 杆的寿命；

(2) 使用寿命为 5 年时所允许的 $\sigma_{\max}$。

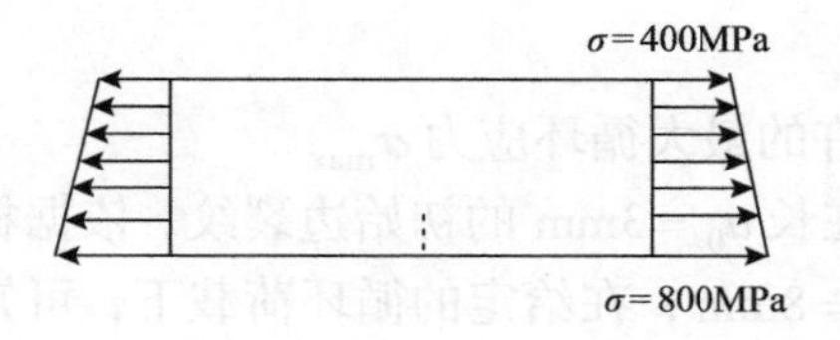

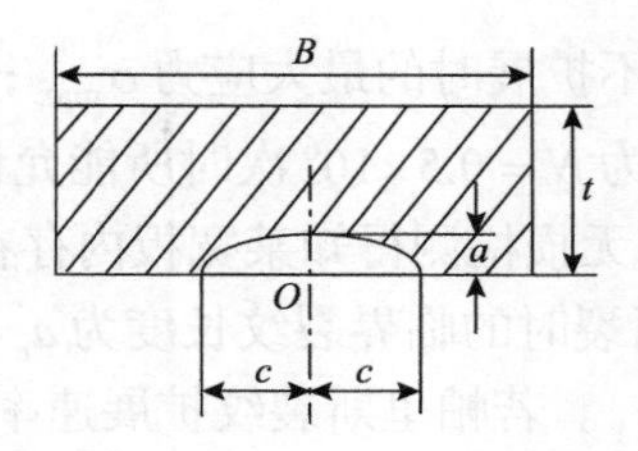

图 10-45

σ_{max} /MPa	500	400	300	200
每年工作循环次数 n_i /10^6 次	0.01	0.03	0.1	0.5

提示：构件在应力水平 σ_i 作用下，经受 n_i 次循环的损伤为 $D_i = n_i / N_i$，若在 k 个应力水平 σ_i 作用下，各经受 n_i 次循环，则其总损伤为

$$D = \sum_{i}^{k} D_i = \sum n_i / N_i, \quad i = 1, 2, \cdots, k$$

破坏准则为

$$D = \sum n_i / N_i = 1$$

此即最简单、最著名的迈因纳线性累积损伤理论。

10-16 火车轮轴受力情况如图 10-46 所示。$a = 500\text{mm}$，$l = 1435\text{mm}$，轴中段直径 $d = 150\text{mm}$。若 $P = 50\text{kN}$，试求轮轴中段截面上任一点的最大应力 σ_{max} 和最小应力 σ_{min}，以及循环特性 R，并作出 *S-t* 曲线。

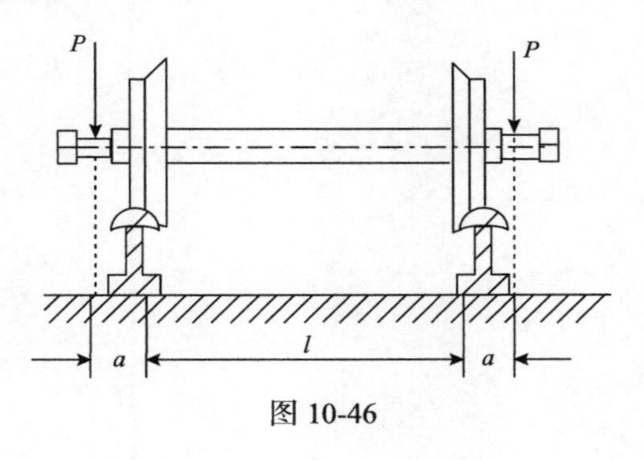

图 10-46

10-17 某宽板含中心裂纹 $2a_0$，受 $R = 0$ 的循环荷载作用，$K_{1c} = 120\text{MPa} \cdot \text{m}^{1/2}$，裂纹扩展速率为 $\mathrm{d}a/\mathrm{d}N = 2 \times 10^{-12} (\Delta K)^2 (\text{m/C})$。

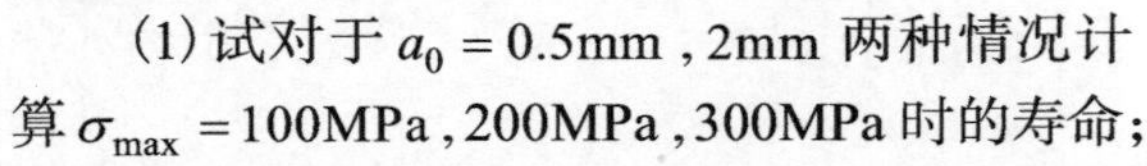

(1) 试对于 $a_0 = 0.5\text{mm}, 2\text{mm}$ 两种情况计算 $\sigma_{max} = 100\text{MPa}, 200\text{MPa}, 300\text{MPa}$ 时的寿命；

(2) 绘出此裂纹板在 $a_0 = 0.5\text{mm}$ 时的 σ-N 曲线。

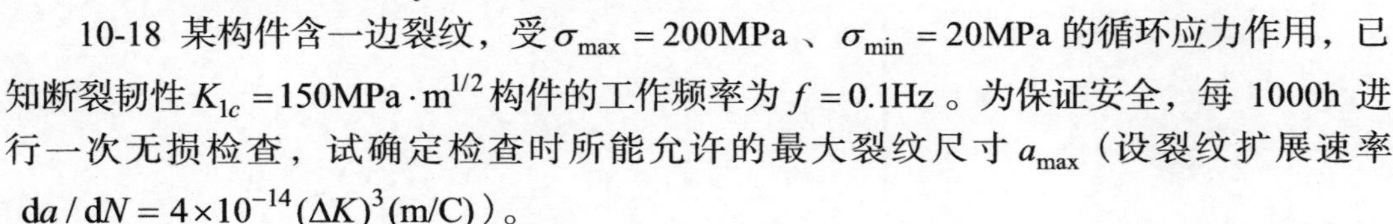

10-18 某构件含一边裂纹，受 $\sigma_{max} = 200\text{MPa}$ 、$\sigma_{min} = 20\text{MPa}$ 的循环应力作用，已知断裂韧性 $K_{1c} = 150\text{MPa} \cdot \text{m}^{1/2}$ 构件的工作频率为 $f = 0.1\text{Hz}$ 。为保证安全，每 1000h 进行一次无损检查，试确定检查时所能允许的最大裂纹尺寸 a_{max}（设裂纹扩展速率 $\mathrm{d}a / \mathrm{d}N = 4 \times 10^{-14} (\Delta K)^3 (\text{m/C})$）。

10-19 某具中心裂纹宽板承受循环荷载作用，$R = 0$ 。已知 $K_{1c} = 100\text{MPa} \cdot \text{m}^{1/2}$，$\Delta K_{th} = 6\text{MPa} \cdot \text{m}^{1/2}$，$\mathrm{d}a/\mathrm{d}N = 3 \times 10^{-12} (\Delta K)^3 (\text{m/C})$。假定 $a_0 = 0.5\text{mm}$，试估算：

(1) 裂纹不扩展时的最大应力 $\sigma_{\max}$；

(2) 寿命为 $N = 0.5\times10^6$ 次时所能允许的最大循环应力 $\sigma_{\max}$。

10-20 由无损检测得知某宽板内存在长 $a_0 = 3\text{mm}$ 的初始边裂纹，依据材料的断裂韧性，判定其断裂时的临界裂纹长度为 $a_c = 8\text{mm}$；在给定的循环荷载下，可知其疲劳裂纹扩展寿命为 N_1。若帕里斯裂纹扩展速率公式的指数为 3，试估计：

(1) 提高材料的断裂韧性，使 $a_c = 10\text{mm}$ 时，疲劳裂纹扩展寿命增加的百分数；

(2) 减小初始裂纹尺寸，使 $a_0 = 1\text{mm}$ 时，疲劳裂纹扩展寿命增加的百分数。

10-21 某航空发动机的燃气涡轮盘由高强度材料制成，其内部缺陷可用一圆盘形裂纹描述，初始尺寸为 $a_0 = 0.1\text{mm}$，临界裂纹尺寸为 $a_c = 2\text{mm}$。已知疲劳裂纹扩展速率 $\mathrm{d}a/\mathrm{d}N(\text{m/C})$ 与应力强度因子幅度 $\Delta K(\text{MPa}\cdot\text{m}^{1/2})$ 的关系为 $\mathrm{d}a/\mathrm{d}N = 4\times10^{-12}(\Delta K)^3\,(\text{m/C})$，每一次起飞/降落形成一个应力循环，且 $\Delta\sigma = 1000\text{MPa}$，试估计涡轮盘的寿命。

10-22 外半径 $R = 30\text{mm}$、内半径 $r = 15\text{mm}$ 的枪筒由 NiCrMoV 钢制造，射击时在枪筒内产生的压力为 $p = 320\text{MPa}$，材料断裂韧性 $K_{1c} = 80\text{MPa}\cdot\text{m}^{1/2}$，疲劳裂纹扩展速率 $\mathrm{d}a/\mathrm{d}N = 3\times10^{-11}(\Delta K)^3(\text{m/C})$。若发现枪筒内壁有一深为 $a_0 = 2\text{mm}$ 的半圆形表面裂纹，试估计其剩余使用次数。设厚壁筒内表面半圆形裂纹深处的应力强度因子为 $K_1 = 1.12\times\dfrac{2}{\pi}p\sqrt{\pi a}\left(\dfrac{2R^2}{R^2-r^2}\right)$。

第 11 章　稳定性理论与塑性极限分析(失效理论 II)

11.1　弹性系统的稳定性

力学系统稳定性的概念是对一个平衡状态或运动状态而言的。我们考虑当给定的平衡状态或运动状态受一小扰动后，系统是恢复到它原来的状态还是趋向于离开它原来的状态，前者称为平衡或运动是稳定的，后者称为是不稳定的。对于稳定性的提法随着历史的发展也在不断变化。

11.1.1　静力学判据

1. 静力稳定性的定义

设有具 n 个自由度的静力系统，其广义坐标为 $x=(x_1,x_2,\cdots,x_n)$ 。由虚功原理可知(参见 7.8.1 节)，系统处于平衡状态的充分必要条件是

$$\boldsymbol{Q}\cdot\delta\boldsymbol{x}=\sum_{i=1}^{n}Q_i\delta x_i=0 \tag{11-1}$$

其中，$\boldsymbol{Q}=(Q_1,Q_2,\cdots,Q_n)$ 是系统的广义力；$\delta\boldsymbol{x}$ 是广义虚位移(满足约束条件的可能位移)。

由式(11-1)可进一步推知，系统处于平衡状态的充分必要条件是

$$Q_i=0,\quad i=1,2,\cdots,n \tag{11-2}$$

设 $\boldsymbol{x}^0$ 是满足式(11-2)的一个平衡状态，现在考察它是否是一个静力学上稳定的平衡状态。为此，我们要考察在 $\boldsymbol{x}^0$ 附近的另一个状态 $\boldsymbol{x}^0+\delta\boldsymbol{x}$ 。一般讲，这时系统不一定满足平衡条件，即系统受到了一个不为零的广义力 $\delta\boldsymbol{Q}=\boldsymbol{Q}(\boldsymbol{x}^0+\delta\boldsymbol{x})-\boldsymbol{Q}(\boldsymbol{x}^0)$ 的作用。从直观上看，一个系统如果离开平衡状态后所受的广义力指向平衡态，显然系统趋于恢复到原始的平衡状态，这时我们说原始的平衡状态是稳定的。例如，静止的悬挂物其平衡态是稳定的，当它离开平衡态时，所受的外力是指向平衡位置的。对于单自由度系统，这表示广义力和广义位移的改变量反号，即

$$\delta\boldsymbol{Q}\cdot\delta\boldsymbol{x}<0$$

对于 n 个自由度的系统，如果对于任意的广义位移的改变量 $\delta\boldsymbol{x}$，都有

$$\delta\boldsymbol{Q}\cdot\delta\boldsymbol{x}=\sum_{i=1}^{n}\delta Q_i\delta x_i<0,\quad \forall\delta\boldsymbol{x}\in\mathbf{R}^2,\quad \delta\boldsymbol{x}\neq 0 \tag{11-3}$$

则称系统在平衡状态 $\boldsymbol{x}^0$ 是稳定的，或称 $\boldsymbol{x}^0$ 是系统的稳定平衡状态。如果存在某个广义

位移改变量 $\delta \boldsymbol{x}^*$ 使得

$$\delta \boldsymbol{Q}^* \cdot \delta \boldsymbol{x}^* = \sum_{i=1}^{n} \delta Q_i^* \delta x_i^* > 0 \tag{11-4}$$

则称系统在 $\boldsymbol{x}^0$ 处于不稳定平衡状态。如果存在某个广义位移改变量 $\delta \boldsymbol{x}^*$ 使得

$$\delta \boldsymbol{Q}^* \cdot \delta \boldsymbol{x}^* = \sum_{i=1}^{n} \delta Q_i^* \delta x_i^* = 0 \tag{11-5}$$

且没有一个 $\delta \boldsymbol{x}$ 使得式(11-4)成立，则称系统在 $\boldsymbol{x}^0$ 处处于临界平衡状态。

上述关于稳定、不稳定和临界状态的定义有着十分明显的物理意义。若以

$$A = \delta \boldsymbol{Q} \cdot \delta \boldsymbol{x} \tag{11-6}$$

表示广义力 $\delta \boldsymbol{Q}$ 在广义位移改变量 $\delta \boldsymbol{x}$ 上所做的功，那么式(11-3)表明广义力 $\delta \boldsymbol{Q}$ 在任意广义位移改变量 $\delta \boldsymbol{x}$ 上做负功，而只有外力做正功时系统才能改变原来的状态，因此，这时系统受扰动后总是趋于恢复到 $\boldsymbol{x}^0$ 的位置。式(11-4)表明广义力 $\delta \boldsymbol{Q}^*$ 在其相应的某个方向的广义位移改变量 $\delta \boldsymbol{x}^*$ 上做正功，使系统趋于沿 $\delta \boldsymbol{x}^*$ 方向离开平衡状态 $\boldsymbol{x}^0$。当式(11-5)成立时，则表明广义力 $\delta \boldsymbol{Q}^*$ 在某个广义位移改变量 $\delta \boldsymbol{x}^*$ 上做的功为零，因而使系统沿这个方向具有随遇平衡的性质。

2. 静力稳定性判据

由以上静力稳定性的定义可知，式(11-3)、式(11-4)不仅分别给出了平衡状态 $\boldsymbol{x}^0$ 是稳定的或不稳定的定义，而且也给出了判定平衡状态 $\boldsymbol{x}^0$ 是稳定的或不稳定的充分必要条件。式(11-5)则给出了系统在 $\boldsymbol{x}^0$ 处处于临界平衡状态的充分必要条件。

现在，我们假定 Q_i 可微，那么 Q_i 在平衡位置 $\boldsymbol{x}^0$ 邻域内改变量的主要部分可写为

$$\delta Q_i = \sum_{j=1}^{n} \left. \frac{\partial Q_i}{\partial x_j} \right|_{\boldsymbol{x}^0} \delta x_j, \quad i = 1, 2, \cdots, n \tag{11-7}$$

于是

$$A = \sum_{i=1}^{n} \sum_{j=1}^{n} \left. \frac{\partial Q_i}{\partial x_j} \right|_{\boldsymbol{x}^0} \delta x_j \delta x_i \tag{11-8}$$

如果系统在 $\boldsymbol{x}^0$ 处于稳定平衡状态，则由式(11-3)得到的二次型式(11-8)，对任意的 $\delta \boldsymbol{x} \neq 0$ 永远小于零，也即式(11-8)所对应的矩阵：

$$\left[\frac{\partial Q_i}{\partial x_j} \right]_{\boldsymbol{x}^0}$$

是负定矩阵。于是我们得到在 Q_i 可微的条件下判定系统在 $\boldsymbol{x}^0$ 处于稳定的充分必要条件是：矩阵 $\left[\dfrac{\partial Q_i}{\partial x_j}\right]_{\boldsymbol{x}^0}$ 是负定矩阵。这个矩阵为负定的条件是其主子式具有负正相间的符号，即

$$
\begin{aligned}
&\Delta_1=\left.\frac{\partial Q_i}{\partial x_j}\right|_{\boldsymbol{x}^0}<0\\
&\Delta_2=\begin{vmatrix}\dfrac{\partial Q_1}{\partial x_1} & \dfrac{\partial Q_1}{\partial x_2}\\ \dfrac{\partial Q_2}{\partial x_1} & \dfrac{\partial Q_2}{\partial x_2}\end{vmatrix}>0\\
&\vdots\\
&\Delta_n=(-1)^n\left|\left[\frac{\partial Q_i}{\partial x_j}\right]_{\boldsymbol{x}^0}\right|>0
\end{aligned}
\tag{11-9}
$$

相应地，如果系统在平衡状态 $\boldsymbol{x}^0$ 处于临界状态，则有非零 $\delta\boldsymbol{x}^*$ 存在，并使得

$$
A=\sum_{i=1}^{n}\sum_{j=1}^{n}\left.\frac{\partial Q_i}{\partial x_j}\right|_{\boldsymbol{x}^0}\delta x_j^*\delta x_i^*=0 \tag{11-10}
$$

系统从稳定平衡状态向不稳定平衡状态过渡要经过临界平衡状态，在此状态下，以任意不同于 $\delta\boldsymbol{x}^*$ 方向的 $\delta\boldsymbol{x}$ 代入式(11-8)均有 A 小于零，而当 $\delta\boldsymbol{x}^*$ 代入时式(11-8)等于零，也即式(11-10)成立。这就说明它的必要条件是：沿 $\delta\boldsymbol{x}^*$ 有

$$
\sum_{j=1}^{n}\left.\frac{\partial Q_i}{\partial x_j}\right|_{\boldsymbol{x}^0}\delta x_j^*=0,\quad i=1,2,\cdots,n \tag{11-11}
$$

这是一个包含 $\delta x_j^*(j=1,2,\cdots,n)$ 的线性方程组。因为 $\delta\boldsymbol{x}^*$ 是非零向量，所以式(11-11)成立的必要条件是其系数行列式等于零，即

$$
\det\left[\frac{\partial Q_i}{\partial x_j}\right]_{\boldsymbol{x}^0}=0 \tag{11-12}
$$

这就是系统在 $\boldsymbol{x}^0$ 处于临界平衡状态的条件。如果系统含有参数 λ，则式(11-12)就是包含参数 λ 的特征方程。由这个特征方程所确定的 λ 值就称为临界值，而相应的特征向量 $\delta\boldsymbol{x}^*$ 称为随遇平衡方向。

应当补充说明的是，当式(11-11)成立时，有时并不能确定系统是否处于真正的临界平衡状态，即在此状态下系统可以是稳定的也可以是不稳定的。原因是式(11-10)只是用

了 Q_i 的一阶微分 $\mathrm{d}Q_i$ 来近似改变量 δQ_i，但在某些实际问题中可能沿扰动方向 $\delta \boldsymbol{x}^*$ 有 $\mathrm{d}Q_i$ 为零，因而 Q_i 的高阶微分将起主要作用。这时，仅由式(11-11)与式(11-12)就不能判定系统是否真正处于临界平衡状态，而需要从稳定性定义及临界条件式(11-3)～式(11-5)来直接判定。

总体来说，本节进一步给出了分别判定系统在 $\boldsymbol{x}^0$ 状态下是稳定的还是处于临界平衡状态的判定条件式(11-9)和式(11-12)，不满足这两者的系统便处于不稳定平衡状态。

根据以上给出的判据，我们来讨论几个实例。

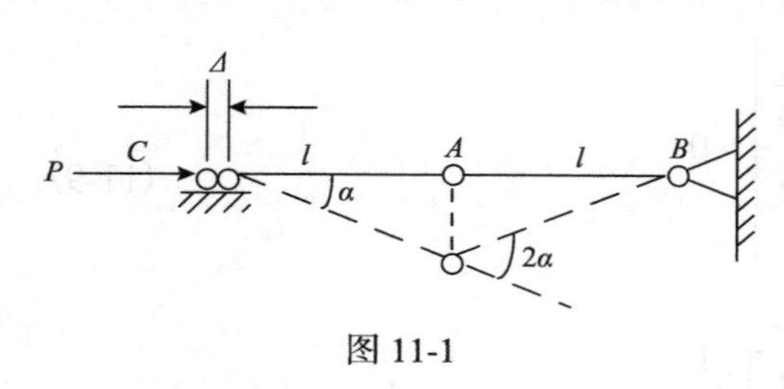

图 11-1

例 11-1　如图 11-1 所示，两刚性杆在 A 处铰接，B 处铰支，C 处为简单滚动支承，沿杆轴作用力 P。讨论所示平衡状态的稳定性。

引进图中所示角 α 为广义位移，$\varDelta$ 表示杆在力 P 作用下沿轴向的位移。显然，当 $\alpha=0$ 时，系统处于平衡位置。

在广义位移 α 上外力所做的功为

$$P\varDelta = 2P(l - l\cos\alpha) = 4Pl\sin^2\frac{\alpha}{2}$$

在 $\alpha=0$ 附近，广义力的改变量 δQ 在广义位移微扰动 $\delta\alpha$ 上做的功为

$$\delta Q\delta\alpha = 4Pl\sin^2\frac{\delta\alpha}{2}$$

当 $\delta\alpha$ 较小时，$\sin\dfrac{\delta\alpha}{2}\approx\dfrac{\delta\alpha}{2}$，因而有

$$\delta Q\delta\alpha \approx Pl(\delta\alpha)^2$$

根据静力学判据，当上式小于零时平衡状态是稳定的，当上式大于零时平衡状态是不稳定的。这就是说，当 $P<0$ 时，即外力 P 为拉力时系统是稳定的；反之当 $P>0$ 时，即 P 为压力时系统是不稳定的；当 $P=0$ 时，则系统处于临界平衡状态。这一结论恰与我们的经验相符。

例 11-2　自重作用下铰支于固定点的直杆，如图 11-2 所示。

引进广义位移 θ，广义力是相对于铰支点 O 的外力矩：

$$Q = mga\sin\theta$$

其中，m 为杆的质量；g 为重力加速度；a 为杆的重心到 O 点的距离。由

$$\frac{\partial Q}{\partial\theta} = mga\cos\theta$$

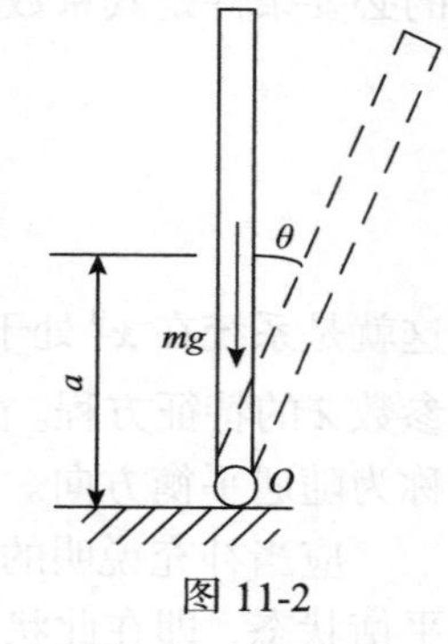

图 11-2

得到相应于式(11-8)的二次型是

$$A = mga\cos\theta(\delta\theta)^2$$

显然$\theta = 0$、$\theta = \pi$分别是系统的两个平衡位置。当$\theta = 0$时，$A > 0$，可知$\theta = 0$是系统的不稳定平衡位置；而当$\theta = \pi$时，$A < 0$，则$\theta = \pi$是系统的稳定平衡位置，此时杆呈静止悬挂状态。

11.1.2　能量判据

现在我们讨论系统的广义力是有势的情形。设$\varPi$为系统力场的势能，它是广义位移$x_1, x_2, \cdots, x_n$的函数。它与广义力的关系为

$$Q_i = -\frac{\partial \varPi}{\partial x_i},\quad i=1,2,\cdots,n \tag{11-13}$$

如果用Q_i的一阶微分来近似表示广义力的改变量δQ_i，于是有

$$\delta Q_i = -\sum_{j=1}^{n}\frac{\partial^2 \varPi}{\partial x_i \partial x_j}\delta x_j,\quad i=1,2,\cdots,n$$

将上式代入式(11-3)，得到

$$\delta \boldsymbol{Q}\cdot\delta\boldsymbol{x} = -\sum_{i=1}^{n}\sum_{j=1}^{n}\frac{\partial^2 \varPi}{\partial x_i \partial x_j}\delta x_j \delta x_i,\quad \forall \delta\boldsymbol{x} \in \mathbf{R}^n,\ \delta\boldsymbol{x} \neq 0$$

亦即当

$$\sum_{i=1}^{n}\sum_{j=1}^{n}\frac{\partial^2 \varPi}{\partial x_i \partial x_j}\delta x_j \delta x_i > 0 \tag{11-14}$$

成立时，系统的平衡是稳定的。上述系统的稳定性条件可以表述为如下的拉格朗日定理。

定理 11-1(拉格朗日定理)　系统在$\boldsymbol{x} = (x_1, x_2, \cdots, x_n)$状态下势能取严格极小的充分必要条件，是系统在该状态下处于平衡，且按静力学稳定性判据判定该平衡是稳定的。

事实上，如果$\varPi$在$\boldsymbol{x} = (x_1, x_2, \cdots, x_n)$取极小，在这点必有

$$\left.\frac{\partial \varPi}{\partial x_i}\right|_{\boldsymbol{x}} = 0,\quad i=1,2,\cdots,n \tag{11-15}$$

而这正好是式(11-2)所示的平衡条件：$Q_i = 0\ (i=1,2,\cdots,n)$。它等价于

$$\mathrm{d}\varPi = \sum_{i=1}^{n}\frac{\partial \varPi}{\partial x_i}\delta x_i = 0 \tag{11-16}$$

势能$\varPi$在$\boldsymbol{x}$取严格极小是

$$\delta\Pi = \Pi(\boldsymbol{x}+\delta\boldsymbol{x}) - \Pi(\boldsymbol{x}) = \int_{\boldsymbol{x}}^{\boldsymbol{x}+\delta\boldsymbol{x}} \sum_i \frac{\partial\Pi}{\partial x_i}\mathrm{d}x_i$$

$$= \int_{\boldsymbol{x}}^{\boldsymbol{x}+\delta\boldsymbol{x}} \sum_i \left(\frac{\partial\Pi}{\partial x_i} - \left.\frac{\partial\Pi}{\partial x_i}\right|_{\boldsymbol{x}} \right) \mathrm{d}x_i = -\int_{\boldsymbol{x}}^{\boldsymbol{x}+\delta\boldsymbol{x}} \delta\boldsymbol{Q}\cdot\delta\boldsymbol{x} > 0$$

由于$\delta\boldsymbol{x}$的任意性，显然上面的不等式和

$$\delta\boldsymbol{Q}\cdot\delta\boldsymbol{x} < 0$$

是等价的，而后者正是静力学判据下的稳定性条件(见式(11-3))，这就证明了拉格朗日定理。

拉格朗日定理给出的稳定性条件比起式(11-14)用二次型给出的稳定性条件来说更广泛一些。但在大多数情形下，由式(11-14)即可得到足够满意的结果，而且应用起来也比较简单。由式(11-14)，得出系统势能的海森(Hessian)矩阵：

$$\boldsymbol{H} = \left[\frac{\partial^2\Pi}{\partial x_i \partial x_j} \right] \tag{11-17}$$

是正定矩阵时，则系统是稳定平衡的。而式(11-17)为正定的充分必要条件是它的各阶主子式恒大于零。

对于广义力有势的情形，静力学中关于临界条件的式(11-12)变为

$$\det[\boldsymbol{H}] = 0 \tag{11-18}$$

即势能的海森矩阵是退化的，这就是外力场有势情况下的临界条件。当然，如同 11.1.1 节中讨论的那样，在有些时候它还不能确定系统是否真正处于随遇平衡状态，也可能是稳定的或不稳定的平衡，这有赖于对$\delta\Pi$ 的高阶微分式的讨论。

同样，在11.1.1 节中关于不稳定平衡的条件式(11-4)也可以用势能表示为：如果存在某个扰动量$\delta\boldsymbol{x}^*$使

$$\sum_{i=1}^{n}\sum_{j=1}^{n} \frac{\partial^2\Pi}{\partial x_i \partial x_j} \delta x_i^* \delta x_j^* < 0 \tag{11-19}$$

则系统的平衡是不稳定的。

运用拉格朗日定理,可以得到比式(11-14)与式(11-19)更一般的关于系统稳定或不稳定的判定条件。

如果系统的势能Π 是足够光滑的，在平衡状态附近Π 的改变量可以表示为

$$\delta\Pi = \mathrm{d}\Pi + \frac{1}{2!}\mathrm{d}^2\Pi + \cdots + \frac{1}{m!}\mathrm{d}^m\Pi + \cdots$$

则当其第一个不为零的项$\mathrm{d}^k\Pi$ 的k 为奇数时，系统的平衡是不稳定的；而k 为偶数时，

若 $d^k \Pi > 0$，则系统的平衡是稳定的，若 $d^k \Pi < 0$，则系统的平衡是不稳定的。应当说，在系统的广义力是有势的情形下，对保守的静力学系统，静力学判据与能量判据是等价的。

下面举例说明能量判据的具体应用。

例 11-3　球摆平衡的稳定性。

如图 11-3 所示，质点约束在半径为 R 的球面上。在重力场的作用下，显然，质点在球的最低点 O 与最高点 B 处于平衡位置，而 O 点的坐标为 $(x,y,z)=(0,0,0)$，B 点的坐标为 $(x,y,z)=(0,0,2R)$。质点所受重力场的势能为

$$U = mgz$$

很明显，当约束在球面上的质点处于球的最低点 O 时 z 最小，因而这时 U 取严格极小。根据拉格朗日定理，质点在 O 处的平衡是稳定的。当质点处于球的最高点 B 处时，势能 U 取极大，此时，质点受扰动后势能的改变量小于零，因此，按照式(11-19)，质点在 B 处的平衡是不稳定的。

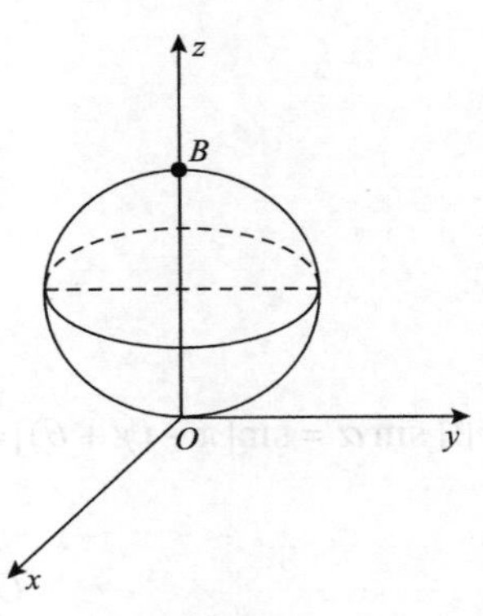

图 11-3

例 11-4　如图 11-4(a)所示，以 R 为半径的大球内有一重量为 Q、半径为 r 的小球，小球上有一铅直约束的刚性细杆，杆顶端作用一铅直力 P，已知各处接触皆为光滑，试求系统处于稳定平衡的条件。

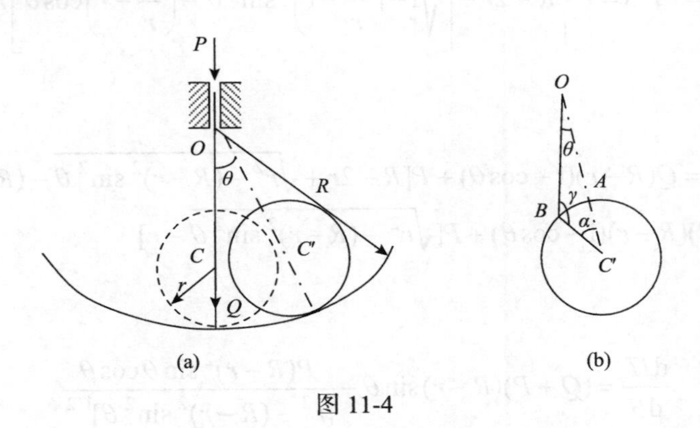

图 11-4

设小球的球心由 C 移动到 C'，对应在大球内移动了一个偏角 θ，如图 11-4(b)所示。取 θ 为系统的广义位移。由于偏角 θ，小球球心 C 在铅直方向向上移动了 $(R-r)(1-\cos\theta)$，因此，小球在 C' 处的势能变为

$$U = Q(R-r)(1-\cos\theta) \tag{a}$$

而当小球球心沿大球偏转 θ 角时，刚性细杆铅直向下的位移为

$$\varDelta = OB - (R-2r) \tag{b}$$

在 $\triangle OBC'$ 中，应用正弦定理，有

$$\frac{\sin\theta}{r}=\frac{\sin\gamma}{R-r}=\frac{\sin\alpha}{OB}$$

故有如下关系：

$$\sin\gamma=\left(\frac{R}{r}-1\right)\sin\theta$$

$$\cos\gamma=-\sqrt{1-\left(\frac{R}{r}-1\right)^2\sin^2\theta}$$

$$OB=\frac{\sin\alpha}{\sin\theta}r$$

由 $\sin\alpha=\sin[\pi-(\gamma+\theta)]=\sin\gamma\cos\theta+\cos\gamma\sin\theta$，有

$$OB=\left[\left(\frac{R}{r}-1\right)\cos\theta-\sqrt{1-\sin^2\theta\left(\frac{R}{r}-1\right)^2}\right]r \tag{c}$$

应用式(b)和式(c)，则外力 P 的势能为

$$V=-P\varDelta=P\left\{R-2r+\left[\sqrt{1-\left(\frac{R}{r}-1\right)^2\sin^2\theta}-\left(\frac{R}{r}-1\right)\cos\theta\right]r\right\} \tag{d}$$

系统的总势能为

$$\begin{aligned}\varPi=U+V&=Q(R-r)(1-\cos\theta)+P[R-2r+\sqrt{r^2-(R-r)^2\sin^2\theta}-(R-r)\cos\theta]\\&=(Q+P)(R-r)(1-\cos\theta)+P[\sqrt{r^2-(R-r)^2\sin^2\theta}-r]\end{aligned} \tag{e}$$

且

$$\frac{\mathrm{d}\varPi}{\mathrm{d}\theta}=(Q+P)(R-r)\sin\theta-\frac{P(R-r)^2\sin\theta\cos\theta}{[r^2-(R-r)^2\sin^2\theta]^{1/2}}$$

$$\frac{\mathrm{d}^2\varPi}{\mathrm{d}\theta^2}=(Q+P)(R-r)\cos\theta+\frac{P(R-r)^4\sin^2\theta\cos^2\theta}{[r^2-(R-r)^2\sin^2\theta]^{3/2}}-\frac{P(R-r)^2\cos2\theta}{[r^2-(R-r)^2\sin^2\theta]^{1/2}}$$

由 $\frac{\mathrm{d}\varPi}{\mathrm{d}\theta}=0$，可知 $\theta=0$ 是系统的平衡位置。将 $\theta=0$ 代入，得

$$\left.\frac{\mathrm{d}^2\varPi}{\mathrm{d}\theta^2}\right|_{\theta=0}=(Q+P)(R-r)-\frac{P(R-r)^2}{r}$$

根据拉格朗日定理，若系统在$\theta=0$处处于稳定平衡状态，必须满足$\left.\dfrac{\mathrm{d}^2\Pi}{\mathrm{d}\theta^2}\right|_{\theta=0}>0$，即要求

$$Q+P>P\left(\frac{R}{r}-1\right)$$

也即要求$Q>P\left(\dfrac{R}{r}-2\right)$，这就是系统在平衡位置$\theta=0$处处于稳定平衡的条件。

11.1.3　运动学判据

1. 运动稳定性的概念

前面对稳定性问题给出了两种稳定性判据。这两种判据具有简单明了的意义。但是它们也有一定的局限性，一方面它只能处理平衡状态的稳定性，另一方面判据还不够完善。在某些情况下，当采用静力学判据时，应当十分小心。例如，在研究随动荷载作用下的压杆稳定性问题时发现，其平衡状态按静力学观点是稳定的而按运动学观点却是不稳定的。这说明即使是讨论平衡态的稳定性，仅用静力学观点也是不够完善的。下面先举一个简单例子，以说明为什么要将稳定性的提法及判据加以推广，即讨论运动稳定性的必要性。

例 11-5　处于原点的质点如图 11-5 所示。其质量为 1，在x轴上所受的外力是

O　x

图 11-5

$$f(x)=\begin{cases}0, & x=0\\ -2\operatorname{sign}x+\varphi(\dot{x}), & x\neq 0\end{cases}$$

其中

$$\varphi(\dot{x})=\begin{cases}-\operatorname{sign}\dot{x}, & x=0\\ \operatorname{sign}\dot{x}, & x\neq 0\end{cases}$$

显然，质点在原点处平衡。质点朝着离开原点的方向运动时受一指向原点的力的作用，力的大小为 1。质点朝着原点的方向运动时受一指向原点、大小为 3 的力的作用，因而在原点附近总有$\delta f\,\delta x<0$成立，根据静力学判据，系统在原点的平衡是稳定的。

现在，我们设质点在原点有一个任意小的扰动位移$x=\varepsilon>0$，初速度为零。这时质点受−3 的力作用，质点将向着原点运动，当质点回到原点时系统的能量方程为

$$\frac{1}{2}\dot{x}_0^2=3\varepsilon$$

$\dot{x}_0$表示质点在原点的速度。质点继续离开原点往左运动，令运动到x_1处时$\dot{x}_1=0$，x_1即为质点向左所到达的最远点。由能量方程：

$$x_1\cdot 1=\frac{1}{2}\left(\dot{x}_1^2-\dot{x}_0^2\right)$$

得到 $x_1=-\frac{1}{2}\dot{x}_0^2=-3\varepsilon$。同理，质点再向右运动，经过原点抵达最右边速度为零的点 x_2 时，$x_2=3(3\varepsilon)=3^2\varepsilon$。来回 n 次后，质点距原点 $3^n\varepsilon$。也就是说，无论 ε 如何小，只要 n 充分大，总可以达到离原点充分远处。这样的平衡自然是不稳定的，这与静力学判据的结论截然相反。

从牛顿力学来看，质点受力的方向和质点速度的方向是两回事，它们完全可以不重合，甚至是完全相反的方向。上面例子中，质点离开平衡点时受到的力虽然是指向平衡点的，但每通过一次平衡点，质点便获得更大的动能。静力学判据忽略了质点的惯性，将力的方向和质点运动的方向当作一回事，才导致了上例中在稳定的状态下，出现了质点受任何微小扰动便可以离开平衡点到达任意远的荒谬结果。

这个例子说明，单凭质点离开平衡点受力的方向来判断平衡是否稳定，在某些情况下是不够的。尽管在许多场合下仍然可以由它得到有用的结果，但我们也必须引入更为精确的稳定性提法及相应的判据，这就是运动稳定性问题。

2. 李雅普诺夫(Lyapunov)运动稳定性的定义

设系统由广义位移 $\boldsymbol{x}=(x_1,x_2,\cdots,x_n)$ 所确定，其运动方程为

$$\dot{\boldsymbol{x}}=f(\boldsymbol{x},t) \tag{11-20}$$

若满足式(11-20)与初始条件 $\boldsymbol{x}(t_0)=\boldsymbol{x}_0$ 的解为 $\boldsymbol{x}^0(t)$，假定又给定另一初始条件 $\boldsymbol{x}(t_0)=\tilde{\boldsymbol{x}}_0$，且满足式(11-20)与这个初始条件的解为 $\tilde{\boldsymbol{x}}(t)$。定义在 t 时刻这两个解的距离为

$$\rho(t)=\rho(\boldsymbol{x}^0(t),\ \tilde{\boldsymbol{x}}(t))=\sqrt{\sum_{i=1}^{n}[x_i^0(t)-\tilde{x}_i(t)]^2} \tag{11-21}$$

显然有

$$\rho_0=\rho(t_0)=\sqrt{\sum_{i=1}^{n}(x_{0i}^0-\tilde{x}_{0i})^2}$$

定义 11-1(李雅普诺夫运动稳定性定义)　若系统满足运动方程(11-20)及初始条件 $\boldsymbol{x}(t_0)=\boldsymbol{x}_0$ 的解为 $\boldsymbol{x}^0(t)$，而在另一给定初始条件 $\boldsymbol{x}(t_0)=\tilde{\boldsymbol{x}}_0$ 下满足式(11-20)的另一解为 $\tilde{\boldsymbol{x}}(t)$，此两解在 t 时刻的距离由式(11-21)所定义。如果对于任意 $\varepsilon>0$，都存在一个 $\delta>0$，当 $\rho(t_0)<\delta$ 时，恒有

$$\rho(t)<\varepsilon,\quad \forall t>t_0$$

则称 $\boldsymbol{x}^0(t)$ 是运动稳定的，有时也称为是李雅普诺夫稳定的。

如果 $\boldsymbol{x}^0(t)$ 是李雅普诺夫稳定的，而且存在 $\delta_0>0$，只要 $\rho(t_0)<\delta_0$ 就有

$$\lim_{t\to+\infty}\rho(t)=0$$

则称 $\boldsymbol{x}^0(t)$ 是渐近稳定的。

李雅普诺夫稳定性意味着：系统的一个给定解是稳定的，当且仅当对于所有时刻 $t > t_0$，从给定解的邻域出发的所有的解仍然在这一给定解的邻域中。

显然，如果一个运动是渐近稳定的，则它一定是稳定的；反过来，如果一个运动是稳定的，它却不一定是渐近稳定的。

为了今后讨论的方便，下面将以上定义的描述略作形式上的改变。如果引进变换

$$\boldsymbol{x}(t) = \boldsymbol{y}(t) + \boldsymbol{x}^0(t) \tag{11-22}$$

其中，$\boldsymbol{x}^0(t)$ 是满足式(11-20)与初始条件 $\boldsymbol{x}^0(t) = \boldsymbol{x}_0$ 的解，那么将式(11-22)代入式(11-20)，并令 $t = \tau + t_0$，则有

$$\dot{\boldsymbol{y}} = \boldsymbol{f}(\boldsymbol{y} + \boldsymbol{x}^0, \tau + t_0) - \dot{\boldsymbol{x}}(\tau + t_0) = \boldsymbol{F}(y, \tau) \tag{11-23}$$

其中，变量上方的“·”可看成对新自变量 τ 的微分。同时，对初始条件也有变换：

$$\boldsymbol{x}(t_0) = \boldsymbol{y}(t_0) + \boldsymbol{x}_0$$

并令 $\tau = 0$，即 $t = t_0$，于是对自变量 τ 显然有

$$\boldsymbol{y}(0) = \boldsymbol{x}(0) - \boldsymbol{x}_0 = \boldsymbol{y}_0 \tag{11-24}$$

式(11-23)与式(11-24)就是新的运动方程与初始值。从物理上讲，这种变换是将一个讨论运动状态 $\boldsymbol{x}^0(t)$ 的稳定性问题转化为一个讨论平衡状态 $\boldsymbol{y} = 0$ 是否稳定的问题。

不妨将新的变量 $\boldsymbol{y}$ 仍记为 $\boldsymbol{x}$，τ 仍记为 t，即

$$\dot{\boldsymbol{x}} = \boldsymbol{f}(\boldsymbol{x}, t) \tag{11-25}$$

其中，$\boldsymbol{f}(\boldsymbol{0}, t) = 0$，$\boldsymbol{x}(0) = 0$ 为改变量，$\boldsymbol{x} \equiv 0$ 对应未扰动解。这个方程也称为改变量方程或扰动方程。于是，我们讨论系统的稳定性问题，就相当于讨论 $\boldsymbol{x} = 0$ 的稳定性。这时有

$$\rho(t) = \sqrt{\sum_{i=1}^{n} x_i^2(t)}$$

如果对于任意正数 $\varepsilon > 0$，都存在一个正数 $\delta > 0$，使其当 $\rho(0) < \delta$ 时，永远有 $\rho(0) < \varepsilon$，则称 $\boldsymbol{x}(t) = 0$ 平衡是稳定的。如果还存在 δ_0，使 $\rho(0) < \delta_0$ 时，有

$$\lim_{t \to +\infty} \rho(t) = 0$$

则称 $\boldsymbol{x}(t) \equiv 0$ 为渐近稳定的。对于不满足上述条件的，则称 $\boldsymbol{x}(t) \equiv 0$ 为不稳定的。

由以上定义不难证明，$\boldsymbol{x}(t) \equiv 0$ 是稳定的，则原运动系统满足给定初始值的解是唯一的；反之，如果解不唯一，则 $\boldsymbol{x}(t) \equiv 0$ 一定是不稳定的。

为了判定系统的运动 $\boldsymbol{x}(t)$ 是否稳定，李雅普诺夫先后提出了两种判定方法，分别阐述如下。

3. 李雅普诺夫第一方法(间接法)

前面引进变换式(11-22)，得到了关于改变量 $\boldsymbol{y}(t)=\boldsymbol{x}(t)-\boldsymbol{x}^0(t)$ 的方程。将 $\boldsymbol{y}$ 重记为 $\boldsymbol{x}$，则得到改变量方程：

$$\dot{\boldsymbol{x}}=\boldsymbol{f}(\boldsymbol{x},t),\ \boldsymbol{x}(0)=0 \tag{11-26}$$

有时也称式(11-26)为偏差方程或扰动方程。

我们感兴趣的是系统为自治系统的情形，即式(11-26)中第一式右端项不显含时间 t 的情形。这时，我们可以将式(11-26)的右端 $\boldsymbol{f}(\boldsymbol{x},t)$ 展为 $\boldsymbol{x}$ 的幂级数形式，且只取第一项，得

$$\dot{\boldsymbol{x}}=\boldsymbol{A}\boldsymbol{x}+\boldsymbol{R}(\boldsymbol{x}) \tag{11-27}$$

其中，$\boldsymbol{A}$ 为 $n\times n$ 的常数矩阵；$\boldsymbol{R}(\boldsymbol{x})$ 称为余项。

对于方程(11-27)，如果略去 $\boldsymbol{R}(\boldsymbol{x})$，而只考虑下述线性方程组：

$$\dot{\boldsymbol{x}}=\boldsymbol{A}\boldsymbol{x} \tag{11-28}$$

这时，解的稳定性易于讨论。因为齐次线性方程组的解的线性组合仍然是解，零解一定是解，因而可以寻求它的基础解系。我们只要弄清相应齐次线性方程组的基础解系的性质，则它的全部解的性质都清楚了。

庞加莱(Poincaré)曾证明，在 $\boldsymbol{x}=0$ 的某个领域内，当 $\boldsymbol{x}$ 趋于零时，余项 $\boldsymbol{R}(\boldsymbol{x})$ 作为高阶小量也趋于零，则方程(11-26)所对应的自治系统在 $\boldsymbol{x}=0$ 处解的稳定性，由其线性方程(11-28)的解的稳定性来确定。这样根据矩阵理论，判别方程(11-28)全部解的稳定性后，即可知方程(11-26)所对应的非自治系统解的稳定性。李雅普诺夫第一方法是基于线性化方程解的稳定性来讨论的，方法的本身虽然易于了解，但涉及许多复杂的计算，这在使用上是十分不方便的。因此就产生了另一类方法，即李雅普诺夫第二方法，也称为李雅普诺夫直接法。

4. 李雅普诺夫第二方法(直接法)

该方法的基本思路是：对于给定的运动系统讨论某些具有一定特点的函数，如果这个函数存在，则系统是稳定的。它并不限于考虑线性化的系统，也不限于在平衡的小邻域来讨论，更重要的是它不需要求解动力系统的运动方程，就可研究它的稳定性问题。当然，构造这样的函数，即通常所称的李雅普诺夫函数也不是总能做到的。

在介绍该方法之前，先给出标量函数 $V(x)$ 的几个定义。

假设 $V(x)$ 是在包含原点的某个区域 $\Omega\in D$ 上定义的连续可微的单值函数(对于全局稳定性问题取 $\Omega\in\mathbf{R}^n$，且 $V(0)=0$)。

定义 11-2　设Ω为原点的某个邻域，若对于任何$x \in \Omega \setminus \{0\}$有$V(x)>0(<0)$，则称$V(x)$为正定(负定)函数，正定的或负定的函数合称为定号函数。

定义 11-3　设Ω为原点的某个邻域，若对于任何$x \in \Omega$有$V(x) \geqslant 0(\leqslant 0)$，则称$V(x)$为常正(常负)函数，也称为半正定(半负定)函数。常正的和常负的函数合称为常号函数。

定义 11-4　若$V(x)$不是常号函数，即此时它在原点的任意小的邻域内既可取到正值，也可取到负值，则称它为变号函数，也称为不定函数。

下面举几个简单例子说明以上定义(取$n=3$)。

$V(x_1,x_2,x_3)=a_1x_1^2+a_2x_2^2+a_3x_3^2$，$a_1$，$a_2$，$a_3>0$，是正定函数。

$V(x_1,x_2,x_3)=x_1^2+x_2^2$是常正函数，但不是正定函数，因为$V \geqslant 0$，但对于任何点$(0,0,x_3)$，$x_3 \in \mathbf{R}$，都有$V=0$。

$V(x_1,x_2,x_3)=x_1^2+(x_2+x_3)^2$是常正函数，但不是正定函数，因为$V \geqslant 0$，但对于满足$x_1=0$、$x_2=-x_3$的一切点都有$V=0$。

$V(x_1,x_2,x_3)=x_1^2+2x_2^2-x_3^2$是变号函数。

现在介绍李雅普诺夫直接法的要点。首先讨论自治系统，设$\boldsymbol{x}=\boldsymbol{x}(t)$是如下自治系统的解：

$$\dot{\boldsymbol{x}}=\boldsymbol{f}(\boldsymbol{x}),\quad \boldsymbol{x} \in U \subseteq \mathbf{R}^n \tag{11-29}$$

且令$\boldsymbol{f}(x)=(f_1,\cdots,f_n)^{\mathrm{T}}$，将它们代入标量函数$V=V(\boldsymbol{x})$中，且考虑$V(\boldsymbol{x})$根据系统式(11-29)所得到的对时间$t$的导数：

$$\frac{\mathrm{d}V(\boldsymbol{x})}{\mathrm{d}t}=\sum_{k=1}^{n}\frac{\partial V(\boldsymbol{x})}{\partial x_k}\frac{\mathrm{d}x_k}{\mathrm{d}t}=\sum_{k=1}^{n}\frac{\partial V(\boldsymbol{x})}{\partial x_k}f_k=\nabla V \cdot \boldsymbol{f}$$

称$\dfrac{\mathrm{d}V(\boldsymbol{x})}{\mathrm{d}t}$为$V(\boldsymbol{x})$沿系统式(11-29)的解(即状态轨线)对$t$的全导数，且简记为$\dfrac{\mathrm{d}V}{\mathrm{d}t}$。其中$\nabla V=\left(\dfrac{\partial V}{\partial x_1},\cdots,\dfrac{\partial V}{\partial x_n}\right)^{\mathrm{T}}$是函数$V$的梯度。由以上可知，无须知道系统式(11-29)的解，就可以求出$\dfrac{\mathrm{d}V}{\mathrm{d}t}$。

首先，从几何上说明自治系统的李雅普诺夫直接方法判定零解稳定性的基本思想。简单起见，研究$n=2$的情况。设$V(x_1,x_2)$是正定函数，对于充分小的$C>0$，$V(x_1,x_2)=C$都确定了一个包含原点的封闭曲线，当C减少并趋于零时，封闭曲线向内收缩并最终收缩为原点。如果函数V沿轨线对t的全导数$\dfrac{\mathrm{d}V}{\mathrm{d}t}$是常负函数，则$V$沿轨线只可能减少或保持不变，因此轨线只能从$V(x_1,x_2)=C$曲线的外部进入内部，或停留在此曲线上，这表明原点是稳定的；如果$\dfrac{\mathrm{d}V}{\mathrm{d}t}$是负定函数，则$V$沿轨线只会减少，因此轨线只能从$V(x_1,x_2)=C$曲线的外部进入内部，随着时间的增加，它将越来越接近原点，且当$t \to +\infty$时趋于原点，这表明原点是渐近稳定的(图 11-6)。

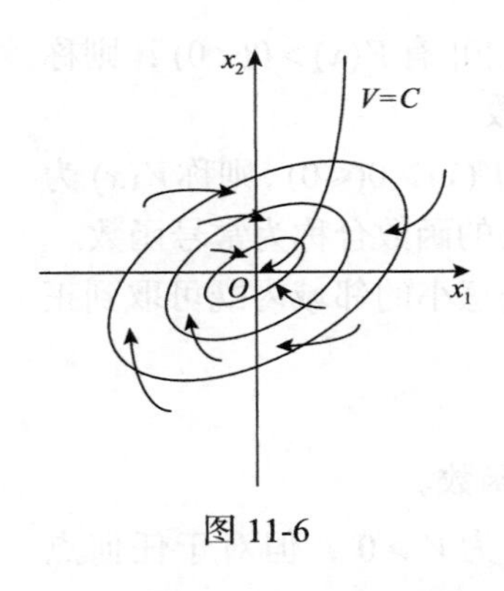

图 11-6

下面介绍自治系统的李雅普诺夫直接方法的基本定理以及后来的推广结果。这些定理的证明可参考有关专著。

定理 11-2(李雅普诺夫稳定性定理)　若存在定号函数 $V(\boldsymbol{x})$，关于系统式(11-29)的全导数 $\dfrac{\mathrm{d}V}{\mathrm{d}t}$ 为与 $V(\boldsymbol{x})$ 符号相反的常号函数或恒为零，则系统式(11-29)的零解是稳定的。

定理 11-3(李雅普诺夫渐近稳定性定理)　若存在定号函数 $V(\boldsymbol{x})$，关于系统式(11-29)的全导数 $\dfrac{\mathrm{d}V}{\mathrm{d}t}$ 为与 $V(\boldsymbol{x})$ 符号相反的定号函数，则系统式(11-29)的零解是渐近稳定的。

定理 11-4(李雅普诺夫不稳定性定理)　若存在函数 $V(\boldsymbol{x})$，关于系统式(11-29)的全导数 $\dfrac{\mathrm{d}V}{\mathrm{d}t}$ 为定号的，但在原点的任何邻域内均有点 $\boldsymbol{x}_0$，使得 $V(\boldsymbol{x}_0)\dfrac{\mathrm{d}V(\boldsymbol{x}_0)}{\mathrm{d}t}>0$，则系统式(11-29)的零解是不稳定的。另外，若 $V(\boldsymbol{x})$ 为正定(负定)函数，关于系统(11-29)的全导数可写为

$$\frac{\mathrm{d}V}{\mathrm{d}t}=\lambda V(\boldsymbol{x})+U(\boldsymbol{x})$$

其中，λ 是正常数，$U(\boldsymbol{x})$ 恒等于零或是常正(常负)函数，则式(11-29)的零解是不稳定的。

现在举例说明运动稳定性与静力稳定性的不同，以及李雅普诺夫直接法的应用。

例 11-6　随动荷载作用下的压杆。

在随动荷载作用下的压杆如图 11-7 所示，压杆的一端固定，另一端作用一永远沿杆轴切向方向的压力 P。设杆本身质量可略去，而在自由端有一集中质量 M，但 M 引起的牵引力可略去。且设杆长为 l，杆的自由端与 x 轴的偏离为 f，杆端切向与 x 轴夹角为 θ。

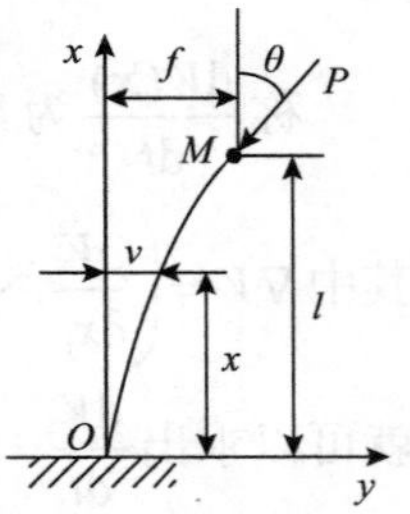

首先按静力学判据进行讨论，列出杆的平衡微分方程为

$$EI\frac{\mathrm{d}^2v}{\mathrm{d}x^2}=P(f-v)-P\theta(l-x) \tag{a}$$

图 11-7

其中，v 为杆的挠度；EI 为杆的抗弯刚度。方程是在小挠度的情形下列出的。

方程的通解为

$$v=c_1\sin(kx)+c_2\cos(kx)+f-\theta(l-x) \tag{b}$$

其中，$k^2=P/EI$。

将通解(b)代入边界条件：$v(0)=\dfrac{\mathrm{d}v(0)}{\mathrm{d}x}=0$，$v(l)=f$，$\dfrac{\mathrm{d}v(l)}{\mathrm{d}x}=\theta$，得

$$
\begin{aligned}
&c_2+f-\theta l=0\\
&kc_1+\theta=0\\
&c_1\sin(kl)+c_2\cos(kl)=0\\
&c_1k\cos(kl)-c_2k\sin(kl)=0
\end{aligned}
$$

按照静力学判据的临界条件式(11-12)，c_1、c_2、f、θ 不全为零，则必有

$$
\begin{vmatrix}
0 & 1 & 1 & -l\\
k & 0 & 0 & 1\\
\sin(kl) & \cos(kl) & 0 & 0\\
k\cos(kl) & -k\sin(kl) & 0 & 0
\end{vmatrix}=0
$$

其中，系数行列式的值为 $-k$。仅当 $k=0$ 时系统有非零解，这意味着 $P=0$ 时系统有非零解，这显然是不可能的。这说明实际上当 $P=0$ 时，系统只有零解且是稳定的，而且对于任何的 P 值，系统也都是稳定的。

下面再从运动稳定性的观点加以讨论。设给系统一个小扰动，则系统的扰动方程为

$$
EI\frac{\partial^2 v}{\partial x^2}=P(f-v)-P\theta(l-x)-M(l-x)\frac{\mathrm{d}^2 f}{\mathrm{d}t^2} \tag{c}
$$

令 $v=V(x)\mathrm{e}^{\mathrm{i}\omega t}, f=F\mathrm{e}^{\mathrm{i}\omega t}, \theta=\Theta\mathrm{e}^{\mathrm{i}\omega t}$，并代入扰动方程，得

$$
\frac{\mathrm{d}^2V}{\mathrm{d}x^2}+k^2V=k^2F+\left(\frac{M\omega^2}{EI}F-k^2\Theta\right)(l-x)
$$

其通解为

$$
V(x)=c_1\sin(kx)+c_2\cos(kx)+F+\left(\frac{M\omega^2}{EIk^2}F-\Theta\right)(l-x) \tag{d}
$$

代入边界条件：$V(0)=\dfrac{\mathrm{d}V(0)}{\mathrm{d}x}=0, V(l)=F, \dfrac{\mathrm{d}V(l)}{\mathrm{d}x}=\Theta$，得

$$
\begin{aligned}
&c_2+F+\left(\frac{M\omega^2}{EIk^2}F-\Theta\right)l=0\\
&kc_1-\left(\frac{M\omega^2}{EIk^2}F-\Theta\right)=0\\
&c_1\sin(kl)+c_2\cos(kl)=0\\
&c_1k\cos(kl)-c_2k\sin(kl)-\frac{M\omega^2}{EIk^2}F=0
\end{aligned}
$$

要使 c_1、c_2、F、Θ 不全为零，频率 ω 应满足如下的频率方程：

$$\begin{vmatrix} 0 & 1 & 1+\dfrac{M\omega^2}{EIk^2}l & -l \\ k & 0 & -\dfrac{M\omega^2}{EIk^2} & 1 \\ \sin(kl) & \cos(kl) & 0 & 0 \\ k\cos(kl) & -k\sin(kl) & -\dfrac{M\omega^2}{EIk^2} & 0 \end{vmatrix}=0$$

展开即为

$$\frac{M\omega^2}{EIk^2}[\sin(kl)-kl\cos(kl)]-k=0 \tag{e}$$

故

$$\omega=\pm\sqrt{\frac{P}{Ml}\frac{1}{\dfrac{\sin(kl)}{kl}-\cos(kl)}} \tag{f}$$

当上式右端根号内取负值时，ω为虚数，则此时杆的挠度将按指数增长，所以系统的零解是不稳定的。显然，这个结果是正确的，而根据静力学判据得到的结果是与实际不相符的。

例 11-7　弹性旋转杆与圆盘系统的临界速度。

图 11-8 中，简支杆的中点有一质量为M、转动惯量为J的圆盘。系统在匀角速度ω下旋转。设系统中点挠度为f，转角为θ。显然$\dot{\theta}=\omega$、$f=0$是这个问题的一个运动状态。现在我们来讨论这个状态的稳定性。根据材料力学，设EI为梁的抗弯刚度，若简支梁仅跨中点受集中荷载P的作用，则其中点挠度与荷载P的关系是$f=\dfrac{Pl^3}{48EI}$，于是系统的运动方程为

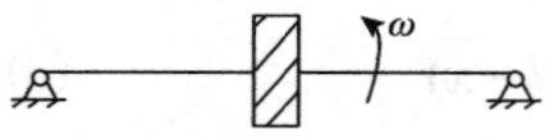

图 11-8

$$\begin{aligned} &M(f-f\dot{\theta}^2)=-\frac{48EI}{l^3}f \\ &J\ddot{\theta}+M(f^2\ddot{\theta}+2f\dot{f}\dot{\theta})=0 \end{aligned} \tag{a}$$

将式(a)中第二个方程积分一次，得

$$J\dot{\theta}+Mf^2\dot{\theta}=\text{常数}$$

考虑初始条件：$\theta(0)=f(0)=0$，$\dot{\theta}=\omega$，$\dot{f}(0)=0$，则解得

$$\dot{\theta}=\frac{J\omega}{J+Mf^2}$$

代入式(a)中第一式得

$$\ddot{f}=\left[\frac{J^2\omega^2}{(J+Mf^2)^2}-\frac{48EI}{Ml^3}\right]f$$

当 f 很小时略去 f^2，则有

$$\ddot{f}=\left(\omega^2-\frac{48EI}{Ml^3}\right)f \tag{b}$$

如果将方程(b)两边乘以 $\dot{f}$，从 $t=0$ 到 t 积分，并考虑初始条件，则得能量形式的方程：

$$\frac{1}{2}\dot{f}^2=\frac{1}{2}\left(\omega^2-\frac{48EI}{Ml^3}\right)f^2$$

即

$$\dot{f}=\pm\sqrt{\omega^2-\frac{48EI}{Ml^3}}f \tag{c}$$

从上式可以看出，当 $\omega<\sqrt{\dfrac{48EI}{Ml^3}}$ 时，右端为虚数，说明在 $f(0)\neq 0$、$\dot{f}(0)\neq 0$ 的初始扰动条件下，系统振动不可能增长，系统是稳定的。当 $\omega>\sqrt{\dfrac{48EI}{Ml^3}}$ 时，右端为实数且根号前取正号时，系统除了 $f=0$ 的平衡解外还有随时间增长的非零解存在，这时系统是不稳定的。因此，我们称 $\omega_{\text{cr}}=\sqrt{\dfrac{48EI}{Ml^3}}$ 为临界转速。

例 11-8　研究系统

$$\begin{aligned}\dot{x}&=y-x(x^2+y^2)\\ \dot{y}&=-x-y(x^2+y^2)\end{aligned}$$

零解的稳定性。

取 $V(x,y)=x^2+y^2$，它是正定函数，又

$$\begin{aligned}\frac{\mathrm{d}V}{\mathrm{d}t}&=\frac{\partial V}{\partial x}\dot{x}+\frac{\partial V}{\partial y}\dot{y}\\ &=2x[y-x(x^2+y^2)]+2y[-x-y(x^2+y^2)]\\ &=-2(x^2+y^2)^2\end{aligned}$$

它是负定函数。由定理 11-3 可知，零解是渐近稳定的。

例 11-9 考虑非线性自由振动系统

$$m\ddot{x}=-k(x+x^3)-\alpha\dot{x}$$

零解的稳定性。其中，m 为质量，k 为弹簧刚度，α 为阻尼系数，且它们均为正数。

设 $y=\dot{x}$，取 $V(x,y)=\frac{1}{2}my^2+k\left(\frac{x^2}{2}+\frac{x^4}{4}\right)$。它是正定函数，直接计算出

$$\frac{\mathrm{d}V(x,y)}{\mathrm{d}t}=k(x+x^3)y+my\left[-\frac{k}{m}(x+x^3)-\frac{\alpha}{m}y\right]=-\alpha y^2\leqslant 0$$

可知 $\frac{\mathrm{d}V}{\mathrm{d}t}$ 是与 V 反号的常号函数，由定理 11-2 可知，该系统的零解是稳定的。但这里 $\frac{\mathrm{d}V}{\mathrm{d}t}$ 不是定号函数，故不能断定解在 (0, 0) 点附近是否是渐近稳定的。为此，进一步取 $V_1(x,y)=\frac{1}{2}my^2+\beta xy+k\left(\frac{x^2}{2}+\frac{x^4}{4}\right)$，且改写为

$$V_1(x,y)=\frac{m}{2}\left(y+\frac{\beta}{m}x\right)^2+\frac{1}{2}\left(k-\frac{\beta^2}{m}\right)x^2+\frac{k}{4}x^4$$

当 $(x,y)\neq(0,0)$ 且 $k-\frac{\beta^2}{m}>0$ 时，$V_1(x,y)>0$，又

$$\frac{\mathrm{d}V_1(x,y)}{\mathrm{d}t}=-\frac{\beta k}{m}x^4-\left(\alpha-\beta-\frac{\beta\alpha^2}{4km}\right)y^2-\beta\frac{k}{m}\left(x+\frac{2y}{k}\right)^2$$

当 $(x,y)\neq(0,0)$ 且 $0<\beta<\alpha\Big/\left(1+\frac{\alpha^2}{4km}\right)$ 时，$\frac{\mathrm{d}V_1}{\mathrm{d}t}(x,y)<0$。因而取 β 充分小时，由所取的李雅普诺夫函数 $V_1(x,y)$，能判定该系统的零解是渐近稳定的。

对于系统是非自治的情形，仍然可以类似自治系统的李雅普诺夫直接法，通过构造一个正定的能量函数，且能量函数的微分是负定或半负定的，进而判定平衡点是否为稳定的。但对于非自治系统，当判定所构造的能量函数是否为正定时，必须给出下界约束（采用构造法或 K 类函数法）等条件，以满足时变函数的正定定理。如果要判断平衡点是否为渐近稳定的，则必须给出上界约束（采用构造法或 K 类函数法）。若能构造出满足以上两种约束的能量函数，且其微分还是负定或半负定的，那么系统是一致渐近稳定的。此时，平衡点的收敛条件与初始时间无关。

李雅普诺夫第二方法在应用中技巧性比较强，需根据具体问题来构造李雅普诺夫函数，而且不便于直接计算；它的优点在于可以严格证明一类问题的稳定性，是定性分析的有力工具。

11.2　弹性系统的几种失稳形式

材料力学从近似挠度微分方程出发分析了压杆稳定问题，当$P = P_{cr}$时，挠度值是任意的，即压杆似乎处于一种随遇平衡状态。而关于细长压杆的大挠度理论认为，当$P \geqslant P_{cr}$时，荷载与确定的挠度相对应。当$P = P_{cr}$时挠度等于零，必须继续增大荷载，才能产生挠度并使之逐渐增大，这就是说$P = P_{cr}$时，所对应的是一种稳定平衡。弹性系统的稳定性分析比较复杂，为了理解稳定问题的实质，可以分析一些基本模型，所得到的定性结果能够反映较复杂系统的特点。同时，如果在基本模型中考虑缺陷的影响，则可以对弹性压杆问题得到更清晰的认识。

弹性保守系统稳定性的判定可以依靠系统偏离平衡状态时的位形与平衡状态的比较，这种比较适合于应用能量原理。当系统处于稳定平衡状态时，系统的势能取极小值，而对平衡状态的一切偏离都使系统的势能增大。弹性系统的总势能Π为应变能U与外力势能W的总和。对于压杆，外力势能为$-P\Delta$，这里Δ为杆两端点的相对位移。于是

$$\Pi = U - P\Delta$$

由 11.1 节的分析可知，位能极小的条件为$\delta\Pi = 0$，$\delta^2\Pi > 0$。位能的一阶变分等于零表示平衡条件，二阶变分大于零则是稳定平衡的条件。系统势能的二阶变分等于零，即$\delta^2\Pi = 0$为临界平衡状态。

11.2.1　分支型稳定问题

现在讨论图 11-9 所示的模型。长度为l的刚性杆，承受竖直荷载P，其下端为铰支座，有一转动刚度为k的弹簧。以从竖直方向开始计量的转角φ为广义位移，ε为初始转角。则系统的总势能为

$$\Pi = U - P\Delta = \frac{1}{2}k(\varphi - \varepsilon)^2 - Pl(1 - \cos\varphi) \tag{11-30}$$

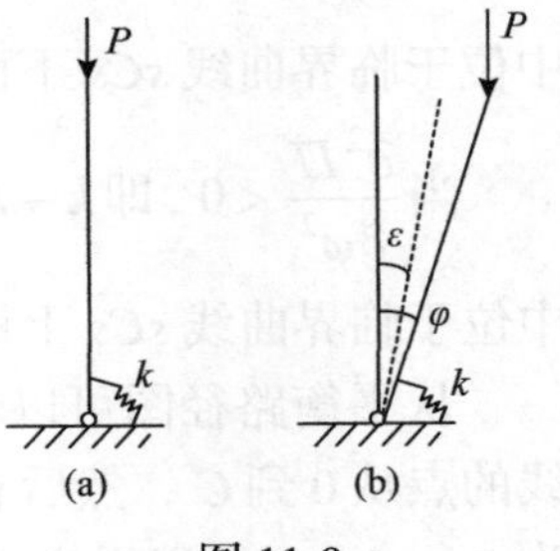

(a)　(b)

图 11-9

由平衡条件$\dfrac{\partial \Pi}{\partial \varphi} = 0$，得

$$k(\varphi - \varepsilon) - Pl\sin\varphi = 0$$

或

$$\frac{Pl}{k} = \frac{\varphi - \varepsilon}{\sin\varphi} \tag{11-31}$$

平衡状态的荷载-广义位移曲线称为平衡路径。式(11-31)就是图 11-9 所示系统的平衡路径的方程式，其响应曲线是图 11-10 中标有ε值的曲线。

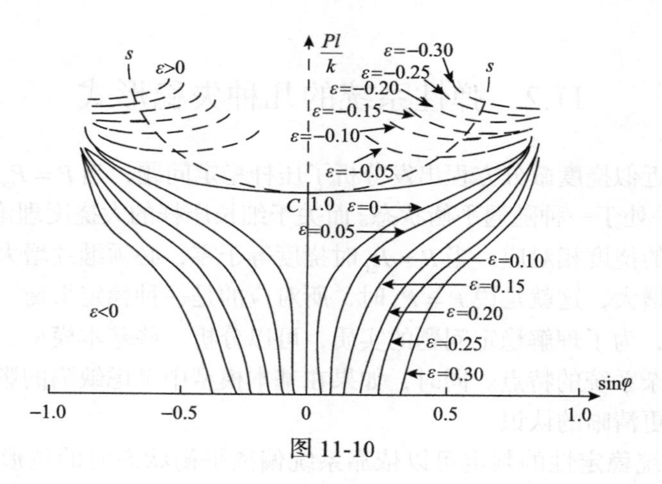

图 11-10

由临界条件$\dfrac{\partial^2 \Pi}{\partial \varphi^2}=0$，得

$$k - Pl\cos\varphi = 0$$

或

$$\frac{Pl}{k} = \sec\varphi \tag{11-32}$$

临界条件式(11-32)在图 11-10 中表示为临界曲线 sCs 。

当$\dfrac{\partial^2 \Pi}{\partial \varphi^2}>0$，即$k - Pl\cos\varphi > 0$，$\dfrac{Pl}{k}<\sec\varphi$，系统处于稳定平衡状态，这就是图 11-10 中位于临界曲线 sCs 下面的实线曲线。

当$\dfrac{\partial^2 \Pi}{\partial \varphi^2}<0$，即$k - Pl\cos\varphi < 0$，$\dfrac{Pl}{k}>\sec\varphi$，系统处于不稳定平衡状态，这就是图 11-10 中位于临界曲线 sCs 上面的虚线曲线。

从平衡路径图可以看出，对于完善系统（$\varepsilon=0$），当荷载逐渐增大时，荷载-位移曲线的点从 0 到 C，然后有 $\varepsilon=0$ 的曲线分支。C 点为临界点，此时 $P_{\mathrm{cr}}l/k=1$，于是临界力为 $P_{\mathrm{cr}}=k/l$。所以纵坐标 Pl/k 也就是 P/P_{cr}，即以临界力为标准的无量纲荷载值。因此，当 $P\leqslant P_{\mathrm{cr}}$ 时，压杆只有竖直平衡位置为稳定平衡位置。这种情形下即使有了偏离，也由于外力较小而弹簧刚度系数大，弹簧的恢复力矩大到足以克服外力矩，使杆回到初始的平衡位置，所以初始平衡位置是稳定的。当力 P 超过 P_{cr} 值时，荷载-位移曲线的点可能沿纵坐标轴继续上升，也可能沿 $\varepsilon=0$ 的曲线向两侧移动。这是两个分支，前者(杆保持竖直位置，即 $\sin\varphi=0$）在临界曲线上面，所以是不稳定的；后者（$\varepsilon=0$ 曲线）在临界曲线下面，所以是稳定的。其他有初始缺陷的系数（$\varepsilon\neq0$），当荷载从零开始增大时，变形从 $\varphi=\varepsilon$ 开始逐渐增大，曲线都在临界曲线的下面，每一位置都是稳定平衡位置，一般弹性压杆就属于上述情况。因为就实际压杆来说，难免不存在缺陷，所以实际上几乎不存在失稳的问题，这种情形称为屈曲问题也许比称为稳定性问题更为适宜。

11.2.2　极值型稳定问题

现在讨论图 11-11 所示的模型。长度为 l 的刚性杆，承受竖向荷载 P，其下端铰支，上端有始终保持水平的侧向支撑弹簧，其弹簧刚度为 k。杆端水平位移用 φl 表示，初始偏离为 εl，取 φ 为广义位移。系统的总势能为

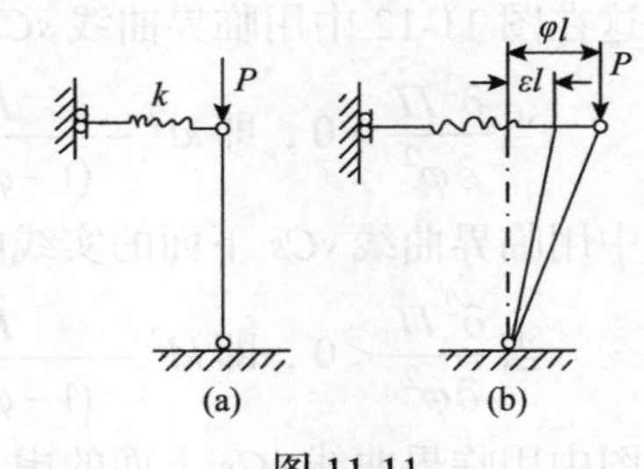

图 11-11

$$\Pi=\frac{1}{2}kl^2(\varphi-\varepsilon)^2-Pl(1-\sqrt{1-\varphi^2}) \tag{11-33}$$

平衡路径方程为 $\dfrac{\partial \Pi}{\partial \varphi}=0$，即

$$\frac{\partial \Pi}{\partial \varphi}=kl^2(\varphi-\varepsilon)-\frac{Pl\varphi}{\sqrt{1-\varphi^2}}=0$$

或

$$\frac{P}{kl}=\sqrt{1-\varphi^2}\left(1-\frac{\varepsilon}{\varphi}\right) \tag{11-34}$$

其平衡路径图为图 11-12 中标有 ε 数值的各条曲线。

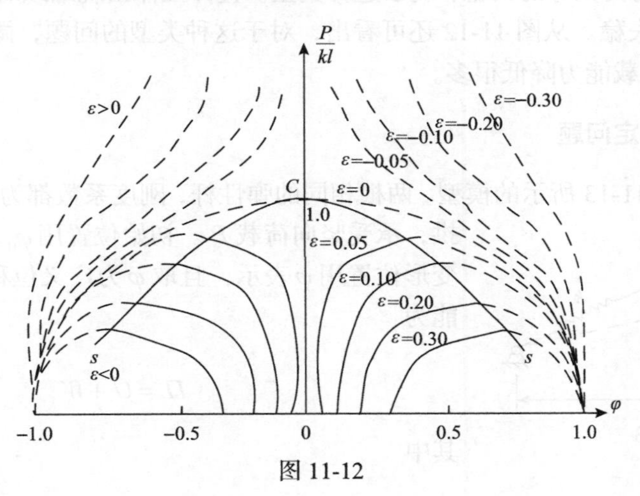

图 11-12

系统的临界条件为 $\dfrac{\partial^2 \Pi}{\partial \varphi^2}=0$，即

$$\frac{\partial^2 \Pi}{\partial \varphi^2}=kl^2-\frac{Pl}{\sqrt{1-\varphi^2}}-\frac{Pl\varphi^2}{(1-\varphi^2)^{3/2}}=kl^2-\frac{Pl}{(1-\varphi^2)^{3/2}}=0$$

或

$$\frac{P}{kl}=(1-\varphi^2)^{3/2} \tag{11-35}$$

这在图 11-12 中用临界曲线 sCs 表示。

当 $\frac{\partial^2 \Pi}{\partial \varphi^2}>0$，即 $kl^2-\frac{Pl}{(1-\varphi^2)^{3/2}}>0$ 或 $\frac{P}{kl}<(1-\varphi^2)^{3/2}$，系统处于稳定平衡状态，在图中用临界曲线 sCs 下面的实线曲线表示。

当 $\frac{\partial^2 \Pi}{\partial \varphi^2}<0$，即 $kl^2-\frac{Pl}{(1-\varphi^2)^{3/2}}<0$ 或 $\frac{P}{kl}>(1-\varphi^2)^{3/2}$，系统处于不稳定平衡状态，在图中用临界曲线 sCs 上面的虚线曲线表示。

对于完善系统，C 点为临界点，此时 $\frac{P_{\rm cr}}{kl}=1$，临界力为 $P_{\rm cr}=kl$。因此，纵坐标实际上是无量纲荷载 $\frac{P}{P_{\rm cr}}$，平衡路径是无量纲化的荷载-位移曲线。

各平衡路径的方程为 $\frac{\partial \Pi}{\partial \varphi}=0$，临界曲线 sCs 的方程为 $\frac{\partial^2 \Pi}{\partial \varphi^2}=\frac{\partial}{\partial \varphi}\left(\frac{\partial \Pi}{\partial \varphi}\right)=0$，因此两者的交点在各平衡路径曲线的极值点(现在是最高点)。荷载点沿平衡路径曲线上升，到达极值点时，平衡从稳定转为不稳定，杆件丧失了继续承载的能力，称为极值点失稳问题。受轴向压力的筒壳等的失稳，属于这种类型。直杆拉伸出现细颈时的塑性失稳问题，也是一种极值点失稳。从图 11-12 还可看出，对于这种类型的问题，微小的缺陷(用 ε 表示)将使结构的承载能力降低很多。

11.2.3　跳跃型稳定问题

现在讨论图 11-13 所示的模型。两根相同的弹性杆，刚度系数都为 k，构成三角形浅拱，承受竖向荷载 P。初始位置用 φ_0 表示，φ_0 比较小；变形位置用 φ 表示，且取 φ 为广义位移。则系统的总势能为

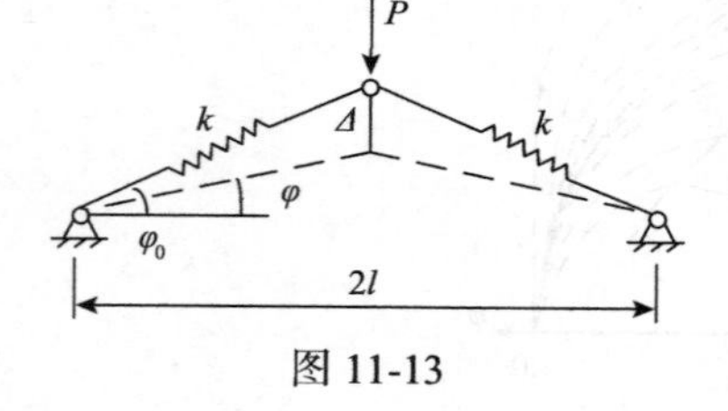

图 11-13

$$\Pi=U+W$$

其中

$$U=2\times\frac{1}{2}k\left(\frac{l}{\cos\varphi_0}-\frac{l}{\cos\varphi}\right)^2$$

$$W=-P\Delta=-Pl(\tan\varphi_0-\tan\varphi)$$

如果 φ_0 和 φ 都比较小，因为

$$\frac{1}{\cos\varphi_0}=\left(1-\frac{\varphi_0^2}{2!}+\frac{\varphi_0^4}{4!}-\cdots\right)^{-1}\approx 1+\frac{\varphi_0^2}{2}$$

$$\tan\varphi_0=\varphi_0+\frac{\varphi_0^3}{3}+\frac{2\varphi_0^5}{15}+\cdots\approx\varphi_0$$

$$\frac{1}{\cos\varphi}\approx 1+\frac{\varphi^2}{2},\ \tan\varphi\approx\varphi$$

所以

$$\Pi=\frac{1}{4}kl^2(\varphi_0^4-2\varphi_0^2\varphi^2+\varphi^4)-Pl(\varphi_0-\varphi)\tag{11-36}$$

平衡条件为$\dfrac{\partial\Pi}{\partial\varphi}=0$，即

$$\frac{\partial\Pi}{\partial\varphi}=kl^2\varphi(-\varphi_0^2+\varphi^2)+Pl=0$$

或

$$\frac{P}{kl}=\varphi(\varphi_0^2-\varphi^2)\tag{11-37}$$

平衡路径如图 11-14 所示。

临界条件为$\dfrac{\partial^2\Pi}{\partial\varphi^2}=0$，或

$$\frac{\partial^2\Pi}{\partial\varphi^2}=kl^2(3\varphi^2-\varphi_0^2)=0$$

或

$$\varphi=\pm\frac{\varphi_0}{\sqrt{3}}\tag{11-38}$$

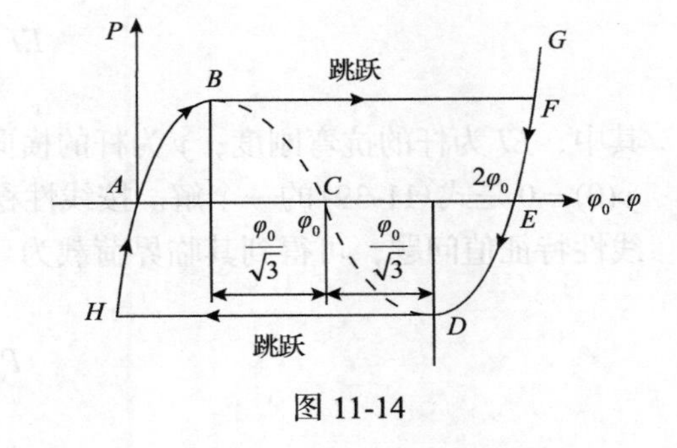

图 11-14

实际的角位移为$\varphi_0-\varphi$，则式(11-38)可改写为

$$\varphi_0-\varphi=\left(1\mp\frac{\sqrt{3}}{3}\right)\varphi_0$$

这在图 11-14 中由B点和D点表示。

当$\dfrac{\partial^2\Pi}{\partial\varphi^2}>0$，即$3\varphi^2>\varphi_0^2$、$\varphi_0-\varphi<\left(1-\dfrac{\sqrt{3}}{3}\right)\varphi_0$和$\varphi_0-\varphi>\left(1+\dfrac{\sqrt{3}}{3}\right)\varphi_0$时，系统处于

稳定平衡状态，这两段在图 11-14 中用实线曲线表示。

当 $\dfrac{\partial^2 \Pi}{\partial \varphi^2}<0$ ，即 $3\varphi^2<\varphi_0^2$ ，$\left(1-\dfrac{\sqrt{3}}{3}\right)\varphi_0<\varphi_0-\varphi<\left(1+\dfrac{\sqrt{3}}{3}\right)\varphi_0$ 时，系统处于不稳定平衡状态，此段在图 11-14 中用虚线曲线表示。

平衡路径图用 $\varphi_0-\varphi$ 作为横坐标，因为这能表示实际经过的位移。当荷载逐渐增大时，荷载-位移曲线的点沿 AB 线上升，到 B 点为临界状态；在荷载不变的条件下，跳跃到新的稳定平衡状态 F 点，此时将有振动，直到因阻尼而停止振动。此后，如果进一步加载，将沿 FG 线上升；如果卸载，则沿 FE 线下降。若再反向加力，则沿 ED 线到达临界状态 D 点，然后跳跃到稳定平衡状态 H 点。某些扁壳形构件的失稳就有这种跳跃现象。

11.3　弹性系统的非线性稳定性

弹性结构的非线性稳定性研究主要有两类分析方法：一是大挠度理论，二是初始后屈曲理论。这两类理论被视为弹性结构非线性稳定性分析的基础。本节中以细长压杆为例，来说明这两类理论的基本思想和分析方法。

11.3.1　弹性压杆的大挠度理论

在材料力学中基于线性理论，导出了细长压杆受轴向压力 P 作用时(图 11-15)的近似平衡微分方程：

$$EI\frac{\mathrm{d}^2 y}{\mathrm{d}x^2}=-Py \tag{11-39}$$

其中，EI 为杆的抗弯刚度；y 为杆的横向挠度。应用的边界条件：$y(0)=y(l)=0$ 。显然，$y(0)=0$ 是式(11-39)的一个解。按线性稳定性理论，零解的稳定性就是求解式(11-39)的线性特征值问题，可得到其临界荷载为

$$P_{\mathrm{cr}}=\frac{\pi^2 EI}{l^2} \tag{11-40}$$

设 $\delta=y\left(\dfrac{l}{2}\right)$ 为杆中点的挠度。当 $P<P_{\mathrm{cr}}$ 时杆有唯一的稳定解 $\delta=0$ ；当 $P=P_{\mathrm{cr}}$ 时，δ 可以是任意值，这时出现一种随遇平衡的状态；当 $P>P_{\mathrm{cr}}$ 时，则只有一个不稳定解 $\delta=0$ 。这里，当 $P=P_{\mathrm{cr}}$ 时解失去了唯一性的意义，说明系统在临界点是不稳定的。这样，虽然确定了弹性压杆丧失直线平衡状态时的临界荷载，但是我们不能确定荷载到达及超过临界荷载时压杆的挠度。为解决这一问题，我们必须采用精确的挠曲线微分方程，即考虑压杆变形的几何非线性，对其进行非线性稳定性分析。

现在仍研究两端铰支受轴向压力 P 作用的细长压杆(图 11-16)，考虑其变形的几何

非线性，杆的曲率不再用 $\mathrm{d}^2v/\mathrm{d}x^2$ 来近似，而采用精确的表达式 $\mathrm{d}\theta/\mathrm{d}s$。这里，$\theta$ 是杆弯曲时挠曲线与 x 轴的夹角，s 是挠曲线的弧长坐标。由于杆的曲率 ρ 与弯矩 M 之间的关系为 $\frac{1}{\rho}=\frac{\mathrm{d}\theta}{\mathrm{d}s}=\frac{M}{EI}=-\frac{Py}{EI}$，则有

$$EI\frac{\mathrm{d}\theta}{\mathrm{d}s}+Py=0 \tag{11-41}$$

这是一个非线性方程。

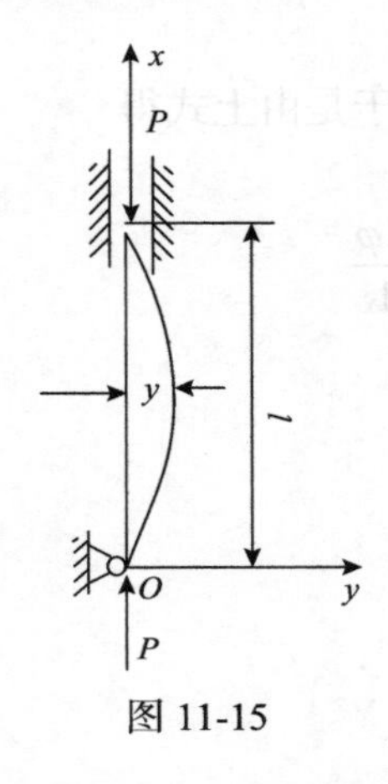

图 11-15

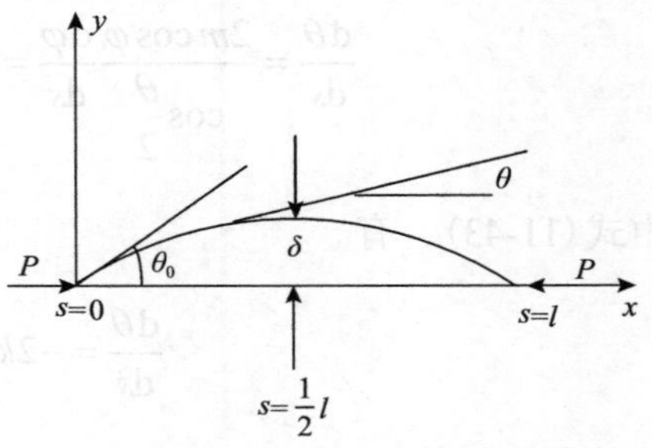

图 11-16

令 $k=\sqrt{P/EI}$，并将式(11-41)对 s 微分，且注意到 $\mathrm{d}y/\mathrm{d}s=\sin\theta$，则杆的运动微分方程为

$$\frac{\mathrm{d}^2\theta}{\mathrm{d}s^2}+k^2\sin\theta=0 \tag{11-42}$$

边界条件为 $s=0$，$\theta=\theta_0$；$s=l$，$\theta=\pi-\theta$。

现在对方程(11-41)进行求解。首先将该方程乘以 $2\frac{\mathrm{d}\theta}{\mathrm{d}s}$，然后对 s 积分，得

$$\left(\frac{\mathrm{d}\theta}{\mathrm{d}s}\right)^2-2k^2\cos\theta=C$$

由边界条件，得 $C=-2k^2\cos\theta_0$，于是有

$$\left(\frac{\mathrm{d}\theta}{\mathrm{d}s}\right)^2=2k^2(\cos\theta-\cos\theta_0)=4k^2\left(\sin^2\frac{\theta_0}{2}-\sin^2\frac{\theta}{2}\right)$$

则

$$\frac{\mathrm{d}\theta}{\mathrm{d}s}=-2k\sqrt{\sin^2\frac{\theta_0}{2}-\sin^2\frac{\theta}{2}} \tag{11-43}$$

其中，负号是因为$\dfrac{d\theta}{ds}$恒为负值。现在引进新变量φ，注意到$\theta \leqslant \theta_0$，令

$$\sin\frac{\theta}{2}=\sin\frac{\theta_0}{2}\sin\varphi \tag{11-44}$$

将此式微分，得

$$\cos\frac{\theta}{2}d\left(\frac{\theta}{2}\right)=\sin\frac{\theta_0}{2}\cos\varphi d\varphi$$

又令$m=\sin\dfrac{\theta_0}{2}$，则$\sin\dfrac{\theta}{2}=m\sin\varphi$，$\cos\dfrac{\theta}{2}=\sqrt{1-m^2\sin^2\varphi}$，于是由上式得

$$\frac{d\theta}{ds}=\frac{2m\cos\varphi}{\cos\dfrac{\theta}{2}}\frac{d\varphi}{ds}=\frac{2m\cos\varphi}{\sqrt{1-m^2\sin^2\varphi}}\frac{d\varphi}{ds}$$

另一方面由式(11-43)，有

$$\frac{d\theta}{ds}=-2km\cos\varphi$$

令以上两式的右边相等，得

$$ds=-\frac{1}{k}\frac{d\varphi}{\sqrt{1-m^2\sin^2\varphi}} \tag{11-45}$$

注意到当$s=0$时，$\theta=\theta_0$，而$\varphi=\dfrac{\pi}{2}$，因此积分得

$$s=\frac{1}{k}\int_{\varphi}^{\pi/2}\frac{d\varphi}{\sqrt{1-m^2\sin^2\varphi}} \tag{11-46}$$

引进记号:

$$F(m,\varphi)=\int_0^{\varphi}\frac{d\varphi}{\sqrt{1-m^2\sin^2\varphi}}\quad \text{(第一类椭圆积分)}$$

$$F\left(m,\frac{\pi}{2}\right)=\int_0^{\pi/2}\frac{d\varphi}{\sqrt{1-m^2\sin^2\varphi}}\quad \text{(第一类椭圆完全积分)}$$

则

$$ks=F\left(m,\frac{\pi}{2}\right)-F(m,\varphi)$$

当$s=\dfrac{l}{2}$时，由对称性得$\theta=0$，因此$\varphi=0$，则

$$\frac{kl}{2}=F\left(m,\frac{\pi}{2}\right) \tag{11-47}$$

由此方程可确定未知量$m=\sin\dfrac{\theta_0}{2}$，即确定杆端转角$\theta_0$。现在来求压杆挠曲线上各点的坐标$x$和$y$。从$\dfrac{\mathrm{d}x}{\mathrm{d}s}=\cos\theta$和$\dfrac{\mathrm{d}y}{\mathrm{d}s}=\sin\theta$出发，改用独立变量$\varphi$，利用关系式(11-44)和式(11-45)，得

$$\mathrm{d}x=\cos\theta\mathrm{d}s=-\frac{1}{k}\left(2\sqrt{1-m^2\sin^2\varphi}-\frac{1}{\sqrt{1-m^2\sin^2\varphi}}\right)\mathrm{d}\varphi$$

$$\mathrm{d}y=\sin\theta\mathrm{d}s=-\frac{2m}{k}\sin\varphi\mathrm{d}\varphi$$

积分以上二式，注意到当$\varphi=\dfrac{\pi}{2}$时，$x=y=0$，得到挠曲线的参数方程：

$$\begin{aligned}x&=\frac{1}{k}\left\{2\left[E\left(m,\frac{\pi}{2}\right)-E(m,\varphi)\right]-\left[F\left(m,\frac{\pi}{2}\right)-F(m,\varphi)\right]\right\}\\ y&=\frac{2m}{k}\cos\varphi\end{aligned} \tag{11-48}$$

其中

$$E(m,\varphi)=\int_0^{\varphi}\sqrt{1-m^2\sin^2\varphi}\,\mathrm{d}\varphi\quad\text{(第二类椭圆积分)}$$

$$E\left(m,\frac{\pi}{2}\right)=\int_0^{\pi/2}\sqrt{1-m^2\sin^2\varphi}\,\mathrm{d}\varphi\quad\text{(第二类椭圆完全积分)}$$

椭圆积分式中的$m=\sin\dfrac{\theta_0}{2}$称为椭圆积分的模量，而$\varphi$称为椭圆积分的幅角。

现在根据方程(11-47)求临界力。由

$$\frac{l}{2}\sqrt{\frac{P}{EI}}=F\left(m,\frac{\pi}{2}\right)$$

得

$$P=\frac{4EI}{l^2}F^2\left(m,\frac{\pi}{2}\right) \tag{11-49}$$

当m从零增大到1，第一类椭圆完全积分从$\pi/2$增大到无穷大，因此，$F(m,\pi/2)$的最小值为$\pi/2$。所以，当$kl/2<\pi/2$时，方程无解，此时压杆的平衡形式只可能是直线的。而当$kl=\pi$时，得

$$P=P_{\mathrm{cr}}=\frac{\pi^2 EI}{l^2}$$

这就是欧拉临界力。

当$P>P_{\mathrm{cr}}$时，可能有曲线的平衡形式。根据式(11-49)，每个力P都对应确定的m值，而由式(11-48)，这又与确定的挠曲线相对应。

现在来确定力P与中点挠度f的关系式。在中点，$\theta=0$，由$\sin\frac{\theta}{2}=m\sin\varphi$，$\varphi=0$，且此时$y=f$，则由式(11-48)，得

$$f=\frac{2m}{k} \tag{11-50}$$

弯曲变形后，两端点间的距离l'可由杆中点坐标x'的2倍求得，则

$$l'=2x'=\frac{2}{k}\left[2E\left(m,\frac{\pi}{2}\right)-F\left(m,\frac{\pi}{2}\right)\right] \tag{11-51}$$

将力P、中点挠度f及两端点的距离l'无量纲化后，得

$$\frac{P}{P_{\mathrm{cr}}}=\left[\frac{2F\left(m,\frac{\pi}{2}\right)}{\pi}\right]^2,\quad \frac{f}{l}=\frac{m}{F\left(m,\frac{\pi}{2}\right)},\quad \frac{l'}{l}=\frac{2E\left(m,\frac{\pi}{2}\right)}{F\left(m,\frac{\pi}{2}\right)}-1 \tag{11-52}$$

绘出的P-f关系如图11-17所示，式(11-52)中的有关数值见表11-1。$P=P_{\mathrm{cr}}$并不是一个随遇平衡位置，平衡路径在此处分为三个分支。由静力学判据易于验证，当$P>P_{\mathrm{cr}}$时，在$f=0$的分支上平衡是不稳定的；在另两个分支上平衡是稳定的，且这两个分支是完全对称的。但实际上的平衡只能是沿着某一分支实现，并不具有对称性。且由图11-17可知，P超过临界力后，挠度的增加是很快的。当力P超过欧拉力的0.4%时，挠度已为杆长的5%；而当荷载超过1.5%时，挠度已达杆长的10%；当$P/P_{\mathrm{cr}}=1.754$时，挠度达到最大值，为$0.403l$；而当$P/P_{\mathrm{cr}}=2.182$时，杆的两端相遇；当力P再进一步增大时，P将成为拉力，此时细长杆的左、右两部分相互交叉。荷载超过临界力P_{cr}后，挠度增加很快，所以压杆荷载超过临界力的情况是十分危险的。

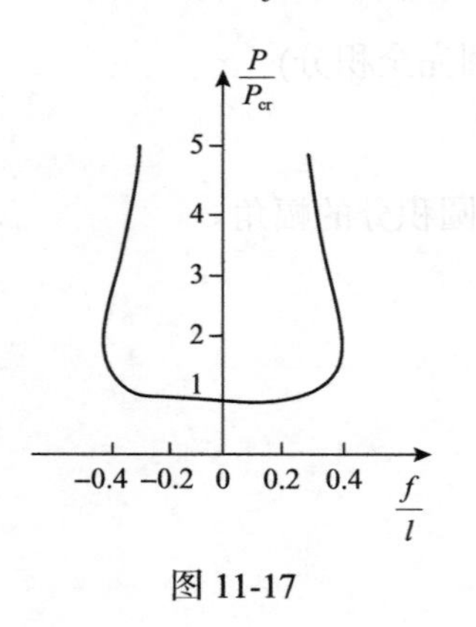

图 11-17

表 11-1　式(11-52)中的有关数值

θ_0	$m^2=\sin^2\left(\dfrac{\theta_0}{2}\right)$	$F\left(m,\dfrac{\pi}{2}\right)$	$E\left(m,\dfrac{\pi}{2}\right)$	$\dfrac{P}{P_{\mathrm{cr}}}=\left(\dfrac{2F}{\pi}\right)^2$	$\dfrac{f}{l}=\dfrac{m}{F}$	$\dfrac{l'}{l}=\dfrac{2E}{F}-1$
10°	0.00760	1.57379	1.56781	1.0038	0.0554	0.9924
20°	0.03015	1.58284	1.55889	1.0154	0.1097	0.9697
30°	0.06699	1.59814	1.54415	1.0351	0.1620	0.9324
60°	0.25000	1.68575	1.46746	1.1517	0.2966	0.7410
90°	0.50000	1.85407	1.35064	1.3932	0.3814	0.4569
114°	0.70337	2.08040	1.23966	1.7541	0.4031	0.1918
130°40′	0.82593	2.32030	1.16073	2.1820	0.3917	0.0005
150°	0.93301	2.76806	1.07641	3.1054	0.3490	–0.2223
170°	0.99240	3.83174	1.01266	5.9505	0.2600	–0.4714
175°	0.99810	4.52020	1.00383	8.2809	0.2210	–0.5222
177°	0.99931	5.02990	1.00155	10.2537	0.1987	0.6018
179°	0.99992	6.12780	1.00021	15.2184	0.1632	–0.6736

图 11-17 揭示了系统对参数 P 的大范围依赖关系。这表明，研究一个力学系统的稳定性问题，不能再限于讨论在给定的荷载 P 之下判断平衡是否稳定，更不能只限于探求临界荷载 P_{cr}，而是要给出平衡状态随参数 P 变化的整个平衡路径(平衡路径常称为平衡解曲线)。在平衡解曲线上发生分岔的点具有特殊的地位，如图 11-17 中 $P/P_{\mathrm{cr}}=1$ 的点，这种点称为分岔点，本例中的这种分岔属于静态分岔。

11.3.2　初始后屈曲理论

初始后屈曲理论又称渐近屈曲理论，是 1943 年由荷兰力学家科伊特建立的。科伊特将分岔点附近足够小的邻域作为研究对象，根据能量原理和稳定性的能量准则，采用摄动方法讨论下列问题：

(1)确定完善结构对应于分岔点的临界荷载；

(2)确定分岔点附近平衡状态的渐近解；

(3)采用能量准则判别基本状态(前屈曲状态)、分岔点及初始后屈曲状态的稳定性；

(4)研究初始缺陷对结构后屈曲行为的影响。

1. 科伊特理论

科伊特讨论的是弹性静力保守系统，且假定荷载依赖于唯一的参数 λ。对于弹性保守系统，其总势能 Π 为应变能 U 与外力势能 W 的和，即

$$\Pi=U+W=\int_A F(u^0,v^0,w^0,\lambda)\mathrm{d}A \tag{11-53}$$

其中，u^0、v^0、w^0 为结构中面的位移分量。

根据势能极值原理，势能的一阶变分 $\delta\Pi=0$ 可给出控制所有平衡路径的非线性平衡

微分方程。令

$$u^0 = u_0 + u_1$$

$$v^0 = v_0 + v_1$$

$$w^0 = w_0 + w_1$$

其中，(u^0，v^0，w^0)是在初始路径上的平衡构形，它对应于邻近临界点的某一荷载参数 λ；(u_1，v_1，w_1)为运动许可的微小位移增量。

为叙述简便，现以一维问题为例，考察图 11-18 所示的平衡路径。其中 I 即为基本状态，或称为前屈曲状态。在基本状态下，位移 u_0 记为 $u_0(\lambda)$，它是荷载参数 λ 的连续可微函数。当 $\lambda = 0$ 时，$u_0(\lambda) = 0$；当 $0 \leqslant \lambda \leqslant \lambda_1$ 时，基本状态的平衡是稳定的，λ_1 为荷载参数的临界值；当 $\lambda > \lambda_1$ 时，基本状态的平衡是不稳定的，在临界点处平衡方程的另一个解从基本状态中分岔出来，形成平衡路径分支 II，称为基本状态的邻近状态，或后屈曲状态。因而临界点又称为分岔点(注意若存在更高阶的分岔点，将有相应的其他后屈曲状态)，在分岔点处，分支 I 和 II 的稳定性发生变化。图中实线表示稳定分支，虚线表示不稳定分支。一般而言，临界点可以由两个相当的准则来表征：其一是在临界点处相同的荷载作用下，存在运动许可的无限邻近的平衡构形；其二是稳定性的能量准则。

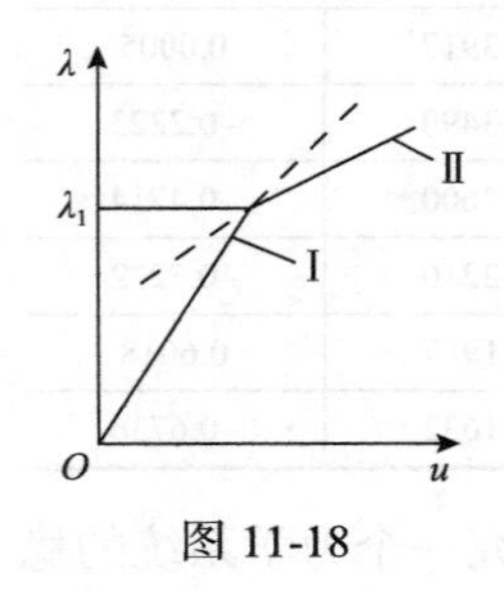

图 11-18

由式(11-53)，当一维弹性系统从基本状态 I 通过运动许可的附加位移场 u_1，得到与之相邻的构形 II 时，其总势能 Π 的增量为

$$\Delta\Pi[\lambda, u_1] = \Pi_2[\lambda, u_0 + u_1] - \Pi_1[\lambda, u_0] \tag{11-54}$$

将泛函 $\Delta\Pi$ 对 u_1 进行泰勒展开，得

$$\Delta\Pi = \frac{1}{2!}\delta^2\Pi + \frac{1}{3!}\delta^3\Pi + \frac{1}{4!}\delta^4\Pi + \cdots \tag{11-55}$$

其中，一阶变分项 $\Delta\Pi = 0$，这是因为 u_0 为平衡构形；且由于 u_1 为小量，式中右边不为零的项均大于后继各项之和。

根据稳定性的能量准则，基本状态 I 和分岔点($u_1 = 0$)稳定的充要条件是：对于一切运动许可的邻近状态(u_1 的模足够小)，其总势能的增量恒为正，即

$$\Delta\Pi[\lambda, u_1] \geqslant 0 \tag{11-56}$$

由式(11-55)可知，要满足式(11-56)所示条件，仅需总势能的二阶变分满足

$$\delta^2\Pi \geqslant 0 \tag{11-57}$$

此式即为弹性保守系统保持基本状态稳定平衡的充要条件。

由式(11-57)可知，基本状态 I 和分岔点稳定的必要条件是总势能的二阶变分正定，

即对于一个足够小的荷载，位移增量u_1所有可能的变化都使$\delta^2 \Pi$为正值。而作为连续体的弹性系统，其临界荷载的定义是使系统从基本状态Ⅰ变化到邻近状态Ⅱ时的最低荷载，则至少应有一个u_1值将使$\delta^2 \Pi$非正定。结合条件式(11-57)，则得到确定基本状态Ⅰ上分岔点的条件为

$$\delta^2 \Pi = 0 \tag{11-58}$$

即弹性保守系统处于临界状态时，系统总势能的二阶变分等于零。而使$\delta^2 \Pi = 0$的非零位移u_1及相应的荷载参数λ_1分别称为屈曲模态和临界荷载参数。须注意，这里的屈曲模态与经典理论所述是一致的，且一般说来，屈曲模态记为$u_1^i (i = 1, 2, \cdots, n)$。显然，线性组合$\sum_i a_i u_i$也是屈曲形状。

邻近状态Ⅱ的性态，取决于后屈曲平衡路径中初始段的性态，这需要考察分岔点是属于基本分支Ⅰ的稳定部分还是属于基本分支Ⅰ的不稳定部分。因为临界点处势能的二次变分为零，且由式(11-55)，势能增量$\Delta \Pi$的正负将由更高阶的变分项确定，因此，为了回答上述问题，则需根据分岔点稳定性的充要条件式(11-56)，来研究总势能的二阶变分以上的高阶变分。

2. *弹性压杆的初始后屈曲分析*

现将科伊特理论应用于不可压缩杆的弹性后屈曲问题。考察轴向压力P作用下的两端简支等截面直杆(图 11-19)。

在基本状态Ⅰ时，杆处于不弯曲的直线构形，这是一个平衡状态，此时假设杆的中心线不发生伸长或缩短。而压杆在它的一个主平面内的弯曲状态，视为状态Ⅱ，用挠度$y(x)$表示。状态Ⅰ下杆的弹性应变能为零；状态Ⅱ下，每单位长度杆的弹性应变能等于$\frac{1}{2} EI\kappa^2$，其中κ为曲率，EI为抗弯刚度。杆端部荷载的势能减少等于荷载P与端部移动距离$\varDelta$的乘积，即$W = -P\varDelta$。对于不考虑轴向变形的压杆，由材料力学可知：

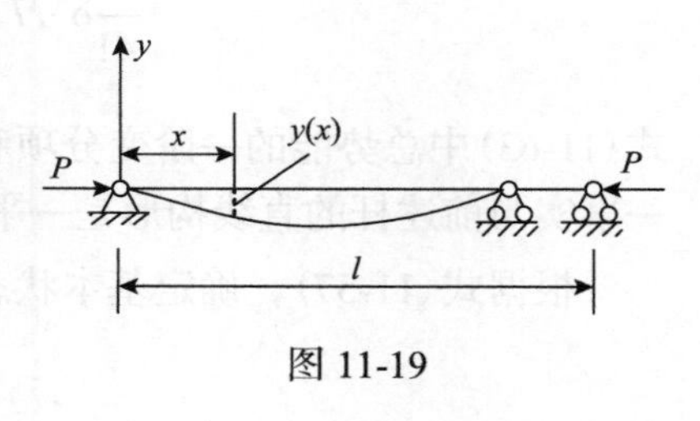

图 11-19

$$\kappa = \pm \frac{\dfrac{\mathrm{d}^2 y}{\mathrm{d}x^2}}{\sqrt{1 - \left(\dfrac{\mathrm{d}y}{\mathrm{d}x}\right)^2}} \tag{11-59}$$

$$\varDelta = \int_0^l \left[\sqrt{1 - \left(\frac{\mathrm{d}y}{\mathrm{d}x}\right)^2} - 1 \right] \mathrm{d}x \tag{11-60}$$

于是，从状态Ⅰ过渡到状态Ⅱ，总势能增量的表达式为

$$\Delta\Pi[P,y]=\frac{1}{2}EI\int_0^l\frac{\left(\frac{\mathrm{d}^2y}{\mathrm{d}x^2}\right)^2}{1-\left(\frac{\mathrm{d}y}{\mathrm{d}x}\right)^2}\mathrm{d}x+P\int_0^l\left[\sqrt{1-\left(\frac{\mathrm{d}y}{\mathrm{d}x}\right)^2}-1\right]\mathrm{d}x \tag{11-61}$$

引入下列无量纲参数：

$$\xi=\frac{x}{l}\text{，}\ \psi=\frac{y}{l}\text{，}\ \lambda=\frac{Pl^2}{\pi^2EI}\text{，}\ \Delta\bar{\Pi}=\frac{2\Delta\Pi l}{EI}$$

则式(11-61)的无量纲表达式为

$$\Delta\bar{\Pi}[\lambda,\psi]=\int_0^1\frac{\psi''^2}{1-\psi'^2}\mathrm{d}\xi+2\pi^2\lambda\int_0^1\left(\sqrt{1-\psi'^2}-1\right)\mathrm{d}\xi \tag{11-62}$$

其中，上标“′”、“″”分别表示对自变量的一、二阶求导。

将式(11-62)中的被积函数进行泰勒展开，且略去ψ的各阶导数中高于四次幂的项，得

$$\begin{aligned}&\Delta\bar{\Pi}=\frac{1}{2!}\delta^2\bar{\Pi}+\frac{1}{4!}\delta^4\bar{\Pi}\\&\frac{1}{2!}\delta^2\bar{\Pi}=\int_0^1\left(\psi''^2-\pi^2\lambda\psi'^2\right)\mathrm{d}\xi\\&\frac{1}{4!}\delta^4\bar{\Pi}=\int_0^1\left(\psi'^2\psi''^2-\frac{1}{4}\pi^2\lambda\psi'^4\right)\mathrm{d}\xi\end{aligned} \tag{11-63}$$

式(11-63)中总势能的一阶变分项和三阶变分项均为零。总势能的一阶变分项恒为零，这一事实与前述杆的直线构形是一平衡构形相一致。

根据式(11-57)，确定基本状态及分岔点稳定的条件是$\delta^2\Pi$半正定。为此要求：

$$\delta\left(\frac{1}{2!}\delta^2\bar{\Pi}\right)=0 \tag{11-64}$$

则有

$$\begin{aligned}\delta\left(\frac{1}{2!}\delta^2\bar{\Pi}\right)&=\delta\int_0^1\left(\psi''^2-\pi^2\lambda\psi'^2\right)\mathrm{d}\xi\\&=2\left(\int_0^1\psi''\delta\psi''\mathrm{d}\xi-\int_0^1\pi^2\lambda\psi'\delta\psi'\mathrm{d}\xi\right)\\&=2\left(\psi''\delta\psi'\big|_0^1-\psi'''\delta\psi\big|_0^1+\int_0^1\psi''''\delta\psi\mathrm{d}\xi\right)-\left(2\pi^2\lambda\psi'\delta\psi\big|_0^1-\int_0^1\pi^2\lambda\psi''\delta\psi\mathrm{d}\xi\right)\\&=2\left(\psi''\delta\psi'\big|_0^1-\psi'''\delta\psi\big|_0^1-\pi^2\lambda\psi'\delta\psi\big|_0^1\right)+2\int_0^1(\psi''''+\pi^2\lambda\psi'')\delta\psi\mathrm{d}\xi\\&=0\end{aligned}$$

由$\delta\psi$的任意性，根据上式，得到确定屈曲形状和临界荷载的控制方程为

$$\psi'''' + \pi^2 \lambda \psi'' = 0 \tag{11-65}$$

相应的边界条件为

$$\psi(0) = \psi(1) = \psi''(0) = \psi''(1) = 0 \tag{11-66}$$

方程(11-65)的一般解为

$$\psi = A + B\xi + C\cos\pi\sqrt{\lambda}\xi + D\sin\pi\sqrt{\lambda}\xi \tag{11-67}$$

由边界条件(11-66)，在式(11-67)中只能容许D取非零值。这个值仅当下式成立时才存在，即

$$\pi\sqrt{\lambda} = k\pi, \quad k = 1, 2, \cdots$$

因此，使式(11-65)满足边界条件(11-66)时，具有非零解的荷载参数的最小值为 1，即$\lambda_1 = 1$，对应的特征函数为

$$\psi_1 = \sin(\pi\xi) \tag{11-68}$$

这一函数通过引入条件$\psi_1 = 1(\xi = 1/2)$而正则化。相应的屈曲荷载$P_{\text{cr}} = \pi^2 EI/l^2$，这便是熟知的欧拉临界荷载。

又因为式(11-63)中没有势能的三阶变分项，所以确定临界状态稳定性的量为

$$\frac{1}{4!}\delta^4 \bar{\Pi} = \int_0^1 \left(\psi_1'^2 \psi_1''^2 - \frac{1}{4}\pi^2 \lambda_1 \psi_1'^4 \right) \mathrm{d}\xi = \frac{\pi^6}{32} \tag{11-69}$$

此值恒为正，则由稳定性条件式(11-56)可知，在此屈曲荷载下的平衡是稳定的。

按照科伊特理论，继续对式(11-55)施加势能极值原理，即可得到确定邻近状态Ⅱ后屈曲平衡路径的非线性微分方程。然而，该方程的求解将是十分困难的。为此，我们采用近似方法来研究λ_1附近的后屈曲路径。设在与屈曲荷载相邻的荷载(对应的荷载参数为λ)作用下，式(11-68)所示的特征函数的幅值为a。由于限定研究λ_1附近的初始后屈曲行为，$\lambda - \lambda_1$为一小量，可以预料，后屈曲平衡状态应与某一些经典屈曲模态接近。令

$$\psi = a_i \psi_i + v, \quad i = 1, 2, \cdots, n \tag{11-70}$$

其中，系数a_i是小量；v为高阶小量，重复指标表示求和，且假定v与ψ_i正交。

详尽的分析表明，在后屈曲性态分析中若取一次近似，则仅需在位能的二次变分中考虑与λ有关的项已是足够充分的。于是对总势能增量的二阶变分在λ_1处展开，得

$$\frac{1}{2!}\delta^2 \bar{\Pi}[\lambda, \psi] = \frac{1}{2!}\delta^2 \bar{\Pi}[\lambda_1, \psi] + (\lambda - \lambda_1)\frac{1}{2!}(\delta^2 \bar{\Pi}[\lambda_1, \psi])' + \cdots \tag{11-71}$$

将式(11-70)代入式(11-71)，固定屈曲模态的幅值 $a_i = a_1 = a$ ，考察势能增量泛函对 v 的最小化，在一级近似的情况下，取 $\psi = a\psi_1$ ，则势能增量泛函是关于幅值 a 的简单代数函数。设该函数为 $F(\lambda, a)$ ，且注意到式(11-71)中右边第一项为零值，则有

$$F(\lambda,a) = (\lambda - \lambda_1)F_2(a) + F_4(a) \tag{11-72}$$

其中

$$\begin{aligned} F_2(a) &= \left(\frac{1}{2!}\delta^2 \bar{\Pi}[\psi_1]\right)' a^2 = \frac{\mathrm{d}}{\mathrm{d}\lambda}\left(\frac{1}{2!}\delta^2 \bar{\Pi}[\psi_1]\right)a^2 \\ &= \left(-\pi^2 \int_0^1 \psi_1'^2 \mathrm{d}\xi\right)a^2 = -\frac{\pi^4 a^2}{2} \\ F_4(a) &= \left(\frac{1}{4!}\delta^4 \bar{\Pi}[\psi_1]\right)a^4 = \frac{\pi^6 a^4}{32} \end{aligned}$$

于是式(11-72)可重写为

$$F(\lambda,a) = -(\lambda - \lambda_1)\frac{\pi^4 a^2}{2} + \frac{\pi^6 a^4}{32}$$

应用驻值定理 $\mathrm{d}F(\lambda,a)/\mathrm{d}a = 0$ ，则得到后屈曲模态的幅值：

$$a = \pm\frac{2\sqrt{2}}{\pi}\sqrt{\lambda - \lambda_1} \tag{11-73}$$

式(11-73)即为无量纲荷载参数 λ 与无量纲幅值 a 之间的关系式，依此绘出的后屈曲路径即如图 11-17 所示。

11.4　弹性系统的动力稳定性

弹性系统的动力稳定性理论研究弹性体在动荷载作用下的稳定性问题。本节中限于讨论动荷载为周期性荷载的情况，此类问题的特点是荷载以参数的形式列入系统的动力平衡方程中，这种荷载称为参数荷载。下面举例说明动力稳定性问题的研究对象。

如果在直杆上作用着周期性的纵向荷载(图 11-20(a))，若其幅值小于临界值，则一般来说，杆件只受到纵向振动。但是，当扰动频率 θ 与杆的横向固有振动频率 ω 之间的比值一定时，杆件的直线形式将变为动力不稳定的，发生横向振动，其振幅迅速增加到很大的数值。共振(参数共振)开始时的频率比值不同于一般强迫振动共振时的频率比值，对于足够小的纵向力幅值说来，此一比值具有形式 $\theta = 2\omega$ 。受均布径向荷载压缩的圆环(图 11-20(b))，一般来说，只受径向压缩。但是，当荷载频率与圆环的固有弯曲振动频率之间的比值一定时，圆环的原来形状将变为动力不稳定，发生强烈的弯曲振动。作用于板的中央平面上的周期力(图 11-20(c))，在一定的条件下可能引起剧烈的横向

振动。对称作用于拱上的周期性荷载(图 11-20(d))，一般只引起对称振动，但在一定的条件下可能引起大振幅的斜对称振动。作用于窄横断面梁的最大刚度平面内的周期力(图 11-20(e))，在一定条件下可能引起超出此平面以外的弯扭耦合振动。这样的例子还很多。一般来说，在一定形式的静荷载作用下可能丧失静力稳定性的结构，在同样形式的动荷载作用下也可能丧失其动力稳定性。而研究弹性系统动力稳定性旨在研究处于参数荷载作用下的弹性系统产生参数共振的条件和预防方法，确定系统的动力不稳定区域，为工程结构的安全设计、隔振、减振提供理论依据。

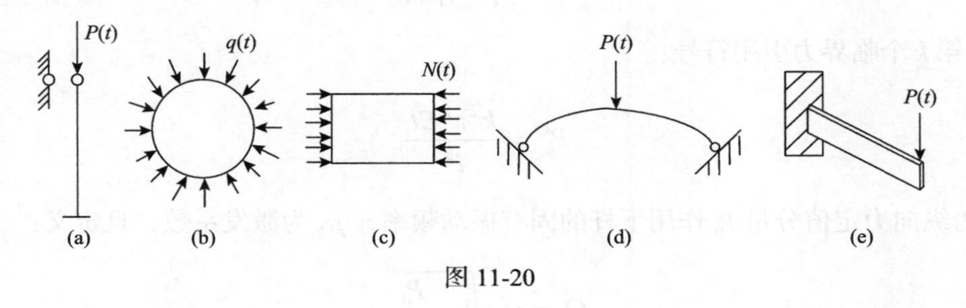

图 11-20

11.4.1　运动微分方程

现在以一维问题为例，说明弹性系统动力稳定性分析的基本方法。考虑两端铰支直杆在周期性纵向力 P 作用下的横向振动问题(图 11-21)。

直杆的静力纵向弯曲方程式为

$$EI\frac{\mathrm{d}^2 y}{\mathrm{d}x^2}+Py=0$$

其中，$y(x)$ 为杆的挠度；EI 为杆的抗弯刚度。

上式经两次微分后变为

$$EI\frac{\mathrm{d}^4 y}{\mathrm{d}x^4}+P\frac{\mathrm{d}^2 y}{\mathrm{d}x^2}=0$$

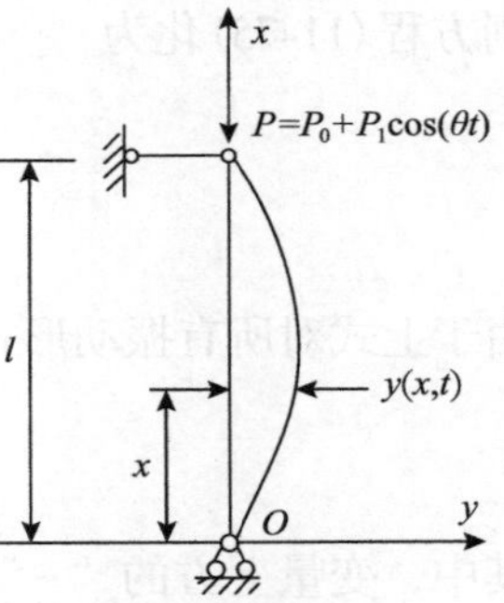

图 11-21

假设系统是处在纵向振动的共振之外，仅考虑密度为 $-m\dfrac{\partial^2 y}{\partial t^2}$ 的横向惯性力，这里 m 为杆单位长度的质量。于是得到确定杆在任一瞬时的挠度 $y(x,t)$ 的运动微分方程为

$$EI\frac{\partial^4 y}{\partial x^4}+[P_0+P_1\cos(\theta t)]\frac{\partial^2 y}{\partial x^2}+m\frac{\partial^2 y}{\partial t^2}=0 \tag{11-74}$$

设满足两端铰支边界条件的形式解为

$$y(x,t)=f_k(t)\sin\frac{k\pi x}{l},\ k=1,2,3,\cdots$$

将上式代入式(11-74)，得

$$\frac{\mathrm{d}^2 f_k}{\mathrm{d}t^2}+\omega_k^2\left[1-\frac{P_0+P_1\cos(\theta t)}{P_k^{\mathrm{cr}}}\right]f_k=0,\ k=1,2,3,\cdots \tag{11-75}$$

在方程(11-75)中，对于不受荷载杆件的第 k 个固有振动频率引用符号：

$$\omega_k=\frac{k^2\pi^2}{l^2}\sqrt{\frac{EI}{m}}$$

而对于第 k 个临界力引用符号：

$$P_k^{\mathrm{cr}}=\frac{k^2\pi^2 EI}{l^2}$$

令 $\varOmega_k$ 为纵向力定值分量 P_0 作用下杆的固有振动频率，μ_k 为激发系数，且定义：

$$\varOmega_k=\omega_k\sqrt{1-\frac{P_0}{P_k^{\mathrm{cr}}}}$$

$$\mu_k=\frac{P_i}{2(P_k^{\mathrm{cr}}-P_0)}$$

则方程(11-75)化为

$$\frac{\mathrm{d}^2 f_k}{\mathrm{d}t^2}+\varOmega_k^2[1-2\mu_k\cos(\theta t)]f_k=0$$

由于上式对所有振动形式，亦即对所有的 k 值都合适，所以可以省略下标 k，而将其写为

$$\ddot{f}+\varOmega^2[1-2\mu\cos(\theta t)]f=0 \tag{11-76}$$

其中，变量上方的“··”表示对时间 t 的微分。方程(11-76)就是著名的马蒂厄(Mathieu)方程。

在更普遍的情况下，即当纵向力按照规律：

$$P(t)=P_0+P_1\varPhi(t)$$

变化时，且 $\varPhi(t)$ 为具有周期 T 的周期函数：$\varPhi(t+T)=\varPhi(t)$，则式(11-76)化为更具普遍性的希尔(Hill)方程：

$$\ddot{f}+\varOmega^2[1-2\mu\varPhi(t)]f=0 \tag{11-77}$$

11.4.2　动力不稳定区域的边界

现在研究方程(11-77)，其中 $\varPhi(t)$ 为周期函数，且周期

$$T = \frac{2\pi}{\theta}$$

设 $\Phi(t)$ 可表示为收敛的傅里叶级数形式：

$$\Phi(t) = \sum_{k=1}^{\infty}\left[\mu_k \cos(k\theta t) + \nu_k \sin(k\theta t)\right]$$

首先，注意到当 t 增加一个周期时，由于 $\Phi(t+T) = \Phi(t)$，则方程(11-78)的形式不变。因此，若 $f(t)$ 为方程(11-77)的任意一个特解，则 $f(t+T)$ 也是它的解。

设 $f_1(t)$、$f_2(t)$ 为方程(11-77)的任意两个线性独立解，则 $f_1(t+T)$ 与 $f_2(t+T)$ 也是它的解，且可将它们表示为原有函数的线性组合形式：

$$\begin{aligned} f_1(t+T) &= a_{11} f_1(t) + a_{12} f_2(t) \\ f_2(t+T) &= a_{21} f_1(t) + a_{22} f_2(t) \end{aligned} \tag{11-78}$$

这样，给 t 增加一个周期，就得出原有解系的线性变换。我们可选择一对解 $f_1^*(t)$ 和 $f_2^*(t)$，使得变换中的副系数为零，即 $a_{12} = a_{21} = 0$。在这种情况下，变换具有最简单的形式：

$$\begin{aligned} f_1^*(t+T) &= \rho_1 f_1^*(t) \\ f_2^*(t+T) &= \rho_2 f_2^*(t) \end{aligned}$$

其中，$a_{11} = \rho_1$，$a_{22} = \rho_2$。由线性变换理论，式(11-78)的系数矩阵可变换为最简单的对角线形式，且 ρ_1、ρ_2 为其特征值，它们可由下面的特征方程来确定：

$$\begin{vmatrix} a_{11} - \rho & a_{12} \\ a_{21} & a_{22} - \rho \end{vmatrix} = 0 \tag{11-79}$$

特征方程在希尔方程中起着重要作用，现在说明如何建立这个方程式。设 $f_1(t)$ 及 $f_2(t)$ 为方程(11-77)的两个线性独立解，其满足初始条件：

$$\begin{aligned} f_1(0) = 1, \quad \dot{f}_1(0) = 0 \\ f_2(0) = 0, \quad \dot{f}_2(0) = 1 \end{aligned} \tag{11-80}$$

在方程(11-78)中设 $t = 0$，由初始条件，得

$$\begin{aligned} a_{11} &= f_1(T) \\ a_{21} &= f_2(T) \end{aligned}$$

又对方程(11-78)逐项微分，再假定 $t = 0$，得

$$\begin{aligned} a_{12} &= \dot{f}_1(T) \\ a_{22} &= \dot{f}_2(T) \end{aligned}$$

这样，特征方程(11-79)具如下的形式：

$$\begin{vmatrix} f_1(T)-\rho & \dot{f}_1(T) \\ f_2(T) & \dot{f}_2(T)-\rho \end{vmatrix}=0$$

展开该行列式后，得

$$\rho^2-2A\rho+B=0 \tag{11-81}$$

其中

$$A=\frac{1}{2}[f_1(T)+\dot{f}_2(T)]$$
$$B=f_1(T)\dot{f}_2(T)-f_2(T)\dot{f}_1(T)$$

按其本身意义，特征方程的根和它的系数不应依赖于原来所选定的解 $f_1(T)$ 和 $f_2(T)$，这必须使特征方程的自由项恒等于 1，下面予以证明。

由于 $f_1(T)$、$f_2(T)$ 是方程(11-77)的解，则

$$\ddot{f}_1+\Omega^2[1-2\mu\Phi(t)]f_1=0$$
$$\ddot{f}_2+\Omega^2[1-2\mu\Phi(t)]f_2=0$$

将第一式乘以 $f_2(t)$，第二式乘以 $f_1(t)$，两者相减，得

$$f_1(t)\ddot{f}_2(t)-f_2(t)\ddot{f}_1(t)=0$$

积分后，得

$$f_1(t)\dot{f}_2(t)-f_2(t)\dot{f}_1(t)=\text{const}$$

当 $t=T$ 时，上式左边部分的数值与式(11-81)的自由项一致。为了确定上式右边的常数值，设 $t=0$，且利用初始条件(11-80)，得

$$f_1(0)\dot{f}_2(0)-f_2(0)\dot{f}_1(0)=1$$

这样，特征方程具有形式：

$$\rho^2-2A\rho+1=0 \tag{11-82}$$

显然，特征值 ρ_1、ρ_2 之间存在如下的关系：

$$\rho_1\rho_2=1 \tag{11-83}$$

易于求得方程(11-77)的通解为

$$f(t)=C_1x_1(t)\exp\left(\frac{t}{T}\ln\rho_1\right)+C_2x_2(t)\exp\left(\frac{t}{T}\ln\rho_2\right) \tag{11-84}$$

若$|A|=\dfrac{1}{2}|f_1(T)+\dot{f}_2(T)|>1$，则由式(11-82)可知，两个特征根均将为实数，且其中一个根的模大于 1，此时方程(11-77)的通解将随时间而无限地增加。但如果$|A|<1$，则特征方程有两个复共轭根，因为它们的乘积必须等于 1，则它们的模也将等于 1。这样，复数特征根的情况对应于有限解的区域。而在有限解的区域与通解随时间无限增长的区域之分界线上，应满足条件：

$$|f_1(T)+\dot{f}_2(T)|=2 \tag{11-85}$$

应用式(11-85)，则可以确定动力不稳定区域的边界。但是，为得到方程(11-85)，最低限度要知道在第一个振动周期内的特解，而这在计算上是十分困难的，仅在个别情况下，形式为式(11-77)的微分方程才能以初等函数做出积分。

11.4.3　确定动力不稳定区域的一般方法及临界频率方程的推导

在给定Φ为具有级数形式的任意周期函数的情况下，阐述一种确定动力不稳定区域边界的一般方法。

上面已说明，实数特征根的区域与方程(11-77)的无限增长的解的区域相重合，复数特征根的区域相当于有限(近似周期的)解，而实数根和复数根区域的分界线相当于重根。且由式(11-83)得出这些根或是$\rho_1=\rho_2=1$，或是$\rho_1=\rho_2=-1$。则由解系变换的最简形式可知，在第一种情况下微分方程的解为周期$T=2\pi/\theta$的周期函数，在第二种情况下其解具有周期$2T$。

这样，无限增长解的区域与稳定区域被具有周期T及$2T$的周期解分隔开来。更确切地说，周期相同的两个解包围着不稳定区域，而周期不同的两个解包围着稳定区域。最后一个性质可用下面的道理来阐明：设在区间$\rho=1$及$\rho=-1$间存在实根区域(不稳定区域)，则由于特征根随微分方程的系数而改变的连续关系，在它们中间应有一个根$\rho=0$，因之有另一个根$\rho=\infty$，而这是不可能的，即说明在根$\rho=1$及$\rho=-1$之间包围着复数区域，也就是稳定区域。

由上述可见，决定动力不稳定区域边界的问题，归结为要找出使得给定的微分方程具有周期T及$2T$的周期解的条件。

周期解存在条件可以用“小参数法”求得。这里将激发系数μ作为小参数，且将$f(t)$按μ的幂级数形式展开，即将

$$f=f_0+\mu f_1+\mu^2 f_2+\cdots$$

代入方程(11-77)，令μ的同次项系数相等，便得到常系数微分方程组，此方程组可用逐次近似法来求解。

但也可直接寻找方程(11-77)的具有三角级数形式的周期解。现在以马蒂厄方程(11-76)为例予以说明。设$f(t)$具有周期为$2T$的解，其形式如下：

$$f(t)=\sum_{k=1,3,5}^{\infty}\left(a_k\sin\frac{k\theta t}{2}+b_k\cos\frac{k\theta t}{2}\right) \tag{11-86}$$

将其代入方程(11-76)中，令 $\sin\frac{k\theta t}{2}$ 及 $\cos\frac{k\theta t}{2}$ 的同类项系数相等，可得到关于 a_k 和 b_k 的线性齐次代数方程组，且仅当其系数行列式为零时才有非零解，于是有

$$\begin{vmatrix} 1\mp\mu-\frac{\theta^2}{4\Omega^2} & -\mu & 0 & \cdots \\ -\mu & 1-\frac{9\theta^2}{4\Omega^2} & -\mu & \cdots \\ 0 & -\mu & 1-\frac{25\theta^2}{4\Omega^2} & \cdots \\ \cdots & \cdots & \cdots & \end{vmatrix}=0 \tag{11-87}$$

这个联系着外荷载频率与杆件的固有频率和纵向力数值的方程式称为临界频率方程。临界频率是指对应于不稳定区域边界的外荷载的频率 θ^*。从方程(11-87)可找出由周期 $2T$ 的周期解所包围的不稳定区域。

为了决定由周期 T 的周期解所包围的不稳定区域，可用类似的方法处理。设 $f(t)$ 具有周期为 T 的解有如下形式：

$$f(t)=b_0+\sum_{k=2,4,6}^{\infty}\left(a_k\sin\frac{k\theta t}{2}+b_k\cos\frac{k\theta t}{2}\right) \tag{11-88}$$

将其代入方程(11-76)中，施加与上面相同的步骤，得到下列频率方程：

$$\begin{vmatrix} 1-\frac{\theta^2}{\Omega^2} & -\mu & 0 & \cdots \\ -\mu & 1-\frac{4\theta^2}{\Omega^2} & -\mu & \cdots \\ 0 & -\mu & 1-\frac{9\theta^2}{\Omega^2} & \cdots \\ \cdots & \cdots & \cdots & \cdots \end{vmatrix}=0 \tag{11-89}$$

$$\begin{vmatrix} 1 & -\mu & 0 & 0 & \cdots \\ -2\mu & 1-\frac{\theta^2}{\Omega^2} & -\mu & 0 & \cdots \\ 0 & -\mu & 1-\frac{4\theta^2}{\Omega^2} & -\mu & \cdots \\ 0 & 0 & -\mu & 1-\frac{9\theta^2}{\Omega^2} & \cdots \\ \cdots & \cdots & \cdots & \cdots & \cdots \end{vmatrix}=0 \tag{11-90}$$

以上为无穷阶行列式，可以证明它们是绝对收敛的。

根据临界频率方程(11-87)、方程(11-89)和方程(11-90)，即可确定动力不稳定区域。这里说明不稳定区域分布的一般性质，首先考虑纵向力的周期分量非常小的情况。

假设在方程(11-87)、方程(11-89)和方程(11-90)中的 $\mu \to 0$，我们发现，当 μ 值非常小时，周期为 $2T$ 的解成对地位于频率 $\theta^* = \dfrac{2\Omega}{k}(k=1,3,5)$ 的附近；而周期为 T 的解成对地位于频率 $\theta^* = \dfrac{2\Omega}{k}(k=2,4,6)$ 的附近。这两个情况可以归并为

$$\theta^* = \frac{2\Omega}{k}, \quad k = 1,2,3,\cdots \tag{11-91}$$

式(11-91)给出了外力频率和杆件的固有频率之间的一些比值，在这些比值的附近可能发生无限增长的振动，即这些比值的附近分布着杆件的动力不稳定区域。

当 $\theta^* = 2\Omega$ 时发生共振，这很容易从下面的讨论推导出来。设杆件做具有固有频率 Ω 的横向振动，同时，可动端的纵向位移也为时间的周期函数，但频率为 2Ω。实际上，在横向振动的每一个周期内，可动支承有两个振动周期。为了维持共振，必须使作用在可动端上的外力具有频率 2Ω，于是 $\theta^* = 2\Omega$。

这里注意一下参数共振的特点。如果一般强迫振动的共振在固有频率和激发频率相重合时发生，参数共振则在激发频率为固有振动频率的两倍时出现。参数共振的另一重要特征是：当其临界频率 θ^* 还小于系统的主要共振频率时，也有激振的可能性；且参数共振具有连续的激发区域(动力不稳定区域)。另外，由 $\Omega_k = \omega_k\sqrt{1-\dfrac{P_0}{P_k^{\mathrm{cr}}}}$ 可知，当 $P_0 < P_k^{\mathrm{cr}}$ 时，动力不稳定现象就会出现。

下面说明主要动力不稳定区域的确定。此时应考虑方程(11-87)，计算其一阶行列式等于 0 的情况，得

$$1 \mp \mu - \frac{\theta^2}{4\Omega^2} = 0$$

便得到主要动力不稳定区域边界的近似计算公式为

$$\theta^* = 2\Omega\sqrt{1 \mp \mu} \tag{11-92}$$

为了使式(11-92)更加精确，现在研究第二次近似值：

$$\begin{vmatrix} 1 \pm \mu - \dfrac{\theta^2}{4\Omega^2} & -\mu \\ -\mu & 1 - \dfrac{9\theta^2}{4\Omega^2} \end{vmatrix} = 0$$

将式(11-92)所示的频率近似值代入上面行列式中对角线下面的元素中，解出 θ，得到确

定主要动力不稳定区域边界的较精确的计算公式为

$$\theta^* = 2\Omega\sqrt{1 \mp \mu + \frac{\mu^2}{8 \pm 9\mu}} \tag{11-93}$$

为了求出第二个不稳定区域的边界，再研究方程(11-89)、方程(11-90)，仅取二阶行列式：

$$\begin{vmatrix} 1-\dfrac{\theta^2}{\Omega^2} & -\mu \\ -\mu & 1-\dfrac{4\theta^2}{\Omega^2} \end{vmatrix} = 0$$

$$\begin{vmatrix} 1 & -\mu \\ -2\mu & 1-\dfrac{\theta^2}{\Omega^2} \end{vmatrix} = 0$$

则得到下面的临界频率近似公式：

$$\begin{aligned} \theta^* &= \Omega\sqrt{1+\frac{1}{3}\mu^2} \\ \theta^* &= \Omega\sqrt{1-2\mu^2} \end{aligned} \tag{11-94}$$

若考虑更高阶的行列式，则这些公式更为精确。

为了计算第三个不稳定区域，必须回到方程(11-87)。根据其二阶行列式，得

$$\theta^* = \frac{2}{3}\Omega\sqrt{1-\frac{9\mu^2}{8 \pm 9\mu}} \tag{11-95}$$

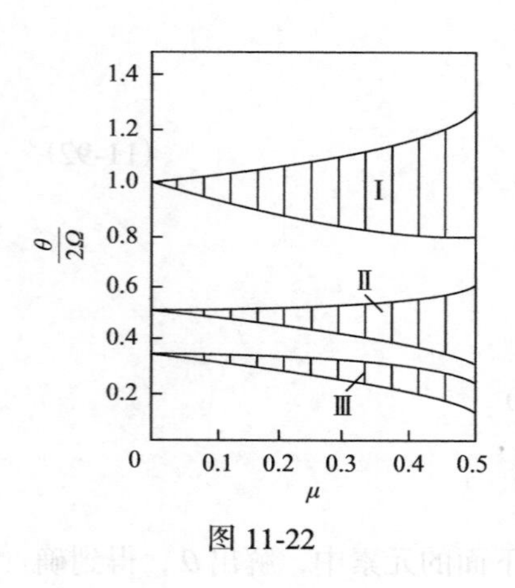

图 11-22

比较式(11-92)、式(11-94)和式(11-95)，可以看出，动力不稳定区域的宽度$\dfrac{\theta}{\Omega}$随着区域号码的增加而迅速地减小：

$$\frac{\Delta\theta}{\Omega} \sim \mu, \mu^2, \mu^3, \cdots$$

具有最大宽度的是主要不稳定区域。前三个动力不稳定区域在平面$\left(\mu, \dfrac{\theta}{2\Omega}\right)$上的分布如图 11-22 所示(画阴影线的部分)。

11.5 弹性薄板的稳定性

在 7.7 节关于弹性薄板弯曲问题的讨论中，我们假定薄板只受到横向荷载，而且假定薄板的挠度很小，可以不计中面内各点平行于中面的位移。这时，薄板的弹性曲面是中性面，不发生伸缩和剪应变，也不承受平行于中面的应力。这是薄板在横向荷载作用下的小挠度弯曲问题。

11.5.1 纵横荷载共同作用下薄板的压曲方程

当薄板同时受到横向荷载和纵向荷载时，如果纵向荷载很小，因而中面内力也很小，对于薄板弯曲的影响可以不计，那么，我们就可以分别计算两向荷载引起的应力和内力，然后叠加。

由于板很薄，当板边承受纵向荷载时，可以假定只产生平行于中面的应力，且这些应力不沿板的厚度变化，这是薄板在纵向荷载作用下的平面应力问题。这时，板每宽度上的平面应力将合成为如下的中面内力或称薄膜内力：

$$N_x = h\sigma_x,\quad N_y = h\sigma_y,\quad N_{xy} = h\tau_{xy},\quad N_{yx} = h\tau_{yx} \tag{a}$$

其中，h 为板的厚度；N_x、N_y 为拉压力；N_{xy} 和 N_{yx} 为平错力。

如果中面内力并非很小，那么就必须考虑中面内力对薄板弯曲的影响。这也是薄板纵横弯曲问题与薄板小挠度弯曲问题的不同之处。

现在考虑薄板任一微分体的平衡(图 11-23)。

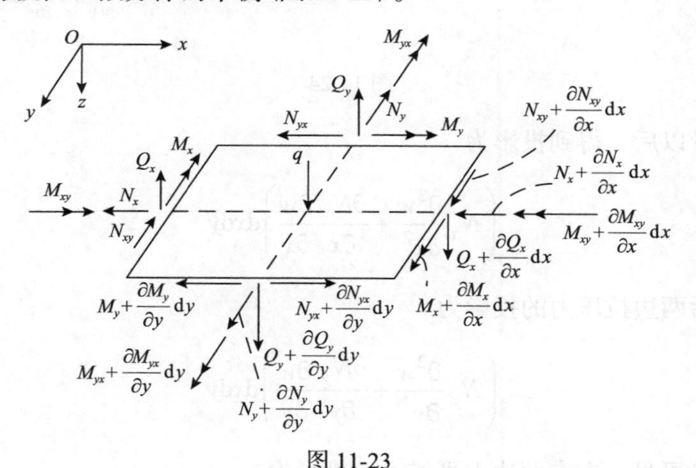

图 11-23

图 11-23 中，单元体承受横向荷载 $q(x,y)$，各边有 5 个内力元素。例如，单元的左边有弯矩 M_x、扭矩 M_{xy}、横向剪力 Q_x、拉压力 N_x 和平错力 N_{xy}。且由剪应力互等关系：$\tau_{xy}=\tau_{yx}$，可知单元上有

$$N_{xy} = N_{yx} \tag{b}$$

又由单元上面力的平衡：$\sum F_x = 0$，$\sum F_y = 0$，可得

$$\frac{\partial N_x}{\partial x} + \frac{\partial N_{yx}}{\partial y} = 0, \quad \frac{\partial N_y}{\partial y} + \frac{\partial N_{xy}}{\partial x} = 0 \tag{c}$$

现在，将所有各力投影到 z 轴上。横向荷载 q 的投影为

$$q\mathrm{d}x\mathrm{d}y \tag{d}$$

横向剪力的投影为

$$\left(Q_x + \frac{\partial Q_x}{\partial x}\mathrm{d}x\right)\mathrm{d}y - Q_x\mathrm{d}y + \left(Q_y + \frac{\partial Q_y}{\partial y}\mathrm{d}y\right)\mathrm{d}x - Q_y\mathrm{d}x = \left(\frac{\partial Q_x}{\partial x} + \frac{\partial Q_y}{\partial y}\right)\mathrm{d}x\mathrm{d}y \tag{e}$$

左右两边上拉压力在 z 轴上的投影(图 11-24(a))为

$$-N_x\mathrm{d}y\frac{\partial w}{\partial x} + \left(N_x + \frac{\partial N_x}{\partial x}\mathrm{d}x\right)\mathrm{d}y\frac{\partial}{\partial x}\left(w + \frac{\partial w}{\partial x}\mathrm{d}x\right) = \left(N_x\frac{\partial^2 w}{\partial x^2} + \frac{\partial N_x}{\partial x}\frac{\partial w}{\partial x} + \frac{\partial N_x}{\partial x}\frac{\partial^2 w}{\partial x^2}\mathrm{d}x\right)\mathrm{d}x\mathrm{d}y$$

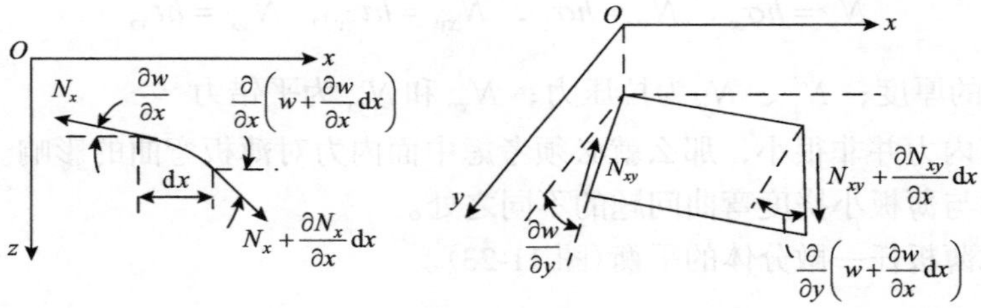

图 11-24

在略去三阶微量以后，得到投影为

$$\left(N_x\frac{\partial^2 w}{\partial x^2} + \frac{\partial N_x}{\partial x}\frac{\partial w}{\partial x}\right)\mathrm{d}x\mathrm{d}y \tag{f}$$

同理，可得前后两边拉压力的投影为

$$\left(N_y\frac{\partial^2 w}{\partial y^2} + \frac{\partial N_y}{\partial y}\frac{\partial w}{\partial y}\right)\mathrm{d}x\mathrm{d}y \tag{g}$$

又由图 11-24(b)可见，左右两边上平错力的投影为

$$-N_{xy}\mathrm{d}y\frac{\partial w}{\partial y} + \left(N_{xy} + \frac{\partial N_{xy}}{\partial x}\mathrm{d}x\right)\mathrm{d}y\frac{\partial}{\partial y}\left(w + \frac{\partial w}{\partial x}\mathrm{d}x\right)$$

$$= \left(N_{xy}\frac{\partial^2 w}{\partial x\partial y} + \frac{\partial N_{xy}}{\partial x}\frac{\partial w}{\partial y} + \frac{\partial N_{xy}}{\partial x}\frac{\partial^2 w}{\partial x\partial y}\mathrm{d}x\right)\mathrm{d}x\mathrm{d}y$$

在略去三阶微量后，得到投影为

$$\left(N_{xy}\frac{\partial^2 w}{\partial x\partial y}+\frac{\partial N_{xy}}{\partial x}\frac{\partial w}{\partial y}\right)\mathrm{d}x\mathrm{d}y \tag{h}$$

同样，可得前后两边上平错力的投影为

$$\left(N_{yx}\frac{\partial^2 w}{\partial x\partial y}+\frac{\partial N_{yx}}{\partial y}\frac{\partial w}{\partial x}\right)\mathrm{d}x\mathrm{d}y \tag{i}$$

由 $\sum F_z=0$，将式(d)～式(i)的各项投影相加，令其等于零，除以 $\mathrm{d}x\mathrm{d}y$，即得

$$q+\frac{\partial Q_x}{\partial x}+\frac{\partial Q_y}{\partial y}+N_x\frac{\partial^2 w}{\partial x^2}+N_y\frac{\partial^2 w}{\partial y^2}$$

$$+(N_{xy}+N_{yx})\frac{\partial^2 w}{\partial x\partial y}+\left(\frac{\partial N_x}{\partial x}+\frac{\partial N_{yx}}{\partial y}\right)\frac{\partial w}{\partial x}+\left(\frac{\partial N_y}{\partial y}+\frac{\partial N_{xy}}{\partial x}\right)\frac{\partial w}{\partial y}=0$$

应用式(b)和式(c)，上式简化为

$$q+\frac{\partial Q_x}{\partial x}+\frac{\partial Q_y}{\partial y}+N_x\frac{\partial^2 w}{\partial x^2}+2N_{xy}\frac{\partial^2 w}{\partial x\partial y}+N_y\frac{\partial^2 w}{\partial y^2}=0 \tag{j}$$

再应用式(7-54)，可得

$$\frac{\partial Q_x}{\partial x}+\frac{\partial Q_y}{\partial y}=-D\left(\frac{\partial^2}{\partial x^2}+\frac{\partial^2}{\partial y^2}\right)\nabla^2 w=-D\nabla^4 w$$

于是，式(j)再度简化为

$$D\nabla^4 w-\left(N_x\frac{\partial^2 w}{\partial x^2}+2N_{xy}\frac{\partial^2 w}{\partial x\partial y}+N_y\frac{\partial^2 w}{\partial y^2}\right)=q \tag{11-96}$$

式(11-96)即为弹性薄板受纵横荷载共同作用下的压曲微分方程。

当薄板受有已知横向荷载并在边界上受有已知纵向荷载时，可以首先按照平面应力问题，由已知纵向荷载求出平面应力 σ_x、σ_y、τ_{xy}；再应用式(a)求出中面内力 N_x、N_y、N_{xy}；然后，根据已知横向荷载 q 和薄板弯曲问题的边界条件，由微分方程(11-96)求解挠度 w，从而求出薄板的弯曲内力，即弯矩、扭矩、横向剪力。这种问题的求解是比较复杂的。这里导出压曲微分方程(11-96)的主要目的，是将其应用于弹性薄板的压曲失稳问题中。

11.5.2　薄板的屈曲与临界荷载

当薄板在边界上受有纵向荷载时，板内将发生一定的中面内力。如果纵向荷载很小，

那么引起的中面内力也很小，这时，不论中面内力是拉力还是压力，薄板的平面平衡状态都是稳定的。这就是说，要使薄板进入任何弯曲状态，就必须施以另外的干扰力，并且在这干扰力被除去以后，薄板将恢复它的平面平衡状态。

但是，如果纵向荷载所引起的中面内力在某些部分为压力，则当纵向荷载接近某一数值，即临界荷载时，薄板的平面平衡状态将成为不稳定的。这时，薄板一受到干扰力，就会发生弯曲，而且，即使这干扰力被撤除，薄板也不再恢复原来的平面平衡状态，而将处于某种弯曲平衡状态，这种现象称为压曲，又称为屈曲。因此，在临界荷载的作用下，薄板的稳定性到达了极限，而压曲成为可能，这与直杆轴向受压的情形相同。

下面将只是讨论如何分析薄板的稳定极限或临界荷载，而不讨论薄板在超临界荷载下的变形和应力。尽管对某些结构或其构件来说，可以容许薄板承受的纵向荷载超过临界荷载，而且，如何应用薄板超临界荷载的承载能力，也有着重要的经济意义，但是在建筑结构中，特别是在水工结构中，总是把稳定极限当成承载能力的极限，以免发生破裂或折断的危险。

在分析薄板的压曲问题或求出临界荷载时，我们总是假定纵向荷载的分布规律(即各个荷载之间的比值)是一定的，而它们的大小是未知的。这就可以用求解平面问题的任何方法求出平面应力σ_x、σ_y、τ_{xy}，从而求得中面内力N_x、N_y、N_{xy}，用上述未知大小的纵向荷载来表示。然后我们来考察，若薄板可能发生压曲，上述纵向荷载的最小数值是多大，而这个最小数值就是临界荷载的数值。在进行此项考察时，可以应用薄板的压曲微分方程(11-96)，由于这里只须考虑纵向荷载所引起的内力，在该微分方程中令$q=0$，得出如下的薄板压曲微分方程：

$$D\nabla^4 w-\left(N_x\frac{\partial^2 w}{\partial x^2}+2N_{xy}\frac{\partial^2 w}{\partial x\partial y}+N_y\frac{\partial^2 w}{\partial y^2}\right)=0 \tag{11-97}$$

这是关于挠度w的齐次微分方程，其中的系数N_x、N_y、N_{xy}是用已知纵向荷载的分布而未知其大小来表示的。而“薄板可能发生压曲”，是以这一微分方程具有满足边界条件的非零解表示的。于是，求临界荷载的问题就成为：使压曲微分方程(11-97)具有满足边界条件的非零解，而纵向荷载取最小数值的问题。

11.5.3 面内均布压力作用下四边简支矩形薄板的压曲

下面以实例说明薄板压曲问题的求解过程。设有四边简支的矩形薄板，其边长为a、b，厚度为h，在x轴方向的两对边受有面内均布压力，每单位长度上为P_x，如图 11-25 所示。由前面对平面问题的分析已知，平面应力为

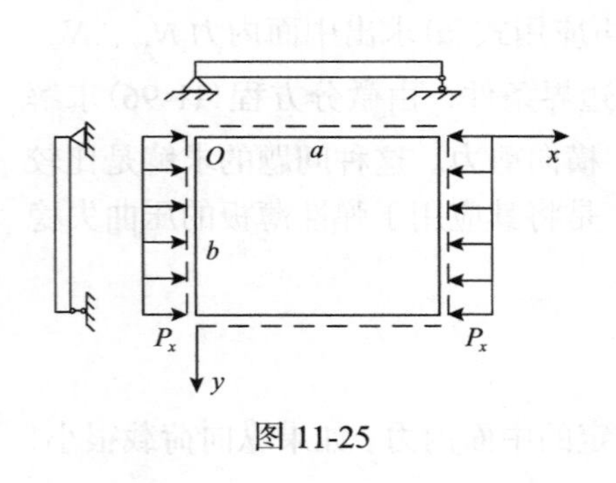

图 11-25

$$\sigma_x=-\frac{P_x}{h},\ \sigma_y=0,\ \tau_{xy}=0$$

则中面内力为

$$N_x=-P_x\,,\quad N_y=0\,,\quad N_{xy}=0$$

代入压曲平衡微分方程(11-97)，得

$$D\nabla^4 w+P_x\frac{\partial^2 w}{\partial x^2}=0 \tag{a}$$

和在薄板的小挠度弯曲问题中一样，取挠度函数的表达式为

$$w(x,y)=\sum_{m=1}^{\infty}\sum_{n=1}^{\infty}A_{mn}\sin\frac{m\pi x}{a}\sin\frac{n\pi y}{b} \tag{b}$$

显然，它满足四边简支板的所有边界条件。代入式(a)，得

$$\sum_{m=1}^{\infty}\sum_{n=1}^{\infty}A_{mn}\left[D\left(\frac{m^2}{a^2}+\frac{n^2}{b^2}\right)^2-P_x\frac{m^2}{\pi^2 a^2}\right]\sin\frac{m\pi x}{a}\sin\frac{n\pi y}{b}=0 \tag{c}$$

由式(c)可见，如果纵向荷载 P_x 很小，则不论 m 及 n 取任何整数值，方括号内的数值总是大于零，因而所有系数 A_{mn} 都必须等于零。这表示式(b)所示的挠度等于零，对应于薄板的平面平衡状态。但 P_x 增大，使某一个方括号内的数值为零，因而某一系数 A_{mn} 可以不等于零，则薄板可能压曲，而对应的挠度为

$$w=A_{mn}\sin\frac{m\pi x}{a}\sin\frac{n\pi y}{b}$$

其中，m 及 n 分别表示薄板压曲以后沿 x 及 y 方向的正弦半波数。由此可见，纵向荷载 P_x 的临界值一定满足如下的压曲条件：

$$D\left(\frac{m^2}{a^2}+\frac{n^2}{b^2}\right)^2-P_x\frac{m^2}{\pi^2 a^2}=0$$

即

$$P_x=\frac{\pi^2 a^2 D\left(\dfrac{m^2}{a^2}+\dfrac{n^2}{b^2}\right)^2}{m^2} \tag{d}$$

现在来进一步考察，在一切具有这种条件的纵向荷载中，哪一个数值最小，即哪一个是临界荷载。由式(d)可见，当 n 增大时，P_x 增大，所以求临界荷载时，应当取 $n=1$。这就表示压曲后的薄板沿 y 方向只有一个正弦半波。于是，在式(d)中令 $n=1$，得临界荷载为

$$(P_x)_{\mathrm{cr}}=\frac{\pi^2a^2D}{m^2}\left(\frac{m^2}{a^2}+\frac{1}{b^2}\right)^2=\frac{\pi^2D}{b^2}\left(\frac{mb}{a}+\frac{1}{\frac{mb}{a}}\right)^2 \tag{e}$$

或

$$(P_x)_{\mathrm{cr}}=k\frac{\pi^2D}{b^2} \tag{f}$$

其中

$$k=\left(\frac{mb}{a}+\frac{1}{\frac{mb}{a}}\right)^2 \tag{g}$$

依次命 $m=1,2,3\cdots$，由式(g)算出 a/b 取不同数值时的 k 值，得出如图 11-26 所示的一组曲线。每条曲线起决定性作用的部分用实线表示(这部分所给出的 k 值小于其他曲线所给出的 k 值)。邻近两曲线的交点极易求出。例如，相应于 $m=1$ 及 $m=2$，我们有

$$\frac{b}{a}+\frac{1}{\frac{b}{a}}=2\frac{b}{a}+\frac{1}{2\frac{b}{a}}$$

由此得出 $a/b=\sqrt{2}$ 。同样，相应于 $m=2$ 及 $m=3$，将得出 $a/b=\sqrt{6}$；相应于 $m=3$ 及 $m=4$，得出 $a/b=\sqrt{12}$；等等。

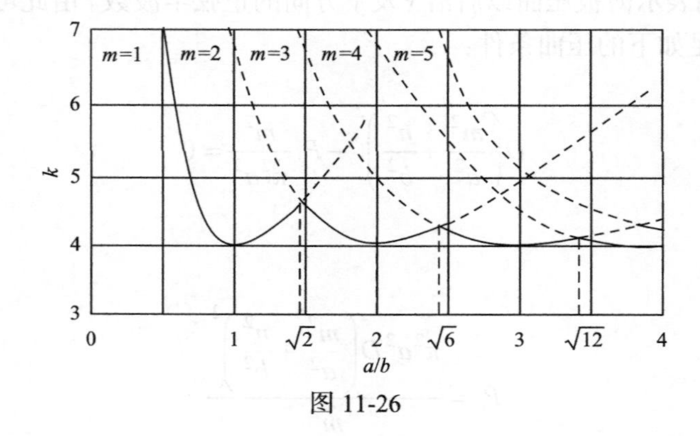

图 11-26

由图可见，在 $a/b\leqslant\sqrt{2}$ 的范围内，最小临界荷载总是相应于 $m=1$，且由式(e)得其数值为

$$(P_x)_{\mathrm{cr}}=\frac{\pi^2D}{b^2}\left(\frac{b}{a}+\frac{a}{b}\right)^2 \tag{h}$$

在 $a/b \geqslant \sqrt{2}$ 的情况下，起决定性作用的部分曲线都在 $k=4.0$ 及 $k=4.5$ 的范围内，也就是说，最小临界荷载总是在 $4.0\pi^2 D/b^2$ 和 $4.5\pi^2 D/b^2$ 之间。

11.6　黏弹性薄板的蠕变屈曲

本节研究黏弹性薄板的蠕变屈曲问题，着重讨论失稳荷载与屈曲时间的关系，在一定的荷载作用下，黏弹性薄板可能经历一些时间后出现一种延迟屈曲，我们将给出屈曲延迟时间的计算公式，且以矩形薄板为例，说明黏弹性薄板蠕变屈曲的分析过程。

11.6.1　黏弹性薄板的压曲方程

黏弹性薄板的基本方程与弹性薄板的不同之处，仅在于本构方程不同。由式(3-97)可知，描述线性黏弹性体的一般三维积分型本构方程为

$$\sigma_{ij} = \delta_{ij}\lambda(t) * \mathrm{d}\varepsilon_{kk}(t) + 2G(t) * \mathrm{d}\varepsilon_{ij}(t) \tag{a}$$

其中，σ_{ij} 为应力分量；ε_{ij} 为应变分量；$\lambda(t)$ 为材料参数(对于线性弹性体即为拉梅常量)；$G(t)$ 为剪切松弛函数；且 $\lambda(t) = K(t) - 2G(t)/3$，$K(t)$ 为体积松弛函数。

设有一黏弹性矩形薄板，其边长为 a、b，厚度为 h，在 $oxyz$ 坐标系中，取 oxy 面为板的中面，z 轴向下，$w(x,y,t)$ 为中面挠度函数。假定 $\sigma_z = 0$，且不计 τ_{xz} 对板变形的影响，但计及其对板平衡的影响(是维持板平衡的必要因素)。则 t 时刻的几何方程(参见式(7-49))为

$$\varepsilon_x = -z\frac{\partial^2 w}{\partial x^2},\quad \varepsilon_y = -z\frac{\partial^2 w}{\partial y^2},\quad \gamma_{xy} = -2z\frac{\partial^2 w}{\partial x \partial y} \tag{b}$$

将式(b)代入式(a)，则应力可表示为

$$\begin{aligned}
\sigma_x &= -z\left[\lambda'(t) * \mathrm{d}\left(\frac{\partial^2 w}{\partial x^2} + \frac{\partial^2 w}{\partial y^2}\right) + 2G'(t) * \mathrm{d}\left(\frac{\partial^2 w}{\partial x^2}\right)\right] \\
\sigma_y &= -z\left[\lambda'(t) * \mathrm{d}\left(\frac{\partial^2 w}{\partial x^2} + \frac{\partial^2 w}{\partial y^2}\right) + 2G'(t) * \mathrm{d}\left(\frac{\partial^2 w}{\partial y^2}\right)\right] \\
\tau_{xy} &= \tau_{yx} = -2zG'(t) * \mathrm{d}\left(\frac{\partial^2 w}{\partial x \partial y}\right)
\end{aligned} \tag{c}$$

其中，$\lambda'(t)$ 和 $G'(t)$ 为平面应力状态下的材料参数。又由不计体力时的平衡微分方程(参见式(5-1)，令 $f_x = f_y = f_z = 0$)，和薄板上、下板面的静力边界条件：

$$(\tau_{xz})_{z=\pm\frac{h}{2}} = (\tau_{yz})_{z=\pm\frac{h}{2}} = 0,\quad (\sigma_z)_{z=\frac{h}{2}} = 0,\quad (\sigma_z)_{z=-\frac{h}{2}} = -q$$

即可求得τ_{xz}和τ_{yz}的表达式。

薄板纵横弯曲时的内力表达式为

$$
\begin{aligned}
&N_x=\int_{-\frac{h}{2}}^{\frac{h}{2}}\sigma_x\mathrm{d}z,\quad N_y=\int_{-\frac{h}{2}}^{\frac{h}{2}}\sigma_y\mathrm{d}z,\quad N_{xy}=N_{yx}=\int_{-\frac{h}{2}}^{\frac{h}{2}}\tau_{xy}\mathrm{d}z\\
&M_x=\int_{-\frac{h}{2}}^{\frac{h}{2}}\sigma_x z\mathrm{d}z,\quad M_y=\int_{-\frac{h}{2}}^{\frac{h}{2}}\sigma_y z\mathrm{d}z,\quad M_{xy}=M_{yx}=\int_{-\frac{h}{2}}^{\frac{h}{2}}\tau_{xy}z\mathrm{d}z\\
&Q_x=\int_{-\frac{h}{2}}^{\frac{h}{2}}\tau_{xz}\mathrm{d}z,\quad Q_y=\int_{-\frac{h}{2}}^{\frac{h}{2}}\tau_{yz}\mathrm{d}z
\end{aligned}
\tag{d}
$$

将式(c)代入式(d)，得

$$
\begin{aligned}
&N_x=h\sigma_x,\quad N_y=h\sigma_y,\quad N_{xy}=N_{yx}=h\tau_{xy}\\
&M_x=-\frac{h^3}{12}\left[\lambda'(t)*\mathrm{d}\left(\frac{\partial^2 w}{\partial x^2}+\frac{\partial^2 w}{\partial y^2}\right)+2G'(t)*\mathrm{d}\left(\frac{\partial^2 w}{\partial x^2}\right)\right]\\
&M_y=-\frac{h^3}{12}\left[\lambda'(t)*\mathrm{d}\left(\frac{\partial^2 w}{\partial x^2}+\frac{\partial^2 w}{\partial y^2}\right)+2G'(t)*\mathrm{d}\left(\frac{\partial^2 w}{\partial y^2}\right)\right]\\
&M_{xy}=-\frac{h^3}{6}G'(t)*\mathrm{d}\left(\frac{\partial^2 w}{\partial x\partial y}\right)\\
&Q_x=-\frac{h^3}{12}[\lambda'(t)+2G'(t)]*\mathrm{d}\frac{\partial}{\partial x}\left(\frac{\partial^2 w}{\partial x^2}+\frac{\partial^2 w}{\partial y^2}\right)\\
&Q_y=-\frac{h^3}{12}[\lambda'(t)+2G'(t)]*\mathrm{d}\frac{\partial}{\partial y}\left(\frac{\partial^2 w}{\partial x^2}+\frac{\partial^2 w}{\partial y^2}\right)
\end{aligned}
\tag{e}
$$

现在设横向荷载$q=0$，板仅在中面内受N_x、N_y、N_{xy}的作用，同时考虑Q_x、Q_y对板平衡的影响，如同11.5节对弹性薄板压曲问题的处理，由$\sum F_z=0$，得

$$
\begin{aligned}
&\frac{h^3}{12}[\lambda'(t)+2G'(t)]*\mathrm{d}\left(\frac{\partial^4 w}{\partial x^4}+2\frac{\partial^4 w}{\partial x^2\partial y^2}+\frac{\partial^4 w}{\partial y^4}\right)\\
&-\left(N_x\frac{\partial^2 w}{\partial x^2}+2N_{xy}\frac{\partial^2 w}{\partial x\partial y}+N_y\frac{\partial^2 w}{\partial y^2}\right)=0
\end{aligned}
\tag{f}
$$

现在记

$$
F(t)=\frac{h^3}{12}[\lambda'(t)+2G'(t)] \tag{g}
$$

则式(f)可写为

$$F(t)*\mathrm{d}(\nabla^4 w)-\left(N_x\frac{\partial^2 w}{\partial x^2}+2N_{xy}\frac{\partial^2 w}{\partial x\partial y}+N_y\frac{\partial^2 w}{\partial y^2}\right)=0 \tag{11-98}$$

此即黏弹性薄板的压曲方程，$F(t)$为与时间相关的板的弯曲刚度函数。当$F(t)$中的材料函数为常数时，若能退化为弹性薄板的弯曲刚度D，则黏弹性薄板的压曲方程退化为弹性薄板的压曲方程(11-97)。下面予以证明。注意到，方程(11-97)是基于平面应变状态($\varepsilon_z=0$)推导而来的，而方程(11-98)是基于平面应力状态($\sigma_z=0$)推导出来的，因而方程(11-98)中的材料函数要由平面应力状态下的情况向平面应变状态下的情况转换。首先，设泊松比为常数，即$\mu(t)=\mu$，则在拉普拉斯变换后，像空间的转换为

$$\bar{G}'(s)=\bar{G}(s),\quad \bar{\lambda}'(s)=2\bar{G}(s)\bar{\lambda}(s)/[\bar{\lambda}(s)+2\bar{G}(s)]$$

$$\bar{\lambda}(s)=2\mu\bar{G}(s)/(1-2\mu),\quad 2\bar{G}(s)=\bar{E}(s)/(1+\mu)$$

于是，对应于实体空间有

$$G'(t)=G(t),\quad 2G(t)=E(t)/(1+\mu),\quad \lambda'(t)=2\mu G(t)/(1-\mu)$$

因而，式(g)在平面应变状态下为

$$F(t)=\frac{h^3}{12}\left[\frac{2G(t)}{1-\mu}\right]=\frac{h^3E(t)}{12(1-\mu^2)} \tag{11-99}$$

如果$2G(t)$或$E(t)$也退化为常数，则有$F(t)=\dfrac{h^3E}{12(1-\mu^2)}=D$。

与弹性薄板屈曲相类似，研究压曲方程(11-99)的目的在于寻求具有满足边界条件的非零解，分析薄板稳定极限时的临界荷载，而不是在于具体讨论薄板的变形和应力；与弹性薄板压曲研究有所不同的是，这里考虑在一定荷载作用下薄板蠕变屈曲发生的时间，以及蠕变压曲荷载与时间相依的特性。

11.6.2　薄板蠕变屈曲荷载-时间关系

考虑两承载对边$(x=0,x=a)$为简支，其余两边$(y=0,y=b)$为任意支承的矩形薄板，在$x=0$、$x=a$两边承受均布压力p。则中面(oxy)内力为

$$N_x=p,\quad N_y=0,\quad N_{xy}=0$$

设薄板微弯时的挠度函数$w(x,y,t)$可写成形状与时间为分离变量的形式，即

$$w(x,y,t)=\sum_{m=1}^{\infty}w_m=\sum_{m=1}^{\infty}\eta_m(t)f_m(y)\sin\frac{m\pi x}{a} \tag{a}$$

代入屈曲方程(11-98)，有

$$F(t)*\mathrm{d}\left[\left(\frac{m\pi}{a}\right)^4\eta_m(t)f_m-2\left(\frac{m\pi}{a}\right)^2\eta_m(t)\frac{\mathrm{d}^2 f_m}{\mathrm{d}y^2}+\eta_m(t)\frac{\mathrm{d}^4 f_m}{\mathrm{d}y^4}\right]-\eta_m(t)\left(\frac{m\pi}{a}\right)^2 pf_m=0$$

整理后，得到 $f_m(y)$ 和 $\eta_m(t)$ 分别适合的方程：

$$\frac{\dfrac{\mathrm{d}^4 f_m}{\mathrm{d}y^4}-2\left(\dfrac{m\pi}{a}\right)^2\dfrac{\mathrm{d}^2 f_m}{\mathrm{d}y^2}+\left(\dfrac{m\pi}{a}\right)^4 f_m}{\left(\dfrac{m\pi}{a}\right)^2 f_m}=\beta_m \tag{b}$$

$$\frac{p\eta_m(t)}{F(t)*\mathrm{d}\eta_m(t)}=\beta_m \tag{c}$$

其中，β_m 为常数。根据相应的边界条件可确定屈曲波形。

由式(b)，f_m 的特征值为

$$r_{1,2}=\pm\sqrt{\frac{m\pi}{a}\left(\frac{m\pi}{a}-\sqrt{\beta_m}\right)},\quad r_{3,4}=\pm\sqrt{\frac{m\pi}{a}\left(\frac{m\pi}{a}+\sqrt{\beta_m}\right)}$$

由此可知，当另一对边 $(y=0, y=b)$ 有不同的约束时，形状函数 $f_m(y)$ 将有不同的形式。

由式(c)，可得荷载与压曲时间存在如下的关系：

$$\beta_m\int_0^t F(t-\tau)\dot{\eta}_m(\tau)\mathrm{d}\tau=p\eta_m(t) \tag{d}$$

为求式(d)中 $\eta_m(t)$ 的非平凡解，对该式进行拉普拉斯变换后，有

$$[p-\beta_m s\bar{F}(s)]\bar{\eta}_m(s)=0 \tag{e}$$

由于 $\eta_m(t)$ 不恒为零，故 $\bar{\eta}_m(s)$ 也不恒为零，由非零解条件，得

$$\beta_m s\bar{F}(s)=p \tag{f}$$

这是薄板在像空间中的一种压曲方程。此时，p 可视为临界荷载。由此可见，对于给定的荷载 p_α，薄板发生屈曲的时间在像空间中相应为 s_α，且

$$s_\alpha=\bar{Q}^{-1}\left(\frac{p_\alpha}{\beta_m}\right) \tag{g}$$

其中，$\bar{Q}^{-1}$ 是 $\bar{Q}(s)$ 的反函数，$\bar{Q}(s)=s\bar{F}(s)$。对式(f)进行拉普拉斯逆变换，考虑突加而后恒定的荷载，即取 $p_\alpha=pH(t)$，$H(t)$ 为阶跃函数，得

$$\beta_m F(t)=p_\alpha \tag{h}$$

因而对于给定荷载 p_α，得到一个相应的压曲时间 t_α，即存在

$$t_\alpha=F^{-1}\left(\frac{p_\alpha}{\beta_m}\right) \tag{i}$$

式(i)表明：在 p_α 压力作用下，黏弹性薄板经历时间 t_α 后发生屈曲失稳。这说明黏弹性薄板的稳定性不仅与压力水平和约束有关，还与材料的流变特性密切相关。

下面进一步讨论黏弹性薄板蠕变屈曲荷载-时间关系式，即式(h)。

设黏弹性板材的剪切性态呈多参量固体，剪切松弛函数可表示为

$$2G(t) = g_0 + \sum_{i=1}^{n} g_i \mathrm{e}^{-t/\tau_i}$$

因而，式(11-99)可写为

$$F(t) = \frac{h^3}{12}\left(\frac{1}{1-\mu}\right)\left(g_0 + \sum_{i=1}^{n} g_i \mathrm{e}^{-t/\tau_i}\right) = A_0 + \sum_{i=1}^{n} A_i \mathrm{e}^{-t/\tau_i} \tag{j}$$

其中，A_0、A_i 和 τ_i 均为常数，且 A_0 和 A_i 与材料参数及板厚 h 有关。

将式(j)代入式(h)，得不同压力水平与屈曲时间之间的关系：

$$p_\alpha = \beta_m F(t_\alpha) = \beta_m\left(A_0 + \sum_{i=1}^{n} A_i \mathrm{e}^{-t_\alpha/\tau_i}\right) \tag{k}$$

前面分析表明，式(k)并不是表示荷载随着时间增加而下降，而是说明：在面内一定压力 p_α 作用下，黏弹性薄板经历相应的时间 t_α 后失稳。同时，该式还给出两种极限状况：当 p_α 足够大时，板在极短的时间内($t_\alpha \to 0$)发生屈曲，板所承受的极限荷载即为瞬时弹性临界荷载 $p_\alpha^0 = \beta_m\left(A_0 + \sum_{i=1}^{n} A_i\right)$；当 p_α 相当小时，板在很长时间($t_\alpha \to \infty$)都不发生屈曲，该情况下的极限荷载为 $p_\alpha^\infty = \beta_m A_0$，这是黏弹性板的长期稳定荷载。因此，黏弹性薄板的屈曲荷载-时间特性可表示于图 11-27。

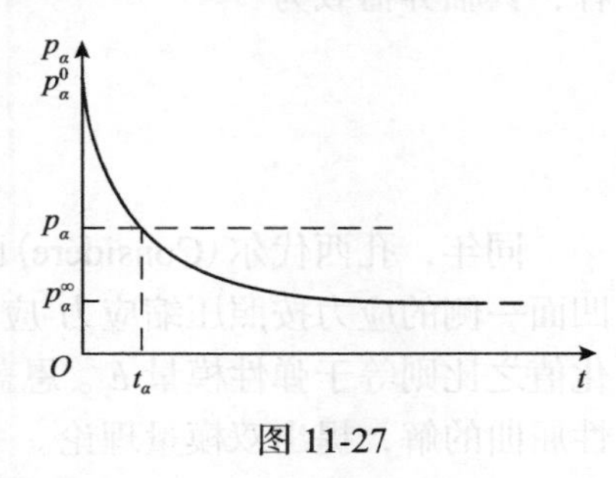

图 11-27

由于材料的流变特性，根据式(k)和图 11-27，视荷载水平不同，黏弹性薄板的蠕变屈曲可能有三种情况：

(1) 当 $p_\alpha \geqslant p_\alpha^0$，即荷载超过黏弹性板的瞬时弹性临界荷载 p_α^0 时，薄板将立即发生屈曲，这与弹性板失稳相同；

(2) 当 $p_\alpha^0 > p_\alpha > p_\alpha^\infty$，即荷载低于板的瞬时临界荷载而大于长期稳定荷载时，由于材料的流变特性，板在经历时间 t_α 以后丧失稳定，这种情况可称为延迟屈曲，其屈曲延迟时间 t_α 可由式(i)进行估算，黏弹性结构的这种延迟屈曲问题应予以重视；

(3) 当 $p_\alpha \leqslant p_\alpha^\infty$，即荷载小于黏弹性板的长期稳定荷载 p_α^∞ 时，板不会发生失稳破坏。

值得注意的是，这里讨论的蠕变屈曲问题是平直薄板平衡位形的稳定性，而不是结构蠕变的变形不断增大的结果。否则，结构不会在 $p_\alpha \leqslant p_\alpha^\infty$ 时有长期稳定的性能。此外，

由于上述有关理论公式及假设条件的限制，如果讨论随时间变化的流变或应力，将只限于小挠度范围内，超出小变形范围可能得到一些错误结果。

11.7　压杆的弹塑性稳定性

由材料力学中关于欧拉公式适用范围的讨论可知：对于大柔度压杆，其失稳临界荷载的计算可应用欧拉公式；对于小柔度压杆(即受压的短柱)，其受压时不可能出现弯曲问题，它将因应力达到屈服极限(塑性材料)或强度极限(脆性材料)而失效，这是一个强度问题；对于中等柔度压杆，其临界应力 σ_{cr} 已大于材料的比例极限，当其应力超过比例极限后弯曲时，杆内凹面一侧应力继续增加，部分区域处于塑性状态，而杆内凸面一侧将产生弹性卸载，部分区域处于弹性状态，即压杆处于弹塑性屈服状态，此时，欧拉公式已不能使用。在材料力学中，对中等柔度压杆的临界荷载计算使用经验公式。本节将应用弹塑性理论，讨论中等柔度压杆的弹塑性屈曲失稳问题。

11.7.1　切线模量理论与双模量理论

恩盖塞(Engesser)于 1889 年提出，对于压杆的弹塑性屈曲失稳情形，只要引入切线模量 $E_t = \mathrm{d}\sigma/\mathrm{d}\varepsilon$ (图 11-28)代替弹性模量 E，仍可应用欧拉公式。于是，对于两端铰支压杆，其临界荷载为

$$P_t = \frac{\pi^2 E_t I}{l^2} \tag{11-100}$$

同年，孔西代尔(Considére)已认识到当压杆中的应力超过比例极限后弯曲时，压杆凹面一侧的应力按照压缩应力-应变曲线的规律增加，而凸面一侧的应力变化值与应变变化值之比则等于弹性模量 E。恩盖塞接受了孔西代尔的概念，于 1895 年修改了压杆弹塑性屈曲的解，提出双模量理论。

下面介绍双模量理论。考虑矩形截面压杆的情况，假设挠度远小于截面尺寸，并且仍然采用截面平面假设。考虑到弯曲时拉伸和压缩两侧的模量不相同，我们研究一下截面上的应力分布，就可以建立起与式(11-39)相似的挠曲线微分方程。根据截面平面假设，弯曲应变 $\varepsilon = \dfrac{z}{\rho}$，式中 ρ 为挠曲线的曲率半径，z 为纤维到中性轴的距离。由于压杆从直线形式到开始弯曲时的压力没有改变，所以截面上内力变化部分的合力等于零，即如图 11-29 所示，增加应力一侧(右侧)的合力 R_1 与减少应力一侧(左侧)的合力 R_2 的大小应相等。弯曲应力 $\sigma = \dfrac{Ez}{\rho}$，且截面上的应力是按直线规律分布的。但是由于增加应力时，需用切线模量 E_t，其数值取决于压杆开始弯曲时的应力值；而当减小应力时，需用杨氏弹性模量 E，于是中性轴的位置 O 不再如过去一样通过截面的形心。用 σ_1 表示弯曲附加的压应力，σ_2 表示弯曲附加的拉应力(即减少的压应力)，则

$$\sigma_1=\frac{E_t z_1}{\rho},\quad \sigma_2=\frac{E z_2}{\rho} \tag{11-101}$$

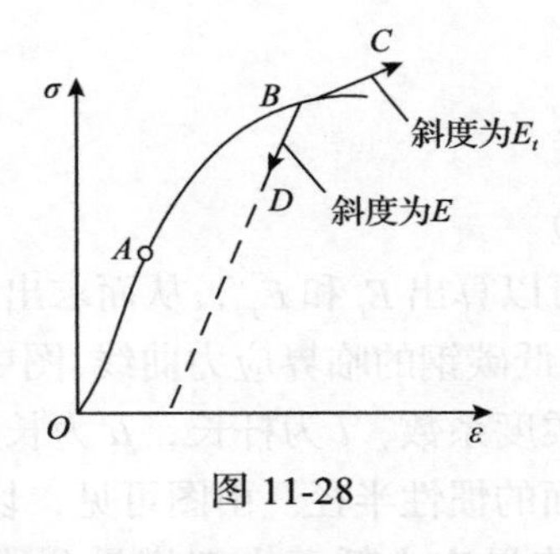

图 11-28

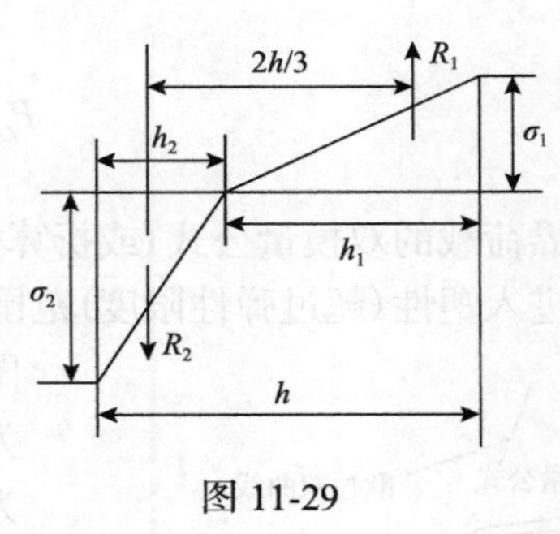

图 11-29

对于$b\times h$矩形截面的情形，合力$R_1=R_2$，因而要求：

$$\frac{1}{2}bh_1\left(\frac{E_t h_1}{\rho}\right)=\frac{1}{2}bh_2\left(\frac{Eh_2}{\rho}\right)$$

可得

$$E_t h_1^2=Eh_2^2$$

由于$h_1+h_2=h$，将其和上式联立求解，得

$$h_1=\frac{\sqrt{E}}{\sqrt{E_t}+\sqrt{E}}h,\quad h_2=\frac{\sqrt{E_t}}{\sqrt{E_t}+\sqrt{E}}h$$

截面上内力素的主矩为

$$M=R_1\frac{2}{3}h=\frac{bhE_t h_1^2}{3\rho}=\frac{bh^3}{3}\frac{E_t E}{\left(\sqrt{E_t}+\sqrt{E}\right)^2}\frac{1}{\rho}$$

引进折算弹性模量E_r，且

$$E_r=\frac{4E_t E}{\left(\sqrt{E_t}+\sqrt{E}\right)^2} \tag{11-102}$$

则

$$\frac{1}{\rho}=\frac{M}{E_r I} \tag{11-103}$$

于是，当超过弹性范围时，压杆的挠曲线微分方程可写为

$$\frac{\mathrm{d}^2 y}{\mathrm{d}x^2}+\frac{P}{E_r I}y=0 \tag{11-104}$$

与弹性压杆失稳临界荷载的表达式(11-40)相比较，可知由方程(11-104)求出的两端铰支中等柔度压杆的临界荷载为

$$P_r = \frac{\pi^2 E_r I}{l^2} \tag{11-105}$$

这就是求临界荷载的双模量公式(或折算模量公式)。

由材料进入塑性(超过弹性限度)范围的程度可以算出 E_t 和 E_r，从而求出临界荷载。图11-30是低碳钢的临界应力曲线，图中横坐标 λ 为压杆的柔度系数，l 为杆长，μ 为长度系数，i 为压杆截面的惯性半径。由图可见，切线模量公式算得的临界应力低于由双模量公式算得的临界应力。这是明显的，因为根据式(11-102)，有

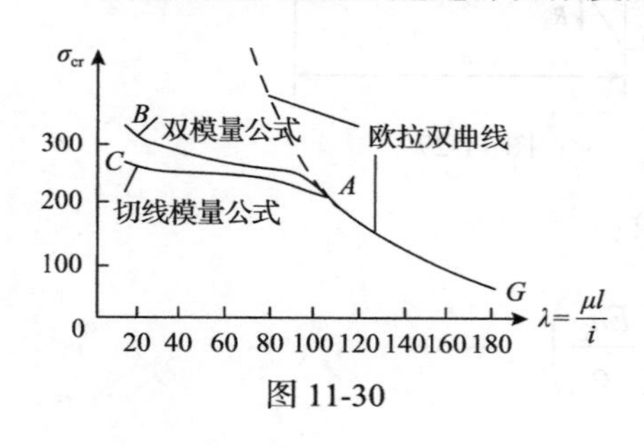

图 11-30

$$\frac{1}{\sqrt{E_r}} = \frac{1}{2}\left(\frac{1}{\sqrt{E_t}} + \frac{1}{\sqrt{E}}\right)$$

可见 E_r 值在 E_t 和 E 之间；而由图 11-28 可知 $E_t < E$，因此，$E_t < E_r < E$。

钢柱和铝合金柱的试验数据比较接近切线模量的曲线，不过很难解释为什么当直杆变弯时，凹、凸两边都可以应用 E_t 作为计算根据，这个问题长期成为“压杆之谜”。直到 1947 年，才由尚利(Shanley)对此做出了比较明确的解释。

尚利指出，为了使荷载能够超过由式(11-100)表示的切线模量临界荷载，要求有大于 E_t 的有效模量，而这只有在至少一部分截面的应力减小的情况下才可能。这就是说，柱子在达到由式(11-105)表示的双模量临界荷载之前就已开始弯曲，也即双模量临界荷载必大于其他相应的临界荷载。

11.7.2　尚利理论及几种模型的比较

尚利引进一个双铰支模型并进行了分析，这种模型类似于两端铰支压杆。在此，我们也进行相似的分析，引进的柱模型类似于一端固定而另一端自由的压杆。该模型包括一根长为 l 的刚性柱，支承在两根相同的弹性杆上，每根杆的截面积为 A，长为 a，杆的间距为 b，左边的杆为第 1 杆，右边的杆为第 2 杆(图 11-31(a))。现在通过这个模型比较几种理论。

1. 欧拉荷载

设杆变形在弹性范围内，变形如图 11-31(b)所示。两杆先有共同的缩短，然后在达到临界荷载 P_{cr} 时发生小偏离角 φ，此时 P_{cr} 的大小不变。现在来看偏离角 φ 引起的杆的变形和力的变化。

$$\Delta l_1 = \frac{\varphi b}{2}, \quad \Delta P_1 = EA\frac{\Delta l_1}{a} = \frac{EA}{a}\frac{\varphi b}{2}$$

$$\Delta l_2 = -\frac{\varphi b}{2}, \quad \Delta P_2 = EA\frac{\Delta l_2}{a} = -\frac{EA}{a}\frac{\varphi b}{2}$$

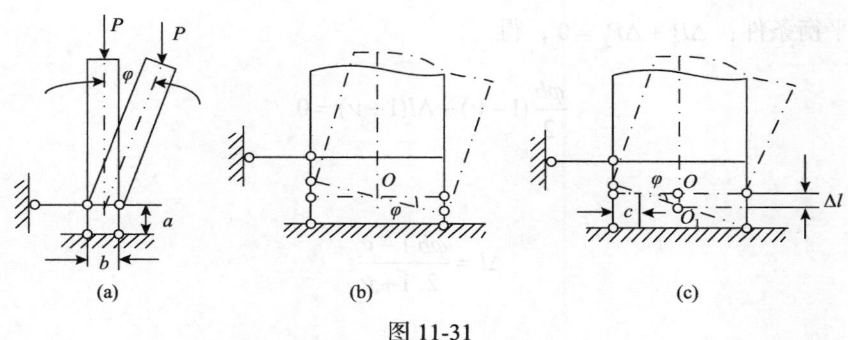

图 11-31

在临界荷载 P_{cr} 作用下，杆在 φ 角位置是平衡的，由对 O 点的力矩平衡条件，得

$$\frac{EAb^2}{2a}\varphi = P_{\mathrm{cr}} l \varphi$$

即

$$P_{\mathrm{cr}} = \frac{EAb^2}{2al} \tag{11-106}$$

这是模型的欧拉临界荷载。

2. 切线模量荷载

设 $\nu = \dfrac{E_t}{E}$，E_t 为切线模量。以 E_t 代替式(11-106)中的 E，得切线模量理论的临界荷载为

$$P_t = \frac{\nu EAb^2}{2al} = \frac{E_t Ab^2}{2al} \tag{11-107}$$

3. 双模量荷载

现在研究双模量理论，模型的变形如图 11-31(c)所示。在杆的偏离过程中，临界荷载是不变的，因此 $\Delta P_1 + \Delta P_2 = 0$，杆 1 和杆 2 的内力变化值相同，即 $|\Delta P_1| = |\Delta P_2|$。但杆 1 处于卸载过程，用弹性模量 E；杆 2 处于加载过程，用切线模量 E_t。这两个模量不相等，因此，两根杆的变形是不相同的，杆 2 的变形量大于杆 1 的变形量，变形可用 O 点的位移 Δl 和刚性杆的偏转角 φ 表示。于是有

$$\Delta l_1 = \frac{\varphi b}{2} - \Delta l, \quad \Delta P_1 = \frac{EA}{a}\left(\frac{\varphi b}{2} - \Delta l\right)$$

$$\Delta l_2 = -\frac{\varphi b}{2} - \Delta l\text{，}\ \Delta P_2 = -\frac{\nu EA}{a}\left(\frac{\varphi b}{2} + \Delta l\right)$$

由竖向力平衡条件：$\Delta P_1 + \Delta P_2 = 0$，得

$$\frac{\varphi b}{2}(1-\nu) - \Delta l(1+\nu) = 0$$

即

$$\Delta l = \frac{\varphi b}{2}\frac{1-\nu}{1+\nu}$$

于是

$$\Delta P_1 = -\Delta P_2 = \frac{\nu}{1+\nu}\frac{EAb}{a}\varphi$$

对 O_1 点的力矩平衡条件为

$$2\left(\frac{\nu}{1+\nu}\frac{EAb}{a}\varphi\right)\frac{b}{2} = P_r l\varphi$$

于是，得

$$P_r = \frac{\nu EAb^2}{(1+\nu)al} = \frac{E_r Ab^2}{2al} \tag{11-108}$$

其中，$E_r = \dfrac{2\nu}{1+\nu}E$ 为模型的折算模量。因为 $E_r \geqslant E_t$，所以 $P_r \geqslant P_t$，即双模量荷载不低于切线模量荷载。当 $\nu = 1$ 时，$P_{\text{cr}} = P_t = P_r$，这是完全弹性的情形。

4. 尚利理论

模型变形图如图 11-31(c)所示。设当 $P = P^*$ 时，刚性杆开始有偏离角 φ，P^* 值暂时未知。偏离后，荷载继续增加到 $P = P^* + \Delta P$，此时杆的变形和内力的变化为

$$\Delta l_1 = \frac{\varphi b}{2} - \Delta l\text{，}\ \Delta P_1 = \frac{EA}{a}\left(\frac{\varphi b}{2} - \Delta l\right)$$

$$\Delta l_2 = -\frac{\varphi b}{2} - \Delta l\text{，}\ \Delta P_2 = -\frac{\nu EA}{a}\left(\frac{\varphi b}{2} + \Delta l\right)$$

由于这些变形和内力的变化是在外力从 P^* 增加到 $P = P^* + \Delta P$ 的过程中产生的，所以竖向力的平衡条件为

$$\Delta P_1 + \Delta P_2 + \Delta P = 0$$

即

$$(1+\nu)\frac{EA}{a}\Delta l-\frac{(1-\nu)EAb}{2a}\varphi=\Delta P$$

对 O_1 点的力矩平衡条件为

$$(\Delta P_1-\Delta P_2)\frac{b}{2}=Pl\varphi$$

即

$$-\frac{(1-\nu)EAb}{2a}\Delta l+\frac{(1+\nu)EAb^2}{4a}\varphi=Pl\varphi$$

令 $K=\dfrac{EA}{a}$，则竖向力平衡方程和力矩平衡方程可改写为

$$(1+\nu)K\Delta l-\frac{1-\nu}{2}Kb\varphi=\Delta P \tag{11-109}$$

$$-\frac{1-\nu}{2}Kb\Delta l+\frac{1+\nu}{4}Kb^2\varphi-Pl\varphi=0 \tag{11-110}$$

在式(11-109)和式(11-110)中消去 Δl，注意到 $P_r=\dfrac{\nu Kb^2}{(1+\nu)l}$，解得

$$\varphi=\frac{b(1-\nu)\Delta P}{2l(1+\nu)(P_r-P)} \tag{11-111}$$

将式(11-111)代入式(11-110)，注意到 $P_t=\dfrac{\nu Kb^2}{2l}$，得

$$\Delta l=\frac{b^2\left(1+\nu-2\nu\dfrac{P}{P_t}\right)\Delta P}{4l(1+\nu)(P_r-P)} \tag{11-112}$$

在推导式(11-108)、式(11-111)和式(11-112)时，假设杆 1 卸载，这个前提条件可表示为

$$\frac{\varphi b}{2}\geqslant\Delta l$$

将求得的 φ 和 Δl 值代入此式，得到杆 1 卸载条件的另一形式为

$$P\geqslant P_t \tag{11-113}$$

因此，上述偏离变形只有当荷载 P 从切线模量荷载 P_t 开始增大时才可能。原来用 P^* 表示的

荷载和 P_t 值相同，因此，式中的 $\Delta P = P - P^*$ 可用 $P - P_t$ 代替，于是式(11-111)可改写为

$$\varphi = \frac{b(1-\nu)(P-P_t)}{2l(1+\nu)(P_r-P)} \tag{11-114}$$

刚性柱杆上端的水平位移 $f = \varphi l$ 与力 P 的关系可用图 11-32 中的实线表示。当 $P = P_t$ 时，刚性柱杆端位移为零，即刚性柱杆保持竖直位置；而当 P 趋近 P_r 时，算得位移 f 趋于无穷大。当然，实际上这是不可能的，最大位移不可能超过杆长 l，而且推导上述关系式时是以小位移为前提条件，但这至少说明 P_r 是荷载 P 的一个上限。式(11-113)说明刚性柱杆开始偏离时的荷载 P 也可能大于 P_t 值，如图 11-32 中 A' 点的位置，这个位置当然是不稳定的，杆端水平位移随后可能按虚线所示路径增大。

现在已经清楚，对于弹塑性范围的理想直杆，切线模量荷载 P_t 是使压杆只有一种直线平衡形式的最大荷载。当荷载小于 P_t 时，理想直杆保持为直杆；当荷载大于 P_t 时，则可能发生弯曲。而双模量荷载是压杆弯曲时荷载的上限值。

当中心受压杆具有初始偏心距时，则其加载曲线如图 11-33 所示。初始偏心距越小，曲线越接近尚利曲线。因此，尚利曲线实际上是一条极限曲线，而 P_t 往往是实际的屈曲荷载，且 P_t 的计算比双模量理论荷载 P_r 的计算更简单。所以，尚利理论是深刻的概念和简单计算的结合。

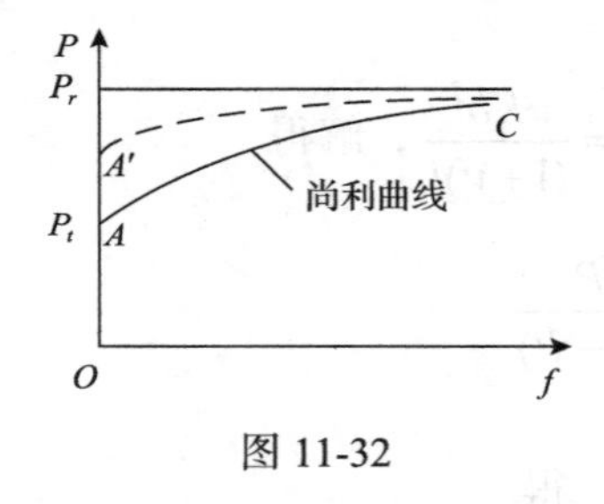

图 11-32

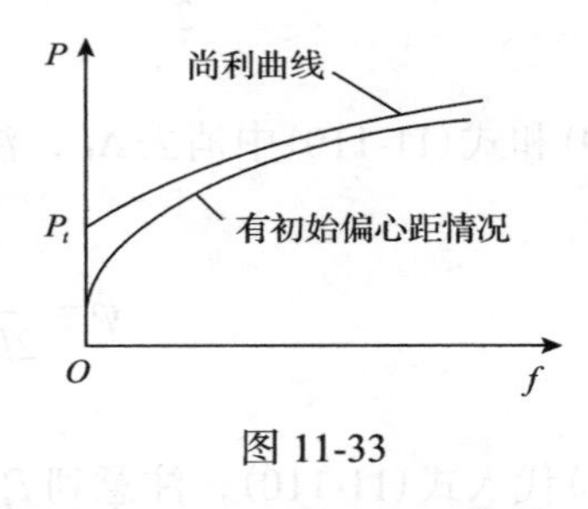

图 11-33

双模量理论之所以不正确，是因为杆在塑性变形时，位移值不仅与荷载值有关，而且与加载顺序(或者说加载路径)有关。例如，考虑图 11-34(a)所示受压力和力偶联合作用的杆。如果变形在弹性范围，杆的挠度完全取决于 P 和 M 的大小，而与加载顺序无关。但如果有塑性变形，情况就不同了。例如，假设先加轴向力 P，直到引起塑性变形，再加力偶 M，其弯曲作用受力 P 引起的加工强化的影响，在计算挠度时应使用折算模量 E_r。其次，考虑另一种加载方式，即 P 和 M 同时按比例逐渐增大，图 11-34(b)所示的偏心压杆就是这样。此时，任一纵向纤维的应变都是连续增大的，而每一时刻的应力-应变关系都由相应的切线模量值所确定。尚利理论是一种持续加载的理论，杆的平均应变在不断增大，这是不同于双模量理论的。

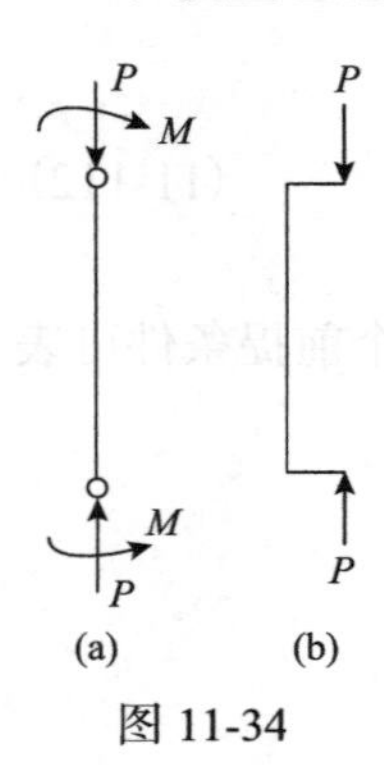

图 11-34

尚利理论有时遭到误解，被认为和恩盖塞的切线模量理论没有什么区别，只是假设压杆弯曲时的凸面不卸载。实际不是这样，按照尚利理论，可以计算一下卸载区的尺寸 c

(参见图 11-31(c))。因为

$$c=\frac{b}{2}-\frac{\Delta l}{\varphi}$$

应用式(11-108)，以及将 φ、Δl 的表达式(11-111)、式(11-112)代入上式，可得

$$c=\frac{\nu b}{1-\nu}\left(\frac{P}{P_t}-1\right) \tag{11-115}$$

当 $P=P_t$ 时，$c=0$；当 $P=P_r=\frac{2}{1+\nu}P_t$ 时，$c=\frac{\nu}{1+\nu}b$。因此，按照尚利理论，卸载区是不断增大的。尚利理论虽然也用 P_t 计算临界力，但不能说是与恩盖塞理论完全等同的理论。

在上述模型的计算中，假设材料是线性强化的，但得到的定性结论对于具有一般应力-应变关系 $\sigma=\sigma(\varepsilon)$ 的压杆，都是适用的。

11.8　结构塑性极限分析概念

11.8.1　基本概念、基本假设

对于理想塑性材料制成的结构，当荷载达到一定值时，结构可在荷载不变的情况下发生“无限”变形，这种状态称为极限状态。显然，极限状态是与一定的荷载相对应的，这个荷载值就称为结构的极限荷载，它是结构承载能力的一个表征值，所以可称为结构的塑性极限承载能力(或简称塑性承载能力)。

在结构的极限分析中，通常假定结构的变形很小，这是因为在极限状态达到的瞬时，结构虽已变形，但属于弹性变形量级，可以认为是小变形，从而在建立基本方程和边界条件时，可不计变形引起的结构几何尺寸的改变，而采用变形前的形状和尺寸，即采用“刚化原理”。因此，如果不必了解理想塑性结构到达极限状态之前的全部力学行为，只对极限荷载及对应的应力场和应变场感兴趣，就可假定结构在极限状态到达之前是刚性的，一旦到达极限状态，结构则可“无限”塑性变形，如同结构变成了机构，称为塑性机构或破损机构。这等价于假定材料是刚性理想塑性的。在这种情况下，极限荷载被定义为使结构开始无限塑性变形或使结构变成塑性机构的荷载值。综上所述，极限荷载有以下特点：

(1)荷载到达极限值之前，结构是刚性的；

(2)荷载达到极限值的瞬时，结构即开始无限塑性变形(塑性流动)，因此，极限荷载是结构刚性状态和塑性流动状态的分叉点；

(3)荷载到达极限值之后，从理论上说，结构的变形可以是“无限的”，但这是在小变形假定下得出的结论，要分析结构在极限状态后的行为，应采用大变形理论，为此，在塑性极限分析中，只是确定极限状态到达瞬时的荷载值和结构的内部响应，这包括极

限状态瞬时的应力场和应变率场或应变增量场。

在塑性极限分析中，常采用以下基本假设：

(1) 小变形；

(2) 材料为刚性理想塑性的，用刚性理想塑性模型和用弹性理想塑性模型所得的结果是相同的；

(3) 如果给定位移(或速度)边界 S_u，则给定的位移 $\bar{u}_i$ 或速度 $\bar{v}_i$ 等于零；

(4) 不计体积力。

最后应当注意，塑性极限分析是直接计算结构的极限荷载及对应的应力场和速度场，在这里荷载不是给定量而是待求量，同时，也分析随荷载增长所引起的结构变形过程。这与通常的力学边值问题是有所不同的。

11.8.2 梁的塑性弯曲、塑性铰

在第 9 章中，已知纯弯曲时弹性理想塑性矩形截面梁中弯矩与曲率的关系式(9-33)为

$$\frac{M}{M_e}=\frac{1}{2}\left(3-\frac{h_0^2}{h^2}\right)=\frac{1}{2}\left(3-\frac{\kappa_e^2}{\kappa^2}\right),\quad M>M_e,\ \kappa>\kappa_e \tag{11-116}$$

其中，$M_e=\dfrac{1}{6}bh^2\sigma_s$ 为弹性极限弯矩；$2h$ 和 $2h_0$ 分别为梁截面和截面弹性核心的高度；b 为截面宽度；$\kappa_e=\dfrac{2\sigma_s}{Eh}$ 为 $M=M_e$ 时的曲率。此后，κ_e 和 M_e 都取正值。当弯矩逐渐增长时，h_0 则逐渐减小，当 $h_0\to 0$ 时，全截面屈服，此时的弯矩称为极限弯矩，记为 M_s。当 $h_0\to 0$ 时，得

$$\frac{M_s}{M_e}=\eta=1.5 \tag{11-117a}$$

$$M_s=\frac{1}{4}bh^2\sigma_s \tag{11-117b}$$

$\eta=M_s/M_e$ 称为截面形状系数，是按塑性极限弯矩设计和按弹性极限弯矩设计时梁截面的强度比；因为 η 一般大于1，所以按前者设计可以更充分地发挥材料的潜力。

常见截面的形状系数列于图 11-35 中，其中(a)为理想截面。理想截面，即假定仅梁截面的上、下外层纤维承受轴向应力，中间部分只起连接作用，不承受轴向应力，主要承受剪应力。

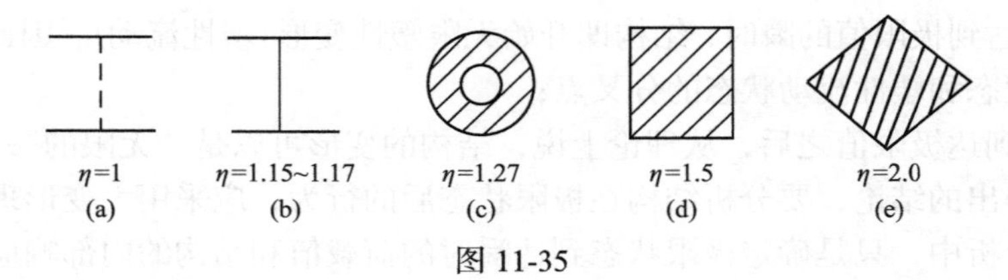

图 11-35

在这里，对于梁的纯弯曲问题，在弯矩 M 增长过程中横截面上应力分布的变化如图 11-36 所示。

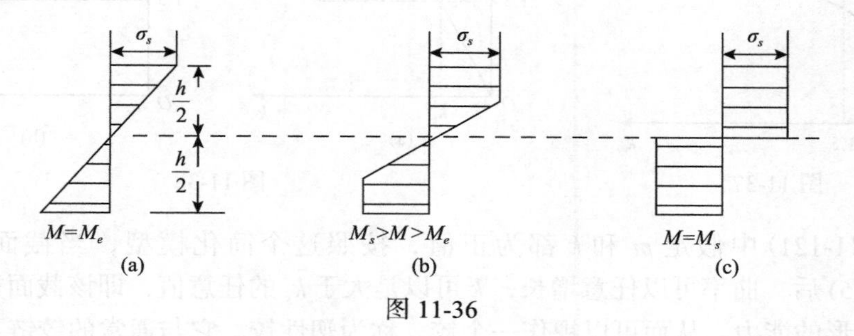

图 11-36

引入无量纲量：

$$m=\frac{M}{M_e},\ k=\frac{\kappa}{\kappa_e},\ \bar{y}=\frac{2y}{h} \tag{11-118}$$

于是 m-k 关系式(参阅式(9-33))为

$$\begin{aligned}&m=k, && k\leqslant 1\\ &|m|=\frac{1}{2}\left(3-\frac{1}{k^2}\right), && k\geqslant 1\\ &k=\left(\frac{1}{3-2|m|}\right)^{1/2}(\text{sign}m)\end{aligned} \tag{11-119}$$

其中，$|m|$ 表示 m 的绝对值，且

$$\text{sign}m=\begin{cases}1, & m>0\\ -1, & m<0\end{cases} \tag{11-120}$$

因此，有 $|m|=m\text{sign}m$。式(11-119)的若干对应值列于表 11-2 中，m-k 曲线则示于图 11-37，它的渐近线为 $m=m_s=1.5$。图 11-37 表明，虽然材料采用弹性理想塑性模型(参见图 1-5(a))，但当 $k>1$ 时，m-k 曲线仍是非线性的，即式(11-119)中的第二式是非线性的，这将对计算带来较大的不方便。但从表 11-2 可见，当 $k>5$ 时，m 就很接近于极限弯矩 $m_s=1.5$。因此，可将 m-k 曲线简化为图 11-38(a)，相应的式(11-119)改写为

$$\begin{aligned}&m=k,\quad k\leqslant k_s, m\leqslant m_s=1.5\\ &m=m_s,\quad k\geqslant k_s\end{aligned} \tag{11-121}$$

表 11-2　式(11-119)中 k 、m 的对应值

k	1	2	3	4	5
m	1	1.375	1.444	1.468	1.48

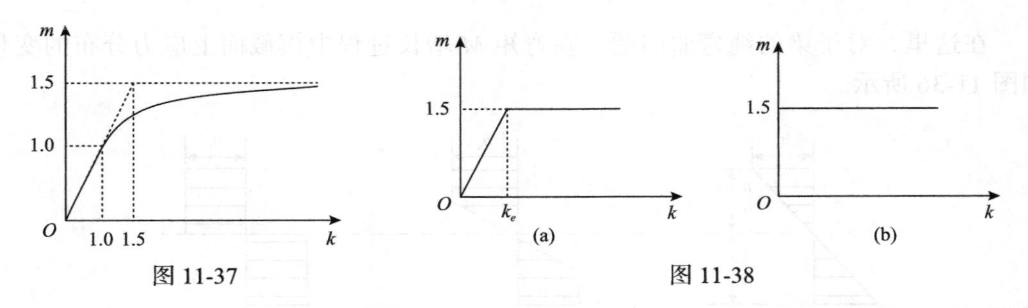

图 11-37　　图 11-38

在式(11-121)中假定 m 和 k 都为正值，按照这个简化模型，当截面完全屈服 $(m=m_s=1.5)$ 后，曲率可以任意增长，k 可以是大于 k_s 的任意值，即该截面完全丧失了抵抗弯曲变形的能力，从而可以视作一个铰，称为塑性铰。它与通常的铰链不同，其具有如下特点：

(1) 在塑性铰处，弯矩保持为极限弯矩 $|M|=M_s$，而在通常的铰链处弯矩为零。

(2) 塑性铰两侧部分可以自由转动，其相对转角 θ 可以任意增长，但必须同弯矩 $M(|M|=M_s)$ 的转向一致，即保持 $M\theta=M_s|\theta|>0$，使得塑性铰处弯矩所做的功恒为正值，这就是塑性耗散功。同时塑性铰是单向转动的铰，其截面上弯矩的绝对值从 M_s 减小时截面发生卸载，铰就停止转动，但保留一个残余的(相对)转角，而通常的铰链是可以正、反向任意转动的。

考虑到截面全部屈服后塑性变形可自由增长，从而弹性变形可以略去不计，所以，还可将 m-k 曲线进一步简化为如图 11-38(b)所示，其表达式(设 m、k 均为正值)为

$$\begin{aligned} &k=0, && m<m_s \\ &k>0,\text{不定值}, && m=m_s \end{aligned} \tag{11-122}$$

11.8.3　荷载系数、虚功率原理

下面先介绍几个名词、定义。

1. 荷载系数

结构的极限状态对应于一定的荷载分布及荷载值，如果结构承受的荷载不止一种(例如，多个集中荷载和多种分布规律不同的分布荷载)，它们彼此可以独立变化，则表征荷载的参数很多，在进行极限分析时将十分困难。为了简化计算，在塑性极限分析中规定荷载是按固定比例增长的，即荷载是按单参数增长，且只增不减，可表示为

$$p_i=\lambda\overline{p}_i,\quad \lambda>0 \tag{11-123}$$

其中，$\overline{p}_i$ 为给定的荷载分布规律，称为基准荷载；λ 称为荷载系数。这等价于将作用于结构上的荷载简化为单参数的，只有一个待定量。求极限荷载，实际上是求荷载系数的极限值。显然这将使塑性极限分析问题得到很大的简化，但同时也使对应的塑性极限分析方法具有一定的局限性。

2. 静力许可应力场、静力许可荷载系数

凡满足平衡方程(不计体力)、应力边界条件及不破坏屈服条件的应力分布称为静力许可应力场，记作 σ_{ij}^0，则有

$$\begin{aligned}&\sigma_{ij}^0=0 \quad (\text{在物体内})\\&\sigma_{ij}^0 v_j=\lambda^0\overline{p}_i \quad (\text{在应力边界}S_\sigma\text{上})\\&\varphi(\sigma_{ij}^0)\leqslant 0\end{aligned} \tag{11-124}$$

λ^0 称为静力许可荷载系数。显然，静力许可应力场没有考虑结构是否变形，即没有保证有一个塑性机构与它对应，因此它只是静力许可的，不必是运动许可的。如果应力场 σ_{ij}^0 只满足式(11-124)的前两式，则称为静力可能的应力场。

当梁和刚架主要承受弯曲变形时，主要内力是弯矩，轴力和剪力一般可略去不计。对于这类结构，静力许可应力场简化为沿构件分布的静力许可弯矩场，记为 M^0，它是截面位置的函数。静力许可弯矩场应满足平衡方程(不计体力)及 $|M^0|\leqslant M_s$，但此时没有考虑结构是否已变为塑性机构。如果不满足条件 $|M^0|\leqslant M_s$，则称为静力可能的弯矩场。

3. 运动许可速度(位移)场、运动许可荷载系数

设有速度场 v_i^*，它满足下列条件：

$$\begin{aligned}&\dot{\varepsilon}_{ij}^*=\frac{1}{2}(v_{i,j}^*+v_{j,i}^*) \quad (\text{在物体内})\\&\overline{v}_i^*=0 \quad (\text{在速度边界}S_u\text{上})\\&\int_{S_\sigma}\overline{p}_i v_i^*\mathrm{d}S>0 \quad (\text{在应力边界}S_\sigma\text{上})\end{aligned} \tag{11-125}$$

式(11-125)中的第三式表示基准荷载的功率(外功率)恒为正，这样的速度场称为运动许可速度场。如果速度场只满足式(11-125)的前两式，则称为运动可能速度场。显然速度场也可改为位移(增量)场 u_i^*，这是因为塑性是与时间无关的，但应注意，此处 $\dot{\varepsilon}_{ij}^*$ 是塑性应变率。运动许可速度场或位移场又称为机动场，它对应于一个塑性机构。与 $\dot{\varepsilon}_{ij}^*$ 对应的(满足塑性本构方程的)应力 σ_{ij}^* 则未必是静力许可的。从功能均衡的角度看，当不计体力时，物体在此机动场上所做的内功率(耗散功率)应等于荷载的外功率，即有

$$\int_v \sigma_{ij}^*\dot{\varepsilon}_{ij}^*\mathrm{d}v=\lambda^*\int_{S_\sigma}\overline{p}_i v_i^*\mathrm{d}S \tag{11-126}$$

式(11-126)称为功率等式或功率方程，如果是采用运动许可位移场，则称为功等式或功方程；由式(11-126)求出的荷载系数 λ^* 称为运动许可荷载系数。

对于 n 次静不定梁和刚架，要使它们变为一个自由度的塑性机构，一般要设置 $n+1$ 个塑性铰，称为设置的塑性铰，这是因为它不一定是极限状态下真实出现的塑性铰，所得的塑性机构可称为设定的塑性机构(以区别真实的塑性机构)。对于较复杂的静不定结构(如多跨连续梁、多层刚架)，局部结构变成的塑性机构属于结构的一个可能塑性机构，这时，塑性结构的塑性铰数目就必须视情况而定，不限定是 $n+1$ 个。对于连续梁，一般则是各跨彼此独立地变成塑性机构；分别计算各跨的运动许可荷载系数，其中最小者是结构的极限荷载系数。在设定的塑性铰处，有 $|M| = M_s$ 及相对转动速度 $\dot{\theta}^*$ 或相对角位移增量 θ^*，使得 $M\dot{\theta}^* = M_s|\dot{\theta}^*|$ 或 $M\theta^* = M_s|\theta^*| > 0$，即 $\text{sign}M = \text{sign}\dot{\theta}^*$，这是设定塑性铰处的塑性耗散功率或塑性耗散功。构件的其他部分没有变形(刚性)，则弯矩不做功。于是式(11-126)改写为

$$\sum_i M_{si}|\dot{\theta}_i^*| = \lambda^*\left[\sum_j \overline{P}_j v_j^* + \int \overline{p}_j(S)v_j^*\mathrm{d}S\right] \tag{11-127a}$$

或

$$\sum_i M_{si}|\theta_i^*| = \lambda^*\left[\sum_j \overline{P}_j u_j^* + \int \overline{p}_j(S)u_j^*\mathrm{d}S\right] \tag{11-127b}$$

其中，$\dot{\theta}_i^*$ 和 θ_i^* 分别是第 i 个塑性铰的转动速率和转角；M_{si} 是第 i 个塑性铰处的极限弯矩；对于不等截面的梁和刚架，M_{si} 可以互不相等；$\overline{P}_j$ 是第 j 个集中基准力；$\overline{p}_j(S)$ 是第 j 个基准分布荷载；v_j^* 和 u_j^* 分别表示沿第 j 个集中力和分布力的速度和位移；积分项为分布荷载的功率或功。因此，上式右侧为对应于所设定机构的总外功率或外功，且规定外功率或外功为正。

4. 完全解、极限荷载系数

设荷载系数为 λ_s 时，在荷载 $\lambda_s\overline{p}_i$ 作用下结构进入极限状态，因此，$\lambda_s\overline{p}_i$ 就是极限荷载。这时在塑性区内应力场记为 σ_{ij}，它既是静力许可的，又是运动许可的；速度场记为 v_i 和 $\dot{\varepsilon}_{ij}$，同样可用位移场 u_i 和应变场 ε_{ij} 替代，它们既是运动许可的，又是静力许可的。或者说，在极限荷载 $\lambda_s\overline{p}_i$ 作用下，塑性区内的应力 σ_{ij}，速度场 v_i 和 $\dot{\varepsilon}_{ij}$ 同时满足平衡方程、几何方程、应力边界条件及速度边界条件，以及 $\varphi(\sigma_{ij}) \leqslant 0$，$\int_{S_\sigma} \overline{p}_i v_i \mathrm{d}S > 0$ (对位移场有相同的提法)，另外，还满足塑性区和刚性区交界处上的条件。在刚性区内，应力场不确定，但应满足：①整体平衡条件；②刚性运动条件 $(\varepsilon_{ij} = 0)$；③不破坏屈服条件 $\varphi(\sigma_{ij}) \leqslant 0$。这样的解称为完全解，$\lambda_s$ 则称为极限荷载系数。

对于梁和刚架，记极限状态下的荷载为 $\lambda_s[\overline{p}_j + p(S)]$，弯矩场为 M，速度场为 v_i 及 $\dot{\theta}_i$ ($\dot{\theta}_i$ 为真实塑性铰的转动速度)。设结构为 n 次静不定的，一般要出现 $n+1$ 个塑性铰才

能使结构成为机构(可称为真实的机构，以区别设定的机构)。按照刚性理想塑性模型，在极限状态下，只有塑性铰处的弯矩做功，其他部分是刚性的，内力不做功。$\dot{\theta}_i$ 表示第 i 个真实塑性铰的转动速度(也可为角位移 θ_i，下同)。在极限状态下，弯矩场必须是静力许可的，运动场必须是运动许可的，而且在塑性铰处，弯矩值为极限弯矩，即 $|M_i|=M_s$，$\mathrm{sign}M_i=\mathrm{sign}\dot{\theta}_i$，此处 M_i 为第 i 个真实塑性铰处的弯矩，M_{si} 为该截面的极限弯矩。显然，极限状态下的应力场是静力许可应力场中的一个，速度场是运动许可速度场中的一个，或者说，真实塑性机构是所有可能设定塑性机构中的一个。

5. *虚功率原理*

虚功率原理：当不计体力时，静力可能应力场(包括静力许可应力场)在运动可能速度场(即虚速度场，包括运动许可速度场)上所做的内虚功率等于荷载所做的外虚功率，即有

$$\int_v \sigma_{ij}^0\dot{\varepsilon}_{ij}^*\mathrm{d}v=\lambda^0\int_{S_\sigma}\overline{p}_i v_i^*\mathrm{d}S \tag{11-128}$$

其中，σ_{ij}^0 和 $\dot{\varepsilon}_{ij}^*$ 彼此独立。原理的证明从略。

对于梁和刚架等杆系结构，式(11-128)改写为

$$\sum_{i=1}^{n+1}M_i^0\dot{\theta}_i^*=\lambda^0\left[\sum_j\overline{P}_j v_j^*+\int\overline{p}_j(S)v_j^*\mathrm{d}S\right] \tag{11-129a}$$

或者

$$\sum_{i=1}^{n+1}M_i^0\theta_i^*=\lambda^0\left[\sum_j\overline{P}_j u_j^*+\int\overline{p}_j(S)u_j^*\mathrm{d}S\right] \tag{11-129b}$$

这里必须指出：

(1)在极限分析中，限定应力场是静力许可的，速度场是运动许可的，即式(11-129)中的 M_i^0 和 $\dot{\theta}_i^*$ 分别是静力许可和运动许可的；

(2)可以证明，如果某应力场满足虚功率原理，则该应力场必定是静力可能的，因此，虚功率原理等价于平衡条件；

(3)可将以上有关式中的速度改为位移(增量)，就得到虚功原理或虚位移原理。

由于极限状态下的真实弯矩场 M_i 包含在静力许可弯矩场 M_i^0 之内，真实的速度场 v_i 和 $\dot{\theta}_i$ 包含在运动许可速度场之内，所以式(11-129)又可分别写为

$$\begin{gathered}\sum_{i=1}^{n+1}M_i\dot{\theta}_i^*=\lambda_s\left[\sum_j\overline{P}_j v_j^*+\int\overline{p}_j(S)v_j^*\mathrm{d}S\right]\\ \sum_{i=1}^{n+1}M_i\theta_i^*=\lambda_s\left[\sum_j\overline{P}_j u_j^*+\int\overline{p}_j(S)u_j^*\mathrm{d}S\right]\end{gathered} \tag{11-130}$$

$$\sum_{i=1}^{n+1} M_i^0 \dot{\theta}_i = \lambda^0 \left[\sum_j \overline{P}_j v_j + \int \overline{p}_j(S) v_j \mathrm{d}S \right]$$
$$\sum_{i=1}^{n+1} M_i^0 \theta_i = \lambda^0 \left[\sum_j \overline{P}_j u_j + \int \overline{p}_j(S) u_j \mathrm{d}S \right] \tag{11-131}$$

$$\sum_{i=1}^{n+1} M_{si} |\dot{\theta}_i| = \lambda_s \left[\sum_j \overline{P}_j v_j + \int \overline{p}_j(S) v_j \mathrm{d}S \right]$$
$$\sum_{i=1}^{n+1} M_{si} |\theta_i| = \lambda_s \left[\sum_j \overline{P}_j u_j + \int \overline{p}_j(S) u_j \mathrm{d}S \right] \tag{11-132}$$

另外，将功率等式(11-127)重写如下：

$$\sum_{i=1}^{n+1} M_{si} |\dot{\theta}_i^*| = \lambda^* \left[\sum_j \overline{P}_j v_j^* + \int \overline{p}_j(S) v_j^* \mathrm{d}S \right]$$
$$\sum_{i=1}^{n+1} M_{si} |\theta_i^*| = \lambda^* \left[\sum_j \overline{P}_j u_j^* + \int \overline{p}_j(S) u_j^* \mathrm{d}S \right] \tag{11-133}$$

式(11-130)～式(11-133)是下面将用到的四个基本等式。其中式(11-133)不是虚功率原理，因为弯矩场 M^* 不一定是静力可能的。现在对式(11-129)做进一步的说明。

在塑性极限分析中，规定外功率大于零，即

$$\int_{S_\sigma} \sigma_{ij}^* \dot{\varepsilon}_{ij}^* \mathrm{d}S > 0 \text{或} \left[\sum_j \overline{P}_j v_j^* + \int \overline{p}_j(S) v_j^* \mathrm{d}S \right] > 0$$

因此，式(11-129)左侧亦必大于零。对于 n 次静不定结构，有 $n+1$ 个多余未知力(其中包括一个待定的荷载系数)，要在控制弯矩中任意给定 $n+1$ 个控制弯矩才能完全确定结构内的静力可能弯矩场及与之对应的荷载系数。于是，在式(11-129)的左侧允许规定 M_i^0 与 $\dot{\theta}_i^*$ 或 θ_i^* 同号，这样就充分保证了 $\sum_{i=1}^{n+1} M_i^0 \dot{\theta}_i^* = \sum_{i=1}^{n+1} |M_i^0| |\dot{\theta}_i^*| > 0$。如果所选取的运动许可速度场($v_i^*$ 和 $\dot{\theta}_i^*$)就是极限状态下的真实速度场 v_i 和 $\dot{\theta}_i$，且取 $|M_i^0| = M_{si}$ 及 M_i^0 与 $\dot{\theta}_i$ 的符号相同，这时式(11-129)就变成了式(11-132)。这说明，关于 M_i^0 与 $\dot{\theta}_i^*$ 同符号的规定不仅是允许的，而且是合理的。

11.9　梁和刚架的塑性极限分析

11.9.1　集中荷载作用下梁和刚架的塑性极限分析

本节将通过简单的例子，说明梁和刚架塑性极限分析的基本内容和特点。假定作用在结构上的荷载为集中力，则每个杆件中的最大弯矩将发生在杆端和集中力作用的截面，这些弯矩称为控制弯矩。记最大弯矩出现的截面数为 h ，显然，这 h 个截面也是可能出现塑性铰的截面，称为可能铰点。如果已知 h 个控制弯矩，就可完全确定结构的弯矩分布(弯矩场)。对于 n 次静不定结构，连同荷载系数共有 $n+1$ 个“多余”未知量；如果在 h 个可能铰点处设置 $n+1$ 个塑性铰，使结构变成 1 个自由度的机构(一个设定的塑性机构)，则可应用功率等式(11-133)求出对应该设定机构的运动许可荷载系数 λ^* 。另外，在 h 个控制弯矩中，设定 $n+1$ 个弯矩值，则应用平衡方程或虚功(率)原理，可求出其余的控制弯矩及对应的荷载系数；如果这样求出的所有控制弯矩绝对值都不大于相应截面的极限弯矩，则所求出的荷载系数为静力许可荷载系数 λ^0 。据上所述，可以建立两种计算极限荷载系数的方法。

(1) 设定一个塑性机构(未必是真实塑性机构)，应用功率等式(11-133)可以求出荷载系数 λ^* ，但困难在于预先不知道真实的塑性机构，因此，从理论上说要选取所有可能的塑性机构，逐个计算与之对应的运动许可荷载系数 λ^* ，再进行比较，以确定极限荷载系数 λ_s ，这种方法称为机动法。

(2) 设定一个弯矩场，使所有控制弯矩的绝对值不超过对应截面的极限弯矩，且满足平衡条件(平衡方程或虚功率原理)，由此可以求出相应的静力许可荷载系数 λ^0 ，这里的困难在于结构处于极限状态时，有 $n+1$ 个控制弯矩的绝对值等于极限弯矩，而且其他的控制弯矩值不超过极限弯矩，以及弯矩场满足平衡条件，因此，要进行多次试算才有可能找到真实的塑性机构，得到极限荷载系数 λ_s ，这种方法称为静力法。

前面已经指出，极限荷载是结构处于刚性状态和塑性流动状态的交叉点。据此可以看出，上述两种方法的基本差别在于：机动法是在所有可能的塑性机构中，寻求荷载系数 λ^* 为最小的那个塑性机构，即真实的塑性机构，得到的荷载系数是极限荷载系数 λ_s ；静力法是在所有静力许可的弯矩场中，寻求荷载系数 λ^0 为最大的那个静力许可弯矩场，此即真实的、极限状态下的弯矩场，所对应的荷载系数是极限荷载系数 λ_s 。于是有

$$(\lambda^*)_{\min}=\lambda_s,\quad (\lambda^0)_{\max}=\lambda_s \tag{11-134a}$$

或者

$$\lambda^*\geqslant\lambda_s\geqslant\lambda^0 \tag{11-134b}$$

显然，如果可能铰点(控制弯矩)数 h 刚好等于 $n+1$ ，则只有唯一的一种塑性机构，即真实的塑性机构，对应的荷载是极限荷载。对于这种结构，应用机动法求出的荷载系数 λ^* 就是极限荷载系数 λ_s 。

例 11-10　图 11-39(a)所示为一次静不定等截面梁 $(n=1)$ ，可能铰点数 $h=n+1=2$ ，记截面的极限弯矩为 M_s ，试用两种方法求此梁的极限荷载。

(1) 机动法

设定塑性机构如图 11-39(b)所示，应用式(11-133)($\dot{\theta}_1^*$ 取绝对值，且由式(11-123)：

$P=\lambda$，$\overline{P}=1$)，得

$$M_s(\dot{\theta}_1^*+2\dot{\theta}_1^*)=P^*\frac{l}{2}\dot{\theta}_1^*,\quad P^*=\frac{6M_s}{l}$$

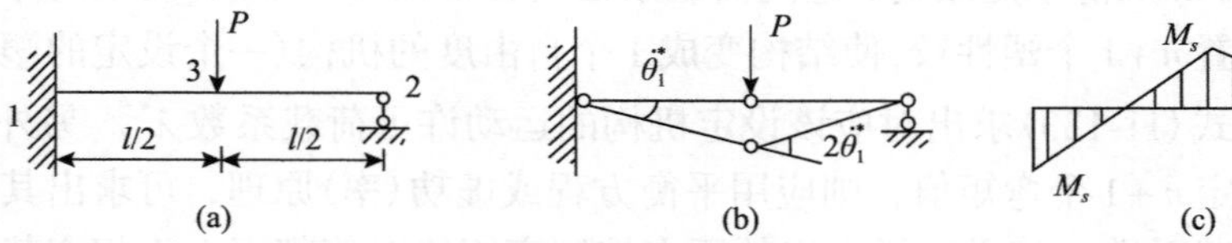

图 11-39

(2)静力法

取弯矩分布如图 11-39(c)所示，所有控制弯矩都不超过极限弯矩 M_s。如果这个弯矩场是静力许可的，它必须满足静力平衡条件。由于 $M_3=R_2 l/2=M_s$，则 $R_2=2M_s/l$，再由 $M_1=R_2\cdot l-P^0 l/2=-M_s$，即可求得

$$P^0=\frac{6M_s}{l}$$

两个结果一致，所以本例梁的极限荷载系数(即极限荷载)为

$$P_s=\frac{6M_s}{l}$$

从图 11-39(b)、(c)中可以看到，静力许可弯矩场(图 11-39(c))与塑性机构(图 11-39(b))相对应，因此，所设定的塑性机构就是真实的塑性机构。当 $h>n+1$ 时，问题就变得复杂些，因为此时可供选择的塑性机构不唯一，要对所有可能的塑性机构应用式(11-133)，求对应的运动许可荷载系数 λ^*，然后进行比较，以确定其极限荷载系数和真实的塑性机构。

例 11-11　图 11-40 表示一等截面刚架，截面的极限弯矩为 M_s，试用两种方法确定刚架的极限荷载。

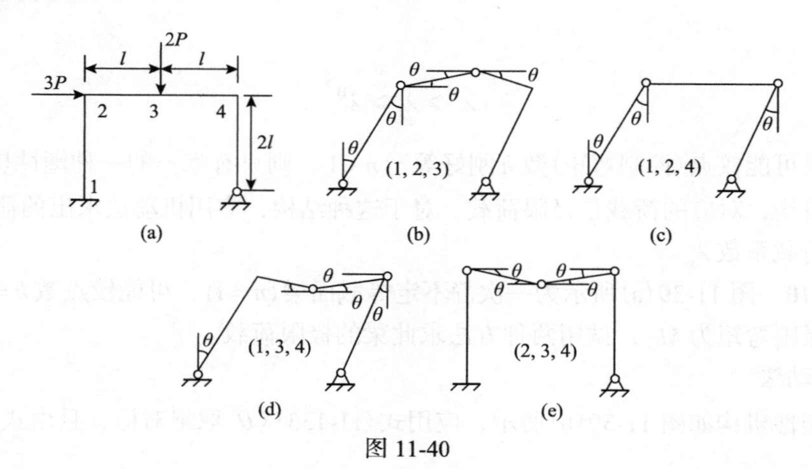

图 11-40

设两个集中荷载之比保持为 3:2，取 P 为荷载系数，则 $\overline{P}_1=3$ ，$\overline{P}_2=2$ 。

(1)机动法

此刚架的可能铰点共有 4 个 $(h=4)$，记为 1、2、3、4。刚架为二次静不定，$n=2$。只要在刚架中设置 $n+1=3$ 个塑性铰，就可得到一个设定的自由度为 1 的塑性机构，因此共有 4 个可能的塑性机构，即 $(1,2,3)$，$(1,2,4)$，$(1,3,4)$ 和 $(2,3,4)$，括号中的数字表示设定塑性铰的位置，对应的塑性机构如图 11-40(b)、(c)、(d)和(e)所示。此处用角位移代替角速度，且省略角标"*"。这四个塑性机构应用式(11-133)，可以求出四个运动许可荷载系数 P^*。对 $(1,2,3)$ 机构，有

$$3P^*(2l\theta)-2P^*(l\theta)=M_s(\theta+2\theta+2\theta),\quad P^*=\frac{5}{4}\frac{M_s}{l} \tag{a}$$

对 $(1,2,4)$ 机构，有

$$3P^*(2l\theta)=M_s(\theta+\theta+\theta),\quad P^*=\frac{1}{2}\frac{M_s}{l} \tag{b}$$

对 $(1,3,4)$ 机构，有

$$3P^*(2l\theta)+2P^*(l\theta)=M_s(\theta+2\theta+2\theta),\quad P^*=\frac{5}{8}\frac{M_s}{l} \tag{c}$$

对 $(2,3,4)$ 机构，有

$$2P^*(l\theta)=M_s(\theta+2\theta+\theta),\quad P^*=2\frac{M_s}{l} \tag{d}$$

比较上列四个 P^* 的值，就可确定哪个塑性机构更为合理。在所有的 P^* 值中取最小的作为极限荷载，即

$$P_s=\frac{1}{2}\frac{M_s}{l} \tag{e}$$

注意到如果结构比较复杂，便不能或不便对所有可能的塑性机构求出对应的运动许可荷载系数 λ^*，则应在所求得的荷载系数中取其最小者作为极限荷载系数的近似值，它不会小于极限荷载系数 λ_s 。

(2)静力法

首先设定一个静力可能的弯矩场，为了确定 $h=4$ 个控制弯矩及一个待定荷载系数，可先任意设 $n+1=3$ 个控制弯矩，然后应用平衡条件或虚功(率)原理确定另一个控制弯矩和一个荷载系数。实际上，对于 n 次静不定结构，如果在 h 个可能铰点都插入一个铰，结构将变成 $h-n$ 个自由度的机构，可以建立 $h-n$ 个线性独立的平衡方程；在应用虚功(率)原理表达平衡方程时，则有 $h-n$ 个线性独立的(一个自由度的)机构。所以本例的刚架，可建立两个独立的平衡方程。

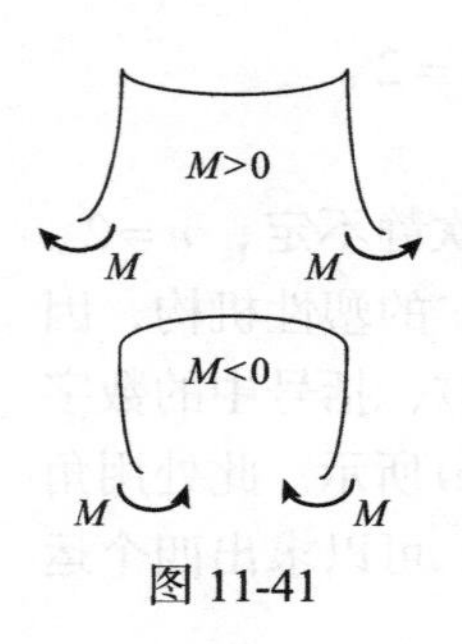

图 11-41

在静力法中，要统一规定弯矩的正负号，此处取使刚架杆件外侧受压的弯矩为正，反之为负，如图 11-41 所示。与此规定相对应，使刚架杆件内侧伸长的铰转动为正，反之为负，这样就保证了使塑性功恒为正值。例如，在图 11-40(c)中，$\theta_1 < 0,\ \theta_2 < 0,\ \theta_4 < 0$；在图 11-40(d)中，$\theta_1 < 0,\ \theta_3 > 0,\ \theta_4 < 0$；等等。在应用虚功(率)原理时，可假定所有的控制弯矩M_1、M_2、M_3、M_4为正的；但在给定其中的三个控制弯矩时，则应使$\mathrm{sign}M = \mathrm{sign}\theta_i$及$|M_i| = M_{si}$，这等价于在这三个控制弯矩处设置了三个塑性铰，结构变成机构。以这个机构的位移场或速度场为虚位移或虚速度，应用虚功(率)原理(相当于平衡方程)，可以求出另一个控制弯矩和荷载系数。如果另一个控制弯矩值不超过极限弯矩，则所得到的弯矩场是静力许可的，又因它对应于一个塑性机构(有三个控制弯矩值等于极限弯矩)，所以又是运动许可的，求得的荷载系数就是极限荷载系数。否则，所得弯矩场则只是静力可能的，所得荷载系数只能是运动许可荷载系数；只有降低这个荷载系数，才能得到一个静力许可的弯矩场。

现在采用图 11-40(c)所示塑性机构的位移场为虚位移场，应用虚功方程(11-133)，约去公共因子，且假定控制弯矩为正的，并注意虚角位移的正负号，得

$$-M_1 + M_2 - M_4 = 6Pl \tag{f}$$

式(f)中包含了 3 个未知的控制弯矩，一个待定荷载系数；再应用图 11-40(e)的虚位移场(这个虚位移场对应的机构与图 11-40(c)所示机构线性无关)；列出虚功方程，得

$$-M_2 + 2M_3 - M_4 = 2Pl \tag{g}$$

在式(f)和式(g)中，包含了四个未知控制弯矩和一个待定荷载系数，要给出三个控制弯矩的值才能确定另一个控制弯矩及荷载系数。例如，给定M_1、M_2及M_4，使其绝对值为M_s，但符号与虚角位移θ_i相同($\theta_1 < 0,\ \theta_2 > 0,\ \theta_4 < 0$)，即取

$$M_1 = -M_s,\quad M_2 = M_s,\quad M_4 = -M_s$$

将这些值代入式(f)、(g)，可以求出

$$P = \frac{1}{2}\frac{M_s}{l},\quad M_3 = \frac{1}{2}M_s$$

所有的控制弯矩值都未超过极限弯矩，所以求出的弯矩场是静力许可的；相应的荷载系数就是静力许可荷载系数P^0，这个荷载系数与用机动法求出的极限荷载系数相同，所以，这个P^0也就是极限荷载系数。实际上，我们给定的三个控制弯矩值正好与所采用的虚位移场(图 11-40(c))一致，即它有一个与之对应的运动许可位移场，所以得到的弯矩场又是运动许可的，从而它就是完全解，所得的荷载系数就是极限荷载系数。

如果给定M_1、M_3及M_4，令其绝对值为M_s。这对应在 1、3、4 处插入塑性铰，使

结构成为图 11-40(d)所示的机构，其中$\theta_1<0,\ \theta_3>0,\ \theta_4<0$，所以取

$$M_1=-M_s,\ M_3=M_s,\ M_4=-M_s$$

将上列值代入式(f)和式(g)，求出

$$P=\frac{5}{8}\frac{M_s}{l},\ M_2=\frac{7}{4}M_s>M_s$$

由于$M_2>M_s$，所得弯矩场不是静力许可的，从而求出来的荷载系数也不是静力许可的，实际上，$P=\frac{5}{8}\frac{M_s}{l}$等于机动法中对应于(1, 3, 4)机构的运动许可荷载系数(参见式(c))。若要求得静力许可的荷载系数，应另选静力许可的弯矩场，或是更为简单的办法。例如，用$\frac{4}{7}$乘以所得结果，这时，$|M_1|=|M_4|=\frac{4}{7}M_s<M_s,\ M_2=M_s$，是静力许可弯矩场，荷载系数为

$$P^0=\frac{4}{7}\times\frac{5}{8}\frac{M_s}{l}=\frac{5}{14}\frac{M_s}{l}<\frac{1}{2}\frac{M_s}{l}$$

这个荷载系数偏小。以上计算结果证明了由概念推理得到的式(11-134)。由此可以初步得出以下结论：用机动法求得的运动许可荷载系数λ^*越小，越接近于极限荷载系数λ_s，即用机动法求出的荷载系数是极限荷载系数的上限，$\lambda^*\geqslant\lambda_s$，所以机动解又称为上限解。而用静力法求得的荷载系数λ^0越大，越接近于极限荷载系数，这表明静力解λ^0是极限荷载系数的下限，即$\lambda^0\leqslant\lambda_s$，所以静力解又称为下限解。于是，论证了式(11-134)。当$\lambda^*=\lambda^0$时，它们就是极限荷载系数：

$$\lambda^*=\lambda^0=\lambda_s$$

在本例中，已求出$P^*=\frac{1}{2}\frac{M_s}{l}=P^0$，所以$P_s=\frac{1}{2}\frac{M_s}{l}$。11.9.2 节将进一步给出式(11-134)的理论证明。

11.9.2　塑性极限分析的上、下限定理

为了论证上述结论的一般性，本节将介绍极限分析定理，又称为极限荷载的上、下限定理。首先在仅考虑速度场的情况下，将基本等式(11-130)～式(11-133)重写如下。其中，式(11-130)和式(11-131)中的内功率改写为$|M_i\|\dot{\theta}_i^*|$及$|M_i^0\|\dot{\theta}_i|$，于是有

$$\sum_{i=1}^{n+1}|M_i\|\dot{\theta}_i^*|=\lambda_s\left[\sum_j\overline{P}_jv_j^*+\int\overline{p}_j(S)v_j^*\mathrm{d}S\right]\tag{11-135}$$

$$\sum_{i=1}^{n+1}|M_i^0\|\dot{\theta}_i|=\lambda^0\left[\sum_j\overline{P}_jv_j+\int\overline{p}_j(S)v_j\mathrm{d}S\right]\tag{11-136}$$

$$\sum_{i=1}^{n+1} M_{si} |\dot{\theta}_i| = \lambda_s \left[\sum_j \bar{P}_j v_j + \int \bar{p}_j(S) v_j \mathrm{d}S \right] \tag{11-137}$$

$$\sum_{i=1}^{n+1} M_{si} |\dot{\theta}_i^*| = \lambda^* \left[\sum_j \bar{P}_j v_j^* + \int \bar{p}_j(S) v_j^* \mathrm{d}S \right] \tag{11-138}$$

1. 上限定理

将式(11-135)与式(11-138)相减，得

$$(\lambda^* - \lambda_s) \left[\sum_j \bar{P}_j v_j^* + \int \bar{p}_j(S) v_j^* \mathrm{d}S \right] = \sum_{i=1}^{n+1} (M_{si} - |M_i|) |\dot{\theta}_i^*|$$

因为真实的弯矩场是静力许可的，$|M_i| \leqslant M_{si}$，又速度场是运动许可的，并且 $\left[\sum_j \bar{P}_j v_j^* + \int \bar{p}_j(S) v_j^* \mathrm{d}S \right] > 0$，所以，由上式可得

$$\lambda^* \geqslant \lambda_s \tag{11-139}$$

这表明，用机动法求出的荷载系数 λ^* 是极限荷载系数 λ_s 的上限。上限定理得证。

2. 下限定理

将式(11-136)和式(11-137)相减，得

$$(\lambda_s - \lambda^0) \left[\sum_j \bar{P}_j v_j + \int \bar{p}_j(S) v_j \mathrm{d}S \right] = \sum_{i=1}^{n+1} (M_{si} - |M_i^0|) |\dot{\theta}_i|$$

因为弯矩场 M^0 是静力许可的，且 $|M_i^0| \leqslant M_{si}$ 以及 $\left[\sum_j \bar{P}_j v_j + \int \bar{p}_j(S) v_j \mathrm{d}S \right] > 0$，所以，由上式可得

$$\lambda_s \geqslant \lambda^0 \tag{11-140}$$

这表明，用静力法求得的荷载系数 λ^0 是极限荷载系数 λ_s 的下限。下限定理得证。

极限分析定理表明，式(11-134)是普遍成立的。最后指出需要注意的如下几点。

(1)在实际中往往难以用机动法和静力法求出极限荷载，而只能求出它们的上限和下限，然后近似估计 λ_s 的大小。显然，λ^* 和 λ^0 越接近，所得估计值越精确。

(2)用机动法求极限荷载时，要设定塑性机构，对每一个设定的塑性机构可以求出一个上限解。设 n 次静不定结构有 h 个控制弯矩，令所有的控制弯矩的绝对值为极限弯矩，结构就成为 $h-n$ 个自由度的机构，可以列出 $h-n$ 个线性独立的平衡方程，或得到 $h-n$ 个

线性独立的一个自由度的机构，分别称为基本平衡方程和基本机构。由基本机构可以组成组合机构，这对应于组合平衡方程。以上节讨论的刚架为例，$h=4$，$n=2$，$h-n=2$，所以该刚架有两个独立的平衡方程和两个独立的机构。例如，按图 11-40(b)、(c)、(d)、(e)所示的虚位移可分别建立四个平衡方程(用虚功原理)，其中：

对(1, 2, 3)机构(图 11-40(b))，有

$$-M_1+2M_2-2M_3=4Pl \tag{a}$$

对(1, 2, 4)机构(图 11-40(c))，有

$$-M_1+M_2-M_4=6Pl \tag{b}$$

对(1, 3, 4)机构(图 11-40(d))，有

$$-M_1+2M_3-2M_4=8Pl \tag{c}$$

对(2, 3, 4)机构(图 11-40(e))，有

$$-M_2+2M_3-M_4=2Pl \tag{d}$$

以上四个平衡方程只有两个是线性独立的。例如，若取式(a)和式(b)为基本平衡方程，则式(c)和式(d)为

$$\begin{aligned}&式(c)=-式(a)+2\times 式(b)\\&式(d)=式(b)-式(a)\end{aligned}$$

在上列四个机构中，可以任选两个为基本机构，另外两个则是组合机构。

(3)在塑性极限分析的机动法中，所选取的运动许可速度场对应于一个设定的塑性机构，其中的铰是塑性铰，铰点处的弯矩为极限弯矩；在静力法中应用虚功(率)原理建立平衡方程时，所选取的虚速度场或虚位移场往往可通过一个机构(如一个设定的塑性机构)来表述，但机构中的铰(从力学上说)不是塑性铰，而可视为虚拟插入的铰链。一般而言，用一个机构表述一个虚速度或虚位移往往显得更形象和方便。

(4)根据上限定理，在上限解的集合$\{\lambda^*\}$中，以最小者为最好。按式(11-127)或式(11-138)，要使λ^*减小，应使基准外功率或外功：

$$\left(\sum_j \overline{P}_j v_j^*+\int \overline{p}_j(S)v_j^*\mathrm{d}S\right),\quad \left(\sum_j \overline{P}_j u_j^*+\int \overline{p}_j(S)u_j^*\mathrm{d}S\right)$$

尽可能大，而内功率$\sum_{i=1}^{n+1}M_{si}\,|\dot{\theta}_i^*|$或内功$\sum_{i=1}^{n+1}M_{si}\,|\theta_i^*|$则尽可能小，这为选取最好的塑性机构提供了一个参考的法则或依据。例如，图 11-40 所示四个塑性机构中，图 11-40(c)机构引起的外功较大，内功较小，所以λ^*小；反过来，图 11-40(e)机构引起的外功较小，内功较大，所以λ^*大。当然，在一般情况下，特别是在结构比较复杂时，上述法则只能

为选取较好的塑性机构提供一个思路，有助于得到较好的上限解。

(5)一般说，静力解(下限解)比较容易得到，因为在 $0\sim\lambda_s$ 内，所有的荷载系数都是静力许可荷载系数。但要得到较好的下限解则往往不容易，因为提出一个静力许可应力场是很困难的，而要选定一个好的静力许可应力场就更困难了，几乎没有什么指导性法则可作为依据。而寻求较好的运动许可速度场(设定塑性机构)则有某些规律可以遵循，如上述的参考性法则、人们的实践经验，以及有关的试验结果等。

11.9.3 分布荷载作用下梁的塑性极限分析

以上各小节中假定作用在结构上的荷载都是集中力，其弯矩场可由控制弯矩(可能塑性铰处的弯矩)来完全确定。如果作用在结构上的荷载为分布荷载，一般说，梁的端点虽然仍是可能铰点，但承受分布荷载时跨间的最大弯矩(绝对值)所在位置是未知的，需要另行计算。下面以一个简单的静不定梁为例，说明在分布荷载情况下极限分析定理的应用。

考虑图 11-42(a)所示等截面静不定梁，极限弯矩为 M_s，承受强度为 q 的均布荷载。显然梁端 A 是一个可能铰点。又设距 A 端 $x=x_0$ 处为另一最大弯矩(绝对值)点。这个结构的静不定次数 $n=1$，可能铰点数 $h=2$，所以有 $h=n+1=2$，即这个结构只有唯一的一个塑性铰机构，铰点位置在 $x=0$ 及 $x=x_0$ 处。于是，可列出如下三式：

$$
\begin{aligned}
&M(0)=R_B l-\frac{1}{2}ql^2=-M_s \\
&M(x_0)=R_B(l-x_0)-\frac{1}{2}q(l-x_0)^2=M_s \qquad \text{(a)} \\
&M'(x_0)=-R_B+q(l-x_0)=0
\end{aligned}
$$

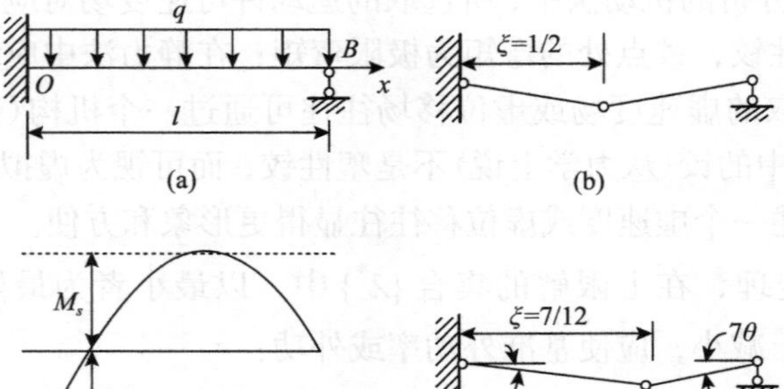

q A B O x l (a) ξ=1/2 (b) M_s M_s (c) ξ=7/12 7θ 5θ (d)

图 11-42

式(a)中包含了三个未知量：B 端反力 R_B、荷载系数 q（梁上只有一种荷载，取 $\lambda=q$）及跨内塑性铰的位置 x_0。为方便计，引入如下的无量纲量：

$$
r=\frac{R_B l}{M_s},\quad p_s=\frac{q_s l^2}{M_s},\quad \xi=\frac{x}{l}
$$

将式(a)无量纲化后，得

$$
\begin{aligned}
&r-\frac{1}{2}p_s=-1\\
&r(1-\xi)+\frac{1}{2}p_s(1-\xi)^2=1\\
&r=p_s(1-\xi)
\end{aligned}
\tag{b}
$$

求解式(b)，可得

$$
\begin{aligned}
&r=2+2\sqrt{2}=4.82843\\
&p_s=6+4\sqrt{2}=11.65685\\
&\xi_0=\frac{x_0}{l}=2-\sqrt{2}=0.58579
\end{aligned}
\tag{c}
$$

为了与后面的结果进行比较，这里的计算结果精确到小数点后五位数。以上的计算是直接的，无须试算就得到了精确解。这是因为结构本身很简单，且由于 $h=n+1$，只有唯一的塑性机构。如果结构比较复杂，如多跨连续梁，各跨承受不同分布规律的分布荷载等，要计算其极限荷载就需要求解很多方程，计算工作量将是较大的。为此，要应用极限分析定理计算上限解和下限解。

首先，在梁的 A 端及梁的跨中点 $\left(\xi=\dfrac{1}{2}\right)$ 处各设置一个塑性铰，得到一个(假定的)塑性机构，如图 11-42(b)所示。应用功率等式(11-133)可以求出极限荷载的上限 q^*。在应用式(11-133)时，将速度改为位移，且省去角标“*”，角位移的绝对值用 θ 表示，得

$$
\begin{aligned}
&\frac{1}{4}q^*l^2\theta=3M_s\theta\\
&p^*=\frac{q^*l^2}{M_s}=12>p_s=11.65685
\end{aligned}
\tag{d}
$$

与式(c)的结果比较之后，可见以上求得的上限解是极限荷载的一个相当合理的估算值。

应用以上计算结果，可以求出一个对应的下限解。实际上，与图 11-42(b)所示塑性机构对应的弯矩场(图 11-42(c))，可用下式来表示：

$$
m=\frac{M}{M_s}=5(1-\xi)-6(1-\xi)^2 \tag{e}
$$

对式(e)求导，且令 $\dfrac{\mathrm{d}m}{\mathrm{d}\xi}=0$，得到跨间最大弯矩发生在 $\xi=\dfrac{7}{12}$ 处(图 11-42(d))，将其代入式(e)，得 $m_{\max}=\dfrac{25}{24}>1$，这表明所求弯矩场不是静力许可的。将式(d)中所得 p^* 的结果乘以 $\dfrac{24}{25}$，则弯矩场是静力许可的，相应的静力许可荷载系数为

$$p^0 = 12 \times \frac{24}{25} = 11.52 \tag{f}$$

于是，极限荷载的界限为

$$12 \geqslant p_s \geqslant 11.52$$

或者取

$$p_s = 11.76 \pm 0.24$$

这个结果在工程应用中已是足够精确的。为了求出更精确的结果，可将 $\xi = 7/12$ 处的弯矩取为 $m(\xi) = 1$（即在 $\xi = 7/12$ 处设置一个塑性铰），应用式(11-133)，不难求出外虚功和内虚功分别为

$$W_{外} = \frac{35}{24} q^* l^2 \theta, \quad W_{内} = 17 M_s \theta$$

令两者相等，可求出新的无量纲上限解为

$$p^* = \frac{q^* l^2}{M_s} = \frac{408}{35} = 11.65714 \tag{g}$$

与式(c)的精确解相比，这个上限解已精确到 0.003%以上。当然，可进一步计算新的弯矩场，由式(g)和式(b)中的第一式，有 $r = -1 + \frac{1}{2} p^* = \frac{169}{35}$，又由式(b)中的第三式，可得跨间的最大弯矩发生在 $\xi = 1 - \frac{r}{p^*} = \frac{239}{408} = 0.58578$ 处，进而由(b)中的第二式，可得 $m_{\max} = r(1-\xi) - \frac{1}{2} p^* (1-\xi)^2 = \frac{28561}{28560} > 1$。将式(g)所得结果乘以 28560/28561，得到新的下限解 $p^0 = 11.65673$。于是有

$$11.65714 \geqslant p_s \geqslant 11.65673$$

对于本例中的梁，式(d)所示的第一个上限解已准确到 3%以上，这表明对初步设计来说，将跨内的塑性铰设计在梁跨中央是合理的；第二个上限解实际上就是精确解。对于更复杂的结构，求上、下限的方法肯定是有实际意义的，虽然，各跨内的最大弯矩(绝对值)的大小和位置都需计算，但可就各跨来独立地考虑，从而避免了求解复杂的联立方程。

11.10　板的塑性极限分析

11.10.1　屈服准则和流动法则

在板的极限分析中，与梁和刚架的极限分析一样，只需要确定其极限荷载，而不研

究极限状态到达前的弹塑性变形过程,因此,仍采用理想刚塑性模型。取薄板的厚度为 h ,中面为 Oxy 面, z 轴垂直于中面,如图 7-17 所示。采用与弹性薄板理论相同的基尔霍夫假定,且记 M_x 、 M_y 和 M_{xy} 分别为板中的弯矩和扭矩, q 为板承受的分布荷载,则由式(7-59),板的平衡微分方程为

$$\frac{\partial^2 M_x}{\partial x^2}+2\frac{\partial^2 M_{xy}}{\partial x\partial y}+\frac{\partial^2 M_y}{\partial y^2}+q=0 \tag{a}$$

设板的挠度为 $w(x,y)$, x 、 y 方向的位移分别为 u 、 v ,则由式(7-48)可知,位移 u 、 v 与挠度 w 的关系为

$$u=-z\frac{\partial w}{\partial x},\quad v=-z\frac{\partial w}{\partial y} \tag{b}$$

应用几何方程(参见式(7-2b)),得到板中任一点用挠度 w 表述的三个不为零的应变分量为

$$\varepsilon_x=\frac{\partial u}{\partial x}=z\kappa_x,\quad \varepsilon_y=\frac{\partial v}{\partial y}=z\kappa_y,\quad \gamma_{xy}=\frac{\partial v}{\partial x}+\frac{\partial u}{\partial y}=z\kappa_{xy} \tag{c}$$

其中

$$\kappa_x=-\frac{\partial^2 w}{\partial x^2},\quad \kappa_y=-\frac{\partial^2 w}{\partial y^2},\quad \kappa_{xy}=-2\frac{\partial^2 w}{\partial x\partial y} \tag{d}$$

其中, κ_x 、 κ_y 和 κ_{xy} 分别为板中面的曲率和扭曲率,它们均为 x 、 y 的函数。

1. 屈服准则

由基尔霍夫假定,薄板中应力分量 σ_z 、 τ_{zx} 、 τ_{zy} 远小于面内应力分量,它们仅在处理板的力平衡时需要计及,一般均忽略不计。由此,对于薄板塑性屈服问题,米泽斯屈服准则(参见式(4-34c))可写为

$$\sigma_x^2-\sigma_x\sigma_y+\sigma_y^2+3\tau_{xy}^2-\sigma_s^2=0 \tag{e}$$

由于薄板理论的基本公式是用内力 M_x 、 M_y 、 M_{xy} 表示的,为此,屈服准则也需转换成用弯矩和扭矩表示。类似于梁截面到达极限状态时的情况,当板处于极限状态时,应力 σ_x 、 σ_y 、 τ_{xy} 沿板厚度分布的绝对值不变,而正负号在板中面两侧相反,因而有

$$M_x=\int_{-h/2}^{h/2}\sigma_x z\mathrm{d}z=\frac{h^2}{4}\sigma_x \tag{f}$$

其中, σ_x 取 $z>0$ 时的值。

同理,在中面下侧有

$$
\begin{aligned}
M_y &= \frac{h^2}{4}\sigma_y \\
M_{xy} &= \frac{h^2}{4}\tau_{xy} \\
M_s &= \frac{h^2}{4}\sigma_s
\end{aligned} \tag{g}
$$

将上列各式代入式(e)，可得用内力(广义应力)表示的米泽斯屈服准则：

$$
\varphi = M_x^2 - M_x M_y + M_y^2 + 3M_{xy}^2 - M_s^2 = 0 \tag{11-141}
$$

其中，φ为屈服函数。同样在主应力已知时，特雷斯卡屈服准则为

$$
\max\left(|\sigma_1|, |\sigma_2|, |\sigma_1 - \sigma_2|\right) = \sigma_s
$$

而用内力(广义应力)表示的特雷斯卡屈服准则为

$$
\max\left(|M_1|, |M_2|, |M_1 - M_2|\right) = M_s \tag{11-142}
$$

2. *流动法则*

刚塑性材料为理想塑性材料，以式(11-141)所示的米泽斯屈服函数φ作为塑性势函数，则其增量型塑性本构关系(参见式(4-72))为

$$
\dot{\varepsilon}_{ij}^p = \dot{\lambda}\frac{\partial \varphi}{\partial \sigma_{ij}}, \ \dot{\lambda} \geqslant 0 \tag{h}
$$

其中，$\dot{\lambda}$为待定因子，其取值范围参见式(4-73)。

将式(11-141)代入式(h)，且应用式(f)和式(g)，得到与米泽斯屈服准则相关联的薄板塑性屈服的流动法则：

$$
\begin{aligned}
\dot{\kappa}_x &= \dot{\lambda}\frac{\partial \varphi}{\partial M_x} = \dot{\lambda}(2M_x - M_y) \\
\dot{\kappa}_y &= \dot{\lambda}\frac{\partial \varphi}{\partial M_y} = \dot{\lambda}(2M_y - M_x) \\
\dot{\kappa}_{xy} &= \dot{\lambda}\frac{\partial \varphi}{\partial M_{xy}} = 6\dot{\lambda}M_{xy}
\end{aligned} \tag{11-143}
$$

同样，可分段写出与特雷斯卡屈服准则相关联的流动法则。

11.10.2 圆板轴对称弯曲时的塑性极限分析

轴对称情况下圆板的极限分析宜采用柱坐标(r,θ,z)，由于r、θ、z是主方向，因此，它的广义应力是M_r、M_θ，而$M_{r\theta}=0$。首先，推导用弯矩和横向剪力表示的平衡

方程。图 11-43 表示圆板的一个微元块的中面，上面作用横向荷载q，用双箭头矢量表示弯矩，且以过微分块中心平行于双箭头矢量M_r的切线τ为矩轴，由$\sum M_\tau=0$，列出力矩的平衡方程，得

$$(M_r+\mathrm{d}M_r)(r+\mathrm{d}r)\mathrm{d}\theta-M_r r\mathrm{d}\theta-Q_r r\mathrm{d}\theta\mathrm{d}r-M_\theta\mathrm{d}r\mathrm{d}\theta=0$$

简化后，除以$r\mathrm{d}\theta\mathrm{d}r$，再略去高阶微量，得

$$\frac{\mathrm{d}M_r}{\mathrm{d}r}+\frac{M_r-M_\theta}{r}=Q_r \tag{11-144}$$

其中，Q_r为剪力。然后，导出剪力Q_r与分布荷载q的关系。当全板受均布荷载q作用时，由$\sum F_z=0$，即所有垂直力的平衡，有$2\pi rQ_r=-\int_0^r 2\pi rq\mathrm{d}r$，因而得

$$Q_r=-\frac{1}{2}qr \tag{11-145}$$

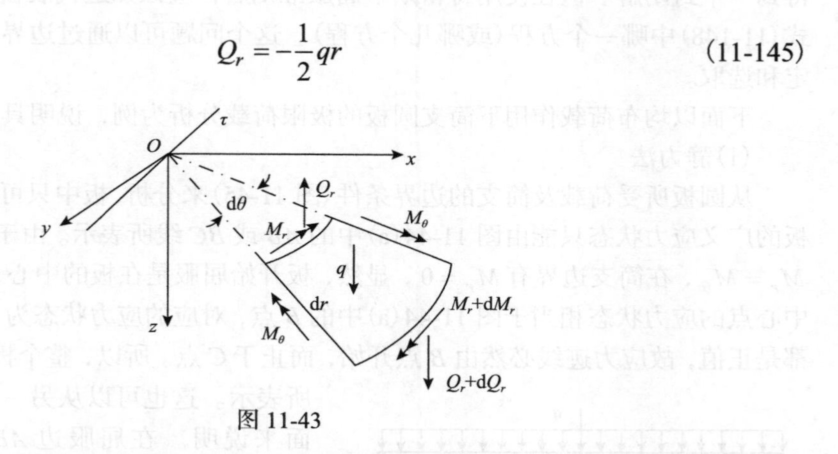

图 11-43

当荷载与支承都是轴对称时，$M_{r\theta}=0$，则不为零的弯矩M_r和M_θ就是主弯矩，由式(11-141)，这时的米泽斯屈服准则为

$$M_r^2-M_rM_\theta+M_\theta^2-M_s^2=0 \tag{11-146}$$

相关联的流动法则为

$$\begin{aligned}\dot{\kappa}_r&=\dot{\lambda}(2M_r-M_\theta)=-\frac{\mathrm{d}^2\dot{w}}{\mathrm{d}r^2}\\ \dot{\kappa}_\theta&=\dot{\lambda}(2M_\theta-M_r)=-\frac{1}{r}\frac{\mathrm{d}\dot{w}}{\mathrm{d}r}\end{aligned} \tag{11-147}$$

由式(11-142)，得特雷斯卡屈服准则为

$$|M_r|=M_s,\quad |M_\theta|=M_s,\quad |M_r-M_\theta|=M_s \tag{11-148}$$

图 11-44 中用广义力M_r、M_θ分别表示了特雷斯卡屈服准则和米泽斯屈服准则。

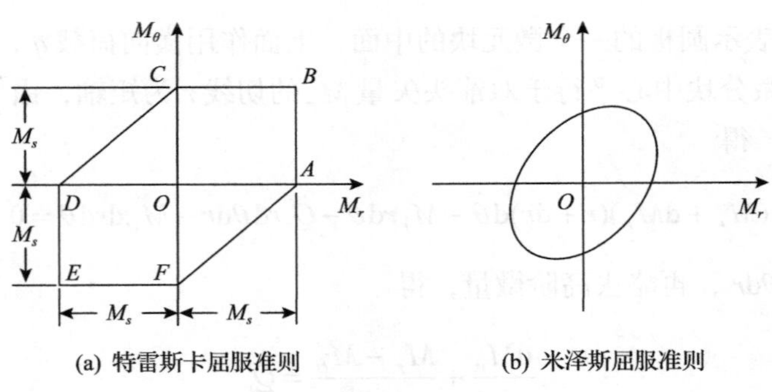

(a) 特雷斯卡屈服准则 (b) 米泽斯屈服准则

图 11-44

由于主方向已知，因而使用线性的特雷斯卡准则式(11-148)比较方便。若使用米泽斯屈服准则式(11-146)，代入平衡方程式(11-144)后，将得到一个非线性微分方程，无法得到一个封闭解。但在使用特雷斯卡屈服准则后，应该知道代表板内广义应力状态的是式(11-148)中哪一个方程(或哪几个方程)。这个问题可以通过边界条件和平衡方程来判定和选取。

下面以均布荷载作用下简支圆板的极限荷载分析为例，说明具体的求解过程。

(1)静力法

从圆板所受荷载及简支的边界条件(图 11-45)来分析，板中只可能出现正弯矩。因此，板的广义应力状态只能由图 11-44(a)中的 AB 或 BC 线所表示。由于对称，在板的中心有 $M_r = M_\theta$，在简支边界有 $M_r = 0$，显然，板开始屈服是在板的中心，当全板进入塑性时，中心点的应力状态相当于图 11-44(a)中的 B 点，对应的应力状态为 $M_r = M_\theta = M_s$，它们都是正值，故应力迹线必然由 B 点开始，而止于 C 点。所以，整个板的应力状态由 BC 线所表示。这也可以从另一个角度，即从平衡方面来说明。在屈服边 AB 上有 $M_r = M_\theta$，故 $\dfrac{dM_r}{dr}=0$；另外，以 $M_\theta \leqslant M_r$ 及将式(11-145)代入平衡方程式(11-144)，得 $\dfrac{dM_r}{dr}<0$。两者相矛盾，所以板中的内力不能位于 AB 边上。这样，只有 BC 边 $(M_\theta = M_s)$ 才能表示该板的内力状态。将 $M_\theta = M_s$ 代入平衡方程(11-144)，可得

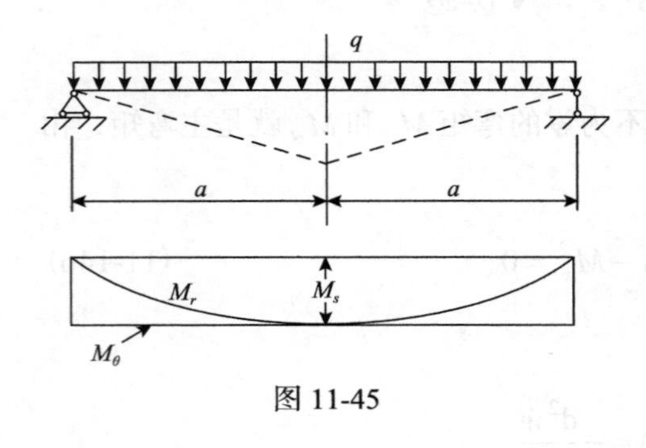

图 11-45

$$\frac{dM_r}{dr}+\frac{M_r - M_s}{r} = -\frac{1}{2}qr \tag{a}$$

其解为

$$M_r = M_s - \frac{1}{6}qr^2 + \frac{C}{r} \tag{b}$$

当 $r=0$ 时，M_r 应为有限值，因而积分常数 $C=0$。当 $r=a$ 时，$M_r=0$，则

$$q_{-}=\frac{6M_s}{a^2} \tag{c}$$

这是用静力法求得的下限解。这时

$$M_\theta=M_s=\frac{qa^2}{6}$$
$$M_r=\frac{qa^2}{6}\left(1-\frac{r^2}{a^2}\right) \tag{d}$$

沿圆板半径各截面上的 M_r 及 M_θ 的分布情况示于图 11-45 中。

(2)机动法

根据简支边界条件，设速度分布为圆锥形，即

$$\dot{w}=\dot{w}_0\left(1-\frac{r}{a}\right) \tag{e}$$

这时，外力功率为

$$\dot{W}_e=\int_0^a q(r)\dot{w}(r)\cdot 2\pi r\mathrm{d}r=\int_0^a q\dot{w}_0\left(1-\frac{r}{a}\right)2\pi r\mathrm{d}r=\frac{\pi q\dot{w}_0}{3}a^2$$

内力功率为

$$\dot{W}_i=\int_0^a (M_r\dot{\kappa}_r+M_\theta\dot{\kappa}_\theta)2\pi r\mathrm{d}r$$

因板的内力状态为 BC 边所表示，即 $M_\theta=M_s$，而由式(11-147)，有

$$\dot{\kappa}_r=-\frac{\mathrm{d}^2\dot{w}}{\mathrm{d}r^2}=0,\quad \dot{\kappa}_\theta=-\frac{1}{r}\frac{\mathrm{d}\dot{w}}{\mathrm{d}r}=\frac{\dot{w}_0}{ra}$$

故

$$\dot{W}_i=\int_0^a\left(M_s\frac{\dot{w}_0}{ra}\right)2\pi r\mathrm{d}r=2\pi M_s\dot{w}_0$$

由 $\dot{W}_e=\dot{W}_i$，得

$$q_{+}=\frac{6M_s}{a^2} \tag{f}$$

这是极限荷载的上限解，其与本节静力法中的式(c)相同，因而它就是极限荷载的精准解。

11.10.3　简支方形薄板的塑性极限分析

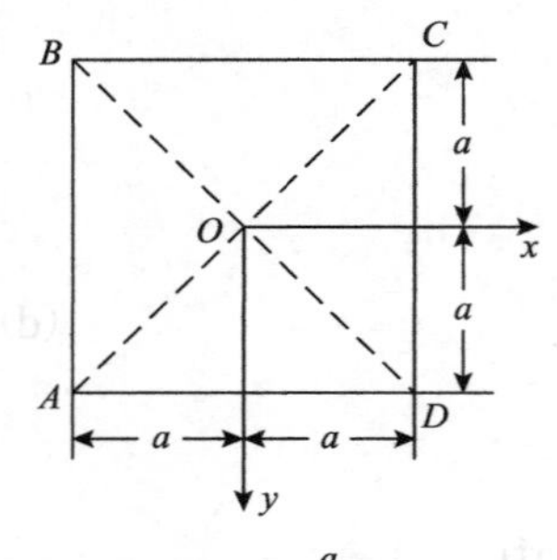

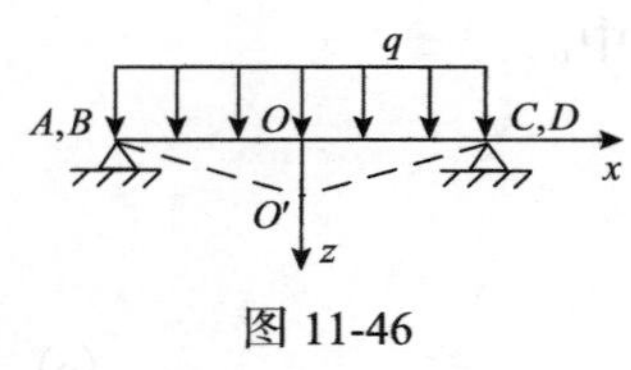

图 11-46

设有周边简支正方形薄板，边长为$2a$，厚度为h，承受均布荷载q的作用，如图 11-46 所示。现在分别用静力法和机动法求其极限荷载。

(1) 静力法

应用静力法求极限荷载的下限解时，可采用半逆解法，即先假设板的一部分内力，并由平衡方程及边界条件求出另外一部分内力，将全部内力代入极限条件，由此，可以确定极限荷载的下限解。

对于简支正方形板，假设在极限状态时的内力为

$$M_x = C(a^2 - x^2),\ \ M_y = C(a^2 - y^2) \tag{a}$$

式(a)满足简支的边界条件：$M_x\big|_{x=\pm a}=0$和$M_y\big|_{y=\pm a}=0$。将式(a)代入平衡方程(参见 11.10.1 节的式(a))，得

$$\frac{\partial^2 M_{xy}}{\partial x\partial y} = -\frac{q}{2} + 2C \tag{b}$$

为满足式(b)，可取$M_{xy} = \left(2C - \dfrac{q}{2}\right)xy$，则所有内力$M_x$、$M_y$、$M_{xy}$满足平衡方程和边界条件。

将内力代入米泽斯屈服准则式(11-141)，则该式的前四项为

$$M_x^2 - M_x M_y + M_y^2 + 3M_{xy}^2 = C^2(a^4 - a^2x^2 - a^2y^2 + x^4 - x^2y^2 + y^4) + 3\left(2C - \frac{q}{2}\right)^2 x^2y^2$$

上式的数值不能超过M_s^2，可以证明其最大值可能发生在$(0,0)$、$(0,\pm a)$、$(\pm a,0)$、$(\pm a,\pm a)$处，亦即在板的中点、板的四边中点以及板的四个角点处，共计有九个点，将点的坐标值代入屈服准则式(11-141)，得

$$C^2a^4 = M_s^2,\ \ 3a^4\left(2C - \frac{q}{2}\right)^2 = M_s^2 \tag{c}$$

由式(c)中第一式得$C = \dfrac{M_s}{a^2}$，代入第二式，得

$$3a^4\left(\frac{2M_s}{a^2} - \frac{q}{2}\right)^2 = M_s^2$$

因而求得

$$q=\left(2\pm\frac{1}{\sqrt{3}}\right)\frac{2M_s}{a^2}$$

在上式中取其数值较大者为极限荷载的下限解，即

$$q_-=5.16\frac{M_s}{a^2} \tag{d}$$

(2)机动法

利用机动法求极限荷载的上限解时，应首先假设破坏机构。由方板的破坏试验可知，当方板破坏时形成棱锥形，塑性铰线沿板的对角线方向，如图 11-46 中的虚线所示。由于板在开始破坏的瞬间，其中点的挠度 OO' 与板的其他尺寸相比是很小的，板破坏后形成棱锥形的棱长可用其水平投影的长度代替。当达到极限状态时，O 点的挠度为不定值，亦即中点挠度的大小不影响极限荷载的数值，通常假设其挠度为 1。此时，板的外力功为

$$W_e=q\iint_A w\mathrm{d}A \tag{e}$$

其中，$\iint_A w\mathrm{d}A$ 为棱锥体的体积，且有 $V=\frac{4}{3}a^2$，所以式(e)可写为

$$W_e=\frac{4}{3}qa^2 \tag{f}$$

由于采用刚塑性变形模型，在计算内力功时，只考虑塑性铰线处极限弯矩在板转动时所做的功，例如，为了计算铰线 OB 上的内力功，需求出板中①和②部分的相对转角，为此，过 AOC 线作一垂直于板的平面，如图 11-47 所示，则板中①和②部分的相对转角为

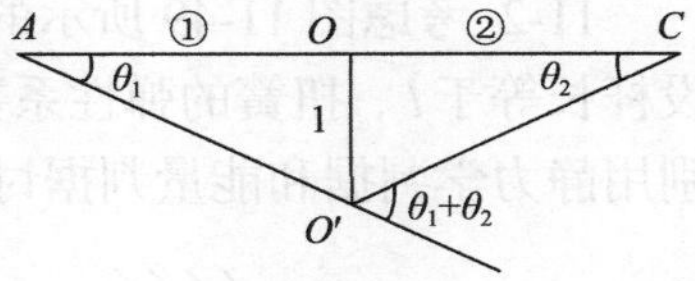

图 11-47

$$\theta=\theta_1+\theta_2=\frac{1}{O'C}+\frac{1}{O'A}\approx\frac{1}{OC}+\frac{1}{OA}=\frac{\sqrt{2}}{a} \tag{g}$$

为方便计算，暂取 x 轴与 BO 线平行，由于 BO' 为直线，则 $\frac{\partial w}{\partial x}$=常数，根据 11.10.1 节中的式(d)，有 $\kappa_x=\kappa_{xy}=0$，应用式(11-143)，得 $M_x=\frac{1}{2}M_y$，$M_{xy}=0$。该内力场还应满足屈服准则式(11-141)，将 M_x 及 M_{xy} 值代入该式，得

$$M_y=\frac{2}{\sqrt{3}}M_s \tag{h}$$

M_y 在塑性铰线 BO 上的内力功为

$$\frac{2}{\sqrt{3}}M_s\times\frac{\sqrt{2}}{a}\times BO=\frac{4}{\sqrt{3}}M_s$$

在其他三条塑性铰线 OA、OC 和 OD 上也产生如上式表达的内力功。则全部内力功为

$$W_i=\frac{16}{\sqrt{3}}M_s \tag{i}$$

由 $W_e=W_i$，得

$$q_+=4\sqrt{3}\frac{M_s}{a^2}=6.94\frac{M_s}{a^2} \tag{j}$$

此即极限荷载的上限解。结合本节静力法中的式(d)，极限荷载的界限为

$$5.16\frac{M_s}{a^2}\leqslant q_s\leqslant 6.94\frac{M_s}{a^2}$$

在实际应用中，可取上、下限解的平均值作为极限荷载的近似值，即

$$q_s\approx 6.05\frac{M_s}{a^2}$$

习　题

11-1 试用静力学判据分析图 11-48 所示单摆在不同平衡位置的稳定性。

11-2 考虑图 11-49 所示的力学系统，其由两根铰接的等长的刚性杆及扭转弹簧组成。设杆长等于 l，扭簧的弹性系数也等于 1，在 B 点作用水平压力 P，且忽略摩擦力。试分别用静力学判据和能量判据讨论所示平衡状态的稳定性。

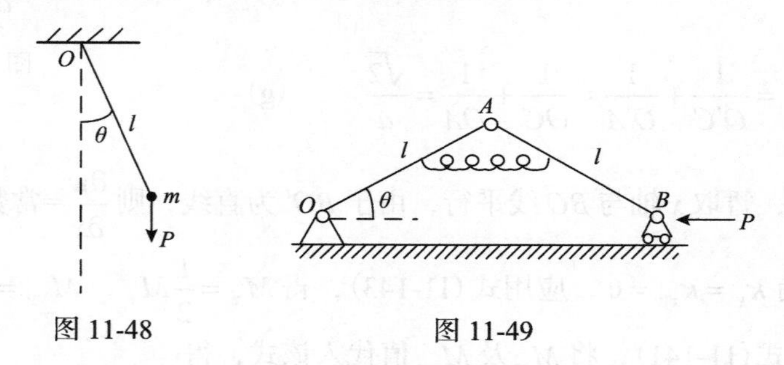

图 11-48　　图 11-49

11-3 一端固支、另一端自由的压杆如图 11-50 所示。设杆长为 l，杆的抗弯刚度为 EI，试用能量方法确定其临界荷载。

11-4 考虑如图 11-51 所示两端铰支、长为 l 的立柱，受轴向压力 P 作用，抗弯刚度

为 EI，四周密布弹簧，形成均匀的支承力。设 α 为一个弹簧的弹性系数，a 为弹簧的间距，则周围的支承模量可用 $\beta=\alpha/a$ 表示，β 的单位可以是帕(Pa)，它代表立柱单位长度变形所产生的侧向力。试应用能量方法确定其临界荷载。

提示：柱的挠曲线可近似地表示为：$y=\sum_{n=1}^{N}C_n\sin\dfrac{n\pi x}{l}$, C_n 为待定常数。

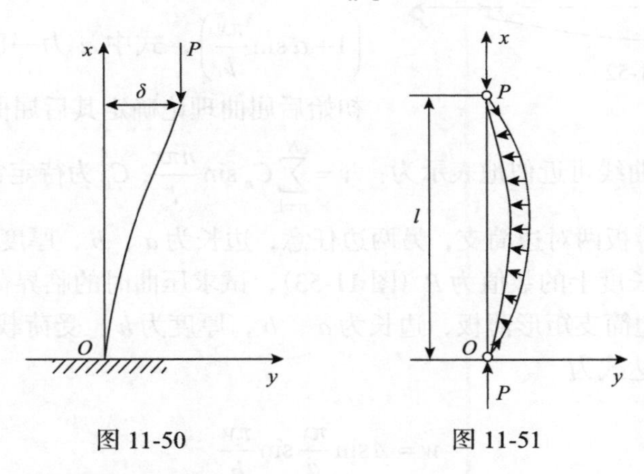

图 11-50　　　　图 11-51

11-5 试判定下列标量函数的符号性质：

(1) $V(x,y)=2x^2-xy^2+x^4+y^4$；

(2) $V(x,y)=-x^2y^2$；

(3) $V(x,y)=4x^2+2xy+y^2$；

(4) $V(x,y)=-x^4-2x^2y^2-2y^4$；

(5) $V(x,y)=x^4+3x^2y^2+y^4$；

(6) $V(x,y)=x^2+2xy+y^2+x^2y^3$。

11-6 应用李雅普诺夫第二方法，判定下列系统零解的稳定性：

(1) $\dot{x}=-xy^2$，$\dot{y}=-yx^2$；

(2) $\dot{x}=-y-x+xy$，$\dot{y}=x-y-x^2-y^2$；

(3) $\dot{x}=xy-x^3+y^3$，$\dot{y}=x^2-y^3$；

(4) $\dot{x}=-y^2+x^3$，$\dot{y}=-x^2-x^2y^2$；

(5) $\dot{x}=-y$，$\dot{y}=x-y-y^3$；

(6) $\dot{x}=ax-y^2$，$\dot{y}=2x^3y$ $(a<0)$。

11-7 应用李雅普诺夫第二方法，判定下列系统的指定平衡解的稳定性：

(1) $\dot{x}=4y-x$，$\dot{y}=-9x+y$，$(x,y)=(0,0)$；

(2) $\dot{x}=\dfrac{y}{2}+(x-1)[(x-1)^2+y^2]$，$\dot{y}=-2+2x+y[(x-1)^2+y^2]$，$(x,y)=(1,0)$。

11-8 对于图 11-50 所示一端固支、另一端自由的压杆，试根据动力学的观点来讨论系统的稳定性。

11-9 对于图 11-50 所示一端固支、另一端自由的压杆，试分别用大挠度理论和初始后屈曲理论确定其后屈曲路径。

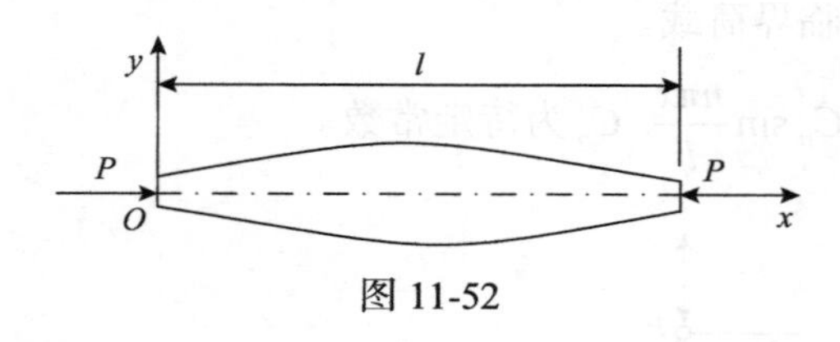

图 11-52

11-10 两端铰支变截面柱受轴向压力 P 作用，如图 11-52 所示。设柱的长度为 l，其抗弯刚度沿柱的轴线按如下规律变化：$EI = EI_0\left(1+\alpha\sin\dfrac{\pi x}{l}\right)$，式中 α 为一已知常数。试根据初始后屈曲理论确定其后屈曲路径。

提示：柱的挠曲线可近似地表示为：$y=\sum_{n=1}^{N} C_n \sin\dfrac{n\pi x}{l}$, C_n 为待定常数。

11-11 设矩形薄板两对边简支，另两边任意，边长为 a、b，厚度为 h，沿简支边受均布压力，在单位长度上的数值为 P_x (图 11-53)，试求压曲时的临界荷载。

11-12 设有四边简支矩形薄板，边长为 a、b，厚度为 h，受荷载如图 11-54 所示，取压曲后的挠度表达式为

$$w = A\sin\frac{\pi x}{a}\sin\frac{\pi y}{b}$$

试用能量法求临界荷载。

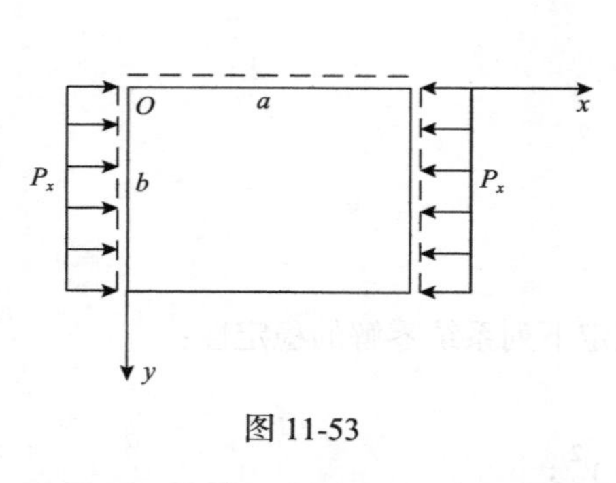

图 11-53

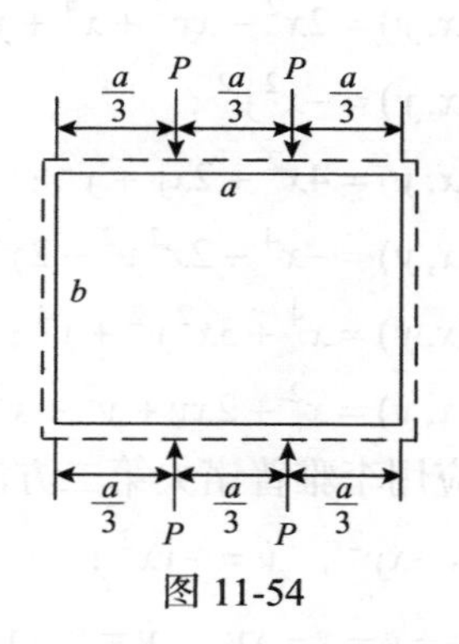

图 11-54

11-13 设有四边简支黏弹性矩形薄板，边长为 a、b，厚度为 h，在 x 方向两边 $(x=0, x=a)$ 受均布压力 P。黏弹性板材的剪切性态呈多参量固体，剪切松弛函数为 $2G(t)=g_0+\sum_{i=1}^{n} g_i \mathrm{e}^{-t/\tau_i}$，试确定板的蠕变屈曲荷载-时间关系。

11-14 求图 11-55 所示中各截面的弹性极限弯矩、塑性极限弯矩及截面形状系数。

11-15 求图 11-56 所示各等截面梁的塑性极限荷载，设梁截面的塑性极限弯矩为 M_s。

11-16 用机动法或静力法，求图11-57 所示梁的塑性极限荷载。设梁截面的塑性极限弯矩为 M_s。

11-17 试用上限定理和下限定理求刚架的塑性极限荷载 (图 11-58)。

11-18 已知分布荷载的合力为 5P，求图 11-59 所示刚架的塑性极限荷载：

(1)杆的极限弯矩为 M_s；

(2)杆的极限弯矩为 $2M_s$。

11-19 用上限定理求刚架的塑性极限荷载(图 11-60)。

11-20 设有受均布荷载 q 作用的周边固支薄圆板，其半径为 a，厚度为 h，试用静力法和机动法确定板的塑性极限荷载。

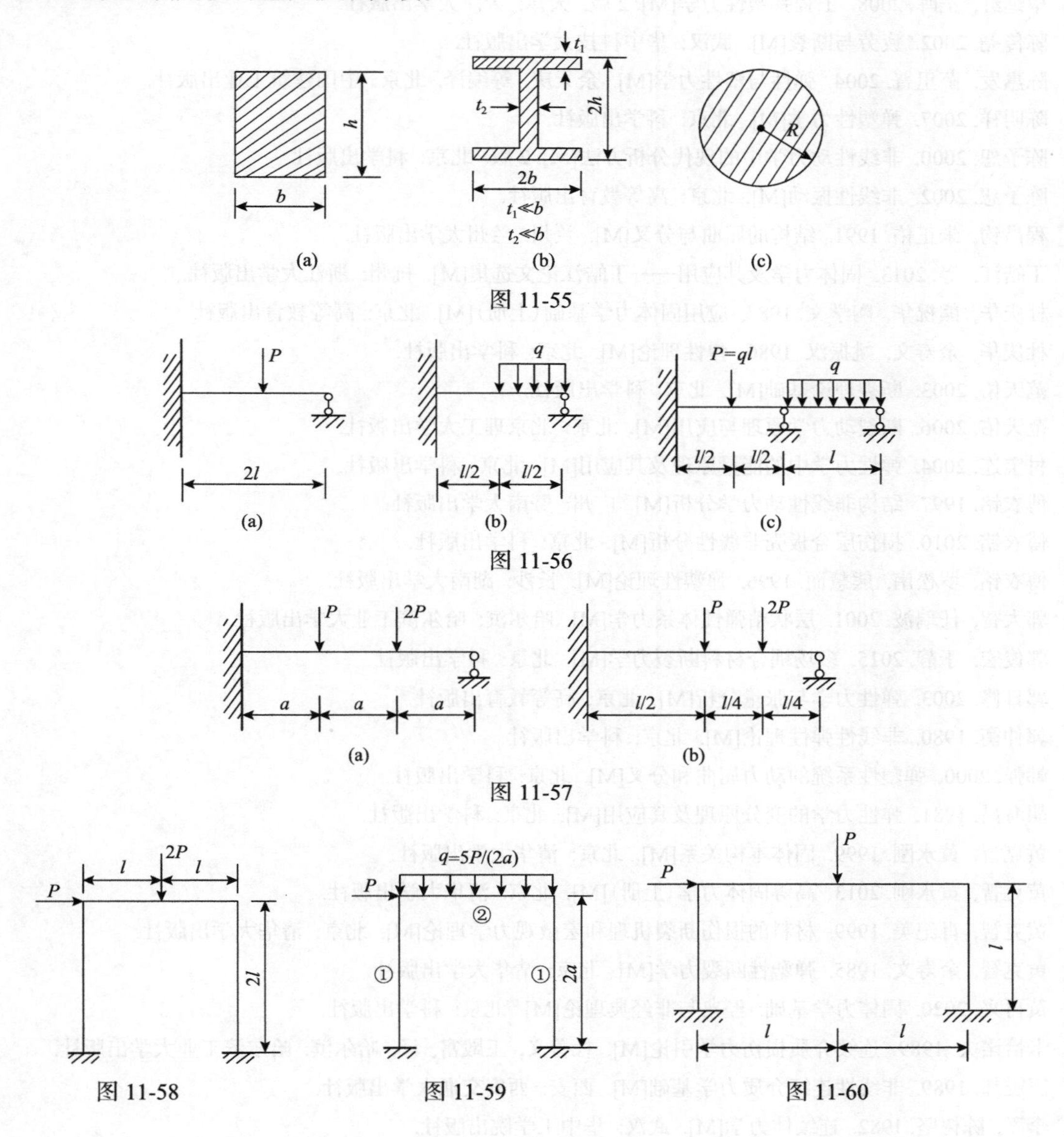

图 11-55

图 11-56

图 11-57

图 11-58　图 11-59　图 11-60

参 考 文 献

鲍洛金. 1960. 弹性体系的动力稳定性[M]. 林砚田, 等译. 北京: 高等教育出版社.

毕继红, 王晖. 2008. 工程弹塑性力学[M]. 2 版. 天津: 天津大学出版社.

陈传尧. 2002. 疲劳与断裂[M]. 武汉: 华中科技大学出版社.

陈惠发, 萨里普. 2004. 弹性与塑性力学[M]. 余天庆, 等编译. 北京: 中国建筑工业出版社.

陈明祥. 2007. 弹塑性力学[M]. 北京: 科学出版社.

陈予恕. 2000. 非线性动力学中的现代分析方法[M]. 2 版. 北京: 科学出版社.

陈予恕. 2002. 非线性振动[M]. 北京: 高等教育出版社.

程昌钧, 朱正佑. 1991. 结构的屈曲与分叉[M]. 兰州: 兰州大学出版社.

丁皓江, 等. 2013. 固体力学及其应用——丁皓江论文选集[M]. 杭州: 浙江大学出版社.

杜庆华, 熊祝华, 陶学文. 1987. 应用固体力学基础(上册)[M]. 北京: 高等教育出版社.

杜庆华, 余寿文, 姚振汉. 1986. 弹性理论[M]. 北京: 科学出版社.

范天佑. 2003. 断裂理论基础[M]. 北京: 科学出版社.

范天佑. 2006. 断裂动力学原理与应用[M]. 北京: 北京理工大学出版社.

付宝连. 2004. 弹性力学中的能量原理及其应用[M]. 北京: 科学出版社.

傅衣铭. 1997. 结构非线性动力学分析[M]. 广州: 暨南大学出版社.

傅衣铭. 2010. 损伤层合板壳非线性分析[M]. 北京: 科学出版社.

傅衣铭, 罗松南, 熊慧而. 1996. 弹塑性理论[M]. 长沙: 湖南大学出版社.

郭大智, 任瑞波. 2001. 层状粘弹性体系力学[M]. 哈尔滨: 哈尔滨工业大学出版社.

郭俊宏, 于静. 2015. 多场耦合材料断裂力学[M]. 北京: 科学出版社.

郭日修. 2003. 弹性力学与张量分析[M]. 北京: 高等教育出版社.

郭仲衡. 1980. 非线性弹性理论[M]. 北京: 科学出版社.

韩强. 2000. 弹塑性系统的动力屈曲和分叉[M]. 北京: 科学出版社.

胡海昌. 1981. 弹性力学的变分原理及其应用[M]. 北京: 科学出版社.

黄克智, 黄永刚. 1999. 固体本构关系[M]. 北京: 清华大学出版社.

黄克智, 黄永刚. 2013. 高等固体力学(上册)[M]. 北京: 清华大学出版社.

黄克智, 肖纪美. 1999. 材料的损伤断裂机理和宏微观力学理论[M]. 北京: 清华大学出版社.

黄克智, 余寿文. 1985. 弹塑性断裂力学[M]. 北京: 清华大学出版社.

黄再兴. 2020. 固体力学基础: 经典与非经典理论[M]. 北京: 科学出版社.

卡恰诺夫. 1989. 连续介质损伤力学引论[M]. 杜善义, 王殿富, 译, 哈尔滨: 哈尔滨工业大学出版社.

匡震邦. 1989. 非线性连续介质力学基础[M]. 西安: 西安交通大学出版社.

李灏, 陈树坚. 1982. 连续体力学[M]. 武汉: 华中工学院出版社.

李庆芬. 2007. 断裂力学及其工程应用[M]. 修订版. 哈尔滨: 哈尔滨工程大学出版社.

李兆霞. 2002. 损伤力学及其应用[M]. 北京: 科学出版社.

梁炳文, 胡世光. 1983. 弹塑性稳定理论[M]. 北京: 国防工业出版社.

刘人怀. 2007. 夹层板壳非线性理论分析[M]. 广州: 暨南大学出版社.

刘延柱, 陈立群. 2000. 非线性动力学[M]. 上海: 上海交通大学出版社.
柳春图, 蒋持平. 2000. 板壳断裂力学[M]. 北京: 国防工业出版社.
楼志文. 1991. 损伤力学基础[M]. 西安: 西安交通大学出版社.
陆明万, 罗学富. 1990. 弹性理论基础[M]. 北京: 清华大学出版社.
陆启韶. 1989. 常微分方程的定性方法和交叉[M]. 北京: 北京航空航天大学出版社.
马宏伟, 吴斌. 2000. 弹性动力学及其数值方法[M]. 北京: 中国建材工业出版社.
穆霞英. 1990. 蠕变力学[M]. 西安: 西安交通大学出版社.
钱伟长. 1985. 广义变分原理[M]. 上海: 知识出版社.
尚福林, 王子昆. 2011. 塑性力学基础[M]. 西安: 西安交通大学出版社.
沈为. 1995. 损伤力学[M]. 武汉: 华中理工大学出版社.
宋卫东. 2017. 塑性力学[M]. 北京: 科学出版社.
汤任基. 1999. 固体力学[M]. 上海: 上海交通大学出版社.
王春玲. 2005. 塑性力学[M]. 北京: 中国建材工业出版社.
王龙甫. 1984. 弹性理论[M]. 2 版. 北京: 科学出版社.
王敏中, 王炜, 武际可. 2011. 弹性力学教程[M]. 北京: 北京大学出版社.
王仁, 熊祝华, 黄文彬. 1982. 塑性力学基础[M]. 北京: 科学出版社.
王照林. 1992. 运动稳定性及其应用[M]. 北京: 高等教育出版社.
吴家龙. 1987. 弹性力学[M]. 上海: 同济大学出版社.
武际可, 苏先樾. 1994. 弹性系统的稳定性[M]. 北京: 科学出版社.
武际可, 王敏中. 1981. 弹性力学引论[M]. 北京: 北京大学出版社.
熊祝华. 1986. 塑性力学基础知识[M]. 北京: 高等教育出版社.
熊祝华, 傅衣铭, 熊慧而. 1997. 连续介质力学基础[M]. 长沙: 湖南大学出版社.
徐秉业, 刘信声. 1995. 应用弹塑性力学[M]. 北京: 清华大学出版社.
徐灏. 1988. 疲劳强度[M]. 北京: 高等教育出版社.
徐芝纶. 1982. 弹性力学[M]. 2 版. 北京: 人民教育出版社.
杨光松. 1995. 损伤力学与复合材料损伤[M]. 北京: 国防工业出版社.
杨桂通. 2013. 弹塑性力学引论[M]. 2 版. 北京: 清华大学出版社.
杨挺青. 1990. 粘弹性力学[M]. 武汉: 华中理工大学出版社.
杨挺青, 罗文波, 徐平, 等. 2004. 黏弹性理论与应用[M]. 北京: 科学出版社.
杨卫. 1995. 宏微观断裂力学[M]. 北京: 国防工业出版社.
杨卫. 2009. 损伤、断裂与微纳米力学进展[M]. 北京: 清华大学出版社.
杨卫, 冯西桥, 秦庆华. 2009. 损伤、断裂与微纳米力学进展[M]. 北京: 清华大学出版社.
杨卫, 赵沛, 王宏涛. 2020. 力学导论[M]. 北京: 科学出版社.
姚卫星. 2003. 结构疲劳寿命分析[M]. 北京: 国防工业出版社.
殷之平. 2012. 结构疲劳与断裂[M]. 西安: 西北工业大学出版社.
尹祥础. 2011. 固体力学[M]. 2 版. 北京: 地震出版社.
余寿文, 冯西桥. 1997. 损伤力学[M]. 北京: 清华大学出版社.
余天庆, 钱济成. 1993. 损伤理论及其应用[M]. 北京: 国防工业出版社.

张安哥, 朱成九, 陈梦成. 2006. 疲劳、断裂与损伤[M]. 成都: 西南交通大学出版社.
张淳源. 1994. 粘弹性断裂力学[M]. 武汉: 华中理工大学出版社.
张少实, 庄茁. 2011. 复合材料与粘弹性力学[M]. 2 版. 北京: 机械工业出版社.
张维祥, 徐新生, 王尕平. 2016. 黏弹性力学与辛体系[M]. 武汉: 华中科技大学出版社.
张我华, 蔡袁强. 2010. 连续损伤力学及数值分析应用[M]. 杭州: 浙江大学出版社.
张我华, 孙林柱, 王军, 等. 2011. 随机损伤力学与模糊随机有限元[M]. 北京: 科学出版社.
张行, 崔德渝, 孟庆春. 2009. 断裂与损伤力学[M]. 2 版. 北京: 北京航空航天大学出版社.
赵祖武. 1989. 塑性力学导论[M]. 北京: 高等教育出版社.
庄茁, 蒋持平. 2004. 工程断裂与损伤[M]. 北京: 机械工业出版社.
卓卫东. 2005. 应用弹塑性力学[M]. 北京: 科学出版社.
Atkin R J, Fox N. 2005. An Introduction to the Theory of Elasticity[M]. Chicago: Courier Corporation.
Bertram A, Glüge R. 2015. Solid Mechanics[M]. Cham: Springer.
Bigoni D. 2012. Nonlinear Solid Mechanics: Bifurcation Theory and Material Instability[M]. Cambridge: Cambridge University Press.
Bower A F. 2009. Applied Mechanics of Solids[M]. Boca Raton: CRC Press.
Christensen R. 1982. Theory of Viscoelasticity[M]. New York: Academic Press.
Coates C, Sooklal V. 2022. Modern Applied Fracture Mechanics[M]. Boca Raton: CRC Press.
Drozdov A D. 1998. Mechanics of Viscoelastic Solids[M]. Hoboken: Wiley.
François D, Pineau A, Zaoui A. 2012. Mechanical Behaviour of Materials: Volume II: Fracture Mechanics and Damage[M]. Dordrecht: Springer Science & Business Media.
Gdoutos E E. 2020. Fracture Mechanics: An Introduction[M]. Cham: Springer International Publishing.
Hejazi F, Chun T K. 2021. Advanced Solid Mechanics: Simplified Theory[M]. Boca Raton: CRC Press.
Hütter G, Zybell L. 2016. Recent Trends in Fracture and Damage Mechanics[M]. Cham: Springer.
Johnson K L. 1987. Contact Mechanics[M]. Cambridge: Cambridge University Press.
Kachanov L M. 1986. Introduction to Continuum Damage Mechanics[M]. Dordrecht: Springer Netherlands.
Kazimi S M A. 1981. Solid Mechanics[M]. New York: McGraw-Hill.
Krajcinovic D. 1996. Damage Mechanics[M]. Amsterdam: Elsevier Science Publishers, North-Holland.
Kupradze V D. 1980. Three-Dimensional Problems of the Mathematical Theory of Elasticity and Thermoelasticity[M]. Amsterdam: North-Holland Publishing Company.
Lakes R S. 2017. Viscoelastic Solids (1998)[M]. Boca Raton: CRC press.
Liu A F. 2005. Mechanics and Mechanisms of Fracture: An Introduction[M]. Geauga: ASM International.
Merodio J, Ogden R W. 2020. Constitutive Modelling of Solid Continua[M]. Cham: Springer.
Murakami S. 2012. Continuum Damage Mechanics: A Continuum Mechanics Approach to the Analysis of Damage and Fracture[M]. Dordrecht: Springer Science & Business Media.
Öchsner A, Öchsner A. 2016. Continuum Damage Mechanics[M]. Singapore: Springer.
Rees D W. 2018. Mechanics of Elastic Solids[M]. Singapore: World Scientific.
Richards J R. 2000. Principles of Solid Mechanics[M]. Boca Raton: CRC Press.
Saxena A. 2019. Advanced Fracture Mechanics and Structural Integrity[M]. Boca Raton: CRC Press.

Saxena A. 2022. Basic Fracture Mechanics and Its Applications[M]. Boca Raton: CRC Press.

Voyiadjis G Z, Kattan P I. 2005. Damage Mechanics[M]. Boca Raton: CRC Press.

Washizu K. 1982. Variational Methods in Elasticity and Plasticity[M]. Oxford: Pergamon.

附录A　张量分析基础

A.1　字母指标法和求和约定

在力学中常用的物理量(或几何量)可分成几类：只有大小没有方向性的物理量称为标量，通常用一个字母来表示，如温度T、密度ρ、时间t等。既有大小又有方向性的物理量称为矢量，常用黑体字母来表示，如矢径$\boldsymbol{r}$、位移$\boldsymbol{u}$、速度$\boldsymbol{v}$、力$\boldsymbol{F}$等。具有多重方向性的更为复杂的物理量称为张量，也用黑体字母来表示。例如，一点的应力状态可以用应力张量来表示，它具有二重方向性，即应力分量的值既与截面法线的方向有关又与应力分量本身的方向有关，是二阶张量，可记为$\boldsymbol{\sigma}$。

矢量和张量都要用一组标量才能描述，这组标量中的每一个值称为该物理量的分量，这些分量都与坐标系密切相关(以下均采用笛卡儿坐标系)，为了书写简洁和运算方便，在张量记法中都采用字母标号，即将某一物理量的所有分量用同一个字母表示，并用标号(指标)区别其中的各个分量。例如，将点的位置坐标x、y、z写成x_1、x_2、x_3，并用x_i（$i=1,2,3$，下同)表示；将坐标轴正向的单位矢(基矢)$\boldsymbol{i}$、$\boldsymbol{j}$、$\boldsymbol{k}$写成$\boldsymbol{e}_1$、$\boldsymbol{e}_2$、$\boldsymbol{e}_3$，并用$\boldsymbol{e}_i$表示；位移分量用$\boldsymbol{u}_i$表示；应力分量用σ_{ij}（$i,j=1,2,3$，下同)表示；应变分量用ε_{ij}表示；等等。在微分运算中，可将$\dfrac{\partial\varphi}{\partial x}$、$\dfrac{\partial\varphi}{\partial y}$、$\dfrac{\partial\varphi}{\partial z}$分别写为$\varphi_{,1}$、$\varphi_{,2}$、$\varphi_{,3}$，并用$\varphi_{,i}$表示。以下如未加说明，字母标号中的字母(如$i$、$j$、$k$等)都可取值 1、2、3，即在三维空间中，字母的约定域为 1、2、3。

下面引进爱因斯坦(Einstein)建议的求和约定：如果在表达式的某项中，某指标重复出现两次，则表示要将该项在该指标的取值范围内遍历求和。该重复指标称为哑指标，或简称哑标。这样，就可用哑标代替求和符号$\sum$，例如

$$\begin{aligned}
&a_ib_i=a_1b_1+a_2b_2+a_3b_3\\
&a_{ij}b_j=a_{i1}b_1+a_{i2}b_2+a_{i3}b_3\\
&a_{ii}=a_{11}+a_{22}+a_{33}
\end{aligned}\tag{A-1}$$

根据求和约定，线性变换：

$$\begin{aligned}
x_1'&=a_{11}x_1+a_{12}x_2+a_{13}x_3=a_{1j}x_j\\
x_2'&=a_{21}x_1+a_{22}x_2+a_{23}x_3=a_{2j}x_j\\
x_3'&=a_{31}x_1+a_{32}x_2+a_{33}x_3=a_{3j}x_j
\end{aligned}\tag{A-2}$$

可简写为

$$x_i'=a_{ij}x_j\tag{A-3}$$

其中，j 为哑标；i 为自由指标。

在表达式或方程中自由指标可以出现多次，但不得在同项内重复出现两次。显然，在同一方程或表达式中不能任意改变其中一项或部分项的自由标号，如有必要时，必须将各项的自由标号整体换名。

哑标已经不是用以区分该标号所表示的各个分量，而是一种约定的求和标志，因此，可以选用任何字母而不会改变其含义，例如

$$\begin{aligned} a_i b_i &= a_j b_j \\ a_{ij} b_j &= a_{ik} b_k \\ \varphi_{,i} \mathrm{d}x_i &= \varphi_{,k} \mathrm{d}x_k \end{aligned} \tag{A-4}$$

但是，如果标号不是字母，而是数字，则不适于求和约定，例如，σ_{11}、σ_{22}、σ_{33} 仅表示沿三个坐标方向的正应力。另外，乘积 $(\sigma_x+\sigma_y+\sigma_z)(\sigma_x+\sigma_y+\sigma_z)$ 应写成 $\sigma_{ii}\sigma_{jj}$，不能写作 $\sigma_{ii}\sigma_{ii}$，因为后者的标号重复了四次。

A.2 符号 δ_{ij} 与 e_{ijk}

符号 δ_{ij} 称为克罗内克(Kronecker)符号，它的定义是

$$\delta_{ij} = \begin{cases} 1, & i = j \\ 0, & i \neq j \end{cases} \tag{A-5}$$

该定义表明它有对称性，与指标排列顺序无关，即

$$\delta_{ij} = \delta_{ji} \tag{A-6}$$

δ_{ij} 的分量集合对应于单位矩阵。例如，在三维空间中：

$$\begin{bmatrix} \delta_{11} & \delta_{12} & \delta_{13} \\ \delta_{21} & \delta_{22} & \delta_{23} \\ \delta_{31} & \delta_{32} & \delta_{33} \end{bmatrix} = \begin{bmatrix} 1 & 0 & 0 \\ 0 & 1 & 0 \\ 0 & 0 & 1 \end{bmatrix} \tag{A-7}$$

当 δ 符号的两个指标中一个与同项中其他因子的指标相同时，可以把该因子的那个重指标替换成 δ 的另一个指标，而 δ 符号本身自动消失。这样，有如下等式：

$$\begin{aligned} &\delta_{ij}\delta_{ij} = \delta_{ii}(\text{或}\,\delta_{jj}) = 3 \\ &\delta_{ij}\delta_{jk} = \delta_{ik}，\ \delta_{ij}\delta_{jk}\delta_{kl} = \delta_{il} \end{aligned} \tag{A-8}$$

以及

$$\begin{aligned} &\delta_{ij} a_{jk} = a_{ik}，\ \delta_{ij} a_{ik} = a_{jk} \\ &a_i \delta_{ij} = a_j \end{aligned} \tag{A-9}$$

因为 $a_{ii}=a_{jj}=a_{jk}\delta_{jk}$ ，所以

$$\frac{\partial a_{ii}}{\partial a_{jk}}=\delta_{jk} \tag{A-10}$$

对于点的坐标 x_i 有

$$\frac{\partial x_i}{\partial x_j}=x_{i,j}=\delta_{ij} \tag{A-11}$$

对于基矢 $\boldsymbol{e}_i$ 有如下关系：

$$\boldsymbol{e}_i\cdot\boldsymbol{e}_j=\delta_{ij} \tag{A-12}$$

符号 e_{ijk} 的定义是

$$e_{ijk}=\begin{cases}1, & \text{当}i\text{、}j\text{、}k\text{ 按1、2、3 顺序时(顺循环或正序)}\\ -1, & \text{当}i\text{、}j\text{、}k\text{ 按3、2、1 顺序时(逆循环或逆序)}\\ 0, & \text{当}i\text{、}j\text{、}k\text{ 中任意两个指标值相同时(非循环)}\end{cases} \tag{A-13}$$

e_{ijk} 共有 27 个元素，但只有六个不为零，其中指标按正序排列的三个元素为 1，按逆序排列的三个元素为 −1，而带有重指标的元素都是 0。所以 e_{ijk} 称为排列符号或置换符号。

由定义可看出，e_{ijk} 的相邻两个指标对换奇数次将改变其值的符号，例如

$$e_{ijk}=-e_{jik}=-e_{ikj}=-e_{kji} \tag{A-14}$$

当三个指标轮流换位(或相邻指标对换偶次)时，e_{ijk} 的值不变：

$$e_{ijk}=e_{jki}=e_{kij} \tag{A-15}$$

下面举几个常用实例。

(1)当三个基矢 $\boldsymbol{e}_i$ 、$\boldsymbol{e}_j$ 、$\boldsymbol{e}_k$ 构成正交标准化基时，有

$$\boldsymbol{e}_i\times\boldsymbol{e}_j=\begin{cases}\boldsymbol{e}_k, & \text{当}i\text{、}j\text{、}k\text{ 为顺循环时}\\ -\boldsymbol{e}_k, & \text{当}i\text{、}j\text{、}k\text{ 为逆循环时}\\ 0, & \text{当}i\text{、}j\text{、}k\text{ 为非循环时}\end{cases} \tag{A-16}$$

因此，可将式(A-16)写为

$$\boldsymbol{e}_i\times\boldsymbol{e}_j=e_{ijk}\boldsymbol{e}_k \tag{A-17}$$

于是两个矢量的叉积(或称矢量积)为

$$\boldsymbol{a}\times\boldsymbol{b}=(a_i\boldsymbol{e}_i)\times(b_j\boldsymbol{e}_j)=a_ib_j(\boldsymbol{e}_i\times\boldsymbol{e}_j)=(e_{ijk}a_ib_j)\boldsymbol{e}_k \tag{A-18}$$

因为$e_{ijk}=-e_{jik}$，所以

$$\boldsymbol{a}\times\boldsymbol{b}=-\boldsymbol{b}\times\boldsymbol{a}$$

三个矢量$\boldsymbol{a}$、$\boldsymbol{b}$、$\boldsymbol{c}$的混合积是一个标量，其定义为$[\boldsymbol{a},\boldsymbol{b},\boldsymbol{c}]=\boldsymbol{a}\cdot(\boldsymbol{b}\times\boldsymbol{c})=(\boldsymbol{a}\times\boldsymbol{b})\cdot\boldsymbol{c}$，应用式(A-18)和式(A-12)有

$$\begin{aligned}[\boldsymbol{a},\boldsymbol{b},\boldsymbol{c}]&=\boldsymbol{a}\cdot(\boldsymbol{b}\times\boldsymbol{c})=(a_m\boldsymbol{e}_m)\cdot(e_{ijk}b_jc_k\boldsymbol{e}_i)\\&=e_{ijk}a_mb_jc_k\boldsymbol{e}_m\cdot\boldsymbol{e}_i=e_{ijk}a_mb_jc_k\delta_{mi}=e_{ijk}a_ib_jc_k\end{aligned} \tag{A-19}$$

(2)三阶行列式的展开式为

$$\begin{aligned}\det\boldsymbol{a}=\left|a_{ij}\right|&=\begin{vmatrix}a_{11}&a_{12}&a_{13}\\a_{21}&a_{22}&a_{23}\\a_{31}&a_{32}&a_{33}\end{vmatrix}\\&=a_{11}a_{22}a_{33}+a_{21}a_{32}a_{13}+a_{31}a_{12}a_{23}-a_{31}a_{22}a_{13}-a_{21}a_{12}a_{33}-a_{11}a_{32}a_{23}\end{aligned} \tag{A-20}$$

用排列符号可简洁地表示为

$$\det\boldsymbol{a}=\left|a_{ij}\right|=a_{1i}a_{2j}a_{3k}e_{ijk}\ (\text{按行展开，共六项}) \tag{A-21}$$

$$=a_{i1}a_{j2}a_{k3}e_{ijk}\ (\text{按列展开，共六项}) \tag{A-22}$$

注意，式(A-21)中行序号为顺循环，式(A-22)中列序号为顺循环。因此，当原行列式中的行或列改变任意次时，有

$$\begin{vmatrix}a_{i1}&a_{i2}&a_{i3}\\a_{j1}&a_{j2}&a_{j3}\\a_{k1}&a_{k2}&a_{k3}\end{vmatrix}=(\det\boldsymbol{a})e_{ijk},\quad\begin{vmatrix}a_{1r}&a_{1s}&a_{1t}\\a_{2r}&a_{2s}&a_{2t}\\a_{3r}&a_{3s}&a_{3t}\end{vmatrix}=(\det\boldsymbol{a})e_{rst} \tag{A-23}$$

而将行和列作任意改变时，则有

$$\begin{vmatrix}a_{ir}&a_{is}&a_{it}\\a_{jr}&a_{js}&a_{jt}\\a_{kr}&a_{ks}&a_{kt}\end{vmatrix}=(\det\boldsymbol{a})e_{ijk}e_{rst} \tag{A-24}$$

(3)写出矢量分析中如下恒等式的分量关系：

$$\boldsymbol{a}\times(\boldsymbol{b}\times\boldsymbol{c})=(\boldsymbol{a}\cdot\boldsymbol{c})\boldsymbol{b}-(\boldsymbol{a}\cdot\boldsymbol{b})\boldsymbol{c} \tag{A-25}$$

设$\boldsymbol{a}=a_k\boldsymbol{e}_k$，$\boldsymbol{b}=b_s\boldsymbol{e}_s$，$\boldsymbol{c}=c_t\boldsymbol{e}_t$，应用式(A-18)、式(A-17)和式(A-15)，式(A-25)的左端为

$$\boldsymbol{a}\times(\boldsymbol{b}\times\boldsymbol{c})=(a_k\boldsymbol{e}_k)\times(e_{ist}b_sc_t)\boldsymbol{e}_i=(e_{ist}a_kb_sc_t)\boldsymbol{e}_k\times\boldsymbol{e}_i$$
$$=(e_{kij}e_{ist}a_kb_sc_t)\boldsymbol{e}_j=[(e_{ijk}e_{ist})a_kb_sc_t]\boldsymbol{e}_j$$

应用式(A-12)和δ_{ij}的换标作用，式(A-25)的右端为

$$(\boldsymbol{a}\cdot\boldsymbol{c})\boldsymbol{b}-(\boldsymbol{a}\cdot\boldsymbol{b})\boldsymbol{c}=(a_kc_k)b_j\boldsymbol{e}_j-(a_kb_k)c_j\boldsymbol{e}_j$$
$$=[(\delta_{js}\delta_{kt}-\delta_{ks}\delta_{jt})a_kb_sc_t]\boldsymbol{e}_j$$

令左、右两端分量相等，得

$$(e_{ijk}e_{ist})a_kb_sc_t=(\delta_{js}\delta_{kt}-\delta_{ks}\delta_{jt})a_kb_sc_t$$

由于式(A-25)是恒等式，对任意a_k、b_s、c_t均成立，故上式要求：

$$e_{ijk}e_{ist}=\delta_{js}\delta_{kt}-\delta_{ks}\delta_{jt} \tag{A-26}$$

这称为e-δ恒等式。其一般形式为

$$e_{ijk}e_{rst}=\begin{vmatrix}\delta_{ir} & \delta_{is} & \delta_{it}\\ \delta_{jr} & \delta_{js} & \delta_{jt}\\ \delta_{kr} & \delta_{ks} & \delta_{kt}\end{vmatrix}$$
$$=\delta_{ir}(\delta_{js}\delta_{kt}-\delta_{jt}\delta_{ks})+\delta_{jr}(\delta_{ks}\delta_{it}-\delta_{kt}\delta_{is})+\delta_{kr}(\delta_{is}\delta_{jt}-\delta_{it}\delta_{js}) \tag{A-27}$$

当$i=r$时，由式(A-27)得到式(A-26)。当出现两对或三对哑指标时，式(A-27)退化为

$$e_{ijk}e_{ijt}=2\delta_{kt} \tag{A-28}$$

$$e_{ijk}e_{ijk}=6=3! \tag{A-29}$$

A.3　坐标与坐标转换

在笛卡儿坐标系内，基矢$\boldsymbol{e}_i$称为一阶基矢。原坐标系经平移、旋转后得到新的笛卡儿坐标系，对应的基矢为$\boldsymbol{e}'_i$(图 A-1)。$\boldsymbol{e}_i$和$\boldsymbol{e}'_i$分别满足

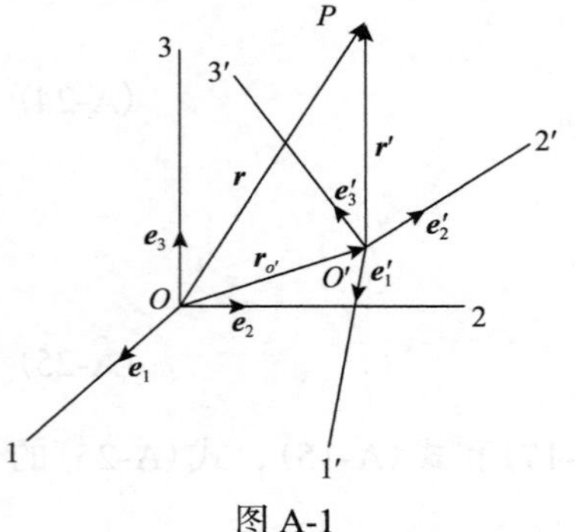

图 A-1

$$\boldsymbol{e}'_i\cdot\boldsymbol{e}'_j=\delta_{ij},\ \boldsymbol{e}_i\cdot\boldsymbol{e}_j=\delta_{ij} \tag{A-30}$$

将新基$\boldsymbol{e}'_i$对老基$\boldsymbol{e}_j$分解，有

$$\boldsymbol{e}'_i=\beta_{i'1}\boldsymbol{e}_1+\beta_{i'2}\boldsymbol{e}_2+\beta_{i'3}\boldsymbol{e}_3=\beta_{i'j}\boldsymbol{e}_j \tag{A-31}$$

将老基$\boldsymbol{e}_j$对新基$\boldsymbol{e}'_i$分解，有

$$\boldsymbol{e}_j=\beta_{1'j}\boldsymbol{e}'_1+\beta_{2'j}\boldsymbol{e}'_2+\beta_{3'j}\boldsymbol{e}'_3=\beta_{i'j}\boldsymbol{e}'_i \tag{A-32}$$

式(A-31)与式(A-32)中

$$\beta_{i'j} = \cos(\boldsymbol{e}'_i, \boldsymbol{e}_j) = \boldsymbol{e}'_i \cdot \boldsymbol{e}_j = \boldsymbol{e}_j \cdot \boldsymbol{e}'_i \tag{A-33}$$

它是新坐标轴 i' 与老坐标轴 j 之间的夹角余弦，称为转换系数。

设某空间点 P 在新、老坐标系中的矢径为

$$\boldsymbol{r}' = x'_i \boldsymbol{e}'_i,\ \boldsymbol{r} = x_j \boldsymbol{e}_j \tag{A-34}$$

若此时图 A-1 中的矢量 $\boldsymbol{r}_{o'}$ 取负向，则有关系式

$$\boldsymbol{r}' = \boldsymbol{r}_{o'} + \boldsymbol{r} \tag{A-35}$$

其中，$\boldsymbol{r}_{o'} = (x'_i)_o \boldsymbol{e}'_i$，是老坐标系中原点 O 在新坐标中的矢径 $\boldsymbol{O'O}$，$(x'_i)_o$ 是老原点 O 在新坐标中的值。将 $\boldsymbol{r}'$ 向新坐标轴 i' 投影，则式(A-35)的左边为

$$\boldsymbol{r}' \cdot \boldsymbol{e}'_i = x'_k \boldsymbol{e}'_k \cdot \boldsymbol{e}'_i = x''_k \delta_{ki} = x'_i$$

右边为

$$(\boldsymbol{r}_{o'} + \boldsymbol{r}) \cdot \boldsymbol{e}'_i = (x'_k)_o \boldsymbol{e}'_k \cdot \boldsymbol{e}'_i + x_j \boldsymbol{e}_j \cdot \boldsymbol{e}'_i = (x'_i)_o + x_j \beta_{i'j}$$

由此导得新坐标用老坐标表示的表达式：

$$x'_i = (x'_i)_o + \beta_{i'j} x_j \tag{A-36}$$

类似地将矢量关系：

$$\boldsymbol{r} = \boldsymbol{r}_{o'} + \boldsymbol{r}'$$

向老坐标投影，可得老坐标用新坐标表示的表达式：

$$x_j = (x_j)_{o'} + \beta_{i'j} x'_i \tag{A-37}$$

其中，$(x_j)_{o'}$ 是新原点 O' 在老坐标中的值。当新、老坐标原点 O 与 O' 重合时，式(A-36)与式(A-37)的矩阵形式是

$$\begin{Bmatrix} x'_1 \\ x'_2 \\ x'_3 \end{Bmatrix} = \begin{bmatrix} \beta_{1'1} & \beta_{1'2} & \beta_{1'3} \\ \beta_{2'1} & \beta_{2'2} & \beta_{2'3} \\ \beta_{3'1} & \beta_{3'2} & \beta_{3'3} \end{bmatrix} \begin{Bmatrix} x_1 \\ x_2 \\ x_3 \end{Bmatrix} \text{或 } \{x'\} = [\beta]\{x\} \tag{A-38}$$

$$\begin{Bmatrix} x_1 \\ x_2 \\ x_3 \end{Bmatrix} = \begin{bmatrix} \beta_{1'1} & \beta_{2'1} & \beta_{3'1} \\ \beta_{1'2} & \beta_{2'2} & \beta_{3'2} \\ \beta_{1'3} & \beta_{2'3} & \beta_{3'3} \end{bmatrix} \begin{Bmatrix} x'_1 \\ x'_2 \\ x'_3 \end{Bmatrix} \text{或 } \{x\} = [\beta]^{\mathrm{T}}\{x'\} \tag{A-39}$$

其中，$[\beta]$ 称为转换矩阵。

由式(A-38)可求得$\{x\}=[\beta]^{-1}\{x'\}$，与式(A-39)比较，得

$$[\beta]^{\mathrm{T}}=[\beta]^{-1} \tag{A-40}$$

两边左乘$[\beta]$后有

$$[\beta][\beta]^{\mathrm{T}}=[I] \tag{A-41}$$

所以转换矩阵$[\beta]$是正交矩阵，其行列式的值$\left|\beta_{i'j}\right|=1$。又由式(A-31)有

$$\boldsymbol{e}_i'\cdot\boldsymbol{e}_j'=\beta_{i'i}\boldsymbol{e}_i\cdot\beta_{j'k}\boldsymbol{e}_k=\beta_{i'i}\beta_{j'k}\delta_{ik}=\beta_{i'k}\beta_{j'k}$$

应用式(A-30)的第一式，得转换系数$\beta_{i'j}$的互逆关系：

$$\beta_{i'k}\beta_{j'k}=\delta_{ij} \tag{A-42}$$

同理，由式(A-32)和式(A-30)的第二式，可导得另一互逆关系：

$$\beta_{k'i}\beta_{k'j}=\delta_{ij}$$

坐标转换的一般定义是：设在三维欧氏空间中任选两个新老曲线坐标系，x_i'和x_j是同一空间点P的新、老曲线坐标值，则方程组：

$$x_i'=x_i'(x_j),\quad i,j=1,2,3 \tag{A-43}$$

定义了由老坐标到新坐标的坐标转换，称为正转换。其逆转换关系是

$$x_j=x_j(x_i'),\quad i,j=1,2,3 \tag{A-44}$$

对式(A-43)微分：

$$\mathrm{d}x_i'=\frac{\partial x_i'}{\partial x_j}\mathrm{d}x_j \tag{A-45}$$

在每个空间点的无限小邻域内导数$\partial x_i'/\partial x_j$可看成常数，因此，式(A-45)给出了由老坐标微分$\mathrm{d}x_j$确定新坐标微分$\mathrm{d}x_i'$的线性变换。若其系数行列式(称为雅可比行列式)

$$J\overset{\mathrm{def}}{=\!=}\left|\frac{\partial x_i'}{\partial x_j}\right| \tag{A-46}$$

处处不为零，则存在相应的逆变换，即可反过来用$\mathrm{d}x_i'$唯一地确定$\mathrm{d}x_j$。由单值、一阶偏导数连续，且雅可比行列式不为零的转换函数所实现的坐标转换称为容许转换，它一定是可逆的。雅可比行列式J处处为正的转换将一个右(左)手坐标系转换成另一个右(左)手坐标系，称为正常转换。J处处为负的转换将一个右手坐标系转换成左手坐标系，称

为反常转换。今后只讨论正常容许转换。

对式(A-36)和式(A-37)求导，得

$$\beta_{i'j} = \frac{\partial x_i'}{\partial x_j} = \frac{\partial x_j}{\partial x_i'} \tag{A-47}$$

推广式(A-47)，可将任意坐标转换关系中的雅可比行列式元素 $\partial x_i' / \partial x_j$ 定义为转换系 $\beta_{i'j}$。对于笛卡儿坐标系，$\left|\beta_{i'j}\right| = 1 > 0$，所以右(或左)手笛卡儿坐标系的转换是正常容许转换。

A.4　张量分量的坐标转换规律

任何表示某种物理实体的物理量，包括标量、矢量和张量，都不会因人为地选择不同参考坐标系而改变其固有的性质。然而标量只有一个分量，它与坐标转换无关，矢量或张量的分量则与坐标选择密切相关。

在三维空间中矢量要用三个分量来确定。由于矢量为坐标系不变量，则矢量$\boldsymbol{a}$在新、老坐标系中的分解为

$$\boldsymbol{a} = a_i'\boldsymbol{e}_i' = a_j\boldsymbol{e}_j \tag{A-48}$$

a_i'与a_j分别是$\boldsymbol{a}$在基矢$\boldsymbol{e}_i'$和$\boldsymbol{e}_j$上的分量，它们是与坐标系(或基矢)有关的量。因$\boldsymbol{e}_j = \beta_{i'j}\boldsymbol{e}_i'$，于是有

$$\boldsymbol{a} = a_i'\boldsymbol{e}_i' = a_j\beta_{i'j}\boldsymbol{e}_i'$$

由上式可得

$$a_i' = \beta_{i'j}a_j \tag{A-49}$$

同理因$\boldsymbol{e}_i' = \beta_{i'j}\boldsymbol{e}_j$，可得

$$a_j = \beta_{i'j}a_i' \tag{A-50}$$

式(A-49)与式(A-50)即为矢量分量在坐标转换时应满足的转换规律。式(A-48)表明，矢量是与一阶基矢相关联的不变量，它可表示成一阶基矢的线性组合，这个组合与坐标系的选择无关，因此称为一阶张量。虽然标量也是不变量，但它不能表示为任何基矢的线性组合，所以标量又称为零阶张量。

在笛卡儿坐标系中，定义$\boldsymbol{e}_i\boldsymbol{e}_j$为二阶基矢，也称为基矢的并乘、双乘和外乘，有时也称为并(基)矢。它就是将两个沿坐标线方向的基矢并写在一起，不做任何运算，起着“单位”的作用。根据式(A-31)或式(A-32)，有

$$
\begin{aligned}
\boldsymbol{e}_i'\boldsymbol{e}_j' &= \beta_{i'm}\beta_{j'n}\boldsymbol{e}_m\boldsymbol{e}_n \\
\boldsymbol{e}_m\boldsymbol{e}_n &= \beta_{i'm}\beta_{j'n}\boldsymbol{e}_i'\boldsymbol{e}_j'
\end{aligned}
\tag{A-51}
$$

式(A-51)为坐标系转换时二阶基矢的转换规律。

现在考虑两个矢量$\boldsymbol{a}$和$\boldsymbol{b}$的并乘在坐标系转换时的转换规律。因为

$$
\begin{aligned}
\boldsymbol{ab} &= a_i\boldsymbol{e}_i b_j\boldsymbol{e}_j = a_i b_j\boldsymbol{e}_i\boldsymbol{e}_j \\
&= a_i'\boldsymbol{e}_i' b_j'\boldsymbol{e}_j' = a_i' b_j'\boldsymbol{e}_i'\boldsymbol{e}_j'
\end{aligned}
$$

记$B_{ij} = a_i b_j,\ B_{ij}' = a_i' b_j'$，则由上式有

$$
\boldsymbol{ab} = B_{ij}\boldsymbol{e}_i\boldsymbol{e}_j = B_{ij}'\boldsymbol{e}_i'\boldsymbol{e}_j' \tag{A-52}
$$

式(A-52)表示$\boldsymbol{a}$与$\boldsymbol{b}$的并乘是一个坐标不变量，称为二阶张量。我们可将式(A-52)推广，定义二阶张量：如果有9个数B_{ij}，它与二阶基矢的线性组合$B_{ij}\boldsymbol{e}_i\boldsymbol{e}_j$为坐标系不变量，并将它记为$\boldsymbol{B}$，有

$$
\boldsymbol{B} = B_{ij}\boldsymbol{e}_i\boldsymbol{e}_j = B_{ij}'\boldsymbol{e}_i'\boldsymbol{e}_j' \tag{A-53}
$$

则称$\boldsymbol{B}$为二阶张量，B_{ij}和B_{ij}'分别为二阶张量$\boldsymbol{B}$在二阶基矢$\boldsymbol{e}_i\boldsymbol{e}_j$和$\boldsymbol{e}_i'\boldsymbol{e}_j'$上的分量。将关系式(A-51)代入式(A-53)，得到当坐标转换时二阶张量的分量间应满足的转换规律：

$$
\begin{aligned}
B_{ij}' &= \beta_{i'm}\beta_{j'n}B_{mn}, \quad i,j=1,2,3 \\
B_{mn} &= \beta_{i'm}\beta_{j'n}B_{ij}', \quad m,n=1,2,3
\end{aligned}
\tag{A-54}
$$

以上分量转换规律可进一步推广到高阶张量：在n维空间中n维k阶张量要用n^k个分量来确定，且当坐标转换时，分量间应满足如下转换规律：

$$
\begin{aligned}
B_{\underbrace{ijk\cdots}_{k}}' &= \beta_{i'r}\beta_{j's}\beta_{k't}\cdots B_{\underbrace{rst\cdots}_{k}}, \quad i,j,k,\cdots=1,2,\cdots,n \\
B_{\underbrace{rst\cdots}_{k}} &= \beta_{i'r}\beta_{j's}\beta_{k't}\cdots B_{\underbrace{ijk\cdots}_{k}}', \quad r,s,t,\cdots=1,2,\cdots,n
\end{aligned}
\tag{A-55}
$$

其中，$B_{ijk\cdots}'$和$B_{rst\cdots}$是张量$\boldsymbol{B}$在新、老坐标系中的分量；$\beta_{i'r}$、$\beta_{j's}$、$\beta_{k't}$、$\cdots$是坐标转换系数，对于笛卡儿坐标系间的转换，$\beta_{i'r}$等就是新、老坐标轴之间的方向余弦，式(A-33)有时也以上述张量分量的转换规律作为张量的定义。

以上已说明，张量是与坐标系选择无关的不变量，因此，可以独立于坐标系来表述张量，这种记法称为直接记法或抽象记法，且用黑体字母表示。实际运算中，要采用适当的坐标系，于是张量要表述成与对应基矢的线性组合，即用张量的分量来表述，称为分量记法。对于一阶和二阶张量，还可将其分量作为矩阵的元素，用矩阵表示张量，称为矩阵记法，如表A-1所示。

表 A-1　张量的记法

	直接记法	分量记法	矩阵记法
标量(零阶张量)	a		
矢量(一阶张量)	$\boldsymbol{a}$	$a_i\boldsymbol{e}_i$	$\{a_i\}$
张量(二阶张量)	$\boldsymbol{B}$	$B_{ij}\boldsymbol{e}_i\boldsymbol{e}_j$	$[B_{ij}]$

应当注意：

(1)张量的直接记法与其分量记法及矩阵记法不同，前者与坐标系无关，后两者是在给定坐标系内的记法，坐标系改变，其分量及矩阵元素相应改变；

(2)在给定坐标系内，张量可用矩阵表示，但矩阵不一定是张量在一定坐标系内的表述，因为矩阵的元素是与坐标系无关的，不满足转换规律；

(3)一般地，在论证某些关系式时宜将张量用分量表述，然后再将所得的结果表述成直接记法，得到与坐标系选择无关的张量式。

每项都由张量组成的方程称为张量方程。张量方程具有与坐标选择无关的重要性质，可用于描述客观物理现象的固有特性和普遍规律。

A.5　张量代数、商判则

A.5.1　相等

若两个张量 $\boldsymbol{B}=B_{ij}\boldsymbol{e}_i\boldsymbol{e}_j$ 和 $\boldsymbol{S}=S_{ij}\boldsymbol{e}_i\boldsymbol{e}_j$ 相等，即 $\boldsymbol{B}=\boldsymbol{S}$，则它们在同一坐标系内的对应分量相等，即

$$B_{ij}=S_{ij} \tag{A-56}$$

若两个张量在某个给定坐标系(如笛卡儿坐标系)中的对应分量相等，则它们在任何由容许变换得到的新坐标系中的对应分量也相等。这是因为它们服从相同的分量转换规律：

$$B'_{ij}=\beta_{i'm}\beta_{j'n}B_{mn}=\beta_{i'm}\beta_{j'n}S_{mn}=S'_{ij}$$

其中，转换系数 $\beta_{i'm}$ 和 $\beta_{j'n}$ 只与新、老坐标系的选择有关，与被转换的张量无关。

A.5.2　和、差

两个同维同阶张量 $\boldsymbol{A}=A_{ij}\boldsymbol{e}_i\boldsymbol{e}_j$ 与 $\boldsymbol{B}=B_{ij}\boldsymbol{e}_i\boldsymbol{e}_j$ 之和(或差)，是另一个同维同阶张量 $\boldsymbol{C}=C_{ij}\boldsymbol{e}_i\boldsymbol{e}_j$，即

$$\boldsymbol{C}=\boldsymbol{A}\pm\boldsymbol{B},\quad C_{ij}=A_{ij}\pm B_{ij} \tag{A-57}$$

A.5.3　数积

张量 $\boldsymbol{A}$ 和一个数 λ (或标量函数)相乘得另一个同维同阶张量 $\boldsymbol{B}$，即

$$\boldsymbol{B} = \lambda \boldsymbol{A},\ B_{ij} = \lambda A_{ij} \tag{A-58}$$

A.5.4　并积

两个同维不同阶(或同阶)张量 $\boldsymbol{A}$ 和 $\boldsymbol{B}$ 的并积(或称外积) $\boldsymbol{C}$ 是一个阶数等于 $\boldsymbol{A}$ 、$\boldsymbol{B}$ 阶数之和的高阶张量。设 $\boldsymbol{A} = A_{ijk}\boldsymbol{e}_i\boldsymbol{e}_j\boldsymbol{e}_k$ ，$\boldsymbol{B} = B_{lm}\boldsymbol{e}_l\boldsymbol{e}_m$ ，则

$$\begin{aligned} \boldsymbol{C} = \boldsymbol{AB} = C_{ijklm}\boldsymbol{e}_i\boldsymbol{e}_j\boldsymbol{e}_k\boldsymbol{e}_l\boldsymbol{e}_m \\ C_{ijklm} = A_{ijk}B_{lm} \end{aligned} \tag{A-59}$$

又由分量转换规律式(A-55)，可得

$$\begin{aligned} C'_{ijklm} &= \beta_{i'r}\beta_{j's}\beta_{k't}\beta_{l'u}\beta_{m'v}C_{rstuv} \\ &= (\beta_{i'r}\beta_{j's}\beta_{k't}A_{rst})(\beta_{l'u}\beta_{m'v}B_{uv}) \\ &= A'_{ijk}B'_{lm} \end{aligned} \tag{A-60}$$

因此，在新坐标中的分量关系仍如式(A-59)中第二式。

A.5.5　缩并

若对基张量中的任意两个基矢量求点积，则张量将缩并为低二阶的新张量。例如，三阶张量 $\boldsymbol{B} = B_{ijk}\boldsymbol{e}_i\boldsymbol{e}_j\boldsymbol{e}_k$ 的一种缩并为

$$\boldsymbol{C} = B_{ijk}\boldsymbol{e}_i\boldsymbol{e}_j\boldsymbol{e}_k = B_{ijk}\delta_{ik}\boldsymbol{e}_j = B_{iji}\boldsymbol{e}_j = C_j\boldsymbol{e}_j \tag{A-61a}$$

其分量关系为

$$C_j = B_{iji} \tag{A-61b}$$

注意，若在基张量中取不同基矢量的点积，则缩并的结果也不同。

由于 $\boldsymbol{B}$ 满足如下转换规律：

$$B'_{ijk} = \beta_{i'l}\beta_{j'm}\beta_{k'n}B_{lmn}$$

缩并后 i 、k 成一对是哑标，则

$$\begin{aligned} C'_j = B'_{iji} &= \beta_{i'l}\beta_{j'm}\beta_{i'n}B_{lmn} = \beta_{j'm}\delta_{ln}B_{lmn} \\ &= \beta_{j'm}B_{imi} = \beta_{j'm}C_m \end{aligned}$$

可见缩并后 $\boldsymbol{C}$ 的分量仍满足转换规律，是一个比 $\boldsymbol{B}$ 低二阶的张量。

A.5.6　内积与点积

并积与缩并的共同运算称为内积。例如，张量 $\boldsymbol{A} = A_{ijk}\boldsymbol{e}_i\boldsymbol{e}_j\boldsymbol{e}_k$ 和 $\boldsymbol{B} = B_{lm}\boldsymbol{e}_l\boldsymbol{e}_m$ 的一种内

积为

$$\begin{aligned}\boldsymbol{C} &= A_{ijk}\boldsymbol{e}_i\boldsymbol{e}_j\boldsymbol{e}_k B_{lm}\boldsymbol{e}_l\boldsymbol{e}_m \\ &= A_{ijk}B_{lj}\boldsymbol{e}_i\boldsymbol{e}_k\boldsymbol{e}_l = C_{ikl}\boldsymbol{e}_i\boldsymbol{e}_k\boldsymbol{e}_l\end{aligned} \tag{A-62a}$$

其分量关系为

$$C_{ikl} = A_{ijk}B_{lj} \tag{A-62b}$$

最常用的一种内积是前张量 $\boldsymbol{A}$ 的最后基矢与后张量 $\boldsymbol{B}$ 的第一基矢缩并的结果，称为点积，记为 $\boldsymbol{A}\cdot\boldsymbol{B}$ ，即

$$\begin{aligned}\boldsymbol{C} = \boldsymbol{A}\cdot\boldsymbol{B} &= A_{ijk}B_{lm}\boldsymbol{e}_i\boldsymbol{e}_j\boldsymbol{e}_k\cdot\boldsymbol{e}_l\boldsymbol{e}_m \\ &= A_{ijk}B_{km}\boldsymbol{e}_i\boldsymbol{e}_j\boldsymbol{e}_m = C_{ijm}\boldsymbol{e}_i\boldsymbol{e}_j\boldsymbol{e}_m\end{aligned} \tag{A-63a}$$

其分量关系为

$$C_{ijm} = A_{ijk}B_{km} \tag{A-63b}$$

由式(A-63b)可知，两张量点积的结果即把前、后张量中一对紧挨着的指标改为哑标。

A.5.7　双点积

对前、后张量中两对紧挨着的基矢缩并的结果称为双点积，共分两种情况。

(1)并双点积

$$\boldsymbol{C} = \boldsymbol{A}:\boldsymbol{B} = A_{ijk}B_{jk}\boldsymbol{e}_i = C_i\boldsymbol{e}_i \tag{A-64}$$

(2)串双点积

$$\boldsymbol{D} = \boldsymbol{A}\cdot\cdot\boldsymbol{B} = A_{ijk}B_{kj}\boldsymbol{e}_i = D_i\boldsymbol{e}_i \tag{A-65}$$

为证明某个量为张量，由内积运算可以引出另一个判别张量的准则——商判则。它可以表述如下：和任意矢量的内积(包括点积)为 $k-1$ 阶张量的量一定是个 k 阶张量。下面予以证明。

不失一般性，以三维空间中某个具三个指标的量 $\boldsymbol{A} = A_{[r,s,t]}\boldsymbol{e}_r\boldsymbol{e}_s\boldsymbol{e}_t$ 为例。已知 $\boldsymbol{v} = v_l\boldsymbol{e}_l$ 为任意矢量，且 $\boldsymbol{A}\cdot\boldsymbol{v} = \boldsymbol{B}$ 为二阶张量，即

$$\begin{aligned}\boldsymbol{A}\cdot\boldsymbol{v} &= A_{[r,s,t]}v_l\boldsymbol{e}_r\boldsymbol{e}_s\boldsymbol{e}_t\cdot\boldsymbol{e}_l \\ &= A_{[r,s,t]}v_t\boldsymbol{e}_r\boldsymbol{e}_s = B_{rs}\boldsymbol{e}_r\boldsymbol{e}_s = \boldsymbol{B}\end{aligned}$$

相应的分量关系为

$$B_{rs} = A_{[r,s,t]}v_t$$

在新坐标系中有

$$B'_{ij} = A'_{[i,j,k]} v'_k$$

由 $\boldsymbol{B}$ 和 $\boldsymbol{v}$ 的分量转换规律及 B_{rs} 的表达式，上式左端可化为

$$B'_{ij} = \beta_{i'r}\beta_{j's}B_{rs} = \beta_{i'r}\beta_{j's}A_{[r,s,t]}v_t = \beta_{i'r}\beta_{j's}\beta_{k't}A_{[r,s,t]}v'_k$$

与新坐标系中 B'_{ij} 表达式的右端相比较，且注意到 $\boldsymbol{v}$（因而 v'_k）是任意的，则有

$$A'_{[i,j,k]} = \beta_{i'r}\beta_{j's}\beta_{k't}A_{[r,s,t]}$$

即 $\boldsymbol{A}$ 满足分量转换规律，因为是三阶张量，可记为 $\boldsymbol{A} = A_{rst}\boldsymbol{e}_r\boldsymbol{e}_s\boldsymbol{e}_t$。

A.6　几种特殊张量

下面介绍几种经常要遇到的特殊张量。

A.6.1　零张量

全部分量为零的张量，记为 0。用分量转换规律可证明，在某坐标系中为零的张量在其他坐标系中也必为零，即

$$若\ \boldsymbol{T} = 0，则\ T_{ij} = T'_{ij} = 0 \tag{A-66}$$

A.6.2　单位张量

分量为 δ_{ij} 的二阶张量，记为 $\boldsymbol{I}$ 或 1，即

$$\boldsymbol{I} = \delta_{ij}\boldsymbol{e}_i\boldsymbol{e}_j,\ I_{ij} = \delta_{ij} \tag{A-67}$$

又由分量转换规律：

$$I'_{ij} = \beta_{i'k}\beta_{j'l}\delta_{kl} = \beta_{i'k}\beta_{j'k} = \delta_{ij}$$

又设 $\boldsymbol{I} = \delta_{ij}\boldsymbol{e}_i\boldsymbol{e}_j$，任意矢量为 $\boldsymbol{a} = a_k\boldsymbol{e}_k$，则 $\boldsymbol{I}$ 与 $\boldsymbol{a}$ 的点积为

$$\boldsymbol{I}\cdot\boldsymbol{a} = \delta_{ij}a_k\boldsymbol{e}_i\boldsymbol{e}_j\boldsymbol{e}_k = \delta_{ij}a_k\delta_{jk}\boldsymbol{e}_i = \delta_{ij}a_j\boldsymbol{e}_i = a_i\boldsymbol{e}_i = \boldsymbol{a}$$

这说明，单位张量和任意矢量（或张量）的点积就等于该矢量（或张量）。

A.6.3　球形张量

主对角分量为 α、其余分量为零的二阶张量。它是数 α 与单位张量的数积。即

$$\boldsymbol{S} = \alpha\boldsymbol{I},\ S_{ij} = \alpha\delta_{ij} \tag{A-68}$$

A.6.4 转置张量

设二阶张量 $\boldsymbol{B}=B_{ij}\boldsymbol{e}_i\boldsymbol{e}_j$，由对换分量指标而基矢量顺序保持不变所得到的新张量：

$$\boldsymbol{B}^*=B_{ji}\boldsymbol{e}_i\boldsymbol{e}_j \tag{A-69}$$

称为张量 $\boldsymbol{B}$ 的转置张量。应该指出，若同时对换分量指标和基矢量顺序，则结果仍是张量 $\boldsymbol{B}$。

对换高阶张量的不同指标将得到不同的转置张量。例如，三阶张量 $\boldsymbol{B}=B_{ijk}\boldsymbol{e}_i\boldsymbol{e}_j\boldsymbol{e}_k$ 有三种不同的转置张量：$\boldsymbol{B}_1^*=B_{jik}\boldsymbol{e}_i\boldsymbol{e}_j\boldsymbol{e}_k$，$\boldsymbol{B}_2^*=B_{ikj}\boldsymbol{e}_i\boldsymbol{e}_j\boldsymbol{e}_k$，$\boldsymbol{B}_3^*=B_{kji}\boldsymbol{e}_i\boldsymbol{e}_j\boldsymbol{e}_k$。

A.6.5 对称张量和反对称张量

转置张量等于其本身的张量，称为对称张量。或表示为

$$\boldsymbol{B}=\boldsymbol{B}^*,\ B_{ij}=B_{ji} \tag{A-70}$$

三维二阶对称张量的独立分量只有 6 个。n 维二阶对称张量则有 $n(n+1)/2$ 个独立分量。

转置张量等于其负的张量，称为反对称张量，即

$$\boldsymbol{B}=-\boldsymbol{B}^*,\ B_{ij}=-B_{ji} \tag{A-71}$$

反对称张量的主对角分量均为零。因为当 $i=j$ 时，式(A-71)要求 $B_{11}=-B_{11}$，$B_{22}=-B_{22}$，$B_{33}=-B_{33}$，由此得 $B_{11}=B_{22}=B_{33}=0$。三维二阶反对称张量的独立分量只有 3 个。n 维二阶反对称张量有 $n(n-1)/2$ 个独立分量。

任意二阶张量 $\boldsymbol{B}$ 均可分解为对称张量 $\boldsymbol{S}$ 和反对称张量 $\boldsymbol{A}$ 之和，即

$$\boldsymbol{B}=\boldsymbol{S}+\boldsymbol{A} \tag{A-72}$$

对式(A-72)取转置：

$$\boldsymbol{B}^*=\boldsymbol{S}^*+\boldsymbol{A}^*=\boldsymbol{S}-\boldsymbol{A}$$

将其与式(A-72)联立求解，得

$$\boldsymbol{S}=\frac{1}{2}(\boldsymbol{B}+\boldsymbol{B}^*),\ \boldsymbol{A}=\frac{1}{2}(\boldsymbol{B}-\boldsymbol{B}^*) \tag{A-73}$$

由此可知，对任意二阶张量 $\boldsymbol{B}$ 均可按式(A-73)唯一地确定其对称部分和反对称部分，因而加法分解式(A-72)成立。

A.6.6 偏斜张量

任意二阶对称张量 $\boldsymbol{S}$ 均可分解为球形张量 $\boldsymbol{P}$ 和偏斜张量 $\boldsymbol{D}$ 之和，即

$$\boldsymbol{S}=\boldsymbol{P}+\boldsymbol{D} \tag{A-74}$$

其中，球形张量为

$$\boldsymbol{P}=\alpha\boldsymbol{I},\ P_{ij}=\alpha\delta_{ij} \tag{A-75}$$

$$\alpha=\frac{1}{3}S_{ii} \tag{A-76}$$

而偏斜张量为

$$\boldsymbol{D}=\boldsymbol{S}-\boldsymbol{P},\ D_{ij}=S_{ij}-P_{ij} \tag{A-77}$$

由式(A-75)和式(A-76)，可得偏斜张量的三个对角线分量之和为零，即

$$D_{ii}=S_{ii}-\left(\frac{1}{3}S_{ii}\right)\times 3=0 \tag{A-78}$$

A.6.7　置换张量

在笛卡儿坐标系中以置换符号 e_{rst} 为分量的三阶张量，又称排列张量。下面证明 e_{rst} 满足张量分量的转换规律。利用式(A-19)和式(A-31)，且注意到基矢量的分量值等于 1，则

$$\begin{aligned}e'_{ijk}&=[\boldsymbol{e}'_i,\boldsymbol{e}'_j,\boldsymbol{e}'_k]=[\beta_{i'r}\boldsymbol{e}_r,\beta_{j's}\boldsymbol{e}_s,\beta_{k't}\boldsymbol{e}_t]\\&=\beta_{i'r}\beta_{j's}\beta_{k't}[\boldsymbol{e}_r,\boldsymbol{e}_s,\boldsymbol{e}_t]\\&=\beta_{i'r}\beta_{j's}\beta_{k't}e_{rst}\end{aligned}$$

因而

$$\boldsymbol{e}=e_{rst}\boldsymbol{e}_r\boldsymbol{e}_s\boldsymbol{e}_t \tag{A-79}$$

可见符合分量转换规律，是一个三阶张量。

A.6.8　各向同性张量

全部分量均不因坐标转换而改变的张量，称为各向同性张量，如单位张量 $\boldsymbol{I}$ 、球形张量 $\boldsymbol{P}$ 、置换张量 $\boldsymbol{e}$ 等。标量是零阶的各向同性张量，而矢量则不是各向同性张量。

A.7　张量的主方向与主分量

设 $\boldsymbol{B}$ 为给定张量(只限于三维空间)，$\boldsymbol{\nu}$ 为某单位方向矢，则 $\boldsymbol{\nu}$ 经 $\boldsymbol{B}$ 线性变换后的矢量(映象)为

$$\boldsymbol{\nu}^*=\boldsymbol{B}\cdot\boldsymbol{\nu},\ \nu_i^*=B_{ij}\nu_j \tag{A-80}$$

显然，$\boldsymbol{\nu}^*$依赖于$\boldsymbol{B}$和$\boldsymbol{\nu}$，而且一般地$\boldsymbol{\nu}^* \neq \boldsymbol{\nu}$。如果对于给定的张量$\boldsymbol{B}$，存在方向$\boldsymbol{\nu}$，使得$\boldsymbol{\nu}^* = \lambda\boldsymbol{\nu}$，则称$\boldsymbol{\nu}$为$\boldsymbol{B}$的主方向。所以$\boldsymbol{B}$的主方向$\boldsymbol{\nu}$应满足的条件为

$$\boldsymbol{B}\cdot\boldsymbol{\nu} = \lambda\boldsymbol{\nu},\ B_{ij}\nu_j = \lambda\nu_i \tag{A-81}$$

或写成

$$(B_{ij} - \lambda\delta_{ij})\nu_j = 0, \quad i = 1,2,3 \tag{A-82}$$

其中，λ为某一标量。

式(A-82)是一个对于ν_j的线性齐次代数方程组，存在非零解的充分必要条件是相应系数行列式为零，即

$$\det(\boldsymbol{B} - \lambda\boldsymbol{I}) = 0$$

展开后得张量$\boldsymbol{B}$的特征方程为

$$\lambda^3 - I_1\lambda^2 + I_2\lambda - I_3 = 0 \tag{A-83}$$

其中

$$I_1 = B_{11} + B_{22} + B_{33} = B_{ii} \tag{A-84}$$

是矩阵$[B_{ij}]$的主对角分量之和，称为张量$\boldsymbol{B}$的迹，记作$\mathrm{tr}\,\boldsymbol{B}$。

$$I_2 = \begin{vmatrix} B_{22} & B_{23} \\ B_{32} & B_{33} \end{vmatrix} + \begin{vmatrix} B_{11} & B_{13} \\ B_{31} & B_{33} \end{vmatrix} + \begin{vmatrix} B_{11} & B_{12} \\ B_{21} & B_{22} \end{vmatrix} = \frac{1}{2}(B_{ii}B_{jj} - B_{ij}B_{ji}) \tag{A-85}$$

是矩阵$[B_{ij}]$的二阶主子式之和。

$$I_3 = \begin{vmatrix} B_{11} & B_{12} & B_{13} \\ B_{21} & B_{22} & B_{23} \\ B_{31} & B_{32} & B_{33} \end{vmatrix} = e_{ijk}B_{1i}B_{2j}B_{3k} \tag{A-86}$$

是矩阵$[B_{ij}]$的行列式，记作$\det\boldsymbol{B}$。特征方程(A-83)的三个特征根称为张量$\boldsymbol{B}$的主分量，可记为$\lambda_{(1)}$、$\lambda_{(2)}$、$\lambda_{(3)}$。

下面说明三个问题。

(1) 坐标交换不改变张量的主分量

设在三维空间中，$\boldsymbol{B}$为二阶张量，它在基矢量为$\boldsymbol{e}_j$的坐标系中具有分量B_{ij}，而在基矢量为$\boldsymbol{e}'_i = \beta_{i'j}\boldsymbol{e}_j$的坐标系中具有分量$B'_{ij}$。记$\boldsymbol{B} = [B_{ij}]$，$\boldsymbol{B}' = [B'_{ij}]$，$\boldsymbol{\beta} = [\beta_{i'j}]$，且设$\lambda$为$\boldsymbol{B}'$的主分量，则有

$$\det(\boldsymbol{B}' - \lambda\boldsymbol{I}) = 0$$

又因为$[B'_{ij}]=[\beta_{i'j}][B_{ij}][\beta_{i'j}]^{\mathrm{T}}$，且$\boldsymbol{\beta}$为一正交阵，因此

$$\det\{\boldsymbol{\beta}(\boldsymbol{B}-\lambda\boldsymbol{I})\boldsymbol{\beta}^{\mathrm{T}}\}=0$$
$$\det\boldsymbol{\beta}\det(\boldsymbol{B}-\lambda\boldsymbol{I})\det\boldsymbol{\beta}=0$$

因为$(\det\boldsymbol{\beta})^2=1$，故有

$$\det(\boldsymbol{B}-\lambda\boldsymbol{I})=0$$

因此，λ也是$\boldsymbol{B}$的主分量。以上分析表明，坐标系变换，不会改变张量的主分量。张量方程(A-81)的特征方程(A-83)是一个与坐标选择无关的普遍方程，它的三个系数I_1、I_2和I_3分别称为张量$\boldsymbol{B}$的第一、第二和第三不变量。

(2) 主方向

求出张量$\boldsymbol{B}$的三个主分量$\lambda_{(k)}(k=1,2,3)$后，则由方程$(B_{ij}-\lambda_{(k)}\delta_{ij})\nu_j=0$和单位矢量的条件$\nu_j\nu_j=1$可解出一组$\nu_{j(k)}$，构成一个单位矢量$\boldsymbol{\nu}_{(k)}=\nu_{j(k)}\boldsymbol{e}_j$。当$\boldsymbol{B}$是实对称张量时，存在三个实特征根$\lambda_{(k)}$，若$\lambda_{(1)}$、$\lambda_{(2)}$、$\lambda_{(3)}$互不相等，则由式(A-81)，有

$$\boldsymbol{B}\cdot\boldsymbol{\nu}_{(k)}=\lambda_{(k)}\boldsymbol{\nu}_{(k)}$$
$$\boldsymbol{B}\cdot\boldsymbol{\nu}_{(l)}=\lambda_{(l)}\boldsymbol{\nu}_{(l)}$$

两式分别点乘$\boldsymbol{\nu}_{(l)}$和$\boldsymbol{\nu}_{(k)}$，然后相减得

$$\boldsymbol{\nu}_{(l)}\cdot\boldsymbol{B}\cdot\boldsymbol{\nu}_{(k)}-\boldsymbol{\nu}_{(k)}\cdot\boldsymbol{B}\cdot\boldsymbol{\nu}_{(l)}=(\lambda_{(k)}-\lambda_{(l)})\boldsymbol{\nu}_{(k)}\cdot\boldsymbol{\nu}_{(l)}$$

由张量$\boldsymbol{B}$的对称性导得上式左端为零，而右端$\lambda_{(k)}-\lambda_{(l)}\neq0$(当$k\neq l$)，故要求：

$$\boldsymbol{\nu}_{(k)}\cdot\boldsymbol{\nu}_{(l)}=0$$

则$\boldsymbol{\nu}_{(1)}$、$\boldsymbol{\nu}_{(2)}$、$\boldsymbol{\nu}_{(3)}$互为正交且唯一确定，称为张量$\boldsymbol{B}$的主方向。对于二重根情况，例如$\lambda_{(1)}=\lambda_{(2)}$，则垂直于$\boldsymbol{\nu}_{(3)}$的任何方向都是主方向，可任选其中两个互相垂直的方向作为$\boldsymbol{\nu}_{(1)}$和$\boldsymbol{\nu}_{(2)}$。若$\lambda_{(1)}=\lambda_{(2)}=\lambda_{(3)}$，则任何方向都是主方向，$\boldsymbol{B}$为各向同性张量。

(3) 主方向坐标系

沿主方向$\boldsymbol{\nu}_{(1)}$、$\boldsymbol{\nu}_{(2)}$、$\boldsymbol{\nu}_{(3)}$的正交坐标系称为张量$\boldsymbol{B}$的主方向坐标系。设$\boldsymbol{B}=B_{ij}\boldsymbol{e}_i\boldsymbol{e}_j$，对主方向坐标系取$\boldsymbol{e}_k=\boldsymbol{\nu}_{(k)}(k=1,2,3)$，于是式(A-81)成为

$$\boldsymbol{B}\cdot\boldsymbol{e}_k=\lambda_{(k)}\boldsymbol{e}_k$$

由上式可得

$$B_{ij}\boldsymbol{e}_i\boldsymbol{e}_j\cdot\boldsymbol{e}_k=B_{ik}\boldsymbol{e}_i=\lambda_{(k)}\boldsymbol{e}_k$$

比较最后等式的两端可知，仅当$i=k$时对角分量$B_{kk}=\lambda_{(k)}$，而$i\neq k$时的非对角分量均应

为零。于是张量 $\boldsymbol{B}$ 在主方向坐标系中的分解式可写成

$$\boldsymbol{B}=\lambda_{(1)}\boldsymbol{e}_1\boldsymbol{e}_1+\lambda_{(2)}\boldsymbol{e}_2\boldsymbol{e}_2+\lambda_{(3)}\boldsymbol{e}_3\boldsymbol{e}_3 \tag{A-87}$$

其矩阵形式为

$$[B_{ij}]=\begin{bmatrix}\lambda_{(1)} & 0 & 0\\ 0 & \lambda_{(2)} & 0\\ 0 & 0 & \lambda_{(3)}\end{bmatrix} \tag{A-88}$$

A.8　笛卡儿张量的微积分

定义在空间域 R 上的张量场可以用一个随空间点的坐标而变化的张量函数来表示。该函数对坐标的导数反映了张量场的空间变化规律。

考虑笛卡儿张量 $\boldsymbol{B}=B_{mn}\boldsymbol{e}_m\boldsymbol{e}_n$，其分量 B_{mn} 是依赖于坐标的量，记为 $B_{mn}(x_1,x_2,x_3)$。对坐标 x_i 求偏导数：

$$\frac{\partial\boldsymbol{B}}{\partial x_i}=\frac{\partial B_{mn}}{\partial x_i}\boldsymbol{e}_m\boldsymbol{e}_n\overset{\text{def}}{=}B_{mn'i}\boldsymbol{e}_m\boldsymbol{e}_n\overset{\text{def}}{=}\partial_i B_{mn}\boldsymbol{e}_m\boldsymbol{e}_n \tag{A-89}$$

当坐标转换时，在新坐标系中

$$\boldsymbol{B}=B'_{rs}\boldsymbol{e}'_r\boldsymbol{e}'_s$$

$$\frac{\partial\boldsymbol{B}}{\partial x'_j}=B'_{rs,j}\boldsymbol{e}'_r\boldsymbol{e}'_s=\partial_{j'}B'_{rs}\boldsymbol{e}'_r\boldsymbol{e}'_s$$

已知张量分量间满足转换规律：

$$B'_{rs}=\beta_{r'm}\beta_{s'n}B_{mn}$$

应用复合求导法则和式(A-47)，注意到笛卡儿坐标系中 $\boldsymbol{\beta}$ 是常量，有

$$B'_{rs,j}=\frac{\partial B'_{rs}}{\partial x'_j}=\beta_{r'm}\beta_{s'n}\frac{\partial B_{mn}}{\partial x_i}\frac{\partial x_i}{\partial x'_j}=\beta_{r'm}\beta_{s'n}\beta_{j'i}B_{mn,i} \tag{A-90}$$

可见导数指标 i 和分量指标 m 、n 一样满足转换规律，所以配上相应基矢量后可以构成高一阶的新张量。引入哈密顿算子 $\boldsymbol{\nabla}$，其定义为

$$\begin{aligned}(\cdot)\boldsymbol{\nabla}&=\frac{\partial}{\partial x_i}(\cdot)\boldsymbol{e}_i=(\cdot)_{,i}\boldsymbol{e}_i\\ \boldsymbol{\nabla}(\cdot)&=\boldsymbol{e}_i\frac{\partial}{\partial x_i}(\cdot)=\boldsymbol{e}_i\partial_i(\cdot)\end{aligned} \tag{A-91}$$

其中，$(\cdot)\nabla$ 和 $\nabla(\cdot)$ 分别称为物理量 $(\cdot)$ 的右梯度和左梯度。

这里需注意：

(1) 标量场的左、右梯度相同，即

$$\varphi\nabla = \nabla\varphi = \varphi_{,i}\boldsymbol{e}_i = \partial_i\varphi\boldsymbol{e}_i$$

(2) 对于矢量场和张量场，由于基矢量的排列顺序不同，故

$$(\cdot)\nabla \neq \nabla(\cdot)$$

例如，对二阶张量：

$$\boldsymbol{B}\nabla = B_{mn,i}\boldsymbol{e}_m\boldsymbol{e}_n\boldsymbol{e}_i$$
$$\nabla\boldsymbol{B} = \partial_i B_{mn}\boldsymbol{e}_i\boldsymbol{e}_m\boldsymbol{e}_n$$

比较相应分量，可知

$$(\boldsymbol{B}\nabla)_{112} = \frac{\partial B_{11}}{\partial x_2} \neq \frac{\partial B_{12}}{\partial x_1} = (\nabla\boldsymbol{B})_{112}$$

笛卡儿张量的微积分运算可归结为对其每个分量的求导或求积。以微分运算规则为例，说明如下。

A.8.1　和、差

$$(A_{ij} \pm B_{ij})_{,p} = A_{ij,p} \pm B_{ij,p} \tag{A-92}$$

即

$$(\boldsymbol{A} \pm \boldsymbol{B})\nabla = \boldsymbol{A}\nabla \pm \boldsymbol{B}\nabla \tag{A-93a}$$

$$\nabla(\boldsymbol{A} \pm \boldsymbol{B}) = \nabla\boldsymbol{A} \pm \nabla\boldsymbol{B} \tag{A-93b}$$

A.8.2　数乘

设 λ 是坐标的函数

$$(\lambda A_{ij})_{,p} = \lambda_{,p}A_{ij} + \lambda A_{ij,p} \tag{A-94}$$

即

$$(\lambda\boldsymbol{A})\nabla = \boldsymbol{A}(\lambda\nabla) + \lambda(\boldsymbol{A}\nabla) \tag{A-95a}$$

$$\nabla(\lambda\boldsymbol{A}) = (\nabla\lambda)\boldsymbol{A} + \lambda(\nabla\boldsymbol{A}) \tag{A-95b}$$

A.8.3　并乘

$$(A_{ij}B_{rs})_{,p} = A_{ij,p}B_{rs} + A_{ij}B_{rs,p} \tag{A-96}$$

A.8.4　点乘

$$(A_{ij}B_{js})_{,p} = A_{ij,p}B_{js} + A_{ij}B_{js,p} \tag{A-97}$$

在写直接表达式时，应注意相配基矢量顺序的一致性。例如，式(A-95a)左端的基矢顺序是$\boldsymbol{e}_i\boldsymbol{e}_j\boldsymbol{e}_p$。所以右端第一项应写成$\boldsymbol{A}(\lambda\nabla)$而不能写成$(\lambda\nabla)\boldsymbol{A}$，因为$(\lambda\nabla)\boldsymbol{A}$的基矢量顺序是$\boldsymbol{e}_p\boldsymbol{e}_i\boldsymbol{e}_j$。正是这个原因，对式(A-96)和式(A-97)右端第一项写不出相应的直接表达式。这就是说，$(\boldsymbol{A}\cdot\boldsymbol{B})\nabla=\boldsymbol{C}$，其分量式虽可写成两项之和：

$$C_{isp} = A_{ij,p}B_{js} + A_{ij}B_{js,p}$$

但其直接表达式不能写成两项之和。对式(A-96)有同样情况。

作为特例，单位张量$\boldsymbol{I}$和置换张量$\boldsymbol{e}$都是与坐标无关的恒张量，求导时可当作常量提出微分号之外，或其导数为零。

A.9　场论基础

场论中的三个基本概念是：梯度、散度和旋度。它们都可用∇算子来表示。

A.9.1　梯度

标量场$\varphi=\varphi(x_1,x_2,x_3)$的梯度为

$$\operatorname{grad}\varphi = \nabla\varphi = \varphi\nabla = (\partial_i\varphi)\boldsymbol{e}_i = \varphi_{,i}\boldsymbol{e}_i = \frac{\partial\varphi}{\partial x_i}\boldsymbol{e}_i \tag{A-98}$$

梯度$\nabla\varphi$是一个矢量，它沿函数φ等值面的法线方向，并指向φ值增加的一方，是相应点处方向导数的最大值。沿其他任意方向$\boldsymbol{\nu}$的方向导数为

$$\frac{\partial\varphi}{\partial s} = \boldsymbol{\nu}\cdot\operatorname{grad}\varphi = \boldsymbol{\nu}\cdot\nabla\varphi = (\varphi\nabla)\cdot\boldsymbol{\nu} \tag{A-99}$$

矢量场$\boldsymbol{a}=\boldsymbol{a}(x_1,x_2,x_3)$的梯度，可按式(A-91)定义为

$$\operatorname{grad}\boldsymbol{a} = \boldsymbol{a}\nabla = \frac{\partial a_i}{\partial x_j}\boldsymbol{e}_i\boldsymbol{e}_j = \nabla\boldsymbol{a} \overset{\text{def}}{=\!=} \partial_j a_i \boldsymbol{e}_j\boldsymbol{e}_i \tag{A-100}$$

它是二阶张量，可见经梯度运算后张量将提高一阶。

A.9.2　散度

矢量场$\boldsymbol{a}=\boldsymbol{a}(x_1,x_2,x_3)$的散度为

$$\begin{aligned}\operatorname{div}\boldsymbol{a}&=\nabla\cdot\boldsymbol{a}=\boldsymbol{e}_i\cdot\frac{\partial\boldsymbol{a}}{\partial x_i}=\boldsymbol{e}_i\cdot(\partial_i a_j\boldsymbol{e}_j)=\partial_i a_i\\&=\boldsymbol{a}\cdot\nabla=\frac{\partial\boldsymbol{a}}{\partial x_i}\cdot\boldsymbol{e}_i=a_{j,i}\boldsymbol{e}_j\boldsymbol{e}_i=a_{i,i}=\frac{\partial a_i}{\partial x_i}\end{aligned}\tag{A-101}$$

散度 $\operatorname{div}\boldsymbol{a}$ 是一个标量场，是矢量的梯度场 $\boldsymbol{a}\nabla$ 或 $\nabla\boldsymbol{a}$ 缩并的结果。若推广到张量场，则左、右梯度缩并的结果不同。以二阶张量 $\boldsymbol{B}=B_{mn}\boldsymbol{e}_m\boldsymbol{e}_n$ 为例，有

$$\nabla\cdot\boldsymbol{B}=\boldsymbol{e}_i\cdot\frac{\partial\boldsymbol{B}}{\partial x_i}=\partial_i B_{mn}\boldsymbol{e}_i\cdot\boldsymbol{e}_m\boldsymbol{e}_n=\partial_i B_{in}\boldsymbol{e}_n$$

$$\boldsymbol{B}\cdot\nabla=\frac{\partial\boldsymbol{B}}{\partial x_i}\cdot\boldsymbol{e}_i=B_{mn,i}\boldsymbol{e}_m\boldsymbol{e}_n\cdot\boldsymbol{e}_i=B_{mi,i}\boldsymbol{e}_m$$

缩并结果都比原张量降低一阶。

A.9.3 旋度

矢量场 $\boldsymbol{a}=\boldsymbol{a}(x_1,x_2,x_3)$ 的旋度为

$$\begin{aligned}\operatorname{curl}\boldsymbol{a}&=\operatorname{rot}\boldsymbol{a}=\nabla\times\boldsymbol{a}\\&=\boldsymbol{e}_j\times\frac{\partial\boldsymbol{a}}{\partial x_j}=\partial_j a_k\boldsymbol{e}_j\times\boldsymbol{e}_k=\partial_j a_k e_{ijk}\boldsymbol{e}_i=\begin{vmatrix}\boldsymbol{e}_1&\boldsymbol{e}_2&\boldsymbol{e}_3\\\partial_1&\partial_2&\partial_3\\a_1&a_2&a_3\end{vmatrix}\end{aligned}\tag{A-102}$$

不难验证：

$$\boldsymbol{a}\times\nabla=\frac{\partial\boldsymbol{a}}{\partial x_j}\times\boldsymbol{e}_j=-\nabla\times\boldsymbol{a}=-\operatorname{curl}\boldsymbol{a}\tag{A-103}$$

它是矢量，且符号行列式是按第一行展开的。以上推广到张量场 $\boldsymbol{B}$，可定义：

$$\begin{aligned}\nabla\times\boldsymbol{B}&=\boldsymbol{e}_i\times\frac{\partial\boldsymbol{B}}{\partial x_i}\\\boldsymbol{B}\times\nabla&=\frac{\partial\boldsymbol{B}}{\partial x_i}\times\boldsymbol{e}_i\end{aligned}\tag{A-104}$$

在场论中常用的两个基本公式是高斯公式和斯托克斯公式。

高斯公式又称散度定理或格林定理。设 $\boldsymbol{a}$ 是定义在三维域 V 上的矢量场，S 是 V 的闭合边界曲面，其面元 $\mathrm{d}S$ 的外法线单位矢量为 $\boldsymbol{\nu}$，若 $\boldsymbol{a}$ 在曲面 S 为界的区域 V 上有连续偏导数，则

$$\begin{aligned}\int_V\nabla\cdot\boldsymbol{a}\,\mathrm{d}V&=\int_V\partial_i a_i\mathrm{d}V=\int_S\boldsymbol{\nu}\cdot\boldsymbol{a}\,\mathrm{d}S=\int_S\nu_i a_i\mathrm{d}S\\\int_V\boldsymbol{a}\cdot\nabla\mathrm{d}V&=\int_V a_{i,i}\mathrm{d}V=\int_S\boldsymbol{a}\cdot\boldsymbol{\nu}\,\mathrm{d}S=\int_S a_i\nu_i\mathrm{d}S\end{aligned}\tag{A-105}$$

写成常规形式有

$$\int_V \left(\frac{\partial a_x}{\partial x} + \frac{\partial a_y}{\partial y} + \frac{\partial a_z}{\partial z} \right) \mathrm{d}V = \int_S (a_x \nu_x + a_y \nu_y + a_z \nu_x) \mathrm{d}S \tag{A-106}$$

高斯公式给出了体积分和面积分的变换关系。从形式上看，高斯公式就是将体积分中的∇改为面积分中的$\boldsymbol{\nu}$。这一规律可推广到任意连续可微的标量场φ和张量场$\boldsymbol{B}$。

$$\int_V \nabla \varphi \, \mathrm{d}V = \int_S \boldsymbol{\nu} \varphi \, \mathrm{d}S, \quad \int_V \partial_i \varphi \, \mathrm{d}V = \int_S \nu_i \varphi \, \mathrm{d}S \tag{A-107}$$

$$\int_V \varphi \nabla \mathrm{d}V = \int_S \varphi \boldsymbol{\nu} \mathrm{d}S, \quad \int_V \varphi_{,i} \mathrm{d}V = \int_S \varphi \nu_i \mathrm{d}S \tag{A-108}$$

$$\int_V \nabla \cdot \boldsymbol{B} \mathrm{d}V = \int_S \boldsymbol{\nu} \cdot \boldsymbol{B} \mathrm{d}S, \quad \int_V \partial_i B_{ij\cdots n} \mathrm{d}V = \int_S \nu_i B_{ij\cdots n} \mathrm{d}S \tag{A-109}$$

$$\int_V \boldsymbol{B} \cdot \nabla \mathrm{d}V = \int_S \boldsymbol{B} \cdot \boldsymbol{\nu} \mathrm{d}S, \quad \int_V B_{ij\cdots n,n} \mathrm{d}V = \int_S B_{ij\cdots n} \nu_n \mathrm{d}S \tag{A-110}$$

$$\int_V \nabla \boldsymbol{B} \mathrm{d}V = \int_S \boldsymbol{\nu} \boldsymbol{B} \mathrm{d}S, \quad \int_V \partial_p B_{ij\cdots n} \mathrm{d}V = \int_S \nu_p B_{ij\cdots n} \mathrm{d}S \tag{A-111}$$

$$\int_V \boldsymbol{B} \nabla \mathrm{d}V = \int_S \boldsymbol{B} \boldsymbol{\nu} \mathrm{d}S, \quad \int_V B_{ij\cdots n,p} \mathrm{d}V = \int_S B_{ij\cdots n} \nu_p \mathrm{d}S \tag{A-112}$$

三维域中的分部积分公式是高斯公式的推论。

斯托克斯公式给出了曲面积分和曲线积分的变换关系。设$\boldsymbol{a}$是定义在光滑空间曲面S上的单值矢量函数，且$\boldsymbol{a}$在与S足够靠近的空间点处有连续的偏导数，光滑曲线L是开口曲面S的闭合边界曲线(图A-2)，且L的正方向和S的单位法向矢量构成右手系，则

$$\begin{aligned} &\int_S \boldsymbol{\nu} \cdot (\nabla \times \boldsymbol{a}) \mathrm{d}S = \oint_L \mathrm{d}\boldsymbol{L} \cdot \boldsymbol{a} \\ &\int_S e_{ijk} \nu_i \partial_j a_k \mathrm{d}S = \oint_L \mathrm{d}L_i \cdot a_i \end{aligned} \tag{A-113}$$

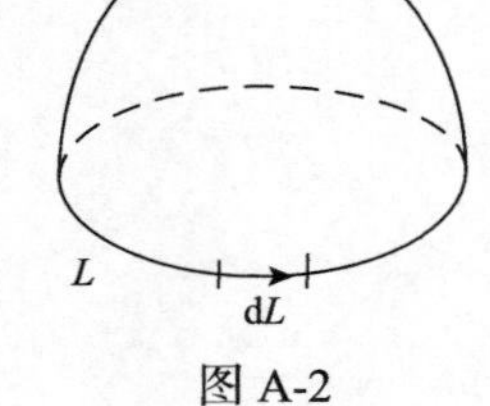

图 A-2

或

$$\begin{aligned} &\int_S (\nabla \times \boldsymbol{a}) \cdot \boldsymbol{\nu} \mathrm{d}S = -\oint_L \boldsymbol{a} \cdot \mathrm{d}\boldsymbol{L} \\ &\int_S e_{ijk} a_{i,j} \nu_k \mathrm{d}S = -\oint_L a_i \mathrm{d}L_i \end{aligned} \tag{A-114}$$

式(A-113)与式(A-114)中的矢量$\boldsymbol{a}$也可推广为张量$\boldsymbol{B}$。

最后指出，高等数学中的拉普拉斯算子：

$$\Delta(\cdot) = \left(\frac{\partial^2}{\partial x_1^2} + \frac{\partial^2}{\partial x_2^2} + \frac{\partial^2}{\partial x_3^2} \right)(\cdot)$$

可表示为哈密顿算子∇ 的点积，即

$$\Delta(\cdot) = \nabla \cdot \nabla = \nabla^2 = \left(\boldsymbol{e}_i \frac{\partial(\cdot)}{\partial x_i}\right) \cdot \left(\boldsymbol{e}_j \frac{\partial(\cdot)}{\partial x_j}\right)$$

$$= \frac{\partial(\cdot)}{\partial x_i} \frac{\partial(\cdot)}{\partial x_j} \delta_{ij} = (\cdot)_{,ii} \tag{A-115}$$

$$= \left(\frac{\partial^2}{\partial x_1^2} + \frac{\partial^2}{\partial x_2^2} + \frac{\partial^2}{\partial x_3^2}\right)(\cdot)$$

附录B 正交曲线坐标系

B.1 基、标准正交基

在三维矢量空间(欧氏空间)内，只有至多三个矢量是线性无关的，空间内的其他矢量都可表达成这三个矢量的线性组合。我们称这样三个线性无关的矢量全体为空间的一个基，基中的各矢量称为基矢量或简称为基矢。矢量空间中存在无穷多个基，但其中独立的只有一个，其余的基都可表达成所选定基矢的线性组合。基矢相互正交的基称为正交基，基矢为单位矢的正交基称为标准正交基。

在三维空间内，为了分析和运算方便，可以根据研究对象的具体情况选用不同的坐标系，每个坐标系将有一个对应的基。由于各个基间存在一定的关系，因此在不同基上表述的矢量、张量的分量虽然不同，但两种基上各分量也存在一定的关系，即“坐标转换关系”。

在所有的坐标系中，笛卡儿坐标系是最简单的，这是因为笛卡儿坐标系的基包含三个互相正交的基矢(分别指向坐标轴的正向)，记为 $\boldsymbol{e}_i(i=1,2,3)$，而且 $\boldsymbol{e}_i$ 为单位矢，因此笛卡儿坐标系的基是标准正交基。且笛卡儿坐标系的基矢 $\boldsymbol{e}_i$ 是常矢量，不是坐标的函数。

设空间任意点 P 的矢径为 $\boldsymbol{r}$ (图 B-1)，它在笛卡儿坐标系中的分量式为

$$\boldsymbol{r}=x_i\boldsymbol{e}_i \tag{B-1}$$

当一个坐标任意变化而另两个坐标保持不变时，空间点的轨迹称为坐标线。过每个空间点有三根坐标线，在笛卡儿坐标系中各坐标线都和相应的坐标轴平行。

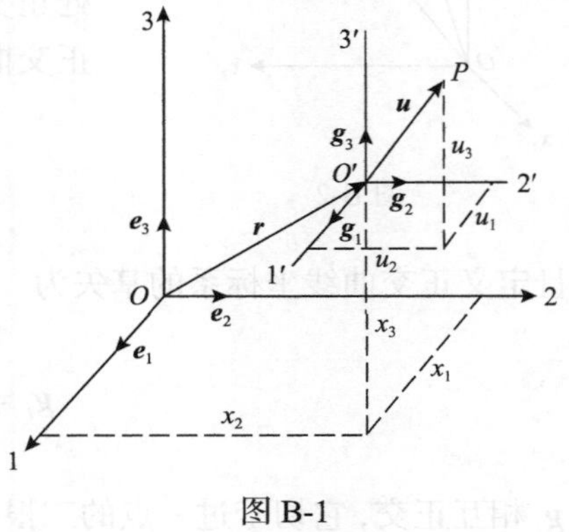

当坐标变化时，矢径 $\boldsymbol{r}$ 的变化为

$$\mathrm{d}\boldsymbol{r}=\frac{\partial\boldsymbol{r}}{\partial x_i}\mathrm{d}x_i=\boldsymbol{g}_i\mathrm{d}x_i \tag{B-2}$$

图 B-1

其中，用矢径对坐标的偏导数定义的三个矢量 $\boldsymbol{g}_i=\partial\boldsymbol{r}/\partial x_i$ 称为基矢量。空间每点处均有三个基矢量，它们组成一个坐标架或称参考架。任何具有方向性的物理量都可以对其相应的作用点处的坐标架分解。例如，图 B-1 中 P 点处的矢量 $\boldsymbol{u}$ 可以分解为 $\boldsymbol{u}=u_i\boldsymbol{g}_i$，其中 u_i 称为矢量 $\boldsymbol{u}$ 的分量。而对于笛卡儿坐标系，由式(B-1)求导，可得

$$\boldsymbol{g}_1=\frac{\partial\boldsymbol{r}}{\partial x_1}=\boldsymbol{e}_1,\quad \boldsymbol{g}_2=\frac{\partial\boldsymbol{r}}{\partial x_2}=\boldsymbol{e}_2,\quad \boldsymbol{g}_3=\frac{\partial\boldsymbol{r}}{\partial x_3}=\boldsymbol{e}_3 \tag{B-3}$$

B.2 正交曲线坐标系

三维欧氏空间中任意一点 P 的位置可以用三个笛卡儿坐标 x_j 表示，也可以选用三个任意独立参数 α_i 作为参考坐标。只要相应的雅可比行列式 $J=\left|\dfrac{\partial\alpha_i}{\partial x_j}\right|$ 处处不为零，则两组坐标间存在一一对应的互逆关系。它们之间的转换关系可表示为

$$x_j=x_j(\alpha_i) \tag{B-4}$$

或

$$\alpha_i=\alpha_i(x_j) \tag{B-5}$$

设由空间点 $P(\alpha_1,\alpha_2,\alpha_3)$ 出发，让坐标 α_1 任意变化而 α_2 与 α_3 保持不变，由式(B-4)可求得一串空间点的位置 x_j，描出一条空间曲线，称为过 P 点的坐标线 α_1，同理可得坐标线 α_2 与 α_3，如图 B-2 所示。若令 α_1 和 α_2 任意变化而 α_3 不变，则相应空间点的轨迹构成坐标面 $\alpha_1\alpha_2$，同样可得坐标面 $\alpha_2\alpha_3$ 与 $\alpha_3\alpha_1$。与相邻两坐标面的交线就是坐标线。过每个空间点都有三个坐标面和三根坐标线。本节仅讨论三个坐标面(因而有三根坐标线)处处正交的正交曲线坐标系，简称正交系。按照式(B-2)，在正交曲线坐标系中矢径 $\boldsymbol{r}$ 的变化：

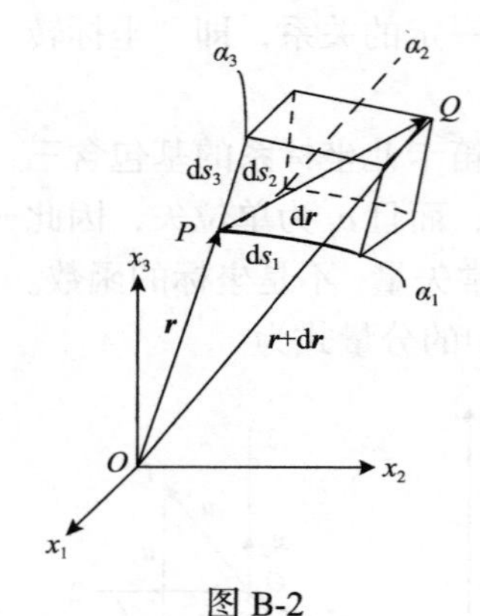

图 B-2

$$\mathrm{d}\boldsymbol{r}=\frac{\partial\boldsymbol{r}}{\partial\alpha_i}\mathrm{d}\alpha_i=\boldsymbol{g}_i\mathrm{d}\alpha_i \tag{B-6}$$

且定义正交曲线坐标系的基矢为

$$\boldsymbol{g}_i=\frac{\partial\boldsymbol{r}}{\partial\alpha_i}=\frac{\partial(x_j\boldsymbol{e}_j)}{\partial\alpha_i}=\frac{\partial x_j}{\partial\alpha_i}\boldsymbol{e}_j \tag{B-7}$$

$\boldsymbol{g}_i$ 相互正交，它切于过一点的三根坐标曲线，但不一定是单位矢，且它将随点的位置 (α_i) 而变。设 $\boldsymbol{g}_i$ 的模为 h_i，称为拉梅常量，则

$$\begin{aligned}h_i&=|\boldsymbol{g}_i|=\sqrt{\boldsymbol{g}_i\cdot\boldsymbol{g}_i}\quad(\text{对}\,i\,\text{不求和})\\&=\sqrt{\left(\frac{\partial x_j}{\partial\alpha_i}\boldsymbol{e}_j\right)\cdot\left(\frac{\partial x_k}{\partial\alpha_i}\boldsymbol{e}_k\right)}\\&=\sqrt{\frac{\partial x_k}{\partial\alpha_i}\frac{\partial x_k}{\partial\alpha_i}}=\sqrt{\left(\frac{\partial x_1}{\partial\alpha_i}\right)^2+\left(\frac{\partial x_2}{\partial\alpha_i}\right)^2+\left(\frac{\partial x_3}{\partial\alpha_i}\right)^2}\end{aligned} \tag{B-8}$$

取

$$\hat{\boldsymbol{e}}_i = \frac{\boldsymbol{g}_i}{h_i} = \frac{\partial x_j}{h_i \partial \alpha_i} \boldsymbol{e}_j \quad (对\ i\ 不求和) \tag{B-9}$$

于是 $\boldsymbol{e}_i$ 构成标准正交基，成为一组沿坐标线方向的单位基矢量。但与 $\boldsymbol{e}_i$ 不同，$\hat{\boldsymbol{e}}_i$ 将随点的坐标 (α_i) 而改变方向，即 $\hat{\boldsymbol{e}}_i$ 是 α_i 的函数。

由于 $\hat{\boldsymbol{e}}_i$ 和 $\boldsymbol{e}_i$ 一样是一组正交标准化基，故有如下关系：

$$\hat{\boldsymbol{e}}_i \cdot \hat{\boldsymbol{e}}_j = \delta_{ij} \tag{B-10}$$

$$\hat{\boldsymbol{e}}_i \times \hat{\boldsymbol{e}}_j = \boldsymbol{e}_{ijk} \hat{\boldsymbol{e}}_k \tag{B-11}$$

又由于式(B-9)表示 $\hat{\boldsymbol{e}}_i$ 是 $\boldsymbol{e}_i$ 的线性组合，因此，式(B-9)右侧 $\boldsymbol{e}_j$ 的系数表示 $\hat{\boldsymbol{e}}_i$ 在 $\boldsymbol{e}_j$ 上的投影或方向余弦，即

$$\frac{\partial x_j}{h_i \partial \alpha_i} = \cos(\hat{\boldsymbol{e}}_i, \boldsymbol{e}_j) = \beta_{\hat{i}j} \quad (对\ i\ 不求和) \tag{B-12}$$

由式(B-12)显然有 $\beta_{\hat{i}j} = \beta_{j\hat{i}}$，于是式(B-9)可写为

$$\hat{\boldsymbol{e}}_i = \beta_{\hat{i}j} \hat{\boldsymbol{e}}_j \tag{B-13}$$

类似地有

$$\boldsymbol{e}_j = \beta_{j\hat{i}} \hat{\boldsymbol{e}}_i \tag{B-14}$$

式(B-13)与式(B-14)乃正交曲线坐标系标准化基矢 $\hat{\boldsymbol{e}}_i$ 与笛卡儿坐标系基矢 $\boldsymbol{e}_i$ 之间的关系。与笛卡儿坐标系的转换一样(见附录A.3)，式(B-13)与式(B-14)可分别写成矩阵形式。

应用式(B-9)，将式(B-6)改写为

$$\mathrm{d}\boldsymbol{r} = \mathrm{d}\alpha_i \boldsymbol{g}_i = \sum_i h_i \mathrm{d}\alpha_i \hat{\boldsymbol{e}}_i = \mathrm{d}s_i \hat{\boldsymbol{e}}_i \tag{B-15}$$

其中

$$\mathrm{d}s_i = h_i \mathrm{d}\alpha_i \quad (对\ i\ 不求和) \tag{B-16}$$

它是矢径微分在单位基矢量 $\hat{\boldsymbol{e}}_i$ 上分解的分量，它表示坐标线 α_i 上相应于坐标增量 $\mathrm{d}\alpha_i$ 的线元长度(见图B-2)。若能从几何上直接确定线元长度 $\mathrm{d}s_i$，则用式(B-16)确定拉梅常量 h_i 是很方便的。例如，笛卡儿坐标系的 $\mathrm{d}s_i$ 等于坐标增量 $\mathrm{d}x_i$，所以相应的 $h_i = 1 (i = 1,2,3)$。对于平面极坐标系，径向和周长的线元长度分别为 $\mathrm{d}s_1 = \mathrm{d}r$、$\mathrm{d}s_2 = r\mathrm{d}\theta$，相应的坐标增量为 $\mathrm{d}\alpha_1 = \mathrm{d}r$、$\mathrm{d}\alpha_2 = \mathrm{d}\theta$，所以拉梅常量为 $h_1 = 1$、$h_2 = r$。

由式(B-15)和式(B-10)可求出任意线元长度的计算公式：

$$
\begin{aligned}
\mathrm{d}s^2 &= \mathrm{d}\boldsymbol{r}\cdot\mathrm{d}\boldsymbol{r} = \mathrm{d}s_i\hat{\boldsymbol{e}}_i\cdot\mathrm{d}s_j\hat{\boldsymbol{e}}_j = \mathrm{d}s_i\mathrm{d}s_i \\
&= h_1^2\mathrm{d}\alpha_1^2 + h_2^2\mathrm{d}\alpha_2^2 + h_3^2\mathrm{d}\alpha_3^2 \\
&= \mathrm{d}s_1^2 + \mathrm{d}s_2^2 + \mathrm{d}s_3^2
\end{aligned} \tag{B-17}
$$

又由式(B-15)，可进一步导出正交系的面元面积公式及体元体积公式：

$$
\mathrm{d}A_k = \mathrm{d}s_i\mathrm{d}s_j = h_ih_j\mathrm{d}\alpha_i\mathrm{d}\alpha_j,\quad i\neq j\neq k \tag{B-18}
$$

$$
\mathrm{d}V = \mathrm{d}s_1\mathrm{d}s_2\mathrm{d}s_3 = h_1h_2h_3\mathrm{d}\alpha_1\mathrm{d}\alpha_2\mathrm{d}\alpha_3 \tag{B-19}
$$

B.3　正交曲线坐标系内单位基矢量的导数及微分算子

本节中不采用求和约定。由矢径的连续性条件，有

$$
\frac{\partial^2\boldsymbol{r}}{\partial\alpha_j\partial\alpha_i} = \frac{\partial^2\boldsymbol{r}}{\partial\alpha_i\partial\alpha_j} \tag{B-20}
$$

由式(B-7)得

$$
\frac{\partial\boldsymbol{g}_i}{\partial\alpha_j} = \frac{\partial\boldsymbol{g}_j}{\partial\alpha_i} \tag{B-21}
$$

由式(B-9)，以上连续性条件又可改写为

$$
h_i\frac{\partial\hat{\boldsymbol{e}}_i}{\partial\alpha_j} + \hat{\boldsymbol{e}}_i\frac{\partial h_i}{\partial\alpha_j} = h_j\frac{\partial\hat{\boldsymbol{e}}_j}{\partial\alpha_i} + \hat{\boldsymbol{e}}_j\frac{\partial h_j}{\partial\alpha_i} \tag{B-22}
$$

又将式(B-10)对坐标 α_k 求导，得

$$
\frac{\partial\hat{\boldsymbol{e}}_i}{\partial\alpha_k}\cdot\hat{\boldsymbol{e}}_j = -\frac{\partial\hat{\boldsymbol{e}}_j}{\partial\alpha_k}\cdot\hat{\boldsymbol{e}}_i,\quad i,j,k=1,2,3 \tag{B-23}
$$

式(B-23)表明：对一个单位基矢量求导再与另一个单位基矢量点积，若对换这两个基矢量的位置，则结果仅差一个负号。当 $i=j$ 时，若要满足式(B-23)，则应有

$$
\frac{\partial\hat{\boldsymbol{e}}_i}{\partial\alpha_k}\cdot\hat{\boldsymbol{e}}_j = 0 \tag{B-24}
$$

式(B-24)表明：在正交系中任何单位基矢量的导数必与其本身正交。这是因为单位基矢量只有方向的变化，其矢端图为一个单位球面，其导数沿球面的切线方向，必与球面半径(基矢量本身)正交。

下面推导单位基矢量的导数公式。推导中设 i、j、k 是三个取值不同的指标。例如，

若i取1，j可取2或3，相应的k应取3或2。

B.3.1　对异坐标的偏导数$\partial\hat{e}_i/\partial\alpha_j$

先求它的三个分量，即其与单位基矢量的点积。由式(B-24)可知，其在i方向的分量为

$$\hat{e}_i\cdot\frac{\partial\hat{e}_i}{\partial\alpha_j}=0 \tag{B-25a}$$

将$\hat{e}_k$点乘式(B-22)两边，得

$$\hat{e}_k\cdot\frac{\partial\hat{e}_i}{\partial\alpha_j}=\frac{h_j}{h_i}\hat{e}_k\cdot\frac{\partial\hat{e}_j}{\partial\alpha_i}$$

应用上式和式(B-23)，得

$$\begin{aligned}\hat{e}_k\cdot\frac{\partial\hat{e}_i}{\partial\alpha_j}&=-\hat{e}_i\cdot\frac{\partial\hat{e}_k}{\partial\alpha_j}=-\frac{h_j}{h_k}\hat{e}_i\cdot\frac{\partial\hat{e}_j}{\partial\alpha_k}=\frac{h_j}{h_k}\hat{e}_j\cdot\frac{\partial\hat{e}_i}{\partial\alpha_k}\\&=\frac{h_j}{h_i}\hat{e}_j\cdot\frac{\partial\hat{e}_k}{\partial\alpha_i}=-\frac{h_j}{h_i}\hat{e}_k\cdot\frac{\partial\hat{e}_j}{\partial\alpha_i}=-\hat{e}_k\cdot\frac{\partial\hat{e}_i}{\partial\alpha_j}\end{aligned}$$

要满足上式，必有

$$\hat{e}_k\cdot\frac{\partial\hat{e}_i}{\partial\alpha_j}=0 \tag{B-25b}$$

可见k方向的分量亦为零。

将$\hat{e}_j$点乘式(B-22)两边，且应用式(B-24)，得j方向的分量为

$$\hat{e}_j\cdot\frac{\partial\hat{e}_i}{\partial\alpha_j}=\frac{1}{h_i}\frac{\partial h_j}{\partial\alpha_i} \tag{B-25c}$$

综合式(B-25a)～(B-25c)，得异坐标求导公式为

$$\frac{\partial\hat{e}_i}{\partial\alpha_j}=\left(\frac{1}{h_i}\frac{\partial h_j}{\partial\alpha_i}\right)\hat{e}_j \tag{B-25d}$$

B.3.2　对同坐标的偏导数$\partial\hat{e}_i/\partial\alpha_i$

不失一般性，设i、j、k为正序排列，则$e_{ijk}=1$。由式(B-11)得

$$\hat{e}_i=\hat{e}_j\times\hat{e}_k$$

对α_i求导，并应用式(B-25)，得同坐标求导公式为

$$\frac{\partial \hat{\boldsymbol{e}}_i}{\partial \alpha_i}=\hat{\boldsymbol{e}}_j\times\frac{\partial \hat{\boldsymbol{e}}_k}{\partial \alpha_i}-\hat{\boldsymbol{e}}_k\times\frac{\partial \hat{\boldsymbol{e}}_j}{\partial \alpha_i}=-\left(\frac{1}{h_k}\frac{\partial h_i}{\partial \alpha_k}\right)\hat{\boldsymbol{e}}_k-\left(\frac{1}{h_j}\frac{\partial h_i}{\partial \alpha_j}\right)\hat{\boldsymbol{e}}_j \tag{B-26}$$

式(B-25)和式(B-26)表明，正交系单位基矢量的三个偏导数都位于基矢量的垂直面内。且两个异坐标偏导数分别与求导坐标轴同向，因而相互正交。而同坐标偏导数一般不沿坐标轴方向。

B.3.3　形式导数

若定义形式导数：

$$\frac{\partial(\cdot)}{\partial s_i}=\frac{1}{h_i}\frac{\partial(\cdot)}{\partial \alpha_i}=(\cdot)_{,i} \tag{B-27}$$

则式(B-25)与式(B-26)可写为

$$\hat{\boldsymbol{e}}_{i,j}=\frac{h_{j,i}}{h_i}\hat{\boldsymbol{e}}_j,\quad \hat{\boldsymbol{e}}_{i,i}=-\frac{h_{i,j}}{h_j}\hat{\boldsymbol{e}}_j-\frac{h_{i,k}}{h_k}\hat{\boldsymbol{e}}_k \tag{B-28}$$

应该指出，我们虽将$h_i\mathrm{d}\alpha_i$形式上记为$\mathrm{d}s_i$，它具有长度量纲，有时称为“弧长微分”。但实际上，在曲线坐标中弧长并不是独立坐标。式(B-27)中的$\dfrac{\partial(\cdot)}{\partial s_i}$并不是对弧长$s_i$求导，而应按定义理解为先对坐标$\alpha_i$求导，再除以拉梅常量$h_i$。

下面给出正交系中的微分算子及正交系场论中的有关公式。此时除与形式导数有关的公式外，仍不采用求和约定。

在正交曲线坐标系中哈密顿算子的定义为

$$\begin{aligned}\nabla(\cdot)&=\sum_i\hat{\boldsymbol{e}}_i\frac{1}{h_i}\frac{\partial(\cdot)}{\partial \alpha_i}\\(\cdot)\nabla&=\sum_i\frac{1}{h_i}\frac{\partial(\cdot)}{\partial \alpha_i}\hat{\boldsymbol{e}}_i\end{aligned} \tag{B-29}$$

若引进形式导数，则可用求和约定写为

$$\nabla(\cdot)=\hat{\boldsymbol{e}}_i\frac{\partial(\cdot)}{\partial s_i}=\hat{\boldsymbol{e}}_i(\cdot)_{,i},\quad (\cdot)\nabla=\frac{\partial(\cdot)}{\partial s_i}\hat{\boldsymbol{e}}_i=(\cdot)_{,i}\hat{\boldsymbol{e}}_i \tag{B-30}$$

B.3.4　梯度

标量场$\varphi=\varphi(\alpha_1,\alpha_2,\alpha_3)$的梯度为

$$\nabla\varphi=\varphi\nabla=\varphi_{,i}\hat{\boldsymbol{e}}_i=\frac{1}{h_1}\frac{\partial\varphi}{\partial\alpha_1}\hat{\boldsymbol{e}}_1+\frac{1}{h_2}\frac{\partial\varphi}{\partial\alpha_2}\hat{\boldsymbol{e}}_2+\frac{1}{h_3}\frac{\partial\varphi}{\partial\alpha_3}\hat{\boldsymbol{e}}_3 \tag{B-31}$$

矢量场 $\boldsymbol{v}=\boldsymbol{v}(\alpha_1,\alpha_2,\alpha_3)$ 的梯度为

$$\nabla\boldsymbol{v}=\hat{\boldsymbol{e}}_i\boldsymbol{v}_{,i}=\sum_i\hat{\boldsymbol{e}}_i\frac{\partial\boldsymbol{v}}{h_i\partial\alpha_i} \tag{B-32}$$

张量 $\boldsymbol{T}$ 的梯度为

$$\nabla\boldsymbol{T}=\sum_i\hat{\boldsymbol{e}}_i\frac{1}{h_i}\frac{\partial\boldsymbol{T}}{\partial\alpha_i}=\hat{\boldsymbol{e}}_i\boldsymbol{T}_{,i},\quad \boldsymbol{T}\nabla=\sum_i\frac{1}{h_i}\frac{\partial\boldsymbol{T}}{\partial\alpha_i}\hat{\boldsymbol{e}}_i=(\partial_i\boldsymbol{T})\hat{\boldsymbol{e}}_i \tag{B-33}$$

在求 $\boldsymbol{T}$ 对 α_i 的导数时应注意 $\boldsymbol{T}$ 的分量和基矢量都在变。以二阶张量 $\boldsymbol{T}=T_{mn}\hat{\boldsymbol{e}}_m\hat{\boldsymbol{e}}_n$ 为例，则

$$\frac{1}{h_i}\frac{\partial\boldsymbol{T}}{\partial\alpha_i}=\frac{1}{h_i}\frac{\partial T_{mn}}{\partial\alpha_i}\hat{\boldsymbol{e}}_m\hat{\boldsymbol{e}}_n+T_{mn}\frac{1}{h_i}\frac{\partial\hat{\boldsymbol{e}}_m}{\partial\alpha_i}\hat{\boldsymbol{e}}_n+T_{mn}\hat{\boldsymbol{e}}_m\frac{1}{h_i}\frac{\partial\hat{\boldsymbol{e}}_n}{\partial\alpha_i}$$

B.3.5　散度

矢量场 $\boldsymbol{v}=\boldsymbol{v}(\alpha_1,\alpha_2,\alpha_3)$ 的散度为

$$\nabla\cdot\boldsymbol{v}=\boldsymbol{v}\cdot\nabla=\sum_i\hat{\boldsymbol{e}}_i\frac{\partial\boldsymbol{v}}{h_i\partial\alpha_i} \tag{B-34}$$

在导出式(B-34)相应分量表达式时应先求导后点积，则

$$\nabla\cdot\boldsymbol{v}=\sum_i\hat{\boldsymbol{e}}_i\cdot\frac{1}{h_i}\frac{\partial}{\partial\alpha_i}(v_1\hat{\boldsymbol{e}}_1+v_2\hat{\boldsymbol{e}}_2+v_3\hat{\boldsymbol{e}}_3)$$

计算括号中第一项，得

$$\begin{aligned}
&\sum_i\hat{\boldsymbol{e}}_i\cdot\frac{1}{h_i}\frac{\partial}{\partial\alpha_i}(v_1\hat{\boldsymbol{e}}_1)\\
&=\hat{\boldsymbol{e}}_1\cdot\frac{1}{h_1}\frac{\partial}{\partial\alpha_1}(v_1\hat{\boldsymbol{e}}_1)+\hat{\boldsymbol{e}}_2\cdot\frac{1}{h_2}\frac{\partial}{\partial\alpha_2}(v_1\hat{\boldsymbol{e}}_1)+\hat{\boldsymbol{e}}_3\cdot\frac{1}{h_3}\frac{\partial}{\partial\alpha_3}(v_1\hat{\boldsymbol{e}}_1)\\
&=\hat{\boldsymbol{e}}_1\cdot\frac{1}{h_1}\left(\frac{\partial v_1}{\partial\alpha_1}\hat{\boldsymbol{e}}_1+v_1\frac{\partial\hat{\boldsymbol{e}}_1}{\partial\alpha_1}\right)+\hat{\boldsymbol{e}}_2\cdot\frac{1}{h_2}\left(\frac{\partial v_1}{\partial\alpha_2}\hat{\boldsymbol{e}}_1+v_1\frac{\partial\hat{\boldsymbol{e}}_1}{\partial\alpha_2}\right)+\hat{\boldsymbol{e}}_3\cdot\frac{1}{h_3}\left(\frac{\partial v_1}{\partial\alpha_3}\hat{\boldsymbol{e}}_1+v_1\frac{\partial\hat{\boldsymbol{e}}_1}{\partial\alpha_3}\right)\\
&=\frac{1}{h_1}\frac{\partial v_1}{\partial\alpha_1}+\frac{1}{h_1h_2}\frac{\partial h_2}{\partial\alpha_1}v_1+\frac{1}{h_1h_3}\frac{\partial h_3}{\partial\alpha_1}v_1=\frac{1}{h_1h_2h_3}\frac{\partial}{\partial\alpha_1}(h_2h_3v_1)
\end{aligned}$$

同理可得括号中的第二、三项，合并后得

$$\nabla\cdot\boldsymbol{v}=\frac{1}{h_1h_2h_3}\left[\frac{\partial}{\partial\alpha_1}(v_1h_2h_3)+\frac{\partial}{\partial\alpha_2}(v_2h_3h_1)+\frac{\partial}{\partial\alpha_3}(v_3h_1h_2)\right] \tag{B-35}$$

若令 $\boldsymbol{v}=\nabla\varphi$ 代入式(B-35)，即得正交曲线坐标系中拉普拉斯算子的表达式为

$$\nabla\cdot\nabla\varphi=\frac{1}{h_1h_2h_3}\left[\frac{\partial}{\partial\alpha_1}\left(\frac{h_2h_3}{h_1}\frac{\partial\varphi}{\partial\alpha_1}\right)+\frac{\partial}{\partial\alpha_2}\left(\frac{h_3h_1}{h_2}\frac{\partial\varphi}{\partial\alpha_2}\right)+\frac{\partial}{\partial\alpha_3}\left(\frac{h_1h_2}{h_3}\frac{\partial\varphi}{\partial\alpha_3}\right)\right]$$

张量场 $\boldsymbol{T}$ 的散度为

$$\nabla\cdot\boldsymbol{T}=\sum_i\hat{\boldsymbol{e}}_i\cdot\frac{1}{h_i}\frac{\partial\boldsymbol{T}}{\partial\alpha_i}=\hat{\boldsymbol{e}}_i\cdot\boldsymbol{T}_{,i}$$

$$\boldsymbol{T}\cdot\nabla=\sum_i\frac{1}{h_i}\frac{\partial\boldsymbol{T}}{\partial\alpha_i}\cdot\hat{\boldsymbol{e}}_i=(\partial_i\boldsymbol{T})\cdot\hat{\boldsymbol{e}}_i \tag{B-36}$$

B.3.6 旋度

矢量场 $\boldsymbol{v}=\boldsymbol{v}(\alpha_1,\alpha_2,\alpha_3)$ 的旋度为

$$\begin{aligned}\nabla\times\boldsymbol{v}&=\sum_i\hat{\boldsymbol{e}}_i\times\frac{\partial\boldsymbol{v}}{h_i\partial\alpha_i}=\sum_{i,k}\hat{\boldsymbol{e}}_i\times\frac{\partial(v_k\hat{\boldsymbol{e}}_k)}{h_i\partial\alpha_i}\\&=\sum_{i,k}\left(\frac{1}{h_i}\frac{\partial v_k}{\partial\alpha_i}\hat{\boldsymbol{e}}_i\times\hat{\boldsymbol{e}}_k+\frac{1}{h_i}v_k\hat{\boldsymbol{e}}_i\times\frac{\partial\hat{\boldsymbol{e}}_k}{\partial\alpha_i}\right)\end{aligned} \tag{B-37}$$

应用式(B-11)(其中 $e_{ijk}=1$)、式(B-25)和式(B-26)，先计算 $\nabla\times\boldsymbol{v}$ 在 $\hat{\boldsymbol{e}}_1$ 方向的分量:

$$\begin{aligned}\hat{\boldsymbol{e}}_1\cdot\nabla\times\boldsymbol{v}&=\frac{\partial v_3}{h_2\partial\alpha_2}-\frac{\partial v_2}{h_3\partial\alpha_3}-\frac{v_2}{h_2}\frac{\partial h_2}{h_3\partial\alpha_3}+\frac{v_3}{h_3}\frac{\partial h_3}{h_2\partial\alpha_2}\\&=\frac{1}{h_2h_3}\left[\frac{\partial}{\partial\alpha_2}(v_3h_3)-\frac{\partial}{\partial\alpha_3}(v_2h_2)\right]\end{aligned}$$

同理可得其在 $\hat{\boldsymbol{e}}_2$ 和 $\hat{\boldsymbol{e}}_3$ 方向的分量，则式(B-37)相应的分量表达式可用矩阵写为

$$\nabla\times\boldsymbol{v}=\frac{1}{h_1h_2h_3}\begin{vmatrix}h_1\hat{\boldsymbol{e}}_1 & h_2\hat{\boldsymbol{e}}_2 & h_3\hat{\boldsymbol{e}}_3\\ \dfrac{\partial}{\partial\alpha_1} & \dfrac{\partial}{\partial\alpha_2} & \dfrac{\partial}{\partial\alpha_3}\\ h_1v_1 & h_2v_2 & h_3v_3\end{vmatrix} \tag{B-38}$$

张量 $\boldsymbol{T}$ 的旋度为

$$\begin{aligned}\nabla\times\boldsymbol{T}&=\sum_i\hat{\boldsymbol{e}}_i\times\frac{1}{h_i}\frac{\partial\boldsymbol{T}}{\partial\alpha_i}=\hat{\boldsymbol{e}}_i\times\boldsymbol{T}_{,i}\\\boldsymbol{T}\times\nabla&=\sum_i\frac{1}{h_i}\frac{\partial\boldsymbol{T}}{\partial\alpha_i}\times\hat{\boldsymbol{e}}_i=(\partial_i\boldsymbol{T})\times\hat{\boldsymbol{e}}_i\end{aligned} \tag{B-39}$$

B.4　柱坐标和球坐标的有关公式

B.4.1　柱坐标

在柱坐标系(图 B-3)中，坐标与基矢量为

$$\alpha_1 = r,\quad \alpha_2 = \theta,\quad \alpha_3 = z \\ \hat{\boldsymbol{e}}_1 = \boldsymbol{e}_r,\quad \hat{\boldsymbol{e}}_2 = \boldsymbol{e}_\theta,\quad \hat{\boldsymbol{e}}_3 = \boldsymbol{e}_z \tag{B-40}$$

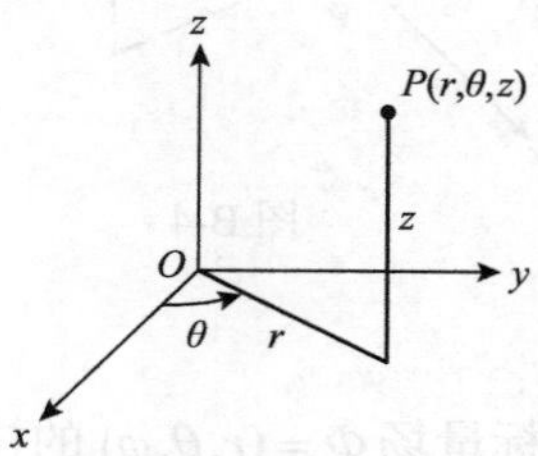

图 B-3

拉梅常量为

$$h_1 = 1,\quad h_2 = r,\quad h_3 = 1 \tag{B-41}$$

矢量分解式为

$$\boldsymbol{v} = v_i \hat{\boldsymbol{e}}_i = v_r \boldsymbol{e}_r + v_\theta \boldsymbol{e}_\theta + v_z \boldsymbol{e}_z \tag{B-42}$$

哈密顿算子为

$$\nabla(\ ) = \sum_i \hat{\boldsymbol{e}}_i \frac{\partial(\cdot)}{h_i \partial \alpha_i} = \boldsymbol{e}_r \frac{\partial(\cdot)}{\partial r} + \boldsymbol{e}_\theta \frac{1}{r}\frac{\partial(\cdot)}{\partial \theta} + \boldsymbol{e}_z \frac{\partial(\cdot)}{\partial z} \tag{B-43}$$

拉普拉斯算子为

$$\begin{aligned} \nabla \cdot \nabla \varphi &= \frac{1}{r}\left[\frac{\partial}{\partial r}\left(r\frac{\partial \varphi}{\partial r}\right) + \frac{\partial}{\partial \theta}\left(\frac{1}{r}\frac{\partial \varphi}{\partial \theta}\right) + \frac{\partial}{\partial z}\left(r\frac{\partial \varphi}{\partial z}\right)\right] \\ &= \frac{1}{r}\frac{\partial}{\partial r}\left(r\frac{\partial \varphi}{\partial r}\right) + \frac{1}{r^2}\frac{\partial^2 \varphi}{\partial \theta^2} + \frac{\partial^2 \varphi}{\partial z^2} \end{aligned} \tag{B-44}$$

而梯度、散度、旋度分别为

$$\nabla \varphi = \boldsymbol{e}_r \frac{\partial \varphi}{\partial r} + \boldsymbol{e}_\theta \frac{1}{r}\frac{\partial \varphi}{\partial \theta} + \boldsymbol{e}_z \frac{\partial \varphi}{\partial z} \tag{B-45}$$

$$\nabla \cdot \boldsymbol{v} = \frac{1}{r}\frac{\partial}{\partial r}(r v_r) + \frac{1}{r}\frac{\partial v_\theta}{\partial \theta} + \frac{\partial v_z}{\partial z} \tag{B-46}$$

$$\nabla \times \boldsymbol{v} = \boldsymbol{e}_r \left(\frac{1}{r}\frac{\partial v_z}{\partial \theta} - \frac{\partial v_\theta}{\partial z}\right) + \boldsymbol{e}_\theta \left(\frac{\partial v_r}{\partial z} - \frac{\partial v_z}{\partial r}\right) + \boldsymbol{e}_z \left(\frac{1}{r}\frac{\partial}{\partial r}(r v_\theta) - \frac{1}{r}\frac{\partial v_r}{\partial \theta}\right) \tag{B-47}$$

B.4.2　球坐标

在球坐标系(图 B-4)中，坐标与基矢量为

$$\alpha_1 = r,\quad \alpha_2 = \theta,\quad \alpha_3 = \varphi \\ \hat{\boldsymbol{e}}_1 = \boldsymbol{e}_r,\quad \hat{\boldsymbol{e}}_2 = \boldsymbol{e}_\theta,\quad \hat{\boldsymbol{e}}_3 = \boldsymbol{e}_\varphi \tag{B-48}$$

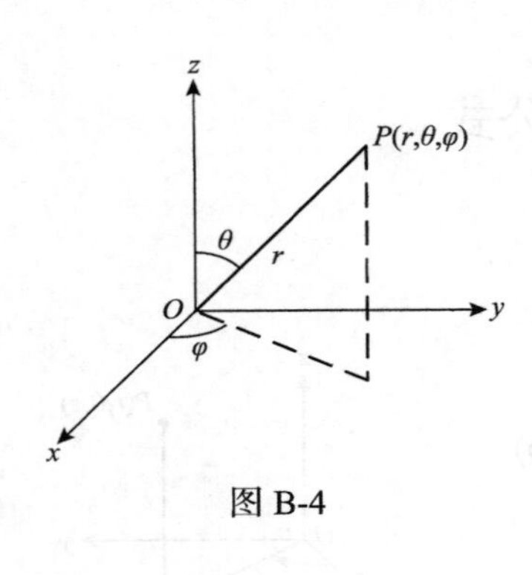

图 B-4

拉梅常量为

$$h_1 = 1, \quad h_2 = r, \quad h_3 = r\sin\theta \tag{B-49}$$

矢量分解式为

$$\boldsymbol{v} = v_i\hat{\boldsymbol{e}}_i = v_r\boldsymbol{e}_r + v_\theta\boldsymbol{e}_\theta + v_\varphi\boldsymbol{e}_\varphi \tag{B-50}$$

哈密顿算子为

$$\nabla(\cdot) = \sum_i \hat{\boldsymbol{e}}_i \frac{\partial(\cdot)}{h_i\partial\alpha_i} = \boldsymbol{e}_r\frac{\partial(\cdot)}{\partial r} + \boldsymbol{e}_\theta\frac{1}{r}\frac{\partial(\cdot)}{\partial\theta} + \boldsymbol{e}_\varphi\frac{1}{r\sin\theta}\frac{\partial(\cdot)}{\partial\varphi} \tag{B-51}$$

标量场$\varPhi = (r,\theta,\varphi)$的拉普拉斯算子为

$$\nabla\cdot\nabla\varPhi = \frac{1}{r^2}\frac{\partial}{\partial r}\left(r^2\frac{\partial\varPhi}{\partial r}\right) + \frac{1}{r^2\sin\theta}\frac{\partial}{\partial\theta}\left(\frac{\partial\varPhi}{\partial\theta}\sin\theta\right) + \frac{1}{r^2\sin^2\theta}\frac{\partial^2\varPhi}{\partial\varphi^2} \tag{B-52}$$

而梯度、散度、旋度分别为

$$\nabla\varPhi = \boldsymbol{e}_r\frac{\partial\varPhi}{\partial r} + \boldsymbol{e}_\theta\frac{1}{r}\frac{\partial\varPhi}{\partial\theta} + \boldsymbol{e}_\varphi\frac{1}{r\sin\theta}\frac{\partial\varPhi}{\partial\varphi} \tag{B-53}$$

$$\nabla\cdot\boldsymbol{v} = \frac{1}{r^2}\frac{\partial}{\partial r}(r^2v_r) + \frac{1}{r\sin\theta}\frac{\partial}{\partial\theta}(v_\theta\sin\theta) + \frac{1}{r\sin\theta}\frac{\partial v_\varphi}{\partial\varphi} \tag{B-54}$$

$$\begin{aligned}\nabla\times\boldsymbol{v} = {} & \frac{\boldsymbol{e}_r}{r\sin\theta}\left[\frac{\partial}{\partial\theta}(v_\varphi\sin\theta) - \frac{\partial v_\theta}{\partial\varphi}\right] + \frac{\boldsymbol{e}_\theta}{r}\left[\frac{1}{\sin\theta}\frac{\partial v_r}{\partial\varphi} - \frac{\partial}{\partial r}(rv_\varphi)\right] \\ & + \frac{\boldsymbol{e}_\varphi}{r}\left[\frac{\partial}{\partial r}(rv_\theta) - \frac{\partial v_r}{\partial\theta}\right]\end{aligned} \tag{B-55}$$

附录 C　裂纹尖端应力场的复变函数解答

C.1　双调和函数的复变函数表示

在 7.2 节中已知，用应力法求解平面问题归结为在给定边界条件下，求解满足双调和方程的双调和函数 $\varphi(x,y)$。这里要证明，任意一个二元的双调和函数 $\varphi(x,y)$ 都能用两个解析函数来表示。我们暂且假定物体所占的平面区域是单连通的，若在式(7-15)中令

$$\nabla^2\varphi = P \tag{a}$$

则 P 是调和函数，再引进它的共轭调和函数 Q，于是，由复变函数理论可知，函数

$$F(z) = P(x,y) + \mathrm{i}Q(x,y) \tag{b}$$

为解析函数。

再取复变函数：

$$\varphi_1(z) = \frac{1}{4}\int F(z)\mathrm{d}z = p + \mathrm{i}q \tag{c}$$

显然，它也是解析函数，且有

$$\varphi_1'(z) = \frac{1}{4}F(z) = \frac{\partial p}{\partial x} + \mathrm{i}\frac{\partial q}{\partial x} \tag{d}$$

比较式(d)和式(b)，且应用柯西-黎曼条件：

$$\frac{\partial p}{\partial x} = \frac{\partial q}{\partial y},\quad \frac{\partial p}{\partial y} = -\frac{\partial q}{\partial x}$$

则得

$$\frac{\partial p}{\partial x} = \frac{\partial q}{\partial y} = \frac{P}{4}$$

或

$$P = 4\frac{\partial p}{\partial x} = 4\frac{\partial q}{\partial y} \tag{e}$$

现在再引入一个实函数：

$$p_1 = \varphi - xp - yq \tag{f}$$

极易证明，它是一个调和函数。事实上，由于

$$\frac{\partial^2 p_1}{\partial x^2}=\frac{\partial^2 \varphi}{\partial x^2}-2\frac{\partial p}{\partial x}-x\frac{\partial^2 p}{\partial x^2}-y\frac{\partial^2 q}{\partial x^2}$$
$$\frac{\partial^2 p_1}{\partial y^2}=\frac{\partial^2 \varphi}{\partial y^2}-x\frac{\partial^2 p}{\partial y^2}-2\frac{\partial q}{\partial y}-y\frac{\partial^2 q}{\partial y^2}$$

则有

$$\nabla^2 p_1=\nabla^2\varphi-2\left(\frac{\partial p}{\partial x}+\frac{\partial q}{\partial y}\right)-x\nabla^2 p-y\nabla^2 q$$

应用式(e)和式(a)，且注意到 p 和 q 分别是解析函数 $\varphi_1(z)$ 的实部和虚部，都是调和函数，于是可知 p_1 是调和函数，即 $\nabla^2 p_1=0$。因此，对于任一双调和函数 φ，有

$$\varphi=xp+yq+p_1 \tag{C-1}$$

其中，p 和 q 为适当选取的共轭调和函数；p_1 为适当选取的调和函数。

现在引进 p_1 的共轭调和函数 q_1，则

$$\chi_1(z)=p_1+\mathrm{i}q_1$$

为解析函数。且容易证明 $(x-\mathrm{i}y)(p+\mathrm{i}q)+p_1+\mathrm{i}q_1$ 的实部与式(C-1)的右边相同，因此，式(C-1)可表示为

$$\varphi=\mathrm{Re}[\bar{z}\varphi_1(z)+\chi_1(z)] \tag{C-2}$$

或

$$2\varphi=\bar{z}\varphi_1(z)+\chi_1(z)+z\bar{\varphi}_1(\bar{z})+\bar{\chi}_1(\bar{z}) \tag{C-3}$$

这样，我们已将任一双调和函数 φ 表示为复变函数的形式，它通过两个解析函数 $\varphi_1(z)$ 和 $\chi_1(z)$ 表示出来，且称复变函数 $\varphi_1(z)$、$\chi_1(z)$、$\chi_1'(z)$ 为复位势。

C.2　位移和应力的复变函数表示

以下只考虑无体力的情况。首先建立位移的复变函数表达式，将几何方程(7-2b)代入物理方程(7-6a)，于是有

$$\begin{aligned}E\frac{\partial u}{\partial x}&=\sigma_x-\mu\sigma_y\\E\frac{\partial v}{\partial y}&=\sigma_y-\mu\sigma_x\\G\left(\frac{\partial v}{\partial x}+\frac{\partial u}{\partial y}\right)&=\tau_{xy}\end{aligned} \tag{a}$$

由于在无体力时，应力函数φ和应力分量之间有如下关系：

$$\sigma_x=\frac{\partial^2\varphi}{\partial y^2},\quad \sigma_y=\frac{\partial^2\varphi}{\partial x^2},\quad \tau_{xy}=-\frac{\partial^2\varphi}{\partial x\partial y} \tag{b}$$

再注意到$\nabla^2\varphi=P$，则式(a)的前两式变为

$$E\frac{\partial u}{\partial x}=\frac{\partial^2\varphi}{\partial y^2}-\mu\frac{\partial^2\varphi}{\partial x^2}=-(1+\mu)\frac{\partial^2\varphi}{\partial x^2}+P$$

$$E\frac{\partial v}{\partial y}=\frac{\partial^2\varphi}{\partial x^2}-\mu\frac{\partial^2\varphi}{\partial y^2}=-(1+\mu)\frac{\partial^2\varphi}{\partial y^2}+P$$

将以上两式的等号两边同除以$1+\mu$，且注意到$G=\dfrac{E}{2(1+\mu)}$，$P=4\dfrac{\partial p}{\partial x}=4\dfrac{\partial q}{\partial y}$，则它们又可改写为

$$2G\frac{\partial u}{\partial x}=-\frac{\partial^2\varphi}{\partial x^2}+\frac{4}{1+\mu}\frac{\partial p}{\partial x}$$

$$2G\frac{\partial v}{\partial y}=-\frac{\partial^2\varphi}{\partial y^2}+\frac{4}{1+\mu}\frac{\partial q}{\partial y}$$

将以上二式积分后，得

$$\begin{aligned}2Gu&=-\frac{\partial\varphi}{\partial x}+\frac{4}{1+\mu}p+f_1(y)\\2Gv&=-\frac{\partial\varphi}{\partial y}+\frac{4}{1+\mu}q+f_2(x)\end{aligned} \tag{c}$$

其中，$f_1(y)$和$f_2(x)$为任意函数。

将式(c)代入式(a)中的第三式，得

$$-\frac{\partial^2\varphi}{\partial x\partial y}+\frac{2}{1+\mu}\left(\frac{\partial p}{\partial y}+\frac{\partial q}{\partial x}\right)+\frac{1}{2}\frac{\mathrm{d}f_1}{\mathrm{d}y}+\frac{1}{2}\frac{\mathrm{d}f_2}{\mathrm{d}x}=\tau_{xy}$$

上式中左边第一项等于τ_{xy}；而p和q是满足柯西-黎曼条件的调和函数，因此第二项括号内等于零。于是有

$$\frac{\mathrm{d}f_1}{\mathrm{d}y}+\frac{\mathrm{d}f_2}{\mathrm{d}x}=0$$

这表示

$$\frac{\mathrm{d}f_1}{\mathrm{d}y}=A,\quad \frac{\mathrm{d}f_2}{\mathrm{d}x}=-A$$

其中，A 为一常数。

由此可见，式(c)中的 $f_1(y)$ 和 $f_2(x)$ 代表刚体位移，去掉这两项不会影响应力。这样，式(c)可写为

$$2Gu = -\frac{\partial \varphi}{\partial x} + \frac{4}{1+\mu} p$$

$$2Gv = -\frac{\partial \varphi}{\partial y} + \frac{4}{1+\mu} q$$

将上式中的第二式乘以 i，并与它的第一式相加，得

$$2G(u + \mathrm{i}v) = -\left(\frac{\partial \varphi}{\partial x} + \mathrm{i}\frac{\partial \varphi}{\partial y}\right) + \frac{4}{1+\mu}(p + \mathrm{i}q) \tag{d}$$

为简化式(d)，将式(C-3)分别对 x 和 y 求一阶偏导数，且注意到 $\frac{\partial z}{\partial x} = 1$，$\frac{\partial z}{\partial y} = \mathrm{i}$，$\frac{\partial \overline{z}}{\partial x} = 1$，$\frac{\partial \overline{z}}{\partial y} = -\mathrm{i}$，于是得

$$2\frac{\partial \varphi}{\partial x} = \overline{z}\varphi_1'(z) + \varphi_1(z) + \chi_1'(z) + z\overline{\varphi}_1'(\overline{z}) + \overline{\varphi}_1(\overline{z}) + \overline{\chi}_1'(\overline{z})$$

$$2\frac{\partial \varphi}{\partial y} = \mathrm{i}[\overline{z}\varphi_1'(z) - \varphi_1(z) + \chi_1'(z) - z\overline{\varphi}_1'(\overline{z}) + \overline{\varphi}_1(\overline{z}) - \overline{\chi}_1'(\overline{z})]$$

将上面第二式乘以 i 并与第一式相加，得

$$\frac{\partial \varphi}{\partial x} + \mathrm{i}\frac{\partial \varphi}{\partial y} = \varphi_1(z) + z\overline{\varphi}_1'(\overline{z}) + \overline{\chi}_1'(\overline{z}) \tag{e}$$

引进函数

$$\chi_1'(z) = \psi_1(z) \tag{f}$$

则式(e)可表示为

$$\frac{\partial \varphi}{\partial x} + \mathrm{i}\frac{\partial \varphi}{\partial y} = \varphi_1(z) + z\overline{\varphi}_1'(\overline{z}) + \overline{\psi}_1(\overline{z}) \tag{C-4}$$

将式(C-4)代入式(d)，且应用 C.1 节的式(c)，得

$$2G(u + \mathrm{i}v) = \frac{3-\mu}{1+\mu}\varphi_1(z) - z\overline{\varphi}_1'(\overline{z}) - \overline{\psi}_1(\overline{z}) \tag{C-5}$$

式(C-5)表明，若已知复位势 $\varphi_1(z)$ 和 $\psi_1(z)$，就可求得平面应力状态下的位移分量 u 和 v。对于平面应变问题，只需用 $\mu/(1-\mu)$ 代替式(C-5)中的 μ。

下面求应力的复变函数表达式，将式(C-4)对 x 求一阶偏导数，又将式(C-4)对 y 求一阶偏导数且乘以 i，分别得

$$\frac{\partial^2\varphi}{\partial x^2}+\mathrm{i}\frac{\partial^2\varphi}{\partial x\partial y}=\varphi_1'(z)+\overline{\varphi}_1'(\overline{z})+z\overline{\varphi}_1''(\overline{z})+\overline{\psi}_1'(\overline{z})$$

$$\mathrm{i}\frac{\partial^2\varphi}{\partial x\partial y}-\frac{\partial^2\varphi}{\partial y^2}=-\varphi_1'(z)-\overline{\varphi}_1'(\overline{z})+z\overline{\varphi}_1''(\overline{z})+\overline{\psi}_1'(\overline{z})$$

将上面两式分别相减、相加，且应用式(b)，于是有

$$\sigma_x+\sigma_y=2[\varphi_1'(z)+\overline{\varphi}_1'(\overline{z})]=4\,\mathrm{Re}[\varphi_1'(z)] \tag{C-6}$$

$$\sigma_y-\sigma_x-2\mathrm{i}\tau_{xy}=2[z\overline{\varphi}_1''(\overline{z})+\overline{\psi}_1'(z)] \tag{C-7}$$

将式(C-7)两边共轭，则得另一表达形式：

$$\sigma_y-\sigma_x+2\mathrm{i}\tau_{xy}=2[\overline{z}\varphi_1''(z)+\psi_1'(z)] \tag{C-8}$$

关系式(C-6)～(C-8)表明，若已知复位势 $\varphi_1(z)$ 和 $\psi_1(z)$，就可将式(C-7)或式(C-8)中的实部与虚部分开，求得 $\sigma_y-\sigma_x$ 和 τ_{xy}，再将 $\sigma_y-\sigma_x$ 与式(C-6)求得的 $\sigma_x+\sigma_y$ 联立求解，即可得到 σ_x 和 σ_y。

C.3　边界条件的复变函数表示

由 C.2 节可知，我们已将求解应力场和位移场的问题归结为寻求复位势 $\varphi_1(z)$ 和 $\psi_1(z)$ 的问题，但为了使由这两个函数确定的应力和位移满足给定的边界条件，则要求这两个函数也满足一定的条件。为此，首先讨论平面区域边界处外力已知的情况，这时边界条件由式(6-114)给出(设体力为零)，即

$$\left.\begin{aligned}&\frac{\partial^2\varphi}{\partial y^2}l-\frac{\partial^2\varphi}{\partial x\partial y}m=\overline{X}\\&-\frac{\partial^2\varphi}{\partial x\partial y}l+\frac{\partial^2\varphi}{\partial x^2}m=\overline{Y}\end{aligned}\right\} \tag{a}$$

设 $\boldsymbol{\nu}$ 为边界 AB 上任一点的法向矢，α 为该点法向与坐标轴 x 之间的夹角。由图 C-1 可知

$$l=\cos(\boldsymbol{\nu},x)=\cos\alpha=\frac{\mathrm{d}y}{\mathrm{d}s}$$

$$m=\cos(\boldsymbol{\nu},y)=\sin\alpha=-\frac{\mathrm{d}x}{\mathrm{d}s}$$

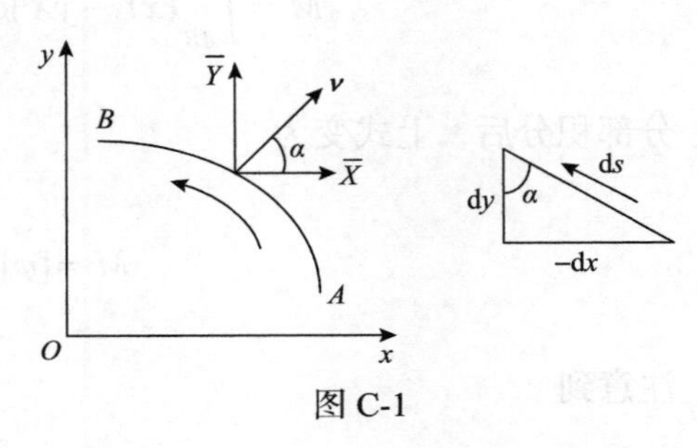

图 C-1

代入式(a)，得

$$\begin{aligned}\bar{X}&=\frac{\partial^2\varphi}{\partial y^2}\frac{\mathrm{d}y}{\mathrm{d}s}+\frac{\partial^2\varphi}{\partial x\partial y}\frac{\mathrm{d}x}{\mathrm{d}s}=\frac{\mathrm{d}}{\mathrm{d}s}\left(\frac{\partial\varphi}{\partial y}\right)\\ \bar{Y}&=-\frac{\partial^2\varphi}{\partial x\partial y}\frac{\mathrm{d}y}{\mathrm{d}s}-\frac{\partial^2\varphi}{\partial x^2}\frac{\mathrm{d}x}{\mathrm{d}s}=-\frac{\mathrm{d}}{\mathrm{d}s}\left(\frac{\partial\varphi}{\partial x}\right)\end{aligned}\tag{b}$$

将式(b)写为复数(复矢量)的形式，且应用式(C-4)，得

$$\begin{aligned}(\bar{X}+\mathrm{i}\bar{Y})\mathrm{d}s&=-\mathrm{i}\mathrm{d}\left(\frac{\partial\varphi}{\partial x}+\mathrm{i}\frac{\partial\varphi}{\partial y}\right)\\&=-\mathrm{i}\mathrm{d}[\varphi_1(z)+z\overline{\varphi}_1'(\bar{z})+\overline{\psi}_1(\bar{z})]\end{aligned}\tag{c}$$

式(c)的左边表示边界面力矢量在 $\mathrm{d}s$ 微分线段上的主矢量，将它沿边界从定点 A 到动点 B(设 B 点的坐标为 z)积分，则得边界面力矢量在边界线段 AB 上的主矢量，即

$$\begin{aligned}\int_{AB}(\bar{X}+\mathrm{i}\bar{Y})\,\mathrm{d}s&=-\mathrm{i}[\varphi_1(z)+z\overline{\varphi}_1'(\bar{z})+\overline{\psi}_1(\bar{z})]_A^B\\&=-\mathrm{i}[\varphi_1(z)+z\overline{\varphi}_1'(\bar{z})+\overline{\psi}_1(\bar{z})]+\text{const}\end{aligned}$$

将上式两边同乘以 i，于是有

$$\varphi_1(z)+z\overline{\varphi}_1'(\bar{z})+\overline{\psi}_1(\bar{z})=\mathrm{i}\int_{AB}(\bar{X}+\mathrm{i}\bar{Y})\,\mathrm{d}s+\text{const}\tag{C-9}$$

显然，对于给定的边界面力 $\bar{X}$ 和 $\bar{Y}$，式(C-9)右边为边界点的确定函数。这里积分路线的正方向规定为：朝线段 AB 看去，使所考虑的区域保持在左边。

由式(C-6)和式(C-7)不难看出，在复位势 $\varphi_1(z)$ 和 $\psi_1(z)$ 中增减一个复函数并不影响应力值，因此，总可以这样来选取 $\varphi_1(z)$，使式(C-9)右边的常数项为零。于是式(C-9)可简化为

$$\varphi_1(z)+z\overline{\varphi}_1'(\bar{z})+\overline{\psi}_1(\bar{z})=\mathrm{i}\int_{AB}(\bar{X}+\mathrm{i}\bar{Y})\,\mathrm{d}s\tag{C-10}$$

再将边界线段 AB 上的边界面力对坐标原点 O 取矩，且应用式(b)，有

$$M=\int_{AB}(x\bar{Y}-y\bar{X})\mathrm{d}s=-\int_{AB}\left[x\mathrm{d}\left(\frac{\partial\varphi}{\partial x}\right)+y\mathrm{d}\left(\frac{\partial\varphi}{\partial y}\right)\right]$$

分部积分后，上式变为

$$M=[\varphi]_A^B-\left[x\frac{\partial\varphi}{\partial x}+y\frac{\partial\varphi}{\partial y}\right]_A^B\tag{d}$$

注意到

$$x\frac{\partial\varphi}{\partial x}+y\frac{\partial\varphi}{\partial y}=\mathrm{Re}\left[z\left(\frac{\partial\varphi}{\partial x}-\mathrm{i}\frac{\partial\varphi}{\partial y}\right)\right]=\mathrm{Re}[z\overline{\varphi}_1(\overline{z})+z\overline{z}\varphi_1'(z)+z\psi_1(z)]$$

$$\varphi=\mathrm{Re}[\overline{z}\varphi_1(z)+\chi_1(z)]$$

因此，得

$$M=\mathrm{Re}\left[-z\overline{z}\varphi_1'(z)-z\psi_1(z)+\chi_1(z)\right]_A^B \tag{C-11}$$

当外力给定时，上式左边的力矩 M 为边界点确定的函数；右边应理解为当 z 从区域内趋向于边界点时的值。

关系式(C-10)和式(C-11)给定了在边界面力已知情况下用复变函数表示的边界条件。当讨论的区域为单连通时，则 $\varphi_1(z)$ 、$\psi_1(z)$ 和 $\chi_1(z)$ 为单值解析函数。因此，当 B 点和 A 点重合时，主矢量 $\int_{AB}(\overline{X}+\mathrm{i}\overline{Y})\,\mathrm{d}s$ 和主矩 M 均为零，这表明作用在物体边界上的面力必组成一个平衡力系。即说明要使问题有解，作用在边界上的面力必须符合这个条件。

现在讨论当边界处位移给定的情况，设边界处的位移为

$$u=g_1\,,\quad v=g_2$$

则由式(C-5)，得

$$\frac{3-\mu}{1+\mu}\varphi_1(z)-z\overline{\varphi}_1'(\overline{z})-\overline{\psi}_1(\overline{z})=2G(g_1+\mathrm{i}g_2) \tag{C-12}$$

式(C-12)左边应理解为当 z 从区域内趋于边界时的值。这样，式(C-12)给出了当边值位移给定时，复位势 $\varphi_1(z)$ 和 $\psi_1(z)$ 应满足的边界条件。

到此为止，我们已将求解弹性力学的平面问题从原来的在给定边界条件下求解双调和方程的问题，变为在给定边界条件下去寻求解析函数 $\varphi_1(z)$ 和 $\psi_1(z)$ 的问题。

C.4　保角变换和曲线坐标

为了便于根据边界条件确定复位势 $\varphi_1(z)$ 和 $\psi_1(z)$ ，采用保角变换：

$$z=\omega(\zeta) \tag{C-13}$$

它将物体在 z 平面上所占的区域变换为 ζ 平面上的区域。此时，关系式(C-5)、式(C-6)、式(C-8)、式(C-10)也将相应地发生变化，现在引进记号：

$$\varphi(\zeta)=\varphi_1(z)=\varphi_1[\omega(\zeta)]$$

$$\psi(\zeta)=\psi_1(z)=\psi_1[\omega(\zeta)]$$

$$\varPsi(\zeta)=\psi_1'(z)=\psi_1'(\zeta)\frac{\mathrm{d}\zeta}{\mathrm{d}z}=\frac{\psi_1'(\zeta)}{\omega'(\zeta)} \tag{C-14}$$

$$\varPhi(\zeta)=\varphi_1'(z)=\varphi'(\zeta)\frac{\mathrm{d}\zeta}{\mathrm{d}z}=\frac{\varphi'(\zeta)}{\omega'(\zeta)}$$

$$\varPhi'(\zeta)=\varphi_1''(z)\omega'(\zeta)$$

这样，式(C-5)、式(C-6)、式(C-8)分别变为

$$2G(u+\mathrm{i}v)=\frac{3-\mu}{1+\mu}\varphi(\zeta)-\frac{\omega(\zeta)}{\overline{\omega}'(\overline{\zeta})}\overline{\varphi}'(\overline{\zeta})-\overline{\psi}(\overline{\zeta}) \tag{C-15}$$

$$\sigma_x+\sigma_y=2[\varPhi(\zeta)+\overline{\varPhi}(\overline{\zeta})]=4\,\mathrm{Re}[\varPhi(\zeta)] \tag{C-16}$$

$$\sigma_y-\sigma_x+2\mathrm{i}\tau_{xy}=\frac{2}{\omega'(\zeta)}[\overline{\omega}(\overline{\zeta})\varPhi'(\zeta)+\omega'(\zeta)\varPsi(\zeta)] \tag{C-17}$$

而边界条件(C-10)变为

$$\varphi(\zeta)+\frac{\omega(\zeta)}{\overline{\omega}'(\overline{\zeta})}\overline{\varphi}'(\overline{\zeta})+\overline{\psi}(\overline{\zeta})=\mathrm{i}\int_{AB}(\overline{X}+\mathrm{i}\overline{Y})\,\mathrm{d}s \tag{C-18}$$

由于在某些问题中用曲线坐标形式来表达位移和应力更有利于分析，下面介绍曲线坐标的概念。已知 ζ 平面上的任何一点可以表示为

$$\zeta=\rho\mathrm{e}^{\mathrm{i}\theta}=\rho(\cos\theta+\mathrm{i}\sin\theta) \tag{a}$$

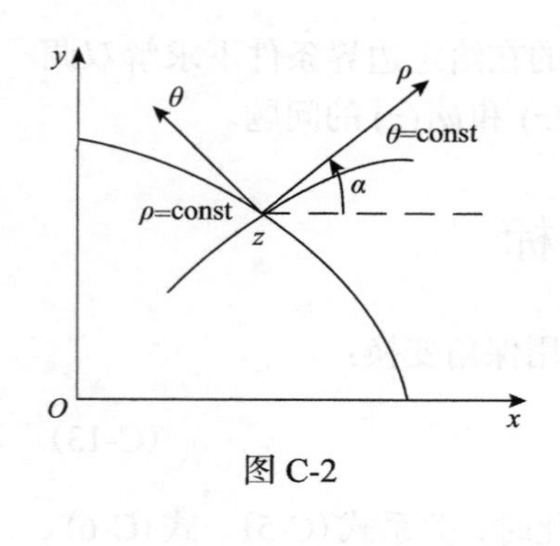

图 C-2

其中，ρ 和 θ 是 ζ 点的极坐标。ζ 平面上的一个圆周 $\rho=\text{const}$ 和一根径向直线 $\theta=\text{const}$ 分别对应于 z 平面上的两根曲线，这两根曲线记为 ρ 和 θ，可作为 z 平面上一点的曲线坐标，如图 C-2 所示。由于变换的保角性，这个曲线坐标总是正交的，而且坐标轴 ρ 和 θ 的相对位置和坐标轴 Ox 和 Oy 的相对位置相同。

若用 u_ρ 和 u_θ 分别表示图 C-2 中 z 点的位移矢在 ρ 轴和 θ 轴上的投影，α 表示 ρ 轴与 Ox 轴间的夹角，则由几何关系：

$$u=u_\rho\cos\alpha-u_\theta\sin\alpha$$

$$v=u_\rho\sin\alpha+u_\theta\cos\alpha$$

于是有

$$u+\mathrm{i}v=(u_\rho\cos\alpha-u_\theta\sin\alpha)+\mathrm{i}(u_\rho\sin\alpha+u_\theta\cos\alpha)$$
$$=u_\rho(\cos\alpha+\mathrm{i}\sin\alpha)+\mathrm{i}u_\theta(\cos\alpha+\mathrm{i}\sin\alpha)$$
$$=(u_\rho+\mathrm{i}u_\theta)(\cos\alpha+\mathrm{i}\sin\alpha)=(u_\rho+\mathrm{i}u_\theta)\mathrm{e}^{\mathrm{i}\alpha}$$

或

$$u_\rho+\mathrm{i}u_\theta=(u+\mathrm{i}v)\mathrm{e}^{-\mathrm{i}\alpha} \tag{b}$$

为了计算 $\mathrm{e}^{-\mathrm{i}\alpha}$，假设沿 ρ 轴方向给 z 点以增量 $\mathrm{d}z$，因而对应点 ζ 沿径线方向有增量 $\mathrm{d}\zeta$，于是有

$$\mathrm{d}z=|\mathrm{d}z|(\cos\alpha+\mathrm{i}\sin\alpha)=\mathrm{e}^{\mathrm{i}\alpha}|\mathrm{d}z|$$
$$\mathrm{d}\zeta=|\mathrm{d}\zeta|(\cos\theta+\mathrm{i}\sin\theta)=\mathrm{e}^{\mathrm{i}\theta}|\mathrm{d}\zeta|$$

这样

$$\mathrm{e}^{\mathrm{i}\alpha}=\frac{\mathrm{d}z}{|\mathrm{d}z|}=\frac{\omega'(\zeta)\mathrm{d}\zeta}{|\omega'(\zeta)||\mathrm{d}\zeta|}=\mathrm{e}^{\mathrm{i}\theta}\frac{\omega'(\zeta)}{|\omega'(\zeta)|}=\frac{\zeta}{\rho}\frac{\omega'(\zeta)}{|\omega'(\zeta)|}$$

将上式两边共轭，得

$$\mathrm{e}^{-\mathrm{i}\alpha}=\frac{\bar{\zeta}}{\rho}\frac{\bar{\omega}'(\bar{\zeta})}{|\omega'(\zeta)|} \tag{c}$$

将式(c)代入式(b)，且应用式(C-15)，得

$$2G(u_\rho+\mathrm{i}u_\theta)=\frac{\bar{\zeta}}{\rho}\frac{\bar{\omega}'(\bar{\zeta})}{|\omega'(\zeta)|}\left[\frac{3-\mu}{1+\mu}\varphi(\zeta)-\frac{\omega(\zeta)}{\bar{\omega}'(\bar{\zeta})}\bar{\varphi}'(\bar{\zeta})-\bar{\psi}(\bar{\zeta})\right] \tag{C-19}$$

上式是曲线坐标中位移的复变函数表达式。

下面建立曲线坐标中应力的复变函数表达式。我们用 σ_ρ、σ_θ、$\tau_{\rho\theta}$ 表示曲线坐标中的应力分量，由图 C-3 所示的单元体的平衡，有

$$\sigma_\rho=\frac{\sigma_x+\sigma_y}{2}+\frac{\sigma_x-\sigma_y}{2}\cos(2\alpha)+\tau_{xy}\sin(2\alpha)$$

$$\sigma_\theta=\frac{\sigma_x+\sigma_y}{2}-\frac{\sigma_x-\sigma_y}{2}\cos(2\alpha)-\tau_{xy}\sin(2\alpha)$$

$$\tau_{\rho\theta}=-\frac{\sigma_x-\sigma_y}{2}\sin(2\alpha)+\tau_{xy}\cos(2\alpha)$$

于是得到

$$
\begin{aligned}
&\sigma_\rho + \sigma_\theta = \sigma_x + \sigma_y \\
&\sigma_\theta - \sigma_\rho + 2\mathrm{i}\tau_{\rho\theta} = (\sigma_y - \sigma_x + 2\mathrm{i}\tau_{xy})\mathrm{e}^{2\mathrm{i}\alpha}
\end{aligned}
\tag{d}
$$

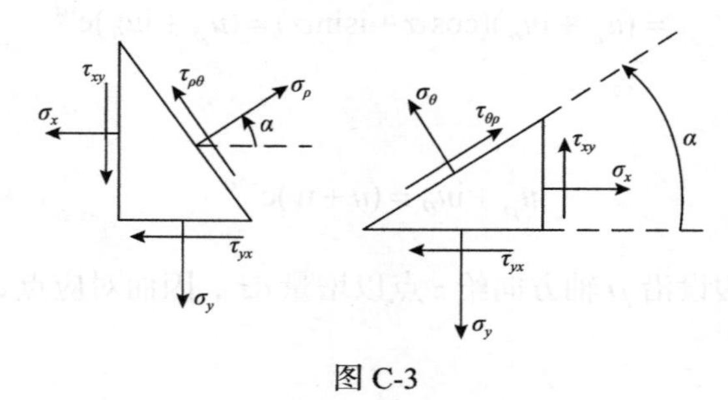

图 C-3

其中

$$
\mathrm{e}^{2\mathrm{i}\alpha} = \frac{\zeta^2}{\rho^2}\frac{[\omega'(\zeta)]^2}{|\omega'(\zeta)|^2} = \frac{\zeta^2}{\rho^2}\frac{[\omega'(\zeta)]^2}{\omega'(\zeta)\bar{\omega}'(\bar{\zeta})} = \frac{\zeta^2}{\rho^2}\frac{\omega'(\zeta)}{\bar{\omega}'(\bar{\zeta})}
\tag{e}
$$

将式(e)代入式(d)，且应用式(C-16)和式(C-17)，得

$$
\begin{aligned}
&\sigma_\rho + \sigma_\theta = 2[\Phi(\zeta) + \bar{\Phi}(\bar{\zeta})] = 4\,\mathrm{Re}[\Phi(\zeta)] \\
&\sigma_\theta - \sigma_\rho + 2\mathrm{i}\tau_{\rho\theta} = \frac{2\zeta^2}{\rho^2\bar{\omega}'(\bar{\zeta})}[\bar{\omega}(\bar{\zeta})\Phi'(\zeta) + \omega'(\zeta)\Psi(\zeta)]
\end{aligned}
\tag{C-20}
$$

C.5 圆域上的复位势公式

设有一个半径为 R 的薄圆盘，其周边处的面力是已知的。为了求出这个问题的复位移，我们利用函数：

$$
z = \omega(\zeta) = R\zeta
$$

将该圆盘所占区域变为单位圆的内部区域。这时边界条件(C-18)简化为

$$
\varphi(\zeta) + \zeta\bar{\varphi}'(\bar{\zeta}) + \bar{\psi}(\bar{\zeta}) = \mathrm{i}\int(\bar{X} + \mathrm{i}\bar{Y})\,\mathrm{d}s
\tag{C-21}
$$

其中，ζ 表示单位圆周上的点，为便于区别起见，改用 σ 来表示；另外，等号右边的积分在面力已知的情况下是 σ 的确定函数，记为

$$
f(\sigma) = \mathrm{i}\int(\bar{X} + \mathrm{i}\bar{Y})\,\mathrm{d}s
\tag{C-22}
$$

于是，式(C-21)可表示为

$$
\varphi(\sigma) + \sigma\bar{\varphi}'(\bar{\sigma}) + \bar{\psi}(\bar{\sigma}) = f(\sigma)
\tag{C-23}
$$

或写为

$$\overline{\varphi}(\overline{\sigma})+\overline{\sigma}\varphi'(\sigma)+\psi(\sigma)=\overline{f}(\overline{\sigma}) \tag{C-24}$$

将式(C-23)两边同乘以$1/(\sigma-\zeta)$(此时ζ为单位圆内的任意点，在下面的推导中视为固定值)，且沿单位圆的圆周γ逆时针方向做回路积分，得

$$\int_\gamma \frac{\varphi(\sigma)\mathrm{d}\sigma}{\sigma-\zeta}+\int_\gamma \frac{\sigma\overline{\varphi}'(\overline{\sigma})\mathrm{d}\sigma}{\sigma-\zeta}+\int_\gamma \frac{\overline{\psi}(\overline{\sigma})\mathrm{d}\sigma}{\sigma-\zeta}=\int_\gamma \frac{f(\sigma)\mathrm{d}\sigma}{\sigma-\zeta} \tag{C-25}$$

由于$\varphi(\zeta)$为单位圆内的解析函数，根据柯西积分公式：如果$f(z)$在区域D内处处解析，C为D内的任何一条正向简单闭曲线，它的内部完全含于D，z_0为C内的任一点，则$\oint_C \frac{f(z)}{z-z_0}\mathrm{d}z=2\pi\mathrm{i}f(z_0)$。

于是，式(C-25)左边的第一个积分为

$$\int_\gamma \frac{\varphi(\sigma)\mathrm{d}\sigma}{\sigma-\zeta}=2\pi\mathrm{i}\,\varphi(\zeta) \tag{a}$$

再计算式(C-25)左边的第三个积分。为此，将单位圆内的解析函数$\psi(\zeta)$展为幂级数的形式：

$$\psi(\zeta)=b_0+b_1\zeta+b_2\zeta^2+b_3\zeta^3+\cdots$$

为了区别单位圆外的点和单位圆内的点，我们将前者记为ζ_0，将后者记为ζ_1。这样，上式可写为

$$\psi(\zeta_1)=b_0+b_1\zeta_1+b_2\zeta_1^2+b_3\zeta_1^3+\cdots$$

将等号两边共轭，得

$$\overline{\psi}(\overline{\zeta_1})=\overline{b}_0+\overline{b}_1\overline{\zeta}_1+\overline{b}_2\overline{\zeta}_1^2+\overline{b}_3\overline{\zeta}_1^3+\cdots \tag{b}$$

显然，它是一个收敛级数。设$\zeta_1=\rho_1\mathrm{e}^{\mathrm{i}\theta}$，则

$$\overline{\zeta_1}=\rho_1\mathrm{e}^{-\mathrm{i}\theta}=\frac{1}{\dfrac{1}{\rho_1}\mathrm{e}^{\mathrm{i}\theta}}$$

因为$\rho_1<1$，则当ζ_1在单位圆内变化时，复数$\frac{1}{\rho_1}\mathrm{e}^{\mathrm{i}\theta}$在单位圆外变化，取$\zeta_0=\frac{1}{\rho_1}\mathrm{e}^{\mathrm{i}\theta}$，则$\overline{\zeta_1}=\frac{1}{\zeta_0}$，将它代入式(b)，得

$$\overline{\psi}\left(\frac{1}{\zeta_0}\right)=\overline{b}_0+\frac{\overline{b}_1}{\zeta_0}+\frac{\overline{b}_2}{\zeta_0^2}+\frac{\overline{b}_3}{\zeta_0^3}+\cdots \tag{c}$$

显然，这是单位圆外(包括无穷远点)的解析函数，且以上述第三个积分号下的 $\overline{\psi}(\overline{\sigma})=\overline{\psi}\left(\frac{1}{\sigma}\right)$ 为边界值(注意到 $\sigma\overline{\sigma}=1$，所以 $\overline{\sigma}=\frac{1}{\sigma}$)。根据柯西型积分的性质：设函数 $F(\zeta)$ 在包含无穷远点的某一区域内是解析的，且在该区域及其边界 σ 上是连续的，则对于区域外的任一点 ζ，有

$$\frac{1}{2\pi i}\int_{\gamma}\frac{F(\sigma)d\sigma}{\sigma-\zeta}=F(\infty)$$

于是，式(C-25)左边的第三个积分应为

$$\int_{\gamma}\frac{\overline{\psi}(\overline{\sigma})d\sigma}{\sigma-\zeta}=\int_{\gamma}\frac{\overline{\psi}\left(\frac{1}{\sigma}\right)d\sigma}{\sigma-\zeta}=2\pi i\,\overline{\psi}\left(\frac{1}{\infty}\right)=2\pi i\,\overline{\psi}(0)=0 \tag{d}$$

这里假设 $\overline{\psi}(0)=0$，因为这样做不会影响应力值。

为了计算式(C-25)左边的第二个积分，同样将单位圆内的解析函数 $\varphi(\zeta)$ 展为幂级数：

$$\varphi(\zeta)=a_0+a_1\zeta+a_2\zeta^2+a_3\zeta^3+\cdots$$

由此

$$\varphi'(\zeta)=a_1+2a_2\zeta+3a_3\zeta^2+\cdots$$

而

$$\sigma\overline{\varphi}'(\overline{\sigma})=\sigma\overline{\varphi}'\left(\frac{1}{\sigma}\right)=\overline{a}_1\sigma+2\overline{a}_2+\frac{3\overline{a}_3}{\sigma}+\cdots$$

将其代入上述第二个积分，且应用柯西积分公式和柯西型积分(它是原本适用于解析函数的柯西积分表达式在连续函数情况下的一种推广)的性质，则得

$$\int_{\gamma}\frac{\sigma\overline{\varphi}'(\overline{\sigma})d\sigma}{\sigma-\zeta}=2\pi i(\overline{a}_1\zeta+2\overline{a}_2) \tag{e}$$

将积分值式(a)、(d)、(e)代入式(C-25)，得

$$\varphi(\zeta)=\frac{1}{2\pi i}\int_{\gamma}\frac{f(\sigma)d\sigma}{\sigma-\zeta}-\overline{a}_1\zeta-2\overline{a}_2 \tag{C-26}$$

剩余工作就是确定未知数 a_1 和 a_2。为此，将式(C-26)两边对 ζ 求一阶和二阶导数，然后将 $\zeta=0$ 代入，注意到按定义：$a_1=\varphi'(0)$，$2a_2=\varphi''(0)$。这样分别给出：

$$\begin{aligned}a_1+\overline{a}_1&=\frac{1}{2\pi i}\int_{\gamma}\frac{f(\sigma)d\sigma}{\sigma^2}\\ a_2&=\frac{1}{2\pi i}\int_{\gamma}\frac{f(\sigma)d\sigma}{\sigma^3}\end{aligned} \tag{C-27}$$

按同样的做法可导得$\psi(\zeta)$的表达式，只需将式(C-24)等号两边同乘以$1/(\sigma-\zeta)$，且沿单位圆的圆周逆时针方向做回路积分，同时注意到

$$\frac{1}{2\pi i}\int_{\gamma}\frac{\bar{\varphi}(\bar{\sigma})d\sigma}{\sigma-\zeta}=\bar{\varphi}(0)$$

$$\frac{1}{2\pi i}\int_{\gamma}\frac{\bar{\sigma}\varphi'(\sigma)d\sigma}{\sigma-\zeta}=\frac{1}{2\pi i}\int_{\gamma}\frac{\varphi'(\sigma)}{\sigma}\frac{d\sigma}{\sigma-\zeta}=\frac{\varphi'(\zeta)}{\zeta}-\frac{a_1}{\zeta}$$

上面第二个积分可用留数理论计算，于是有

$$\psi(\zeta)=\frac{1}{2\pi i}\int_{\gamma}\frac{\bar{f}(\bar{\sigma})d\sigma}{\sigma-\zeta}-\frac{\varphi'(\zeta)}{\zeta}+\frac{a_1}{\zeta}-\bar{\varphi}(0) \tag{C-28}$$

式(C-26)、式(C-27)和式(C-28)表明，在边界处面力已知的情况下，首先求得$f(\sigma)$，则可确定复位势$\varphi(\zeta)$和$\psi(\zeta)$。

C.6　多连通域上应力和位移的单值条件

以上所考虑的是物体所占的平面区域为单连通的情况，这时，复位势$\varphi_1(z)$、$\psi_1(z)$和$\chi_1(z)$为单值解析函数，但在多连通区域内，复位势$\varphi_1(z)$和$\psi_1(z)$可能表现为解析而多值的。现在来考察如何选择这些复变函数，才能保证应力和位移的单值性。设多连通区域由$m+1$条闭曲线L_1，L_2，$\cdots$，L_{m+1}围成，其中，最后一条曲线L_{m+1}包围其余各条曲线，如图C-4所示。

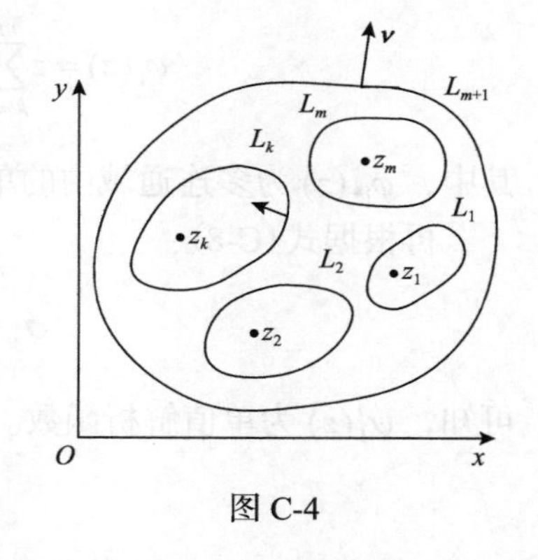

图 C-4

由式(C-6)：

$$\sigma_x+\sigma_y=4\mathrm{Re}[\varphi_1'(z)]$$

可以看出，由于应力的单值性，要求$\varphi_1'(z)$的实部必须是单值的，而它的虚部不一定是单值的。因此，当环绕任一内边界L_k转过一周时，$\varphi_1'(z)$的虚部可能得到iB_k形式的增量，这里B_k为实数。我们引进实常数A_k，并设

$$B_k=2\pi A_k$$

现在考察函数：

$$\varphi_{1*}'(z)=\varphi_1'(z)-\sum_{k=1}^{m}A_k\ln(z-z_k)$$

其中，z_1，z_2，$\cdots$，z_m在各内边界之内(区域之外)。当环绕L_k转过一周时，$\ln(z-z_k)$得到增量$2\pi i$，而$A_k\ln(z-z_k)$恰好增加$2\pi iA_k$；$\sum$号内其余各项将恢复原值。因此，函数$\varphi_{1*}'(z)$

当沿着区域内的任意闭曲线绕行时将恢复到原值。于是，有

$$\varphi_1'(z)=\sum_{k=1}^{m}A_k\ln(z-z_k)+\varphi_{1*}'(z) \tag{a}$$

其中，$\varphi_{1*}'(z)$ 为多连通区域内的单值解析函数。

将式(a)积分，得

$$\varphi_1(z)=\sum_{k=1}^{m}A_k[(z-z_k)\ln(z-z_k)-(z-z_k)]+\int_{z_0}^{z}\varphi_{1*}'(z)\mathrm{d}z+\text{const} \tag{b}$$

其中，z_0 为区域内的任意一点。积分 $\int_{z_0}^{z}\varphi_{1*}'(z)\mathrm{d}z$ 是复变量 z 的函数，当环绕曲线 L_k 转过一周时，它得到形如 $2\pi \mathrm{i}C_k$ 的增量，其中 C_k 一般为复常数(因子 $2\pi\mathrm{i}$ 只是为方便而引入的)。因此，与上面相仿，可以写出

$$\int_{z_0}^{z}\varphi_{1*}'(z)\mathrm{d}z=\sum_{k=1}^{m}C_k\ln(z-z_k)+\text{单值解析函数} \tag{c}$$

将式(c)代入式(b)，并将 $A_k z_k\ln(z-z_k)$ 与 $C_k\ln(z-z_k)$ 形的各项合并起来，就得到

$$\varphi_1(z)=z\sum_{k=1}^{m}A_k\ln(z-z_k)+\sum_{k=1}^{m}\gamma_k\ln(z-z_k)+\varphi_{1*}(z) \tag{d}$$

其中，$\varphi_{1*}(z)$ 为多连通域中的单值解析函数，而 γ_k 为常数(一般为复数)。

再根据式(C-8)：

$$\sigma_y-\sigma_x+2\mathrm{i}\tau_{xy}=2[\bar{z}\varphi_1''(z)+\psi_1'(z)]$$

可知，$\psi_1'(z)$ 为单值解析函数。由此得

$$\psi_1(z)=\int\psi_1'(z)\mathrm{d}z$$

与式(c)的推导一样，可得到

$$\psi_1(z)=\sum_{k=1}^{m}\gamma_k'\ln(z-z_k)+\psi_{1*}(z) \tag{e}$$

其中，$\psi_{1*}(z)$ 为多连通区域内的单值解析函数；γ_k' 为常数(一般为复数)。

在平面应力情况下的位移分量的复变函数表示如式(C-5)所示，即

$$2G(u+\mathrm{i}v)=\frac{3-\mu}{1+\mu}\varphi_1(z)-z\overline{\varphi_1'}(\bar{z})-\overline{\psi}_1(\bar{z})$$

将式(a)、(d)、(e)代入，可以看出，在逆时针方向环绕 L_k 一周后，表达式 $2G(u+\mathrm{i}v)$ 得

到以下的增量：

$$2\pi\mathrm{i}\left[\left(\frac{3-\mu}{1+\mu}+1\right)A_k z+\frac{3-\mu}{1+\mu}\gamma_k+\overline{\gamma}_k'\right]$$

可见，位移的单值条件为

$$A_k=0\ ,\quad \frac{3-\mu}{1+\mu}\gamma_k+\overline{\gamma}_k'=0,\quad k=1,2,\cdots,m \tag{f}$$

现在，我们要证明，γ_k 和 $\overline{\gamma}_k'$ 可以用内边界 L_k 上的面力的主矢量来表示。为此，将式(C-10)应用于整个内边界(顺时针方向绕行一周后，让 B 点与 A 点重合)，于是得到

$$[\varphi_1(z)+z\overline{\varphi}_1'(\overline{z})+\overline{\psi}_1(\overline{z})]_{L_k}=\mathrm{i}(\overline{X}_k+\mathrm{i}\overline{Y}_k)$$

其中，$\overline{X}_k+\mathrm{i}\overline{Y}_k$ 是作用在整个内边界 L_k 上面力的主矢量。将式(a)、(d)、(e)代入，并顺时针方向绕 L_k 一周后，得

$$-2\pi\mathrm{i}(\gamma_k-\overline{\gamma}_k')=\mathrm{i}(\overline{X}_k+\mathrm{i}\overline{Y}_k) \tag{g}$$

联立式(g)和式(f)，解得

$$A_k=0$$

$$\gamma_k=-\frac{1+\mu}{8\pi}(\overline{X}_k+\mathrm{i}\overline{Y}_k)$$

$$\gamma_k'=\frac{3-\mu}{8\pi}(\overline{X}_k-\mathrm{i}\overline{Y}_k)$$

代入式(d)和式(e)，最后得

$$\begin{aligned}\varphi_1(z)&=-\frac{1+\mu}{8\pi}\sum_{k=1}^{m}(\overline{X}_k+\mathrm{i}\overline{Y}_k)\ln(z-z_k)+\varphi_{1*}(z)\\ \psi_1(z)&=\frac{3-\mu}{8\pi}\sum_{k=1}^{m}(\overline{X}_k-\mathrm{i}\overline{Y}_k)\ln(z-z_k)+\psi_{1*}(z)\end{aligned} \tag{C-29}$$

式(C-29)所表示的复位势 $\varphi_1(z)$ 和 $\psi_1(z)$，完全保证了应力和位移的单值性。这里的 $\varphi_{1*}(z)$ 和 $\psi_{1*}(z)$ 为单值解析函数。

以上讨论的是多连通有限域的情况，但从应用的观点来看，无限域的研究具有很重大的意义。

现在让图 C-4 中的 L_{m+1} 趋向无穷，则得多连通的无限域。显然，上面所引入的公式对于这无限域的任一有限部分都是适用的，剩下要研究的只是在无穷远点邻域的性态。

以坐标原点为圆心，作半径为 R 的大圆周 L_R，使所有的边界 $L_k(k=1,2,\cdots,m)$ 包围

在其内。于是，对于 L_R 外的任意一点 z，显然有

$$|z|>|z_k|$$

而

$$\ln(z-z_k)=\ln z\left(1-\frac{z_k}{z}\right)=\ln z+\ln\left(1-\frac{z_k}{z}\right)$$

$$=\ln z-\frac{z_k}{z}-\frac{1}{2}\left(\frac{z_k}{z}\right)^2-\cdots=\ln z+L_R\text{外的单值解析函数}$$

因此，由式(C-29)得到

$$\begin{aligned}\varphi_1(z)&=-\frac{1+\mu}{8\pi}(\bar{X}+\mathrm{i}\bar{Y})\ln z+\varphi_{1**}(z)\\\psi_1(z)&=\frac{3-\mu}{8\pi}(\bar{X}-\mathrm{i}\bar{Y})\ln z+\psi_{1**}(z)\end{aligned}\tag{h}$$

其中

$$\bar{X}=\sum_{k=1}^{m}\bar{X}_k\,,\quad \bar{Y}=\sum_{k=1}^{m}\bar{Y}_k$$

为 m 个边界上面力的主矢量在两个坐标轴上的分量，而 $\varphi_{1**}(z)$ 和 $\psi_{1**}(z)$ 表示 L_R 外的解析函数(但无穷远点可能除外)，按洛朗(Laurent)定理，它们在 L_R 之外可展成幂级数：

$$\varphi_{1**}(z)=\sum_{-\infty}^{\infty}a_nz^n\,,\quad \psi_{1**}(z)=\sum_{-\infty}^{\infty}b_nz^n\tag{i}$$

应力分量的复变函数表示如式(C-6)和式(C-8)所示，即

$$\sigma_x+\sigma_y=2[\varphi_1'(z)+\bar{\varphi}_1'(\bar{z})]\tag{j}$$

$$\sigma_y-\sigma_x+2\mathrm{i}\,\tau_{xy}=2[\bar{z}\varphi_1''(z)+\psi_1'(z)]\tag{k}$$

将式(h)代入式(j)，并利用式(i)，得

$$\sigma_z+\sigma_y=2\left[-\frac{1+\mu}{8\pi}(\bar{X}+\mathrm{i}\bar{Y})\frac{1}{z}-\frac{1+\mu}{8\pi}(\bar{X}-\mathrm{i}\bar{Y})\frac{1}{\bar{z}}+\sum_{-\infty}^{\infty}n(a_nz^{n-1}+\bar{a}_n\bar{z}^{n-1})\right]$$

显然，等号右边有可能随 $|z|$ 无限增大的项是级数：

$$\sum_{n=-\infty}^{\infty}n(a_nz^{n-1}+\bar{a}_n\bar{z}^{n-1})=\sum_{n=-\infty}^{\infty}nr^{n-1}[a_n\mathrm{e}^{(n-1)\mathrm{i}\theta}+\bar{a}_n\mathrm{e}^{-(n-1)\mathrm{i}\theta}]$$

这里，引进了 $z=r\mathrm{e}^{\mathrm{i}\theta}$。由此不难看出，当 $r\to\infty$ 时，使应力保持为有界的条件是

$$a_n = \bar{a}_n = 0,\ n \geqslant 2$$

假定这一条件满足，根据式(k)，同样可以证明，当$r \to \infty$时，为使应力保持有界，还必须有

$$b_n = 0,\quad n \geqslant 2$$

因此，在应力保持有界的条件下，复位势$\varphi_1(z)$和$\psi_1(z)$可以表示为

$$\begin{aligned}\varphi_1(z) &= -\frac{1+\mu}{8\pi}(\bar{X} + \mathrm{i}\bar{Y})\ln z + \Gamma z + \varphi_1^0(z)\\ \psi_1(z) &= \frac{3-\mu}{8\pi}(\bar{X} - \mathrm{i}\bar{Y})\ln z + \Gamma' z + \psi_1^0(z)\end{aligned} \tag{C-30}$$

其中

$$\Gamma = B + \mathrm{i}C,\quad \Gamma' = B' + \mathrm{i}C' \tag{l}$$

为复常数；$\varphi_1^0(z)$和$\psi_1^0(z)$为L_R之外(包括无穷远点在内)的解析函数，它们可以展开成如下的幂级数：

$$\varphi_1^0(z) = a_0 + \frac{a_1}{z} + \frac{a_2}{z^2} + \cdots$$

$$\psi_1^0(z) = b_0 + \frac{b_1}{z} + \frac{b_2}{z^2} + \cdots$$

由式(j)和式(k)可见，在不改变应力的情况下，可取

$$C = 0\ ,\ a_0 = 0\ ,\ b_0 = 0$$

于是式(C-30)可改写为

$$\begin{aligned}\varphi_1(z) &= -\frac{1+\mu}{8\pi}(\bar{X} + \mathrm{i}\bar{Y})\ln z + Bz + \varphi_1^0(z)\\ \psi_1(z) &= \frac{3-\mu}{8\pi}(\bar{X} - \mathrm{i}\bar{Y})\ln z + (B' + \mathrm{i}C')z + \psi_1^0(z)\end{aligned} \tag{C-31}$$

其中

$$\begin{aligned}\varphi_1^0(z) &= \frac{a_1}{z} + \frac{a_2}{z^2} + \cdots\\ \psi_1^0(z) &= \frac{b_1}{z} + \frac{b_2}{z^2} + \cdots\end{aligned} \tag{C-32}$$

式(C-31)中的B和$B' + \mathrm{i}C'$有非常简单的物理意义。事实上，将式(C-31)代入式(j)和式(k)，然后令$z \to \infty$，则有

$$[\sigma_x+\sigma_y]_\infty=4B,\ [\sigma_y-\sigma_x+2\mathrm{i}\tau_{xy}]_\infty=2(B'+\mathrm{i}C') \tag{m}$$

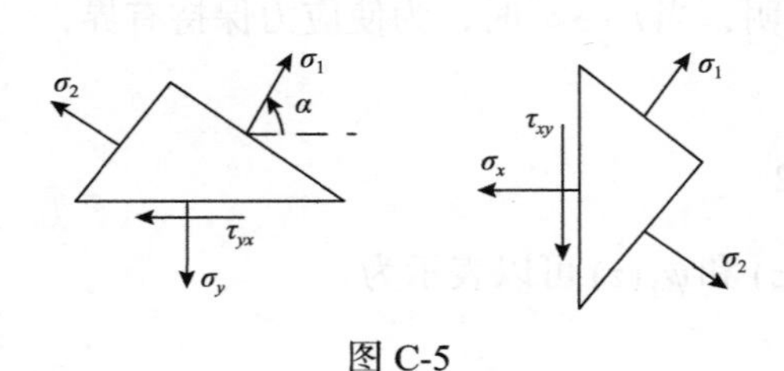

图 C-5

这里的$[\cdot]_\infty$表示括号内的函数在无穷远处的值。

设σ_1和σ_2为无穷远处的主应力的值，而α为主应力σ_1与Ox轴的夹角，如图 C-5 所示。则由平衡条件，有

$$[\sigma_x]_\infty=\frac{\sigma_1+\sigma_2}{2}+\frac{\sigma_1-\sigma_2}{2}\cos(2\alpha)$$

$$[\sigma_y]_\infty=\frac{\sigma_1+\sigma_2}{2}-\frac{\sigma_1-\sigma_2}{2}\cos(2\alpha)$$

$$[\tau_{xy}]_\infty=\frac{\sigma_1-\sigma_2}{2}\sin(2\alpha)$$

由此很容易得到

$$[\sigma_x+\sigma_y]_\infty=\sigma_1+\sigma_2$$

$$[\sigma_y-\sigma_x+2\mathrm{i}\tau_{xy}]_\infty=-(\sigma_1-\sigma_2)\mathrm{e}^{-2\mathrm{i}\alpha}$$

代入式(m)，于是得

$$\begin{aligned}&B=\frac{1}{4}(\sigma_1+\sigma_2)\\&B'+\mathrm{i}C'=-\frac{1}{2}(\sigma_1-\sigma_2)\mathrm{e}^{-2\mathrm{i}\alpha}\end{aligned} \tag{C-33}$$

式(C-33)表明，只要知道了无穷远处的主应力和主应力σ_1与Ox轴的夹角α，就可求出常数B和$B'+\mathrm{i}C'$。

C.7　具有单孔的无限域上的复位势公式

在平面问题中，孔口问题最能显示出复变函数解法的优越性，下面讨论仅具有单孔的无限域(如无限平板)的情况。对于具有单孔的无限域，复位势可表示为式(C-31)的形式，即

$$\begin{aligned}&\varphi_1(z)=-\frac{1+\mu}{8\pi}(\bar{X}+\mathrm{i}\bar{Y})\ln z+Bz+\varphi_1^0(z)\\&\psi_1(z)=\frac{3-\mu}{8\pi}(\bar{X}-\mathrm{i}\bar{Y})\ln z+(B'+\mathrm{i}C')z+\psi_1^0(z)\end{aligned} \tag{a}$$

其中，$\bar{X}$和$\bar{Y}$表示作用在孔边的面力主矢量的两个分量；常数B和$B'+\mathrm{i}C'$由无限远处的应力状态确定(见式(C-33))。因此，对于确定的材料和确定的外力，$\varphi_1(z)$和$\psi_1(z)$中

的前两项是已知的，留下的只需求出孔外(包括无穷远点)的解析函数 $\varphi_1^0(z)$ 和 $\psi_1^0(z)$，问题就解决了。

为了使问题变得简单一些，采用与 C.5 节中类似的做法，先将孔边外部物体所占的无穷区域(z 平面)变成单位圆外部的区域，然后求解。这个变换函数的最一般形式为

$$z=\omega(\zeta)=R\left(\zeta+\sum_{k=1}^{n}a_k\zeta^{-k}\right)$$

其中，n 为有限大的正整数；R 为实数；a_k 一般为复数，而 $\sum_{k=1}^{n}|a_k|\leqslant 1$。经过这个变换以后，式(a)变为

$$\begin{aligned}\varphi(\zeta)&=-\frac{1+\mu}{8\pi}(\bar{X}+\mathrm{i}\bar{Y})\ln\zeta+BR\zeta+\varphi_0(\zeta)\\ \psi(\zeta)&=\frac{3-\mu}{8\pi}(\bar{X}-\mathrm{i}\bar{Y})\ln\zeta+(B'+\mathrm{i}C')R\zeta+\psi_0(\zeta)\end{aligned}\tag{C-34}$$

$\varphi_0(\zeta)$ 和 $\psi_0(\zeta)$ 是单位圆外(包括无穷远点)的解析函数，它们能写为如下的幂级数：

$$\begin{aligned}\varphi_0(\zeta)&=\frac{a_1}{\zeta}+\frac{a_2}{\zeta^2}+\frac{a_3}{\zeta^3}+\cdots\\ \psi_0(\zeta)&=\frac{b_1}{\zeta}+\frac{b_2}{\zeta^2}+\frac{b_3}{\zeta^3}+\cdots\end{aligned}\tag{C-35}$$

式(C-18)中的 ζ 现在表示单位圆周上的点，改用 σ 表示；并将其等号右边的 $\mathrm{i}\int(\bar{X}+\mathrm{i}\bar{Y})\,\mathrm{d}s$ 记作 $f(\sigma)$，即

$$f(\sigma)=\mathrm{i}\int(\bar{X}+\mathrm{i}\bar{Y})\,\mathrm{d}s\tag{C-36}$$

则 $\varphi(\zeta)$ 和 $\psi(\zeta)$ 满足如下的边界条件：

$$\varphi(\sigma)+\frac{\omega(\sigma)}{\omega'(\bar{\sigma})}\bar{\varphi}'(\bar{\sigma})+\bar{\psi}(\bar{\sigma})=f(\sigma)\tag{C-37}$$

将式(C-34)代入式(C-37)，加以整理，得 $\varphi_0(\zeta)$ 和 $\psi_0(\zeta)$ 需满足的边界条件：

$$\begin{aligned}&\varphi_0(\sigma)+\frac{\omega(\sigma)}{\bar{\omega}'(\bar{\sigma})}\bar{\varphi}_0'(\bar{\sigma})+\bar{\psi}_0(\bar{\sigma})\\ &=f(\sigma)+\frac{\bar{X}+\mathrm{i}\bar{Y}}{2\pi}\ln\sigma+\frac{1+\mu}{8\pi}(\bar{X}-\mathrm{i}\bar{Y})\frac{\sigma\omega(\sigma)}{\bar{\omega}'(\bar{\sigma})}\\ &\quad-BR\left[\sigma+\frac{\omega(\sigma)}{\bar{\omega}'(\bar{\sigma})}\right]-\frac{(B'-\mathrm{i}C')R}{\sigma}\end{aligned}\tag{C-38a}$$

如果将等号右边的函数记作 $f_0(\sigma)$，即

$$\begin{aligned}f_0(\sigma)=f(\sigma)+\frac{\overline{X}+\mathrm{i}\overline{Y}}{2\pi}\ln\sigma+\frac{1+\mu}{8\pi}(\overline{X}-\mathrm{i}\overline{Y})\frac{\sigma\omega(\sigma)}{\overline{\omega}'(\overline{\sigma})}\\-BR\left[\sigma+\frac{\omega(\sigma)}{\overline{\omega}'(\overline{\sigma})}\right]-\frac{(B'-\mathrm{i}C')R}{\sigma}\end{aligned}\tag{C-38b}$$

则式(C-38a)可写为

$$\varphi_0(\sigma)+\frac{\omega(\sigma)}{\overline{\omega}'(\overline{\sigma})}\overline{\varphi}_0'(\overline{\sigma})+\overline{\psi}_0(\overline{\sigma})=f_0(\sigma)\tag{C-38c}$$

由式(C-36)和式(C-38b)可以看出，只要知道了孔边的面力和无穷远处的应力状态，$f_0(\sigma)$ 是很容易求得的。式(C-38c)又可写为

$$\overline{\varphi}_0(\overline{\sigma})+\frac{\overline{\omega}(\overline{\sigma})}{\omega'(\sigma)}\varphi_0'(\sigma)+\psi_0(\sigma)=\overline{f}_0(\overline{\sigma})\tag{C-39}$$

为了求得 $\varphi_0(\zeta)$，将式(C-38c)等号两边同乘以 $1/(\sigma-\zeta)$（这里的 ζ 表示单位圆外的任意一点，在以下推导中视为固定的），然后环绕单位圆周 γ 逆时针方向做回路积分，即

$$\int_\gamma\frac{\varphi_0(\sigma)\mathrm{d}\sigma}{\sigma-\zeta}+\int_\gamma\frac{\omega(\sigma)}{\overline{\omega}'(\overline{\sigma})}\frac{\overline{\varphi}_0'(\overline{\sigma})\mathrm{d}\sigma}{\sigma-\zeta}+\int_\gamma\frac{\overline{\psi}_0(\overline{\sigma})\mathrm{d}\sigma}{\sigma-\zeta}=\int_\gamma\frac{f_0(\sigma)\mathrm{d}\sigma}{\sigma-\zeta}\tag{C-40}$$

上式等号左边的第一个积分由外部区域的柯西积分公式得

$$\int_\gamma\frac{\varphi_0(\sigma)\mathrm{d}\sigma}{\sigma-\zeta}=-2\pi\mathrm{i}\varphi_0(\zeta)\tag{b}$$

下面证明式(C-40)等号左边的第三个积分等于零，即

$$\int_\gamma\frac{\overline{\psi}_0(\overline{\sigma})\mathrm{d}\sigma}{\sigma-\zeta}=\int_\gamma\frac{\overline{\psi}_0\left(\dfrac{1}{\sigma}\right)\mathrm{d}\sigma}{\sigma-\zeta}=0\tag{c}$$

这里，用到了 $\sigma\overline{\sigma}=1$，$\overline{\sigma}=\dfrac{1}{\sigma}$。

事实上，因为 $\psi_0(\zeta)$ 在单位圆外包括无穷点处是解析的，所以能展成如下的幂级数：

$$\psi_0(\xi)=\frac{b_1}{\zeta}+\frac{b_2}{\zeta^2}+\frac{b_3}{\zeta^3}+\cdots$$

这里，略去了对应力无关的常数项。为便于论证，仍将单位圆外的点记作 ζ_0，单位圆内的点记作 ζ_1。这样，上述级数可改写成为

$$\psi_0(\zeta_0)=\frac{b_1}{\zeta_0}+\frac{b_2}{\zeta_0^2}+\frac{b_3}{\zeta_0^3}+\cdots$$

将其共轭，得

$$\bar{\psi}_0(\bar{\zeta}_0)=\frac{\bar{b}_1}{\bar{\zeta}_0}+\frac{\bar{b}_2}{\bar{\zeta}_0^2}+\frac{\bar{b}_3}{\bar{\zeta}_0^3}+\cdots \tag{d}$$

显然，对任意的ζ_0而言，这是一个收敛级数。设

$$\zeta_0=\rho_0\mathrm{e}^{\mathrm{i}\theta}$$

则

$$\bar{\zeta}_0=\rho_0\mathrm{e}^{-\mathrm{i}\theta}，\ \frac{1}{\bar{\zeta}_0}=\frac{1}{\rho_0}\mathrm{e}^{\mathrm{i}\theta}$$

因$\rho_0>1$，所以当ζ_0在单位圆外变化时，则$\frac{1}{\bar{\zeta}_0}=\frac{1}{\rho_0}\mathrm{e}^{\mathrm{i}\theta}$在单位圆内变化$\left(因\frac{1}{\rho_0}<1\right)$。现取

$$\zeta_1=\frac{1}{\bar{\zeta}_0}\ \text{或}\ \bar{\zeta}_0=\frac{1}{\zeta_1}$$

这样，级数(d)又可写为

$$\bar{\psi}_0\left(\frac{1}{\zeta_1}\right)=\bar{b}_1\zeta_1+\bar{b}_2\zeta_1^2+\bar{b}_3\zeta_1^3+\cdots$$

显然，对任意ζ_1而言，这个级数是收敛的。由此可以看出，$\bar{\psi}_0\left(\frac{1}{\zeta_1}\right)$是单位圆内的解析函数，且以式(C-40)左边第三个积分号下的函数$\bar{\psi}_0(\bar{\sigma})=\bar{\psi}_0\left(\frac{1}{\sigma}\right)$为边界值。现作函数：

$$\bar{\psi}_0\left(\frac{1}{\zeta_1}\right)\Big/(\zeta_1-\zeta_0)$$

显然，这个函数也是单位圆内的解析函数，且以式(C-40)等号左边第三个积分的被积函数$\bar{\psi}_0\left(\frac{1}{\sigma}\right)\Big/(\sigma-\zeta)$为边界值。应用柯西定理，就得到式(c)给出的结论。

将式(b)和式(c)代入式(C-40)，得

$$-\varphi_0(\zeta)+\frac{1}{2\pi\mathrm{i}}\int_\gamma\frac{\omega(\sigma)}{\overline{\omega}'(\bar{\sigma})}\frac{\bar{\varphi}_0'(\bar{\sigma})\mathrm{d}\sigma}{\sigma-\zeta}=\frac{1}{2\pi\mathrm{i}}\int_\gamma\frac{f_0(\sigma)\mathrm{d}\sigma}{\sigma-\zeta} \tag{C-41}$$

同理，如将式(C-39)等号两边同乘以$1/(\sigma-\zeta)$，并环绕单位圆周γ逆时针方向做回路积分，并按同样方法，可求得

$$\int_\gamma \frac{\psi_0(\sigma)\mathrm{d}\sigma}{\sigma-\zeta}=-2\pi\mathrm{i}\,\psi_0(\zeta)\,,\quad \int_\gamma \frac{\overline{\varphi}_0(\overline{\sigma})\mathrm{d}\sigma}{\sigma-\zeta}=0$$

于是得

$$-\psi_0(\zeta)+\frac{1}{2\pi\mathrm{i}}\int_\gamma \frac{\overline{\omega}(\overline{\sigma})}{\omega'(\sigma)}\frac{\varphi_0'(\sigma)\mathrm{d}\sigma}{\sigma-\zeta}=\frac{1}{2\pi\mathrm{i}}\int_\gamma \frac{\overline{f}_0(\overline{\sigma})\mathrm{d}\sigma}{\sigma-\zeta} \tag{C-42}$$

当式(C-41)和式(C-42)等号左边的积分在$z=\omega(\zeta)$为有理函数时，它们是能求解的，这样，就给出了求解$\varphi_0(\zeta)$和$\psi_0(\zeta)$的公式。求得$\varphi_0(\zeta)$和$\psi_0(\zeta)$之后代入式(C-34)，就可求得$\varphi(\zeta)$和$\psi(\zeta)$，再由式(C-14)求$\Phi(\zeta)$和$\Psi(\zeta)$，最后由式(C-19)和式(C-20)分别求出曲线坐标中的位移分量和应力分量。

为了说明式(C-34)、式(C-41)和式(C-42)的应用，我们介绍无限域的孔边为椭圆形的情况。在z平面上的椭圆孔的外部区域到ζ平面上单位圆外部区域的变换函数为

$$z=\omega(\zeta)=R\left(\zeta+\frac{m}{\zeta}\right) \tag{C-43}$$

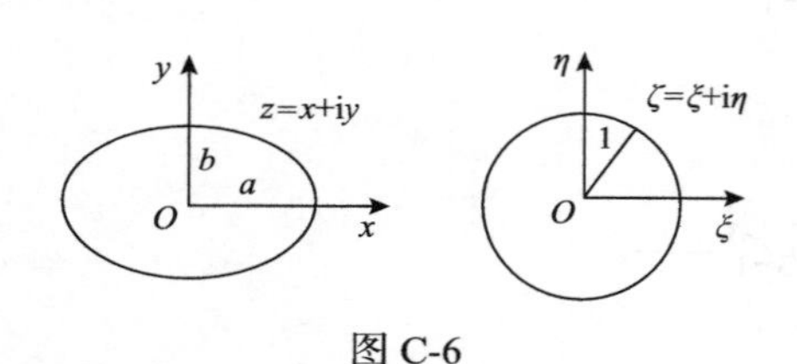

图 C-6

其中，R和m均为实常数，$0\leqslant m\leqslant 1$。容易验证，单位圆$|\zeta|=1$对应于z平面上中心在原点的椭圆(图 C-6)。

$$a=R(1+m),\quad b=R(1-m)$$

所以，在实际问题中，当已知椭圆的半轴a和b时，就可定出式(C-43)中的R和m，即

$$R=\frac{a+b}{2},\quad m=\frac{a-b}{a+b} \tag{e}$$

现在要分别计算式(C-41)和式(C-42)等号左边的积分。为此，先根据式(C-43)求得

$$\frac{\omega(\sigma)}{\overline{\omega}'(\overline{\sigma})}=\frac{1}{\sigma}\frac{\sigma^2+m}{1-m\sigma^2}$$

将它代入式(C-41)等号左边的积分，得

$$\frac{1}{2\pi\mathrm{i}}\int_\gamma \frac{\omega(\sigma)}{\overline{\omega}'(\overline{\sigma})}\frac{\overline{\varphi}_0'(\overline{\sigma})\mathrm{d}\sigma}{\sigma-\zeta}=\frac{1}{2\pi\mathrm{i}}\int_\gamma \frac{1}{\sigma}\frac{\sigma^2+m}{1-m\sigma^2}\frac{\overline{\varphi}_0'(\overline{\sigma})\mathrm{d}\sigma}{\sigma-\zeta} \tag{f}$$

作函数：

$$f_1(\zeta_1)=\frac{1}{\zeta_1}\frac{\zeta_1^2+m}{1-m\zeta_1^2}\overline{\varphi}_0'\left(\frac{1}{\zeta_1}\right)\Big/(\zeta_1-\zeta_0)$$

则不难从式(C-35)得到其中的因子：

$$\frac{1}{\zeta_1}\overline{\varphi}_0'\left(\frac{1}{\zeta_1}\right)=\frac{1}{\zeta_1}(-\overline{a}_1\zeta_1^2-2\overline{a}_2\zeta_1^3-3\overline{a}_3\zeta_1^4-\cdots)$$
$$=-\overline{a}_1\zeta_1-2\overline{a}_2\zeta_1^2-3\overline{a}_3\zeta_1^3-\cdots$$

为单位圆内的解析函数；另外，由于$0\leqslant m\leqslant 1$，ζ_0为单位圆外的任意点，因子$\dfrac{\zeta_1^2+m}{1-m\zeta_1^2}$、$\dfrac{1}{\zeta_1-\zeta_0}$也为单位圆内的解析函数。由此可知，$f_1(\zeta_1)$为单位圆内的解析函数，且显然以式(f)中积分号内的被积函数为边界值。由柯西定理，这个积分应等于零，即

$$\frac{1}{2\pi\mathrm{i}}\int_\gamma\frac{\omega(\sigma)}{\overline{\omega}'(\overline{\sigma})}\frac{\overline{\varphi}_0'(\overline{\sigma})\mathrm{d}\sigma}{\sigma-\zeta}=\frac{1}{2\pi\mathrm{i}}\int_\gamma\frac{1}{\sigma}\frac{\sigma^2+m}{1-m\sigma^2}\frac{\overline{\varphi}_0'(\overline{\sigma})\mathrm{d}\sigma}{\sigma-\zeta}=0 \tag{g}$$

再应用式(C-43)，求得

$$\frac{\overline{\omega}(\overline{\sigma})}{\omega'(\sigma)}=\sigma\frac{1+m\sigma^2}{\sigma^2-m} \tag{h}$$

将它代入式(C-42)等号左边的积分，得

$$\frac{1}{2\pi\mathrm{i}}\int_\gamma\frac{\overline{\omega}(\overline{\sigma})}{\omega'(\sigma)}\frac{\varphi_0'(\sigma)\mathrm{d}\sigma}{\sigma-\zeta}=\frac{1}{2\pi\mathrm{i}}\int_\gamma\sigma\frac{1+m\sigma^2}{\sigma^2-m}\frac{\varphi_0'(\sigma)\mathrm{d}\sigma}{\sigma-\zeta} \tag{i}$$

现作函数：

$$f(\zeta_0)=\zeta_0\frac{1+m\zeta_0^2}{\zeta_0^2-m}\varphi_0'(\zeta_0)$$

由式(C-35)可知，其中的因子：

$$\zeta_0\varphi_0'(\zeta_0)=-\frac{a_1}{\zeta_0}-\frac{2a_2}{\zeta_0^2}-\frac{3a_3}{\zeta_0^3}-\cdots$$

为单位圆外(包括无穷远点)的解析函数；另外，由于$0\leqslant m\leqslant 1$，因子$\dfrac{1+m\zeta_0^2}{\zeta_0^2-m}$也是单位圆外(包括无穷远点)的解析函数，因此，$f(\zeta_0)$为单位圆外(包括无穷远点)的解析函数，且以式(h)积分号下的$\sigma\dfrac{1+m\sigma^2}{\sigma^2-m}\varphi_0'(\sigma)$为边界值。由区域外部的柯西积分公式，得

$$\frac{1}{2\pi\mathrm{i}}\int_\gamma\sigma\frac{1+m\sigma^2}{\sigma^2-m}\frac{\varphi_0'(\sigma)\mathrm{d}\sigma}{\sigma-\zeta}=-\zeta\frac{1+m\zeta^2}{\zeta^2-m}\varphi_0'(\zeta) \tag{j}$$

分别将式(g)和式(j)代入式(C-41)和式(C-42)，就得到具椭圆孔的无限域上的解析函数$\varphi_0(\zeta)$和$\psi_0(\zeta)$的表达式：

$$
\begin{aligned}
\varphi_0(\zeta) &= -\frac{1}{2\pi i}\int_\gamma \frac{f_0(\sigma)d\sigma}{\sigma-\zeta} \\
\psi_0(\zeta) &= -\frac{1}{2\pi i}\int_\gamma \frac{\overline{f_0}(\overline{\sigma})d\sigma}{\sigma-\zeta} - \zeta\frac{1+m\zeta^2}{\zeta^2-m}\varphi_0'(\zeta)
\end{aligned} \tag{C-44}
$$

现在举一个具体的例子。设具有小椭圆孔的平板受单向均匀拉伸(拉应力为S)，坐标选取如图C-7所示。由于椭圆孔很小，故此平板可视为无限大板。根据题设条件，孔边不受外力，所以有

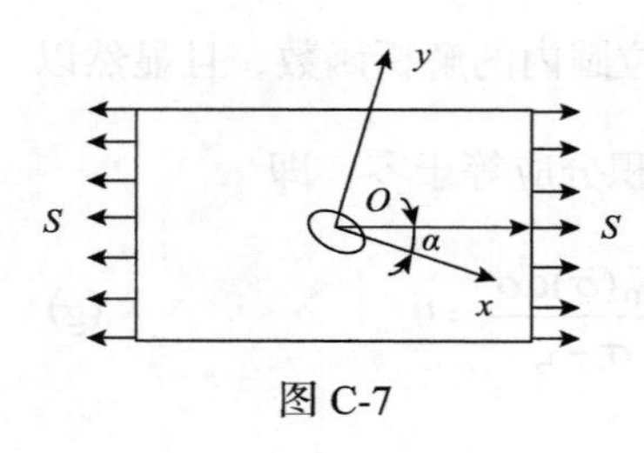

图 C-7

$$
\overline{X} = \overline{Y} = 0\,,\ f(\sigma) = 0 \tag{k}
$$

在无穷远处，主应力$\sigma_1 = S$，$\sigma_2 = 0$，所以由式(C-33)有

$$
\begin{aligned}
B &= \frac{1}{4}(\sigma_1+\sigma_2) = \frac{S}{4} \\
B' + iC' &= -\frac{1}{2}(\sigma_1-\sigma_2)e^{-2i\alpha} = -\frac{S}{2}e^{-2i\alpha} \\
B' - iC' &= -\frac{S}{2}e^{2i\alpha}
\end{aligned} \tag{l}
$$

将式(k)和式(l)代入式(C-39)，得

$$
f_0(\sigma) = -\frac{SR}{4}\left[\sigma + \frac{\sigma^2+m}{\sigma(1-m\sigma^2)}\right] + \frac{SRe^{2i\alpha}}{2\sigma}
$$

$$
\overline{f_0}(\overline{\sigma}) = -\frac{SR}{4}\left[\frac{1}{\sigma} + \frac{1+m\sigma^2}{\sigma^2-m}\sigma\right] + \frac{SRe^{-2i\alpha}}{2}\sigma
$$

再将$f_0(\sigma)$和$\overline{f_0}(\overline{\sigma})$代入式(C-44)，先注意以下两个积分：

$$
\frac{1}{2\pi i}\int_\gamma \frac{\sigma^2+m}{\sigma(1-m\sigma^2)}\frac{d\sigma}{\sigma-\zeta} \tag{m}
$$

$$
\frac{1}{2\pi i}\int_\gamma \sigma\frac{1+m\sigma^2}{\sigma^2-m}\frac{d\sigma}{\sigma-\zeta} \tag{n}
$$

由于其中的ζ是单位圆外的任意一点，所以不难看出，积分式(m)的被积函数是单位圆内(除$\zeta_1 = 0$为一阶奇点)的解析函数$(\zeta_1^2+m)/[\zeta_1(1-m\zeta_1^2)(\zeta_1-\zeta_0)]$的边界值。于是，由

留数理论得

$$\frac{1}{2\pi i}\int_{\gamma}\frac{\sigma^2+m}{\sigma(1-m\sigma^2)}\frac{d\sigma}{\sigma-\zeta}=-\frac{m}{\zeta}$$

同样，积分(n)的被积函数是单位圆内(除 $\zeta_1=\pm\sqrt{m}$ 各为一阶奇点)的解析函数 $\dfrac{\zeta_1(1+m\zeta_1^2)}{(\zeta_1^2-m)(\zeta_1-\zeta_0)}$ 的边界值，由留数理论有

$$\frac{1}{2\pi i}\int_{\gamma}\sigma\frac{1+m\sigma^2}{\sigma^2-m}\frac{d\sigma}{\sigma-\zeta}=-\frac{(1+m^2)\zeta}{\zeta^2-m}$$

其次，显然有

$$\frac{1}{2\pi i}\int_{\gamma}\frac{\sigma d\sigma}{\sigma-\zeta}=0\ ,\quad \frac{1}{2\pi i}\int_{\gamma}\frac{d\sigma}{\sigma(\sigma-\zeta)}=-\frac{1}{\zeta}$$

因此，得

$$\varphi_0(\zeta)=-\frac{mSR}{4\zeta}+\frac{SRe^{2i\alpha}}{2\zeta}=\frac{SR(2e^{2i\alpha}-m)}{4\zeta}$$

$$\psi_0(\zeta)=-\frac{SR}{4\zeta}-\frac{SR(1+m^2)\zeta}{4(\zeta^2-m)}-\zeta\frac{1+m\xi^2}{\zeta^2-m}\varphi_0'(\zeta)$$

最后由式(C-34)，得

$$\left.\begin{aligned}&\varphi(\zeta)=\frac{SR}{4}\left(\zeta+\frac{2e^{2i\alpha}-m}{\zeta}\right)\\&\psi(\zeta)=-\frac{SR}{2}\left[\left(e^{-2i\alpha}\zeta+\frac{e^{2i\alpha}}{m\zeta}-\frac{(1+m^2)(e^{2i\alpha}-m)}{m}\frac{\zeta}{\zeta^2-m}\right)\right]\end{aligned}\right\}\qquad(o)$$

求位移和应力没有任何困难，可由式(C-19)和式(C-20)求得。下面只限于计算：

$$\sigma_\rho+\sigma_\theta=4\,\mathrm{Re}[\Phi(\zeta)]$$

由于

$$4\Phi(\zeta)=\frac{4\varphi'(\zeta)}{\omega'(\zeta)}=S\frac{\zeta^2+m-2e^{2i\alpha}}{\zeta^2-m}=S\frac{(\rho^2e^{2i\theta}+m-2e^{2i\alpha})(\rho^2e^{-2i\theta}-m)}{(\rho^2e^{2i\theta}-m)(\rho^2e^{-2i\theta}-m)}$$

将其代入上式取实部，得

$$\sigma_\rho+\sigma_\theta=S\frac{\rho^4-2\rho^2\cos2(\theta-\alpha)-m^2+2m\cos(2\alpha)}{\rho^4-2m\rho^2\cos(2\theta)+m^2}$$

在孔边上（$\rho=1$），$\sigma_\rho=0$，因此，沿孔边的σ_θ将由如下公式给出：

$$\sigma_\theta = S\frac{1-m^2+2m\cos(2\alpha)-2\cos[2(\theta-\alpha)]}{1-2m\cos(2\theta)+m^2}$$

当$\alpha=0$时(拉应力S与Ox轴平行)，孔边应力为

$$\sigma_\theta = S\frac{1-m^2+2m-2\cos(2\theta)}{1+m^2-2m\cos(2\theta)}$$

最大正应力为

$$\sigma_{\max} = (\sigma_\theta)_{\theta=\pm\frac{\pi}{2}} = S\frac{3+2m-m^2}{1+2m+m^2} = S\frac{3-m}{1+m}$$

最小正应力为

$$\sigma_{\min} = (\sigma_\theta)_{\theta=0,\pi} = S\frac{-m^2+2m-1}{1+m^2-2m} = -S$$

C.8　裂纹尖端附近的应力集中

对于图 C-7 所示的具有椭圆孔口的平板单向拉伸问题，若令b趋向于零，则该孔口退化成x方向的、长度为$2a$的贯穿裂纹，如图 C-8 中的AB所示。这时，C.7 节的式(e)和式(C-43)分别简化为

$$R=\frac{a}{2}，\quad m=1 \tag{a}$$

$$z=\omega(\zeta)=\frac{a}{2}\left(\zeta+\frac{1}{\zeta}\right) \tag{b}$$

为了求出该问题的复位势$\varphi(\zeta)$和$\psi(\zeta)$，只需将式(a)代入 C.7 节的式(o)，于是有

$$\begin{aligned}\varphi(\zeta) &= \frac{Sa}{8}\left(\zeta+\frac{2\mathrm{e}^{2\mathrm{i}\alpha}-1}{\zeta}\right)\\ \psi(\zeta) &= -\frac{Sa}{4}\left[\mathrm{e}^{-2\mathrm{i}\alpha}\zeta+\frac{\mathrm{e}^{2\mathrm{i}\alpha}}{\zeta}-\frac{2(\mathrm{e}^{2\mathrm{i}\alpha}-1)\zeta}{\zeta^2-1}\right]\end{aligned} \tag{c}$$

当拉力 S 垂直于裂纹时(这种裂纹称为张开型裂纹，如图 C-9 所示)，令式(c)中$\alpha=\frac{\pi}{2}$，于是有

$$
\left.\begin{aligned}
\varphi(\zeta)&=\frac{Sa}{8}\left(\zeta-\frac{3}{\zeta}\right)\\
\psi(\zeta)&=\frac{Sa}{4}\left[\zeta-\frac{1+3\zeta^2}{\zeta(\zeta^2-1)}\right]
\end{aligned}\right\}\tag{d}
$$

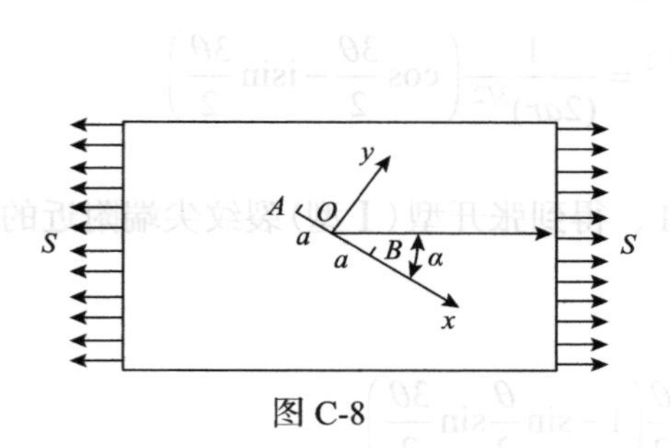

图 C-8

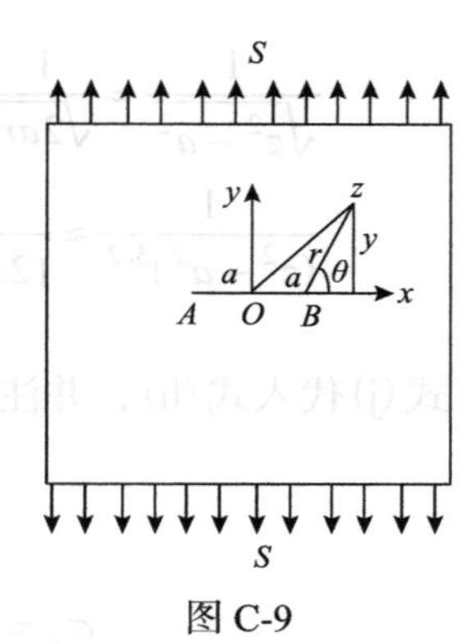

图 C-9

为便于求出直角坐标中的应力分量，将上式中的 ζ 变换为 z。由式(b)可得

$$
\zeta=\frac{z\pm\sqrt{z^2-a^2}}{a}\tag{e}
$$

根据 ζ 平面上的无穷远点变换到 z 平面上无穷远点的要求，式(e)取正号，即

$$
\zeta=\frac{z+\sqrt{z^2-a^2}}{a}\tag{f}
$$

代入式(d)，有

$$
\left.\begin{aligned}
\varphi_1(z)&=\frac{S}{4}(2\sqrt{z^2-a^2}-z)\\
\psi_1(z)&=\frac{S}{2}\left(z-\frac{a^2}{\sqrt{z^2-a^2}}\right)
\end{aligned}\right\}\tag{g}
$$

于是，由式(C-6)和式(C-7)，得

$$
\left.\begin{aligned}
\sigma_x+\sigma_y&=S\,\mathrm{Re}\left(\frac{2z}{\sqrt{z^2-a^2}}-1\right)\\
\sigma_y-\sigma_x+2\mathrm{i}\tau_{xy}&=S\left[\frac{2\mathrm{i}a^2y}{(z^2-a^2)^{3/2}}+1\right]
\end{aligned}\right\}\tag{h}
$$

为了清楚地表示出裂纹尖端附近的应力分布情况，现采用以裂纹端点 B 为原点的极坐标 r、θ，如图 C-9 所示，由图可见：